나노소재 화학
Nanomaterials Chemistry

나노소재 화학
Nanomaterials Chemistry

Nanomaterials Chemistry

나노소재 화학

김병윤 · 김지혜 · 남좌민 · 류재건 · 문회리
박수진 · 신현석 · 오정욱 · 우한영 · 윤효재
이광렬 · 이재승 · 임동권 · 정광섭 · 주상훈

지은이 머리말

Preface

본다는 것은 사물의 현상을 이해하는 첫 걸음이다. 현미경을 통하여 들여다본 미생물의 세계는 참으로 경이롭다. 맨눈으로는 보지 못하는 세계에 참으로 많은 생명체와 사물이 있고, 이들은 우리가 짐작하지 못하는 방식으로 작동을 하는 경우가 많기 때문이다. 이와 같이, '보는 행위'를 통하여 우리는 사물의 성질과 행동에 대해 직관적인 이해를 하게 된다.

일반화학 수업에서 가장 먼저 이야기하는 내용이 질량분석기의 원리와 동위원소의 존재다. 또한, 전공수업에서는 X-선 결정학을 통하여 분자의 구조를 알아낼 수 있다는 것과 IR, NMR 등의 기기를 통하여 화합물의 구조를 간접적으로 알아내는 방법에 대해서도 배운다. 그러나 이러한 일련의 분석법들은 우리가 원자와 분자를 직접 보게 해주지는 못한다. 따라서 소위 머리로는 이해를 하지만 가슴으로 납득하기가 어려운 것이다.

1980년대에 들어와서 현미경 기술에서 획기적인 발전이 있었다. STM이나 AFM과 같은 현미경들은 우리가 분자를, 심지어 원자를 직접 보고 조작할 수 있게 해주었다. 막연히 상상만 하던 분자들의 모습을 눈으로 직접 보게 되었고, 이들의 행동에 대해 직관적인 이해가 가능해진 것이다. 그 전에는 볼 수 없었던 화합물과 재료들의 세계, 즉, 나노세계가 우리 눈 앞에 펼쳐진 것이다. 이 나노세계는 우리가 알지 못했던 아주 신기한 현상들이 많이 숨어 있었다. 예를 들어 금의 나노입자는 크기와 모양에 따라 빨주노초파남보의 총천연색의 구현이 가능하다. 막 문을 연 미지의 세계에 대한 호기심과 신비로운 현상들을 현실세계의 기술진보에 적용하고자 하는 욕구가 나노과학 및 기술을 폭발적으로 발전시켰다. 지금은 나노라는 단어가 우리가 일상적으로 쓰는 단어가 되었으며, 나노기술을 기반으로 창업을 하는 사례가 기하급수적으로 늘고 있다. 그러나 나노세계는 아직도 신비함을 많이 숨기고 있으며, 한 연구자가 일생을 바쳐 연구를 하기에 부족함이 없는 연구대상으로 남아있다. 또한 먼 미래에서도 인류의 생존과 안녕을 담보하기 위해 지구 온난화와 감염병을 막고 암과 노화를 극복하는 의료기술을 개발하여야 하는데, 이를 위해서는 혁신적인 나노기술의 개발이 필수적이다.

이 책은 나노과학과 기술에 대해 배우고자 하는, 용감하고 창의성이 넘치는 대학생들과 대학원생들을 대상으로 하는 입문서로 작성되었으며, 보다 미래지향적인 내용들을 담아 학생들의 역량강화에 디딤돌이 될 수 있도록 하였다. 또한, 집필진을 현재 활발하게 교육과 연구에 매진하는 나노소재연구의 리더로 부상하고 있는 연구자들로 구성하여, 명쾌하며 효율적인 지식의 전달이 이루어지도록 하였다. 이 책을 통하여 나노소재화학의 세계로 즐겁게 여행을 떠나는 여행자들이 많아지기를 바란다.

2022년 5월

집필진 일동

차례

Contents

Introduction of nanomaterials chemistry

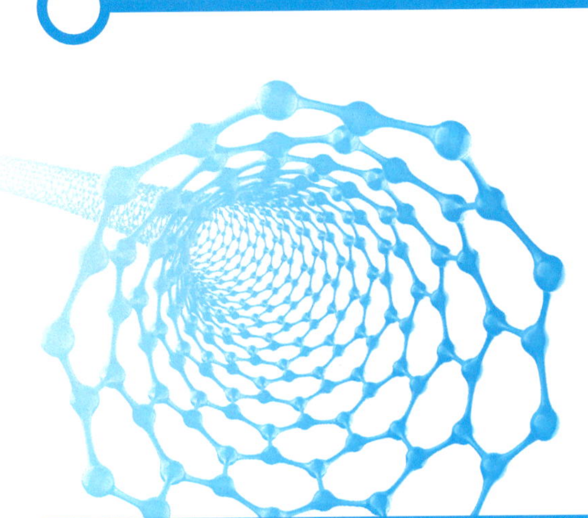

제 1 장 나노소재 화학 개요

Introduction of Nanomaterials Chemistry

김병윤 · 김태경 · 이광렬

1.1 서론(Introduction)

1.1.1 Small world

'나노(nano)'는 이제 우리 생활에서 익숙해져 더 이상 생소하게 느껴지지 않는다. 나노 공정으로 제조된 전자회로 없이는 현대 사회를 지속할 수 없을 것이며, 나노 의약품과 진단기술은 우리의 건강을 향상시키고, 화장품 속의 나노 리포좀과 썬크림의 나노 산화아연은 우리를 아름답게 한다. 양자점(quantum dot) 기술이 적용된 디스플레이가 생활에 즐거움을 선사하며, 오염물질을 분해하는 나노촉매는 환경을 개선한다. 이렇게 우리는 나노로 이루어진 세계에서 살게 되었다. 더 정확히 표현하자면 이미 오래전부터 나노의 세계에서 살고 있었는데 우리가 인식하지 못했을 뿐이다. 중세 교회의 스테인드글라스는 금과 구리의 나노입자로 색을 내었고, 메소포타미아 문명에서 사용한 나노 코팅은 도자기를 아름답게 할 뿐 아니라 항균 기능을 하였다. 기원전 고대 인도에서 제조한 철강에서 탄소 나노튜브가 발견되기도 한다. 우리뿐인가, 자연 생태계도 나노기술을 활용한다. 잠자리와 매미의 나노 코팅된 날개는 비에 젖지 않고 빛을 반사하지 않아 생존에 유리하며, 카멜레온 피부의 유동적인 나노 패턴은 나노 파장의 가시광선을 걸러내어 다채로운 색을 낸다. 벽에 붙어 있는 도마뱀붙이의 발바닥 나노구조는 미시세계의 상호작용인 van der Waals 인력으로 거시세계의 몸을 지탱한다. 스스로 움직여 먼지를 털어낼 수 없는 식물들이 자동 청소 기능이 있는 나노돌기를 만들고, 빛을 잘 받을 수 있도록 잎 표면을 깨끗하게 유지한다. 이렇듯, 나노는 특별한 것이 아니라 자연스러운 것이며 우리와 역사를 함께 했고, 우리의 삶을 만들고 있다. 자연을 이해하기 위해서, 그리고 우리의 삶을 윤택하게 할 기술을 개발하기 위해서 나노과학을 공부해 보도록 하자.

난쟁이를 뜻하는 그리스어 'nanos'에서 작다는 의미를 가져온 나노는 10^{-9}를 뜻하는 SI 단위계 접두어로, 1 나노미터($1\ nm = 1 \times 10^{-9}\ m$)는 원자의 지름보다는 수 배 크고 아미노산 같은 작은 분자의 길이와 비슷하다. 나노물질은 보통 '1~100 나노미터 크기를 가지는 물질'로 다소 모호하게 지칭되며, 공통 합의된 명확한 정의가 마련되지 않고 있다. 나노물질이라는 용어를 사용하여 물질을 분류해야 하는 필요성은, 1~100 나노미터 크기의 물질이 그 외의 크기를 가지는 벌크(bulk) 물질과 같은 조성임에도 다른 물성을 보이기 때문일 것이다. 예로 나노산화철이 나노과학의 연구대상이 되기 위해서는 나노가 아닌 산화철이 존재

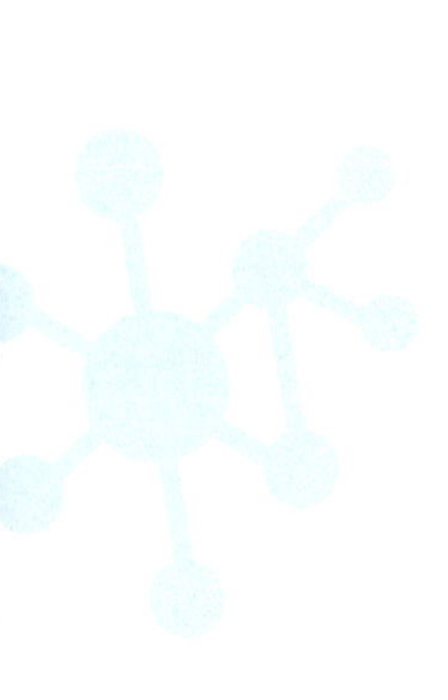

해야 하고 그 둘에서 다른 현상이 관찰되어야 한다. 5 nm 크기인 헤모글로빈 분자는 '1~100 나노미터 크기를 가지는 물질'에 부합하지만 크기가 다른 헤모글로빈 분자는 존재하지 않는다. 따라서 나노과학의 연구 대상이 아니며 나노헤모글로빈이라 하지도 않는다. 그러나 이런 구분 방법도 모호함이 남아 있다. 탄소 나노튜브는 대표적인 나노물질이며 나노 규모의 굵기와 끊임없이 이어지는 길이를 가지고 있다. C_{60} buckminsterfullerene은 나노 규모의 크기를 가지고 있으나, 분명한 분자식으로 기술되고 벌크 상태가 존재하지 않는다. 그럼에도 풀러렌은 탄소 나노튜브의 특성을 상당히 공유하기에 나노물질로 분류되는 경우가 많다. 이외에도 같이 마이셀, 고분자, 염, 생체분자 등을 나노물질로 분류할 것인지에 대해 학술단체마다 각기 다른 의견을 제시하고 있으며, 제올라이트와 같이 물질의 크기가 벌크지만 내부에 나노 규모의 공동을 가지는 경우, 의도적으로 제조된 물질인가의 여부, 크기 분포가 광범위한 경우 등 물질의 다양성만큼이나 나노물질을 바라보는 시각 또한 다양하다(표 1.1).

1.1.2 나노 기술의 역사

20세기 초 출현한 양자역학을 바탕으로 과학자들은 원자의 구성에 대해서 수학적으로 기술하고 그 거동을 예측할 수 있게 되었지만, 실제 원자를 보고 만질 수 있는 기술은 당시에는

표 1.1 ▸ 여러 학술기관들이 제시한 나노물질의 정의[1]

Organisation	Definition of nanomaterial
ISO-CEN (draft)	Material with any external dimension in the nanoscale or having internal or surface structure in the nanoscale
OECD	Material which is either a nano-object or is nanostructured
EU SCENIHR	Any form of a material composed of discrete functional parts, many of which have one or more dimensions in the nanoscale.
EU SCCP	Material with one or more external dimensions, or an internal structure, in the nanoscale, which could exhibit novel characteristics compared to the same material without nanoscale features.
EU (Cosmetic Products)	An insoluble or biopersistant and intentionally manufactured material with one or more external dimensions, or an internal structure, in the nanoscale.
EU (Novel Foods)	Any intentionally produced material in the nanoscale or is composed of discrete functional parts, either internally or at the surface, many of which have one or more dimensions in the nanoscale.
ACC	An Engineered Nanomaterial is any intentionally produced material in the nanoscale.
Australia (NICNAS)	Industrial materials intentionally produced, manufactured or engineered to have specific properties or specific composition, in the nanoscale.
Canada	Manufactured material at or within the nanoscale in at least one spatial dimension, or is smaller or larger than the nanoscale in all spatial dimensions and exhibits one or more nanoscale phenomena.
Denmark	Materials having structures in the nanoscale.
The UK	Materials having structured components in the nanoscale.
The UK (DEFRA)	Materials in the nanoscale and are deliberately engineered i.e. not natural or unintentional by-products of other processes, and are 'free' within any environmental media at any stage in a product's life-cycle.
US-EPA	Engineered nanoscale material is any particle, substance, or material that has been engineered to have one or more dimensions in the nanoscale.

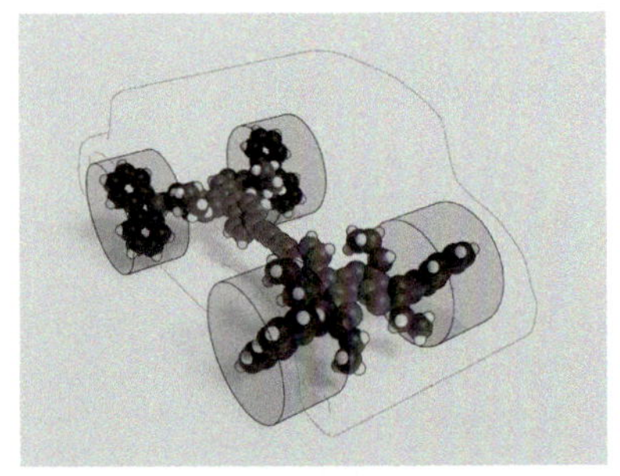

그림 1.1 ▶ 실제로 구동하는 4개의 바퀴를 가진 분자기계 자동차. 네덜란드 Groningen 대학의 Tiber Kuderna은 STM의 터널링 전자에서 에너지를 받아 여기된 바퀴 축 이중결합(double bond)의 반복적인 *트랜스-시스* 이성질체화 과정(*trans-cis* isomerization)으로 회전하는 분자모터를 가진 자동차를 합성하고, Cu 표면에서 6 nm를 주행하는 영상을 공개하였다.

상상하기 어려운 일이었을 것이다. 1959년 Feynman 교수는 캘리포니아 공과대학에서 열린 물리학회에서, "There's Plenty of Room at the Bottom: An Invitation to Enter a New Field of Physics"란 제목의 강연에서 미래에는 직접 원자들을 조작하여 새로운 분자기계를 만들 수 있게 될 것이고, 초고집적회로를 가진 컴퓨터의 탄생, 그리고 기존에 볼 수 없었던 작은 세계도 직접 관찰할 수 있게 될 것이라며 미래의 나노세계를 전망하였다(그림 1.1). 특히 "Swallowing the doctor"는 나노 로봇을 삼키면 그 로봇이 몸 안을 돌아다니며 병을 찾아내고 치료할 것이라는, 당시에 상상하기 힘들었던 파격적인 개념이었다. 이 강연은 많은 관심을 불러 모았고 나노 과학이라는 개념이 젊은 과학자들에게 퍼져 나갔으며, 비록 이 당시의 상상들이 모두 똑같은 방식으로 구현되지는 않았지만 현대 나노기술의 중요한 토대가 된다.

"나노기술(nanotechnology)"라는 용어는 1974년 일본 동경대의 Taniguchi 교수가 일본 정밀공학 학회에서 처음 사용한 이후, 미국 MIT의 공학자 Drexler가 1986년에 그의 저서 "Engines of Creation: The Coming Era of Nanotechnology"에서 적극적으로 사용하면서 널리 퍼지게 된다.[2,3] 그는 우주개발, 질병 치료, 인공지능 등의 분야에 관한 나노기술의 비전을 전망하며 대중의 지지를 받게 되었는데, 특히 스스로 자기복제(self-replicating)하면서 원자 하나하나를 조절할 수 있는 분자기계인 나노어셈블러(nano assembler)의 가능성을 언급한 것이 많은 관심을 끌었다. 만능에 가까운 이상적인 기술이 될 수 있을 것이라 내다보면서도, 나노어셈블러의 자기복제 기능이 통제를 벗어나 무한히 증식하여 바이러스보다 위협적으로 생태계를 뒤덮거나 군사적인 목적으로 사용되는 상황에 대하여 경고하였다. C_{60} Buckminsterfullerene의 발견(1985년)으로 노벨상을 수상한(1996년) 미국 Rice 대학의 화학자 Smalley는 나노 과학 연구의 선두로 주목받았는데, 2001년 대중과학 잡지 Scientific American의 기사에서 Drexler의 분자기계는 '실현 가능성이 없는 몽상'이라며 강도높게 비판하면서 연구자들 사이에서 뜨거운 논쟁이 일어나게 된다.[4] Smalley를 비롯한 화학자들은 분자기계의 손 역할을 할 분자 규모의 도구가 존재하지 않으며, 작동하게 할 에너지를 공급하거나 작업 도면을 저장할 수단도 없다고 일축하였지만, Drexler와 그의 동료들은 단백질을 조립하는 세포소기관 리보솜을 예로 들며 생물이 존재하는 것이 자기복제 분자기계의 가능성을 증명한다고 반박하였다.

논쟁의 주제인 자기복제 분자기계의 실현 가능성 여부는 여전히 결론이 나지 않았고, 종결되지 않은 이들의 논쟁은 과학자들과 대중에게 나노과학에 대한 큰 관심을 불러일으키는 역할을 했다는 의의가 있다. 그러나 논쟁 과정에서 나노기술의 위험성이 자극적으로 지목되어 부정적인 인식을 가져오기도 하였고, 과학자들은 이러한 부정적인 인식이 연구개발을 저해하는 사회적인 장벽이 될 것을 우려하여 이를 극복하기 위해 나노기술의 잠재적 위험성을 연구하는 분야를 신설하기도 했다. 나노물질이 인체에 미치는 피해를 검토하는 나노독성학 연구에서 오히려 의약적 가능성을 발견하고 나노의약학으로 발전하게 되는 등의 성과들이 모여, 현재에 와서는 건강과 친환경을 위한 기술로 인식이 변화되고 있다. 나노기술에 대한 기대가 높아짐에 따라 연구개발을 장려하는 사회적 장치들이 마련되었다. 미국 정부는 나노기술을 위한 독립기관 National Nanotechnology Initiative (NNI)를 설립하면서(2000년) 나노기술 분야에서 세계를 선도해 나가고 있고, 대한민국도 국가나노기술정책센터를 설립하여(2010년) 나노기술의 연구기반 조성 및 연구자의 체계적인 육성을 추진하고 있다.

Feynmann 교수의 "There's Plenty of Room at the Bottom" 강연 이후 나노기술에 대한 관심과 기대가 높아졌지만, 나노 세계를 관찰할 수 있는 현미경의 부재로 인해 본격적인 연구는 훗날로 미뤄지게 된다. 20여 년이 지나 1980년대에 최초의 주사터널링현미경(scanning tunneling microscope, STM)이 개발되었고, 이어서 원자힘현미경(atomic force microscope, AFM), 전자 현미경(electron microscopy, EM) 등 다양한 관찰 기법들이 마련되었다. 1981년, 물리학자 Binnig과 Rohrer는 전도성 시료 근처에 탐침을 놓았을 때 가까워진 원자들의 전자파동함수의 겹침을 감지하는 방식의 주사터널링현미경을 개발하여, 1983년 최초로 원자 규모의 해상도를 가진 현미경 영상을 공개하였다(그림 1.2).[5] STM이 개발되고 얼마 후, 1990년 IBM연구소(New York, USA)의 Eigler는 STM의 탐침과 시료 원자의 상호작용으로 관찰뿐만 아니라 직접 원자를 조작할 수 있음을 보이며 35개의 제논 원자를 개별로 조작하여 니켈 표면에 IBM 로고를 새기는 성과를 얻었다.[6] STM의 발명자들은 1986년 노벨 물리학상을 수상하였고 이에 영감을 받은 새로운 원자규모 현미경 AFM과 SPM 등의 개발이 이어졌다. 1991년, 투과전자현미경(transmission electron microscopy, TEM)로 처음 관찰된 탄소 나노튜브의 향상된 강도와 유연성은 이를 각광받는 재료로 급 부상시켰다.[7] 기계적, 전기적, 열적 특성들을 활용한 복합 섬유들이 개발되었으며, 에너지 저장물질, 촉매 등 화학적 활용 또한 활발히 개발되고 있다. 풀러렌(Fullerene)이라 하는 C_{60}, C_{70} 등의 탄소 공, 10 nm 미만의 탄소 물질 C-dot 등 새로운 나노탄소 물질들이 발견되어 이들의 화학적 활용성, 생체 응용 가능성들이 모색되고 있다.[8,9]

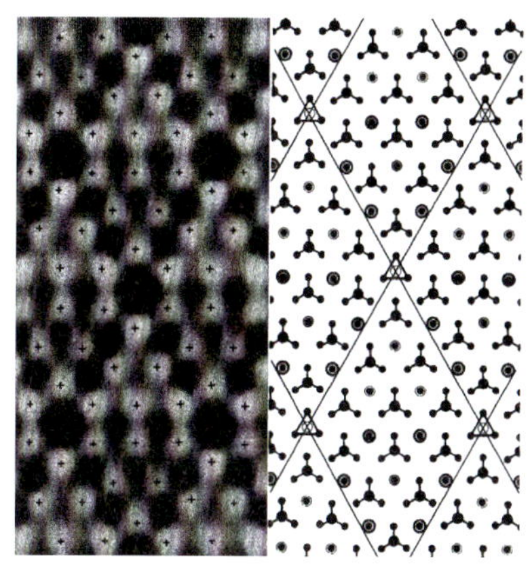

그림 1.2 ▸ (*왼쪽*) 최초로 공개된 주사터널링현미경 영상, Si (111) 표면. (*오른쪽*) 촬영된 영상의 결정 구조 모델. 검은 점은 표면층의 원자 위치, 동심원은 다음 층의 원자 위치, 삼각형 내의 원은 빈 자리를 표기한다. Reproduced with permission from American Physical Society.[5]

새로운 나노재료들이 개발되어 관심이 높아지자, 이들의 응용 또한 가속화되었다. 21세기 이후 컴퓨터 공학은 나노 규모로 집적된 회로와 함께 발전하여 방 크기의 컴퓨터는 책상 위로 올라가고, 다시 주머니 속으로 들어가는 크기로 축소되었으며, 몸에 입는 형태와 피부에 부착하는 형태로도 나아가고 있다. 질병의 진단과 치료를 위한 나노바이오기술이 매우 큰 잠재력을 가진 것으로 평가되고, 신 재생 에너지를 생산·저장하는 나노촉매, 배터리 등이 환경오염에 대응할 유망한 기술로 떠올랐다. 불과 수십 년만에 나노과학은 첨단 현대기술문명의 핵심으로 자리잡았으며 상상할 수 있는 모든 미래에 나노기술이 있을 것이다.

1.1.3 나노 기술의 파급효과

우리는 현재, 하루가 다르게 급속히 발전하고 있는 나노기술을 목격하고 사용하고 있다. 이미 수년 전, 양자점(quantum dot)을 이용하여 고품질 디스플레이를 구현하였고, 의학 분야에서는 나노기술을 이용하여 표적 선택적인 나노의약품이 개발되고 있다. 또한 수 나노미터의 선폭을 가지는 초고집적회로가 사용된 스마트폰, 나노촉매를 사용한 물분해를 통한 수소 생산과 수소연료전지 자동차 등 그 적용 분야는 점차 늘어나고 있다. 다양한 학문 분야에서 나노물질에 대한 관심이 높아짐에 따라 다양한 측면에서 연구가 진행되었고, 이를 공유하며 여러 학문 간의 소통이 이루어졌다. "나노"라는 공통 분모에 모인 학문과 기술들이 융합하고 복합화하여 새로운 분야를 창출하며 발전해 나아가고 있다. 나노는 과학 기술 및 학문의 발전 측면뿐만 아니라 사회, 윤리, 환경, 그리고 법적인 문제 등 공동체의 삶 전반에 걸쳐 영향을 주고 있다. 20세기 후반이 플라스틱 혁명의 시대였다면 21세기는 나노 혁명으로 출발했다고 이야기할 수 있을 것이다. 아래에서 다양한 분야에서 나노기술이 활용되는 예와 미래를 위한 연구개발의 방향을 살펴보자.

전자 산업 분야

1965년 intel사(California, USA)의 공동 설립자 Moore는 반도체 집적회로의 성능이 24개월마다 2배로 증가할 것이라 예측하며 자사의 연구개발 기준으로 삼았고, 이는 곧 모든 반도체 기업들이 경쟁에서 살아남기 위해 달성해야만 하는 공동의 목표가 되었다. 지난 반세기 동안 마이크로 회로 시대를 거쳐 나노 회로 시대로 진입하며 반도체 소자 기술은 눈부

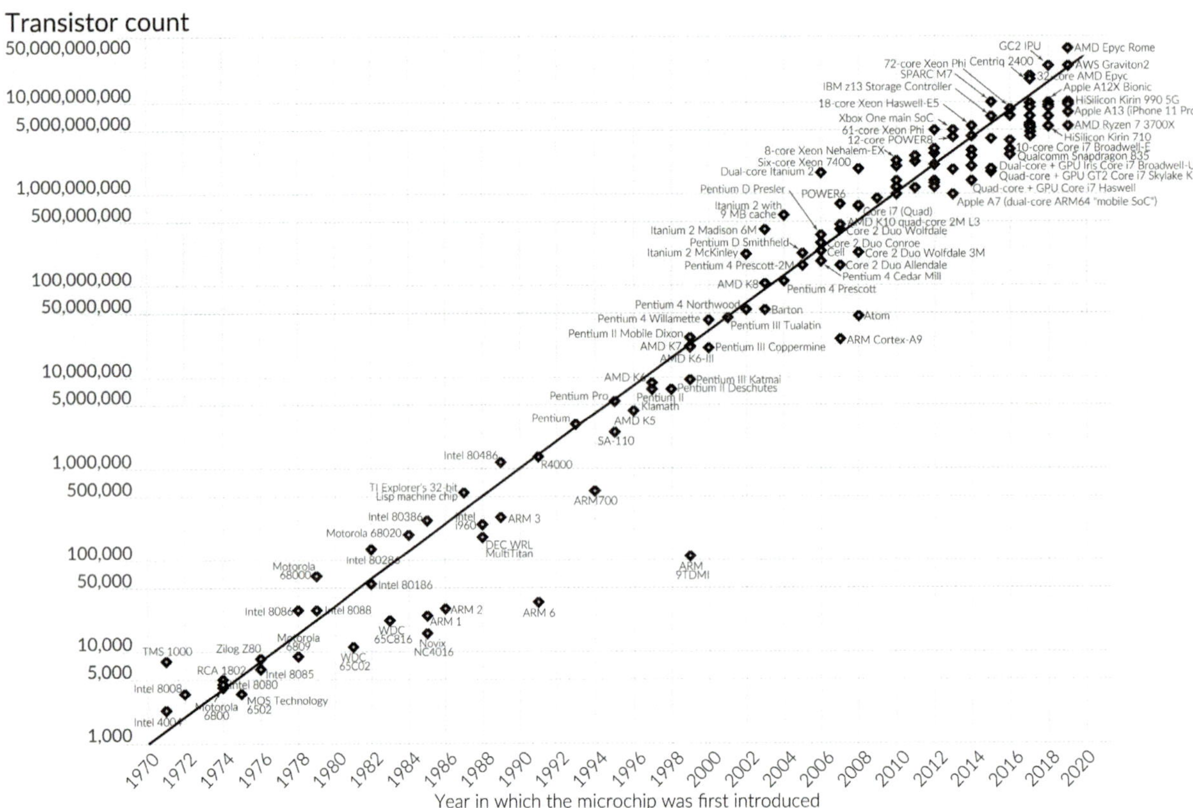

그림 1.3 ▸ 마이크로 프로세서의 개발 시기에 대한 트랜지스터의 집적도, log scale. 실선의 기울기 $\log\sqrt{2}$는 매2년마다 2배의 성장을 보여준다.

신 발전을 이루었고, 실제로 Moore의 법칙을 달성하였다(그림 1.3). 실리콘을 기반으로 하는 대표적인 집적회로인 complementary metal oxide semiconductor (CMOS)는 회로의 집적도를 높이기 위해 실리콘 웨이퍼 위에 회로를 직접 새기고 소자를 쌓으며 제조된다. 트랜지스터를 작동하기 위해서 전력을 공급하고 발생하는 열을 해소해야 하는데, 상용 환경에서 냉각장치의 열 전달 속도의 한계가 마이크로 프로세서의 단순한 증량을 제한한다. 회로가 소형화될수록 소비전력과 발열량이 줄어들어 고집적 회로를 만들 수 있기에, 재료 절감과 성능 향상을 위해 실리콘 웨이퍼를 더욱 미세하게 깎아낼 필요가 있다. 뒤에서 소개할 리소그래피(lithography)를 통해 정밀한 패턴을 실리콘 웨이퍼에 새기는 기술이 개발되었고, 2004년 회로 선폭 90 nm의 공정이 상용화되며 나노 세계로 진입하였다. 2010년대 중반, 20 nm 이하의 공정이 개발되었으나, 좁아진 채널 사이의 공간을 양자 터널링 효과로 전자가 넘어가는 오류가 대두되고, 회로의 집적화가 물리적인 한계를 만났다는 의견과 함께 Moore의 법칙의 종결이 선언되기도 하였다. 그러나 반도체의 개발은 여기서 멈추지 않고 회로의 2차원 인쇄를 넘어서서 3차원으로 채널을 감싸는 게이트가 고안되어 양자 터널링을 억제하며 2019년 5 nm 공정이 달성되었다. 이후 개발 과제는 새로운 high-volume 패턴의 고안과 열 해소 방법의 마련, 전자빔 리소그래피 등 정밀 가공 방법의 개발을 필두로 다양한 측면에서 접근할 필요가 있을 것이다.

의료 & 바이오 분야

Feynmann의 "There's plenty room at the bottom" 강연에서 제안된 "Swallowing the doctor"가 기존의 약물 치료와 구분되는 점은 그것의 능동성에 있다. 우리가 기대하는 새로운 시대의 의약품은 스스로 환부를 찾아가고, 질병의 종류나 병변의 범위 등을 진단하여 정보를 전달하며, 적절한 치료를 행할 수 있는 것이다. 정상 조직에는 작용하지 않고 환부에만 작용하는 기능이 특히 중요한데, 이를 통해 약재 내성과 부작용을 최소화할 수 있을 것으로 본다. 또한 인체 스스로 복구하지 못하는 영구 손상된 조직을 재건하는 재생 의학 또한 나노기술을 통하여 가능성을 열고 있다. 이러한 복잡한 기능들을 수행하기 위해서는 약물 또한 여러 가지 기능을 하는 부품들로 조합된 형태가 될 것이며, 단순한 분자 약물보다 크기가 커질 것이다. 그러나 마이크로미터 이상의 규모를 가지는 물체는 소화기관에서 잘 흡수되지 않으며 주사 투여하더라도 세포막을 투과하지 못하여 약리작용이 어려울 뿐만 아니라 인체의 면역기능에 의해 빠르게 제거된다. 따라서 체내에서 활동하는 'the swallowed doctor'는 틀림없이 나노물질이어야 할 것이다.

현재 나노의학 기술은 정밀 진단, 약물 전달, 재생 의학 등에 중점을 두고 연구되고 있으며, 폭발적인 성장세를 보이고 있다. 예로, 초상자성 산화철 나노입자의 넓은 표면에 암조직 등의 타겟에 부착되는 항체를 붙여 주면 이 나노입자는 암조직에 모여서 MRI의 조영제(contrast agent)가 되며, 사용된 후에 초상자성 나노입자는 자성을 잃고 흩어지고 세포 내에서 소화되어 헤모글로빈을 위한 철분으로 재활용된다.[10] 이외에 금 나노입자의 형광 반응을 이용하여 신호를 감지하는 방법도 사용되며, 테라헤르츠파(THz)를 이용한 차세대 의학 영상기법으로 연구중인 테라헤르츠선(terahertz-ray, T-ray)을 위한 마커도 개발되고 있다. 세포 외 기질(extra cellular matrix)을 모방하여 만든 인공적인 세포 지지체 스캐폴드(scaffold)를 상처로 손실된 조직에 채워 주면, 세포의 유도분화를 촉진하여 쉽게 빈 공간을 채우며 기관의 원래 형태를 재생할 수 있다. 보다 특성이 좋은 스캐폴드를 만들기 위해 나노기술이 사용되며, 기계적 강성이 좋은 탄소 나노튜브나 부드러운 나노-다공성 고분자 등이 재생하고자 하는 조직의 종류에 따라 선택될 수 있다.

의학의 발전은 점점 더 많은 병으로부터 더욱 많은 환자를 치료할 수 있는 방향으로 진행되었으나 희귀한 질병을 비롯하여 개인마다 특이적으로 달라지는 병리에 하나하나 대응하기는 매우 어려운 일이었다. 개인 맞춤형 치료를 위해서는 막대한 종류의 의약품을 준비해야 하는데, 그 하나하나의 약품마다 임상시험을 완수해야만 한다. 막대한 시험 비용과 시험 과정에 생기는 부작용 등 우리 사회가 감당해야 할 부담이 매우 크므로 소수를 위한 특이적인 의약품보다는 모두가 사용할 수 있는 범용적인 약물이 우선하여 개발될 수밖에 없었을 것이다. 만약 의약품의 검증에 필요한 비용을 크게 절감할 수 있다면, 그때는 개인 맞춤형 치료가 현실이 될 수 있을 것이다.

나노 의약품은 다양한 기능을 가지는 부품들을 조립하여 만들 수 있는데, 병변 조직을 찾는 표적체, 전달할 약물과 그것을 담는 담지체, 측정할 수 있는 신호를 발신하는 표지물질, 병변조직을 감지하거나 외부 신호를 받았을 때 약물을 방출하는 작용기 등을 포함할 수 있다. 이들을 로봇과 같이 모듈의 개념으로 필요에 따라 쉽게 조합할 수 있도록 준비하고, 각각의 모듈에 대한 임상 검증을 확보하는 것은 어떨까? 필요에 따라 모듈을 조립하여 각각의 환자에게 필요한 즉석 맞춤 설계가 가능할 것이며, 모든 조립의 경우의 수만큼 모든 임상시험을 하지 않아도 될 수 있을 것이다. 다만, 현재 임상시험에 관한 법률은 임상 허가된 약물들로 조합된 복합제 역시 추가적인 임상시험을 수행하도록 한다. 나노 조립 의약품에 대한 더 많은 연구와 논의가 이루어진 후에 더욱 효율적인 임상 검증 방법이 도입되기를 기대할 수 있을 것이다.

에너지 분야

미래 사회를 맞이하기 위해 가장 중요하고 시급한 연구 분야가 무엇인지 묻는다면 가장 먼저 언급되는 것은 에너지일 것이다. 화석 연료를 대체할 새로운 에너지는 생산과 소비 과정 모두 친환경적이어야 하며, 안전하고 저렴하게 대량 운용할 수 있어야 한다. 이 어려운 조건들을 나노기술 없이 충족시키는 방법은 현재로서는 제안조차 할 수가 없다. 가장 유망한 에너지 생산기술, 변환기술, 저장기술들의 완성도를 높이는 데 나노물질의 특성이 적재 적소에 활용되고 있다. 기존에 상용화된 실리콘 기반의 태양광전지는 태양광의 일부분만을 이용할 수 있다. 태양광 에너지의 대부분을 차지하는 적외선 영역의 빛들은 활용하지 못하는데, 만약 두 개 이상의 장파장(낮은 에너지)의 광자를 흡수하여 단파장(높은 에너지)의 광자를 방출하는 업컨버전(up-conversion) 나노입자들을 이런 태양광전지에 적용한다면 태양광전지의 효율을 크게 높일 수 있을 것이다.[11] 전기 에너지로 물을 분해하여 수소를 생산하는 수전해(water electrolysis) 기술과, 반대로 수소를 연료로 사용하여 전기에너지를 얻는 연료연지(fuel cell), 이산화탄소나 질소의 환원반응 등 에너지 변환 기술 역시 에너지 변환 효율을 높이기 위해 나노촉매가 매우 중요한 역할을 하고 있다. 배터리(battery), 커패시터(capacitor)와 같은 전기에너지를 저장하는 기술도 부피와 질량을 줄이고 에너지 밀도를 높이기 위한 새로운 전극재료로 탄소 나노튜브(carbon nanotube), 그래핀(graphene), 금속디칼코게나이드(metal dichalcogenide) 기반의 황화물 등이 개발되며 지속적으로 발전해 나가고 있다.

농업 분야

나노기술을 아주 유용하게 활용할 수 있는 분야 중 하나가 바로 농업 분야이다. 고도화된 농업기술과 사회장치로 78억 인구를 부양하고 있으나, 여전히 풍족하지는 못하며 농경지는 줄어가고 인구는 늘어가고 있다. 이에 더해, 심각한 환경오염이나 기후 변화로 인해서 기존의 농업기술이 타격을 받는 상황에 처할 때, 우리는 필연적으로 식량문제에 직면하게 될 것이다. 이 때문에 환경을 오염시키지 않으며 기후 변화를 극복할 수 있는 새로운 농업기술 개발은 중대한 문제이다. 이러한 요구에 따라 작물 수확량(crop yield)을 높이기 위한 나노비료(nanoferilizer), 환경오염을 피하며 병충해를 방지하기 위한 나노살충제(nanopesticide)에 대한 연구들이 진행되고 있다.[12,13] 또한 토양의 영양 상태나 작물의 성장 상태를 지속적으로 모니터링하여 최적의 작물성장을 유도할 수 있는 시스템 구축을 위해 나노바이오센서를 이용하는 연구도 이루어지고 있다.[14] 다만, 공장과 같은 통제된 환경이 아닌, 개방된 농경지에 사용할 화학기술인 만큼, 환경과 생태계에 위협이 되지 않도록 주의를 기울여야 할 것이다.

항공 · 우주 산업 분야

비행기, 인공위성, 우주선들은 극한의 환경에서 운용된다. 따라서 이러한 분야에서는 안전성과 에너지 사용의 효율을 높이기 위해 더욱 가볍고도 강한 소재들을 지속적으로 개발해오고 있다.[15] 탄소 기반의 나노복합소재, 실리콘이나 금속 산화물, 금속 질화물 기반의 새로운 반도체 나노물질들을 적용한 소재들은 고온이나 높은 수준의 방사선 노출 이후에도 장치들이 안정적으로 기능할 수 있도록 한다.[16,17] 철이나 알루미늄보다 훨씬 가벼운 마그네슘 합금이 항공기 재료로 유망하지만 마그네슘이 쉽게 부식되기에 이를 보완할 수 있는 내부식성(anti-corrosion) 나노코팅(nanocoating)이 함께 사용된다. 인공위성의 수명은 곧 위성에 탑재된 태양전지의 수명에 상응하므로 이 또한 나노기술에 큰 영향을 받는다. 스텔스 항공기의 표면은 나노물질로 코팅되어 전자기파를 매우 잘 흡수한다. 매우 가볍고 에너지 밀도가 큰 수소를 연료로 사용하는 연료전지는 소형 드론에 이상적인 에너지원으로 고려되고 있으며, 연료전지 전극의 나노촉매가 개발의 핵심이라 할 수 있다. 항공 우주 산업은 당대 첨단

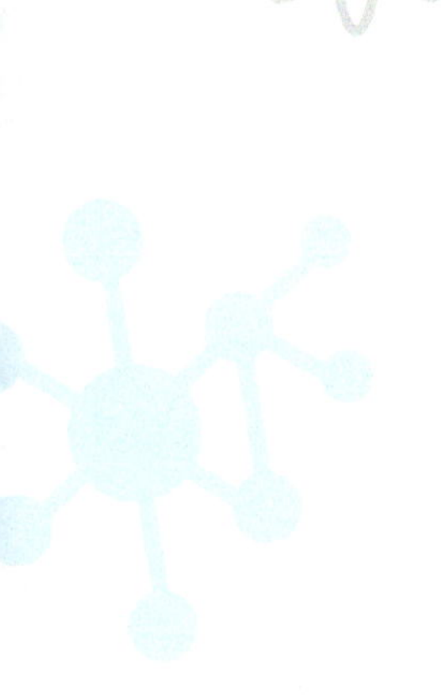

기술들의 총집합체라 할 수 있으며, 모든 기술과 소재들이 가장 가혹하게 시험된다. 구조체, 코팅, 접착제, 전자재료, 동력원을 아우르는 나노기술의 잠재력이 항공 우주 산업에서 큰 빛을 내고 있다.

환경 분야

디젤 및 가솔린을 사용하는 차량, 선박, 항공기 등 연소원은 나노입자를 포함하는 미립자 물질을 대기로 방출하며, 이는 도시 대기 미세먼지 농도의 30% 이상을 차지한다. 비가 오면 미세먼지가 크게 줄어서 우리는 쾌적하다 느끼지만, 물에 분산된 나노입자는 콜로이드(colloid) 상태가 되어 쉽게 가라앉지 않고 모래와 진흙으로 걸러지지 않으므로 강과 바다까지 수생 생태계 전체에 피해가 전달될 것이다. 이러한 미세한 나노입자의 생체독성이 확인됨에 따라 규제와 조사가 진행되고 있으나, 주로 인체 건강에 미치는 영향에 초점을 맞추고 있으며, 생태계에 대한 조사는 거의 이루어지지 않고 있다. 지금은 금지되었지만, 자연적 나노물질인 석면을 단열재로 사용했던 시기 이후로 치약, 세탁기, 청소기, 반창고 등에 사용되는 은 나노입자, 플라스틱, 촉매, 배터리 전극, 항공기 소재, 화장품 등에 사용되는 탄소 나노튜브와 금속 산화물 나노입자 등 모든 유형의 나노물질들의 생산량이 폭발적으로 증가하고 있으며, 문제는, 수많은 종류의 나노물질들이 위험성 평가가 이루어지기 이전에 이미 사용되고 배출되고 있다는 것이다. 이처럼, 나노물질의 환경독성에 대한 우려가 좀처럼 관심을 받지 못하는 중에도, 소수의 연구자들은 이에 대한 경고를 보내고 있다. Xing과 Liu 등은 식물의 발아 및 뿌리 성장 단계에서 토양에 섞인 나노물질이 미치는 영향을 보고했으며,[18,19] Adams 등은 썬크림에 사용되는 산화아연(ZnO) 등의 나노입자가 생태계 1차 생산자인 수생 미생물에게 강한 독성을 보인다고 보고했고,[20,21] Smith 등은 어류의 아가미 호흡 기능에 영향을 줄 가능성이 있다고 경고했다.[22,23]

나노물질의 사용량은 증가할 것이고, 의도치 않더라도 환경으로 방출되는 양 또한 증가할 것이다. 우리는 지난 산업혁명 시기에 환경과 생태계의 파괴를 외면했었고, 많은 것을 잃은 후에서야 규제를 마련하며 환경 복원을 위해 노력을 기울이고 있다. 이제 멈출 수 없는 나노혁명이 시작되었고, 급격한 발전을 기대하고 있지만, 그 이면에 있는 환경부담을 또다시 외면해서는 안 될 것이다.

1.1.4 이 책에서는…

나노소재 화학은 다양한 기초학문과 응용학문들이 한 데 모여 함께 만들어가고 있는 융복합 학문이다. 물리학, 화학, 생명공학, 에너지공학, 환경공학, 반도체 공학을 비롯한 수많은 분야의 연구자들이 각자의 다양한 시각을 제공하며 나노 과학 연구에 참여하여 적극적인 학제간 교류가 일어나고 있다. 이 책은 나노소재 화학을 주제로 다양한 분야에서 활발히 연구하고 있는 국내 연구자들이 함께 집필한 것으로, 각 분야에서 나노소재 화학을 어떻게 발전시키고 활용해 왔는지를 소개하고, 21세기 나노 혁명을 이끌어 갈 도전 과제와 전망을 제안하고자 한다.

이 책의 1장은 나노 규모에서 일어나는 특별한 현상을 이해하는 것으로 출발한다. 나노기술의 역사와 앞으로 일어날 파급효과를 살펴보고, 나노 세계에서 비분자 고체의 표면 상태와 표면에너지에 대한 개념을 이해할 것이다.

2장에서는 나노물질의 대표적인 합성·제조 방법들과 관찰 방법들의 튜토리얼을 제공할 것이다.

3장에서는 금속 나노입자의 대표적인 특성인 표면 플라즈몬 공명 현상을 주제로, 작은 나노입자의 전자구조를 살펴보고 자유전자들의 진동으로 표현되는 유사입자 플라즈몬을 소개할 것이다. 표면 플라즈몬 공명으로 인해 나타나는 광학적, 화학적 현상들과 이를 활용하기 위한 나노입자를 합성하는 방법, 파생되는 응용과 전망을 소개할 것이다.

4장에서는 밸런스밴드와 컨덕션밴드 사이에 밴드갭을 가진 반도체 물질이 나노구조를 가질 때 나타나는 현상에 주목한다. 반도체 나노결정의 전자구조 변화와 광학적 성질들을 이해하고, 다이오드, 태양 전지, 광검출기, 레이저 등 다양한 응용 예들을 살펴볼 것이다.

5장에서는 층상구조 화합물, van der Waals 구조체로도 불리는 이차원 소재를 다룬다. 2차원 구조를 형성하게 하는 비등방성 결정구조와 적층구조에 따른 전자구조 등 기본적인 원리를 공부하고, 박리법, 증착법 등 대표적인 합성 방법과 그래핀, 전이금속 칼코겐, 육방정계 질화붕소 등 대표적인 2차원 구조들을 소개하고자 한다.

6장에서는 내부에 나노구조의 기공을 함유하는 나노다공성 소재를 소개한다. 내부 기공의 크기, 형태, 연결성, 표면상 등 나노다공성 소재의 특성을 기술하는 요소들을 살펴보고, 제올라이트, 금속-유기 골격체, 메조다공성 실리카 등 대표적인 나노다공성 소재의 합성 전략과 응용들에 대해 이야기할 것이다.

7장에서는 단분자의 자기조립으로 형성되는 나노구조를 살펴본다. 분자 간의 정전기력, van der Waals 힘과 같은 상호작용을 통해 자기조립체를 형성하는 과정과, 이를 통해 형성된 단분자막의 표면 및 계면특성을 이해하고 이를 소재로 활용하는 전망을 소개하고자 한다.

8장에서는 나노구조를 갖도록 성형된 고분자를 소개한다. 고분자의 유연성을 기반으로 전기적, 광학적 특성을 활용하여 여러 분야에 응용 가능한 소재를 설계하는 전략과, 고분자를 나노구조로 성형하기 위한 리소그래피, 프린팅 등 패터닝 기술들을 살펴볼 것이다.

9장에서는 이차전지 및 슈퍼커패시터 등의 에너지 저장에 특화된 나노물질들을 폭 넓게 살펴보고자 한다. 에너지 저장 소재에 요구되는 특성들과 이를 제공하기 위한 전략을 다루며, 소재와 전해질의 계면에서 나타나는 미세구조와 이로 인한 효과를 설명할 것이다.

10장에서는 나노물질을 불균일계 촉매로 활용하는 나노촉매 분야에 대해 다룬다. 나노물질의 특이적인 표면 상태가 나노물질 표면에 찾아온 게스트 물질과 상호작용하여 화학반응을 일으키는 현상을 이해하고, 촉매 특성을 향상시키기 위한 전략들을 소개할 것이다.

11장에서는 바이오센싱, 질병 치료, 기능성 화장품 등 바이오 응용을 위한 나노소재를 소개한다. 생물학적 수용체와 나노소재의 결합 방법, 의료용 약물을 내장한 나노소재들의 제조 방법, 열을 발생시키고 자기장에 반응하며 빛을 흡수하는 나노소재들이 우리의 건강을 위해 활용되는 예를 살펴볼 것이다.

1.2 나노결정의 이해(Introduction of nanocrystals)

1.2.1 표면에너지(Surface energy)

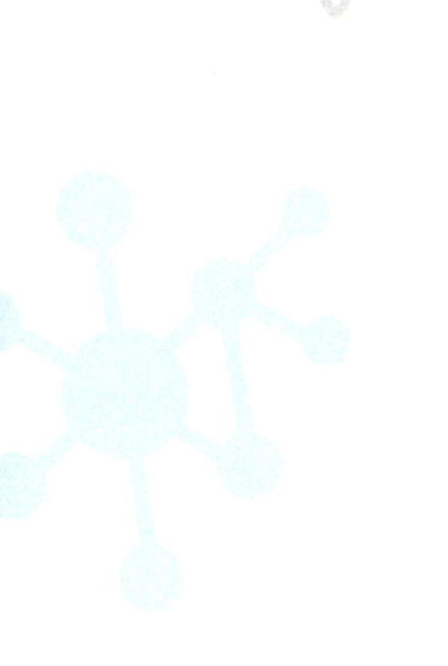

물질의 고유한 성질을 가지는 가장 작은 단위 입자를 분자로 정의하나 모든 물질이 이를 만족하는 단위 입자를 가지지는 않는다. 금속 및 금속염, 그래핀, 다이아몬드와 같이 금속 결합, 이온 결합, 공유 결합 등에 의해 끊임없이 이어질 수 있는 물질들은 조성과 구조의 최소 단위체인 단위정(unit cell)을 찾을 수 있지만, 분자의 정의에는 부합하지 않는다. 단위정의 크기만큼만 떼어 놓으면 물질의 고유한 성질과는 현저히 다른 물성이 나타나며, 물체의 크기에 따라 물성이 변하므로 고유의 물성을 가지는 최소 크기를 특정할 수 없기 때문이다. 이러한 비분자 고체(non-molecular solid)의 특징은 원자들이 끊임없이 이어질 수 있는 결합구조에서 비롯된다. 물체가 어떠한 크기와 형태를 갖는다면 원자들의 결합이 더 이상 이어지지 않는 부분, 즉 표면이 존재하며, 표면에 노출된 원자들의 화학적 상태는 물체 내부에 있는 원자들과는 분명히 다르다. 거시적인 세계에서 흔히 접하는 물체의 표면에 노출된 원자의 비율은 매우 작으므로 표면의 화학적 상태는 무시될 수 있으나, 물체의 크기를 작게 만들어 100 나노미터 이하가 되면, 나노 물질의 높은 부피에 대한 표면적의 비율 때문에 표면 상태가 물성에 지배적인 영향을 주게 된다. 자철석(magnetite, Fe_3O_4)은 준강자성(ferrimagnetism)을 띠어 영구자석으로 사용되는데, 1 cm^3 크기의 자철석이면 그 구성 원자들 중 표면에 노출된 원자의 비는 약 10^{-5}%로 매우 작아서 표면의 화학 상태는 무시된다. 그러나 10 nm^3 크기의 나노 자철석은 표면 원자의 구성 비율이 약 10%로, 표면의 상태에 의해 성질이 변하여 초상자성(superparamagnetism)을 띠는 강한 자석이지만 외부 자장 없이 자성을 유지하지 못한다. 따라서 자철석의 나노입자는 벌크물질과 달리 영구자석이 아닌, 필요할 때만 자석이 되는, 외부 자기장 감응형 자석으로 사용할 수 있다.

표면에너지는 비분자 고체 표면의 화학적 상태를 기술하기 위한 중요한 기술자(descriptor)로서, 고체를 쪼개어 새로운 표면을 형성하는 데 필요한 에너지를 뜻한다. 다시 말해, 표면에 내재한 에너지이며 표면에 노출된 원자들의 결핍된 결합에 의해 불안정해진 상태를 표현한다. 비분자 고체의 표면에너지는 항상 양수이며, 표면에 노출된 원자는 내부의 원자보다 높은 에너지를 가지므로, 물체의 크기가 작아져 부피에 대한 표면적의 비가 늘어나는 과정은 에너지적으로 불리하다. 만약 표면에너지가 음수가 된다면 자발적으로 붕괴하여 고체상을 유지할 수 없을 것이다. 모서리에 있는 원자는 평탄한 표면의 원자보다 더 크게 노출되어 배위 상태의 만족도가 더 낮으며 추가 표면에너지(또는 모서리 에너지, edge energy)를 갖는다. 정육면체보다 모서리가 더 날카로운 정사면체의 모서리 에너지는 더 클 것이고 꼭지점에서 극대화될 것이다. 표 1.2에 소금 결정 1 g이 가지는 표면에너지를 정육면체 결정의 크기에 따라 정리하였다.[24] 결정의 크기가 작아질수록 총 표면에너지가 증가하지만 마이크로미터 규모까지는 모서리 에너지의 기여가 무시되어 면적당 표면에너지는 거의 일정하다. 나노미터 규모로 결정이 작아지면 모서리 에너지의 규모가 평탄 표면에너지의 자릿수를 따라잡아 면적당 표면에너지가 급격히 증가하게 된다. 여기서는 꼭짓점 에너지를 생략하였으며 가장 단순한 정육면체를 가정하였다. 모서리와 꼭짓점이 더 많은 복잡한 구조라면 표면에너지의 증가폭은 더 클 것이다.

표면에너지가 급격히 증가하는 나노미터 규모에서 다양한 물성의 변화가 나타난다. 고체의 녹는점이 낮아지며, 색이 변하고, 자성 잔류성(magnetic retentivity)이 소멸되고, 일함수가 작아진다.[25] 혼합 엔탈피(mixing enthalpy)를 변화시켜 벌크 상태에서 섞이지 않던 물

표 1.2 ▸ NaCl 정육면체 결정의 크기에 따른 표면에너지[24]

Side (cm)	Total surface (cm^2)	Total edge (cm)	Flat-surface energy (Jg^{-1})	Edge energy (Jg^{-1})	Total surface energy (Jg^{-1})
0.77 (1 g cube)	3.6	9.3	7.2×10^{-5}	2.8×10^{-12}	7.2×10^{-5}
0.1	28	550	5.6×10^{-4}	1.7×10^{-10}	5.6×10^{-4}
0.01	280	5.5×10^{4}	5.6×10^{-3}	1.7×10^{-8}	5.6×10^{-3}
0.001	2.8×10^{3}	5.5×10^{6}	5.6×10^{-2}	1.7×10^{-6}	5.6×10^{-2}
10^{-4} (1 μm)	2.8×10^{4}	5.5×10^{8}	0.56	1.7×10^{-4}	0.56
10^{-7} (1 nm)	2.8×10^{7}	5.5×10^{14}	560	170	830

질들의 합금이 형성되거나 반대로 합금의 조성들이 서로 분리되기도 한다.[26] 표면에 다른 분자를 흡착하려는 성질이 강해지므로 초-친수성 물질이 될 수도 있고, 화학 반응의 불안정한 중간체를 표면에 흡착-안정화하여 반응성을 향상시키는 촉매가 될 수도 있다.[27] 무엇보다 중요한 것은 이러한 물성들의 변화량을 나노물질의 크기에 따라 조절할 수 있다는 것이며 형태와 조성에 따라 특별한 물성을 부여할 수도 있다.

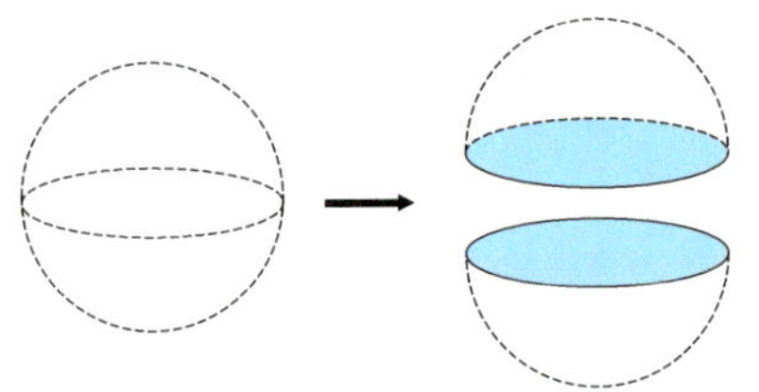

그림 1.4 ▶ 고체 표면의 형성.

표면에너지를 정의하기 위해 그림 1.4와 같은 부피가 무한한 고체를 가정하자. 이를 반으로 나누어 새로운 표면을 만들 때 단위면적당 소요되는 에너지를 표면에너지(surface energy), 표면자유에너지(surface free energy), 또는 표면장력(surface tension)이라 한다.

$$\gamma = \left(\frac{\partial G}{\partial A}\right) \tag{1.1}$$

새로 생성된 표면에 노출된 원자는 입자 내부에서는 이웃 원자들과 결합하고 있고, 빈 공간뿐인 입자 외부에서는 결합이 결핍되어 비대칭적 상태에 놓여 있다. 따라서 표면의 원자는 원래의 위치에서 벗어나 내부로 이동하려고 할 것이다. 가상의 힘을 가정하여 표면의 원자들을 원래의 위치로 되돌려 놓자. 이러한 상태를 특이 표면(singular surface)라 하며, 이 가상의 힘이 원자들의 위치를 움직이는 데 필요한 에너지는 원자들의 결합 강도(ε)의 절반과 끊어진 결합의 밀도(ρ_b)의 곱으로 나타날 것이며 이는 위에서 정의한 표면에너지와 같다.

$$\gamma = \frac{1}{2}\varepsilon\rho_b \tag{1.2}$$

다음 그림 1.5와 같이 면심입방(face centered cubic, FCC) 구조의 결정이 각각 {100}, {110}, {111}면으로 노출된 표면을 갖는다고 할 때 표면에너지를 구해 보자. 원자당 끊어진 결합의 수는 각각 4개, 6개, 3개이며, 단위정의 한 변의 길이 a에 대해 표면 원자의 밀도는 각각 $(2/a^2)$, $(\sqrt{2}/a^2)$, $(4/\sqrt{3}a^2)$이므로 이를 곱해 끊어진 결합의 밀도를 구하고 식 (1.2)를 사용하여 표면에너지를 구한다.

$$\gamma_{100} = 4\frac{\varepsilon}{a^2} \tag{1.3}$$

$$\gamma_{110} = \frac{6}{\sqrt{2}}\frac{\varepsilon}{a^2} \tag{1.4}$$

$$\gamma_{111} = 2/\sqrt{3}\,\frac{\varepsilon}{a^2} \tag{1.5}$$

$$\gamma_{111} < \gamma_{100} < \gamma_{110} \tag{1.6}$$

이 간략한 계산 모델은 결정의 표면에너지를 직관적으로 설명하고 있으며 노출면에 따른 표면에너지의 대략적인 비교가 가능하다. 그러나 실제 표면에너지와는 큰 차이가 있다. 가장 가까이 이웃한 원자 간의 결합 외에도 2차 이웃과의 결합도 존재하며, 결합 힘 ε은 위치에

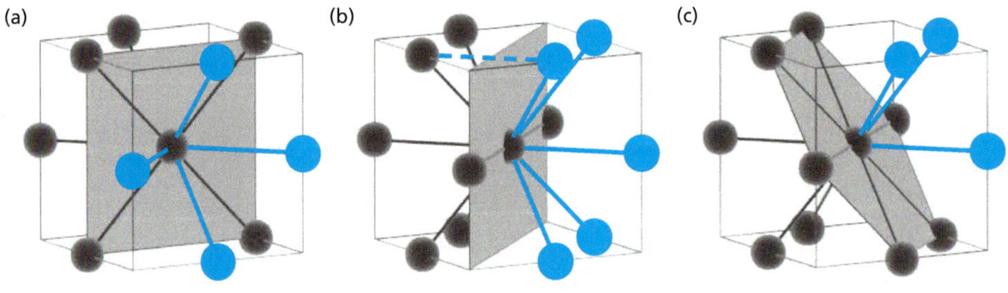

그림 1.5 ▶ 면심입방(face-centered cubic, FCC) 구조 결정의 한 원자를 중심으로 하는 이웃 원자들과 각각 (a) {100}, (b) {110}, (c) {111}의 노출면(회색)에 대하여 끊어지는 결합(색상 부분). {110}면의 경우, 점선으로 결합된 원자들이 기하학적으로 {110}면에 있지는 않지만 {110}면을 생성할 때 함께 끊어지는 결합이다. 실선으로 표기된 5개의 결합에 더해 총 6개의 원자당 결합을 잃게 된다.

따라 일정하지 않다. 표면의 원자는 원래의 자리를 이탈하여 고체의 내부 방향으로 이동하여 결합 구조를 재구성할 수도 있으며 이는 고체의 탄성에 영향을 받는다. 단일 원소 금속이 아닐 경우 고려해야 하는 함수가 크게 늘어날 것이다. 보다 정확한 표면에너지를 추정하기 위해 다양한 수학적 모델들이 꾸준히 개발되고 있다.

이렇게 고체 표면에서 끊어진 결합을 댕글링 결합(dangling bond)이라고 하며, 불만족 원자가(unsatisfied valence) 또는 고정된 자유 라디칼(immobilized free radical)로도 표현된다. 분자물질의 라디칼이 그러하듯 비분자 고체에서도 역시 짝을 이루지 못한 전자(non-paired electron)는 높은 에너지와 반응성을 가진다.

같은 결정 내에서도 노출된 결정면의 종류에 따라 표면에너지가 다르다는 것을 이해하면 많은 결정성 고체가 대칭적이고 매끈한 다면체의 형태를 갖는 이유를 알 수 있다. 결정이 성장하는 초기 단계에서 무작위로 굴곡진 표면은 다양한 노출면들을 가지며, 그 중 에너지가 매우 높은 하이-인덱스(high-index) 결정면은 빠르게 사라지고 {100}, {111} 등과 같은 로우-인덱스(low-index) 결정면들만 남을 것이다. 결정의 성장이 결함없이 순조롭게 진행된다면 결국 가장 안정한 한 개의 결정면이 선택되어 아름다운 다면체 구조를 갖게 될 것이다. 표면에너지는 모서리 등에서 크게 증가하며, 표면에 흡착한 계면활성제 등에 의해 크게 낮아질 수도 있다(그림 1.6). 이에 따라 고체의 형태가 영향을 받는데, 나노결정의 모서리와 꼭지점 주변에서 결정면의 종류에 따른 표면에너지의 크기가 역전되면 모서리나 꼭지점이 깎인 형태의 다면체가 흔히 발견된다. 예를 들어 백금 나노결정은 {111}면을 노출하는 정팔면체(octahedron)의 형태를 선호하나 입자의 크기가 작아질수록 꼭지점이 {100}면으로 전환되어 육팔면체(cuboctahedron)로 변하는 것이 흔히 관찰된다. 또한 결정면 종류에 따라 표면의 원자 배열이 다르기에 표면에 흡착하는 계면활성제의 구조적 선호도가 다른 경우가 있다. 특정 결정면을 선호하는 계면활성제가 작용하여 해당 결정면을 안정화하는 환경이 갖추어진다면 결정의 성장 방향이 달라질 것이다. 결정의 성장이 종료된 후에 계면활성제를 제거하면, 매우 높은 표면에너지를 가지는 결정을 합성할 수 있으며, 이와 같이 표면에너지를 조작하는 것은 나노 물질의 합성방법론에서 매우 중요한 요소이다.

결정 표면은 결정 내부보다 높은 에너지를 가져 불안정하므로 항상 안정한 상태가 되려 할 것이다. 표면 원자의 결핍된 결합은 다른 분자를 흡착하여 안정화될 수 있으며 이는 다양한 현상으로 나타난다. 나노 크기의 고체 입자가 같은 종류의 원자를 흡착하여 입자가 성장하기도 하고 마찰의 근원인 고체간 냉용접(cold weld)을 야기하기도 하며 유기 분자 등을 흡착하여 촉매 반응을 일으키기도 한다.

표면에너지가 높을수록 흡착의 강도가 크므로 이를 이용하여 표면에너지를 직접 측정할 수 있다. 다음 그림 1.7과 같이 액체가 고체 표면에 접하여 방울을 맺을 때 고체의 표면

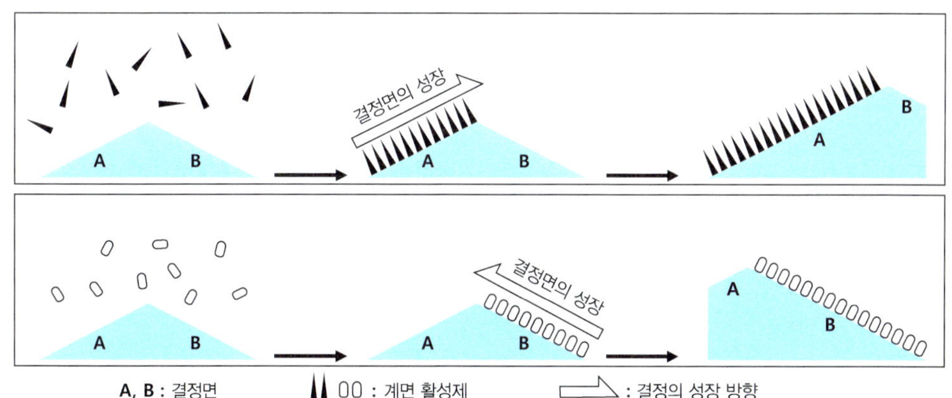

그림 1.6 ▸ 결정면 선택적 계면활성제를 활용한 결정 성장 제어의 개념.

그림 1.7 ▶ 접촉각과 표면에너지의 상관관계를 보여주는 도식.

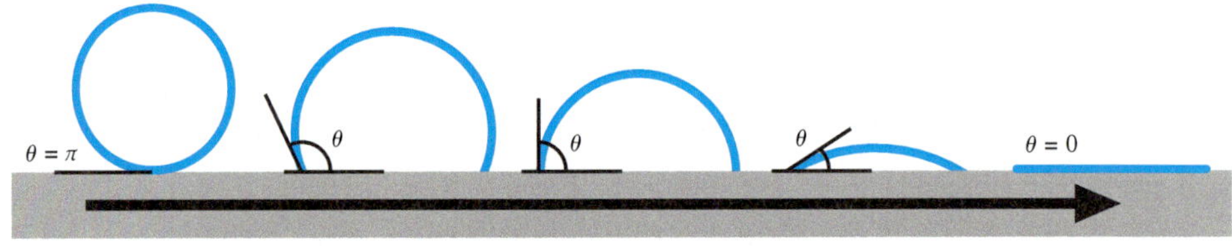

에너지에 따라 방울의 형태가 달라지며, 방울 가장자리의 접촉각(contact angle)을 측정하는 젖음성평가(wettability test)로 고체의 표면에너지를 구할 수 있다. 계면의 흡착 강도 계면 장력(γ_{sl})과 액체의 표면장력(γ_l) 접촉각(θ)을 통해 고체의 표면에너지(γ_s)를 얻는 Young 방정식이 흔히 사용된다(식 (1.7)).

$$\gamma_s = \gamma_{sl} + \gamma_l \cos\theta \tag{1.7}$$

측정의 정확성을 위해 표면이 평평한 고체 시료를 준비해야 하며, 고체 표면에 맺을 수 있는 액체 방울의 크기와 이를 촬영할 광학 현미경의 분해능 등이 분석한 계로 작용한다. 표 1.3은 젖음성 평가로 측정한 몇 가지 고체의 단위면적당 표면에너지를 제공한다.

그림 1.8 ▶ 나노입자의 구조와 표면에너지의 등고선 지도.

고체 표면의 평평하지 않은 부분, 모서리, 결함, 휘어짐 등이 있는 경우, 원자의 노출도가 커지며 표면에너지가 증가한다(그림 1.8).[29] 그러므로 복잡한 구조의 나노 물질의 표면적을 알 수 있다 하더라도 젖음성평가로 얻은 평평한 표면의 단위 면적당 표면적 정보로 실제 표면에너지를 간단히 구할 수는 없으며, 실험에 필요한 시료의 크기 한계 때문에 나노물질의 표면에너지를 직접 측정하는 방법은 아직까지 마련되지 않았다. 따라서 밀도 범함수 이론(density functional theory) 계산 등 컴퓨터 시뮬레이션을 활용하여 추정하는 방법이 사용되며 표면에너지와 다양한 나노화학적 현상의 관계를 규명하고 있다.

1.2.2 고체의 결정계와 조밀구조(Solid crystal system and packing)

Crystal System

결정성 나노 고체의 표면 상태를 이해하기 위해서는 결정이 어디에서 어떤 각도로 끊어졌

표 1.3 ▶ 젖음성평가(wettability test)를 통해 얻은 고체의 표면에너지[28]

고체 시료	표면 에너지 (mJ m^{-2})	표면 에너지의 분산성 (dispersive) 기여(mJ m^{-2})	표면 에너지의 극성 (polar) 기여(mJ m^{-2})	물에 대한 접촉각(°)	기름에 대한 접촉각(°)
Steel	43.42	31.17	12.25	66.2	11.3
Si_3N_4	64.93	30.62	34.31	30.8	13.8
SiC	57.22	39.75	17.47	51	10.9
ZrO_2	51.87	30.27	21.6	51.9	10.1
Al_2O_3	45.54	32.3	13.24	63.7	14.5
PA	58.08	46.61	11.47	57.3	7.5
PEEK	53.96	48.08	5.88	68.6	12.5
POM	49.48	42.49	6.99	69.2	17.7
PTFE	24.01	23.54	0.47	104.1	55.8

는지를 알아야 한다. 모든 나노물질이 결정 구조를 가지는 것은 아니지만 나노물질의 거동을 이해하기 위해서 기초적인 결정구조에 대한 이해가 필요하다. 전통적인 결정학적(crystallography) 관점에서, 결정을 정의하는 다음과 같은 용어들이 있는데, 결정족(crystal family), 결정계(crystal system), 격자계(lattice system) 등이 그것이다. 이들은 간혹 비슷한 의미로 혼용하지만 조금씩 정의가 다르다. 결정족은 격자(lattice)와 점군(point group)으로 구분되며, 결정계는 점군과 공간군(space group)으로 나눠지고, 격자계는 같은 구조의 격자 단위정(unit cell)을 가지는 그룹으로 구분한다.

앞서 언급한 결정은 7개의 결정계로 나뉘며, 32개의 점군으로 분류할 수 있다. 또한 7개의 Bravais 격자계(lattice system)로도 구분할 수 있는데, 두 시스템 간 5개의 그룹은 동일하나 2개의 그룹명(결정계에서 hexagonal과 trigonal 그리고 Bravais 격자계에서의 hexagonal과 rhombohedral)에서 차이를 보인다(표 1.4). 이러한 혼동을 피하기 위해서 총 6개

표 1.4 ▸ 결정족, 결정시스템 및 격자 시스템

결정 족 (Crystal family)	결정 계 (Crystal systema)	격자 계 (Lattice systemb)	점군 (Point group)	Bravais 격자(Bravais Lattice) 단순 (Primitive)	저심 (Base-centered)	체심 (Body-centered)	면심 (Face-centered)
Triclinic ($a \neq b \neq c$, $\alpha \neq \beta \neq \gamma \neq 90°$)			C_1^a, $C_i^{a,b}$	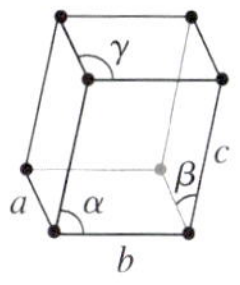 γ, β, α, a, b, c			
Monoclinic ($a \neq b \neq c$, $\alpha = \gamma = 90°$, $\beta \neq 90°$)			C_2^a, C_s^a, $C_{2h}^{a,b}$	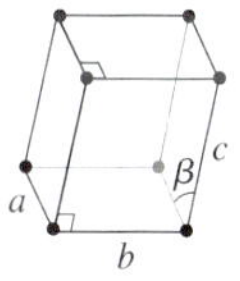 β, a, b, c	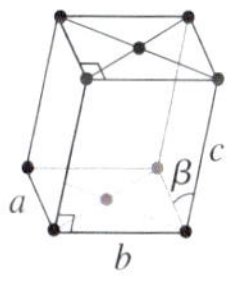 β, a, b, c		
Orthorhombic ($a \neq b \neq c$, $\alpha = \beta = \gamma = 90°$)			C_2^a, C_{2v}^a, $D_{2h}^{a,b}$	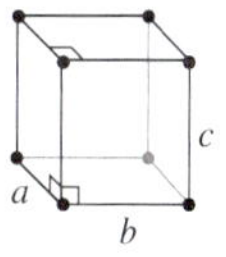 a, b, c	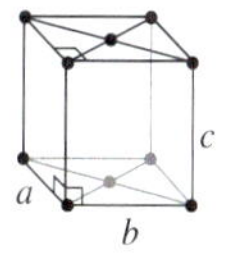 a, b, c	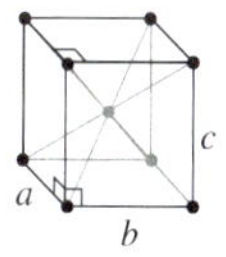 a, b, c	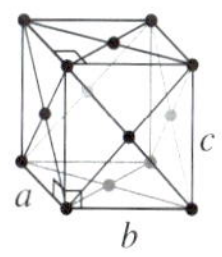 a, b, c
Tetragonal ($a = b \neq c$, $\alpha = \beta = \gamma = 90°$)			C_4^a, S_4^a, C_{4h}^a, D_4^a, C_{4v}^a, D_{2d}^a, $D_{4h}^{a,b}$	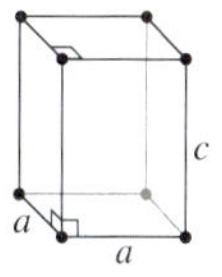 a, a, c		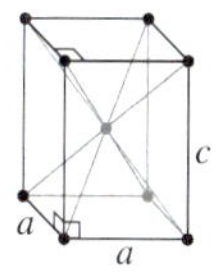 a, a, c	
Hexagonal	Trigonal	Rhobohedral ($a = b = c$, $\alpha = \beta = \gamma \neq 90°$)	C_3^a, C_{3i}^a, D_3^a, C_{3v}^a, $D_{3d}^{a,b}$	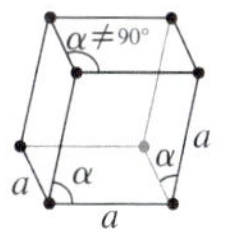 $\alpha \neq 90°$, α, α, a, a, a			
	Hexagonal	Hexagoanl ($a = b \neq c$, $\alpha = \beta = 90°$, $\gamma = 120°$)	C_6^a, C_{3h}^a, C_{6h}^a, D_{3h}^a, $D_{6h}^{a,b}$	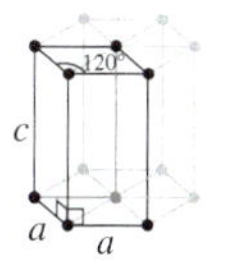 120°, c, a, a			
Cubic ($a = b = c$, $\alpha = \beta = \gamma = 90°$)			T,[a] T_h^a, T_d^a, O,[a] $O_h^{a,b}$	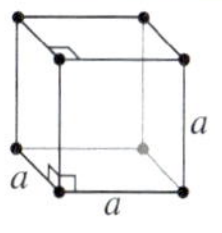 a, a, a		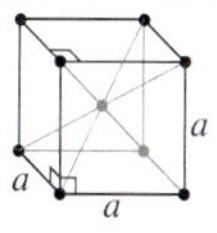 a, a, a	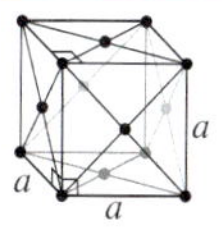 a, a, a

의 결정족만으로 구분하기도 한다.

단위정과 조밀구조: 육방조밀구조와 입방조밀구조

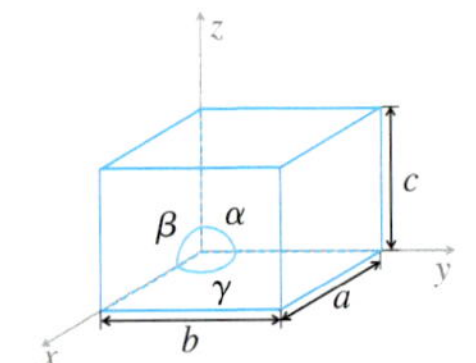

그림 1.9 ▶ 단위결정에서 길이, 각도, 축의 정의.

결정의 내부를 들여다보게 되면, 수많은 원자들이 쌓여 있을 것이다. 원자들이 공간적으로 무작위로 배치되어 있는 것 같지만 사실 최소한의 공간을 차지하고 매우 촘촘하게 존재하게 되는데, 이를 '조밀구조(close packing)'라고 부른다. 그런데 조금만 더 자세히 들여다 보면 그러한 원자들의 배치에는 일정한 규칙이 있다는 사실을 알 수 있고, 그 배열의 최소단위를 찾을 수 있다. 이러한 결정을 구성하게 되는 기본 단위를 단위정(unit cell)이라고 부르며, 세 방향으로의 길이 a, b, c와 각 변 사이의 각도인 α, β, γ로 기술된다(그림 1.9). 따라서 단결정(single crystal)은 이와 같은 단위정이 완벽하게 3차원적으로 반복되는 구조를 가지게 된다.

그럼 지금부터는 원자가 쌓이는 규칙에 대해서 생각해 보자. 원자가 단단한 공모양이라고 가정을 하고 한 층에 최대한 빈틈없이 빼곡하게 채울 수 있는 경우는, 원자들끼리 서로 최대한 맞붙어 배열시키는 것이다(그림 1.10). 이렇게 배열한 층을 "A"층이라고 하자. 그 이후에 또 하나의 "B"층을 쌓아 올려 보자. B층을 쌓을 때도 최대한의 공간 효율을 확보하면서 쌓아 올리려면 그림에 표시한 비어 있는 공간에 원자들을 배치하면 된다. 그럼 세번째 층도 올려 보자. 그런데 세번째 층부터는 2가지의 경우의 수가 생기게 된다.

만약 'x'부터 원자가 배열되어 세번째 층이 쌓이게 되면 첫번째 A층과 동일한 배열을 가지게 되면서, 결정 전체로 봤을 때 'ABABABAB…'가 계속 반복되게 된다. 이와 같은 구조를 육방조밀구조(hexagonal close packing), 줄여서 hcp라고 하며 대표적인 hcp 구조의 금속으로는 코발트(Co), 아연(Zn), 티타늄(Ti), 루테늄(Ru) 등이 있다. 그런데 만약 'o'자리부터 원자가 채워지게 되면 A층도 B층도 아닌 새로운 원자배열을 하게 되고 이를 "C"층으로 명명할 수 있게 된다. 이후에 네번째 층은 어떻게 쌓아 올려도 A층과 동일한 배열을 이루게 되어 결국, 'ABCABCABC…'가 계속 반복되는 구조를 이루게 되고, 입방조밀구조(cubic close packing), 약어로 ccp라고 부른다. 구리(Cu), 은(Ag), 금(Au), 백금(Pt) 등이 이러한 결정구조를 가지는 대표적인 예이다. ccp 구조를 가진 결정 구조를 면심입방구조(face-centered cubic)이라고 부른다. 밀집도(packing efficiency)는 두 가지 모두 약 74%가 된다.

Primitive cubic, Body-Centered Cubic (bcc)

일부 금속들은 다소 공간-비효율적인 구조를 가지기도 하는데, 이러한 구조를 비조밀구조(non-close packing)이라고 하며, 대표적으로 체심입방(body-centered cubic, bcc)와 단순입방(primitive cubic)구조가 있다. 체심입방구조는 그림 1.11에서 보듯 육면체의 꼭지점과 중심에 원자들이 위치하고 있고, 밀집도는 74%보다 조금 낮은 68%이다. 가장 간단한 입방구조인 단순입방구조는 한 층에 배열된 원자들이 동일하게 층층이 쌓인 구조로 체심입방구

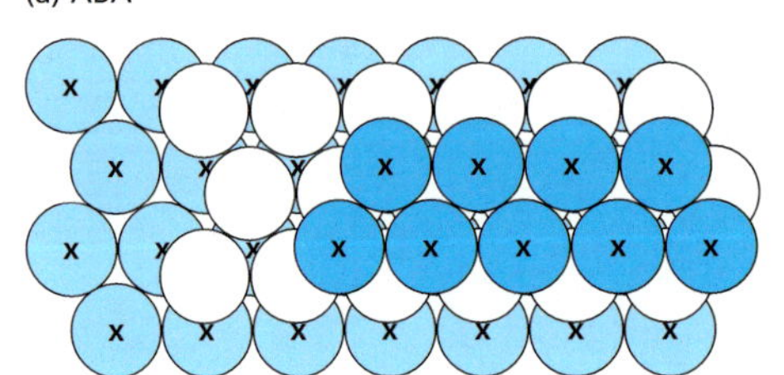

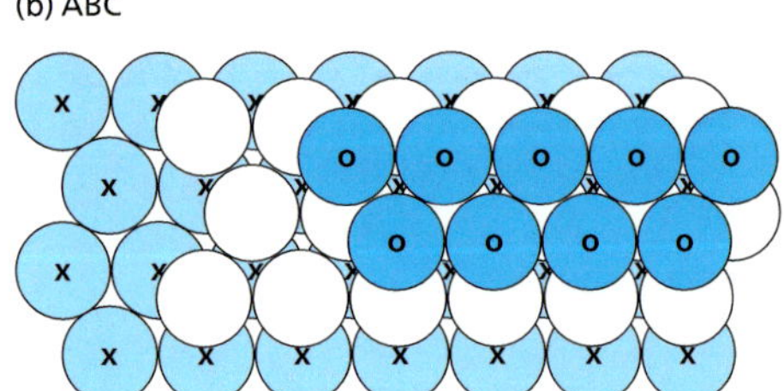

그림 1.10 ▶ 결정 조밀 구조의 2가지 형태. (a) 육방 조밀 구조, (b) 입방 조밀 구조.

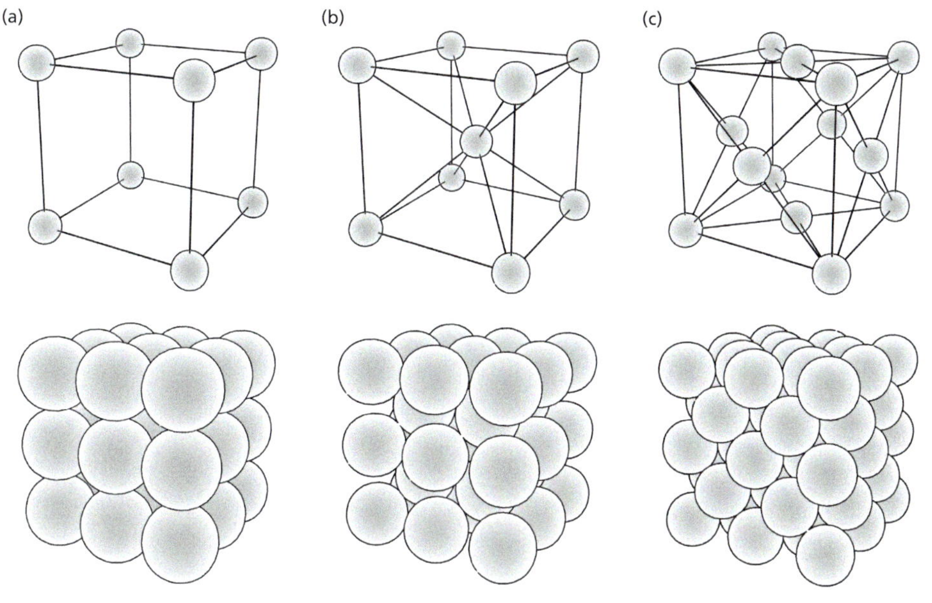

그림 1.11 ▸ (a) 단순입방(simple cubic), (b) 체심입방(body-centered cubic), (c) 면심입방(face-centered cubic) 구조.

bcc	hcp	ccp	hcp ccp

Li	Be												
Na	Mg											Al	
K	Ca	Sc	Ti	V	Cr	Mn	Fe	Co	Ni	Cu	Zn	Ga	
Rb	Sr	Y	Zr	Nb	Mo	Tc	Ru	Rh	Pd	Ag	Cd	In	Sn
Cs	Ba	Lu	Hf	Ta	W	Re	Os	Ir	Pt	Au	Hg	Tl	Pb

La	Ce	Pr	Nd	Pm	Sm	Eu	Gd	Tb	Dy	Ho	Er	Tm	Yb

그림 1.12 ▸ 주요 금속 원소들의 조밀구조.

조에서 중심원자가 탈락된 구조이다. 쌓음 효율은 더 낮은 52.4% 정도이다. 폴로늄(Po)만이 이 구조를 가진다고 알려져 있다.[30] 그림 1.12에는 298 K에서 다양한 금속들의 가장 안정한 결정 형태를 나타내었다.

Miller index

결정에서 원자들이 어떻게 쌓여 있는지에 대해서 알았다면 결정이 성장, 분열을 통해 변화하는 과정에서 나타나는 결정면들을 표현하는 방법을 알아보자. 결정학에서 결정 격자(crystal lattice)는 Bravais에 의해서 3차원 공간에서 원자나 이온, 분자들이 일정 간격을 가지면서 규칙적으로 무한하게 배열된 형태로 정의되었다.

h, *k*, *l*의 정의

Miller index는 이와 같은 결정 격자를 이용하여 결정면을 쉽게 표기하는 방법이다. hkl을 사용하여 표기하며 방향은 벡터 $g_{hkl} = ha_1 + ka_2 + la_3$ (a_1, a_2, a_3는 역격자 벡터의 기저계(basis set of reciprocal lattice vector))로, 결정면은 벡터 $g_{hkl} = ha_1 + ka_2 + la_3$에 수직한 면으로 정의된다. 쉽게 말해서 $(a_1/h, 0, 0)$, $(0, a_2/k, 0)$, $(0, 0, a_3/l)$의 세 점으로 이루어진 평면이다.

표 1.5 ▸ 간단한 결정면들의 Miller index 표기 예

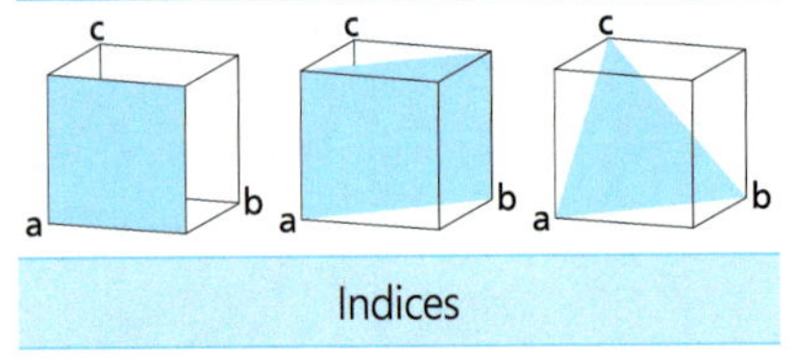

Indices		
(100)	(110)	(111)
Symmetric equivalents		
(010) (001)	(101) (011) $(1\bar{1}0)$ $(10\bar{1})$ $(01\bar{1})$	$(\bar{1}\bar{1}1)$ $(1\bar{1}1)$ $(\bar{1}\bar{1}1)$
Family indices		
{100}	{110}	{111}

Bracket notation

점을 표기할 때는 (h, k, l)의 표기법을 사용하며 쉼표를 생략하지 않도록 주의해야 한다. 쉼표가 없는 (hkl)은 면을 나타내며, 이와 대칭조작(symmetry operation)으로 동등할 수 있는 모든 면을 $\{hkl\}$으로 표기하며 hkl family planes이라 한다(표 1.5). $[hkl]$은 결정면에 수직한 벡터로서 방향을 나타내며, 이의 family directions은 $\langle hkl \rangle$로 표기한다. hkl이 음수일 경우, $(\bar{h}\bar{k}\bar{l})$와 같이 상단 강조 막대를 사용한다. hkl이 분수일 경우, 가장 간단한 정수비로 표기한다.

예로 (1, 0, 0), (0, −1/2, 0), (0, 0, ∞) 세 점을 지나는 평면은 $(1\bar{2}0)$로 표기하며 이 면에 수직한 방향은 $[1\bar{2}0]$로 표기한다.

Interlayer spacing

결정면의 간격은 특정 결정면을 결정할 수 있는 아주 중요한 요인으로 Miller index와 단위정의 3차원 공간 위치 정보를 이용하여 구할 수 있다. 예를 들어, a, b, c 세 변의 길이가 모두 다르고 $\alpha = \beta = \gamma = 90°$인 경우에 (hkl)결정면의 간격은 다음의 식과 같으며, 표 1.6에 대표적인 관계식을 정리하였다.

$$\frac{1}{{d_{hkl}}^2} = \frac{h^2}{a^2} + \frac{k^2}{b^2} + \frac{l^2}{c^2} \tag{1.8}$$

이와 같은 결정면의 간격은 X-선 회절을 통해서 측정할 수 있고, 물질마다 각기 다른 다수의 결정면들을 가지고 있기 때문에, 회절 각도와 회절 세기의 패턴은 지문과 같이 어떤 물질인지 식별할 수 있는 정보가 된다.

1.2.3 격자에너지(Lattice energy)

결정의 격자에너지(엔탈피, enthalpy), ΔH_{latt}는 1몰(mole)의 이온성 기체가 고체 결정을 형성하면서 변화하는 표준엔탈피의 양으로 정의할 수 있으며 발열(exothermic) 반응이기 때문에 음의 부호를 갖는다. 우리가 흔하게 접하는 소금을 예로 들어 보면, 소금 결정은 Na^+ 이온과 Cl^- 이온이 만나 NaCl의 이온 결합을 이루게 되므로, $Na^+(g) + Cl^-(g) \rightarrow NaCl(s)$로 반응식을 쓸 수 있으며, 이때의 격자에너지는 $-786\ \text{kJ mol}^{-1}$이다. 이와 같은 이온 결정의 격자에너지는 Coulomb 법칙을 이용하여 계산할 수 있다. 양전하와 음전하의 크기가 각각 q_+, q_-이고, 거리 r만큼 떨어진 이온들의 에너지는 다음과 같다. ($e = 1.6 \times 10^{-19}$ C, ε_0 = permittivity of a vacuum, $8.854 \times 10^{-12}\ \text{Fm}^{-1}$)

표 1.6 ▸ 결정계에 따른 결정면 간의 결정간격, d_{hkl}와 Miller index 간의 관계식

결정계	결정간격 관계식, d_{hkl}	
Cubic	$\frac{1}{d_{hkl}^2} = \frac{h^2 + k^2 + l^2}{a^2}$	**(1.9)**
Tetragonal	$\frac{1}{d_{hkl}^2} = \frac{h^2 + k^2}{a^2} + \frac{l^2}{c^2}$	**(1.10)**
Orthorhombic	$\frac{1}{{d_{hkl}}^2} = \frac{h^2}{a^2} + \frac{k^2}{b^2} + \frac{l^2}{c^2}$	**(1.11)**
Hexagonal	$\frac{1}{d_{hkl}^2} = \frac{4}{3}\left(\frac{h^2 + hk + k^2}{a^2}\right) + \frac{l^2}{c^2}$	**(1.12)**

$$E = -\frac{q_+q_-e^2}{4\pi\varepsilon_0 r} \quad (1.13)$$

그런데 사실 소금 결정이 Na^+, Cl^- 각각 하나로만 이루어지지는 않기 때문에 모든 이온들 간의 Coulomb 상호작용(Coulombic interaction)을 고려해 주어야 한다. 그림 1.13처럼 Na^+ 하나를 기준으로 r_0 거리에 6개의 Cl^-, $\sqrt{2}\,r_0$ 위치에는 12개의 Na^+, $\sqrt{3}\,r_0$만큼 떨어진 위치에는 8개의 Cl^-, $2r_0$의 거리에는 6개의 Na^+가 존재하게 되며, 계속해서 거리를 늘려가면서 아래와 같이 쓸 수 있다.

$$E = -\frac{q_+q_-e^2}{4\pi\varepsilon_0 r_0}\left(6 - \frac{12}{\sqrt{2}} + \frac{8}{\sqrt{3}} - \frac{6}{2} + \frac{24}{\sqrt{5}} - \cdots\right) \quad (1.14)$$

$$E = -\frac{N_A Z_+ Z_- e^2}{4\pi\varepsilon_0 r_0}\left(1 - \frac{1}{n}\right) \quad (1.15)$$

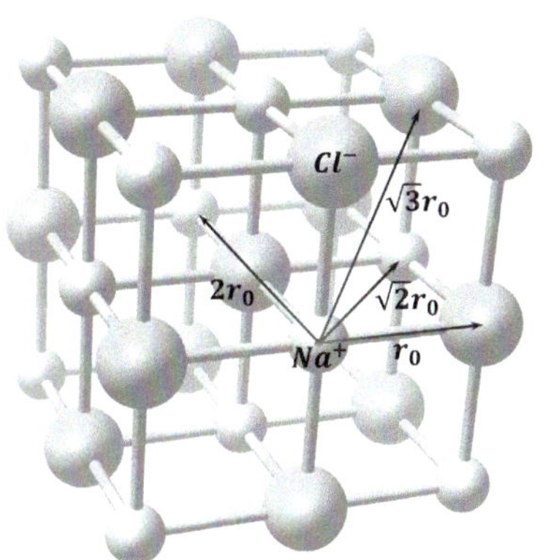

그림 1.13 ▸ 소금 결정구조 내에서의 이온들 간의 거리.

위의 식을 격자에너지 계산식인 Born-Landé 식이라고 부른다. 이때 괄호 안의 상수를 Madelung 상수라고 부르며, NaCl 결정에 대해서는 1.74756으로 근사할 수 있다. 이 Born-Landé 식은 아래의 식과 같이 실험을 통해서 얻어지거나 이론적으로 계산된 Born exponent (n)을 이용하여 근사할 수 있으며, 보통 5에서 12 사이의 값을 갖는다고 알려져 있다.[31] 아래의 표 1.7에 대표적인 Madelung 상수를 정리하였다.

표 1.7 ▸ 대표적인 이온 결정들의 Madelung 상수 예시

결정 종류	구성 이온 수[a]	배위 비율[b]	Madelung 상수
NaCl	2	6:6	1.74756
CsCl	2	8:8	1.76267
CaF_2	3	8:4	2.51939
ZnS(zinc blende)	2	4:4	1.6381
ZnS(wurtzite)	2	4:4	1.64132
TiO_2(rutile)	3	6:3	2.408
Al_2O_2(corundum)	5	6:4	4.1719

[a] 이온식을 구성하고 있는 이온의 총 개수

[b] '양이온에 배위된 음이온 개수'와 '음이온에 배위된 양이온 개수' 간의 비율

참고 문헌

1. G. Lövestam, H. Rauscher, G. Roebben, B. S. Klüttgen, *et al.*, Considerations on a definition of nanomaterial for regulatory purposes, *Joint Res. Cent. Ref. Rep.*, 2010, 80, 00-41.
2. N. Taniguchi, On the basic concept of nano-technology, Proceedings of the international conference on production engineering Tokyo Part II, *Jpn Soc. Precis.* Eng., 1974, Tokyo, JP.
3. K. E. Drexler, *Engines of creation: the coming era of nanotechnology*, Anchor Press/Doubleday, New York, US, 1986.
4. R. Baum, Drexler and Smalley make the case for and against 'molecular assemblers', *Chem. Eng. News*, 2003, 81 (48), 37-42.
5. G. Binnig, H. Rohrer, C. Gerber, and E. Weibel, 7 × 7 Reconstruction on Si(111) Resolved in Real Space, *Phys. Rev. Lett.*, 1983, 50 (2), 120-123.
6. D. M. Eigler and E. K. Schweizer, Positioning single atoms with a scanning tunnelling microscope, *Nature*, 1990, 344 (6266), 524-526.
7. S. Iijima, Helical microtubules of graphitic carbon, *Nature*, 1991, 354 (6348), 56-58.
8. H. W. Kroto, J. R. Heath, S. C. O'Brien, R. F. Curl, *et al.*, C60: Buckminsterfullerene, *Nature*, 1985, 318 (6042), 162-163.
9. X. Xu, R. Ray, Y. Gu, H. J. Ploehn, *et al.*, Electrophoretic analysis and purification of fluorescent single-walled carbon nanotube fragments, *J. Am. Chem. Soc.*, 2004, 126 (40), 12736-12737.
10. F. Mazuel, A. Espinosa, N. Luciani, M. Reffay, *et al.*, Massive intracellular biodegradation of iron oxide nanoparticles evidenced magnetically at single-endosome and tissue levels, *ACS Nano*, 2016, 10 (8), 7627-7638.
11. S. Fischer, A. Ivaturi, P. Jakob, K. W. Krämer, *et al.*, Upconversion solar cell measurements under real sunlight, *Opt. Mater.*, 2018, 84, 389-395.
12. M. Kah, N. Tufenkji, and J. C. White, Nano-enabled strategies to enhance crop nutrition and protection, *Nat. Nanotechnol.*, 2019, 14 (6), 532-540.
13. M. Kah, R. S. Kookana, A. Gogos, and T. D. Bucheli, A critical evaluation of nanopesticides and nanofertilizers against their conventional analogues, *Nat. Nanotechnol.*, 2018, 13 (8), 677-684.
14. M. Usman, M. Farooq, A. Wakeel, A. Nawaz, et al., Nanotechnology in agriculture: Current status, challenges and future opportunities, *Sci. Total Environ.*, 2020, 721, 137778.
15. S. P. Gurway and P. R. Tete, Future of nanotechnology: An overview, *AIP Conf. Proc.*, 2019, 2104 (1), 030041.
16. M. T. Barako, V. Gambin, and J. Tice, Integrated nanomaterials for extreme thermal management: A perspective for aerospace applications, *Nanotechnology*, 2018, 29 (15), 154003.
17. S. Amor, N. André, V. Kilchytska, F. Tounsi, *et al.*, In-situ thermal annealing of on-membrane silicon-on-insulator semiconductor-based devices after high gamma dose irradiation, *Nanotechnology*, 2017, 28 (18), 184001.
18. D. Lin and B. Xing, Phytotoxicity of nanoparticles: inhibition of seed germination and root growth, *Environ. Pollut.*, 2007, 150 (2), 243-250.
19. L. Zheng, F. Hong, S. Lu, and C. Liu, Effect of nano-TiO_2 on strength of naturally aged seeds and growth of spinach, *Biol. Trace Elem. Res.*, 2005, 104 (1), 83-91.
20. L. K. Adams, D. Y. Lyon, and P. J. Alvarez, Comparative eco-toxicity of nanoscale TiO_2, SiO_2, and ZnO water suspensions, *Water Res.*, 2006, 40 (19), 3527-3532.
21. D. Y. Lyon, L. K. Adams, J. C. Falkner, and P. J. Alvarez, Antibacterial activity of fullerene water suspensions: effects of preparation method and particle size, *Environ. Sci. Technol.*, 2006, 40 (14), 4360-4366.
22. C. J. Smith, B. J. Shaw, and R. D. Handy, Toxicity of single walled carbon nanotubes to rainbow trout,(Oncorhynchus mykiss): respiratory toxicity, organ pathologies, and other physiological effects, *Aquat. Toxicol.*, 2007, 82 (2), 94-109.
23. J. Cheng, E. Flahaut, and S. H. Cheng, Effect of carbon nanotubes on developing zebrafish (Danio rerio) embryos, *Environ. Toxicol. Chem.*, 2007, 26 (4), 708-716.
24. A. W. Adamson, *Physical Chemistry Of Surfaces*, John Wiley & Sons, Inc., New York, US, 4th edn., 1982.
25. N. T. Khoa, S. W. Kim, D.-H. Yoo, E. J. Kim, *et al.*, Size-dependent work function and catalytic performance of gold nanoparticles decorated graphene oxide sheets, *Appl. Catal. A Gen.*, 2014, 469, 159-164.
26. L. H. Liang, G. W. Yang, and B. Li, Size-Dependent Formation Enthalpy of Nanocompounds, *J. Phys. Chem. B*, 2005, 109 (33), 16081-16083.
27. A. M. Munshi, V. N. Singh, M. Kumar, and J. P. Singh, Effect of nanoparticle size on sessile droplet contact angle, *J. Appl. Phys.*, 2008, 103 (8), 084315.
28. M. Kalin and M. Polajnar, The wetting of steel, DLC coatings, ceramics and polymers with oils and water: The importance and correlations of surface energy, surface tension, contact angle and spreading, *Appl. Surf. Sci.*, 2014, 293, 97-108.
29. G. Guisbiers and M. José-Yacaman, Use of Chemical Functionalities to Control Stability of Nanoparticles In *Encyclopedia of Interfacial Chemistry*, Elsevier, 2018, 875-885.
30. L. E. Smart and E. A. Moore, *Solid state chemistry: an introduction*, CRC press, Boca Raton, US, 3th edn., 2012.
31. F. A. Cotton, G. Wilkinson, C. A. Murillo, M. Bochmann, *et al.*, *Advanced inorganic chemistry*, John Wiley & Sons, Inc., New York, US, 4th edn., 1988.

연습 문제

1. 현대사회는 IT, BT를 지나 NT가 각광받는 시대로의 전환이 일어나고 있다. 그런데 이러한 나노기술은 단순히 작게만 만들면 되는 것일까? 어떠한 부분들을 충족시킬 때 제대로 된 '나노기술'로서 인정받을 수 있을지에 대해서 생각해 보라. 그리고 우리나라가 집중 육성할 수 있는 나노기술 분야에 대해서 조사해 보고 이유를 생각해 보라.

2. 나노입자의 인체 및 환경에 대한 독성은 아직 체계적으로 정립되지 못했다. 지금 당장 무해해 보이더라도 미래에는 문제가 될 소지가 있다(석면의 예를 기억하라). 산업에 활용되는 여러 나노물질 중 TiO_2 나노입자가 있다. 그 용도는 화장품, 음식, 페인트, 플라스틱 코팅, 촉매 등 다양하다. 이 물질이 지속적으로 인간과 환경에 노출되었을 때, 발생할 수 있는 문제점들에 대해서 조사해 보라.

3. 나노입자를 합성할 때 계면활성제를 사용하면 더욱 작은 나노입자를 얻을 수 있다. 그 이유를 기술하라.

4. 1 cm^3의 부피를 가지는 물방울에서 100 μm^3의 부피를 가지는 더 작은 물방울이 되는 과정에 필요한 에너지를 구하라. 물의 표면장력은 72.8 dyn cm^{-1})이며, 필요하다면, 아래의 관계식을 이용하라. (여기서, W_{rev}: reversible work, γ: surface tension ($J\ m^{-2}$), A: surface area (m^2)을 의미한다.)

$$dW_{rev} = \gamma dA$$

5. 원기둥 모양의 나노입자의 높이 h와 지름 d의 비가 아래와 같을 때, 각각 표면적과 부피 간의 비율을 구하고 비교해 보라.

(a) $d = h$

(b) $10d = h$

(c) $d = 10h$

6. 두 가지 대표적인 조밀구조인 hcp와 ccp의 패킹 효율을 비교하라.

7. 면심입방구조 (fcc) 결정의 (110)면에서 원자의 배열을 그려보고 원자의 밀도를 구하라.

8. 소금 결정(NaCl)의 격자 매개변수는 $a = b = c = 5.62$ Å, $\alpha = \beta = \gamma = 90°$이다. (100), (110), (111)면들의 간격 d_{hkl}을 비교해 보라[식 (1.8) 참조].

9. Alkanamine ($R\text{-}NH_2$)으로 둘러싸인 금 나노입자가 비휘발성 유기 용매에 콜로이드 상태로 분산되어 있다. 콜로이드 용액에서 순수한 나노입자를 분리하는 방법을 생각해 보라.

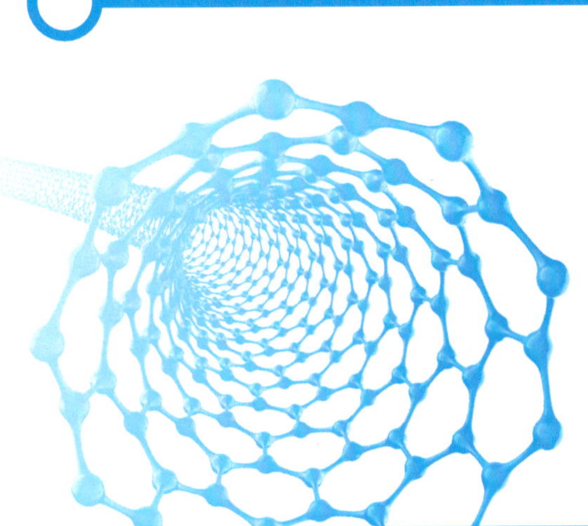

제 2 장 나노소재의 합성과 분석

Syntheses and Characterizations of Nanomaterials

김병윤 · 김태경 · 이광렬

2.1 나노 물질의 합성(Syntheses of nanomaterials)

나노물질의 대한 연구방법론으로 두 가지 접근법, 상향 접근(bottom-up approach)과 하향 접근(top-down approach) 방식이 제안되었다(그림 2.1). 상향 접근법은 블록장난감을 생각하면 이해가 쉽다. 물리적 또는 화학적으로 제조된 원자 수준의 작은 단위들이 자기조립(self-assembly)을 통해 조립되어 나노물질을 얻으며, nucleation, sol-gel processing, vapor deposition 등이 대표적이다. 하향 접근법은 나노 물질을 얻을 때까지 벌크 물질을 분쇄하여 점차 크기를 줄여간다. 정밀 밀링(milling) 등 기계공학적인 방법과 포토레지스트(photoresist)를 이용한 나노리소그래피(nano lithography) 등 화학적인 방법들이 성공적으로 개발되어 산업현장에서 적극적으로 사용되고 있다.

2.1.1 결정 핵 형성과 입자의 성장

눈꽃 결정은 기체상의 수증기가 응결하며 핵을 형성하고 그 핵 표면에 다시 수증기가 흡착하며 응결하는 과정을 통해 형성되며, 전구체인 수증기의 농도와 계의 온도에 따라 다양한 형태의 눈꽃 결정이 만들어진다(그림 2.2).[1]

온도와 농도는 열역학적·반응속도론적 선택을 조절하는 대표적인 반응 조건으로서 얼음 결정 핵의 어느 면, 모서리, 또는 꼭지점에서 선택적인 성장을 할 수 있음을 보여준다. 이는 대표적인 나노입자의 합성 방법 중 한 가지인 핵형성과 성장(nucleation and growth)의 원리와 같다. 단지 눈꽃처럼 크게 자라지 않고 나노미터 규모에서 성장을 멈추도록 조절해 주면 된다.

핵형성을 통해 나노입자를 합성하기 위해서는 먼저 용액에 물질이 균일하게 과포화된 상태를 만들어야 한다. 포화된 용액의 온도를 낮추어 용해도를 떨어뜨리거나, 용해도가 높

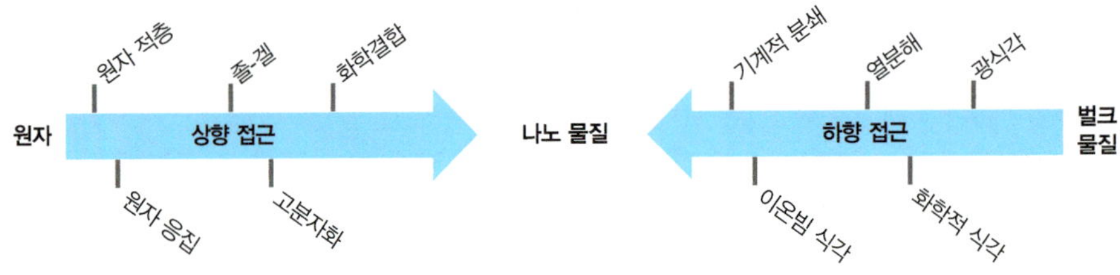

그림 2.1 ▸ 나노물질로 향하는 연구 방법론.

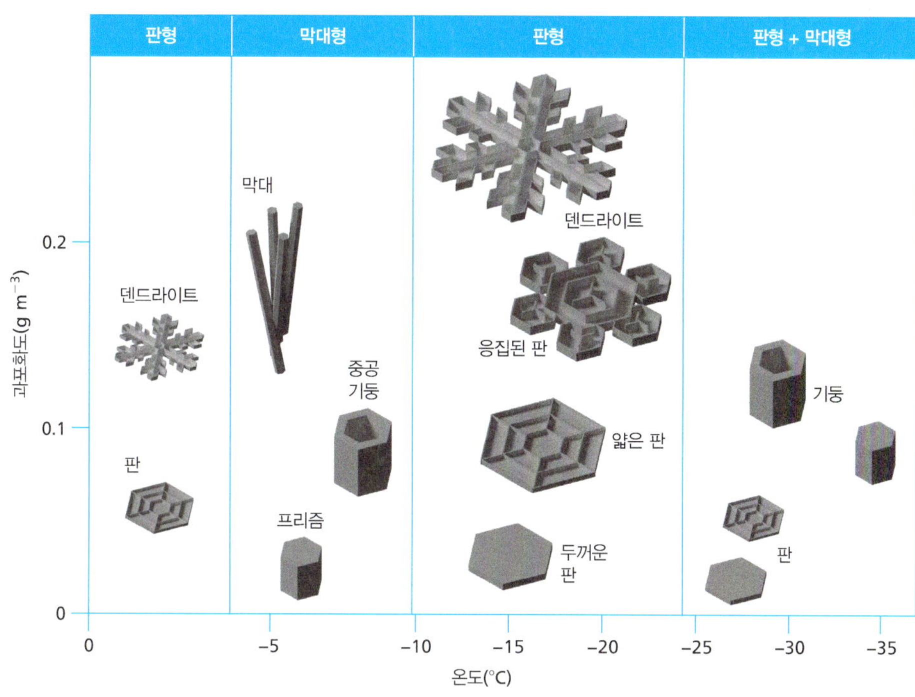

그림 2.2 ▸ 눈꽃 결정 형태학 도표.

은 분자 또는 이온을 화학 반응을 통해 용해도가 낮은 물질로 바꾸는 등의 기법들이 사용된다. 예로 유기금속 분자인 Palladium(IV) acetate ($Pd(CH_3CO_2)_4$)는 소수성 용매에 용해도가 높다. 끓는점이 높은 용매 octadecene 등에 용해하여 높은 온도로 가열하면 유기금속 분자가 분해되어 Pd-O 단량체를 내어놓는데, 이는 유기 용매에 용해도가 낮으므로 빠르게 응결하여 PdO 나노입자를 형성한다. 또한 이 과정에 PdO를 환원시킬 수 있는 환원제를 제공하면 Pd 나노입자를 합성할 수도 있다(그림 2.3). 핵 형성 반응은 액체뿐만 아니라 기체와 고체상 용액에서도 일어날 수 있으며 과포화 상태에 도달하는 과정은 다양할 수 있지만 응결과 석출 과정의 원리는 다르지 않다.

과포화 용액에서 핵 형성이 일어나는 과정을 자세히 살펴보자. 용해도를 넘어서 용해되어 있는 용질들은 높은 Gibbs 자유에너지를 가지고 있기에 용액으로부터 분리되어 석출되며 안정화되는 방향으로 반응이 진행된다. 용질의 농도 C, 평형 농도 C_e, 원자 부피 V_a, 석출되는 고체의 반지름 r에 대해 Gibbs 자유에너지의 변화량의 부피항은 다음과 같이 기술된다.[2]

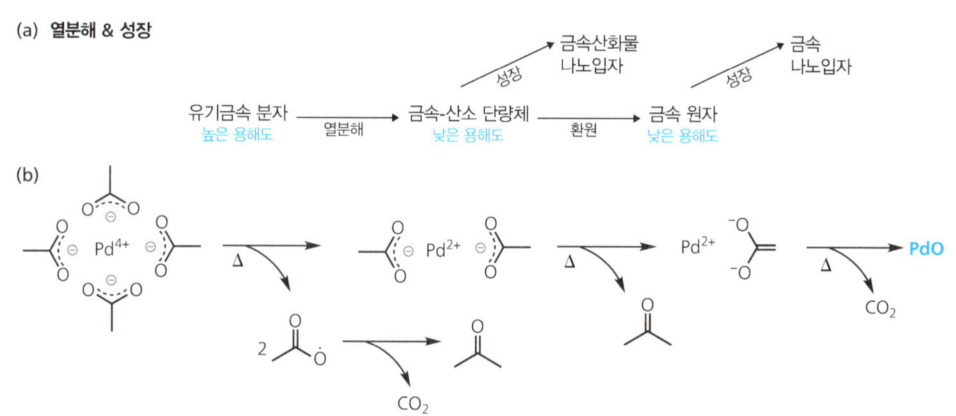

그림 2.3 ▸ (a) 유기금속 분자의 열 분해에 의한 금속 전구체 과포화 용액의 제조 원리. (b) Pd(IV) acetate의 열분해 반응.

$$\Delta G_v = \frac{-4\pi r^3}{3V_a} RT \ln\left(\frac{C}{C_e}\right) \tag{2.1}$$

C/C_e가 1일 때 ΔG_v는 0이 되어 반응은 진행되지 않으며, C/C_e가 1보다 클 때(과포화되었을 때) ΔG_v는 음수가 되어 자발적인 석출반응이 일어나게 된다. 그러나 앞서 이야기한 것과 같이 고체 입자가 형성되면 표면에너지에 의해 Gibbs 자유에너지가 높아지므로 이는 석출반응에 불리하게 작용할 것이다. 즉, Gibbs 자유에너지 변화량의 표면 항 ΔG_s는 단위 면적의 표면에너지 σ에 대하여

$$\Delta G_s = 4\pi r^2 \sigma \tag{2.2}$$

로 기술할 수 있으며, 총 Gibbs 자유에너지 변화량 ΔG는 다음과 같다.

$$\Delta G = \Delta G_v + \Delta G_s \tag{2.3}$$

$$\Delta G_v = \frac{-4\pi r^3}{3V_a} RT \ln\left(\frac{C}{C_e}\right) + 4\pi r^2 \sigma \tag{2.4}$$

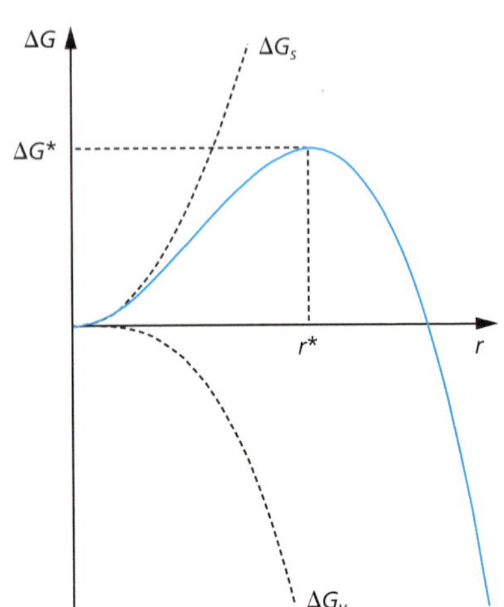

그림 2.4 ▸ 나노입자의 성장에 따른 Gibbs 자유에너지 변화.

석출된 고체 나노입자의 반지름 r에 대하여 Gibbs 자유에너지를 개략적으로 도식하면 그림 2.4와 같다. 여기서 Gibbs 자유에너지가 최대화되는 임계 반지름 r^*가 존재함을 알 수 있으며, 임계 반지름보다 작은 입자는 불안정하여 다시 용해된다는 것을 생각할 수 있다. 핵 형성 초기에 반응 진행에 불리한 에너지 장벽을 넘어서서 임계 반지름에 도달해야 핵의 성장이 지속될 수 있으며, 이 장벽의 에너지 ΔG^*를 핵 형성 활성화 에너지(activation energy for nucleation)이라 한다. $d\Delta G/dr = 0$이 되는 임계 반지름 r^*은 다음과 같다.

$$r^* = \frac{2\sigma V_a}{RT \ln\left(\frac{C}{C_e}\right)} \tag{2.5}$$

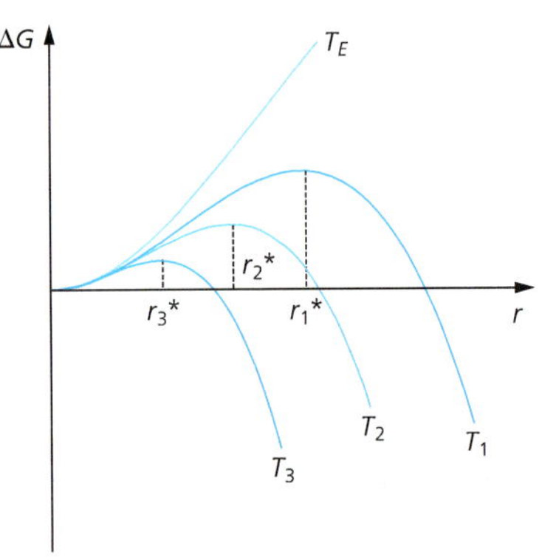

그림 2.5 ▸ 과포화 용액의 온도에 따른 임계 반지름의 변화.
T_E($C_0 = C$가 되는 평형 온도) > T_1 > T_2 > T_3.

핵 형성 과정을 통해 나노입자를 합성할 때 임계 반지름은 합성 가능한 나노입자의 최소 크기가 존재하는 것을 뜻하며, 임계 반지름을 줄이기 위해서는 석출되는 고체 입자의 표면에너지 σ를 줄이거나 용질의 과포화도 C/C_e를 높일 수 있다. 온도에 따라 용해도를 조절하였을 때 임계 반지름이 변하는 양상을 그림 2.5에 표시하였다. 단, 온도 변화는 Gibbs 자유에너지의 부피항뿐만 아니라 고체의 표면에너지에도 영향을 줄 수 있으므로 이 그래프는 물질에 따라 달라질 수 있다.

그 외에도 고체 표면에 계면활성제를 흡착시키거나 용매의 종류에 따른 용매화(solvation)로 표면에너지를 조절하는 다양한 방법들이 핵 형성 과정을 조절하기 위해 사용될 수 있다.

과포화 용액에서 용질의 석출은 반응 시간 순서대로 핵을 형성하는 과정과 그 핵이 성장하는 과정으로 나누어 생각할 수 있으며, 이에 대해 LaMer는 반응 시간에 따른 용질의 농도 변화를 도식하며 나노입자의 합성 과정을 이해할 수 있는 기초를 마련하였다.[3] 그림 2.6을 간단히 살펴보자. 용질의 농도를 점차 증가시키며 반응을 관찰할 때 핵 형성 활성화 에너지 ΔG^*를 넘을 수 있는 최소 농도 C_{min}에 도달했을 때부터 빠르게 석출되어 핵 형성이 일어나고, 이후 용질의 제공을 중단하면 포화농도에 도달할 때까지 용질이 석출되어 핵 형성 또는 성장에 참여하게 된다. 여기서 주목할 점은 농도가 감소하는 과정에 다시 C_{min}에 도달하는 시점을 기준으로 핵 형성과정이 중단되고 이후로는 성장만 진행이 된다는 것이다. 농도가 C_{min} 이하가 되어 핵 형성 활성화 에너지를 넘을 수 없는 상태가 되어도 이미 형성된 핵에 흡착하며 용질이 석출되는 과정은 에너지 장벽이 없기 때문이다. 나노입자의 성장이 진행됨에 따라 용질의 농도는 점차 줄어들어 과포화가 해소되고, 평형 농도(포화농도, C_e)에

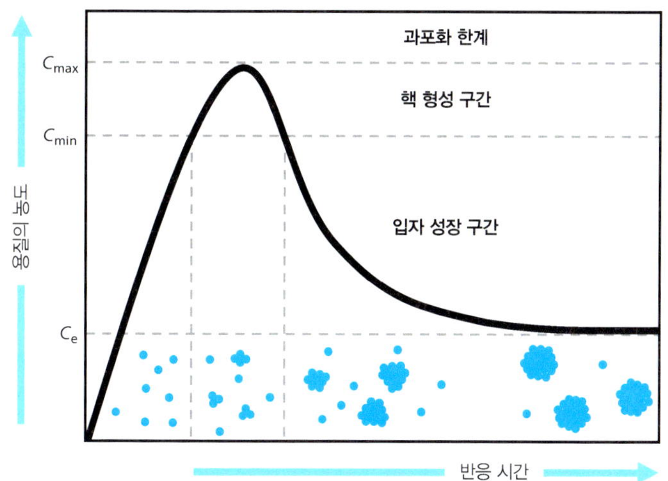

그림 2.6 ▶ LaMer 메커니즘에 따른 나노입자의 성장 과정.

도달하면 결정의 성장이 중단된다.

LaMer 메커니즘에서 다음과 같은 중요한 정보를 얻을 수 있다. (1) 나노입자를 균일하게 합성하기 위해 핵 형성 단계와 성장 단계가 시간 또는 공간적으로 분리되어야 하며, (2) 핵 형성단계와 성장 단계의 양적 비율 제어를 통해 나노입자의 크기를 조절할 수 있다. 만약 핵 형성과 성장 반응이 모두 가능한 환경이 지속된다면 반응 시간 초기에 형성된 핵은 크게 성장할 것이고 뒤늦게 형성된 핵은 그보다 덜 성장할 것이다. 반면, 반응 초기에 빠르게 핵 형성 반응이 진행된 후 C_{min} 이하의 농도로 환경이 바뀌어 추가적인 핵 형성이 중단, 이후로 성장만 진행된다면 각각의 나노입자들의 성장 시간이 거의 같으므로 균일한 입자를 얻을 수 있다. 핵 형성과 성장 단계가 충분히 분리되었을 때 두 단계의 양적 비율은 합성되는 나노입자의 개수와 크기에 직접 관련되는데, 많은 수의 핵이 형성될수록 성장단계에서 석출되는 한정된 양의 용질이 많은 핵에 나누어 흡착하게 될 것을 생각해 볼 수 있다. 나노입자를 작게 만들고자 한다면 초기 농도를 높게 하여 많은 핵이 형성될 수 있도록 하거나 표면 흡착 물질을 사용하여 C_{min} 값을 낮출 수 있을 것이며, 나노입자를 크게 만들고자 한다면 C_{min}을 크게 넘지 않도록 초기농도를 조절하거나 성장단계에서 용질을 추가하는 등의 방법을 사용할 수 있다.

핵 형성과 성장이 같은 화학반응을 통해 이루어지는 동종 핵 형성(homogeneous nucleation)과 달리, 서로 다른 반응으로 핵 형성과 성장이 각기 진행되는 이종 핵 형성(heterogeneous nucleation)의 경우 미리 합성된 핵 입자를 성장 반응을 위한 반응 용액으로 옮겨서 반응을 보내기 때문에, 핵 형성과 입자 성장 과정을 공간적으로 분리된 상태로 반응을 일으킬 수 있다. 따라서 두 과정 간의 간섭 없이 보다 잘 제어된 나노입자 합성을 진행할 수 있다.

Ostwald ripening

LaMer 메커니즘에서는 평형농도 C_e에 도달한 이후 용질의 석출은 더 이상 일어나지 않고 핵 성장 반응이 종료되는 것으로 단순화하고 있지만 많은 예에서 나노입자의 지속적인 성장이 관찰된다. 크기가 작은 입자들이 소멸되고 큰 입자들이 더욱 성장하는 Ostwald 숙성(ripening) 현상은 나노입자들의 크기 편차가 있을 때 동적 평형의 불균형에 따른 표면 원자의 재배치로 설명된다. 입자 크기가 다른 두개의 나노입자를 비교하여 생각해 보자. 크기가 작은 입자는 높은 곡률을 가지므로 표면 원자의 노출도가 더 크고, 단위 표면당 표면에너지

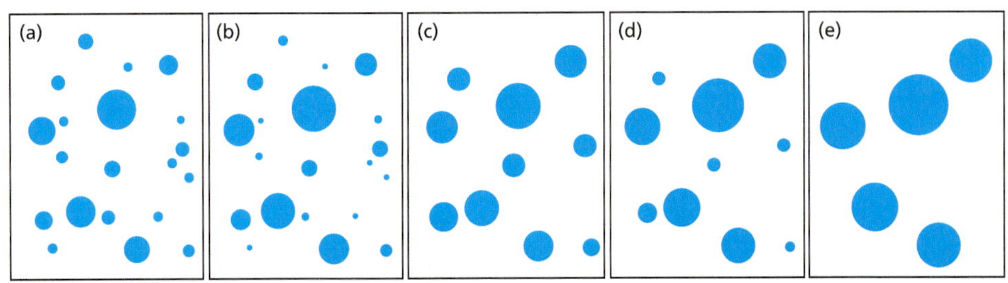

그림 2.7 ▶ Ostwald 숙성의 진행.

가 높다. 이를 식 (2.2)에 반영하면 석출반응의 Gibbs 자유에너지가 양의 값으로 증가하므로 계면에서 용해-석출 반응의 평형은 용액의 농도가 높아지는 쪽으로 이동한다(평형 상태에서 Gibbs 자유에너지의 변화량은 0이다). 크기가 작은 나노입자의 표면에서 평형농도가 크기가 큰 나노입자의 표면에서 평형농도보다 높으므로 작은 입자의 표면에서 고체가 용해되어 큰 입자의 표면에 석출되는 물질의 이동이 일어난다. 크기가 다른 많은 수의 나노입자들이 용액 속에 혼재할 때 작은 나노입자들은 점차 용해되어 작아지다가 임계 반지름에 도달하면 사라지며, 큰 입자들은 그만큼 성장한다. 단, 고체상의 총 부피는 변하지 않는다.

그림 2.7은 Ostwald 숙성을 개념적으로 보여준다. (a → b) 먼저 가장 작은 입자들이 빠르게 용해되어 작아지며 그동안 중간 크기의 입자들과 큰 입자들은 성장한다. (b → c) 작은 입자들이 완전히 소멸되고 나면, (c → d) 중간 크기의 입자들은 성장을 멈추고 용해되기 시작한다. 나노입자 크기의 균일성을 생각하며 그림을 다시 보자. Ostwald 숙성은 작은 입자는 작아지고 큰 입자는 커지는 과정이므로 입자 크기의 편차는 커질 것이다. a → b 과정이 그러하다. 그런데 b → c 과정에서 작은 입자가 소멸되는 바람에 크기 편차는 줄어들었다. 시간이 지나면 이 편차는 다시 커질 것이고 한 차례 더 입자들이 소멸된 후 (e) 시점에서는 꽤 균일한 분포를 보인다. 반응시간이 무한하다면 결국 가장 큰 입자 하나가 다른 모든 입자들을 흡수하여 한 개의 큰 입자만 남게 될 것이다. 결과적으로 Ostwald 숙성은 입자를 균일하게 만들기도 불균일하게 만들기도 하는 현상이며, 나노입자를 합성하는 연구자는 이를 잘 이해해야 할 것이다.

2.1.2 졸-겔 과정(Sol-gel processing)

졸-겔(sol-gel) 합성의 일반적인 과정

Sodiumtetrachloride ($SiCl_4$)로부터 만들어진 alkoxide가 공기에 노출되었을 때 겔(gel)화되는 현상이 발견된 것이 최초의 졸-겔 합성으로 보고되었다.[4] 공기 중 물 분자에 의한 silicon alkoxide의 가수분해(hydrolysis) 및 축합 반응으로 겔이 형성된 것이며, 일련의 졸-겔(sol-gel) 합성 과정을 단계별로 나누어 보면 다음과 같다(그림 2.8).[5]

① 전구체 용액으로부터 가수분해 및 부분적인 축합 반응을 통한 졸(sol) 형성
② 중축합(polycondensation) 과정을 통한 겔(gel) 형성: metal-oxo-metal 또는 metal-hydroxy-metal 결합이 형성

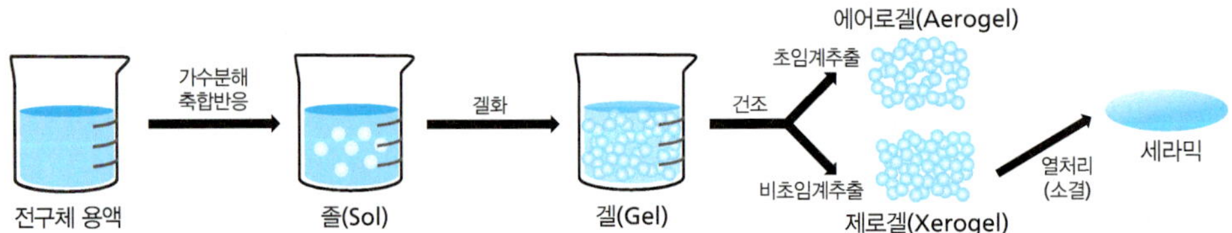

그림 2.8 ▶ 졸-겔 합성 과정.

③ 겔화된 네트워크 내에서 지속적인 축합반응 발생을 위한 에이징(aging) 과정: 이 과정 중 겔화된 물질의 수축이나 용매의 배출이 진행
④ 제로겔(xerogel) 또는 에어로겔(aereogel) 등의 형성을 위한 건조 과정
⑤ 표면 금속-수산화기 결합 제거 과정. 일반적으로 열 처리 과정(소결)을 통해 세라믹화

졸-겔 합성법의 특징

졸-겔 합성법은 대표적인 상향접근(bottom-up) 합성법이며 콜로이드를 이용한 액상 합성법으로, 앞서 언급한 바와 같이 아주 작은 분자인 졸의 겔화를 통해 고체 입자를 형성하는 방법이다.[6] 여기서 '졸'이란 보통 1~1000 nm 크기의 입자들이 액상 용매에 분산되어 있는 서스펜션(suspension)을 말하고, 겔이란 졸이 일정 농도로 높아지면서 다공성 또는 그물망 형태의 네트워크 구조체를 형성하게 되어 그 안에 액체를 포함하게 되는 고체상을 말한다. '졸-겔' 합성법을 이용하면 고순도의 균일한 크기의 나노구조체를 비교적 낮은 온도에서도 얻을 수 있고, 콜로이드 계층 구조(hierarchical)의 역상 복제본(negative replica)는 다공성 네트워크 구조가 될 수 있는데, 에어로겔(aerogel)이나 제로겔(xerogel)이 이와 같은 방법으로 만들어진다.[7] 에어로겔(aerogel)은 용매의 초임계추출(supercritical extraction)을 통하여, 그리고 제로겔(xerogel)은 비초임계조건(nonsupercritical condition)에서의 용매 추출을 통하여 얻을 수 있다.

졸-겔 합성 예시

일반적으로 '졸-겔'법에서 사용되는 전구체(precursor) 물질의 종류에 따라서 '졸-겔'법의 방법은 크게 3가지로 나눌 수 있는데, 실리카 졸-겔 프로세스, 금속 알콕사이드(metal alkoxide) 졸-겔 프로세스, 그리고 반응 초기 단계에서 시트르산금속(metal citrate) 복합체의 균일한 용액을 형성하기 위해 작은 분자들의 킬레이트 리간드(chelate ligand)를 이용하는 Pechini-type 졸-겔법이다.[8] 최근에는 앞의 2가지 방법(실리카 및 금속 알콕사이드 졸-겔 프로세스)을 하나로 묶어서 분류하기도 한다.[9]

실리콘을 포함하는 대표적인 고분자 물질 전구체의 예로 Stöbber process에 사용되는 tetraethyl orthosilicate (TEOS, $Si(OC_2H_5)_4$)가 있다.[10] 먼저 TEOS 한 분자는 물 한 분자와 만나 가수분해(hydrolysis) 반응을 통하여 ethanol (C_2H_5OH)과 triethoxysilanol ($Si(OC_2H_5)_3(OH)$)로 분해된다(식 (2.6)).

$$Si(OC_2H_5)_4 + H_2O \rightarrow Si(OC_2H_5)_3(OH) + C_2H_5OH \quad \textbf{(2.6)}$$

$$Si(OC_2H_5)_3 + H_2O \rightarrow Si(OC_2H_5)_2(OH)_2 + C_2H_5OH \quad \textbf{(2.7)}$$

$$(OC_2H_5)_3SiOH + HOSi(OC_2H_5)_3 \rightarrow (OC_2H_5)_3Si\text{-}O\text{-}Si(OC_2H_5)_3 + H_2O \quad \textbf{(2.8)}$$

또는

$$(OC_2H_5)_3Si(OC_2H_5) + HOSi(OC_2H_5)_3 \rightarrow (OC_2H_5)_3Si\text{-}O\text{-}Si(OC_2H_5)_3 + C_2H_5O \quad \textbf{(2.9)}$$

이후, 추가적인 물 분자와의 가수분해 반응을 통해서 diethoxysilanol ($Si(OC_2H_5)_2(OH)_2$)를 형성하며, 최종적으로는 이 중간체들 간의 축합반응(condensation)을 거쳐 SiO_2 구조의 생성물을 얻게 된다. 대표적인 광감응성 금속 산화물인 산화 티타늄(TiO_2)는 아래와 같이 티타늄(Ti)의 무기염 전구체의 가수 분해 반응으로 얻을 수 있다.[11,12]

$$TiCl_4(g) + 2H_2O(aq) \xrightarrow{298\ K} TiO_2(s,\ rutile) + 4HCl(aq) \quad \textbf{(2.10)}$$

$$TiCl_4(g) + 2H_2O(g) \xrightarrow{630\sim830\ K} TiO_2(s,\ rutile) + 4HCl(g) \quad \textbf{(2.11)}$$

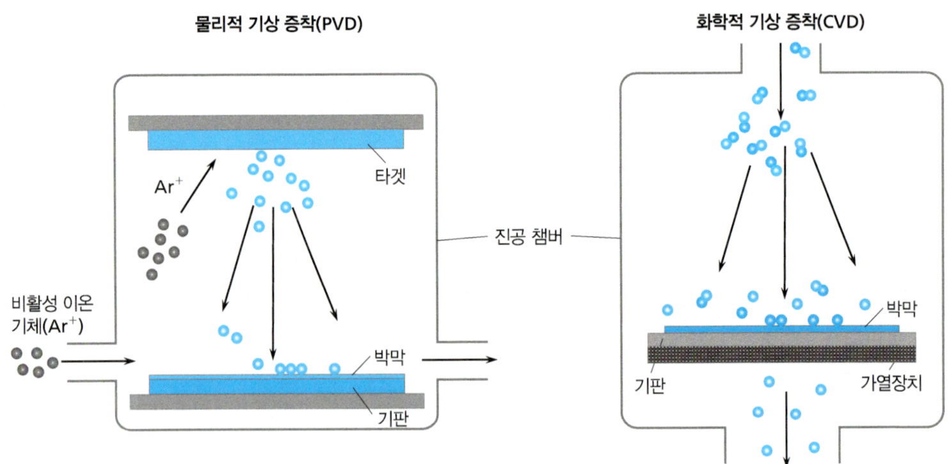

그림 2.9 ▸ 물리적 기상 증착(*왼쪽*) 및 화학적 기상 증착(*오른쪽*) 과정.

2.1.3 증착(Deposition)

증착 방법은 또 다른 대표적인 bottom-up 합성 방법으로, 기판 위에 나노구조를 만들 때 주로 사용한다. 일반적인 원리는 진공 또는 용액 상의 반응기 내에서 기체, 플라즈마 또는 이온 상의 전구체를 기판 위로 전달하고, 기판 위에 전구체가 흡착되어 고체상으로 전환되는 상전환(phase transition)을 이용하는 것이다. 크게 화학적 기상 증착(chemical vapor deposition, CVD) 방법과 물리적 기상 증착(physical vapor deposition, PVD) 방법으로 구분된다(그림 2.9)

2.1.3.1 화학적 기상 증착(Chemical Vapor Deposition, CVD)

화학적 기상 증착(chemical vapor deposition, CVD)는 전구체가 화학적인 반응에 의해서 고체상으로 상전환이 이루어지며 기판에 증착하는 합성법을 통칭하며, 고품질, 고순도의 나노구조를 만들기 위한 효과적인 방법이다. 금속(W, Cu, Mo, Ti 등), 반도체(폴리실리콘, 실리콘 기반 산화물 및 질화물, 금속 산화물, 칼코게나이드(chalcogenide) 등) 및 탄소 기반 물질(그래핀, 탄소 나노튜브 등) 등의 합성에 많이 사용된다.[13~16] 가장 큰 CVD의 장점으로는 불규칙한 표면에도 증착이 가능하고, 화학반응을 조절하여 생산되는 나노구조를 다양하게 조절할 수 있다는 점이다.

일반적으로는 ① 반응 기체의 반응용기로 유입, ② 반응 기체의 반응, ③ 기판 표면으로의 반응 기체의 확산, ④ 반응 기체 분자들의 기판 표면으로의 흡착, ⑤ 표면 반응을 통한 박막 형성, ⑥ 부산물 탈착 및 제거의 단계를 거친다.[17] 또한 증착에 사용되는 에너지원(energy source) 및 기판의 종류, 구체적인 조건(압력, 온도, 레이져, 플라즈마 사용 여부 등)에 따라 다양하게 세분화된다.

저압 화학적 기상 증착(Low Pressure CVD, LPCVD)

대기압 이하에서의 낮은 압력에서 진행되는 저압 화학적 기상 증착(low-pressure CVD, LPCVD)은, 불필요한 기체상 반응을 줄이고 필름의 균일도를 향상시킬 수 있다. 대표적인 예로, 폴리실리콘 및 SiO_2 필름의 합성 반응이 있다.[18] 실리콘 화합물 분자인 silane (SiH_4) 또는 trichlorosilane ($HSiCl_3$) 등을 고온·고압 환경(600~650°C, 25~150 Pa)에서 분해하여 증착 반응을 진행시킨다(식 (2.12)~(2.14)). 이때 phosphine (PH_3)이나 arsine (AsH_3), diborane (B_2H_6) 기체들을 반응기 내에 추가하여 실시간(in situ) 도핑도 가능하다.[6]

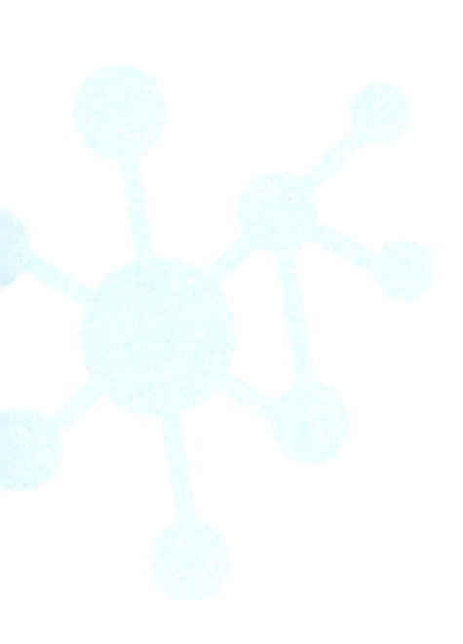

$$SiH_4(g) \rightarrow Si(s) + 2H_2(g) \qquad (2.12)$$

$$HSiCl_3(g) \rightarrow Si(s) + HCl(g) + Cl_2(g) \qquad (2.13)$$

$$Si(OC_2H_5)_4(g) \rightarrow SiO_2(s) + O(C_2H_5)_2(g) \qquad (2.14)$$

촉매 화학적 기상 증착(Catalytic CVD, CCVD)

CVD 과정에 촉매를 사용할 수 있는데(catalytic CVD, CCVD), 고온필라멘트(hot filament)를 사용하여 소스 기체를 분해(decompose)하여 사용하며, 대표적인 예시로는 그래핀의 합성이 있다. 특히, 탄소 나노튜브(carbon nanotube, CNT)의 경우 단일벽(sigle-wall) 및 다중벽(multi-wall) CNT 모두 합성이 가능한데, 이때 CH_4, C_2H_4, C_2H_6, C_3H_6, C_3H_8 등이 주 재료로 이용되고, Fe, Ni, 또는 Co 등의 금속이 촉매로서 사용된다. 대표적으로 단일벽 CNT는 CH_4 기체를 대기압 700°C 조건에서 촉매 반응하여 얻을 수 있다(식 (2.15)).[6,19]

$$CH_4(g) \rightarrow SWNT(s) + H_2(g) \qquad (2.15)$$

플라즈마 화학적 기상 증착(Plasma-Enhanced CVD, PECVD)

플라즈마를 사용하여 반응 전구체가 되는 물질들의 화학적 반응을 유도하는 CVD 방법(plasma-enhanced CVD, PECVD)으로 실리콘산화물, 질화물 및 산-질화물(oxynitride) 등을 합성할 수 있다(그림 2.10).[20] 플라즈마를 사용하는 방법에 따라서 direct PECVD와 remote PECVD로 구분 할 수 있다. 보통 direct PECVD는 ① 증착 반응기로 구성 기체(constituent gas)들의 이동, ② 반응(reactant gas) 및 희석용 기체(rare gas diluent)의 플라즈마 여기(plasma excitation), ③ 가열된 기판에 박막 증착의 3단계로, 그리고 remote PECVD는 ① 하나 이상의 반응용 가스 및 희석용 가스의 플라즈마 여기(희석용 기체 예시: He), ② 플라즈마 영역에서 활성화된 기체의 추출, ③ 활성화된 종의 박막 형성 반응을 위한 비플라즈마(plasma-free) 영역으로의 이동, ④ ③번 영역에서 가열된 기판 위 박막 증착의 4단계로 이루어진다.

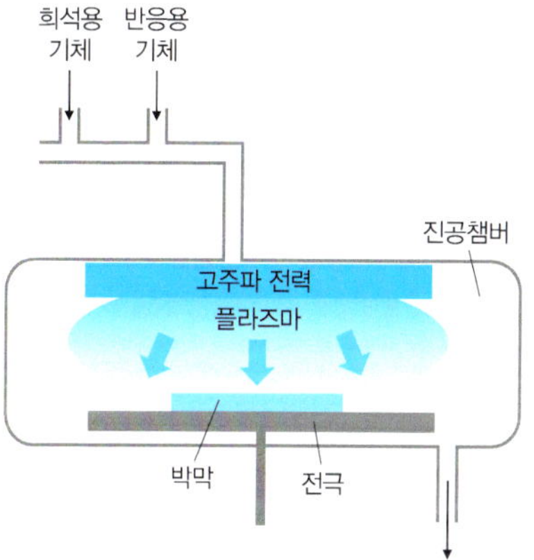

그림 2.10 ▸ 플라즈마 화학적 기상증착(PECVD) 과정.

2.1.3.2 물리적 기상 증착(Physical Vapor Deposition, PVD)

물리적 기상 증착(physical vapor deposition, PVD)도 CVD와 더불어 기판 위에 박막을 형성할 때 활용되는 방법이다. CVD와 구별되는 가장 큰 차이점으로는 고체 전구체의 기체화 과정이 있다는 것이다. PVD는 아주 고른 두께로 얇은 박막 형성이 가능하다는 장점을 가진 반면, 고온, 고진공 유지가 매우 중요하여 CVD에 비해 반응기의 비용이 크며 대형화가 어렵다. PVD는 일반적으로 ① 소스(source)의 기체화, ② 기체화된 소스의 기판으로의 이동, ③ 이동한 소스의 기판 위에서의 증착의 3단계로 이루어진다.

스퍼터링 증착(Sputtering deposition)

가장 대표적인 물리적 기상 증착 방법으로 스퍼터링 증착법(sputtering deposition)이 있다. 이 방법은 증착을 위한 타겟(target) 물질 표면에 가속된 비활성 기체 이온(대표적으로 Ar^+)을 충돌시켜(sputtering) 이때 방출된(re-emitted) 타겟 원자나 분자들을 기판 표면위에서 증착시켜 박막을 형성시키는 방법이다. 방출된 원자들은 보통 에너지적으로 10~1000 eV 범위 내에서 분포한다고 알려져 있다.[21] 스퍼터링 증착이 활용되는 예로, 주사전자현미경(scanning electron microscope, SEM) 관찰을 위한 시료의 전 처리 과정이 있다. 전자 현미경 관찰 도중, 비전도성 시료가 전자빔에 노출되면 시료에 전자가 축적되어 관찰을 방해할 수 있는데, 금(Au), 백금(Pt) 등과 같은 금속을 시료 표면에 얇게 증착하여 전도성을 부여하면 전자의 축적을 해소할 수 있다. 전도성 물질만 적용 가능한 직류 인가 스퍼터링(DC glow discharge sputtering), 비전도성 물질도 적용 가능한 라디오파 스퍼터링(radio frequency sputtering), 스퍼터링 수율 향상을 위해 마그네트론을 적용한 마그네트론 스퍼터링(magnetron sputtering) 등의 다양한 응용 기술들이 있다.[22]

전자-빔 물리적 기상 증착(Electron-Beam PVD, EBPVD)

전자-빔 물리적 기상 증착(electron-beam PVD, EBPVD)은 타겟 전극(anode)에 스퍼터링에서 사용하는 비활성 기체 분자 대신 가열된 필라멘트(주로 텅스텐, W)에서 방출된 전자를 이용하여 충돌시켜 방출되는 원자들을 기판 위에서 증착시키는 방법이다. 증착 속도를 분당 1 nm 수준에서 수 μm까지 조절이 가능하고, 부도체에 대해서도 증착이 가능하다.[23]

증발 증착(Evaporation deposition)

증발 증착(evaporation deposition)은 가장 일반적인 PVD 방법으로 진공에서 열에 의한 source의 증발 단계와 고체 기판 위에서의 박막 형성 단계, 2가지로 이루어진다(그림 2.11). 다른 증착 방법에 비해 비교적 간단한 설비를 필요로하고 많은 물질에 적용할 수 있는 장점이 있다.[24]

2.1.3.3 원자층 증착(Atomic Layer Deposition, ALD)

앞서 언급한 화학적 기상 증착 방법에서 파생된 증착 방법으로 원자층 증착(atomic layer deposition, ALD)이 있다.[25] 이 방법은 원자층 에피택시(Atomic Layer Epitaxy, ALE)라고 부르기도 하며, 1977년 Suntola와 Antson에 의해 전자발광 박막 디스플레이 기기(electroluminescent thin film display device)용 황화아연(ZnS) 박막 필름과 유전체(dielectric) 박막 필름의 물성 향상을 위해 발명되었고, 핀란드의 Lohja Corporation에서 상용 장비를 생산하였다.[26] 사용 가능한 물질군은 II-VI의 화합물과 산화물로 제한적이었다. ALD 과정은 반응 원료들이 기판 표면에서 화학적 흡착 반응을 통해 한 분자의 단일층(molecular monolayer) 단위로 성장하여 아주 얇은 층의 형성이 가능하다. 반면에, 이와 같이 정교한 공정을 진행해야 하므로 고가의 장비가 필요하며, 속도가 느리고 제어가 쉽지 않다는 단점

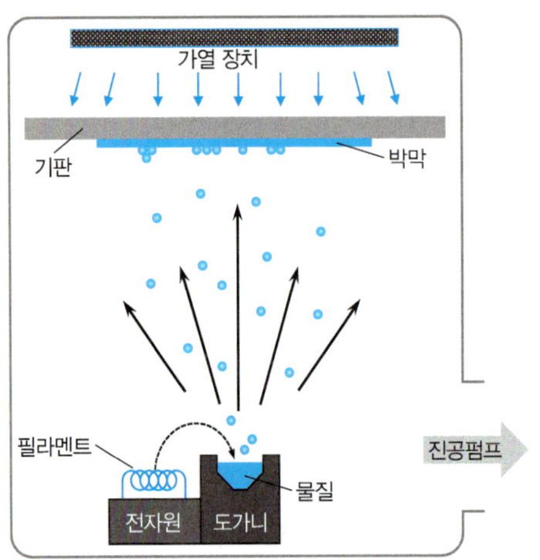

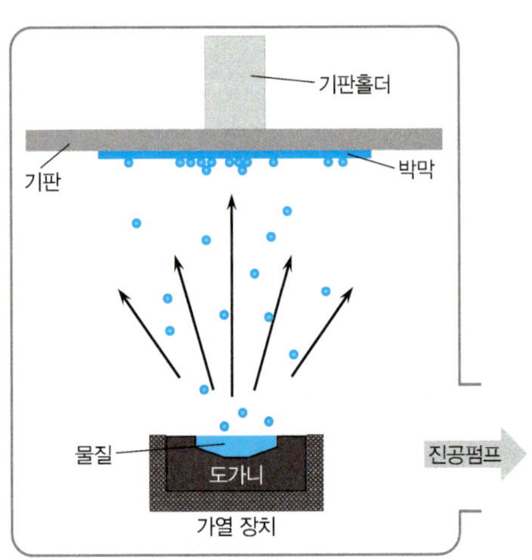

그림 2.11 ▸ 전자-빔 물리적 기상증착(왼쪽)과 증발증착(오른쪽) 과정.

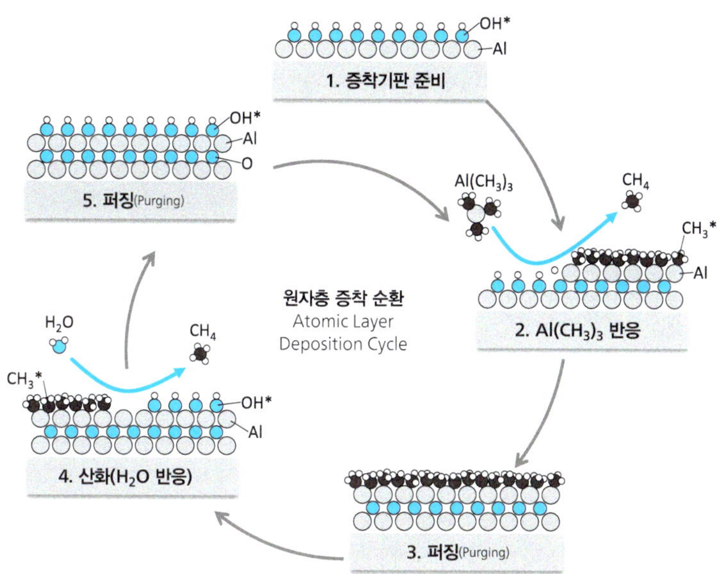

그림 2.12 ▸ 원자층 증착(atomic layer deposition)을 이용한 산화알루미늄(Al_2O_3) 박막 형성 과정.

을 가진다.

ALD의 과정은 '자기제한박막성장(self-limiting film growth)'을 거쳐 연속적인 박막 성장 과정을 반복한다.[27] 예를 들어, 산화알루미늄(Al_2O_3)의 성장 과정을 살펴보자. 그림 2.12와 같이 알루미늄(Al) 전구체인 trimethylaluminum ($Al(CH_3)_3$)이 기판 표면에서 Al층을 형성하고(1단계) 산소의 소스인 물을 투입하면 이미 형성된 알루미늄층이 산화되어 Al_2O_3층이 만들어지게 된다(2단계). 그리고 이 과정을 반복하여 원하는 두께의 Al_2O_3 박막을 만들 수 있다. 이 과정을 화학식으로 표현하면 아래와 같다(식 (2.16)~(2.18)).

$$\text{1단계: } AlOH^* + Al(CH_3)_3 \rightarrow AlOAl(CH_3)_2^* + CH_4 \quad \textbf{(2.16)}$$

$$\text{2단계: } AlCH_3^* + H_2O \rightarrow AlOH^* + CH_4 \quad \textbf{(2.17)}$$

$$\text{전체: } 2Al(CH_3)_3 + 3H_2O \rightarrow Al_2O_3 + 3CH_4 \quad \textbf{(2.18)}$$

2.1.4 리소그래피(Lithography)

리소그래피는 역사적으로나 산업적으로나 아주 오래전부터, 그리고 가장 널리 활용되고 있는 인쇄 방법이다. 전통적인 개념으로의 리소그래피는 서로 섞이지 않는 물과 유성 잉크를 이용한 판화를 뜻한다. 그러나 현대 기술의 발전을 이끈 산업적 측면에서의 의미 있는 리소그래피(마이크로미터~수백 나노미터 수준)는 X-선과 전자 빔의 출현과 시작했다고 말해도 과언이 아닐 것이다. 그리고 최근에는 컴퓨터 칩의 고집적화와 더불어 나노리소그래피(nanolithography) 분야가 대두되었으며, 그 중요성은 점차 증대되고 있다.

리소그래피 기술에서, 패턴을 성형할 때 사용하는 에너지원의 종류와 마스킹(masking) 방법은 다양하지만 공통 원리는 다음과 같다. 먼저, 틀이 되는 기판(substrate) 위에 얇은 막을 증착한 후 에너지에 감응하는 층(positive 또는 negative resist)을 한 층 더 올린다. 이후에, 원하는 패턴이 미리 그려져 있는 마스크를 덧씌운 후 UV 등의 에너지원에 노출시키고, 감응층(resist) 중 에너지원에 노출된 부분과 마스크로 보호된 부분의 화학적 차이를 통해 선택적으로 식각(etching)하여 감응층에 패턴을 성형한다. 이 과정을 현상(development)이라고 하며, 에너지원에 감응한 부분이 제거가 되면 '양화(positive)', 남게 되면 '음화(negative)'라고 한다(그림 2.13).

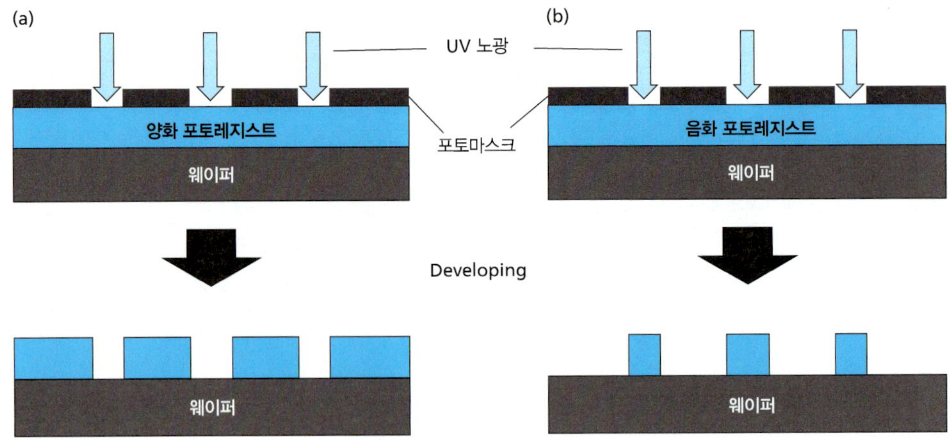

그림 2.13 ▶ 리소그래피(lithography)의 두 가지 형태. (a) 양화(positive), (b) 음화(negative).

리소그래피 기법은 패턴 형성에 사용되는 에너지원에 따라서 아주 다양하게 나눌 수 있으며, 그 중 대표적인 방법들을 아래에 소개하였다.

2.1.4.1 포토리소그래피(Photolithography or Optical lithography)

포토리소그래피(photolithography) 또는 광학리소그래피(optical lithography)라고 부르는 방법은 가시광선과 자외선영역의 빛(대개 300~400 nm)을 주로 이용하며, 패턴 성형을 위해 포토마스크(photomask)와 포토레지스트(photoresist)를 사용한다. 포토리소그래피는 ① 세척 및 고온가열을 통한 기판위 오염물 제거, ② 포토마스크 및 포토레지스트 도포, ③ 노광(exposure) 및 현상(development, 포토레지스트 제거), ④ 식각(etching) 및 세척(잔여물 제거)의 단계를 거치게 된다.

선명한 패턴을 형성하기 위해서는 해상도가 중요한 요소이다. 포토리소그래피의 해상도는 사용하는 빛의 파장에 의해 직접적으로 결정되는데, 이외에도 마스크와 기판, 마스크와 광원 간의 거리 등에도 영향을 받는다. 포토리소그래피의 해상도와 관련된 물리량으로 임계치수(critical dimension, CD)가 있다. 이는 포토리소그래피로 형성할 수 있는 최소한의 패턴 또는 물체의 크기를 의미하며, 광원의 파장에 비례하고, 렌즈의 개구수(numerical aperture, NA; 매질의 굴절률이 n, 렌즈 최대굴절각이 2θ일 때, $NA = n\sin\theta$)에 반비례한다.

$$CD = k_1 \frac{\lambda}{NA} \tag{2.19}$$

다시 말해, 짧은 파장을 사용할수록 더 작은 크기의 패턴을 형성할 수 있다. 따라서 자외선 중에서도 단파장 영역을 활용하는 DUVL (deep ultraviolet lithography, 193~248 nm), EUVL (extreme ultraviolet lithography, 11~14 nm) 등이 더욱 높은 해상도를 확보하기 위해 점차 많이 활용되고 있다.

포토리소그래피는 포토마스크를 위치시키는 방법에 따라 접촉(contact)식, 근접(proximity)식, 투영(projection)식 세 가지로 구분할 수 있다(그림 2.14).[28]

접촉(contact)식: 포토마스크를 포토레지스트와 접촉시켜 노광하는 방법이다. 포토레지스트와 포토마스크 사이에 간격이 없기 때문에 1:1 배율로 현상이 되며, 꽤 높은 해상도(보통 ~0.5 μm 수준이나 포토레지스트 두께에 따라 제한됨)를 구현할 수 있다. 직접 포토마스크가 접촉한 상태로 현상이 되기 때문에 확대할 수 없다는 점, 그리고 포토마스크의 손상이 생기면, 손상 부위가 그대로 전사되어 현상이 되기도 하는 단점이 있다.

근접(proximity)식: 포토마스크를 포토레지스트에서 조금 띄워서 노광하는 방법으로, 패턴

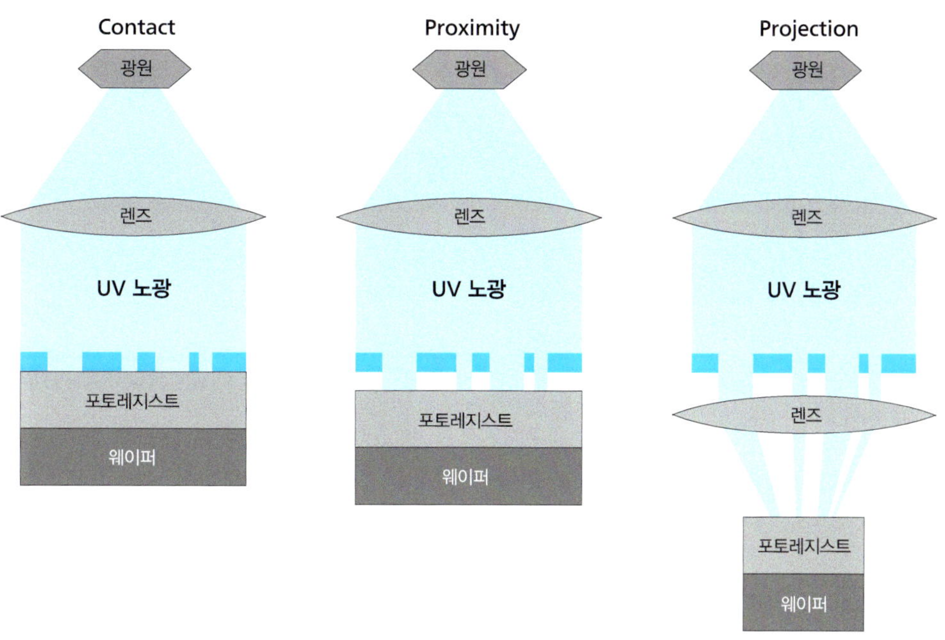

그림 2.14 ▸ 포토리소그래피의 주요 3가지 형태.

이 복제되는 배율의 변화는 거의 없으며 접촉에 의해 포토 마스크와 포토레지스트가 손상되는 것을 막기 위해 사용한다. 해상도는 접촉식에 조금 못 미치는 0.5~1 μm 수준이다.

투영(projection)식: 근접식보다 더 큰 간격을 두고 포토마스크를 위치시켜 노광하는 방법이기 때문에 간격 조절을 통해 확대·축소가 가능하다(1:4~1:10). 높은 해상도(~0.007 um) 구현이 가능하고 포토마스크와 포토레지스트의 직접 접촉이 없기 때문에 포토마스크를 여러 번 사용해도 접촉 손상에 의한 불량 발생이 적지만, 빛의 확산 및 굴절 등에 따라 패턴이 잘못 인쇄될 수 있으므로 정확성을 확보하기 위해 설비 가격이 높아지게 된다. 이때 해상도는 포토마스크와 포토레지스트 간의 간격 g와 포토레지스트 도포 두께 t, 그리고 광원의 파장 λ에 따라 식 (2.20)과 같이 결정된다.

$$\text{Resolution} = \frac{3}{2}\sqrt{\lambda\left(g + \frac{t}{2}\right)} \quad \textbf{(2.20)}$$

2.1.4.2 나노 임프린트 리소그래피(Nano-Imprint Lithography, NIL)

나노 임프린트 리소그래피(nano-imprint lithography, NIL)법은 요철의 패턴을 형성한 몰드를 기판상의 액상 고분자 등에 누른 후, 기판상의 고분자를 UV로 경화하거나(photo NIL), 열로 경화하여(thermoplastic NIL) 패턴을 전사하는 방법이다. 그래서 '소프트리소그래피(soft lithography)'라고도 부르며, 5~10 nm 나노스케일의 고해상도와 높은 처리량(throughput)을 확보할 수 있는 방법이다. 1996년 Chou가 poly methyl methacrylate (PMMA)를 이용하여 25 nm 선폭과 70 nm 간격을 가진 패턴을 제조하여 발표하였으며, 일반적인 NIL 과정은 그림 2.15에 나타낸 바와 같다.[29] NIL은 고품질 패턴의 대량생산에 적합하여 산업적 응용 가능성이 높으며, 고해상도 몰드(mold)의 생산 수율을 높이는 것이 주요 과제이다.

2.1.4.3 나노스피어 리소그래피(Nanosphere Lithography, NSL)

나노스피어 리소그래피(nanosphere lithography, NSL)법은 다른 리소그래피법과 비교했을 때, 저렴하고 공정이 간단하며, 높은 수율(throughput)로 나노스케일 해상도로 조밀 쌓임

그림 2.15 ▶ 나노 임프린트 리소그래피(nano-imprint lithography) 과정.

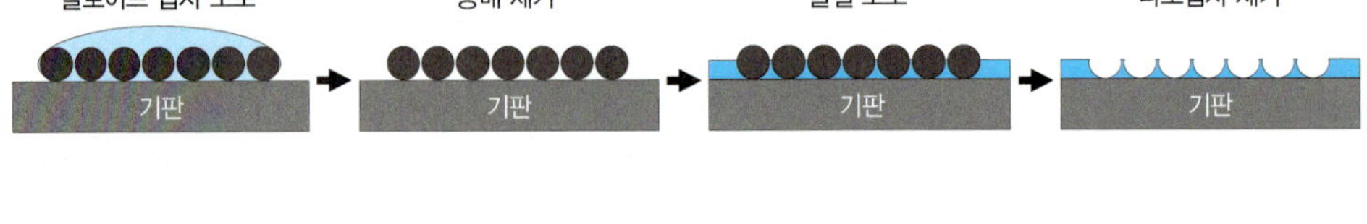

그림 2.16 ▶ 나노스피어 리소그래피(nanosphere Lithography) 몰드(mold) 제작 과정.

(close packing)된 2차원 나노 패턴을 얻을 수 있다.[30] 크게, 마스크 준비와 나노구조 형성 2단계로 구분할 수 있다. 마스크 준비단계에서는 평평한 기판 위에 균일한(monodisperse) 나노입자를 포함한 콜로이드액을 도포하여 건조시킨다. 이때 균일한 패턴을 형성하기 위해 나노입자의 자기조립(self-assembly)을 이용한다.[31] 이렇게 마스크를 얻어낸 후에, 원하는 물질을 이 마스크 위에 도포하고, 나노스피어 마스크를 제거하여 육각형 조밀 쌓임(hexagonal close packing, hcp) 구조의 나노스피어 패턴을 얻어낸다. 필요에 따라서는 열처리(annealing)을 통해 패턴의 결정성을 높이는 공정이 추가되기도 한다. 일반적인 나노스피어 리소그래피 과정에 대해서 그림 2.16에 나타내었다. 그 밖에 전자빔 리소그래피(electron beam lithography, EBL), X-선 리소그래피(X-ray lithography, XRL) 등이 있다. EBL의 경우, 1~2 nm 수준의 매우 뛰어난 해상도를 가지는 패턴을 만들 수 있지만 수율과 가공 속도가 매우 낮아 상용화에 제한이 있으며, XRL은 해상도가 20~50 nm 수준으로 다른 방법들에 비해 낮은 단점이 있다.

2.2 나노소재의 특성 분석(Characterizations of nanomaterial properties)

2.2.1 구조 및 결정학(Morphology & crystallography)

2.2.1.1 현미경 분석(Microscopy; STM, AFM, SEM, TEM)

주사터널링현미경(Scanning Tunneling Microscopy, STM)

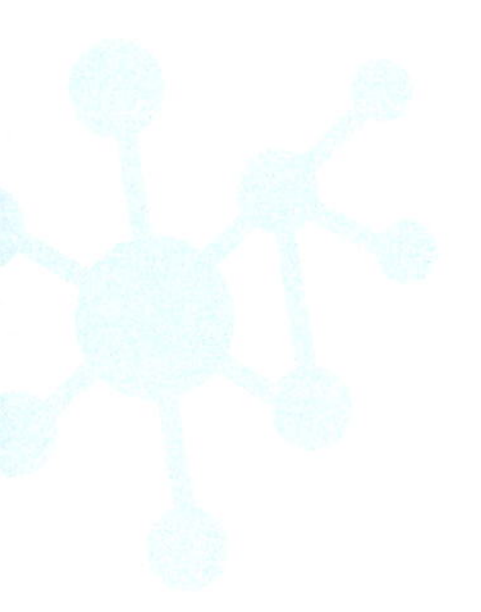

두 개의 전도성 물체가 매우 가까이 접근하면, 물체 사이의 공간을 전자가 뛰어넘어 전류가 흐르는 양자 터널링(tunneling) 효과가 나타나며, 터널링 전류는 물체 사이의 거리에 매우 민감하게 반응한다. 거리에 대한 민감도가 원자 하나의 높이를 기록할 수 있기에 물질의 표면을 직접 관찰할 수 있는 현미경으로 활용한다.[32] 주사터널링현미경(scanning tunneling microscopy, STM, 그림 2.17)은 시료 표면 위에 금속 탐침을 수 옹스트롬(angstrom, 1 Å = 10^{-10} m) 이내로 아주 가깝게 위치시키고 전압을 걸어 터널링 전류를 기록하는데, 동시에 한 점의 정보만 얻을 수 있으므로 탐침을 시료 표면 위에서 주사(scan)하며 관찰 영역의 지도를 만든다. 이 전류는 식 (2.21)과 같이 걸어준 전압 V, 탐침(tip)과 시료 간의 거리 s에 따라 지수적으로 비례하여 변화하게 된다.[33]

$$I \propto e^{-2s\left[\frac{2m}{h^2}\left(\langle\phi\rangle - \frac{e|V|}{2}\right)\right]^{\frac{1}{2}}} \qquad \textbf{(2.21)}$$

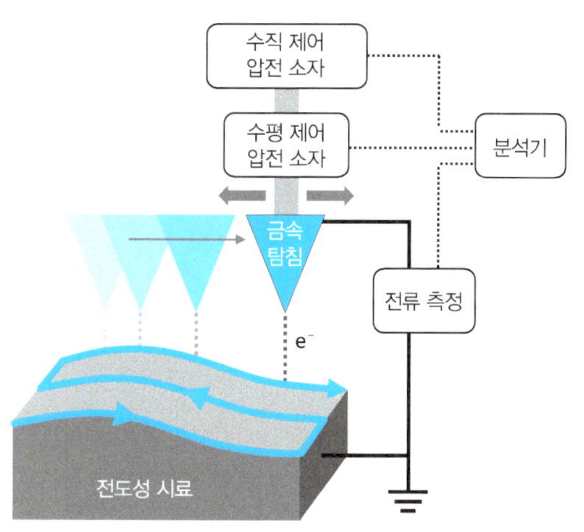

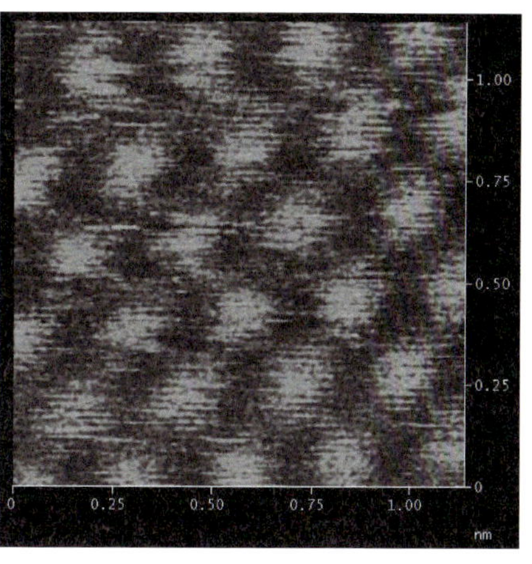

그림 2.17 ▸ STM의 모식도와 흑연 시료의 분석 영상.

식 (2.21)에서 m은 전자의 질량, h는 Planck 상수, ϕ는 금속 tip과 시료의 일함수(work function)이다. 따라서 시료와 탐침 간의 거리의 변화 $\Delta s(= s_1 - s_2)$가 1 Å이라고 가정해 보면, 터널링 전류의 변화량 $\Delta I(= I_1 - I_2)$는 다음의 식으로 표현할 수 있다.

$$\Delta I = I_1 - I_2 = I \propto e^{-2s\left[\frac{2m}{h^2}\left(\langle\phi\rangle - \frac{e|V|}{2}\right)\right]^{\frac{1}{2}}(s_1 - s_2)} = e^{-2k_0\Delta s} \tag{2.22}$$

$$k_0 = \left[\frac{2m}{h^2}\left(\langle\phi\rangle - \frac{e|V|}{2}\right)\right]^{\frac{1}{2}} \tag{2.23}$$

보통 s가 1 Å 변하면 전류는 한 자릿수의 변화(one order of magnitude)를 보이고, STM의 수직 분해능은 0.01 nm, 수평 분해능은 0.1 nm 수준에 이른다.[32] 진공 및 다양한 기체, 액체 환경에서도 사용할 수 있고, 0~1200 K의 폭 넓은 온도에서 작동할 수 있다. 이처럼 뛰어난 능력을 갖춘 표면 분석법이지만 시료와 팀침 사이의 전류를 측정하는 방식이므로 관찰할 수 있는 시료의 범위가 전도성 물질로 한정된다. 이를 보완하기 위해, 반도체, 바이오 시료, 금속-반도체 계면 등 다양한 시료를 분석할 수 있는 spin-polarized-STM (SP-STM), ballistic electron emission microscopy (BEEM), photon STM (PSTM) 등의 STM-기반 확장 기술들이 개발되었다.

원자 힘 현미경(Atomic Force Microscopy, AFM)

STM과 비슷한 표면 분석 도구로 원자 힘 현미경이 있다. 1985년 IBM사(New York, USA)의 Binnig와 Stanford 대학의 Quate, Gerber가 공동 발명하였다.[34~36] AFM의 가장 큰 장점은 바로 고분자, 세라믹, 유리, 금속, 반도체 등 거의 모든 종류의 물질의 표면 구조를 분석할 수 있다는 것이다. AFM은 10~20 nm 크기의 뾰족한 탐침이 달린 캔틸레버(cantilever)를 이용하여 물질 표면을 훑고 지나갈 때 탐침과 물질 표면에서 변화하는 상호작용을 측정하여 물질의 표면에 대한 정보를 얻어 낸다.

탐침과 시료 표면은 거리에 따라 척력 또는 인력이 작용하기에 필요에 따라 이 거리를 조절하여 탐침과 시료 사이의 작용하는 힘을 측정할 수 있으며, 설정하는 거리의 범위에 따라 크게 3가지 측정 모드가 있다(그림 2.18). 접촉식(contact mode)에서는 탐침이 시료 표면에 접촉하여 측정하는데, Coulomb 반발력이 작용하는 거리에서 분석한다. 두드림식(tapping mode)에서는 탐침이 시료 표면에서 공명주파수로 주기적으로 진동하며(보통 20~200 nm 범위) 시료와 탐침 간의 인력에 의해 간헐적으로 접촉하게 된다. 비 접촉식(non-contact

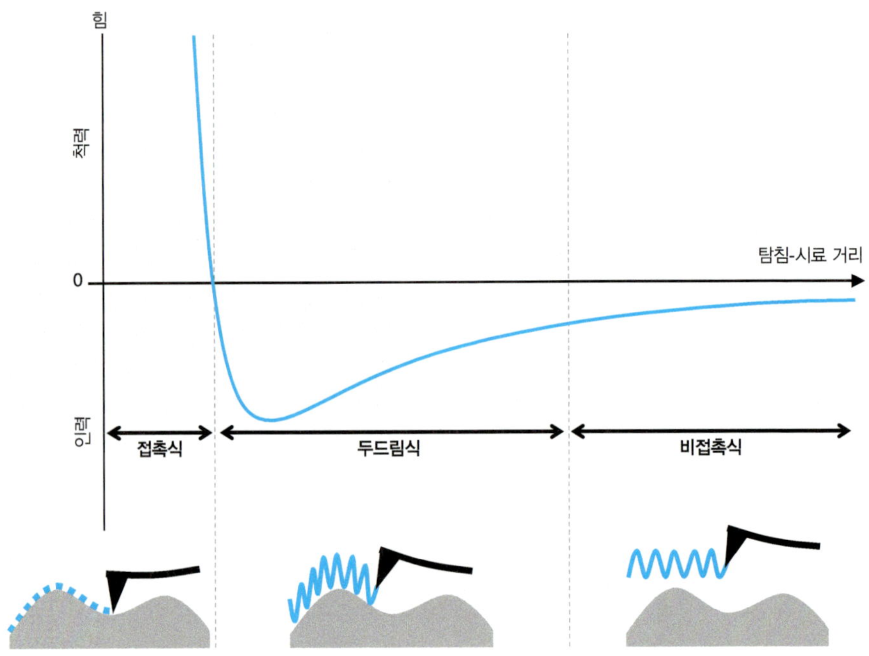

그림 2.18 ▸ AFM의 3가지 구동 방법에 대한 모식도.

mode)은 시료 표면과 탐침 간의 접촉이 없이 약하게 진동하는(1~10 nm 범위) 탐침이 시료 표면과의 van der Waals 상호작용을 감지하여 표면의 정보를 얻어내는 방법이다.[37] 주로 시료 표면의 2차원적인 정보 위주로 얻게 되는 전자현미경법(최근에는 단층촬영(tomography) 기술의 발달로 3차원 정보도 쉽게 얻을 수 있다)에 비해 AFM은 분석하고자 하는 시료 표면의 높이정보(profile)를 얻을 수 있다. STM이나 투과전자현미경법 수준의 고해상도 이미지를 얻기 위해서는 역시 UHV (<10^{-7}~10^{-8} Pa) 수준의 진공이 필요하지만 일반적인 측정을 위해서는 고진공 환경이 필요 없는 장점도 있다. 단점으로는 접촉모드에서 시료 표면을 손상시킬 수 있다는 점, 수직 해상도가 STM에 비해서 좋지 않다는 점 등이 있다(표 2.1).

전자현미경(Electron microscopy)

현미경은 물체를 관찰하기 위해 렌즈를 사용하여 확대된 상을 만든다. 유리 렌즈로 가시광선을 굴절시키는 광학현미경의 분해능은 200 nm 수준, 자외선을 사용한다면 100 nm 수준까지 분해능을 확보할 수 있으며 이는 파장의 절반에 해당한다. 나노구조의 확대된 상을 만들 수 있는 현미경은 매우 짧은 파장을 갖는 광원을 사용해야 할 것이다. 높은 전압으로 가

표 2.1 ▸ STM과 AFM 비교

	STM	AFM
측정 원리	터널링 전류	원자간 전자기력 상호작용
분석 대상	도체 및 반도체	모든 물질
분석 환경	진공, 기체, 액체	진공, 기체, 액체
해상도	> 0.01~0.1 nm	> 0.1 nm
분석 차원	3D	3D
상호작용	비 접촉	접촉, 비접촉

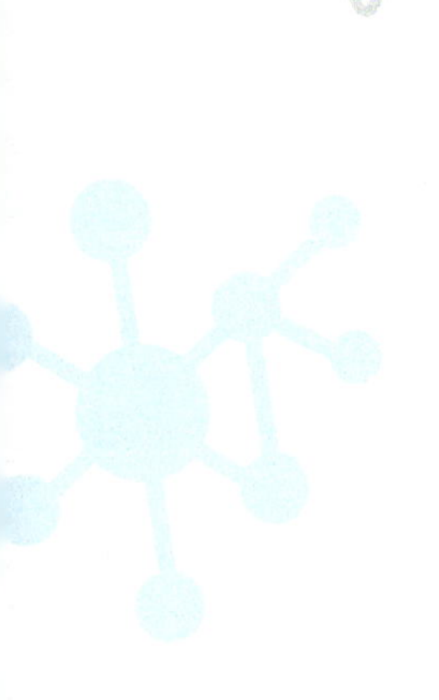

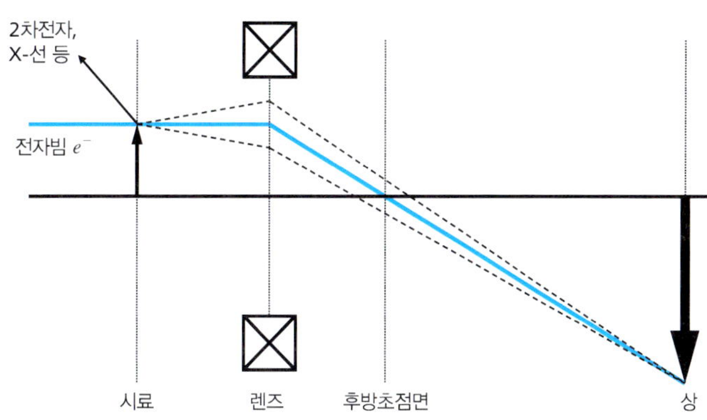

그림 2.19 ▸ 전자현미경의 광학개념도

속된 전자는 수 피코미터(picometer, 1 pm = 10^{-12} m)의 파장을 가지므로 나노구조를 관찰하기에 충분한 분해능을 얻을 수 있고, 자기장 속에서 Lorentz 힘에 따라 굴절되므로 전자기 렌즈를 만들 수 있으며, 음전하에 의해 시료물질과 매우 민감한 상호작용을 하므로 다양한 정보를 얻을 수 있고, 형광판이나 카메라에 작용하여 상을 맺을 수 있다. 현미경 본연의 기능인 상을 맺어 얻을 수 있는 물체의 형태 정보뿐만 아니라, 가속된 전자가 시료의 원자와 충돌하여 방출하는 2차전자, X-선, Auger 전자 등을 통해 원소 구성에 대한 정보, 시료를 투과하며 회절된 전자에서 결정 정보까지 얻을 수 있다.

전자현미경의 구조를 간단히 살펴보자. 그림 2.19와 같이 화살표 모양의 시료에 평행하게 입사된 전자빔은 시료를 투과하거나, 산란, 회절되기도 하며 시료 원자에 충돌하여 2차전자, X-선 등을 방출할 수도 있다. 이와 같이 시료에 의해 다양하게 변형된 전자빔의 정보를 이용하여 물질의 성분과 구조에 대해 많은 정보를 얻을 수 있다.

시료의 한 점, 그림 2.19의 화살표 머리를 투과한 전자빔은 전자기 렌즈에서 굴절되어 상면에 도달한다. 이때 같은 지점에서 다른 각도로 산란 및 회절된 전자빔들 역시 같은 지점에 노여 상을 만든다. 전자빔과 원자의 상호작용으로 손실된 전자빔만큼 밝기가 떨어지므로 밝은 배경에 어두운 화살표의 상이 될 것이다. 일반적으로 시료가 두껍거나 원자 번호가 큰 원소일수록 더욱 어두운 상이 맺힌다. 후방초점면에 조리개를 설치해서 회절된 전자빔을 가리고 투과빔만으로 상을 맺을 수 있으며(명시야 영상, bright field imaging), 반대로 투과빔을 가리고 회절빔만으로 상을 맺을 수도 있다(암시야 영상, dark field imaging). 이렇게 시료 뒤편에 상을 맺고 관찰하는 경우 투과전자현미경(transmission electron microscopy, TEM)라 한다. TEM의 명시야(bright field) 영상은 반투명한 그림자와 같이 시료의 내부가 비쳐 보이며 원소의 종류에 따라 밝기의 차이가 있으므로 내부 구조를 파악하기에 용이하다(그림 2.20a). TEM의 암시야(dark field) 영상은 시료에서 회절된 전자빔만 상면에 도달하므로, 어두운 배경에 결정성이 높은 부분이 밝게 표시되어 결정구조를 파악하기에 좋으며 후방초점면 조리개의 위치에 따라 보고싶은 결정을 선택할 수 있다(그림 2.20c, d).

전자빔이 시료에 충돌하여 비탄성 산란하며 에너지를 잃고 원자에 결합되어 있던 2차 전자를 방출하면 이를 양전하로 대전된 검출기로 끌어당겨 검출할 수 있는데, 이때 광학 경로가 손상되어 상을 맺지는 못한다. 대신 전자빔을 평행광(parallel beam)이 아닌 수렴광(convergent beam)으로 입사시키면 빔을 집속시킨 곳의 위치를 알 수 있으며, 그 때 얻은 2차전자의 세기를 해당 위치에서 얻은 것으로 기록할 수 있다. 수렴광을 탐침(probe)처럼 사용하여 위치를 바꿔가며 주사(scan)하여 시료의 형태를 알아내는(mapping) 방법을 주사전자현미경(scanning electron microscopy, SEM)이라 한다. SEM 영상에서 검출하는 2차전자는 대개 시료의 표면에서 방출되며, 검출기가 전자빔 경로를 가리지 않기 위해 옆에 비스듬히 위치한 탓에 검출기 방향으로 기울어진 표면에서 더 많은 2차전자가 검출된다. 결과적

그림 2.20 ▶ 세포의 (a) TEM 영상과 (b) SEM 영상. 각각 시료의 내부 구조와 표면 구조를 살펴볼 수 있다. 결정성 Pd 나노입자와 비정질 그래파이트(graphite) 나노입자의 혼합물의 (c) 명시야(bright field) TEM 영상과 (d) 암시야(dark field) TEM 영상. 명시야 영상은 높은 해상도로 구조를 살펴볼 수 있으며, 원소 종류와 시료 두께에 따른 밝기 대비가 나타난다. 암시야 영상은 회절이 나타나는 결정(crystal) 부분을 조명하여 보여준다.

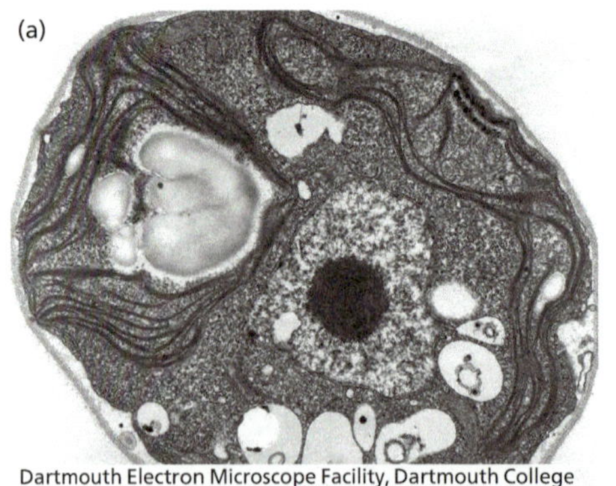

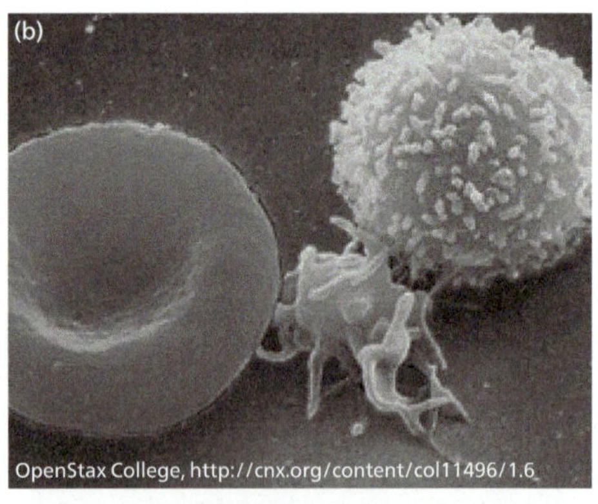

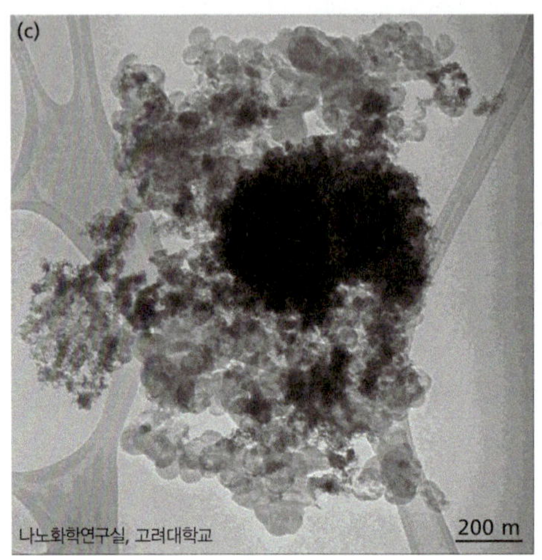

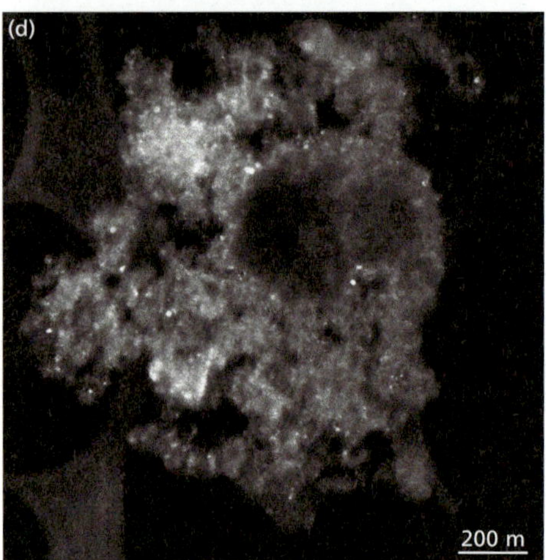

으로 비스듬히 조명을 비춘 듯한 입체적인 영상으로 표현되며 표면 구조를 직관적으로 보여준다(그림 2.20b).

2.2.1.2 회절 분석(Diffraction; XRD, ED, HRTEM)

X-선 회절(X-ray Diffraction, XRD)

단파장 X-선을 고체에 조사하면 광속(luminous flux)의 일부가 원자에 의해 원자의 위치에서 모든 방향으로 산란된다. 원자의 위치가 규칙적인 결정일 때, 특정한 각도의 산란광들의 광경로차가 파장의 정수배를 만족하여 같은 위상이 되면 보강 간섭하여 강해진다. 이를 X-선 회절(X-ray diffraction, XRD)이라 한다. 면간 거리 d를 갖는 결정에 파장 λ의 X-선을 입사각 θ로 조사했을 때 그림 2.21과 같이 회절된다고 하면, 광경로차 P′RP″가 파장의 정수배 $n\lambda$와 같아야 할 것이다. 즉,

그림 2.21 ▶ (왼쪽) 결정면 간격 d에 대하여 Bragg 식을 만족하는 X-선의 회절과 (오른쪽) XRD 분석장치의 구성도.

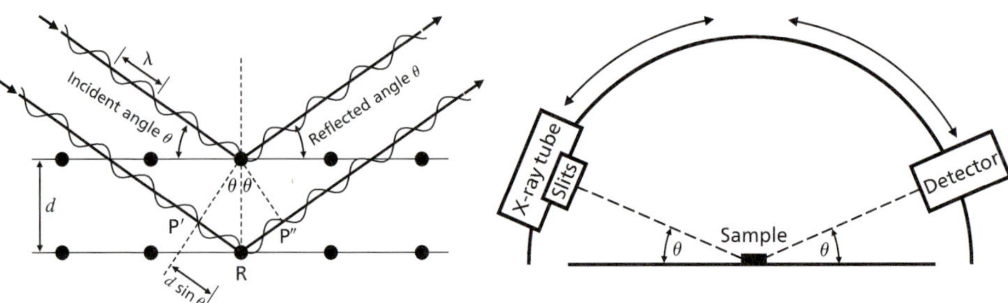

$$2d \sin \theta = n\lambda \qquad (2.24)$$

의 Bragg 관계식을 만족할 때 파동의 보강간섭이 성립하여 강한 회절선을 관측할 수 있게 된다.

XRD 분석법은 미리 설정된 단파장 X-선, 대개 Cu K_α 1.5406 Å을 시료에 조사하고 입사각을 연속적으로 변화시키며 회절 X-선의 세기를 측정하여 결정의 다양한 방향의 결정면에 대한 면간 거리를 얻는다. 입사각에 대한 회절 세기를 그래프로 도식하면 다수의 피크(peak)를 가진 패턴이 나타나며 이는 물질의 고유한 값으로 지문과 같이 사용되므로, 미리 알려진 패턴과 비교해 보는 방법으로 쉽게 시료의 결정 구조를 규명할 수 있다.

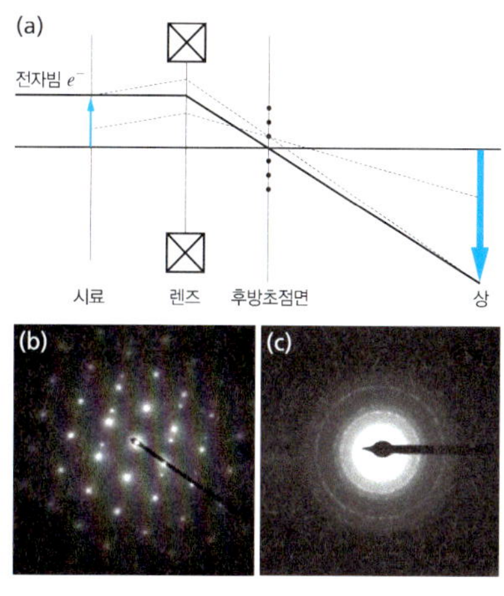

그림 2.22 ▶ (a) 전자현미경의 후방초점면에서는 ED 패턴이 얻어진다(점선: 시료의 위치와 관계없이 회절 각도에 따라 후방 초점을 맺음). (b) 단결정과 (c) 복결정의 ED 영상. 한 개의 단결정 시료로 전자회절 영상을 얻으면 결정의 역격자 패턴으로 나타나며, 무작위로 배향된 복결정의 경우 역격자 패턴을 회전시킨 것과 같은 원형 패턴으로 나타난다. 중앙에 집속된 투과빔은 카메라를 쉽게 손상시킬 수 있으니 반드시 가리고 촬영하도록 하자.

전자 회절(Electron Diffraction, ED)

다시 전자현미경으로 돌아오자. 시료의 여러 위치에서 같은 각도로 회절된 전자빔은 후방초점면에서 한 점으로 모인다(그림 2.22). 각도가 다른 각 회절들은 결정의 역격자(reciprocal lattice) 배열대로 조금씩 떨어져 회절점을 만들며 후방초점면의 영상을 얻는 것으로 많은 수의 전자 회절을 동시에 측정할 수 있다. X-선 회절에 비해 매우 적은 양의 시료로 빠르게 관찰할 수 있고 시료의 위치 선택적인 정보를 얻을 수 있지만, 회절 세기의 정량분석은 불리하므로 상호 보완적인 분석법으로 사용할 수 있다. 전자회절(electron diffraction)은 전자빔의 파장이 수 pm로 매우 짧으므로 Bragg 법칙에 따라 회절각 역시 수 mrad로 매우 작다. 후방초점면상에서 회절점의 간격을 측정하여 결정의 면간 거리를 알아낼 수 있으며, 회절점의 배열 형태와 각도로 결정구조를 유추할 수 있다.

고해상도 전자현미경(High-Resolution Transmission Electron Microscopy, HRTEM)

광축과 결정이 정렬된 상태에서 투과전자와 회절전자는 결정 내에서 각기 다른 각도로 진행하며 원자들을 만나게 된다. 각 전자 빔이 만나는 원자의 전하 밀도와 간격이 달라짐에 따라 전자빔의 위상 또한 달라지는데, 이는 광학계의 굴절률과 같이 해석된다. 투과전자현미경의 후방초점면에 설치된 조리개의 크기와 위치를 조절하여 투과빔과 회절빔을 선택하여 조합할 수 있으며, 투과빔으로 얻은 명시야(bright field) 상에 회절빔으로 얻은 암시야(dark field) 상을 함께 투영하면 파동의 위상차에 의한 간섭 패턴을 얻을 수 있다(그림 2.23). 이렇게 얻은 영상은 옹스트롬(angstrom, 1 Å = 10^{-10} m) 단위의 분해능으로 결정의 격자를 보여주기에 고분해능 또는 고해상도 전자현미경법(high-resolution transmission electron microscopy, HRTEM)이라 한다.

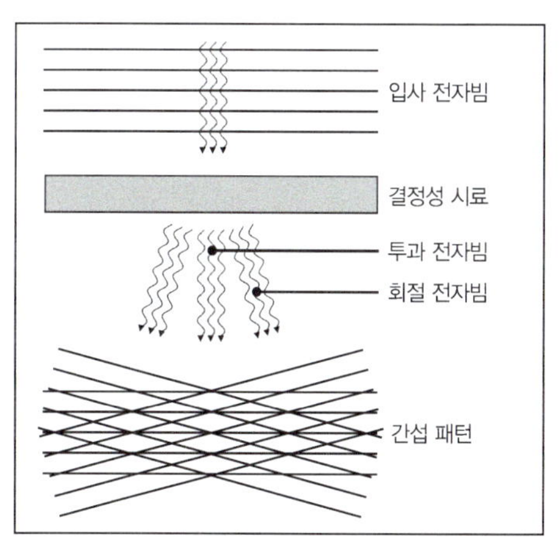

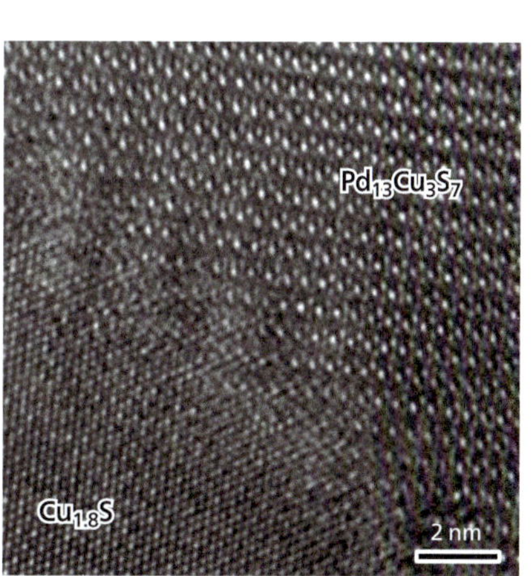

그림 2.23 ▶ (왼쪽) HRTEM에서 간섭 패턴을 만드는 원리. (오른쪽) HRTEM 영상의 예.

그림 2.24 ▶ PbS [001] zone에서 촬영한 HRTEM 영상과 FFT 패턴.

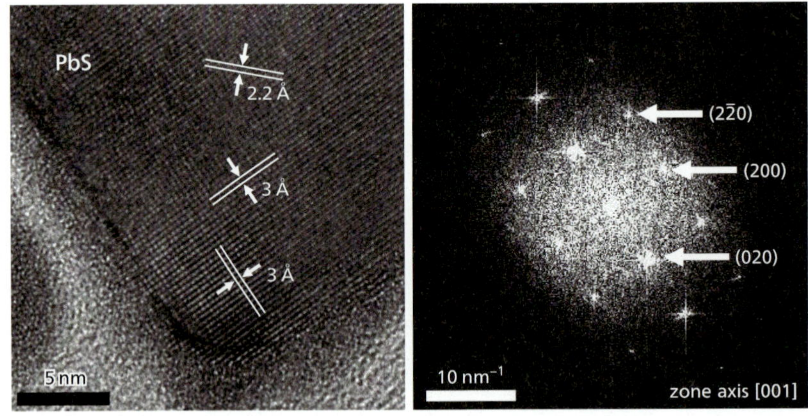

고체 결정 시료의 원자 간격에 해당하는 분해능으로 결정 격자의 영상을 얻을 수 있지만 이 고분해능 전자현미경 영상에서 보여지는 희고 검은 점들이 실제 개별 원자를 보여주는 것은 아니라는 점에 주의해야 한다. 잘 배열된 결정 내 원자들의 집단이 HRTEM 영상의 점들의 집단으로 나타나는 것이며, 하나의 점이 하나의 원자로 일대일 대응하지 않는다. 즉, 이 영상에서 한 개의 도핑(doping)된 이종 원자를 추적할 수 없다는 것이다. 또한 분석 조건에 따라서 실제 원자의 위치는 흰 점일 수도 검은 점일 수도 있으며 반쯤 밀려 있을 수도 있다. HRTEM 실험을 할 때 초점을 조작하면 광축에 대한 회절파의 각도가 변하여 간섭 패턴의 위치가 이동하며, 이에 따라 밝은 점들이 bright field 이미지 위에서 움직이는 것을 볼 수 있다.

HRTEM 영상을 fast-Fourier transform (FFT) 기법을 통해 변환하여 회절 패턴을 얻어 구조분석을 수행할 수도 있다(그림 2.24). 보통 전자현미경 제조사에서 제공하는 분석 프로그램으로 쉽게 변환할 수 있으며, 얻어진 FFT 영상은 결정의 역격자에 해당하는 것으로 전자회절(ED) 패턴과 동일하다. 나노미터 규모의 매우 작은 시료 영역의 회절 패턴을 얻을 수 있어 복잡한 나노물질의 결정구조를 규명하는 데 강력한 분석법으로 사용된다.

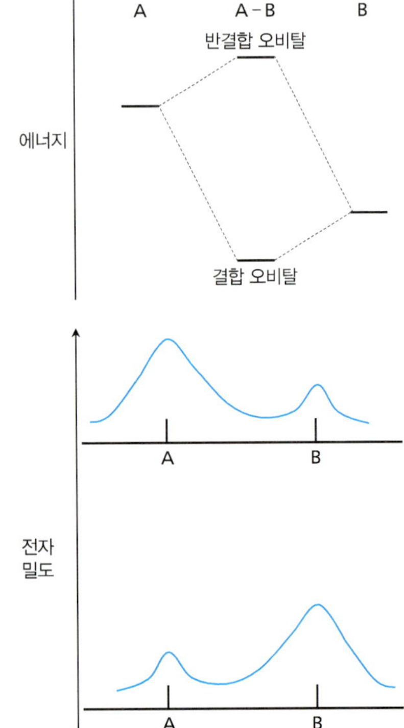

그림 2.25 ▶ 이종핵(heteronuclear) AB 분자의 분자오비탈 개념도(*위*) 및 전자들의 확률분포(*아래*)에 대한 모식도(*위*: 반결합오비탈, *아래*: 결합오비탈).

2.2.2 화학 및 물리적 특성(Chemical & physical property)

2.2.2.1 원자가(Valence state; XPS, XAS)

1) 원자가 오비탈의 정의

원자오비탈(atomic orbital): 잠시 물리화학 시간에 배웠던 내용을 떠올려 보자. 화학에서 원자, 분자의 거동은 오비탈(orbital)로 설명할 수 있고, 이러한 개념은 Schrödinger 방정식으로부터 도출되었다. 서로 다른 전기적 성질을 가지는 원자핵과 전자는 정전기적 인력이, 그리고 같은 극성을 가지는 전자들끼리는 정전기적 척력이 작용하기 때문에, 다전자를 가지는 원자나 분자(many electron system)에서는 그들의 거동을 수학적으로 정확하게 해석하는건 매우 복잡한 일이다. 이를 해결할 수 있는 방법으로, 핵과 전자들 간의 평균적인 척력, 인력의 관계를 바탕으로 정성적인 근사를 할 수 있고, 분자에서도 마찬가지의 개념이 적용되어 원자오비탈의 선형결합(linear combination of atomic orbital, LCAO)으로 분자오비탈(molecular orbital, MO)을 구성하여 분자의 결합과 거동을 설명할 수 있다(그림 2.25). 예를 들어서 A와 B로 이루어진 분자가 있다고 가정해 보자. 이 둘 중 B는 상대적으로 전자를 더 좋아한다. 그렇다면 이 둘 사이에 있는 전자들은 B로 치우쳐 존재하고 싶어할 것이고, 이 상태가 안정적일 것이다. A의 원자오비탈을 χ_A, B의 원자오비탈을 χ_B라고 하면 분자

표 2.2 ▸ 원자들의 전자배치

원자 수	기호	전자 배치	원자가전자 수
1	H	$1s^1$	1
2	He	$1s^2$	2
3	Li	$1s^22s^1$	1
4	Be	$1s^22s^2$	2
5	B	$1s^22s^22p^1$	3
6	C	$1s^22s^22p^2$	4
7	N	$1s^22s^22p^3$	5
8	O	$1s^22s^22p^4$	6
9	F	$1s^22s^22p^5$	7
10	Ne	$1s^22s^22p^6$	8

AB의 결합오비탈(ψ_1)과 반결합오비탈(ψ_2)은 아래와 같이 쓸 수 있다(식 (2.25), (2.26)).

$$\psi_1 = a_1\chi_A + b_1\chi_B \tag{2.25}$$

$$\psi_2 = a_2\chi_A - b_2\chi_B \tag{2.26}$$

원자가상태(valence state): 이와 같은 원자의 오비탈 껍질 중 최외각에 존재하는 껍질을 원자가껍질(valence shell)이라고 한다. 그리고 여기에 존재하는 전자를 원자가전자(valence electron)이라고 부른다. 원자에서 가장 바깥쪽에 있기 때문에 상대적으로 가장 높은 에너지를 가지며, 그렇게 때문에 이들은 활발하게 화학적 결합에 참여한다. 반면에, 이보다 내부인 원자 중심부(core)에 있는 오비탈들은 전자가 모두 채워진 상태로 존재하고 원자가전자들보다 상대적으로 안정한 에너지 상태로 존재하며, 다른 원자와 상호작용할 때 오비탈 간의 겹침(overlap)이 적기 때문에 화학 반응에 미치는 영향이 적다. 따라서 원소의 화학적 성질은 중심부 전자보다는 원자가전자의 수와 상태에 따라 결정된다. 서로 다른 원소를 비교하여, 같은 숫자의 전자들이 원자가오비탈(valence orbital)에 존재하면 화학적으로 유사한 성질을 가지게 되며, 이때를 '원자가상태(valence state)가 유사하다'라고 설명할 수 있다. 이와 같이 원자가상태를 바탕으로 원자들을 배열한 것이 바로 우리가 처음 화학을 접할 때 배우는 주기율표이다. 아래 표에 원자가전자(valence electron)의 주기성을 나타내어보았다. 원자가상태에 대한 정보는 원자의 특성을 결정짓는 중요한 요인이 된다. 이 원자가 정보를 얻을 수 있는 대표적인 분석법들을 살펴보자.

2) X-선 광전자 분광법(X-ray Photoelectron Spectroscopy, XPS)

간단히 줄여서 XPS라고 부르고, electron spectroscopy for chemical analysis (ESCA)라고도 불린다. X-선 광전자 분광법은 물리학, 금속재료, 반도체, 고분자 기반 연구에서 가장 보편적으로 활용되는 표면 분석법 중 하나이다. 고체 표면과 계면의 구성원소에 대한 정보와 그 화학결합 상태(산화 상태)에 대해서 빠르고 쉽게 알아 낼 수 있는 강력한 분석 도구이다. XPS는 광전 효과를 발견한 Einstein과 이후 많은 과학자들에 의해서 발전을 해오다, 1967년 스웨덴의 물리학자 Siegbahn에 의해서 현대화된 XPS가 개발되었고, 1969년 미국의 Hewlett-Packard사가 최초로 상용화된 monochromatic XPS 기기의 생산을 하였다. 1981년에는 XPS 개발에 대한 업적을 인정받아 노벨물리학상을 수상하기도 하였다.

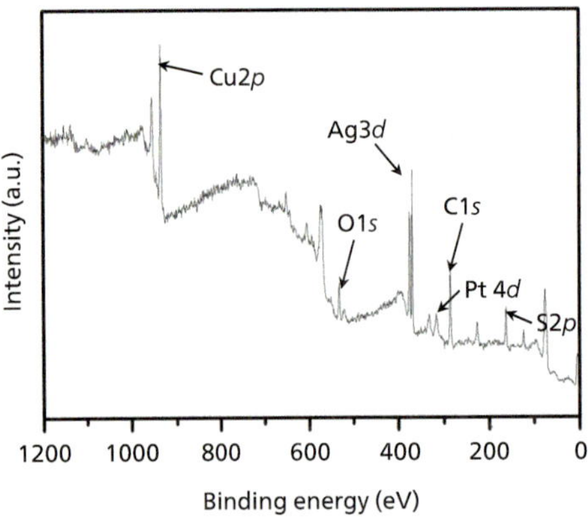

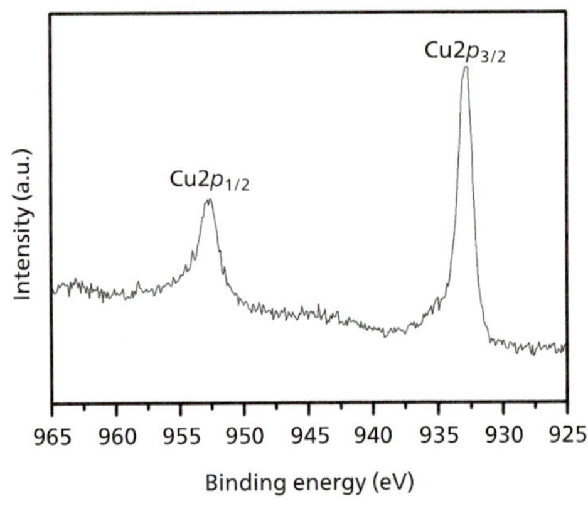

그림 2.26 ▶ Cu, Pt, Ag, S로 이루어진 물질의 Survey 스캔(왼쪽)과 Cu2*p*의 Narrow 스캔(오른쪽) 그래프.

XPS 특징: XPS 스펙트럼은 크게 survey scan 스펙트럼과 narrow scan 스펙트럼 2가지로 나뉜다. XPS는 높은 민감도(sensitivity)와 분해능(resolution)을 가지고 있는 분석법이기 때문에 이를 활용하여, survey scan 스펙트럼에서는 시료를 구성하고 있는 조성에 대한 정보를 얻고, narrow scan 스펙트럼에서는 화학적 이동(chemical shift)를 바탕으로 특정 원소의 산화 상태에 대한 정보를 얻을 수 있다(그림 2.26).

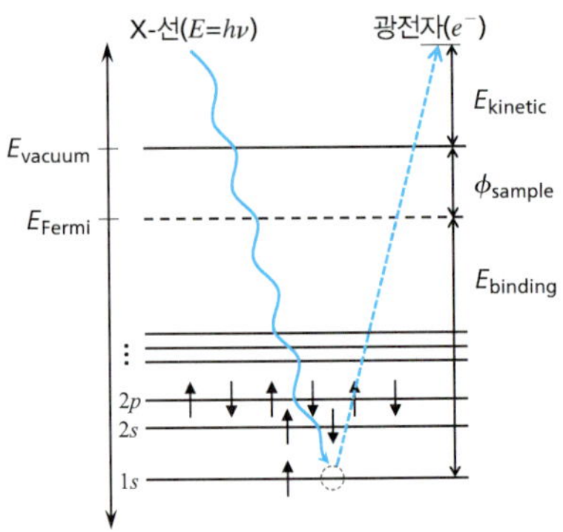

그림 2.27 ▶ X-선 광전자 분광법의 원리

XPS 원리: 기본적으로 X-선을 광원을 원자나 분자에 조사하면 광전효과에 의해서 광전자가 발생하는 원리를 사용한다. 이때 원자 내부에서 방출되는 광전자의 운동에너지를 측정하여 조사한 X-선의 에너지와 비교하게 된다. (X-선 광원은 Al K_α (1486.6 eV) 또는 Mg K_α (1253.6 eV)을 주로 사용한다.) 만약 A란 물질에 X-선을 조사하여 A가 들뜨면서 이온이 되고 전자를 방출하였다고 생각해 보면, $A \rightarrow A^{+*} + e^-$와 같이 표현할 수 있고, 그림 2.27과 같이, 방출된 광전자의 운동에너지 E_k는 조사한 광원의 에너지 $h\nu$에서 전자 하나가 내부에 붙잡혀 있던 결합에너지 E_b (Fermi 준위까지의 에너지 차이)와 A란 물질의 일함수 ϕ_{sample} (Fermi 준위에서 진공 준위까지의 에너지)의 차와 같을 것이기 때문에 아래와 같은 식으로 나타낼 수 있다.

$$E_k = h\nu - E_b - \phi_{sample} \quad \textbf{(2.27)}$$

조사한 광원의 에너지 $h\nu$는 알고 있는 값이고, 시료의 일함수(ϕ_{sample})와 전자의 운동에너지 (E_k)는 측정이 가능한 값이므로 전자의 고유한 결합에너지를 알 수 있게 된다. 따라서 XPS 분석법을 이용하여 시료 표면에서의 방출되는 스펙트럼을 관찰하게 되면, 표면에서의 조성 및 산화 상태에 대한 정보를 얻을 수 있다.

XPS는 표면분석으로 분류되는데 그 이유는 XPS에서 사용되는 광원으로 시료 표면에서 최대한 검출해 낼 수 있는 범위가 10 nm 내외이기 때문이다. 이를 '검출심도(sampling depth)'라고 하며 아래와 같이 정의된다[식 (2.28), 그림 2.28].

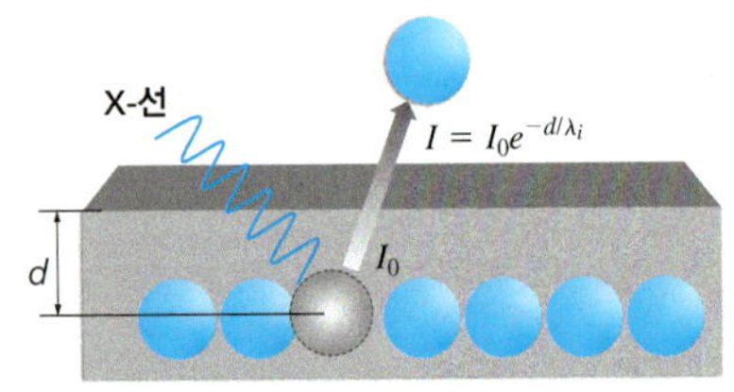

그림 2.28 ▶ 검출심도의 정의

$$I_s = I_0 e^{-d/\lambda_i} \quad \textbf{(2.28)}$$

즉, 표면에서 d만큼의 깊이에 있는 전자가 X-선을 흡수하게 되면 I_0란 세기를 가지면서 방출되기 시작하는데, d만큼의 거리를 거치면서 표면에서는 처음 I_0보다 다소 감소된 세기로 검출되게 된다. 이때 감소된 양은 깊이 d와 전자의 비탄성평균자유행로(inelastic mean free path), λ_i로 정의되는 양과 같다. 그리고 검출심도는 방출되는 광전자의 95%가 표면에 도달할 수 있는 거리로 정의되는데, 위 식에 근거하여 계산해 보면 약 λ_i의 3배가 된다. 예를 들어 광원을 Al K_α를 사용했다면, λ_i는 1~3.5 nm이기 때문에, $3\lambda_i$ = 3~10 nm가 되는것이다.

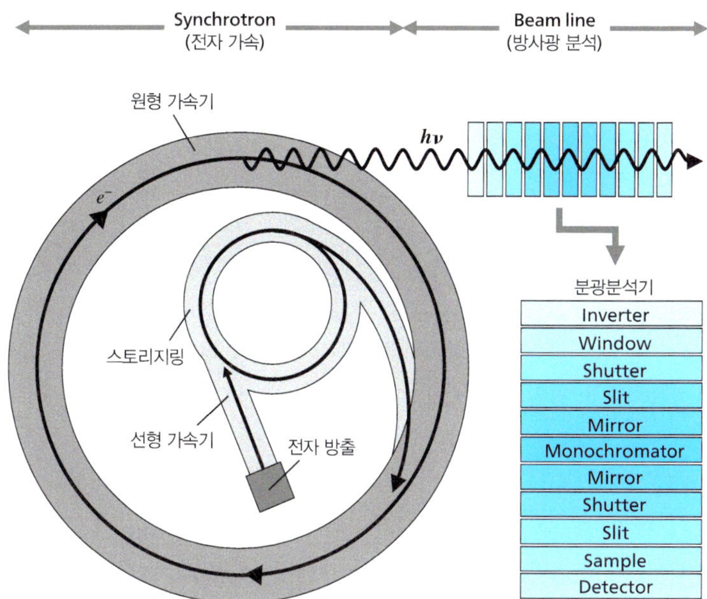

그림 2.29 ▸ 싱크로트론(synchrotron) 개념도.

응용: 시료 표면에서 심도프로파일(depth profile)을 통한 불순물 확인(Ar으로 스퍼터링하여 표면을 깎아내면서 측정), 촉매의 산화 상태 확인을 통한 안정성·활성 정보 획득 등에 활용할 수 있다.

3) X-선 흡수분광법(X-ray Absorption Spectroscopy, XAS)

X-선 흡수분광법은 조사한 X-선에 의해 중심부에 있는 전자가 비어 있는 컨덕션밴드(conduction band)로 여기되는 과정을 관찰하는 분석 방법이며, 이를 통해서 물질의 국부적인 기하학적(local geometric)구조와 전자(electronic)구조에 대한 정보를 얻을 수 있다. 충분한 세기의 X-선 소스가 필요하기 때문에 싱크로트론 방사광(synchrotron radiation) 설비를 이용해야 한다(그림 2.29).[38] 역사적으로 XAS의 시작은 약 100여 년 전으로 거슬러 올라간다. 물질의 X-선의 흡수단(absorption edge)은 1913년 Maurice de Broglie에 의해 사진건판(photographic plate)의 은(Ag)과 브롬(Br)에서 처음 발견되었고, 1916년 보고되었다.[39] 또한 스웨덴 과학자 Manne Siegbahn가 결정 스펙트로미터의 분해능을 향상시켜 흡수단 위치를 화학적성분이나 원소에 따라 구분하여 관찰할 수 있도록 하였으며, X-선 분광법에서 사용하는 Siegbahn 표기법을 개발했다.[40]

XAS 원리: XAS는 core electronic state에서 excited electronic states(LUMO)와 continuum으로의 전이과정(전자를 XANES, 후자를 EXAFS라고 부름)을 측정한다. 이때 어떤 물질의 전자의 결합에너지에 매우 matching이 잘되는 X-선을 흡수하면 극적으로 날카로운 흡수피크가 나타나게 되는데, 이와 같은 급격한 흡수선을 '흡수단(absorption edge)'이라고 한다.[41] 그리고 그 흡수한 에너지의 크기는 광전자를 여기시키는 데 필요한 에너지의 크기가 된다. X-선의 흡수는 흡수 불연속성(absorption discontinuity)에 의해 일어나게 되는데, 1*s* 오비탈로부터의 광전자 방출이 일어나게 되면 K-edge, 2*s*나 2*p* 오비탈에서 광전자 방출이 일어나게 되면 L-edge라고 한다(그림 2.30).

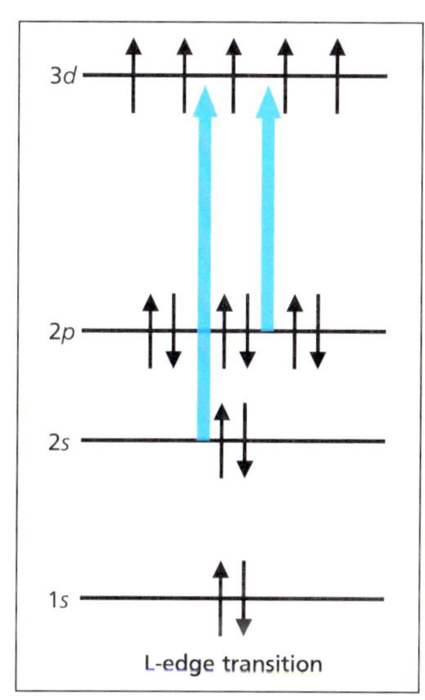

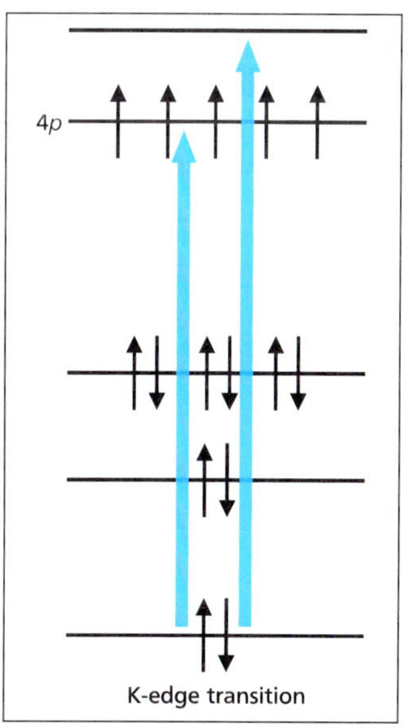

그림 2.30 ▸ Mn(II)의 L-edge(왼쪽) 및 K-edge(오른쪽) 전이과정 개념도. L-edge 전이는 2*s*와 2*p* 오비탈에서 3d 오비탈로 일어나고, K-edge 전이는 1*s*에서 3*d* 또는 4*p* 오비탈로 발생.

EXAFS(Extended X-ray Absorption Fine Structure): 위의 과정을 수학적인 식으로 표현해 보자. 에너지 $E = h\nu$를 가지는 X-선이 흡수되어서, E_0란 에너지만큼이 전자를 여기시키는 데(결합에너지를 극복하는 데) 사용되었다고 하면, 이때 방출되는 광전자의 운동에너지 E_k는 $(E - E_0)$가 될 것이다. 따라서 de Broglie 식에 따라 이 광전자의 파장 λ는 다음과

같이 나타낼 수 있다.[42]

$$E_k = \frac{1}{2}m_e\nu^2 \tag{2.29}$$

$$\lambda = \frac{h}{m_e\nu} = \frac{h}{\sqrt{2m_e(E - E_0)}} \tag{2.30}$$

여기서, h는 Planck 상수(constant), m_e는 전자의 질량, ν는 전자의 속도이다. 이처럼 EXAFS 변조(modulation)은 속도 ν를 가지는 광전자 파동의 특성에 의해 나타나는 결과인 셈이다. EXAFS 변조는 광전자의 파동벡터(wave vector) k로 표현할 수도 있다. 여기서 k는 $2\pi/\lambda$로 정의되고 λ는 위의 de Broglie 식을 통해 얻는다.

$$k = \frac{2\pi}{h}\sqrt{2m_e(E - E_0)} = 0.512\sqrt{(E - E_0)} \tag{2.31}$$

방출되는 광전자들은 주변에 있는 원자들에 의해서 산란이 일어나게 되고(scattering) 서로 간에 보강 및 상쇄 간섭이 일어나게 된다. 따라서 EXAFS 진동(oscillation)이 발생하게 되는데, 이러한 현상은 흡수단을 지나자마자 시작하며 약 1 keV에 걸쳐 지속된다. 이러한 EXAFS 현상은 흡광계수를 이용하여 아래와 같이 정의할 수 있으며 $\chi(k)$(oscillatory portion of the absorption coefficient)라고 한다.

$$\chi(k) = \frac{\mu(k) - \mu_0(k)}{\mu_0(k)} \tag{2.32}$$

그리고 흡광계수 $\mu(E)$는 물리학적으로 Fermi Golden Rule에 따라서 아래와 같은 관계를 갖는다.[42]

$$\mu(E) \propto \Sigma_f |\langle f|H|i\rangle|^2 \tag{2.33}$$

여기서 Hamiltonian (H)는 전자들 간의 상호작용 오퍼레이터(interaction operator), $\langle f|H|i\rangle$은 초기(initial), 최종(final) 상태의 파동함수를 나타내는데, $\langle f|$는 흡수에 대한 기여도를, 그리고 $|i\rangle$는 흡수하는 원자의 국소화(localized)된 파동함수를 의미한다. 즉, 흡광계수 $\mu(E)$는 흡수하는 원자에 운동에너지 $(E - E_0)$를 갖는 광전자가 있는 상태밀도(density of state)에 비례하게 된다. 만약 E1의 에너지를 가지는 X-선이 조사되어서 backscattering되는 파동과 방출되는(outgoing) 파동 간의 보강간섭이 일어나게 되면 X-선 흡수 확률이 증가(흡광계수 증가)하게 되고, 반대로 상쇄간섭이 일어나게 되면 X-선 흡수가 감소(흡광계수 감소)가 일어나게 되며, 이것이 EXAFS 현상의 기본이 된다. 통계적인 무질서도(disorder)와 비탄성산란과정(inelastic scattering process)를 통한 광전자의 손실까지 고려하여 정량적으로 $\chi(k)$을 표현하면 다음과 같다.

$$\chi(k) = S_0^2\Sigma_j \frac{N_j|f_j(\pi, k)|}{kR_{aj}^2} e^{-2\sigma_{aj}^2k^2} e^{-2R_{aj}/\lambda_j(k)} \sin[2kR_{aj} + a_{aj}(k)] \tag{2.34}$$

EXAFS 변조의 푸리에 전환(Fourier transform)을 이용하여 흡수한 원자와 주변 원자들 간의 거리 정보(즉, 결합 길이)를 얻어 낼 수 있다(그림 2.31). 유효한 범위는 약 4~5 Å로 알려져 있다.

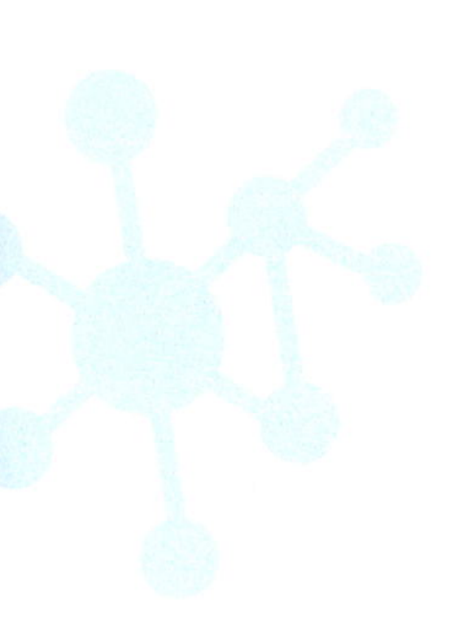

위 식에서 N_j는 X-선을 흡수하는 원자 a에서 거리 R_{aj}만큼 떨어진 곳에서 후방산란(backscattering)된 원자들의 개수이고, $f_j(\pi, k)$는 후방산란의 진폭(amplitude), $a_{aj}(k)$는 후방산란된 원자 j 및 중심흡수원자로의 상변화(phase shift), 그리고 $\lambda_j(k)$는 평균자유경로(mean free path)를 뜻한다.

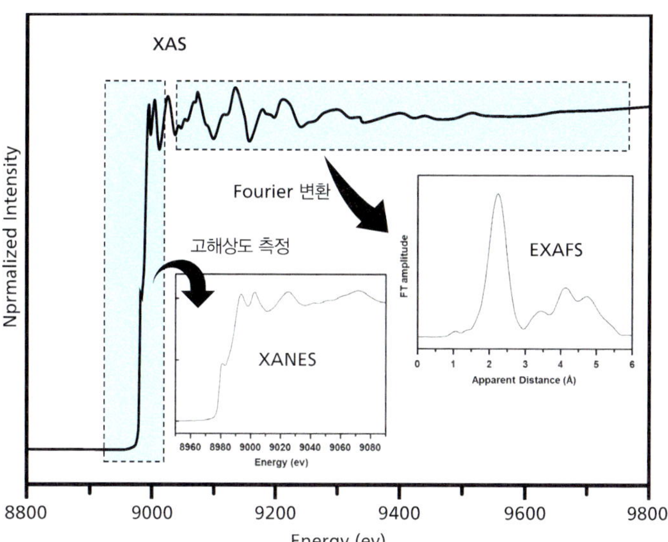

그림 2.31 ▶ Cu-foil의 EXAFS와 XANES 스펙트럼.

예시: 그림 2.32는 팔라듐(Pd)이 도핑된 산화갈륨(Ga_2O_3)의 Pd K-edge EXAFS 스펙트럼을 얻어서 푸리에 변환하여 Pd/Ga_2O_3의 주요 구성 원소인 Pd, Ga, O들 간의 거리를 관찰한 결과를 보여주고 있다. Pd–O 간의 거리는 2.03 Å이고 Pd–Pd의 거리는 3.04, 3.46 Å이기 때문에 도핑된 Pd는 대부분 산화된 상태로 존재한다고 알 수 있다. 그런데 수소 분위기에서 환원반응을 진행하자, Pd–O에 해당하는 피크는 급격히 감소하고, Pd–Pd 결합을 나타냈던 피크의 세기가 증가하여, Pd 이온에서 금속 상태로의 변환이 일어남을 알 수 있다.

XANES (X-ray Absorption Near-edge Structure): 한마디로 정의하자면 XANES는 흡수단에서 약 ~50 eV 범위 내에서 관찰되는 X-선의 흡수 스펙트럼이다. 전형적인 XANES 스펙트럼은 상대적으로 약하게 나타나는 pre edge 전이(transition) 영역과 강하게 나타나는 edge, post-edge 영역으로 구분할 수 있다(그림 2.33).[43]

EXAFS를 설명하기 위해 사용했던 원리들이 XANES에서도 그대로 적용되지만 near edge에서의 광전자는 상대적으로 운동에너지가 낮기 때문에 평균자유경로(mean-free path)가 증가하게 되어, $e^{-2R_{aj}/\lambda_j(k)}$ 항의 기여도가 낮아지게 된다. 또한 EXAFS와는 달리 스펙트럼 진폭(amplitude)의 감쇄(damping)를 나타내는 $e^{-2\sigma_{aj}^2 k^2}$ 항 역시 무시할 수 있게 된다. 따

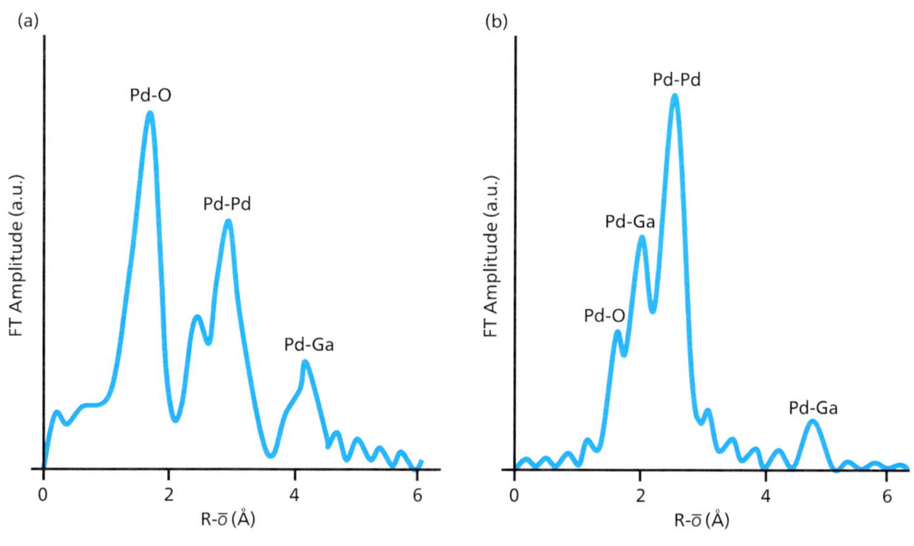

그림 2.32 ▶ 수소 분위기에서 Pd/Ga_2O_3를 (a) 환원반응하기 전 및 (b) 환원 반응한 후의Pd K-edge EXAFS.

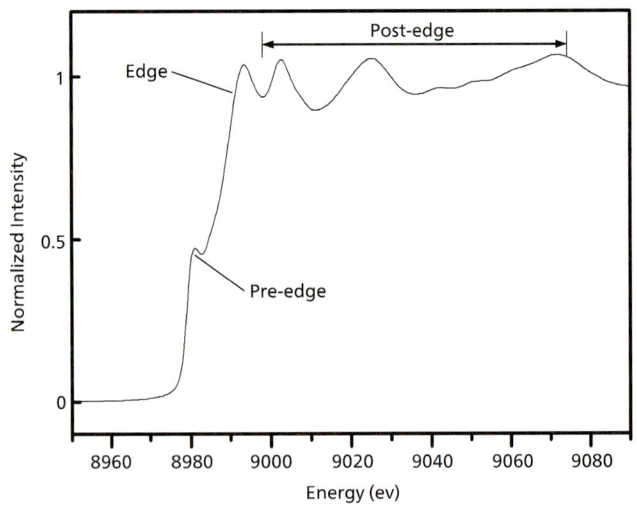

그림 2.33 ▸ Cu-foil의 XANES 스펙트럼.

라서 XANES 영역에서 얻게 되는 정보는 EXAFS보다 민감도가 높다.

EXAFS를 통해서는 원자들 간의 거리 정보를 얻을 수 있었다면, XANES를 통해서 물질의 산화 상태와 배위 환경에 대한 정보를 얻을 수 있다. 예를 들어 벌크 산화물의 경우 edge의 위치가 산화 상태와 관련 있다.[44] 쉽게 말하면, 에너지가 높은 쪽으로 edge 위치가 이동할수록 더 높은 산화 상태로 볼 수 있으며, 전자를 잃게 되면서 감소하게 되는 전하차폐(shielding of charge)에 의해서 전기적으로 양전하를 가지는 금속이온과 음전하를 가지는 전자 간의 정전기적 상호작용의 증가로 해석할 수 있다.[45] 그러나 단순하게 이온화퍼텐셜에너지와 관련된 것은 아니다.[46] edge의 위치는 다음의 3가지 방법으로 주로 결정한다고 알려져 있다.[43]

(1) 흡수단 최대치의 50% 되는 곳의 에너지
(2) 흡수단 최대치의 20% 및 80% 되는 곳의 에너지의 평균값인 에너지
(3) 변곡점에서의 에너지

보통 금속 산화물의 K-edge XANES의 pre-edge는 중요한 전자적 및 구조적(electronic and structural) 정보를 제공한다. K-edge 스펙트럼에 영향을 미치는 주요한 전이과정은 $1s \rightarrow np$로의 전이과정이다. 왜냐하면 이 전이과정은 궤도각운동량양자수(orbital angular momentum quantum number), l의 변화가 1인 과정이기 때문에 선택규칙(selection rule)에 의해 양자역학적으로 허용된(allowed) 전이과정이기 때문이다. 그러나 부분적으로 채워진 d 오비탈을 가지고 있는 전이금속들은 $1s \rightarrow (n-1)d$로의 전이과정이 관찰된다. 이는 $\Delta l = 2$인 전이과정으로 양자역학적으로 금지된(forbidden) 전이과정이기 때문에 상대적으로 스펙트럼의 강도(intensity)가 전자의 경우보다 약하다. 따라서 XANES의 pre-edge 스펙트럼 분석을 통해 분석 물질의 추가적인 정보들을 얻어낼 수 있다.[41]

물분해 촉매의 성능은 많은 경우에, 촉매 물질을 구성하고 있는 금속의 $3d$ 오비탈의 원자가상태(valence state)에 영향을 받기 때문에 이와 같은 응용 분야에서 금속의 L-edge XANES는 촉매의 구조와 활성 간의 관계를 분석하는 데 아주 좋은 기법으로 활용할 수 있다. 앞서 언급한 바처럼 K-edge의 pre-edge 구조는 $1s$에서 np 혹은 nd로의 전이과정에서의 정보를 얻을 수 있고, L-edge XAS는 $2p^6 3d^n \rightarrow 2p^5 3d^{n+1}$ 전이과정에서의 비어 있는 상태(unoccupied state)에 대한 정보를 얻을 수 있다고 알려져 있다. 따라서 초기의 상태는 $3d^n$ 오비탈의 함수로만 표현되지만 최종 상태는 $2p^5$와 $3d^{n+1}$의 파동함수로 나타내어야 한다. 이를 식으로 표현하면 아래와 같다.[44]

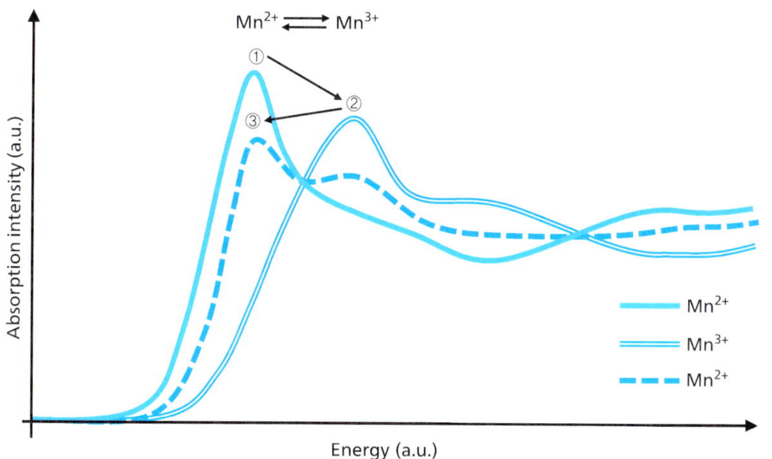

그림 2.34 ▸ Mn 산화 상태 변화에 따른 K-edge XANES 스펙트럼.

$$|\langle \phi_f | r | \phi_i \rangle|^2 = |\langle 2p^5 3d^{n+1} | r | 3d^n \rangle|^2 \tag{2.35}$$

즉, 코어(core) 준위의 $2p$ 오비탈과 원자가(valence) 준위의 $3d$ 오비탈 간의 겹침이 존재하게 되므로 코어의 홀(hole)과 원자가전자 간의 상호작용이 생기게 되어 스핀(spin)모멘트의 교환을 일으킨다. 또한 스핀-궤도 커플링(spin-orbit coupling)에 의해 $2p$ 오비탈이 $2p_{3/2}$과 $2p_{1/2}$로 분리되게 되는(각각이 L_3, L_2 edge에 해당하게 됨) '다중효과(multiple effect)'가 발생한다. 따라서 L-edge의 전이과정은 전 각운동량양자수(total angular quantum number), J에 의한 선택규칙(selection rule)에 의해서 적용받게 된다. 즉, $\Delta J = -1, 0 + 1$의 전이과정만이 가능하게 된다.

예시: 위의 스펙트럼(그림 2.34)은 XANES를 이용하여 Mn의 산화 상태 변화를 기록한 예시이다. State 1에서 edge 피크는 낮은 에너지의 Mn(II)의 위치에 있다가, Mn의 산화를 진행시키면 높은 에너지의 Mn(III) 위치로 edge 피크가 이동하는 것을 관찰할 수 있다(State 2). 다시 환원 반응을 진행시키면 Mn(II)의 edge 피크 위치(State 3)로 되돌아가게 된다.

2.2.2.2 밴드 구조(Band structure; UPS)

밴드, 밴드 구조, 밴드갭의 정의(Definition of band, band structure, band gap)

띠 혹은 밴드(band)는 고체물리학에서 가장 중요한 개념으로 고체물질(결정구조)에서 전자들이 존재할 수 있는 이상적인 에너지 준위들의 범위를 의미한다. 1928년 Bloch가 양자이론을 도입하여 고체에 적용하였다고 알려지고 있다. 2개의 양자수(quantum number)로 기술되는데, 하나는 Bloch vector (k)이고 나머지 하나는 band index (n)이다.[47] Pauli의 배타원리에 따라 전자는 같은 에너지 준위(오비탈)에 2개를 초과하여 같이 존재할 수 없으며, 다수의 전자가 다수의 오비탈에 존재할 때는 에너지 상태에 따라 여러 오비탈들에 나뉘어 분포한다. 수소 원자 2개가 모여 분자를 이루게 되면, 원자오비탈은 서로 다른 에너지를 가지는 분자오비탈(molecular orbital)로 분리되며, 이때 에너지 준위가 낮은 결합 오비탈과 에너지 준위가 높은 반결합 오비탈이 나타나, 에너지 준위가 낮은 오비탈은 전자로 채워지고 나머지는 채워지지 않게 된다. 아주 많은 동일한 원자들로 구성된 고체로 확장해서 생각해보면, 낮은 에너지 준위 영역에서 아주 작은 에너지 준위의 차이를 두고 촘촘하게 배치된 결합 오비탈들과 높은 에너지 준위 영역에서 마찬가지로 촘촘하게 배치된 반결합 오비탈들이 있을 것이다. 이러한 오비탈들의 모임을 밴드(band)라고 부른다(그림 2.35).

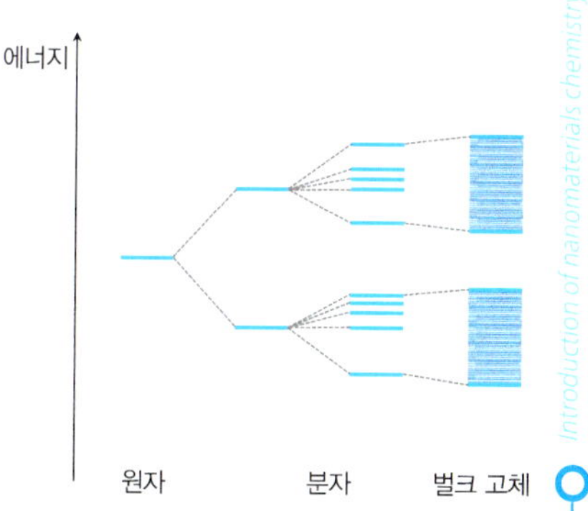

그림 2.35 ▸ 원자, 분자, 벌크 고체에서의 오비탈 에너지 분포 개념도. 원자에서 고체가 될수록 많은 오비탈이 모여 밴드(band)를 이루게 된다.

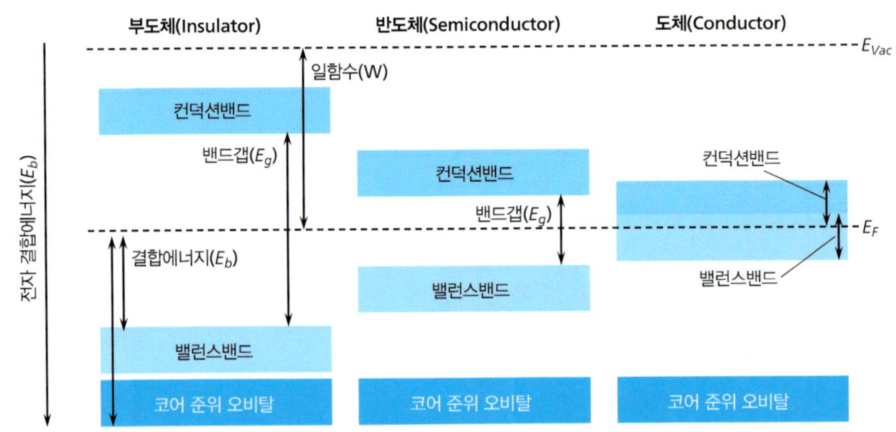

그림 2.36 ▸ 부도체, 반도체, 도체에서 컨덕션밴드 및 밸런스밴드의 분포. 부도체에서 도체로 갈수록 밴드갭이 줄어든다.

밴드갭(band gap): 앞서 설명한 밴드들은 전자가 채워져 있는 밸런스밴드(valence band)와 비어 있는 컨덕션밴드(conduction band)로 구분되고, 그 사이의 간격을 '밴드갭(band gap, 띠 간격)'이라고 부른다. HOMO (highest occupied molecular orbital), LUMO (lowest unoccupied molecular orbital)의 개념을 떠올리면 쉽게 이해하게 될 것이다. 이 밴드갭에 따라서 고체물질의 전기적인 특성이 달라지게 된다. 그림 2.36과 같이 금속(metal) 등의 전도체(conductor)는 이 밴드갭이 없다. 즉, 밸런스밴드가 부분적으로 채워져 있거나 컨덕션밴드가 부분적으로 비어 있는 상태로 겹쳐져 있다. 따라서 밸런스밴드의 전자가 낮은 에너지로도 쉽게 컨덕션밴드로 이동하여 흐를 수 있다. 반면에 이 밴드갭이 너무 커서 밴드 간의 전자전이가 쉽게 일어날 수 없어서 전자가 흐를 수 없는 상태가 바로 '부도체(insulator)'가 된다. 그리고 이 간격이 적당한 크기로 존재하게 되면, 외부에서의 조건 조절에 따라 전기를 흐르게 또는 흐르지 못하게 조절할 수 있는데 이를 반도체(semiconductor)라고 부른다. 그럼 이 밴드갭이 얼마나 커야 부도체이고 반도체인가? 물질에 따라 밴드갭이 제각각(표 2.3)이라 명확한 범위를 정의하기는 어렵지만 보통 밴드갭이 >9 eV 간격 이상이면 부도체로 분류하고, ~1 eV는 좁은 밴드갭(narrow-band gap)반도체, 2~4 eV는 넓은 밴드갭(wide-band gap) 반도체로 분류하는 것으로 보인다(300 K에서 약 26 meV).[48]

▎자외선 광전자 분광법(Ultraviolet Photoelectron Spectroscopy, UPS)

자외선 광전자 분광법(UPS)은 측정을 위한 광원의파장이 조금 더 에너지가 낮은 자외선 영역(~10 eV)이라는 것만 다르고 X-선 광전자 분광법(XPS)와 그 원리가 동일하다. 따라서 중심부에 대한 정보는 얻을 수 없고, 밸런스밴드 영역대의 정보를 얻을 수 있다. 영국의

표 2.3 ▸ 다양한 물질들의 상온에서의 밴드갭[49,50]

Material	Band gap at 300 K, eV	Material	Band gap at 300 K, eV
Si	1.12	Ge	0.66
InP	1.27	GaP	2.25
CdS	2.42	CdSe	1.70
CdTe	1.44	ZnS	3.68
TiO_2	3.2	ZnO	3.35
Fe_2O_3	2.1	WO_3	2.6

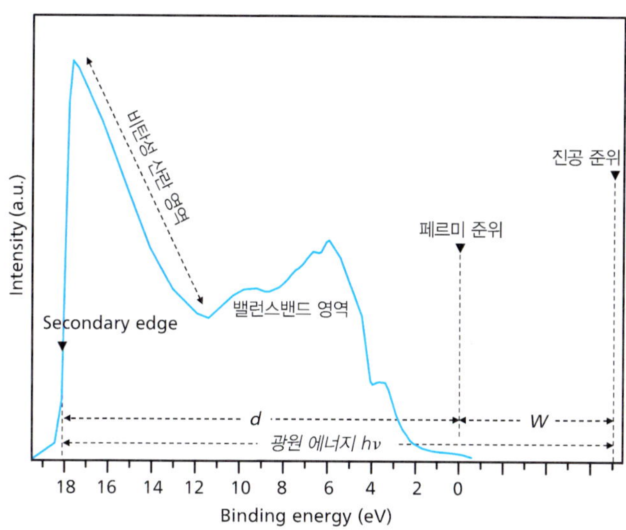

그림 2.37 ▸ UPS 스펙트럼 개념도.

Turner가 광원으로 진공 자외선 영역(vacuum ultraviolet)의 He(파장 58.4 nm, 21.2 eV)을 사용하여 광전자 분광법(Photoelectron spectroscopy, PES)로 발전시킨 것이 현재의 UPS의 모체가 되었다고 알려져 있다.

응용: UPS를 활용하는 대표적인 예시는 Fermi 준위와 진공 준위 간의 에너지 차이로 정의되는 물질의 일함수(work function)을 측정하는 것이다. 앞서 언급한 바와 같이 상대적으로 약한 광원을 사용하는 UPS는 XPS보다 더 선택적으로 E_{vac}과 E_F 간의 에너지에 대한 정보를 얻기에 적합하기 때문이다. 일함수는 UPS 스펙트럼에서 Fermi 준위(level) 말단(Fermi edge)에 해당하는 부분부터 저운동에너지말단(low kinetic energy end tail)에 해당하는 부분까지의 에너지 차이를 계산하여, 처음 사용한 광원의 에너지에서 빼 주면 구할 수 있다. 예를 들어, 아래와 같이 가상의 물질에 대한 UPS가 있다고 하자. Fermi 준위는 0 eV에 존재한다. 그리고 이 물질의 밸런스밴드 영역의 방출선이 약 0~12 eV 범위에 분포하고 있으며, 더 높은 결합에너지 영역으로 가게 되면 전자들끼리 비탄성충돌에 의한 산란 과정을 거치면서 에너지를 잃고 두번째 edge(secondary edge 또는 high binding energy cutoff)가 나타난다. 따라서 이 물질의 일함수 W는 처음 사용한 광원의 에너지 $h\nu$에서 d만큼을 빼 준 값과 같다(그림 2.37).

2.2.2.3 자성(Magnetism; SQUID, VSM)

나노 물질의 자기적 성질(Magnetism in Nanomaterial)

물질의 자기적 성질은 외부 자기장에 어떻게 반응하는지에 상자기성(paramagmnetic)과 반자기성(diamagnetic)으로 나눌 수 있다. 물질의 자기질서(magnetic order)는 원자간 교환 상호작용(inter-atomic exchange interaction)에 기반한 원자들의 집단적인 현상이고 주변에 이웃하는 원자 모멘트(atomic moment)끼리 결합되어 있다.[51~54] 이와 같은 원자간 교환 상호작용 hamiltonian operator (Dirac이 처음 소개하였다)를 표현하면 아래와 같다.

$$H_{ex} = -2\Sigma_{i<j} J_{ij} \vec{S}_i \cdot \vec{S}_j - K_{mc}\Sigma_i (S_{zi})^2 \quad \textbf{(2.36)}$$

위 식의 첫번째 항에서 $\vec{S}_i$와 $\vec{S}_j$는 이웃하고 있는 서로 다른 원자 스핀을 뜻하고, J_{ij}는 교환 상수(exchange constant)이고 두 원자들 간의 겹침에 대한 정도를 말하는데 보통 핵간 거리(internuclear distance)로 표현한다. 양의 값의 J_{ij}는 강자성(ferromagnetism)을 선호하고 음의 J_{ij}값은 반강자성(anti-ferromagnetism)을 선호한다. 모든 물질들이 등방적인(isotropic) 구조를 가지지는 않기 때문에 두 번째 항이 필요하게 된다. 여기서 K_{mc}는 자기결정이방성(magnetocrystalline anisotropy)라고 부르고, 물질의 자화(magnetization)의 안정성과 방향성을 결정한다. 일반적으로 하나의 마그네틱 도메인에서, 즉 100 nm 이내의 거리 내에서는 일정한 자화가 유지된다고 알려져 있다(즉 모든 스핀이 동일선형을 취한다).[55] 따라서 벌크물질과는 다르게 나노물질에서의 자성은 일정하게 유지된다. 싱글마그네틱도메인 크기는 다음과 같은 식으로 결정될 수 있다.

$$R_{SMD} = \frac{6\sqrt{AK}}{\mu_0 M_s^2} \tag{2.37}$$

위 식에서 A는 교환강성(exchange stiffness), K는 자기비등방성(magnetic anisotropy), M_s는 포화자화(saturation magnetization), μ_0는 투과도(permeability)로 정의된다. 외부 자기장에 대해서 벌크 물질은 자구벽 이동(magnetic-domain-wall movement)가 일어나는 반면, 나노입자는 싱글도메인(single domain) 안에서의 스핀의 회전으로 나타나게 된다. Stoner와 Wohlfarth의 연구에서 싱글도메인 내에서의 스핀의 회전은 모두 일관되게 발생하고 자기장의 세기는 스핀 방향 또는 보자력장(coercive filed) Hc에 역전(reverse) 관계를 가진다. 그림 2.38은 입자의 크기와 보자성(coercivity) 간의 관계를 나타내 주는 그래프이다. 크기가 작아질수록 보자성이 증가하는 것을 볼 수 있는데, 이는 다중도메인(multi domain)에서 싱글도메인으로의 변화를 반영하고 있다. 그런데 크기가 더 작아지게 되면 보자성이 급격하게 다시 줄어들게 되는데, 이는 열효과(thermal effect)에 의한 급격한 스핀역전(spin reversal) 때문이고, 이 영역은 '초상자기성(superparamagnetism)'으로 알려져 있다.[56]

Curie 법칙 및 Curie 온도(T_c): Curie 온도(T_c) 또는 Curie점의 정의는 물질이 자성을 잃게 되는 온도로, Piere Curie에 의해서 발견되었다. 상자성을 띠는 물질의 자성은 절대온도에 반비례한다는 실험 법칙으로 아래와 같이 표현한다.

$$\chi = \frac{C}{T} \tag{2.38}$$

여기서 χ는 자화율(magnetic susceptibility), T는 절대온도, C는 Curie 상수(constant)로

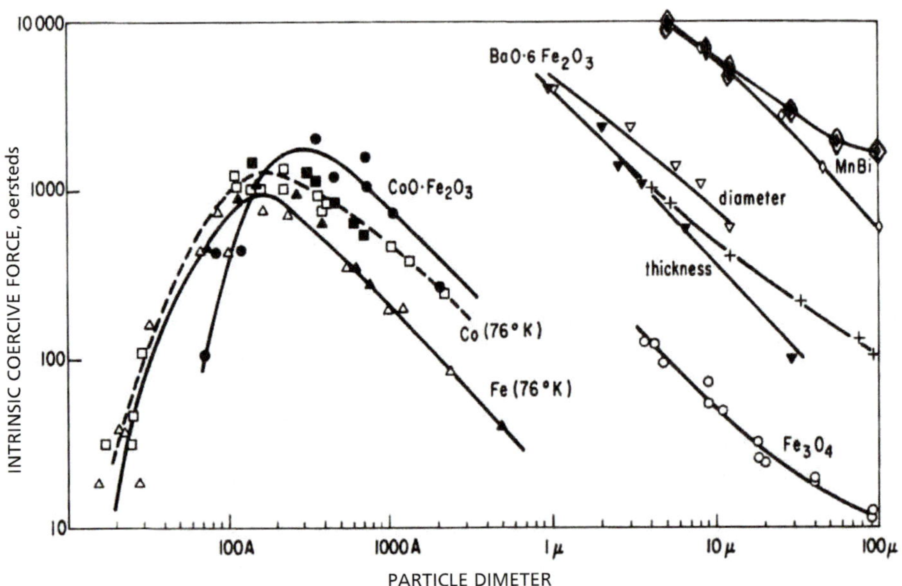

그림 2.38 ▸ 입자 크기에 따른 항자력(coercive force) 변화. Reproduced with permission from AIP publishing LLC.[56]

물질마다 다른 값을 가지게 된다. 자화율(magnetic susceptibility)은 외부에서 걸어준 자기장내에서 물질이 얼마나 자화되는지에 대한 정도를 표현해주는 값으로, 자기장의 세기(H)와 이로 인해 자화(magnetization)된 물질의 자기장의 세기(M) 간의 비율이다. 따라서 단위가 없는 값이다. 자화율이 양수이면 상자성, 음의 값이면 반자성을 띤다(그림 2.39).

$$M = \chi H \quad \textbf{(2.39)}$$

물질의 자성은 자기력계(magnetometer)로 측정한다. 자기력계를 이용하여 자기장의 세기(H) 또는 자기모멘트(μ) 값을 얻어낼 수 있다. 가장 널리 사용하는 방법으로는 다음의 2가지가 대표적이다.

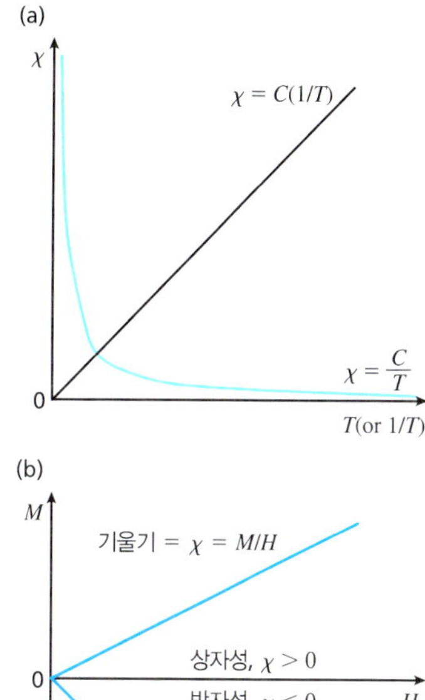

그림 2.39 ▸ 퀴리 법칙. (a) 자화율은 절대온도에 반비례하고, (b) 기울기 부호에 따라 상자성, 반자성체로 구분할 수 있다.

1) 초전도 양자간섭 소자 자기력계(Superconducting Quantum Interference Device magnetometer, SQUID)

초전도 사이에 아주 얇은 절연체를 끼워만든 Josephson 접합(junction)에 전류를 흘릴 때 터널링 효과에 의해 전류가 발생하게 되는데(Josephson 효과, 1962년), 이 전류가 외부 자기장에 아주 민감하게 반응하는 성질을 이용하여 미세한 자속(magnetic flux, Φ)의 변화를 측정하는 장비이다(그림 2.40).[57~59]

원리: 외부 자기장이 존재하는 상태에서 SQUID 고리에 일정한 크기의 편향(bias) 전류 I_b를 걸어주면 SQUID 고리 안으로 유도된 자속에 의해 screening 전류 $I_{loop}(= \Phi_{loop}/L_{loop})$를 생성하게된다.[60] (여기서 L_{loop}는 SQUID 고리의 inductance이다.) 이때 SQUID 전체에 걸린 전압 V는 외부 자속(Φ_{ext})을 증가시키거나 감소시킴에 따라서 진동하게(oscillate) 된다. 이 진동하는 주기를 Φ_0로 표기하고 자속양자(flux quantum)이라고 부른다. 하나의 자속양자의 크기는 보통 $h/2e = 2.068 \times 10^{-15}$ T m^2(wb)이다. 외부 자속을 증가시키거나 감소시키면 이 전압이 변화하므로, 전압의 변화를 관찰하여 자속의 값을 얻을 수 있다. 따라서 다음과 같은 자속과 자속밀도 간의 관계를 이용하여 물질의 자속 밀도 및 자화율의 값을 얻을 수 있다(식 (2.40~2.41)).

$$\Phi = \int B \cdot dA \quad \textbf{(2.40)}$$

$$B = B_0(1 + \chi) \quad \textbf{(2.41)}$$

자속의 변화 Φ는 다음과 같이 자속밀도(magnetic flux density) B와 SQUID 고리의 면적 A 간의 곱으로 나타내고, B_0는 정자기장(static magnetic field)를 뜻한다.

2) 진동시료형 자력계(Vibrating Sample Magnetometer, VSM)

진동시료형 자력계(VSM, 그림 2.41)의 발명자인 Foner (Lincoln 연구소, MIT)의 이름을 따라 Foner 자력계라고도 한다.[61,62] 어떤 시료가 자기장이 일정하게 분포하고 있는 탐지 코

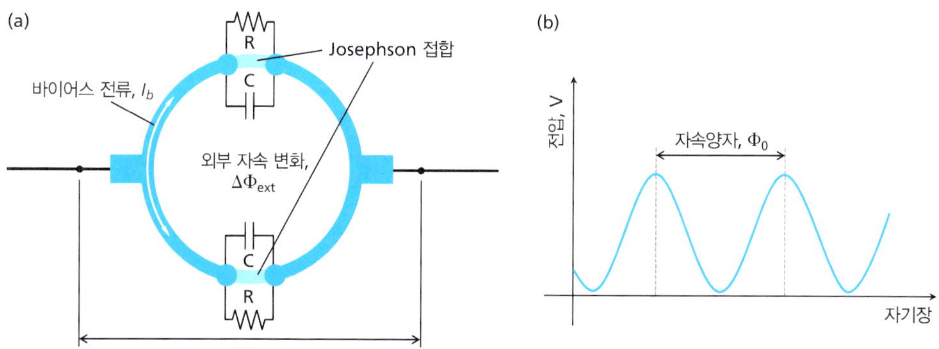

그림 2.40 ▸ 초전도 양자간섭 소자(SQUID)의 원리. (a) 직류 SQUID 및 (b) Bias 전류 I_b에서의 자속 변화에 따른 주기적인 전압 변화 개념도.

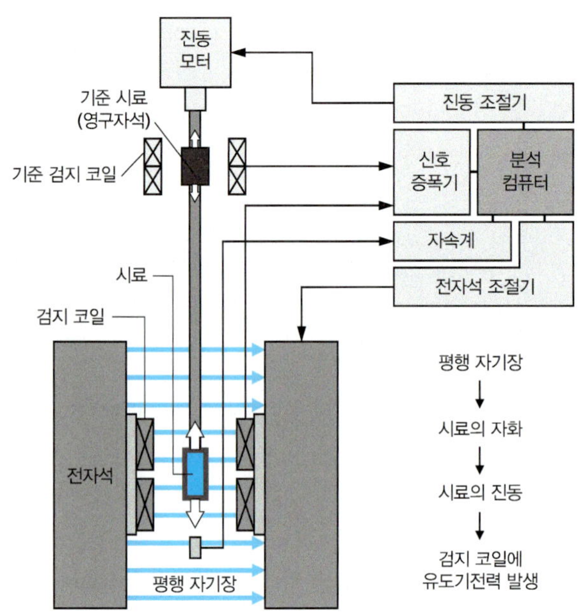

그림 2.41 ▶ 진동시료형 자력계의 구조도.

일(detection coil) 내에서 이 자기장에 직교하는 방향으로 진동수(frequency) f로 진동하고 있을 때 Faraday 법칙에 의해 전압 E가 유도되는데, 이를 이용하여 물질의 자기모멘트(magnetic moment)를 측정할 수 있다. 유도된 전압 E는 식 (2.42)와 같다.

$$E = \sigma GA2\pi \cos 2\pi ft \qquad \textbf{(2.42)}$$

위 식에서, σ는 시료의 자기모멘트(magnetic moment), G는 탐지 코일의 구조(geometry)에 의존하는 값, A는 진동의 진폭(amplitude of sinusoidal vibration)을 뜻한다. 시료의 측정을 위한 최적의 위치를 확인하기 위한 위치 보정작업이 필요하다. 이 위치를 안장점(saddle point)라고 부른다. VSM 방법으로는 10^{-5}~10^{-6} emu 수준의 변화까지 측정이 가능하다. 일반적인 전자석을 이용한 자기장에서부터 초전도자석을 이용한 자기장을 활용할 수 있고, 2 K~1,000 K에 이르는 온도범위까지 적용할 수 있는 유연한 측정법이다.

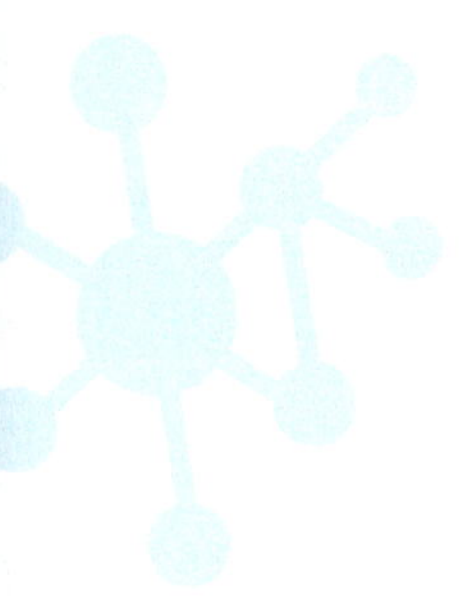

참고 문헌

1. U. Nakaya, *Snow Crystals, natural and artificial*, Harvard Univ. Press, Cambridge, US, 1954.
2. K. Wasai and K. Mukai, Thermodynamics of nucleation and supersaturation for the aluminum-deoxidation reaction in liquid iron, *Metall. Mater. Trans. B*, 1999, 30 (6), 1065-1074.
3. M. V. La, Nucleation in phase transitions, *Ind. Eng. Chem.*, 1952, 44 (6), 1270-1277.
4. I. Ebelmen, Untersuchungen über die Verbindungen der Borsäure und Kieselsäure mit Aether, *Ann. Chem. Pharm.*, 1846, 57 (3), 319-355.
5. A. E. Danks, S. R. Hall, and Z. Schnepp, The evolution of 'sol-gel' chemistry as a technique for materials synthesis, *Mater. Horiz.*, 2016, 3 (2), 91-112.
6. G. L. Hornyak, J. Dutta, H. F. Tibbals, and A. Rao, *Introduction to nanoscience*, CRC press, Boca Raton, US, 2008.
7. R. W. Kelsall, I. W. Hamley, and M. Geoghegan, *Nanoscale science and technology*, John Wiley & Sons, Inc., New York, US, 2005.
8. A. E. Danks, S. R. Hall, and Z. Schnepp, The evolution of 'sol-gel' chemistry as a technique for materials synthesis, *Mater. Horiz.*, 2016, 3 (2), 91-112.
9. Z. L. Wang, Y. Liu, and Z. Zhang, *Handbook of Nanophase and Nanostructured Materials Vol. 4: Materials Systems and Applications*, Kluwer Academic/Plenum, New York, US, 2003.
10. W. Stöber, A. Fink, and E. Bohn, Controlled growth of monodisperse silica spheres in the micron size range, *J. Colloid Interface Sci.*, 1968, 26 (1), 62-69.
11. M. Addamo, V. Augugliaro, A. Di Paola, E. García-López, *et al.*, Preparation and photoactivity of nanostructured TiO_2 particles obtained by hydrolysis of $TiCl_4$, *Colloid Surf. A*, 2005, 265 (1-3), 23-31.
12. T.-H. Wang, A. M. Navarrete-López, S. Li, D. A. Dixon, *et al.*, Hydrolysis of $TiCl_4$: initial steps in the production of TiO_2, *J. Phys. Chem. A*, 2010, 114 (28), 7561-7570.
13. S. Murgolo, V. Yargeau, R. Gerbasi, F. Visentin, et al., A new supported TiO_2 film deposited on stainless steel for the photocatalytic degradation of contaminants of emerging concern, *Chem. Eng. J.*, 2017, 318, 103-111.
14. G. Su, V. G. Hadjiev, P. E. Loya, J. Zhang, *et al.*, Chemical vapor deposition of thin crystals of layered semiconductor SnS_2 for fast photodetection application, *Nano Lett.*, 2015, 15 (1), 506-513.
15. A. S. Pawbake, R. G. Waykar, D. J. Late, and S. R. Jadkar, Highly transparent wafer-scale synthesis of crystalline WS2 nanoparticle thin film for photodetector and humidity-sensing applications, *ACS Appl. Mater. Interfaces*, 2016, 8 (5), 3359-3365.
16. J. Shi, R. Tong, X. Zhou, Y. Gong, et al., Temperature-Mediated Selective Growth of MoS_2/WS_2 and WS_2/MoS_2 Vertical Stacks on Au Foils for Direct Photocatalytic Applications, *Adv. Mater.*, 2016, 28 (48), 10664-10672.
17. A. Rani, R. Reddy, U. Sharma, P. Mukherjee, et al., A review on the progress of nanostructure materials for energy harnessing and environmental remediation, *J. Nanostruct. Chem.*, 2018, 8 (3), 255-291.
18. W. Simmler, Silicon Compounds, Inorganic In *Ullmann's Encyclopedia of Industrial Chemistry*, John Wiley & Sons, Inc., NewYork, US, 2000.
19. X.-D. Wang, K. Vinodgopal, and G.-P. Dai, Synthesis of Carbon Nanotubes by Catalytic Chemical Vapor Deposition In *Perspective of Carbon Nanotubes*, IntechOpen, London, GB, 2019.
20. G. Lucovsky and D. Tsu, Plasma enhanced chemical vapor deposition: Differences between direct and remote plasma excitation, *J. Vac. Sci. Technol., A*, 1987, 5 (4), 2231-2238.
21. M. Dawber, 2 - Sputtering techniques for epitaxial growth of complex oxides In *Epitaxial Growth of Complex Metal Oxides*, Woodhead Publishing, 2015, 31-45.
22. C. Bishop, Surface treatment of webs and foils In *Vacuum deposition onto webs, films and foils*, William Andrew Pub, Norwich, US, 2011.
23. B. A. Bhanvase, V. B. Pawade, S. J. Dhoble, S. Sonawane, *et al., Nanomaterials for green energy*, Elsevier, 2018.
24. A. Bashir, T. I. Awan, A. Tehseen, M. B. Tahir, et al., Interfaces and surfaces In *Chemistry of Nanomaterials*, Elsevier, 2020, 51-87.
25. M. Ritala and M. Leskelä, Atomic layer epitaxy–a valuable tool for nanotechnology?, *Nanotechnology*, 1999, 10 (1), 19-24.
26. T. Suntola, Atomic layer epitaxy, *Mater. Sci. Rep.*, 1989, 4 (5), 261-312.
27. S. M. George, Atomic layer deposition: an overview, *Chem. Rev.*, 2010, 110 (1), 111-131.
28. M. Madou and C. Wang, Photolithography In *Encyclopedia of nanotechnology*, Springer, Dordrecht, NL, 2012.
29. S. Y. Chou, P. R. Krauss, and P. J. Renstrom, Imprint lithography with 25-nanometer resolution, *Science*, 1996, 272 (5258), 85-87.
30. C. L. Haynes and R. P. Van Duyne, Nanosphere lithography: a versatile nanofabrication tool for studies of size-dependent nanoparticle optics, *J. Phys. Chem. B*, 2001, 105 (24), 5599-5611.
31. E. Grabowska, M. Marchelek, M. Paszkiewicz-Gawron, and A. Zaleska-Medynska, 3 - Metal oxide photocatalysts In *Metal Oxide-Based Photocatalysis*, Elsevier, 2018, 51-209.

32. R. Ghasempour and H. Narei, 1 - CNT Basics and Characteristics In *Carbon Nanotube-Reinforced Polymers*, Elsevier, 2018, 1-24.

33. A. R. Barron, *Physical methods in chemistry and nano science*, Connexions, Rice University, Houston, US, 2012.

34. G. Binnig, C. F. Quate, and C. Gerber, Atomic Force Microscope, *Phys. Rev. Lett.*, 1986, 56 (9), 930-933.

35. S. Sinha Ray, 3 - Structure and Morphology Characterization Techniques In *Clay-Containing Polymer Nanocomposites*, Elsevier, Amsterdam, NL, 2013, 39-66.

36. L. Liu, N. Xi, G. Li, and H. Chen, Chapter 4 - Atomic Force Microscope-Based Nanorobotic System for Nanoassembly In *Nano Optoelectronic Sensors and Devices*, William Andrew Publishing, Oxford, GB, 2012, 51-79.

37. E. I. Altman, M. Z. Baykara, and U. D. Schwarz, Noncontact atomic force microscopy: an emerging tool for fundamental catalysis research, *Acc. Chem. Res.*, 2015, 48 (9), 2640-2648.

38. J. Evans, *X-Ray Absorption Spectroscopy for the Chemical and Materials Sciences*, John Wiley & Sons, Inc., Newyork, US, 2017.

39. M. De Broglie, La spectrographie des phénomènes d'absorption des rayons X, *J. Phys. Theor. Appl.*, 1916, 6 (1), 161-168.

40. M. Siegbahn, Relations between the K and L Series of the High-Frequency Spectra, *Nature*, 1916, 96 (2416), 676-676.

41. J. Yano and V. K. Yachandra, X-ray absorption spectroscopy, *Photosynth. Res.*, 2009, 102 (2), 241-254.

42. W. Grünert and K. Klementiev, X-ray absorption spectroscopy principles and practical use in materials analysis, *Phys. Sci. Rev.*, 2020, 5 (4).

43. G. S. Henderson, F. M. De Groot, and B. J. Moulton, X-ray absorption near-edge structure (XANES) spectroscopy, *Rev. Mineral. Geochem.*, 2014, 78 (1), 75-138.

44. C. H. van Oversteeg, H. Q. Doan, F. M. de Groot, and T. Cuk, In situ X-ray absorption spectroscopy of transition metal based water oxidation catalysts, *Chem. Soc. Rev.*, 2017, 46 (1), 102-125.

45. J. Wong, F. W. Lytle, R. P. Messmer, and D. H. Maylotte, K-edge absorption spectra of selected vanadium compounds, *Phys. Rev. B*, 1984, 30 (10), 5596-5610.

46. D. Joseph, S. Basu, S. Jha, and D. Bhattacharyya, Chemical shifts of KX-ray absorption edges on copper in different compounds by X-ray absorption spectroscopy (XAS) with Synchrotron radiation, *Nucl. Instrum. Methods Phys. Res., B*, 2012, 274, 126-128.

47. J. S. Galsin, Chapter 12 - Energy Bands in Crystalline Solids In *Solid State Physics*, Academic Press, 2019, 243-278.

48. K. Takahashi, A. Yoshikawa, and A. Sandhu, *Wide Bandgap Semiconductors*, Springer, Berlin, DE, 2007.

49. S. M. Sze and K. K. Ng, *Physics of Semiconductor Devices*, John Wiley & Sons, Inc., NewYork, US, 2006.

50. L. Spadaro, F. Arena, and A. Palella, Chapter 16 - Which Future Route in the Methanol Synthesis? Photocatalytic Reduction of CO_2, the New Challenge in the Solar Energy Exploitation In *Methanol*, Elsevier, 2017, 429-472.

51. G. C. Papaefthymiou, Nanoparticle magnetism, *Nano Today*, 2009, 4 (5), 438-447.

52. W. Heisenberg, Zur Theorie des Ferromagnetismus, *Z. Phys.*, 1928, 49 (9), 619-636.

53. F. Bloch, Bemerkung zur Elektronentheorie des Ferromagnetismus und der elektrischen Leitfähigkeit, *Z. Phys.*, 1929, 57 (7), 545-555.

54. J. C. Slater, The ferromagnetism of nickel, *Phys. Rev.*, 1936, 49 (7), 537.

55. C. Robert and O. Handley, *Modern magnetic materials: principles and applications*, John Wiley & Sons, Inc., New York, US, 2000.

56. F. E. Luborsky, Development of elongated particle magnets, *J. Appl. Phys.*, 1961, 32 (3), S171-S183.

57. M. Buchner, K. Höfler, B. Henne, V. Ney, et al., Tutorial: Basic principles, limits of detection, and pitfalls of highly sensitive SQUID magnetometry for nanomagnetism and spintronics, *J. Appl. Phys.*, 2018, 124 (16), 161101.

58. R. Fagaly, Superconducting quantum interference device instruments and applications, *Rev. Sci. Instrum.*, 2006, 77 (10), 101101.

59. B. D. Josephson, Possible new effects in superconductive tunnelling, *Phys. Lett.*, 1962, 1 (7), 251-253.

60. J. Clarke, Principles and applications of SQUIDs, *Proc. IEEE*, 1989, 77 (8), 1208-1223.

61. S. Foner, Vibrating sample magnetometer, *Rev. Sci. Instrum.*, 1956, 27 (7), 548-548.

62. S. Foner, The vibrating sample magnetometer: Experiences of a volunteer, *J. Appl. Phys.*, 1996, 79 (8), 4740-4745.

연습 문제

1. 나노입자를 합성하는 방법 중 생체모방적 합성법(Biomimetic synthesis)을 조사하여 특징을 파악해 보고, top-down 또는 bottom-up 접근법 중 어느 범주로 나눌수 있는지 의견을 제시해 보라.

2. ALD, CVD, PVD외 기체상에서 증착하는 다른 방법들에 대해서 조사해 보고 특징에 대해서 파악해 보라.

3. 나노입자 합성 방법 중, 고체 상태에서 가능한 방법이 있는지 조사해 보고, 있다면 특징과 장·단점에 대해서 기술하고, 없다면 왜 없는지, 극복해야 할 점은 무엇인지에 대해서 의견을 제시하라.

4. 포토리소그래피법을 이용하여 나노구조를 만들 때, 사용한 빛의 파장은 340 nm였고, NA = 0.55였다면 이 조건에서 구현할 수 있는 한계 해상도인 임계치수 CD를 구하라(k1은 0.4였다).

5. Projection 포토리소그래피법에서 해상도를 향상시킬 방법에 대해 기술하라.

6. Contact 포토리소그래피법에서의 임계치수 CD는 파장 λ와 마스크와 웨이퍼간 거리 d_g 간에 있어 다음과 같은 관계를 가진다.

$$CD = k\sqrt{\lambda d_g}$$

사용한 광원의 파장이 300 nm이고, k가 1이라고 가정하자. d_g를 0.1, 0.5, 1, 5, 10, 20 μm로 늘려갈 때 구현할 수 있는 최대의 해상도값을 구하라. 해상도를 더욱 향상시키기 위해서는 어떤 방법이 효과적이겠는가?

7. 200 kV로 가속된 전자 하나가 갖게 되는 속도와 de Broglie 파장을 계산하라(단, $1\ V = 1\ J \times 1\ C$).

8. TEM의 해상도는 사용한 광원의 파장 $\lambda^{3/4}$에 비례한다고 알려져 있다. 다른 조건들을 모두 동일하게 둔 상태에서, 100 V로 가속된 전자와 200 kV로 가속된 전자로 시료를 관찰한다고 할 때, 관찰할 수 있는 시료의 크기 한계를 기술하라.

9. SEM과 TEM의 차이점을 간략히 언급하고, 이로 인해 얻을 수 있는 나노입자에 대한 정보는 어떻게 다른지 기술하라.

10. 어떤 물질을 XPS로 분석하였다. Al K_α 광원(1486.6 eV)을 사용하여, XPS 전자의 운동에너지가 911.4 eV이 되었다. 이 물질의 일함수가 5.65 eV라면, 이 전자의 결합에너지는 얼마이겠는가? 만약 Al K_α 대신 Mg K_α (λ = 0.99 nm)을 사용했다면, 전자의 운동에너지는 얼마가 되겠는가?

11. X-선 흡수분광법(XAS)의 원리에 대해서 간략히 요약하라. 그리고 물질에 대한 어떠한 정보를 얻을 수 있는가?

제3장 금속 나노입자와 플라즈모닉스

Metal Nanoparticles and Plasmonics

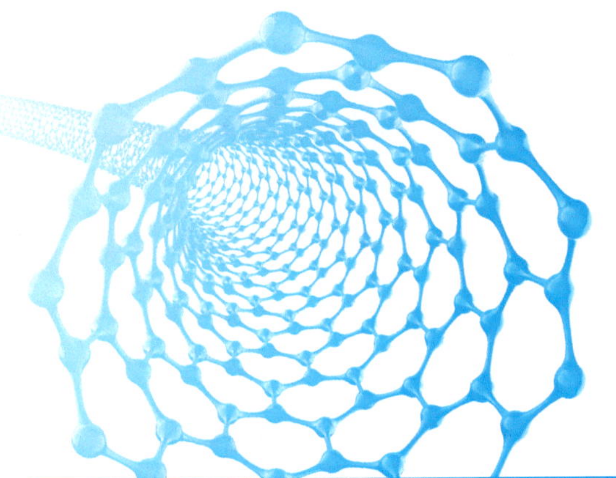

오정욱 · 임동권 · 남좌민

3.1 금속 나노입자에 대한 서론 (Introduction to metal nanoparticles)

금속 나노입자, 특히 귀금속 나노입자는 이미 오래전부터 인류가 다양한 목적으로 활용해 오고 있었다. 로마시대에 제작된 Lycurgus cup이나 중세 유럽 교회 창문에 장식된 스테인드 글래스의 오묘한 색의 비밀은 귀금속 나노입자이다(그림 3.1). 이는 귀금속 나노입자의 대표적인 특성인 국소 표면 플라즈몬 공명(Localized Surface Plasmon Resonance, LSPR) 현상에 기인한 것인데, 가시광선 영역의 빛과 상호작용으로 나타나는 선명하고 다양한 색깔을 활용한 것이다. 귀금속 나노입자는 구성 성분, 크기, 모양, 주위 매질환경 등에 따라 색깔이 크게 달라진다. 이러한 변화의 근본적인 원리와 금속 나노물질의 제작 방법, 나아가 다양한 응용을 이 장에서 다루고자 한다.

3.1.1 나노입자와 나노클러스터(Nanoparticles and nanoclusters)

나노입자는 1~1000 nm 범위의 크기를 가진 입자를 의미하며, 나노입자는 동일한 조성으로 구성된 마이크로미터 이상의 크기를 갖는 벌크(bulk) 상태의 물질과는 물리적, 화학적 성질

그림 3.1 ▸ 로마시대에 제작된 Lycurgus cup과 중세 유럽 교회 창문. Lycurgus cup 유리 내에 포함된 금, 은 나노입자들에 의해 이색성(dichroism) 성질을 나타낸다. 컵 외부의 광원에 산란된 빛은 녹색 계열의 빛으로 보여지고, 컵 내부의 광원에서 통과된 빛은 붉은색 외의 빛들이 흡수되어 붉은색으로 보여진다.[1] Color Plate ❶ 참조

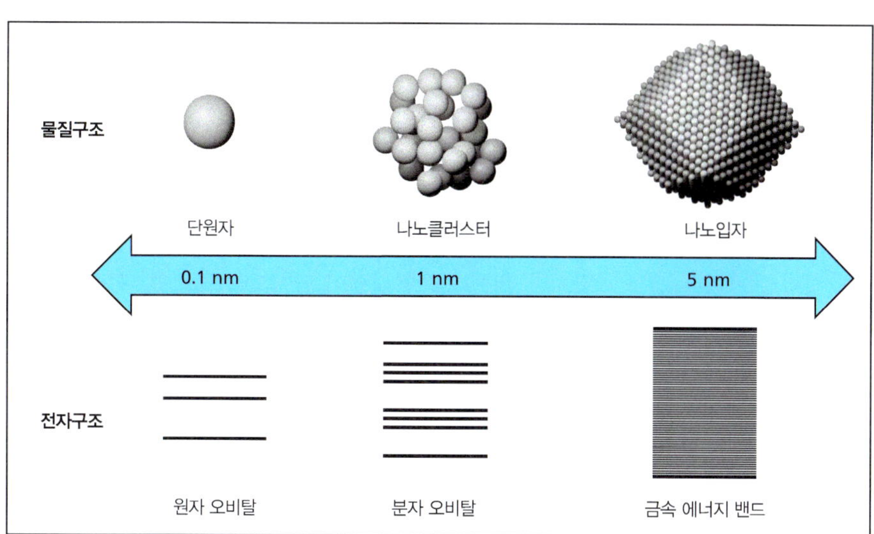

그림 3.2 ▶ 입자 크기에 따른 나노입자의 분류와 각각의 전자 구조.

이 크게 다른 특성을 보인다. 수 나노미터 미만의 작은 나노입자의 경우(~1~2 nm) 나노클러스터라 부른다.[2] 수십~수백 나노미터 크기의 귀금속(Au, Ag) 나노입자의 경우 표면 플라즈몬 공명 현상으로 인해 특정 파장의 가시광선을 흡수하거나 산란하여 나노입자가 분산되어 있는 용액 색깔이 벌크 상태의 금속과 다른 다양한 색깔을 띤다. 그에 반해 수십 개의 원자들로 구성된 금속 나노클러스터의 경우 표면 플라즈몬 공명의 감소(전자 개수의 감소로 인하여)로 인해 특정 파장에 대한 플라즈몬 흡수 밴드가 줄어들어 용액 색깔이 점점 옅어진다. 그러나 나노클러스터의 경우 벌크 상태의 금속이나 수십 나노미터의 나노입자에서는 관찰되지 않는 형광 현상이 나타나는데, 그림 3.2에서와 같이 적은 수의 금속 원자 오비탈이 겹쳐져서 생성되는 나노클러스터의 전자구조에서 밴드갭이 발생하기 때문이다(벌크 금속에서는 밴드갭이 거의 없음). 나노클러스터와 나노입자의 전자구조의 차이로 인해 광학적인 특성(발광, 표면 플라즈몬 공명 등)뿐 아니라 화학적인 반응성도 다르게 나타나므로 나노입자, 나노클러스터, 단원자를 구분해서 이해해야 한다.

3.1.2 귀금속 나노입자(Noble metal nanoparticles)

금(Au), 은(Ag), 구리(Cu)와 같은 주화금속(coinage metal)은 가시광선 영역에서 표면 플라즈몬 공명을 크게 발생시키는 이유로 플라즈몬을 활용한 광학 및 촉매 반응에 가장 많이 사용되고 있다. 플라즈몬이 여기(excitation)되는 양상(파장, 크기)은 금속별로 다르게 나타난다(그림 3.3).[3] 은의 경우 알루미늄(Al), 인듐(In) 등과 비교할 때 가시광선 영역에서 플라즈몬 공명으로 인한 광학적 활성이 월등히 뛰어나다. 금은 은보다 장파장 영역에서 강한 플라

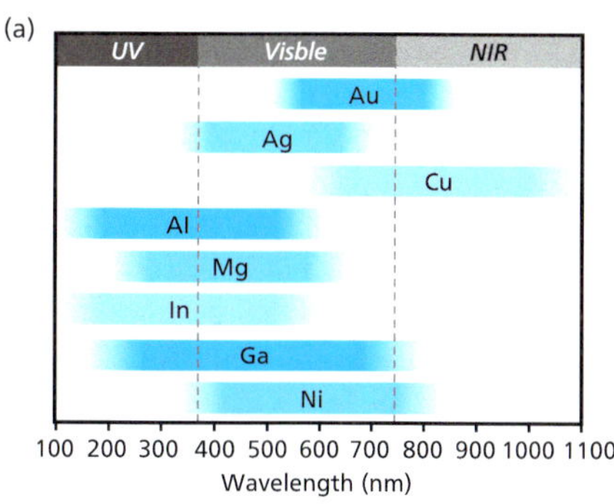

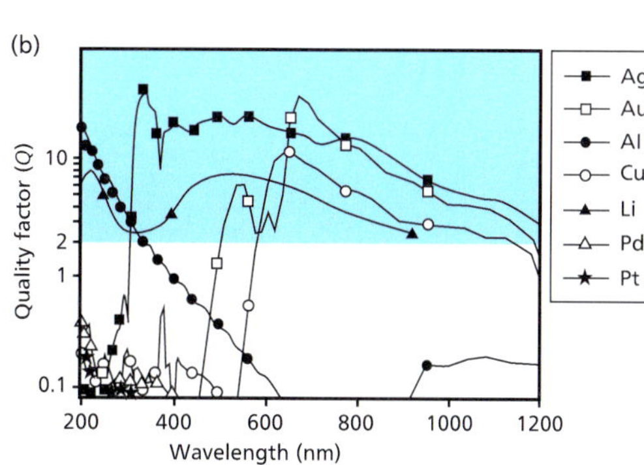

그림 3.3 ▶ 금속 종류별 (a) SPR 밴드 영역 및 (b) *Q*-factor. *Q*-factor는 응답신호의 품질계수를 뜻하며, $Q = 2$ 이상의 좋은 신호(*색상 영역*)를 보이는 물질들이 대표적인 플라즈몬 물질이다. Reproduced with permission from WILEY and ACS publications.[3,4]

스몬 공명이 나타나며, 은에 비해 산화에 대한 안정성이 높다. (*참고*: 나노 크기에서는 벌크 상태보다 산화되기가 더 쉬워지므로 화학적 안정성이 더욱 중요하다.) 특히 금은 생체물질에 대한 독성이 적고 은보다 싸이올(thiol) 분자와 더 강한 결합을 형성하기 때문에 싸이올기를 가진 다양한 종류의 리간드를 금 표면에 도입하기가 용이하다. 이런 여러 장점들로 인해 금 나노입자에 관한 연구가 활발하게 진행되고 있으나, 은에 비해 가격이 높은 단점이 있다. 구리는 금, 은에 비해 가격이 저렴하고 붉은색 파장 및 근적외선(NIR) 영역에서 우수한 광학적 성질을 가지는 장점도 있지만 은보다도 안정성이 떨어져 안정적인 나노구조체를 합성하는 것이 구리 나노입자의 중요한 과제이다.

백금(Pt), 팔라듐(Pd), 로듐(Rh) 등의 귀금속은 금, 은에 비해 가시광선 영역에서의 플라즈모닉 공명 특성이 없으나 수소화반응, C–C 결합 반응 등에 대한 촉매활성이 뛰어나기 때문에 이들 성분으로 구성된 나노입자의 크기와 모양 등을 조절하여 촉매로 활용하는 연구가 활발하다. 플라즈모닉 성질이 우수한 금속과 촉매활성이 우수한 금속을 함께 사용하여 태양광에 촉매활성을 나타내며, 이를 극대화하는 방법으로 두 가지 이상 금속의 합금, 코어-쉘 및 Janus 타입의 이종 형태로 구성하여 촉매 활성을 높이는 결과를 나타내는 이종 나노구조체에 대한 연구도 활발하다.

3.1.3 비귀금속 나노입자(Non-noble metal nanoparticles)

알칼리 금속의 경우 이온화 에너지가 작아 전하 운반자 밀도(charge carrier density)가 높고 플라즈몬을 많이 발생할 수 있는 장점이 있지만 공기와 물과 격렬히 반응하는 높은 반응성 때문에 실질적인 플라즈몬 물질로의 응용에 어려움이 있다. 알루미늄의 경우 그림 3.3과 같이 자외선(UV) 영역(100~400 nm)에서 높은 플라즈몬 활성을 보이므로 자외선 영역에서의 플라즈몬에 관한 연구에 사용되고 있다.

니켈(Ni), 코발트(Co), 철(Fe), 산화철(Fe_2O_3) 등과 같은 강자성(ferromagnetic) 금속은 자성을 띠는 금속 나노입자로 합성되어 DNA, 단백질, 항체 등 다양한 분자생물학적 물질의 분리, 정제 및 바이오센서 등의 응용에 활용되고 있다. 강자성 성질을 가지는 금속 나노입자가 크기가 매우 작아지게 되는 경우(대개 20 nm 미만)에는 초상자성(superparamagnetic) 성질을 가지게 된다. 이 경우 외부 자력이 가해지는 경우에만 입자들이 자성을 가지게 되며, 외부 자력이 가해지지 않을 때는 자성을 가지지 않는다. 따라서 외부 자장이 없는 상태에서는 안정한 콜로이드상으로 존재할 수 있다. 초상자성 나노입자는 표적 물질의 신속한 분리가 가능한 용도의 소재로 활용되거나, 자기 공명(magnetic resonance)를 이용하는 영상진단 분야에서의 영상신호의 증강을 위한 조영제 물질 등으로 다양한 분야에서 응용되고 있다.

또한 앞서 열거한 바와 같이 비귀금속을 귀금속과 같이 합금 또는 코어-쉘 및 비등방적 이합체(dimer) 형태로 광학활성, 촉매 및 자기적 성질이 동시에 구현 가능한 다기능성 나노입자 개발도 진행되고 있다.

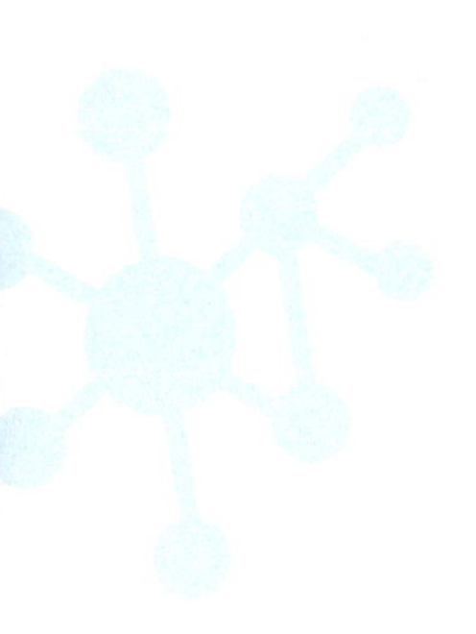

3.2 금속 나노입자의 플라즈모닉스 (Plasmonics of metal nanoparticles)

3.2.1 금속의 광학과 플라즈모닉스(Optics of metal and plasmonics)

금속 고체의 경우 수많은 자유전자들(free electron)이 컨덕션밴드(conduction band)에 존재하며 전기장이나 전자기파에 의해 집단적으로 진동을 할 수 있는데 이를 플라즈마 진동(plasma oscillation)이라고 한다. 빛은 파동과 입자의 이중성을 띤다. 이러한 빛의 기본입자이자 양자(quantum; 에너지의 최소량의 단위, 빛에서는 $h\nu$만큼의 에너지를 갖는 단위 입자)를 광자(photon)라 부르는 것처럼 플라즈마 진동(전자밀도의 파동)을 입자적인 관점에서 볼 때 단위 유사입자(quasi particle)이자 양자를 플라즈몬(plasmon)이라 한다. 플라즈마 진동을 위해서는 자유전자가 많이 필요하기 때문에 주로 금속에서 존재한다. 금속상의 자유전자들은 원자핵에서부터 자유롭기 때문에 전기장에 이끌려 전류를 흐르게 할 수 있어서 도체 성질을 띤다. 빛과 같은 전자기파는 전기장과 자기장이 서로 수직 방향으로 작용하며 진행하는 파동이므로 금속 내 자유전자들이 빛에 영향을 받게 된다. 벌크 금속과 금속 표면, 금속 나노입자 각각의 경우마다 빛과 상호작용을 하는 플라즈몬의 양상이 다르게 나타난다. 나노기술이 발전함에 따라 다양한 금속 나노입자 및 나노구조체의 합성이 가능하게 되었고 나노구조체에서 일어나는 광학적인 현상에 대한 연구와 함께 플라즈몬의 연구가 크게 활성화되었다. 이와 함께 나타난 신생 학문이 나노플라즈모닉스(nanoplasmonics)다. 나노플라즈모닉스를 심도 있게 이해하기 위해서는 전자기학, 고체역학, 양자역학, 광학 등의 배경지식을 필요로 한다. 플라즈모닉스를 활용하면 일반 광학에서는 Abbe의 회절 한계(diffraction limit)로 인해 다룰 수 없었던 파장 이하의(sub-wavelength) 영역에서 빛을 가두고 증강시키고 조절하는 것이 가능하여 초소형 센서 및 디바이스를 구현할 수 있다.

금속 나노입자 및 나노구조체의 광학적인 성질을 다루기에 앞서 금속 자체의 광학적 성질을 살펴보자.

금속의 광학적 성질은 유전함수(dielectric function)로 기술할 수 있다. 유전율(permittivity)은 일반적으로 어떤 부도체 매질에 전기장이 가해질 때 매질 내 반대 방향으로 편극되는 것으로 인해 전기장이 얼마나 작아졌느냐를(매질이 전기장에 영향을 미치는 정도) 표현하는 물리량이다. 유전율(ε)을 진공의 유전율(ε_0)에 대한 비율로써 단위가 없는 값으로 나타내기도 하는데 이를 유전상수(dielectric constant, ε_r) 또는 비유전율, 상대유전율(relative permittivity)이라고 한다($\varepsilon_r = \varepsilon/\varepsilon_0$).

직류 전기장과 달리 교류와 같이 주기가 있는 전기장의 경우 유전율은 각주파수(ω)에 종속되는 유전함수 $\varepsilon(\omega)$로 표현된다. 빛은 전기장이 진동하는 전자기파이므로, 빛과 물질의 상호작용을 이해하기 위해서 유전함수를 이해하는 것이 필요하다. 각 주파수에 의존하는 유전함수는 복소수로 정의되는데(복소 유전율(complex permittivity)로도 불림), $\varepsilon_r(\omega) = \varepsilon_r' + i\varepsilon_r''$로 나타낸다. 실수부는 위에서 언급한 유전상수에 해당하며 허수부는 전자기파의 손실(loss)과 관련된 항이다. 금속의 유전함수를 기술하기 위해 먼저 유전물질(dielectric material)에서 전자기파에 반응하는 양상을 Lorentz 조화 진동자(harmonic oscillator, 그림 3.4)를 적용하여 기술하고 유전함수를 구한 뒤, 금속의 조건을 입력하여 금속에서의 유전함수를 알아보고자 한다.

유전물질의 경우 그림 3.4와 같이 전자가 원자핵에 구속되어 있으므로 외부의 전자기파를 받으면(driving force) 거기에 맞추어 전자가 움직이게 되고, 그에 따라 쌍극자(dipole)를 형성한다. 전자들의 충돌에 의한 감쇠(damping)효과와 원래 핵에서 벗어난 전자들의 복원력(restoring force)에 관한 항을 고려하면 아래와 같이 고전적인 운동방정식을 세울 수 있다.

$$m\vec{a} = \vec{F}_{\text{driving force}} - \vec{F}_{\text{damping}} - \vec{F}_{\text{spring}} \quad \textbf{(3.1)}$$

$$m_e\frac{d^2\vec{x}}{dt^2} + m_e\gamma\frac{d\vec{x}}{dt} + C\vec{x} = q\vec{E} \quad \textbf{(3.2)}$$

$$m_e\frac{d^2\vec{x}}{dt^2} + m_e\gamma\frac{d\vec{x}}{dt} + m_e\omega_0^2\vec{x} = -e\vec{E}(t) = -e\vec{E}_0e^{-i\omega t} \quad \textbf{(3.3)}$$

m_e: effective mass of an electron

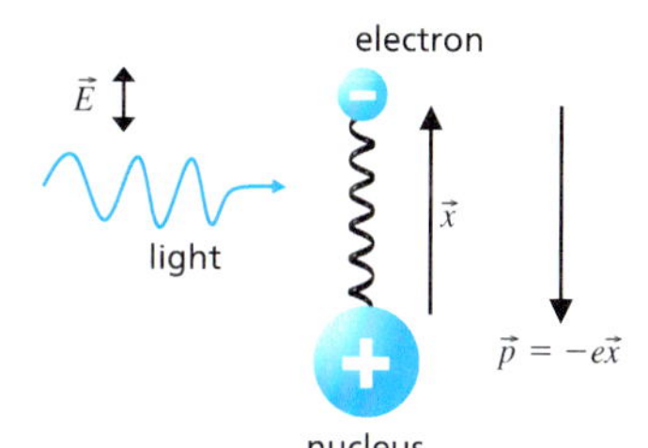

그림 3.4 ▸ Lorentz 조화 진동자.

γ: damping coefficient (collision frequency)

C: spring constant

ω_0: resonance frequency ($\omega_0 = \sqrt{\dfrac{C}{m_e}}$)

위의 운동방정식을 풀어 $\vec{x}(t)$에 대한 식을 구하고, 편극(polarization)에 대한 식과 변위장(displacement field)과 전기장(electric field)에 관한 식으로부터 유전함수의 식을 다음과 같이 풀어낼 수 있다.

$$\vec{p}(\text{dipole moment}) = q\vec{x} \tag{3.4}$$

$$\vec{P}(\text{electric polarization}) = Nq\vec{x} \quad (N\text{: density of electrons}) \tag{3.5}$$

$$\vec{D} = \varepsilon_0\varepsilon_r\vec{E} = \varepsilon_0\vec{E} + \vec{P} \quad (\vec{D}\text{: electric displacement field}) \tag{3.6}$$

$$\varepsilon_r(\omega) = 1 + \frac{\omega_p^2}{\omega_0^2 - \omega^2 + i\gamma\omega} = \varepsilon_r' + i\varepsilon_r'' \tag{3.7}$$

$$\varepsilon_r' = 1 + \frac{\omega_p^2(\omega_0^2 - \omega^2)}{(\omega_0^2 - \omega^2)^2 + (\gamma\omega)^2} \tag{3.8}$$

$$\varepsilon_r'' = \frac{-\omega_p^2(\gamma\omega)}{(\omega_0^2 - \omega^2)^2 + (\gamma\omega)^2} \tag{3.9}$$

$$\varepsilon_r \equiv \frac{\varepsilon}{\varepsilon_0'}, \qquad \omega_p(\text{plasma freqeuncy}) \equiv \sqrt{\frac{ne^2}{m_e\varepsilon_0}}$$

구속된 전자(bound electron)만을 가지고 있는 유전체와 달리 자유전자(free electron)들이 분포되어 있는 이런 금속의 전자구조의 경우, Drude 모델(양자역학적 모델에서는 Jellium 모델)로 기술할 수 있다. Drude 모델의 가정은 전자들이 실제 분포된 밀도는 높지만 이상 기체 상태방정식에서 이상 기체의 가정한 것과 비슷하게 전자 간, 전자와 원자핵 간의 상호작용이 없이 충돌하는 것으로 가정한 것이다. 원자내의 원자가 전자들(valence electron)은 무작위적으로 자유롭게 직선 운동을 하며 충돌하며 Maxwell–Boltzmann 통계 분포를 따른다.

Drude 모델을 가정하면 금속의 자유전자들은 원자핵에 구속되지(bound) 않으므로 복원력이 없어 고유진동수 $\omega_0 = 0$이라 할 수 있다. 따라서 유전함수 식을 아래와 같이 나타낼 수 있다.

$$\varepsilon_r(\omega) = 1 - \frac{\omega_p^2}{\omega^2 - i\gamma\omega} = \varepsilon_r' + i\varepsilon_r'' \tag{3.10}$$

$$\varepsilon_r' = 1 - \frac{\omega_p^2}{\omega^2 + \gamma^2} \tag{3.11}$$

$$\varepsilon_r'' = \frac{-\gamma\omega_p^2}{\omega(\omega^2 + \gamma^2)} \tag{3.12}$$

금에 해당하는 ω_p와 γ 값을 넣어 유전함수의 실수부와 허수부를 ω에 따라 나타내면 그림 3.5와 같은 그래프를 얻게 된다(점선에 해당).[5-7] 가시광선 영역 이하(<3 eV) 영역에서 유전함수의 실수부(유전상수)는 음의 값을 갖는다. 이는 빛이 금속을 매우 적은 영역만 침투할 수 있다는 의미인데 굴절률을 생각해 보면 알 수 있다. 굴절률(refractive index) n은 $n = c/v$로 정의되고(c: light speed in vacuum, v: light speed in matter) 맥스웰 방정식의 결과로 $c = 1/\sqrt{\varepsilon_0\mu_0}$이므로 $n = \sqrt{\varepsilon_r\mu_r}$ ($\varepsilon_r \equiv \varepsilon/\varepsilon_0$; $\mu_r \equiv \mu/\mu_0$)로 나타낼 수 있다. 일반적으

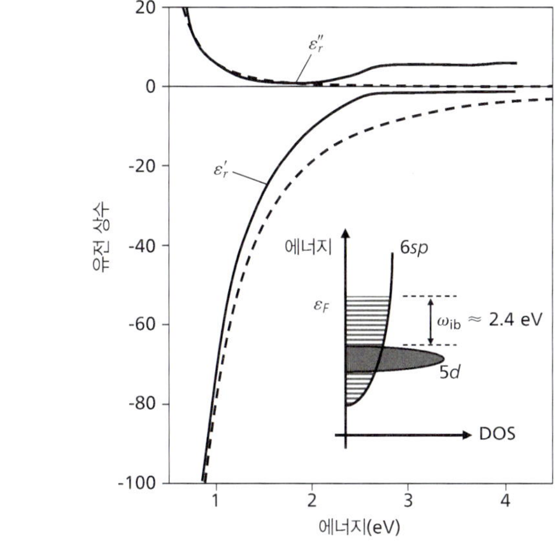

그림 3.5 ▶ Drude 모델로 계산한 유전함수의 이론 계산값(점선)과 실험값(실선)의 비교 및 금의 전자 구조.

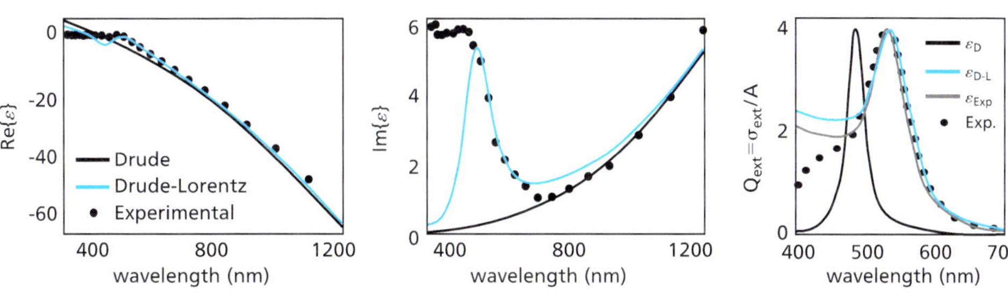

그림 3.6 ▶ Drude 모델, Drude–Lorentz 모델에서 계산된 유전함수 값과 실험값의 비교. Reproduced with permission from ACS publications.[8]

로 강자성 물질이 아닌 경우는 $\mu_r \approx 1$이므로 $n = \sqrt{\varepsilon_r}$이다. $\omega < \omega_p$에서 음의 유전상수값을 갖게 되고 굴절률이 허수가 되는데 굴절률의 허수 부분이 빛의 감쇠계수를 나타낸다. 또한 반사율 값도 1에 가깝게 되는데, 위에서 언급했듯이 일반적으로 금속의 플라즈마 주파수가 UV 영역에 위치하기 때문에 가시광선 이하의 빛을 잘 반사하여 많은 금속들이 빛나게 보인다. $\omega > \omega_p$인 경우에는 금속의 유전상수가 양의 값을 가져 금속이 유전체와 같이 느껴지게 된다. 유전함수의 허수부는 금속의 전자들의 에너지의 손실과 관련된 항이다. Johnson and Christy가 실험으로 얻은 금과 은의 유전함수 값(실선)과 비교해 보면 2 eV보다 작은 전자기파에 대해서는 비슷하지만 가시광선 영역부터는 Drude 모델을 이용해서 계산한 값과 실험값이 맞지 않는다. 이는 금의 경우 d 밴드에 차 있는 구속(bound) 전자들이 가시광선 영역에 해당하는 에너지를 흡수하는 밴드간 전이(inter-band transition)를 하기 때문이다. 금과 구리의 경우, 알루미늄이나 은과 같은 일반적인 금속과 달리, 가시광선 영역에 밴드간 전이가 일어나 노란색이나 붉은 색을 띠는 것이다. Drude 모델의 가정에서는 자유전자들에 대해서만 다뤘기 때문에 밴드간 전이에 대해 기술할 수가 없다. Lorentz 진동자 식에서 보였던 구속 전자에 해당하는 항을 고려하여 계산하면 그림 3.6과 같이 가시광선 영역에서 실험값과 비슷한 유전함수를 보이는 것을 알 수 있다. 더 짧은 파장에서는 여전히 맞지 않는데 이는 하나의 밴드간 전이만 고려하고 다른 여러 전이를 고려하지 못했기 때문이다. 유전함수를 올바로 기술한다면 금속의 광학적인 성질을 보다 명확하게 이해할 수 있다.

3.2.2 표면 플라즈몬 폴라리톤(Surface plasmon polariton)

위에서는 벌크 금속내의 자유전자의 움직임과 관련한 금속의 광학적인 성질에 대해 다루었다. 벌크 플라즈마와 달리 금속 표면에서 발생하는 표면 플라즈몬은 크게 금속과 유전체 사

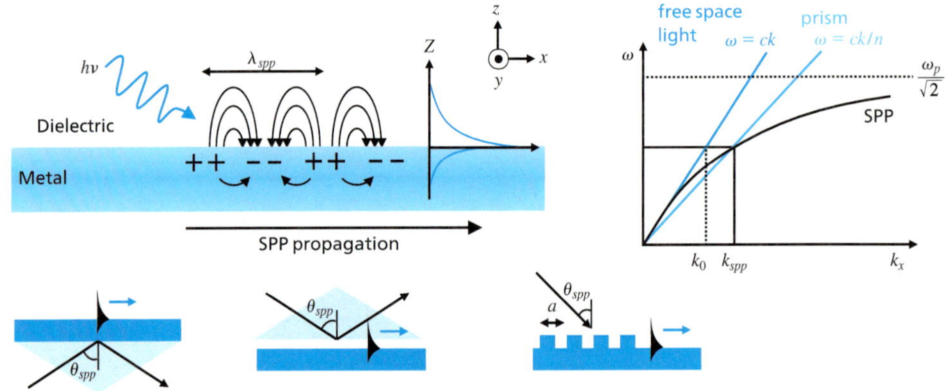

그림 3.7 ▸ SPP의 생성 메커니즘, 구현 장치, 에너지-운동량 다이어그램.

이의 표면을 따라 전파되는 표면 플라즈몬 폴라리톤(surface plasmon polariton, SPP)과 금속 나노입자 표면에서 발생하는 국소 표면 플라즈몬(LSP)으로 나눌 수 있다. 폴라리톤이란 광자(photon)와 전기적 쌍극자(electric dipole)가 강하게 상호작용이 이루어진 하이브리드 입자이다. 표면 플라즈몬 폴라리톤 외에 광자와 전자-홀 쌍이 결합하면 엑시톤 폴라리톤이 형성되고 포논(phonon)과 결합하면 포논 폴라리톤이 형성된다. 그림 3.7은 SPP가 형성되는 개략적인 모습을 보여주고 있다. SPP의 경우 계면의 수직인 z축 방향으로 지수적으로 감소하는 감쇠파(evanescent wave) 형태로 나타나고, 금속이 손실 있는(lossy) 물질이어서 SPP가 전달되는 거리는 수십 μm 내외로 짧은 편이다.

SPP를 생성시키기 위해서는 한 가지 고려해야 할 것이 있다. 플라즈몬을 양자로 생각했기 때문에 플라즈몬 하나가 갖는 에너지가 $E = \hbar\omega$ ($\hbar = h/2\pi$)이고 운동량은 $p = \hbar k$이다. 빛(광자)의 경우 분산관계(dispersion relation; 에너지와 운동량의 관계를 ω와 k(파수(wave number) 또는 파벡터(wave vector))에 관한 상관관계로 나타냄)가 $\omega = ck$로 나타낸다. 그림 3.7 오른쪽에서 보는 것과 같이 표면 플라즈몬의 경우 벌크 플라즈몬과 달리 k 값이 증가함에 따라 $\omega_p/\sqrt{2}$에 수렴하는 그래프를 보인다. 광자와 플라즈몬이 커플되어 같은 주파수의 SPP가 생기려면(에너지 보존), 운동량 보존도 되어야 하는데, (전자기파의 식 $E = E_0 e^{i(kx-\omega t)}$에서 k와 ω가 각각 같아야 탈위상(dephase)되지 않고 광자와 플라즈몬이 폴라리톤으로 커플링이 되어 전파될 수 있음) SPP에 비해 빛의 운동량(또는 k (wave vector))이 부족하다. 프리즘을 결합하거나 금속 표면에 회절발(grating) 무늬를 도입하게 되면, SPP 진행 방향인 금속박막 표면과 평행한 방향으로의 빛의 운동량을 증가시킬 수 있다. 그림 3.7의 왼쪽 아래와 같이 프리즘이 금속박막 아래 방향에 위치하는 경우 프리즘과 금속이 만나는 면이 아니라 반대편의 금속과 공기(또는 수용액 같은 매질)가 만나는 표면에서 SPP가 전파되도록 한다(관심 있는 물질의 부착 유무의 검지 용도를 위하여). 금속박막을 얇게 하면 프리즘을 통과한 빛이 소멸파 형태로 금속박막을 통과하여 전달될 수 있다.

SPP의 경우 금속과 맞닿은 매질의 유전 상수에 민감하여, 금과 같은 금속 박막 표면에 물질들의 부착에 관한 정보를 파악할 수 있게 한다. 따라서 단백질, 바이러스 등 공명 주파수에 따라 특히 실시간으로 검지가 가능하여 동력학적인 데이터를 얻는 데 유용하며 SPR 바이오센서로 널리 활용되고 있다.

3.2.3 국소 표면 플라즈몬 공명(Localized surface plasmon resonance)

표면 플라즈몬 폴라리톤(SPP)과 달리 국소 표면 플라즈몬(LSP)는 주로 금속 나노입자에서 발생한다. 수십 nm 크기의 금속 나노입자의 경우 가시광선 영역의 파장(400~700 nm)에 비

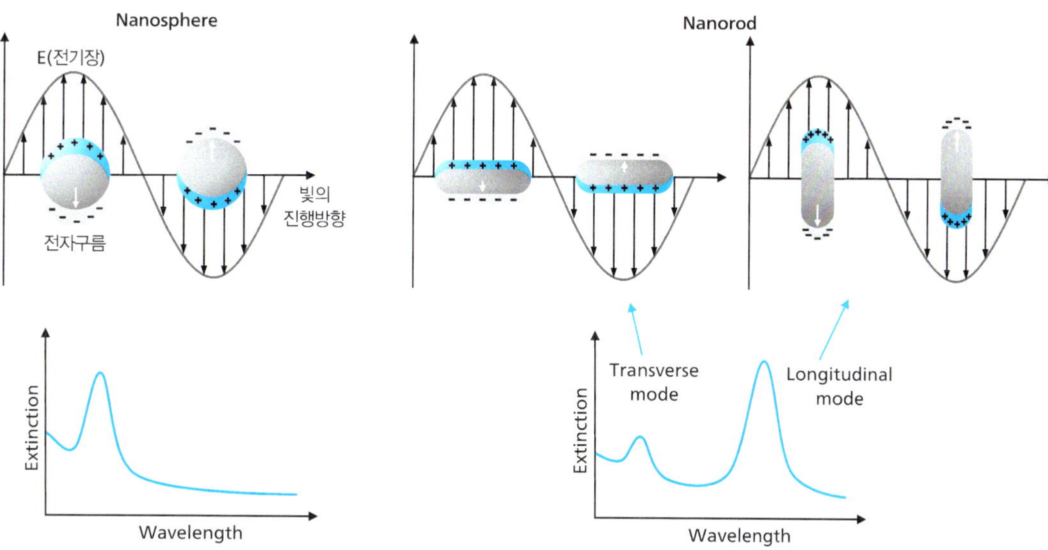

그림 3.8 ▶ LSPR의 원리 및 나노구와 나노막대에서 발생하는 및 LSPR 모드.

해 훨씬 작기 때문에 금속 나노입자 표면에 발생하는 표면 플라즈몬이 다른 곳으로 전파될 수가 없고 제한된 나노입자 표면에서 진동을 하게 된다(그림 3.8).[9] 입사광에 의한 LSP의 파동이 정상파를 이루어 공명을 하게 되는 것을 국소 표면 플라즈몬 공명(localized surface plasmon resonance, LSPR)이라 한다. 입사광에서 빛을 흡수하여 SP를 여기(excitation)하기 때문에 나노입자가 분산된 콜로이드 용액에서 흡수 스펙트럼을 관측할 수 있고 플라즈모닉 나노입자의 LSPR 밴드를 발견할 수 있다(금속 나노입자의 경우 보통 UV/Vis 분광기를 활용하여 쉽게 관측할 수 있음). 금속 나노입자의 모양, 크기, 종횡비(aspect ratio), 금속의 종류 등에 따라 LSPR 밴드의 파장 위치가 달라진다(그림 3.9).[10] 일례로, 나노막대(nanorod)의 경우 횡축(transverse)모드와 종축(longitudinal)모드 두 가지의 LSPR 밴드가 나타나는데, 종축모드의 경우 더 긴 파장에서 발생하고 크기도 크며 종횡비가 증가함에 따라 적색 이동(red shift)한다. LSP가 진동할 때 주로 이중극자 모드(dipole mode)로 진동하게 되는데 나노입자의 크기가 커질수록 사중극자(quadrupole) 모드와 같은 다중극자(multipole) 모드들이 여기될 수 있다.

Mie 이론을 활용하여 구형 금속 나노입자의 산란 및 흡수 관계를 구할 수 있다. 반지름(a) ≪ 입사광의 파장(λ)인 구형 나노입자에 대해 흡수와 산란을 포함하는 소광 단면적

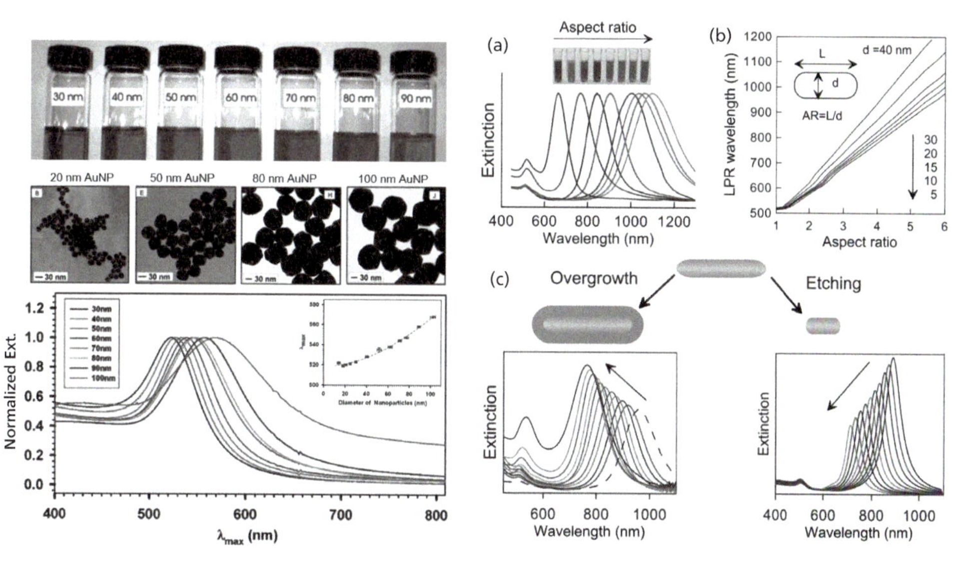

그림 3.9 ▶ 금속의 종류 및 나노입자 모양에 따른 LSPR 양상. Reproduced with permission from ACS publications and MDPI.[11,12] Color Plate ❷ 참조

(extinction cross section)은 다음과 같은 식으로 얻어진다.

$$\alpha = 4\pi a^3 \frac{\varepsilon(\omega) - \varepsilon_m}{\varepsilon(\omega) + 2\varepsilon_m} \tag{3.13}$$

$$\varepsilon(\omega) = 1 - \frac{\omega_p^2}{\omega(\omega + i\gamma)} = 1 - \frac{\omega_p^2}{\omega^2} \tag{3.14}$$

$$C_{sca} = \frac{k^4}{6\pi}|\alpha|^2 = \frac{8\pi}{3}k^4 a^6 \left|\frac{\varepsilon(\omega) - \varepsilon_m}{\varepsilon(\omega) + 2\varepsilon_m}\right|^2 \Rightarrow C_{sca} \propto \frac{a^6}{\lambda^4} \tag{3.15}$$

$$C_{abs} = k\mathrm{Im}[\alpha] = 4\pi k a^3 \mathrm{Im}\left[\frac{\varepsilon(\omega) - \varepsilon_m}{\varepsilon(\omega) + 2\varepsilon_m}\right] \Rightarrow C_{abs} \propto \frac{a^3}{\lambda} \tag{3.16}$$

$$C_{ext} = C_{sca} + C_{abs} \tag{3.17}$$

$$C_{ext} = \frac{24\pi^2 a^3 \varepsilon_m^{\frac{3}{2}}}{\lambda}\left[\frac{\varepsilon''}{(\varepsilon' + 2\varepsilon_m)^2 + \varepsilon''^2}\right] \tag{3.18}$$

편극률(polarizability) α가 최대값을 가지려면 $|\varepsilon + 2\varepsilon_m|$ 값이 최소가 되어야 한다(ε: 나노입자의 유전함수, ε_m: 주위 매질의 유전함수). $\mathrm{Im}[\varepsilon(\omega)]$ 값이 작다고 한다면, $\mathrm{Re}[\varepsilon(\omega)] = -2\varepsilon_m$의 조건에서(Fröhlich 조건이라 함) 편극률이 최대가 되며 산란단면적과 흡수단면적도 최대가 된다(공명이 일어남). Drude 모델에서 가시광선 영역에서 $\omega \gg \gamma$이므로 유전함수를 식 (3.14) 같이 나타낼 수 있다. 공명이 일어나는 조건인 $\mathrm{Re}[\varepsilon(\omega)] = -2\varepsilon_m$로부터 LSPR 조건에서의 각주파수는 $\omega_{LSPR} = \sqrt{\omega_p^2/(1 + 2\omega_m)}$가 된다. 금속 입자가 공기 중에 존재한다면 위의 식을 통해 $\omega_{LSPR} = \omega_p/\sqrt{3}$이 됨을 알 수 있다. 외부 매질이 공기가 아니라 유전상수가 큰 매질이라면 ω_{LSPR}의 분모가 커져 ω_{LSPR} 값이 작아지게 되므로, 매질의 유전상수가 커질수록 LSPR 밴드가 적색 이동(red shift)하는 결과를 이 수식을 통해 알 수 있다.

$a \ll \lambda$인 경우에는 a^3에 비례하는 흡수 단면적에 비해 a^6에 비례하는 산란의 단면적이 더 적어져 작은 나노 구입자에서는 소광에 해당하는 주된 부분은 산란보다는 흡수에 의한 것이다. a 값이 점점 커지면 흡수에 비해 산란의 영향력이 높아지게 된다(그림 3.10).[13] 상기 내용은 단순한 나노 구입자에서 Mie 이론을 통해 Maxwell 방정식을 계산한 결과를 놓

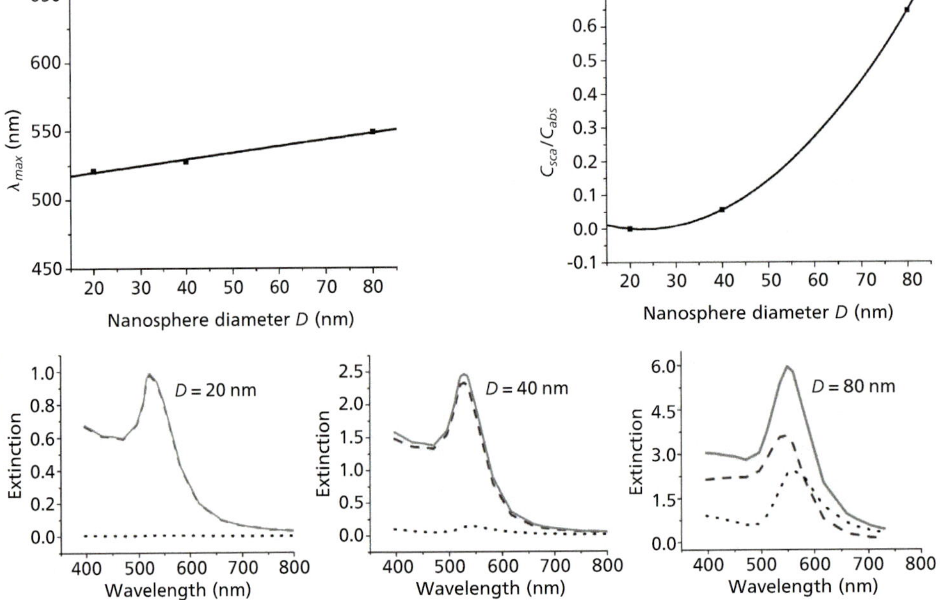

그림 3.10 ▸ 구형 나노입자의 크기에 따른 흡수와 산란의 양상. Reproduced with permission from ACS publications.[13]

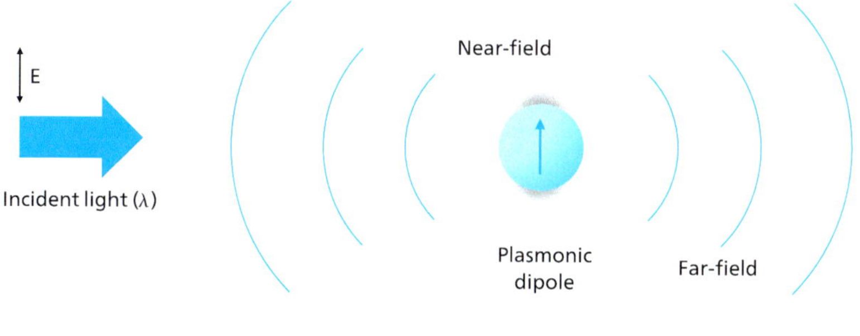

그림 3.11 ▶ 구형 플라즈모닉 나노입자에서 발생하는 근거리장(near-field)과 원거리장(far-field).

벌크 플라즈몬

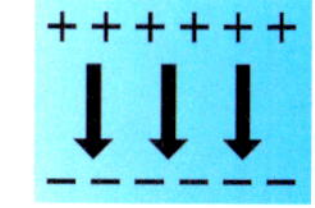

• 종파(longitudinal wave)에 의해 여기됨: e-beam으로 형성, 횡파(transverse wave)인 전자기파로는 발생하지 않음

표면 플라즈몬 폴라리톤 (SPP)

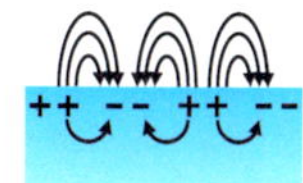

• 모멘텀 보존을 위한 프리즘 또는 회절발 무늬 필요
• 수직자기장(TM) 모드의 빛에 의해 여기됨
• SPR 센서, 도파관(waveguide) 등의 활용

국소 표면 플라즈몬 (LSP)

• 기하학적 형태에 의존
• 근거리장 증강 및 원거리장 산란
• 광학센서, 나노안테나, 촉매 등의 활용

그림 3.12 ▶ 벌크 플라즈몬, SPP, LSP의 비교.

고 얘기하는 것이고, 구 모양뿐만 아니라 다양한 형태의 나노구조체에서는 Maxwell 방정식을 분석적(analytic)으로 풀 수 없기 때문에 수치해석 방법을 사용하여 모양에 맞게 디자인을 하여 시뮬레이션 계산으로 얻어야 한다.

플라즈모닉 나노입자에 조사된 빛이 나노입자의 LSP를 여기시키면 나노입자 표면 주위의 전기장에 해당하는 근거리장(near-field) 증강으로 인해 빛의 흡수가 많이 일어난다(그림 3.11). 근거리장의 증강의 경우 빛 에너지가 밖으로 빠져나가지 않고 나노입자에 국한되어 흡수 형태로 나타나는 데 반해, 플라즈모닉 쌍극자의 진동으로 인해 발생하는 산란의 경우 원거리장(far-field)으로 나타나기 때문에 외부에서 관측할 수 있다.[14]

금속 벌크 플라즈몬, SPP, LSP 사이의 서로 다른 것을 그림 3.12를 통해 알 수 있다. 각각의 플라즈몬이 형성되는 조건과 양상의 차이가 있음을 주지할 필요가 있다.

3.2.4 광열 효과(Photothermal effect)

앞에서 언급한 것과 같이 일반적으로 플라즈몬 금속 나노입자의 크기가 작은 경우에는 빛과의 상호작용들 중에서 빛의 흡수과정이 산란과정보다 우세하다. 흡수된 빛 에너지는 대개 열적 이완(thermal relaxation) 경로를 통해 열에너지로 전환되어 외부로 방출하게 된다.

빛을 받아 들뜬 LSP는 핫 캐리어(hot carrier)를 발생하여 외부 화학반응에 참여하거나 핫 캐리어가 빠른 내부 이완(internal relaxation)을 거쳐 사라질 수 있다. 또는, 들뜬 LSP가 강한 근접장(near-field) 형태로 나타나거나, 다시 빛으로 광자를 내보내는 등 여러 가지 단계를 거쳐 LSP가 결말을 맺는다. 이완 과정은 Landau 감쇠(damping), 캐리어 이완(carrier relaxation), 열분산(thermal dissipation) 순서로 이루어진다.

그림 3.13은 여기된 표면 플라즈몬이 어떤 과정을 거쳐 사라지게 되는 지 좀더 자세하

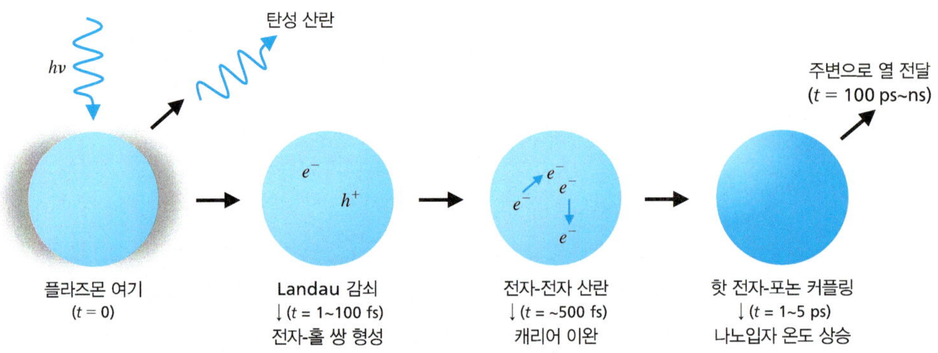

그림 3.13 ▶ 시간에 따른 표면 플라즈몬의 자취.

게 보여주고 있다.[15] 흡수된 빛에너지는 금속 나노입자 표면에 플라즈몬 공명을 통해 나노입자 주위에 강한 전자기장(electromagnetic field)를 생성시킨다. 자유전자들이 진동을 빨리 하면서 에너지가 높은(energetic) 핫 전자(hot electron)-홀(hole) 쌍의 여기를 일으키며 여기된 표면 플라즈몬은 빠르게 감쇠하는 비복사(nonradative) Landau 감쇠(damping)가 일어난다(1~100 fs). 이렇게 초기에 여기된 전자들이 빠르게 전자-전자 산란(electron-electron scattering)을 통해 평형을 이루고 그 결과 전자들의 분포가 "핫" Fermi–Dirac 분포("hot" Fermi–Dirac distribution)를 이룬다. 그 후에 핫 전자와 금속 격자내의 포논(phonon) 사이의 커플링을 통해 뜨거웠던 열적 분포는 식어지게 되고 이로 인해 격자(lattice) 온도는 올라가게 된다.[16] 이렇게 플라즈모닉 나노입자를 매개로 발생하는 열에너지를 활용하여 종양세포 등을 사멸시키는 방법 등의 의료적 방법으로 활용 가능하며, 이를 광열 치료(photothermal treatment) 또는 발열요법(hyperthermia)적 치료의 범주에 속한다.[17]

3.2.5 자기플라즈모닉 효과(Magnetoplasmonic effect)

자기플라즈모닉스 분야는 자기적 기능과 플라즈모닉 기능이 합쳐져 있는 것을 다루는 분야이다. 앞에서 기술한 플라즈몬 공명을 통해 이루어지는 전자기장의 증강(electromagnetic field enhancement)이 자기광학적 활성을 크게 변화시킬 수 있고, 반대로 외부 자기장에 의해 플라즈몬 특성을 변화시킬 수 있다.

자기플라즈모닉 효과를 다루기 전에 자기광학적(magneto-optical) 성질을 보면 그림 3.14와 같이 p-편광된 빛 다른 표현으로는 수직자기장(transverse magnetic field, TM) 모드의 빛이(전기장 진동 방향이 입사면과 평행하고 자기장은 입사면에 수직으로 진동하는 빛) 자기 물질에 입사할 때 반사되어 가는 빛의 전기장 방향이 자기장에 의해 편광 축이 돌게 되고 선형으로 편광되어 입사했던 빛이 반사타원편광으로 반사되어 나타나는 현상을

그림 3.14 ▶ 자기광학적 성질인 Kerr 효과. Reproduced with permission from MDPI.[18]

Name	(a) Polar	(b) Longitudinal	(c) Transverse
Geometry	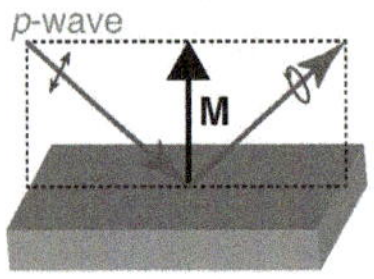 p-wave, M	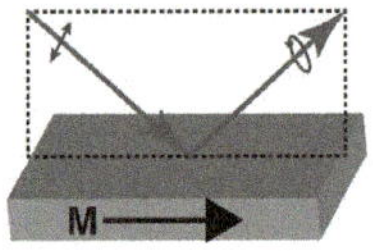 M	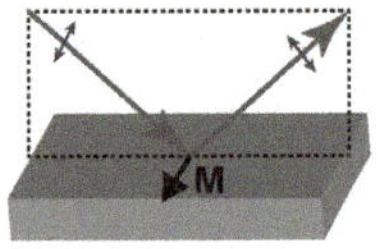 M
Detection	Out-of-plane	in-plane	in-plane
Polarization Variation	Rotation Ellipticity		None
Measurement	Polarization analysis		Intensity measurement

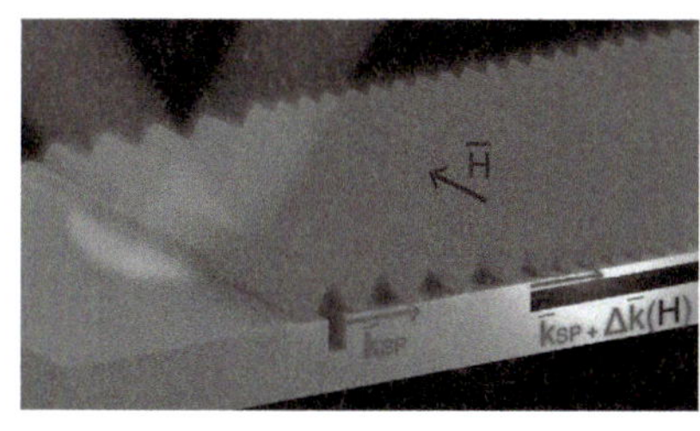

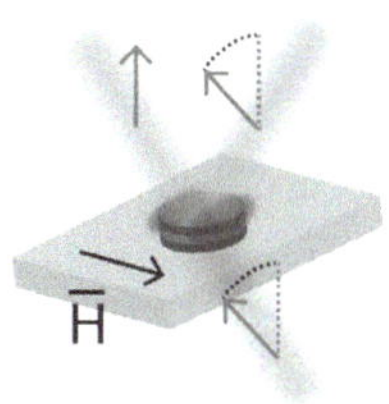

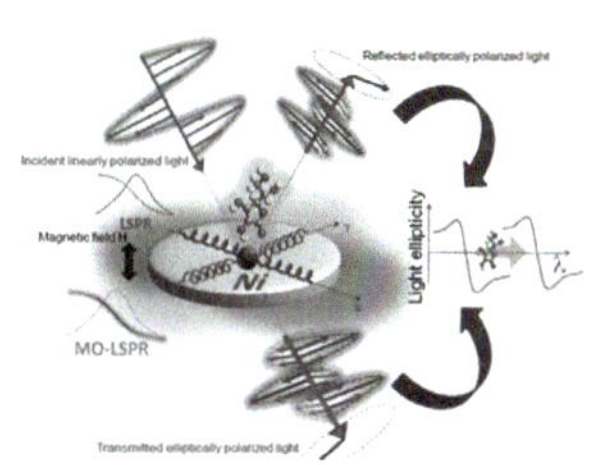

그림 3.15 ▸ SPP와 LSP에 적용된 자기플라즈모닉 효과. Reproduced with permission from AIP publishing LLC.[19]
Color Plate ❸ 참조

Kerr 효과라고 한다.[18] 이를 이용한 테크닉을 magneto-optical Kerr effect (MOKE) 방법이라고 한다. 자기장의 방향에 따라 polar MOKE (P-MOKE), logitudinal MOKE (L-MOKE), transverse MOKE (T-MOKE)로 나뉘어지고 각각의 특징이 아래표에 나타나 있다. 자기광학적 성질이 반사된 빛이 아니라 투과되는 빛에도 나타나는데 이를 Faraday 효과라고 한다.

이런 자기광학적 성질을 플라즈모닉 나노구조체에도 적용해 볼 수 있다(그림 3.15). SPP가 일어나는 기질에 자기장을 걸어 SPP의 전파(propagation)를 조절할 수 있으며(Au와 같은 귀금속 박막 사이에 Co와 같은 강자성 박막(검은색 라인)을 추가하고 외부 자기장을 인가하여 SPP를 조절함; 그림 3.15(왼쪽)), LSPR과 자기장을 결합하여 Kerr 효과를 나노안테나와 같이 작은 나노구조체에만 일어나게 하여 물질의 고감도 센서로 활용할 수 있다.[19]

3.3 플라즈모닉 금속 나노입자 합성과 설계 (Design and synthesis of plasmonic metal nanoparticles)

3.3.1 플라즈몬 나노입자 합성 및 나노구조 제작

나노입자와 나노구조에 관한 용어부터 명확히 정리할 필요가 있다. 나노구조는 0차원의 입자뿐만 아니라 1차(선형), 2차(평면), 3차원(평면과 높이) 구조에서의 어느 한 차원(dimension)이 나노스케일로 존재하는 구조를 포괄하는 의미이다. 예를 들면 가로·세로 2 cm, 두께 100 nm인 금박막이 있다면, 이 금 박막은 나노구조 상태이며 나노입자 상태는 아니다. 따라서 나노구조는 0차원의 나노입자뿐만 아니라 1, 2, 3차원의 구조를 포함하는 보다 포괄적인 의미로 이해하면 된다.

플라즈모닉 특성을 활용하는 분야에서는 나노입자뿐만 아니라 나노구조를 활용하는 응용 방법이 많기 때문에, 다양한 나노구조의 제작에 관한 이해도 반드시 필요하다. 따라서 3장에서는 나노구조의 제작과 나노입자의 합성을 포함하여 분류와 설명을 하고자 한다.

금속 성분의 나노입자 및 나노구조의 합성 및 제작은 앞서 2장에 설명된 나노물질의 합성 및 제작 방법과 기본적인 내용은 동일하다. 크게 top-down 방식과 bottom-up 방식의 두 가지로 나뉜다(그림 3.16). Top-down 방식은 물리적 변화를 통해 크기를 작게 만드는 방법이며, bottom-up 방식은 화학적 변화(산화, 환원반응)를 통해서 이온 상태에서 나노 크기의 입자를 만드는 방식이다. 3.3.1.1항에서는 top-down 방식, 3.3.1.2항에서는 bottom-up 방식을 간략하게 서술하였다. 보다 자세한 기본적인 입자 합성과 구조제작에 관한 원리는 2장의 내용을 참고하는 것이 더욱 바람직할 것으로 사료되며, 본 장에서는 금속 성분 특히 플라즈모닉 특성을 나타내는 나노입자 및 구조 제작에 관련된 내용을 주로 설명하고자 한다.

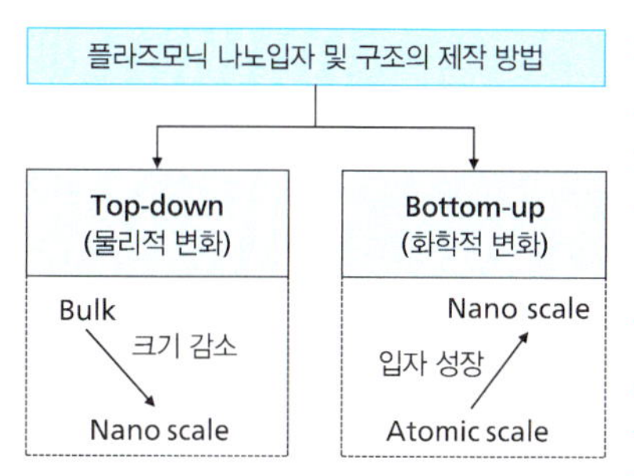

그림 3.16 ▸ 플라즈모닉 나노구조의 제작 방법.

3.3.1.1 Top-down method

Top-down 방식은 벌크(bulk) 상태(큰 덩어리)에 있는 물질의 크기를 인위적으로 감소시켜서 나노 크기의 상태에 도달하게 하는 물리적 변화를 기반으로 하는 방식이다. Top-down

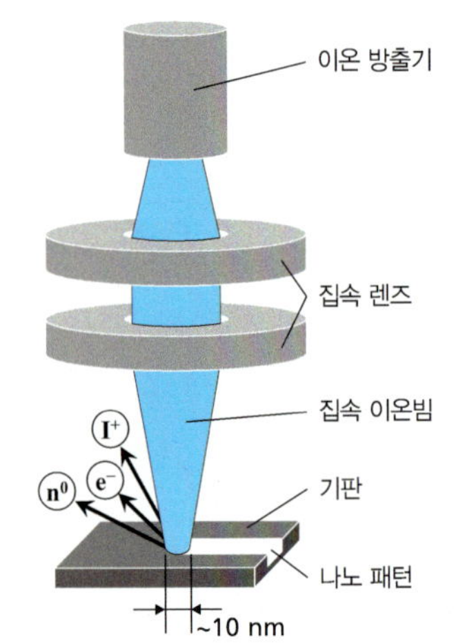

그림 3.17 ▶ 전자(e-beam) 또는 집속이온빔(Focused Ion Beam, FIB) 적용 원리.

방식은 큰 덩어리 물질을 잘게 부수어 나노 크기에 도달하는 방식이기 때문에 이 방법으로 우리가 생각하는 0차원의 나노입자를 균일하게 만드는 것은 어려운 방법이다. 물론 매우 소량의 목적 크기에 도달한 입자를 얻는 것이 이론상 가능하겠지만 효율이 매우 낮을것으로 예상 가능하다. 그러나 이 방식은 0차원의 입자가 아닌 1, 2, 3차원에서는 최신의 나노공정 기술을 활용하여 매우 높은 정밀도로 2차원, 3차원 형태의 나노구조를 만드는 것은 가능하다. 따라서 top-down 방식은 나노입자의 구조, 형태제어 목적이 아닌 2차원, 3차원 상태의 나노구조의 형성에 유리한 방식으로 이해하면 된다.

예를 들면 높은 에너지의 전자빔(e-beam) 또는 집속이온빔(focused Ion Beam, FIB)을 사용하여 금 박막 표면에 가하는 경우를 생각해 보자(그림 3.17). 이온빔의 크기는 10 nm 미만까지 집속이 가능하다. 따라서 이온빔을 가하여 2차원 금 박막에 10 nm의 홀(hole)을 정확한 위치에 일정한 간격으로 자유자재로 나노홀의 구조 형성이 가능하다. 집속이온빔의 각도를 조절하여 3차원 나노구조의 제작도 가능하다. 반도체 공정에서 흔히 사용되고 있는 전통적인 포토 리소그래피(photo lithography)도 대표적인 top-down 방식의 나노구조 제작 방식이다. 리소그래피의 자세한 방법은 2.1.4항의 내용을 참고하길 바란다.

3.3.1.2 Bottom-up method

Bottom-up 방식은 화학적인 방법으로 atomic scale에서 나노스케일로 크기가 점점 커지는 방식으로 나노입자를 만드는 방식이다. 출발 물질의 상에 따라서 고상법(고체상 출발물질을 사용), 기상법(금속을 고온에서 기체 상태로 증발시킨 다음 원하는 표면에 응축시키는 방법, 화학적 기상 증착(chemical vapor deposition, CVD) 등이 여기에 속함), 액상법으로 나누고 있으며, 플라즈모닉 나노입자는 액상법에 따른 합성 방법을 널리 활용하고 있다. 액상법은 전구체(precursor) 물질이 용액속에 균일하게 녹아 있는 상태에서 환원 반응을 통해 나노 크기의 입자가 형성된다.

금(Au), 은(Ag), 백금(Pt) 등의 플라즈모닉 나노입자의 합성 과정에서 일어나는 화학적 변화 과정은 산화환원 반응을 통해 이루어진다. 예를 들면 금 나노입자의 전구체인 금 이온이 포함된 수용성 염($HAuCl_4$ 등)이 증류수에 녹아 있는 상태에서, 환원제를 수용액에 가하는 경우 환원제는 산화되어 전자를 제공하게 되며, 이 전자는 금의 전구체에 존재하는 금의 산화수인 +3, +1 상태를 산화수 0으로 감소시키는 환원 반응이 일어나게 한다. Au^0 상태의 금 원자들이 일정한 숫자로 모여서 나노 크기의 덩어리를 이루게 되면 이것이 바로 금 나노입자가 되는 것이다.

금 나노입자는 인류가 만들어 사용한 나노입자들 중에 가장 오래된 역사가 있는 나노입자다. 1875년 Faraday가 금 콜로이드 제조와 특성에 관한 최초 보고한 이래로 1951년 러시아 과학자 Turkevitch가 시트르산(citric acid)을 이용하여 약 20 nm 크기의 입자를 제조한 예와 1973년 Frens가 환원제와 시트르산의 비율을 통해 입자의 성장을 조절한 예가 대표적인 합성법이다(그림 3.18).[20,21] 이들은 시트르산의 사용량을 늘릴수록 빠른 환원반응이 일어나서 합성되는 입자의 크기가 작아지는 결과를 얻었다. 합성 과정에서 시트르산은 환원제로서의 역할과 함께 생성된 금 나노입자 표면에 존재하여 합성된 나노입자가 강한 음전하를 가지도록 하는 역할을 하게 된다. 이 음전하는 금 나노입자들 사이에 정전기적 척력이 작용하게 하여 입자들이 서로 달라붙지 않고 수용액에서 매우 안정한 콜로이드 상태로 분산될 수 있게 한다.

은 나노입자도 Frens 방법과 동일한 방법으로 제조가 가능하며, 이와 함께 다가알코올(polyol)을 용매 및 환원제로 사용하는 폴리올 합성법이 널리 활용되고 있다. 은의 표준환원

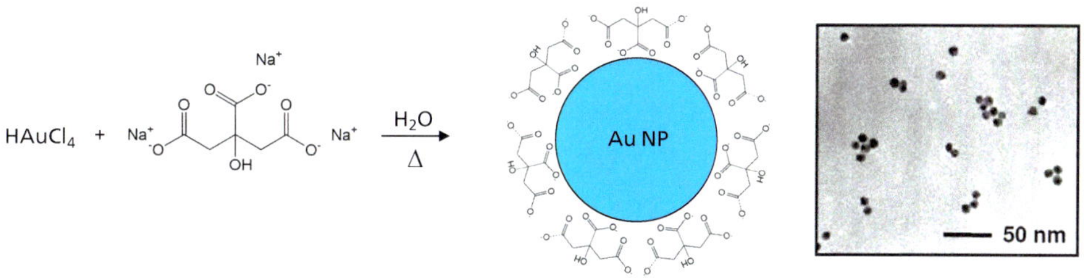

그림 3.18 ▸ 시트르산을 이용한 금 나노입자 합성 방법과 TEM 이미지.

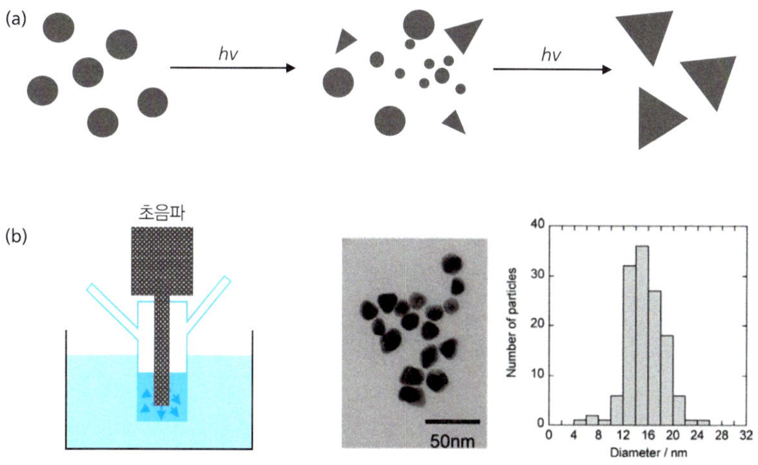

그림 3.19 ▸ 빛과 초음파를 이용한 나노입자의 합성 예. Reproduces with permission from ACS publications.[23]

전위는 금보다 낮기 때문에 약한 환원제에도 환원반응이 잘 일어난다. 그러나 은 나노입자는 낮은 콜로이드 안정성 때문에 합성된 나노입자가 쉽게 응집되는 특성이 있어서 세심한 주의가 필요하다.

화학적인 환원제가 아닌 경우에도 산화환원 과정이 일어나는 조건을 가하는 경우 나노입자의 생성이 가능하다. 예를 들면 그림 3.19에 표시된 것처럼 금 전구체가 포함된 용액에 빛 또는 초음파(ultrasound)로 에너지를 가하는 경우에도 나노입자들이 형성될 수 있으며, 반응 조건에 따라 얻어지는 입자의 모양은 다양하다.[22,23] 그림 3.19의 (a)는 구형의 은 나노입자가 빛이 가해지는 조건에서 매우 균일한 삼각형 나노입자로 전환되는 과정을 보여주는 예이며, (b)는 수용액에 초음파가 가해지는 경우에, 물분해에 의한 라디칼 화학종의 생성 및 이를 통한 전자의 이동에 의해 전구체 이온이 환원되는 과정이 일어나 나노입자가 생성되는 예이다.

3.3.2 크기와 모양의 조절(Size and shape control)

플라즈모닉 나노입자는 크기와 모양에 따라서 매우 민감하게 광학적인 성질 변하기 때문에, 용액상 나노입자의 합성에서 나노입자의 크기와 모양을 정확하게 조절하는 것이 매우 중요하다. 성분이 동일하더라도 크기가 서로 다른 입자들이 섞여 있다면, 일관된 광학적 성질이 나타나지 않기 때문이다. 따라서 나노입자의 합성 단계에서 전구체들이 환원·응집되어 형성된 금 나노입자들이 원하는 크기에 도달하였을 때 반응을 종결시킬 수 있어야 하며, 용액 내에 생성된 모든 나노입자의 크기와 형태가 균일(monodisperse)해야 한다. 이러한 균일한 합성 기법의 핵심적인 역할을 하는 강력한 도구가 바로 계면활성제(surfactant)다. 계면활성제는 생성되는 나노입자 표면에 결합하여 나노입자의 성장 과정을 조절하고 생성된 입자 간의 응집을 막는 등 다양한 역할을 하는데, 기능에 따라서 리간드(ligand, 표면 보호와 함께 다른 분자와의 상호작용을 위한 목적이 있는 경우), 보호 역할이 중점인 경우에는 부동화제

(passivating agent), 계면활성제(surfactant), 보호층(protecting layer) 등으로 불리기도 한다. 나노입자 표면에 강하게 결합하는 물질일수록 금속 전구체의 흡착과 경쟁하여 나노입자의 지속적인 성장을 강하게 억제하며, 생성되는 입자의 크기를 작게 만드는 결과를 낸다. 대표적인 예는 싸이올(thiol)기를 가지고 있는 보호 물질을 사용하면서 강한 환원제인 $NaBH_4$를 사용하는 경우 1.0~5.0 nm에 이르는 작은 크기의 금 나노입자 합성이 가능하다. 크기가 작기 때문에 나노입자가 아닌 나노클러스터(nanocluster)의 범주에 속한다. 반면에 나노입자의 표면에 약하게 결합하는 계면활성제를 사용하는 경우 형성되는 나노입자의 크기가 커지는 결과를 가져오게 된다. 앞서 설명한 Turkevitch 방법에서는 환원제로 사용하는 시트르산의 양을 조절하여 금 나노입자의 크기의 조절이 가능하나, 이 합성법으로 만들 수 있는 최소 크기는 약 13 nm이다. 따라서 보다 작은 크기의 입자를 제조하고자 하는 경우에는 시트르산보다 강한 환원제를 사용하여 초기에 형성되는 핵(nucleus)의 수를 증가시켜야 작은 크기의 입자를 합성할 수 있다.

계면활성제는 생성되는 나노입자들의 크기뿐만 아니라 모양에도 큰 영향을 미치게 된다. 결정성 나노입자의 특정 결정면(crystal facet)에 강하게 결합하는 분자 그룹을 가지고 있는 분자는 형성되는 나노입자의 모양이 구형이 아닌 형태로 성장하도록 하기 때문에 이를 적절하게 조절하는 경우 다양한 모양의 입자 구조를 합성하는 방법이 된다. 예를 들면 poly-vinylpyrrolidone (PVP) 등의 양친성(amphiphilic) 고분자를 사용하는 경우에는 구형의 입자보다는 한쪽 방향으로 나노입자가 성장한 구조가 형성되는 경향이 있다.[24] 이는 PVP 분자구조의 일부가 Au의 (1,1,1) 결정면에 특히 강하게 결합하여 해당 부분의 성장을 방해한 결과이다.

계면활성제에 의해 형성되는 마이셀(micelle), 역마이셀(reverse-micelle), 이중막 구조 등으로 나노입자가 성장할수 있는 공간을 제한하여, 결과적으로 나노입자의 모양이 결정되는 방식도 가능하다.[25] 계면활성제는 분자의 모양과 용매 조건에 따라서 그림 3.20에 표시된 것처럼 다양한 자기조립구조(self-assembly structure)의 형성이 가능하다. 이를 주형(template)으로 사용하여 자기조립 구조내부에 갇힌 전구체 용액이 공간적인 제약 속에서 환원되어 나노입자를 형성할 때, 그 자기조립구조의 형태를 따르게 되는 것이다.[25] Cetyltrimethyl ammonium bromide (CTAB)를 이용하여 막대형 금 나노입자를 합성하는 경우도 유사한 원리를 기반으로 하고 있다. 이와 같이 전구체를 가두는 방식 외에도, 주형 구조의 외부를 활용하여 더욱 다양한 모양을 가진 나노입자를 합성할 수도 있다. 예를 들면 구형의 실리

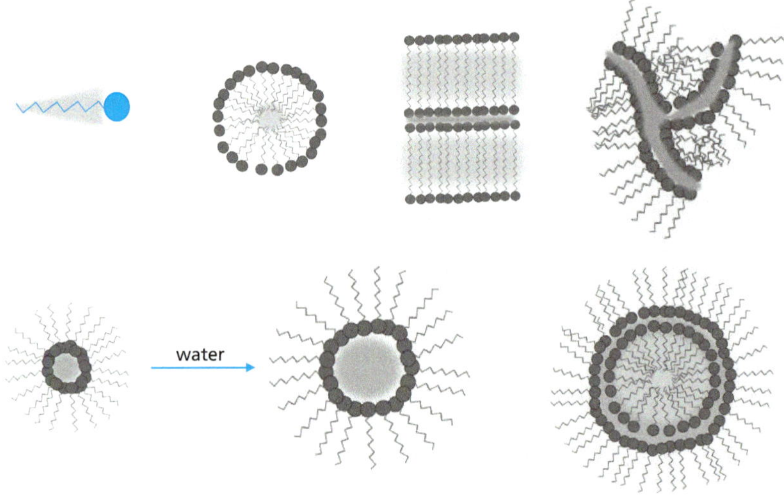

그림 3.20 ▶ 마이셀, 역마이셀, 이중막 구조 자기조립 구조 기반 입자 합성 방법.

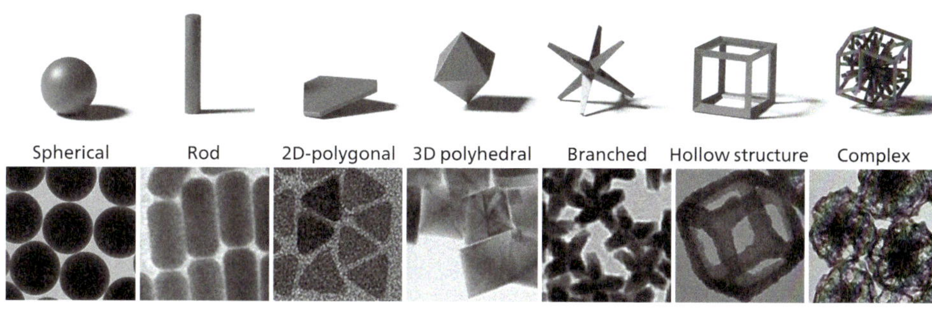

그림 3.21 ▸ 다양한 구조로 합성된 나노입자의 예. Reproduced with permission from ACS publications.[27~30]

카(silica) 나노입자를 주형으로 사용하여 외부에 금 껍질(Au shell) 구조를 만들 수 있는데, 이 구조는 금 껍질의 두께에 따라서 근적외선 영역의 빛의 흡수와 산란이 일어나는 구조가 된다.

상기 열거한 다양한 계면활성제와 반응 조건(속도, 이온)의 미세한 조절을 통해 간단한 구형(spherical)의 구조에서 막대형(rod), 2차원 다각형(polygonal), 3차원 다면체(polyhedral) 구조, 가지친(Branched) 구조를 비롯한 복잡(complex)구조, 그리고 입자 내부 공간이 비어 있는(hollow) 구조 등 상상 가능한 모든 구조들이 용액상 합성 방법을 통해 합성되고 보고되고 있다(그림 3.21).[26~30]

3.3.3 내부구조와 조성의 조절(Internal structure and composition)

플라즈몬 나노구조는 크기와 모양 외에도 입자 하나의 내부 결정성(crystallinity), 내부 기하구조, 구성성분(alloy 또는 core shell 구조)에 따라서도 광학적인 성질이 달라진다(그림 3.22).[31~33] 결정구조에 따른 광학적 성질의 차이는 국소 표면 플라즈몬 공명(localized surface plasmon resonance, LSPR)의 경우보다는 전파형 표면 플라즈몬 공명(propagating surface plasmon resonance, PSPR)의 경우에서 더욱 큰 영향이 나타난다. PSPR의 경우 다결정성(poly crystalline) 구조가 단결정성(single crystalline)구조보다 전파거리(propagation length)가 짧은 결과가 관찰되는데 이는 다결정성구조에 존재하는 결함(defect)들에 의한 영향으로 이해되고 있으며, 은 나노와이어로 실험적으로 증명된 바가 있다.[33]

동일한 크기의 구형 금 나노입자라 하더라도 내부가 완전히 채워진 구조와 내부가 빈 구조의 광학적인 성질은 완전히 다르다. 예를 들면 50 nm의 구형 나노입자는 SPR band가 520 nm 근처의 하나의 피크(peak)가 나타나지만, 동일한 크기의 금 쉘(Au shell)구조는 껍질(shell)의 두께에 따라서 근적외선(NIR, 700~900 nm) 영역에서 흡수, 산란이 나타난다.[34] 껍질의 두께가 얇을수록 더욱 적색 이동(red shift)된 영역에서 흡수, 산란이 나타난다. 이렇게 내부가 비어 있는 구조의 제조 방법은 앞서 설명한 실리카를 주형으로 활용하는 방법이 있으며, 또는 은나노 입자를 코어로 하여 은 나노입자 표면에 금 쉘을 형성하고, 코어에 존

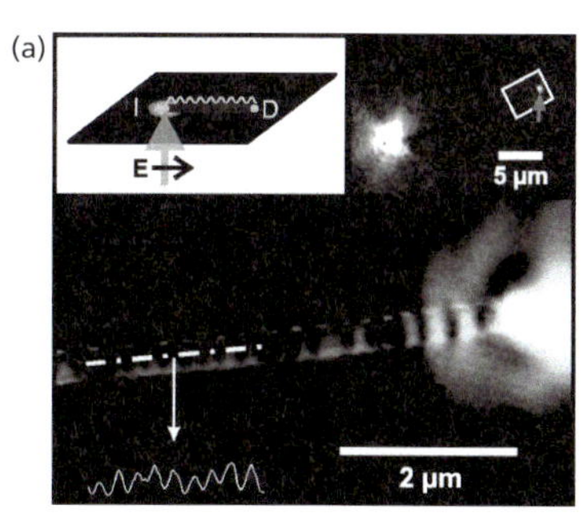

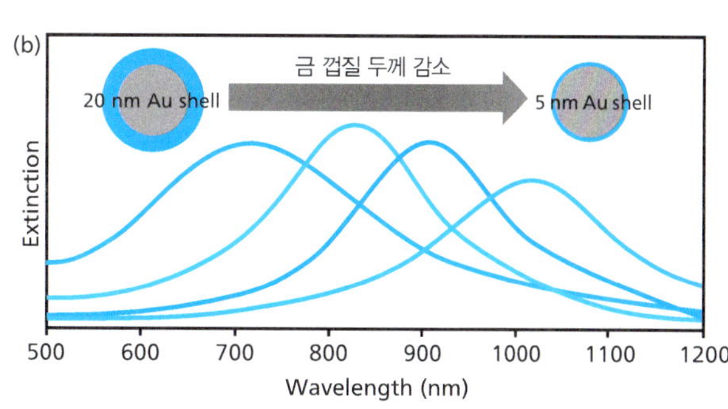

그림 3.22 ▸ 나노입자의 구조에 따른 광학적 성질 차이. (a) 나노입자의 내부 결정 구조 및 (b) 코어-쉘 나노입자의 쉘 두께에 따라 플라즈몬 현상의 변화가 관찰된다. Reproduced with permission from APS.[33]
Color Plate 4 참조

Introduction of nanomaterials chemistry

재하는 은을 선택적으로 제거하는 방법으로 내부가 비어 있는 금쉘(Au shell)구조의 합성이 가능하다.

3.3.4 나노입자 조립 및 설계(Nanoparticle Assembly and Design)

플라즈모닉 나노입자는 입자의 크기와 모양, 구성 성분, 내부 결정구조뿐만 아니라 입자 주변의 환경(용매의 굴절률 등), 입자 표면의 상태에 의해서도 광학적인 성질이 크게 변한다. 이와 함께 입자들 간의 거리 변화에 의해서도 광학적 성질이 크게 변한다.

예를 들면, 구형의 50 nm 크기의 은 나노입자는 암시야(dark-field) 현미경으로 산란광을 관찰하는 경우 청색의 색상으로 관찰되는데, 은 나노입자 두 개가 모여서 이합체(dimer)가 형성되는 경우에는 주황색으로 관찰된다. 금 나노입자의 경우에도 구형의 40 nm 크기의 경우, 녹색으로 산란광이 관찰되나, 이합체가 형성된 경우 주황색으로 산란광의 색상이 변하게 된다. 또한 두 개 입자들 사이에는 입사된 빛에 의해 유도된 플라즈몬 공명으로 전자기장 세기가 집중 및 증폭되는 영역이 형성된다. 두 개 입자 간의 거리와 기하구조에 따라서 Raman 신호, 형광신호의 증폭이 일어난다(그림 3.23).[35]

따라서 나노입자들의 조립 또는 분해에 따른 광학적 성질의 변화는 광학 및 바이오, 에너지 분야 등 다양한 영역에서의 활용이 가능할 뿐만 아니라, 나노입자의 조립 구조를 자유자재로 조립할 수 있다면, 무궁무진한 구성의 조합으로 새로운 성질을 가지는 나노구조의 탄생이 가능하기 때문에 나노입자 조립에 관한 광범위한 연구가 2000년대 중반 이후 활발하게 진행되고 있다.

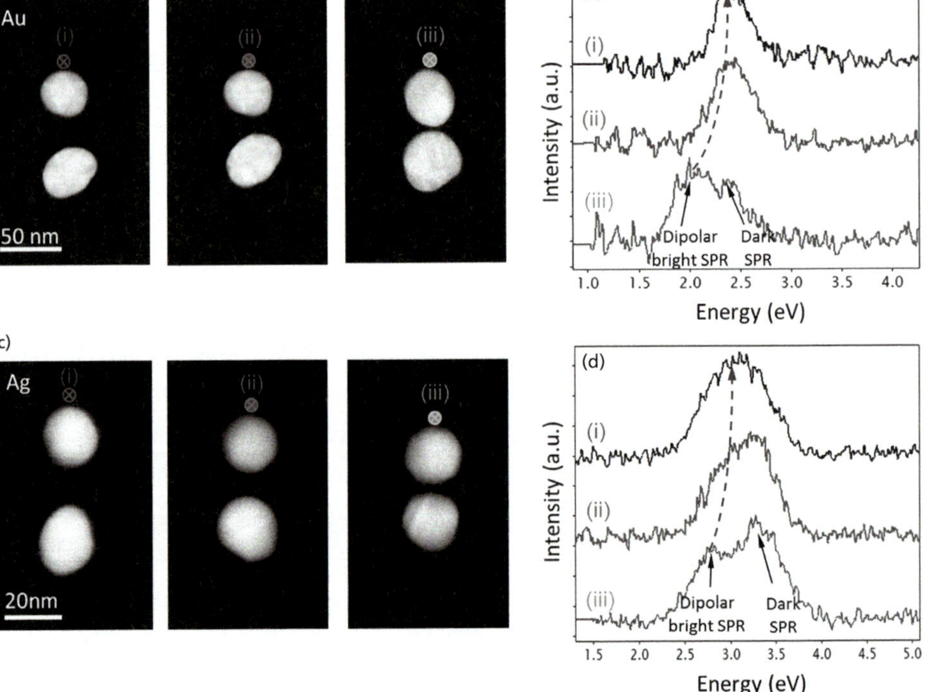

그림 3.23 ▶ 나노입자 간 거리에 따른 광학성질의 변화. (a) 금 나노입자 이합체, (b) 은 나노입자 이합체의 STEM 이미지, (b, d) 이합체의 거리에 따른 스펙트럼의 변화. Reproduced with permission from ACS publications.[35] Color Plate ⑤ 참조

나노입자의 조립 방법은 용액의 염농도(salt concentration)을 조절하는 간단한 방법과 화학적 결합, 바이오분자(biomolecule)의 선택적 결합을 이용하는 방법 등을 활용하여 더욱 정확하게 조절하는 방법들이 보고된 바 있다. 그 중에서도 DNA를 이용하는 방법은 정교한 나노입자 조립구조의 제어가 가능하며, 복잡한 다차원 구조의 나노입자 조립 구조의 형성이 가능한 장점이 있다(그림 3.24~26).[26,36~39]

나노입자 조립구조의 조절은 앞서 설명한 top-down 기법으로 제조된 기판 표면에 나노입자를 배열하는 방법도 가능하며, 또는 기판 표면에 개진되어 있는 DNA의 선형 결합을 이용하여 나노입자 배열도 가능하다(그림 3.25). 특히 DNA의 길이를 조절하여 입자들 간의 길이를 매우 정확하게 조절할 수 있다(그림 3.26a). 특히 나노입자 표면에 존재하는 DNA 사슬의 길이는 그림 3.26b에 표시된 그림과 같이 초격자(superlattice) 상태의 나노조립체 구조의 형성에 매우 중요하다.

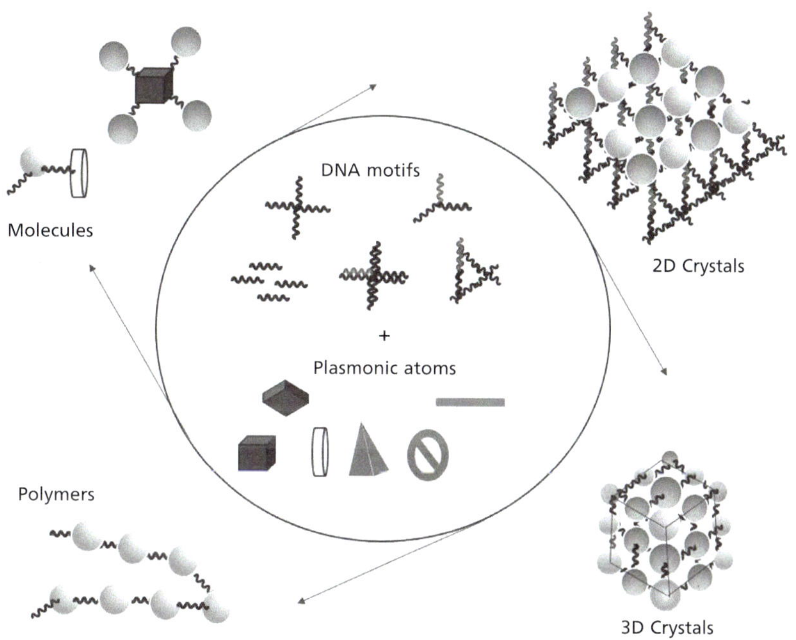

그림 3.24 ▸ DNA 기반 나노구조 조립 전략, DNA 및 플라즈몬 나노입자의 종류에 따른 다양한 조립구조의 예.

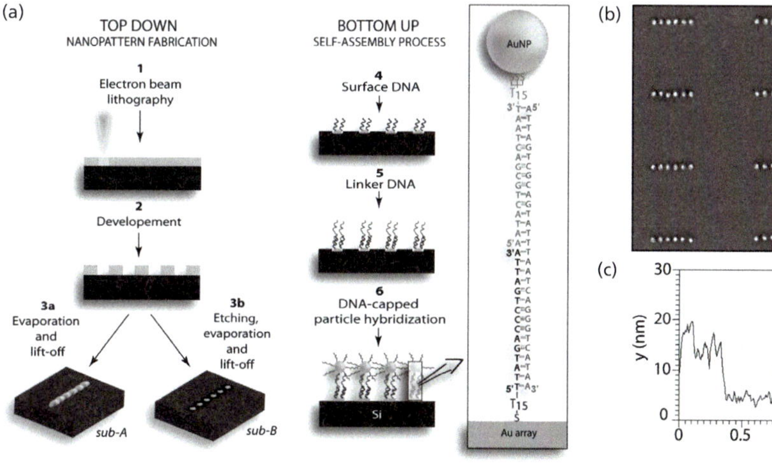

그림 3.25 ▸ DNA와 나노입자의 결합을 이용한 금 나노입자의 2차원 배열. (a) 기판 위에 DNA 패턴의 제조와 금 나노입자 배치 방법의 개요도, (b) 2차원 배열 금 나노입자의 SEM 영상, (c) AFM profile. Reproduced with permission from ACS publications.[37]

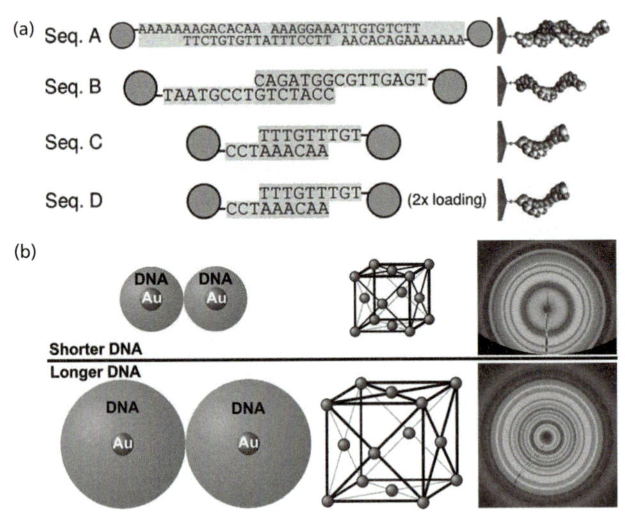

그림 3.26 ▶ (a) DNA 서열 길이 조절을 통한 나노입자 간 거리 조절 방법과 (b) 3차원 초격자(superlattice) 구조 형성 예. Reproduced with permission from ACS publications.[38,39]

3.4 플라즈모닉 나노입자의 응용과 전망(Applications and perspectives of plasmonic nanoparticles)

3.4.1 광학 분야

3.4.1.1 표면 플라즈몬 공명(Surface plasmon resonance) 현상

표면 플라즈몬 공명(surface plasmon resonance, SPR) 현상은 귀금속(noble metal)의 최외각 S 궤도함수의 컨덕션밴드(valence band)에 존재하는 자유전자들(free electrons)이 집합적으로 진동(collective oscillation)하면서 나타나는 현상이다. 그러한 진동이 일어나는 파장이 520 nm 근처이기 때문에 금 나노입자 용액은 붉은 와인과 같은 색깔을 띠며, 2 nm 이하의 크기에서는 양자구속효과(quantum confinement effect)로 인해 집합적 진동이 일어나지 않아서 SPR 현상이 나타나지 않는다. 공명 파장은 입자의 크기와 모양, 매질의 유전상수, 굴절률, 온도 등에 따라서 매우 민감하게 변한다. 이러한 특성을 활용하여 핵산, 단백질 등의 타겟을 검출하는 바이오센서 및 분자간 상호작용을 분석하는 기초원리로 활용이 가능하다(그림 3.27). 나노입자의 농도가 높고, 표적물질의 농도가 높은 경우에는 SPR 특성의 변화가 육안으로 관찰이 가능할 정도의 용액의 색 변화로 나타난다. 표적물질의 농도가 마이크로몰(μM) 이하의 낮은 농도인 경우에는 일반적으로 육안으로는 식별이 불가능하지만, 광학 기기를 사용하여 스펙트럼의 편이(shift)를 확인할 수 있으며 분해능은 nM 수준에 이른다. 스펙트럼 이동($\Delta\lambda_{max}$)은 굴절률 변화 민감도 상수(m), 굴절율 변화(Δn)에 의존하여 민감하게 변하며, 이러한 원리를 기반으로 현재 전세계 연구실에서 단백질-단백질 상호작용, 단백질-약물상호 작용 등을 연구하는 기초분석 기기로 널리 활용되고 있다.

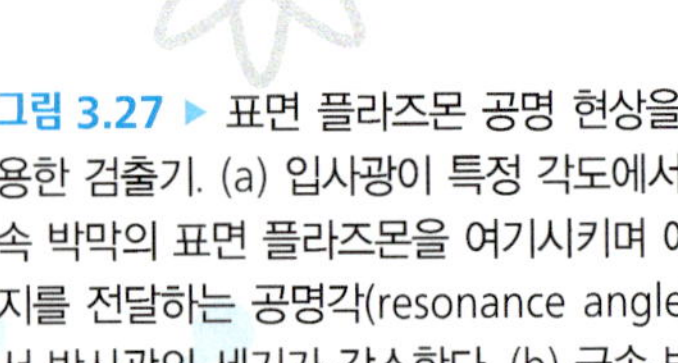

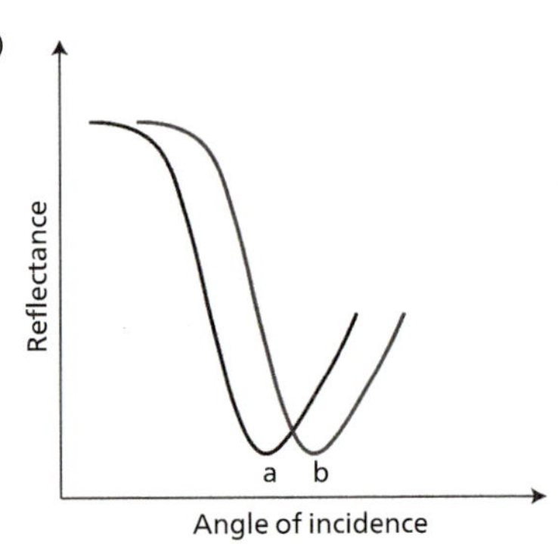

그림 3.27 ▶ 표면 플라즈몬 공명 현상을 이용한 검출기. (a) 입사광이 특정 각도에서 금속 박막의 표면 플라즈몬을 여기시키며 에너지를 전달하는 공명각(resonance angle)에서 반사광의 세기가 감소한다. (b) 금속 박막 표면에 검체 물질이 흡착하여 유전체 질량이 변화하면 공명각이 변화하여 검출기에서 감지할 수 있다. Reproduced with permission from MDPI.[40]

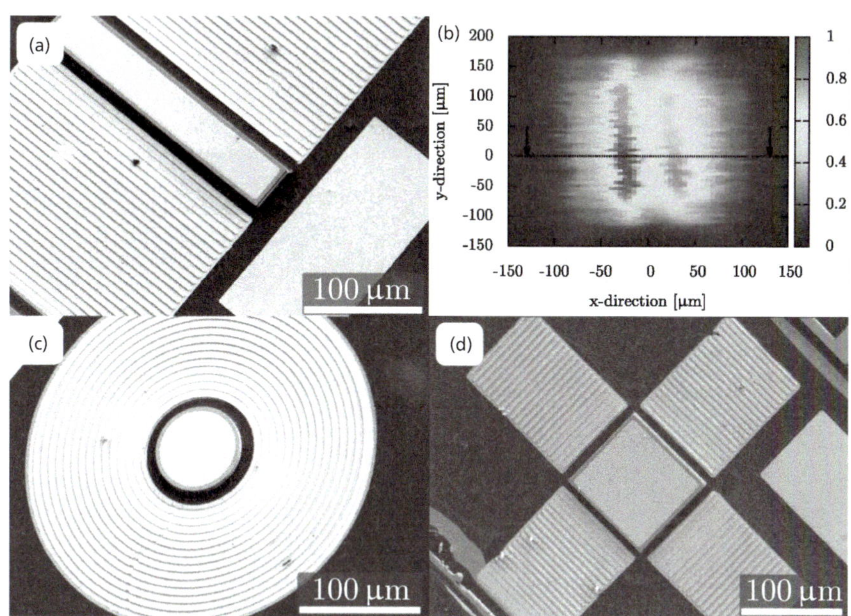

그림 3.28 ▶ (a) 1차원 슬릿 배열 플라즈모닉 렌즈의 SEM 이미지 및 (b) 렌즈를 통해 집속된 레이저 빔. (c) 동심원, (d) 십자 형태로 제조된 플라즈모닉 렌즈의 SEM 이미지. Reproduced with permission from AIP publishing LLC.[43] Color Plate 6 참조

3.4.1.2 근접장 빛 집중 현상(super-lens)

우리가 흔히 사용하는 광학 렌즈는 원통형 구조 내에 렌즈가 장착되어 빛을 모으는 기능을 활용하고 있다. 따라서 렌즈의 크기도 수cm 이상이며, 빛을 수백 나노미터 이하의 크기로 집속하는 것도 불가능하다. 그러나 플라즈몬 나노구조를 이용하는 경우, 초소형 박막의 형태로 렌즈(super-lens)의 제작이 가능하다. 2차원의 얇은 금속 박막에 빛의 파장보다 작은 구멍으로 구성된 동심원 구조(격자)를 만들고, 이를 통해 빛을 입사시키는 경우 빛이 퍼지지 않고 매우 작은 각도를 유지하면서 진행된다. 그 이유는 주기적인 동심원 골이 표면 플라즈몬을 만들어 회절 현상을 억제하며, 통과하는 빛의 파속이 느려지기 때문에 통과 후 특정 위치에 빛이 모이는 결과가 얻어지기 때문이다.[41] 표면 플라즈몬과 격자구조가 결합되어 나타나는 이러한 현상은 전자기파의 표면 공명에 관한 이론으로 증명되었으며,[42] 빛의 파장보다 작은 영역에 빛을 집속시키는 플라즈모닉 나노렌즈에 관한 연구로 발전하게 되었다. 주로 top-down 방식의 리소그래피 기술을 통해 정교한 나노구조를 제작하여 연구가 진행되고 있으며, 초소형 렌즈로 활용 가능성을 인정받고 있다. 현재 연구되고 있는 플라즈모닉 렌즈는 크게 동심원 형태의 나노 링(nano ring)으로 이루어진 Fresnel 판(plate)형의 렌즈와 1차원적인 슬릿 배열로 이루어진 슬릿형 렌즈로 나뉘고 있다(그림 3.28).

3.4.1.3 표면증강 Raman 산란(Surface-enhanced raman scattering)

Raman 분광학은 1928년 인도의 Raman이 최초 보고한 빛의 비탄성 산란현상이다. 물질에 입사된 빛의 일부가 입사된 빛보다 에너지를 더 얻는 산란과 에너지를 잃는 산란현상이 나타나며, 분석대상 분자의 진동 모드에 따라 고유한 Raman 편이(shift)가 일어나기 때문에 분광분석 방법에 활용이 가능하다(그림 3.29). 분석대상 분자의 분극률(polarizability)의 차이에 따라 Raman 산란의 세기가 결정된다. 분자의 종류에 따른 고유한 Raman 스펙트럼을 활용하여 물질의 종류뿐만 아니라 원자배열, 격자 구조들의 분석에 활용 가능하다. 특히 최근 들어 2차원 물질들의 층상구조, 원자구조의 변화 등을 관찰하는 데 유용하다. 그러나 Raman 산란은 신호의 세기가 매우 약하기 때문에 미량으로 존재하는 분석 대상물의 분석은 어려우며, 특히 용액 중에 존재하는 경우 수 mM 수준 이상의 고농도에서만 관찰되기 때

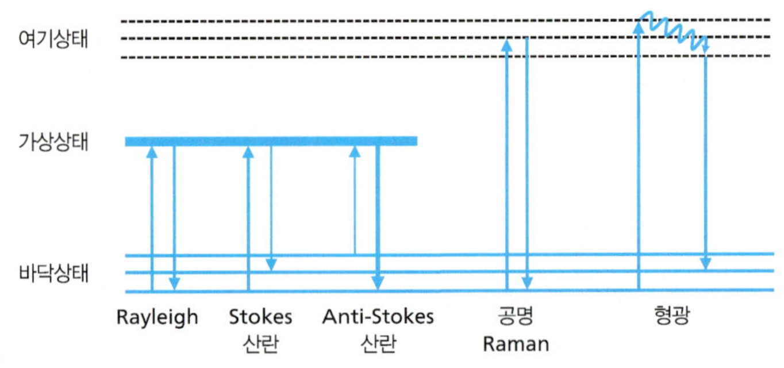

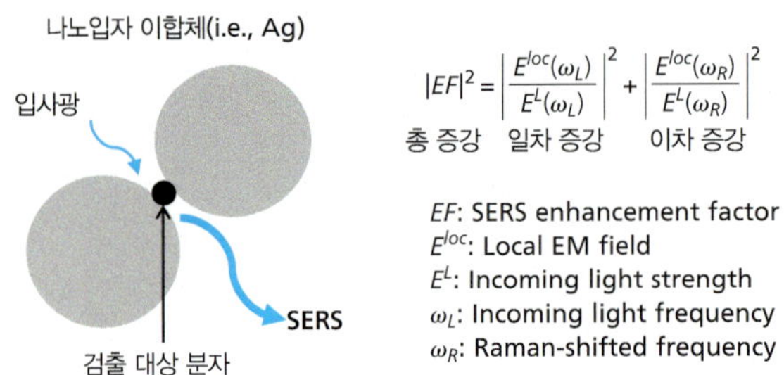

그림 3.29 ▶ 표면증강 Raman 현상 및 형광 신호와의 차이점.

문에 극미량의 물질을 분석하는 응용에 적용하는 것은 어려운 한계가 있었다.

1977년에 Jeanmaire 등에 의해서 거친 은 나노구조 표면에서 Raman 신호 증폭 현상(enhancement factor: 10^6)이 보고된 바 있다(그림 3.29).[44] 이를 표면증강 Raman 산란(surface-enhanced raman scattering, SERS)이라고 칭하며, 플라즈몬 나노구조가 핵심적인 역할을 하고 있음이 밝혀진 바 있다. 표면증강 Raman 산란 현상은 입사된 빛에너지에 의한 SPR 공명 현상으로 나노입자 표면의 특정 위치에 집중되어 형성된 전자기장 신호의 증폭에 의한 효과(enhanced EM field)와 전하이동(charge transfer)에 의한 분자의 진동모드의 증강효과에 의한 기여로 인한 것으로 이해되고 있다. 형광신호는 넓은 파장 영역에서의 빛 방출 신호를 나타내지만, Raman 신호의 경우 Raman 활성 분자들만의 고유한 스펙트럼 형태로 얻어진다. 따라서 적외선 분광법(infrared spectroscopy)에서와 같이 분자들의 고유한 스펙트럼을 확인할 수 있는 방법이다.[45]

1997년에는 은 나노입자들이 응집된 구조에서 단일 분자의 Raman 신호도 검출이 가능함이 증명된 바 있으며, 이것을 단분자(single molecule) SERS, 즉 SM-SERS라고 부른다.[46] 이후 거듭된 연구에 따르면 두 개의 나노입자들 사이에 Raman 활성분자가 1 nm 미만의 갭에 위치하는 경우에 SM-SERS가 가능한 원천임이 밝혀진 바 있다.[47] 단분자 Raman 분광이 가능한 이유는 나노갭에 입사된 빛이 모두 모이고, 보강효과에 의해서 전자기장의 세기가 수백~수천 배 증폭이 되기 때문이다.[48] 특히 전자기상의 증폭은 입사광의 증폭과 Raman 산란광의 증폭의 두가지 EM 증폭 메카니즘으로 이해되고 있다(그림 3.29). 그러나 0.5 nm 미만의 나노갭이 형성되는 경우에는 양자터널링 현상(electron spillover)에 따라서 Raman 신호의 증폭이 더 이상 높아지지 않는 현상이 나타난다.[49]

따라서 SERS 현상을 기반으로 관심있는 분자를 검출하는 데 활용하기 위해서는 플라즈몬 나노구조를 수 나노미터 단위로 조절된 구조의 활용이 필수적이다. Top-down 방식으로 제작한 기판을 활용하는 방법과 bottom-up 방식으로 제작한 나노입자를 이용하여 Raman 신호를 증폭하는 다양한 시도가 매우 활발하게 1997년 이후로 진행되고 있으며, 나노구조의 제작 방법 및 응용법에 관한 연구가 진행되어 상당히 많은 수의 논문들이 발표되고 있는 분야이다.[45,50]

3.4.2 의공학 분야

3.4.2.1 체외진단(Diagnosis)

플라즈모닉 나노입자의 광학적 성질을 활용하는 경우 바이오 분야에서 매우 중요한 한 분야인 질병 진단에 활용도가 높다. 특정 질병과 밀접한 관련이 있어, 해당 질환의 진단에 사용되는 지표 생체 분자를 바이오마커(bio-marker)라고 부르는데, 생체 내에 존재하는 저분자 물질들, 이온들, DNA, RNA 등 핵산(nucleic acid)과 다양한 종류의 단백질(protein) 등이 중요한 바이오마커들이며, 낮은 농도로 존재하는 이들 바이오마커의 정확하고, 고민감도로 검출하는 방법이 매우 중요하다. 금 나노입자 용액의 입자 간 거리에 따른 광학적 성질의 변화를 이용하여 표적 DNA를 육안으로 검출하는 방식이 1996년에 보고된 바 있다.[51,52] 기존의 중합효소증폭(PCR), 전기영동(electrophoresis), 형광등의 방법을 동원하여 표적 DNA의 존재를 확인하는 방식에서 육안으로 표적 DNA의 존재를 확인하는 방법으로 활용 가능하다. 다만 육안으로 용액 색깔을 변화를 확인하는 방법이기 때문에 확인 가능한 색 변화가 나타나기 위해서는 표적 DNA의 농도가 최소 nM 이상은 되어야 한다. 체외진단 등 진단법의 개발에서 중요한 성능지표 중 하나인 검출한계(limit of detection, LOD) 성능은 광학적인 기기를 함께 사용함으로써 더욱 개선할 수 있다. 금 나노입자의 강한 빛 산란 특성, 우수한 전기전도성을 활용하는 방법들이 보고된 바 있다. 그림 3.30a에 표시된 바와 같이, 육안으로 관찰하는 경우 nM의 검출한계를 나타내는데, 백색광 산란(3.30b) 등의 광학기기를 사용하는 방법의 경우, 검출한계가 fM까지 개선이 가능하다. 2000년에는 유리기판에 표적 DNA와 상보적인 결합을 하는 포획 탐침(capture probe) DNA로 표면을 개질하여, 표적 DNA와 금 나노입자 탐침을 결합시키고, 이후에 금 나노입자 표면에 은 껍질(silver staining)을 만드는 반응을 진행시켜서 육안으로도 관찰이 가능한 회색으로 염색하는 방법이 제

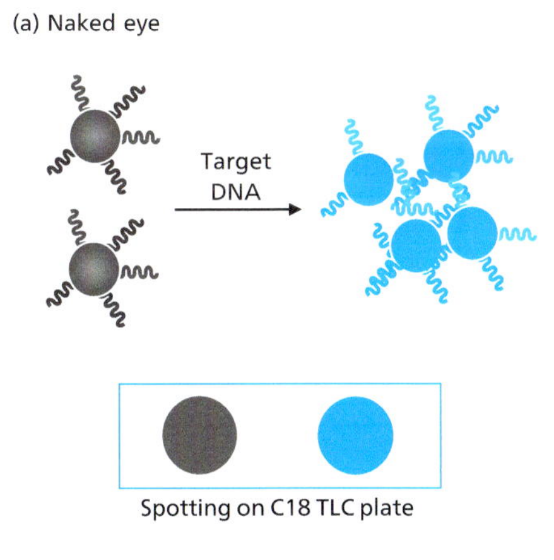

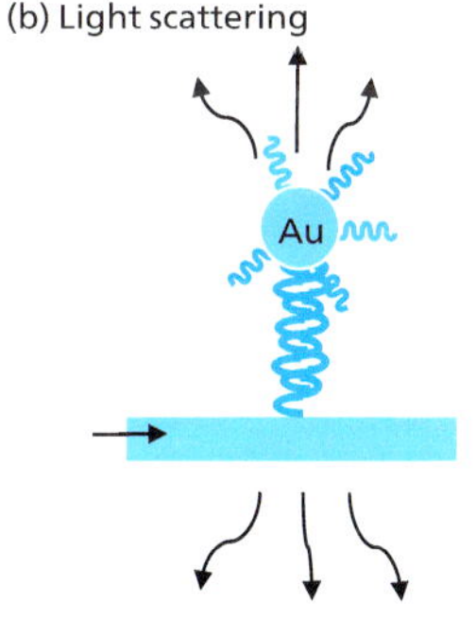

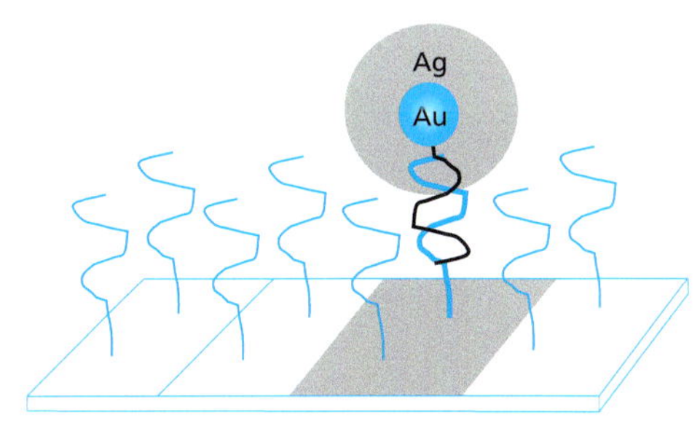

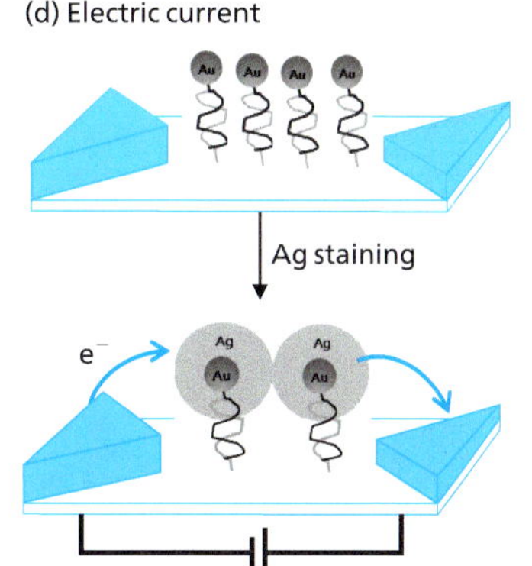

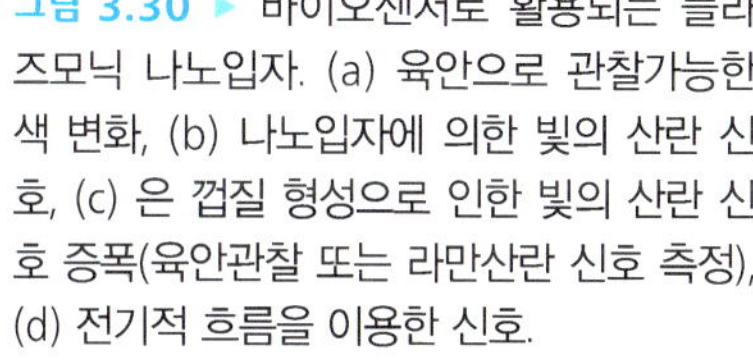
그림 3.30 ▶ 바이오센서로 활용되는 플라즈모닉 나노입자. (a) 육안으로 관찰가능한 색 변화, (b) 나노입자에 의한 빛의 산란 신호, (c) 은 껍질 형성으로 인한 빛의 산란 신호 증폭(육안관찰 또는 라만산란 신호 측정), (d) 전기적 흐름을 이용한 신호.

시된 바 있다(그림 3.30c).[53] 이를, 앞서 설명한 Raman 분광법과 함께 적용하는 경우 한번의 실험으로 6~8가지의 다중 타겟의 존재 여부를 확인할 수 있는 검출 방법으로도 확장이 가능하다.[54]

플라즈모닉 나노입자는 광학적 성질뿐만이 아니라, 전기전도성이 매우 우수하기 때문에, 나노입자의 존재에 의한 전류의 흐름을 이용하는 바이오센서로의 응용도 가능하다.[55] 그림 3.30d에 표시된 것처럼 전극 사이에 특정 표적과 결합 가능한 DNA가 존재시키고, 표적 DNA가 존재하는 경우에만 금 나노입자가 결합하도록 설계가 가능하다. 전극사이에 나노입자가 존재하고, 추가로 은 껍질 형성을 형성하여 전류가 흐르게 되는 경우, 검지 물질이 흡착된 것으로 해석이 가능하다. 상기 열거된 바와 같이 플라즈모닉 나노입자의 광학적, 전기전도성 특성과 나노입자의 고유한 높은 표면적의 특성을 활용하여 다양한 형태의 체외진단 방법으로 활용되고 있다.

3.4.2.2 나노의학(Nanomedicine)

플라즈모닉 나노입자는 모양에 따라서 가시광선 영역과 근적외선 영역의 빛을 흡수한다. 특히 700~900 nm 영역의 빛은 인체에 의한 흡수가 최소화되는 파장 범위로서 자외선 등 단파장의 빛보다 인체에 대한 유해성이 낮고, 인체 깊은 부위까지 도달이 가능하기 때문에 빛을 이용한 다양한 질병 치료 응용이 가능하다(그림 3.31).[56] 이러한 점을 활용하여 나노기술을 질병의 진단과 치료에 응용하는 분야를 나노의학이라고 한다. 나노기술을 이용한 치료기술은 금속 나노입자를 활용하는 분야에 국한되지 않으며, 다양한 나노소재를 활용하는 경우를 모두 포함한다. 다만 플라즈모닉 나노입자를 사용하는 경우에는 이들 입자의 독특한 광학적 성질을 활용할 수 있는 장점이 있다. 빛을 이용한 약물전달 및 약물방출 조절, 광역학 치료 및 광열 치료 분야 등에 적용이 가능하다.

약물전달 및 광역학 치료

금 나노입자 표면에 결합된 항암제(anticancer drug) 또는 광증감제(photosensitizer)는 나노입자와 함께 표적 종양 부위에 축적되도록 할 수 있다. 나노입자가 축적된 종양 부위에 근적외선 빛을 조사하여 나노입자가 흡수한 빛이 열에너지로 전환되고, 발생한 열에너지에 의해

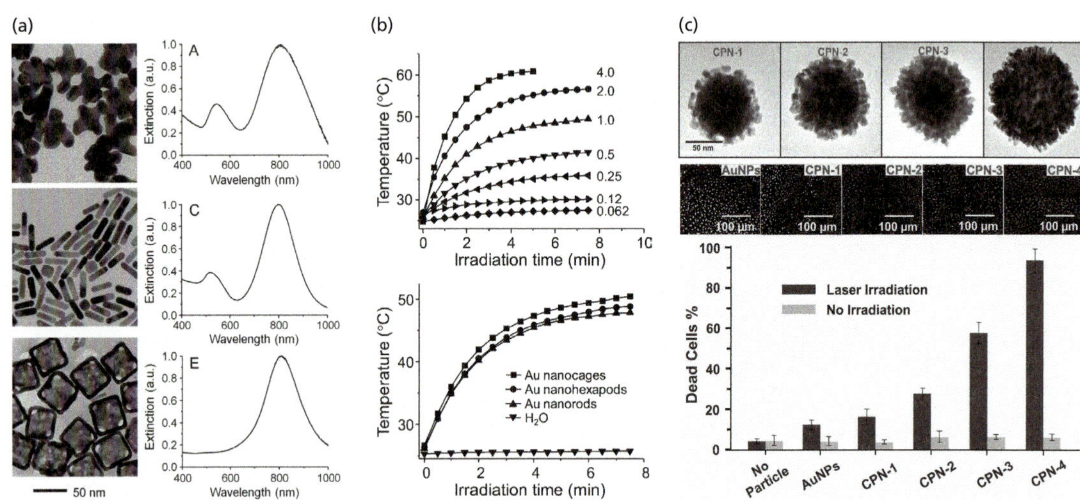

그림 3.31 ▸ (a, b, c) 광열 치료 효과를 위해 사용된 다양한 형태의 나노입자들의 예. Reproduced with permission from ACS publications.[57,58] Color Plate ⑦ 참조

분해되도록 설계된 결합체(linker) 분자에 연결된 항암제가 방출되도록 할 수 있다. 이는 나노입자를 이용한 약물전달의 한 예로 볼 수 있다. 또 다른 형태로의 응용은 앞서 설명한 항암제 대신 나노입자 표면에 광증감제를 결합시켜 외부에서 가해진 빛에너지에 의해 광증감제를 활성화시키도록 유도하고, 광증감제에서 활성산소종(reactive oxygen species, ROS)이 생성 및 방출을 하도록 할 수 있다. 활성산소종은 매우 독성이 높은 물질로서 주변의 세포를 사멸시키는 기능을 한다. 이를 기반으로 치료하는 방법을 광역학 치료(photodynamic therapy, PDT)하고 한다.

광열 치료

광열 치료의 원리는 간단하다. 나노입자에 흡수된 빛에너지는 3.2.4항에 설명되어 있는 메커니즘에 따라서 높은 열에너지로 전환된다. 높은 열에 의해 손상된 세포는 세포 사멸 기작이 작동되어 사멸된다. 특히 정상세포는 약간의 열적 손상을 받는 경우에도 회복기제를 작동시켜 세포사멸이 일어나지 않으나, 암세포는 정상세포보다 열적 손상에 대응하는 능력이 약하기 때문에, 광열 효과에 의한 선택적인 세포사멸 유도가 가능하다. 이러한 원리를 실제 인체 내부에 존재하는 종양을 치료하는 목적으로 사용하기 위해서는 인체 외부에서 가하는 빛이 나노입자에 효과적으로 도달해야 한다. 따라서 생체에 의한 빛의 흡수가 최소화되는 빛의 파장 영역(700~900 nm, NIR window I 영역)을 활용하는 것이 유리하다. 이를 위해서는 구형의 입자 모양이 아닌 비등방형 입자 구조를 가지는 형태를 사용하는 것이 바람직하다. 그림 3.31에 설명된 바와 같이 막대형, 핵-껍질(core-shell) 형태의 입자를 사용하는 경우 800 nm 부근에서 빛의 흡수가 높은 광학적 성질의 활용이 가능하다. 한 가지 중요하게 고려할 점은 나노입자의 흡광 스펙트럼에서 y축으로 나타내는 소멸(extinction)은 입사된 빛이 나노입자에 의한 흡수와 나노입자에 의한 산란에 의한 두 가지 기여에 의해 나타난 결과이다. 높은 광열 효과가 나타나기 위해서는 입사된 빛의 흡수가 강한 나노입자 구조 형태를 사용하는 것이 바람직하다. 이러한 관점에서는 막대형 금 나노입자를 사용하는 것이 바람직하다. 그 이유는 Mie 이론에 따른 계산에 의하면, 입자의 크기가 클수록 입사된 빛의 산란이 더욱 강하게 나타나며, 입자의 크기가 작은 경우 더욱 입사된 빛의 흡수가 유리하다.

바이오 이미징(Bioimaging)

플라즈몬 나노입자의 강한 빛 산란 특성과 광열 특성 등은 바이오이미징 영역에서 다양한 조영신호 증강 물질로 활용이 가능하다. 예를 들면 기존의 X-선 기반의 CT 조영제로는 원자번호 53번인 비금속 원소인 요오드(iodine)가 포함된 물질이 사용된다. X-선은 원자 내의 전자에 의하 흡수되므로, 흡수율은 원자번호에 비례한다. 요오드에 의한 부작용이 문제점으로 인식되고 있는 상황에서 금 나노입자 또한 강한 X-선 산란 특성이 있기 때문에 X-선 기반의 CT 조영제로도 활용이 가능하다. 앞서 설명한 높은 광열 효과는 또 다른 종류의 조영신호 증강제로도 활용이 가능하다. 예를 들면 광음향(photoacoustic, PA) 효과에 기반한 영상 신호는 기존 초음파 신호에 기반한 영상신호보다 더욱 해상도가 높다. 광음향 효과에 기반한 영상은 입사된 빛에너지에 의해 발생된 열에너지가 주변 매질의 열팽창을 유도하고, 열팽창에 의해 발생한 음향신호를 수집하여 영상으로 변환된다. 따라서 높은 광열 효과를 나타내는 물질은 높은 광음향 효과를 나타낸다. 광열 치료에 효과적인 나노구조 물질들은 광음향 효과에 기반한 우수한 조영제로도 활용 가능하다.

3.4.3 에너지 분야

3.4.3.1 태양전지(Solar cell)

태양전지는 흡수된 태양광을 광전효과에 기반하여 전하의 흐름을 만들어 내는 과정으로 오늘날 신재생에너지로 매우 큰 관심과 활발한 연구가 진행되고 있는 분야이다. 전통적인 실리콘(Si) 기반 태양 전지뿐만 아니라, III-V족 박막 태양전지(thin-flim solar cell), 염료감응형 유기 태양전지(dye-sensitized solar cell, DSSC), 유기물 태양전지(organic photovoltaics, OPV), 양자점 태양전지(quantum dot solar cell), 페로브스카이트 태양전지(perovskite solar cell)에 이르는 다양한 종류의 태양전지가 연구되고 있다.

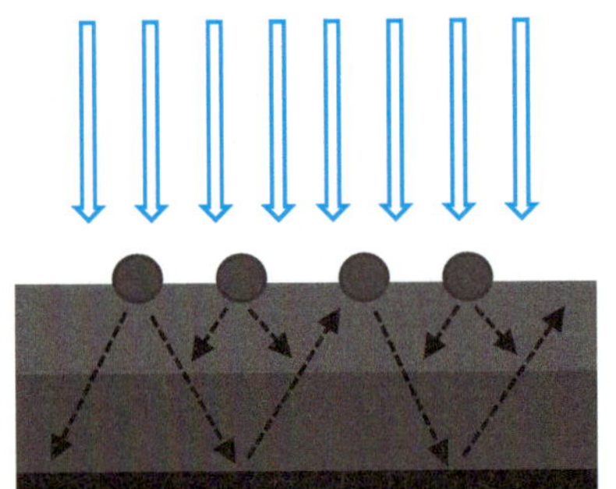

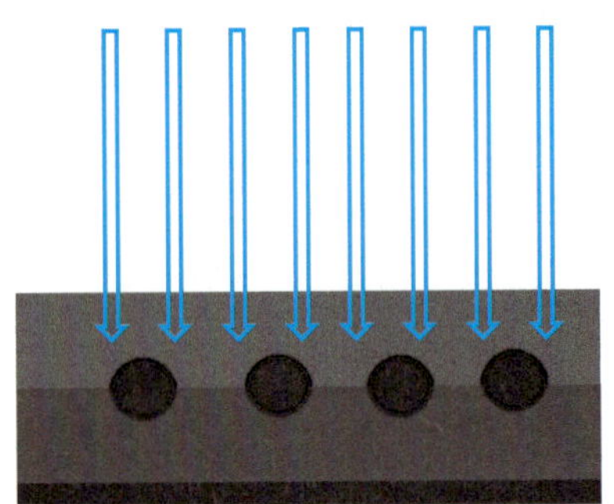

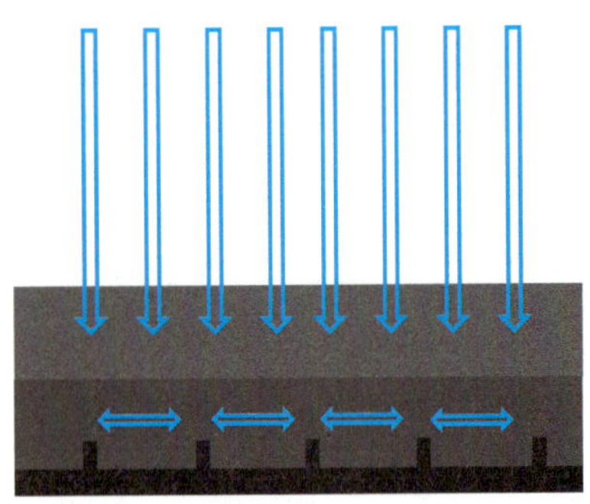

그림 3.32 ▸ 태양전지에 효율 개선을 위한 플라즈모닉 물질 구성 예.

태양전지에 있어서 가장 중요한 성능 지표는 광전환 변환효율(photo conversion efficiency)이다. 물론 내구성, 가격 경쟁력, 대량 생산성, 무게 등의 지표들도 중요하며, 서로 연관되어 있다. 광전환 변환효율(photo conversion efficiency) 외에도 외부양자효율(external quantum efficiency) 및 전류밀도-전압 곡선으로 광전환효율을 주로 나타내고 있는데, 외부양자효율은 태양전지에 입사된 광자 수 대비, 소자 내에서 생성되는 전하의 비율을 나타내는 데이터로 넓은 파장대의 빛 에너지를 흡수하는 경우 높은 외부양자효율을 나타낸다.

플라즈모닉 나노입자를 활용하는 경우, 크게 세 가지 원리로 외부양자효율을 높일 수 있는 원리가 있다.[59,60] 먼저 가시광선, 근적외선 영역의 빛흡수를 증가시키는 역할이다. 그림 3.32에 표시된 것처럼 소자 내에 빛을 산란시켜서 소자 내에서 이동 경로를 증가시켜 빛이 소자 내에서 더 오래 머무르게 하는 역할로 결국 소자가 더 많은 빛을 흡수하게 하는 역할을 한다. 두 번째로 플라즈모닉 나노입자의 SPR 효과로 인해 입자 표면에 국부적으로 빛이 집중되는 현상을 통해 SPR이 일어나는 파장대의 빛의 전자기장을 증가시켜 더욱 많은 전류의 발생이 가능하도록 도와준다. 세 번째는 플라즈몬 구조를 소자의 바닥에 형성시켜서 입사된 빛 에너지가 소자 계면에서 더 높은 효율로 흡수될 수 있도록 도와준다.

따라서 플라즈몬 나노입자 및 구조의 활용은 태양전지의 효율을 개선할 수 있는 방법으로 사용된다. 이때 나노입자의 크기, 모양의 선택, 표면 작용기의 조절, 입자들의 응집 방지, 나노입자 도입층(광활성층)의 위치 등이 중요하게 고려되어야 한다.

3.4.3.2 광촉매(Photocatalyst)

금(Au)은 화학적으로 안정한 대표적인 금속으로서, 활발한 반응성을 보여야 하는 촉매로 사용을 예상하기는 어려우나, 1970년, 1980년대 일산화탄소와 탄소 간의 산소 이동, 벤젠과 시클로헥산(cyclohexane) 간의 수소 이동,[61] 산소 동위원소들 간의 교환반응 등의 촉매 작용에 대한 보고 및 1987~1998년 사이에 보고된 금 나노입자와 금속 산화물 간의 복합구조에 의한 일산화탄소와 수소의 산화 반응, 산화질소의 환원 반응, 이산화탄소의 수소화반응 등에 우수한 촉매 특성이 있음이 보고된 이래, 촉매로서 주목을 받기 시작하였다.[62~64] 이러한 초기연구는 광반응이 아닌 열반응 기반의 촉매반응이며, 1 nm 미만의 작은 크기에서만 촉매활성이 나타나는 것으로 보고된다.[65,66] 1.0 nm 미만은 양자 구속 효과(quantum confinement effect)가 나타나는 영역으로 플라즈모닉 나노입자의 또 다른 고유한 특성인 SPR이 나타나지 않은 영역이다.

태양광을 이용한 촉매(광촉매)는 산업적으로 다양한 영역에서 활용되고 있다. 예를 들면 유기물 분해 및 오염물 정화 작용 등에 이미 활용되고 있으며, 궁극적으로 태양광을 활용한 물 분해 반응을 통해 수소와 산소를 발생하는 영역에 이르기까지 미래 신재생에너지 분야에 중요한 연구 주제이다. 1970년대 일본 연구그룹에 의해 제안된 이산화티타늄(TiO_2)은 현재 가장 널리 활용되고 있는 광촉매이며, 다양한 나노구조, 결정구조들을 활용하여 촉

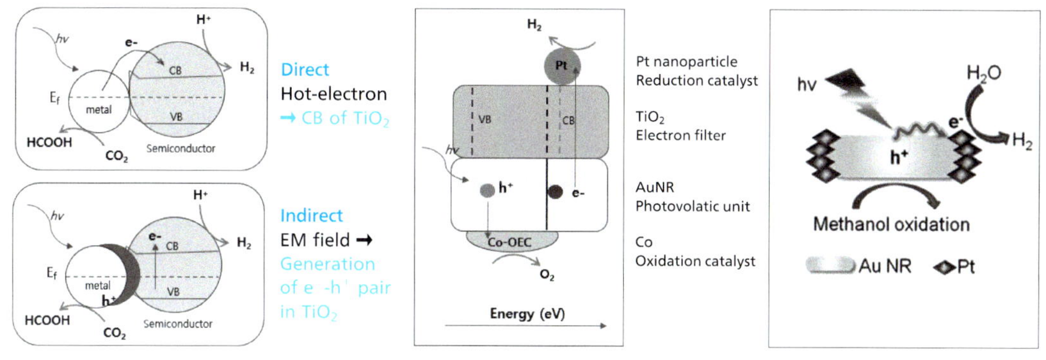

그림 3.33 ▸ 플라즈모닉 광촉매 메커니즘 및 적용 예.

매 효율을 개선하는 데 이용되고 있다. 이산화티타늄의 가장 큰 단점은 태양광 중에서 흡수 가능한 파장 영역이 UV 영역(200~400 nm)으로 제한된다는 점이다. 태양광의 상당 부분인 가시광선 영역의 빛을 활용하지 못하는 단점을 가지고 있다는 의미이다. 따라서 SPR 특성을 나타내는 플라즈모닉 나노입자를 활성촉매(active catalyst)와 함께 활용하는 경우, TiO_2가 흡수하지 못하는 파장대의 빛에너지를 추가로 촉매반응에 활용할 수 있게 된다.[67] 크게 두 가지 메커니즘(indirect photocatalyst, direct photocatalyst)으로 광촉매 분야에서 활용이 가능하다(그림 3.33). 간접(indirect) 기여 메커니즘은 플라즈몬 나노입자 표면에 높게 형성된 전자기장으로 인해 인접한 위치에 있는 활성 촉매의 전자-홀 생성을 촉진하는 과정이며, 활성 촉매의 전자와 홀의 재결합을 방지하는 시스템인지, 광촉매의 빛 흡수 및 이용률을 높이는 시스템인지 따른 분류가 가능하다.[60] 직접(direct) 기여 메커니즘은 플라즈몬 나노입자가 직접 빛 흡수 및 촉매작용을 수행하는 역할(direct photocatalyst)로 작용하는 경우이며, 입사된 빛에 의해 형성된 높은 에너지의 전자(hot electron)에 의한 직접적인 반응에의 참여가 대표적인 활용 형태들이다.[68,69]

플라즈모닉 나노입자의 태양광 흡수 특성은 상기 설명한 태양전지, 태양광 촉매 외에도 생성된 열에너지를 활용하는 방법도 가능하다. 앞서 3.2.4항에서 설명한 광열 효과(photothermal effect)와 동일한 원리로 입사된 빛에너지는 나노입자 또는 구조가 흡수하게 되고, 이 에너지는 몇 단계의 양자 전환과정을 거쳐 최종적으로 나노구조 표면에 열에너지 형태로 전환된다. 열에너지는 주변 매질에 전달되어 매질의 온도를 높이는 기능을 한다. 예를 들면 수용액에 분산된 금 나노입자는 태양광을 흡수하여 물의 온도를 높여 증기로 변화시키는 과정을 촉진시킨다. 화석 연료, 원자력을 사용하여 수증기를 발생시키고 이를 이용하여 터빈을 돌려 전기를 생산하는 방식에서 태양광을 이용하여 전기를 생산하는 방식에 적용 가능하다는 의미이다. 뿐만 아니라 생성된 증기를 다시 응축시켜 정수된 물을 얻는 방법, 생성된 고온의 증기를 이용하여 멸균하는 데 활용하는 등 다양한 형태의 응용이 가능하다. 특히 증기 멸균의 응용은 2013년 Halas에 의해 보고된 이후 후속 논문들도 보고되고 있다.[70~72]

상기 열거한 바와 같이 플라즈몬 금속 나노입자의 빛과의 상호작용 특성을 기반으로 다방면의 응용이 가능하기 때문에 매우 활발한 연구가 진행되어 왔다. 광학적 성질뿐만 아니라 자기적 성질 등에 관한 연구들을 통해 기존에 알려진 벌크 물질 상태로는 구현이 불가능한 새로운 응용법에 대한 연구가 지속될 것으로 예상된다.

참고 문헌

1. I. Freestone, N. Meeks, M. Sax, and C. Higgitt, The Lycurgus Cup — A Roman nanotechnology, *Gold Bulletin*, 2007, 40 (4), 270-277.
2. L. Liu and A. Corma, Metal Catalysts for Heterogeneous Catalysis: From Single Atoms to Nanoclusters and Nanoparticles, *Chem. Rev.*, 2018, 118 (10), 4981-5079.
3. S. Kim, J.-M. Kim, J.-E. Park, and J.-M. Nam, Nonnoble-Metal-Based Plasmonic Nanomaterials: Recent Advances and Future Perspectives, *Adv. Mater.*, 2018, 30 (42), 1704528.
4. M. Rycenga, C. M. Cobley, J. Zeng, W. Li, et al., Controlling the Synthesis and Assembly of Silver Nanostructures for Plasmonic Applications, *Chem. Rev.*, 2011, 111 (6), 3669-3712.
5. S. A. Maier, *Plasmonics: fundamentals and applications*, Springer, New York, 2007.
6. P. B. Johnson and R. W. Christy, Optical Constants of the Noble Metals, *Phys. Rev. B*, 1972, 6 (12), 4370-4379.
7. G. V. Hartland, Optical Studies of Dynamics in Noble Metal Nanostructures, *Chem. Rev.*, 2011, 111 (6), 3858-3887.
8. V. Giannini, A. I. Fernández-Domínguez, S. C. Heck, and S. A. Maier, Plasmonic Nanoantennas: Fundamentals and Their Use in Controlling the Radiative Properties of Nanoemitters, *Chem. Rev.*, 2011, 111 (6), 3888-3912.
9. J. Liu, H. He, D. Xiao, S. Yin, et al., Recent Advances of Plasmonic Nanoparticles and their Applications, *Materials*, 2018, 11 (10), 1833.
10. S. Thota and D. C. Crans, *Metal Nanoparticles Synthesis and Applications in Pharmaceutical Sciences*, 2018.
11. L. Cavigli, B. N. Khlebtsov, S. Centi, N. G. Khlebtsov, *et al.*, Photostability of Contrast Agents for Photoacoustics: The Case of Gold Nanorods, *Nanomaterials*, 2021, 11 (1), 116.
12. P. N. Njoki, I. I. S. Lim, D. Mott, H.-Y. Park, et al., Size Correlation of Optical and Spectroscopic Properties for Gold Nanoparticles, *J. Phys. Chem.* C, 2007, 111 (40), 14664-14669.
13. P. K. Jain, K. S. Lee, I. H. El-Sayed, and M. A. El-Sayed, Calculated Absorption and Scattering Properties of Gold Nanoparticles of Different Size, Shape, and Composition: Applications in Biological Imaging and Biomedicine, *J. Phys. Chem. B*, 2006, 110 (14), 7238-7248.
14. *Plasmonics: From Basics to Advanced Topics*, Springer Berlin Heidelberg, Berlin, Heidelberg, 2012.
15. V. Amendola, R. Pilot, M. Frasconi, O. M. Maragò, et al., Surface plasmon resonance in gold nanoparticles: a review, *J. Phys.: Condens. Matter*, 2017, 29 (20), 203002.
16. Z. Zhang, C. Zhang, H. Zheng, and H. Xu, Plasmon-Driven Catalysis on Molecules and Nanomaterials, *Acc. Chem. Res.*, 2019, 52 (9), 2506-2515.
17. D. Jaque, L. Martínez Maestro, B. del Rosal, P. Haro-Gonzalez, et al., Nanoparticles for photothermal therapies, *Nanoscale*, 2014, 6 (16), 9494-9530.
18. S. Yamamoto and I. Matsuda, Measurement of the Resonant Magneto-Optical Kerr Effect Using a Free Electron Laser, *Appl. Sci.*, 2017, 7 (7), 662.
19. N. Maccaferri, I. Zubritskaya, I. Razdolski, I.-A. Chioar, et al., Nanoscale magnetophotonics, *J. Appl. Phys.*, 2020, 127 (8), 080903.
20. J. Turkevich, P. C. Stevenson, and J. Hillier, A study of the nucleation and growth processes in the synthesis of colloidal gold, *Discuss. Faraday Soc.*, 1951, 11 (0), 55-75.
21. G. Frens, Controlled Nucleation for the Regulation of the Particle Size in Monodisperse Gold Suspensions, *Nat. Phys. Sci.*, 1973, 241 (105), 20-22.
22. R. Jin, Y. Cao, C. A. Mirkin, K. L. Kelly, *et al.*, Photoinduced Conversion of Silver Nanospheres to Nanoprisms, *Science*, 2001, 294 (5548), 1901.
23. K. Okitsu, M. Ashokkumar, and F. Grieser, Sonochemical Synthesis of Gold Nanoparticles: Effects of Ultrasound Frequency, *J. Phys. Chem. B*, 2005, 109 (44), 20673-20675.
24. K. M. Koczkur, S. Mourdikoudis, L. Polavarapu, and S. E. Skrabalak, Polyvinylpyrrolidone (PVP) in nanoparticle synthesis, *Dalton Trans.*, 2015, 44 (41), 17883-17905.
25. M.-P. Pileni, The role of soft colloidal templates in controlling the size and shape of inorganic nanocrystals, *Nat. Mater.*, 2003, 2 (3), 145-150.
26. S. J. Tan, M. J. Campolongo, D. Luo, and W. Cheng, Building plasmonic nanostructures with DNA, *Nat. Nanotechnol.*, 2011, 6 (5), 268-276.
27. T. Paik, T. R. Gordon, A. M. Prantner, H. Yun, *et al.*, Designing Tripodal and Triangular Gadolinium Oxide Nanoplates and Self-Assembled Nanofibrils as Potential Multimodal Bioimaging Probes, *ACS Nano*, 2013, 7 (3), 2850-2859.
28. S. Deka, K. Miszta, D. Dorfs, A. Genovese, *et al.*, Octapod-Shaped Colloidal Nanocrystals of Cadmium Chalcogenides via "One-Pot" Cation Exchange and Seeded Growth, *Nano Lett.*, 2010, 10 (9), 3770-3776.
29. H. Wang, H. Chen, B. Ni, K. Wang, et al., Mesoporous ZrO_2 Nanoframes for Biomass Upgrading, *ACS Appl. Mater. Interfaces*, 2017, 9 (32), 26897-26906.
30. H. Kwon, M. K. Kabiraz, J. Park, A. Oh, *et al.*, Dendrite-Embedded Platinum–Nickel Multiframes as Highly Active and Durable Electrocatalyst toward the Oxygen Reduction Reaction, *Nano Lett.*, 2018, 18 (5), 2930-2936.

31. H. Portalès, N. Goubet, L. Saviot, P. Yang, et al., Crystallinity Dependence of the Plasmon Resonant Raman Scattering by Anisotropic Gold Nanocrystals, *ACS Nano*, 2010, 4 (6), 3489-3497.

32. F. Sciortino, O. Cretu, V. Karanikolas, F. Grasset, et al., Surface Plasmon Tunability of Core-Shell Au@Mo_6 Nanoparticles by Shell Thickness Modification, *J. Phys. Chem. Lett.*, 2022, 13 (9), 2150-2157.

33. H. Ditlbacher, A. Hohenau, D. Wagner, U. Kreibig, *et al.*, Silver Nanowires as Surface Plasmon Resonators, *Phys. Rev. Lett.*, 2005, 95 (25), 257403.

34. S. E. Skrabalak, L. Au, X. Li, and Y. Xia, Facile synthesis of Ag nanocubes and Au nanocages, *Nat. Protoc.*, 2007, 2 (9), 2182-2190.

35. S. Kadkhodazadeh, J. R. de Lasson, M. Beleggia, H. Kneipp, *et al.*, Scaling of the Surface Plasmon Resonance in Gold and Silver Dimers Probed by EELS, *J. Phys. Chem. C*, 2014, 118 (10), 5478-5485.

36. R. J. Macfarlane, B. Lee, M. R. Jones, N. Harris, *et al.*, Nanoparticle Superlattice Engineering with DNA, *Science*, 2011, 334 (6053), 204-208.

37. C. H. Lalander, Y. Zheng, S. Dhuey, S. Cabrini, *et al.*, DNA-Directed Self-Assembly of Gold Nanoparticles onto Nanopatterned Surfaces: Controlled Placement of Individual Nanoparticles into Regular Arrays, *ACS Nano*, 2010, 4 (10), 6153-6161.

38. J. Lequieu, A. Córdoba, D. Hinckley, and J. J. de Pablo, Mechanical Response of DNA–Nanoparticle Crystals to Controlled Deformation, *ACS Cent. Sci.*, 2016, 2 (9), 614-620.

39. H. D. Hill, R. J. Macfarlane, A. J. Senesi, B. Lee, *et al.*, Controlling the Lattice Parameters of Gold Nanoparticle FCC Crystals with Duplex DNA Linkers, *Nano Lett.*, 2008, 8 (8), 2341-2344.

40. F. B. Kamal Eddin and Y. W. Fen, The Principle of Nanomaterials Based Surface Plasmon Resonance Biosensors and Its Potential for Dopamine Detection, *Molecules*, 2020, 25 (12).

41. H. J. Lezec, A. Degiron, E. Devaux, R. A. Linke, *et al.*, Beaming Light from a Subwavelength Aperture, *Science*, 2002, 297 (5582), 820.

42. L. Martín-Moreno, F. J. García-Vidal, H. J. Lezec, A. Degiron, *et al.*, Theory of Highly Directional Emission from a Single Subwavelength Aperture Surrounded by Surface Corrugations, *Phys. Rev. Lett.*, 2003, 90 (16), 167401.

43. A. Harrer, B. Schwarz, R. Gansch, P. Reininger, *et al.*, Plasmonic lens enhanced mid-infrared quantum cascade detector, *Appl. Phys. Lett.*, 2014, 105 (17), 171112.

44. D. L. Jeanmaire and R. P. Van Duyne, Surface raman spectroelectrochemistry: Part I. Heterocyclic, aromatic, and aliphatic amines adsorbed on the anodized silver electrode, *J. Electroanal. Chem.*, 1977, 84 (1), 1-20.

45. J. Langer, D. Jimenez de Aberasturi, J. Aizpurua, R. A. Alvarez-Puebla, *et al.*, Present and Future of Surface-Enhanced Raman Scattering, *ACS Nano*, 2020, 14 (1), 28-117.

46. S. Nie and S. R. Emory, Probing Single Molecules and Single Nanoparticles by Surface-Enhanced Raman Scattering, *Science*, 1997, 275 (5303), 1102.

47. W. E. Doering and S. Nie, Single-Molecule and Single-Nanoparticle SERS: Examining the Roles of Surface Active Sites and Chemical Enhancement, *J. Phys. Chem. B*, 2002, 106 (2), 311-317.

48. A. B. Zrimsek, A.-I. Henry, and R. P. Van Duyne, Single Molecule Surface-Enhanced Raman Spectroscopy without Nanogaps, *J. Phys. Chem. Lett.*, 2013, 4 (19), 3206-3210.

49. W. Zhu and K. B. Crozier, Quantum mechanical limit to plasmonic enhancement as observed by surface-enhanced Raman scattering, *Nat. Commun.*, 2014, 5 (1), 5228.

50. J.-M. Nam, J.-W. Oh, H. Lee, and Y. D. Suh, Plasmonic Nanogap-Enhanced Raman Scattering with Nanoparticles, *Acc. Chem. Res.*, 2016, 49 (12), 2746-2755.

51. C. A. Mirkin, R. L. Letsinger, R. C. Mucic, and J. J. Storhoff, A DNA-based method for rationally assembling nanoparticles into macroscopic materials, *Nature*, 1996, 382 (6592), 607-609.

52. R. Elghanian, J. J. Storhoff, R. C. Mucic, R. L. Letsinger, *et al.*, Selective Colorimetric Detection of Polynucleotides Based on the Distance-Dependent Optical Properties of Gold Nanoparticles, *Science*, 1997, 277 (5329), 1078.

53. T. A. Taton, C. A. Mirkin, and R. L. Letsinger, Scanometric DNA Array Detection with Nanoparticle Probes, *Science*, 2000, 289 (5485), 1757.

54. Y. C. Cao, R. Jin, and C. A. Mirkin, Nanoparticles with Raman Spectroscopic Fingerprints for DNA and RNA Detection, *Science*, 2002, 297 (5586), 1536.

55. S.-J. Park, T. A. Taton, and C. A. Mirkin, Array-Based Electrical Detection of DNA with Nanoparticle Probes, *Science*, 2002, 295 (5559), 1503.

56. A. M. Smith, M. C. Mancini, and S. Nie, Second window for in vivo imaging, *Nat. Nanotechnol.*, 2009, 4 (11), 710-711.

57. Y. Wang, K. C. L. Black, H. Luehmann, W. Li, *et al.*, Comparison Study of Gold Nanohexapods, Nanorods, and Nanocages for Photothermal Cancer Treatment, *ACS Nano*, 2013, 7 (3), 2068-2077.

58. A. Kumar, S. Kumar, W.-K. Rhim, G.-H. Kim, *et al.*, Oxidative Nanopeeling Chemistry-Based Synthesis and Photodynamic and Photothermal Therapeutic Applications of Plasmonic Core-Petal Nanostructures, *J. Am. Chem. Soc.*, 2014, 136 (46), 16317-16325.

59. H. A. Atwater and A. Polman, Plasmonics for improved photovoltaic devices, *Nat. Mater.*, 2010, 9 (3), 205-213.

60. R. Siavash Moakhar, S. Gholipour, S. Masudy-Panah, A. Seza, *et al.*, Recent Advances in Plasmonic Perovskite Solar Cells, *Adv. Sci.*, 2020, 7 (13), 1902448.

61. D. Y. Cha and G. Parravano, Surface reactivity of supported gold: I. Oxygen transfer between CO and CO_2, *J. Catal.*, 1970, 18 (2), 200-211.

62. J. Schwank, S. Galvagno, and G. Parravano, Isotopic oxygen exchange on supported Ru and Au catalysts, *J. Catal.*, 1980, 63 (2), 415-424.

63. H. Masatake, K. Tetsuhiko, S. Hiroshi, and Y. Nobumasa, Novel Gold Catalysts for the Oxidation of Carbon Monoxide at a Temperature far Below 0°C, *Chem. Lett.*, 1987, 16 (2), 405-408.

64. H. Sakurai and M. Haruta, Synergism in methanol synthesis from carbon dioxide over gold catalysts supported on metal oxides, *Catal. Today*, 1996, 29 (1), 361-365.

65. M. Haruta, Size- and support-dependency in the catalysis of gold, *Catal. Today*, 1997, 36 (1), 153-166.

66. D. A. H. Cunningham, W. Vogel, H. Kageyama, S. Tsubota, et al., The Relationship between the Structure and Activity of Nanometer Size Gold When Supported on $Mg(OH)_2$, *J. Catal.*, 1998, 177 (1), 1-10.

67. C. H. Fosli, A. Thøgersen, S. Karazhanov, and E. S. Marstein, Plasmonics for Light Trapping in Silicon Solar Cells, *Energy Procedia*, 2011, 10, 287-291.

68. C. Clavero, Plasmon-induced hot-electron generation at nanoparticle/metal-oxide interfaces for photovoltaic and photocatalytic devices, *Nat. Photonics*, 2014, 8 (2), 95-103.

69. Z. Zheng, T. Tachikawa, and T. Majima, Single-particle study of Pt-modified Au nanorods for plasmon-enhanced hydrogen generation in visible to near-infrared region, *J. Am. Chem. Soc.*, 2014, 136 (19), 6870-6873.

70. O. Neumann, A. S. Urban, J. Day, S. Lal, *et al.*, Solar Vapor Generation Enabled by Nanoparticles, *ACS Nano*, 2013, 7 (1), 42-49.

71. Z. Fang, Y.-R. Zhen, O. Neumann, A. Polman, *et al.*, Evolution of Light-Induced Vapor Generation at a Liquid-Immersed Metallic Nanoparticle, *Nano Lett.*, 2013, 13 (4), 1736-1742.

72. Y. Xu, J. Li, R. Liu, and X. Zhu, Gold Nanoparticle-Based Nanoengines for Light-Induced Plasmonic Bubble Generation, *ACS Appl. Nano Mater.*, 2021, 4 (1), 18-23.

연습 문제

1. 금속 나노입자의 광학적 특성에 대해 언급하고 금속 나노입자 중에서 값비싼 귀금속 나노입자에 관한 연구가 활발히 진행되는 이유에 대해 서술하라.

2. 플라즈몬의 특성에 대하여 벌크 플라즈몬, 표면 플라즈몬, 국소 표면 플라즈몬 각각에 대해 비교하며 설명하라.

3. Drude 모델을 사용하여 빛의 파장에 따라 변하는 금속의 유전함수 식을 유도할 때 실험값과의 차이를 보이는 이유를 설명하고, 이를 해결하는 방법을 제시하라.

4. 금속 나노입자가 흡수 및 산란되는 현상에 대해 설명하며 나노입자의 크기, 모양과의 연관성을 서술하라.

5. 플라즈모닉 나노입자의 플라즈몬이 여기된 이후 소멸되기까지의 다양한 경로를 설명하고 광열 효과 메커니즘에 대하여 제시하라.

6. 자기플라즈모닉 효과에 대해 서술하며 응용 방안에 대해 예를 들어 설명하라.

7. 나노입자 또는 나노구조를 제작하는 2가지 대표적인 방법으로 top-down method와 bottom-up method가 있다. 각 방법의 원리, 장점과 단점, 활용 범위들을 예를 들어 설명하라.

8. Bottom-up 방법으로 나노입자를 합성할 때 합성된 나노입자의 크기 분포와 모양 조절 등 매우 중요한 합성의 목표이다. 크기 분포, 모양 조절이 가능한 두 가지 대표적인 접근 방법으로 thermodynamic approach와 kinetic apporoach가 있다. 두 가지 접근 방법에 대하여 예를 들어 설명하라.

9. 금 나노입자의 대표적인 광학적인 특성인 SPR (surface plasmon resonance)에 관하여 설명하라.

10. 금 나노입자는 단일 입자 상태와 단일 나노입자 2개가 모여서 이합체로 존재할 때의 광학적 성질이 다르다. 40 nm 구형의 단일 입자를 예를 들어, 단일 입자, 이합체가 될 때 나타나는 광학적 성질의 변화에 대해 설명하라.

11. 플라즈모닉 나노입자 표면에서의 물질의 유전율이 변하는 경우, 플라즈모닉 나노입자의 광학적 성질이 변한다. 이러한 성질을 이용하여 관심 분자 간의 상호작용을 실기간으로 관찰하는 방법으로 응용하는 예가 있다. 그 원리에 대하여 설명하라.

12. TiO_2는 잘 알려진 광촉매 물질이다. 단점에 대해 설명하고, 단점을 극복할 수 있는 방안에 대하여 설명하라.

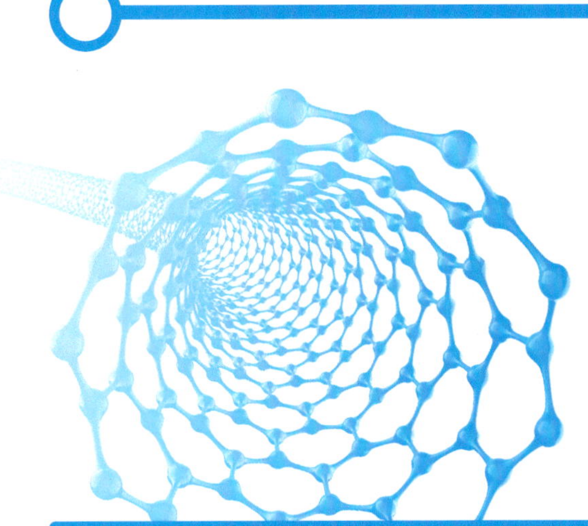

제4장 반도체 나노입자

Semiconductor Nanoparticles

김지혜 · 정광섭

4.1 반도체 나노입자 개요(Introduction of semiconductor nanoparticles)

반도체는 전자기기, 광학기기, 통신 기기, 촉매 등 매우 광범위하게 사용되는 물질이다. 일반적으로 박막 형태의 무기물 소재가 반도체 물질로 여겨지지만, 최근에는 유기물에 이르기까지 반도체는 그 종류도 크기도 더욱 다양하며 각각 제조 방법도 매우 큰 차이가 있다. 따라서 반도체는 이제 하나의 분야에서만 다루는 대상이 아니라 매우 다양한 분야에서 다각적으로 접근하는 대상이며 정보의 발전과 다양한 전자 기기의 발전과 함께 그 수요는 계속해서 증가하고 있다.

반도체를 한정된 공간 안에 집적하는 기술은 24개월마다 두 배씩 성장한다는 Moore의 법칙과 같이 관련 기술은 매우 빠르게 발전하고 있다. 최근에는 소자 사이의 거리가 나노미터 단위로 작아짐에 따라서 가까운 거리의 소자 간 전기적인 신호 간섭 현상이 발생하기도 하기 때문에 간섭 현상을 막기 위한 연구도 진행되고 있다. 또한 평면에서 집적하는 기술뿐만 아니라 2차원에서 3차원으로까지 그 구조가 다양하게 변하며 더욱 발전하고 있는 반도체의 제조 방법은 기존의 에피성장(epitaxial growth) 등의 방법이 아닌 용액상에서 화학적인 방법으로도 제조가 가능하다. 이 장에서는 그 중에서 화학적인 습식 방법을 통해 얻은 반도체 나노결정인 양자점에 대하여 소개하고자 한다.

양자(qauntum), 양자화(quantized), 양자점(quantum dot)

'양자(quantum)'의 물리학적 정의는 에너지 교환 시 흡수되거나 방출되는 연속되지 않는 정수배로 나타낼수 있는 고정된 양의 최소한의 양을 의미한다. 이러한 '양자(quantum)'란 단어는 이제는 '양자역학(quantum mechanics)'이라는 학문의 영역을 넘어서 대중들의 생활 영역에서도 쉽게 접할 수 있게 되었다. 벌크(bulk) 물질로 이루어진 반도체는 연속적인 밴드(사실은 매우 촘촘해서 연속적으로 보이는)를 가지는 반면, 원자와 분자, 그리고 양자점 크기의 물질은 여러 개의 오비탈들이 밸런스밴드(valence band), 컨덕션밴드(conduction band)에서 불연속적으로 에너지 준위를 형성하고 이를 '양자화(quantized)'되어 있다고 한다. 이처럼 에너지의 양자화는 크기가 작은 물질의 특징이 된다. 대표적인 예가 바로 '양자점(quantum dot)'이다. 양자점은 수 나노미터(보통 2~8 nm) 크기의 셀 수 있는 원자(수백~수천 개 수준)로 이루어진 반도체 나노결정을 말하며 편하게 'QD'로 줄여서도 부른다. 러시

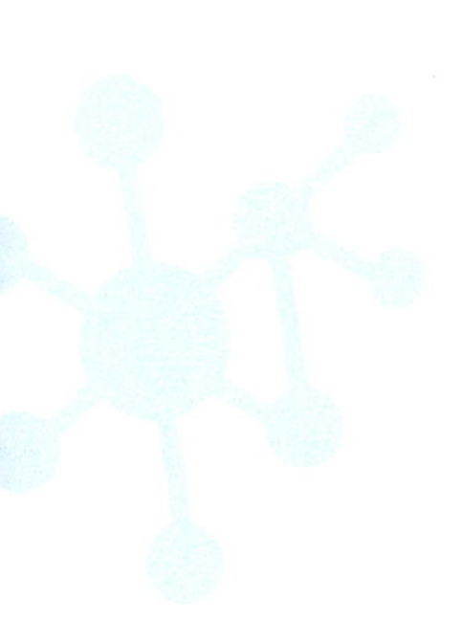

표 4.1 ▶ 벌크 PbS와 양자점 PbS parameter 비교

Parameter	Bulk PbS	QD PbS
Band gap, eV	0.41	1.2
Conduction band edge, eV	4.6	3.9
Valence band edge, eV	5.01	5.1
Electron affinity, eV	4.6	3.9

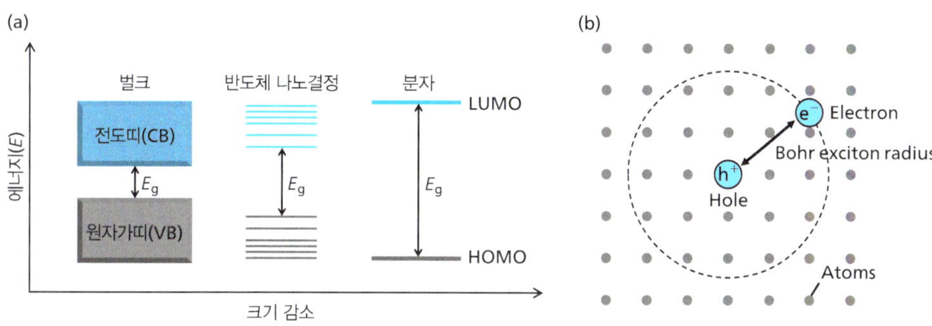

그림 4.1 ▶ (a) 벌크 반도체, 나노결정 반도체, 분자의 주된 전자 전이. (b) 엑시톤 Bohr 반지름의 모식도.

아의 물리학자 Ekimov가 최초로 발견하였고, Reed 교수가 'quantum dot'이라고 명명한 것으로 알려져 있다.[1,2] 이 양자점은 현재는 디스플레이 응용 분야에서 가장 많이 활용되고 있으며, 주기율표 상에서 II-VI, III-V족에 속하는 원자들끼리 결합된 CdSe, CdS, InP 등이 대표적이다. 표 4.1에 벌크 PbS와 다양한 크기의 PbS 양자점 중 한 예에 해당하는 PbS 양자점의 몇 가지 물성을 비교하였다.

반도체 나노결정은 수 나노미터에서 수십 나노미터의 크기를 갖는 매우 작은 반도체 입자이다. 이러한 반도체 나노결정은 크기가 큰 벌크 반도체와는 그 특성에서 매우 큰 차이를 보인다.[3,4] 그림 4.1a와 같이 벌크 반도체는 결정을 구성하고 있는 다수의 원자 오비탈들이 서로 겹쳐서 연속적인 에너지 준위인 밴드(band)를 형성한다. 벌크 반도체는 밸런스밴드(valence band, VB, 원자가띠)와 컨덕션밴드(conduction band, CB, 전도띠)가 있으며 두 밴드 사이에 에너지적으로 간격을 두고 분리 되어 있다. 이를 밴드갭(bandgap)이라 하며, 이 밴드갭이 반도체의 가장 대표적인 특징이다.

외부에서 에너지가 가해지지 않을 때 전자는 에너지적으로 아래에 위치하는 밸런스밴드에 있다. 밸런스밴드에 있는 전자를 컨덕션밴드로 여기(excitation)시키기 위해 필요한 최소한의 에너지인 밴드갭 에너지(band gap energy, E_g)보다 높은 광자의 에너지가 벌크 반도체에 흡수되면, 전자는 컨덕션밴드로 여기되며 밸런스밴드에 정공(hole)을 남긴다. 음으로 하전된 전자와 양으로 하전된 정공은 정전기적 인력인 쿨롱(Coulomb) 힘에 의해 일정한 거리를 두고 결합이 되어 전자-정공 쌍을 형성하며, 이를 엑시톤(exciton)이라 한다(그림 4.2). 여기된 전자가 다시 밸런스밴드로 이완이 되면 엑시톤은 소멸되는데, 이 과정에서 광자(photon)가 방출된 경우 방사성 재결합(radiative recombination)이 일어난다고 말한다. 방사성 재결합의 대표적인 현상은 형광(fluorescence)과 인광(phosphorescence)이 있다.

그림 4.1b와 같이 엑시톤의 크기는 엑시톤 Bohr 반지름(exciton Bohr radius, a_B^*)으로 정의하는데, 물질에 따라 엑시톤 Bohr 반지름은 1 nm부터 100 nm 또는 그 이상의 크기를 가질 수 있다. 엑시톤 Bohr 반지름은 다음 식으로 구할 수 있다(식 (4.1)).

$$a_B^* = \varepsilon_r\left(\frac{m}{\mu}\right)a_o \qquad \textbf{(4.1)}$$

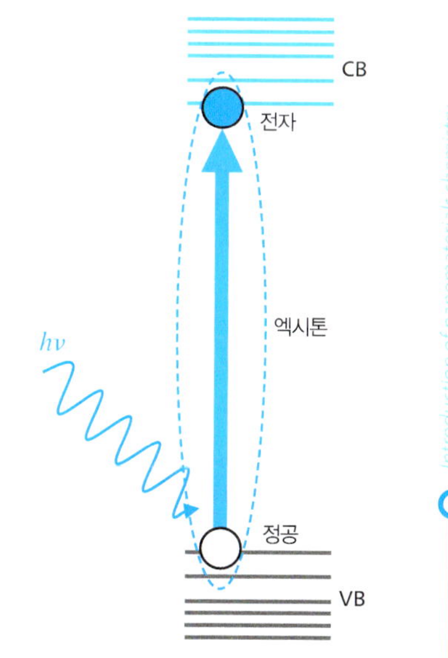

그림 4.2 ▶ 전자-정공 쌍인 준입자, 엑시톤(exciton)의 형성.

표 4.2 ▶ 물질에 따른 엑시톤 Bohr 반지름[5~9]

물질	Si	InP	ZnS	CdS	CdSe	CdTe
엑시톤 Bohr 반지름, nm	3.7	15	5	5.8	5.3	7.3
밴드 갭, eV	1.11	1.35	3.68	2.43	2.87	1.5

이 식에서 ε_r는 상대 유전율(relative permittivity, dielectric constant), m은 질량, μ는 환산 질량, 그리고 a_o는 수소 원자의 Bohr 반지름(Bohr radius = 0.529 Å)를 각각 나타낸다. 예를 들어, CdSe의 엑시톤 Bohr 반지름은 5.8 nm이고, PbS는 18 nm, InP는 10.0 nm이기 때문에 이보다 작은 크기를 갖는 나노물질의 경우에는 벌크 밴드갭보다 값이 큰 밴드갭 에너지를 갖는다. 대표적인 물질의 엑시톤 Bohr 반지름은 표 4.2에 정리하였다.

양자 구속 효과(Quantum confinement effect)

엑시톤의 종류는 생성되는 매질(medium)에 나눌 수 있는데, 이 장에서 언급하는 엑시톤은 양자점을 포함한 무기물 기반의 물질에서 생성되는 Wannier–Mott 엑시톤이다. Wannier–Mott 엑시톤은 상대 유전율(relative permittivity)이 큰 물질에서 형성된다. 상대 유전율이 작은 물질인 반도체 유기물 등에서 생성되는 Frenkel 엑시톤에 비해서 Wannier–Mott 엑시톤은 상대적으로 그 크기가 크다. 외부의 빛에 의해서 나노물질에 엑시톤이 생성될 경우에, 반도체 나노결정처럼 물질의 크기가 엑시톤 Bohr 반지름보다 작으면 전자와 정공과 같은 전하 운반자는 공간적으로 제한이 되어 에너지가 증가하게 된다. 그 결과 밸런스밴드와 컨덕션밴드는 연속적인 에너지 준위를 갖는 벌크 반도체와는 달리 분자나 원자의 에너지처럼 불연속적인 에너지를 갖게 되는 양자화(quantization)가 일어나고, 밴드갭 에너지는 증가한다. 이것은 반도체 나노결정의 주요한 특성으로 양자구속효과(quantum confinement effect)라고 부른다. 이러한 양자구속효과로 인해 반도체 나노결정의 밴드의 에너지 구조는 물질의 크기에 따라 세밀하게 조절 가능하게 되고, 그 크기를 조절함으로써 다양한 광학적 및 전기적 성질을 나타낼 수 있다. 물질의 동일한 조성에서 크기를 조절하여 전이 에너지를 조절할 수 있는 접근법 외에도, 반도체 나노결정의 조성, 모양, 구조 및 표면 화학 제어 등을 통하여 물리적 화학적 성질을 크게 변화시킬 수 있기 때문에, 반도체 나노결정에 기반한 연구는 폭넓은 응용에 대한 기대로 인해 매우 활발하게 진행되고 있다.

반도체 나노결정은 전하 운반자(charge carrier)인 전자와 정공이 3차원에서 가지는 사유도(degree of freedom)의 개수에 따라 세 개의 구조로 분류할 수 있다.[10] 전자와 정공이 한 방향에 대해서만 제한이 되고 나머지 두 방향에 대해서는 자유롭게 움직이면 2차원 구조의 양자 우물(quantum well)이 된다. 한 방향만 자유롭고 두 개의 방향에 대해서는 전하 운반자가 제한이 되어 양자화가 일어나면 양자선(quantum wire)이 되고, 전 방향에 대해서 양자구속 효과가 나타나면 점의 형태를 갖는 0차원 구조의 양자점(퀀텀닷, quantum dot)을 형성한다. 양자구속효과에 따라서 에너지 준위가 불연속적으로 결정되기 때문에 그림 4.3과 같이 에너지 준위의 불연속성에 기인한 에너지 다이어그램이 형성된다.

이 장에서는 가장 저차원의 반도체 나노결정인 콜로이드 양자점(colloidal quantum dot)을 집중적으로 다루고자 한다. 콜로이드 양자점은 평평한 판 위에 에피택시 성장법(에피택시얼/에피 성장법, epitaxy/epitaxial/epi-growth)으로 형성한 자기조립 양자점(self-assembled quantum dot)과는 제조법, 형태, 양자점 표면 환경이 매우 다른 반도체 나노결정이다. 가장 양자화된 시스템인 양자점에서 발생하는 광학적, 전기적 특징을 이해한다면 큰

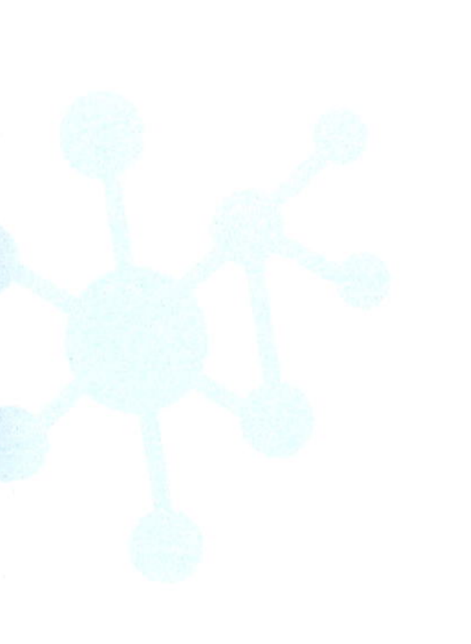

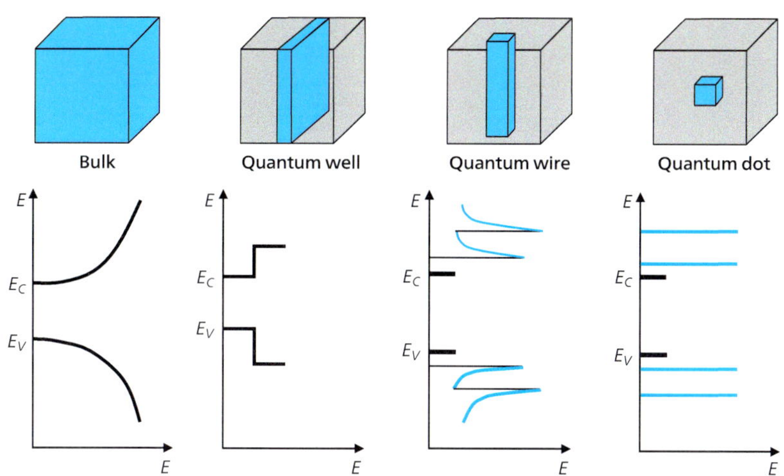

그림 4.3 ▶ 벌크, 양자우물, 양자선, 양자점의 DOS(density of state).

틀 안에서 나노선(1D)이나 양자우물(2D)의 시스템에 대해서도 쉽게 접근할 수가 있을 것이다.

양자점은 지름이 수~수십 nm에 이르며 수백에서 수천 개의 원자들로 이루어졌다. 양자점은 원자와 유사한 광학적 특성을 갖게 되어 반도체 나노결정은 인공원자(artificial atom)라고 부르기도 한다. 양자점에서 전자와 정공은 3차원 전 방향에 대해서 공간적으로 제한이 되어 전기적, 광학적 특성이 크게 변화한다. 양자점의 가장 중요한 특성은 양자구속효과로 인해 입자의 크기에 따라 광학적, 전기적 성질을 조절할 수 있다는 것이다. 예를 들어, 같은 조성의 양자점은 크기가 작을수록 자외선이나 청색과 같은 짧은 파장(예: λ = 450 nm 이하)의 빛을 흡수 및 방출하고 그 크기가 클수록 적색이나 적외선과 같은 긴 파장의 빛(예: λ = 600 nm 이상)을 흡수 및 방출한다. 양자점의 밴드갭 에너지(E_g^{NC})는 간단하게 Brus 식으로 대략적으로 예측 가능하다.[3,4] Brus 식은 벌크 반도체의 밴드갭 에너지(E_g^{bulk}), Dirac 상수($\hbar = h/2\pi$, h: Planck 상수), 전자와 정공의 유효 질량(m_{eff}^e와 m_{eff}^h), 전자의 전하(e), 진공 유전율과 상대 유전율(ε_0과 ε_r), 그리고 양자점의 반지름(R)으로 표현된다. 간단히 나타낸다면, E_g^{NC}는 아래와 같이 벌크 반도체의 밴드갭 에너지(E_g^{bulk}), 양자점 내에서 발생하는 전하의 운동에너지(E_T)와 전하의 Coulomb 포텐셜 에너지인 E_V의 합으로 나타낸다(식 (4.2), (4.3)).

$$E_T = \frac{\pi^2\hbar^2}{2R^2}\left(\frac{1}{m_{eff}^e} + \frac{1}{m_{eff}^h}\right) \tag{4.2}$$

$$E_g^{NC} = E_g^{bulk} + E_T + E_V \tag{4.3}$$

보다 정확하게는 유효질량 근사(effective mass approximation)법이나 밀접결합 근사(tight-binding approximation) 모델 계산법 등 다양한 계산법으로 계산이 가능하다. 유효질량 근사법에 기반하는 모델의 경우에는 벌크 반도체의 주기성을 기반하여 계산하는 식이며, 밀접결합 근사 모델의 경우에는 화학의 원자 오비탈 선형 결합(Linear Combination of Atomic Orbital, LCAO) 모델과 같이 작은 단위부터 고려하는 식이기 때문에, 비편재화된 에너지를 구할 때에는 유효질량 근사법이 비교적 유용하고 다소 편재화된 에너지 준위를 얻을 때에는 밀접결합 근사 모델을 쓰는 등 각각의 특성에 맞는 계산을 수행하는 경우가 많고 종종 혼합적인 방식의 계산을 사용하기도 한다. 양자점은 표면에 결합한 리간드에 의해서 밴드갭 에너지가 영향을 받기 때문에 실질적으로 더욱 다양한 에너지 변화가 가능하며 위에 언급한 밴드갭 에너지 외에도 밴드 간 에너지, 밴드 내 에너지 등 선택적으로 다양한 전자전이를 사용할 수 있다는 장점을 가지고 있다.

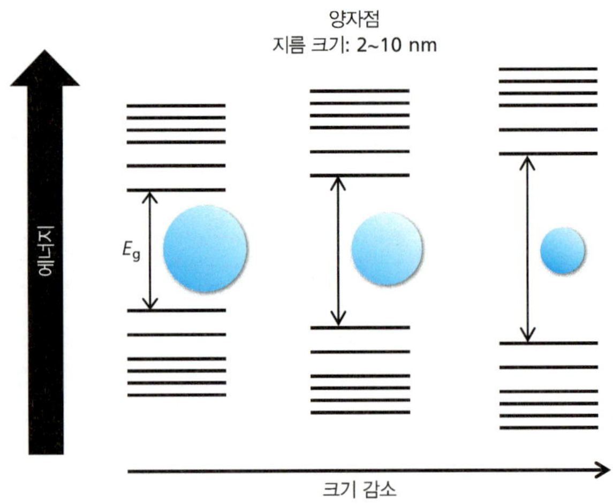

그림 4.4 ▸ 반도체의 크기 감소에 따른 에너지 밴드갭의 증가.

4.2 합성(Synthesis)

일반적으로 가장 많이 연구되어 온 양자점은 II-VI족(예: CdSe), IV-VI족(예: PbS)과 III-V족(예: InP) 화합물이다. 이들 양자점을 합성하는 방법은 다양하지만 이상적으로 목표하는 경우는 일반적으로 같다. 앙상블 단위에서 합성하여 얻은 양자점들의 크기가 모두 균일하며 표면에 있는 원자들의 모든 가능한 배위수(coordination number)가 채워져야 하고, 이에 따라서 표면에 비공유전자쌍이나 결합하지 않은 금속이온 등이 남아 있지 않아야 한다. 이러한 조건을 모두 만족시키기에는 어렵지만 그 외의 합성 방법들을 통해서 보완할 수 있는 여러 방법도 보고되고 있다.

여러 합성법 중 가장 보편적으로 사용되는 방법은 습식 화학 합성법(wet chemistry synthesis)이다. 특별히 용액 공정으로 제조되는 콜로이드 양자점은 합성법이 쉽고 비용이 저렴하여 활용도가 높아 가장 많이 사용되는데, 아래는 양자점 연구 분야에서 가장 많은 관심의 대상이 되고 있는 양자점의 대표적인 합성법이다.[11~14]

양자점의 형성 과정을 이해하는 것은 다양한 물질의 합성에 적용할 수 있는 개선된 합성법을 발전시킬 수 있기에 매우 중요하다. 양자점 합성은 크게 핵형성(nucleation)과 성장(growth)의 과정을 거쳐 합성된다.[10,15~19] 핵형성 과정은 결정의 성장을 위해 먼저 핵이 생성되는 것을 의미하고 성장 과정은 입자의 크기가 자라나는 것에 해당하며 두 과정은 매우 긴밀히 연관되어 있다. 여기에서는 양자점의 핵형성과 성장을 설명하는 메커니즘을 소개하고자 한다. 특히 용액 공정에 의해 합성된 양자점의 핵형성과 성장에 대해 일반적으로 받아들여지는 메커니즘을 집중적으로 다루고자 한다.

4.2.1 양자점의 핵형성 및 성장 메커니즘

4.2.1.1 LaMer Mechanism

가장 먼저 나노입자의 핵형성과 성장 과정을 설명한 이론은 1940년대 LaMer가 제안하였다. LaMer 메커니즘의 특징은 핵형성과 성장을 개념적으로 분리한 데 있다. LaMer는 sodium thiosulfate ($Na_2S_2O_3$)의 분해로부터 황 졸(sulfur sol)이라고 불리는 황 또는 황이 풍부한 화합물의 콜로이드 용액의 합성을 연구하였다. 황 졸의 합성은 두 단계로 이루어졌는데, 첫 번째는 sodium thiosulfate로부터 황을 형성하는 것이고 두 번째는 용액 상태에서 황 콜로이드 용액을 형성하는 것이다.[15]

LaMer 메커니즘에 의한 핵형성과 성장은 세 단계로 구분할 수 있다. 간단하게 설명하면, 단계 I(stage I)에서는 용액에서 자유 단량체(monomer)의 농도가 급격하게 증가한다. 단량체는 벌크 결정을 이루는 최소 기본 단위를 말한다. 그 다음 단계 II(stage II)는 단량체의 "폭발적인 핵형성(burst-nucleation)"으로 용액에서 자유 단량체가 상당히 감소한다. 자유 단량체의 농도가 낮아지면서 어느 순간 핵형성은 거의 일어나지 않게 된다. 마지막 단계 III(stage III)에서는 핵형성은 사실상 중지되고 용액에 남아 있던 단량체가 입자 표면으로 확산되며 성장이 이루어진다.

"폭발적인 핵형성(burst-nucleation)" 과정에서 모든 입자의 핵형성이 거의 동시에 일어나므로 전체적인 입자의 크기 분포를 제어하는 것이 가능하다. 만약 전반적인 입자의 형성 과정에서 핵형성이 일어났다면 입자들은 서로 다른 크기로 성장하게 되어 크기 분포를 제어하기가 어려워지고 입자 크기가 균일한 단분산(monodisperse) 나노입자를 합성할 수가 없었을 것이다.

LaMer와 그의 동료들은 균일 핵형성(homogeneous nucleation) 과정을 이용하여 핵형성과 성장을 분리시켰다. 균일 핵형성에서는 핵형성이 균일한 용액에서 일어나는 반면, 불균일 핵성성(heterogeneous nucleation)에서는 핵이 결정의 경계나 표면, 불순물 등 불균일한 부분에서 일어난다. 균일 핵형성 과정 중에는 핵형성을 위한 높은 에너지 장벽이 존재하는데, 그 이유는 시스템이 균일상에서 불균일상으로 자발적으로 변화하기 때문이다. 그림 4.5의 LaMer 도표(plot)는 폭발적인 핵형성을 유도하기 위해 에너지 장벽이 어떻게 작용하는지를 잘 보여준다.

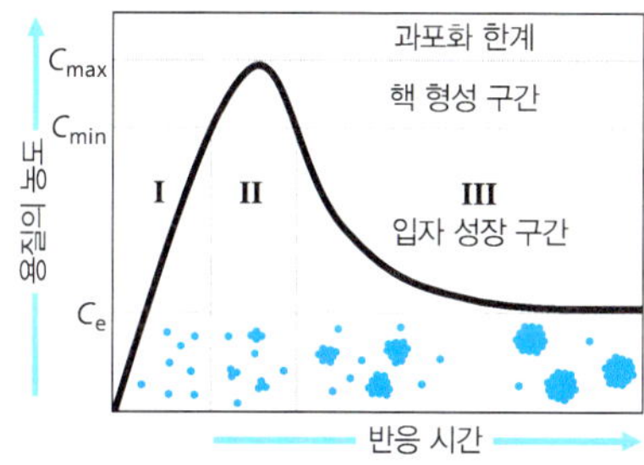

그림 4.5 ▸ LaMer 도표: 시간에 따른 과포화도(degree of supersaturation)의 변화.

단계 I의 과포화 조건($C > C_e$)에서도 침전이 일어나지 않는 이유는 균일 핵형성이 자발적으로 일어나기 위한 에너지 장벽이 극도로 높기 때문이다. 임계 과포화(critical supersaturation, C_{min}) 수준에 도달하여 핵형성이 일어나는 단계 II에서는 핵형성을 위한 에너지 장벽을 충분히 극복할 수 있을 만큼 과포화도가 높다. 그 결과, 핵이 형성되고 축적된다.[17] 핵 생성과 성장으로 인해 단량체가 소모되는 속도가 단량체의 공급 속도보다 빨라 순 핵형성 속도(net nucleation rate)가 0이 될 때까지 단량체의 농도는 감소한다. 그러다 어느 순간 핵형성은 멈추고 용액은 과포화되면서 확산에 의해 단량체가 입자 표면에서 성장하게 되는 단계 III이 된다.

4.2.1.2 Ostwald Ripening과 Digestive Ripening

나노입자의 성장을 설명하는 Ostwald 숙성(ripening)은 1900년에 처음 정의되었다. Ostwald 숙성에 따르면, 입자의 성장은 Gibbs–Thomson 관계에서 묘사된 것처럼 입자의 크기에 따라 나노입자의 용해도 달라지는 것으로부터 기인한다. 크기가 작은 입자는 표면에너지(surface energy)가 크고 용매에 대한 용해도가 높아서 용액에 다시 용해가 되는 반면 크기가 큰 입자는 표면에너지가 작아 더 크게 성장한다. Ostwald 숙성을 뒷받침하는 수학적 이론은 Lifshitz, Slyozov, Wagner에 의해 확립되었다.[18] 소화 숙성(digestive ripening)은 사실상 Ostwald 숙성의 역과정으로, 큰 입자들이 용해됨으로써 보다 작은 입자가 성장하는 것을 말한다.

4.2.1.3 Finke–Watzky 두 단계 메커니즘

Finke–Watzky 두 단계 메커니즘(two step mechanism)은 핵성성과 성장의 단계들이 동시에 일어나는 과정이다. 첫 단계는 계속되는 핵형성이 천천히 일어나는 것이고(A → B), 두 번째 단계는 확산에 의해서 제어가 되지 않는 자가촉매에 의한 표면 성장이다(A + B →

2B).[15]

4.2.1.4 Coalescence과 Orientated Attachment

합체(coalescence)와 배향된 붙임(orientated attachment)은 매우 유사하다. 그러나 이들은 입자의 경계에서 결정 격자의 방향성에서 차이를 보인다. 합체는 특정 방향으로 성장하지 않으나, 배향된 붙임은 결정 성장에서 방향성이 있어서 특정 결정의 단면이 연속적으로 붙여진다.

4.2.1.5 Intraparticle Growth

입자내 숙성(intraparticle ripening)은 나노입자의 표면을 따라 단량체가 확산되어 시간에 따라 입자의 모양이 변하는 것이다. 이 현상은 용액 내 단량체의 에너지가 나노입자의 격자면(facet)의 에너지보다 낮은 특정한 조건 하에서 일어난다. 즉, 입자의 표면에너지가 벌크 용액의 에너지와 거의 동등하여 순 확산(net diffusion)이 존재하지 않는 상황이다. 따라서 입자의 표면에 단량체의 흐름이 없는 것이다. 이때 이 시스템 내에서 유일하게 불안정한 것은 입자 자체의 서로 다른 면(facet)의 표면에너지다. 이 경우 에너지가 높은 면은 용해되고 에너지가 낮은 면은 성장하여 입자 내 확산에 따른 성장을 일으킨다.

4.2.2 물질별 양자점 합성 소개

4.2.2.1 II-VI CdSe 양자점의 합성

II-VI족 반도체 화합물 중에서 매우 높은 양자 효율과 좁은 발광 반치전폭(full width at half maximum, FWHM)에서 기인한 높은 색순도를 갖는 CdSe 양자점은 연구 초창기부터 집중적으로 연구되었다.[11] 상온에서 CdSe는 벌크 밴드갭이 1.7 eV로 적색의 광발광(photoluminescence)을 보인다. CdSe 양자점을 합성하는 방법은 여러 가지이나 기본적으로 카드뮴(Cd) 전구체인 dimethylcadmium ($Cd(CH_3)_2$)와 다른 유기물을 반응시킨 후에 고온(270~360°C)에서 trioctylphosphine 등의 환원제와 결합한 셀레늄(Se)을 주입한다. 이때 CdSe 나노결정의 핵이 형성되고 원하는 크기까지 결정을 성장시킨 후 상온으로 냉각시키면서 반응을 종료하게 하는데, 결정의 성장 시간이 길수록 양자점의 크기는 증가한다. 반응이 끝난 후에는 용액에 alcohol처럼 비교적 극성이 큰 용매를 넣어 양자점을 침전시키고 침전물을 원심 분리기를 이용하여 양자점을 얻는다. 이 양자점은 trioctylphosphine oxide 등의 유기 리간드에 결합이 되어 있어서 hexane과 같은 비극성 용매에서는 콜로이드 상태로 분산된다. 이렇게 얻은 양자점은 매우 균일한 크기를 보이며 ±2 Å 정도까지의 좁은 크기 분포를 가질 수 있다. 일반적으로 구형의 양자점이 형성이 되며 크기는 반응의 온도 및 시간에 따라서 결정되는데 2 nm 이상의 양자점을 일반적으로 얻을 수 있다.

4.2.2.2 III-V InP 양자점의 합성

III-V족 반도체 화합물은 이온 결합성질이 높은 II-VI족과 IV-VI족 반도체 화합물과 달리 공유 결합성이 높은 것이 특징이다. 따라서 상대적으로 안정적으로 존재하는 큰 장점을 지니고 있다. 또한 독성이 높은 카드뮴이나 납을 제외할 수 있으므로 III-V족 반도체 화합물은 친환경적이고 독성이 낮아서 바이오 이미징이나 광역학 치료법(photodynamic therapy, PDT) 등의 응용에도 활용될 수 있기 때문에 큰 기대를 모으고 있다. 특히 III-V족 반도체

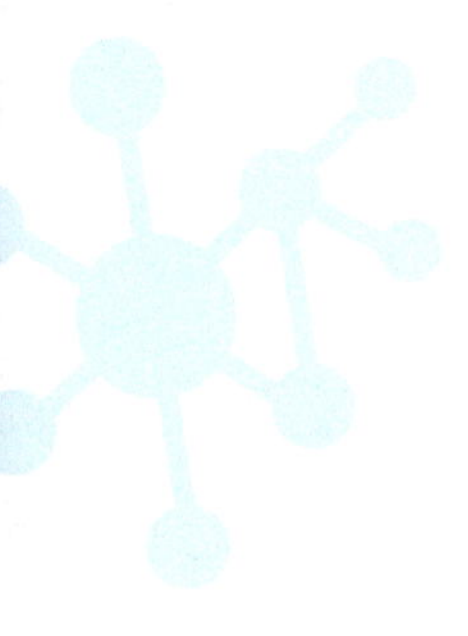

나노결정 중 InP 양자점은 낮은 독성, 쉬운 발광 파장 튜닝, 유기 반도체 물질에 비해 상대적으로 좁은 반치전폭(FWHM) 및 높은 발광 효율의 장점 때문에 차세대 디스플레이 소자 응용 관련하여 매우 활발하게 연구되고 있으며 최근에는 자발광 양자점 다이오드로서 안정적인 동작이 가능하다는 보고가 증가하고 있다. 이외에도 InP 양자점은 전하 운반자의 이동도(mobility)가 비교적 높아서 고성능 전자적 장치의 소재 측면에서도 기대를 받고 있다.

일반적으로 InP 양자점을 합성할 때 In과 P 전구체를 끓는점이 높은 유기 용매와 배위결합할 리간드에 반응시킨다. 이때 나노결정의 제어된 합성을 위해 두 가지 방법이 사용될 수 있는데, 하나는 고온 주입(hot-injection) 방식이고 다른 하나는 가열 승온(heating-up) 방식이다.[10,12,13,19] 가열 승온법은 모든 전구체와 리간드와 용매를 실온에서 섞은 후 가열을 하여 양자점을 합성하는 방법이고, 고온 주입법은 하나의 전구체와 리간드 용액을 가열한 후 다른 전구체를 고온에서 주입하거나 리간드 용액을 가열한 후 고온에서 두 전구체를 주입하여 전구체의 급격한 고온 분해에 의한 과포화 상태를 유발하여 핵을 형성한 후 양자점을 성장시키는 방식이다. 두 방식 중 고온 주입법이 더 폭넓게 사용되고 있다.

InP 양자점의 경우에는 합성 후에 InP만으로는 원하는 형광 양자수율 등을 얻을 수 없기 때문에 Zn나 S, Se 등으로 껍질(shell)을 쌓아서 InP/ZnE (E = S, Se) 등의 코어-쉘 형태의 양자점으로 사용한다. 이에 대한 합성 방법은 최근 수년간 매우 발전하여 파장에 따라서 수십% 이상의 형광 양자수율을 보이기도 하기 때문에 자발광 다이오드(LED) 등에 사용이 가능하다.

4.2.2.3 IV-VI PbS 양자점의 합성

IV-VI 족에서는 PbS 양자점이 가장 많이 연구가 되었으며 기초 및 응용연구가 매우 활발하게 진행되었다. PbS 반도체 고유의 밴드갭은 0.4 eV로 적외선 영역에서 흡수를 하며, 이에 따라서 기존의 박막 연구에서는 적외선 광검출기에서 많이 사용되었다. PbS 양자점의 합성노 위의 두 물질과 크게 다르지는 않으며 $PbCl_2$ 등의 Pb 전구체에 올레산(oleic acid) 등의 유기물을 먼저 반응하여 결합시킨 후에 황 등의 칼코게나이드 전구체를 주입하여 결정을 성장시키는 방법으로 진행하게 된다.[14] 일반적으로 고온 주입법이 자주 사용되지만 원하는 생성물의 양에 따라서 다양한 합성 방법이 가능하다.

4.2.2.4 납 할로겐화물 페로브스카이트 양자점(Lead halide perovskite quantum dot)

2010년대에 등장한 납 할로겐화물 페로브스카이트 양자점(lead halide perovskite quantum dot)은 용이한 합성법과 뛰어난 광학적 특성으로 인해 큰 주목을 받고 있다. 태양전지 및 발광 소자로 각광받고 있는 페로브스카이트 양자점 또한 일반적으로 고온 주입법에 따라 합성을 진행한다.[20] 특히 페로브스카이트 양자점은 성분들 간 이온 결합을 이용하는 것이 특징이다. $CsPbX_3$ (X = Cl, Br, I 또는 혼합 Cl/Br, Br, I)의 경우 140~200°C에서 cesium oleate ($C_{18}H_{33}O_2Cs$)와 할로겐화납(II)을 octadecene ($C_{18}H_{36}$)과 같은 끓는점이 높은 용매에 반응시켜서 얻는다. 이때 할로겐화 납을 용해시키고 양자점을 콜로이드 상태로 분산시키기 위해 oleylamine ($C_{18}H_{37}N$)과 oleic acid ($C_{18}H_{34}O_2$)의 1:1 혼합물을 추가한다. 일반적으로 수십%의 높은 광변환 양자 수율을 보이기 때문에 페로브스카이트 양자점은 광소자 및 태양전지의 광감응 물질로 각광받고 있다. 페로브스카이트 양자점의 우수한 광감응성은 이온성이 높은 결합들로 구성된 물질에 기인한 특성인데, 이것이 장점으로 작용되기도 하지만 동시에 결합에너지가 비교적 낮기 때문에 열안정성, 화합물 안정성, 기계적 안정성 등 물질 구조에 대한 안전성에 대한 연구가 지속적으로 필요하다.

4.3 광학적 성질(Optical properties)

양자점은 주로 흡수(absorption) 및 광 발광(photoluminescence, PL) 등의 광학적 특성을 우선적으로 분석한다. 예를 들어, 일반적인 양자점의 흡수 스펙트럼에서 가장 낮은 에너지에 해당하는 피크(peak, 흡수봉우리)는 밴드갭 에너지에 해당하고, 순차적으로 허용되는 밴드 간(interband) 전자전이가 피크 형태로 나타난다.[11]

반도체의 특성을 가지는 양자점에 밴드갭 에너지보다 큰 빛에너지를 가하면, 전자는 밸런스밴드에서 컨덕션밴드로 들뜨게 되고 전자가 사라진 밸런스밴드에는 정공이 생긴다. 양자화된 컨덕션밴드의 높은 에너지 준위에 도달한 들뜬 전자는 컨덕션밴드의 가장 낮은 에너지 준위로 이완이 된다. 컨덕션밴드의 전자와 밸런스밴드의 정공은 Coulomb 인력에 의해 재결합을 하는데, 이 과정에서 빛을 방출하는 방사성 재결합(radiative recombination)을 하거나 빛을 방출하지 않는 비방사성 재결합(non-radiative recombination)을 할 수 있다. 방사성 재결합은 디스플레이 소자로 응용이 되며 비방사성 재결합은 발광 효율을 감소시키기 때문에 디스플레이 응용에는 바람직하지 않은 과정이 된다. 비방사성 재결합의 원인으로는 Auger 재결합(recombination)과 전하 트랩 과정, 그리고 결정의 진동에 해당하는 포논(phonon)에 의한 에너지 소실 과정 등이 있다. 따라서 비방사성 재결합의 경우의 수를 줄이는 것이 양자점 응용에 있어서 중요하며 이를 통해서 에너지를 효과적으로 사용할 수가 있다.

4.3.1 방사성 재결합(Radiative recombination)

광여기된 전자와 정공이 각각 컨덕션밴드와 밸런스밴드에서 비방사성 전하이완 과정을 거친 후에 각 밴드의 가장 낮은 에너지 준위로 이동한 뒤에 전자와 정공이 합쳐지면서 빛을 발하는 경우를 방사성 재결합이라고 한다. 이 결합과정은 Coulomb 에너지에 기인하며 콜로이

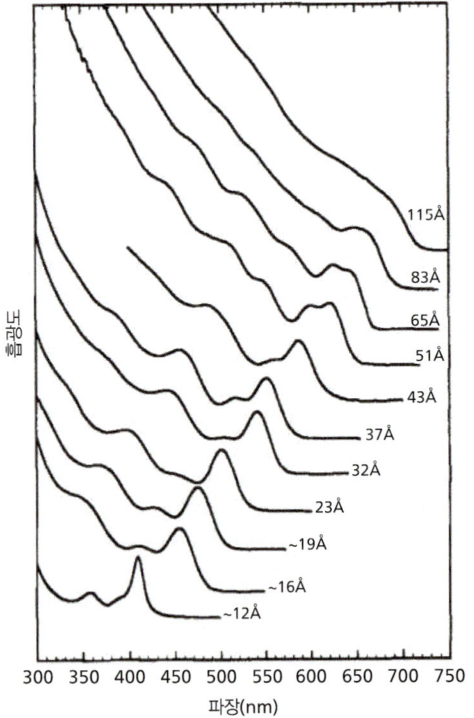

그림 4.6 ▸ CdSe 나노결정(지름 = 12~115 Å)의 흡수 스펙트럼. Reproduced with permission from ACS publications.[11]

드 양자점의 경우에는 용액 내에서 같은 양자점 내에 생성된 전자와 정공이 합쳐지게 된다. 이때 일반적으로 밴드갭 에너지에 해당하는 파장의 빛이 발생하게 된다. 물질에 따라서 그리고 주된 전자전이의 파장에 따라서 먼저 큰 범주 안에서 그 형광 수명이 결정된다. 형광의 수명의 경우에는 이상적으로는 모든 에너지가 형광으로 바뀌는 것을 가정할 수 있지만, 실질적으로는 형광 수명을 줄이는 다른 과정이 연계되어 있으므로 형광 수명은 양자점에서 물질의 종류, 주변 환경, 파장 등에 따라서 다양하게 관찰된다. 가시광선에서 밴드갭 에너지를 가지는 물질의 경우 양자수율이 수십 퍼센트(%)일 경우에는 일반적으로 수십 나노초(ns) 단위에서 형광수명을 가지며 이는 이후에 언급할 비방사성 재결합의 속도에 큰 영향을 받는다.

4.3.2 비방사성 재결합(Non-radiative recombination)

비방사성 재결합(non-radiative recombination)은 두 가지로 분류가 될 수 있는데, 먼저 생성된 전하인 전자와 정공이 서로 재결합되기 전에 서로 다른 경로를 통해서 에너지를 소실하는 경우와 재결합하는 과정이 측정기기의 측정속도보다 빠르기 때문에 관찰하기 어려운 경우가 있다. 일반적으로 다른 경로로 에너지를 소실하는 대표적 비방사성 재결합은 Auger 재결합(recombination), 전하 트랩에 의한 전하 손실, 나노결정 격자의 진동운동인 포논 등이 해당된다. 비방사성 재결합은 위의 언급한 방사성 재결합보다 일반적으로 매우 빠르기 때문에 비방사성 재결합의 속도가 양자점의 형광 양자수율을 결정하게 된다.

벌크 상태와 다르게 크기가 작은 양자점은 높은 부피에 대한 표면적의 비 때문에 표면에 위치한 원자의 비율이 커서 표면에 존재하는 결함이 많고 쉽게 산화가 된다는 문제가 있다. 이렇게 표면에 존재하는 결함은 전하 운반자의 트랩(trap)으로 작용하여 비방사성 재결합의 큰 원인으로 지목된다. 비방사성 재결합은 발광 효율을 떨어뜨리므로 연구자들은 트랩을 최대한 줄이기 위해 많은 노력을 기울이고 있다.

전하 트랩으로 인한 비방사성 재결합을 줄이기 위해 종종 양자점을 ZnS이나 ZnSe의 껍질(shell)로 둘러쌈으로써 핵-껍질(core-shell) 구조를 형성한다. 이러한 핵-껍질 구조는 양자점이 정제 과정이나 공정 과정에서 외부의 산소나 수분에 의해 산화되는 것을 방지하는 역할을 하기도 한다. 또한 핵-껍질 구조에서 주요 발광 현상은 핵에서 일어나고 껍질은 핵보다 밴드갭이 큰 물질을 사용하여 발광 효율을 높여준다.

표면에 결합된 리간드는 엑시톤의 이완 과정에 큰 영향을 미치는 것으로 알려져 있다.[21~27] 엑시톤의 이완 과정은 같은 밴드 내와 서로 다른 컨덕션밴드와 밸런스밴드 사이 모두에서 일어나는데, 그림 4.7과 같이 이 두 과정 각각에서 리간드가 관여하는 것으로 알려져 있다.[21]

첫째, 밴드 내에서 높은 에너지 준위에 있는 전자의 이완 과정에서 Auger 재결합과 전자-진동 에너지 전달(electronic-to-vibrational energy transfer, EVET) 간의 경쟁에 리간드가 개입한다. 리간드의 종류에 따라서 양자점의 유효 크기가 달라질 수 있으며 이에 따라서 Auger 재결합의 속도가 달라진다. 또한 리간드의 진동 준위의 종류에 따라서 EVET 과정이 달라지게 된다.

둘째, 밴드 간 전이(inter-band transition, 또는 band gap transition)에 있어서는 전자나 정공의 트랩으로 인한 비방사성 재결합과 방사성 재결합 간의 경쟁 관계에 있어서 양자점 표면에 결합된 리간드가 영향을 미치는 것으로 알려져 있다.

그림 4.8과 같이 양자점 내에서 발생할 수 있는 Auger 현상은 다양하다.[28] 그림 4.8a의 경우에는 이중엑시톤을 통한 핫전자가 생성하는 경우가 되면 그림 4.8b는 반대로 이중엑시

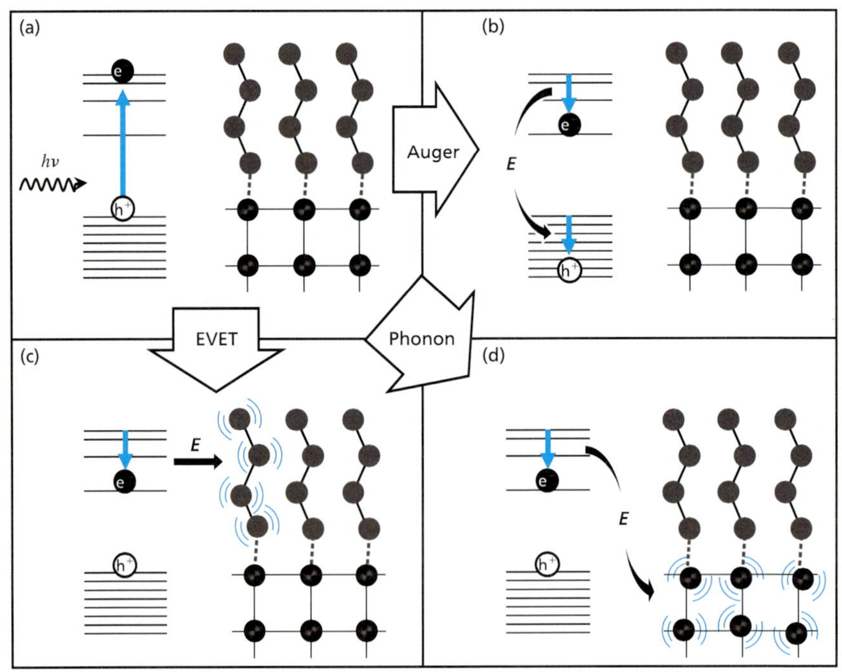

그림 4.7 ▶ 밴드 내 전이(intra-band transition)의 비방사성 전자이완 과정. (a) 엑시톤 형성, (b) Auger 재결합, (c) 전자전이 에너지-진동전이 에너지 전달 현상(electronic-to-vibrational energy transfer, EVET), (d) 격자의 진동운동인 포논(phonon)에 의한 밴드 내 전이 에너지 소실 과정.

톤을 통한 핫정공이 생성되는 경우가 된다. 그림 4.8c의 경우에는 전자 2개와 정공 1개 총 3개의 전하가 관련된 삼이온(trion, 3개의 이온) 결합을 통한 Auger 현상이며, 그림 4.8d의 경우에는 반대로 전자 1개와 정공 2개가 관련된 삼이온 결합을 통한 Auger 현상이다. 전자나 정공이 밴드 내에서 전이되는 에너지에 의해서 밸런스밴드에 있던 전하가 여기되는 경우도 있다. 그림 4.8e, f가 그에 해당되며 서로 다른 전하의 밴드 내 이완이 다른 전하의 밴드 내 여기에 관여하는 경우(그림 4.8g)도 있다. 이와 같이 양자점 내에는 발생 가능한 다양한 Auger 현상이 있으며 원하는 방향으로 전하 이동 경로를 유도하기 위해서는 Auger 현상과 같은 전하동역학 과정을 연구하는 것이 매우 중요하며 이에 대한 연구가 활발하게 수행되고 있다.

양자점을 광원으로 사용하는 조명, LED 등의 응용처에서는 원하는 방사성 재결합의 형

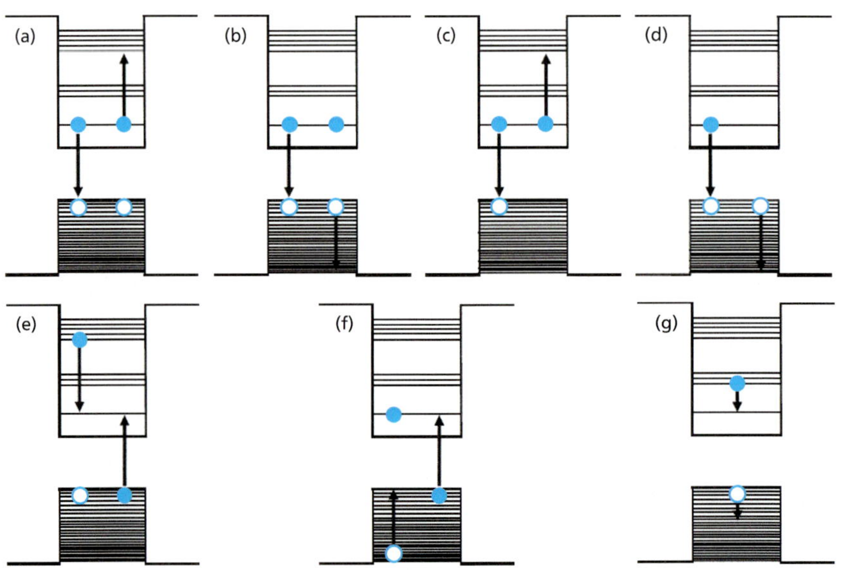

그림 4.8 ▶ 양자점 내 발생 가능한 다양한 Auger 현상. (a) 이중엑시톤을 통한 핫전자 생성(biexciton recombination producing a hot electron), (b) 이중엑시톤을 통한 핫정공 생성(biexciton recombination producing a hot hole), (c) 전자2-정공1의 세이온 결합(negative trion recombination), (d) 전자1-정공2의 세이온 결합(positive trion recombination), (e) 전자의 에너지 이완을 통한 임팩트이온화(electron-initiated impact ionization), (f) 홀의 이완을 통한 임팩트 이온화(hole-initiated impact ionization), (g) 전자 쿨링(electron cooling). Reproduced with permission from ACS publications.[28]

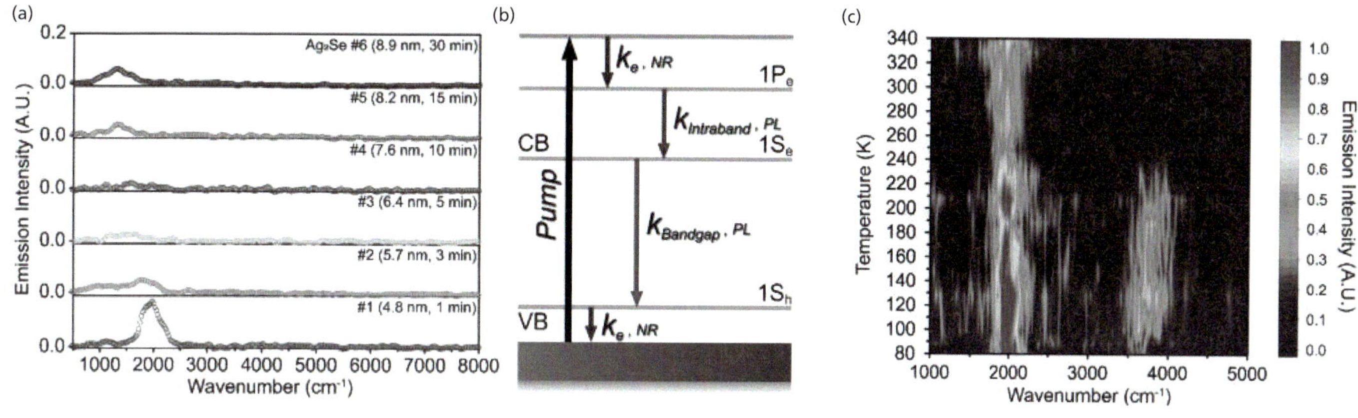

그림 4.9 ▸ 밴드 내 전이의 형광 스펙트럼과 자가도핑된 양자점의 형광 메커니즘. (a) Ag_2Se 양자점의 크기에 따른 밴드 내 전이 형광 스펙트럼. (b) 양자점 내에서 발생하는 전자와 정공의 밴드갭 및 밴드 내 전이 형광 발생 과정. (c) 자가도핑된 Ag_2Se 양자점의 온도에 따른 형광 스펙트럼. Reproduced with permission from ACS publications.[29] Color Plate 8 참조

광 양자수율을 극대화해야 에너지 변환 효율을 증가시키고 성능을 높일 수 있다. 따라서 비방사성 재결합 경로의 수를 가능하면 많이 줄이는 것이 바람직하다. 예를 들면, 에너지 준위를 변화시키는 밴드갭 공정을 통해 Auger 재결합을 줄이거나, 표면에서 전하가 트랩되는 현상을 막기 위해서 유기물이나 다른 껍질 무기물을 통해서 표면 원자의 가능한 모든 배위수를 채우는 노력 등 다양한 방법 연구가 매우 활발하게 진행되고 있다. 또한 처음에 언급한 바와 같이 최근에는 비방사성 재결합인 줄로만 알았던 전자-정공 결합 과정이 방사성 결합이라는 결과도 발표되는 등 기존의 지식을 뒤엎는 결과도 보고되고 있다.[29] 이와 관련해서 그림 4.9는 기본에 방사성 결합 형태로 관찰할 수 없었던 밴드 내(intraband) 전이의 형광 스펙트럼이며 밴드 내 전이 형광의 메커니즘, 그리고 온도에 따른 밴드 내 형광 스펙트럼을 보여준다. 기존의 저차원 나노물질에 대한 연구가 밴드갭 전이에만 국한되어 있었지만 향후에는 여러 불연속적인 전자 전이에 대하여 선택적으로도 사용이 가능하며 관련 연구를 통해 양자물질의 특성을 극대화할 수 있을 것으로 기대되고 있다. 양자점에서 알려진 다양한 전하의 수명 등에 대한 정보는 표 4.3에서 살펴볼 수가 있으며, 종류와 각각의 전자전이, 주변 환경, 엑시톤의 수에 따라서 매우 다른 값을 가지는 것을 알 수 있다. 이와 같이 양자점은 기존에 수십 년간 알려진 광물리학적인 현상을 이용하고자 하는 응용연구뿐만 아니라 기존에 알지 못했던 미지의 현상에 대해 밝혀 나가는 기초과학적 연구도 매우 활발하게 진행되고 있다.

4.4 응용(Applications)

양자점은 수많은 장점 때문에 다양한 분야에서 응용될 수 있어 많은 주목을 받고 있다. 첫째, 양자점은 양자구속 효과 때문에 합성 과정에서 크기 및 화합물의 종류를 조절하기가 용이해서 넓은 영역의 파장을 선택적이고 효율적으로 사용할 수 있다는 장점이 있다. CdSe 기반 양자점의 경우 밴드갭이 가시광선 영역의 파장에 해당하고 PbS, PbSe, CdTe와 같이 밴드갭이 작은 물질은 근적외선(NIR) 영역까지의 스펙트럼을 갖는다. 또한 최근에는 밴드 내에서 양자화된 에너지 준위간 전이를 이용하여 중적외선(Mid-IR) 영역의 빛도 활용 가능한 연구도 활발히 진행되고 있다. 둘째, 합성 후 양자점 표면에 배위된 유기 리간드로 인해 양자점은 무극성 용매 내에서 서로 뭉치지(aggregate) 않고 분산되어 콜로이드 상태로 존재할

표 4.3 ▸ 다양한 양자점 내 전자전이의 종류(Auger, EVET, Radiative, Trapping)와 수명[21]

전이	샘플	표면	지름	메커니즘	엑시톤 수	시간 상수	참고문헌
$1P_e \rightarrow 1S_e$	CdSe	TOPO	2.3 nm	Auger	1	0.3 ps	24
$1P_e \rightarrow 1S_e$	CdSe	TOPO	4.3 nm	Auger	1	~1 ps	25
$1P_e \rightarrow 1S_e$	CdSe	TOPO	6.3 nm	Auger	1	0.250 ps	26
$1P_e \rightarrow 1S_e$	CdSe	Oleate	~5.0 nm	EVET	1	8 ps	27
$1P_e \rightarrow 1S_e$	CdSe/shell	Stearic acid	~3.0 nm core	EVET	1	12 ps	22
$1P_{e,h} \rightarrow 1S_{e,h}$	PbSe	Oleate	6.5 nm	EVET	1	< 4 ps	30
$1P_h \rightarrow 1S_h$	CdSe	ODA, TOPO	2.0~3.0 nm	EVET	1	0.25 ps	31
$1P_h \rightarrow 1S_h$	CdSe	ZnS	1.2 nm	EVET	1	0.7 ps	32
$2S_{3/2} \rightarrow 1S_{3/2}$	CdSe	TOPO	6.3 nm	EVET	1	0.245 ps	26
$1S_e - 1S_{3/2} \rightarrow GS$	CdSe	TOPO	2.3 nm	Auger	1	510 ps	33
$1S_e - 1S_{3/2} \rightarrow GS$	CdSe	TOPO	2.3 nm	Auger	2	45 ps	33
$1S_e - 1S_{3/2} \rightarrow GS$	CdSe	TOPO	2.3 nm	Auger	3	21 ps	33
$1S_e - 1S_{3/2} \rightarrow GS$	CdSe	TOPO	2.3 nm	Auger	4	10 ps	33
$1S_e - 1S_{3/2} \rightarrow GS$	CdSe	MPA	2.6 nm	방사성	1	2.6 ps	34
$1S_e - 1S_{3/2} \rightarrow GS$	CdSe	TOPO	2.6 nm	방사성	1	8.0 ps	34
$1S_e - 1S_{3/2} \rightarrow GS$	PbSe	Oleate	6.5 nm	방사성	1	880 ns	30
$1S_e - 1S_{3/2} \rightarrow GS$	PbSe	Oleate	3.0 nm	방사성	1	250 ns	35
$1S_e - 1S_{3/2} \rightarrow GS$	PbSe	Oleate	5~8 nm	EVET	1	345 ns	36
$1S_e - 1S_{3/2} \rightarrow GS$	PbSe/CdSe	Oleate	5~8 nm	EVET	1	416 ns	36
$1S_e - 1S_{3/2} \rightarrow GS$	PbSe/CdSe	PTDA	5~8 nm	EVET	1	634 ns	36
$1S_e - 1S_{3/2} \rightarrow GS$	PbS	Oleate	2.0 nm	방사성	1	1000 ns	37
$1S_e - 1S_{3/2} \rightarrow GS$	PbS	Oleate	3.4 nm	-	1	2600 ns	38
$1S_e - 1S_{3/2} \rightarrow GS$	InAs/CdSe/ZnSe	PVB	5.7 nm	방사성	1	45 ns	39
$1S_e - 1S_{3/2} \rightarrow GS$	InAs/CdSe/ZnSe	PFCB	5.7 nm	방사성	1	154 ns	39
Electron trapping	CdSe/ZnSe	ZnSe	~3.0 nm core	트래핑	1	10 ps	22
Electron trapping	CdSe	TOPO	2.3 nm	트래핑	1	30 ps	40
Electron trapping	CdS	$Cd(OH)_2$	4 nm	트래핑	1	30 ps	41
Hole trapping	CdSe	TOPO	2.3 nm	트래핑	1	~1 ps	40
Hole trapping	CdSe	TOPO	3.6 nm	트래핑	2	8 ps	42
Hole trapping	CdS	$Cd(OH)_2$	4 nm	트래핑	1	~3 ps	41
Hole trapping	CdSe	Octanethiol	4.1 nm	트래핑	1	< 0.36 ps	43
$1S_e - 1P_e$	HgSe	Oleylamine	5 nm	방사성	1	210 ps	44
$1S_e - 1P_e$	HgS	Oleylamine Dodecanethiol	3.9 nm 3.2 nm	Auger	2	1 ps	45

수 있다. 이는 저비용으로 용액 공정을 가능하게 하기 때문에 저온 소자 공정이나 곡면 소자 공정에 사용이 가능하다는 장점이 있다. 일반적으로 리간드는 양자점 표면에 배위할 수 있는 극성을 밴드는 작용기와 용액에서 장시간 안정적으로 존재할 수 있게 하는 무극성의 긴 탄화수소 사슬을 지니고 있다. 일반적으로 사용되는 oleic acid, trioctylphosphine (TOP) 또는 trioctylphosphine oxide (TOPO)과 같은 소수성 리간드는 합성 후 수용액에 용해될 수 있도록 다른 리간드로 대체되거나 다른 리간드가 추가된다. 적절한 리간드의 선택은 고체 양자점(= 양자점 필름)의 전기 전도도에 매우 중요한 역할을 하는데 대개 짧은 리간드를 가진 양자점으로 구성된 양자점 필름의 전기 전도도가 높은 것으로 나타난다.[21~23] 셋째, 무기 반도체인 양자점은 유기물 기반 반도체에 비해 상대적으로 빛이나 열에 안정하다는 장점을 지닌다.

양자점을 이용한 응용 기술은 그 목적에 따라서 양자점의 장점을 최대화하는 것이 중요하다. 양자점은 특히 태양전지와 디스플레이 응용을 위해 활발히 연구되고 개발되고 있는데, 두 응용 기술에는 큰 차이가 있다. 한 가지 기억해야 할 것은 태양 전지와 디스플레이 소자 응용을 위해 사용하는 양자점은 용액에서 분산되어 있는 콜로이드 상태가 아닌 고체 필름 형태이다. 따라서 양자점과 양자점 사이에 전하의 이동 또한 가능한데, 태양 전지의 경우 양자점 내에서 엑시톤이 형성이 되고 그 엑시톤이 분리되어 각 전극으로 전하가 이동한다. 따라서 각 전하의 이동 속도가 빠르고 효율적일수록 성능이 좋지만, LED 등의 디스플레이에서는 각 전극에서 전하가 양자점으로 이동하고 양자점 내에서 전하가 결합하기 때문에 각 응용에 대하여 각 전하의 이동 경로를 디자인하기 위한 내부 적층 소재의 종류와 순서가 서로 다르다.

4.4.1 콜로이드 양자점 발광 다이오드(Light-emitting diode)

디스플레이 또는 조명에 양자점을 적용하기 위한 연구는 크게 두 가지 방향으로 진행되고 있다. 하나는 양자점을 별도 광원으로 여기시켜 빛을 내는 광발광(photoluminescence, PL) 방식이고, 다른 하나는 양자점을 전기적으로 여기시켜 빛을 내게 하는 전기발광(전계발광, electroluminescence, EL) 방식이다. PL 방식은 LCD(liquid crystal display, 액정 디스플레이)의 광원으로 사용되는 BLU(back light unit)의 빛을 이용하여 양자점의 빛을 방출하는 방식이다. 전기발광 방식은 능동형(active-matrix) 유기 발광 다이오드(organic light-emitting diode, OLED)처럼 반도체 물질에 전자를 주입하거나 전류를 가함으로써 발광하는 방식으로, 반도체 물질이 양자점일 때 양자점 발광 다이오드(quantum dot light emitting diode, QD-LED)라고 부른다.[20,45,46]

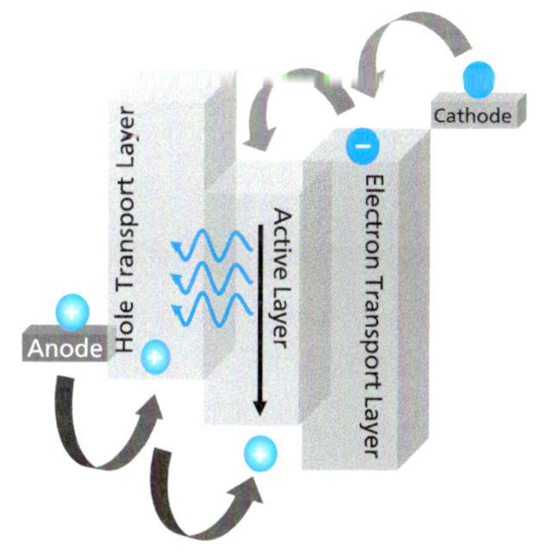

그림 4.10 ▶ 전형적인 LED 구조: 두개의 서로 다른 전극에서 제공되는 전자와 정공이 전하이동을 도와주는 전하수송층(ETL, HTL)을 따라서 가운데에 위치하는 활성층(active layer)으로 이동하고 서로 결합을 이루며 빛을 발하게 된다.

발광 다이오드는 일상에서 LED로 흔히 불리는 것으로 전류를 가하면 빛을 생성하는, 즉 전기 발광(electroluminescence, EL) 원리에 기반한 반도체 소자이다. 전형적인 LED는 *p*-*n* 접합 다이오드처럼 순방향 전압(forward bias) 하에서만 빛을 방출한다. 일반적으로 LED는 *p*형과 *n*형의 결정 또는 다결정 무기 반도체의 접합(junction)으로 구성되어 있다. 전기장을 걸어 주면 *n*형 물질의 전자와 *p*형 물질의 정공은 계면에서 재결합하며 활성층의 밴드갭 에너지만큼의 에너지에 해당하는 광자를 방출한다. LED의 성능을 결정하는 요인에는 턴온 전압(turn-on voltage, Vt), 전류 효율(cd/A), 전력 효율(lm/W), 외부 양자 효율(external quantum efficiency, EQE), 열과 색에 대한 안정성 등이 있다.

초기 LED는 GaAs, AlGaAs, AlAs과 같은 III-IV족 반도체를 사용했으나, 제조를 위해서 고온의 진공 조건과 비싼 장비가 필요하므로 최근에는 양자점 LED(QLED)와 유기 LED(OLED)가 많은 관심을 받고 있다. OLED와 QLED 모두 전통적인 LED와 비슷한 샌드위치 구조를 지니고 있다. 활성층(active layer)은 OLED의 경우 유기 물질이고 QLED의 경우 양자점이 되며, 기본적인 구조는 '양극(anode)-정공 수송층(hole transport layer)-활성층-전자수송층(electron transport layer)-음극(cathode)'이다. 전기장이 가해지면 음극의 전자와 양극의 정공이 활성층에 주입이 된 후 결합하면서 활성층의 밴드갭 에너지와 가까운 에너지의 광자를 방출하게 된다.

LED의 발광 효율은 양자 효율로 평가할 수 있다. 양자 효율(quantum efficiency)은 물질이 흡수한 광자 또는 전자가 다른 에너지의 광자 또는 전자로 변환되는 비율을 말한다. 양자 효율은 에너지의 공급에 의해 주입된 광자가 발광 에너지로 전환되는 비율인 내부 양자 효율(internal quantum efficiency, IQE)과 발생한 광자수가 외부로 방출된 광자수로 전환되는 비율인 외부 양자 효율(external quantum efficiency, EQE)로 나눌 수 있다.

만약 pn 다이오드에 과잉 전자(Δn)와 정공(Δp)을 주입하면, 접합에서 전하운반자 농도는 다음과 같을 것이다(p_0와 n_0는 각각 전류의 주입이 없을 때 평형 상태에서 정공과 전자의 농도).

$$p = p_0 + \Delta p \tag{4.4}$$

$$n = n_0 + \Delta n \tag{4.5}$$

전자-정공쌍이 어떤 시간 내에 재결합할 때 그 시간을 전자-정공쌍 수명(lifetime, τ)이라고 부른다. 일정 상태(steady state)에서 주입되는 과잉 전하가 재결합에 의해 균형을 이룬다고 가정하면 전하운반자 주입 속도(R)는 $\Delta n/\tau$이다.

유도 방출이나 증폭이 없는 낮은 주입 영역에서는 $\tau \approx [k(n_0 + p_0)]^{-1}$인데, 여기에서 k는 실험적으로 결정되는 재결합 상수이다. 그러면 전하 주입 속도는 다음과 같이 나타낼 수 있다.

$$R = \frac{\Delta n}{\tau} \approx k\Delta n(n_0 + p_0) \tag{4.6}$$

LED의 내부 양자 효율은 방사성 재결합 속도 대 전체 재결합 속도(=방사성과 비방사성 재결합 속도의 합)의 비율로 결정된다.

$$IQE = \eta_i = \frac{k_R}{k_R + k_{NR}} \tag{4.7}$$

위 식에서 k_R와 k_{NR}는 각각 방사성(radiative)과 비방사성(non-radiative) 재결합 속도 상수를 가리킨다. 재결합 속도는 전자-정공쌍의 수명에 반비례하므로 다음과 같이 내부 양자 효율 식을 나타낼 수 있다.

$$IQE = \eta_i = \frac{\tau_R + \tau_{NR}}{\tau_R} \tag{4.8}$$

단위 부피 및 초당 방출되는 광자 수(Φ_i)는 방사성 재결합 속도와 주입되는 전하 농도 Δn에 비례한다.

$$\Phi_i = \eta_i R = \eta_i \frac{\Delta n}{\tau} = \frac{\Delta n}{\tau_R} = k_R \Delta n(n_0 + p_0) \tag{4.9}$$

어떤 부피 V에 방출되는 광자 플럭스(flux of photon) Φ_i는 $V\Phi_i = V(\Delta n/\tau_R)$이다.

LED의 활성층에서 방출되는 광자들은 LED로부터 빠져나가야 하지만 일부는 외부로 나가기 전에 다시 물질에 흡수되거나 표면에서 산란되는데, 이러한 빛 에너지의 비율은 내부 양자 효율로 알 수 있고 LED 외부로 나가는 빛 에너지의 비율은 외부 양자 효율로 나타낸다. 이상적인 LED에서는 100%의 광 추출 효율(light extraction efficiency)을 가지지만 실제 LED에서는 외부로 빠져나가지 못한 광자들이 존재하여 고성능 LED 제작을 위해 광 추출 효율을 높이는 것이 중요하다. 따라서 외부 양자 효율은 내부 양자 효율과 광 추출 효율의 곱으로 생각할 수 있다.

$$EQE = \eta_{ex} = \frac{\text{나가는 광자}}{\text{들어오는 전자}} = \frac{\text{광자/초(s)}}{\text{전자/초(s)}} = \frac{\phi}{I} \tag{4.10}$$

ϕ는 측정된 광자 플럭스(photon flux)이고, I는 주입된 전류이다. LED의 활성층에서 방출된 광 전력 P와 빛의 파장 λ을 이용하면 광자 플럭스를 다음과 같이 얻을 수 있다.

$$\phi = \frac{P}{\text{광자 에너지}} = \frac{P}{\frac{hc}{\lambda}} \tag{4.11}$$

$$EQE = \eta_{ex} = \frac{\phi}{I} = \frac{P\lambda}{Ihc} \tag{4.12}$$

한 가지 주목할 것은 LED의 외부 양자 효율과 태양 전지의 외부 양자 효율은 반대의 경향을 가진다는 것이다. 즉, 태양 전지의 외부 양자 효율은 태양 전지에서 수집한 캐리어 수와 외부에서 태양 전지에 비춰진 빛 에너지의 광자 수(입사 광자)의 비율이다. 따라서 LED에 최적화된 장치는 일반적으로 성능이 좋지 않은 태양 전지이고, 반대로 성능이 좋은 태양 전지는 LED로서는 적합하지 않기 때문에 각각의 응용에서 선택하는 물질의 종류 및 표면 등에 대해서 매우 다른 접근이 이루어진다.

양자점의 높은 발광 효율, 우수한 색순도, 용액 공정 및 저비용 등으로 인해 양자점 LED(quantum dot light-emitting diode, QLED)는 차세대 디스플레이용 광소재로 주목을 받고 있다(그림 4.11). QLED 소재 후보로는 InP, ZnE(E = Te, Se, S), PbS, CdSe, $CuInS_2$, CdSe 등이 있다.[12,13,46] 보다 효율적인 디스플레이를 위해 Auger 재결합과 표면이 결함에 의한 트랩을 감소시켜 비방사성 재결합을 줄이고, 양자점 간 전하 이동을 감소시키기 위한 연구가 지속되고 있다. Auger 재결합은 방사성 재결합을 소광시키므로 LED와 같은 장치와 광학적으로 활성화된 물질의 효율을 떨어뜨리는 문제를 야기한다. 또한 Cd나 Pb는 독성이 있으므로 InP과 같은 친환경적인 양자점 소재의 효율 향상을 위한 노력이 적극적으로 이루어지고 있다.[47]

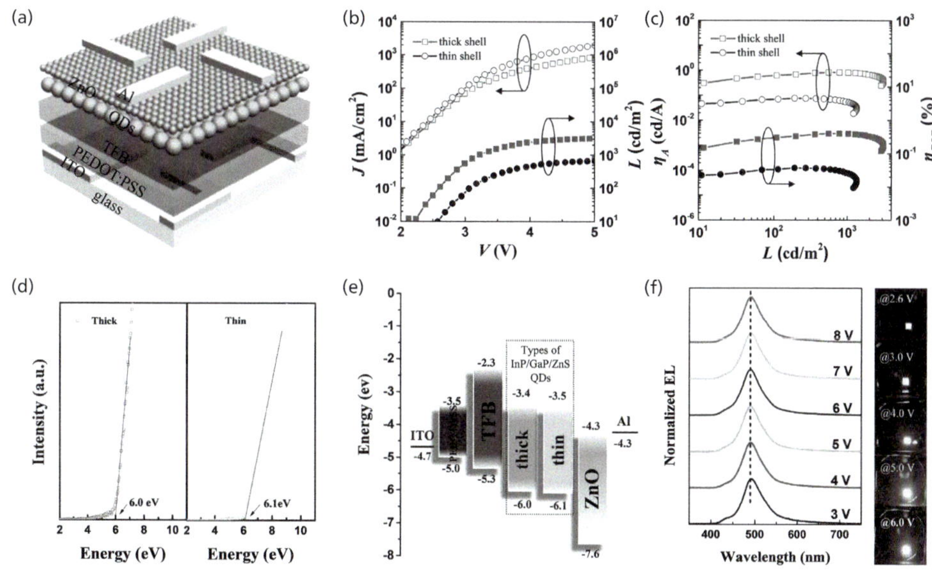

그림 4.11 ▶ (a) QLED 구조. (b) 전압에 따른 전류 밀도와 광도. (c) 광도에 따른 전류 효율과 EQE. (b)와 (c)에서 두께가 얇고 두꺼운 ZnS shell을 갖는 ZnSInP/GaP/ZnS 양자점의 Luminance에 따른 전류 효율과 EQE. (d) 두께에 따른 밸런스밴드 최대값 변화. (e) QLED 내의 구성 물질의 에너지 준위. (f) 전계발광 스펙트럼과 다른 전압에서의 전계발광 세기. Reproduced with permission from ACS publications.[48]

4.4.2 콜로이드 양자점 태양 전지

전기 에너지를 빛 에너지로 변환시키는 LED와 반대로, 태양 전지는 태양 에너지를 전기 에너지로 변환시켜주는 전기적인 장치이다. 지구 표면에 도달하는 태양 에너지는 자외선, 가시광선, 적외선 영역이 주된 파장 영역이 되며 자외선과 가시광선이 절반 정도 되고 적외선이 나머지 절반에 가깝게 된다. 태양의 온도에 해당하는 흑체복사 에너지가 지구에 도달할 때 경로에 존재하는 다양한 물질 등에 의해서 흡수되는 파장도 존재하며 궁극적으로 지구 표면에 도달하는 복사에너지를 각각의 파장에 대해서 최대한 변환시키며 사용하려는 것이 태양전지 연구의 목적이 된다.

양자점은 파장에 대한 흡수도가 높고 파장을 선택할 수 있기 때문에 태양에너지를 흡수하는 태양전지의 활성층 소재로서 매우 큰 기대를 받고 있다. 특히 양자점을 태양전지 소재로 사용하는 많은 장점 중 하나는 태양에너지 중 가시광선 영역뿐만 아니라 태양에너지의 절반에 해당하는 적외선 영역까지 폭넓은 스펙트럼 영역을 활용할 수 있다는 것이다.

태양전지에 사용하는 양자점에 대한 예는 다음과 같다. 일반적으로 PN 다이오드 형태로 광전압전지(photovoltaic cell) 사용하게 되는데, 이때 역방향으로 전압이 인가된 상태에서 태양 빛을 받아들이게 된다. 이때 PN 다이오드의 접합(junction)에서는 기존에 존재하는 전하가 서로 이동하면서 공핍층(depletion region)이 형성되며 빛에 의해서 형성된 엑시톤에서 분리된 전자와 정공은 각각 전극으로 이동하게 된다. PN 다이오드의 공핍층에서 분리된 전자와 정공은 결국 아무런 전기장이 존재하지 않는 영역에서 확산(diffusion)을 하게 되는데, 이때 확산을 할 수 있는 거리에 따라서 P와 N에 사용하는 반도체 물질의 두께가 결정된다. 궁극적으로 전자와 정공이 전극에 효율적으로 도달하기 위해서 이러한 빛을 흡수하는 양자점 활성층(active layer)의 두께가 결정이 되며, 각 전자와 정공이 전극에 도달하기까지 단계적으로 겪는 에너지 장벽에 대한 조절이 양자점을 포함한 태양전지의 소자 제작의 핵심이라고 할 수 있다. 양자점의 경우에는 구형의 수 나노미터의 지름을 갖기 때문에 양자점이 박막형태로 쌓일 때 양자점 간 빈 공간이 형성되게 되는데, 이 빈 공간을 무기물로 채우며 전하의 이동도를 높이는 연구 역시 매우 활발하게 수행되고 있다. 양자점 박막의 전하이동도는 초기의 결과에 비해 약 백만 배($\sim10^6$) 정도 증가하였으며 수십 $cm^2\ V^{-1}\ s^{-1}$에 달하고 있지만 여전히 발전할 수 있는 여지가 많이 있다.

흥미로운 것은, 양자점은 하나의 높은 에너지 광자를 흡수하고 두 개의 엑시톤을 생성하는 다중 엑시톤 생성(multiple exciton generation) 현상이 가능하다. 이 경우 양자효율이 100%를 초과하게 되어 태양전지의 광전변환효율(power conversion efficiency, PCE)이 상승할 것으로 기대하며 많은 관심을 받았던 다중 엑시톤 생성은 최초에 예상했던 값보다는 상대적으로 적게 생성되었다. 그래도 다중 엑시톤 생성이 가능함을 보여줄 수 있었다.

양자점 소재 측면에서 태양전지로 사용 가능한 물질은 PbS 양자점이 성능 면에서 가장 각광 받아 왔으며 광전변환효율이 약 12% 이상으로 나타난다는 보고가 있다. 최근에는 공유결합성이 높은 기존에 보고된 양자점보다 이온결합성이 높은 페로브스카이트 양자점을 이용한 태양전지의 광전변환효율이 짧은 시간 내에 가파르게 상승하고 있어 매우 큰 관심을 받고 있다(그림 4.12).[49,50] ABX_3 (A = Cs, CH_3NH_3, $CH_2(NH_2)_2$; B = Pb; X = Cl, Br, I) 화학식을 갖는 페로브스카이트 양자점은 $CsPbX_3$나 아민기 기반의 양자점도 있다.[18,35] 이와 같이 이온성 결합 특징이 강한 페로브스카이트 양자점의 경우에 태양전지의 광전변환효율이 16.6% 이상으로 보이는 등 지난 10여년 간 10% 이상 증가한 것을 고려할 때, 앞으로도 발전 가능성이 높을 것으로 기대된다.

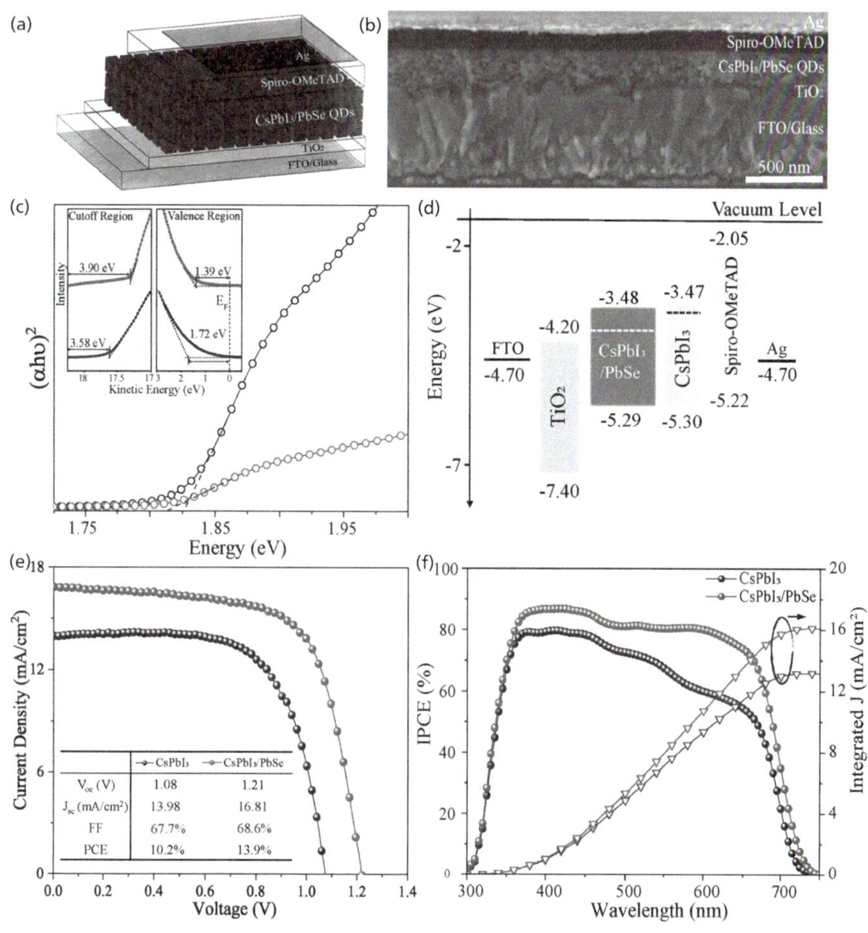

그림 4.12 ▶ (a) 소자구조, (b) $CsPbI_3$/PbSe QD 기반의 태양전지 단면적에 대한 SEM 이미지, (c) $CsPbI_3$ (black)와 $CsPbI_3$/PbSe (red) 필름의 Tauc 곡선과 UPS 스펙트럼(inset), (d) 소자 내 소재의 각 에너지 준위, (e) 역방향 측정 조건에서의 $CsPbI_3$와 $CsPbI_3$/PbSe 기반으로 제작한 태양전지의 $J-V$ 곡선과 Voc, Jsc, FF, PCE (f) IPCE와 integrated J 곡선. Reproduced with permission from ACS publications.[49]

4.4.3 콜로이드 양자점 광검출기(Photodetector)

광검출기는 태양전지와 개념적으로 유사하다. 외부에서 빛이 양자점 박막에 도달하게 되면 높은 흡수계수(~105 cm^{-1})를 가진 양자점이 해당 파장의 빛 에너지를 흡수하고 엑시톤이 생성된다. 소자 구조의 형태에서 따라 광전도소자(photoconductive device) 또는 광전압소자(photovoltaic device) 구조로 각각의 빛을 전기 신호로 변환한다. 양자점 광검출기는 가시광선 및 적외선 영역에서 매우 활발한 연구가 진행되고 있으며, 기존의 광검출기에 비해서 공정과정에서 높은 온도를 사용하지 않아도 된다는 장점과 소재를 합성하는 과정에 있어서 기존의 물질에 비해 효율적으로 생산이 된다는 장점 때문에 이에 대한 수요가 크게 늘어나고 있다. 최근에는 적외선과 같이 눈으로 볼 수 없는 영역에 대한 광검출 연구가 활발하다. 그림 4.13은 적외선 양자점을 이용한 적외선 광검출기를 이용하여 두 가지 적외선 영역에서 피사체에 대하여 얻은 이미지이다.[51] 적외선 양자점 검출기는 열감지, 식품, 누전, 방위산업, 보건 환경 등 다양한 응용에 사용이 가능하다.

4.4.4 콜로이드 양자점 레이저

반도체 레이저는 보안, 교육, 보건 등 매우 다양한 응용처에서 이미 우리의 생활에서 많이 사용되고 있다. 반도체 레이저는 광활성층에 해당하는 물질이 다양해질수록 그 활용 범위가 더욱 넓어질 수 있는데 양자점 역시 기존의 레이저 미디엄을 대체하는 물질로 각광받고 있다. 그림 4.14는 양자점 기반의 레이저 소자의 구조 및 해당 소자에 대한 레이저 스펙트럼

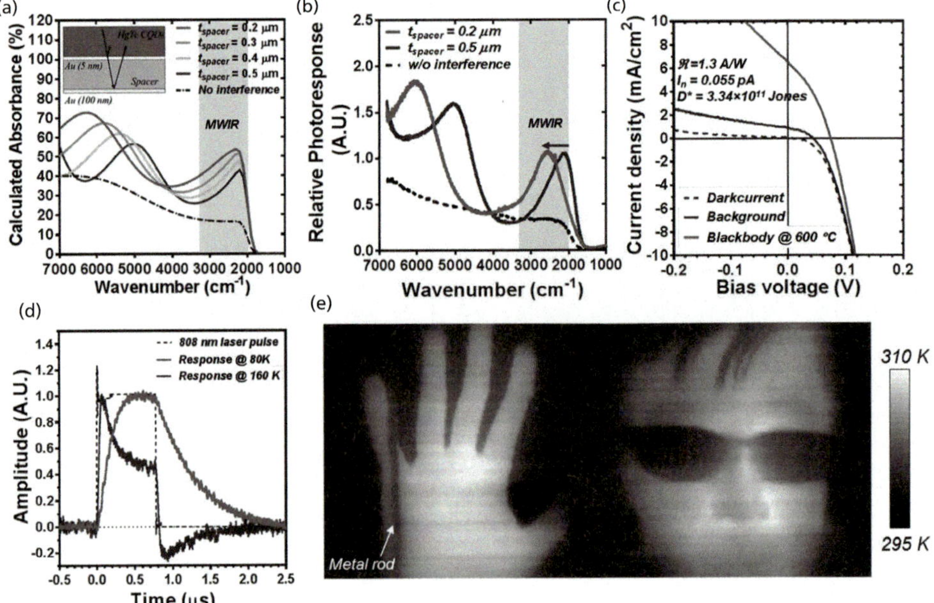

그림 4.13 ▶ 간섭 현상에 의해 증가된 광감응과 열감지 이미지. (a) 간섭층의 유무 및 spacer의 두께에 따른 HgTe 양자점 층의 흡수도 계산 결과(inset) 간섭 구조, (b) Space의 두께에 따른 상대적인 광감응성, (c) 전류밀도-전압 결과, (d) 80 K와 60 K에서의 펄스 레이저에 대한 감응도, (e) 간섭구조를 이용한 HgTe 양자점 적외선 포토디텍터의 열감지 이미지. Reproduced with permission from ACS publications.[51]

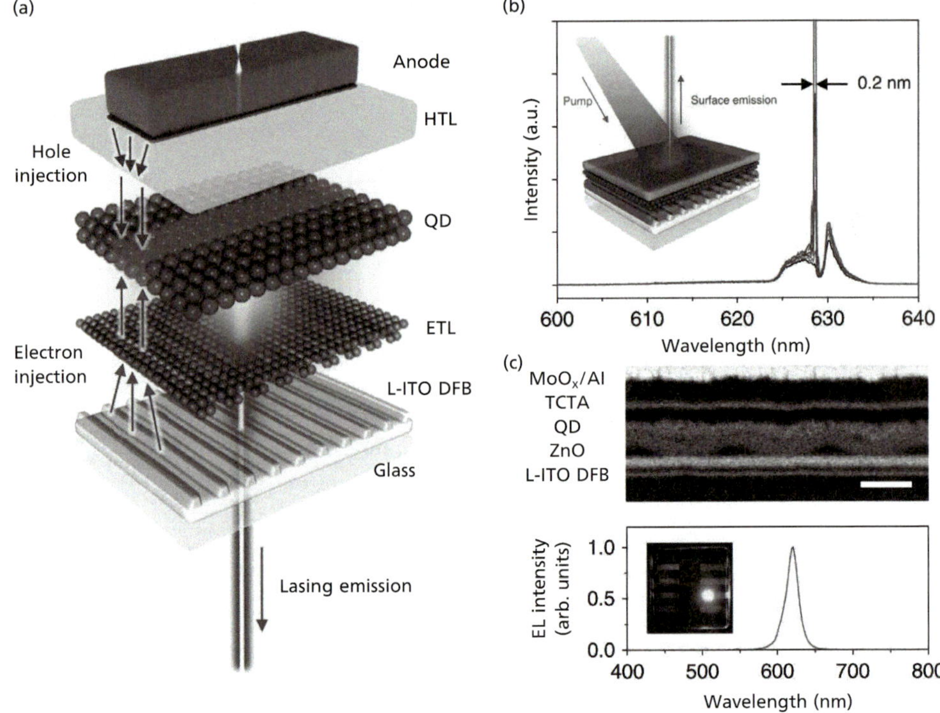

그림 4.14 ▶ (a) 양자점 레이저 구조. (b) 레이저 스펙트럼. (c) 양자점 레이저 단면적 SEM 이미지와 EL 스펙트럼. Reproduced with permission from Springer Nature.[52]

이다.[52] 레이저의 구조는 LED의 구조와 메커니즘은 유사하지만 레이저 캐비티가 존재하며, 이를 통해 소자로부터 나오는 빛의 스펙트럼의 반치폭(FWHM)을 매우 줄일 수 있고 빛의 방향성 및 편광을 유도할 수 있다.

4.4.5 생물학적 응용

높은 광 발광과 좁은 반치전폭, 그리고 원소 조성에 따라 낮은 독성과 생체 적합성(biocompatibility)으로 인해 양자점은 바이오센서(biosensor)와 바이오 이미징(bioimaging) 등 여러 생물학적 응용을 위한 후보 물질로 매우 적절하다(그림 4.15).[52~56] 예를 들어, 금 나노입자와 양자점 등을 이용한 나노기술은 생체 내(in vivo)와 생체 외(in vitro) 이미징과 같은 생명과학 분야에서 질병 진단과 치료 목적을 위한 응용에 초점을 두고 있다. 양자점은 높은 양자효율과 흡광계수와 같은 광학적 특성이 매우 뛰어나 기존의 형광체에 비해 10배 이상의 신호 세기를 나타내어 세포 내에서 일어나는 다양한 분자 수준의 변화를 영상화하는 바이오 이미징(bioimaging)에 자주 사용된다. 이러한 양자점과 기존의 형광발색단 또는 다른 나노입자와의 조합을 통해 표적형 조영제나 특정한 신호나 물질이 인식될 때 빛을 발하여 신호를 보내는 지능형 조영제로서 양자점의 응용을 확대할 수 있는데, 대표적인 예가 형광 공명 에너지 전이(Förster/Fluorescence resonance energy transfer, FRET)와 생물 발광 공명 에너지 전이(bioluminescence resonance energy transfer, BRET)를 이용하는것이다.[53,54] FRET는 먼저 여기된 주개(donor) 형광물질의 여기된 상태의 에너지가 받개(acceptor) 형광물질로 전달되는 비방사성 과정이다. FRET 효율(E)은 주개와 받개 간 거리, 주개의 방출 스펙트럼과 받개의 흡수 스펙트럼의 겹침의 정도, 그리고 주개와 받개의 전이 쌍극자 간의 상대적인 배열에 의존한다. FRET 효율을 식으로 나타나면 다음과 같다.

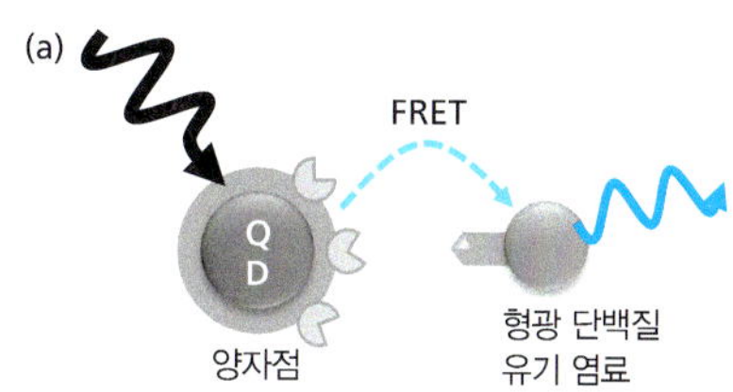

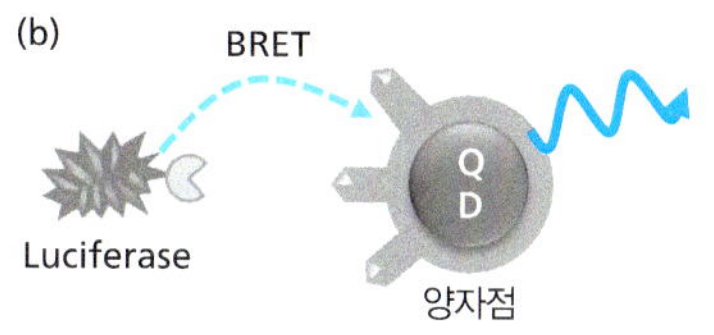

그림 4.15 ▸ 형광 공명 에너지 전이(Förster/Fluorescence resonance energy transfer, FRET)와 생물 발광 공명 에너지 전이(bioluminescence resonance energy transfer, BRET).

$$E = \frac{1}{1 + (r/R_0)} \qquad \textbf{(4.13)}$$

위 식에서 r은 주개와 받개 간 거리이고, R_0은 에너지 전이 효율이 50%가 되었을 때 주개와 받개 간 거리인 Förster 거리이다. Förster 거리는 보통 1~10 nm로 알려져 있다. 이 거리는 단백질의 지름, 단백질 간 거리, 생체막의 두께 등과 비슷해서 생체 내 센서 및 이미징의 생물학적 분야에 FRET가 활발하게 사용된다. BRET는 FRET의 형광물질 주개 대신 발광 분자를 주개로 사용한다. 발광 분자로는 일반적으로 luciferase 단백질이 사용된다. 양자점의 뛰어난 형광 능력으로 인해 FRET에서는 주개로, 그리고 BRET에서는 받개로 양자점을 이용하여 생물학적 응용이 가능하다.

양자점을 형광 표지(fluorescent probe) 물질로 사용하기 위해 최적화된 밝기, 최소화된 수력학적 크기(hydrodynamic size), 비특이적(nonspecific) 상호작용에 대한 저항, 그리고 사이트 특이적(site-specific) 리간드과의 결합을 하는 양자점을 개발하려는 노력과 관심이 상당하다(그림 4.16). 수력학적 크기는 입자 자체의 크기뿐만 아니라 입자 표면에 흡착된 분자층 및 반대 이온(counter ion) 등의 두께가 포함된 크기이다. 많은 경우 양자점은 큰 수력학적 크기 때문에 단백질, 조직이나 세포막에 비특이적으로 결합하고, 리간드의 결합이 잘 제어되지 않고, 결정의 코어 크기가 감소되면 밝기가 감소하는 경향이 있다. 단백질, 조직이나 세포막에 비특이적으로 결합하는 문제를 해결하기 위해, 양자점을 polyethylene glycol (PEG)과 같은 전하를 띠지 않는 친수성 고분자로 코팅하는 시도도 있었지만 이 경우 수력학적 크기가 증가하는 문제가 생겼다. 또한 cysteine과 같은 양쪽성 이온(zwitterionic) 리간드를 사용하면 크기가 작고 비특이적 결합에 저항하는 양자점을 얻을 수 있으나, 콜로이드 안정성이 낮고 광퇴색(photobleaching)이나 낮은 양자 효율의 문제점이 있다. 또한 결정의 코어 크기가 감소하면 양자점의 밝기가 급격히 줄어드는 문제점도 있다. 그 이유는 동일한 형광 양자 효율 하에서 단일 양자점의 밝기는 입자 크기의 세제곱에 비례하는 몰 흡광도에 따라 증가하기 때문이다. 따라서 크기가 작은 양자점은 크기가 큰 양자점에 비해 효율적으로 여기되지 않아서 동일한 빛을 받았을 때 밝기가 어둡다. 이러한 복합적인 문제를 극복하고 양자점의 장점을 살려 생물학적 진단과 치료 목적을 위해 활용하기 위해 여러 연구들이 수행되고 있다.

예를 들어, CdSe 대신 $CdSe_xS_{1-x}$, $CdTe_xSe_{1-x}$, $Hg_xCd_{1-x}Te$, $Hg_xCd_{1-x}Se$처럼 세 개

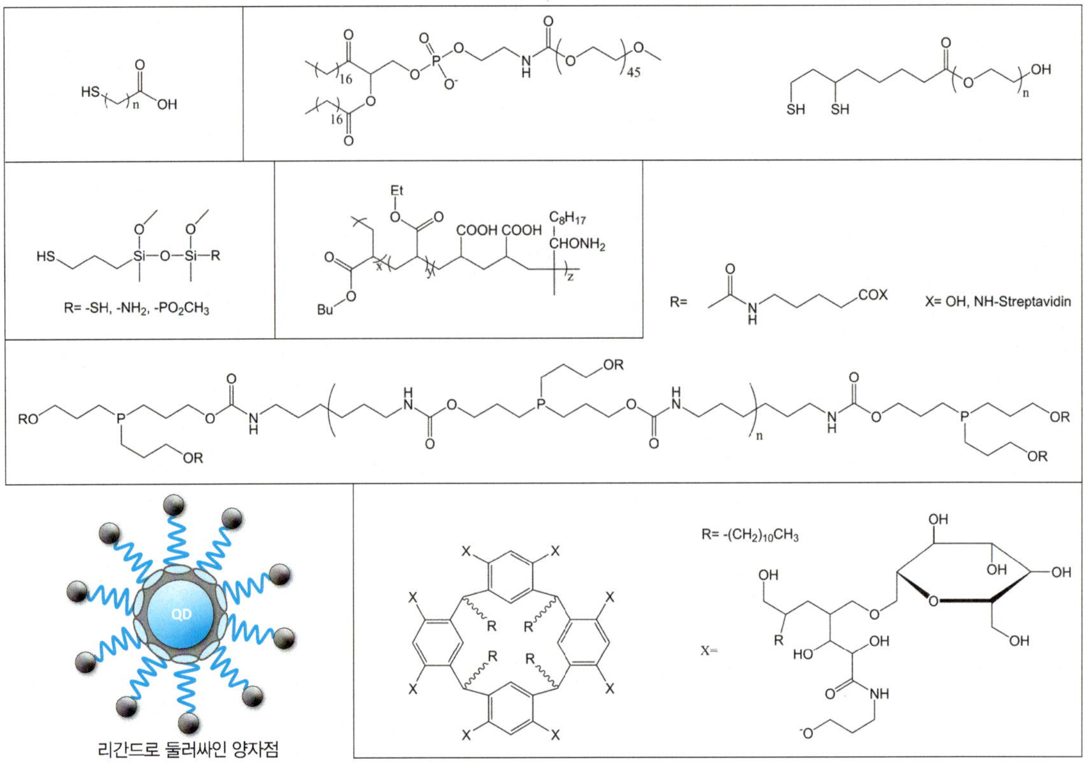

그림 4.16 ▶ FRET의 주개로서의 양자점과 양자점 표면의 다양한 리간드

의 원소로 이루어진 양자점을 이용하여 나노입자의 코어 크기를 일정하게 유지하면서도 원소 조성에 따라 형광의 파장을 조정할 수 있다.[56,57] 또한 복합적인 기능과 여러 자리에 결합할 수 있는(multidentate) 고분자 리간드를 이용하여 매우 조밀한 양자점을 개발한 경우도 있다. 이러한 양자점은 크기가 매우 작으면서도 우수한 광학적 성질을 지니고 있고, 콜로이드 안정성과 광퇴색에 대한 저항, 그리고 높은 양자 효율을 제공한다.

그러나 양자점의 표면이 카복실기나 아민을 포함하는 리간드로 덮여 있어서 전하를 띠게 되면 단백질과 세포막에 비특이적으로 결합하는 문제가 생긴다. 이러한 문제는 신호 대 잡음비(signal-to-noise ratio)를 줄이고 면역염색 특이성(immunostaining specificity)과 검출 민감도(detection sensitivity)를 제한할 뿐만 아니라 거짓 양성(false-positive) 염색을 야기할 수도 있다. 이러한 비특이적 결합 문제를 줄이기 위해 양자점을 덮고 있는 유기층에 종종 PEG를 붙인다. PEG가 결합된 양자점의 표면은 중성이고 PEG 사슬 간 입체 반발력(steric repulsion)에 의한 콜로이드 안정성을 유지할 수 있다. 이외에도 최근에는 더 발전된 생물학적 진단과 치료 목적을 달성하기 위해 양자점의 여러 다기능성(multifunctional) 코팅 방법, 분자 표지 전략 및 세포 전달 전략 등의 연구가 지금도 활발히 진행되고 있다. 특히 양자점의 코팅 기술이 발전되면서 양자점의 우수한 발광 성질을 유지하면서 표적성(targeting)과 세포막이나 핵막을 침투할 수 있도록 설계된 양자점을 개발한 연구 결과가 보고되고 있다.[54]

참고 문헌

1. A. I. Ekimov and A. A. Onushchenko, Quantum size effect in three-dimensional microscopic semiconductor crystals, *Jetp Lett*, 1981, 34 (6), 345-349.
2. M. Reed, J. Randall, R. Aggarwal, R. Matyi, *et al.*, Observation of discrete electronic states in a zero-dimensional semiconductor nanostructure, *Phys. Rev. Lett.*, 1988, 60 (6), 535.
3. L. Brus, Electronic wave functions in semiconductor clusters: experiment and theory, *J. Phys. Chem.*, 1986, 90 (12), 2555-2560.
4. L. E. Brus, Electron–electron and electron-hole interactions in small semiconductor crystallites: The size dependence of the lowest excited electronic state, *J. Chem. Phys.*, 1984, 80 (9), 4403-4409.
5. P. Mushonga, M. O. Onani, A. M. Madiehe, and M. Meyer, Indium Phosphide-Based Semiconductor Nanocrystals and Their Applications, *J. Nanomater.*, 2012, 2012, 869284.
6. H.-J. Byun, J. C. Lee, and H. Yang, Solvothermal synthesis of InP quantum dots and their enhanced luminescent efficiency by post-synthetic treatments, *J. Colloid Interface Sci.*, 2011, 355 (1), 35-41.
7. K. Kyhm, J. Kim, S. Kim, and H.-s. Yang, Gain dynamics and excitonic transition in CdSe colloidal quantum dots, *Opt. Mater.*, 2007, 30 (1), 158-160.
8. T. Rajh, O. I. Micic, and A. J. Nozik, Synthesis and characterization of surface-modified colloidal cadmium telluride quantum dots, *J. Phys. Chem.*, 1993, 97 (46), 11999-12003.
9. S. Ramanathan, S. Patibandla, S. Bandyopadhyay, J. Anderson, *et al.*, Fluorescence spectroscopy of electrochemically self-assembled ZnSe and Mn: ZnSe nanowires, *Nanotechnology*, 2008, 19 (19), 195601.
10. J. Park, J. Joo, S. G. Kwon, Y. Jang, *et al.*, Synthesis of Monodisperse Spherical Nanocrystals, *Angew. Chem., Int. Ed.*, 2007, 46 (25), 4630-4660.
11. C. B. Murray, D. J. Norris, and M. G. Bawendi, Synthesis and characterization of nearly monodisperse CdE (E = sulfur, selenium, tellurium) semiconductor nanocrystallites, *J. Am. Chem. Soc.*, 1993, 115 (19), 8706-8715.
12. L. Li and P. Reiss, One-pot Synthesis of Highly Luminescent InP/ZnS Nanocrystals without Precursor Injection, *J. Am. Chem. Soc.*, 2008, 130 (35), 11588-11589.
13. O. I. Micic, C. J. Curtis, K. M. Jones, J. R. Sprague, *et al.*, Synthesis and Characterization of InP Quantum Dots, *J. Phys. Chem.*, 1994, 98 (19), 4966-4969.
14. M. A. Hines and G. D. Scholes, Colloidal PbS Nanocrystals with Size-Tunable Near-Infrared Emission: Observation of Post-Synthesis Self-Narrowing of the Particle Size Distribution, *Adv. Mater.*, 2003, 15 (21), 1844-1849.
15. N. T. K. Thanh, N. Maclean, and S. Mahiddine, Mechanisms of Nucleation and Growth of Nanoparticles in Solution, *Chem. Rev.*, 2014, 114 (15), 7610-7630.
16. H. Reiss, The Growth of Uniform Colloidal Dispersions, *J. Chem. Phys.*, 1951, 19 (4), 482-487.
17. I. M. Lifshitz and V. V. Slyozov, The kinetics of precipitation from supersaturated solid solutions, *J. Phys. Chem. Solids*, 1961, 19 (1), 35-50.
18. C. Wagner, Theorie der Alterung von Niederschlägen durch Umlösen (Ostwald-Reifung), *Zeitschrift für Elektrochemie, Berichte der Bunsengesellschaft für physikalische Chemie*, 1961, 65 (7-8), 581-591.
19. S. G. Kwon and T. Hyeon, Formation Mechanisms of Uniform Nanocrystals via Hot-Injection and Heat-Up Methods, *Small*, 2011, 7 (19), 2685-2702.
20. L. Protesescu, S. Yakunin, M. I. Bodnarchuk, F. Krieg, *et al.*, Nanocrystals of Cesium Lead Halide Perovskites ($CsPbX^3$, X = Cl, Br, and I): Novel Optoelectronic Materials Showing Bright Emission with Wide Color Gamut, *Nano Lett.*, 2015, 15 (6), 3692-3696.
21. M. D. Peterson, L. C. Cass, R. D. Harris, K. Edme, *et al.*, The Role of Ligands in Determining the Exciton Relaxation Dynamics in Semiconductor Quantum Dots, *Annu. Rev. Phys. Chem.*, 2014, 65 (1), 317-339.
22. A. Pandey and P. Guyot-Sionnest, Slow Electron Cooling in Colloidal Quantum Dots, *Science*, 2008, 322 (5903), 929-932.
23. A. Nag, M. V. Kovalenko, J.-S. Lee, W. Liu, *et al.*, Metal-free Inorganic Ligands for Colloidal Nanocrystals: S^{2-}, HS^-, Se^{2-}, HSe^-, Te^{2-}, HTe^-, TeS_3^{2-}, OH^-, and NH^{2-} as Surface Ligands, *J. Am. Chem. Soc.*, 2011, 133 (27), 10612-10620.
24. V. I. Klimov and D. W. McBranch, Femtosecond 1P-to-1S Electron Relaxation in Strongly Confined Semiconductor Nanocrystals, *Phys. Rev. Lett.*, 1998, 80 (18), 4028-4031.
25. P. Guyot-Sionnest, M. Shim, C. Matranga, and M. Hines, Intraband relaxation in CdSe quantum dots, *Phys. Rev. B*, 1999, 60 (4), 2181-2184.
26. R. R. Cooney, S. L. Sewall, E. A. Dias, D. M. Sagar, *et al.*, Unified picture of electron and hole relaxation pathways in semiconductor quantum dots, *Phys. Rev. B*, 2007, 75 (24), 245311.
27. P. Guyot-Sionnest, B. Wehrenberg, and D. Yu, Intraband relaxation in CdSe nanocrystals and the strong influence of the surface ligands, *J. Chem. Phys.*, 2005, 123 (7), 074709.
28. C. Melnychuk and P. Guyot-Sionnest, Multicarrier Dynamics in Quantum Dots, *Chem. Rev.*, 2021, 121 (4), 2325-2372.
29. K. S. Jeong, Z. Deng, S. Keuleyan, H. Liu, *et al.*, Air-Stable n-Doped Colloidal HgS Quantum Dots, *J. Phys. Chem. Lett.*,

2014, 5 (7), 1139-1143.

30. B. L. Wehrenberg, C. Wang, and P. Guyot-Sionnest, Interband and Intraband Optical Studies of PbSe Colloidal Quantum Dots, *J. Phys. Chem. B*, 2002, 106 (41), 10634-10640.

31. R. R. Cooney, S. L. Sewall, K. E. H. Anderson, E. A. Dias, *et al.*, Breaking the Phonon Bottleneck for Holes in Semiconductor Quantum Dots, *Phys. Rev. Lett.*, 2007, 98 (17), 177403.

32. S. Xu, A. A. Mikhailovsky, J. A. Hollingsworth, and V. I. Klimov, Hole intraband relaxation in strongly confined quantum dots: Revisiting the "phonon bottleneck" problem, *Phys. Rev. B*, 2002, 65 (4), 045319.

33. V. I. Klimov, A. A. Mikhailovsky, D. W. McBranch, C. A. Leatherdale, *et al.*, Quantization of Multiparticle Auger Rates in Semiconductor Quantum Dots, *Science*, 2000, 287 (5455), 1011-1013.

34. D. R. Baker and P. V. Kamat, Tuning the Emission of CdSe Quantum Dots by Controlled Trap Enhancement, *Langmuir*, 2010, 26 (13), 11272-11276.

35. H. Du, C. Chen, R. Krishnan, T. D. Krauss, *et al.*, Optical Properties of Colloidal PbSe Nanocrystals, *Nano Lett.*, 2002, 2 (11), 1321-1324.

36. H. Liu and P. Guyot-Sionnest, Photoluminescence Lifetime of Lead Selenide Colloidal Quantum Dots, *J. Phys. Chem. C*, 2010, 114 (35), 14860-14863.

37. J. H. Warner, E. Thomsen, A. R. Watt, N. R. Heckenberg, et al., Time-resolved photoluminescence spectroscopy of ligand-capped PbS nanocrystals, *Nanotechnology*, 2005, 16 (2), 175-179.

38. K. E. Knowles, M. Malicki, and E. A. Weiss, Dual-Time Scale Photoinduced Electron Transfer from PbS Quantum Dots to a Molecular Acceptor, *J. Am. Chem. Soc.*, 2012, 134 (30), 12470-12473.

39. A. Aharoni, D. Oron, U. Banin, E. Rabani, *et al.*, Long-Range Electronic-to-Vibrational Energy Transfer from Nanocrystals to Their Surrounding Matrix Environment, *Phys. Rev. Lett.*, 2008, 100 (5), 057404.

40. V. I. Klimov, D. W. McBranch, C. A. Leatherdale, and M. G. Bawendi, Electron and hole relaxation pathways in semiconductor quantum dots, *Phys. Rev. B*, 1999, 60 (19), 13740-13749.

41. S. Logunov, T. Green, S. Marguet, and M. A. El-Sayed, Interfacial Carriers Dynamics of CdS Nanoparticles, *J. Phys. Chem. A*, 1998, 102 (28), 5652-5658.

42. S. L. Sewall, R. R. Cooney, K. E. H. Anderson, E. A. Dias, et al., State-resolved studies of biexcitons and surface trapping dynamics in semiconductor quantum dots, *J. Chem. Phys.*, 2008, 129 (8), 084701.

43. E. A. McArthur, A. J. Morris-Cohen, K. E. Knowles, and E. A. Weiss, Charge Carrier Resolved Relaxation of the First Excitonic State in CdSe Quantum Dots Probed with Near-Infrared Transient Absorption Spectroscopy, *J. Phys. Chem. B*, 2010, 114 (45), 14514-14520.

44. C. Melnychuk and P. Guyot-Sionnest, Auger Suppression in n-Type HgSe Colloidal Quantum Dots, *ACS Nano*, 2019, 13 (9), 10512-10519.

45. J. Lim, Y. C. Choi, D. Choi, I. Y. Chang, *et al.*, Ultrafast intraband Auger process in self-doped colloidal quantum dots, *Matter*, 2021, 4 (3), 1072-1086.

46. Y. Shirasaki, G. J. Supran, M. G. Bawendi, and V. Bulović, Emergence of colloidal quantum-dot light-emitting technologies, *Nat. Photonics*, 2013, 7 (1), 13-23.

47. T. Kim, K.-H. Kim, S. Kim, S.-M. Choi, *et al.*, Efficient and stable blue quantum dot light-emitting diode, *Nature*, 2020, 586 (7829), 385-389.

48. H. Zhang, X. Ma, Q. Lin, Z. Zeng, *et al.*, High-Brightness Blue InP Quantum Dot-Based Electroluminescent Devices: The Role of Shell Thickness, *J. Phys. Chem. Lett.*, 2020, 11 (3), 960-967.

49. S. Wang, C. Bi, A. Portniagin, J. Yuan, *et al.*, $CsPbI_3$/PbSe Heterostructured Nanocrystals for High-Efficiency Solar Cells, *ACS Energy Lett.*, 2020, 5 (7), 2401-2410.

50. M. Hao, Y. Bai, S. Zeiske, L. Ren, *et al.*, Ligand-assisted cation-exchange engineering for high-efficiency colloidal $Cs_{1-x}FA_xPbI_3$ quantum dot solar cells with reduced phase segregation, *Nat. Energy*, 2020, 5 (1), 79-88.

51. M. M. Ackerman, X. Tang, and P. Guyot-Sionnest, Fast and Sensitive Colloidal Quantum Dot Mid-Wave Infrared Photodetectors, *ACS Nano*, 2018, 12 (7), 7264-7271.

52. J. Roh, Y.-S. Park, J. Lim, and V. I. Klimov, Optically pumped colloidal-quantum-dot lasing in LED-like devices with an integrated optical cavity, *Nat. Commun.*, 2020, 11 (1), 271.

53. B. A. Kairdolf, A. M. Smith, T. H. Stokes, M. D. Wang, *et al.*, Semiconductor Quantum Dots for Bioimaging and Biodiagnostic Applications, *Annual Review of Analytical Chemistry*, 2013, 6 (1), 143-162.

54. I. L. Medintz, H. T. Uyeda, E. R. Goldman, and H. Mattoussi, Quantum dot bioconjugates for imaging, labelling and sensing, *Nat. Mater.*, 2005, 4 (6), 435-446.

55. K. D. Wegner and N. Hildebrandt, Quantum dots: bright and versatile in vitro and in vivo fluorescence imaging biosensors, *Chem. Soc. Rev.*, 2015, 44 (14), 4792-4834.

56. R. E. Bailey and S. Nie, Alloyed Semiconductor Quantum Dots: Tuning the Optical Properties without Changing the Particle Size, *J. Am. Chem. Soc.*, 2003, 125 (23), 7100-7106.

57. M. D. Regulacio and M.-Y. Han, Composition-Tunable Alloyed Semiconductor Nanocrystals, *Acc. Chem. Res.*, 2010, 43 (5), 621-630.

연습 문제

1. 벌크 반도체와 나노 반도체의 차이를 설명하고 나노 반도체의 장점을 기술하라.

2. 나노 반도체가 응용되는 예를 기술하라.

3. Wannier–Mott 엑시톤을 Frenkel 엑시톤과 비교하여 설명하고 양자점에서 생성되는 엑시톤의 종류와 그 이유를 설명하라.

4. 전자와 정공의 자유도에 따라 달라지는 반도체 나노결정의 에너지 준위 구조를 설명하라.

5. 양자점에 밴드갭보다 큰 에너지에 해당하는 더 짧은 파장의 빛을 쪼였을 때, 전자와 정공을 중심으로 일어나는 현상을 설명하라.

6. 밴드갭을 조절하는 대표적인 방법이 바로 '도핑'이다. 이외에 어떠한 방법들이 있는지에 대해서 조사해 보라.

7. 엑시톤 Bohr 반지름이 5.8 nm인 어떤 이상적인 물질의 벌크 상태 밴드갭은 2.43 eV로 510 nm 파장의 빛을 형광으로 방출한다. 이 물질을 지름 10 nm의 나노입자로 만들어 형광을 방출하도록 할 때 파장을 예측해 보라.

8. 방사성 재결합과 비방사성 재결합의 종류와 차이에 대해 설명하라.

9. 양자구속효과는 항상 구(sphere) 형태의 나노입자에서만 가능할까? 아니라면 어떤 구조에서 나타날 수 있을지 기술하라.

10. 양자점을 이용한 발광 다이오드(LED)의 원리를 태양전지 원리와 비교하여 설명하라.

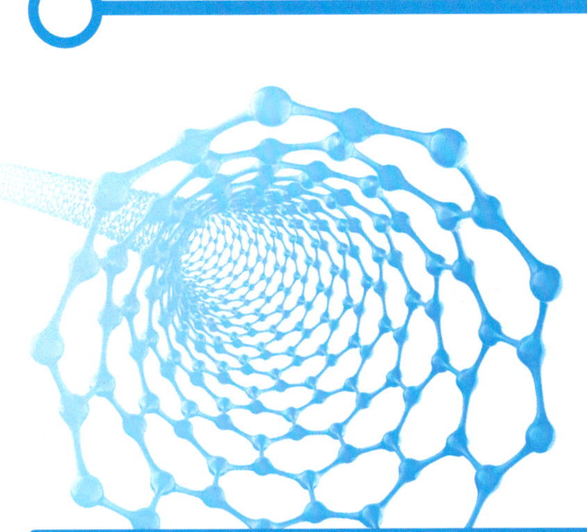

제5장 이차원 나노소재

2-Dimensional Nanomaterials

신현석 · 김민수 · 김형준

5.1 이차원 소재 개요(Introduction of 2-Dimensional nanomaterials)

5.1.1 이차원 소재란?

이차원 소재는 층상구조 화합물(layered compound), van der Waals 구조체로도 불린다. 대표적으로 흑연은 탄소로만 이루어진 원자 두께의 그래핀이 공유결합없이 van der Waals 상호작용으로만 쌓여 있는 구조다. 탄소 원자가 육각구조로 이루어진 원자 두께 층을 이차원 소재 그래핀이라 한다. 그래핀처럼 탄소 원자 두께 층만이 아니라, 전이금속 칼코젠 화합물의 대표적인 MoS_2는 Mo와 두개의 황 원자가 공유결합으로 연결된 것이 하나의 층(three-atom-thick)을 이루고 있다.

두꺼운 층상구조 벌크와 달리, 단일층 이차원 소재는 윗면과 아랫면이 모두 노출되어 있어 독특한 물리화학적 성질들을 나타낸다. 반면에 두께가 1 mm인 흑연을 생각해 보자. 1 mm 두께 흑연은 대략 3백만 층의 그래핀으로 쌓여 있다. 여기서 맨 위와 맨 아래 그래핀 층만 외부에 노출되어 있고, 나머지 그래핀 층들은 서로 van der Waals 상호작용으로 쌓여 보호되고 있다. 반면에 한 층의 그래핀은 층 내부의 sp^2 탄소 결합 외에 윗면과 아랫면은 모두 노출되어 있어서, 그 환경이 흑연과는 매우 다르다(그림 5.1). 따라서 한 층의 그래핀은 흑연과는 다른 매우 독특한 물리화학적 성질을 나타낼 수 있다.

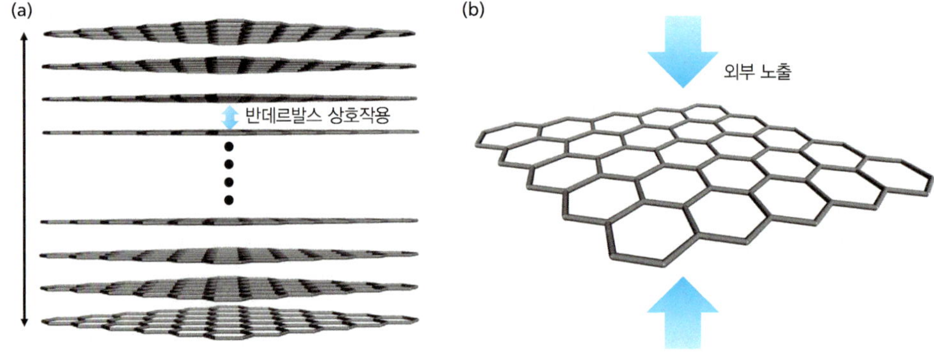

그림 5.1 ▸ (a) 1 mm 두께의 흑연에서 대부분의 그래핀 층들은 서로 van der Waals 상호작용을 하고 있으며, 가장 윗층과 아랫층만 노출되어 있음. (b) van der Waals 상호작용 없이 윗면과 아랫면이 노출되어 있는 한 층 그래핀.

5.1.2 이차원 소재의 종류 및 특징

2004년 흑연에서 원자 한 층으로 박리된 그래핀에서 높은 전자이동도 및 열전도도와 우수한 기계적 강도가 관찰되었다.[1] 그래핀에서 새로운 물리적 현상들이 발견되면서, 자연스럽게 다른 이차원 소재들도 큰 관심을 받았다. 다양한 층상구조 화합물이 이미 오래전부터 알려져 왔기 때문에, 다양한 종류의 이차원 소재 연구는 탄력을 받았다. 예를 들면, 육방정계 질화붕소(hexagonal boron nitride, hBN), 전이금속 칼코젠 화합물(transition metal dichalcogenides, TMD), 맥신(transition metal carbide, nitride, or carbonitrides, MXene), 페로브스카이트(perovskite), 층상 이중 수산화물(layered double hydroxide, LDH), 산화물(metal oxide) 등의 소재들이 다시 주목을 받고 있다(그림 5.2, 표 5.1). 2004년 그래핀을 실험적으로 처음 박리하여 그 특성을 보인 Geim과 Novoselov 교수는 이차원 소재 연구의 기폭제가 되는 첫 실험 결과를 발표한 공로로 2010년 노벨 물리학상을 수상하였다.[2]

다양한 이차원 소재들의 특성을 모두 한 번에 설명할 수는 없지만, 많이 알려진 그래핀을 살펴봄으로써 이차원 소재의 보편적인 특성을 파악할 수 있다. 흑연은 16세기경에 알려졌으나, 흑연의 전자 구조를 이해하기 위해 한 층인 그래핀의 이론적 연구가 처음으로 제시되었다. 그래핀의 전자구조는 층 수에 민감하게 영향을 받는다. 대략 그래핀 10층이 쌓이게 되면, 흑연의 전자구조와 같게 된다.[2,3] 한 층의 그래핀은 제로-갭 반도체(zero-gap semiconductor)로서 컨덕션밴드(conduction band)와 밸런스밴드(valence band)가 Dirac point에서 서로 만난다. 따라서 그래핀은 준금속(semimetal)으로도 불린다. 이러한 전자구조는 두 층의 그래핀도 비슷하다. 3~10층 사이의 그래핀은 컨덕션밴드와 밸런스밴드가 서로 겹치며 복잡한 구조를 가진다(그림 5.3). 더 나아가 10층보다 더 두껍고 나노미터 수준의 두께라면, 흑연 박막이라 부르는 것이 맞다. 한 층 그래핀 혹은 얇은 그래핀에서는 이러한 전자구조에서 기인한 흑연에서 보지 못했던 특성들이 나타난다.

전이금속 칼코젠 화합물 중 대표적인 MoS_2는 벌크 상태에서는 1.2 eV의 간접 밴드갭

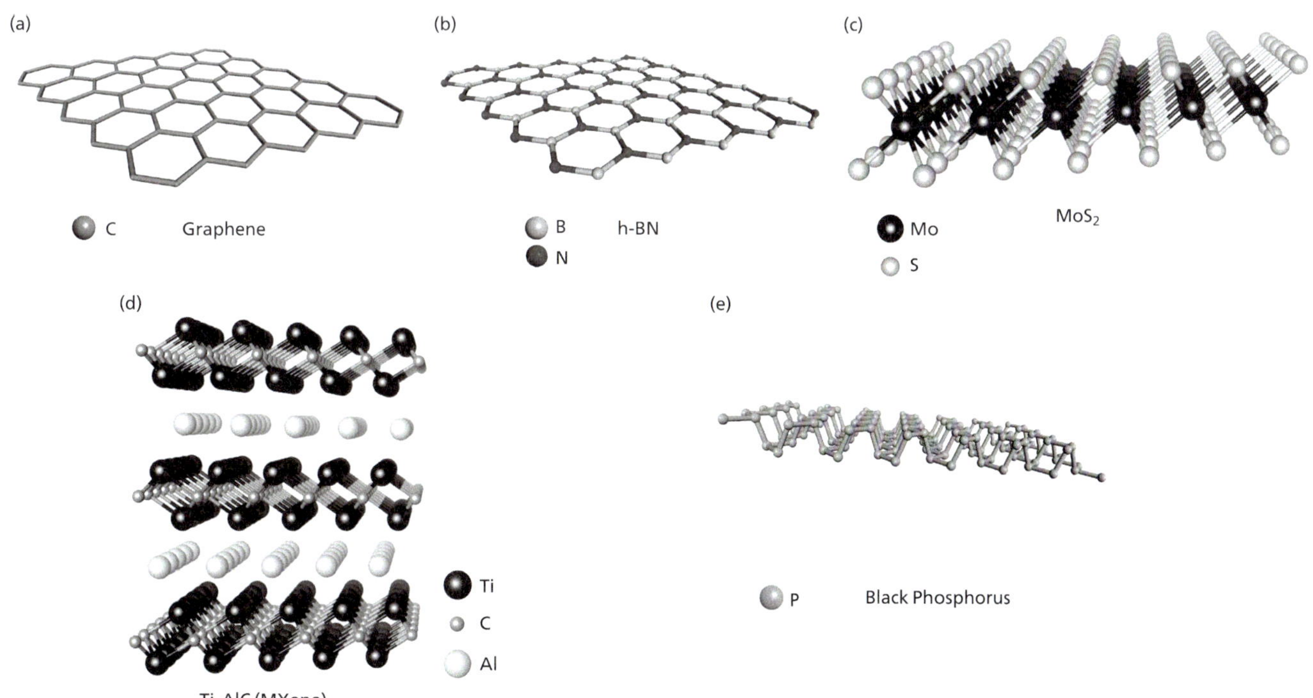

그림 5.2 ▸ 다양한 2차원 소재들. (a) 그래핀, (b) hBN, (c) TMDs (MoS_2), (d) MXene (Ti_2AlC), (e) black phosphorus (BP).

표 5.1 ▶ 다양한 2차원 소재들의 성질과 응용[4-7]

2D 소재	밴드갭(eV)	성질	응용
Graphene	0	반금속, 높은 전자 이동도 및 전기 전도성, 우수한 열 안정성 및 기계적 특성	트랜지스터 및 광전자공학, 플렉서블 회로, active sensing layer, 전자기 흡착, 필름 전극, 환경복원 및 기계적 보강재
hBN (hexagonal boron nitride)	~6	절연체, 열 안정성, hyperbolic 특성, photonics functionalities	전계 효과 트랜지스터의 게이트 절연층, 센서 재료, 장치 보호 커버, deep UV 방출기 및 검출기
TMD (transition metal dichalcogenide)	~1.0–2.5	반도체, 우수한 광학 및 전자 특성, 광전기화학, 열전기 및 윤활 특성	Active sensing layer, 비선형 광전자 장치, 가시광-근적외선 광검출기, 전계 효과 트랜지스터, 열전, 전기화학, 광촉매
BP (black phosphorous)	0.3–2	반도체, 높은 anisotropic 특성, puckered honeycomb 구조, 매우 높은 carrier mobility	전계 효과 트랜지스터, 센서, 비선형 광소자 장치, 가시광-근적외선 광전자 검출기
MXenes	0–1.86	반금속 또는 반도체, 높은 전기 전도성, 전자, 광학, 플라즈몬(plasmonic) 및 열전기적 특성, surface termination이 있어 수용성 서스펜션 및 잉크에서 쉽게 분산될 수 있음.	트랜지스터, 가스 및 바이오센서, 플렉서블 회로, active sensing layer, EMI 차폐, 전극 에너지 저장, 복합체 보강재, 정수, 윤활, 광-전기 촉매
LDH (layered double hydroxide)	2.0–3.4	유기, 무기 음이온에 대한 뛰어난 capture ability, 넓은 표면적, 높은 음이온 교환 용량, 우수한 열 안정성	슈퍼 커패시터, 리튬이온배터리, 염료감응형 태양전지

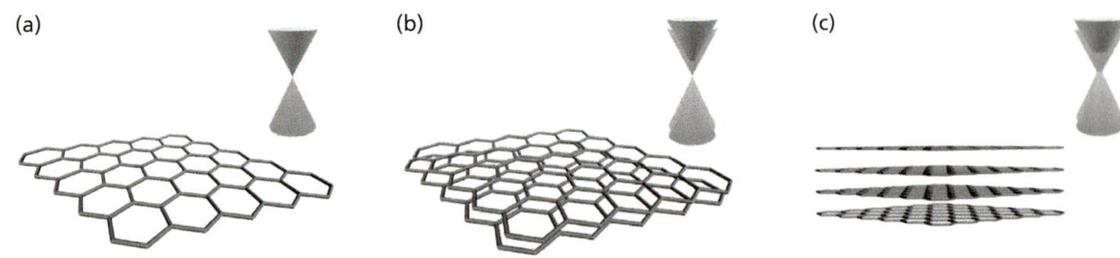

그림 5.3 ▶ (a) 단일층 그래핀, (b) 이중층 그래핀, (c) 흑연에 대한 Dirac 콘(cone) 구조.

(indirect band gap)을 보이는 반도체 소재다. 반면에, 한 층의 MoS_2는 1.8 eV의 직접 밴드갭(direct band gap)을 보인다. 즉, 벌크에서 층 수가 낮아짐에 따라 간접 밴드갭에서 직접 밴드갭으로 변하게 된다.[8] 이는 일종의 수직 방향으로의 양자 효과와 연관되어 있는데, 이 때문에 벌크에서는 광발광(photoluminescence)이 관찰되지 않는 반면, 한 층 MoS_2는 매우 강한 광발광 피크를 나타낸다(그림 5.4).[8,9]

5.1.3 이차원 소재의 일반적인 합성 방법

이차원 소재의 종류에 따라 조금씩 합성 방법이 다르기 때문에 각 소재를 다룰 때 자세히 언급하고, 여기서는 이차원 소재를 합성하는 공통적인 방법을 소개하고자 한다. 이차원 소재 합성은 크게 두 가지로 나눌 수 있다. 벌크 결정에서 이차원 소재로 박리하는 방법(top-down)과 원자나 분자 단위의 반응물로부터 이차원 소재를 합성하는 방법(bottom-up)이 있다. 층상 구조 벌크 결정에서 박리하는 방법은 다시 (1) 기계적 박리법(mechanical exfoliation), (2) 액상 박리법(liquid-phase exfoliation; 벌크 결정을 용매에 넣고 초음파와 같은 처리를 이용하는 박리법), (3) 층상구조 벌크 소재를 용액에서 화학적인 방법으로 박리하는 법

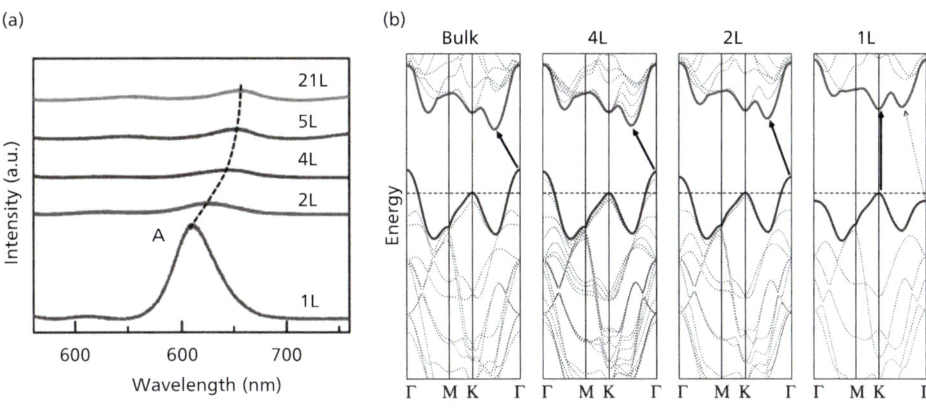

그림 5.4 ▸ (a) 층수에 따른 MoS_2의 광발광 스펙트럼. (b) 층수에 따른 MoS_2의 밴드 구조. Reproduced with permission from ACS publications.[8,9]

(산화 그래핀을 얻기 위해 흑연을 산화하는 방법 및 MoS_2 등을 박리하기 위한 Li intercalation 방법) 등으로 나눌 수 있다. Bottom-up 합성법은 화학 기상 증착법(chemical vapor deposition, CVD)으로 기질 위에서 대면적으로 이차원 소재를 합성하는 방법, 플라스크에서 반응물로부터 반응에 의해 2차원 소재를 합성하는 방법(크기가 작은 그래핀 및 MoS_2 합성) 및 수열 합성법(hydrothermal method 또는 solvothermal method, 이 방법은 층수와 모양 조절이 어려움) 등이 있다.

먼저 top-down 방법을 구체적으로 살펴보자. 기계적 박리법은 Novoselov 교수가 2004년 흑연에서 그래핀을 처음 박리할 때 사용했던 방법이다. 스카치 테이프의 접착제 면에 흑연 조각을 놓고 떼었다 붙였다 반복하면, 흑연 조각들이 분리된다(그림 5.5).[10] 흑연 조각이 있는 접착면을 SiO_2/Si 기판에 붙이고, 문지르면 흑연층 사이의 van der Waals 상호작용을 극복하고 SiO_2 표면에 한 층 혹은 수 층의 그래핀이 남게 된다. 하지만 SiO_2 위의 그래핀층들을 눈으로 확인하는 것은 어려우며, 광학 현미경으로 관찰하면 미세한 contrast 차이로 인해 최대 수백 마이크로미터의 그래핀 조각(flake)을 발견할 수 있다. 이때 수백 나노미터 두께의 SiO_2층을 갖는 기판을 사용하면 광학적 간섭현상으로 그래핀을 쉽게 발견할 수 있다. 기계적 박리법의 장점은 흑연 단결정을 사용하면 매우 순수한 그래핀을 얻을 수 있다는 것이다. 이는 그래핀의 기본적인 물리화학적 특성을 연구하기에 적합하다. 기계적 박리법은 흑연 외에도 다른 층상 구조 단결정 소재를 대부분 적용할 수 있다. 하지만 이 방법은 대면적 및 대량의 이차원 소재들을 얻기 어렵고, 그 조각의 크기도 수백 마이크로미터 정도로 매우 작은 단점이 있다. 이러한 단점을 극복하고, 대량의 이차원 소재를 얻기 위해, 액상 박리법을 사용할 수 있다.

액상 박리법은 층상 구조의 벌크 결정 혹은 파우더를 적절한 용매에 넣고 초음파 처리 등 전단 응력(shear stress)에 의해 박리하는 방법이다. 액상 박리법에서 제일 중요한 점은

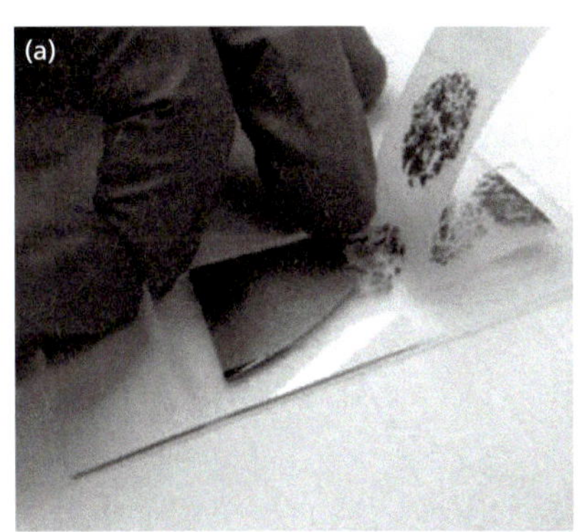

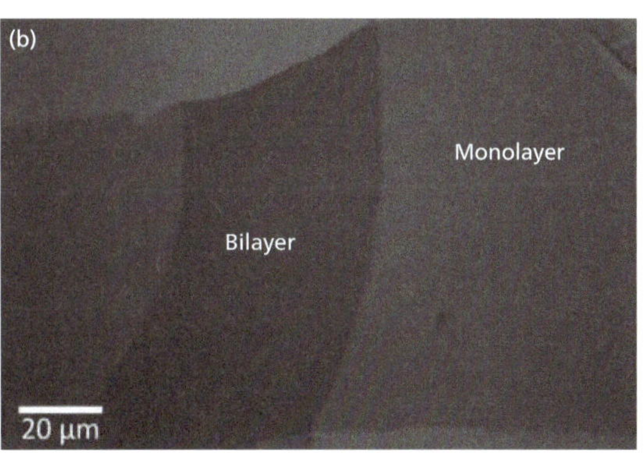

그림 5.5 ▸ (a) 스카치 테이프를 이용하여 물리적으로 그래핀을 실리콘 기판에 전사하는 모습. (b) 물리적 박리 방법으로 전사된 다양한 층 수의 그래핀의 광학 현미경 이미지. Reproduced with permission from ACS publications.[10]

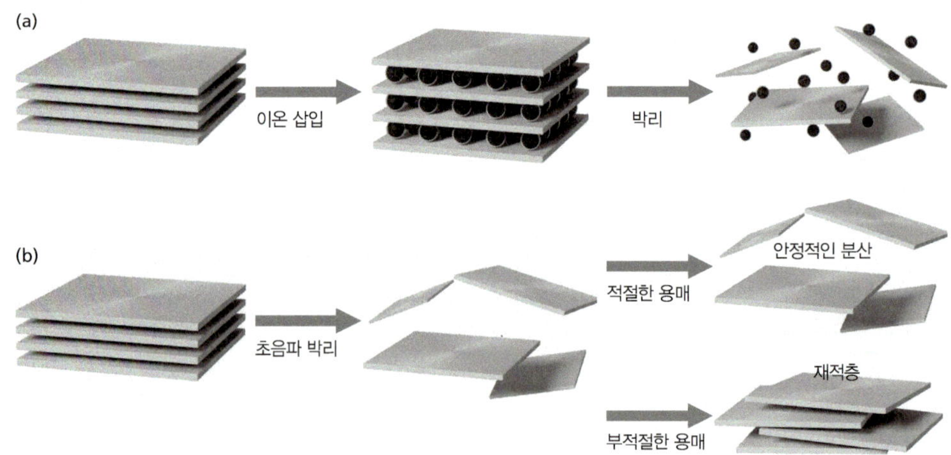

그림 5.6 ▶ 다양한 액상 박리법. (a) 이온 삽입(ion intercalation). (b) 초음파 박리(sonication assisted exfoliation).

박리할 이차원 소재와 적절한 표면장력(surface tension)을 갖는 용매의 선택이다(그림 5.6). 적절한 용매를 선택하면 이차원 소재가 얇은 층으로 박리되고(한 층부터 다양한 두께의 분포를 가짐), 용매에 분산 안전성도 향상된다. 액상 박리법은 대량의 이차원 소재를 얻을 수 있지만, 역시 방법적 한계에 의해 박리된 이차원 소재의 크기는 마이크로미터 단위로 크지 않다. 액상 박리법의 자세한 방법은 다음 장에서 좀 더 자세히 다루도록 하겠다.

그 외 다양한 화학적인 방법으로 이차원 소재를 박리할 수 있지만, 이차원 소재의 종류에 따라 다른 화학 반응을 이용하기 때문에 일반화할 수는 없다. 가장 많이 알려진 화학적 박리법은 흑연 산화에 의해 산화 그래핀(graphene oxide)을 얻고, 및 이를 환원시켜 환원 그래핀(reduced graphene oxide)을 얻는 방법이다. 그리고, MoS_2 같은 일부 전이금속 칼코젠 화합물을 박리하는 화학적 방법이 알려져 있다. 화학적인 박리 방법 역시 대량으로 이차원 소재를 얻을 수 있다. 이 방법들의 구체적인 내용은 그래핀과 전이금속 칼코젠 화합물을 다룰 때 설명할 예정이다.

Bottom-up 방법에서 많이 사용되는 대표적인 것은 화학 기상 증착법이다(그림 5.7a). 이 방법은 이미 오래된 방법으로 탄소 나노튜브, 금속 나노선 등의 합성에 널리 사용되었다. 화학 기상 증착법은 단일층 그래핀, hBN, TMDs 등을 웨이퍼 크기의 대면적에서 합성할 수 있는 가장 좋은 방법이다. 최근 화학 기상 증착법 연구 결과는 그래핀 및 hBN이 웨이퍼 크기에서 단결정으로 성장될 수 있음을 보여주어 기계적 박리법에 대등한 품질의 이차원 소재를 얻을 수 있을 것으로 기대하지만 국부적인 영역에서 결함 발생은(어떤 종류의 결함이 어느 밀도로 존재하는 지는 아직 분석이 되지 않고 있음) 해결해야 할 문제다. 실제 광학적, 전기적 분석에 따르면 화학 기상 증착법으로 합성한 이차원 소재는 기계적 박리법으로 만든 이차원 소재에 비해 물성이 좋지 않다. 그리고 대부분의 화학 기상 증착법에 의한 이차원 소재는 대면적 필름으로 합성은 되더라도, 여전히 마이크로미터나 밀리미터 크기의 도메인으로 구성되는 다결정(polycrystalline)이다. 화학 기상 증착법 외에 다른 bottom-up 방법은 반응물로부터 직접 이차원 소재를 합성하는 것이다. 그래핀과 TMD는 플라스크에서 합성하는 방법이 보고되었으나, 방법이 까다롭고 크기 및 수율이 높지 않아 활발히 사용되고 있지 않다(그림 5.7b).[11] 대신 수열 합성법 또는 용매열 합성법(hydrothermal 또는 solvothermal method)은 널리 사용되고 있다. 물이나 유기 용매를 반응 매개물로 해서 반응물을 밀폐된 용기(autoclave)에 모두 넣고 온도를 올려 반응을 유도한다. 보통 용매의 끓는점보다 높은 온도에서 반응을 유도하고, 이때 증발된 물이나 용매에 의해 압력이 올라간다. 이 합성 방법은 간단하고, 대량 합성이 가능하다. 하지만 밀폐된 용기에서 반응을 하기 때문에, 이차원 소재 합성 메커니즘을 이해하거나 모양 및 층 수를 조절하는 것은 어렵다는 단점이 있다.

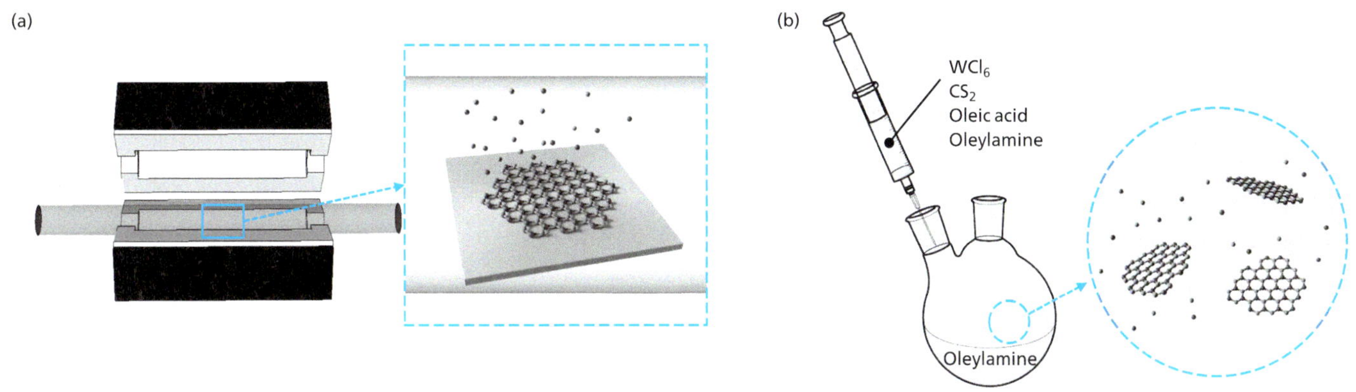

그림 5.7 ▸ (a) 화학 기상 증착법에 의한 이차원 소재 합성. 높은 온도에서 전구체를 관 안에 흘려주어 기질 위로 물질 성장을 유도한다. (b) 콜로이드 방법을 이용한 MoS_2 합성.

5.1.4 액상 박리법

액상 박리법은 화학적 산화와 같은 반응없이 액체에서 대다수 벌크 소재를 2차원 소재로 직접 박리하는 방법들을 통칭하여 일컫는다(그림 5.8). 초음파 처리에 의한 박리, 전기화학적 박리, 전단력(shear force)에 의한 박리 등과 같은 액상 박리법은 다양한 2차원 소재를 대량 합성할 수 있는 방법이 될 수 있기 때문에, 관련 기술의 발전이 빠르게 진행되고 있다. 이 장에서는 이들 각각의 방법들에 대해 간단히 살펴보고자 한다.

첫번째, 초음파 처리에 의한 직접 박리법은 말그대로 초음파 처리를 위해 수조형 초음파 장치(bath sonicator)나 탐침형 초음파장치(probe sonicator)를 이용한다. 2차원 벌크 소재를 적절한 용매에 넣고 초음파를 발생시키면, 초음파는 전단력이나 공동현상에 의한 기포(cavitation bubble)를 발생시킨다. 이러한 에너지는 층상 구조를 깨뜨려서 단일층 및 수층의 2차원 소재로 박리시킨다. 이때 용매의 선택도 중요하다. 유기 용매나 안정제(stabilizer), 이온성 액체(ionic liquid), 염(salt)을 포함하는 수용액이 사용되었는데, 용매와 벌크 소재의 계면 상호작용(interfacial interaction)이 비슷해야만 벌크 소재에서 층간 포텐셜 에너지 장벽(potential energy barrier)의 감소로(van der Waals 상호작용을 극복하여) 박리를 돕고 박리 후 이차원 소재의 분산 안정성을 향상시킬 수 있기 때문이다. 실제 Coleman 그룹은 용매의 표면장력과 그래핀의 표면에너지가 비슷해야 많은 양의 그래핀을 얻을 수 있음을 보였다. 그들이 찾은 최고의 용매의 표면장력은 40 mJ m^{-2}인데, N-methyl-2-pyrrolidone (NMP)와 dimethylformamide (DMF)가 이와 비슷한 값을 보여주는 용매들이다.[12] 더 정밀한 탐색을 위해 Hansen 용해도 매개변수(solubility parameter)를 도입해 층상 벌크 소재를 박리하는 적절한 용매를 찾을 수 있도록 하였다. 이 방법으로는 초음파 처리를 하더라도 결함이 발생하지 않았다. 하지만 박리된 그래핀의 크기는 수백 나노미터 크기의 분포를 보였다. 처음에는 분산액의 농도가 0.01 mg mL^{-1}로 낮았으나, 초음파 방법, 파워와 시간 등 다양한 매개변수를 최적화하여 분산액 농도를 약 2.0 mg mL^{-1}까지 증가시켰다. 최근에는 다

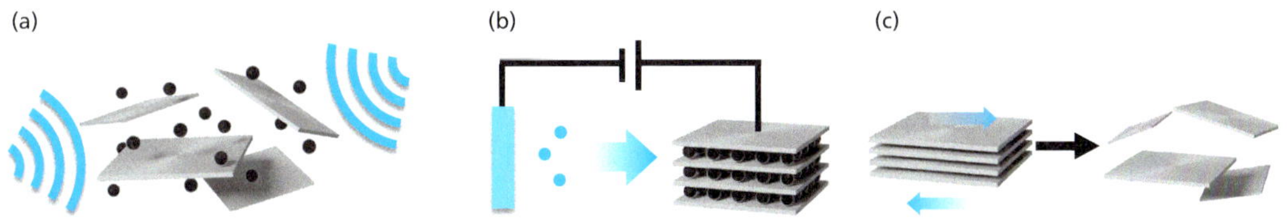

그림 5.8 ▸ 2차원 소재 합성을 위한 다양한 액상 박리법. (a) 초음파 처리에 의한 박리, (b) 전기화학적 박리, (c) 전단력에 의한 박리.

양한 방법을 바꾸어가며 농도가 더 증가된 그래핀 분산액을 얻고 있다. 이 방법은 MoS_2, WS_2, $MoSe_2$, $MoTe_2$, $TaSe_2$, $NbSe_2$, $NiTe_2$, $Bi2Te_3$ 같은 다양한 TMD, hBN, BP의 층상 구조 소재들의 박리에 사용되었고, MoO_3 같은 금속 산화물로도 확장되었다. 액상 박리법에 대한 연구는 다양한 안정제를 사용하여 박리의 효율을 올리거나(혹은 박리된 농도 증가), 수용액에서 이차원 소재를 분산시킬 수 있었다. 안정제로는 계면활성제(이온성 및 비이온성 계면활성제), 고분자(수용성 및 지용성 고분자), pyrene 유도체(예: polycyclic aromatic hydrocarbon) 등이 있다. 안정제들은 박리 효율을 증가시키기 위해 효과적으로 표면장력을 조절할 수 있는 역할을 할 것이라 기대된다. 또한 이온성 액체는 용매 및 분산제의 역할을 동시에 하여 층상구조 소재를 직접 박리할 수 있다. 다양한 안정제가 분산의 효율과 농도를 증가시키는 것은 확실하나, 안정제가 2차원 소재의 응용에서(박막, 복합재료, 전자 재료 등) 전도성 혹은 기계적 물성 등 2차원 소재 사용으로 기대하는 물성에 부정적으로 작용할 수 있는 한계점이 있을 수 있음이 고려되어야 한다. 따라서 안정제의 사용은 장단점이 함께 존재하기 때문에, 적절한 양의 사용 및 목적에 맞는 안정제가 사용되어야 한다.

두번째, 전기화학적 박리법은 2전극 시스템을 이용해서 아주 짧은 시간에 층상 구조 소재를 박리할 수 있다. 원리는 간단하다. 전압을 가하면 층상 구조 사이로 이온들이 삽입되고, 결과적으로 증가된 층간 거리에 의해 박리가 이루어진다. 박리 효율을 더 향상시키기 위해 초음파 처리를 추가로 할 수 있다. 대표적인 전기화학적 박리의 과정은 그림 5.9에서 볼 수 있다.[13] 이 경우는 흑연을 산화전극(anode), Pt를 환원전극(cathode)으로 사용하고, 음이온 삽입(anionic intercalation)에 H_2SO_4-KOH를 사용하여 박리하는 과정이다. 실제 삽입되는 화학종은 SO_4^{2-} 이온인데, KOH를 첨가하는 이유는 황산의 산화력을 감소시키기 위함이다. 황산만 사용하면 박리된 그래핀에서 산소를 포함하는 작용기 같은 결함이 발생할 수 있다. 그림 5.9에서 더 자세한 박리 메커니즘을 알아보자. 전압을 인가하면 물이 산화되어 산소 및 수산화(hydroxyl) 라디칼이 생성되고, 이들이 흑연의 가장자리를 산화(oxidation) 또는 수산화(hydroxylation) 시킨다. 그러면 일부 가장자리부터 층간 간격이 벌어지게 되고, SO_4^{2-}이 삽입되게 된다. 이 때문에 층간 간격이 확장하게 되고, SO_2 가스 발생이나 음이온 소멸(anion depolarization)과 함께 박리가 된다. 음이온 삽입 과정에서 음이온이 층간에 삽입되는 데 필요한 포텐셜이 흑연 산화에 필요한 포텐셜보다 더 크다. 따라서 산소가 포함된 작용기들이 그래핀 표면에 생성될 수 있기 때문에, 이를 대체할 양이온 삽입 과정(cathodic

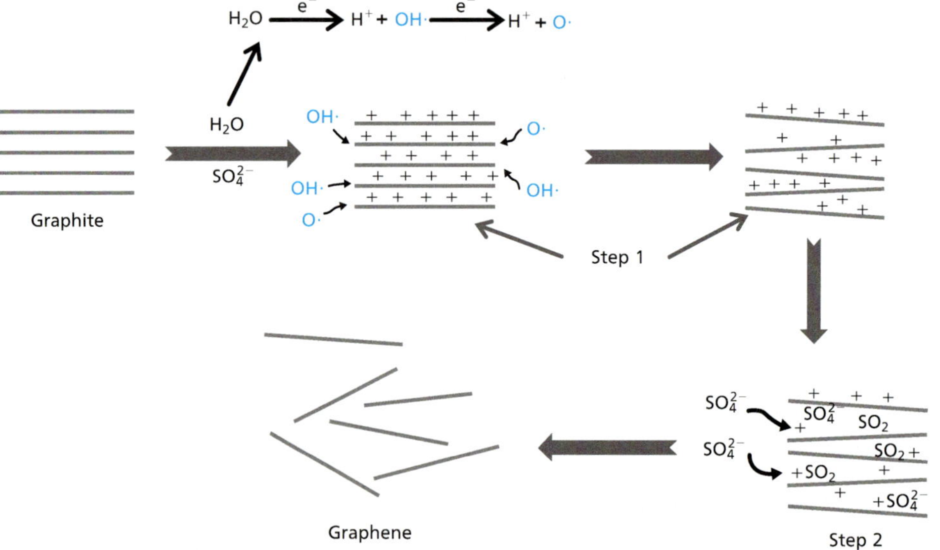

그림 5.9 ▶ 전기화학적인 그래핀 박리방법. Reproduced with permission from ACS publications.[13]

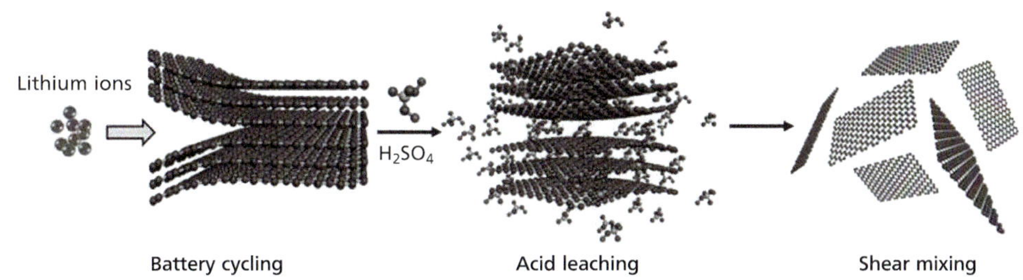

그림 5.10 ▸ 벌크 소재로부터 2차원 소재로 박리를 위한 리튬화(lithiation) 과정. Reproduced with permission from ACS publications.[14]

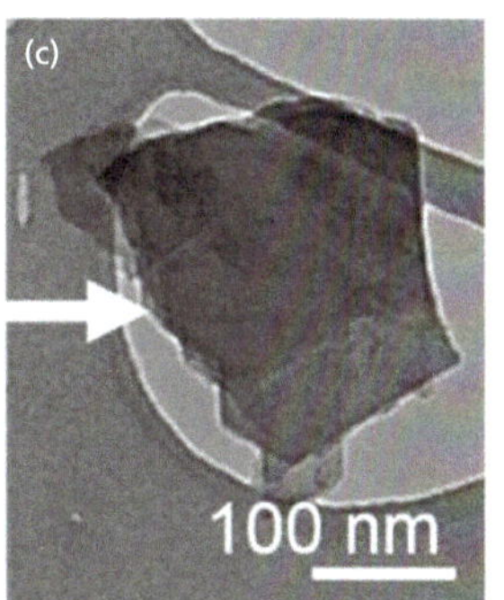

그림 5.11 ▸ (a) 전단력 박리(shear force exfoliation) 방법에 사용된 믹서기. (b) 전단력 박리 방법으로 박리된 MoS_2, hBN 그리고 WS_2 용액 (c) 전단력 박리 방법으로 얇게 박리된 MoS_2 시트를 측정한 투과 전자 현미경 이미지. Reproduced with permission from ACS publications.[17]

intercalation process)도 개발되었다. Na^+/DMSO complex를 사용한 방법에서 실제 얻어진 그래핀에서 결함이나 산소를 포함하는 작용기들의 양이 더 작았다.

이런 양이온이 삽입 전기화학적 방법에서는 Li^+ 삽입(intercalation) 방법이 더 활발히 사용되었다(그림 5.10).[14] 이 방법은 흑연뿐만 아니라, MoS_2, WS_2, TiS_2, TaS_2, ZrS_2, $NbSe_2$, WSe_2, Sb_2Se_3, Bi_2Te_3, hBN 같은 다양한 층상 구조 소재에도 잘 적용되었다. 이 경우는 층상구조 소재가 환원전극(cathode), Li foil이 산화전극(anode)으로 사용된다. 이 방법은 리튬화(lithiation) 과정으로도 불린다.

세번째는 선단 박리(shear exfoliation) 방법이다. 이 방법을 사용하기 위해서 층상 구조 물질들(흑연, TaS_2 등)을 황산으로 처리한다. 이후 층 간의 결합이 약한 중간 생성물을 형성한 뒤에 전단력에 의한 전단 박리가 발생한다. 이 경우 박리된 2차원 소재의 두께가 10 nm 정도로 두껍다. 이 박리 방법은 삽입 과정이 그 효율에 영향을 많이 미친다. Coleman 그룹은 적절한 용매에서 고전단력(high-shear force)을 사용하여 삽입 과정 없이 흑연을 그래핀으로 박리하였다.[15,16] Shear force를 발생시키기 위해 믹서가 사용되기도 하는데, 이를 통해 hBN, MoS_2, WS_2 등의 다양한 이차원 물질들을 박리한 사례도 보고되었다(그림 5.11).[17]

5.2 그래핀(Graphene)

5.2.1 그래핀의 구조 및 물성

그래핀에서 탄소 원자의 원자가 전자 중 1개는 비공유 전자로서 자유롭게 이동할 수 있다. 이 때문에 그래핀이 우수한 전기 전도도를 나타낼 뿐만 아니라, 여러 독특한 성질을 들을 나타내게 된다. 그래핀은 반도체 소재들이 보여주는 전형적인 전자 이동도보다 훨씬 빠르고, 산란 효과 없이 먼 거리를 움직일 수 있으며(ballistic electrons transport), 걸어주는 전기장에 따라 홀과 전자의 특징을 모두 가지는 양극성 전기장 효과(ambipolar electric field effect)를 나타낸다. 또한 자기장 변화에 따라 홀 저항이 불연속적으로 변하는 양자 홀 효과(quantum hall effect)를 나타내고, 그래핀 내의 전자들이 가지는 자기 에너지가 다른 물질에 비해 1,000배 이상 크기 때문에 보통 극저온에서 관찰되던 양자 홀 효과가 상온에서도 관찰된다.

그 외에도 그래핀은 흥미로운 기계적, 열적, 전기적 특성을 보여준다.[18] 예를 들어, Young's modulus는 1 TPa, intrinsic strength는 130 GPa이다. 열전도도는 그래핀의 면 방향으로는 매우 높고(3,000 W $m^{-1}K^{-1}$), 수직 방향으로는 매우 작다. 상온에서 전자 이동도는 2.5×10^5 $cm^2V^{-1}s^{-1}$로 이론적인 값에 가까울 만큼 우수하다. 이러한 수치들은 측정 조건에 따라 조금씩 달라질 수 있고, 이러한 다양하고 우수한 물성은 완벽한 그래핀 구조에서 가능하다는 것을 명심하자. 또한 그래핀의 구조가 주는 특별한 성질은 가스들이 그래핀을 통과하지 못하는 불침투성(impermeability)이다. 그래핀이 결함이 없이 탄소로 이루어진 육각형 구조를 가지면 전자 구름을 고려할 때, hole 크기는 약 2.3 $Å^2$ 정도로 양성자(수소 이온)만 그래핀을 통과할 수 있고 어떤 가스 분자도 투과할 수 없다.[19]

5.2.2 그래핀과 산화 그래핀

그래핀(graphene)은 sp^2 탄소들이 육각형으로 배열되어 벌집과 같은 구조를 이루고 있는 2차원 물질로, 탄소 원자 한 층의 두께를 갖는다. 앞서 언급한 순수 단결정 흑연(graphite)으로부터 기계적 박리법으로 가장 순수한 그래핀을 얻을 수 있으나, 이 방법은 생산성이 매우 낮다. 따라서 대량으로 그래핀을 얻을 수 있는 방법으로 액상 박리법과 화학적 박리법이 개발되었다. 액상 박리법은 초음파 등을 사용하여 흑연에 운동에너지를 전달하여 박리하며, 에너지 전달과 박리된 그래핀의 안정화를 위해 용매를 사용한다. 적절한 용매와 초음파 에너지를 사용하면 흑연에서 박리된 그래핀 분산액을 얻을 수 있다. 이렇게 제조된 그래핀은 결함은 적지만, 층 수와 크기의 조절이 어렵다는 단점이 있다. 화학적 박리법은 흑연을 산화시켜 층간 결합을 약하게 하여 박리한다. 산화 그래핀은 화학적·물리적 성질이 그래핀과 다르며, 본 장에서는 화학적으로 박리한 산화 그래핀에 대해 주로 다루고 그래핀과의 차이점을 살펴보고자 한다.

산화 그래핀은 먼저 흑연을 산화시킨 뒤, 산화 흑연을 박리하여 얻는다. 흑연 상태에서 박리하는 액상 박리법과는 달리, 산화 흑연의 층간 결합이 약하기 때문에, 단일층 산화 그래핀으로 박리하는 것이 용이하다. 산화 및 박리 과정에서 탄소 결합 구조에 손상을 피할 수 없기 때문에, 산화 그래핀의 크기는 수백 마이크로미터가 최대이고, 산화 정도 및 박리 방법에 따라 어느 정도의 크기 조절이 가능하다. 산화 그래핀을 이상적으로 환원하면 순도 높은 단층의 그래핀을 얻을 수 있겠지만, 실제로는 탄소의 빈 자리(vacancy) 및 결합된 작용기들이 일부 남아있어서 결함이 많은 그래핀이 된다. 이렇게 제조된 그래핀을 환원 그래핀(reduced graphene oxide, rGO)이라 한다.

첫번째 단계인 흑연을 산화시키기 위해 다양한 화학적 방법이 개발되어 왔다. 크게 세 가지로 흑연의 산화 방법을 분류할 수 있다. (1) Staudenmair 방법(1989년), (2) Brodie 방법(1859년), (3) Modified Hummers 방법(혹은 Hummers and Offeman 방법, 1958년) 등이다. 각 산화 방법은 다른 종류의 산화제를 사용하는데, 모두 위험성이 높기 때문에 각별한 주의가 필요하다.

층간 거리가 3.4 Å인 흑연이 산화되면 층간 결합력이 약해지며 층간 거리가 6~12 Å 정도로 증가한다. 산화 흑연에 기계적인 전단력(shear force)이나 초음파를 가하는 방법 등으로 단일층으로 박리하여 산화 그래핀을 얻을 수 있다(그림 5.12). 박리할 때 가해 주는 힘을 약하게 하면 수십~수백 마이크로미터 이상의 크기로 박리될 수 있으며, 반대로 강하게 초음파 처리를 하면 수십~수백 나노미터 크기의 작은 산화 그래핀을 얻을 수 있다. 산화 그래핀

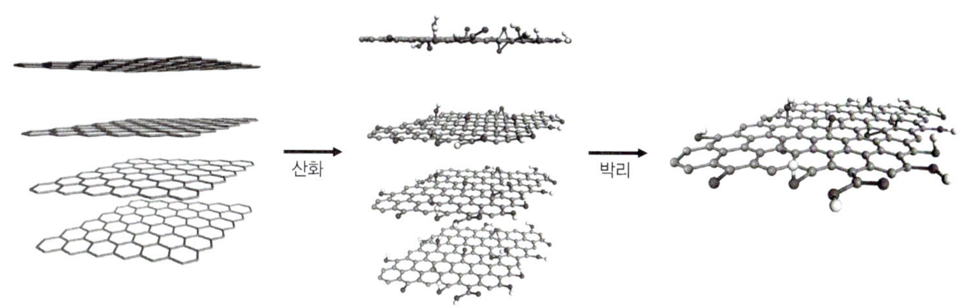

그림 5.12 ▸ 산화 그래핀 처리를 통한 박리 방법. 산화 그래핀층이 형성되며 층간 거리가 증가하여 초음파 처리를 통해 산화 그래핀을 얻을 수 있다.

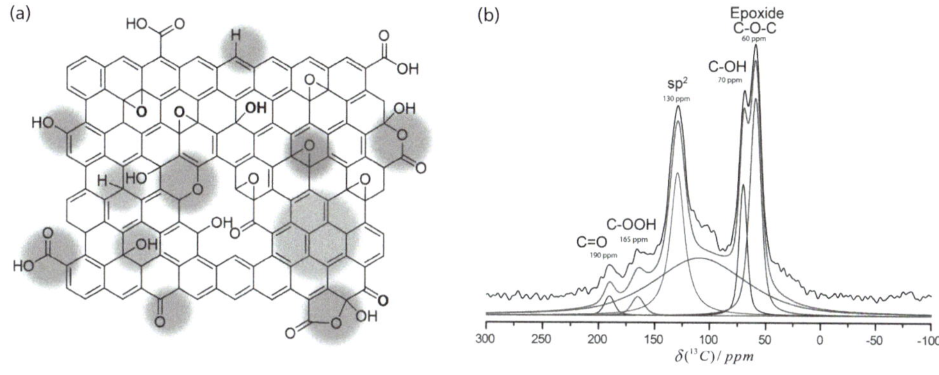

그림 5.13 ▸ (a) 산화 그래핀의 구조와 다양한 작용기들. (b) 산화 그래핀 및 환원 산화 그래핀에 대한 ^{13}C MAS NMR 스펙트럼. Reproduced with permission from ACS publications.[20,21]

은 그림 5.13에서 보듯이, carboxylic acid, alcohol, epoxy 등 산소를 포함하는 다양한 작용기들이 결합되어 있으나, 정확한 작용기 종류 및 작용기의 양은 산화 방법에 따라 다르다.

아직까지 산화방법에 따른 작용기의 종류는 정확히 알려지지는 않았지만, Hummers 방법으로 합성된 산화 그래핀의 경우 다양한 작용기들이 고체 NMR에 의해 그림 5.13과 같이 보고되었다.[20,21] 산화 그래핀은 작용기들과 결함에 의해 sp^2 network가 끊겨서 절연체로 변하게 되며, 환원을 통해 진도성을 회복할 수 있으나 완벽한 그래핀 구조로 환원되지는 않는다. 환원의 방법으로 환원제 및 열적 환원 방법 등이 사용된다. 환원제로는 hydrazine, sodium citrate, sodium borohydride, lithium aluminium hydride 등이 있다. 산화 그래핀은 친수성을 띠며 음의 전하를 띠며 수용액에 안정적으로 분산된다. 하지만 환원될 때 산소를 포함하는 작용기들이 사라져서 음의 전하가 줄어들고, 국부적으로 형성된 sp^2 도메인을 가지는 basal plane들끼리 π-π 상호작용에 의해 응집이 발생하거나 침전이 발생할 수 있다. 따라서 환원 그래핀을 안정한 분산용액으로 유지하기 위해서 양전하를 띠도록 암모니아 등을 첨가하는 방법도 개발되었다.

연속된 그래핀 필름은 SiC 기질의 승화 또는 탄화수소 전구체를 사용한 화학 기상 증착법에 의해 bottom-up 방법으로 합성될 수 있다. 에피택셜(epitaxial) 그래핀의 한 예는 SiC에 직접 그래핀 시트를 성장하는 방법으로 고온에서 단결정 SiC 웨이퍼에서 최상단 Si를 승화시켜 나머지 탄소 원자들이 에피택셜 그래핀으로 성장한다.[22] 화학 기상 증착법은 수년에 걸쳐 발전해 왔으며 현재 대면적 그래핀 시트 생산을 위한 공정으로 발전하고 있다(그림 5.14).[23] 기체 상태의 탄화수소 전구체가 열분해 과정을 통해 그래핀 시트를 형성하는데, 처음에는 Ni 기질을 사용하여 그래핀을 성장하였다. 나중에 Cu가 넓은 면적에 걸쳐 두께 균일성이 향상된다는 사실이 밝혀져, 현재는 Cu가 그래핀 성장을 위한 보편적 기질이 되었다. 지난 10년간 상당한 진전에도 불구하고 화학 기상 증착법으로 제조한 그래핀의 대부분은 마이크로미터에서 밀리미터 범위의 도메인 크기를 가진 다결정질이다. 그럼에도 불구하고 화학 기상 증착법 그래핀의 전하 이동도는 최대 70,000 $m^2\ V^{-1}\ s^{-1}$에 도달할 수 있으며,

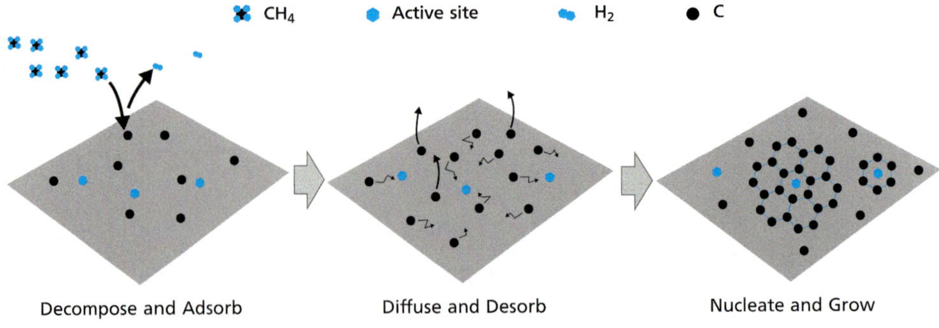

그림 5.14 ▶ 화학 기상 증착법의 그래핀 성장 과정. Reproduced with permission from ACS publications.[23]

이 값은 구조가 완벽한 그래핀의 전하 이동도보다는 작지만, 우수한 성능을 나타낸다. 최근 들어 대면적에서 단결정 그래핀을 성장하는 연구 결과들이 발표되고 있는데, 이를 위해서는 단결정의 금속 기질이 필요하다.

5.2.3 그래핀의 응용

지난 10여년 동안 단일층 그래핀에 대한 연구와 개발은 활발히 이루어져 왔다. 앞서 언급했듯이 그래핀의 매우 우수한 전기 전도성, 기계적 강도, 광학적 투명성 및 불투과성(impermeability) 등은 많은 응용이 가능함을 제시하였고, 실제 상용화에서 꾸준한 진전을 이루었다. 투명전극, 전도성 잉크, 기계적 강도를 향상시키는 첨가제 등 다양한 응용의 예들은 문헌들을 참고하기 바란다.[24] 일반적으로 사용 가능한 그래핀은 두 가지 주요 범주로 분류할 수 있는데, 하나는 그래핀 플레이크(flake)이고(여기서 그래핀 플레이크는 용액상 박리법에 의한 그래핀 나노시트, 최대 수백 마이크로미터의 산화 및 환원 그래핀 나노시트를 통칭함), 다른 하나는 화학 기상 증착법으로 성장된 그래핀 필름이다. 이 두 가지 유형의 그래핀은 합성 방법과 특성이 다르고, 응용 분야도 각각 달라지게 된다. 매우 큰 시장을 형성한 상용화된 제품은 아직 없지만, 다음과 같은 응용 분야에서 그래핀은 이미 일부 상용화되었거나 상용화에 가깝게 접근하고 있다.

뛰어난 기계적 강도와 전기적, 열적 전도성으로 인해 그래핀은 복합재의 필러 재료로 사용되고 있다. 분산된 그래핀 플레이크를 여과한 다음 건조함으로써 소위 그래핀 종이(graphene paper)라고 하는 독립형 foil과 같은 형태로 제작된다. 그래핀 종이의 그래핀 플레이크는 병렬로 서로 연결된 고유한 레이어 구조를 형성하여 효과적인 부하 분배를 가능하게 한다. 그래핀 종이의 Young's modulus와 파단 강도는 각각 42 GPa와 120 MPa에 도달하여 다른 종이와 같은 재료(예: 버키 페이퍼 또는 흑연 foil)보다 우수한 기계적 강도를 가진다.[25] 그래핀 플레이크는 기존의 합성 섬유 생산과 유사한 공정인 방적을 통해 섬유로 제작될 수 있다. 그래핀 종이와 유사하게 그래핀 섬유는 상호 연결된 네트워크를 형성한 섬유 형태이다. 그래핀 섬유의 Young's modulus와 인장 강도는 각각 120 GPa 및 1.2 GPa 이상의 기계적 강도를 가진다. 그래핀 섬유의 보고된 계수 및 인장 강도는 탄소 섬유의 계수와 인장 강도(각각 380 GPa 및 4.5 GPa)보다 좋지 않다. 하지만 그래핀 섬유는 유연하고 5배 더 높은 파단 변형률을 가지고 있다. 이는 그래핀 섬유가 파단 전에 더 높은 연신율을 유지할 수 있음을 시사한다. 고온 안정성과 뛰어난 전기적(> 105 S m^{-1}) 및 열(> 1,400 W m^{-1} K^{-1}) 전도성과 결합하여 그래핀 종이와 섬유는 경량 보강재, 열 확산 필름 등 다양한 응용을 위한 구조적으로 견고한 플랫폼으로 사용되고 있다.

화학 기상 증착법으로 성장된 그래핀 필름은 그래핀 플레이크와 달리 우수한 전하 이동도를 가지고 있다. 이런 뛰어난 전하 이동도의 발견은 Si 트랜지스터의 한계를 극복할 대체

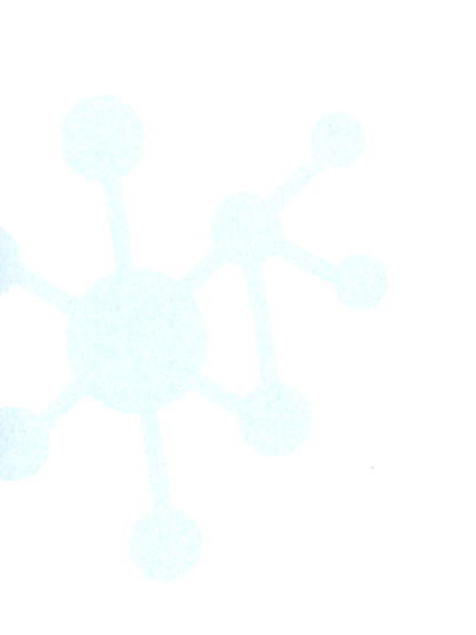

물질로 여겨지고 있다. 또한 그래핀의 높은 전계 속도(high field velocity)는 Si를 포함한 기존 반도체에 비해 큰 가능성을 보여준다. 하지만 로직 스위치로써 그래핀 기반 트랜지스터의 성능은 밴드갭이 제로이기 때문에 다소 제한되어 다소 낮은 온-오프 비율이 측정된다. 지난 10년 동안 그래핀 기반 무선 주파수 전계 효과 트랜지스터(field effect transistor, FET)에 대한 급속한 발전이 이루어졌으며, 이는 동일한 게이트 길이에서 100 GHz의 차단 주파수(f_T)를 달성하여 Si 등가물에 의해 설정된 기록을 빠르게 깨트렸다. 얼마 지나지 않아 공격적인 게이트 길이 스케일링을 통해 f_T가 427 GHz인 새로운 기록이 세워졌다.[26] 이러한 그래핀 기반 FET의 인상적인 차단 주파수는 채널의 높은 이동성 덕분이다. 반면에, 그래핀 FET의 최대 발진 주파수(f_{max})는 유기 잔류물과 관련된 높은 접촉 저항으로 인해 역사적으로 30 GHz 미만이었다. 최근에는 잔류물이 없는 공정으로 접촉 저항성을 최적화한 후 200 GHz를 초과하는 f_{max}가 달성되었다.[27] 그래핀 기반 무선 주파수 전자 회로를 만들기 위한 지속적인 노력이 계속되고 있다.

연속된 그래핀 필름은 기존의 Si의 역할에 도전하는 대신 기존 전자 재료가 뛰어나지 않은 분야에서 대체 재료로서 점점 더 많은 관심을 받고 있다. 예를 들어, 그래핀 인터커넥트는 10^8 A cm^{-2}의 전류 밀도를 지원할 수 있으며 5,000 W m^{-1} K^{-1}의 열 전도율을 가지며, 구리보다 각각 100배 및 4배 더 높다.[28] 그래핀의 이러한 뛰어난 특성은 실리콘 집적 회로의 백엔드에서 전류 또는 열 확산기 등으로 응용 가능성을 제시하였다. 특히, 그래핀 기반 열 관리는 부피가 큰 방열판 없이 정상적인 작동이 가능한 고체상 드라이브(solid state drive, SSD) 및 메모리의 열 냉각 분야에서 적용 가능성을 높게 하였다.

5.3 전이금속 칼코젠 화합물 (Transition metal dichalcogenides)

5.3.1 전이금속 칼코젠 화합물의 종류 및 결정구조

흑연과 달리 전이금속 칼코젠 화합물(TMD)은 3개의 원자층(X–M–X, M은 전이금속, X는 칼코젠 원소)이 단일층으로 구성하고 있으며, MX_2 단층의 적층 구조에 따른 다양한 다형 및 적층 다형이 존재한다(그림 5.15).[29] 일반적으로 많이 존재하는 다형체는 1T, 2H, 3R이다. 하나의 TMD에서 여러 다형들이 존재할 수 있다. 예를 들어, 천연 MoS_2는 적층 순서가 AbA BaB인 '2H phase'가 흔히 발견된다(대문자와 소문자는 각각 칼코겐과 금속 원자를 나타냄). 그러나 합성된 MoS_2는 종종 적층 순서가 AbA CaC BcB인 '3R phase'가 발견

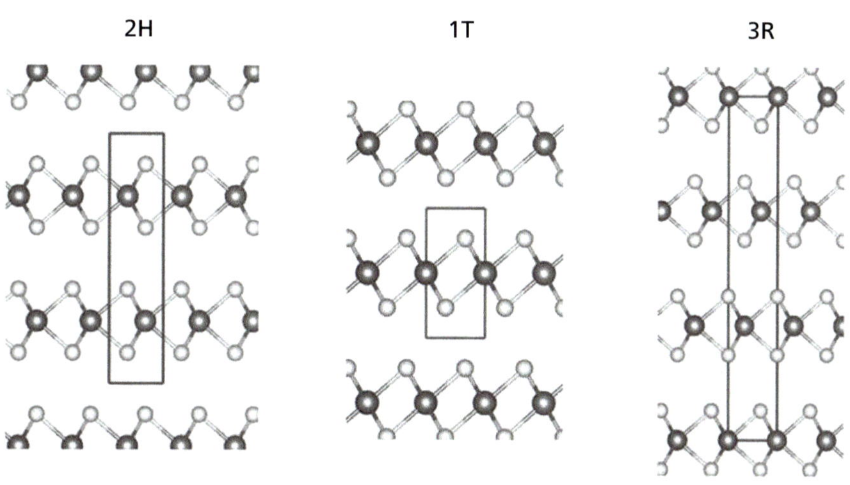

그림 5.15 ▸ TMD의 다형성 및 2H, 1T, 3R의 결정구조. Reproduced with permission from ACS publications.[30]

될 때도 있다. 두 경우 모두 금속 배위(coordination)는 삼각 프리즘(trigonal prismatic)이다. TiS_2의 경우는 적층 순서가 AbC AbC이고 금속의 배위가 팔면체인 '1T phase'가 형성된다. 다층으로 형성된 TMD의 경우 다양한 다형체가 형성되기 때문에, 단순성을 위해 아래 논의에서는 단일층 TMD에 초점을 맞춘다.

TMD의 구조는 주로 전이금속 *d* 오비탈 전자 수에 의존하다. 이는 TMD에 구성된 전이금속에 따라 구조가 달라지고, 전기적 및 자기적 특성이 크게 달라질 수 있음을 의미한다. 그룹 4 TMD(d^0 전이금속 중심을 특징으로 함)는 모두 팔면체 구조를 가지며, 그룹 5 TMD (d^1)에서는 팔면체 및 삼각 프리즘 위상을 가진다. 그룹 6 TMD (d^2)는 주로 삼각 프리즘 구조를 가지며 그룹 7 TMD (d^3)는 일반적으로 왜곡된(distorted) 팔면체 구조를 가진다. 그룹 10 TMD (d^6)는 모두 팔면체 구조이다.

5.3.2 전이금속 칼코젠 화합물의 물성

TMD는 다양한 전기적 특성을 가지는데, 이는 그룹 4에서 그룹 10까지 비결합 d band의 전자가 증가하면서 차이가 발생한다. 2H-$NbSe_2$ 및 1T-ReS_2의 경우와 같이 오비탈이 부분적으로 채워지면 TMD는 금속 전도성을 나타낸다. 1T-HfS_2, 2H-MoS_2, 1T-PtS_2와 같이 오비탈이 완전히 점유되면서 반도체 특성을 보인다. 전이금속에 비해서는 미미하지만 전자 구조에 대한 칼코겐 원자의 효과도 발생한다. 칼코겐의 원자 번호가 증가함에 따라 *d* 밴드가 넓어지고 밴드갭이 감소하는 경향을 보여준다. 예를 들어, 2H-MoS_2, 2H-$MoSe_2$, 2H-$MoTe_2$의 밴드갭은 1.3에서 1.0 eV로 점진적으로 감소한다.

앞에서 설명했듯이 TMD는 화학적인 구성과 결정구조에 따라 광범위한 특성 차이를 보여준다. 여기서는 S 및 Se와 결합된 VI족 전이금속 Mo 및 W로 구성된 TMD들의 전자 구조 및 특성 차이에 대해 논의하고자 한다. 열역학적으로 안정한 2H phase에서 MoS_2, $MoSe_2$, WS_2, WSe_2는 반도체 특성을 가진다. 이런 얇은 2차원 소재의 반도체 특성을 활용하려는 응용 연구가 활발히 이루어지고 있다. 특히 TMD의 층수에 따른 물성 변화에 대한 특성은 많은 관심을 끌었다. 예를 들어, 여러 반도체 특성을 가지는 TMD의 경우 다층에서 단층으로 얇아지면서 간접 밴드갭(indirect band gap)에서 직접 밴드갭(direct band gap)으로 전환된다. 다층 MoS_2의 간접 밴드갭은 1.3 eV이지만, 단일층 MoS_2는 1.8 eV의 직접 밴드갭을 가진다. 이렇게 직접 밴드갭으로 바뀐 단일층 MoS_2는 광 발광을 발생시켜 많은 광전자 응용 분야의 가능성을 열어 주었다. 대부분의 MoX_2 및 WX_2 화합물은 밴드갭 에너지 범위 1.1~1.9 eV에 위치하며, 다층에서 단일층으로 얇아지면서 간접 밴드갭에서 직접 밴드갭으로 전환된다. 여러 TMD 벌크 및 단일층 밴드갭을 표 5.2에 요약하였다.[31]

5.3.3 전이금속 칼코젠 화합물의 합성

액체 박리방법은 dimethylformamide (DMF) 및 n-methyl-2-pyrrolidone (NMP)와 같은 일반적으로 사용되는 용매에서 직접 초음파 처리에 의한 그래핀을 분산 및 박리하는 데 사용되어 왔다. 이 방법은 MoS_2, WS_2, $MoSe_2$, $NbSe_2$, $TaSe_2$, $NiTe_2$, $MoTe_2$와 같은 전이금속 화합물의 단층 및 다층 나노 시트를 제조하는 데에도 사용되었다.[32] 이러한 초음파 처리 액체 박리법에서 인접한 층 간의 응집 에너지를 극복하기 위해 용매 또는 계면 활성제의 선택도 중요하다. 즉, 용매가 물질의 표면 에너지와 유사한 표면 에너지를 갖도록 선택되어야 함을 의미한다. 이러한 방법의 목적은 단일층의 수율을 높이고 박리된 시트의 크기를 유지하는 것이다. 초음파 처리는 나노 시트가 크기가 감소하는 단점이 있지만, 초음파 처리 시간 및 원심분리 조건을 잘 조절하면 크기 감소를 최소화할 수 있다.[33]

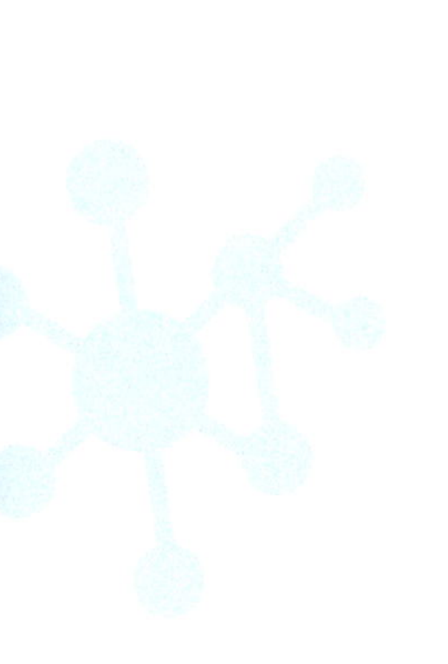

표 5.2 ▸ TMD 종류 및 두께에 따른 밴드갭[31]

Band gap [eV]	S		Se		Te	
	1L	Bulk	1L	Bulk	1L	Bulk
Mo	1.8–2.1	1.0–1.3	1.5–1.6	1.1	1.1–1.3	1.0–1.2
W	1.8–2.1	1.0–1.3	1.5.17	1.2–1.5	~1.03	M
Re	1.44	1.35	1.34	1.18	-	-
Ti	0.02	M	M	M	M	M
Zr	1.1–1.2	~1.6	0.45	~0.8	M	M
Hf	~1.27	~1.6	~0.61	0.6	M	M
V	~1.1	M	M	M	M	M
Nb	M	M	M	M	M	M
Ta	M	M	M	M	M	M
Ni	~0.6	~0.3	~0.12	M	M	M
Pd	1.1	M	~1.3	~0–0.1	~0.3	~0.2
Pt	~1.6	~0.25	~1.2	~0.1	0.79	~0.8
In	-	2	2.54	1.26–1.3	-	-
Sn	-	2.44	-	1.63	-	0.19–0.25

(*M은 금속성임을 의미함)

그래핀과 동일하게 액체 박리법의 근본적인 단점을 극복하기 위해, 대면적 합성이 가능한 화학 기상 증착법으로 TMD 물질을 합성하는 연구들이 진행되었다. 초기 사용된 방법은 MoO_3와 S 분말의 기상 반응을 사용하여 대면적에서 MoS_2 단층 플레이크를 합성하는 방법이 보고되었다(그림 5.16).[34,35] TMD 성장을 촉진하기 위해 환원 그래핀 옥사이드, perylene-3,4,9,10-tetracarboxylic acid tetrapotassium salt (TPAS) 그리고 perylene-3,4,9,10-tetracarboxylic dianhydride (PTCDA)과 같은 방향족 분자로 기질을 코팅할 수도 있다. 반응 메커니즘은 다음과 같다.

$$MoO_3 + \left(\frac{x}{2}\right)S \rightarrow MoO_{3-x} + \left(\frac{x}{2}\right)SO_2 \quad (5.1)$$

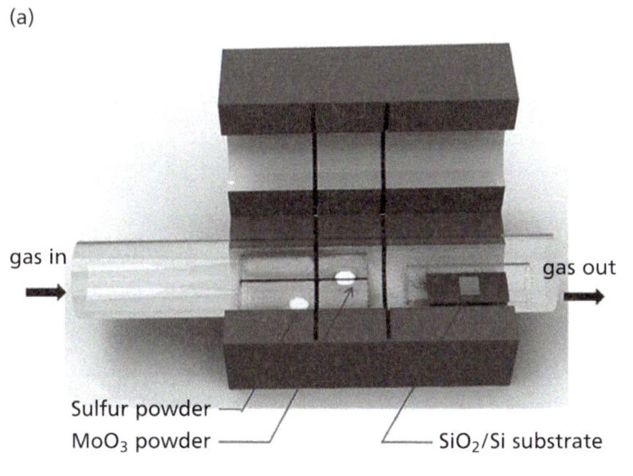

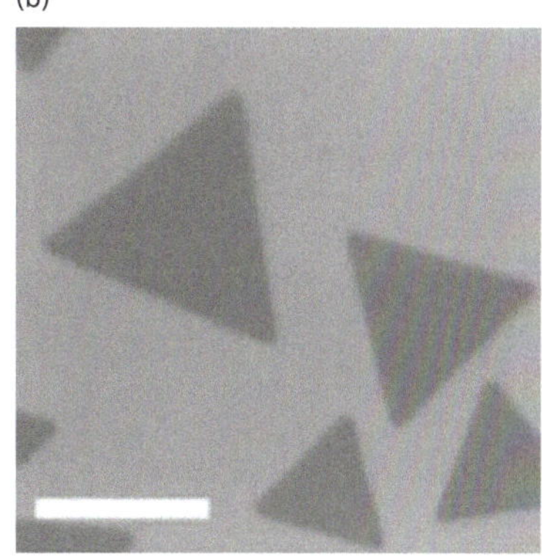

그림 5.16 ▸ (a) 기체상 반응을 통해 MoO_3 및 S 분말로부터 기질 위에서 MoS_2 단일층을 성장시키는 CVD 방법. (b) 성장된 삼각형 플레이크의 광학 현미경 사진. Reproduced with permission from ACS publications.[34,35]

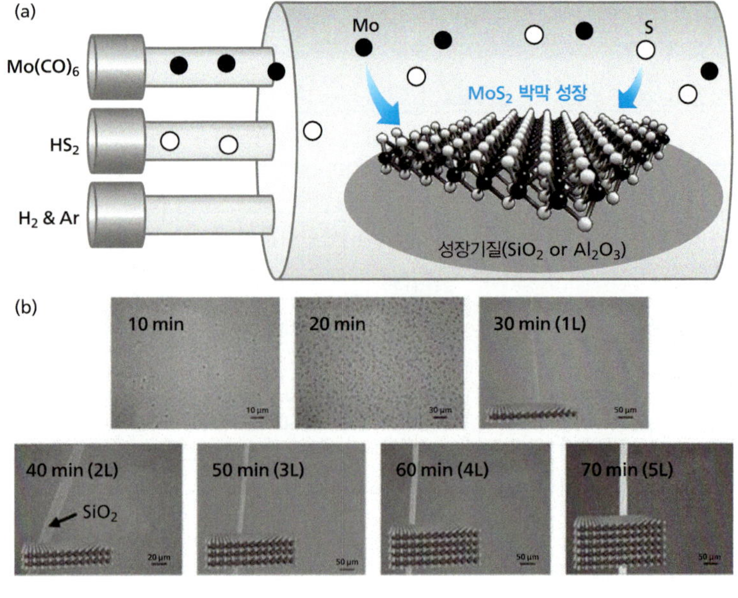

그림 5.17 ▶ (a) MOCVD 시스템의 구조. (b) 성장시간에 따른 성장된 MoS_2 박막의 광학현미경 이미지. Reproduced with permission from ACS publications.[37]

$$MoO_{3-x} + \left(\frac{7-x}{2}\right)S \rightarrow MoS_2 + \left(\frac{3-x}{2}\right)SO_2 \quad \textbf{(5.2)}$$

(x = 1일 때 중간상으로 MoO_2가 형성됨)

하지만 고체상 전구체(예: MoO_3, $MoCl_5$ 또는 WO_3)에 기반한 화학 기상 증착법은 낮은 전하이동도와 불균일한 성장을 보여주었다. 이런 문제를 극복하기 위해서 전구체의 공급량 조절이 용이한 기체상 전구체 사용의 필요성이 대두되었다. Metal organic CVD (MOCVD)는 기체상의 전구체를 사용하여 4-인치 웨이퍼에서도 균일한 MoS_2 및 WS_2 단일층 박막을 가능하게 하였다.[36] 승화성 물질인 $MoCO_6$과 WCO_6는 약 60°C에서 가열되어 기체상으로 유량조절장치를 통해 일정하게 가열 반응 챔버에 공급된다(그림 5.17). 일정하게 유량을 공급할 수 있다는 점은 반응시간에 따른 층수 조절이 가능하다는 장점을 제공한다. 그림 5.17b와 같이 완전한 단일층 박막이 성장하는 데 요구되는 성장 시간보다 반응 시간이 길어지면, 단일층 위에 새로운 두번째 층이 성장되기 시작한다.[37] MOCVD로 성장된 MoS_2는 대면적 웨이퍼에서도 균일한 ~30 $cm^2\ V^{-1}\ s^{-1}$의 전자 이동도를 보였다.

그림 5.18은 화학 기상 증착법에서 금속 전구체의 mass flux와 도메인의 반응 속도 조절을 통해 TMD 합성 결과가 어떻게 달라지는 지에 대한 일반적인 개요를 보여준다. 질량 흐름(mass flux)은 핵 형성과 도메인의 성장에 관여하는 금속 전구체의 양을 결정하는 반면,

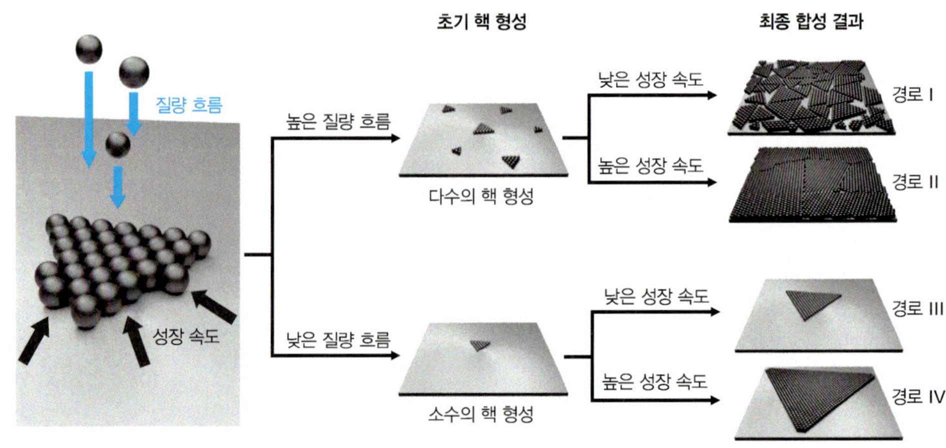

그림 5.18 ▶ TMD의 성장은 금속 전구체의 질량 흐름(mass flux)과 성장 속도에 따라 4가지 경로로 분류할 수 있다. 금속 전구체의 높은 질량 흐름은 성장 속도에 따라 작은(경로 I) 또는 큰(경로 II) 도메인을 가진 대규모 연속 단층 다결정 필름을 합성할 수 있는 기회를 제공한다. 반면에 금속 전구체의 질량 흐름이 낮으면 크기가 다른 개별 단결정 단층이 생성된다. 낮은 성장 속도는 단결정(경로 III)의 중심과 가장자리에 원자 클러스터가 붙은 작은 결정 크기로 이어지고, 높은 성장 속도는 큰 단결정(경로 IV)을 발생시킨다.

성장 속도는 성장한 필름의 입자 크기를 결정한다.[38] 높은 질량 흐름에서 낮은 성장 속도는 작은 입자를 가진 단층 다결정 필름(경로 I)을 생성하고, 높은 성장 속도는 최대 밀리미터 크기의 큰 입자를 가진 연속 단층 필름을 형성하는 경향이 있다(경로 II). 다른 한편으로, 낮은 질량 흐름에서 낮은 성장률은 작은 플레이크의 형성을 촉진한다. 작은 핵은 종종 플레이크의 중심에서 관찰되며, 이는 여분의 흡착원자(adatom) 또는 원자 클러스터가 성장하는 동안 기존 핵이나 가장자리에 지속적으로 부착이 된다(경로 III). 높은 반응 속도는 우선적으로 개별 대형 2차원 단결정 단일층(경로 IV)을 생성한다.

5.3.4 전이금속 칼코젠 화합물의 응용

이 장에서는 2차원 TMD를 기반으로 한 광전자 장치, 특히 광검출기, 발광 다이오드(LED) 및 스핀 밸리 전류의 광학 생성에 대한 응용을 소개한다. 대부분 TMD 광검출기는 실리콘 광검출기와 작동하는 파장 범위가 비슷하다. 이러한 장치는 특히 재료의 성장 및 제조 단계를 고려할 때 기존 응용 분야의 현재 기술과 경쟁은 불가피하다. 그러나 TMD는 실리콘과 달리 기계적으로 유연하고 밴드갭이 조절 가능한 유연 광소자 및 스핀 밸리 레이저 등 새로운 유형의 응용 분야에 대한 잠재력을 가지고 있다.

먼저 2차원 TMD와 그래핀을 기반으로 한 광검출기의 성능을 비교하고자 한다. 그래핀과 달리 2차원 TMD는 에너지 밴드갭이 존재하며, 광검출을 위한 다양한 작동 메커니즘이 존재한다. 일반적으로 그래핀 광검출기는 광열전 효과(photothermoelectric effect), 복사 효과(bolometric effect) 및 약한 광전지 효과(photovoltaic effect)를 기반으로 작동된다. 그래핀을 사용할 경우 일반적으로 높은 암전류와 작은 응답성을 나타내지만, 훨씬 더 넓은 작동 대역폭을 보인다. 대조적으로, 2차원 TMD 장치는 주로 광전지 효과를 기반으로 작동하며, 낮은 암전류와 높은 응답성을 나타낸다. 그러나 대부분의 장치에서 작동속도가 느린 문제점이 있다. 느린 작동 속도는 TMD의 엑시톤 수명(~10–100 ps)이 짧기 때문이며, 개선이 요구되고 있다.

2차원 TMD의 면내 및 면외 구조를 기반으로 하는 광검출기에서 여러 실험적인 발전이 이루어졌다. 면 내(in plane) 장치는 정전기 게이팅(gating)을 통해 재료의 특성을 더 잘 제어할 수 있다는 장점이 있다. 그러나 면 외 장치는 훨씬 더 높은 바이어스 필드(최대 ~1 V nm^{-1})를 지원할 수 있으며, 보다 효율적인 엑시톤 해리를 위해 다층 구조에서 엑시톤 결합 에너지를 감소시킬 수 있다. 그러나 현재의 TMD 광검출기, 특히 면내 광전도에 기반한 광검출기는 불순물 및 결함 상태와 관련된 외부 효과에 상당한 영향을 받는다. 내적 및 외적 메커니즘의 상대적 중요성을 명확히 하고 성능 향상을 위해 구조를 최적화하기 위한 연구들이 진행되고 있다.

TMD의 발광 다이오드는 Schottky 접합, *pn* 접합 및 최근의 수직 터널 접합과 같은 접합에서 전자-정공 재결합을 기반으로 활용된다. TMD를 접합하여 제작된 평면내 *p-n* 다이오드에 저전류를 인가하면 발광 현상이 발생한다. 일반적인 그래핀 LED의 가장 높은 방출 효율은 약 0.3%인데 반해, 단층 WSe_2 LED의 경우 ~1%의 효율이 측정되었다. 최근, 그래핀 전극, 질화붕소 터널 장벽 및 2차원 TMD 발광체로써 구성된 수직 van der Waals (vdW) 이종 구조를 제작하여 저온에서 외부 양자 효율이 약 10%인 터널링 LED를 보고하였다. 더 높은 광 발광 양자 수율 및 전하 이동도를 가진 샘플을 사용할 수 있게 된다면 방출 효율이 증가할 것으로 예상된다.

TMD 중 특히 MoS_2는 수소 발생(hydrogen evolution reaction, HER) 전기 촉매로서 성능이 우수하다. 촉매 성능의 극대화를 위해 화학적으로 합성한 MoS_2를 rGO 혹은 다른

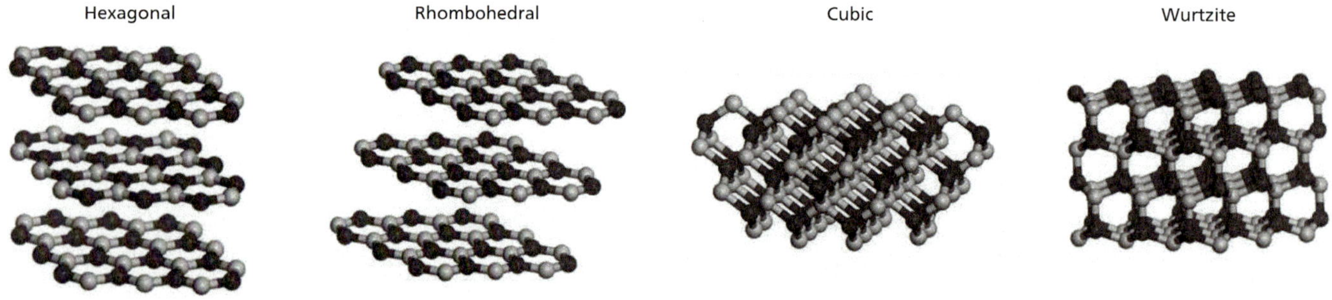

Hexagonal Rhombohedral Cubic Wurtzite

그림 5.19 ▶ 다양한 질화붕소 결정구조.

전도성 소재와 복합체를 형성하기도 한다. 또한 촉매 활성점 노출을 극대화하기 위해 가장자리 노출이 많이 되도록 합성하고, 반응물들이 쉽게 접근할 수 있도록 MoS_2 층간 간격을 증가시키는 합성 방법 개발이 지속적으로 이어지고 있다. 더욱이, 금속 상(1T phase) 및 가장자리 엔지니어링을 통해 전도도를 높이면 촉매 특성이 향상된다. 이를 위해 리튬 삽입에 의해 MoS_2의 금속 1T 상을 합성하는 연구도 광범위하게 이루어졌다. 이론에 따르면, 금속 상 TMD의 주요 장점은 가장자리 만 활성화되는 반도체 MoS_2와 달리 기저 평면이 HER에 대해 촉매적으로 활성화될 수도 있기 때문이다.

5.4 육방정계 질화붕소(Hexagonal boron nitride)

5.4.1 질화붕소의 결정구조

질화붕소는 몇가지 다른 결정구조를 가지고 있다(그림 5.19).[39] 층상 구조로 sp^2 B와 N으로 구성되는 hexagonal boron nitride(hBN), rhombohedral boron nitride (rBN)이 있고, 3차원 결정으로 sp^3 B와 N으로 구성되는 cubic boron nitride (cBN), wurtzite boron nitride (wBN)이다. hBN과 rBN은 각각 AA', ABA stacking order를 가지고 있고, 이들이 층 사이의 공유결합이 생기면, 각각 cBN, wBN으로 바뀌게 된다. 여기서는 2차원 소재로서 활발히 연구되고 있는 hBN을 설명하고자 한다.

5.4.2 육방정계 질화붕소의 물성 및 응용

그림 5.20 ▶ Transmission electron microscope (TEM)으로 관찰된 h-BN의 원자 구조. Reproduced with permission from ACS publications.[39]

최근에 반도체의 물성을 가지고 있는 전이금속 칼코젠화합물(transition metal dichalcogenide, TMD), 흑린(BP, black phosphorus) 등 다양한 종류의 2차원 물질에 대한 연구가 진행되면서 절연 기판의 중요성이 부각되었다. 일반적으로 금속 산화물인 SiO_2 혹은 Al_2O_3 등을 절연 기판으로 사용하는데, 금속 산화물의 표면은 표면 원자의 댕글링 결합(dangling bond), 거친 표면 등의 문제로 인해 야기된 전하 트랩(charge trap) 효과와 전자이동의 산란에 의해 2차원 소재 본연의 물성이 변하게 된다. 그래서 2차원 물질의 본연의 물성을 연구하기 위해서 기존의 기판의 단점을 보완하는 새로운 절연체 기판으로 육방정계 질화붕소(hBN)가 주목받기 시작했다(그림 5.20).[40]

hBN은 강한 공유결합(sp^2-hybridized)으로 붕소와 질소가 결합되어 있어 표면에 댕글링 결합을 가지고 있지 않고, 원자 수준에서 평평한 구조를 가지고 있다. 또한 그래핀과 유사하게 투명하고 유연하면서 우수한 기계적 물성을 가지고 있다. 특히, B 원자와 N 원자 사이의 큰 전기음성도 차이로 인해 hBN 은 일반적으로 넓은 밴드갭(~6 eV)을 가지는 절연

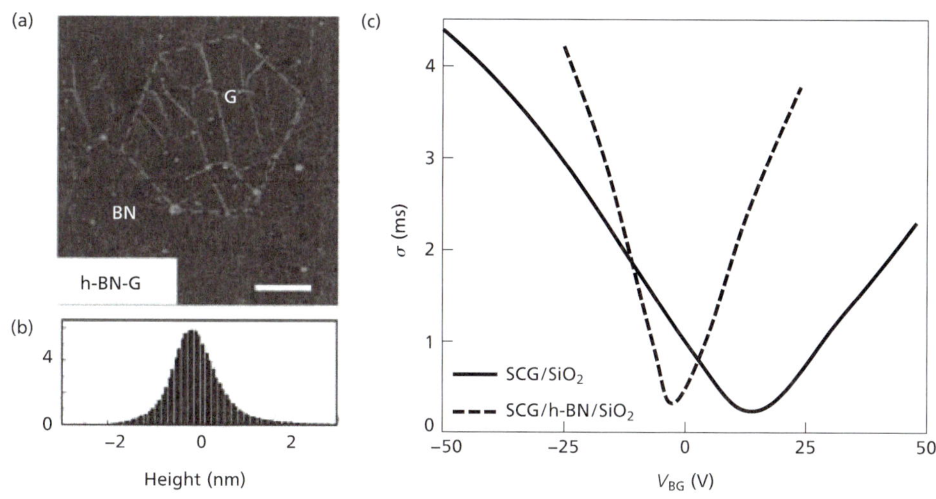

그림 5.21 ▶ (a) hBN 위에 전사된 그래핀과 (b) 해당 구조를 AFM으로 측정한 height 분포 히스토그램. (c) 단결정 그래핀/SiO_2와 단결정 그래핀/hBN/SiO_2 FET에 대한 conductance. Reproduced with permission from Springer Nature.[55]

체로 알려져 있다. 기존 그래핀 기반의 2차원 소자의 유전층으로 사용하는 SiO_2의 경우 산소 원자에 의한 댕글링 결합, 표면 전하 트랩과 같은 문제점이 있다. 따라서 이것을 보완하고 대체할 수 있는 물질로 2차원 소재인 hBN이 각광받고 있다. 2010년 미국 콜롬비아 대학 연구진이 SiO_2와 기계적 전사 방법을 이용해 얻은 hBN 위에서의 그래핀 소자 특성을 비교 분석하였다.[41] 최근의 또 다른 예로서 그림 5.21a, b는 hBN 위에 전사된 그래핀 시트의 거칠기가 매우 적음을 보여준다.[42] 또한 hBN을 그래핀 FET 소자의 절연층으로 사용했을 때 SiO_2 기판에서 보다 향상된 전하이동도를 보여 hBN이 2차원 물질 기반의 절연층으로 사용될 수 있음을 보여주었다(그림 5.21c).[43] 그러나 실제 그래핀 기반의 집적회로를 구현 시 기초적인 문제점인 낮은 on-off switching ratio 때문에 off 상태에서 낮은 소비전력을 얻기 힘들다. 이 문제를 해결할 수 있는 방법으로 Gorbachev는 양자 터널링(quantum tunneling)에 기반을 둔 그래핀-hBN-그래핀 구조의 전계 효과 터널링 트랜지스터(field effect tunneling transistor, FETT)를 제안했다.[44] 그림 5.22의 구조에서, 절연층 장벽(insulating barrier)으로 두께 조절이 가능한 매우 얇은 hBN을 사용하여 위층의 그래핀(Gr_T)과 아래층의 그래핀(Gr_B) 사이에 전자의 양자 터널링이 가능하게 되고, 게이트 전압(V_g)에 따라 터널링 전류를

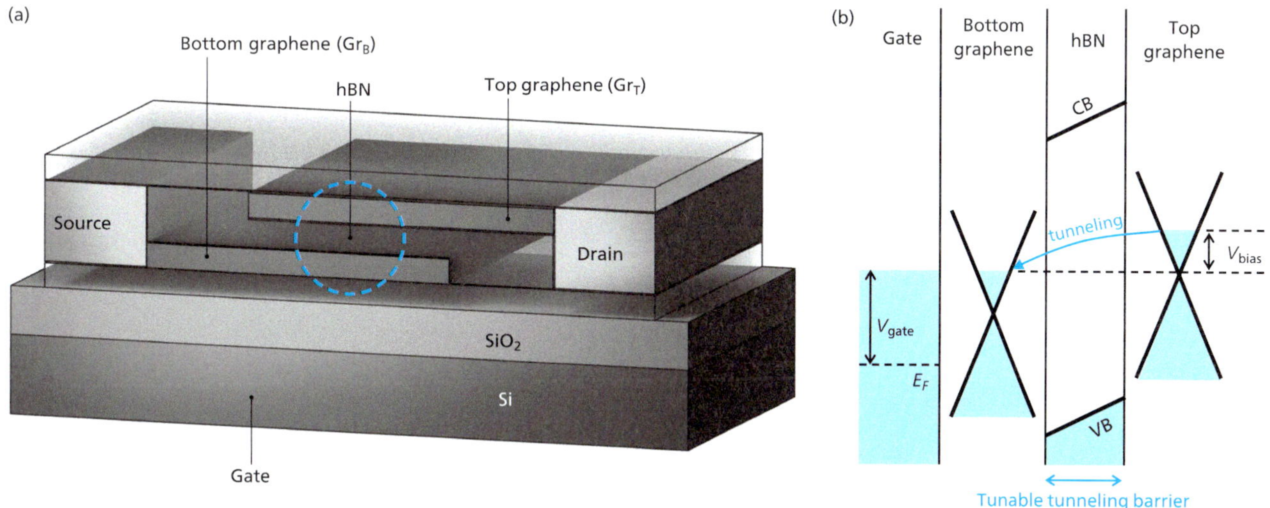

그림 5.22 ▶ (a) Graphene/BN-FETT 장치의 개요도 및 (b) gate voltage와 bias voltage가 적용되었을 때 graphene/BN-FETT의 밴드 구조와 전자의 양자 터널링. 원뿔 형상은 그래핀의 Dirac-like 스펙트럼을 나타낸다.

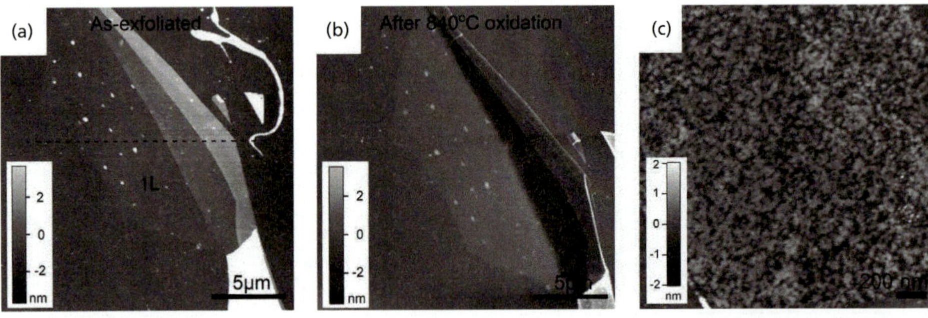

그림 5.23 ▶ (a, b) 기계적 박리된 monolayer hBN의 AFM 영상. (a) 가열 전, (b) 840°C에서 2시간 동안 가열 후, (c) 850°C에서 2시간 가열 후의 모습. 840°C까지는 안정하며 850°C부터 산화적 손상이 나타나는 것을 볼 수 있다. Reproduced with permission from ACS publications.[45]

조절할 수 있다. 이 소자를 통해 기존의 그래핀 소자보다 더 높은 on-off ratio(>50)를 보임으로써 hBN을 이용한 터널링 FET 소자에 응용 가능성을 보였다.

또한 hBN은 얇은 두께임에도 불구하고 고온에서도 매우 안정하고, 대부분의 화학물질과 반응하지 않는 것으로 알려져 있다. 최근 보고된 논문에서는 hBN이 공기 중에서 840°C까지 안정하다는 것을 실험적으로 밝힘으로써, 높은 온도에서도 항산화성을 가지는 hBN의 특성을 확인하였다(그림 5.23).[45] 이와 관련해서 높은 온도에서 금속의 산화를 방지하는 역할로 hBN을 이용한 논문이 보고되었다.[46] 스테인리스강 금속 기판 위에 hBN이 있는 경우와, 없는 경우를 비교했을 때 1000°C까지 금속 기판이 산화 반응으로부터 보호된다는 것을 확인할 수 있다. 이와 같이 hBN은 고온 환경과 화학적으로 가혹(harsh)한 환경에서도 매우 안정적인 특성을 보이고 있어서 극한 환경에서 물질을 안정적으로 유지할 수 있는 보호막으로 활용이 가능하다. 또한 hBN은 양자 발광체(quantum emitter)로 사용될 수 있으나, 이 책의 수준을 넘어서기 때문에 설명을 하지 않는다.

5.4.3 육방정계 질화붕소의 합성

위에서 설명한 것처럼 기계적 박리법으로 벌크 결정에서 2차원 소재 hBN을 벗겨낼 수 있다. 기계적 박리법은 고품질의 hBN 2차원 구조체를 만드는 좋은 방법이나, 원하는 두께의 결정을 대면적으로 얻기에는 적합하지 않다. 용액상 박리법은 단결정 hBN에서 층별로 분리를 시키는 방법이며, 대량생산이 가능하다는 점에서 주목받고 있다. 2008년 Watanabe 교수 연구팀이 처음으로 용액상 박리법으로 2차원 소재 hBN을 얻었다.[47] 이들이 사용한 방법은 유기 용매 속에 hBN 단결정이나 분말을 넣고 고분자를 hBN 표면이나 가장자리에 기능화시켜 층간 간격을 넓힌 후 초음파를 사용해 용매에 분산시키는 방법이다. 이 방법은 이후 용매를 제거하는 과정에서 오염을 유발할 수 있기 때문에 이를 대체하여 휘발성이 강한 용매를 이용해 박리하는 방법들이 연구되고 있다.[48] 또 다른 방법들 중 하나인 볼 밀링(ball-milling) 방법은 hBN 결정에 고속으로 운동하는 구슬을 이용해 hBN 결정에 직접적으로 전단응력을 가함으로써 층간의 van der Waals 결합을 끊고 2차원 구조로 박리하는 방법이다.[49] 이 방법은 대량생산은 가능하지만 박막 사이즈와 두께 조절의 어려움, 그리고 오염 등의 문제점이 존재한다.

위에서 설명한 기계적 박리법은 고품질의 hBN을 얻을 수 있어서 그래핀 혹은 MoS_2의 고성능의 전기소자의 유전층(dielectric layer) 및 터널링 트랜지스터(tunneling transistor)의 barrier로 사용될 수 있지만, 두께 조절의 어려움과 더불어 대면적 적용이 불가능하다는 단점을 가지고 있다. 위에서 역시 설명한 bottom-up 방법인 CVD는 대면적에서 합성이 가능해 hBN 대면적 합성 연구가 활발히 이루어지고 있다. 기질 종류 및 합성 조건 조절에 의해 단일층 혹은 다층 hBN을 얻을 수는 있지만, 선택적으로 원하는 층 수의 hBN을 합성하는 방법은 아직 개발되지 않고 있다. 특히, 소자 응용을 위해서는 넓은 면적에서 매우 순수한 단결정 수 층 혹은 다층 hBN 박막을 합성해야 하는데, 2018년에서야 대면적에서 단일층에서만 단결정 성장이 간헐적으로 보고되고 있다.[50] 최소 수 층 혹은 다층의 대면적 단결정이 필요한 이유는 단일층 hBN은 너무 얇아서 SiO_2 기질의 영향을 완벽히 제거할 수 없기 때문이다. 즉, 단일층 hBN을 나노미터 수준으로 미세하게 보면 hBN 아래 SiO_2 기질 표면의 거칠기 및 dangling bond들이 여전히 hBN 위의 그래핀 혹은 TMD 반도체에 영향을 미친다.

CVD 방법을 이용한 hBN의 합성법은 크게 단일층 hBN 합성법과 다층 hBN 합성법으로 나눌 수 있다. 먼저 단일층 hBN 합성법은 Pt[40], Cu[51] 등 질소나 붕소의 고체 용해도(solid solubility)가 낮은 전이금속을 기판으로 사용하여 합성하게 된다. 고체 용해도가 낮은 금속을 기판으로 사용하여 합성을 진행할 경우 전구체인 붕소와 질소가 금속 결정 안으로 녹아들지 못하게 된다. 따라서 전구체들이 전이금속의 촉매적 특성을 통해 기판 위에 머물면서 확산되어 결정을 형성하게 된다. 질화붕소의 경우 열역학적으로 가장 안정한 형태인 육방정계를 이루며 서로 결합하게 되고, 결과적으로 금속 표면에만 hBN이 합성되어 단일층으로 합성된다. 이러한 원리를 이용해 일반적으로 금속 기판의 표면 용융 온도와 압력에서 전구체를 흘려주어 hBN을 합성한다. 따라서 이 방법을 이용하면 기판의 크기에 따라 hBN 크기가 결정되게 되어 대면적으로 단일층 hBN을 얻을 수 있다(그림 5.24). 하지만 다결정 금속 기판 위에서는 금속의 결정면에 따라 hBN 품질의 차이가 발생할 수 있다. 금속의 경우 결정면의 방향에 따라 표면 에너지가 달라지는데, hBN이 표면에서 합성될 때 전구체의 확산 속도의 차이로 인해 금속 표면의 결정면에 따라 합성되는 속도의 차이가 발생하게 된다. 그로 인해 다결정 금속 기판 위에 합성된 hBN은 품질의 균일도가 떨어지는 문제점이 발생하였고, 이를 해결하기 위해 단결정의 금속 표면에 hBN을 합성하는 연구가 이뤄졌다.[52] 하지만 단결정 금속 기판은 대면적으로 제조하기가 매우 어려워 가격이 비싸다는 한계가 있다.

또한 앞서 설명한 방법들의 개념을 이용해서 더 나은 품질의 hBN을 합성하기 위해 초고진공 분위기에서 합성을 시도한 연구들도 있다. 대표적으로 초고진공 증착 장비인 분자

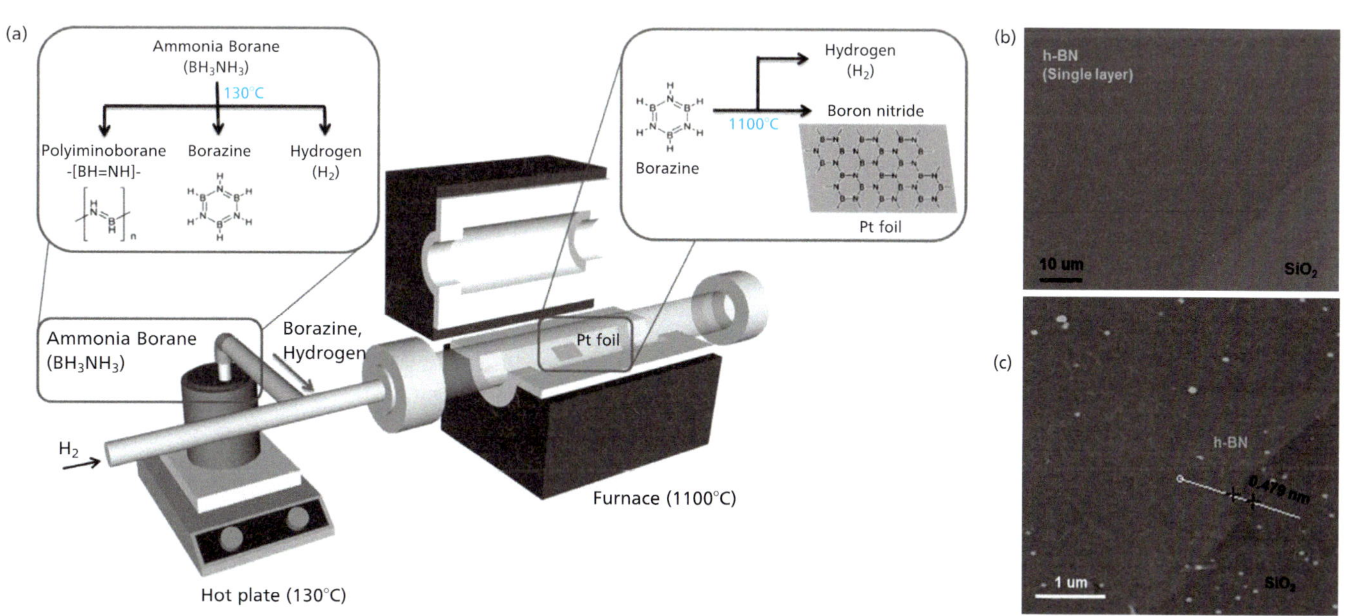

그림 5.24 ▸ (a) Pt foil 위에 hBN을 성장하는 LPCVD 시스템의 모습. SiO_2/Si 기질 위에 성장된 단층 hBN의 (b) SEM 및 (c) AFM 영상. Reproduced with permission from ACS publications.[40]

선 에피택시(MBE, Molecular beam epitaxy)를 이용해 합성을 하게 되면 환경적인 요인의 통제가 용이하게 되어 고품질의 hBN을 합성할 수 있다.[53] 하지만 고가의 장비와 합성 방법의 복잡성 등의 문제점들을 가지고 있다.

단일층 hBN은 큰 터널링 전류를 보이기 때문에 절연 기판으로 활용하기 위해서는 다층 hBN이 필요하다. 다층 hBN의 합성을 위해서는 Ni[54], Fe[55] 등과 같이 붕소 혹은 질소의 용해도가 높은 금속을 기판으로 사용해야 한다. 일반적으로 고체 용해도가 높은 금속 기판은 촉매 역할과 동시에 고온에서 원자 상태로 분리된 전구체들이 결정 안으로 녹아들게 되고 냉각과정에서 고체 용해도가 낮아짐에 따라서 표면에 전구체들이 석출되면서 다층의 hBN을 형성하게 된다. 따라서 상대적으로 고체 용해도가 높은 금속을 기판으로 사용할 경우 더욱 두꺼운 hBN을 얻을 수 있게 된다.

하지만 앞서 소개된 금속을 기판으로 사용해 hBN을 합성할 경우 발생되는 문제점이 있다. 대부분의 금속은 온도가 높아질수록 격자가 넓어지는 반면 hBN은 반대로 수축하게 된다. 따라서 hBN 합성 후 주름이 발생하게 되는데 이러한 주름은 hBN의 장점인 원자 수준의 평평함을 이용할 수 없는 요인이 된다.

따라서 금속을 촉매로 활용한 hBN의 합성법 이외에 세라믹이나 그래핀 등을 기판으로 사용하여 hBN을 에피택시(epitaxy)로 합성하는 연구가 보고되고 있다. 사파이어를 기판으로 사용하여 고품질의 다층 hBN을 대면적으로 합성한 연구에서는, 비교적 열팽창계수의 차이가 작은 사파이어를 기판으로 에피택시 hBN을 합성하여 기존의 연구들보다 뛰어난 표면 상태를 보여주고 있고, 다층의 hBN 합성법과 전사방법을 제공함으로써 절연성을 이용한 응용분야에 적용시키기에 적합한 hBN 합성방법을 소개하고 있다(그림 5.25).[56]

5.5 이차원 헤테로구조체(2-D heterostructures)

5.5.1 이차원 헤테로구조체란?

이차원 헤테로구조체(heterostructure)는 다양한 2차원 소재가 수직으로 혹은 한 평면 내에서 이종 구조로 형성된 것을 의미한다. 따라서 헤테로구조체는 수직 헤테로구조체와 평면(수평) 헤테로구조체로 구분할 수 있다. 수직 헤테로구조체는 서로 다른 이차원 소재들이 수직 방향으로 van der Waals (vdW) 상호작용에 의해 쌓여 있는 것을 말한다. 평면 헤테로구조체는 한 평면에서 서로 다른 이차원 소재들이 연결되어 있는 헤테로구조체를 의미한다. 현재 많은 수의 이차원 소재들이 존재하기 때문에, 이들을 다양한 조합으로 구성하면 매우

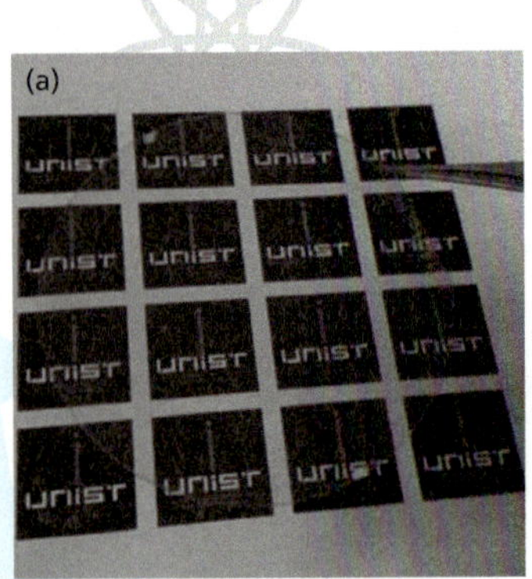

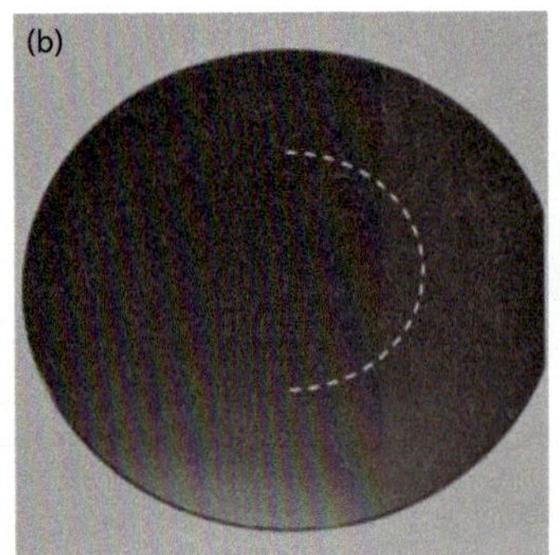

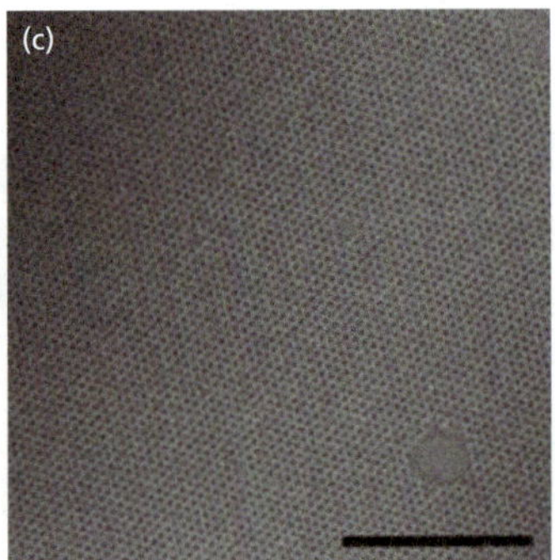

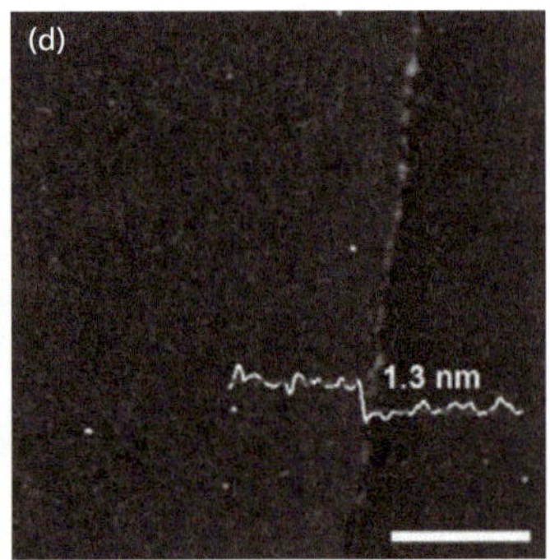

그림 5.25 ▶ (a) 사파이어 기판에 성장된 hBN 이미지. (b) 2인치 사파이어 기질에서 성장된 hBN가 4인치 SiO_2/Si 웨이퍼에 전사된 이미지. (c) hBN의 TEM 이미지(scale bar = 5 nm). (d) SiO_2/Si 웨이퍼에 전사된 hBN의 AFM 이미지(Scale bar: 500 nm). Reproduced with permission from ACS publications.[56]

다양한 헤테로구조체들이 구현될 수 있다. 이러한 헤테로구조체를 연구하는 이유는 개별 2차원 소재에서 발견되지 못한 새로운 기대하지 못한 현상들이 나타날 수 있기 때문이다. 따라서 헤테로구조체는 별도의 새로운 소재로 취급되어야 할 수도 있다.

5.5.2 수직 이차원 헤테로구조체의 다양성

전자적 특성이 서로 다른 이차원 소재들은 다양하며, 이들을 수직 방향으로 적층하기 위한 격자 일치 필요성이 거의 없기 때문에, 수직 헤테로구조는 무수히 많은 조합이 존재한다. 수직 헤테로 구조는 크게 4가지 형태로 분류할 수 있다.

1) 그래핀/TMD 등으로 구성된 금속/반도체 접합

그래핀은 높은 투명성 및 높은 전도도를 나타내고 일함수를 조절할 수 있어, 다양한 밴드갭을 가진 TMD 응용에 중요한 역할을 할 수 있다. 결과적으로 이러한 이종 구조는 전자 및 광전자 소자에서 흥미로운 특성을 보여준다. 그림 5.26은 직접 성장에 기반한 MoS_2/graphene 헤테로구조체를 보여준다.[57] 이 구조체의 광 반응성은 최소 200배 향상되어 높은 품질을 보여준다. 이러한 결과는 그래핀이 뛰어난 특성과 성능을 갖는 대면적 TMD 물질 성장을 위한 기질 및 전극 역할을 하는 데 탁월한 후보가 될 수 있다는 가능성을 보여주었다.

2) 서로 다른 TMD-TMD로 구성된 반도체/반도체 접합

TMD 단일층은 근적외선에서 가시광 스펙트럼 범위의 광학 밴드갭을 가질 수 있고 매우 강한 빛-물질 상호 작용을 나타낼 수 있기 때문에 TMD 헤테로구조는 새로운 광전자 및 광전지 응용 분야에 사용될 수 있다. 많은 이론 논문들에서 TMD 헤테로 구조체가 유형 II 반도체 이종 접합을 형성하여 광 감지 및 수확(harvesting)을 위한 효율적인 전자-정공 분리를 촉진한다고 예측한다. 광 발광 매핑과 펨토초 펌프-프로브 분광법을 모두 사용하여 광 여기된 MoS_2/WS_2 이종 구조에서 초고속 전하 이동에 대한 실험적 관찰이 보고되었다(그림 5.27).[58,59] MoS_2층에서 WS_2층으로의 정공 전달이 광 여기 후 50 fs 이내에 발생한다. 헤테로구조체에서 이러한 초고속 전하 전달은 광전자 공학 및 광 수확을 위한 새로운 2차원 장치를 가능하게 한다.

3) TMD/hBN으로 구성된 반도체/절연체 접합

hBN의 표면은 원자적으로 평평하고 화학적으로 안정하여 댕글링 결합이 없는 표면을 가지고 있다. 또한 hBN의 포논(phonon) 에너지는 매우 작기 때문에 전자와 포논 상호 작용이 매우 약하다. 이러한 특성으로 인해 hBN은 높은 전자 장치 성능을 달성하기 위한 이차원 물질의 이상적인 기판 또는 절연층이 된다. 예를 들어, hBN/Graphene/MoS_2/hBN 구조의

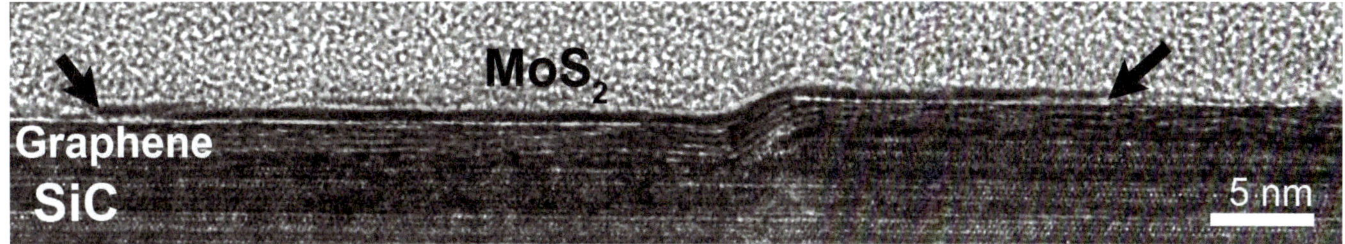

그림 5.26 ▸ MoS_2/QFEG의 Cross-sectional HRTEM 이미지. QFEG로 덮인 SiC step edge 위에 MoS_2가 lateral하게 nucleation 되고 성장해 있다. 이 경우 그래핀의 두께가 step 전체에 걸쳐 일정하게 유지되어 그래핀이 휘어지고, EG layer의 strain도 변화한다. Reproduced with permission from ACS publications.[57]

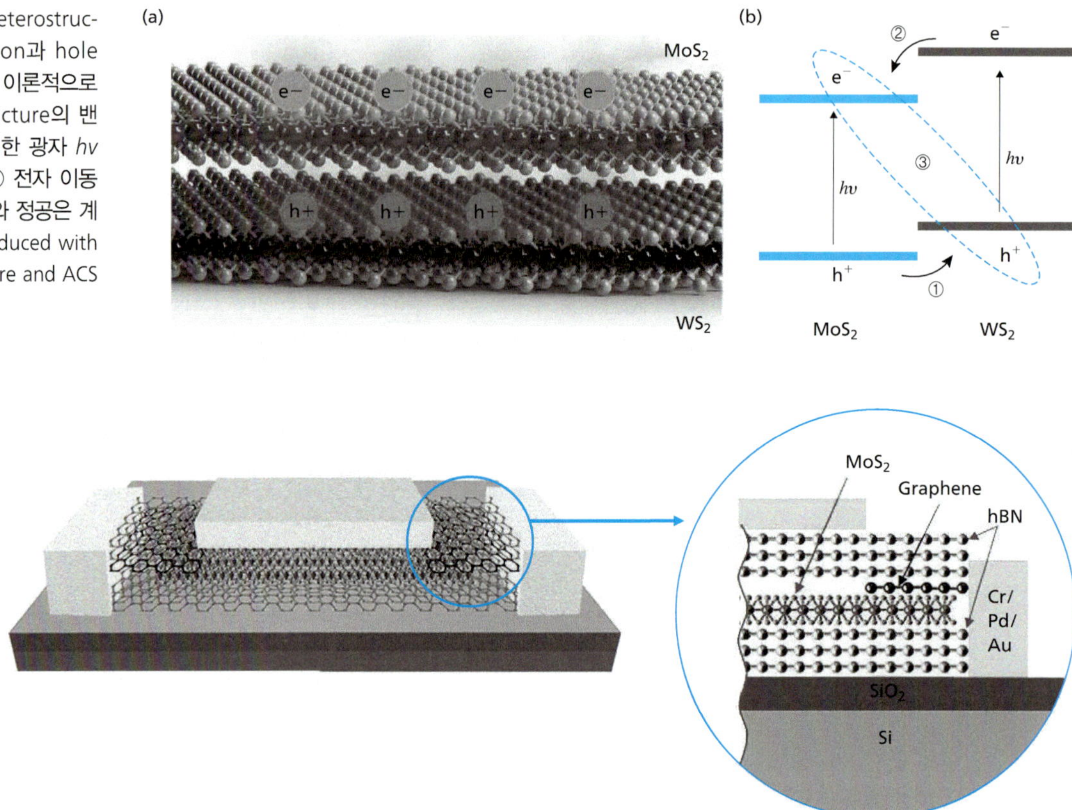

그림 5.27 ▶ (a) MoS_2/WS_2 heterostructure. 빛에 의해 형성된 electron과 hole은 서로 다른 층으로 분리. (b) 이론적으로 예측된 MoS_2/WS_2 heterostructure의 밴드 구조. MoS_2 또는 WS_2에 의한 광자 $h\nu$의 흡수는 ① 정공 이동 또는 ② 전자 이동이 발생하며, 전하 이동 후 전자와 정공은 계면 ③에서 재결합을 한다. Reproduced with permission from Springer Nature and ACS publications.[59,60]

그림 5.28 ▶ hBN으로 쌓인 MoS_2 transistor 장치. 아래 확대도는 금속-그래핀-MoS_2 구조의 단면. Reproduced with permission from ACS publications.[61]

FET는 33~151 $cm^2\ V^{-1}\ s^{-1}$의 매우 높은 field-effect mobility를 가진다(그림 5.28).[61]

4) 그래핀/hBN으로 구성된 금속/절연체 접합

hBN은 큰 밴드갭(~6eV)을 가지고 장벽 내의 불순물 상태 수가 적어 터널링 장벽으로도 사용될 수 있다. 그래핀에서 Fermi 에너지와 상태밀도(density of state, DOS)의 위치는 외부 게이트에 의해 달라질 수 있기 때문에 터널링 전류에도 동일하게 적용되어 이러한 구조를 전계 효과 터널링 트랜지스터(field effect tunneling transistor, FETT)로 사용할 수 있다(그림 5.22).[44]

5.5.3 평면(수평) 헤테로 구조체의 다양성

수평 헤테로 구조는 각 구성 요소가 동일한 평면에서 접합된 구조를 나타내며, 계면(interface)을 형성하는 두 소재들의 격자 유사성이 요구된다. 두 소재들 사이에 격자 유사성 조건을 맞추어야 하기 때문에, 평면 헤테로구조체는 크게 두 가지로 분류될 수 있다.

1) 그래핀/hBN으로 구성된 금속/반도체 접합

그래핀과 hBN은 원자 배열이 비슷하고 격자 상수 간에 약 2%의 무시할 수 있는 차이가 있지만 전자 구조는 완전히 다르다. 그래핀은 밴드갭이 없는 반도체인 반면 hBN은 밴드갭이 5.9 eV인 절연체이다. 둘 사이의 구조적 유사성 때문에 하이브리드로 결합하면 매끄러운 계면(interface)을 형성할 수 있다. 그래핀-hBN 수평 헤테로구조체 제작 방법 중 하나로 금속 기질에서 치환 반응을 활용한 방법이 있다. Pt는 우수한 수소화 반응 촉매로 알려져 있는데,

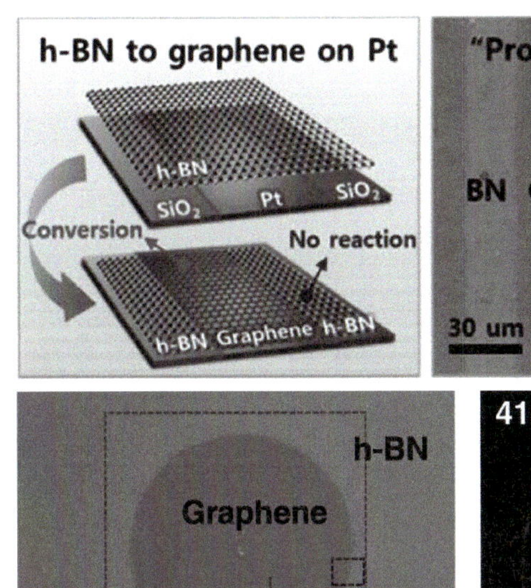

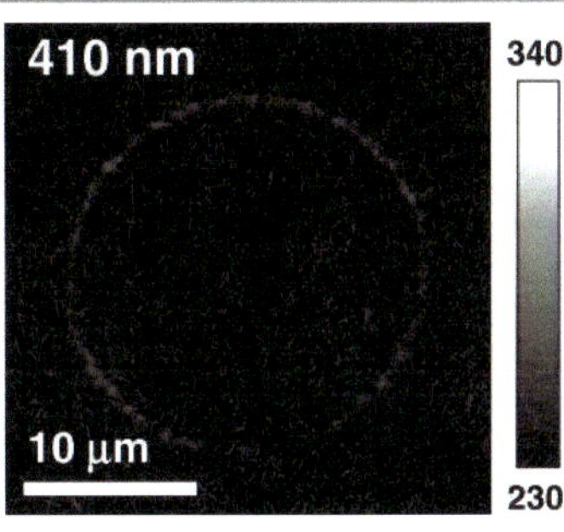

그림 5.29 ▶ 백금 촉매에서 hBN이 그래핀으로 전환되는 현상을 이용해서 기질에 Pt 패턴을 형성하고, hBN을 전사한 후 촉매 반응으로 Pt 위에서만 선택적으로 그래핀으로 전환하여 hBN/그래핀 평면 헤테로구조체 제작 및 계면에서 발생하는 발광 현상. Reproduced with permission from Springer Nature and ACS publications.[62,63]

Pt와 SiO_2로 패턴이 된 기질을 준비하고 hBN 단일층을 전사한 후 고온에서 methane 가스를 흘려준다. 그러면 Pt 위에 있는 hBN만 수소화 반응으로 사라지게 되고, 사라진 hBN 자리에 그래핀이 성장하며 SiO_2 위에 있는 hBN과 연결되는 반응 과정이 개발되었다(그림 5.29).[62] 결국, hBN과 그래핀 평면 헤테로구조가 패턴을 형성한다. 또한 그래핀과 hBN 계면에서 새로운 에너지 준위가 생성되어 청색 발광 현상이 관찰이 되었으며, 이를 응용한 발광 소자도 제작할 수 있다.[63]

2) 서로 다른 TMD/TMD로 구성된 반도체/반도체 접합

TMD 평면 헤테로구조체는 단층 *p-n* 정류 다이오드, 발광 다이오드, 광전지 장치 및 양극 접합 트랜지스터를 구성하기 위한 핵심 구성 요소이다. 단계별 직성장 방법으로 MoS_2의 가장자리에서 WS_2 성장을 유도하여 평면 WS_2-MoS_2 헤테로구조체를 제작할 수 있다. 에피택셜 성장 프로세스는 원자적으로 연결이 잘 되어 있는 계면을 가진 평면 이종 접합을 얻을 수 있는 방법이다(그림 5.30).[64,65] 정류 동작, 광 반응 및 광전지 효과의 존재는 측면 WS_2-MoS_2에 대한 고유한 *p-n* 접합 특성을 보여준다.

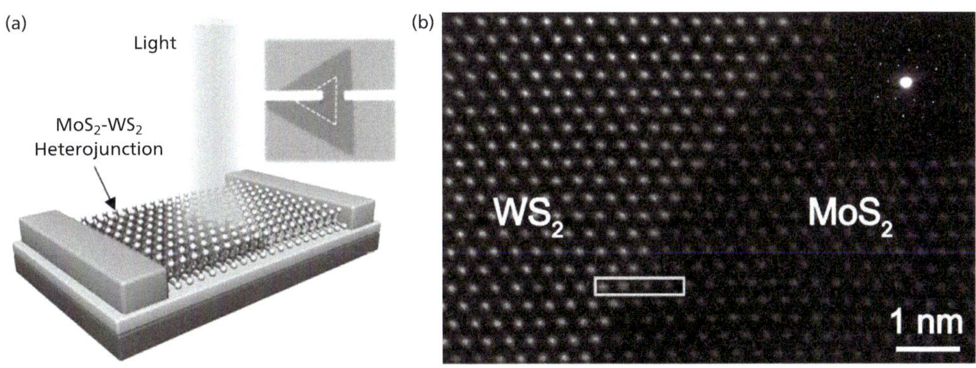

그림 5.30 ▶ (a) WSe_2-MoS_2 평면 헤테로구조체의 전하수송 특성 및 광전 특성 측정. (b) WS_2-MoS_2 평면 헤테로구조체의 고분해능 STEM 이미지. (Inset) 해당 헤테로구조체의 SAED 패턴. Reproduced with permission from ACS publications.[65,66]

참고 문헌

1. K. S. Novoselov, A. K. Geim, S. V. Morozov, D. Jiang, *et al.*, Electric Field Effect in Atomically Thin Carbon Films, *Science*, 2004, 306 (5696), 666-669.
2. A. K. Geim and K. S. Novoselov, The rise of graphene, *Nat. Mater.*, 2007, 6 (3), 183-191.
3. B. Partoens and F. M. Peeters, From graphene to graphite: Electronic structure around the *K* point, *Phys. Rev. B*, 2006, 74 (7), 075404.
4. F. Xia, H. Wang, D. Xiao, M. Dubey, *et al.*, Two-dimensional material nanophotonics, *Nat. Photonics*, 2014, 8 (12), 899-907.
5. K. Hassan, M. J. Nine, T. T. Tung, N. Stanley, *et al.*, Functional inks and extrusion-based 3D printing of 2D materials: a review of current research and applications, *Nanoscale*, 2020, 12 (37), 19007-19042.
6. Q. Wang and D. O'Hare, Recent Advances in the Synthesis and Application of Layered Double Hydroxide (LDH) Nanosheets, *Chem. Rev.*, 2012, 112 (7), 4124-4155.
7. K.-H. Goh, T.-T. Lim, and Z. Dong, Application of layered double hydroxides for removal of oxyanions: A review, *Water Res.*, 2008, 42 (6), 1343-1368.
8. A. Splendiani, L. Sun, Y. Zhang, T. Li, *et al.*, Emerging Photoluminescence in Monolayer MoS_2, *Nano Lett.*, 2010, 10 (4), 1271-1275.
9. P. Yang, Z. Zhang, M. Sun, F. Lin, *et al.*, Thickness tunable wedding-cake-like MoS_2 flakes for high-performance optoelectronics, *ACS Nano*, 2019, 13 (3), 3649-3658.
10. Y. Huang, E. Sutter, N. N. Shi, J. Zheng, *et al.*, Reliable exfoliation of large-area high-quality flakes of graphene and other two-dimensional materials, *ACS Nano*, 2015, 9 (11), 10612-10620.
11. B. Mahler, V. Hoepfner, K. Liao, and G. A. Ozin, Colloidal synthesis of 1T-WS_2 and 2H-WS_2 nanosheets: applications for photocatalytic hydrogen evolution, *J. Am. Chem. Soc.*, 2014, 136 (40), 14121-14127.
12. Y. Hernandez, V. Nicolosi, M. Lotya, F. M. Blighe, *et al.*, High-yield production of graphene by liquid-phase exfoliation of graphite, *Nat. Nanotechnol.*, 2008, 3 (9), 563-568.
13. K. Parvez, R. Li, S. R. Puniredd, Y. Hernandez, *et al.*, Electrochemically Exfoliated Graphene as Solution-Processable, Highly Conductive Electrodes for Organic Electronics, *ACS Nano*, 2013, 7 (4), 3598-3606.
14. Y. Zhang, N. Song, J. He, R. Chen, *et al.*, Lithiation-aided conversion of end-of-life lithium-ion battery anodes to high-quality graphene and graphene oxide, *Nano Lett.*, 2018, 19 (1), 512-519.
15. Z. Zeng, Z. Yin, X. Huang, H. Li, *et al.*, Single-Layer Semiconducting Nanosheets: High-Yield Preparation and Device Fabrication, *Angew. Chem., Int. Ed.*, 2011, 50 (47), 11093-11097.
16. K. R. Paton, E. Varrla, C. Backes, R. J. Smith, *et al.*, Scalable production of large quantities of defect-free few-layer graphene by shear exfoliation in liquids, *Nat. Mater.*, 2014, 13 (6), 624-630.
17. E. Varrla, C. Backes, K. R. Paton, A. Harvey, *et al.*, Large-scale production of size-controlled MoS_2 nanosheets by shear exfoliation, *Chem. Mater.*, 2015, 27 (3), 1129-1139.
18. K. S. Novoselov, V. I. Fal′ko, L. Colombo, P. R. Gellert, *et al.*, A roadmap for graphene, *Nature*, 2012, 490 (7419), 192-200.
19. S. Hu, M. Lozada-Hidalgo, F. C. Wang, A. Mishchenko, *et al.*, Proton transport through one-atom-thick crystals, *Nature*, 2014, 516 (7530), 227-230.
20. C. Su and K. P. Loh, Carbocatalysts: graphene oxide and its derivatives, *Acc. Chem. Res.*, 2013, 46 (10), 2275-2285.
21. H. R. Thomas, S. P. Day, W. E. Woodruff, C. Vallés, *et al.*, Deoxygenation of graphene oxide: reduction or cleaning?, *Chem. Mater.*, 2013, 25 (18), 3580-3588.
22. W. Norimatsu and M. Kusunoki, Epitaxial graphene on SiC{0001}: advances and perspectives, *Phys. Chem. Chem. Phys.*, 2014, 16 (8), 3501-3511.
23. Z. Yan, J. Lin, Z. Peng, Z. Sun, *et al.*, Toward the synthesis of wafer-scale single-crystal graphene on copper foils, *ACS Nano*, 2012, 6 (10), 9110-9117.
24. W. Kong, H. Kum, S.-H. Bae, J. Shim, *et al.*, Path towards graphene commercialization from lab to market, *Nat. Nanotechnol.*, 2019, 14 (10), 927-938.
25. D. A. Dikin, S. Stankovich, E. J. Zimney, R. D. Piner, *et al.*, Preparation and characterization of graphene oxide paper, *Nature*, 2007, 448 (7152), 457-460.
26. R. Cheng, J. Bai, L. Liao, H. Zhou, *et al.*, High-frequency self-aligned graphene transistors with transferred gate stacks, *Proc. Natl. Acad. Sci. U.S.A.*, 2012, 109 (29), 11588.
27. Y. Wu, X. Zou, M. Sun, Z. Cao, *et al.*, 200 GHz Maximum Oscillation Frequency in CVD Graphene Radio Frequency Transistors, *ACS Appl. Mater. Interfaces*, 2016, 8 (39), 25645-25649.
28. A. A. Balandin, S. Ghosh, W. Bao, I. Calizo, *et al.*, Superior Thermal Conductivity of Single-Layer Graphene, *Nano Lett.*, 2008, 8 (3), 902-907.
29. Q. H. Wang, K. Kalantar-Zadeh, A. Kis, J. N. Coleman, *et al.*, Electronics and optoelectronics of two-dimensional transition metal dichalcogenides, *Nat. Nanotechnol.*, 2012, 7 (11), 699-712.
30. S. Imani Yengejeh, J. Liu, S. A. Kazemi, W. Wen, *et al.*, Effect of structural phases on mechanical properties of mo-

lybdenum disulfide, *ACS Omega*, 2020, 5 (11), 5994-6002.

31. M. Long, P. Wang, H. Fang, and W. Hu, Progress, Challenges, and Opportunities for 2D Material Based Photodetectors, *Adv. Funct. Mater.*, 2019, 29 (19), 1803807.

32. J. N. Coleman, M. Lotya, A. O'Neill, S. D. Bergin, *et al.*, Two-Dimensional Nanosheets Produced by Liquid Exfoliation of Layered Materials, *Science*, 2011, 331 (6017), 568-571.

33. A. O'Neill, U. Khan, and J. N. Coleman, Preparation of High Concentration Dispersions of Exfoliated MoS_2 with Increased Flake Size, *Chem. Mater.*, 2012, 24 (12), 2414-2421.

34. J. Zhang, H. Yu, W. Chen, X. Tian, *et al.*, Scalable growth of high-quality polycrystalline MoS_2 monolayers on SiO_2 with tunable grain sizes, *ACS Nano*, 2014, 8 (6), 6024-6030.

35. X. Zhai, X. Xu, J. Peng, F. Jing, *et al.*, Enhanced optoelectronic performance of CVD-grown metal–semiconductor $NiTe_2/MoS_2$ heterostructures, *ACS Appl. Mater. Interfaces*, 2020, 12 (21), 24093-24101.

36. K. Kang, S. Xie, L. Huang, Y. Han, *et al.*, High-mobility three-atom-thick semiconducting films with wafer-scale homogeneity, *Nature*, 2015, 520 (7549), 656-660.

37. W. Hong, C. Park, G. W. Shim, S. Y. Yang, *et al.*, Wafer-Scale Uniform Growth of an Atomically Thin MoS_2 Film with Controlled Layer Numbers by Metal–Organic Chemical Vapor Deposition, *ACS Appl. Mater. Interfaces*, 2021, 13 (42), 50497-50504.

38. J. Zhou, J. Lin, X. Huang, Y. Zhou, *et al.*, A library of atomically thin metal chalcogenides, *Nature*, 2018, 556 (7701), 355-359.

39. A. Pakdel, Y. Bando, and D. Golberg, Nano boron nitride flatland, *Chem. Soc. Rev.*, 2014, 43 (3), 934-959.

40. G. Kim, A. R. Jang, H. Y. Jeong, Z. Lee, *et al.*, Growth of High-Crystalline, Single-Layer Hexagonal Boron Nitride on Recyclable Platinum Foil, *Nano Lett.*, 2013, 13 (4), 1834-1839.

41. C. R. Dean, A. F. Young, I. Meric, C. Lee, *et al.*, Boron nitride substrates for high-quality graphene electronics, *Nat. Nanotechnol.*, 2010, 5 (10), 722-726.

42. T. Gao, X. Song, H. Du, Y. Nie, *et al.*, Temperature-triggered chemical switching growth of in-plane and vertically stacked graphene-boron nitride heterostructures, *Nat. Commun.*, 2015, 6 (1), 1-8.

43. S. M. Kim, A. Hsu, M. H. Park, S. H. Chae, *et al.*, Synthesis of large-area multilayer hexagonal boron nitride for high material performance, *Nat. Commun.*, 2015, 6 (1), 1-11.

44. L. Britnell, R. V. Gorbachev, R. Jalil, B. D. Belle, *et al.*, Field-Effect Tunneling Transistor Based on Vertical Graphene Heterostructures, *Science*, 2012, 335 (6071), 947-950.

45. L. H. Li, J. Cervenka, K. Watanabe, T. Taniguchi, *et al.*, Strong Oxidation Resistance of Atomically Thin Boron Nitride Nanosheets, *ACS Nano*, 2014, 8 (2), 1457-1462.

46. Z. Liu, Y. Gong, W. Zhou, L. Ma, *et al.*, Ultrathin high-temperature oxidation-resistant coatings of hexagonal boron nitride, *Nat. Commun.*, 2013, 4 (1), 2541.

47. W.-Q. Han, L. Wu, Y. Zhu, K. Watanabe, *et al.*, Structure of chemically derived mono- and few-atomic-layer boron nitride sheets, *Appl. Phys. Lett.*, 2008, 93 (22), 223103.

48. J. H. Warner, M. H. Rümmeli, A. Bachmatiuk, and B. Büchner, Atomic Resolution Imaging and Topography of Boron Nitride Sheets Produced by Chemical Exfoliation, *ACS Nano*, 2010, 4 (3), 1299-1304.

49. L. H. Li, Y. Chen, G. Behan, H. Zhang, *et al.*, Large-scale mechanical peeling of boron nitride nanosheets by low-energy ball milling, *J. Mater. Chem.*, 2011, 21 (32), 11862-11866.

50. J. S. Lee, S. H. Choi, S. J. Yun, Y. I. Kim, *et al.*, Wafer-scale single-crystal hexagonal boron nitride film via self-collimated grain formation, *Science*, 2018, 362 (6416), 817-821.

51. K. K. Kim, A. Hsu, X. Jia, S. M. Kim, *et al.*, Synthesis of Monolayer Hexagonal Boron Nitride on Cu Foil Using Chemical Vapor Deposition, *Nano Lett.*, 2012, 12 (1), 161-166.

52. G. E. Wood, A. J. Marsden, J. J. Mudd, M. Walker, *et al.*, van der Waals epitaxy of monolayer hexagonal boron nitride on copper foil: growth, crystallography and electronic band structure, *2D Materials*, 2015, 2 (2), 025003.

53. Z. Xu, H. Tian, A. Khanaki, R. Zheng, *et al.*, Large-area growth of multi-layer hexagonal boron nitride on polished cobalt foils by plasma-assisted molecular beam epitaxy, *Sci. Rep.*, 2017, 7 (1), 1-7.

54. A. Ismach, H. Chou, D. A. Ferrer, Y. Wu, *et al.*, Toward the Controlled Synthesis of Hexagonal Boron Nitride Films, *ACS Nano*, 2012, 6 (7), 6378-6385.

55. S. M. Kim, A. Hsu, M. H. Park, S. H. Chae, *et al.*, Synthesis of large-area multilayer hexagonal boron nitride for high material performance, *Nat. Commun.*, 2015, 6 (1), 8662.

56. A. R. Jang, S. Hong, C. Hyun, S. I. Yoon, *et al.*, Wafer-Scale and Wrinkle-Free Epitaxial Growth of Single-Orientated Multilayer Hexagonal Boron Nitride on Sapphire, *Nano Lett.*, 2016, 16 (5), 3360-3366.

57. Y.-C. Lin, N. Lu, N. Perea-Lopez, J. Li, *et al.*, Direct Synthesis of van der Waals Solids, *ACS Nano*, 2014, 8 (4), 3715-3723.

58. J. Zhang, L. Du, S. Feng, R.-W. Zhang, *et al.*, Enhancing and controlling valley magnetic response in MoS_2/WS_2 heterostructures by all-optical route, *Nat. Commun.*, 2019, 10 (1), 1-8.

59. L. Li, R. Long, and O. V. Prezhdo, Charge separation and recombination in two-dimensional MoS_2/WS_2: time-domain ab initio modeling, *Chem. Mater.*, 2017, 29 (6), 2466-2473.

60. J. Zhang, L. Du, S. Feng, R.-W. Zhang, *et al.*, Enhancing and controlling valley magnetic response in MoS_2/WS_2 heterostructures by all-optical route, *Nat. Commun.*, 2019, 10 (1), 4226.

61. G.-H. Lee, X. Cui, Y. D. Kim, G. Arefe, *et al.*, Highly stable, dual-gated MoS_2 transistors encapsulated by hexagonal boron nitride with gate-controllable contact, resistance, and threshold voltage, *ACS Nano*, 2015, 9 (7), 7019-7026.

62. G. Kim, H. Lim, K. Y. Ma, A. R. Jang, *et al.*, Catalytic Conversion of Hexagonal Boron Nitride to Graphene for In-Plane Heterostructures, *Nano Lett.*, 2015, 15 (7), 4769-4775.

63. G. Kim, K. Y. Ma, M. Park, M. Kim, *et al.*, Blue emission at atomically sharp 1D heterojunctions between graphene and h-BN, *Nat. Commun.*, 2020, 11 (1), 5359.

64. C. Chen, Y. Yang, X. Zhou, W. Xu, *et al.*, Synthesis of Large-Area Uniform MoS_2–WS_2 Lateral Heterojunction Nanosheets for Photodetectors, *ACS Appl. Nano Mater.*, 2021.

65. J. Zhu, W. Li, R. Huang, L. Ma, *et al.*, One-pot selective epitaxial growth of large WS_2/MoS_2 lateral and vertical heterostructures, *J. Am. Chem. Soc.*, 2020, 142 (38), 16276-16284.

66. C. Chen, Y. Yang, X. Zhou, W. Xu, *et al.*, Synthesis of Large-Area Uniform MoS_2–WS_2 Lateral Heterojunction Nanosheets for Photodetectors, *ACS Appl. Nano Mater.*, 2021, 4 (5), 5522-5530.

연습 문제

1. 이차원 소재는 벌크 소재와는 다른 새로운 물리화학적 특성이 나타나기 때문에 큰 관심을 끌고 있다. 이차원 소재에서 새로운 물리화학적 특성이 나타나는 이유를 간략히 서술하라.

2. 이차원 소재를 합성하는 다양한 방법과 그 장단점을 각각 서술하라.

3. 그래핀은 탄소 동소체 중의 하나다. 탄소 동소체를 제시하고, 각각의 화학 결합 특성 및 전기적 성질을 기술하라.

4. 그래핀과 hBN은 유질동상(isomorphism) 관계에 있다. 그 이유를 설명하라.

5. 일반적인 TMD 단일층은 근적외선에서 가시광 스펙트럼 범위에 밴드갭을 가질 수 있고 매우 강한 빛-물질 상호 작용을 나타낼 수 있기 때문에 광학적 응용에 관심이 크다. 하지만 층 수에 따라 광학적 성질이 달라지는 독특한 보고들이 있다. MoS_2를 예로 들면, 층 수에 따라 광발광의 특성이 달라지게 된다. 층 수에 따른 광발광 특성을 기술하고, 그 이유를 제시하라.

6. 흑연을 산화시키기 위해 오래 전에 다양한 화학적 방법이 개발되어 왔다. 흑연이 산화되어 박리되는 과정 및 방법을 서술하고, 산화 그래핀 및 환원 그래핀의 단점을 서술하라.

7. 액상 박리법에 의해 이차원 소재를 제조하고자 할 때, 용매의 선택은 매우 중요하다. 그 이유를 기술하라.

8. 대면적에서 CVD로 그래핀을 합성할 때, 구리 기판을 사용할 때와 니켈 기판을 사용할 때 그래핀 성장 메커니즘이 달라지게 된다. 메커니즘이 어떻게 다른 지 설명하고, 메커니즘의 차이를 밝히기 위한 실험 과정을 제시하라.

9. TMD를 설계할 때, 다양한 금속과 칼코젠 원소들의 조합이 가능하기 때문에 매우 다양한 TMD 합성을 시도할 수 있다. 특히, 이론적 보고에 따르면 적외선 영역부터 자외선 영역까지 광범위한 밴드갭을 가지는 다양한 종류의 TMD을 설계할 수 있다. 문헌들을 참고하여, 적외선 영역부터 자외선 영역까지 세부적인 밴드갭을 가지는 TMD들을 제시하고(적외선부터 자외선 영역까지 모두 커버할 수 있도록), 전도성 TMD도 제시하라.

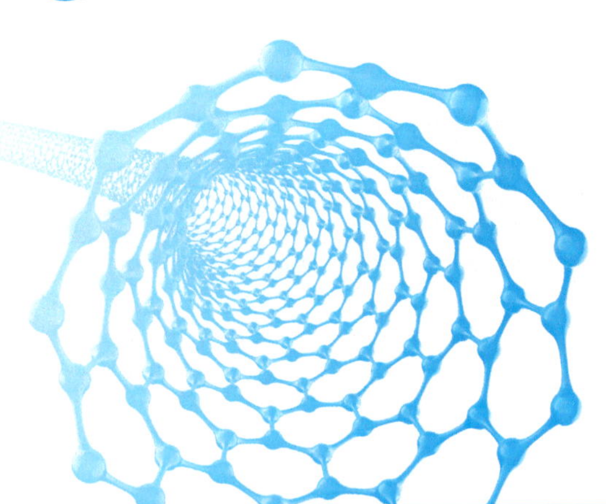

제6장 나노다공성 소재

Nanoporous Materials

문회리 · 주상훈

6.1 나노다공성 소재 개요(Introduction of nanoporous materials)

6.1.1 나노다공성 소재의 개념

다공성 소재는 내부에 기공을 함유하는 고체로서, 일반적으로 기공도[porosity, 소재 전체 부피당 기공(pore)의 부피]가 0.2~0.95인 물질을 다공성 소재로 칭하며 높은 기공도로 인해, 내부가 차 있는 벌크 소재에서는 얻기 힘든 특성을 보여 다양한 분야에서 연구하고 있는 소재이다. 국제 순수 및 응용 화학 연합(international union of pure and applied chemistry, IUPAC)에서는 다공성 소재의 기공이 2 nm보다 작으면 마이크로다공성(microporous), 2에서 50 nm 사이면 메조다공성(mesoporous), 그리고 50 nm 이상이면 매크로다공성(macroporous) 소재로 분류하고 있다. 이러한 전통적인 분류 기준에 기반한 것은 아니지만, 최근 나노화학 및 나노기술의 발전과 함께 널리 쓰이는 용어가 나노다공성(nanoporous)이다. 현재, "나노다공성"에 대한 명확한 정의는 없지만, 일반적으로 높은 기공도(0.4 이상)를 가지면서 약 0.4~100 nm의 기공 크기를 갖는 경우 나노다공성 소재로 간주할 수 있다. 따라서 IUPAC의 정의에 의한 다공성 소재 중 마이크로다공성 및 메조다공성 소재를 흔히 나노다공성 소재로 간주한다.

그림 6.1과 같이, 다공성 소재는 기공 크기뿐만 아니라 기공 모양, 기공 연결성, 표면 특성 등의 고유한 성질을 갖는다.[1] 기공 모양에는 원통형(cylindrical), 슬릿(slit), 잉크병(ink-bottle), 미세입자들 사이에 형성된 공극, 무질서한 네트워크에 형성된 기공 등이 있다. 이 기공들은 연결성에 따라서 닫힌 기공(closed pore)과 열린 기공(open pore)으로 나뉘는데, 전자는 기공이 외부와 연결성이 없어 고체 내부에 고립된 기공을 말하고 후자는 고체의 외부와 연결된 기공을 뜻한다. 열린 기공 중에서도 기공의 입구와 출구가 같은 막힌 기공(blind pore 또는 dead-end pore), 입구와 출구가 달라 고체를 통과하는 관통 기공(through pore), 다른 기공들이 서로 연결된 기공(interconnected pore) 등이 있다. 다공성 소재의 중요한 성질인 비표면적(specific surface area, SSA)은 단위질량당 표면적($m^2\ g^{-1}$)을 말하며, 고체의 거친 표면 및 매크로기공 표면에 해당하는 외부 표면과 마이크로/메조기공(micropore/mesopore) 벽에 해당하는 영역인 내부 표면의 합이 된다. 대부분의 다공성 소재는 내부 표면의 비율이 외부 표면의 비율보다 훨씬 큰 반면, 비다공성 소재는 내부 표면적이 존재하지 않는다.

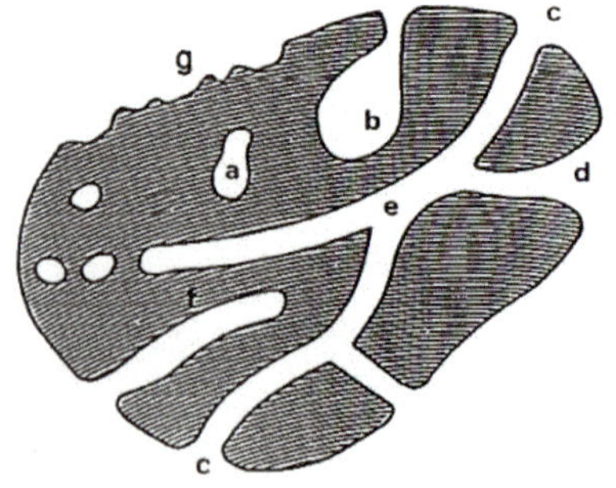

closed pores: a
open pores: b, c, d, e, f
blind (dead-end) pores: b, f
through pores: e
Cylindrical: open (c), blind (f)
ink-bottle: b
funnel shaped: d
roughness of the external surface: g

그림 6.1 ▶ 다공성 고체의 단면 모식도.

표 6.1 ▸ 나노다공성 소재의 분류[2]

	고분자	탄소	유리	규산알루미늄	금속 산화물	금속
기공 크기(pore size)	메조-매크로	마이크로-메조	메조-매크로	마이크로-메조	마이크로-메조	메조-매크로
비표면적 (specific surface area)	낮음	높음	낮음	높음	중간	낮음
기공도(porosity)	0.6 이상	0.3~0.6	0.3~0.6	0.3~0.7	0.3~0.6	0.1~0.7
침투성(permeability)	다소 낮음	다소 낮음	높음	낮음	다소 낮음	높음
강도(strength)	중간	낮음	높음	낮음	다소 낮음	높음
열안정성 (thermal stability)	낮음	높음	높음	높음	매우 높음	높음
화학안정성 (chemical stability)	다소 낮음	높음	높음	높음	매우 높음	높음

나노다공성 소재는 조성에 따라서도 분류할 수 있다. 표 6.1에서 보는 바와 같이 구성 성분에 따라 고분자, 탄소, 유리, 규산알루미늄(aluminosilicate), 산화물, 금속 등으로 이루어진 나노다공성 소재가 있고, 각각의 물질은 기공 크기, 비표면적, 기공도, 강도, 열적·화학적 안정성 등에서 다른 특성을 지닌다. 나노다공성 소재는 매우 다양한 표면 구성 및 표면 특성을 가지고 있어 촉매, 크로마토그래피(chromatography), 분리, 센싱(sensing) 등과 같은 기능적 용도로 사용할 수 있다. 특히 높은 표면적, 투과도, 분자 체(molecular sieving) 효과 및 형상 선택성 효과 등은 비다공성 재료에서는 기대하기 힘든 나노다공성 소재에서 발현되는 특별한 성질이다. 따라서 기공 크기, 기공도, 기공 크기 분포도, 조성 등에 따라 나노다공성 소재의 잠재적 응용 분야도 달라지게 된다. 예를 들어, 흡착제로서 우수한 성능을 보이기 위해서는 높은 흡착능, 높은 선택성, 적절한 흡착 동력학, 우수한 기계적 성질, 안정성과 지속력 등이 요구되며, 촉매나 촉매 지지체로 사용하기 위해서는 앞선 특성들과 함께 표면의 산-염기도와 같은 화학적 성질과 형상 선택성까지 요구된다.

고체 물질에 원하는 형태의 기공을 형성시키는 방법은 매우 다양하다. 가장 널리 사용되는 방법으로서, 기공 구조 유도 물질(structure-directing agent, SDA 또는 porogen)을 반응 혼합물에 도입하면 고체 구조체가 그 주변에 형성되고, 이후 기공 구조 유도 물질을 제거함으로써 다공성 소재를 합성할 수 있다. 기공 구조 유도 물질에는 단분자 또는 이온, 용매, 유기 첨가물, 유기젤(organogel), 초분자 집합체(supramolecular assembly), 마이셀(micelle), 고분자 등이 있다. 더 나아가서 콜로이드 입자, 다공성 무기·유기 재료, 나노 입자, 라텍스(latex) 입자, 또는 생체광물 구조체 등을 주형 물질로 사용하는 방법도 다공성 소재 합성에 활용되고 있다.

6.1.2 나노다공성 소재의 특성

다공성 소재의 비표면적과 기공 크기 분포를 분석하는 방법은 각기 다른 물리적 원리에 기반하여 다양하게 개발되어 왔다. 따라서 각각의 방법으로부터 얻은 결과를 단순 비교할 수 없고 기공 분석 범위에 따라 가장 신뢰할 수 있는 방법이 존재한다. 심지어 비슷한 유효한 분석 범위를 가진 방법이라고 해도, 기공 구조 특성은 달리 분석될 수 있다. 그림 6.2는 기

그림 6.2 ▶ 분석 방법에 따른 측정 가능 기공 크기 범위.[3]

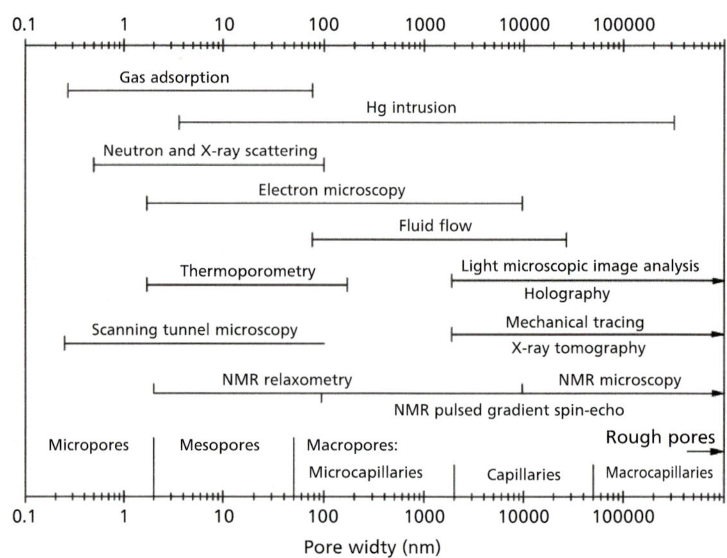

공 분석에 일반적으로 사용되는 방법으로 측정할 수 있는 유효 기공 범위를 보여주고 있다. 그 중에서도 불활성 기체의 흡착에 기반한 분석과 수은 침투를 이용한 측정법이 비표면적과 기공도를 측정하는 가장 보편적인 방법이다.

기체 흡착법은 주로 질소 또는 아르곤과 같은 불활성 기체의 물리흡착 등온선(physisorption isotherm)을 이용한다. 기체 분자는 온도와 압력 등의 변화를 주었을 때 고체 표면에 달라붙거나 분리되는 현상을 보이는데, 이를 각각 흡착(adsorption)과 탈착(desorption)이라고 하며, 이 과정은 고체 표면의 온도, 기체의 특성, 주어진 압력 등에 의해 결정된다. 이렇게 얻어진 흡착 등온선은 Langmuir 또는 Brunauer-Emmett-Teller (BET)가 유도한 식을 이용하여 흡착된 기체의 부피 및 분자 수, 고체의 비표면적 및 기공 부피 등을 분석할 수 있다.[4] Langmuir 이론은 흡착되는 분자의 상호작용이 없고 단분자층 흡착을 하며 흡착과 탈착 속도는 평형을 이루고 있다고 가정하고 있다. 나노다공성 소재 분석에 가장 널리 쓰이고 있는 BET 이론은 다분자층 흡착까지 고려하고 있으며, 다음과 같은 세 가지 가정을 전제로 하여 BET 식(식 (6.1))을 유도하였다: (1) 고체 표면에 흡착된 첫번째 기체 분자층에서 기체 분자의 흡착과 탈착 속도는 같으며 흡착열이 흡착 기체의 덮힘 정도(coverage)에 무관하다. (2) 두 번째 이상의 분자층의 흡착은 바로 밑에 존재하는 층의 비어 있는 흡착점에 비례하고 탈착은 덮힘 정도에 비례한다. (3) 흡착열이 첫번째 분자층에서는 흡착열과 같고, 그 이상의 분자층에서는 응축열과 같다.

$$\frac{P}{V(P_0 - P)} = \frac{1}{V_m C} + \frac{(C - 1)P}{V_m C P_0} \tag{6.1}$$

V: 압력 P에서 흡착된 가스의 부피
V_m: 단층(monolayer)에 흡착된 가스의 부피
P_0: 실험조건에서 흡착질 가스의 포화 증기압
C: 가스의 흡착열 및 액화열과 지수적으로 연관된 상수

$$C = e^{(q_i - q_L))/RT)} \tag{6.2}$$

q_i: 첫 번째 층에서의 흡착열
q_L: 첫 번째 층을 제외한 다른 층에서의 흡착된 가스의 액화열

실험으로 얻어진 흡착 등온선을 식 (6.1)을 이용해 y축을 $P/V(P_0 - P)$, x축을 P/P_0로 하는 그래프를 그려 선형 회귀 분석(linear regression analysis)을 하면, 이 직선의 기울기와 절편으로부터 V_m과 C를 구할 수 있다.

나노다공성 소재를 이용해 77 K에서 질소 흡착 등온선을 얻기 위해서는 흡착 실험 전에 소재의 내부 및 외부 표면을 깨끗하게 해주어야 한다. 이러한 전처리는 매우 중요한 단계이며, 각 소재별로 적합한 전처리 조건을 도입함으로써 다공성 소재 고유의 구조 및 표면 성질은 유지하면서 잔류 분자들을 효과적으로 제거할 수 있다. 금속 산화물의 경우 약 120~150°C에서 전처리하는 반면, 마이크로기공 탄소나 제올라이트의 경우는 더 높은 온도(약 300°C 이상)에서 처리한다. 얻어진 흡착 등온선은 IUPAC의 분류 기준에 따라 여섯 가지 종류의 등온선과 네 가지 종류의 이력 곡선(hysteresis loop)으로 나뉠 수 있다(그림 6.3).[4~6]

그림 6.3a에는 여섯 가지의 흡착 등온선의 형태를 도시하였다. Type I 등온선은 Langmuir 등온선이라고도 부르며, 상대적으로 적은 외부 표면적을 갖는 마이크로기공의 고체에서 관찰되는 등온선이다. 활성탄, 제올라이트, 특정 다공성 산화물 등이 이러한 흡착 거동을 보인다. Type II는 비다공성이거나 매크로다공성 흡착제에서 다분자층 물리흡착에 의해 일반적으로 얻어지는 형태이다. Type III은 상대압력(relative pressure, P/P_0) 전 영역에 걸쳐 오목한 형태의 등온선을 보이며, 이는 기체 분자와의 흡착 세기가 강하지 않은 소재에서 관찰된다. Type IV는 메조다공성 소재가 보이는 전형적인 등온선으로서, 메조기공에서 일어나는 모세관 응축(capillary condensation) 현상과 함께 이력 곡선이 두드러지게 나타난다.[5] Type V는 Type III에서와 같이 흡착물과 흡착제의 상호작용이 약한 소재에서 나타나는 흡착 거동과 함께 Type IV에서의 이력 곡선이 관찰된다. Type VI는 흡착 등온선으로부터 계단형 다층 흡착 현상을 관찰할 수 있다. 흡착은 열역학적 현상으로서 특정 표면에서의 흡착

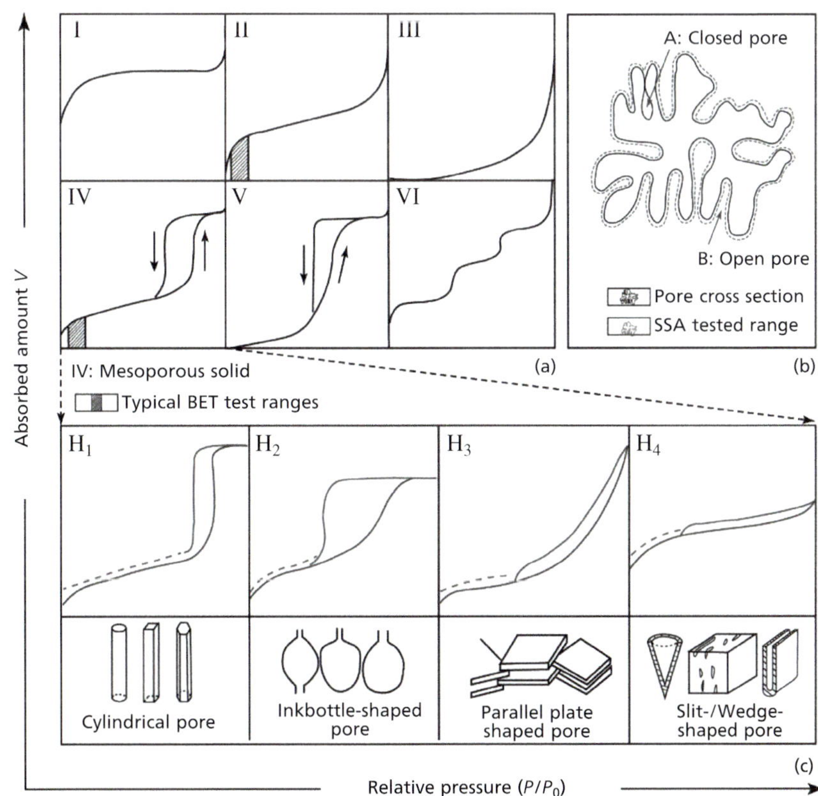

그림 6.3 ▸ 흡착 등온선과 그에 따른 기공 형태 분석. (a) 흡착 등온선의 분류 및 (b) BET 이론을 통해 계산할 수 있는 비표면적 모식도. (c) 이력 곡선의 형태와 그에 해당하는 기공 형태. Reproduced with permission from MDPI.[6]

과 탈착 등온선은 일치해야 한다. 그러나 세공이 있으면 흡착 시에는 넓은 기공 내부에 흡착되지만 탈착 시에는 상대적으로 크기가 작은 기공을 통해 분자가 빠져나오기 때문에 이력 현상이 발생한다. 따라서 이력 현상이 나타나는 압력과 모양은 기공의 크기와 모양에 의해 결정된다.

그림 6.3c에는 기공 구조에 따른 4가지 이력(hysteresis) 곡선의 형태(H_1-H_4)를 도시하였다. H_1은 원통형 세공, H_2는 구형 세공, H_3은 불규칙적으로 적층된 층 사이에 형성된 세공, 그리고 H_4는 슬릿(slit) 또는 웨지(wedge) 형태의 기공에서 관찰되는 이력 현상이다.

6.2 제올라이트(Zeolites)

6.2.1 제올라이트 개요

제올라이트(zeolite)는 대표적인 나노다공성 소재로서, 결정성 규산알루미늄(aluminosilicate) 골격으로 이루어져 있고, 0.2~2 나노미터 사이의 균일한 기공과 동공(cavity)이 3차원 규칙적으로 연결된 마이크로다공성 물질이다.[7~10] 1756년 스웨덴의 광물학자인 Axel Cronstedt는 아이슬란드의 화산암을 조사하던 중 발견한 광물에 열을 가하자 기포가 발생하는 것을 관찰하였고, 이러한 일련의 광물들을 그리스어 "끓는다(*zeo*)"와 "돌(*lithos*)"을 결합하여 "끓는 돌"이라는 의미를 갖는 제올라이트로 명명하였다. 제올라이트는 탈수제, 흡착제, 분리 소재, 이온 교환 소재, 촉매 소재로서 쓰이는 등 산업적으로 매우 유용하게 사용되고 있다. 특히, 최근에는 새로운 나노물질을 합성하기 위한 주형(template)으로서 매우 유망한 특성을 보이고 있다.

제올라이트의 조성은 $M_{y/n}[(SiO_2)_x(AlO_2)_y]\cdot mH_2O$이며, 중심 원자인 실리콘과 알루미늄 원자가 산소 원자 네 개와 배위하여 형성된 TO_4 (T = Si, Al) 정사면체 구조를 기본 구성 단위(building unit)로 지니고 있다. 만약 제올라이트 골격이 SiO_4 정사면체 구조로만 구성되어 있다면 전기적으로 중성을 띠게 된다. 하지만 AlO_4 정사면체가 일부 존재할 경우 전하 균형을 맞추기 위해 포타슘 이온(K^+), 소듐 이온(Na^+), 또는 칼슘 이온(Ca^{2+})과 같은 이온 교환 가능한, n가 산화수를 갖는 양이온(M^{n+})이 필요하게 된다.

제올라이트에서는 인접한 TO_4 정사면체 구조들이 정사면체의 꼭지점(corner)에 존재하는 산소 원자를 공유하면서(그림 6.4a) 3차원으로 연결되어 규산알루미늄 골격을 구성하게 된다. TO_4 구성 단위 사이의 연결 구조에 따라 제올라이트의 기공 크기와 기공 연결 구조가 결정된다. 예를 들어, 여섯 개의 TO_4 구조가 연결되면 육각 고리 구조가 형성되며(그림 6.4b), 고리를 구성하는 TO_4 개수가 증가함에 따라 팔각, 십각, 십이각 고리가 형성되고 기공 크기도 함께 증가하게 된다. 그리고 이러한 고리 구조들이 연결되어 케이지(cage), 통로(channel), 사슬(chain), 판상(sheet)와 같은 다양한 구조를 형성할 수 있다. 고리 구조와 고리 구조로부터 형성된 구조들을 이차 구성 단위(secondary building unit, SBU)라고 칭하며, 이들이 다시 연결되어 최종적으로 제올라이트 구조가 형성된다.

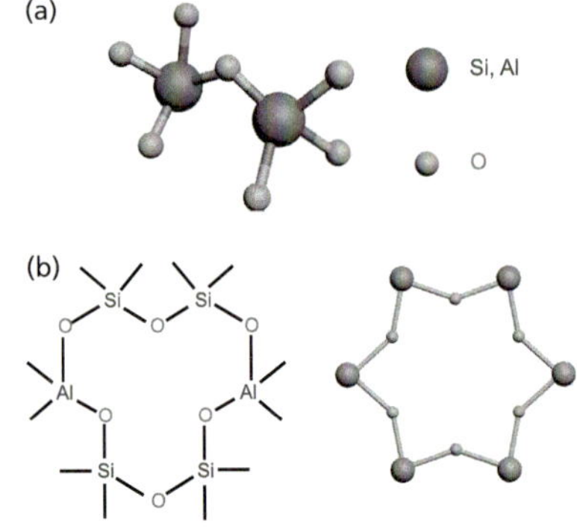

그림 6.4 ▸ (a) 제올라이트의 기본 구성 단위인 TO_4 정사면체간의 연결 구조. (b) 여섯 개의 TO_4 단위가 연결된 육각 고리 구조. 오른쪽과 같이 TO_4 기반 구조를 간략하게 표현할 수 있다.

대표적인 SBU 중 하나인 소달라이트 단위(sodalite unit, 그림 6.5a)는 총 24개의 TO_4 정사면체가 연결되어 사각 또는 육각 고리 구조를 이루면서 형성되며 케이지 모양의 구조를 지닌다. 그림 6.5b와 같이 소달라이트 단위가 단순 입방 구조(simple cubic structure)로 배열되면 소달라이트 제올라이트를 형성한다. 산업적으로도 가장 널리 응용되는 A, X, Y 제올라이트 역시 소달라이트 단위를 SBU로 지니고 있다. A 제올라이트(그림 6.5c)는 소달라이트 단위가 단순 입방 구조(simple cubic structure)로 배열되어 있는 구조를 지니며, 인접한 소달라이트 단위끼리 사각 고리 사이의 산소 원자를 통해 연결된다. 여덟 개의 소달라이

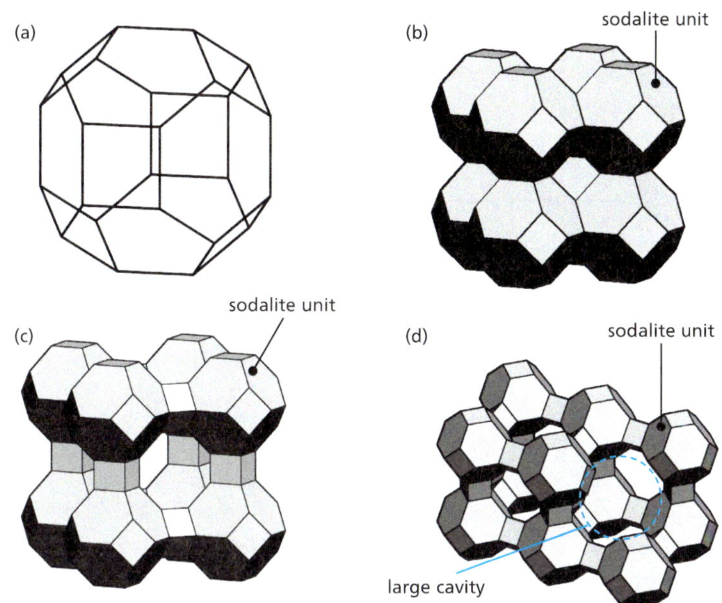

그림 6.5 ▸ (a) 소달라이트(sodalite) SBU. 소달라이트를 기반으로 형성되는 (b) 소달라이트 제올라이트, (c) A 제올라이트 및 (d) 포자사이트형(faujasite-type) 제올라이트(X 또는 Y 제올라이트).

트 단위가 모여 팔각 고리 입구(window)를 형성하고 그 내부에 큰 케이지 모양의 동공이 형성된다. X와 Y 제올라이트는 천연 광물인 포자사이트(faujasite)와 동일한 구조를 지니며, 그림 6.5d에 도시하였듯이 소달라이트의 여덟 개의 육각 고리 중 네 개의 고리가 인접한 소달라이트와 산소 원자를 통해 정사면체 배열로 연결된 구조를 지닌다. 이를 통해 십이각 고리 입구와 내부에 수퍼케이지로 불리는 거대 동공이 형성된다. X와 Y 제올라이트는 구조적으로 동일하지만 X 제올라이트는 골격의 실리콘/알루미늄(Si/Al) 비율이 1에서 1.5이고, Y 제올라이트는 1.5에서 3 사이의 값을 지닌다.

6.2.2 제올라이트의 합성 및 특성

제올라이트는 골격을 구성하는 실리콘 및 알루미늄 전구체, 수산화 이온(hydroxide) 또는 불소 음이온(fluoride) 그리고 양이온 또는 양이온성 유기 분자(cationic organic molecule)를 혼합하여 형성된 불균일 겔(heterogeneous gel)을 수열합성 반응기(hydrothermal reactor)에서 60~200°C로 수일간 반응시켜 합성할 수 있다.[9~11] 반응 초기에는 무정형 구조가 형성되다가, 일정 시간이 지나면 결정성을 지니는 제올라이트 구조가 형성되기 시작하고, 최종적으로 결정성 제올라이트로 변환된다(그림 6.6).

수열 합성 과정 중에 도입된 수산화 이온 또는 불소 음이온은 반응성이 높은 실리카 종(silica species)을 용해시켜 이미 형성된 제올라이트 결정 위에서 추가적인 성장이 선택적으로 일어나도록 유도하는 역할을 한다. 양이온 또는 양이온성 유기 분자는 제올라이트 합성에서 기공을 형성하기 위한 주형으로 이용되기도 하고 최종적인 구조를 유도하는 역할을 하기도 한다. 예를 들어, tetramethylammonium ion ($[(CH_3)_4N]^+$) 분자를 유기물 주형으로 사용하여 ZK-4 제올라이트를 합성할 수 있고, tetra-*n*-propylammonium ion ($[(C_3H_7)_4N]^+$)을 이용하여 ZSM-5 제올라이트를 합성할 수 있다. 이러한 유기물 주형은 합성 후, 화학적 처리 또는 열분해를 통해 제거하여 기공 구조를 형성할 수 있다. 이러한 방법을 통해 현재까지 150여 개가 넘는 구조의 제올라이트가 합성되었다.

제올라이트는 규산알루미늄 골격으로 이루어져 있으며, Si/Al 비율은 합성된 제올라이트의 물리화학적 특성에 큰 영향을 미친다. A와 X 제올라이트는 Si/Al 비율이 1에 가까우

그림 6.6 ▶ 일반적인 제올라이트 합성 메커니즘.

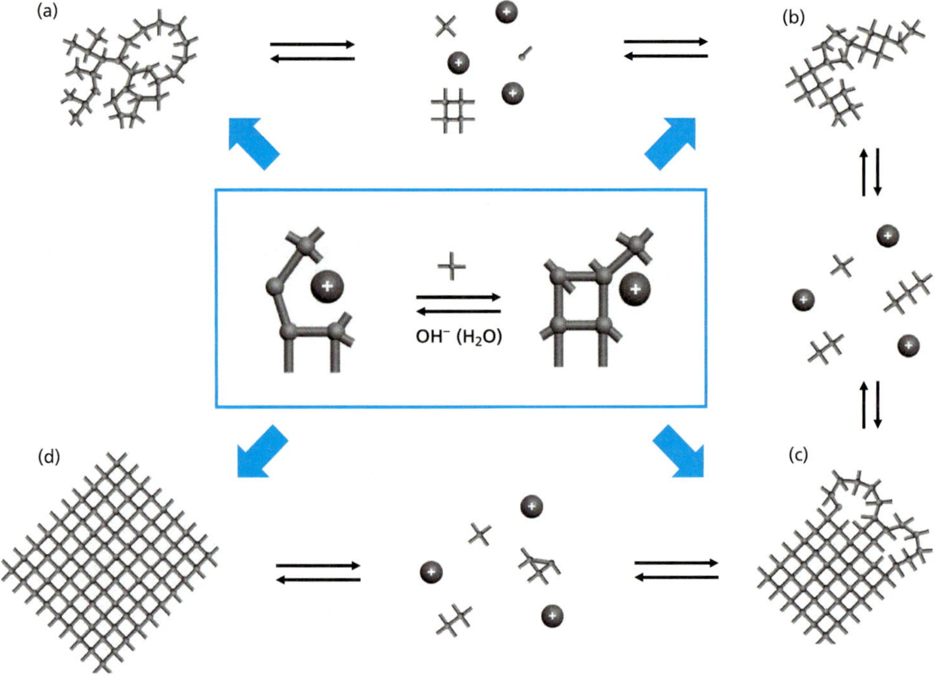

며, 매우 훌륭한 흡착 특성을 지니고 있어 산업적으로 널리 사용된다. 그러나 알루미늄의 함량이 높기 때문에 상대적으로 안정성이 떨어지고, 산, 수증기 또는 수분에 의해 알루미늄이 손쉽게 골격에서 빠져나오는 문제를 지닌다. 반면, 천연 제올라이트 중에 가장 실리콘의 함량이 높아서 Si/Al의 비율이 5가 넘는 모더나이트(mordenite)는 상대적으로 높은 안정성을 보였다. 따라서 촉매 응용을 위해 합성되는 대부분의 제올라이트는 높은 Si/Al 값을 보였다. Y 제올라이트는 Si/Al 값이 2.25, ZK-4는 2.5이다. 특히, ZSM-5의 경우 Si/Al 값이 20에서 무한대에 이른다. 제올라이트의 Si/Al 비율에 따라 전하 균형을 맞추기 위한 양이온의 양도 함께 변하게 된다. 알루미늄 원자의 수가 많아질수록 양이온의 수 역시 많아지게 된다. 실리콘이 많은 제올라이트의 경우 양이온의 수가 적어지고 소수성의 표면 성질을 지니면서 탄화수소에 대한 높은 친화성을 지닌다.

제올라이트는 단단한 규산알루미늄 골격으로 이루어져 있고, 전하 균형을 맞추기 위해 존재하는 양이온은 손쉽게 다른 이온과 교환이 가능하다. 제올라이트에 존재하는 양이온의 종류와 위치는 다음과 같은 이유 때문에 중요하다. 제올라이트 구조 내에서 고리와 통로 구조의 직경 크기는 양이온의 크기와 전하량에 의해 크게 영향을 받고, 따라서 흡착될 수 있는 분자의 크기에 영향을 미치게 된다. 또한 양이온의 변화에 의해 제올라이트 기공 내에서의 전하 분포가 바뀌게 되고, 이에 따라 흡착 및 촉매 특성도 조절할 수 있다. 예를 들어, 1가 전하를 갖는 양이온인 Na^+을 함유하고 있는 A 제올라이트(Na-A)에서는, Na^+가 대부분의 육각 고리의 중심에 위치하고 일부는 팔각 고리의 입구 자리를 차지한다. 이온 교환을 통해 2가 전하를 갖는 Ca^{2+}으로 Na-A의 Na^+를 교환한 제올라이트(Ca-A)에서는, 양이온의 수가 반으로 줄고 동시에 양이온의 크기도 줄어들게 된다. 또한 모든 Ca^{2+}은 육각 고리에만 이온이 존재하게 되고 팔각 고리 입구 자리에 존재하던 이온이 사라지게 되어, 팔각 고리 자리를 통해 외부 분자의 이동이 손쉽게 이뤄지게 된다. 만약, 금속 양이온을 암모늄 이온(NH_4^+)과 교환한 후, 가열하여 암모니아(NH_3)를 탈착시키면 양성자(proton, H^+)가 교환된 제올라이트를 얻을 수 있다. 양성자가 교환된 자리는 강한 산점으로 작용할 수 있기 때문에, 고활성 고체산 촉매로 이용할 수 있다.

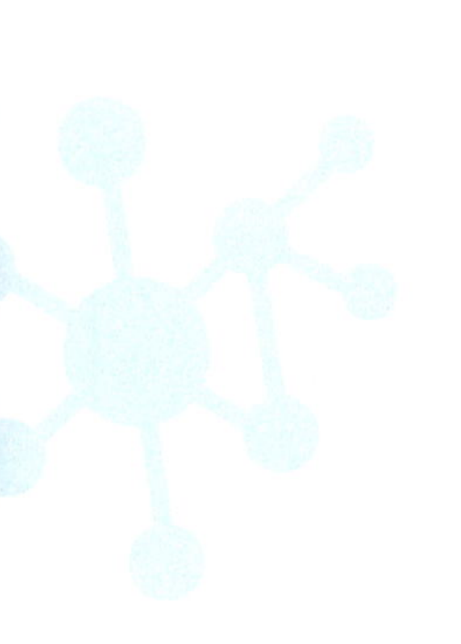

제올라이트가 여러 분야에서 유용한 물질로 사용되는 이유는 제올라이트의 기공 구조에 기인한다. 제올라이트는 분자 수준의 기공과 동공 크기를 지니고 있고, 제올라이트의 종류에 따라 기공 및 동공의 크기를 옹스트롬(angstrom, 1 Å = 10^{-10} m) 수준에서 정교하게 조절할 수 있다. 따라서 흡착, 분리 및 촉매 응용에 있어서 외부 분자를 크기에 따라 매우 정확하게 선택적으로 반응시킬 수 있기 때문에 제올라이트를 흔히 분자 체(molecular sieve)라고 칭하기도 한다. 하기에는 작은 기공(small-pore), 중간 기공(medium-pore), 큰 기공(large-pore) 제올라이트의 대표적인 예들을 소개한다.

대표적인 작은 기공 제올라이트인 소달라이트 제올라이트(그림 6.5b)에서는 내부 동공이 사각 고리 입구로 둘러싸여 있다. 사각 고리의 직경은 0.26 nm로 매우 작기 때문에 물 분자만 선택적으로 흡착시켜 건조 공기를 생성하는 데 매우 유용하다. A 제올라이트(그림 6.5c)에서는 직경이 0.41 nm인 팔각 고리 입구가 내부에는 1.14 nm 직경의 동공이 존재한다. 따라서 소달라이트 제올라이트 또는 A 제올라이트와 같은 작은 기공 제올라이트는 사슬 구조의 탄화수소(hydrocarbon), 일차(primary) alcohol, primary amine 등과 같은 분자는 잘 수용할 수 있지만, 가지형(branched) 분자는 기공 내부로 통과시키지 못한다.

중간 크기 제올라이트로는 모빌(Mobil)사에서 개발한 ZSM-5, ZSM-11 및 실리칼라이트(silicalite)를 대표적인 예로 들 수 있다. 특히, ZSM-5는 석유화학 산업에서 가장 널리 이용되어 온 대표적인 제올라이트이다. 이러한 제올라이트들은 펜타실(pentasil) 구조를 기본 단위로 하여 합성이 된다. 펜타실 구조가 연결되어 사슬 구조를 이루고, 사슬이 다시 모여서 층상 구조를 형성한다. ZSM-5와 ZSM-11 제올라이트는 십각 고리 입구를 지니며 직경이 0.55 nm이다.

포자사이트 구조를 갖는 X와 Y 제올라이트(그림 6.5d)는 대표적인 큰 기공 제올라이트이다. 포자사이트 구조 제올라이트는 직경이 0.74 nm인 십이각 고리 입구를 지니고 있고, 네 개의 소달라이트 단위가 정사면체 구조로 배열하여 형성된 큰 동공의 크기는 직경이 1.18 nm이다.

6.2.3 제올라이트의 응용

상기 언급하였듯이, 제올라이트는 다양한 분야에서 매우 널리 응용되어 왔다. 이 절에서는 제올라이트의 탈수제, 흡착제 및 분리 소재로서의 응용, 이온 교환 소재로서의 응용 그리고 촉매로서의 응용에 관해 소개하고자 한다.

제올라이트는 일반적으로 골격에 이온 교환 가능한 양이온에 배위된 구조로 물을 흡착하고 있다. 진공 하에서 제올라이트를 가열하면 배위된 물 분자들이 탈착하게 되고, 탈수된 상태의 제올라이트는 매우 유용한 탈수제로 사용될 수 있다. 특히, A 제올라이트는 탈수제로 가장 널리 사용되고 있으며, 천연가스, 냉매 가스 및 탄화수소로부터 수분을 흡착하여 건조시킬 수 있다. 실리콘의 함량이 높아서 양이온의 함량이 적은 제올라이트의 경우 친수성이 떨어지기 때문에 작은 유기 분자 흡착제로 사용된다.

탈수 상태의 제올라이트에서는 대부분의 기공이 열린 상태로 존재하여 넓은 표면적을 노출할 수 있기 때문에, 매우 유용한 흡착제로 사용될 수 있다. 이때 제올라이트 내부의 고리 형태의 입구 크기에 따라 동공에 흡착할 수 있는 분자의 크기가 결정된다. 제올라이트의 양이온의 종류를 바꾸면 기공 입구 크기를 미세하게 조절할 수 있게 되어 특정 분자만을 선택적으로 분리할 수 있다. 예를 들어, Na-A 제올라이트의 Na^+를 Ca^{2+}로 이온 교환하여 Na^+의 1/3 정도를 치환하게 되면, 기공 입구 크기가 미세하게 커지면서 propane이나 *n*-heptane과 같은 사슬형 탄화수소의 흡착이 증진된다. 하지만 가지형, 고리형(cyclic), 또는 방향족(aromatic) 분자는 단면 직경이 크기 때문에 기공 입구를 통과하지 못해 흡착이 어렵다. 이러한 공정을 통해 다양한 탄화수소를 함유하고 있는 혼합물로부터 사슬형 탄화수소만을 선택적으로 흡착, 분리할 수 있다. 기공 크기를 미세하게 조절하기 위한 또 다른 방법으로, 제올라이트 골격의 Si/Al 비율을 조절하는 방법이 있다. 실리콘의 비율을 늘리게 되면 기공 공간을 차지하고 있는 양이온의 수가 줄어들게 되어, 단위 정(unit cell) 크기와 동공의 크기가 늘어난다. 또한 제올라이트 표면의 소수성이 증가하여, 수용액에 존재하는 유기 분자를 선택적으로 흡착하여 제거할 수 있기 때문에, alcohol을 선택적으로 제거하여 비 alcohol 음료를 생산하거나 커피로부터 카페인을 제거하는 데 응용될 수 있다.

공기 중에서 산소만 선택적으로 분리하는 것은 제올라이트의 중요한 응용 분야 중 하나이다. 산소는 질소와의 끓는점 차이를 이용하여 극저온에서 액체 공기를 분별 증류하여 생산할 수 있다. 그러나 리튬 이온이 교환된 차바자이트(Li-chabazite)나 X 제올라이트(Li-X)를 이용하면 복잡한 액화 장치 없이도 산소를 상온에서 분리할 수 있다.[12] 산소와 질소 분자 모두 쌍극자 모멘트(dipole moment)를 지니지는 않지만, 질소는 산소보다 큰 사극자 모멘트(quadrupole moment)와 분극율(polarizability)를 지니기 때문에 제올라이트의 양이온과 더 큰 정전기적 인력을 갖게 된다. 따라서 제올라이트는 산소에 비해 4~10배 정도 질소 분자를 더 잘 흡착할 수 있고 선택적으로 산소 분자가 농축된 가스를 생산할 수 있다.

제올라이트 내에서 전하 균형을 맞추기 위해 배위되어 있는 양이온은, 식 (6.3) 반응과 같이 쉽게 다른 이온과 교체될 수 있는 이온 교환 특성을 지닌다.[13,14]

$$bA^{a+}(aq) + aB^{b+}[\text{zeolite}] \leftrightarrow bA^{a+}[\text{zeolite}] + aB^{b+}(aq) \quad \textbf{(6.3)}$$

특정 제올라이트-양이온 조합이 형성되는 선호도는 양이온이 배위될 수 있는 자리의 개수와 크기, 양이온의 전하, 크기 및 전기음성도 그리고 물 분자가 양이온을 수화시키는 능력 등과 같이 다양한 인자에 의해 결정된다. 또한 이온 교환 반응이 일어나는 동안 일어나는 엔트로피의 변화도 중요한 인자 중 하나이다. 이온 교환 선택성은 이온 교환 등온선(ion-exchange isotherm)을 이용하여 결정할 수 있다. 예를 들어, A 제올라이트에 교환되는 알칼리 금속(alkali metal)의 경우, $Na^+ > K^+ > Rb^+ > Li^+ > Cs^+$순으로 높은 이온 교환 특성을 보인다. Ca^{2+}와 같은 알칼리 토금속(alkaline earth metal)은 Na^+보다 높은 이온 교환 능력을 보인다. 제올라이트의 최대 이온 교환 능력은 양이온의 수에 영향을 미치는 Si/Al 비율에 의해 결정된다. 그러나 대부분의 경우 완전한 이온 교환이 이뤄지기는 쉽지 않다. 예를 들어, Na-A 제올라이트의 양이온을 Cs^+로 교환하는 경우, Cs^+의 크기가 Na^+보다는 훨씬 크기 때문에 모든 Na^+를 교환하기는 힘들다.

제올라이트의 이온 교환 능력이 가장 널리 쓰이는 예는 물의 연수화이다. Na-A 제올라이트의 Na^+는 물에 포함된 Ca^{2+} 및 마그네슘 이온(Mg^{2+})과 쉽게 교환될 수 있고, 이를 통해 경수(hard water)를 연수(soft water)로 변환할 수 있다. 실제로, 이 방법은 1990년대 초부터 상용화되었고, A 제올라이트를 이전에 사용되어 오던 polyphosphate를 대체할 수 있는 물 연화제(softner)로 사용하기 시작하였다. 어떤 제올라이트는 특정 이온을 선택적으로 교환하기도 한다. 예를 들어, 천연 제올라이트인 clinoptilolite는 Cs^+를 잘 교환하는 특성을 지니고 있어 방사성 폐기물로부터 방사성 동위원소 세슘-137(^{137}Cs)을 제거하는 데 사용될 수 있다.[13,14]

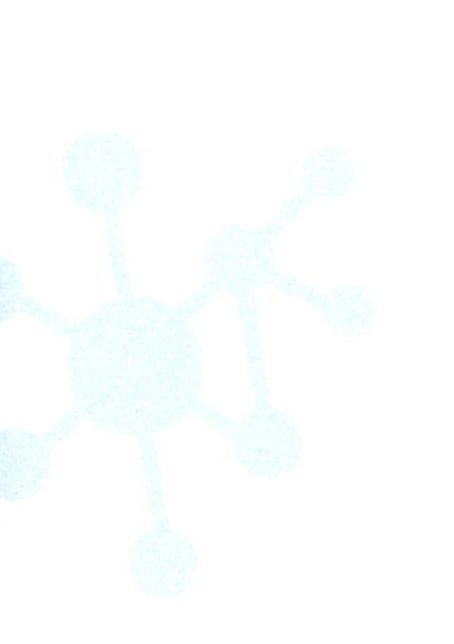

제올라이트의 가장 넓은 응용 분야는 불균일계 촉매(heterogeneous catalysis) 분야이다. 제올라이트는 내부에 수많은 기공과 동공이 존재하여 매우 넓은 표면적을 지니고 있고, 제올라이트의 기공 크기는 옹스트롬 수준에서 정교하게 조절할 수 있기 때문에 촉매 반응에서 높은 활성과 선택성을 구현할 수 있다.

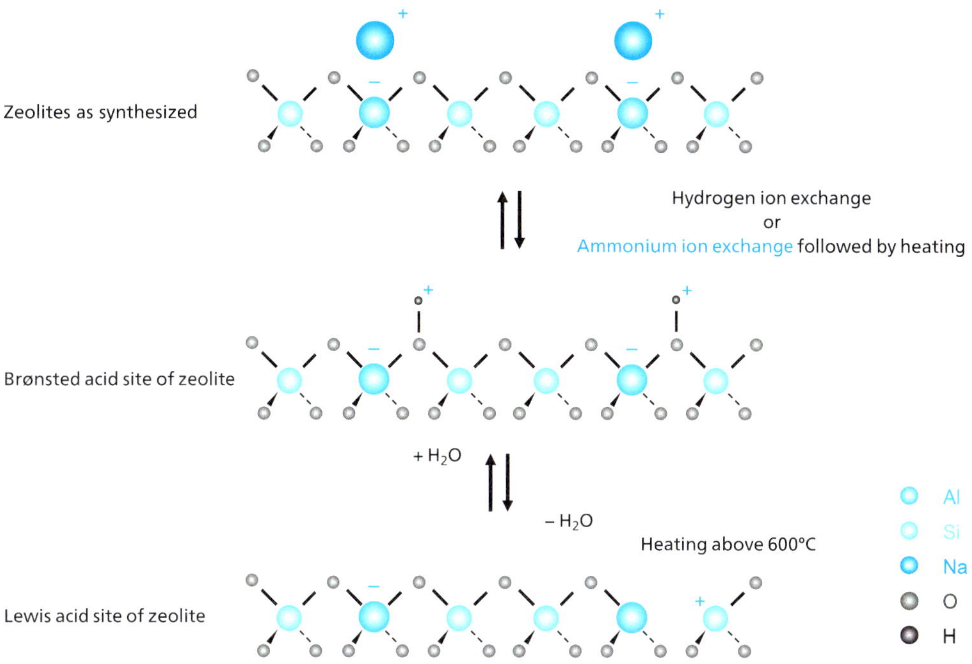

그림 6.7 ▶ 제올라이트에서 Brønsted와 Lewis 산 자리의 형성.

제올라이트의 촉매 활성은 양이온 자리에 치환된 H^+에 의해 형성되는 고체산 자리(solid acid site)에 의해 발현된다. 제올라이트는 Na^+과 같은 양이온이 배위된 형태로 합성된다(그림 6.7). 이러한 제올라이트를 직접 산과 반응시켜서 Na^+를 H^+로 치환할 수도 있고, 산 용액에서의 안정성이 떨어지는 제올라이트의 경우는 Na^+를 NH_4^+으로 치환한 후, NH_3를 제거하여 H^+ 자리를 형성시킬 수 있다. 이를 통해, 표면에 Si–OH 또는 Al–OH와 같은 Brønsted 산 점(acid site)이 형성된다. 만약, 고온 열처리를 통해 Brønsted 자리에서 물 분자를 떼어 내면 전자 받개(electron acceptor) 특성을 지닌 실리콘 자리가 형성되며, 이를 통해 Lewis 산 점이 형성된다. 따라서 처리 방법에 따라 제올라이트 표면에는 Brønsted와 Lewis 산 점이 각각 존재할 수도 있고 동시에 존재할 수도 있다. 보통 Brønsted 산 점을 600°C 이상의 온도에서 가열하게 되면 Lewis 산 점으로 변환된다.

제올라이트에서 촉매 특성은 양성자가 아니라 높은 산화수를 지니는 란탄족 이온, 예를 들어 란타늄 이온(La^{3+}), 세륨 이온(Ce^{3+}) 또는 희토류 이온 등을 치환하여 구현할 수도 있다. 이러한 높은 산화수를 지닌 이온을 Na^+와 교환하게 되면, 세 개의 따로 떨어진 알루미늄 자리에 존재하는 음전하를 전기적 중성 상태로 만들 수 있다. 이때 전하 분리를 통해 제올라이트 기공 내부에 정전기장 변화(electrostatic field gradient)가 유도되고, 이는 탄소–수소(C–H) 결합과 같이 매우 안정한 결합을 편극화시키거나 또는 이온화시켜서 반응이 일어나도록 촉진시킬 수 있다.

제올라이트를 촉매로 응용하는 마지막 방법으로, Na^+를 니켈, 팔라듐 또는 백금 이온과 같은 다른 전이 금속 이온으로 교환한 후, 환원 처리를 통해 금속 나노클러스터(nanocluster) 또는 나노입자(nanoparticle)를 형성시키는 방법이 있다. 이를 통해, 제올라이트 자체의 촉매 특성과 금속 입자의 촉매 특성을 함께 구현할 수 있다.

제올라이트를 촉매로 이용하는 경우, 제올라이트의 구조적 특성으로 인해 다양한 형태 선택성(shape-selectivity)을 구현할 수 있다(그림 6.8). 반응물 형태 선택성은 제올라이트 기공 입구 직경보다 크기가 작은 분자만 기공 내부에 들어가서 반응에 참여할 수 있는 선택성을 의미한다(그림 6.8a). 예를 들어, Ca^{2+}가 교환된 Ca-X와 Ca-A 제올라이트 상에서 사슬형 *n*-butanol (butane-1-ol)과 가지형 *iso*-butanol (butane-2-ol)의 탈수 축합 반응을 진행

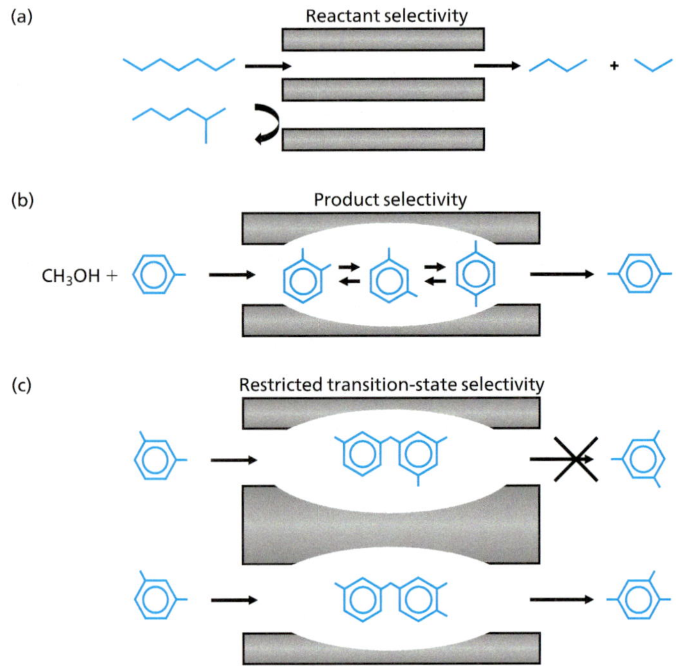

그림 6.8 ▶ 제올라이트의 기공 구조에 의해 발현되는 형태 선택성: (a) 반응물의 형태 선택성, (b) 생성물의 형태 선택성, (c) 전이 상태에서의 형태 선택성.

할 경우, 기공 크기가 상대적으로 큰 Ca-X 제올라이트에서는 두 분자의 탈수 축합 반응이 모두 진행된다. 반면, 기공 크기가 작은 Ca-A 제올라이트에서는 가지형 *iso*-butanol 분자는 기공 입구보다 크기가 커서 기공 속으로 침투하지 못해 반응이 일어나지 않는다. 두번째로 생성물의 형태 선택성을 들 수 있다. 그림 6.8b에 도시한 바와 같이 다양한 생성물이 형성되는 반응의 경우, 생성물의 크기가 기공 출구 직경보다 작아야 외부로 확산, 배출될 수 있다. 대표적인 예로, ZSM-5 촉매 상에서 toluene과 methanol을 반응시켜 알킬화(alkylation)를 통해 형성되는 xylene 합성을 들 수 있다. 알킬화 반응을 통해 ortho, meta, para 자리에 새로운 methyl기가 형성되어 *ortho*-xylene (1,2-xylene), *meta*-xylene (1,3-xylene), *para*-xylene (1,4-xylene)의 세 가지 이성질체(isomer)가 형성된다. 선형 구조를 지닌 *para*-xylene의 경우 다른 두 가지 이성질체에 비해 확산 속도가 1000배 정도 빠르기 때문에, 거의 97퍼센트의 선택성으로 *para*-xylene을 얻을 수 있다. 마지막으로, 전이 상태(transition-state) 선택성이 있다. 그림 6.8c에 도시한 바와 같이, 어떤 촉매 반응의 경우 전이 상태에서 기공 또는 동공 크기보다 큰 분자가 형성될 수 있기 때문에, 이러한 중간체를 포함하는 반응 경로는 진행이 저해된다. 대표적인 예로, dialkylbenzene 분자의 트랜스알킬화(transalalkylation) 반응을 들 수 있다. 이 반응은 중간체로 diphenylbenzene이 형성되었다가, 최종적으로 1,2,4-trialkylbenzene과 1,3,5-trialkylbenzene 두 가지 이성질체가 생성된다. 모더나이트를 산촉매로 사용할 경우, 1,3,5-trialkylbenzene의 중간체의 크기는 기공 내부의 크기보다 크기 때문에 1,2,4-trialkylbenzene만 선택적으로 생성되게 된다.

제올라이트 촉매의 가장 중요한 응용 분야는 원유(crude oil)의 크래킹(cracking) 반응이다.[15] 연간 삼십만 톤 이상의 제올라이트를 이용하여 전세계 99퍼센트 이상의 휘발유가 크래킹 반응을 통해 생산된다. 크래킹 반응은 예열된 원유를 500°C 정도의 유동 접촉 분해(fluid catalytic cracking, FCC) 반응기에 통과시켜 일어나게 되고, 이후 촉매를 수증기로 처리하여 흡착된 생성물을 제거한 다음, 마지막으로 공기 중에서 730°C까지 가열하여 촉매로부터 코크(coke)를 제거한 후 촉매층으로 돌아가게 된다. 대부분의 크래킹 반응에는 포자사이트 구조 제올라이트가 사용된다.

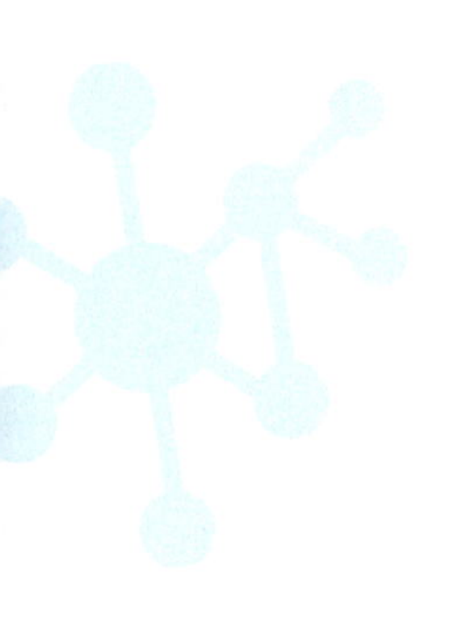

6.3 금속–유기 골격체(Metal-organic frameworks)

6.3.1 금속–유기 골격체의 합성 및 물성

금속–유기 골격체(metal–organic framework, MOF)는 금속 이온 또는 다핵 금속 클러스터가 유기 연결기(linker)와 연결되어 형성된 결정질의 다공성 배위 고분자(porous coordination polymer)로서, 구조적 다양성 및 다양한 기공 환경으로 인해 여러 분야에서 주목을 받으며 연구가 진행되고 있다. IUPAC에서는 금속–유기 골격체를 "잠재적 기공이 있는 열린 구조체를 갖는 배위 네트워크"라고 규정하여 다른 배위 고분자와는 구별하고 있다.[16] 표면적이 넓고 기공 부피가 크고, 적절한 구성 단위의 선택을 통해 다양한 구조 및 특성을 조절, 구현할 수 있다는 것이 매우 큰 장점이다. 1989년 Robson 연구진에서 발표한 $\{Cu^I[(C_6H_4CN)_4]\}_n^{n+}$이 금속–유기 골격체라는 용어를 쓰지는 않았지만 그 특성을 감안하면 금속–유기 골격체의 시초라고 할 수 있다.[17] 이후 1995년 Yaghi 연구진에서 $[Cu^I(4,4'\text{-bpy})_{1.5}]_n^{n+}$를 발표한 논문에서 처음으로 금속–유기 골격체라는 용어를 사용하였으며,[18] 이어 MOF-2[19]와 MOF-5[20]를 발표함으로써 나노다공성 소재의 새로운 분야인 망상 화학(reticular chemistry)을 열었다(그림 6.9).

금속–유기 골격체의 질소 흡착 등온선은 대부분 type I(그림 6.3a)의 양상을 보여 일반적으로 마이크로기공성 소재임을 의미한다. 금속–유기 골격체는 구조의 규칙성으로 인해 소재 내에서의 기공 크기가 매우 균일하고 불용 부피(dead volume)가 거의 없다. 또한 금속–유기 골격체는 다양한 종류의 금속 이온과 유기 리간드를 구성 단위로 도입할 수 있어, 무수히 많은 새로운 구조와 기공의 크기를 조절하여 합성할 수 있다. 따라서 금속–유기 골격체는 작은 분자의 선택적 흡착 및 센싱, 기체 저장 및 분리, 촉매 등 매우 다양한 분야에 응용이 가능하며, 최근에는 파일럿 플랜트 크기의 대량 합성도 가능해졌다.

금속–유기 골격체 합성 시, 무기 구성 단위(inorganic building unit)는 전이 금속을 위주로 한 다양한 산화수의 금속 이온이 이용되고, 유기 구성 단위(organic building unit)로는 여러 개의 카복실기를 포함하는 방향족 기반 유기 리간드(대표적으로 1,4-benzenedicarboxylic acid, H_2BDC) 또는 pyridyl기를 포함한 유기 리간드를 주로 사용한다. 유기 리간드의 종류가 다양하고, 다양한 작용기를 부착할 수 있기 때문에 금속–유기 골격체에 다양한 기능성을 부여할 수 있다. 금속 이온과 유기 리간드 간의 배위 결합에 의해 반응 도중 형성되는 금속 클러스터로 이뤄진 SBU는 그 종류에 따라 다양한 기하 구조와 연결점(point of extension)의 개수를 가지게 된다(그림 6.10).[22]

각기 다른 금속으로 이뤄진 SBU는 특정 위상구조(topology)를 선호하기 때문에, 또 다른 구성 단위인 유기 리간드와의 조합에 따라 다양한 망(net) 구조를 합성할 수 있고, 리간드의 길이만 변화시키면 기공 크기는 다르지만 동일한 위상구조를 갖는 동일망상 화합

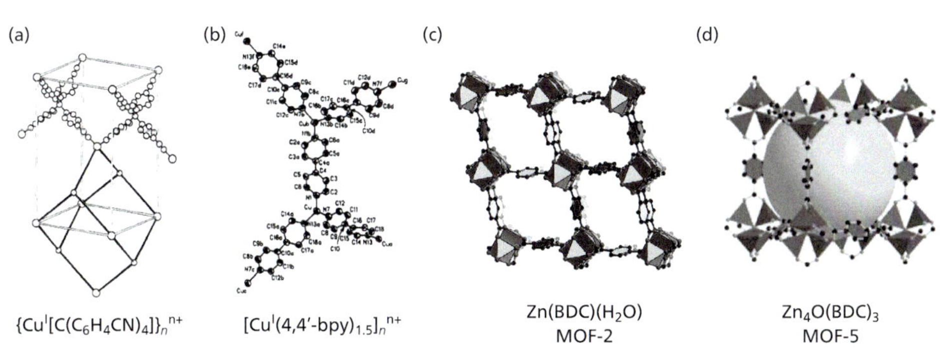

그림 6.9 ▸ 초기에 발표된 대표적인 금속–유기 골격체의 구조. Reproduced with permission from ACS publications, and MDPI.[17~19,21]

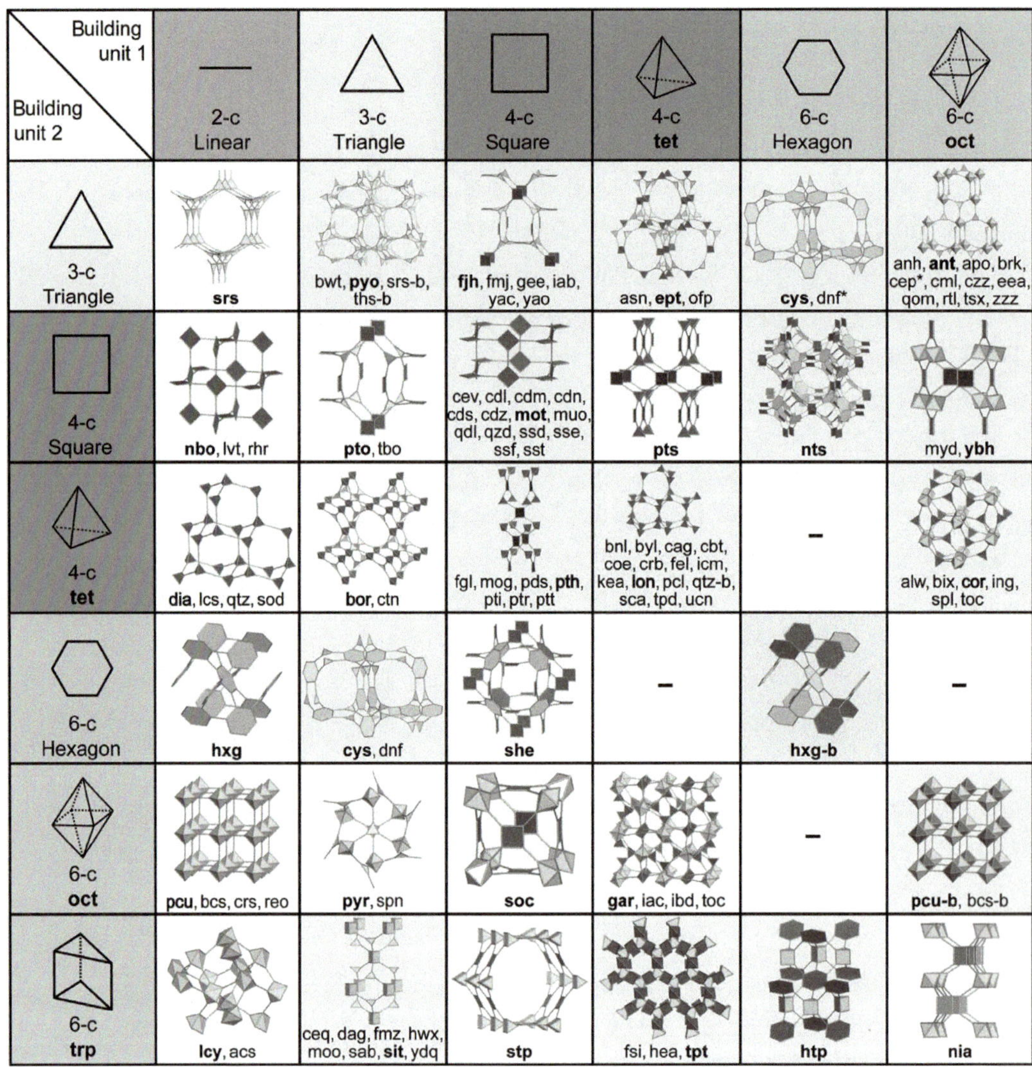

그림 6.10 ▸ 금속 클러스터 SBU의 다양한 연결점과 기하 구조. Reproduced with permission from AAAS.[22]

물(isoreticular MOF)도 합성할 수 있다. 대표적인 예가 Yaghi 연구진에서 발표한 팔면체(octahedron) Zn_4O SBU와 두 방향 카복실기(carboxyl group)를 갖는 리간드로 이루어진 IRMOF 계열(IRMOF series, IRMOF-*n*)이다.[23] 이 중 BDC를 유기 리간드로 갖는 금속-유기 골격체가 MOF-5(IRMOF-1)이며, BDC에 다양한 작용기가 부착된 리간드 또는 길이가 다른 리간드들을 도입하여 IRMOF 계열이 형성되었다(그림 6.11). 대표적인 또다른 금속-유기 골격체 계열로는 Férey 연구진이 발표한 MIL(Materials of Institute Lavoisier) 계열인데, 바나듐, 크롬, 철뿐만 아니라 *p*-블록 원소인 알루미늄, 갈륨, 인듐 등의 3가 금속 이온을 이용하여 합성하기 때문에 리간드와의 강한 결합으로 인해 화학적으로 매우 안정하여 촉매 및 흡착제로서 다양하게 연구되어 왔다(그림 6.12).[24] 홍콩 과학기술대학 연구진이 발표한 HKUST-*n* 계열도 널리 연구되어 왔는데, 그 중 HKUST-1[$Cu_3(BTC)_2(H_2O)_3$, BTC = benzene-1,3,5-tricarboxylate][25]가 가장 주목을 많이 받는 금속-유기 골격체이다. 그 외에도 제올라이트와 유사한 구조를 갖는 zeolitic imidazolate framework (ZIF)는 아연, 코발트, 철 등의 사면체 전이금속 이온들이 이미다졸계의 리간드와 연결되어 3차원 구조를 형성하는데, 금속-이미다졸-금속 각도가 140°로 제올라이트의 Si-O-Si 각도와 유사하다.[26] 열적, 화학적 안정성에 약점을 가지고 있는 금속 유기 골격체는 고산화가(high valent) 금속을

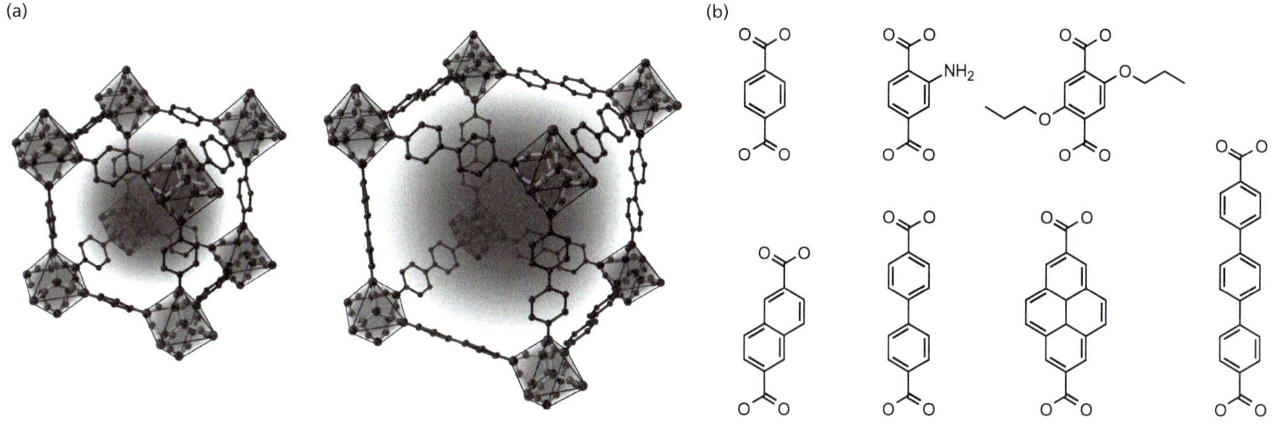

그림 6.11 ▸ 크기가 다르게 구성된 IRMOF 계열의 동일 망상 화합물 구조와 몇 가지 작용기와 다른 길이를 갖는 BDC 파생 리간드.

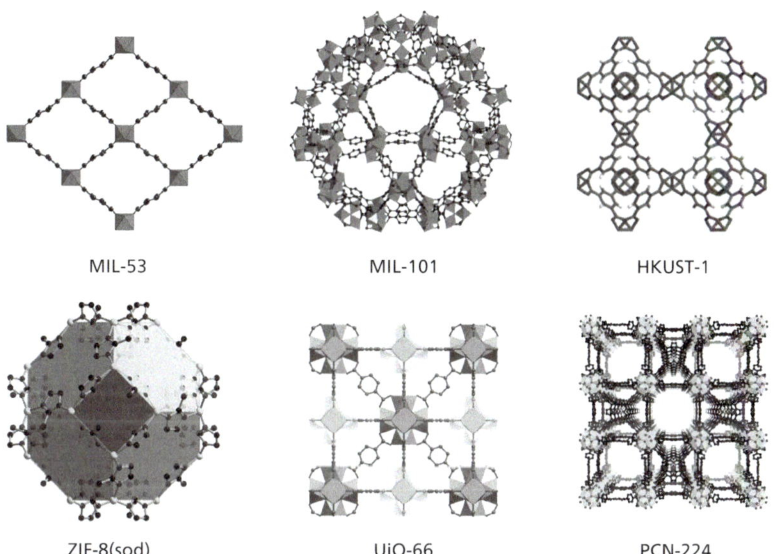

그림 6.12 ▸ 대표적인 금속-유기 골격체의 구조. Reproduced with permission from ACS publications.[29-34]

무기 구성 단위로 도입함으로써 매우 강한 금속–리간드 결합 세기를 유도할 수 있었다. 대표적으로, Oslo 대학의 연구진이 합성한 UiO 계열 금속–유기 골격체는 지르코늄 4가 이온을 무기 구성 단위로 도입함으로써 강한 Zr–O을 형성시켜 매우 안정한 금속–유기 골격체를 합성할 수 있었다.[27] 그 중 가장 먼저 발표된 UiO-66는 연결점이 12개인 Zr_6 클러스터와 BDC가 결합하여 3차원 구조를 형성하였다. 이러한 Zr 기반 금속–유기 골격체 합성에 유기 구성 단위에 porphyrin기를 함유하는 carboxylate, (tetrakis(4-carboxyphenyl)-porphyrin, TCPP)를 도입하면, 구조적 안정성이 높은 금속–유기 골격체에 촉매사이트로 활용 가능한 금속 porphyrin을 고정시킬 수 있다. 대표적인 예가 PCN-224 (PCN = porous coordination network)이다.[28]

금속–유기 골격체는 유·무기 구성 단위에 해당되는 각각의 용액을 밀봉한 용기에 넣고 용매열 반응(solvothermal reaction) 또는 수열 반응(hydrothermal reaction)을 통해 합성할 수 있다. 용매는 상대적으로 높은 끓는점을 갖는 아마이드(amide) 계통의 유기 용매가 주로 사용되며 물, alcohol 등과의 혼합 용매도 도입된다. 반응 온도는 상온에서 약 200°C 까지의 범위 안에서 결정되며, 반응 온도와 용매의 종류에 따라 합성 압력은 달라지게 된다. 합성은 수시간에서 수일 동안 진행되며, 한 단계의 반응으로 금속과 리간드의 결합이 완성된다. 이 외에도 마이크로파 및 초음파 합성법, 이온성 액체를 용매로 사용하는 이온열 합성법(ionothermal synthesis), 볼 밀(ball mill)을 이용한 기계적 합성법 등도 활용되고 있다. 이러한 반응을 통해 얻어진 단결정 고체 또는 결정성 분말은 X-선 회절(X-ray diffraction, XRD) 분석을 통해 구조를 파악할 수 있다. 금속–유기 골격체의 기공은 합성 직후에는 사용한 용매 또는 반응물 등으로 차 있는데, 금속–유기 골격체의 기공을 모두 기체 흡착, 촉매 반응 등에 활용하기 위해서는 건조 또는 활성화(activation) 과정이 필요하다. 금속–유기 골격체는 유기물을 골격에 포함하고 있어서 제올라이트나 다른 무기 다공성 소재에 비해 열적, 화학적 안정성이 낮기 때문에, 골격체의 구조를 유지하면서도 기공 내 손님(guest) 분자들을 효과적으로 제거하는 조건을 찾는 것이 중요하다. 온화한 조건에서의 활성화를 위해, 끓는점이 높고 금속–유기 골격체 내부 표면과 흡착력이 높은 손님 분자를 끓는점이 낮은 유기 용매(acetonitrile, chloroform 등)로 치환하고 낮은 온도, 진공 하에서 전처리하여 열린 기공 구조를 갖는 금속–유기 골격체를 성공적으로 얻을 수 있다. 또한 초임계 이산화탄소를 이용한 손님 분자 치환법도 효과적인 기공 활성화 방법으로 활용되고 있다.

6.3.2 금속–유기 골격체의 기능화

금속–유기 골격체는 무한한 종류의 구조와 구성 단위로 합성이 가능하기 때문에 골격 작용기가 조절된 나노다공성 소재를 맞춤형으로 합성할 수 있다. 동일망상 구조의 원리에 따라, 골격체 합성에 앞서 특정 치환기를 유기 리간드에 도입함으로써 금속–유기 골격체를 기능화시킬 수 있고, 이러한 방법을 직접 기능화(direct functionalization) 또는 사전 기능화(pre-synthetic functionalization)이라고 한다. 예를 들어, H_2BDC에 아민이나 니트로기가 치환된 2-amino-1,4-benzene dicarboxylic acid ($H_2BDC\text{-}NH_2$) 또는 2-nitro-1,4-benzene dicarboxylic acid ($H_2BDC\text{-}NO_2$)을 유기 구성 단위로 사용하여 기능화된 금속–유기 골격체를 합성할 수 있다.[23] 이렇게 합성된 금속–유기 골격체는 도입된 치환기에 의해 기공 크기 조절 및 기공의 화학적 환경 변화가 일어나게 되어 특정 기체에 대한 흡착능 및 선택성을 증가시킬 수 있고,[35] 구조체의 전자 구조를 변화시켜 가시선 흡수 파장 영역을 변화시킬 수도 있다.[36] Bipyridine dicarboxylic acid (BPyDC)도 사전 기능화에 사용되는 대표적인 유기 리간드다.[37] 그러나 이 방법에서는 도입하고자 하는 상당수의 작용기들이 입체성 및 화학적 성질에 의해 합성하고자 하는 금속–유기 골격체의 구조 형성을 방해하거나, 금속–유기 골격체를 합성하기 위한 불가피한 반응 조건의 미세한 변화에도 표적 소재 형성에 크게 영향을 줄 수 있다. 따라서 효과적인 사전 기능화를 위해서는 신중한 구성 단위 선택이 매우 중요하다.

금속–유기 골격체에 추가하고자 하는 작용기가 복잡할수록 동일망상 구조 형성의 관점에서 원하는 금속–유기 골격체의 합성은 더욱 어려워진다. 이러한 이유로 사전 기능화법을 극복하고자 개발된 또다른 기능화 방법이 후처리 기능화(post-synthetic functionalization 또는 post-synthetic modification) 방법이다. 후처리 기능화는 금속–유기 골격체가 형성된 후 간단한 후처리를 수행함으로써 골격체를 기능화시킬 수 있는 유용한 전략이다. 금속–유기 골격체의 동공내 손님 분자를 제거하거나 다른 종류의 손님 분자로 치환시키는 것도 넓은 범주에서의 후처리 기능화이다. 또한 금속–유기 골격체로부터 손님 분자를 제거하다 보면, SBU에 배위되어 있던 중성 리간드가 떨어져 나가면서 빈 배위 자리(open metal site, OMS)를 형성하게 되는데, 이 OMS에 다른 리간드를 부착시키는 후처리 기능화를 통해 동공의 크기 및 동공 표면 환경을 새롭게 변화시키 수 있다. 또다른 예로서, 사전 기능화를 통해 금속–유기 골격체에 BPyDC과 같이 금속 이온을 배위할 수 있는 작용기가 carboxylate

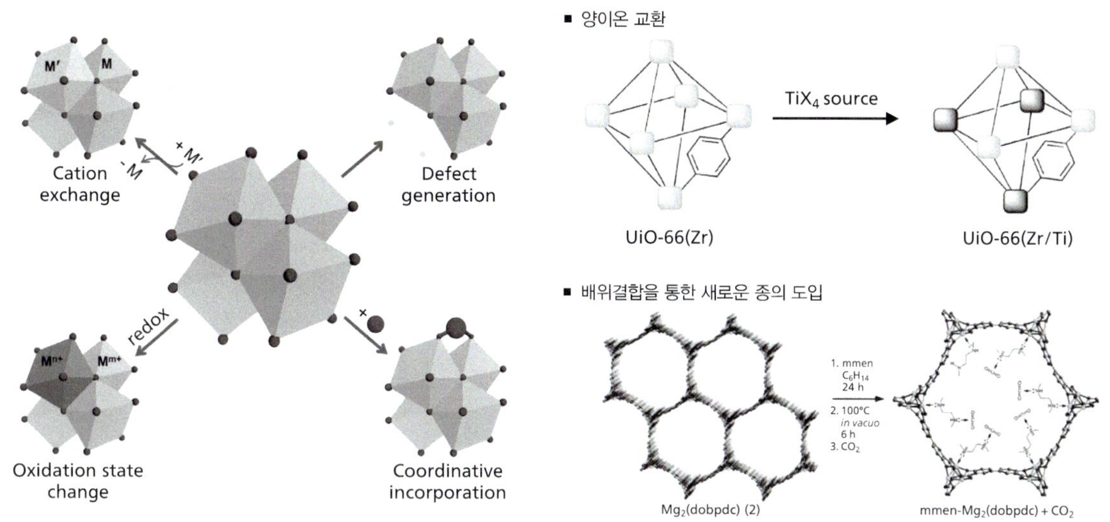

그림 6.13 ▸ 금속-유기 골격체의 금속 클러스터 SBU의 기능화 방법. Reproduced with permission from RSC and ACS publications.[39–41]

외에도 존재한다면, 금속–유기 골격체 형성 후 bipyridine기에 후처리 기능화를 통해 다른 종류의 금속 이온을 도입함으로써 직접 합성법으로는 구현하기 어려운 이종 금속 금속–유기 골격체를 합성할 수 있다.[38]

금속–유기 골격체의 기능화에는 크게 금속 클러스터 SBU의 기능화와 유기 리간드의 기능화가 있다. 먼저 SBU의 기능화는 (1) 양이온 교환, (2) 산화수 변화, (3) 결함 자리 생성, (4) 배위 결합을 통한 새로운 종의 도입 등이 있다(그림 6.13).[39–41] SBU의 양이온 교환은 구조체를 유지하면서 금속 이온을 부분적으로 또는 완전히 교환시키는 것을 말하며, 흡착 엔탈피와 촉매 성능과 같은 금속 클러스터로부터 파생된 고유 특성을 변경하기 위해 이용되었다.[40] 이 교환 과정은 일반적으로 표적 양이온 용액에 금속–유기 골격체를 담금으로써 일어나게 되고, 구조체 유지를 위해 온화한 조건에서 점진적으로 교환이 일어나도록 한다. 양이온 교환 접근법 외에도, SBU의 금속 이온은 산화–환원 반응을 겪을 수 있는데, 이는 금속–유기 골격체의 기능을 향상시키는 또다른 방법이 된다. 이 방법은 직접 합성법으로는 합성하기 어려운, 같은 구조이지만 다른 양이온 산화수를 갖는 금속–유기 골격체를 합성할 수 있다. SBU 금속의 산화를 유도하기 위해서 I_2, O_2, H_2O_2, NaOH 등과 반응을 시키고, 환원을 유도하기 위해서는 methanol과 반응시키거나 소성(calcination) 처리하는 방법이 보고되어 있다.[42] 한편, 금속–유기 골격체에서의 결함 자리는 더 높은 다공성, 더 높은 흡착력, 촉매 성능 향상 등과 같이 원래 구조에서는 얻기 힘든 새로운 기능을 생성하는 데 유리할 수 있다. 금속–유기 골격체를 수분에 노출시키거나 산 또는 염기 처리를 함으로써 배위되어 있던 유기 리간드와의 결합을 끊으면서 SBU에 결합자리를 형성하게 된다.[43] 또다른 SBU의 기능화 방법으로써, OMS에 새로운 리간드를 배위시키는 방법이 있다. OMS는 그 자체로도 MOF의 주목할 만한 기능으로서 촉매 또는 특정 흡착 부위로 사용될 수 있지만, 새로운 리간드와의 배위 결합을 통해 기공 크기 및 환경 변화를 유도하는 중요한 자리가 된다. OMS에 배위할 수 있는 amine, pyridine, imidazole 등의 작용기를 갖는 유기 리간드의 용액에 OMS가 있는 금속–유기 골격체를 담금으로써 유기 리간드를 OMS에 배위시킬 수 있다.[41]

금속–유기 골격체의 유기 리간드 골격의 기능화 역시 사전 기능화 또는 순차적 부착을 통해 이루어진다(그림 6.14).[30,38,44] 사전 기능화 방법에서는 이미 원하는 작용기가 부착

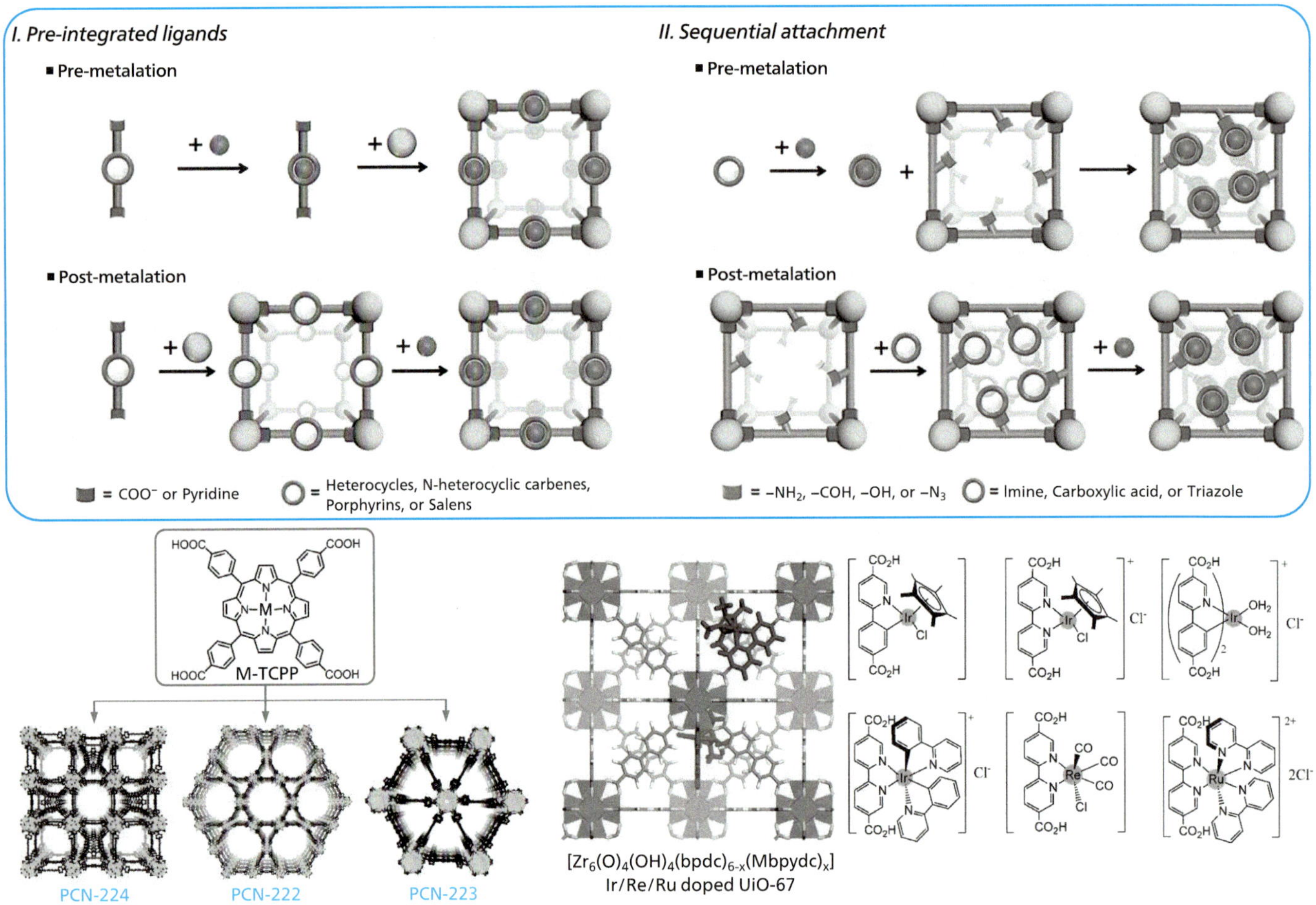

그림 6.14 ▶ 금속-유기 골격체의 유기 리간드의 기능화 방법. Reproduced with permission from Elsevier and ACS publications.[30,38,44]

되어 있는 유기 리간드를 금속–유기 골격체의 합성에 직접 도입하게 된다. 주로 bipyridine, porphyrin, N-heterocyclic carbene (NHC), salene ligand ($C_{16}H_{16}N_2O_2$) 등이 작용기로 부착된 carboxylic acid 기반의 유기 리간드가 사용되어 왔다. 필요에 따라 금속–유기 골격체의 합성 전후에 해당 리간드에 금속 이온을 배위시킬 수도 있다. 순차적 부착 방식에서는 금속–유기 골격체의 합성 후에 공유 결합 형성을 통한 작용기의 순차적 부착 과정을 통해 기능화가 이루어진다. 대표적으로 이민 축합 반응, 고리열림 반응, 클릭 반응 등이 이용된다. 이런 유기 반응을 통해 작용기를 부착하기 위해서는 합성된 금속–유기 골격체의 안정성 확보가 필수적이며, 따라서 지르코늄 기반 금속–유기 골격체인 UiO 계열이 주로 활용되어 왔다.

6.3.3 금속–유기 골격체의 응용

상기 언급하였듯이 금속–유기 골격체는 다음과 같은 특정 기능들을 지니고 있다. (1) 예측 가능한 구조 및 기공도로 설계 및 합성이 가능한 점, (2) 금속 클러스터와 유기 리간드에 다양한 작용기를 도입할 수 있는 점, (3) 다공성 플랫폼으로서 기능성 염료, 약물, 금속 나노입자 등을 기공 내 포함할 수 있다는 점이다. 그림 6.15에는 금속–유기 골격체의 이와 같은 특성들에 기반한 가스 저장 및 분리, 다양한 센서 응용 분야를 도시하였다. 지금까지 100,000여 개의 다른 금속–유기 골격체가 보고되었으며,[45,46] 각각의 성질에 맞는 응용 연구들 역시

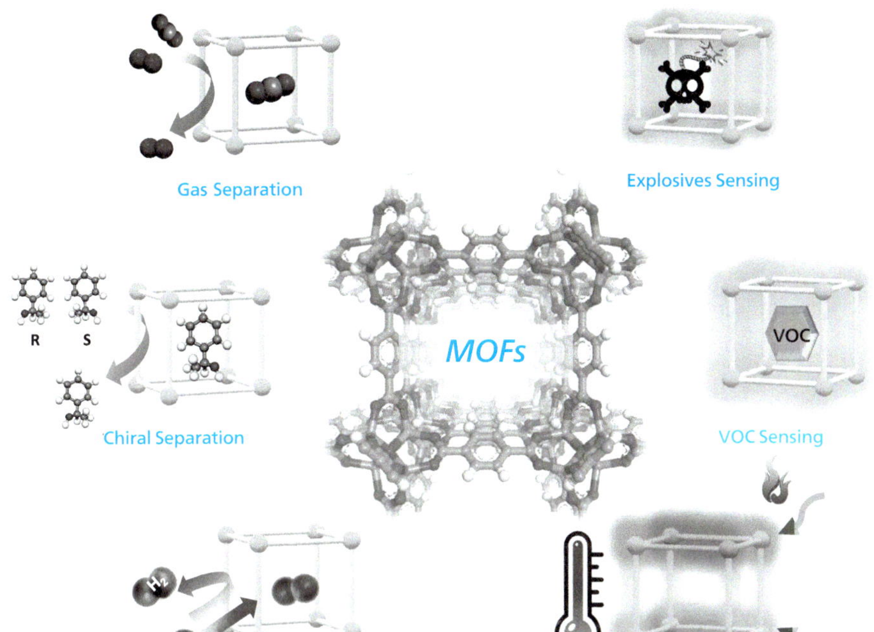

그림 6.15 ▸ 금속-유기 골격체의 설계 및 기능화로 유도 가능한 다양한 응용 분야들.

활발히 진행되어 왔다.[47] 역으로, 이러한 광범위한 연구 데이터베이스를 기반으로 원하는 응용처에 맞는 이상적인 구조를 보유하는 금속–유기 골격체를 선택하여 활용할 수도 있다.

금속–유기 골격체를 가스 저장 물질로 활용하는 것은 초기부터 가장 광범위하게 연구된 응용 분야이다. 이는 금속–유기 골격체가 최대 7000 $m^2\ g^{-1}$ 이상의 표면적을 지니고 있으며 맞춤형 기공 크기 조절 및 선택적 흡착 자리 도입이 가능하기 때문이다. 2003년 Yaghi 연구진에서 수소 저장을 위한 금속–유기 골격체의 최초 활용을 보고한 이래 수백 개의 다공성 금속–유기 골격체가 수소 저장 물질로 개발되어 왔다.[48] 이와 관련하여 미국 에너지부(United States Department of Energy, DOE)는 수소 연료 플랫폼이 실제 활용되기 위해 필요한 수소 저장 물질의 수소 저장 비용, 무게당 저장 용량(gravimetric storage capacity)과 부피당 저장 용량(volumetric storage capacity)에 대한 목표치를 제시하고 있다.[49] 2020년 Farha 연구진에서는 DOE 목표치에 근접하는 무게당 용량과 부피당 용량을 보이는 NU-1501 금속–유기 골격체를 개발하기도 하였으나,[50] 여전히 DOE 조건을 완벽히 만족하는 금속–유기 골격체는 전무한 상황이다. 이는 금속–유기 골격체와 수소 가스 분자 간의 상호 작용이 대개 van der Waals 작용에 의한 것이기 때문이다. OMS 같은 특정 부위에 의해 수소 분자와의 상호 작용이 강화될 수는 있으며 이러한 효과는 흡착열(adsorption isosteric heat, Q_{st})을 12 kJ mol^{-1}까지 향상시키기도 하였다.[51] 이론적 연구에 따르면 금속–유기 골격체가 적절한 작동 온도에서 활용 가능할 정도의 수소 저장 능력을 발휘하기 위해서는 15 kJ mol^{-1}의 흡착열이 필요하다고 알려져 있으나,[52] 아직 이 지점까지 도달한 연구는 없는 상황이다.

지구 온난화에 대한 우려에 의해 수십 년간 연구되고 있는 탄소 포집 및 저장 기술의 연장선에서 methane과 이산화탄소 역시 금속–유기 골격체를 저장체로 활용하는 연구에서 가장 널리 연구되는 가스들이다. 금속–유기 골격체의 무게당 methane 저장 용량은 상온 60 bar 이상에서는 기공의 크기나 모양보다 총 기공 부피(total pore volume)와 표면적에 의해 결정되는 경향이 있다.[53] 반면, 부피당 methane 저장 용량 기준으로는 최적화된 기공 구조의 선택이 더 중요해지며, 특정 작용기의 도입이 methane 저장능에 크게 영향을 미칠 수도

그림 6.16 ▶ 기공 크기, 모양 및 작용기의 변화에 의한 손님 분자 형태의 제어와 이를 통한 분리.

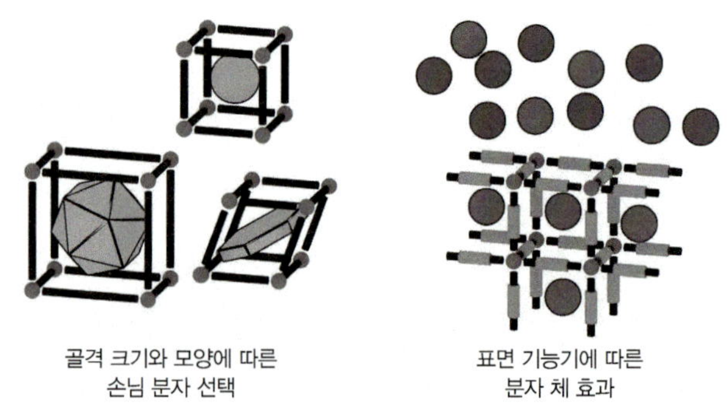

있다. 예를 들면, 동일한 구조의 금속–유기 골격체에서 리간드 상의 Lewis 염기 질소 원자의 수와 위치를 변화시켰을 때, 부피당 methane 저장 용량이 달라짐을 확인한 바 있다.[54] 이산화탄소의 저장에 대해서도 이러한 경향은 유사하게 나타나며, 따라서 금속–유기 골격체가 높은 효율의 이산화탄소 저장을 목표로 하기 위해서는 구조체의 기공도와 밀도의 균형을 잘 맞추어야 한다. 현재까지 NU-111이 상온 30 bar에서 350 cm^3 cm^{-3}의 부피당 이산화탄소 저장 용량으로 가장 높은 효율을 보이며, 이는 다른 제올라이트 및 탄소 물질보다도 더 높은 수치이다.[55] 이 외에 금속–유기 골격체 구조의 변화를 이용한 저장 용량의 향상 역시 활발히 연구되고 있다.

금속–유기 골격체의 응용 연구는 가스 저장뿐만 아니라 가스 분리 분야에서도 매우 활발히 진행 중이다. 금속–유기 골격체를 이용하여 이산화탄소 포집 및 분리, 경질 탄화수소(C_1-C_3) 분리, 산소/질소 분리, 일산화탄소/질소 분리 등과 같은 중요하고 까다로운 분리 공정들이 연구되어 왔다.[56] 질서정연하게 규칙적으로 배열된 나노다공성 통로는 특정 크기 또는 모양의 분자만을 선택적으로 기공 내부에 분산, 침투, 또는 흡착되도록 한다(그림 6.16). 이러한 분자체 효과 외에, 금속–유기 골격체 기공 속성을 사전 또는 후처리 기능화를 통해 특수한 상호 작용 부위(interaction site)를 도입하여 특정 분자와의 상호 작용만을 증대시킬 수도 있다. 나아가 표면처리로 성질이 다른 분자들을 손쉽게 배재하거나, 금속–유기 골격체가 외부 환경 변화에 따라 구조를 유연하게 바꾸는 특성이 활용되기도 한다. 이러한 금속–유기 골격체의 복합적 특성들은 여타 다공성 물질들에 비해 이성질체나 동위 원소와 같은 매우 도전적이고 어려운 분리 응용에서 더 큰 이점을 발휘한다.[57,58]

금속–유기 골격체에서의 가스 분리는 크게 평형(equilibrium), 입체 장애(steric hindrance), 동역학(kinetic), 입구 개방(gate-opening) 네 가지 메커니즘(mechanism)으로 분류되며, 실제 분리에서는 각 메커니즘이 단독으로 작용하기도 하고 조합되어 나타나기도 한다.[56,59] 평형 분리 모드에서는 금속–유기 골격체의 분리능은 흡착제 표면과 흡착물(adsorbate) 간의 친화도 차이에 의존한다. 즉, 크게는 친수성, 소수성 같은 성질 차이에서 작게는 흡착열(Q_{st}) 값의 차이로 금속–유기 골격체가 혼합물 사이에서 단일 분자만을 더 강한 에너지로 흡착하도록 유도하는 것이다. 보통 일산화탄소/질소와 같이 성질이 다른 가스 분리에 많이 활용되는 방법이다. 입체 장애 메커니즘은 앞서 언급한 분자 체 효과를 일컬으며, 기공 크기나 모양의 불일치로 원하지 않는 분자들이 기공 입구로 들어오지 못하도록 차폐하여 혼합물을 분리한다. 동역학 분리는 일종의 부분적 분자 체 효과이며, 손님 분자의 기공 내 확산성 차이로 발생한다. 훨씬 더 높은 이동성을 가진 손님 분자는 느린 손님 분자보다 더 빨리 기공을 차지하게 되고, 이러한 동역학적 차등 확산은 크로마토그래피 분리에서 잘 활용된다. 예를 들면, C_4H_6 탄화수소를 다양한 종류의 금속–유기 골격체 고정층으로 흘려줄 때, 구조체의 기공 크기와 형태에 따라 선호되는 C_4H_6의 형태가 달라짐이 확인된 바 있다(그림 6.17).[60] 적절한 크기와 모양의 기공들이 분리된 형태로 있을 때 트랜스보다 시스 형태가 선

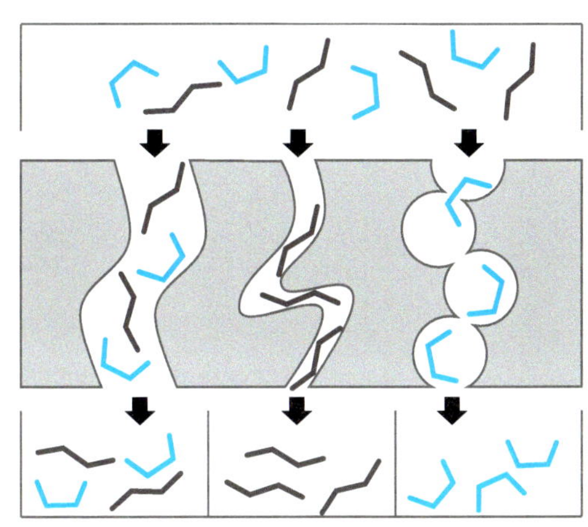

그림 6.17 ▶ 기공 크기, 모양 및 차원의 변화를 통한 손님 분자 형태의 제어와 이를 통한 분리.

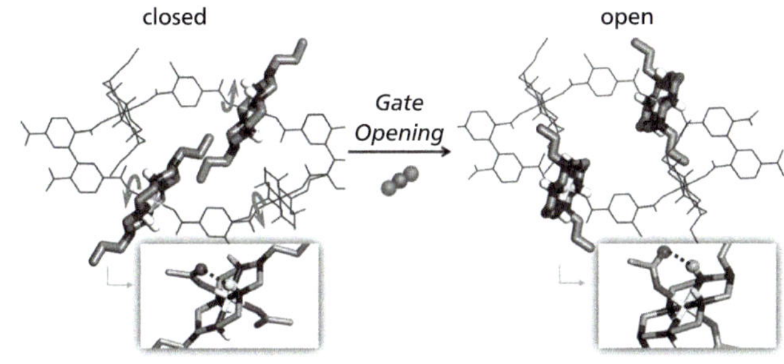

그림 6.18 ▶ 수소 결합 자리 이동을 통한 propyl기의 회전과 그로 인한 CO_2 선택적 게이트 개방 현상. Reproduced with permission from ACS publications.[61]

호되며 효율적인 확산을 위해선 기공이 연속적으로 연결되어야 한다. 마지막 메커니즘은 구조적 가변성과 유연성을 보유한 금속–유기 골격체의 구조 전이를 활용하는 것이다. 구조적으로 유연한 금속–유기 골격체는 기공이 좁혀져 있거나 닫혀져 있는 상태에서 특정 분자와의 상호 작용으로 열린 구조로 바뀌며, 이로 인해 흡착물의 분리 현상이 발생하게 된다. 그림 6.18에는 그에 대한 예시로서,[61] 수소 결합 자리의 이동을 통한 propyl기가 회전으로 입구의 닫힘-열림 현상을 유도하여 이산화탄소에 선택적으로 반응하게 한다.

금속–유기 골격체는 다양한 유·무기 구성 단위의 조합과 손님 분자를 활용하여 광학, 발광, 자기, 전도성 및 강유전성과 같은 흥미로운 물리적 특성을 가질 수 있다. 이를 통해 금속–유기 골격체는 센싱 분야에서 활발히 연구되었으며, 외부 환경 변화나 가스 흡착으로 나타나는 물리적 특성 변화들이 다양하게 관찰되어 왔다. 금속–유기 골격체가 가지는 우수한 나노다공성은 특히 흡착을 통한 유독 가스 탐지나 의학적 진단 분야에서 큰 이점을 발휘한다. 센싱 메커니즘은 보통 센서 물질에 피분석물(analyte) 분자가 흡착되거나 표면에 반응할 때 발생하는 전자기, 화학, 광학 신호의 변환을 유도하는 것이다.[62] 그 신호 원리에 따라 화학 저항 센서, 자기 센서, 강유전체 센서, 비색(colorimetric) 센서 및 발광 센서 등으로 다양하게 개발되고 있다. 하지만 발광성 금속–유기 골격체의 센서 응용은 광범위하게 연구되어 온 반면에 전기, 자기, 강유전성 및 색도에 기반한 금속–유기 골격체 센서 연구는 아직 초기 단계에 있다. 대부분의 금속–유기 골격체는 본질적으로 낮은 전기 전도도를 지니기 때문에 전기 센서에서의 응용에는 한계가 있어 왔지만, 최근의 진기 전도성 금속–유기 골격체와 양성자 전도성 금속–유기 골격체(proton conductive MOF)의 개발로 금속–유기 골격체 기반 전자 센서 역시 출현하고 있다.[63,64] 자성(magnetic) 금속–유기 골격체는 자기 규칙화 효과, 스핀 크로스오버, 자기 민감도와 같은 자기 특성이 외부 분자의 유입에 따라 바꾸면서 자기 센싱 물질로 작용한다. 특히 기공에 극성 손님 분자가 정렬함으로써 금속–유기 골격체의 분극화(polarization), 즉 강유전성이 발현되며 이를 활용한 센싱 역시 가능하다. 또한 비색 센서는 금속–유기 골격체의 색상 변화를 기반으로 하며, 가스나 유기물 감지에 따른 변화를 가장 쉽게 시각화 하기 때문에 최근 빠르게 확장되고 있는 영역이다.

발광 금속–유기 골격체(luminescent metal–organic framework, LMOF)는 발광 강도나 패턴의 변화로 상호 작용하는 종의 존재를 인식할 수 있다. 피분석물 분자와의 상호 작용 정도와 특성에 따른 여러 전자 및 에너지 전달 메커니즘이 발광 금속–유기 골격체의 발광을 증대·약화시키며, 발광 피크(peak)의 위치를 이동시키기도 한다.[65,66] 예를 들어, 폭발성이 있는 것으로 잘 알려진 니트로 방향족 분자는 대표적인 전자 결핍(electron-deficient) 분자로서 금속–유기 골격체와 상호 작용 시 대부분 발광을 소멸(quenching)시키는 반면,[67] 벤젠과 같이 전자가 풍부한 분자는 발광을 향상시키는 것으로 알려진다. 또는 감광제(photosensitizer)가 금속–유기 골격체 내에서 손님 분자와의 상호 작용에 직접 관여하여 발광 세기의 변화를 유도할 수도 있다.

이러한 발광 센싱 현상들은 보통 란탄 계열 이온으로 이루어진 금속–유기 골격체에서 흔히 발견되며, 유기 리간드가 피분석물 분자와 상호 작용하면 란탄족 양이온의 HOMO (highest occupied molecular orbital)로 에너지를 전달하며 센싱이 이루어진다. 또한 파이-공액(π-conjugated) 유기 분자를 발광 금속–유기 골격체에 리간드로 활용하면 HOMO-LUMO (lowest unoccupied molecular orbital) 사이의 간격을 줄이고 효율적으로 방사 붕괴(radiative decay)를 촉진할 수 있게 된다. 금속–유기 골격체 기공 표면에 Lewis 산/염기 부위를 도입하거나, 파이-전자를 풍부 또는 부족하게 하면 표적 분자에 대한 발광 센싱을 크게 향상시킬 수도 있다. 예를 들면, 문회리 연구진에서는 N-methylamino를 포함하는 전자 공여성(electron-donating) 리간드를 금속–유기 골격체 합성에 사용하였다(그림 6.19).[67] 합성된 발광 금속–유기 골격체는 니트로 벤젠에 대해 발광 소멸 현상을 나타냈고, 이는 니트로 벤젠이 리간드에 상호 작용 후 전자 받개(acceptor)로 작용했음을 결정학적 분석을 통해 증명한 바 있다. 또 다른 예시로서, 그림 6.20에는 pyrene기를 통한 금속–유기 골격체의 금속 이온 감지를 나타내었다.[68] 리간드에 포함된 아마이드기(amide group)가 Cu^{2+}에 대한 선택적 결합 자리를 제공하게 되고, 이로 인한 리간드 형태 변화가 pyrene 엑시머(excimer)의 해방과 동시에 금속–유기 골격체의 발광 소멸 현상을 유도한다.

불균일 촉매(heterogeneous catalysis)는 금속–유기 골격체의 응용 분야 중 가장 초기부터 확립되고 널리 연구된 분야 중 하나이다. 상업적으로 중요한 나노다공성 촉매인 제올라이트와 비교하여, 금속–유기 골격체는 기공 성질 조절 및 촉매 활성 자리의 탈부착이 더 광범위하고 자유롭다는 본질적 장점들이 있다. OMS를 내포하는 금속 노드(node)는 Lewis 산 촉매로서 가장 흔히 활용되는 촉매 자리이다(그림 6.21). HKUST-1이 대표적인 예인데, 배위된 물(또는 용매) 분자의 제거 후 Cu^{2+} OMS가 Lewis 산 자리로 작용하며, benzalde-

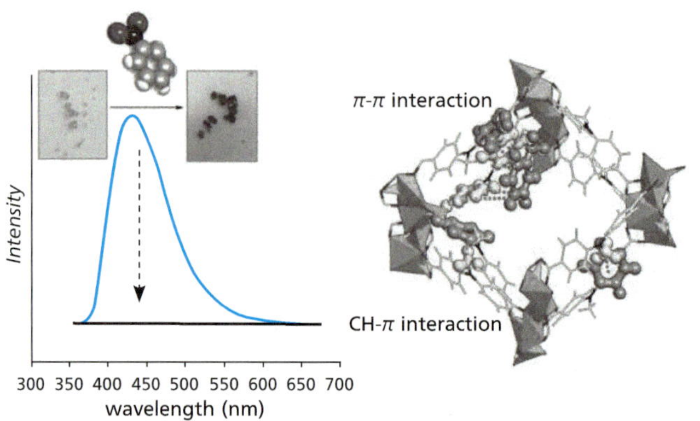

그림 6.19 ▸ N-methylamino 그룹의 리간드 기반 금속–유기 골격체를 이용한 nitrobenzene 감지. Reproduced with permission from ACS publications.[67]

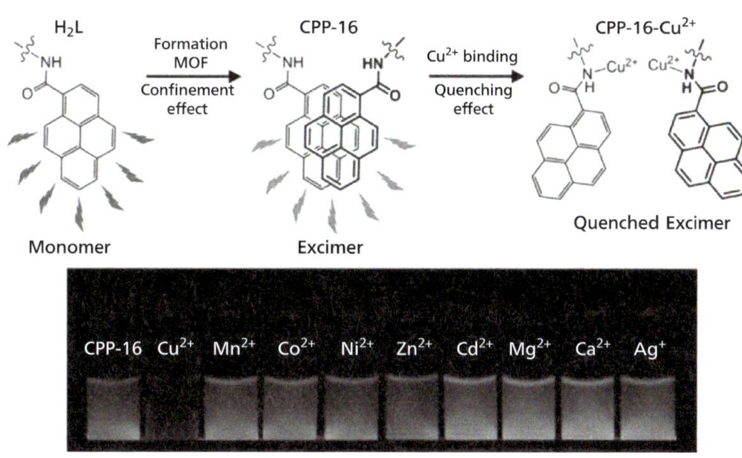

그림 6.20 ▸ Cu^{2+} 이온과 amide 그룹의 상호 작용을 통한 구조 변화와 그로 인한 금속–유기 골격체 발광 소멸 현상. Reproduced with permission from ACS publications.[68]

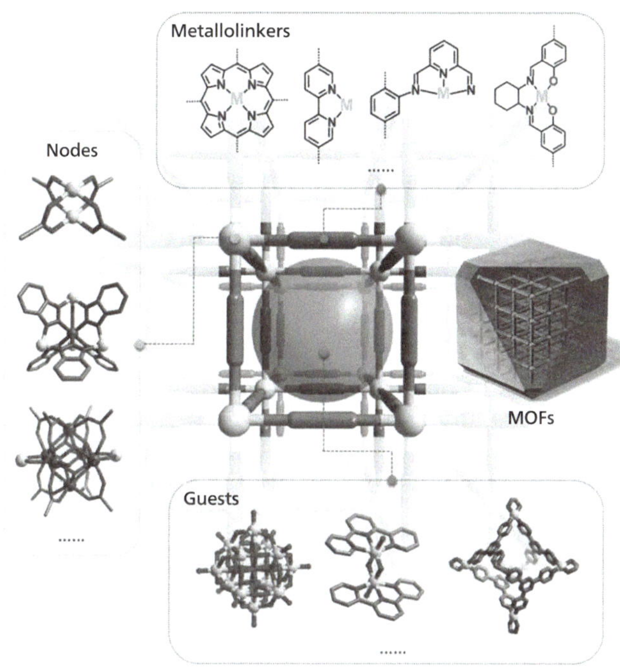

그림 6.21 ▸ 금속–유기 골격체 내 다양한 방식으로 도입 가능한 금속 촉매 자리. Reproduced with permission from ACS publications.[72]

hyde나 acetone의 시아노실릴화(cyanosilylation) 반응을 촉진시키는 것으로 알려져 있다.[69] Zr_6 또는 Hf_6 클러스터를 함유하는 금속–유기 골격체들은 열 및 화학적 안정성이 높은 촉매로서 매우 널리 이용되고 있다. Lewis 산 특성을 지닌 Zr^{4+}와 Hf^{4+} 이온은 다양한 범위의 이종 촉매 작용을 위한 활성 부위 역할을 한다. Farha 연구진은 Hf_6 클러스터 기반 금속–유기 골격체인 Hf-NU-1000를 촉매로 이용하여 이산화탄소 고정화 및 고리형 유기 탄산염(organic carbonate) 합성을 100% 수율로 보고한 바 있다.[70] 동일 구조의 Zr-NU-1000은 이후 Sarin이나 Soman 같은 독성이 매우 강한 화학 작용제를 촉매 반응으로 분해하기도 하였다.[71] 금속–유기 골격체를 금속 촉매로 활용하는 또 다른 방안은 metalloporphyrin 분자를 리간드로 이용하는 것이다(그림 6.21). Metalloporphyrin은 독특한 물리화학적 성질과 전자적 구조로 인해 많은 화학 반응에서 탁월한 촉매로 작용 가능함이 잘 알려져 있으나, 균일 촉매로서 이용되기에는 수득과 조작에 어려움이 있다. Zhou 연구진에서는 carboxyl기가 달려 있는 metalloporphyrin을 리간드로 활용하여 PCN-224(Co) 합성하였고, 이 물질이 이산화탄소/propylene 산화물 커플링 반응에서 불균일 촉매임에도 불구하고 매우 높은 촉매 활

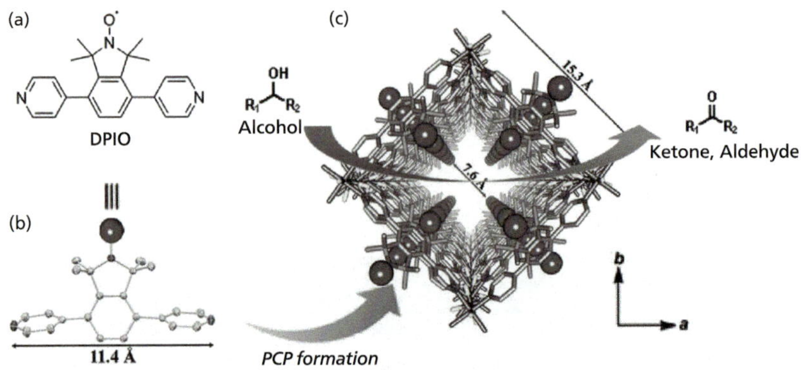

그림 6.22 ▸ Nitroxyl기 리간드 기반의 금속–유기 골격체와 alcohol의 호기성 산화 반응. Reproduced with permission from ACS publications.[73]

성을 나타냄을 확인하였다.[28] 이 외에도 후처리 기능화를 통해 금속 촉매 자리를 리간드에 배위시키거나, 또는 금속 촉매 분자나 금속 나노입자를 금속–유기 골격체 기공 안으로 캡슐화하는 방법 등 금속–유기 골격체를 촉매로서 더 효율적으로 활용되는 연구들이 다각적으로 진행 중이다.

금속–유기 골격체를 구성하는 촉매 활성 유기 리간드를 활용하는 접근법 역시 지난 10년 동안 불균일 촉매 분야에서 많은 관심을 받았다. 예를 들면, Kitagawa 연구진에서는 nitroxyl기의 리간드로 자유라디칼(free radical) 기반 금속–유기 골격체를 설계, 합성하였고(그림 6.22), 이것을 활용하여 다양한 alcohol을 해당 aldehyde 또는 ketone으로의 선택적 촉매 변환 반응을 100% 전환율로 유도하였다.[73] 이 외에도, 금속–유기 골격체 기공에 유기분자를 매립 후 유기 변환 반응에 촉매로 활용하는 연구가 보고된 이후,[74] 촉매 활성 유기 촉매를 금속–유기 골격체에 포함한 촉매 개발 역시 활발히 진행 중이다.[75]

6.4 메조다공성 소재(Mesoporous materials)

6.4.1 메조다공성 소재의 개요 및 합성 원리

6.2절에 소개한 제올라이트로 대표되는 마이크로다공성 소재는 보통 1.5 nm 이하의 기공을 지닌다. 따라서 이보다 크기가 큰 분자의 흡착 및 촉매 반응과 고분자(macromolecule)나 생분자(biomolecule)의 분리를 위해서는 보다 큰 기공 크기를 갖는 다공성 소재의 개발이 중요했다. 수열 반응을 통해 기존의 제올라이트보다 큰 기공 크기를 갖는 제올라이트를 합성하려는 연구가 진행되어 왔었지만, 기공 크기를 2 nm 이상의 메조다공성 영역으로 넓히는 데는 한계가 있었다. 1992년 Mobil사(New Jersey, USA)의 연구진은 제올라이트 합성에 이용되었던 유기 단분자가 아닌 계면활성제 마이셀(surfactant micelle)을 유기물 주형으로 도입하여 M41S로 명명된 일련의 실리카 또는 규산알루미늄 골격을 갖는 규칙성 메조다공성 소재(ordered mesoporous material)를 합성하였다.[76] 이 중에서 MCM-41로 명명된 메조다공성 소재는 그림 6.23의 투과 전자 현미경(transmission electron microscopy, TEM) 사진에 도시하였듯이 균일한 1차원 원통형 기공이 육방형(hexagonal)으로 정렬된 구조를 지니고 있다. MCM-41은 기공 구조의 규칙성으로 인해 X-선 회절 분석에서 메조 영역(2θ 값 5도 이하)에서 이차원 육방형 구조와 일치하는 회절 형태를 보였다. MCM-41의 기공 크기는 사용하는 유기 계면활성제의 사슬 길이에 따라 2에서 10 나노미터 사이에서 조절할 수 있고, 발달한 메조 영역의 기공 때문에 1,000 $m^2\ g^{-1}$가 넘는 넓은 표면적과 1 $cm^3\ g^{-1}$가 넘는 큰 기공 부피를 지닌다. 비슷한 시기, 일본 Kuroda 연구진에서는 층상형 silicate인 카네마이트(kanemite)에 계면활성제를 혼합하는 방법을 통해 유사한 구조의 메조다공성 실리

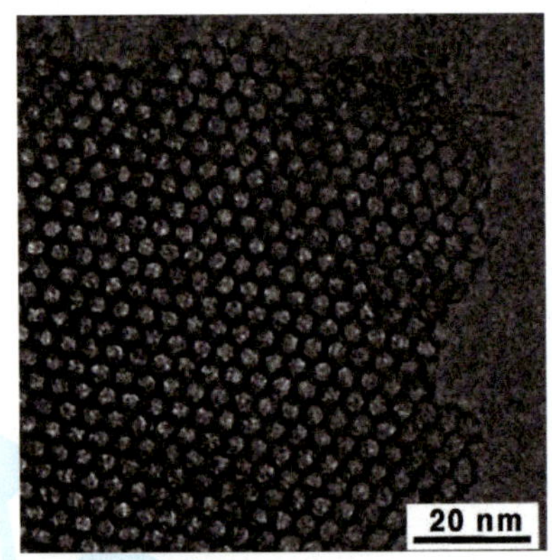

그림 6.23 ▸ MCM-41의 투과 전자 현미경 사진. Reproduced with permission from ACS publications.[73]

카 물질을 합성하는 데 성공하였다.[77]

1990년대 초반 출현한 메조다공성 소재는 단순히 제올라이트와 같은 마이크로다공성 소재의 기공 크기를 메조 영역으로 넓혔을 뿐만 아니라, 계면활성제 마이셀을 주형으로 사용하는 새로운 합성법을 개척한 데에도 큰 의의가 있다. 이러한 마이셀 주형 기반의 합성법을 이용하여, 실리카뿐만 아니라 유기-실리카, 금속 산화물, 금속, 탄소 등 다양한 조성의 메조다공성 소재를 합성할 수 있는 길이 열렸다.[78~92]

MCM-41로 대표되는 M41S 메조다공성 소재는 4차(quaternary) alkylammonium 이온과 같은 이온계 계면활성제를 실리카 원료와 혼합하여 염기성 조건에서 합성되었다. 이때 양전하를 띤 유기 계면활성제(S^+)와 음전하를 띤 무기 silicate(I^-) 사이의 정전기적 인력에 의해 유기–무기 혼성(hybrid) 메조상(mesophase)이 형성되고, 유기물 계면활성제를 제거하여 최종적으로 메조다공성 소재를 합성할 수 있게 된다. 사용하는 실리카 원료와 계면활성제의 종류 및 용매의 pH를 조절하게 되면, 다른 합성 경로를 통해 다양한 메조상을 갖는 메조다공성 소재를 합성할 수 있다. 예를 들어, 정전기적 인력에 기반하여 S^+I^- 및 S^-I^+ 합성 경로와 계면활성제와 실리카 사이에 반대 양이온 또는 음이온(M^+ 또는 X^-)이 중재하는 형태의 $S^+X^-I^+$ 및 $S^-M^+I^-$ 합성 경로를 통해서 메조상을 얻을 수 있다. 이 외에도, 비이온계 계면활성제를 이용하여 중성 조건에서 수소 결합과 같은 비정전기적 인력을 통해 S^0I^0 경로를 통해 메조상을 얻을 수도 있다. 그림 6.24에는 유기–무기 혼성 메조상을 얻을 수 있는 다양한 합성 경로를 도시하였다.[80]

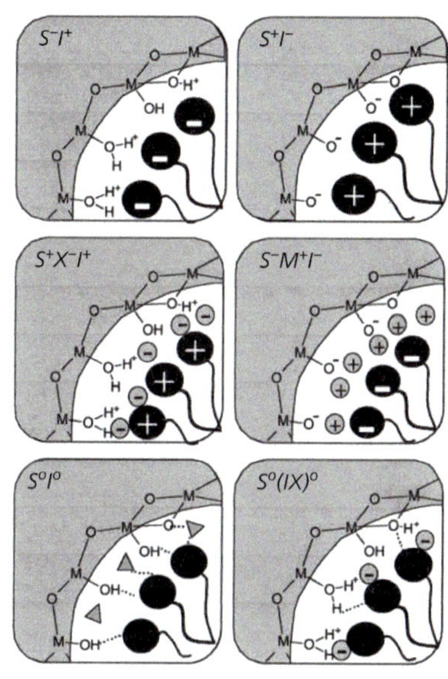

그림 6.24 ▶ 메조다공성 소재가 형성되는 다양한 경로. Reproduced with permission from ACS publications.[75]

메조다공성 소재의 합성 메커니즘과 관련하여 M41S 메조다공성 소재를 최초로 보고한 모빌사의 연구진에서는 메조다공성 소재와 계면활성제 액정(liquid crystal) 상과의 유사성을 기반으로 하여 액정 주형 메커니즘을 제안하였다.[89] 계면활성제 분자가 마이셀을 형성하고, 다시 육방형 액정을 형성한 다음, silicate 음이온이 액정 주변 및 사이의 공간에 중합되어 유기–무기 메조상을 형성하는 방식이다. 이와 함께, silicate 음이온에 의해 특성 상의 형성이 촉진되어 유기–무기 메조상이 형성될 수도 있다고 제안하기도 하였다.

이후, Stucky와 Chmelka 연구진에서는 silicate 이온에 의해 유도되는 형성 메커니즘을 발전시켜 유기물과 무기물 간의 협동 조직화(cooperative organization) 과정을 통해 메조상이 얻어질 수 있음을 증명하였다(그림 6.25).[81,90,91] 이 메커니즘에서는, 첫 단계에서는 계면활성제 분자들이 단분자와 구형 또는 원통형 구조 마이셀 사이에서 동적 평형(dynamic equilibrium)을 이루면서 존재한다. 실리카 전구체를 반응액에 주입하면, silicate 음이온이 계면활성제의 반대 이온(counter ion)을 대신하여 유기–무기 이온 쌍을 이루면서, 메조상을 형성한다. 이후, 실리카 중합을 통해 메조상 구조가 최종 형성된다. 다시 말해, 계면활성제뿐만 아니라 silicate가 동시에 메조상 형성 과정에 참여하게 된다. 이 메커니즘은 현재까지 메조다공성 소재의 형성 과정을 설명할 수 있는 가장 일반적인 메커니즘으로 받아들여지고 있다.

만약, 메조다공성 소재 합성 과정에서 계면활성제의 농도를 일정 수준 이상 높이게 되면, 실리카 중합 이전에 이미 특정한 메조상을 갖는 액정 구조가 형성이 된다. 이러한 액정 구조를 주형으로 사용하는 액정 주형법(true liquid crystal templating, TLCT, 그림 6.25b)을 이용하게 되면 유기물 액정의 반선 구조(replica)를 얻을 수 있고 이를 통해 메조다공성 실리카[93]와 메조다공성 금속[94]을 합성할 수 있었다.

Brinker 연구진에서는 메조다공성 소재 기반 박막(thin film) 또는 모노리스(monolith)를 만드는 과정에서 증발 유도 자기 조립(evaporation-induced self-assembly, EISA)라는 새로운 메커니즘을 제안하였다.[95] 매우 묽은 반응 용액으로부터 메조다공성 소재를 합성하게 되면, 무기물의 중합 속도가 매우 느려지게 되고, 용매가 증발함에 따라 국부적으로 계면활성제의 농도가

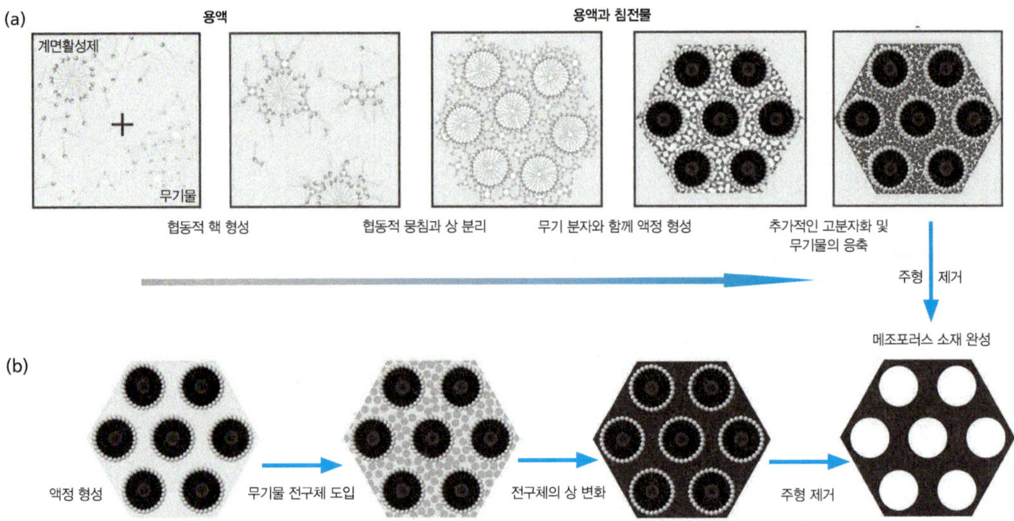

그림 6.25 ▶ 메조다공성 실리카 소재의 형성 매커니즘: (a) 협동 조직화 매커니즘. (b) 액정 주형 매커니즘. Reproduced with permission from ACS publications.[81]

높아지면서 액정상을 형성하고 이를 통해 자리 조립이 유도되는 현상이다. 이 방법은 무기물 전구체의 반응성이 높아서 중합 속도를 조절하기 어려웠던 비실리카계 금속 산화물을 메조다공성 구조로 만드는 데 유리하다.

상기 언급한 방법은 모두 연성(soft) 소재인 계면활성제 기반 마이셀과 이로부터 형성되는 액정상을 주형 소재로 사용하여 합성되며, 이를 기반으로 하여 다양한 메조다공성 실리카를 성공적으로 합성할 수 있었다. 그러나 탄소, 고분자, 비실리카계 전이 금속 산화물, 그리고 비산화물 등과 같이 높은 온도에서의 열처리가 필요하거나 산화/환원(redox)이 쉽게 일어나는 조성을 갖는 메조다공성 소재의 합성에서는 적합하지 않았다. 유룡 연구진에서는 연성 주형법(soft templating)의 근본적인 한계를 극복하고자 합성된 메조다공성 실리카를 주형으로 사용하는 경성 주형법(hard templating) 또는 나노캐스팅(nanocasting) 방법을 개발하였다.[87] 이를 통해, 균일한 기공 크기와 연결구조를 갖는 일련의 구조규칙성 메조다공성 탄소(ordered mesoporous carbon)를 합성하였고 CMK-*n* (carbon mesostructured by KAIST, number *n*)이라고 명명하였다.[96~98]

그림 6.26에 메조다공성 실리카를 주형으로 이용하는 나노캐스팅 합성법을 도시하였다. 메조다공성 실리카 주형의 기공 내부에 합성하고자 하는 소재의 전구체를 함침, 흡착 또는 이온 교환 등의 방법으로 채우고, 고온 열처리를 통해 내부에 완전한 구조를 형성한다. 최종적으로, 실리카 주형을 불산(hydrofluoric acid, HF) 또는 NaOH을 이용해 제거하여 반전된 구조를 얻을 수 있다. 이때 얻어지는 구조가 메조다공성 구조를 유지하려면 주

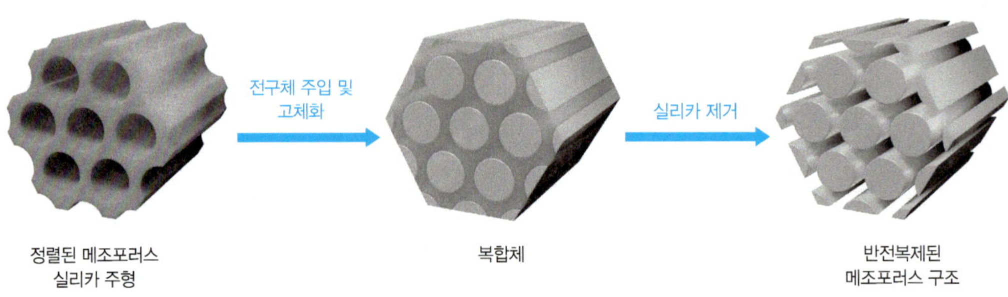

그림 6.26 ▶ 메조다공성 실리카를 주형으로 사용하는 나노캐스팅에 의한 새로운 메조다공성 소재의 합성.

형 또한 3차원으로 연결된 기공 구조를 지녀야 한다. 그리고 합성하고자 하는 소재는 고온 열처리 중에 실리카 주형과 반응하지 않아야 하고, 실리카를 제거하기 위해 사용되는 불산이나 NaOH 존재 하에서 안정성을 보여야 한다. 이러한 나노캐스팅법을 통해 이전까지 연성 주형법을 통해 합성하기 어려웠던 금속, 금속 산화물, 고분자, 탄소, 금속 질화물(metal nitride), 금속 탄화물(metal carbide) 및 금속 황화물(metal sulfide)에 이르는 매우 다양한 조성의 소재를 메조다공성 구조로 합성할 수 있게 되었다.

6.4.2 메조다공성 실리카

메조다공성 실리카는 전구체들의 반응성이 비교적 낮은 편이기 때문에 중합 속도를 조절하기 쉽고, 높은 열안정성을 지니고, 표면을 쉽게 변형할 수 있기 때문에 메조다공성 소재 중에 가장 널리 연구되어 왔다. 이를 통해, 현재까지 다양한 기공 연결 구조, 기공 크기 및 형상을 지닌 메조다공성 실리카가 합성되었다.

메조다공성 실리카의 기공 연결구조 조절에 관한 연구는 메조상의 형성을 이해하고자 하는 원천 연구뿐만 아니라 기공 구조에 따른 흡착, 촉매 특성과 같은 다양한 물성 변화가 예상되기 때문에 가장 널리 연구된 분야이다. 기공 연결 구조를 지배하는 가장 중요한 인자는 계면활성제 마이셀의 쌓임 상수(packing parameter, g)이며, 이는 다양한 합성 인자에 의해 조절될 수 있다.

Mobil사(New Jersey, USA)의 연구진은 계면활성제와 실리카 전구체의 비율을 조절하여 메조상의 구조를 조절하였다. 양이온 계면활성제인 cetyltrimethylammonium chloride (CTAC)와 실리카 전구체인 tetraethoxylane (tetraethyl orthosilicate, TEOS)을 사용하여 메조다공성 소재를 합성하는 과정에서 계면활성제/실리카 전구체의 비율이 1보다 작으면 이차원 육방 $p6mm$ 구조를 갖는 MCM−41이, 1에서 1.5 사이면 입방 $Ia3d$ 구조를 갖는 MCM−48이, 그리고 1.2에서 2 사이면 층상형(lamellar) 구조를 갖는 MCM-50이 합성된다.[89] 이 외에도 온도 변화에 따른 수화(hydration) 정도, silicate의 용해도, 반대 이온의 결합 세기, 유기 공용매(cosolvent)의 이동 등 다양한 인자가 구조 변화에 영향을 미친다.

MCM-48 실리카는 삼차원으로 연결되는 두 개의 독립적인 채널이 연결된 특이한 구조를 지녀서 일차원 통로 구조를 지닌 MCM-41에 비해 흡착이나 촉매 응용에 유리할 것으로 예상되어 많은 관심을 끌어 왔다. 그러나 MCM-48은 MCM-41에 비해 좁은 합성 변수 범위에서 얻어지기 때문에, 순수하게 입방 $Ia3d$ 구조만 갖도록 합성하기가 어려웠다. MCM-48은 MCM-41이 합성되는 조건에서 첨가제로서 에탄올을 넣어주거나 혼합 계면활성제를 사용하여 쌓임 상수를 미세하게 조절하여 성공적으로 합성할 수 있었다.

Stucky 연구진에서는 강한 산성 조건에서 다양한 기공 연결구조를 갖는 메조다공성 실리카를 합성하였다. pH가 2보다 낮은 산성 조건에서는 silicate가 양이온성을 띤다. 따라서 이 경우에는 할라이드(halide) 음이온이 양이온성인 계면활성제와 silicate 사이를 중재($S^+X^-I^+$)하는 정전기적 인력을 강하게 제공한다. 이러한 조건에서 이차원 육방형 $p6mm$, 삼차원 육방형 $P6_3/mmc$, 입방형 $Pm3n$ 구조를 갖는 일련의 메조다공성 실리카를 합성하였고, SBA-n (Santa Barbara, number n)이라고 명명하였다.[91,99]

Pinnavaia 연구진에서는 비이온계 계면활성제를 사용하여 중성 조건에서 메조다공성 실리카를 합성하였다.[92,100] 유기 amine 또는 polyethylene oxide와 비이온계 계면활성제를 이용할 경우 약한 van der Waals 인력이나 수소 결합을 통한 S^0I^0 경로를 통해 유기–무기 혼성 구조가 형성된다. MSU-n (Michigan State University, number n)으로 명명된 메조다공성 실리카는 벌레 모양(worm-like)의 무질서한 배열의 기공 연결구조를 지니며, 기본 입자의 크기가 작아서 입자와 입자 간에 생기는 기공 구조가 발달하였다.

Stucky 연구진에서는 1998년 polyethylene oxide–polypropylene oxide–polyethylene oxide (Pluronic P123, $EO_{20}PO_{70}EO_{20}$)로 이루어진 삼블록 공중합체(triblock copolymer)를 주형으로 사용하여 이차원 육방형 구조를 지니면서 5~30 nm의 큰 직경을 갖는 SBA-15 메조다공성 실리카를 합성하였다.[101] 연구진에서는 TEOS를 실리카 전구체로 사용하고 Pluronic P123과 같은 삼블록 공중합체를 이용하여 산성 조건에서 일련의 메조다공성 실리카를 합성하였고, 다른 공중합체 주형을 이용하여 삼차원 육방형 $P6_3/mmc$ 구조를 갖는 SBA-12와 입방형 *Im*3*m* 구조를 갖는 SBA-16을 합성하였다. 삼블록 공중합체를 사용하여 합성한 메조다공성 실리카는 5 nm에 이르는 매우 두꺼운 실리카 골격 두께를 지녀서 1~2 nm의 두께를 갖는 MCM-41에 비해 높은 열안정성을 보였다. SBA-15의 기공 구조는 처음에는 MCM-41과 같이 일차원의 원통형 기공이 육방형으로 배열된 구조로 파악되었다. 그러나 흡착 실험을 통해 메조 영역의 기공 외에도 작은 크기의 기공이 존재하는 것으로 확인되었고,[102] SBA-15 내부에 백금 구조를 형성하여 기공 구조를 이미징한 결과 메조 기공을 연결하는 보조 기공(complementary pore)이 존재하여 네트워크 구조를 가짐을 확인하였다.[103] 이러한 보조 기공은 삼블록 공중합체 주형에서 친수성을 띠는 polyethylene oxide 부분이 실리카에 일부 침투하여 형성되는 것으로 추측되고 있다.[102] 한편, 유룡 연구진에서는 SBA-15가 합성되는 조건에서 *n*-butanol을 첨가제로 사용하여 SBA-15와 같이 큰 메조기공을 가지면서도 MCM-48과 같이 입방형 *Ia*3*d* 삼차원 네트워크 기공 구조를 갖는 KIT-6 메조다공성 실리카를 합성하는 데 성공하였다.[104] SBA-15와 KIT-6는 합성이 용이하고 큰 메조기공을 지니고 있기 때문에 이후 메조다공성 실리카를 이용한 응용이나 주형으로서 가장 널리 이용되었다.

메조다공성 실리카 기공 크기 조절은 흡착, 분리 및 촉매를 비롯한 다양한 분야의 응용에 있어 매우 중요한 요소이다. 메조다공성 실리카의 기공 크기는 사용하는 계면활성제의 탄소 사슬 길이, 수열 합성 온도, 그리고 팽창제(swelling agent)의 사용 등을 통해 조절할 수 있다. 계면활성제의 탄소 사슬 길이를 늘이게 되면 마이셀의 크기도 유사하게 커지게 되고, 이를 통해 메조다공성 실리카의 기공 크기를 조절할 수 있다. 예를 들어, MCM-41을 합성하기 위해 양이온 계면활성제로 가장 널리 사용되는 alkyltrimethylammonium bromide (C_nTMAB)에서 alkyl기의 탄소 사슬의 수를 8에서 20 사이에서 2씩 증가시킴에 따라 기공 크기는 약 0.45 nm씩 증가하였다.[89] 비이온계 ethylene oxide 또는 블록 공중합체에서도 사슬 길이를 변화시켜서 합성되는 메조다공성 실리카의 기공 크기를 조절할 수 있다. 수열 합성 온도 또한 메조다공성 실리카의 기공 크기에 큰 영향을 미친다. 특히 블록 공중합체를 이용하여 합성되는 메조다공성 실리카의 경우, 수열 처리 온도 조절을 통해 기공 크기를 큰 폭에서 조절할 수 있다. 예를 들어, SBA-15 실리카의 합성 과정에서 수열 처리 온도를 35°C에서 130°C 사이에서 변화시키면 기공 크기는 5에서 12 나노미터 사이에서 조절된다. KIT-6 메조다공성 실리카도 SBA-15와 같이 수열 처리 온도를 조절하여 기공 크기를 큰 폭에서 변화시킬 수 있다. 팽창제의 사용도 메조다공성 실리카의 기공 크기를 늘리는 데 매우 효과적이다. 소수성을 띠는 trimethylbenzene 또는 *n*-hexane과 같은 분자를 메조다공성 실리카 합성 과정 중에 팽창제로 넣어주면 마이셀의 내부에 존재하는 소수성 부분의 부피를 늘려주게 되어 기공 크기를 증가시키게 된다. MCM-41의 경우 trimethylbenzene 분자를 팽창제로 사용하여 기공 크기를 최대 10 nm까지 늘릴 수 있었다.[89] SBA-15의 경우 trimethylbenzene 팽창제를 사용하면 이차원 육방형 구조를 유지하면서 기공 크기를 15 nm까지 늘릴 수 있었고, 그 이상의 과량으로 trimethylbenzene을 첨가하게 되면 기공 크기는 30 nm까지 커지지만 기공 연결구조가 불규칙한 형태를 보이는 메조셀룰라 폼(mesocelluar foam) 형태로

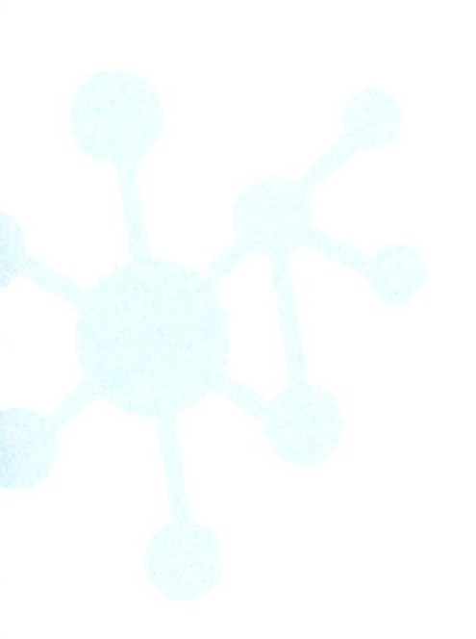

변환된다.[105]

메조다공성 소재가 1990년대 초에 보고된 이후, 이의 합성, 구조 분석, 촉매를 비롯한 다양한 분야에서의 응용성이 폭넓게 연구되어 왔다. 특히, 메조다공성 소재는 2에서 15 nm 수준의 메조기공을 지녀서 2 nm 이하의 마이크로기공을 갖는 제올라이트의 한계를 뛰어넘을 것으로 예상되었다. 그러나 메조다공성 소재는 골격 이루는 실리카 또는 규산알루미늄이 비결정성(amorphous) 구조를 갖기 때문에 고온, 고압에서 반응이 이루어지는 촉매 반응 응용에 있어서 촉매 활성과 안정성이 떨어지는 문제가 있어 왔다. 따라서 제올라이트와 같이 결정성 골격을 지니면서도 메조기공을 함께 갖는 메조다공성 제올라이트의 개발은 다공성 소재 연구 분야의 중요한 목표 중 하나였다.[106~109] 제올라이트 합성 과정에서 제올라이트의 마이크로 기공을 형성하는 단분자 주형 외에 경성 또는 연성 주형을 추가로 도입하는 방법, 마이크로기공과 메조기공을 동시에 생성시킬 수 있는 이중 기능성 분자를 주형으로 이용하는 방법, 제올라이트 입자를 작게 만들어서 입자 사이에 기공을 생성시키는 방법, 그리고 제올라이트 합성 후에 실리카나 알루미나(alumina)를 제거하는 방법 등을 통해 마이크로기공과 함께 메조기공을 형성하고자 하였다. 이러한 방법들을 통해 성공적으로 메조기공을 갖는 제올라이트를 합성할 수 있었지만, 메조영역에서 구조규칙성을 갖는 제올라이트는 합성이 어려웠다.

유룡 연구진에서는 제올라이트의 마이크로 기공을 형성할 수 있는 부분과 메조다공성 소재의 메조 기공을 형성할 수 있는 부분을 동시에 함유하는 이중기능성 계면활성제 분자를 합성하여 일련의 메조다공성 제올라이트를 합성하는 데 성공하였다.[110~112] 이러한 주형 분자에서 사차 암모늄기는 제올라이트 골격을 형성시킬 수 있도록 하고, alkyl 사슬기는 메조기공이 형성되도록 유도하였다. 그림 6.27a에 도시한 계면활성제에서는 세 개의 4차 ammonium기가 중간에 C_6기를 사이에 두고 존재하고, 양쪽 말단에 대칭적으로 C_{18} alkyl 사슬이 존재한다. 이 분자를 주형으로 이용하여 육방형으로 배열된 메조기공을 갖는 제올라이트를 합성할 수 있었다(그림 6.27b~d).[111] 이는 메조영역에서 구조적 규칙성을 보이는 최초의 제올라이트이다. 이를 통해 합성된 메조다공성 제올라이트는 3.5 nm의 메조기공을 가지고 있고, 골격은 ZSM-5와 동일한 결정성 구조로 이루어져 있다(그림 6.27d). 또한 메조기공의

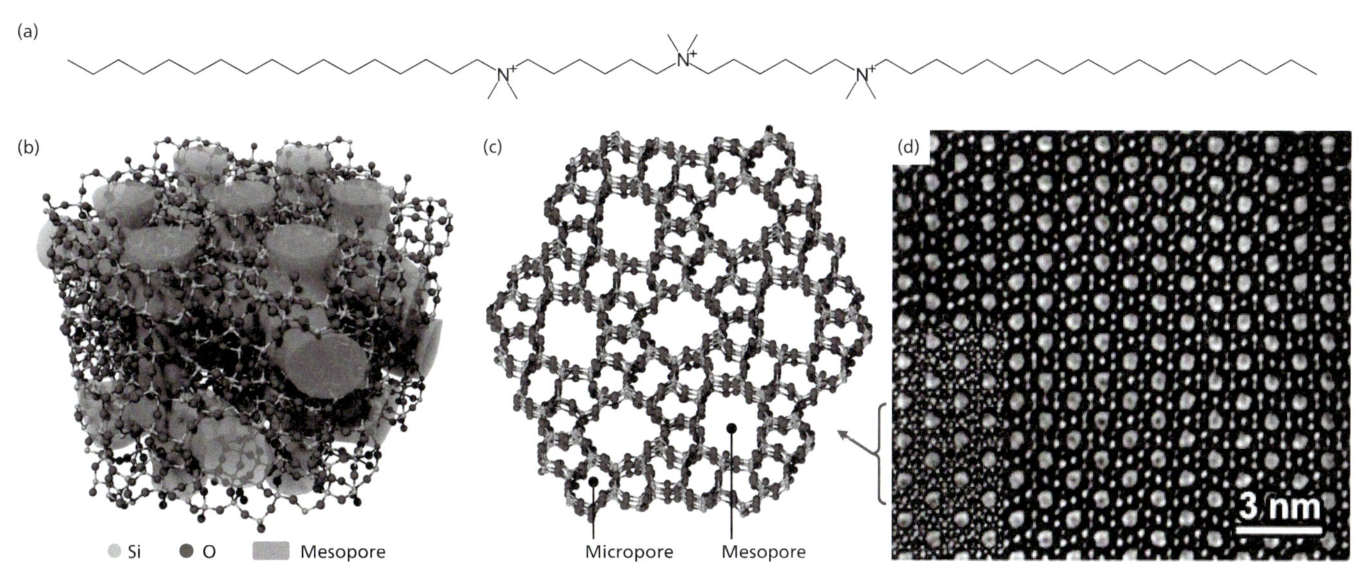

그림 6.27 ▸ (a) 메조다공성 제올라이트를 합성하기 위해 설계된 계면활성제의 구조. ZSM-5 메조다공성 제올라이트의 (b) 입체, (c) 평면도 모델, (d) 고해상도 투과 전자 현미경 사진. Reproduced with permission from Springer Nature.[113]

형성으로 인해 1000 m^2 g^{-1}의 매우 넓은 표면적을 보였다. 합성된 제올라이트는 일반적인 제올라이트나 무정형 골격을 지닌 메조다공성 물질에 비해 거대 분자의 산촉매 전환 반응에서 우수한 성능을 보였다.

6.4.3 비실리카계 메조다공성 소재

비실리카계(nonsiliceous) 메조다공성 소재는 실리카 및 유기실리카(organosilica)를 제외한 금속 산화물, 금속 질화물, 금속 탄화물, 금속 황화물, 금속, 고분자 및 탄소 등의 조성을 포괄하며, 각각의 물질은 다양한 분야에 응용될 수 있다. 하지만 실리카계 메조다공성 소재에 비해 비실리카계 소재는 합성에 어려움이 있었기 때문에 상대적으로 발전 속도가 느렸다. 초기에는 연성 주형을 이용한 합성이 주로 시도되었으나 일부 금속 산화물을 제외하고는 안정한 메조다공성 구조를 합성하기가 어려웠다. 그러나 이후 개발된 나노캐스팅법을 이용하여, 금속 산화물에서 탄소에 이르기까지 거의 모든 조성의 소재를 안정한 메조다공성 구조로 합성할 수 있게 되었다. 본 절에서는 메조다공성 유기실리카, 메조다공성 금속 산화물, 금속 및 금속 황화물 그리고 메조다공성 탄소의 합성에 관해 소개하고자 한다.

메조다공성 유기실리카 소재는 실리카 전구체로 사용되는 분자의 실리콘 원자 사이에 유기 관능기를 삽입한 구조의 분자를 전구체로 사용하여 합성할 수 있고, 합성된 메조다공성 유기실리카는 실리카 골격 내에 유기물이 균일하게 분포하는 구조를 지니게 된다.[83] 대표적으로, 졸-겔(sol-gel) 화학에서 널리 사용되는 $[(RO)_3Si-R'-Si(OR)_3]$과 같이 다리형 silsesquioxane 분자가 전구체로 가장 널리 사용된다. 메조다공성 실리카 합성과 같이 양이온계 alkylammonium 기반 또는 비이온계 블록 공중합체 기반 고분자를 주형으로 사용하여 다양한 메조구조를 지닌 메조다공성 유기실리카가 합성되었다. 1999년 Inagaki 연구진에서 최초로 R′ 자리에 ethane기를 도입한 메조다공성 유기실리카를 보고한 이후,[114] R′ 자리에 ethylene, methylene, vinylene, phenyl와 같은 다양한 유기 관능기를 도입한 메조다공성 유기실리카가 보고되었다.[83,114~117] 특히, Inagaki 연구진에서는 기공과 골격이 모두 규칙성을 가진 유기실리카 물질을 보고하였다.[117] R′ 자리에 phenyl기를 도입하여 합성된 메조다공성 유기실리카는 메조 영역에서의 규칙성뿐만 아니라 골격을 이루는 유기실리카층이 0.79 nm 간격으로 규칙적으로 배열되어 있음을 확인하였다.

실리카를 제외한 메조다공성 금속 산화물의 합성은 합성 과정 중에 전구체의 가수분해 속도를 조절하기가 어렵고, 산화·환원이 쉽게 일어나며, 또한 고온 열처리 시 결정화가 쉽게 일어나서 메조다공성 골격이 쉽게 무너지는 문제가 있었다.[84,85] Ying 연구진에서는 phosphate기를 갖는 음이온계 계면활성제를 이용하고 두 자리 리간드(bidentate ligand)로 안정화된 titanium alkoxy 전구체를 사용하여 안정한 메조다공성 티타늄 산화물(TiO_2)를 합성할 수 있었다.[121] 이후, 지르코늄 산화물(ZrO_2), 니오븀 산화물(Nb_2O_5) 등이 합성되었다.[85] Stucky 연구진에서는 비수용액 조건에서 삼블록 공중합체 주형을 이용하여 보다 넓은 범위의 금속 산화물을 합성할 수 있는 일반적인 합성법을 개발하였다.[122] 유기 용매를 이용하여 금속 산화물 전구체의 가수 분해 속도를 늦추면서 EISA 메커니즘을 결합하여 금속 산화물 메조다공성 물질을 합성할 수 있었다. 어떤 금속 산화물 조성의 경우는 국부적으로 결정성이 높은 골격이 형성되었다. 삼블록 공중합체를 주형으로 이용할 경우, 일반적으로 골격이 두껍게 형성되기 때문에 이러한 결정성 골격이 형성되더라도 메조구조가 유지될 수 있었다. Sanchez 연구진에서는 삼블록 공중합체 주형과 EISA 방법을 이용하여 촉매 연구에서 매우 중요한 γ-알루미나(γ-Al_2O_3)를 나노결정성(nanocrystalline) 골격을 갖는 메조다공성 박막 구조로 합성하였다. 합성된 메조다공성 알루미나는 900°C까지 매우 높은 열안정성

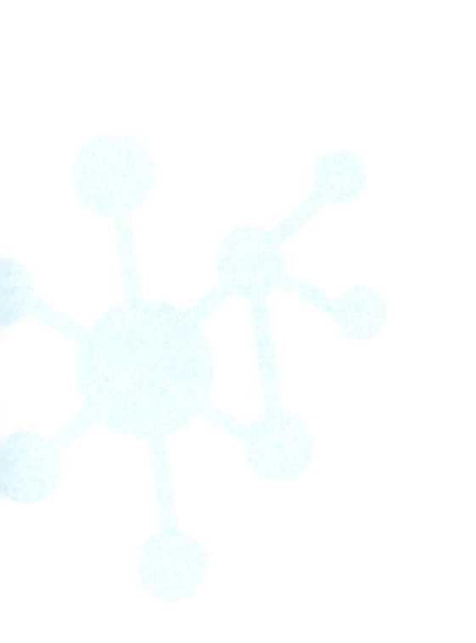

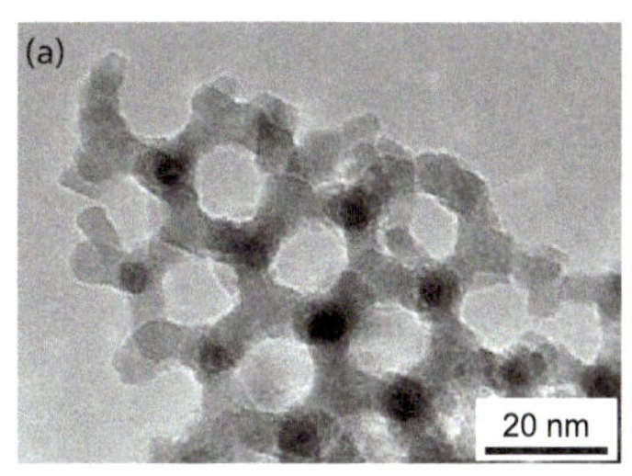

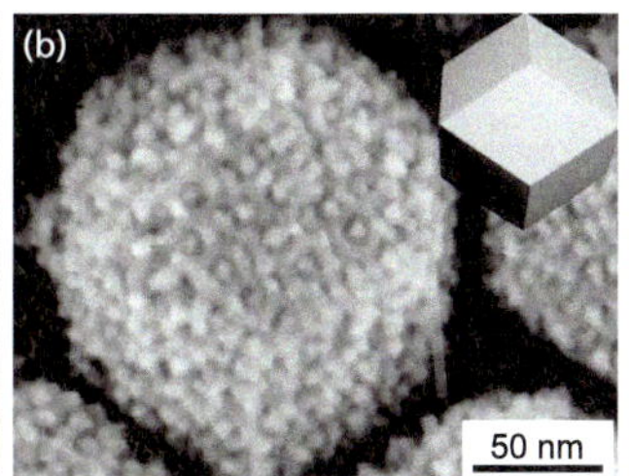

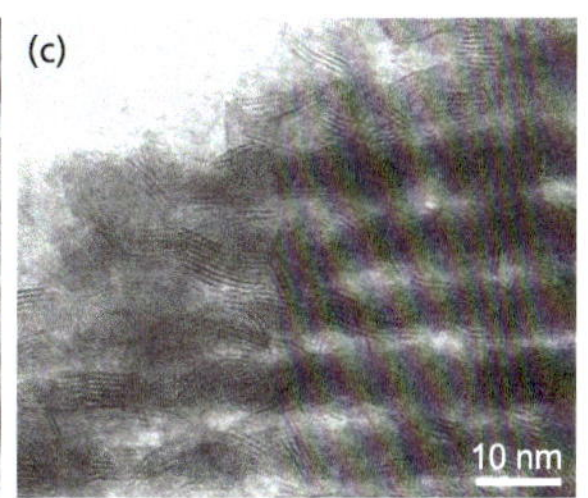

그림 6.28 ▸ 나노캐스팅법으로 합성한 (a) 메조다공성 Co_3O_4, (b) 메조다공성 Pt, (c) 메조다공성 WS_2의 투과 전자 현미경 사진. Reproduced with permission from ACS publications.[118~120]

을 보였다.[123]

나노캐스팅법을 이용할 경우보다 넓은 범위의 메조다공성 금속 산화물을 합성할 수 있었다. 특히, 연성 주형으로 합성하기 힘든 조성의 경우에도 나노캐스팅을 이용하게 되면 안정한 구조로 얻을 수 있게 되었다. 대표적으로, In_2O_3, Co_3O_4, Fe_2O_3, CeO_2, Cr_2O_3, NiO, WO_3 등 다양한 산화수를 가져서 골격 내에서 산화·환원 반응이 쉽게 일어나는 조성에 대해서도 안정한 상으로 메조다공성 구조를 얻을 수 있게 되었다(그림 6.28a).[85,118,124,125] 또한 이 경우 경성 실리카 골격이 매우 안정한 주형으로 작용하기 때문에, 합성 과정에서 500도 높은 온도로 열처리를 하는 것이 가능하여 결정성이 높은 골격을 얻을 수 있다. 또한 주형 물질의 기공 구조에 따라 반전구조(replica)의 기공 연결구조를 손쉽게 조절할 수 있다. 나노캐스팅을 이용하여 금속 산화물을 제조하는 경우, 합성하고자 하는 금속 산화물 조성이 실리카 식각(etching) 시 사용하는 불산이나 NaOH에서의 안정성을 확인하고 합성을 시도해야 한다. 만약 이러한 식각용 용매에 안정성이 떨어지는 경우에는 메조다공성 실리카가 아니라 탄소를 이용하여 금속 산화물을 합성할 수도 있다. 이때는 메조다공성 탄소 골격을 소성 처리를 통해 제거할 수 있다. 나노캐스팅법을 이용하게 되면, 금속 산화물뿐만 아니라 백금, 팔라듐, 금과 같은 금속(그림 6.28b)[86,119] 및 텅스텐 황화물, 몰리브데넘 황화물과 같은 금속 황화물(그림 6.28c)[120] 또한 메조다공성 구조로 합성할 수 있다.

메조다공성 탄소는 1999년 유룡 연구진에 의해 최초로 합성되었다.[87,88,96~98,126~132] 탄소 전구체인 수크로스(sucrose)를 삼차원 기공 연결구조를 지닌 MCM-48 주형의 기공을 완전히 채우도록 함침한 후, 900°C에서 질소 또는 진공 분위기에서 열처리하여 탄소 구조가 형성되도록 하였다. 최종적으로 불산이나 NaOH로 MCM-48 주형을 제거하여 CMK-1으로 명명된 탄소 구조를 합성하였다(그림 6.29a, b).[96] CMK-1의 구조 분석을 통해 CMK-1은 균일한 기공이 규칙적으로 연결되어 있는 메조다공성 구조임을 확인할 수 있다. 흥미롭게도, CMK-1은 합성하는 과정에서 MCM-48보다 대칭성이 떨어지는 구조로 변형이 일어난 구조를 보였다. 유룡 연구진에서는 SBA-15 실리카를 주형으로 사용하여 CMK-3를 합성하였다.[97] CMK-3는 SBA-15와 동일한 육방형 *p6mm* 구조를 지녀서 주형의 대칭성을 그대로 유지한 최초의 메조다공성 탄소 물질이다. 메조다공성 탄소는 사용하는 주형의 기공 연결구조와 기공 크기에 따라 다양한 기공 구조와 골격 두께를 갖도록 합성할 수 있다. 전구체로는 열처리 이후에 탄소를 형성할 수 있는 다양한 단분자 또는 고분자 등이 사용될 수 있다. Sucrose, fufuryl alcohol, phenol-formaldehyde resin, acenaphthene, polydivnylbenzene, acetylene, acrilonitrole, pyrrole 등 다양한 전구체들이 메조다공성 탄소를 합성하기 위해 사용되었다.

탄소를 합성하기 위해 전구체를 기공 내부에 채우는 정도를 조정하여 기공 내부에 탄소 구조를 막대형(rod-type) 또는 튜브형(tube-type)으로 선택적으로 합성할 수도 있다. CMK-1과 CMK-3의 경우 모두 주형의 기공 내에 탄소 구조를 막대형으로 채운 형태로 합성되었다. SBA-15와 같이 큰 기공을 가진 메조다공성 실리카 주형의 기공 벽 주변에만 선

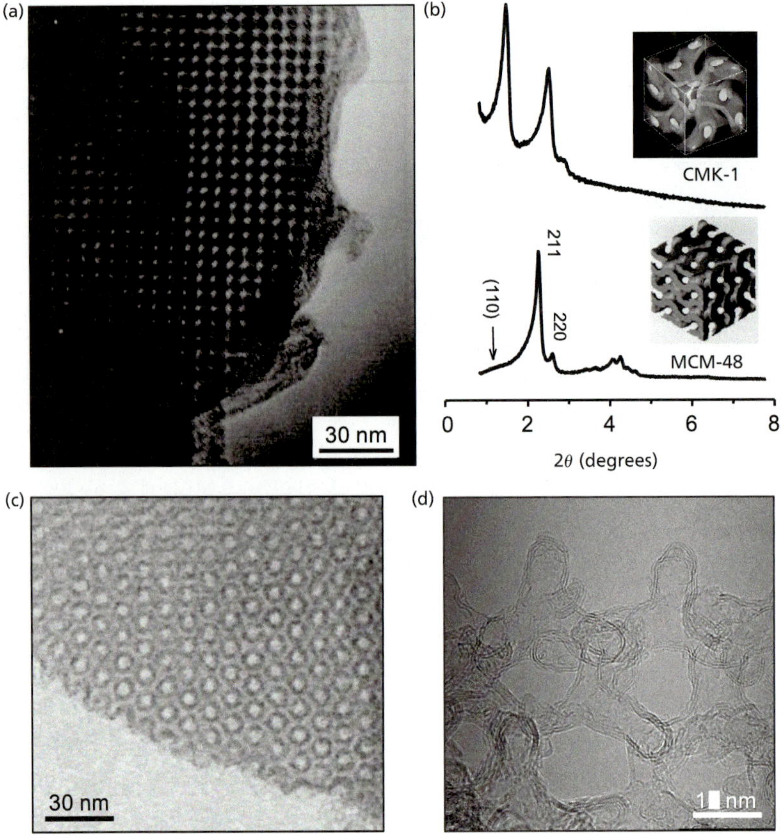

그림 6.29 ▶ 메조다공성 탄소 CMK-1의 (a) 투과 전자 현미경 사진과 (b) X-선 회절 형태. (c) 메조다공성 탄소 CMK-5의 투과 전자 현미경 사진. (d) 튜브형 기공과 그래핀 골격을 지닌 메조다공성 탄소의 투과 전자 현미경 사진. Reproduced with permission from ACS publications, Springer Nature, and John Wiley & Sons.[96,98,129]

택적으로 탄소 구조를 형성시키고, 실리카를 제거하면 CMK-5로 명명된 나노튜브 형태의 탄소 구조가 3차원으로 연결된 탄소가 합성된다(그림 6.29c).[98] CMK-5 탄소는 넓은 기공 구조로 인해 2000 $m^2\ g^{-1}$이 넘는 넓은 표면적과 2 $cm^3\ g^{-1}$이 넘는 큰 기공 부피를 지녔다.

메조다공성 탄소는 매우 넓은 표면적과 기공 부피, 규칙적으로 연결된 메조기공을 지니고 있어, 기존 활성탄이나 카본 블랙 등의 상용 탄소 소재보다 우수한 특성을 보일 것으로 기대되었고, 흡착이나 촉매 응용에 있어 높은 활성을 증명하기도 하였다. 그러나 대부분의 메조다공성 탄소는 무정형의 탄소 골격으로 이루어져 있어 전도성의 한계가 있었다. 유룡 연구진에서는 phenanthrene이나 acenaphthene과 같은 방향성 분자를 전구체로 이용하고 고압 조건에서 탄소 구조를 메조다공성 실리카 기공 내에 형성하여 CMK-*n*G로 명명된 흑연화된 골격 구조를 갖는 일련의 메조다공성 탄소를 합성하였다.[128] CMK-*n*G 탄소는 높은 흑연화도로 인해 기존에 메조다공성 탄소에 비해 크게 향상된 전기전도도를 보였지만, 반대로 표면적은 300 m^2/g 정도로 크게 낮아졌다. 이후, 주상훈 연구진에서는 메조다공성 실리카 내에 그래핀과 같은 탄소 골격이 튜브 형태로 합성된 메조다공성 탄소를 합성하는 데 성공하였다(그림 6.29d).[129] 메조다공성 실리카 내에서 메탄 가스를 전구체로 이용하여 몰리브데넘 탄화물(molybdenum carbide)을 합성하게 되면, 몰리브데넘 탄화물 표면에 흑연화된 그래핀과 같은 탄소층이 형성된다. 이러한 복합체에서, 실리카 외부 주형과 몰리브데넘 탄화물 내부 주형을 차례로 제거하게 되면 튜브 형태의 그래핀 골격 메조다공성 탄소가 합성된다.

메조다공성 탄소는 연성 주형을 사용해서는 합성이 힘들었지만, 삼블록 공중합체를 주형으로 사용하고 resorcinol이나 phenol-formaldehyde 수지를 탄소 전구체로 사용하여 졸-겔 합성 조건에서 안정한 메조다공성 구조를 합성할 수 있었다.[130~132]

참고 문헌

1. J. Rouquerol, D. Avnir, C. W. Fairbridge, D. H. Everett, *et al.*, Recommendations for the characterization of porous solids (Technical Report), *Pure Appl. Chem.*, 1994, 66 (8), 1739-1758.
2. G. Q. Lu and X. S. Zhao, *Nanoporous materials : science and engineering*, London: Imperial College Press, 2004.
3. P. Klobes, K. Meyer, and R. G. Munro, *Porosity and Specific Surface Area Measurements for Solid Materials*, U.S. Government Printing Office: Washington, 2006.
4. K. S. W. Sing, Reporting physisorption data for gas/solid systems with special reference to the determination of surface area and porosity (Recommendations 1984), *Pure Appl. Chem.*, 1985, 57 (4), 603-619.
5. P. A. Webb and C. Orr, *Analytical Methods in Fine Particle Technology*, Micromeritics Instrument Corporation: Norcross, 1997.
6. Z. Wang, X. Jiang, M. Pan, and Y. Shi, Nano-Scale Pore Structure and Its Multi-Fractal Characteristics of Tight Sandstone by N_2 Adsorption/Desorption Analyses: A Case Study of Shihezi Formation from the Sulige Gas Filed, Ordos Basin, China, *Minerals*, 2020, 10 (4), 377.
7. A. Dyer, *An Introduction to Zeolite Molecular Sieves*, John Wiley & Sons, 1988.
8. M. E. Davis, Ordered porous materials for emerging applications, *Nature*, 2002, 417 (6891), 813-821.
9. C. S. Cundy and P. A. Cox, The Hydrothermal Synthesis of Zeolites: History and Development from the Earliest Days to the Present Time, *Chem. Rev.*, 2003, 103 (3), 663-702.
10. C. S. Cundy and P. A. Cox, The hydrothermal synthesis of zeolites: Precursors, intermediates and reaction mechanism, *Microporous Mesoporous Mater.*, 2005, 82 (1), 1-78.
11. R. M. Barrer, 435. Syntheses and reactions of mordenite, *J. Chem. Soc.*, 1948, (0), 2158-2163.
12. T. R. Gaffney, Porous solids for air separation, *Curr. Opin. Solid State Mater. Sci.*, 1996, 1 (1), 69-75.
13. W. Schmidt, Application of Microporous Materials as Ion-Exchangers In *Handbook of Porous Solids*, 2002, 1058-1097.
14. A. Dyer, Chapter 16 - Ion-Exchange Properties of Zeolites and Related Materials In *Stud. Surf. Sci. Catal.*, Elsevier, 2007, 525-553.
15. A. Primo and H. Garcia, Zeolites as catalysts in oil refining, *Chem. Soc. Rev.*, 2014, 43 (22), 7548-7561.
16. S. R. Batten, N. R. Champness, X.-M. Chen, J. Garcia-Martinez, et al., Terminology of metal–organic frameworks and coordination polymers (IUPAC Recommendations 2013), *Pure Appl. Chem.*, 2013, 85 (8), 1715-1724.
17. B. F. Hoskins and R. Robson, Infinite polymeric frameworks consisting of three dimensionally linked rod-like segments, *J. Am. Chem. Soc.*, 1989, 111 (15), 5962-5964.
18. O. M. Yaghi and H. Li, Hydrothermal Synthesis of a Metal–Organic Framework Containing Large Rectangular Channels, *J. Am. Chem. Soc.*, 1995, 117 (41), 10401-10402.
19. H. Li, M. Eddaoudi, T. L. Groy, and O. M. Yaghi, Establishing Microporosity in Open Metal−Organic Frameworks: Gas Sorption Isotherms for Zn(BDC) (BDC = 1,4-Benzenedicarboxylate), *J. Am. Chem. Soc.*, 1998, 120 (33), 8571-8572.
20. H. Li, M. Eddaoudi, M. O'Keeffe, and O. M. Yaghi, Design and synthesis of an exceptionally stable and highly porous metal–organic framework, *Nature*, 1999, 402 (6759), 276-279.
21. E. V. Perez, C. Karunaweera, I. H. Musselman, K. J. Balkus, *et al.*, Origins and Evolution of Inorganic-Based and MOF-Based Mixed-Matrix Membranes for Gas Separations, *Processes*, 2016, 4 (3).
22. J. Kalmutzki Markus, N. Hanikel, and O. M. Yaghi, Secondary building units as the turning point in the development of the reticular chemistry of MOFs, *Sci. Adv.*, 2018, 4 (10), eaat9180.
23. M. Eddaoudi, J. Kim, N. Rosi, D. Vodak, et al., Systematic Design of Pore Size and Functionality in Isoreticular MOFs and Their Application in Methane Storage, *Science*, 2002, 295 (5554), 469-472.
24. G. Férey, Structural flexibility in crystallized matter: from history to applications, *Dalton Trans.*, 2016, 45 (10), 4073-4089.
25. S. S. Y. Chui, S. M. F. Lo, J. P. H. Charmant, A. G. Orpen, *et al.*, A Chemically Functionalizable Nanoporous Material $[Cu_3(TMA)_2(H_2O)_3]_n$, *Science*, 1999, 283 (5405), 1148.
26. K. S. Park, Z. Ni, A. P. Côté, J. Y. Choi, et al., Exceptional chemical and thermal stability of zeolitic imidazolate frameworks, *Proc. Natl. Acad. Sci. U.S.A.*, 2006, 103 (27), 10186-10191.
27. J. H. Cavka, S. Jakobsen, U. Olsbye, N. Guillou, *et al.*, A New Zirconium Inorganic Building Brick Forming Metal Organic Frameworks with Exceptional Stability, *J. Am. Chem. Soc.*, 2008, 130 (42), 13850-13851.
28. D. Feng, W.-C. Chung, Z. Wei, Z.-Y. Gu, *et al.*, Construction of Ultrastable Porphyrin Zr Metal–Organic Frameworks through Linker Elimination, *J. Am. Chem. Soc.*, 2013, 135 (45), 17105-17110.
29. W. Xue, Z. Zhang, H. Huang, C. Zhong, *et al.*, Theoretical Insights into the Initial Hydrolytic Breakdown of HKUST-1, *J. Phys. Chem. C*, 2020, 124 (3), 1991-2001.
30. L. Feng, Y. Wang, S. Yuan, K.-Y. Wang, *et al.*, Porphyrinic

Metal–Organic Frameworks Installed with Brønsted Acid Sites for Efficient Tandem Semisynthesis of Artemisinin, *ACS Catal.*, 2019, 9 (6), 5111-5118.

31. G. Ortiz, H. Nouali, C. Marichal, G. Chaplais, *et al.*, Versatile Energetic Behavior of ZIF-8 upon High Pressure Intrusion–Extrusion of Aqueous Electrolyte Solutions, *J. Phys. Chem. C*, 2014, 118 (14), 7321-7328.

32. S. Bourrelly, B. Moulin, A. Rivera, G. Maurin, *et al.*, Explanation of the Adsorption of Polar Vapors in the Highly Flexible Metal Organic Framework MIL-53(Cr), *J. Am. Chem. Soc.*, 2010, 132 (27), 9488-9498.

33. Y. Fan, Z. Niu, F. Zhang, R. Zhang, *et al.*, Suppressing the Shuttle Effect in Lithium–Sulfur Batteries by a UiO-66-Modified Polypropylene Separator, *ACS Omega*, 2019, 4 (6), 10328-10335.

34. D. Dybtsev, C. Serre, B. Schmitz, B. Panella, *et al.*, Influence of $[Mo_6Br_8F_6]^{2-}$ Cluster Unit Inclusion within the Mesoporous Solid MIL-101 on Hydrogen Storage Performance, *Langmuir*, 2010, 26 (13), 11283-11290.

35. B. Yuan, D. Ma, X. Wang, Z. Li, *et al.*, A microporous, moisture-stable, and amine-functionalized metal–organic framework for highly selective separation of CO_2 from CH_4, *Chem. Commun.*, 2012, 48 (8), 1135-1137.

36. Y. Fu, D. Sun, Y. Chen, R. Huang, *et al.*, An Amine-Functionalized Titanium Metal–Organic Framework Photocatalyst with Visible-Light-Induced Activity for CO_2 Reduction, *Angew. Chem., Int. Ed.*, 2012, 51 (14), 3364-3367.

37. H. Fei and S. M. Cohen, A robust, catalytic metal–organic framework with open 2,2′-bipyridine sites, *Chem. Commun.*, 2014, 50 (37), 4810-4812.

38. C. Wang, Z. Xie, K. E. deKrafft, and W. Lin, Doping Metal–Organic Frameworks for Water Oxidation, Carbon Dioxide Reduction, and Organic Photocatalysis, *J. Am. Chem. Soc.*, 2011, 133 (34), 13445-13454.

39. J. Ha, J. H. Lee, and H. R. Moon, Alterations to secondary building units of metal–organic frameworks for the development of new functions, *Inorg. Chen. Front.*, 2020, 7 (1), 12-27.

40. M. Kim, J. F. Cahill, H. Fei, K. A. Prather, *et al.*, Postsynthetic Ligand and Cation Exchange in Robust Metal–Organic Frameworks, *J. Am. Chem. Soc.*, 2012, 134 (43), 18082-18088.

41. T. M. McDonald, W. R. Lee, J. A. Mason, B. M. Wiers, *et al.*, Capture of Carbon Dioxide from Air and Flue Gas in the Alkylamine-Appended Metal–Organic Framework mmen-Mg_2(dobpdc), *J. Am. Chem. Soc.*, 2012, 134 (16), 7056-7065.

42. J. W. Yoon, Y.-K. Seo, Y. K. Hwang, J.-S. Chang, *et al.*, Controlled Reducibility of a Metal–Organic Framework with Coordinatively Unsaturated Sites for Preferential Gas Sorption, *Angew. Chem., Int. Ed.*, 2010, 49 (34), 5949-5952.

43. F. Vermoortele, R. Ameloot, L. Alaerts, R. Matthessen, *et al.*, Tuning the catalytic performance of metal–organic frameworks in fine chemistry by active site engineering, *J. Mater. Chem.*, 2012, 22 (20), 10313-10321.

44. S. Jeoung, S. Kim, M. Kim, and H. R. Moon, Pore engineering of metal–organic frameworks with coordinating functionalities, *Coord. Chem. Rev.*, 2020, 420, 213377.

45. C. R. Groom, I. J. Bruno, M. P. Lightfoot, and S. C. Ward, The Cambridge structural database, *Acta Crystallogr. Sect. B: Struct. Sci.*, 2016, 72 (2), 171-179.

46. C. Altintas, O. F. Altundal, S. Keskin, and R. Yildirim, Machine Learning Meets with Metal Organic Frameworks for Gas Storage and Separation, *J. Chem. Inf. Model.*, 2021, 61 (5), 2131-2146.

47. B. Li, H.-M. Wen, Y. Cui, W. Zhou, *et al.*, Emerging Multifunctional Metal–Organic Framework Materials, *Adv. Mater.*, 2016, 28 (40), 8819-8860.

48. N. L. Rosi, J. Eckert, M. Eddaoudi, D. T. Vodak, *et al.*, Hydrogen Storage in Microporous Metal-Organic Frameworks, *Science*, 2003, 300 (5622), 1127.

49. DOE Technical Targets for Onboard Hydrogen Storage for Light-Duty Vehicles, https://www.energy.gov/eere/fuelcells/doe-technical-targets-onboard-hydrogen-storage-light-duty-vehicles/, (accessed 2021-05-31, 2021).

50. Z. Chen, P. Li, R. Anderson, X. Wang, *et al.*, Balancing volumetric and gravimetric uptake in highly porous materials for clean energy, *Science*, 2020, 368 (6488), 297.

51. M. P. Suh, H. J. Park, T. K. Prasad, and D.-W. Lim, Hydrogen Storage in Metal–Organic Frameworks, *Chem. Rev.*, 2012, 112 (2), 782-835.

52. S. K. Bhatia and A. L. Myers, Optimum Conditions for Adsorptive Storage, *Langmuir*, 2006, 22 (4), 1688-1700.

53. Y. Peng, V. Krungleviciute, I. Eryazici, J. T. Hupp, *et al.*, Methane Storage in Metal–Organic Frameworks: Current Records, Surprise Findings, and Challenges, *J. Am. Chem. Soc.*, 2013, 135 (32), 11887-11894.

54. B. Li, H.-M. Wen, H. Wang, H. Wu, *et al.*, Porous metal–organic frameworks with Lewis basic nitrogen sites for high-capacity methane storage, *Energy Environ. Sci.*, 2015, 8 (8), 2504-2511.

55. Y. Peng, G. Srinivas, C. E. Wilmer, I. Eryazici, *et al.*, Simultaneously high gravimetric and volumetric methane uptake characteristics of the metal–organic framework NU-111, *Chem. Commun.*, 2013, 49 (29), 2992-2994.

56. S. Mukherjee, A. V. Desai, and S. K. Ghosh, Potential of metal–organic frameworks for adsorptive separation of industrially and environmentally relevant liquid mixtures, *Coord. Chem. Rev.*, 2018, 367, 82-126.

57. J. H. Lee, S. Jeoung, Y. G. Chung, and H. R. Moon, Elucidation of flexible metal–organic frameworks: Research progresses and recent developments, *Coord. Chem. Rev.*, 2019,

389, 161-188.

58. J. Y. Kim, H. Oh, and H. R. Moon, Hydrogen Isotope Separation in Confined Nanospaces: Carbons, Zeolites, Metal–Organic Frameworks, and Covalent Organic Frameworks, *Adv. Mater.*, 2019, 31 (20), 1805293.

59. X. Zhao, Y. Wang, D.-S. Li, X. Bu, *et al.*, Metal–Organic Frameworks for Separation, *Adv. Mater.*, 2018, 30 (37), 1705189.

60. P.-Q. Liao, N.-Y. Huang, W.-X. Zhang, J.-P. Zhang, *et al.*, Controlling guest conformation for efficient purification of butadiene, *Science*, 2017, 356 (6343), 1193-1196.

61. S.-m. Hyun, J. H. Lee, G. Y. Jung, Y. K. Kim, *et al.*, Exploration of Gate-Opening and Breathing Phenomena in a Tailored Flexible Metal–Organic Framework, *Inorg. Chem.*, 2016, 55 (4), 1920-1925.

62. H.-Y. Li, S.-N. Zhao, S.-Q. Zang, and J. Li, Functional metal–organic frameworks as effective sensors of gases and volatile compounds, *Chem. Soc. Rev.*, 2020, 49 (17), 6364-6401.

63. L. Sun, M. G. Campbell, and M. Dincă, Electrically Conductive Porous Metal–Organic Frameworks, *Angew. Chem., Int. Ed.*, 2016, 55 (11), 3566-3579.

64. Z. Meng, R. M. Stolz, L. Mendecki, and K. A. Mirica, Electrically-Transduced Chemical Sensors Based on Two-Dimensional Nanomaterials, *Chem. Rev.*, 2019, 119 (1), 478-598.

65. L. E. Kreno, K. Leong, O. K. Farha, M. Allendorf, *et al.*, Metal–Organic Framework Materials as Chemical Sensors, *Chem. Rev.*, 2012, 112 (2), 1105-1125.

66. W. P. Lustig, S. Mukherjee, N. D. Rudd, A. V. Desai, *et al.*, Metal–organic frameworks: functional luminescent and photonic materials for sensing applications, *Chem. Soc. Rev.*, 2017, 46 (11), 3242-3285.

67. T. K. Kim, J. H. Lee, D. Moon, and H. R. Moon, Luminescent Li-Based Metal–Organic Framework Tailored for the Selective Detection of Explosive Nitroaromatic Compounds: Direct Observation of Interaction Sites, *Inorg. Chem.*, 2013, 52 (2), 589-595.

68. W. Cho, H. J. Lee, G. Choi, S. Choi, *et al.*, Dual Changes in Conformation and Optical Properties of Fluorophores within a Metal–Organic Framework during Framework Construction and Associated Sensing Event, *J. Am. Chem. Soc.*, 2014, 136 (35), 12201-12204.

69. K. Schlichte, T. Kratzke, and S. Kaskel, Improved synthesis, thermal stability and catalytic properties of the metal–organic framework compound $Cu_3(BTC)_2$, *Microporous Mesoporous Mater.*, 2004, 73 (1), 81-88.

70. M. H. Beyzavi, R. C. Klet, S. Tussupbayev, J. Borycz, *et al.*, A Hafnium-Based Metal–Organic Framework as an Efficient and Multifunctional Catalyst for Facile CO_2 Fixation and Regioselective and Enantioretentive Epoxide Activation, *J. Am. Chem. Soc.*, 2014, 136 (45), 15861-15864.

71. J. E. Mondloch, M. J. Katz, W. C. Isley Iii, P. Ghosh, *et al.*, Destruction of chemical warfare agents using metal–organic frameworks, *Nat. Mater.*, 2015, 14 (5), 512-516.

72. Y.-S. Wei, M. Zhang, R. Zou, and Q. Xu, Metal–Organic Framework-Based Catalysts with Single Metal Sites, *Chem. Rev.*, 2020, 120 (21), 12089-12174.

73. L. Li, R. Matsuda, I. Tanaka, H. Sato, *et al.*, A Crystalline Porous Coordination Polymer Decorated with Nitroxyl Radicals Catalyzes Aerobic Oxidation of Alcohols, *J. Am. Chem. Soc.*, 2014, 136 (21), 7543-7546.

74. J. S. Seo, D. Whang, H. Lee, S. I. Jun, *et al.*, A homochiral metal–organic porous material for enantioselective separation and catalysis, *Nature*, 2000, 404 (6781), 982-986.

75. C. M. McGuirk, M. J. Katz, C. L. Stern, A. A. Sarjeant, *et al.*, Turning On Catalysis: Incorporation of a Hydrogen-Bond-Donating Squaramide Moiety into a Zr Metal–Organic Framework, *J. Am. Chem. Soc.*, 2015, 137 (2), 919-925.

76. C. T. Kresge, M. E. Leonowicz, W. J. Roth, J. C. Vartuli, *et al.*, Ordered mesoporous molecular sieves synthesized by a liquid-crystal template mechanism, *Nature*, 1992, 359 (6397), 710-712.

77. T. Yanagisawa, T. Shimizu, K. Kuroda, and C. Kato, The Preparation of Alkyltrimethylammonium–;Kanemite Complexes and Their Conversion to Microporous Materials, *Bull. Chem. Soc. Jpn.*, 1990, 63 (4), 988-992.

78. M. Kruk, M. Jaroniec, Y. Sakamoto, O. Terasaki, *et al.*, Determination of Pore Size and Pore Wall Structure of MCM 41 by Using Nitrogen Adsorption, Transmission Electron Microscopy, and X-ray Diffraction, *J. Phys. Chem. B*, 2000, 104 (2), 292-301.

79. A. Corma, From Microporous to Mesoporous Molecular Sieve Materials and Their Use in Catalysis, *Chem. Rev.*, 1997, 97 (6), 2373-2420.

80. G. J. d. A. A. Soler-Illia, C. Sanchez, B. Lebeau, and J. Patarin, Chemical Strategies To Design Textured Materials: from Microporous and Mesoporous Oxides to Nanonetworks and Hierarchical Structures, *Chem. Rev.*, 2002, 102 (11), 4093-4138.

81. Y. Wan and D. Zhao, On the Controllable Soft-Templating Approach to Mesoporous Silicates, *Chem. Rev.*, 2007, 107 (7), 2821-2860.

82. C. T. Kresge and W. J. Roth, The discovery of mesoporous molecular sieves from the twenty year perspective, *Chem. Soc. Rev.*, 2013, 42 (9), 3663-3670.

83. F. Hoffmann, M. Cornelius, J. Morell, and M. Fröba, Silica-Based Mesoporous Organic–Inorganic Hybrid Materials, *Angew. Chem., Int. Ed.*, 2006, 45 (20), 3216-3251.

84. J. Y. Ying, C. P. Mehnert, and M. S. Wong, Synthesis and Applications of Supramolecular-Templated Mesoporous

Materials, *Angew. Chem., Int. Ed.*, 1999, 38 (1-2), 56-77.

85. D. Gu and F. Schüth, Synthesis of non-siliceous mesoporous oxides, *Chem. Soc. Rev.*, 2014, 43 (1), 313-344.

86. V. Malgras, H. Ataee-Esfahani, H. Wang, B. Jiang, *et al.*, Nanoarchitectures for Mesoporous Metals, *Adv. Mater.*, 2016, 28 (6), 993-1010.

87. R. Ryoo, S. H. Joo, M. Kruk, and M. Jaroniec, Ordered Mesoporous Carbons, *Adv. Mater.*, 2001, 13 (9), 677-681.

88. J. Lee, J. Kim, and T. Hyeon, Recent Progress in the Synthesis of Porous Carbon Materials, *Adv. Mater.*, 2006, 18 (16), 2073-2094.

89. J. S. Beck, J. C. Vartuli, W. J. Roth, M. E. Leonowicz, *et al.*, A new family of mesoporous molecular sieves prepared with liquid crystal templates, *J. Am. Chem. Soc.*, 1992, 114 (27), 10834-10843.

90. A. Monnier, F. Schüth, Q. Huo, D. Kumar, *et al.*, Cooperative Formation of Inorganic-Organic Interfaces in the Synthesis of Silicate Mesostructures, *Science*, 1993, 261 (5126), 1299-1303.

91. A. Firouzi, D. Kumar, L. Bull, T. Besier, *et al.*, Cooperative organization of inorganic-surfactant and biomimetic assemblies, *Science*, 1995, 267 (5201), 1138-1143.

92. P. T. Tanev and T. J. Pinnavaia, A Neutral Templating Route to Mesoporous Molecular Sieves, *Science*, 1995, 267 (5199), 865-867.

93. G. S. Attard, J. C. Glyde, and C. G. Göltner, Liquid-crystalline phases as templates for the synthesis of mesoporous silica, *Nature*, 1995, 378 (6555), 366-368.

94. G. S. Attard, P. N. Bartlett, N. R. B. Coleman, J. M. Elliott, *et al.*, Mesoporous Platinum Films from Lyotropic Liquid Crystalline Phases, *Science*, 1997, 278 (5339), 838-840.

95. Y. Lu, R. Ganguli, C. A. Drewien, M. T. Anderson, *et al.*, Continuous formation of supported cubic and hexagonal mesoporous films by sol-gel dip-coating, *Nature*, 1997, 389 (6649), 364-368.

96. R. Ryoo, S. H. Joo, and S. Jun, Synthesis of Highly Ordered Carbon Molecular Sieves via Template-Mediated Structural Transformation, *J. Phys. Chem. B*, 1999, 103 (37), 7743-7746.

97. S. Jun, S. H. Joo, R. Ryoo, M. Kruk, *et al.*, Synthesis of New, Nanoporous Carbon with Hexagonally Ordered Mesostructure, *J. Am. Chem. Soc.*, 2000, 122 (43), 10712-10713.

98. S. H. Joo, S. J. Choi, I. Oh, J. Kwak, *et al.*, Ordered nanoporous arrays of carbon supporting high dispersions of platinum nanoparticles, *Nature*, 2001, 412 (6843), 169-172.

99. Q. Huo, D. I. Margolese, U. Ciesla, D. G. Demuth, *et al.*, Organization of Organic Molecules with Inorganic Molecular Species into Nanocomposite Biphase Arrays, *Chem. Mater.*, 1994, 6 (8), 1176-1191.

100. S. A. Bagshaw, E. Prouzet, and T. J. Pinnavaia, Templating of Mesoporous Molecular Sieves by Nonionic Polyethylene Oxide Surfactants, *Science*, 1995, 269 (5228), 1242-1244.

101. D. Zhao, J. Feng, Q. Huo, N. Melosh, *et al.*, Triblock Copolymer Syntheses of Mesoporous Silica with Periodic 50 to 300 Angstrom Pores, *Science*, 1998, 279 (5350), 548-552.

102. M. Impéror-Clerc, P. Davidson, and A. Davidson, Existence of a Microporous Corona around the Mesopores of Silica-Based SBA-15 Materials Templated by Triblock Copolymers, *J. Am. Chem. Soc.*, 2000, 122 (48), 11925-11933.

103. R. Ryoo, C. H. Ko, M. Kruk, V. Antochshuk, *et al.*, Block-Copolymer-Templated Ordered Mesoporous Silica: Array of Uniform Mesopores or Mesopore−Micropore Network?, *J. Phys. Chem. B*, 2000, 104 (48), 11465-11471.

104. F. Kleitz, S. Hei Choi, and R. Ryoo, Cubic *Ia3d* large mesoporous silica: synthesis and replication to platinum nanowires, carbon nanorods and carbon nanotubes, *Chem. Commun.*, 2003, (17), 2136-2137.

105. P. Schmidt-Winkel, W. W. Lukens, D. Zhao, P. Yang, *et al.*, Mesocellular Siliceous Foams with Uniformly Sized Cells and Windows, *J. Am. Chem. Soc.*, 1999, 121 (1), 254-255.

106. L.-H. Chen, M.-H. Sun, Z. Wang, W. Yang, *et al.*, Hierarchically Structured Zeolites: From Design to Application, *Chem. Rev.*, 2020, 120 (20), 11194-11294.

107. K. Möller and T. Bein, Mesoporosity − a new dimension for zeolites, *Chem. Soc. Rev.*, 2013, 42 (9), 3689-3707.

108. J. Pérez-Ramírez, C. H. Christensen, K. Egeblad, C. H. Christensen, *et al.*, Hierarchical zeolites: enhanced utilisation of microporous crystals in catalysis by advances in materials design, *Chem. Soc. Rev.*, 2008, 37 (11), 2530-2542.

109. D. P. Serrano, J. M. Escola, and P. Pizarro, Synthesis strategies in the search for hierarchical zeolites, *Chem. Soc. Rev.*, 2013, 42 (9), 4004-4035.

110. M. Choi, H. S. Cho, R. Srivastava, C. Venkatesan, *et al.*, Amphiphilic organosilane-directed synthesis of crystalline zeolite with tunable mesoporosity, *Nat. Mater.*, 2006, 5 (9), 718-723.

111. K. Na, C. Jo, J. Kim, K. Cho, *et al.*, Directing Zeolite Structures into Hierarchically Nanoporous Architectures, *Science*, 2011, 333 (6040), 328-332.

112. M. Choi, K. Na, J. Kim, Y. Sakamoto, *et al.*, Stable single-unit-cell nanosheets of zeolite MFI as active and long-lived catalysts, *Nature*, 2009, 461 (7261), 246-249.

113. P. Kumar, K. V. Agrawal, M. Tsapatsis, and K. A. Mkhoyan, Quantification of thickness and wrinkling of exfoliated two-dimensional zeolite nanosheets, *Nat. Commun.*, 2015, 6 (1), 7128.

114. S. Inagaki, S. Guan, Y. Fukushima, T. Ohsuna, *et al.*, Novel Mesoporous Materials with a Uniform Distribution of Organic Groups and Inorganic Oxide in Their Frameworks, *J. Am. Chem. Soc.*, 1999, 121 (41), 9611-9614.

115. B. J. Melde, B. T. Holland, C. F. Blanford, and A. Stein,

Mesoporous Sieves with Unified Hybrid Inorganic/Organic Frameworks, *Chem. Mater.*, 1999, 11 (11), 3302-3308.

116. T. Asefa, M. J. MacLachlan, N. Coombs, and G. A. Ozin, Periodic mesoporous organosilicas with organic groups inside the channel walls, *Nature*, 1999, 402 (6764), 867-871.

117. S. Inagaki, S. Guan, T. Ohsuna, and O. Terasaki, An ordered mesoporous organosilica hybrid material with a crystal-like wall structure, *Nature*, 2002, 416 (6878), 304-307.

118. A. Rumplecker, F. Kleitz, E.-L. Salabas, and F. Schüth, Hard Templating Pathways for the Synthesis of Nanostructured Porous Co_3O_4, *Chem. Mater.*, 2007, 19 (3), 485-496.

119. H. Wang, H. Y. Jeong, M. Imura, L. Wang, *et al.*, Shape-and Size-Controlled Synthesis in Hard Templates: Sophisticated Chemical Reduction for Mesoporous Monocrystalline Platinum Nanoparticles, *J. Am. Chem. Soc.*, 2011, 133 (37), 14526-14529.

120. Y. Shi, Y. Wan, R. Liu, B. Tu, *et al.*, Synthesis of Highly Ordered Mesoporous Crystalline WS_2 and MoS_2 via a High-Temperature Reductive Sulfuration Route, *J. Am. Chem. Soc.*, 2007, 129 (30), 9522-9531.

121. D. M. Antonelli and J. Y. Ying, Synthesis of Hexagonally Packed Mesoporous TiO_2 by a Modified Sol–Gel Method, *Angew. Chem., Int. Ed.*, 1995, 34 (18), 2014-2017.

122. P. Yang, D. Zhao, D. I. Margolese, B. F. Chmelka, *et al.*, Generalized syntheses of large-pore mesoporous metal oxides with semicrystalline frameworks, *Nature*, 1998, 396 (6707), 152-155.

123. M. Kuemmel, D. Grosso, C. Boissière, B. Smarsly, et al., Thermally Stable Nanocrystalline γ-Alumina Layers with Highly Ordered 3D Mesoporosity, *Angew. Chem., Int. Ed.*, 2005, 44 (29), 4589-4592.

124. B. Tian, X. Liu, H. Yang, S. Xie, *et al.*, General Synthesis of Ordered Crystallized Metal Oxide Nanoarrays Replicated by Microwave-Digested Mesoporous Silica, *Adv. Mater.*, 2003, 15 (16), 1370-1374.

125. F. Jiao, A. Harrison, J.-C. Jumas, A. V. Chadwick, *et al.*, Ordered Mesoporous Fe_2O_3 with Crystalline Walls, *J. Am. Chem. Soc.*, 2006, 128 (16), 5468-5474.

126. J. Lee, S. Yoon, T. Hyeon, S. M. Oh, *et al.*, Synthesis of a new mesoporous carbon and its application to electrochemical double-layer capacitors, *Chem. Commun.*, 1999, (21), 2177-2178.

127. J. Lee, K. Sohn, and T. Hyeon, Fabrication of Novel Mesocellular Carbon Foams with Uniform Ultralarge Mesopores, *J. Am. Chem. Soc.*, 2001, 123 (21), 5146-5147.

128. T.-W. Kim, I.-S. Park, and R. Ryoo, A Synthetic Route to Ordered Mesoporous Carbon Materials with Graphitic Pore Walls, *Angew. Chem., Int. Ed.*, 2003, 42 (36), 4375-4379.

129. D. S. Baek, K. A. Lee, J. Park, J. H. Kim, *et al.*, Ordered Mesoporous Carbons with Graphitic Tubular Frameworks by Dual Templating for Efficient Electrocatalysis and Energy Storage, *Angew. Chem., Int. Ed.*, 2021, 60 (3), 1441-1449.

130. C. Liang, K. Hong, G. A. Guiochon, J. W. Mays, *et al.*, Synthesis of a Large-Scale Highly Ordered Porous Carbon Film by Self-Assembly of Block Copolymers, *Angew. Chem., Int. Ed.*, 2004, 43 (43), 5785-5789.

131. S. Tanaka, N. Nishiyama, Y. Egashira, and K. Ueyama, Synthesis of ordered mesoporous carbons with channel structure from an organic–organic nanocomposite, *Chem. Commun.*, 2005, DOI: 10.1039/B501259G(16), 2125-2127.

132. F. Zhang, Y. Meng, D. Gu, Yan, *et al.*, A Facile Aqueous Route to Synthesize Highly Ordered Mesoporous Polymers and Carbon Frameworks with $Ia\bar{3}d$ Bicontinuous Cubic Structure, *J. Am. Chem. Soc.*, 2005, 127 (39), 13508-13509.

연습 문제

1. 아래 그림에서 실선은 특정 배위 고분자의 77 K에서 측정한 질소 흡착 등온선이며, 두 점선은 IUPAC 분류에 따른 전형적인 흡착 등온선이다.

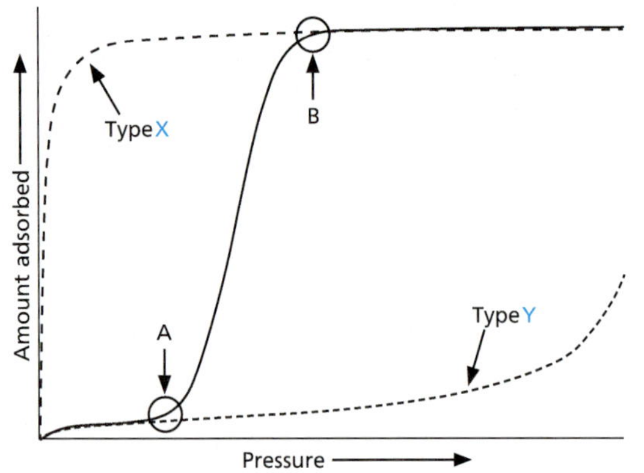

(a) Type X는 흡착 등온선의 여섯 가지 IUPAC 분류 중 무엇에 속하는가? 이 분류에 속하는 나노다공성 소재의 특성을 설명하라.
(b) Type Y는 흡착 등온선의 여섯 가지 IUPAC 분류 중 무엇에 속하는가? 이 분류에 속하는 나노다공성 소재의 특성을 설명하라.
(c) 특정 배위 고분자는 왜 두 가지 종류의 흡착 등온선의 조합으로 나타나는가? A 지점과 B 지점을 언급하여 흡착과정 동안 배위 고분자에서 일어나는 현상을 설명하라.

2. 제올라이트는 산업 촉매, 이온 교환 공정, 분리 기술, 탈수제로 광범위하게 사용되고 있다. 이러한 다양한 용도로 사용될 수 있는 제올라이트의 특성을 기술하라.

3. 제올라이트는 Si/Al 비율을 증가시키면서 합성되어 왔다. 그 비율이 약 15:1까지 증가함에 따라 촉매 성능도 증가한다고 밝혀졌다. 이러한 거동의 이유를 설명하라.

4. 금속–유기 골격체는 이산화탄소의 흡착제로서 활발히 연구되어 왔다. 다른 기체 대비 이산화탄소에 대한 선택성은 이산화탄소의 흡착 용량과 함께 흡착제 개발에 매우 중요한 요소이다. 금속–유기 골격체의 이산화탄소에 대한 선택적 흡착의 메커니즘들을 설명하고, 이에 기반한 우수한 성능의 금속-유기 골격체의 디자인 방향을 제안하라.

5. 구조규칙성 메조다공성 물질의 합성 시, 최종 생성물의 특성을 조절하기 위해 보조 계면활성제, 공용매, swelling agent와 같은 물질들을 첨가한다. 각 물질의 역할을 설명하고 대표적인 예들을 제시하라.

6. 정렬된 메조다공성 전이금속 산화물은 메조다공성 실리카에 비해 일반적으로 합성하기 더 어렵다. 메조기공이 잘 발달된 구조의 전이금속 산화물을 합성하기 위해 극복해야 할 문제를 기술하라.

7. 아래 제시된 조성으로 메조다공성 물질을 합성하기 위해 선호되는 경질 주형(메조기공 실리카 또는 탄소)의 종류를 기술하라.

(a) Mn_2O_3
(b) Al_2O_3
(c) CdS
(d) WO_3
(e) ZnO
(f) BN
(g) CaO
(h) SiC
(i) CeO_2

제7장 자기조립 단분자막과 나노 표면화학 및 분자전자학

Self-assembled Monolayers for Surface Nanochemistry and Molecular Electronics

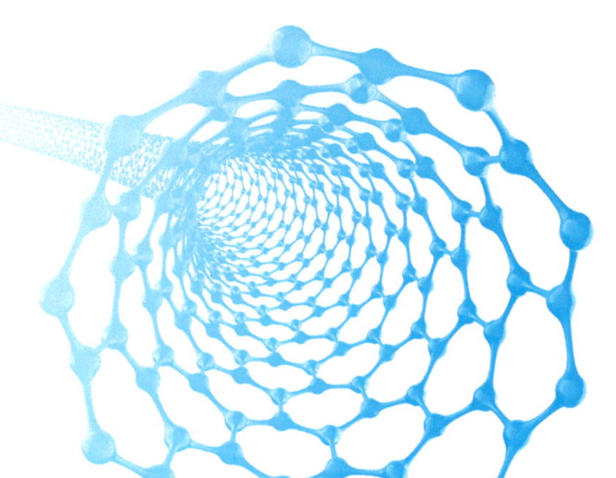

박소현 · 윤효재

7.1 자기조립 단분자막(Self-Assembled Monolayer, SAM)

7.1.1 SAM이란?

분자 간의 정전기적 인력, van der Waals 힘과 같은 상호작용을 제어하면 분자의 자기 조립(self-assembly)이 가능하다. 자연은 분자들의 자기조립 결과물로 구성되어 있다. 따라서 분자의 자기 조립 현상은 인류의 진화를 연구함에 있어 큰 부분을 차지한다. DNA의 이중나선 구조, polypeptide의 접힘(folding)으로 형성되는 단백질에서부터 세포, 조직, 기관에 이르는 생체 시스템들 모두가 자기 조립을 통해 형성된 고도의 자기 조립체이다(그림 7.1).[1] 따라서 분자들 간의 자기 조립 현상을 연구하고 그 메커니즘을 확립하는 것은 인류의 근원에 대한 화학적 해답을 찾는 데 기여할 수 있다.

자기 조립은 현대 나노 과학의 발전에 중요한 자리를 차지하였다. 현대 나노 과학에서 자기 조립은 기존의 기술적 한계로 접근할 수 없었던 나노미터 크기의 소재를 상향식(bottom-up) 방식으로 합성하고 원자 수준에서 물성을 제어하는 데 큰 역할을 한다. 단분자로 이루어진 극도로 얇은 유기 단분자 박막 역시 자기 조립 방식으로 합성할 수 있고 이를 자기조립 단분자막(Self-Assembled Monolayer, SAM)이라 한다. SAM은 주어진 기판(substrate) 표면과 분자가 자발적으로 결합을 형성하고 그 과정 속에서 규칙적인 배열로 분자들이 자기 조립을 하여 형성되는 단분자 두께의, 즉 수 나노미터 두께의 유기 박막이다.

그림 7.2와 같이 SAM은 세 부분으로 이루어져 있다. 기판과 결합하는 머리/고정기(head/anchoring group), 규칙적인 분자막 형성을 가능하게 하는 사슬 뼈대(backbone), 그리고 분자막의 표면화학적 기능을 결정하는 꼬리/말단기(tail/terminal group)로 나누어진다. 고정기를 통해 분자는 표면에 흡착할 수 있고 분자 간 초분자적 상호 작용을 통해 고밀도의 단분자막이 형성된다. 가장 간단한 사슬 뼈대로는 알킬(alkyl) 및 페닐(phenyl)기가 있고 각각 van der Waals 힘과 π-π 쌓임 힘을 통해 상호 작용하고 분자가 기판 표면 기준 수직으로 정렬한다.

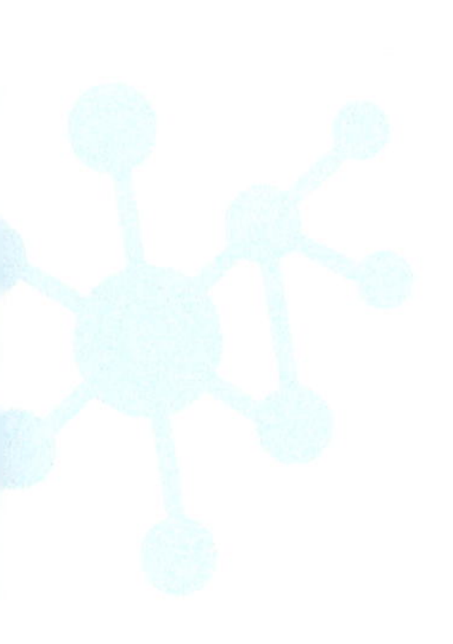

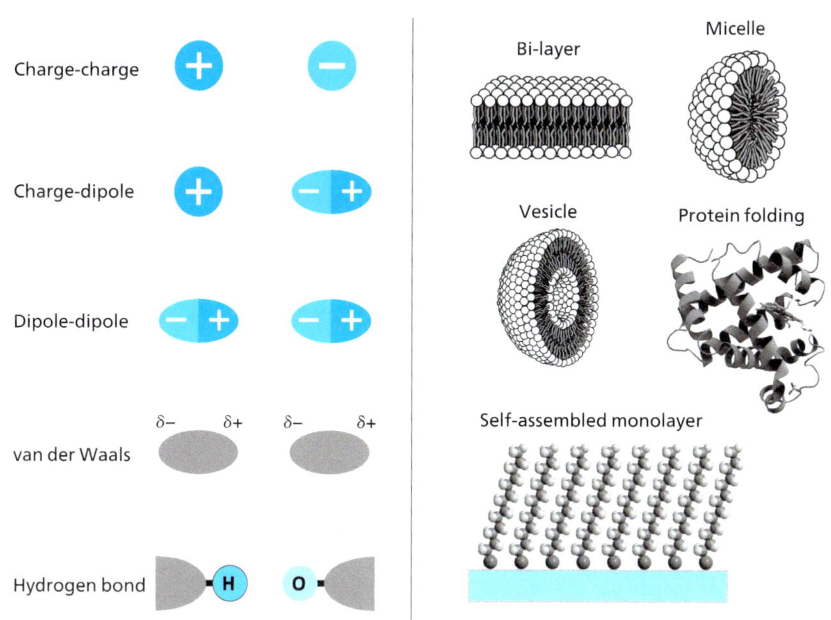

그림 7.1 ▸ 자기조립을 기반으로 하는 비공유결합 상호작용 및 자연적으로 발생하는 계층 구조체들의 예.

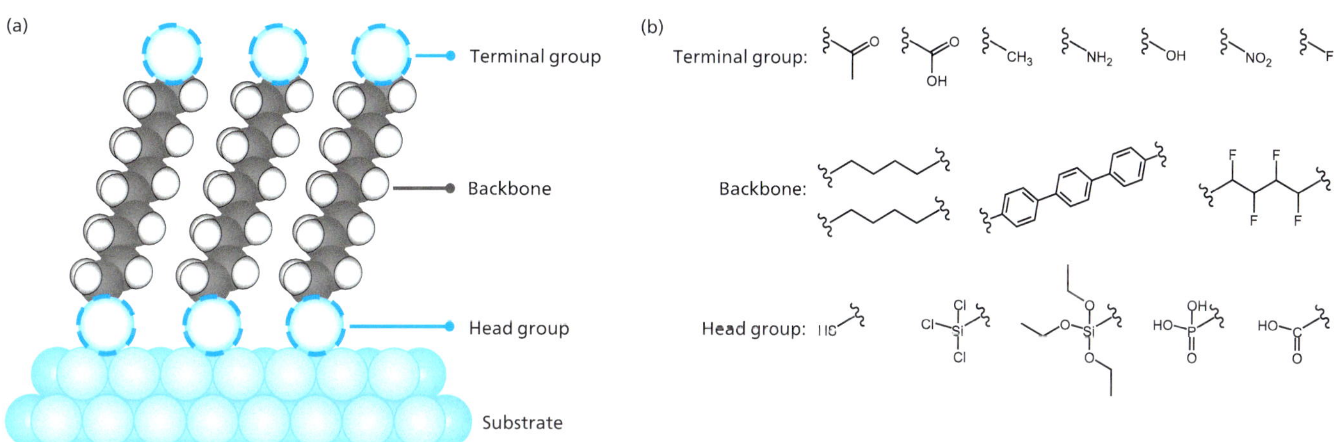

그림 7.2 ▸ 전형적인 알킬 사슬을 뼈대로 가지는 자기조립 분자 구조의 개요도와 SAM을 구성하는 세 부분(terminal, backbone, head group)의 대표적인 작용기들.

SAM은 2D 유기 나노소재이다. 일반적인 나노 물질들이 벌크(bulk) 소재와 다르게 계면 특성이 강조되는 것처럼 표면 특성이 전체 물성을 크게 좌우한다. 따라서 말단 작용기는 SAM에 특수한 기능을 부여하는 데 주된 역할을 한다. 필요에 따라서 여러 가지 다양한 작용기들이 사용된다. 예를 들어 친수성 표면개질을 위하여 아민(amine, $-NH_2$), 하이드록실(hydroxyl, $-OH$), 카복실(carboxyl, $-COOH$) 등의 작용기를 말단에 가지는 분자를 이용하여 SAM을 제작한다. 그림 7.2에 대표적인 구조들이 제시되어 있다.

7.1.2 SAM의 간단한 역사 및 대표적 구조

1946년에 미국 해군연구소 소속 과학자였던 Bigelow, Pickett, Zisman은 긴 알킬(alkyl)기를 가진 알코올(alcohol)과 아민(amine)이 유리(SiO_2)와 백금(Pt) 표면 위에 흡착되고 수직 방향으로 촘촘히 정렬됨을 발견하였다(그림 7.3).[2] 훗날 이렇게 만들어진 단분자층을 SAM이라 부르게 되었다. 1980년대에 들어서서 Sagiv 등에 의해 본격적으로 SAM에 관한 연구

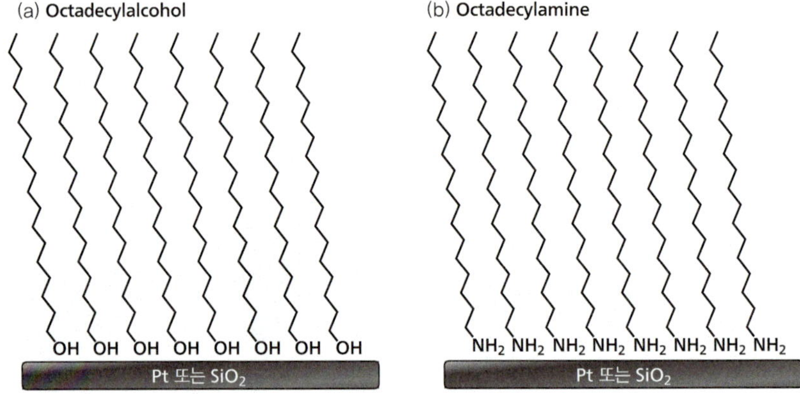

그림 7.3 ▸ (a) octadecylalcohol과 (b) octadecylamine의 백금 또는 유리 표면에서의 SAM 형성.

가 시작되었다.[3] 이 연구에서는 octadecyltrichlorosilane을 이용하여 유리 표면 위에 SAM을 합성하였다(그림 7.4). Octadecyltrichlorosilane은 유리 표면에 흡착되어 있는 물 분자에 의해 가수 분해되어 염소(−Cl)를 잃고 하이드록실기(hydroxyl group, −OH)를 가지게 된다. 분자 간 수소결합 그리고 분자와 유리의 하이드록실기의 축합(condensation) 반응을 통해 단단한 규소(Si)−산소(O)−규소(Si) 공유 결합을 기판과 형성한다. 더불어 측면에 위치한 하이드록실기 역시 축합 반응을 통해 공유 결합이 형성되며 축합 고분자를 형성한다. 이처럼 계면에서 형성되는 단단한 공유 결합을 통해 분자는 기판 위에 고정되게 되며 소수성의 알킬 사슬이 노출된 SAM 표면을 형성한다. 이러한 연구 이후에 많은 과학자들이 유기 분자의 단분자 박막 제작에 큰 관심을 가지기 시작하였다. 나아가 SAM을 이용한 기능성 2D 유기나노소재 개발 및 기판 표면 개질 연구가 주목을 받는 데 기여하였다.

Netzer와 Sagiv는 SAM의 말단기를 post-modification할 수 있음을 1983년에 보고하였다. 15-hexadecenyl trichlorosilane으로 SAM을 만들고 말단의 이중결합을 diborane의 수소화 붕소 첨가 반응을 통해 하이드록실기로 바꾸었다. 그렇게 생성된 수산화 SAM 위에 두번째 단분자층이 화학결합을 하였다.[4] 이 연구를 통해 다층분자막을 만드는 것이 가능함이 입증되었다.

같은 해에 Nuzzo와 Allara가 금 표면에 이황화물이 잘 흡착됨을 밝히면서 황 원자 기반 고정기를 활용한 SAM 연구가 시작되었다.[5] Porter와 Allara는 1987년 알케인싸이올(alkanethiol, $CH_3(CH_2)_nSH$, n = 1, 3, 5, 7, 9, 11, 15, 17, 21)을 이용하여 금 표면 위에 SAM을 손쉽게 만들 수 있음을 발표하였다.[6] 이들은 알케인싸이올 SAM을 제조하고 물방울에 대한 젖음성(wettability)을 접촉각(contact angle) 측정으로 분석하였다(그림 7.5). 이후로 금 표면에 황화물 및 싸이올 분자를 이용한 SAM 합성 연구가 활발하게 이루어졌다.

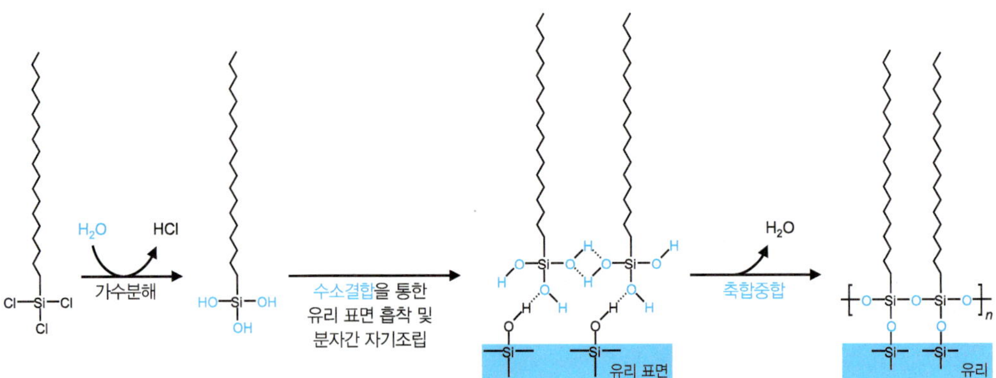

그림 7.4 ▸ Octadecyltrichlorosilan의 유리 표면에서의 SAM 형성 과정. Reproduced with permission from ACS publications.[3]

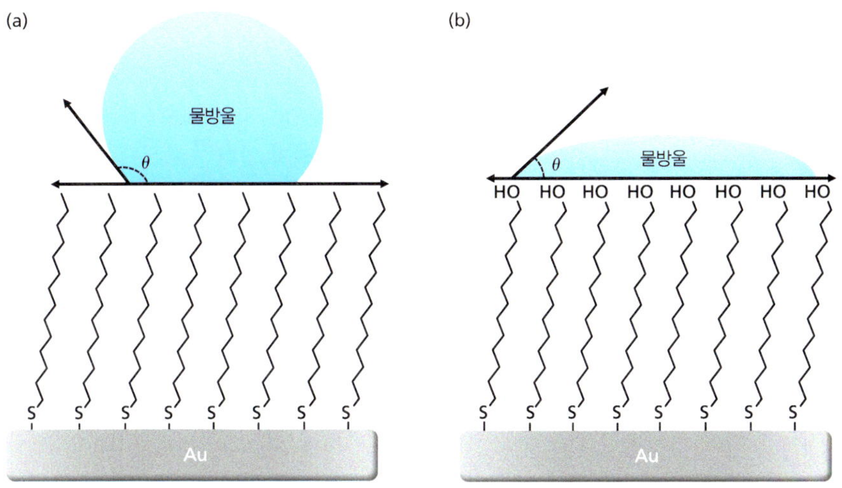

그림 7.5 ▸ 금 표면 위에 형성된 (a) 소수성 또는 (b) 친수성 SAM의 물 접촉각(θ) 측정 예.

Whitesides는 혼합 분자막(mixed SAM) 연구를 보고하였다.[7,8] 1988년에 사슬의 길이가 서로 다른 두 가지 알케인싸이올의 혼합분자막을 금 표면 위에 만들고 이들의 표면 농도의 비와 표면의 젖음성의 상관 관계를 연구하였다.[9] 8.1.5항에서 혼합분자막 관련 내용을 자세히 다룬다.

1988년 Lee와 Mallouk은 규소와 금의 표면에서 잘 정렬된 인산지르코늄(zirconium phosphonate) 다층막을 만드는 데 성공하였다.[10] 다층막을 만드는 과정은 그림 7.6과 같다. 이들은 $(CH_3)_2(OH)Si{-}(CH_2)_nPO_3H_2$를 실리콘 기판에 입히고(1), 용액 상 계면반응을 통해 단분자막의 말단에 위치한 $-PO_3^{2-}$기와 $ZrOCl_2$를 반응시켰다(2). 한 개의 지르코늄 양이온이 두 개의 $-PO_3^{2-}$기와 결합하면 여기에 다시 1,10-decanediylbis(phosphonate) ($H_2O_3PC_{10}H_{20}PO_3H_2$, DDBP)를 첨가하여 두 개의 DDBP가 지르콘 양이온에 차례로 결합함으로써 이분자층을 합성하였다(3). 이 과정을 거듭하면서 다층 박막을 제작하였다.

앞서 소개한 연구들은 실리콘 웨이퍼 위의 비결정성 산화층 혹은 금 증착을 통해 제작된 표면에서 SAM을 만들었다. Cleland, Horrocks, Houlton은 1995년에 실리콘 위에 바로 알코올이 자가 조립할 수 있음을 보였다.[11] 이들은 표면의 이산화규소(SiO_2)층을 녹여 깨끗하게 드러난 규소 표면에 플루오르화암모늄(NH_4F) 용액을 처리하여 표면의 규소 원사에 수소 원자가 결합되게 하였다. 그 다음 표면에 직접 알코올을 처리하여 규소–산소의 화학 결합을 가지는 알킬 알콕시 실레인(alkyl alkoxy silane) SAM을 만들었다. Linford와 Chidsey는 같은 해에 수소가 흡착된 (111) 규소 웨이퍼 위에 1-알켄(1-alkene)을 처리하여 알킬 단분자막을 만들었다. 알켄은 자유 라디칼 개시 반응을 통해 탄소–규소 공유 결합을 생성하며 단분자막을 형성한다.[12]

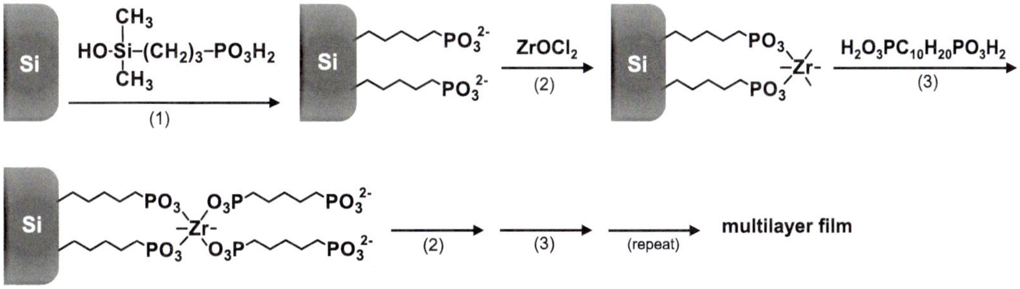

그림 7.6 ▸ 인산지르코늄의 다층막 형성과정. Reproduced with permission from ACS publications.[10]

7.1.3 SAM 합성법

SAM은 주로 원하는 분자를 용액에 녹인 후 고정기와 결합을 형성할 수 있는 기판을 배양(incubation)하는 방식으로 제작된다(그림 7.7a). 이때 SAM 형성의 원동력은 표면에서의 화학적 결합 형성과 분자간 비공유 상호작용 때문으로 알려져 있다.[13] 예를 들어 알케인싸이올 SAM을 금 표면 위에 만들고자 하는 경우 톨루엔이나 에탄올 용매를 사용하여 3 mM 농도의 분자 용액을 만들고 3시간 이상 담궈 놓은 후 용액에서 제거 후 세척한다. 이후 깨끗한 용매로 표면에 존재할 수 있는 물리적 흡착 분자들을 제거한다.[14,15]

SAM 합성법 중 가장 널리 쓰이는 방법은 싸이올(thiol) 분자를 금 표면 위에 처리하는 것이다. 현재까지 널리 받아들이는 메커니즘은 S–H 결합의 산화적 첨가(oxidative addition)와 수소(H)의 환원적 제거(reductive elimination)이다. 즉, 아주 깨끗한 금 표면을 사용할 때 H_2 분자가 형성될 것으로 간주한다. 이를 통해서 산소가 없는 상태의 기체상에서 SAM이 형성될 수 있음을 추론할 수 있다.[16~18] 수소 분자의 생성 반응은 SAM 형성 시 전체 화학 흡착 에너지에서 중요한 발열단계로 여겨진다. 최종 표면 흡착종이 싸이올산(thiolate, RS–)이라는 것은 X-선 광전자 분광법(X-ray photoelectron spectroscopy, XPS),[6,19~21] Fourier 변환 적외선 분광법(Fourier transform infrared spectroscopy, FTIR),[22] Fourier 변환 질량 분석법(Fourier transform mass spectrometry), 전기화학,[23] 그리고 Raman 분광법(Raman spectroscopy)에 의해 확인되었다.[24] 싸이올산과 금 원자 간의 공유 결합은 강하다. 동질 결합 강도(homolytic bond strength)는 약 40 kcal mol^{-1}로 알려져 있다.[25] 싸이올기가 금 표면에 어떠한 메커니즘으로 결합을 형성하는지에 대해서는 아직 논란이 남아 있다.

액상(liquid phase) 공정은 분자 용액이 표면에 직접 접촉하는 방식이다. 이 방식은 실험이 용이하지만 상대적으로 많은 양의 용매를 필요로 하며 동일한 패킹 구조를 가진 표면을 일정하게 재현하기 어렵다. 액체상 분자 종이 좁은 영역으로 침투하지 못하여 다공성 표면을 만들거나 잘 패킹된 SAM을 만드는 데 종종 오랜 시간이 걸린다.

액상 공정의 단점을 극복하기 위해 여러 연구들에서 기상(gas phase) 증착공정을 시도했다.[26~31] 이 방법은 용매를 사용하지 않고 자기조립 시킬 분자를 기화시켜 원하는 표면에 SAM을 생성시킨다. 이 방법은 증착 조건을 제어하기 쉽고 높은 밀도의 SAM을 생성시키는 데 유용하다. 이러한 기체상 흡착 방식으로 mercaptopropionic acid (MPA)을 이용해 금 표면에 SAM을 형성시킨 예가 있다(그림 7.7b).[32] 먼저 MPA를 포함하는 소스 용기를 기상 증착 공정 전에 1시간 동안 충분히 가열한다. 이후 준비된 Au 전극을 반응 챔버에 넣고 진공(<10 mTorr)에서 30분 동안 가열한다. 이 다음 소스 용기와 반응 챔버 사이의 밸브를 열어 기체상 흡착이 일어나도록 한다. 이들은 농일한 MPA를 기체상 그리고 용액상으로 형성

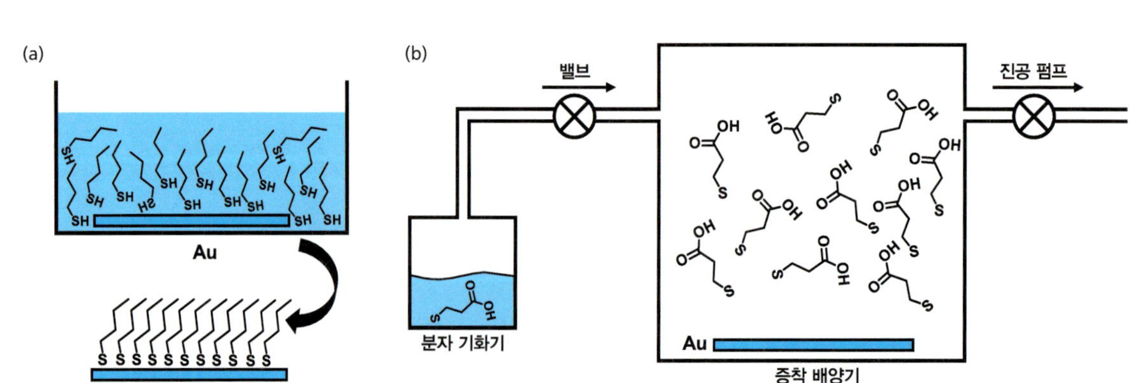

그림 7.7 ▸ SAM을 형성하는 두 가지 방법. (a) 액체상 및 (b) 기체상 흡착 방식.

시킨 것을 순환 전압 전류(cyclic voltammetry) 방식을 통해 비교하였다. 기상 공정으로 만든 Au-MPA SAM이 전기화학적으로 더 안정적임을 보였다. 또한 임피던스(impedance) 신호의 재현성이 기체상으로 증착한 것보다 더 높은 것을 확인하였다.

7.1.4 단일종 SAM vs. 혼합종 SAM

단일종의 분자로 이루어진 균일(homogeneous) SAM이 SAM 연구의 대부분을 차지한다. 다른 분자종에 의한 오염이나 혼합을 통해 만들어진 불균일(heterogeneous) SAM은 상분리(phase segregation) 및 초분자적 무질서도(disorder) 증가로 인해 원치 않는 결함(defect)이 표면에 생성되는 경우가 많다. 특히 서로 다른 싸이올 종 사이의 비공유 상호작용의 차이는 상분리를 만든다.[33]

이러한 결함은 SAM을 이용한 응용 연구에서 대개 부정적인 영향을 끼친다. 하지만 다른 관점에서 보면 시스템의 다양성을 가지고 오고 제한적인 자원(즉, 분자)들을 이용해서 다양한 표면 화학을 구현할 수 있다는 역발상도 있다. 최근에는 균일 SAM과 비교해서 불균일 SAM에서 더 좋은 성능이 구현되는 사례도 종종 보고되기 시작하였다. 2010년 Burkhardt 연구팀은 SAM 기반 유기 메모리 소자에서 불균일 SAM이 순수 SAM보다 더 좋은 메모리 성능을 보임을 밝힌 바 있다.[34] 구체적으로 C_{60}를 말단에 가지는 순수 SAM보다 알킬 포스핀(alkyl phosphine) 분자와 혼합을 이루어 만들어진 불균일 SAM이 더 긴 메모리 지속 시간을 보인다는 것을 발견했다. 이는 C_{60}처럼 부피가 큰 말단 작용기의 경우 불균일 SAM을 통해 순수 SAM보다 더 안정적인 조밀(packing)구조를 가지는 박막을 구현할 수 있고 나아가 주변 알킬로 인한 C_{60}의 전기적 고립으로 얻어지는 효과라고 설명하고 있다.

최근 연구에서는 이종 혼합종 SAM 시스템을 통해 단일종 SAM보다 훨씬 안정적인 단분자 박막의 제작이 보고되었다. Yoon 연구팀은 $HSC_{11}BIPY$ 다이오드 분자(실리콘 다이오드 소자를 분자에서 구현한 것을 말함) SAM의 전기적 안정성 향상을 위해 혼합종 SAM을 연구했다. 분자는 부피가 큰 2,2′-bipyridine 말단기(terminal group)를 가지며 상대적으로 얇은 알킬 뼈대(alkyl backbone)를 가진다. 따라서 단일종 SAM을 형성하면 옆 분자와의 패킹(packing) 시 피할 수 없는 빈 공간(pinhole)이 발생하고 이로 인해 초분자 결함이 형성된다. 이러한 결함이 낮은 전기적 안성성의 원인이다. 연구진들은 무기 금속 연구에서 활용되는 "틈새형 합금(interstitial alloy)" 개념을 활용하여 $HSC_{11}BIPY$ 다이오드 분자와 HSC_8 분자를 교대로 반복적으로 치환하여 SAM 내 존재하는 미세한 초분자 결함들을 제거하였다. 다양한 전기화학 분석과 분자동역학(molecular dynamics) 시뮬레이션을 통해 "틈새형 혼합종 SAM (interstitially mixed SAM; imSAM으로 명명)"의 형성 그리고 향상된 전기적 안정성을 확인하였다. 이를 통해, 기존에는 달성하지 못했던 극도로 높은 붕괴전압(breakdown voltage = ~5 V)을 보이는 시스템을 확보하였다.

7.1.5 혼합종(mixed) SAM 합성법

구성하는 분자 종류의 개수에 따라 혼합종 SAM은 binary, ternary, quaternary 등으로 나눌 수 있다. 혼합 SAM들은 다음의 세 가지 대표적인 방법을 통해서 제작한다(그림 7.8).

동시 흡착 방법(Co-adsorption Method)

가장 널리 쓰이는 혼합 SAM 제작법이다. 혼합시키고자 하는 분자들을 원하는 몰분율(mole

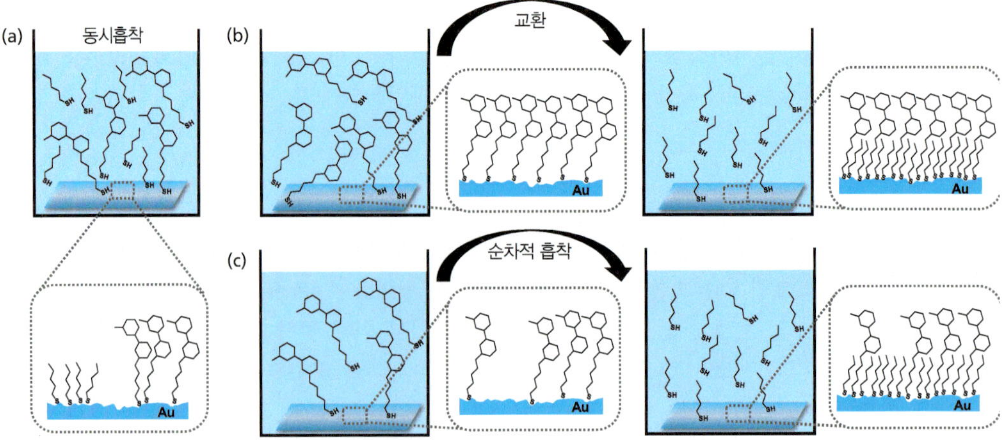

그림 7.8 ▸ 혼합종 SAM을 만드는 방법. (a) 동시흡착, (b) 교환, (c) 순차적 흡착 방법.

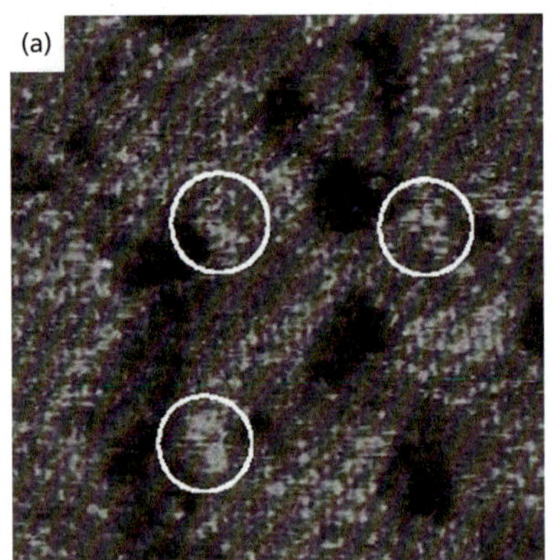

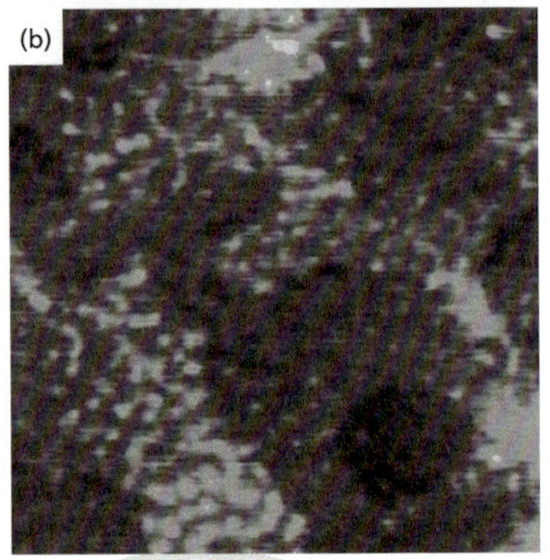

그림 7.9 ▸ (a) 실온에서 형성된 C_8/C_{12} 혼합 SAM의 STM 이미지(20 nm × 20 nm). $C_8:C_{12}$의 비율은 용액에서 7:10이다. 검은색 영역은 SAM의 결함을 나타내고 흰색 원은 C_{12}의 클러스터를 나타낸다. (b) 실온에서 형성된 C_4/C_{18} (30:1) 혼합 SAM의 AFM 이미지 (500 nm × 500 nm). (a, b) Reproduced with permission from ACS publications.[41]

fraction)로 용액에 녹인다. 그 용액에 금속 기판을 배양(incubation)하여 혼합 SAM을 제작한다. 용액 상의 분자별 몰분율이 표면과 항상 동일하지 않다. 이는 분자별 열역학적 흡착 에너지 차이로 설명되며 종종 상 분리(phase segregation)를 일으키기도 한다.[7,35,36]

교환 방법(Exchange Method)

이미 기판 위에 제작된 SAM 내 분자를 다른 자유 분자와 교환 반응을 시켜 치환하는 방법이다. 이때 치환 반응은 분자 간의 측면 패킹 힘(lateral packing force)과 배양(incubation) 조건, 예를 들어 배양 시간, 온도, 용액 극성 등 다양한 인자들에 영향을 받는다.[37,38] 동시 흡착 방법에 비해 상 분리 현상을 억제하는 방법이 될 수 있다.[39]

순차적 흡착(Sequential Adsorption)

순차적으로 분자들을 SAM에 도입하는 방법이다. 낮은 농도를 가진 분자들로 드문 흡착을 처음 만들고 다음 다른 분자 흡착 과정에서 남은 빈 표면에 분자를 흡착하는 방법이다.[40]

혼합종 SAM의 예로, 2000년에 Jiang 그룹은 주사터널링현미경(scanning tunneling microscopy, STM)과 원자힘현미경(atomic force microscopy, AFM)을 이용하여 Au(111) 위에 형성된 알케인싸이올(SC_n, n = 4, 8, 12, 14, 16, 18)의 혼합 SAM을 분석하였다(그림 7.9).[41] 이 SAM은 4~10개 탄소 길이차를 도입할 수 있었으며, 상온에서 길이 차가 커질수록 상분리가 일어남을 확인하였다.

Schulze는 여러 종류의 분자를 포함하는 혼합종 SAM의 분자 몰 비율에 따라 구조를 계산하고 분석하였다.[42] 그들은 알케인싸이올과 내부 아마이드(amide)와 끝에 하이드록실기(matrix compound, 그림 7.10a)나 알킬(C_8, C_{16} anchor compound, 그림 7.10a)로 치환된 oligo(ethylene glycol)을 가지고 혼합종 SAM을 만들었다. 그들은 matrix에 짧은 C_8이 섞였을 때 무작위적으로 SAM을 형성하는 것에 반해 길이가 긴 C_{16}이 섞인 경우 상당한 상분리가 일어나고 몰분율이 0.1 이하일 때 자가연합(self-association)이 일어남을 밝혔다(그림 7.10b). 이들의 계산 결과는 타원계측법(ellipsometry)과 적외선반사흡수분광(infrared reflection absorption spectroscopy) 실험 결과와 일치하였다.

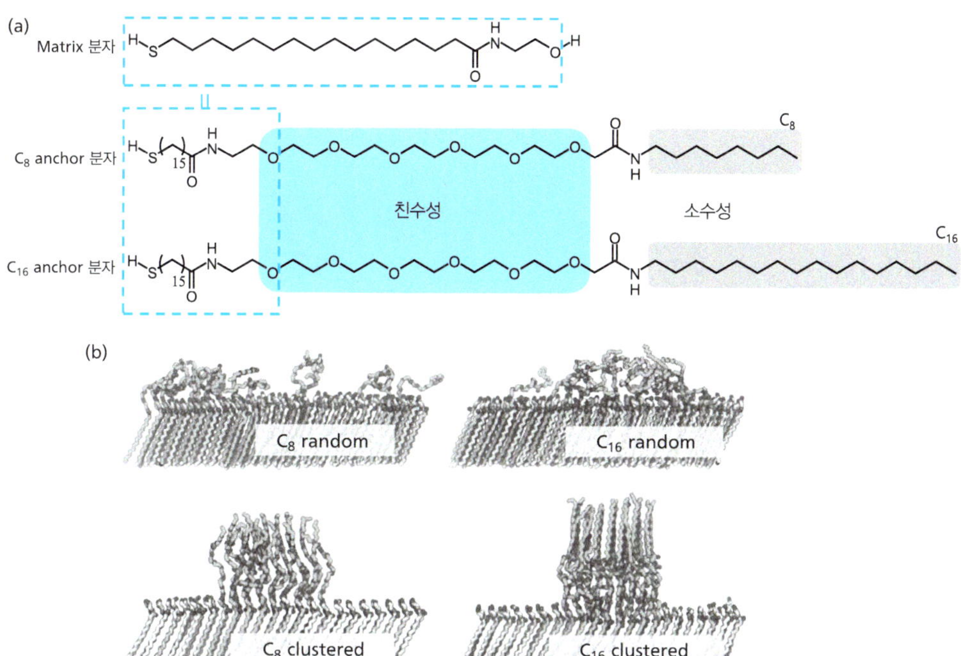

그림 7.10 ▶ (a) Matrix, C_8과 C_{16} anchoring 분자의 화학적 구조. (b) Full atomistic simulation에서 20 ns 이후의 C_8-matrix and C_{16}-matrix 혼합종 SAM의 대표적인 모습. Reproduced with permission from ACS publications.[42]

7.2 친수성 및 소수성(Hydrophile and hydrophobe)

7.2.1 SAM 표면 연구의 중요성

SAM의 구조상 말단 작용기가 노출된다. 때문에 말단 작용기 구조를 제어하면 분자 단위에서 표면의 특성 조절을 할 수 있다. SAM 형성 시 말단에 $-CH_3$와 같은 작용기가 노출되면 표면은 소수성이 된다. 하이드록실기(hydroxyl group, −OH)나 카복실기(carboxyl group, −COOH)가 말단에 노출된다면 친수성의 표면이 형성된다. SAM 표면의 친·소수성은 접촉각 측정을 통해 쉽게 알 수 있다. 이는 액체 한 방울을 표면에 떨어뜨렸을 때 형성되는 경계면의 각도를 측정한다(그림 7.11a). 세 개의 phase (solid-(*s*), liquid-(*l*), gas-(*g*))에서의 열역학적 계면에너지(γ)의 평형관계는 다음과 같은 Young equation으로 나타낼 수 있다(식 (7.1)).

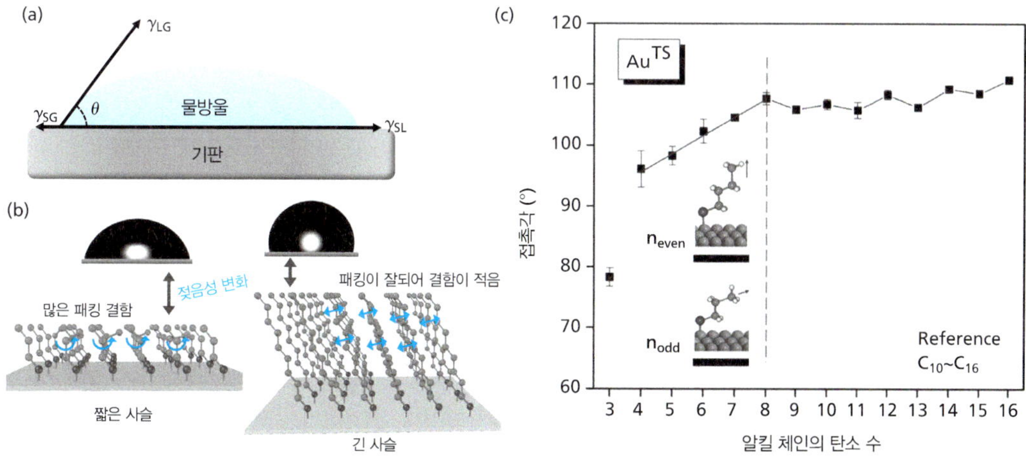

그림 7.11 ▶ (a) 고체 기질 위의 물방울의 접촉각 측정. (b) 금 표면 위 알케인싸이올 길이에 따른 결함 및 접촉각 변화 예시. (c) 금 표면 위 형성된 알케인싸이올 SAM의 길이에 따른 접촉각 변화. (b, c) Reproduced with permission from ACS publications.[43]

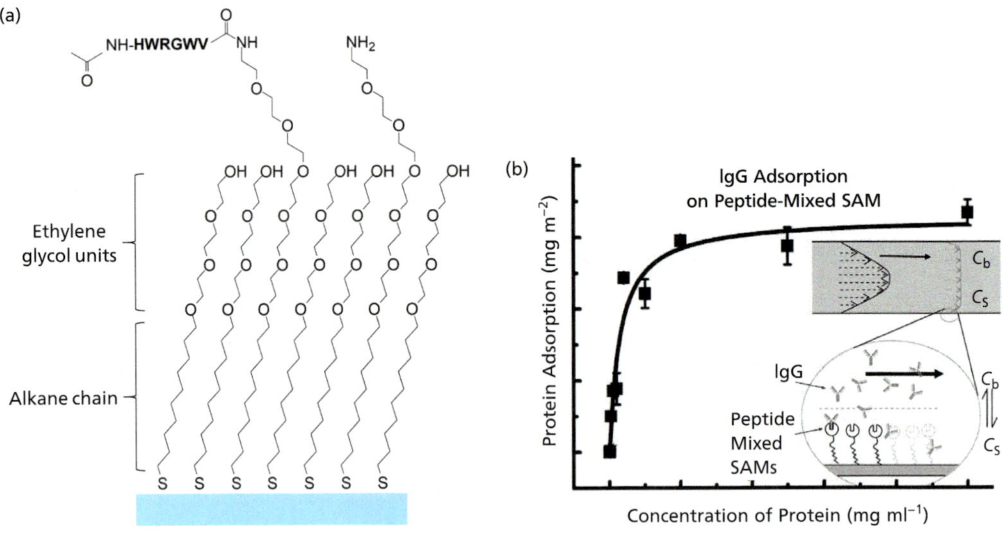

그림 7.12 ▶ (a) 특정 단백질과 선택적 결합이 가능하도록 설계된 ethylene glycol 표면, (b) IgG 단백질 흡착 실험 결과. Reproduced with permission from ACS publications.[44]

$$\gamma_{SG} = \gamma_{SL} + \gamma_{LG}\cos\theta \tag{7.1}$$

식에 따르면 액체와 고체 간의 상호작용이 강할수록 θ 값이 0에 가깝다는 것을, 즉 액체 방울이 표면에서 퍼진다는 것을 알 수 있다(그림 7.5b). *n*-알케인싸이올(*n*-alkanethiol)이 금 표면 위에 SAM을 형성할 때, 분자 길이에 따라 SAM packing, 초분자 구조가 달라지고 표면의 젖음성이 달라진다(그림 7.11b).[43] 흥미롭게도, 알킬 체인의 홀수, 짝수에 따라 접촉각이 변화한다. 이를 홀수-짝수 효과(odd-even effect)라 한다. 긴 길이의 SAM (탄소수 n이 $9 < n < 12$)에서는 홀수-짝수 효과가 나타난다(그림 7.11c). n이 짝수일 때 표면에 $-CH_3$, 홀수일 때 $-CH_2CH_3$가 노출된다. 이러한 말단기의 노출 차이가 홀수-짝수 효과의 원인으로 알려져 있다. 더 긴 길이일 때($n > 13$) 이러한 특성이 더 명확하게 나타난다. 이는 SAM이 더욱 결정질(crystalline)이 되기 때문이다. 짧은 길이의 SAM(<C9)에서는 홀수-짝수 효과가 관찰되지 않았다. 짧은 분자들은 "액체 유사(liquid-like)" SAM을 만들고 상당한 고쉬(gauche) 결함을 가진다. 이것이 홀수-짝수 효과가 보이지 않는 이유로 알려져 있다.

말단 작용기와 외부 물질과의 상호작용 연구는 SAM이 이차원 나노물질로 발전하는 데 주요했다. 표면 작용기의 조절로 원하는 분자, 나노입자 또는 생체 물질을 표면에 선택적으로 붙일 수도 있고 선택적으로 붙지 못하게 할 수도 있다. Ethylene glycol (EG)은 생체 물질의 비특이적 흡착을 막는 말단 작용기로 가장 일반적으로 이용되고 있으며, EG 말단에 생물학적 리간드를 한층 더 도입하면 원하는 분자만을 선택적으로 표면에 도입할 수 있다. 그림 7.12는 비특이적 흡착이 방지된 말단에 HWRGWV 펩타이드를 도입하여 면역글로불린G(IgG) 항체를 선택적으로 흡착 가능하도록 설계된 표면의 예를 보여준다.

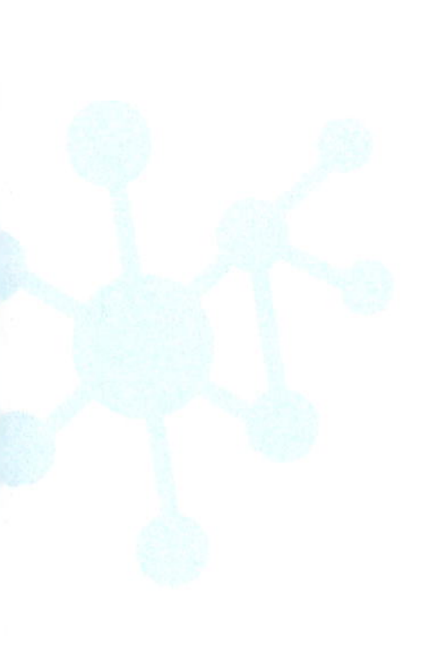

7.2.2 SAM의 젖음성 조절 사례

말단 작용기의 친수성 및 소수성 조절은 표면의 특성을 효율적으로 바꿀 수 있는 장점이 있다. 더 나아가서 표면의 특성 변화를 원할 때 빛이나 전기신호 등의 외부 자극을 이용하여 구조적 변화를 가지는 단분자막을 구성할 수 있다. Azobenzene 화합물은 특정 파장을 가지는 빛에 반응해서 *cis-trans* 이성질화 반응을 하는 것으로 알려져 있다. 약 365 nm의 UV 빛을 조사하면 *cis* 구조를 가지고, 약 436 nm의 청색 빛을 조사하면 다시 안정한 *trans* 구

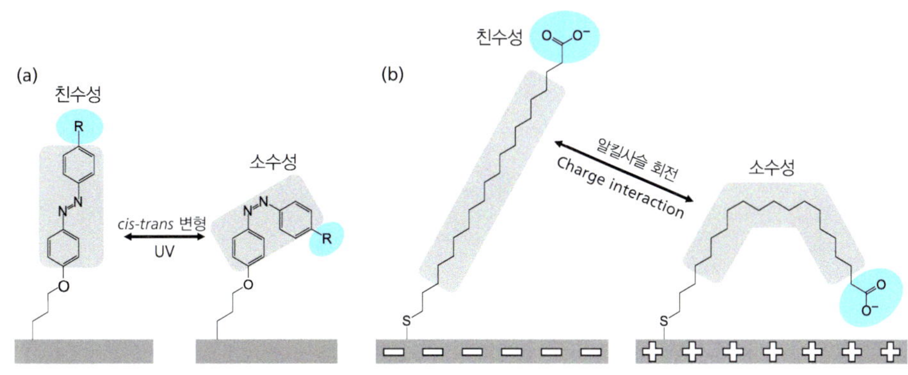

그림 7.13 ▶ (a) azobenzene 이성질화를 이용한 친수성 조절, (b) 전위 조절을 통해 알킬 사슬 자유회전을 유도한 친수성 조절.

조로 돌아오는 것이 알려져 있다(그림 7.13a). 이러한 구조의 변화는 표면에 노출되는 부분의 화학 구조를 변화시키기 때문에 표면 젖음성(wettability)의 변화를 유도한다. Ichimura 그룹에서는 이에 착안하여 물방울이 닿아 있는 azobenzene 화합물을 준비하여 노출된 표면의 양극단에 비대칭적으로 빛을 조사하였다. 이는 표면 특성의 비대칭성을 유도하여 물방울이 한 방향으로 움직이도록 유도하는 연구를 수행하였다.[45]

전기적인 자극 또한 SAM에 쉽게 가해질 수 있는 외부 자극 중 하나인데 이는 SAM이 형성된 기질이 금속인 경우가 많기 때문이다. Langer 그룹에서는 SAM의 말단이 음전하(COO^-)를 띠는 경우, 전압을 가하여 금속 표면에 음전하를 유도하면 전기적 반발로 말단 작용기가 표면에 노출되어 친수성 표면을 형성한다(그림 7.13b). 하지만 반대로 전압을 가하면 정전기적 인력때문에 말단이 바닥에 붙고 중간의 탄소사슬이 표면에 노출되어 표면이 소수성으로 변화한다. 이때 이러한 구조적 변화가 잘 일어나기 위해 단분자막을 빽빽하지 않게 만드는 것이 중요하다.[46] 이외에도 imidazolium으로 구성된 양이온 단분자막에서 음이온의 교환을 통해 젖음성을 조절하는 등의 다양한 시도들이 진행되었다.[47,48]

7.3 분자전자학(Molecular Electronics)

7.3.1 분자전자학 연구의 필요성

오늘날 전자 산업은 실리콘 기반의 고집적 반도체 소자를 개발하는 데 막대한 비용과 시간을 투자하고 있다. 이와 관련하여 알려진 Moore의 법칙은 반도체 직접 회로의 성능(메모리 성능, 용량)이 1년에 2배로 증가한다는 내용으로 1965년 Intel사의 공동 설립자 Gordon Moore가 처음 제시하였다.[49] 그러나 현재 이 법칙은 한계에 다다랐는데, 기존 실리콘 기판에서의 수용 가능한 용량이 임계치에 도달하였고, 나노미터 단위의 물질에서 발생하는 양자역학적 전하 이동 현상을 고려하지 않을 수 없게 되었다.

지난 20년간 나노 크기의 소자 내에서 발생하는 양자역학적 전하 수송을 이해하려는 노력이 많았다. 특히 유기 분자를 이용한 연구가 널리 진행되었다. 분자는 그 크기가 매우 작고(보통 수 나노미터 미만), 자기조립공정이 가능하여 상향식(bottom-up) 소자 제작이 가능하다. 또한 고집적이면서도 저렴한 전자소자를 만들 수 있는 가능성을 가지고 있다. 학술적 의미로서 유기물과 무기물의 계면의 전기적 특성을 연구하는 데에 있어서도 큰 의미가 있다.

SAM은 분자전자소자 연구에서 큰 축을 담당하고 있다. SAM을 이용하여 전자소자를 제작하고 SAM을 가로지르는 전하의 이동 속도, 전류량을 측정하는 연구가 활발히 이루어지고 있다. 실리콘 소자에서 보이는 기능성 소자들도 종종 재현되고 있다. 대표적인 소자로,

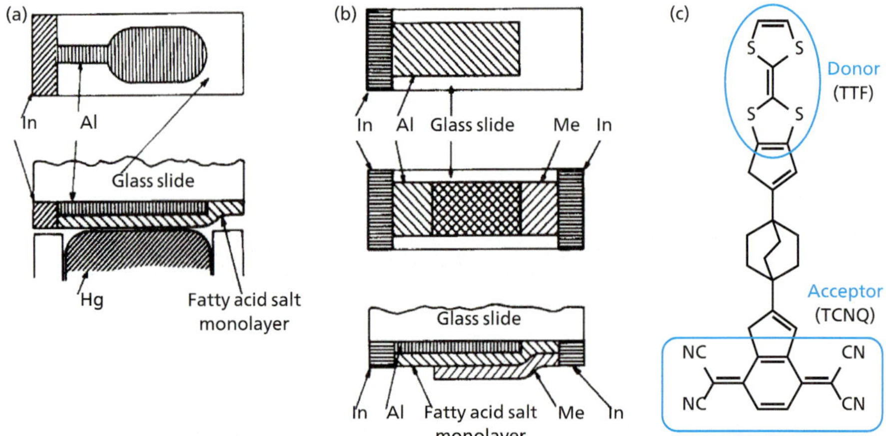

그림 7.14 ▸ Khun과 Mann이 전류실험을 한 (a) Al/SAM/Hg 및 Al/SAM/Met (Pb or Al) 구조체. (a)와 (b)에서 SAM은 지방산의 Cd salt이다. (c) Ratner와 Aviram가 이론적으로 제시한 정류분자. TTF는 Tetrathiofulvalene의 약어, TCNQ는 tetracyanoquinodimethane의 약어이다. Reproduced with permission from AIP publishing LLC.[50]

분자 다이오드, 트랜지스터, 메모리를 들 수 있다.

하지만 SAM을 이용한 차세대 반도체 개발은 여러 문제들에 봉착해 있다. 예를 들어, (1) 실리콘 기반의 현대 반도체 기술을 당장 대체할 정도의 소자 내구성, 고성능을 기대하기 어렵다. (2) 자발적 화학결합을 통한 분자층의 제작 과정을 직접적으로 제어할 수 없어 분자와의 접합부에서 일어나는 현상에 대한 이해도가 떨어진다. 하지만 측정 자체도 비관적이었던 과거에 비해 오늘날 연구는 괄목할 만한 발전을 보여주고 있다. 전기적 특성에 대한 신뢰성, 재현성, 고수율을 어느 정도 보여주고 있으며, 복잡한 물리적 메커니즘 이해가 하나씩 이루어지고 있다. 추가적인 발전이 이루어진다면 차세대 반도체로 분자가 사용될 날이 다가올지도 모른다.

7.3.2 간단한 역사

1971년 Khun과 Mann은 분자 앙상블(ensemble)의 터널링 전류밀도를 처음 실험적으로 측정하였다. 그 때 측정한 소자 구조는 그림 7.14a, b에 묘사되어 있다.[50] 수은 액체 금속 전극과 알루미늄 전극판 사이에 지방산 SAM을 형성시켰다. 수은 대신에 납 혹은 알루미늄을 사용하기도 했다. 1974년 Ratner와 Aviram는 파이전자 주개(donor)와 받개(acceptor)를 시그마(sigma) 결합으로 이은 단일 유기 분자에서 정류 성능을 구현할 수 있음을 이론적으로 밝혔다(그림 7.14c).[51] 이 연구들은 오늘날 분자 전자 연구의 시초가 되었다.

초창기 연구에서 중요한 연구주제는 유기 분자에서 일어나는 양자역학적 터널링 전류 흐름을 어떻게 측정할 수 있는가였다. 이를 측정 가능하게 할 수 있는 시험대(testbed)의 개발이 활발히 이루어졌다. 전극-분자-전극 형태의 나노 구조체를 가지는 접합(junction)을 제작하여 터널링 현상을 연구하기 시작하였다. 단분자 접합(single-molecular junction) 및 대면적 접합(large-area junction)을 제작하기 위해 다양한 기술들이 개발되었다.

7.3.3 접합 종류: 단분자, 소면적(small-area), 대면적(large-area)

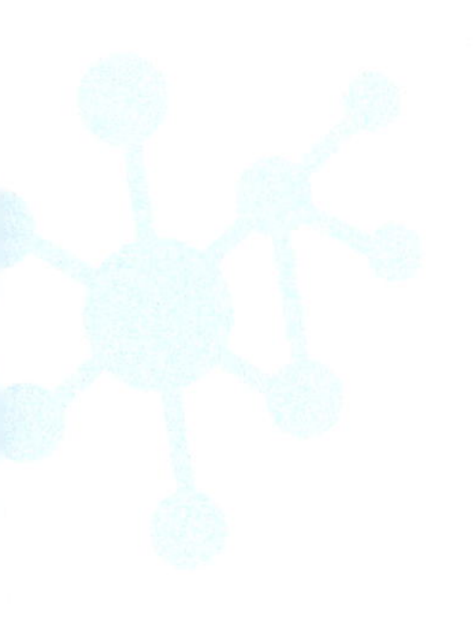

단분자 접합(single-molecular junction)은 하나의 분자가 접합 구조에 포함된다(그림 7.15). 주사터널링현미경(scanning tunneling microscope, STM)을 사용하여 접합을 제작하고 전기적인 측정을 한다. 원자 힘 현미경(atomic force microscope, AFM)을 이용하여 소면적(small-area) 접합 구조를 제작하기도 했다. 약 10^1~10^2개 정도의 분자들이 수 nm^2 소면적에서 분자 접합을 이룬다.[52~56] 이보다 많은 다수의 분자들이 접합에 포함되는 대면적 접합

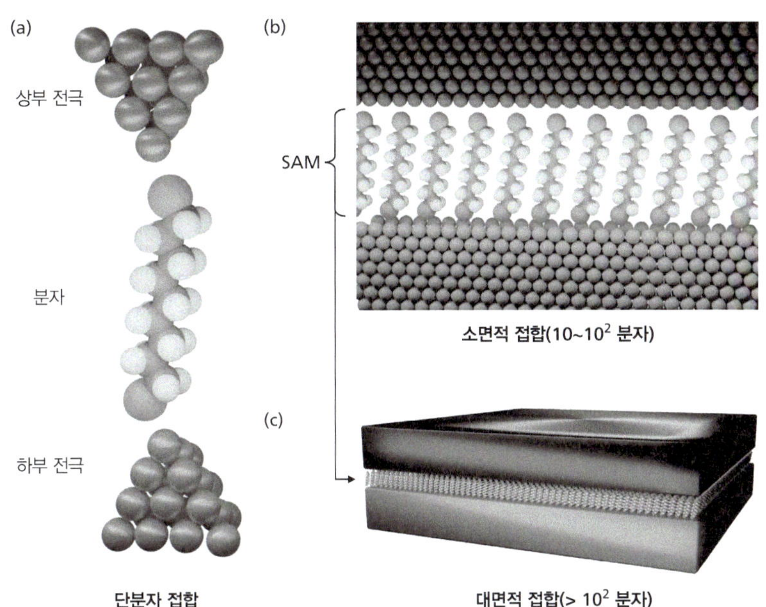

그림 7.15 ▶ 접합에 포함된 분자 수에 따라 분류된 단일 분자, 소면적 및 대면적 접합.

(large-area junction, μm^2) 연구도 활발히 진행되었다.[57~61] 이러한 접합기술들을 바탕으로 다양한 분자 구조들에 대한 터널링 연구 결과들이 보고되었다. 특히 소면적 및 대면적 연구에서는 SAM이 매우 중요한 역할을 한다(그림 7.15). 접합 제작의 핵심은 SAM의 구조를 손상시키지 않고 접합 구조를 형성하고 전류 밀도를 일정하게 측정하는 것이다.

7.3.4 대면적 접합 제작법 종류

SAM은 대면적 접합 연구에 가장 널리 쓰이는 분자층이다. 단분자 접합에 비해 제작이 용이하다. 단분자 접합은 그 구조를 분광학적으로 이해하기 어려운 반면, SAM은 분자의 기운 각도(tilt angle), 박막의 두께, 분자의 구조 및 조성을 분광학적으로 이해할 수 있다. 타원측정법(ellipsometry), NEXAFS (near edge X-ray absorption fine structure) spectroscopy, XPS (X-ray photoelectron spectroscopy), FT-IR 등이 SAM의 구조 분석에 널리 사용된다.

대면적 접합구조체를 제작할 때 흔히 사용되는 SAM은[1,62] 분자전자소자 연구에 장점이 있다. SAM은 제작이 용이하면서도 원자 수준에서 화학구조를 제어할 수 있다. 이 때문에 SAM을 이용해 구조-물성 연관성 연구를 할 수 있다. 대면적 접합구조체를 제작하는 데 있어 기술적으로 가장 어려운 점은 유기 박막과 상위 전극(top electrode) 간의 접촉(contact)을 얼마나 높은 재현성으로 유기물을 손상시키지 않으면서 구현하는가이다.[15] 기존의 표면 위 물질을 도입하는 증착(evaporation) 방법은 고에너지 조건에서 공정이 진행되어서 유기물이 쉽게 손상된다. 이러한 문제를 해결하기 위해 다양한 기술들이 개발되었다. 대표적으로 전극과 SAM 사이에 전도성 보호막(protective layer)를 삽입하는 것이다. 대표적으로 PEDOT:PSS 전도성 고분자, 그래핀(graphene) 등을 들 수 있다.

최근에는 액체 금속을 사용하여 문제를 해결하였다. 직접적인 금속 증착을 통해 생성된 대면적 접합 소자의 경우 ~1%에 해당하는 매우 낮은 작동 수율(%; 작동 소자수/전체 소자수*100)이 관측되었다.[63,64] 초기에 도입되었던 액체 금속은 수은 방울(mercury drop)이다.[57,65] 이 방법을 통해 작동 수율이 10~20%로 향상이 되었으나 많은 데이터를 얻는 데는 여전히 어려움이 있었다. 특히 인체에 유해하다는 단점이 있다. 이러한 문제를 해결하기 위한 방법으로 최근 갈륨 인듐 공융합금(eutectic gallium indium alloy, EGaIn) 액체 금속을

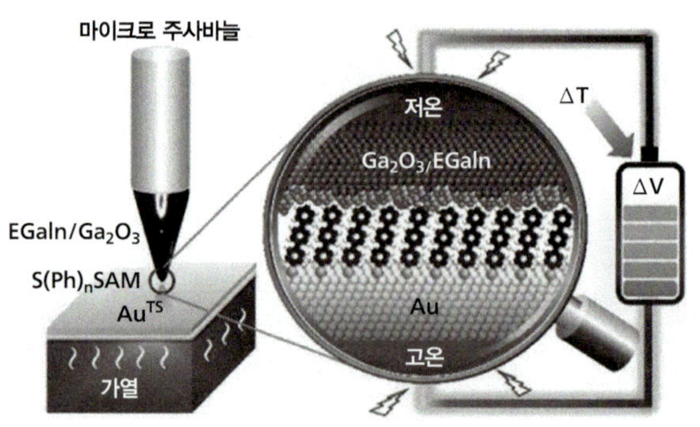

그림 7.16 ▶ 마이크로 실린지를 통해 액체 금속 EGaIn 상위전극을 마련하여 SAM을 제조하는 기술의 개요도. Reproduced with permission from ACS publications.[68]

상위 전극으로 사용하였다.[66] 이 공융 합금은 무게로 75% Ga과 25% In으로 이루어져 있고, 녹는점이 약 15°C이기 때문에 상온에서 액체 상태로 존재한다. EGaIn이 공기 중에 노출되면 산소로 인해 매우 얇은(~1 nm) 산화갈륨(Ga_2O_3) 박막을 표면에 형성한다.[67] 이는 자가 비활성화(self-passivation) 반응의 결과물로, 실리콘 기판 위에 자연 발생적으로 산화규소(SiO_2)가 생성되는 것과 동일한 원리이다. EGaIn은 높은 표면에너지(~630 dynes/cm)를 가지고 준안정성(metastable)의 구형이 아닌 다양한 모양의 전극을 제작할 수 있게 한다(그림 7.16).

EGaIn 팁의 제작 과정은 그림 7.17a와 같다. 가스 밀폐 주사기(gas-tight syringe)에 액체 금속을 채우고 미세 조절기에 고정시킨다. 주사기에서 액체 금속 방울을 생성하고 미세 조절기를 이용하여 원뿔 모양의 전극을 만든다. 원뿔 전극은 방울 형태에 비해 상대적으로 작은 접촉면적을 구현할 수 있게 해준다. 이 원뿔 모양의 전극을 SAM 표면에 접촉시켜 대면적 접합을 만들 수 있다. 그림 7.17b처럼 이는 80~100%에 이르는 작동 수율을 가진다.

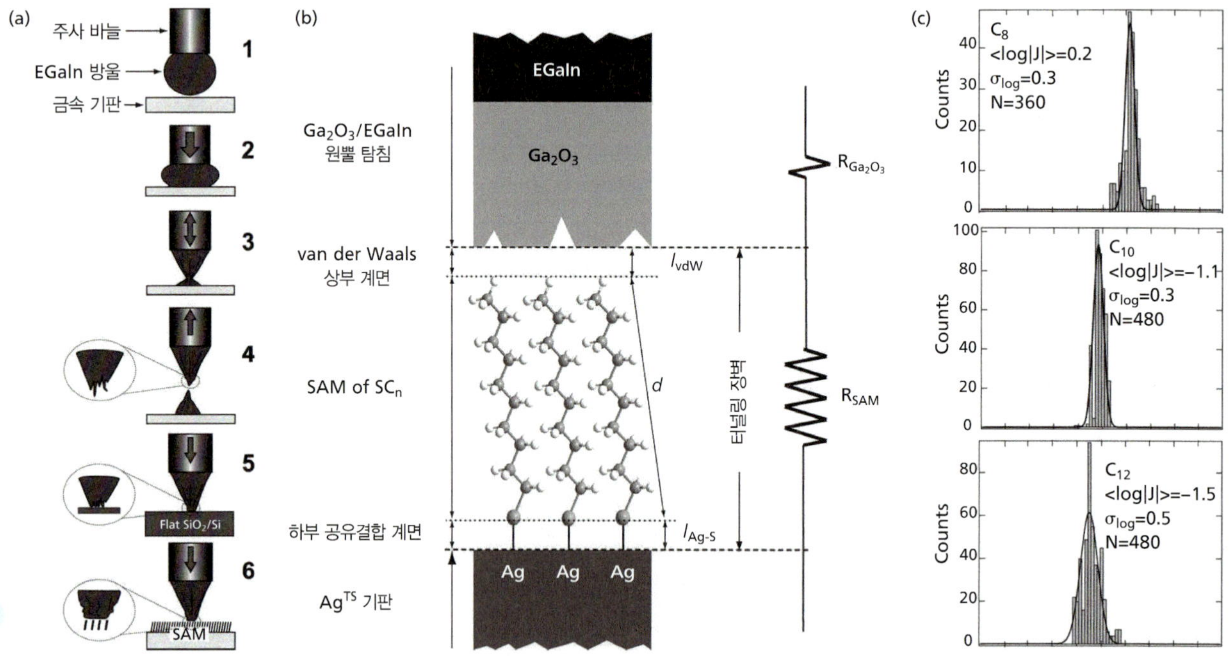

그림 7.17 ▶ (a) EGaIn을 이용한 원뿔 모양의 상부 전극 제작 과정. 가스 밀폐 주사기에 EGaIn 액체를 채우고 주사 바늘 위치를 미세하게 조절하여 원뿔의 탐침을 제작할 수 있다. (b) Ag^{TS}/SAM//Ga_2O_3/EGaIn 대면적 접합 개략도. 여기서 R_J (junction의 저항)은 R_{SAM}(SAM의 터널링 저항)과 $R_{Ga_2O_3}$(Ga_2O_3의 저항)의 합과 같다. (c) Ag^{TS}/SAM//Ga_2O_3/EGaIn junctions을 통한 SAM(C_8, C_{10}, C_{12} 8개, 10개, 12개 탄소를 가지는 알케인싸이올) 전류밀도(J) 로그값 측정 데이터 예시로 각각 360회, 480회, 480회로 재현성이 높게 다량의 데이터를 얻을 수 있다. (a~c) Reproduced with permission from ACS publications.[15]

손쉽게, 빠른 시간 안에 원하는 대면적 접합을 새롭게 만들 수 있다. 따라서 많은 양의 전류 밀도–전압(current density–voltage, J–V) 데이터를 효율적으로 확보할 수 있다는 장점이 있다.

많은 양의 데이터를 이용해 통계학적인 데이터 해석이 가능하다.[69~71] 그림 7.17c는 $Ag^{TS}/SAM//Ga_2O_3/EGaIn$ 접합을 통하여 ±0.5 V의 전압을 가했을 때 알케인싸이올(alkanethiol) SAM(C_8, C_{10}, C_{12}로 8개, 10개, 12개 탄소를 가짐)을 가로지르는 터널링 전류밀도(J) 로그값 측정 데이터를 보여준다. 여기서 "/"는 화학적 결합 계면, "//"는 van der Waals 계면을 의미한다. Ag^{TS}는 template-stripping 방법으로 제작된 은으로 매우 평평한 표면을 가진다. 기판이 평평하지 않으면 SAM에 결함이 발생해 온전한 소자를 제작하기 어렵다. 실제 거친 표면 위에 형성된 SAM에서는 소자 작동 수율이 급격히 떨어진다. 전류 밀도 히스토그램(histogram)은 로그-노멀(log-normal)분포를 보이며 Gaussian 곡선으로 피팅이 가능하다. 이러한 피팅을 통해서 평균값(mean, $\langle \log|J| \rangle$), 그리고 표준편차(standard deviation, $\sigma_{\log|J|}$) 값을 얻을 수 있다. 또한 Gaussian 그래프에서 벗어나는 이상치(outlier) 데이터의 존재 여부를 통해 이 피팅의 타당성, 그리고 측정의 재현성 등의 통계학적인 해석이 가능하다.[72]

7.3.5 Simmons Model: 터널링 전류의 SAM 두께 의존성

SAM을 이용한 분자전자소자 연구에서 가장 널리 연구된 주제는 터널링 전류의 길이 의존성이다. 즉, 분자 길이 변화에 따른 전류 밀도의 변화를 측정하고 이 결과가 가지는 의미를 밝힌다.

간단한 구조와 결함이 적은 유기 단분자층을 손쉽게 만들 수 있기 때문에 알케인싸이올(alkanethiol, $CH_3(CH_2)_nSH$)에서부터 만들어진 SAM에 대한 분자전자 연구가 가장 널리 이루어졌다. SAM은 상·하위 계면의 특성을 유지하면서 알킬 사슬 길이를 변화시킬 수 있다. 이는 터널링 에너지 벽의 두께(width)를 바꾸는 것과 같다. 단순화된 Simmons 모델(simplified Simmons model)에 따르면 터널링 전류 밀도(J, A/cm^2)는 에너지 벽의 두께 증가에 지수함수적으로 감소한다(식 (7.2)).[73,74]

$$J = J_0 \times e^{-\beta d} \tag{7.2}$$

여기서 J_0는 터널링 전하 주입 전류 밀도(A/cm^2), β는 터널링 전류 감소지수(Å^{-1}))들, d는 절연분자에 의해 생성된 에너지 벽의 두께(Å)를 의미한다. 에너지 벽 두께를 어디서부터 어디까지로 정할지도 중요하다. 흔히 분자의 길이로 d 값을 대체한다. Ln$|J|$와 분자 길이 d에 대한 그래프를 통해 그래프 y절편(J_0) 및 기울기(β)를 얻을 수 있다. 길이 의존성을 보여주는 그래프는 데이터의 해석 및 이해를 쉽게 하기 위해 $\log_{10}|J|$로 표현하는 것이 일반적이다.

그림 7.18a는 액체 금속 EGaIn 기반 접합에서 측정된 데이터로 알케인싸이올 길이 변화에 따른 전류밀도의 변화를 보여준다. EGaIn 기반 접합은 Simmons 모델을 잘 만족함을 확인할 수 있다. β 값은 0.75 ± 0.02 Å^{-1}로 다른 접합들의 β 값들과 유사하다(그림 7.18b).[15] 이러한 점은 β가 알킬 골격의 전기적인 물성에 의존함을 보여준다. 동시에 이는 사용하는 접합기술에 따라 β 값은 크게 변하지 않음을 의미한다. 하지만 J_0 값은 $10^{3.6\pm0.3}$ A/cm^{2}으로 접합체 종류에 따라 상당히 다르다. 같은 알케인싸이올이더라도 큰 차이가 발생하는 이유는 각 접합의 분자-전극 계면의 접촉 저항, 실제 터널링에 참여하는 접촉 면적의 차이 등이 반영되었기 때문으로 이해된다.

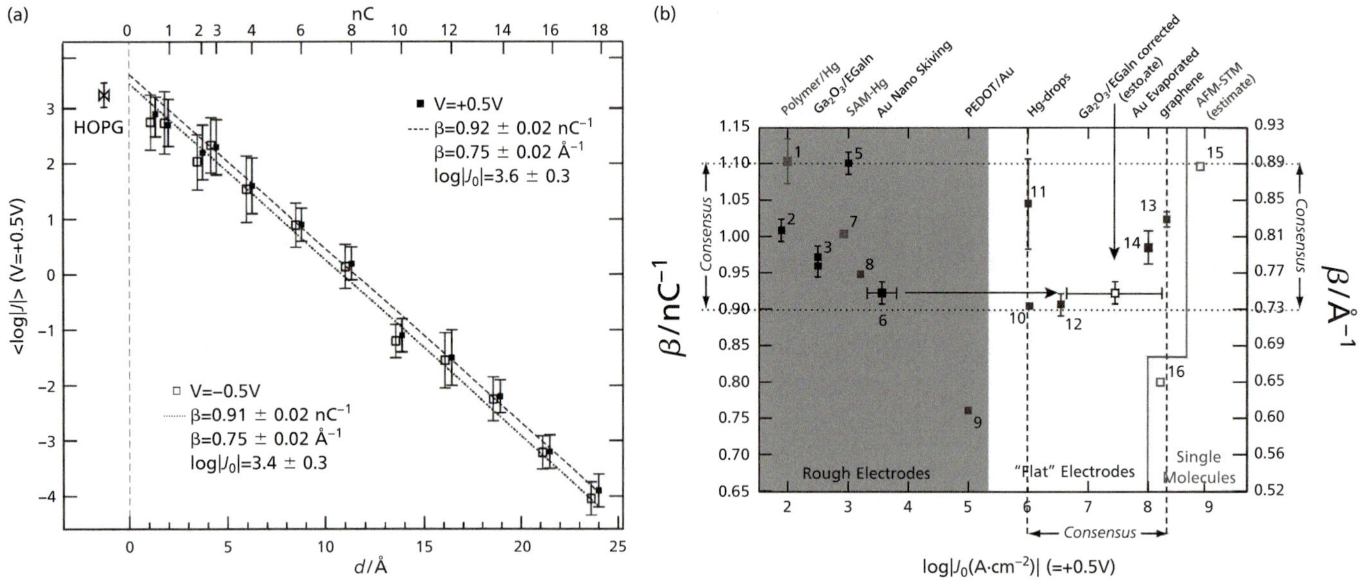

그림 7.18 ▶ (a) $Ag^{TS}/SC_n//Ga_2O_3$/EGaIn 대면적 접합에서 알케인싸이올 길이(두께)와 Log|$J(V = \pm0.5$ V)|의 연관성을 보여주는 그래프. (b) 다양한 접합 기술들에 의해 측정된 알케인싸이올 단분자층의 β와 J_0그래프. Reproduced with permission from ACS publications.[15]

7.3.6 Transmission function을 이용해 SAM 접합의 gamma, energy offset 연구

분자 접합내에서 분자-전극 간의 coupling이 강하고 전자후송이 single level model에 의존한다면, 분자 접합에서의 터널링은 Transmission ($T(E)$) 식으로 이해할 수 있다(식 (7.3)). 분자의 frontier orbital energy인 highest occupied molecular orbital (HOMO, E_{HOMO}) 또는 lowest unoccupied molecular orbital (LUMO, E_{LUMO})가 대개의 경우 터널링에 참여하는 분자 에너지 레벨이다. 이 분자 에너지 레벨과 전극의 Fermi 준위(E_F)의 근접성($\Delta E = E_F - E_i$)는 $T(E)$ 식에서 중요한 부분을 차지한다. 분자 에너지 레벨은 Lorentzian 곡선 모양을 가진다고 가정한다. 분자 에너지 레벨과 양쪽 전극 에너지와의 결합 세기에 따라 Lorentzian 곡선의 분자 에너지 레벨이 얼마나 넓어지는지(broadening)를 Γ_i (i = 1, 2)로 표현한다. 이 또한 $T(E)$ 식에서 중요한 부분을 차지한다. 이러한 내용들을 하나의 식으로 표현하면 $T(E)$ 식이 완성된다. $T(E)$ 식은 분자 접한구조체에서의 전하 터널링을 이해하는 데 중요한 모델이다. 이 식을 통해 구조-물성 연관성을 이해하고 터널링의 메커니즘을 이해할 수 있다.[75~77]

$$T(E) = \Sigma_{i=1}^{2} \frac{\Gamma_1 \Gamma_2}{(E_F - E_i)^2 + (\Gamma_1 + \Gamma_2)^2/4} \tag{7.3}$$

앞서 언급했듯이 접합체에서의 전하이동은 ΔE와 Γ가 중요한 역할을 한다는 것을 위 식을 통해 확인할 수 있다. 추가로 분자구조체에서 흐르는 전류량는 양쪽 접촉 영역에 전자 상태가 Fermi 분포, f_1와 f_2를 따르고 있을 때 아래와 같은 $T(E)$의 적분 형식의 Landauer 식으로 나타낼 수 있다(식 (7.4)).[78]

$$I = \frac{e}{\pi \hbar} \int_{-\infty}^{\infty} T(E)\ [f_1(E) - f_2(E)] dE \tag{7.4}$$

Frisbie는 oligophenylene dimethanethiols (OPDM$_n$ (n = 1~3)) 또는 oligophenylene dithiols (OPDn (n = 1~3)) SAM(그림 7.19a) 기반 접합부의 터널링을 $T(E)$ 식을 활용하여 이해했다.[79] 실험으로 측정한 전류–전압(I–V) 데이터에서 ΔE와 Γ 값(그림 7.19b)을 추출하였다. 자외선 광전자 분광법(ultraviolet photoelectron spectroscopy, UPS)에 의한 ΔE (E_F

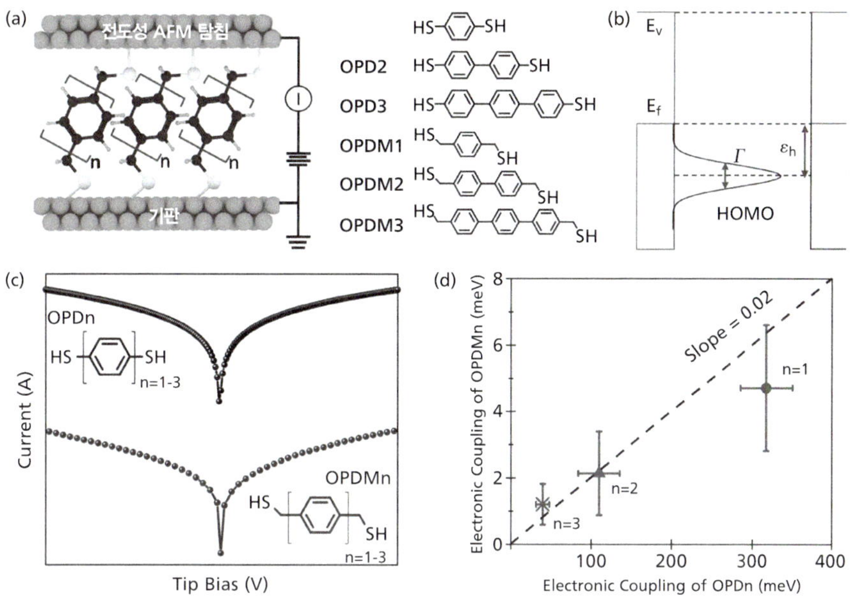

그림 7.19 ▸ (a) 금속-분자-금속 접합의 개략도. 접합을 만들기 위해 금속이 코팅된 AFM 팁을 Au 또는 Pt 기판의 $OPDM_n$ (n = 1~3) 또는 OPD_n (n = 1~3) SAM과 접촉시킨다. (b) 주요 매개 변수 ΔE 및 Γ가 있는 일반적인 접합 전자 구조. (c) Au-$OPDM_n$-Au(*아래*) 및 Au-OPD_n-Au(*위*) 접합에 대한 평균 I−V 곡선의 세미 로그 플롯. (d) Pt 전극이 기판인 경우 $OPDM_n$와 OPD_n (n = 1~3) 분자에 대한 커플 링 비교.
Reproduced with permission from ACS publications.[79]

− E_{HOMO}) 분석값과 I−V 데이터에서 $T(E)$ 식을 통해 구한 ΔE의 값이 유사함을 통해 이 분석의 타당성을 확인하였다. 결과를 통해 OPD_n에 비해 $OPDM_n$ 접합이 훨씬 더 큰 저항(>1000배)을 가지는 것을 확인할 수 있다(그림 7.19c). 그리고 이에 대한 이유로 Γ의 감소가 결정적임을 보였다. 즉 아릴(aryl) 분자에 알킬(alkyl) spacer를 추가하면 전극과 아릴 분자의 에너지 레벨 간 결합 세기(coupling strength)가 약해지고 이것이 Γ의 감소로 이어지고 저항의 증가로 이어진다. 두 분자의 ΔE는 spacer 유무에 따라 변화가 없다는 것을 확인하였다. 결론적으로 $OPDM_n$ 접합이 OPD_n 접합에 비해 전류가 10^3 스케일로 감소하는 것은 Γ의 50배(그림 7.19d) 감소로 설명할 수 있다.

7.3.7 SAM 기반 기능성 분자 접합 간단한 소개: 다이오드, 메모리, 바이오센서

분자 다이오드 연구는 분자전자소자 연구에서 가장 오랫동안 그리고 가장 널리 연구된 주제이다. Ratner와 Aviram이 1974년 이론적으로 분자 다이오드 구현이 가능함을 보고한 이후로 다양한 분자들이 합성되었고 정류(rectification) 특성이 보고되었다. 분자 다이오드의 성능은 정류비(r)와 정류 극성 두 정보로 나타낸다 $+V$와 $-V$에서 측정한 전류밀도의 비율을 통해 정류비를 계산할 수 있다(식 (7.5)).

$$r = |(J(+V)|/|(J(-V)| \tag{7.5}$$

$+V$에서의 전류밀도가 $-V$일 때보다 높을 때는 r 값이 1보다 큰 값을 가지며 +의 극성의 정류가 나타난다.

정류 특성을 보이는 분자는 다양한 방법으로 구현할 수 있다. 분자 내에 파이전자 주개 및 받개를 비대칭적으로 위치시키거나, 전극 간의 계면을 비대칭으로 제작해도 작지만 일정한 정류가 구현된다. 최근에는 알케인싸이올(alkanethiol) 말단에 전기화학적으로 활성을 띠는 작용기를 도입하여 SAM을 합성하면 좋은 성능의 분자 다이오드 소자를 만들 수 있음이 보고되었다. 특히 ferrocene (Fc), bipyridine (BIPY) 작용기를 도입하여 큰 정류비를 달성할 수 있음이 보고되었다(그림 7.20).[80] Fc은 r 값이 0.01(−극성), BIPY는 100(+극성)을 가진다. 이 두 정류 분자의 경우 80% 이상의 소자 작동 수율을 보이며 높은 재현성을 가지는 정류를 구현할 수 있음을 보였다. 정류의 원인은 전기화학적 활성을 띠는 말단 작용기의

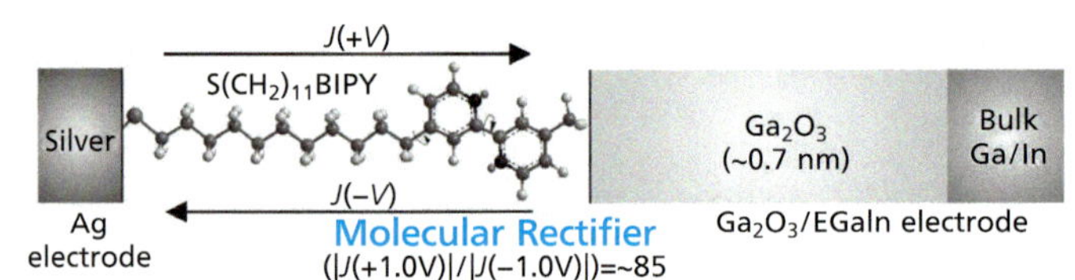

그림 7.20 ▶ 정류분자를 포함하는 접합 구조체의 예. Reproduced with permission from ACS publications.[80]

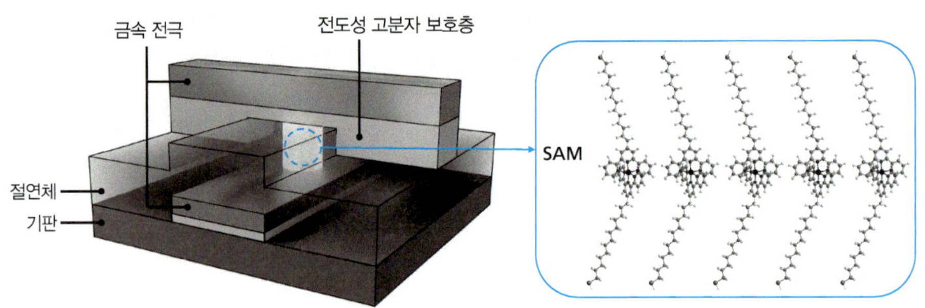

그림 7.21 ▶ (a) 루테늄 복합 SAM와 전도성 고분자(PEDOT:PSS)로 구성된 메모리 소자 구조의 개요도.

HOMO 혹은 LUMO 에너지 레벨과 상위 전극 간의 전자적인 상호작용 때문으로 밝혀졌다. 보다 자세한 메커니즘은 여기에서 다루지 않는다. 문헌들에 자세히 보고되어 있으니 참고하길 바란다.[81,82]

SAM 기반 분자 접합에서의 메모리 효과에 대한 연구들도 보고되었다. 2009년 Lee 그룹은 약 3 nm 두께의 디알킬싸이올산(dialkylthiolate) 결합 SAM을 이용하여 hysteretic current–voltage (*I–V*) 특성과 여러 번 쓰고 지울 수 있는 안정적이고 재현 가능한 분자 단층 비휘발성 메모리(molecular monolayer nonvolatile memory, MMNVM)를 제시하였다. 이는 SAM을 사용하는 최초의 voltage-driven MMNVM으로 분자와 소자의 구조가 그림 7.21에 제시되어 있다.[83] 싸이올기를 말단에 가지는 루테늄 유기금속 분자로 금 기판 위에서 SAM을 형성하였다. SAM 위에 곧바로 금속을 증착하면 SAM이 손상되므로 PEDOT:PSS (PEDOT = poly(3,4-ethylenedioxythiophene), PSS = poly(4-styrenesulfonic acid)) 전도성 고분자 보호층을 SAM 위에 처리하였다. SAM을 형성하는 소수성 긴 알킬 사슬과 PEDOT:PSS가 SAM 및 상부 금속의 침투를 효과적으로 방지하여 장치 수율을 높였다.

SAM은 다양한 바이오센서로도 활용될 수 있다. 그 중 하나의 예로 수정진동자저울(quartz crystal microbalance, QCM)을 이용한 연구를 들 수 있다. QCM은 공진 주파수(resonance frequency)의 변화를 초래하는 질량 변화를 감지한다. 압전 크리스탈(piezoelectric crystal)은 매우 날카로운 주파수를 가지고 진동한다. 크리스탈 표면의 작은 질량 변화는 이 주파수를 진동시킨다. QCM은 분자 수준의 질량 변화를 측정할 수 있는 고감도의 저울 같은 역할을 한다. SAM을 크리스탈 표면에 형성하거나 SAM에서 일어나는 화학반응에 의한 질량 변화를 QCM으로 관측할 수 있다. 예로서, resorcin [4] arenes SAM은 분자 인식을 위한 호스트로 작동한다. Perchloroethylene (C_2Cl_4) 게스트 분자에 노출시키면 호스트 분자에 의해 감지가 된다. SAM에서 일어나는 호스트-게스트 분자 인지를 나노그램 범위에서 측정할 수 있다(그림 7.22).[84]

7.4 분자열전학(Molecular Thermoelectrics)

7.4.1 분자 열전학 연구의 필요성

열전소자는 열에너지를 전기로 바꾸는 소재로 이 연구는 에너지의 가장 마지막 단계인 열에

기체상 분자들
게스트 분자 감지체
Resorcin [4]-arene
Au 기판
Au (111)

그림 7.22 ▸ Au (111) 표면의 resorcin [4] arenes (호스트) SAM의 분자 구조와 기체 상태의 perchloroethylene (C_2Cl_4) 분자(게스트)와의 상호 작용에 대한 개략도. Reproduced with permission from American Association for the Advancement of Science.[84]

너지를 재활용한다는 점에서 환경적으로나 과학적으로나 매우 흥미로운 연구 주제이다. 이는 반도체, 자동차, 우주, 항공, 바이오, 광학, 컴퓨터, 발전, 가전제품 등 산업 전반에서 광범위하게 활용되고 있다. 미국의 General Electric (GE)사는 열전 해양열 에너지 변환장치, 자동차 열전 발전기를 개발하고 있다. 유럽의 경우, 벤츠, BMW, 폭스바겐 등과 같은 자동차업체들이 자동차 내 폐열을 회수하여 전기 에너지로 변환시킴으로써 연료 효율을 높이는 시도를 하고 있다. 열전소자는 탈탄소 사회 구현에 중요한 자리를 차지할 것으로 예측하고 있다.

무기물에 기반한 열전 소자는 오래전 개발되어 상용화되었으며 다양한 분야에서 널리 이용되고 있다. 무기물이 가지는 한계를 극복하기 위해 유기물에서의 열전 성능 구현이 큰 각광을 받고 있다. 이와 더불어 나노기술의 발달에 따라 나노 물질 및 소자에서의 열적 성능 연구는 날이 갈수록 중요해지고 있다. 그러나 원자 수준에서 열전 메커니즘의 이해는 아직 많이 부족하다. SAM을 이용하여 이러한 문제를 해결하기 위한 노력이 최근에 이루어지기 시작하였다. 본 섹션에는 이에 대한 내용을 간단히 소개한다.

7.4.2 분자 열전학의 간단한 역사

1950년 대부터 시작된 분자 전자학 연구 역사에 비해, 분자 열전학 연구는 1990년대에 시작되었다.[85] 1990년 Williams과 Wickramasinghe는 주사화학전위현미경(scanning chemical potential microscopy, SCPM)을 사용하여 MoS_2 2차원 박막의 열전 전압(thermoelectric voltage)을 측정하였다.[86] 샘플과 SCPM 팁 사이에 약 주변보다 20 K 정도의 온도차를 발생시키고 이로 인해 발생하는 열전 전위를 지도화(mapping)했다. 이후 Poler 및 연구진들은 SCPM 방법을 사용하여 분자 박막에 대해 유사한 실험을 진행했다(그림 7.23).[87,88] HOPG (highly oriented pyrolytic graphite) 위 흡착된 구아닌(guanine) 단층막에서 열전 전압을 측정하였다. 이 두 가지 기초 연구는 기존의 주사형터널링현미경(scanning tunneling microscope, STM)으로 알 수 없었던 표면 정보를 얻는 데 초점을 맞추고 있었다.

4년 후 Ludoph와 Ruitenbeek은 원자 수준으로 금속 간 맞닿을 때의 열전력(thermo-

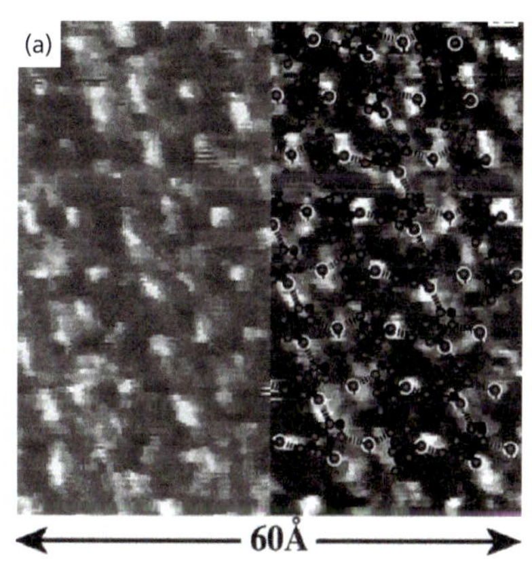

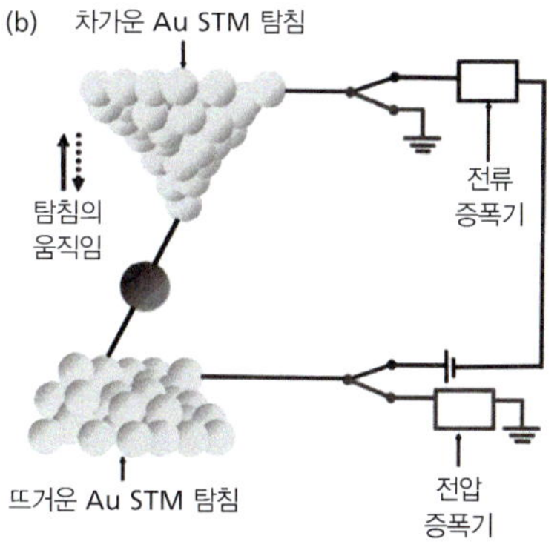

그림 7.23 ▸ (a) SCPM으로 측정한 구아닌 단층막 영상과 분자 모형, (b) 분자 접합에서의 실험적 열전 측정 시스템. Reproduced with permission from ACS publications.[87,88]

power)을 측정하였다.[89] Mechanically controlled break junction (MCBJ)라는 기술을 이용하여 금 원자 간 접점을 형성하고 다양한 온도에서 열전력을 측정하였다. 이때 측정된 열전력은 금 원자에 대한 것이다. 2003년 Paulsson과 Datta는 Transmission 함수($T(E)$)를 이용하여 분자 접합의 열전력을 이론적으로 설명하였다. Fermi 준위(E_F)에 걸쳐진 분자 궤도 에너지 준위의 기울기가 분자의 Seebeck 계수(coefficient)에 해당함을 설명하였고 이 계수는 분자와 전극 간의 결합에 영향을 받으며, Seebeck 계수의 부호(+ 혹은 −)를 통해 터널링에 참여하는 전하 carrier의 종류(정공 혹은 전자)를 알 수 있음을 밝혔다.[78] 이들은 앞서 Poler 등 연구진들에 의해 측정된 구아닌(guanine) 분자의 열전 전압을 분석하였고, HOMO 에너지 준위가 열전 전위차 발생에 관여하는 p형 소자임을 밝혔다.

2007년 Reddy 그룹에서는 주사터널링현미경(scanning tunneling microscope, STM)에 기반한 break junction (STM-BJ) 기술을 사용하여 유기 분자의 열전 측정을 최초로 보고하였다(그림 7.23b).[90] 벤젠고리를 1개, 2개, 3개 가진 oligophenylene dithiol 분자들의 Seebeck 계수를 측정하고 Seebeck 계수의 길이 의존성을 보고하였다. 2007년 이래로 제한적인 분자들이 연구되었고 분자전자학 연구에 비해 연구 논문 숫자도 현저히 적다.[88]

7.4.3 분자 열전의 기본 원리

열전 현상인 Seebeck 효과는 두 금속선으로 폐회로를 만들고 두 접합부를 서로 다른 온도를 유지할 때 전압이 생성되는 현상이다. 이 현상은 1821년 독일의 물리학자 Tomas Seebeck이 실험적으로 발견하여 이름이 붙었다.[91,92] Seebeck 계수(Seebeck coefficient, S는 이 효과를 정량적으로 나타내는 수치이다. n type의 열전 재료의 경우 전자가 낮은 온도 쪽으로 이동하고 p type의 경우 반대로 전자가 이동한다. Seebeck 계수 S는 transmission function ($T(E)$)과 관련이 있다. Seebeck 계수($S = S(E_F)$)는 앞서 살펴본 $T(E)$을 미분한 형태의 Mott formula로 나타난다.[93]

$$S(E_F) \approx \frac{\pi^2 k_B^2 T}{3e} \frac{\partial \ln T(E)}{\partial E}\bigg|_{E = E_F} \tag{7.6}$$

Seebeck 계수는 transmission function의 기울기 크기와 부호에 관계가 있다. 여기서 e는 양성자의 전하, k_B는 볼츠만 상수, T는 접합의 평균적인 절대 온도를 의미한다. 분자 접합에서 열전력은 접합부의 온도, $T(E)$의 모양, 그리고 오비탈 에너지 준위에서의 에너지 broadening에 의해 결정된다.[94,95] 그림 7.24는 $\ln T(E)$의 변화로 S가 변하는 예로 (a)의 경우 분자 오비탈 에너지 준위가 전극의 Fermi 에너지 레벨에 가까울수록, $\ln T(E)$의 기울기가 커져 S이 보다 커진다는 것을 알 수 있다. (b)의 경우는 전극의 종류가 바뀜 등으로 인해 전극의 Fermi 에너지 레벨이 분자 오비탈에 멀어질수록 $\ln T(E)$의 기울기가 감소하여 값이 작아진다. 마지막 (c)의 경우 분자와 전극 간의 결합 세기가 커져서 Γ가 증가하면 $\ln T(E)$ peak의 broadening이 일어나고 $\ln T(E)$의 기울기가 감소하여 Seebeck 계수가 작아진다는 것을 예측한다.

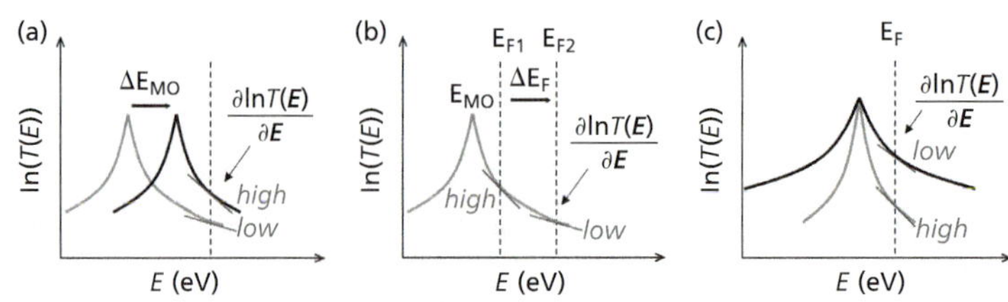

그림 7.24 ▶ $\ln T(E)$의 개형에 따른 S의 높고(high), 낮음(low)의 3가지 예시.

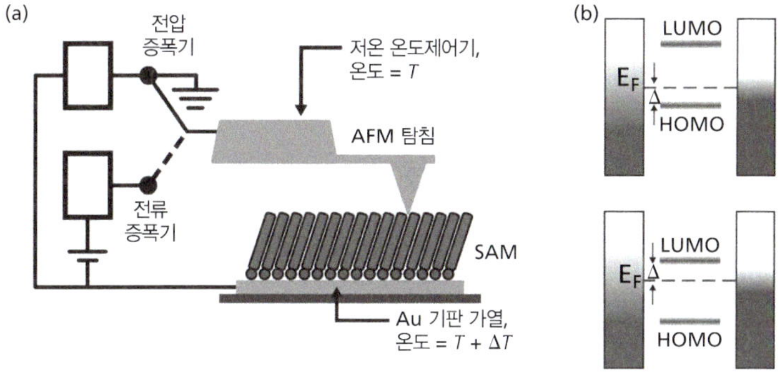

그림 7.25 ▶ (a) ThAFM 기반의 소면적 접합의 실험 장치 구성. 실제 접합을 구성하는 분자 수는 그림에 나타낸 것보다 많으며, 그림은 단순화되어 있다. (b) HOMO 또는 LUMO와 전극의 Fermi 준위(E_F)의 에너지 분리. Reproduced with permission from AIP publishing LLC.[105]

7.4.4 열전 접합 종류: 단분자, 소면적, 대면적(단분자 제외 SAM 기반)

분자 전자학 연구에서 사용했던 단분자, 소면적(small-area), 대면적(large-area) 분자 접합들이 분자 열전 연구에 그대로 사용되었다(그림 7.19). 단일 분자 접합을 위해 MCBJ[96~100] 및 STM-BJ[90,101,102] 기술을 사용했다. 단일 분자 접합은 접촉 시에 원하는 원자 구성을 가지는 접합을 형성하지 않는 경우가 많다.[77,98,103] SAM을 단분자 대신 구성요소로 활용하면 이 문제를 부분적으로 해결할 수 있다. Reddy 그룹은 소면적 접합의 열전을 측정하기 위하여 열전 AFM (Thermoelectric Atomic Force Microscopy, ThAFM) 기술을 이용했다.[104~106] SAM이 형성된 금속 기판 아래에 전기 히터가 장착된다(그림 7.25a).[105] ~1 nN 힘으로 AFM probe가 SAM에 접촉된다.[105,106] SAM의 Seebeck 계수는 분자의 오비탈 에너지 준위와 전극의 Fermi 에너지 준위 간의 간격이 Seebeck 계수의 크기 및 부호에 영향을 준다(그림 7.25b).

2018년 Yoon 그룹은 공융 갈륨-인듐(eutectic gallium-indium, EGaIn) 전극을 사용하여 대면적 접합(광학 현미경으로 결정되는 기하학적 접촉 면적 범위:~10^1–10^3 μm^2)에서 SAM에서의 열전 성능을 측정할 수 있음을 보였다(그림 7.26a).[68] SAM이 올라간 기판을 가열하여 온도 차를 생성한 다음 발생하는 열전 전압을 측정했다(그림 7.26b). EGaIn의 가역성, 비 침습성을 통해 높은 수율을 달성할 수 있었고 통계적으로 충분한 열전 전압 데이터를 수집할 수 있음을 밝혔다.[66]

7.4.5 SAM을 이용한 분자 열전 연구 및 응용

대부분의 분자 열전 연구는 Seebeck 계수의 길이 의존성에 초점을 맞추었다.[23,39,41,50~52,61~63]

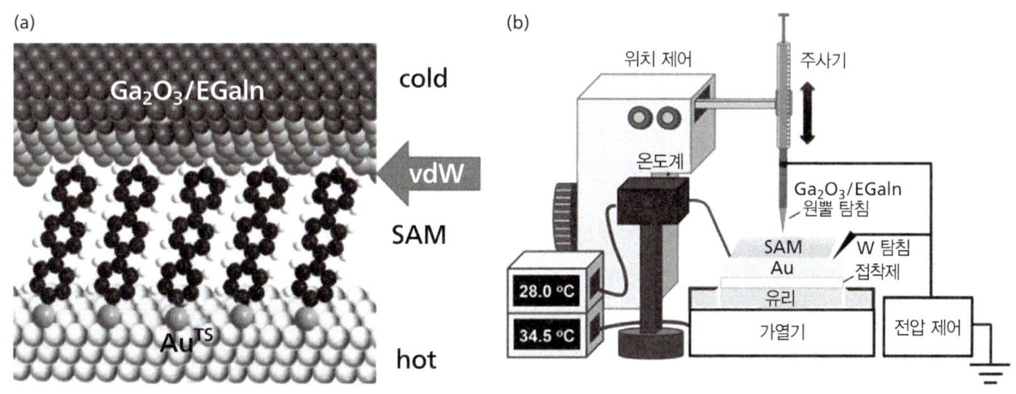

그림 7.26 ▶ (a) 대면적 열전 접합의 구조 및 (b) 상부 EGaIn 전극을 기반으로 한 분자 수준 열전 측정 실험 장치 개략도. (a, b) Reproduced with permission from ACS publications.[68]

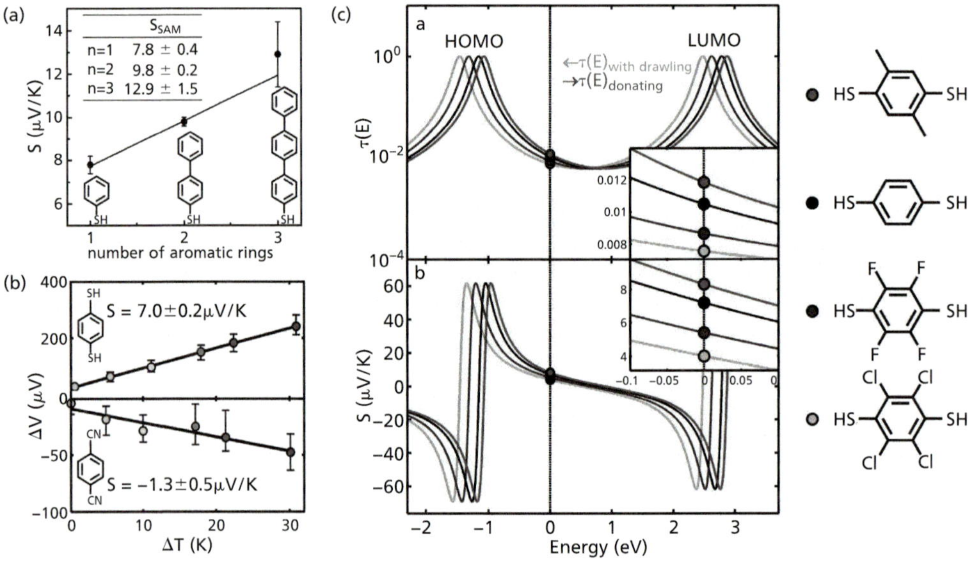

그림 7.27 ▶ 올리고페닐렌 유도체의 분자 열전 연구 예시. (a) 사슬의 길이, (b) 분자 고정 그룹에 따른 Seebeck 계수의 변화. (c) 분자 오비탈 에너지(E_{MO})의 전극 Fermi 에너지(E_F) 준위 근접성 연구의 예. 분자가 연두색에서 파란색, 검은색, 빨간색으로 갈수록 ΔE ($E_{MO} - E_F$)가 줄어들며 Seebeck 계수가 증가하는 것을 알 수 있다. (a) Reproduced with permission from ACS publications.[67,68]

일부 연구는 열전에 대한 계면 및 고정기 효과를 조사하였다.[76,102,104,107~110] Oligophenylene 유도체(derivative)는 분자 열전 연구에서 가장 널리 연구되었다.[111] 지금까지 연구들은 (1) oligophenylene 사슬의 길이,[68,90,104,105] (2) 분자 고정 그룹,[76,104] (3) 분자 오비탈 에너지의 전극 Fermi 에너지 준위 근접성에 따라 열전 성능이 변화함을 보여주었다.[76,105] Quek 연구팀은 Seebeck 계수와 oligophenylene 길이가 다음과 같은 선형의 상관 관계를 가짐을 보였다.[112]

$$S_{SAM} = S_C + n \cdot \beta^S \tag{7.7}$$

n은 분자 골격의 길이(반복 단위의 수(예: phenylene 또는 methylene, Å), β^S는 n (μV(K·n)$^{-1}$에 따른 Seebeck 계수의 변화율을 의미한다. S_C는 가상 접합부의 Seebeck 계수로 n = 0은 접합부에서 분자가 없는 가상의 비 단락 접합(non-shorting junction)의 Seebeck 계수를 말한다.[62,78] 그림 7.27은 위 3가지 분자 열전 연구의 결과를 요약하여 보여준다.

Seebeck 계수의 분자 길이 의존성에 대해 지금까지 조사된 분자 골격에는 phenylene,[68,90,104,107,108,113] n-알케인(n-alkane),[107,114] thiophene,[115] thiophene-1,1′-dioxide (TDO),[116] 풀러렌(C_{60}),[117] 등이 있다. 2011년 Tan 연구팀은 ThAFM 기술을 사용하여 oligophenylene dithiolate와 monothiolate SAM의 Seebeck 계수 길이 의존성을 조사하였다. 단위체의 길이가 늘어날수록 Seebeck 계수가 증가하는 것을 확인하였다.[104] Mott 식에 기반하여, 벤젠 고리 개수가 늘어날수록 HOMO 에너지 준위와 전극 Fermi 준위 간의 간격이 가까워짐에 따라 Seebeck 계수가 증가함을 설명한다.

최근 Park과 Yoon은 $Au^{TS}/S(Ph)_n//Ga_2O_3$/EGaIn 접합(n = 1, 2, 3)[68] 그리고 $Au^{TS}/SC_n//Ga_2O_3$/EGaIn 접합[114]을 제작하여 열전 연구를 보고했다(그림 7.28). 여기서 Au^{TS}는 template-stripped gold로서 표면이 아주 평평한 금을 의미한다. 올리고페닐렌(oligophenylene)은 소면적 결과와 같은 경향을 보였다. 알케인싸이올(alkanethiol)은 길이가 증가함에 따라 Seebeck 계수가 감소함을 관측했다. 이는 열전 특성이 고정기의 황 원자와 금 원자 간의 결합에 의해 새롭게 형성되는 in-gap state에 의존함으로 설명했다.[114]

SAM을 이용한 분자 열전 소자의 응용도 최근 보고되었다. SAM을 통해 Peltier 냉각 효과를 보고하였다. Peltier 냉각 효과는 전류가 n type에서 p type으로 이동할 때 발생하는

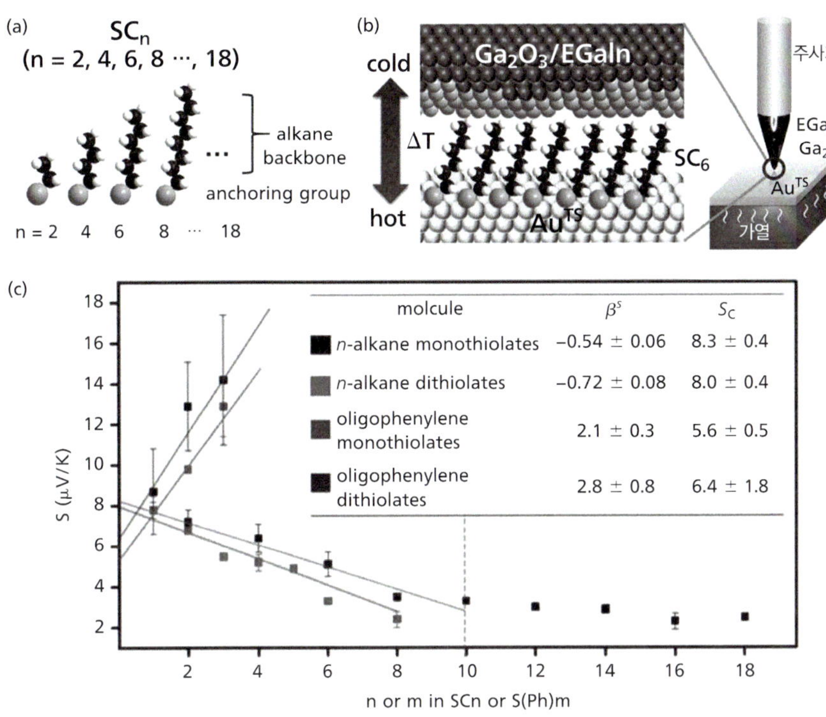

그림 7.28 ▸ (a) 본 연구에 사용된 n-알케인싸이올(SC$_n$으로 표시, 여기서 n = 2, 4, 6, 8, 10, 12, 14, 16, 18). (b) 대면적 열전 접합의 구조 개략도. 알케인과 페닐렌 사슬을 가진 분자의 β^S 단위는 각각 $\mu V(\mathrm{K}\cdot n\mathrm{C})^{-1}$과 $\mu V(\mathrm{K}\cdot n\mathrm{Ph})^{-1}$이다. (c) 유사한 분자 골격 또는 고정 작용기를 가지는 다른 열전 접합에서 밝혀진 길이 의존성의 비교. (a, b) Reproduced with permission from ACS publications.[114]

냉각이 되는 현상으로 1834년 Jean Peltier에 의해 발견되었다.[118] 이 과정에서 두 타입의 지배적인 전하 운반체는 접합부에서 멀어지면서 열을 제거한다.[119,120] Cui 연구팀은 biphenyl 4,4′-dithiolate (BPDT), terphenyl-4,4′-dithiolate (TPDT) 또는 4,4′-bipyridine (BP)(그림 7.29a) 분자들로 이루어진 SAM을 이용해 소면적 분자 접합에서의 Peltier 냉각을 실험으로 확인하였다.[121] SAM은 금으로 코팅된 열량을 측정하는 마이크로 장치(calorimetric microdevice) 위에 형성되었고 금이 코팅된 AFM probe는 접합 형성을 위한 상부 전극으

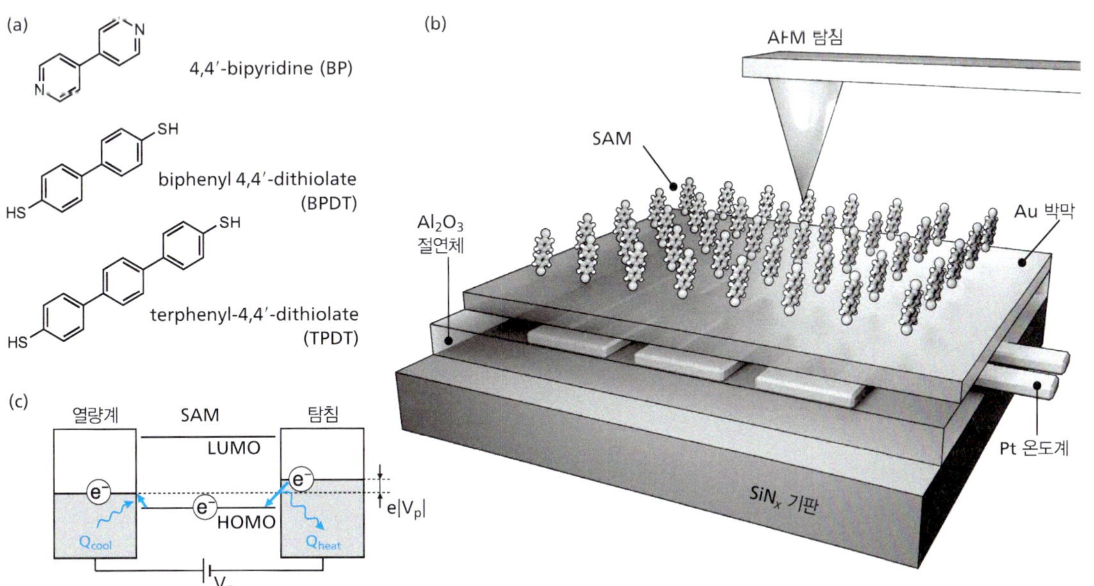

그림 7.29 ▸ (a) 소면적 분자 접합에서 Peltier 냉각 효과를 연구하는 데 사용된 분자. (b) 마이크로 실험 장치 개략도. (c) SAM의 HOMO에 의한 전자 수송이 일어나는 Peltier 과정의 해석. Q_{heat}과 Q_{cool}은 각각 heating 및 cooling power를 의미함.

로 사용되었다(그림 7.29b). 열량 측정 마이크로 장치는 SiN_x 기판에 패턴되었고 Al_2O_3로 덮인 Pt 온도계로 구성되었다. Seebeck 효과와 반대로(즉 Peltier 효과로), 마이크로 장치에 전압(V_p)을 가함으로써 온도차(ΔT)를 만들 수 있다. 총 가열 및 냉각 전력(Q_{cal})은 ΔT 및 열저항(R_S)에 따라 달라지며 $Q_{cal} = \Delta T/R_S$ 식으로 표현된다. R_S 값(~3.3×10^6 KW^{-1})이 일정하다는 점을 감안할 때 ΔT는 Q_{cal}과 직접 관련이 있다. TPDT 접합부의 S 값은 15.7 ± 1.1 $\mu V\ K^{-1}$로 측정되었고 양의 값은 전하 이동이 HOMO에 의해 지배되었음을 의미한다(그림 7.29c). TPDT의 전기전도성이 BPDT보다 낮기 때문에, 열 이동을 수반하는 전자 이동이 저하되어 TPDT의 냉각 효과가 BPDT보다 낮은 것으로 관찰되었다. BP 접합은 음의 S 값(−6.9 ± 1.1 $\mu V\ K^{-1}$)을 보였고, 이는 전하 이동이 LUMO에 의해 지배됨을 말한다. 싸이올(thiol)과 피리딘 유도체(pyridine derivative)는 서로 반대 부호의 V_p 값을 보였는데 이는 싸이올과 피리딘 분자들이 각기 다른 전도 채널(HOMO와 LUMO)에 의존하기 때문이다.

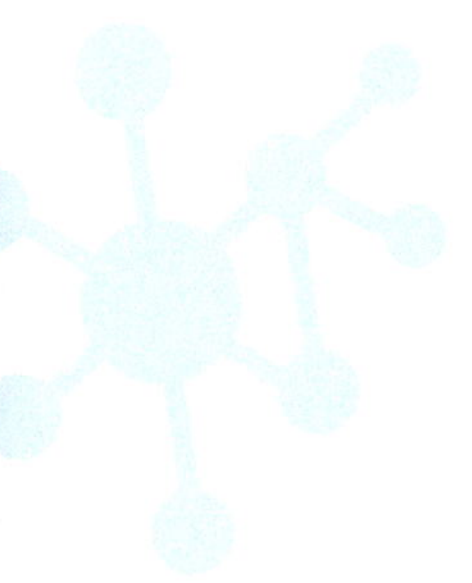

참고 문헌

1. S. Casalini, C. A. Bortolotti, F. Leonardi, and F. Biscarini, Self-assembled monolayers in organic electronics, *Chem. Soc. Rev.*, 2017, 46 (1), 40–71.
2. W. Bigelow, D. Pickett, and W. Zisman, Oleophobic monolayers: I. Films adsorbed from solution in non-polar liquids, *J. Colloid Interface Sci.*, 1946, 1 (6), 513–538.
3. J. Sagiv, Organized monolayers by adsorption. 1. Formation and structure of oleophobic mixed monolayers on solid surfaces, *J. Am. Chem. Soc.*, 1980, 102 (1), 92–98.
4. L. Netzer and J. Sagiv, A New Approach to Construction of Artificial monolayer assemblies, *J. Am. Chem. Soc.*, 1983, 105 (3), 674–676.
5. R. G. Nuzzo and D. L. Allara, Adsorption of bifunctional organic disulfides on gold surfaces, *J. Am. Chem. Soc.*, 1983, 105 (13), 4481–4483.
6. M. D. Porter, T. B. Bright, D. L. Allara, and C. E. Chidsey, Spontaneously organized molecular assemblies. 4. Structural characterization of *n*-alkyl thiol monolayers on gold by optical ellipsometry, infrared spectroscopy, and electrochemistry, *J. Am. Chem. Soc.*, 1987, 109 (12), 3559–3568.
7. C. D. Bain, J. Evall, and G. M. Whitesides, Formation of monolayers by the coadsorption of thiols on gold: variation in the head group, tail group, and solvent, *J. Am. Chem. Soc.*, 1989, 111 (18), 7155–7164.
8. C. D. Bain and G. M. Whitesides, Molecular-level control over surface order in self-assembled monolayer films of thiols on gold, *Science*, 1988, 240 (4848), 62–63.
9. C. D. Bain and G. M. Whitesides, Correlations between wettability and structure in monolayers of alkanethiols adsorbed on gold, *J. Am. Chem. Soc.*, 1988, 110 (11), 3665–3666.
10. H. Lee, L. J. Kepley, H. G. Hong, and T. E. Mallouk, Inorganic analogs of Langmuir-Blodgett films: adsorption of ordered zirconium 1,10-decanebisphosphonate multilayers on silicon surfaces, *J. Am. Chem. Soc.*, 1988, 110 (2), 618–620.
11. G. Cleland, B. R. Horrocks, and A. Houlton, Direct functionalization of silicon via the self-assembly of alcohols, *J. Chem. Soc., Faraday Trans.*, 1995, 91 (21), 4001–4003.
12. M. R. Linford, P. Fenter, P. M. Eisenberger, and C. E. Chidsey, Alkyl monolayers on silicon prepared from 1-alkenes and hydrogen-terminated silicon, *J. Am. Chem. Soc.*, 1995, 117 (11), 3145–3155.
13. A. Ulman, Formation and structure of self-assembled monolayers, *Chem. Rev.*, 1996, 96 (4), 1533–1554.
14. H. A. Biebuyck, C. D. Bain, and G. M. Whitesides, Comparison of organic monolayers on polycrystalline gold spontaneously assembled from solutions containing dialkyl disulfides or alkanethiols, *Langmuir*, 1994, 10 (6), 1825–1831.
15. F. C. Simeone, H. J. Yoon, M. M. Thuo, J. R. Barber, *et al.*, Defining The Value of Injection Current and Effective Electrical Contact Area for EGaIn-based Molecular Tunneling Junctions, *J. Am. Chem. Soc.*, 2013, 135 (48), 18131–18144.
16. M. Brust, M. Walker, D. Bethell, D. J. Schiffrin, *et al.*, Synthesis of thiol-derivatised gold nanoparticles in a two-phase liquid–liquid system, *J. Chem. Soc., Chem. Commun.*, 1994(7), 801–802.
17. O. Chailapakul, L. Sun, C. Xu, and R. M. Crooks, Interactions between organized, surface-confined monolayers and vapor-phase probe molecules. 7. Comparison of self-assembling *n*-alkanethiol monolayers deposited on gold from liquid and vapor phases, *J. Am. Chem. Soc.*, 1993, 115 (26), 12459–12467.
18. R. C. Thomas, L. Sun, R. M. Crooks, and A. J. Ricco, Real-time measurements of the gas-phase adsorption of *n*-alkylthiol mono- and multilayers on gold, *Langmuir*, 1991, 7 (4), 620–622.
19. R. G. Nuzzo, F. A. Fusco, and D. L. Allara, Spontaneously organized molecular assemblies. 3. Preparation and properties of solution adsorbed monolayers of organic disulfides on gold surfaces, *J. Am. Chem. Soc.*, 1987, 109 (8), 2358–2368.
20. C. D. Bain, H. A. Biebuyck, and G. M. Whitesides, Comparison of self-assembled monolayers on gold: coadsorption of thiols and disulfides, *Langmuir*, 1989, 5 (3), 723–727.
21. M. M. Walczak, C. Chung, S. M. Stole, C. A. Widrig, *et al.*, Structure and interfacial properties of spontaneously adsorbed *n*-alkanethiolate monolayers on evaporated silver surfaces, *J. Am. Chem. Soc.*, 1991, 113 (7), 2370–2378.
22. R. G. Nuzzo, L. H. Dubois, and D. L. Allara, Fundamental studies of microscopic wetting on organic surfaces. 1. Formation and structural characterization of a self-consistent series of polyfunctional organic monolayers, *J. Am. Chem. Soc.*, 1990, 112 (2), 558–569.
23. Y. Li, J. Huang, R. T. McIver Jr, and J. C. Hemminger, Characterization of thiol self-assembled films by laser desorption Fourier transform mass spectrometry, *J. Am. Chem. Soc.*, 1992, 114 (7), 2428–2432.
24. M. A. Bryant and J. E. Pemberton, Surface Raman scattering of self-assembled monolayers formed from 1-alkanethiols: behavior of films at gold and comparison to films at silver, *J. Am. Chem. Soc.*, 1991, 113 (22), 8284–8293.
25. L. H. Dubois and R. G. Nuzzo, Synthesis, structure, and properties of model organic surfaces, *Ann. Phys. Chem.*, 1992, 43 (1), 437–463.
26. Y. X. Zhuang, O. Hansen, T. Knieling, C. Wang, *et al.*,

Thermal stability of vapor phase deposited self-assembled monolayers for MEMS anti-stiction, *Journal of Micromechanics and Microengineering*, 2006, 16 (11), 2259.

27. A. Hozumi, Y. Yokogawa, T. Kameyama, H. Sugimura, *et al.*, Amino-Terminated Self-Assembled Monolayer On A SiO_2 Surface Formed By Chemical Vapor Deposition, *J. Vac. Sci. Technol. A*, 2001, 19 (4), 1812–1816.

28. T. M. Mayer, M. P. de Boer, N. D. Shinn, P. J. Clews, *et al.*, Chemical Vapor Deposition of Fluoroalkylsilane Monolayer Films for Adhesion Control in Microelectromechanical Systems, *J. Vac. Sci. Technol., B*, 2000, 18 (5), 2433–2440.

29. W. R. Ashurst, C. Carraro, and R. Maboudian, Vapor Phase Anti-Stiction Coatings for MEMS, *IEEE Trans. Device Mater. Reliab.*, 2003, 3 (4), 173–178.

30. S. Fiorilli, P. Rivolo, E. Descrovi, C. Ricciardi, *et al.*, Vapor-Phase Self-Assembled Monolayers of Aminosilane On Plasma-Activated Silicon Substrates, *J. Colloid Interface Sci.*, 2008, 321 (1), 235–241.

31. Y. X. Zhuang, O. Hansen, T. Knieling, C. Wang, *et al.*, Vapor-phase self-assembled monolayers for anti-stiction applications in MEMS, *J. Microelectromech. Syst.*, 2007, 16 (6), 1451–1460.

32. M. A. Rivera Mateus, J. Ojeda, and D. Gallego, Thermoelectric properties through a wire composed of isoprene molecules, *AIP Adv.*, 2020, 10 (6), 065021.

33. R. K. Smith, S. M. Reed, P. A. Lewis, J. D. Monnell, *et al.*, Phase Separation within A Binary Self-Assembled Monolayer on Au {111} Driven by An Amide-Containing Alkanethiol, *J. Phys. Chem. B*, 2001, 105 (6), 1119–1122.

34. M. Burkhardt, A. Jedaa, M. Novak, A. Ebel, *et al.*, Concept of a Molecular Charge Storage Dielectric Layer for Organic Thin–Film Memory Transistors, *Adv. Mater.*, 2010, 22 (23), 2525–2528.

35. A. V. Shevade, J. Zhou, M. T. Zin, and S. Jiang, Phase behavior of mixed self-assembled monolayers of alkanethiols on Au (111): A configurational-bias Monte Carlo simulation study, *Langmuir*, 2001, 17 (24), 7566–7572.

36. C. D. Bain and G. M. Whitesides, Formation of two-component surfaces by the spontaneous assembly of monolayers on gold from solutions containing mixtures of organic thiols, *J. Am. Chem. Soc.*, 1988, 110 (19), 6560–6561.

37. D. M. Collard and C. P. Lillya, Structure-property relationships for the thermal phase behavior of discotic liquid crystals: the effect of branching and unsaturation in the side chains of disklike molecules, *J. Am. Chem. Soc.*, 1991, 113 (23), 8577–8583.

38. G. G. Baralia, A.-S. Duwez, B. Nysten, and A. M. Jonas, Kinetics of exchange of alkanethiol monolayers self-assembled on polycrystalline gold, *Langmuir*, 2005, 21 (15), 6825–6829.

39. L. Qiu, Y. Zhang, T. L. Krijger, X. Qiu, *et al.*, Rectification of current responds to incorporation of fullerenes into mixed-monolayers of alkanethiolates in tunneling junctions, *Chem. Sci.*, 2017, 8 (3), 2365–2372.

40. A. Kumar, N. L. Abbott, H. A. Biebuyck, E. Kim, *et al.*, Patterned self-assembled monolayers and meso-scale phenomena, *Acc. Chem. Res.*, 1995, 28 (5), 219–226.

41. S. Chen, L. Li, C. L. Boozer, and S. Jiang, Controlled chemical and structural properties of mixed self-assembled monolayers of alkanethiols on Au (111), *Langmuir*, 2000, 16 (24), 9287–9293.

42. E. Schulze and M. Stein, Simulation of Mixed Self-Assembled Monolayers on Gold: Effect of Terminal Alkyl Anchor Chain and Monolayer Composition, *J. Phys. Chem. B*, 2018, 122 (31), 7699–7710.

43. J. Chen, B. Chang, S. Oyola-Reynoso, Z. Wang, *et al.*, Quantifying Gauche Defects and Phase Evolution in Self-Assembled Monolayers through Sessile Drops, *ACS Omega*, 2017, 2 (5), 2072–2084.

44. N. Islam, P. V. Gurgel, O. J. Rojas, and R. G. Carbonell, Effects of Composition of Oligo(ethylene glycol)-Based Mixed Monolayers on Peptide Grafting and Human Immunoglobulin Detection, *J. Phys. Chem. C*, 2014, 118 (10), 5361–5373.

45. K. Ichimura, S.-K. Oh, and M. Nakagawa, Light-driven motion of liquids on a photoresponsive surface, *Science*, 2000, 288 (5471), 1624–1626.

46. J. Lahann, S. Mitragotri, T.-N. Tran, H. Kaido, *et al.*, A reversibly switching surface, *Science*, 2003, 299 (5605), 371–374.

47. B. S. Lee, Y. S. Chi, J. K. Lee, I. S. Choi, *et al.*, Imidazolium ion-terminated self-assembled monolayers on Au: Effects of counteranions on surface wettability, *J. Am. Chem. Soc.*, 2004, 126 (2), 480–481.

48. Y. S. Chi, J. K. Lee, S.-g. Lee, and I. S. Choi, Control of wettability by anion exchange on Si/SiO_2 surfaces, *Langmuir*, 2004, 20 (8), 3024–3027.

49. K. C. Laudon and J. P. Laudon, *Management information systems*, Pearson Upper Saddle River, 2015.

50. B. Mann and H. Kuhn, Tunneling through fatty acid salt monolayers, *J. Appl. Phys.*, 1971, 42 (11), 4398–4405.

51. A. Aviram and M. A. Ratner, Molecular rectifiers, *Chem. Phys. Lett.*, 1974, 29 (2), 277–283.

52. J. M. Beebe, V. B. Engelkes, L. L. Miller, and C. D. Frisbie, Contact resistance in metal–molecule–metal junctions based on aliphatic SAMs: Effects of surface linker and metal work function, *J. Am. Chem. Soc.*, 2002, 124 (38), 11268–11269.

53. B. Xu and N. J. Tao, Measurement of single-molecule resistance by repeated formation of molecular junctions, *Science*, 2003, 301 (5637), 1221–1223.

54. F. Chen, X. Li, J. Hihath, Z. Huang, *et al.*, Effect of anchoring groups on single-molecule conductance: comparative study of thiol-, amine-, and carboxylic-acid-terminated molecules, *J. Am. Chem. Soc.*, 2006, 128 (49), 15874–15881.

55. M. Suzuki, S. Fujii, and M. Fujihira, Measurements of currents through single molecules of alkanedithiols by repeated formation of break junction in scanning tunneling microscopy under ultrahigh vacuum, *J. Appl. Phys.*, 2006, 45 (3S), 2041.

56. V. B. Engelkes, J. M. Beebe, and C. D. Frisbie, Length-dependent transport in molecular junctions based on SAMs of alkanethiols and alkanedithiols: Effect of metal work function and applied bias on tunneling efficiency and contact resistance, *J. Am. Chem. Soc.*, 2004, 126 (43), 14287–14296.

57. R. L. York, P. T. Nguyen, and K. Slowinski, Long-range electron transfer through monolayers and bilayers of alkanethiols in electrochemically controlled hg-hg tunneling junctions, *J. Am. Chem. Soc.*, 2003, 125 (19), 5948–5953.

58. A. Girlando, C. Sissa, F. Terenziani, A. Painelli, *et al.*, In Situ Spectroscopic Characterization of Rectifying Molecular Monolayers Self-Assembled on Gold, *Chem. Phys. Chem.*, 2007, 8 (15), 2195–2201.

59. M. Halik and A. Hirsch, The potential of molecular self-assembled monolayers in organic electronic devices, *Adv. Mater.*, 2011, 23 (22–23), 2689–2695.

60. X. Sun, Y. Liu, C. a. Di, Y. Wen, *et al.*, Interfacial Heterogeneity of Surface Energy in Organic Field-Effect Transistors, *Adv. Mater.*, 2011, 23 (8), 1009–1014.

61. W. F. Reus, M. M. Thuo, N. D. Shapiro, C. A. Nijhuis, *et al.*, The SAM, not the electrodes, dominates charge transport in metal–monolayer//Ga_2O_3/gallium–indium eutectic junctions, *ACS Nano*, 2012, 6 (6), 4806–4822.

62. A. Vilan, D. Aswal, and D. Cahen, Large-Area, Ensemble Molecular Electronics: Motivation and Challenges, *Chem. Rev.*, 2017, 117 (5), 4248–4286.

63. T.-W. Kim, G. Wang, H. Lee, and T. Lee, Statistical analysis of electronic properties of alkanethiols in metal–molecule–metal junctions, *Nanotechnology*, 2007, 18 (31), 315204.

64. G. Wang, T.-W. Kim, H. Lee, and T. Lee, Influence of Metal-Molecule Contacts on Decay Coefficients and Specific Contact Resistances in Molecular Junctions, *Phys. Rev. B*, 2007, 76 (20), 205320.

65. R. E. Holmlin, R. Haag, M. L. Chabinyc, R. F. Ismagilov, et al., Electron transport through thin organic films in metal–insulator–metal junctions based on self-assembled monolayers, *J. Am. Chem. Soc.*, 2001, 123 (21), 5075–5085.

66. R. C. Chiechi, E. A. Weiss, M. D. Dickey, and G. M. Whitesides, Eutectic gallium–indium (EGaIn): a moldable liquid metal for electrical characterization of self-assembled monolayers, *Angew. Chem., Int. Ed.*, 2008, 47 (1), 142–144.

67. L. Cademartiri, M. M. Thuo, C. A. Nijhuis, W. F. Reus, *et al.*, Electrical resistance of $Ag^{TS}/S(CH_2)_{n-1}CH_3//Ga_2O_3/$EGaIn tunneling junctions, *J. Phys. Chem. C*, 2012, 116 (20), 10848–10860.

68. S. Park and H. J. Yoon, New Approach for Large-Area Thermoelectric Junctions with a Liquid Eutectic Gallium–Indium Electrode, *Nano Lett.*, 2018, 18 (12), 7715–7718.

69. H. J. Yoon, N. D. Shapiro, K. M. Park, M. M. Thuo, *et al.*, The Rate of Charge Tunneling through Self-Assembled Monolayers Is Insensitive to Many Functional Group Substitutions, *Angew. Chem., Int. Ed.*, 2012, 51 (19), 4658–4661.

70. C. M. Bowers, K.-C. Liao, H. J. Yoon, D. Rappoport, et al., Introducing Ionic and/or Hydrogen Bonds into the SAM//Ga_2O_3 Top-Interface of $Ag^{TS}/S(CH_2)_nT//Ga_2O_3/$EGaIn Junctions, *Nano Lett.*, 2014, 14 (6), 3521–3526.

71. H. J. Yoon, C. M. Bowers, M. Baghbanzadeh, and G. M. Whitesides, The Rate of Charge Tunneling Is Insensitive to Polar Terminal Groups in Self-Assembled Monolayers in $Ag^{TS}/S(CH_2)_nM(CH_2)_mT//Ga_2O_3/$EGaIn Junctions, *J. Am. Chem. Soc.*, 2014, 136 (1), 16–19.

72. W. F. Reus, C. A. Nijhuis, J. R. Barber, M. M. Thuo, *et al.*, Statistical tools for analyzing measurements of charge transport, *J. Phys. Chem. C*, 2012, 116 (11), 6714–6733.

73. J. G. Simmons, Electric Tunnel Effect between Dissimilar Electrodes Separated by a Thin Insulating Film, *J. Appl. Phys.*, 1963, 34 (9), 2581–2590.

74. J. G. Simmons, Generalized formula for the electric tunnel effect between similar electrodes separated by a thin insulating film, *J. Appl. Phys.*, 1963, 34 (6), 1793–1803.

75. J. A. Malen, S. K. Yee, A. Majumdar, and R. A. Segalman, Fundamentals of Energy Transport, Energy Conversion, and Thermal Properties in Organic–Inorganic Heterojunctions, *Chem. Phys. Lett.*, 2010, 491 (4-6), 109–122.

76. K. Baheti, J. A. Malen, P. Doak, P. Reddy, *et al.*, Probing the Chemistry of Molecular Heterojunctions Using Thermoelectricity, *Nano Lett.*, 2008, 8 (2), 715–719.

77. J. A. Malen, P. Doak, K. Baheti, T. D. Tilley, *et al.*, The Nature of Transport Variations in Molecular Heterojunction Electronics, *Nano Lett.*, 2009, 9 (10), 3406–3412.

78. M. Paulsson and S. Datta, Thermoelectric Effect in Molecular Electronics, *Phys. Rev. B*, 2003, 67 (24), 241403.

79. Q. V. Nguyen, Z. Xie, and C. D. Frisbie, Quantifying Molecular Structure-Tunneling Conductance Relationships: Oligophenylene Dimethanethiol vs Oligophenylene Dithiol Molecular Junctions, *J. Phys. Chem. C*, 2021, 125 (7), 4292–4298.

80. H. J. Yoon, K.-C. Liao, M. R. Lockett, S. W. Kwok, *et al.*, Rectification in tunneling junctions: 2, 2′-bipyridyl-terminated *n*-alkanethiolates, *J. Am. Chem. Soc.*, 2014, 136 (49), 17155–17162.

81. H. Kang, G. D. Kong, S. E. Byeon, S. Yang, *et al.*, Interplay of Fermi Level Pinning, Marcus Inverted Transport, and Orbital Gating in Molecular Tunneling Junctions, *J. Phys. Chem. Lett.*, 2020, 11 (20), 8597–8603.

82. C. A. Nijhuis, W. F. Reus, J. R. Barber, M. D. Dickey, *et al.*, Charge Transport And Rectification in Arrays of SAM-based Tunneling Junctions, *Nano Lett.*, 2010, 10 (9), 3611–3619.

83. J. Lee, H. Chang, S. Kim, G. S. Bang, *et al.*, Molecular monolayer nonvolatile memory with tunable molecules, *Angew. Chem., Int. Ed.*, 2009, 48 (45), 8501–8504.

84. K. Schierbaum, T. Weiss, E. T. Van Veizen, J. Engbersen, *et al.*, Molecular recognition by self-assembled monolayers of cavitand receptors, *Science*, 1994, 265 (5177), 1413–1415.

85. S. Park, J. Jang, H. Kim, D. I. Park, *et al.*, Thermal conductance in single molecules and self-assembled monolayers: physicochemical insights, progress, and challenges, *J. Mater. Chem. A*, 2020, 8 (38), 19746–19767.

86. C. C. Williams and H. Wickramasinghe, Microscopy of chemical-potential variations on an atomic scale, *Nature*, 1990, 344 (6264), 317–319.

87. J. Poler, R. Zimmermann, and E. C. Cox, Scanning thermopower microscopy of guanine monolayers, *Langmuir*, 1995, 11 (7), 2689–2695.

88. S. Park, H. Kang, and H. J. Yoon, Structure–Thermopower Relationships in Molecular Thermoelectrics, *J. Mater. Chem. A*, 2019, 7, 14419–14446.

89. B. Ludoph and J. Van Ruitenbeek, Thermopower of atomic-size metallic contacts, *Phys. Rev. B*, 1999, 59 (19), 12290.

90. P. Reddy, S.-Y. Jang, R. A. Segalman, and A. Majumdar, Thermoelectricity in Molecular Junctions, *Science*, 2007, 315 (5818), 1568–1571.

91. J. M. Beebe, B. Kim, C. D. Frisbie, and J. G. Kushmerick, Measuring relative barrier heights in molecular electronic junctions with transition voltage spectroscopy, *ACS Nano*, 2008, 2 (5), 827–832.

92. Q. H. Al-Galiby, H. Sadeghi, D. Z. Manrique, and C. J. Lambert, Tuning the Seebeck coefficient of naphthalenediimide by electrochemical gating and doping, *Nanoscale*, 2017, 9 (14), 4819–4825.

93. M. Cutler and N. F. Mott, Observation of Anderson localization in an electron gas, *Phys. Rev.*, 1969, 181 (3), 1336.

94. H. Basch, R. Cohen, and M. A. Ratner, Interface geometry and molecular junction conductance: Geometric fluctuation and stochastic switching, *Nano Lett.*, 2005, 5 (9), 1668–1675.

95. S. Y. Quek, L. Venkataraman, H. J. Choi, S. G. Louie, *et al.*, Amine–gold linked single-molecule circuits: Experiment and theory, *Nano Lett.*, 2007, 7 (11), 3477–3482.

96. S. Kaneko, Y. Nakamura, R. Matsushita, S. Marqués-González, et al., Simultaneous measurement of electrical conductance and thermopower of single benzenedithiol molecular junctions, *Appl. Phys. Express*, 2015, 8 (6), 065201.

97. T. Morikawa, A. Arima, M. Tsutsui, and M. Taniguchi, Thermoelectric voltage measurements of atomic and molecular wires using microheater-embedded mechanically-controllable break junctions, *Nanoscale*, 2014, 6 (14), 8235–8241.

98. M. Tsutsui, T. Morikawa, Y. He, A. Arima, *et al.*, High thermopower of mechanically stretched single-molecule junctions, *Sci. Rep.*, 2015, 5, 11519.

99. A. Aiba, F. Demir, S. Kaneko, S. Fujii, *et al.*, Controlling the thermoelectric effect by mechanical manipulation of the electron's quantum phase in atomic junctions, *Sci. Rep.*, 2017, 7 (1), 7949.

100. M. Tsutsui, T. Morikawa, A. Arima, and M. Taniguchi, Thermoelectricity in atom-sized junctions at room temperatures, *Sci. Rep.*, 2013, 3 (7), 3326.

101. J. R. Widawsky, P. Darancet, J. B. Neaton, and L. Venkataraman, Simultaneous determination of conductance and thermopower of single molecule junctions, *Nano Lett.*, 2011, 12 (1), 354–358.

102. S. K. Yee, J. A. Malen, A. Majumdar, and R. A. Segalman, Thermoelectricity in Fullerene–metal Heterojunctions, *Nano Lett.*, 2011, 11 (10), 4089–4094.

103. J. Ulrich, D. Esrail, W. Pontius, L. Venkataraman, *et al.*, Variability of conductance in molecular junctions, *J. Phys. Chem. B*, 2006, 110 (6), 2462–2466.

104. A. Tan, J. Balachandran, S. Sadat, V. Gavini, *et al.*, Effect of Length and Contact Chemistry on the Electronic Structure and Thermoelectric Properties of Molecular Junctions, *J. Am. Chem. Soc.*, 2011, 133 (23), 8838–8841.

105. A. Tan, J. Balachandran, B. D. Dunietz, S.-Y. Jang, *et al.*, Length Dependence of Frontier Orbital Alignment in Aromatic Molecular Junctions, *Appl. Phys. Lett.*, 2012, 101 (24), 243107.

106. A. Tan, S. Sadat, and P. Reddy, Measurement of thermopower and current-voltage characteristics of molecular junctions to identify orbital alignment, *Appl. Phys. Lett.*, 2010, 96 (1), 013110.

107. J. A. Malen, P. Doak, K. Baheti, T. D. Tilley, *et al.*, Identifying the Length Dependence of Orbital Alignment and Contact Coupling in Molecular Heterojunctions, *Nano Lett.*, 2009, 9 (3), 1164–1169.

108. D. Kim, P. S. Yoo, and T. Kim, Length-dependent Thermopower Determination of Amine-terminated Oligophenyl Single Molecular Junctions Formed with Ag Electrodes, *J. Kor. Phys. Soc.*, 2015, 66 (4), 602–606.

109. S. K. Lee, T. Ohto, R. Yamada, and H. Tada, Thermopower of Benzenedithiol and C_{60} Molecular Junctions with Ni and

Au Electrodes, *Nano Lett.*, 2014, 14 (9), 5276–5280.

110. S. K. Lee, M. Buerkle, R. Yamada, Y. Asai, *et al.*, Thermoelectricity at the Molecular Scale: A Large Seebeck Effect in Endohedral Metallofullerenes, *Nanoscale*, 2015, 7 (48), 20497–20502.

111. L. Rincón-García, C. Evangeli, G. Rubio-Bollinger, and N. Agraït, Thermopower measurements in molecular junctions, *Chem. Soc. Rev.*, 2016, 45 (15), 4285–4306.

112. S. Y. Quek, H. J. Choi, S. G. Louie, and J. B. Neaton, Thermopower of amine–gold-linked aromatic molecular junctions from first principles, *ACS Nano*, 2010, 5 (1), 551–557.

113. J. R. Widawsky, W. Chen, H. Vazquez, T. Kim, *et al.*, Length-dependent Thermopower of Highly Conducting Au–C Bonded Single Molecule Junctions, *Nano Lett.*, 2013, 13 (6), 2889–2894.

114. S. Park, N. Cho, and H. J. Yoon, Two Different Length-Dependent Regimes in Thermoelectric Large-Area Junctions of *n*-Alkanethiolates, *Chem. Mater.*, 2019, 31 (15), 5973–5980.

115. W. B. Chang, C.-K. Mai, M. Kotiuga, J. B. Neaton, *et al.*, Controlling The Thermoelectric Properties of Thiophene-derived Single-Molecule Junctions, *Chem. Mater.*, 2014, 26 (24), 7229–7235.

116. E. J. Dell, B. Capozzi, J. Xia, L. Venkataraman, *et al.*, Molecular length Dictates The Nature of Charge Carriers in Single-molecule Junctions of Oxidized Oligothiophenes, *Nat. Chem.*, 2015, 7 (3), 209–214.

117. C. Evangeli, K. Gillemot, E. Leary, M. T. Gonzalez, *et al.*, Engineering the Thermopower of C60 Molecular Junctions, *Nano Lett.*, 2013, 13 (5), 2141–2145.

118. J.-C. Peltier, Nouvelles expériences sur la caloricité des courants électrique, *Ann. Chim. Phys*, 1834, 56 (371), 371–386.

119. F. J. DiSalvo, Thermoelectric cooling and power generation, *Science*, 1999, 285 (5428), 703–706.

120. K. L. Grosse, M.-H. Bae, F. Lian, E. Pop, *et al.*, Nanoscale Joule heating, Peltier cooling and current crowding at graphene–metal contacts, *Nat. Nanotechnol.*, 2011, 6 (5), 287.

121. L. Cui, R. Miao, K. Wang, D. Thompson, *et al.*, Peltier cooling in molecular junctions, *Nat. Nanotechnol.*, 2018, 13 (2), 122.

연습 문제

1. SAM을 구성하는 3가지 구조를 설명하라.

2. SAM의 형성을 위해서는 분자를 기판에 흡착시켜야 하며, 이를 위해서 anchoring group과 기판과의 결합 형성은 매우 중요하다. 최근까지도 다양한 anchoring group들이 개발되고 있으며, 이는 SAM 응용에서 매우 중요하다. 다양한 화학결합들로 SAM 형성이 가능하다. 다음 anchoring group들의 화학결합에 대하여 문헌 조사를 진행하고 해당 결합에 대해 설명하라.
   (a) R-SH + Au, Ag, Pt, Cu
   (b) R-CO_2H + Ag
   (c) R-PO_3H_2 + Ag
   (d) R-CO_2H + glass
   (e) R-PO_3H_2 + glass
   (f) R-$SiCl_3$ + SiO_x/Si
   (g) R-Si(OR′)$_3$ + SiO_x/Si
   (h) R-NHC + Au
   (i) R-NH_2 + Graphene
   (j) R-C_{60} + Au (C_{60}: fullerene)
   (k) R-HC=CH_2 + Si

3. SAM은 분자 하나의 두께로 1~2 nm 내외의 두께를 가진다. 이 두께를 측정하기 위해 최신 분석 기술들이 개발되었고 그 중 하나는 타원계측법(ellipsometry)이다. 이 기술의 원리와 이를 통해 측정한 SAM의 실제 두께에 대해 조사하고 해당 내용을 설명하라.

4. 혼성 SAM (mixed SAM)을 합성하는 3가지 방법을 기술하고 비교하라.

5. SAM에 기반한 분자전자소자를 제작하기 위해 최근 액체 금속을 이용한 연구가 활발히 진행되었다. 또한 납(Pb)처럼 녹는점이 낮은 금속을 증착하여 SAM과 top-contact을 만들었다. 기존에 널리 사용되었던 전통적인 금속 증착법 대신 액체 금속 혹은 Pb 같은 금속을 이용하여 top-contact 기술을 개발하는 이유는 무엇일지 설명하라.

6. 분자전자소자를 개발하기 위해 다양한 접합(junction) 기술들이 개발되었다. 같은 분자에 대해서 tunneling decay coefficient (β) 값은 접합 기술에 따라 크게 변화하지 않고 "consensus" 범위 안에서 그 값들이 분포한다. 반면 tunneling injection coefficient (J_0) 값의 분포가 넓고 "consensus" 범위에 들어가지 않는 값들도 많다. β 값과 J_0 값이 이렇게 다른 분포를 보이는 이유를 설명하라.

7. 분자 접합(molecular junction)에서 외부 전압을 가했을 때 발생하는 터널링(tunneling) 전류는 transmission coefficient, T(E)로 설명할 수 있다. SAM을 이루는 분자의 길이가 동일할 경우(즉, SAM의 두께가 같을 경우), 어떠한 분자 구조에서 높은 터널링 전류가 흐를지 설명하고, 해당 분자에 대한 예시 구조를 들어라.

$$T(E) = \sum_{i=1}^{2} \frac{\Gamma_1 \Gamma_2}{(E_F - E_i)^2 + (\Gamma_1 + \Gamma_2)^2/4}$$

8. 분자 접합 붕괴 전압(molecular junction breakdown voltage)이란 무엇인지 조사해 보고, 이를 향상시키기 위해 어떠한 방법들이 알려져 있는지 정리하라.

9. SAM 형성 시 가장 흔히 사용되는 anchoring group은 thiol이며 thiol 분자를 Au 기판 표면에서 자기조립하는 것이다. Thiol 분자에 기반한 SAM이 실제 분자전자 소자에서 쓰일 수 없는 단점 중 하나는 그 구조가 공기 중에서 안정하지 않다는 것이다. R–S–Au 결합이 공기 중에서 어떠한 화학반응을 통해 분해(decomposition)되는지 문헌 조사를 통해 설명하라.

10. 평평한 기판 위에 SAM을 형성하는 것은 SAM의 결함을 줄이는 데 매우 중요하다. 한 가지 방법으로 template-stripped Au substrate (Au^{TS})를 사용하는 것이다. TS 기판 제작 과정을 설명하라.

11. 분자 접합에서 전극 간에 온도차를 발생시키면 열전(thermoelectricity) 현상을 구현할 수 있다. 분자 접합에서 측정되는 Seebeck 계수(coefficient)는 7번에서 기술된 transmission coefficient, $T(E)$의 Fermi 준위에서의 기울기로 결정된다. 이 기울기를 증가시키기 위해 로렌츠 모양의 에너지 레벨에 어떠한 변화를 주어야 하는지 기술하라.

12. 분자 열전학(molecular thermoelectrics) 연구에서 가장 널리 연구된 분자는 oligophenylenethiol이다. 벤젠고리 개수가 증가할수록 분자 접합의 Seebeck 계수가 증가함이 알려졌다. 그 이유를 11번 문제와 연결지어 설명하라.

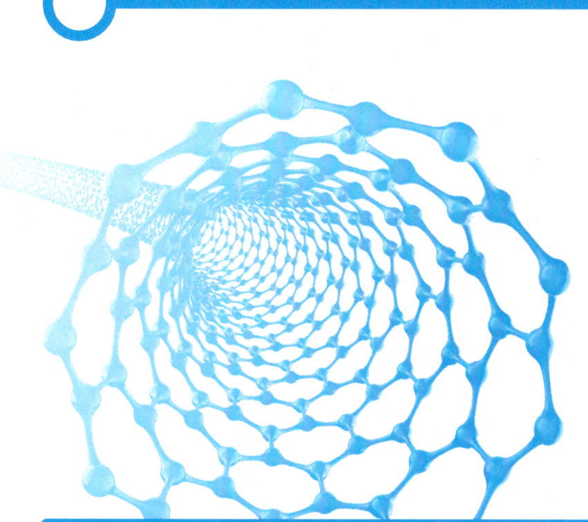

제8장

고분자와 나노패터닝

Polymer Nanomaterials and Nanopatterning

우한영

8.1 나노 패턴 고분자 개요(Introduction of nanopatterned polymers)

인류의 문명은 석기 시대, 청동기 시대, 철기 시대를 거쳐 발전해 왔고 현재 우리는 고분자(polymer) 시대에 살고 있다. 실제로 우리의 일상생활에서 고분자로 이루어진 제품들을 매우 손쉽게 찾을 수 있으며 고분자를 사용하지 않는 인류의 삶은 상상하기 어려워졌다. 가령 우리 주변에서 흔히 볼 수 있는 생수 PET병, 다양한 플라스틱 패키징 제품들, 자동차 타이어에 쓰이는 고무, 인공심장에 이용되는 polyurethane, 고강도 polyamide 섬유로 제조된 방탄조끼, polyester 및 나일론(nylon)과 같은 섬유, 건축자재로 활용되는 엔지니어링 플라스틱 등이 모두 고분자로 이루어진 제품들이다. 고분자란 그리스어로 '많은'을 뜻하는 poly와 '부분'을 뜻하는 mer이 합쳐진 단어이다. 즉, 일정 단위체(monomer)가 반복적으로 연결되어 만들어진 거대분자를 고분자라고 한다. 1869년 미국인 Hyatt가 상아 당구공을 대신할 단단하면서도 매끄러운 물질을 찾다가 우연히 셀룰로이드(celluloid)를 발명한 것이 천연수지로 만들어진 최초의 플라스틱이었다. 그 후 1909년, 미국의 화학자 Baekeland가 '베이클라이트(Bakelite)'라는 단단하고 절연성이 있는 플라스틱을 합성하면서 본격적인 플라스틱 시대가 시작되었다. 플라스틱이 동일 분자의 반복적인 연결로 이루어진 거대분자(macromolecule)라는 사실은 독일의 화학자 Staudinger의 거대 분자론에 의해 1922년에 밝혀졌으며, 그는 고분자의 아버지라 불리기도 한다. 거대분자론이 발표된 이후 새로운 물질들이 대거 합성되기 시작했다. 1933년에 Pechmann이 합성한 polyethylene은 현재 매년 전 세계적으로 수천만 톤이 생산되고 있으며, 다양한 분야에서 활용되고 있다. 또한 1934년 Carothers가 합성한 나일론은 상업적으로 크게 성공한 최초의 합성섬유로 섬유, 전선 피복 등의 소재로 활용되고 있다. Staudinger의 거대 분자론은 합성 고분자의 발전뿐만 아니라 천연 고분자에 대한 이해에도 큰 기여를 했다. 유기체에 의해 만들어지는 고분자를 천연 고분자라고 하며, 대표적인 예로 아미노산의 단위체로서 펩타이드(peptide) 결합으로 연결되어 중합된 고분인 단백질과 인산, 당, 염기로 이루어진 뉴클레오타이드(nucleotide)가 긴 사슬 모양으로 중합된 고분자인 핵산이 있다.

일반적으로 물(H_2O), 이산화탄소(CO_2), benzene (C_6H_6), ethanol (CH_3CH_2OH)과 같은 저분자(small molecule)의 크기는 ~Å (Angstrom, 1 Å = 10^{-10} m) 스케일이다. 반면, 고분자는 모노머라는 단위체가 화학결합을 통해 반복적으로 이어져 있어 10,000 g/mol 이상

의 분자량을 갖는 거대 분자로 정의할 수 있다. 고분자의 크기는 분자량에 따라 다르겠지만 보통 수십~수백 nm 크기를 갖는 대표적인 나노소재라 정의할 수 있다. 예를 들어, 분자량이 약 10,000 g/mol인 polyethylene ($-(CH_2CH_2)_n-$)은 단위체인 ethylene unit 약 360개가 중합되어 연결되어 있는 형태이다. 탄소–탄소 단일결합의 길이는 약 150 pm이며 polyethylene 고분자 사슬을 완전히 펼쳐졌을 때 크기는 약 110 nm의 길이를 갖는다. 그림 8.1에 대표적인 생체 고분자인 3,486개의 염기쌍으로 이루어진 plasmid DNA (plasmid deoxyribonucleic acid)의 원자 힘 현미경(atomic force microscopy, AFM) 사진이 도시되어 있다. Plasmid DNA의 크기는 수백 나노미터 스케일임을 알 수 있다.[1]

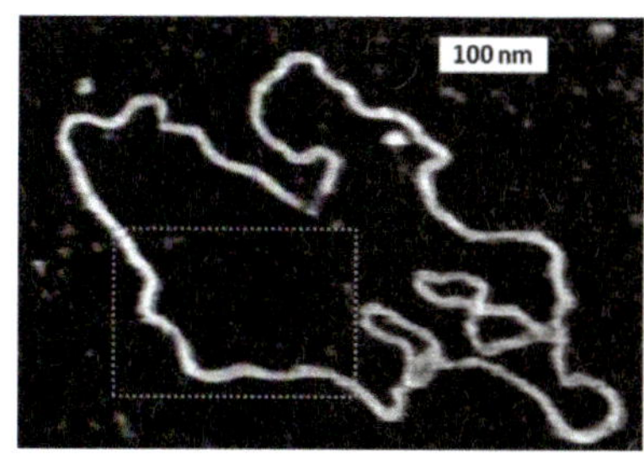

그림 8.1 ▶ 3,486 base pair plasmid DNA의 AFM 이미지. Reproduced with permission from ACS publications.[1]

20세기 후반 전기 전도도를 보이는 π-공액(π-conjugated) 구조 기반의 전도성 고분자의 발견은 고분자 소재가 전자소자의 활성층으로 활용될 수 있다는 가능성을 열어주었다. 고분자의 전기적 성능은 고분자의 분자 구조, 작용기, 곁사슬의 종류에 따라 조절이 가능하며 더 나아가 도핑을 통해 고분자의 전도도를 제어할 수 있다. 고분자 소재는 기계적 유연성이 우수하고 용액공정을 통한 소자 제작의 용이성 등 여러 가지 장점을 보이며 이들 고분자 반도체 혹은 전도성 고분자를 활용하여 폴더블(foldable), 플렉서블(flexible), 웨어러블(wearable) 전자소자를 구현하고자 하는 연구가 활발하게 진행되고 있다. 고분자의 전기적 특성을 이용한 전자소자 제작을 위해서는 잉크젯 프린팅, 스핀코팅과 같은 방법으로 수십에서 수백 나노미터 두께를 가지는 균일한 고분자박막을 제조하게 되는데 이때 초미세 구조의 전자회로를 구성할 수 있는 고분자 박막 나노 패터닝 기술(nanopatterning)이 매우 중요하게 된다. 대표적인 고분자 박막 나노 패터닝 기술로 포토리소그래피(photolithography), 마이크로컨택 프린팅(microcontact printing, μCP), 잉크젯 프린팅(inkjet printing), 주사 탐침 현미경(scanning probe microscopy, SPM) 기반의 리소그래피(lithography) 기술을 소개하고자 한다.

8.2 고분자 박막 나노 패터닝 기술 (Nanopatterning techniques for polymer membrane)

8.2.1 포토리소그래피(Photolithography)

리소그래피란 '돌'을 뜻하는 litho와 그림, 글자를 뜻하는 graph의 합성어로 석판에 글을 새긴다는 어원을 가진다. 리소그래피는 접촉인쇄의 근본이 된 기술로 1798년 독일의 Senefelder가 발명하였으며 현재 나노 또는 마이크로 패터닝에서 가장 많이 사용되는 기술이다. 실리콘 또는 유리 기판 위에 빛과 반응하여 특성이 변화하는 포토레지스트(photoresist)를 코팅 후, 마스크를 이용해 선택적으로 노광하여 패터닝을 진행한다. 1815년 Niepce에 의해 라벤더 오일과 비투멘(bitumen)을 혼합한 최초의 감광제의 발견 이후, 1959년 Eastman Kodak사(New York, USA)의 Minsk에 의해 cinnamate 기반의 poly(vinyl alcohol) (PVA) 계열의 합성 감광성 물질이 보고되었고 Eastman Kodak사에서 개발된 감광성 수지 상품을 포토레지스트로 명명한 이후 포토레지스트라는 용어가 널리 사용되었다.[2,3] 포토레지스트는 노광에 의해 물리적 특성이 바뀌게 되며 현상액에 대한 용해도가 변화하게 된다. 이때 감광 영역의 현상액에 대한 용해 여부에 따라 포지티브(positive)과 네거티브(negative) 포토레지스트로 구분된다. 포지티브 포토레지스트는 노광된 영역이 현상액에 용해되어 노광되지 않은 영역의 패턴이 남게 되며 네거티브 포토레지스트는 반대로 노광되지 않은 부분이 용해되고 노광 영역이 패턴으로 형성되게 된다.

포토리소그래피에서는 고분자가 일반적인 포토레지스트 물질로 사용되는데 전도성 고분자와 같은 기능성 유기 분자의 경우 노광 그리고 식각 과정에서 분자 고유의 성질

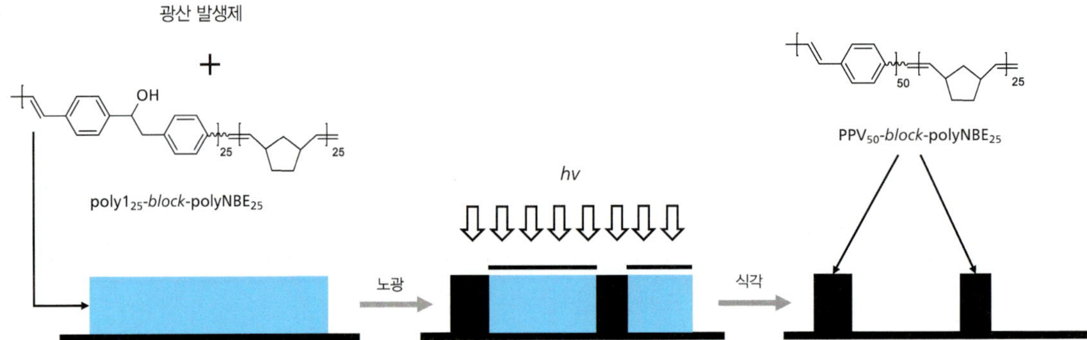

그림 8.2 ▶ PAG를 이용한 PPV의 패터닝.

이 영향을 받거나 분자 특성이 파괴될 수 있어 패터닝이 어려운 문제점이 있다. 2004년 미국 University of California, Santa Barbara (UCSB)의 Bazan 교수 그룹에서는 포토리소그래피를 사용하여 poly(p-phenylenevinylene) (PPV) 기반 유기 발광 다이오드(organic light-emitting diode, OLED)용 고분자의 패턴을 그림 8.2와 같이 제조하였다.[4] Poly(9-hydroxy-[2.2]-paracyclophan-1-ene)$_{25}$-block-poly(norbornene)$_{25}$와 광산 발생제(photoacid generator, PAG)를 섞어주어 감광성을 부여하였고 포토마스크(photomask)를 통해 빛을 조사해 주면 PAG에 의해 산이 발생되는데, 이때 산에 의한 2차 알코올 제거반응에 의해 노광된 영역에서만 PPV가 합성되게 된다. PPV는 유기 용매에 녹지 않기 때문에 마스크로 인해 산 촉매 제거반응이 일어나지 않은 부분은 용매에 씻겨져 나가 고분자 패턴을 얻을 수 있다. 이러한 방법으로 Bazan 그룹은 80~100 nm 크기의 PPV 패턴을 제작할 수 있었다.

또 다른 전도성 고분자 나노 패턴 제작의 예로 polyaniline (PANI)을 이용한 포토리소그래피 연구가 활발하게 이루어졌다. PANI-PAG 필름에 전자 빔을 조사하면 노광된 부분은 PAG에 의해 양성자화(protonation)되어 용해도가 감소하게 된다. 그림 8.3에 제작된 패터닝 사진이 도시되어 있으며 이러한 포토리소그래피 방법을 이용하여 ~600 nm 폭의 패터닝을 발표하였다.[5]

유사한 연구로 자외선 또는 전자 빔을 poly(3-alkylthiophene) (P3AT)에 조사하여 가교를 유도하는 방법으로 50 nm 폭의 패터닝을 성공적으로 구현하였다.[6] 하지만 이러한 방법은 고분자 체인의 가교 과정이 필수적으로 요구되며 가교 가능한 작용기를 고분자 구조에 도입하는 것이 필요할 뿐만 아니라 가교 과정에서 π 구조가 변형되거나 파괴될 수 있다. π-공액구조가 손상될 경우 전하 이동도 및 전도성이 저하되어 고분자 반도체 소자의 성능이 떨어지게 되는 문제점이 있다.

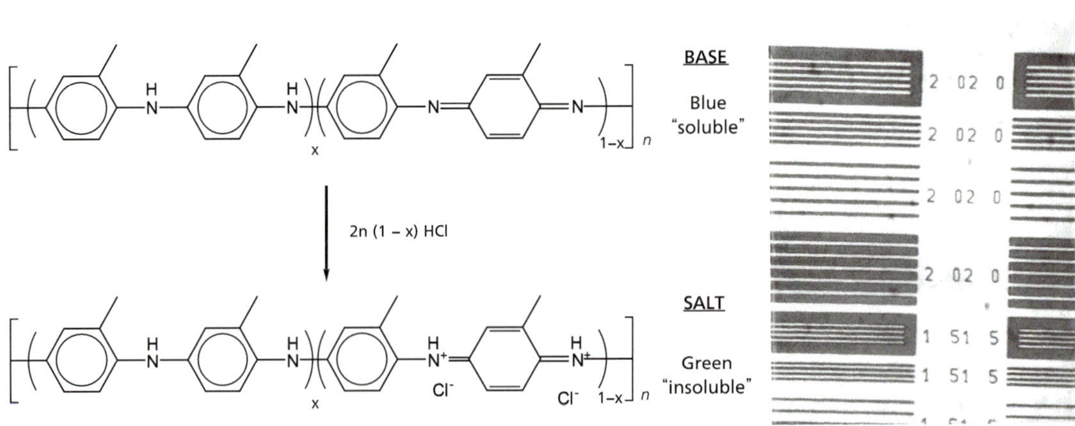

그림 8.3 ▶ 전자 빔을 이용한 PANI-PAG의 패터닝. Reproduced with permission from ACS publications.[5]

8.2.2 마이크로컨택 프린팅(Microcontact Printing, μCP)

마이크로컨택 프린팅(microcontact printing, μCP)은 polydimethylsiloxane (PDMS)와 같은 탄성 고분자 몰드 혹은 스탬프를 이용하여 자기조립 단분자막(self-assembled monolayer, SAM)을 형성할 수 있는 유기물질 잉크를 묻혀 기판의 표면으로 접촉에 의해 전사한 후 식각(etching)을 통해 패터닝하는 기술이다. 주로 싸이올(thiol) 작용기를 포함하는 분자를 금과 같은 금속전극 위에 패턴을 형성시킨 후 식각을 통해 패터닝을 형성하는 기술이다. 자가 정렬을 통해 만들어진 SAM층은 소수성을 가지고 있어서, SAM으로 도포된 영역은 수용성 식각용액으로부터 보호되며 포토리소그래피 기술에서의 마스크와 같은 역할을 한다. μCP을 위해 다양한 기판의 특성에 맞는 SAM 물질이 사용되고 있다. 금, 은, 구리, GaAs 기판의 경우 알케인싸이올레이트(alkanethiolate); 유리, 규소/산화규소, 고분자 박막 기판의 경우 알케인실록세인(alkanesiloxane); 금속의 산화막의 경우 카복실산(carboxylic acid)이나 하이드록삼산(hydroxamic acid, RC(O)N(OH)R′); 인듐-주석 산화물 기판의 경우 알킬포스포닉산(alkylphosphonic acid, $RP(O)(OH)_2$)이 SAM층 형성을 위해 사용되고 있다.[7~9] 전도성 고분자를 이용한 μCP은 1995년에 처음 보고되었는데,[10] 금속 전극 위에 알킬싸이올(alkylthiol) SAM층이 형성되도록 μCP을 통해 패터닝 형성 후 pyrrole과 sodium perchlorate ($NaClO_4$) 혼합 용액을 기판에 도포 후 전기화학적으로 polypyrrole (PPy)을 중합하였다. 부도체인 알킬싸이올 SAM이 형성된 영역은 전자의 이동이 억제되어 전기화학적 중합이 이루어 지지 않고 SAM이 없는 부분에만 polypyrrole의 중합이 일어나게 되어 전도성 고분자 패턴이 형성되게 된다. 2001년 캐나다의 Holdcroft 그룹은 μCP과 화학반응을 응용하여 화학적으로 증폭된 μCP 기술을 발표하였는데 스탬프에 산을 도포시킨 후, 산에 의한 작용기 제거반응을 이용하여 전도성 고분자 박막 위에 원하는 패턴을 프린팅할 수 있었다.[11] Polythiophene 기반 전도성 고분자 구조에서 thiophene 2번 위치의 tetrahydropyran (THP) 작용기는 고분자의 용해도를 증대시키는 역할을 하며 산에 의해 쉽게 제거될 수 있다. 그림 8.4에 도시된 바와 같이 THP기를 갖는 polythiophene 유도체 고분자 필름에 산이 도포된 인쇄 판(stamp)를 이용하여 프린팅하면 THP 작용기가 제거되면서 해당 부분의 고분자의 용해도가 떨어지게 된다. 이렇게 산으로 μCP 후 유기 용매를 사용하여 세척하면 THP 제거

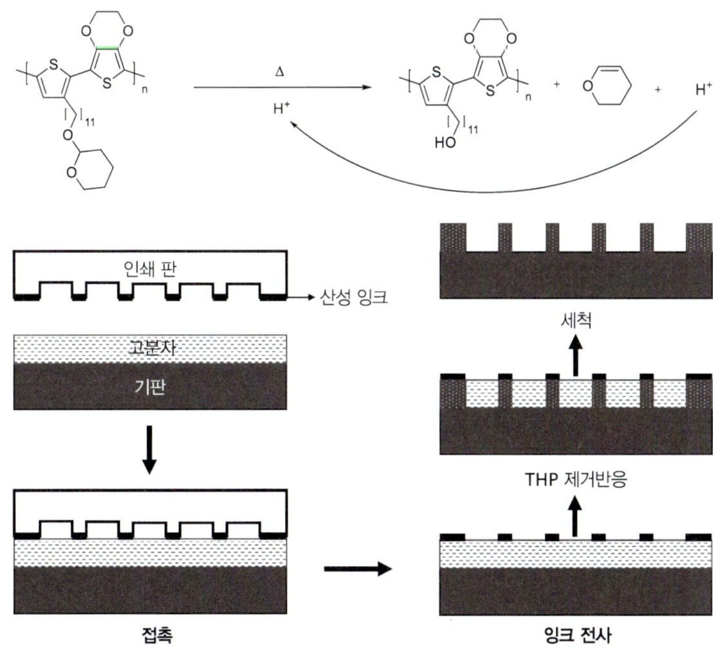

그림 8.4 ▶ Tetrahydropyran (THP) 제거를 통한 Polythiophene의 미세접촉프린팅.

반응이 일어나지 않은 부분은 제거되고 THP 작용기가 제거된 부분은 낮은 용해도로 인해 남게 되어 15 μm의 너비를 가지는 패턴이 형성되었다. μCP은 곡면에 적용이 용이하며 연속 공정이 가능한 장점이 있다. 하지만 μCP 기술은 자기조립을 유도할 수 있는 금속 기판에서 SAM은 레지스트(resist) 물질로는 적합하나 SAM의 자기조립을 유도할 수 없는 경우 마스크로는 적합하지 못하며, SAM층의 큰 결함(~5 pits/mm^2), 다층막 제조공정에 필요한 SAM 레지스트 제작에 필요한 기술은 아직 부족한 상황이다. 현재 μCP을 산업적으로 응용하기 위해 이러한 문제점들을 해결하기 위한 연구들이 활발하게 이루어지고 있다.

8.2.3 잉크젯 프린팅(Inkjet Printing)

잉크젯 프린팅은 패턴을 그리기 위해 복잡한 공정 과정을 거치는 기존 리소그래피 기술과 다르게 기판 위에 바로 패턴을 그리는 기술이다. 기존 리소그래피 패터닝 방법은 정밀하고 비싼 마스크, 도장, 몰드를 제작해야 하는 반면 잉크젯 프린팅은 용액공정을 통해 직접 프린팅하여 패터닝이 가능하기 때문에 기존 리소그래피 기술보다 빠른 속도로 패터닝이 가능하다. 간편성, 저렴함, 넓은 재료 선택성, 대량 생산의 장점 때문에 다른 패터닝 기술에 비해 해상도가 떨어짐에도 불구하고 유기 전자재료 패터닝에 큰 가능성을 갖고 있다. 하지만 잉크젯 프린팅 기술의 가장 큰 단점은 노즐로부터 고분자 용액이 분산될 때 생성되는 고분자 용액 방울(droplet)의 이동 경로가 일정하지 않아 고해상도의 패터닝이 어렵다는 것이다. 잉크젯 프린팅을 이용한 고해상도 패터닝의 크기는 50 μm 정도로 잉크젯 프린팅의 해상도를 증가시키는 것이 중요한 과제로 남아 있다. 영국의 Cambridge 대학의 Friend 교수 그룹에서는 수용액에 분산된 poly(3,4-ethylenedioxythiophene):polystyrene sulfonate (PEDOT:PSS)를 잉크젯 프린팅하여 10 μm 이하 해상도의 패턴을 얻는 데 성공하였다. 친유성의 polyimide를 미리 포토리소그래피 방법으로 기판 위에 패터닝한 후 고분자 수용액 방울을 분사하여 수용액 잉크와 polyimide 패턴의 반발력에 의해 소수성 패터닝이 되지 않은 영역에 선택적으로 프린팅할 수 있었다.[12] 잉크젯 프린팅 과정은 용매에 분산된 고분자 잉크를 사용하게 되며 이때 노즐에서 분사된 잉크에서 용매를 날리는 후처리 공정이 필요한데, 이 과정에서 용매가 증발되고 분산된 입자가 서로 붙어 패턴이 형성되게 된다. 하지만 용매를 건조하기 위한 공정에서 고분자 재료의 변형이 일어날 수 있어 순간적인 열을 가해 고분자의 손상 없이 잉크를 건조할 수 있는 레이저 공정도 개발되고 있다. 일반 잉크젯 프린팅 기술을 이용하여 기판에 픽셀 단위로 소자를 제작할 수 있으며, 적절한 용매를 이용하여 복잡한 패턴의 제작도 가능하다.

잉크젯 프린팅은 크게 버블젯(bubble jet)과 피에조(piezo) 방식이 사용된다. 버블젯 방식은 프린트 노즐에 열을 가하여 잉크를 분사하는 방법이다. 노즐에 순간적인 열을 가해주게 되면 잉크 속에서 기포가 발생하게 되고 압력 차이에 의해 잉크가 분사되는 방법이다. 가열 방식이기 때문에 노즐이 막힐 염려는 없지만 수명이 짧으며 잉크 사용이 제한적이다. 피에조 방식은 노즐에 전압에 의해 변형되는 피에조 소자를 설치하고 전기적 신호를 주면 피에조 소자에서 압력이 전달되어 잉크가 분사되게 된다. 이 방법은 잉크와 노즐에 열을 가하지 않기 때문에 수명이 길며 용매 선택의 폭이 넓다. 이러한 잉크젯 프린팅 공정은 선택적으로 잉크를 분사할 수 있기 때문에 정밀도가 높으며 비접촉식 인쇄 방법이기 때문에 접촉에 의한 소자 손상이 없다. 하지만 노즐의 막힘 현상이 발생할 수 있으며 고분자의 분자량과 용매의 영향을 크게 받는다. 이러한 잉크젯 프린팅 기술의 상용화를 위해서는 패턴의 균일성을 확보해야 하며 프린팅의 정밀도 또한 향상해야 한다. 기판의 표면에너지와 용매에 따라 분사된 잉크의 번짐이 일어나 균일하고 연속적이 패턴을 형성하기가 어려울 수 있고 패턴을

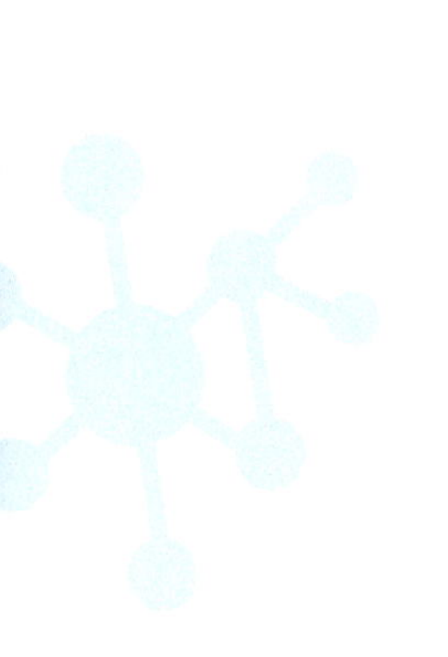

일일이 인쇄하여 제작해야 하기 때문에 제작 속도가 느리다는 단점이 있다.

8.2.4 주사 탐침 현미경(Scanning Probe Microscopy, SPM) 기반 리소그래피

주사 탐침 현미경(scanning probe microscopy, SPM) 리소그래피는 표면분석에 이용되는 SPM을 이용하여 패터닝하는 기술로 100 nm 이하 크기의 나노 패턴을 얻을 수 있는 유용한 기술로 인식되고 있다. 대표적으로 원자 힘 현미경 팁(tip)을 이용하는 이 기술은 초기 무기물을 이용한 패터닝에 응용되었으며 기질의 표면을 tip으로 긁어 나노 단위의 패턴을 얻을 수 있었다.[13] SPM 기반의 리소그래피 기술 중 전도성 고분자의 패터닝에 적용 가능한 기술은 1999년 미국 Northwestern 대학교의 Mirkin 교수 그룹에서 발표한 "딥펜 나노 리소그래피(dip-pen nanolithography, DPN)"를 예로 들 수 있다.[14] 일반적인 DPN 기술은 SAM 분자를 이용해 금속 기판 위에 자기조립 단분자층을 나노 패터닝하는 방법이다. DPN은 수용액 상태의 유기물 잉크를 AFM tip에 흡착시킨 후 기판에 가깝게 접근시키게 되면 물의 메니스커스(meniscus)가 형성되고 이를 유기물 잉크 분자들이 기판에 도포된다. 2002년 Mirkin 교수는 물에 용해도를 갖고 (+) 혹은 (−)의 이온 전하를 갖는 sulfonated polyaniline (SPANI)와 PPy를 사용하여 DPN 기술을 이용한 전도성 고분자의 패터닝을 성공적으로 보고하였다.[15] 그림 8.5에 도시된 방법으로 이온 전하를 갖는 고분자 잉크를 AFM tip에 코팅시킨 후 고분자의 이온 전하와 반대 전하를 갖는 SAM 기판 또는 piranha solution 처리된 기판 사이의 정전기적 상호작용을 이용해 최소 폭 ~300 nm의 고분자 나노 패턴을 기판 위에 도포하는 데 성공하였다.

또 다른 SPM 기반의 리소그래피 방법으로 electrochemical DPN (E-DPN)은 AFM tip을 작동전극(working electrode)으로 이용하여 고분자의 전기 화학적 중합방법을 이용하여 패터닝하는 기술이다. 초기 E-DPN 기술은 AFM tip의 흡착된 금속염을 환원시켜 실리콘 기판 위에 금속 패턴을 제작하는 방법으로 보고되었다.[16] 이러한 E-DPN 기술을 이용하여 금속뿐만 아니라 고분자 패턴 또한 형성할 수 있는데, 그 예로 2002년에 미국의 Grinstaff 교수팀은 이 기술을 이용하여 실리콘 기판 위에 3,4-ethylenedioxythiophene (EDOT) 전구체를 도포하면서 in situ 전기화학중합을 통해 ~200 nm 너비의 polythiophene 패턴을 성공적으로 제작하였다.[17] 2004년 미국의 Sotzing 교수 연구팀은 E-DPN 기술을 이용하여 thiophene 기반의 전도성 고분자 나노 패턴의 폭을 45 nm까지 줄일 수 있음을 발표하였다.[18]

8.2.5 유연성 및 신축성을 갖는 유기전자소자

미국 UCLA의 Pei 교수팀은 기계적 유연성을 갖는 고분자 기반의 전극과 발광층으로 고분

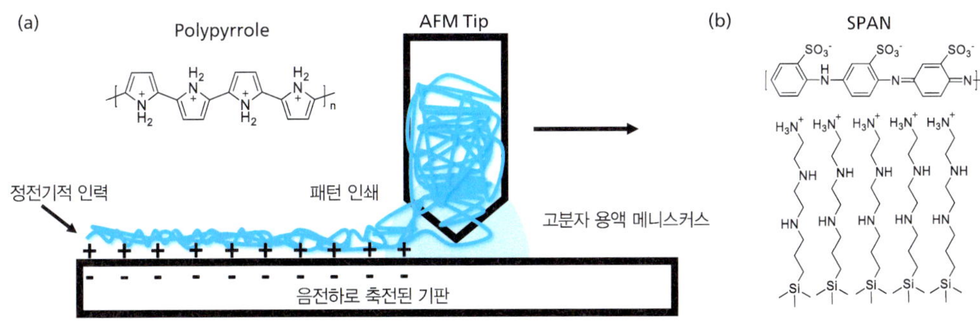

그림 8.5 ▸ (a) SPANI와 PPy를 이용한 DPN 방법과 (b) SAM 위의 SPANI.

자 반도체를 도입하여 상온에서 130%까지 늘어나는 신축성 백색 유기발광소자를 구현하였다.[19] 신축성 전자소자 구현을 위해서는 신축성 있는 투명 전극을 제작하는 것이 필수적이며, Pei 교수팀은 graphene oxide(GO)-silver nanowires(AgNW) 하이브리드 구조를 polyurethane acrylate (PUA) 표면에 담지하여 제작하였다. 전극으로 사용된 GO-AgNW 네트워크는 투명할 뿐만 아니라 14 ohm/sq의 낮은 면저항과 높은 기계적 유연성을 나타내었다. GO-AgNW/PUA 복합 투명전극은 실온에서 고무처럼 유연성을 가지며, 용액 공정을 통해 유연한 기판에 형성될 수 있었다. 최종 유기발광소자의 기계적 유연성과 신축성을 확보하기 위해 발광층으로 백색 발광 고분자를 사용하였으며 두 개의 GO-AgNW/PUA 복합 투명전극 사이에 발광층을 도입하고 샌드위치 구조의 소자를 제작하였다(GO-AgNW/PUA/poly(3,4-ethylenedioxythiophene):poly(styrenesulfonate) (PEDOT:PSS)/백색 발광 고분자/polyethylenimine (PEI)/GO-AgNW/PUA). 최종 발광소자는 21 V에서 최대 1100 cd/m^{2}의 밝기를 보였으며 최대 전류 효율은 2.0 cd/A를 나타내었다. 양쪽에서 백색광을 방출하므로 실제 전류 효율은 두 배 더 큰 4.0 cd/A를 보였다. 또한 신축성 발광소자는 0~40% 변형률 사이에서 100번의 스트레칭 후에도 발광 특성을 유지할 수 있었으며, 실온에서 최대 130%까지 선형적으로 변형이 가능하였다(그림 8.6).

소프트 일렉트로닉스 기술을 바탕으로 스트레처블(stretchable), 플렉서블(flexible) 그리고 더 나아가 웨어러블(wearable) 스마트기기 응용을 위한 연구가 활발히 진행되고 있다. 이러한 유연 스마트 기기 구현을 위해서 전기 전도성과 기계적 유연성을 동시에 만족시킬 수 있는 고분자 반도체 기반의 스트레처블 트랜지스터의 구현이 필수적이다. 고분자 반도체 필름은 보통 비정질(amorphous) 및 결정질(crystalline) 도메인을 모두 가진 반결정(semi-crystalline) 구조를 형성한다. 비정질 도메인은 높은 신축성을 위해 필요하며 결정질 도메인은 효과적인 전하 수송을 위해 필수적이다. 따라서 고성능 스트레처블 트랜지스터 구현을 위해서는 전하 이동도와 신축성의 균형을 확보하는 것이 필요하다. 미국 스탠포드 대학교의 Zhenan Bao 교수팀은 3,6-di(thiophen-2-yl)-2,5-dihydropyrrolo[3,4-c]pyrrole-1,4-dione (DPP) 구조와 비공액 2,6-pyridine dicarboxamide (PDCA)를 결합하여 전하 이동도를 유지하면서 신축성을 효과적으로 개선한 고분자(P1~P4)를 개발하였다(그림 8.7).[20] PDCA는 유연성을 가지는 빌딩 블록 역할을 하여 분자의 신축성을 향상시킬 수 있고 또한 두 개의 아마이드(amide)기가 존재하기 때문에 인접 고분자 체인 간 수소 결합을 형성하여 탄성 계수를 유지하면서 고분자 네트워크를 형성할 수 있었다. 또한 소자의 변형으로 인해 균열이 생긴 고분자 박막에 열 또는 용매 어닐링(annealing) 처리를 통해 고분자의 수소 결합을 회복시켜 고분자 박막을 이전 상태로 되돌릴 수 있었다(self-healing). 신축성 트랜지스터 구현을 위해서는 활성층뿐만 아니라 전극의 경우도 신축성을 가져야 하며 본

그림 8.6 ▶ 신축성 유기발광 소자의 소자 적층 구성도와 시제품 테스트 사진. Reproduced with permission from ACS publications.[19]

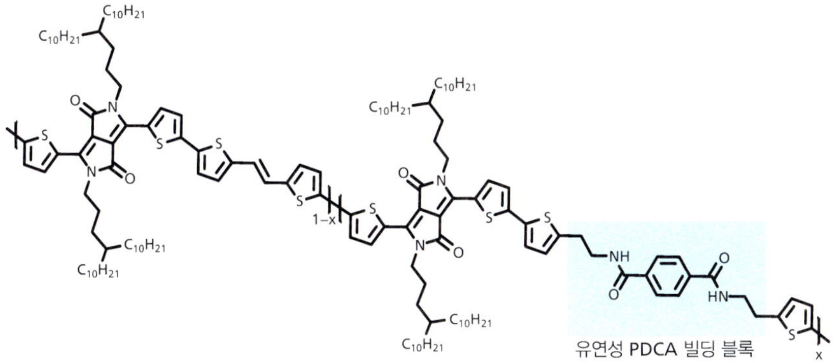

유연성 PDCA 빌딩 블록

P1 (x = 0 mol%)
P2 (x = 5 mol%)
P3 (x = 10 mol%)
P4 (x = 20 mol%)

그림 8.7 ▸ 아마이드(Amide)기가 도입된 신축성 고분자 구조.

연구에서는 고분자 유연전극(carbon nanotube (CNT)/PEDOT:PSS)을 사용하여 top contact, bottom gate 구조의 트랜지스터를 제작하였다. 트랜지스터 소자는 0% 변형에서 1.32 $cm^2\ V^{-1}\ s^{-1}$의 정공 이동도를 보였으며 최대 100% 인장 시에도 1 $cm^2\ V^{-1}\ s^{-1}$ 이상의 정공 이동도를 유지하였다. 또한 0~100% 변형률 사이에서 100번의 스트레칭 후 이동성이 거의 저하되지 않았다. 마지막으로, 웨어러블 장치에서 예상할 수 있는 다양한 변형 조건 하에서 피부에서 작동하는 신축성 유기 트랜지스터를 성공적으로 구현하였다. 해당 연구는 화학적 엔지니어링 전략을 통해 이동성을 크게 손상시키지 않으면서 높은 수준의 신축성을 실현하였으며, 본질적으로 신축성 있는 반도체를 이용하여 웨어러블 스마트기기를 성공적으로 설계할 수 있는 가능성을 보여주었다.

8.3 진단 및 치료를 위한 의료용 고분자 (Medical applications of polymer nanomaterials)

인류의 건강 및 행복 증진을 위해 유전 정보를 분석하고 질병을 진단하거나 치료하는 등 바이오 응용 연구에 대한 관심이 증대되고 있다. 최근 의료 기술의 기술적 한계를 극복하고 효과적인 진단 및 치료를 위해 나노-바이오 융합 연구가 활발히 진행되고 있으며, 바이오 물질을 나노미터 수준에서 제어함으로써 표적 탐지, 이미징, 치료 등의 역할을 수행할 수 있는 소재들이 개발되고 있다. 나노미터 크기의 고분자 소재들을 생화학 및 생물학적 변화에 반응하는 센서 시스템, 특정 질환의 상태나 약물에 대한 생체 반응을 이미지화하는 이미징 프로브, 나아가 치료제의 부작용을 최소화하되 효능을 극대화할 수 있는 약물전달 시스템 등에 적용한 연구들에 대해 소개하고자 한다. 일반적인 세포는 약 20 μm 내외의 크기를 가지므로 고분자 기반의 프로브/약물들은 세포 내 유입(endocytosis) 또는 확산(diffusion) 등을 통해 세포 내부로 쉽게 침투될 수 있으며 고분자의 화학적 개질을 통해 형광체, 약물 또는 표적 특이적 결합체를 표지함으로써 진단과 치료가 동시에 가능한 다기능성 소재로 개발이 가능하다.

8.3.1 바이오센서(biosensor) 및 바이오이미징(bioimaging) 응용을 위한 진단용 고분자

우리 주변에서 쉽게 접할 수 있는 자가혈당측정기는 병원이나 연구소에서 볼 수 있는 거대한 혈액 분석기를 사용하지 않고 실시간으로 체내 포도당 수치를 확인할 수 있는 바이오센서이다. 혈당검사지에 혈액을 묻히면 혈액 내 포도당과 검사지의 효소가 반응하여 글루코노

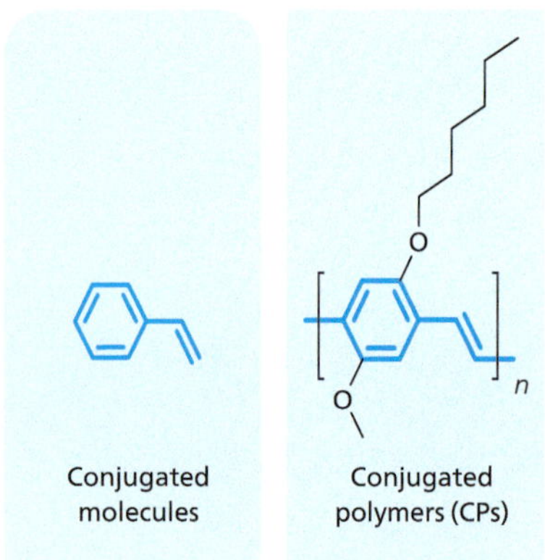

그림 8.8 ▶ 공액 구조를 가지는 유기 분자.

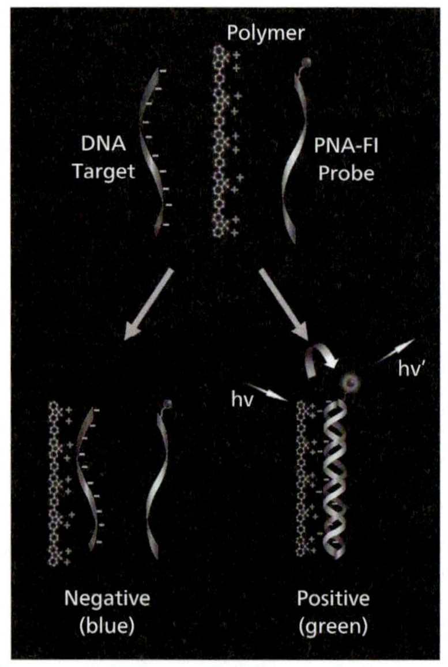

그림 8.9 ▶ 형광에너지전달 현상을 기반으로 한 DNA 검출 메커니즘.

락톤(gluconolactone)이 생성되며, 이때 발생하는 전류의 차이를 이용하여 혈액 내 포도당 농도를 수치화할 수 있다. 이처럼 바이오센서는 분석하고자 하는 표적 물질(검출하고자 하는 물질)을 감지하고 해당 정보를 인식 가능한 신호로 변환하는 장치나 소자를 통칭한다. 실시간으로 소량의 성분을 검출할 수 있도록 표적 물질과 특이적으로 결합할 수 있는 수용체나 화학 반응을 일으킬 수 있는 효소 등의 탐지 물질을 필요로 한다. 또한 생체 내 표적 물질을 검출하기 위한 우수한 감도와 선택성을 가지는 센서 시스템의 개발이 요구되고 있다. 앞에서 소개한 π-공액 구조 기반의 고분자 반도체들을 활용한 전자소자 개발과 더불어 다양한 광학적, 전기화학적 바이오센서 연구 결과들이 보고되었다.

공액고분자의 주쇄는 탄소–탄소 단일 결합과 이중 결합이 교대로 반복되는 π-공액 구조를 갖고 있으며 중첩된 p오비탈로 인하여 전기전도성을 보이는 반도체 특성뿐만 아니라 가시광선 영역의 빛을 흡수 및 발광하는 특성을 갖는다(그림 8.8). 표적 물질과의 상호작용으로 인해 공액고분자의 흡수 및 발광 특성이 변하게 되며 이를 비색분석(colorimetric) 및 형광분석(fluorometric) 기술을 통해 가시적 관찰이 가능하다. 이러한 공액고분자를 이용하여 DNA, 단백질, 효소, 이온 등의 생체 표적 물질을 검출할 수 있도록 공액고분자에 양이온 혹은 음이온 작용기를 갖는 알킬 곁사슬을 도입한 수용성 공액고분자전해질(conjugated polyelectrolyte, CPE)이 개발되었으며, 수용성 검출 환경에 용해도를 갖고 표적 물질과의 친화력을 높이고자 하였다. 1995년 미국 MIT의 Swager 그룹은 공액고분자전해질 내 여러 광학적 활성 단위로부터 형성된 엑시톤(exciton)들이 고분자 주쇄의 공액 구조를 통해 이동하며 집적되는 분자선 효과(molecular wire effect) 및 신호 증대 효과에 대해 보고하였다.[21] 즉, 공액고분자전해질을 형광 바이오센서의 플랫폼으로 사용할 경우 단분자와 비교하여 높은 형광 신호를 확보할 수 있으므로 높은 감도를 가지는 센서를 개발할 수 있다.

미국 UCSB의 Bazan 교수팀은 양이온성 청색발광 공액고분자전해질을 에너지 주개(donor)로 표적 DNA와 상보적인 염기서열을 가지는 탐지 PNA (peptide nucleic acid)에 레이블된 녹색발광 형광체를 에너지 받개(acceptor)로 활용하여 형광에너지전달(fluorescence resonance energy transfer, FRET) 현상 기반의 DNA 검출 센서를 고안하였다(그림 8.9).[22] FRET 현상은 에너지 주개와 받개의 거리에 매우 민감하여 효과적인 FRET을 위해서는 고분자와 탐지 PNA, 샘플 내 DNA 간 거리를 나노미터 이하에서 제어할 필요가 있다. 샘플 내 표적 DNA가 존재하지 않는 경우 PNA는 전하를 띠지 않으므로 오직 음전하를 띠는 DNA와 공액고분자전해질 간의 정전기착체를 형성하며 고분자전해질 흡수 파장의 빛을 조사 시 고분자전해질 구조로부터 청색 형광을 볼 수 있다. 이 경우 에너지 주개인 공액고분자전해질과 받개인 PNA에 레이블된 형광체의 거리가 멀어 효과적인 FRET이 일어날 수 없게 된다. 하지만 PNA의 염기서열과 상보적인 염기서열을 갖는 표적 DNA가 존재하는 경우 표적 DNA와 탐지 PNA의 이중나선 구조(duplex)가 형성되고 이때 생성된 DNA/PNA duplex는 음전하를 띠게 된다. 양이온 공액고분자전해질 첨가 시 정전기적 상호작용에 의해 DNA/PNA duplex와 정전기착체를 형성하고 자외선 영역의 빛을 조사 시 FRET에 의해 유도된 형광체의 녹색 형광을 확인할 수 있다. 따라서 형광체의 녹색 형광 신호를 통해 샘플 내 표적 DNA 존재 유무를 실시간으로 검출할 수 있으며, 특히 공액고분자전해질의 신호 증대 효과를 활용함으로써 검출한도를 증대시키고 표적 DNA 염기서열(15 염기쌍)과 한 개의 염기만 다르더라도 구분할 수 있는 높은 선택성을 확보할 수 있었다.

Polydiacetylene (PDA)은 수용액 상태에서 합성이 가능하며 다른 공액고분자들과 달리 정렬된 형태를 보이는 diacetylene 기반의 단량체들에 254 nm의 자외선을 조사시키는 것만으로 쉽게 합성할 수 있다는 장점이 있다. 합성된 고분자는 100~200 nm의 크기를 가지는 입자 상태로 용액 내 분산되어 있으며 이중결합과 삼중결합이 교대로 존재하는 고분자 주쇄로 인해 ~650 nm에서 최대 흡수 파장을 보이는 청색을 띤다. 특히 PDA는 pH, 온도, 압력 등의 외부 자극에 의해 기존의 청색에서 ~550 nm의 최대 흡수 파장을 가지는 적색으로 색 전이 현상을 보이므로 정성 분석을 기반으로 한 바이오센서에 적용될 수 있다. PDA의 색 전이 메커니즘은 아직 명확하지 않으나 외부 자극에 의해 고분자 주쇄가 변형되며 유효공액 길이가 짧아진 것으로부터 기인한 것으로 인식되고 있다. 미국 Michigan 대학의 김진상 교수 그룹은 어떤 물질의 표면에도 강하게 부착 가능한 홍합의 접착단백질을 본 딴 도파민(dopamine) 분자를 PDA 표면에 도입하고 polytetrafluoroethylene (PTFE) 박막 위에 PDA 용액 방울을 떨어뜨려 원형의 droplet-array 바이오센서 플랫폼을 제작하였다(그림 8.10).[23] 이후 암세포 전이 및 생장과 관련된 복강 내의 혈관내피 세포 성장 인자(vesicular endothelial growth factor, VEGF)를 검출하기 위해 VEGF와 특이적으로 결합할 수 있는 DNA를 PDA에 표지함으로써 VEGF 존재 시 PDA-VEGF 결합에 의해 입체 장애가 유도되고 이로 인해 PDA의 색깔이 적색으로 변하게 되어 VEGF를 효과적으로 검출할 수 있음을 보고하였다.

공액고분자는 형광 바이오센서뿐만 아니라 전기화학 바이오센서의 플랫폼으로도 활용될 수 있다. 전기화학 바이오센서는 표적 물질(DNA, 단백질 등)이 탐지 프로브와 특이적으로 결합할 때 유도되는 전기적 신호 변화를 검출하여 정성 및 정량분석이 가능하다. 부산대학교 양해식 교수 연구팀은 공액고분자전해질을 활용하여 고분자 반복 단위에서 발생하는 수많은 산화/환원 반응을 통해 단분자 기반의 센서와 비교하여 높은 신호 증대 효과를 보이는 DNA 센서를 보고하였다.[24]

인간을 포함한 생명체들의 생리현상 및 대사 작용은 수많은 세포 내외부의 신호전달과 상호작용을 통해 조절되거나 유지되고 있다. 비정상적 세포 발현이나 세포 신호 전달 체계의 이상은 암, 면역질환, 퇴행성 질환 등의 발병과 밀접하게 연관되어 있으므로 세포 내 구성 성분 및 상호작용, 이동, 농도 변화 등을 가시적으로 관측하는 바이오이미징 기술의 개발은 분자/나노 수준에서의 질병 발생 및 발전 과정을 이해하기 위해 필수적이다. 생화학적, 분자생물학적 변화나 약물에 대한 반응 등을 나타내는 생체 물질(DNA, 단백질, 대사물질 등)을 모니터링하고 이들의 상호작용을 이미지화하기 위해 다양한 형광 프로브들이 개발되어 왔다. 특히 공액고분자 기반의 형광 이미징 프로브는 높은 흡수 및 형광 신호를 가지며, 생체친화적, 표적 특이적 구조체 및 작용기를 고분자 곁사슬에 도입함으로써 독성을 낮추고

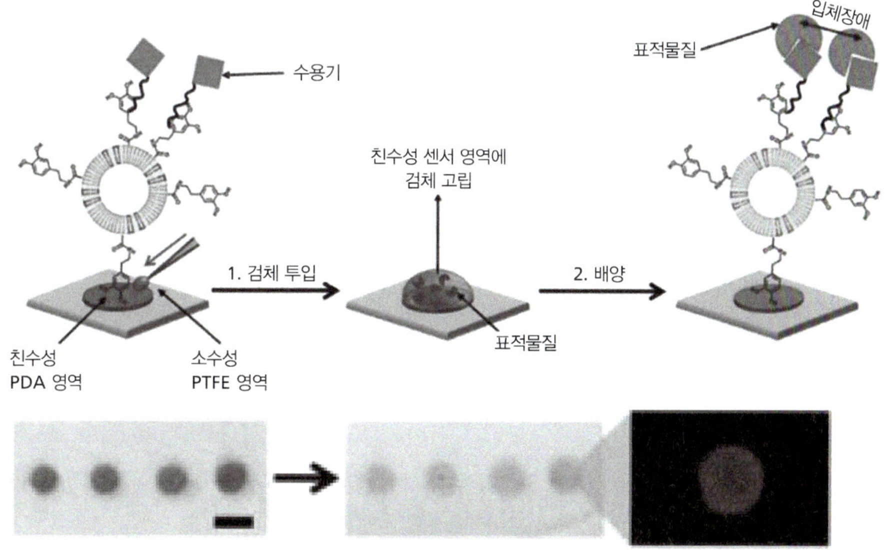

그림 8.10 ▶ PDA 기반의 droplet-array 바이오센서 플랫폼. Reproduced with permission from ACS publications.[23]

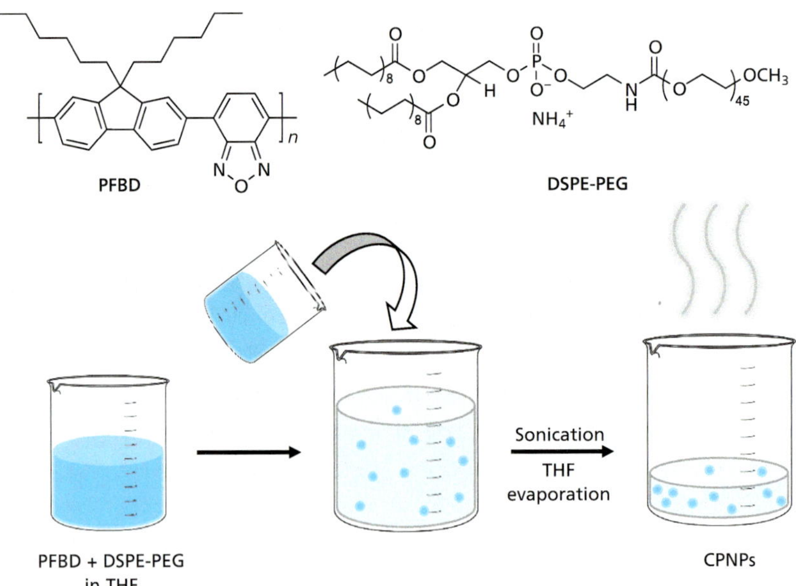

그림 8.11 ▸ 생체친화성 고분자점(polymer dot) 제작 방법.

표적성을 향상시킬 수 있으므로 효과적인 형광 이미징 플랫폼으로 활용될 수 있다.

싱가포르 국립대학의 Liu 교수 연구팀은 장기적으로 암세포를 추적할 수 있는 적색 형광 공액고분자(PFBD) 기반의 고분자점(polymer dot, Pdot)에 대한 연구결과를 보고하였다(그림 8.11).[25] 공액고분자는 소수성 특성으로 인해 수용액에 도입하기 어려우나 양친성 고분자 매트릭스와 함께 침전할 경우 공액고분자와 매트릭스의 소수성 부분은 안쪽으로 매트릭스의 친수성 부분은 바깥으로 위치한 ~36 nm 크기의 나노입자를 형성하며 우수한 생체친화성을 확보할 수 있었다. 특히 maleimide를 포함하는 고분자 매트릭스를 사용할 경우 나노입자 표면에 세포에 쉽게 침투할 수 있는 peptide를 결합시킬 수 있으므로 효과적으로 세포 내 유입이 가능하였다. 합성된 공액고분자 기반의 형광 Pdot은 높은 흡광도, 광안정성 및 생체친화성으로 인해 현재 상용화되어 있는 형광 프로브인 Qtracker 585보다 훨씬 긴 시간 동안 높은 형광 신호를 유지하며 세포 추적이 가능하였다.

8.3.2 약물전달 및 치료용 고분자

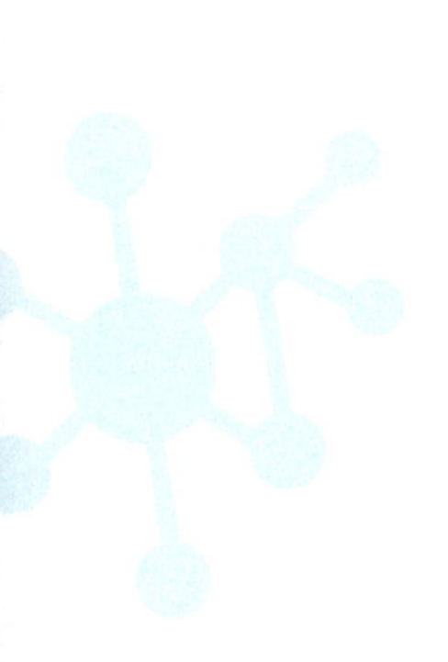

약물전달시스템(drug delivery system, DDS)는 최근 활발히 연구되고 있는 나노바이오 기술 중 하나이다. 일상생활에서 쉽게 접할 수 있는 알약, 연고, 주사를 통한 약물주입 방법은 소화기관 및 순환기관을 통해 온 몸에 전달되므로 정상 부위에도 영향을 주는 부작용이 있으며 약효가 오래 지속되지 못하는 단점을 가진다. 따라서 의약품의 부작용을 최소화하고 효능을 극대화할 수 있도록 약물 방출 속도 및 전달 시간을 제어하고 특정 표적 부위로만 약물을 전달할 수 있는 DDS 기술 개발이 필요하다. 특히 앞서 설명한 바와 같이 고분자는 나노미터 수준의 크기를 가지므로 쉽게 세포 내 유입되어 약물 전달 속도 및 효과를 제어할 수 있으며 화학적 개질을 통해 약물 또는 전구체를 담는 약물전달체를 형성하거나 표적 부위에 결합할 수 있는 수용체를 도입할 수 있으므로 DDS의 개발을 위한 효과적인 플랫폼으로 적합하다.

세대를 거듭함에 따라 중심분자로부터 방사형으로 성장하는 덴드리머(dendrimer)는 분자량에 따라 크기 조절이 가능하고, 내부 공간 또는 말단에 약물을 도입하여 방출 속도를 조절하거나 고농도의 약물을 전달할 수 있으며, 말단에 생체친화적 분자나 표적과 특이적으로

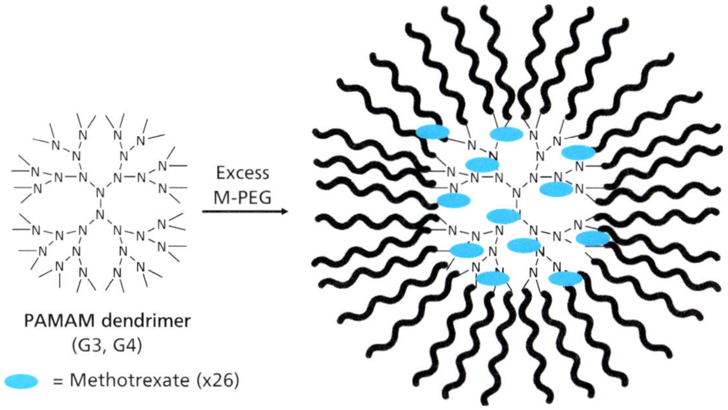

그림 8.12 ▸ Methotrexate 전달을 위한 PAMAM 덴드리머.

결합할 수 있는 수용체를 도입하여 표적 부위로 전달될 때까지 면역체계로부터 약물을 보호할 수 있다. Poly(amidoamide) (PAMAM)는 대표적인 덴드리머로 1세대에서 10세대로 성장하는 동안 지름이 1.1 nm에서 12.4 nm로 증가하는 구형 나노입자를 형성한다. 특히 그림 8.12에서 볼 수 있듯이 4세대 PAMAM 덴드리머의 경우 한 개의 덴드리머당 내부 공간에 약 6.5개의 독소루비신(doxorubicin, 항암제) 또는 26개의 메토트렉세이트(methotrexate, 면역억제제, 항암제) 분자를 포함하는 적재 효율(loading efficiency)을 보였다. 또한 표면에 친수성을 갖는 polyethylene glycol (PEG)를 결합함으로써 PEG가 없는 PAMAM 덴드리머와 비교하여 약물 방출 속도를 늦추고 낮은 용혈 독성(hemolytic toxicity)를 확인하였다. 이 외에도 표면 말단기에 메토트렉세이트, 독소루비신, 5-FU 등의 항암제나 이부프로펜(ibuprofen), 피록시캄(piroxicam) 등의 항염증제를 도입한 다양한 연구들이 보고되었다.[26]

미국 Washington 대학교의 Wooley 교수팀에 의해 보고된 크네델(knedel)은 양친성 코어-쉘 구조를 가지는 5~200 nm 크기의 나노입자로 구형 단백질 및 바이러스 입자와 비슷한 크기를 가지므로 면역체계의 영향을 받지 않고 유전자/약물을 체내로 전달할 수 있다(그림 8.13).[27] 친수성 부분 및 소수성 부분으로 구성된 양친성 블록 공중합체는 자기조립에 의해 고분자 마이셀(micelle)을 형성하며 친수성 부분의 곁사슬 작용기 간 가교결합을 통해 소수성 코어와 공유결합으로 연결된 친수성 쉘 기반의 안정화된 나노입자를 합성할 수 있다. 기본 구조 및 구성 요소는 덴드리머와 유사하지만 덴드리머에 비해 빠르고 쉽게 합성할 수 있으며 나노입자 크기 제어가 용이한 장점이 있다. 크네델의 소수성 코어에 형광체를 도입하고 쉘에는 단백질 전달체(protein transduction domain, PTD)라 불리는 polypeptide를 표지함으로써 표적 세포에 특이적으로 형광체를 전달한 연구가 보고되었다.[28]

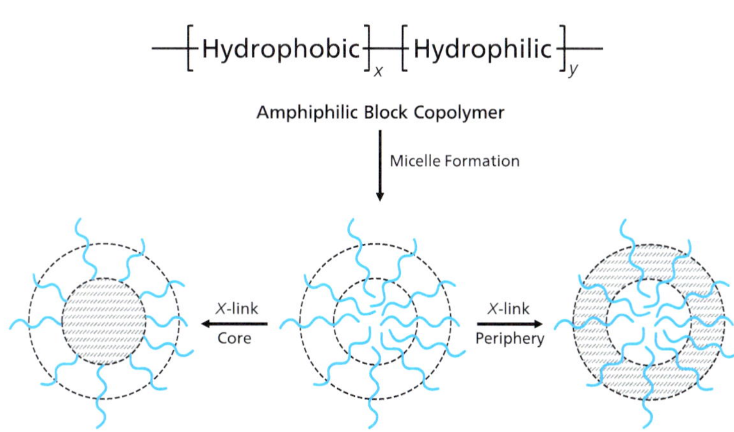

그림 8.13 ▸ 양친성 코어-쉘 구조를 가지는 크네델 나노입자.

하이드로겔(hydrogel)은 다량의 수분을 함유할 수 있는 친수성 고분자 간 공유결합, 수소결합, 물리적 응집 등으로 형성된 3차원의 네트워크 구조를 의미하며 특히 하이드로겔 나노입자의 경우 안정한 구조, 높은 물 흡수도, 생체적합성과 같은 하이드로겔의 장점과 나노입자의 표적 특이성을 함께 가지는 약물전달시스템 재료로 사용될 수 있다. 약물 전달을 위해 체외에서 마이크로미터 이하 크기의 하이드로겔을 만들어 주입하는 방법이 일반적이지만 약한 소수성 특성을 가지는 젤화제(gelator) 분자가 포함된 수용성 고분자가 온도가 증가함에 따라 소수성 상호작용에 의해 물리적으로 응집되거나 이온성 작용기에 의해 pH에 따라 젤화를 유도하는 방법을 이용하여 체내에서 나노 크기의 젤을 형성함으로써 고분자 기반 DDS를 개발하려는 연구가 보고되었다.[29]

공액고분자는 암세포를 제거·치료하기 위해 광역학 치료(photodynamic therapy, PDT)나 광열 치료(photothermal therapy, PTT)의 플랫폼으로 활용될 수 있다.[30] 기존의 화학요법이나 방사선 치료와 같은 항암 치료 방법은 암세포뿐만 아니라 정상세포에도 영향을 미칠 수 있지만 광역학 치료, 광열 치료 방법은 부작용이 적고 세포 손상이 적은 근적외선 레이저를 이용하여 암세포만을 선택적으로 제거할 수 있다. 금 나노입자, 팔라듐 등 무기(inorganic) 나노 재료는 근적외선 영역에서 높은 흡광도를 보이는 반면 체내에 잔류하며 독성을 유발할 위험성이 있으므로 광역동 효과 및 광열 효과를 낼 수 있는 유기 공액고분자를 이용한 치료 연구가 보고되었다.

광역학 치료는 암세포에 축적된 감광제(photosensitizer)에 레이저를 조사하면 감광제가 활성화되면서 종양 주변의 산소를 독성이 큰 단일항 산소($^1O_2$)로 변화시키고 이에 의해 종양세포 및 주변 혈관을 직접적으로 파괴하는 원리를 이용한다(그림 8.14). 싱가포르 Nanyang Tech. Univ.의 Pu 교수는 광역동 효과를 보이는 고분자 주쇄와 친수성 PEG 곁사슬로 이루어진 양친성 고분자를 합성하고 자기조립을 통해 30 nm 크기의 나노입자(semiconducting polymer nano-prodrug, SPNpd)를 제조하였다.[31] 살아있는 실험쥐에 주입한 SPNpd는 투과 및 체류증진(enhanced permeability and retention effect, EPR) 효과에 의해 종양 부분에 선택적으로 축적되었으며 대표적인 감광제인 인도시아닌그린(indocyanine green, ICG)과 비교하여 18배나 높은 광역동 효과를 나타내었다. 또한 SPNpd 표면에 저산소 환경에서 활성화되는 약물을 부착시킴으로써 보다 높은 항암 효과를 발현할 수 있었다.

암세포는 정상세포와 비교하여 혈액 공급이 원활하지 않으므로 열에 대한 저항 능력이 떨어지며 체온보다 높은 41~47°C에서 선택적으로 파괴될 수 있다. 따라서 특정 파장의 에너지를 흡수하고 안정화될 때 주변 조직으로 열을 방출하는 광열 나노입자를 이용한 광열 치료가 보고되었다. 앞서 설명한 광역학 치료와 기본적인 구성은 비슷하나 특정 파장을

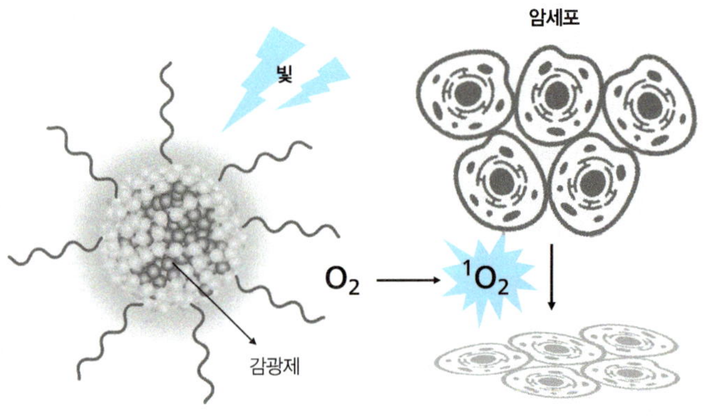

그림 8.14 ▸ 광역동 효과를 이용한 암세포 치료 메커니즘.

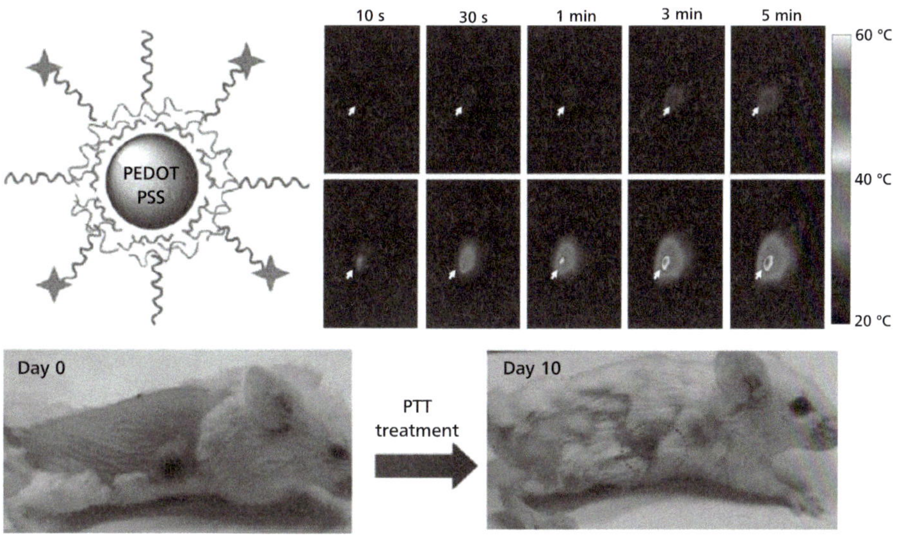

그림 8.15 ▶ PEDOT:PSS-PEG 나노입자 존재 유무에 따른(위: X, 아래: O) 적외선 열화상이미지와 광열 효과를 이용한 종양 치료. Reproduced with permission from ACS publications.[32] Color Plate 9 참조

흡수한 이후 발생하는 치료인자(활성산소 또는 열)에 차이가 있다. 중국 Soochow 대학교의 Liu 교수 연구팀은 전도성 고분자인 PEDOT:PSS를 이용하여 80 nm 크기의 구형 나노입자를 합성하고 808 nm 레이저로 조사하였을 때 발생하는 열을 이용하여 종양 치료가 가능함을 보였다(그림 8.15).[32] 생체친화성 및 안정성을 높이고 EPR 효과에 의해 나노입자가 종양으로 전달될 수 있도록 PEDOT:PSS 나노입자 표면에 PEG 분자를 도입하였다. PEDOT:PSS 고분자는 높은 근적외선 영역 흡광도를 가지므로 낮은 레이저 세기로도 높은 광열 효과를 보였으며 주변의 정상 세포에는 큰 영향을 미치지 않는 것을 확인하였다.

이처럼 대표적인 유기나노소재인 고분자를 바이오센서, 바이오이미징, 약물전달시스템 등 진단·치료용 플랫폼으로 활용하여 빠르고 간편하며 정확한 진단을 구현하거나 효과적으로 약물을 전달하고 치료할 수 있는 시스템 연구가 활발히 진행되고 있다. 나아가 고분자를 기반으로 한 휴대용 바이오 칩, 생체이식형 센서, 손상된 조직 대체 소재 개발 등의 연구는 학문적, 의학적으로 효용 가치가 높으며 향후 질병 진단 및 치료의 새로운 방향을 개척할 수 있을 것이다. 하지만 나노 크기의 소재들은 부피에 비해 넓은 표면적으로 인해 반응성이 매우 높으며 쉽게 세포 내부로 침투할 수 있으므로 생체 독성에 대한 연구가 선행되어야 하며 안정성 평가 기술 또한 구축되어야 한다. 최근 활발하게 연구되고 있는 생분해성 나노 고분자(polylactic acid, polyglycolic acid, polylactic-glycolic acid 등)는 체내 주입 후 회수할 필요가 없으므로 이를 기반으로 한 진단·치료용 플랫폼 연구도 하나의 해결 방안이 될 수 있을 것이다.

참고 문헌

1. C. Leung, A. Bestembayeva, R. Thorogate, J. Stinson, *et al.*, Atomic Force Microscopy with Nanoscale Cantilevers Resolves Different Structural Conformations of the DNA Double Helix, *Nano Lett.*, 2012, 12 (7), 3846-3850.
2. L. M. Minsk, J. G. Smith, W. P. van Deusen, and J. F. Wright, Photosensitive polymers. I. Cinnamate esters of poly(vinyl alcohol) and cellulose, *J. Appl. Polym. Sci.*, 1959, 2 (6), 302-307.
3. 김상태, 양돈식, 박한우, and 김태호, 반도체 산업 기술 및 포토레지스트의 기술 동향, *Polym. Sci. Tech.*, 2005, 16, 4-19.
4. M. L. Renak, G. C. Bazan, and D. Roitman, Microlithographic process for patterning conjugated emissive polymers, *Adv. Mater.*, 1997, 9 (5), 392-395.
5. G. Venugopal, X. Quan, G. E. Johnson, F. M. Houlihan, *et al.*, Photoinduced Doping and Photolithography of Methyl-Substituted Polyaniline, *Chem. Mater.*, 1995, 7 (2), 271-276.
6. S. H. M. Persson, P. Dyreklev, and O. Inganäs, Patterning of poly(3-octylthiophene) conducting polymer films by electron beam exposure, *Adv. Mater.*, 1996, 8 (5), 405-408.
7. G. Cao, H. G. Hong, and T. E. Mallouk, Layered metal phosphates and phosphonates: from crystals to monolayers, *Acc. Chem. Res.*, 1992, 25 (9), 420-427.
8. A. Ulman, Ultrathin organic films: from langmuir-blodgett to self-assembly, *J. Mat. Ed*, 1989, 11, 207.
9. G. M. Whitesides and P. E. Laibinis, Wet chemical approaches to the characterization of organic surfaces: self-assembled monolayers, wetting, and the physical-organic chemistry of the solid-liquid interface, *Langmuir*, 1990, 6 (1), 87-96.
10. C. B. Gorman, H. A. Biebuyck, and G. M. Whitesides, Fabrication of patterned, electrically conducting polypyrrole using a self-assembled monolayer: a route to all-organic circuits, *Chem. Mater.*, 1995, 7 (3), 526-529.
11. J. Yu and S. Holdcroft, Chemically amplified soft lithography of a low band gap polymer, *Chem. Commun.*, 2001(14), 1274-1275.
12. H. Sirringhaus, T. Kawase, R. H. Friend, T. Shimoda, *et al.*, High-Resolution Inkjet Printing of All-Polymer Transistor Circuits, *Science*, 2000, 290 (5499), 2123-2126.
13. G. Binnig, H. Rohrer, C. Gerber, and E. Weibel, Surface Studies by Scanning Tunneling Microscopy, *Phys. Rev. Lett.*, 1982, 49 (1), 57-61.
14. R. D. Piner, J. Zhu, F. Xu, S. Hong, *et al.*, "Dip-Pen" Nanolithography, *Science*, 1999, 283 (5402), 661-663.
15. J. H. Lim and C. A. Mirkin, Electrostatically Driven Dip-Pen Nanolithography of Conducting Polymers, *Adv. Mater.*, 2002, 14 (20), 1474-1477.
16. Y. Li, B. W. Maynor, and J. Liu, Electrochemical AFM "Dip-Pen" Nanolithography, *J. Am. Chem. Soc.*, 2001, 123 (9), 2105-2106.
17. B. W. Maynor, S. F. Filocamo, M. W. Grinstaff, and J. Liu, Direct-Writing of Polymer Nanostructures: Poly(thiophene) Nanowires on Semiconducting and Insulating Surfaces, *J. Am. Chem. Soc.*, 2002, 124 (4), 522-523.
18. S.-Y. Jang, M. Marquez, and G. A. Sotzing, Rapid Direct Nanowriting of Conductive Polymer via Electrochemical Oxidative Nanolithography, *J. Am. Chem. Soc.*, 2004, 126 (31), 9476-9477.
19. J. Liang, L. Li, K. Tong, Z. Ren, *et al.*, Silver Nanowire Percolation Network Soldered with Graphene Oxide at Room Temperature and Its Application for Fully Stretchable Polymer Light-Emitting Diodes, *ACS Nano*, 2014, 8 (2), 1590-1600.
20. J. Y. Oh, S. Rondeau-Gagné, Y.-C. Chiu, A. Chortos, *et al.*, Intrinsically stretchable and healable semiconducting polymer for organic transistors, *Nature*, 2016, 539 (7629), 411-415.
21. Q. Zhou and T. M. Swager, Method for enhancing the sensitivity of fluorescent chemosensors: energy migration in conjugated polymers, *J. Am. Chem. Soc.*, 1995, 117 (26), 7017-7018.
22. B. S. Gaylord, M. R. Massie, S. C. Feinstein, and G. C. Bazan, SNP detection using peptide nucleic acid probes and conjugated polymers: Applications in neurodegenerative disease identification, *Proc. Natl. Acad. Sci. U.S.A.*, 2005, 102 (1), 34-39.
23. D. H. Kang, H.-S. Jung, K. Kim, and J. Kim, Mussel-Inspired Universal Bioconjugation of Polydiacetylene Liposome for Droplet-Array Biosensors, *ACS Appl. Mater. Interfaces*, 2017, 9 (48), 42210-42216.
24. S. Park, J.-E. Jeong, V. S. Le, J. Seo, *et al.*, Enhanced Electron Transfer Mediated by Conjugated Polyelectrolyte and Its Application to Washing-Free DNA Detection, *J. Am. Chem. Soc.*, 2018, 140 (7), 2409-2412.
25. G. Feng, K. Li, J. Liu, D. Ding, *et al.*, Bright Single-Chain Conjugated Polymer Dots Embedded Nanoparticles for Long-Term Cell Tracing and Imaging, *Small*, 2014, 10 (6), 1212-1219.
26. S. Svenson and D. A. Tomalia, Dendrimers in biomedical applications—reflections on the field, *Adv. Drug Deliv. Rev.*, 2012, 64, 102-115.
27. K. L. Wooley, From dendrimers to knedel–like structures, *Chem. Eur. J.*, 1997, 3 (9), 1397-1399.
28. K. Zhang, H. Fang, Z. Chen, J.-S. A. Taylor, *et al.*, Shape Effects of Nanoparticles Conjugated with Cell-Penetrating

Peptides (HIV Tat PTD) on CHO Cell Uptake, *Bioconjugate Chem.*, 2008, 19 (9), 1880-1887.

29. T. R. Hoare and D. S. Kohane, Hydrogels in drug delivery: Progress and challenges, *Polymer*, 2008, 49 (8), 1993-2007.

30. H. Sun, F. Lv, L. Liu, Q. Gu, *et al.*, Conjugated Polymer Materials for Photothermal Therapy, *Adv. Ther.*, 2018, 1 (6), 1800057.

31. D. Cui, J. Huang, X. Zhen, J. Li, *et al.*, A Semiconducting Polymer Nano-prodrug for Hypoxia-Activated Photodynamic Cancer Therapy, *Angew. Chem., Int. Ed.*, 2019, 58 (18), 5920-5924.

32. L. Cheng, K. Yang, Q. Chen, and Z. Liu, Organic Stealth Nanoparticles for Highly Effective in Vivo Near-Infrared Photothermal Therapy of Cancer, *ACS Nano*, 2012, 6 (6), 5605-5613.

연습 문제

1. (a) 고분자는 중합과정에서 모든 고분자 사슬의 길이를 동일하게 제어하는 것은 거의 불가능하기 때문에, 보통 분자량이 다른 혼합물의 형태로 합성된다. 따라서 고분자의 분자량은 수평균분자량, 무게평균분자량 및 분산지수(dispersity)로 표현된다. 각각에 대해 설명하라.
   (b) 분자량이 10,000, 30,000, 50,000 g/mol인 고분자가 1:1:1의 몰비로 혼재하는 고분자가 있다고 가정하자. 이 고분자의 수평균분자량, 무게평균분자량 및 분산지수를 계산하라.

2. (a) 고분자의 분자량을 측정하는 대표적인 방법으로는 겔 투과 크로마토그래피(Gel Permeation Chromatography, GPC)가 있다. GPC의 고분자 분자량 측정 원리를 서술하라.
   (b) 겔 투과 크로마토그래피 외에 고분자의 분자량을 측정할 수 있는 다른 방법은 무엇이 있는지 조사해 보자.

3. 선형 고분자에 비해 덴드리머는 분자량이 유사함에도 불구하고 점도가 낮다. 그 이유를 기술하고 낮은 점도가 무엇을 시사하는지 생각해 보자.

4. 덴드리머 합성 방법에는 Divergent synthesis와 Convergent synthesis가 있다. 각 방법의 장단점, 차이점, 한계를 서술하라.

5. π-공액 구조 기반의 고분자는 유기광전자소자 및 바이오센서 등 첨단 산업기술 응용을 위한 기능성 소재로서 널리 연구·개발되고 있다. 이는 π-공액 구조로 인해 기존의 고분자와 다른 특성을 가지기 때문이다. π-공액 구조가 무엇인지 설명하고 주요 특성을 기술하라.

6. π-공액 고분자와 같은 유기반도체 박막의 나노 패터닝 기술은 미래산업에 꼭 필요한 기술이다. 유기반도체 박막의 나노 패터닝 기술을 예를 들어 설명하고, 무기물 기반 반도체의 패터닝 기술과 비교해 어떤 장단점이 있는지 조사해 보자.

나노소재 화학
Nanomaterials Chemistry

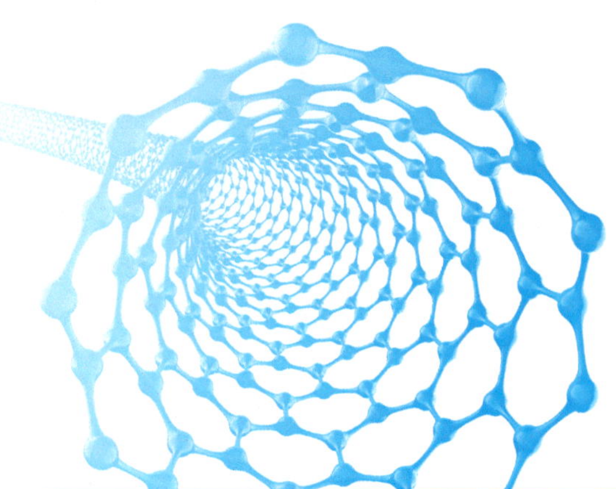

제9장

에너지 저장원을 위한 나노소재

Nanomaterials for Energy Storage

류재건 · 최성호 · 강지은 · 박수진

9.1 2차 에너지 저장원 개요(Introduction of secondary energy storage materials)

전기화학적 에너지는 시스템에 관계없이 적절한 구동력(예: 전압, 전류, 열 등)을 바탕으로 계면 또는 벌크에서 가역적으로 전하 운반체 이온의 전달을 포함하는 화학 반응으로 생성된다. 생성된 전기 화학적 에너지(주로 전하 또는 전자)의 동특성은 전자 장치에 연결된 외부 회로를 통해 즉시 사용할 수 있지만, 시스템의 유휴 기간에는 전기화학적 에너지는 그 상태로 존재할 수 없다. 그러므로 상대적으로 비활성 상태인 화학종(chemical species)의 이동 편의성, 잘 정의된 구조적 특성으로 지속 가능한 에너지 저장을 위해서는 화학적 형태의 에너지 저장이 필수적이다. 따라서 산화–환원 반응(redox reaction)으로 발생하는(여러 반응물 사이의 전자 이동) 반응물, 전달 매개체 및 활성 부위(active site)를 포함하는 화학적 에너지 저장원의 구조를 공식화하는 것이 에너지 저장 시스템 설계의 출발점이라 할 수 있다. 더불어, 계면에서 발생하는 산화–환원 반응의 종류 또는 물질을 선정하는 것이 에너지 저장 시스템(energy storage system, ESS)의 사양 및 전체 반응식과 밀접한 관련이 있다. 비록 높은 에너지·전력 밀도를 제공하는 것이 더 진보된 형태의 시스템을 뜻하는 것은 아니지만, 설계단계에서 정해진 화학적 구조가 해당 ESS의 에너지·전력 밀도의 한계를 결정짓게 된다(그림 9.1a).

전기화학적 에너지를 화학적 형태로 저장하는 역할을 하는 화학적 장치(예: ESS)는 기원전 200년에 처음 고안되었으며(Baghdad Battery), 19세기 Volta에 의해 새로운 시대를

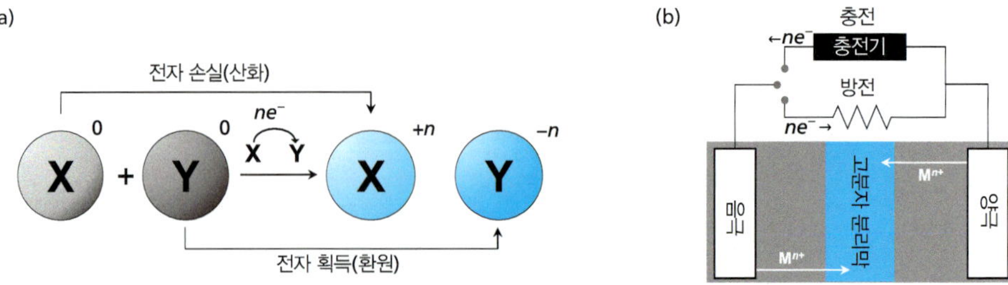

그림 9.1 ▶ (a) 전기화학적 산화–환원 반응의 모식도, (b) 일반적인 전지의 모식도.

예고하게 된다.[1] 그 후, 현대 사회의 새로운 응용 분야(예: 전기자동차 등)와 제한된 가용 에너지 자원의 이유로 배터리 과학 및 기술에 점전직인 발전이 이루어졌다.[2] 현대의 전기화된 삶을 위한 핵심 원동력은 다방면으로 우수한 전기화학 특성(높은 에너지·전력 밀도 및 장수명)을 가지는(재충전 가능한) 이차전지(rechargeable or secondary battery)의 개발이며, 그 연구 성과는 2019년 노벨 화학상 수상으로 이어졌다. 이차전지의 압도적인 시장 점유율에도 불구하고, 고유한 전지 특성은 매우 높은 전력 및 반영구적 사용을 필요로 하는 전동 공구 및 다양한 전지기기를 위한 메모리 백업 등의 응용 분야에 활용되기에는 부족하다. 따라서 슈퍼커패시터(supercapacitor)는 다양한 종류의 전기화학 반응을 기반으로 수십 년 동안 기존 이차전지의 대체 ESS로서 중요한 역할을 했다.[3] 이러한 상호보완적인 두 종류의 시스템(이차전지 및 슈퍼커패시터)은 대표적인 ESS로서 최근에는 기존의 전기화학적 공식을 넘어서는 차세대 ESS의 개발을 촉진하고 있다. 따라서 차세대 ESS의 설계를 위해 두 시스템의 아키텍처 및 구성 요소 화학을 제대로 이해하는 것이 필수적이다.

이차전지 및 슈퍼커패시터를 포함하는 ESS는 기본적으로 전해질(전하 전달 이온 및 용매로 구성) 내에서 고분자 분리막(또는 비전도성 물질)에 의해 분리된 양극, 음극으로 구성된 고전적인 형태의 전지 구조에서 파생된다(그림 9.1b). 이차전지는 1회의 방전만 가능한 일차전지(primary battery)와 달리, 충전 과정에서 외부 충전기를 통한 전자 공급으로 이차전지 내 양극과 음극 사이의 가역적인 전자 전달 및 화학 반응이 가능하다. 이는 산화–환원 반응의 자발성에 기인한 차이라고 볼 수 있다. 즉, 전극의 형태 및 구조적 변형으로 인해 대부분의 경우 충전 반응이 자발적이지 않은 반면 방전은 이차전지 초기 상태로 복원되는 과정으로 자발적 반응에 속하기 때문이다.[4] 외부 회로를 통해 전자가 흐르면(충전 또는 방전 시), 전하 전달 이온은 전지 전체의 전하 중성을 지키기 위해 대전된 전극으로 끌려가거나 밀려나게 된다. 외부로부터 공급된 전자가 양쪽 전극에서 더 이상 산화–환원 반응에 참여하지 않을 때(한계 반응), 전자와 이온의 전달은 멈추게 된다. 충전–방전 사이클 도중 발생하는 모든 전하의 손실은 전지에 기하급수적으로 누적되어 시스템의 가역적 에너지 저장 특성이 크게 저하된다. 따라서 전기화학적 가역성이 확보된 몇 가지 형태의 산화–환원 반응만이 상용화된 이차전지에 활용되고 있다.

특정 산화–환원 반응의 가역성이 보장된다는 전제하에, 이차전지의 중요한 주요 변수 두 가지를 설정할 수 있다. 첫째는 양극과 음극의 전위(potential) 차를 뜻하는 전압(voltage, V)이고 두 번째는 에너지 저장 과정 중 전달되는 전자수 또는 용량(Ah kg^{-1})이다. 두 가지 변수는 본질적으로 재료의 특성에 기인하고, 따라서 이차전지의 에너지밀도 및 출력밀도(Wh kg^{-1} 또는 Wh l^{-1})를 결정한다. 하지만 이차전지의 크기, 무게, 안정성, 가격, 신뢰성, 수명 특성 또한 중요한 고려 대상이다. 따라서 이차전지의 높은 에너지밀도 및 출력밀도를 맹목적으로 추구하는 것만이 답은 아니며, 대신 대상 응용 분야의 요구 사항을 정확하게 파악하여 시스템의 특성을 그에 맞게 조정하는 것이 필요하다. 오늘날까지 가장 많이 활용되는 ESS는 광범위한 전기화학적 특성을 가지는 4가지 형태(코인형, 원통형, 각형, 파우치형)의 납축(lead-acid), 니켈-카드뮴(Ni-Cd), 니켈-금속 수소화물(Ni-MH), 리튬이온전지(Li-ion battery, LIB)이다(표 9.1, 그림 9.2).[5,6] 앞선 3가지 시스템은 활물질의 낮은 사용률 및 미달성된 이론적 전기화학 특성에도 불구하고 연소 엔진 차량, 우주선, 하이브리드 전기차량(hybrid electric vehicle, HEV)의 점화 등에 광범위하게 활용되어 왔고, 기술적으로 성숙한 단계에 있다. 그들 시스템의 뚜렷한 산화–환원 짝(redox couple, 예: Pb^{4+}/Pb^{2+}, Ni^{3+}/Ni^{2+}, Ni^{2+}/Ni^{0})에도 불구하고, 수계 전해질 내 전극의 복잡한 계면 특성에 대한 기본적인 연구를 필요로 한다.

소비자 시장에서 지배적인 리튬이온 이차전지(LIB)는 경량 알칼리 금속(Li, Na, K) 및

표 9.1 ▶ 상용화된 휴대용 전자 제품에 사용되는 4가지 대표적인 이차전지의 전기화학적 특성[1,5,6]

특성	납축전지	니켈-카드뮴	니켈-금속 수소화물	리튬이온 이차전지
작동전압(V)	2.1	1.3	1.3	3.7
이론 무게당 에너지 밀도(Wh kg^{-1})	252	244	240	410
실제 무게당 에너지 밀도(Wh kg^{-1})	35	35	75	150
실제 부피당 에너지 밀도(Wh L^{-1})	60~110	150~190	140~300	350~700
수명 특성(초기 에너지 밀도의 80% 지점에 도달하는 충방전 횟수)	300	1500	1000	500~2000
자가방전율(%/월)	5	20	30	<10
고속충전 시간(시간)	8~16	1	1~4	1 or less
과충전 허용 특성	높음	중간	낮음	낮음
작동 온도(°C)	−20 to 60	−40 to 60	−20 to 60	−20 to 60

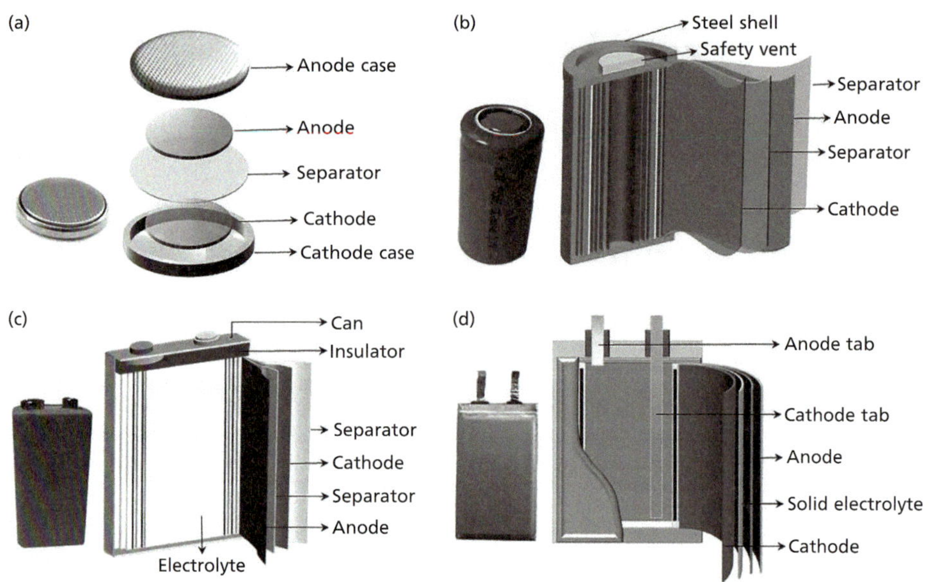

그림 9.2 ▶ 대표적인 2차전지의 형태 및 모식도. (a) 코인형, (b) 원통형, (c) 각형, (d) 파우치형.[5]

비수계 전해질을 사용한다는 점에서 다른 이차전지와 차별성을 가진다. 본 서술에서 소듐 및 포타슘의 경우, 리튬에 기반한 이차전지 시장에서 실제로 사용하기엔 시기적으로 이르기 때문에, 이차전지에 대한 논의 범위는 리튬으로 한정한다. LIB의 개발은 Michael S. Whittingham과 John B. Goodenough 교수의 획기적인 층간 삽입 양극 소재의 개발과 Akira Yoshino 교수의 탄소 기반 음극 소재의 개발과 해당 소재들을 바탕으로 한 프로토타입 LIB 조립에 의해 시작되었다.[7] 그 후 1991년 SONY사에 의해 처음으로 상용화된 LIB는 현대 사회에서 없어서는 안 될 ESS가 되었다. 연구 초기 단계에서 일차전지에 사용되었던 리튬 금속 음극으로부터, 현재 LIB의 산화–환원 반응은 리튬의 층간 삽입(탈리)에 기반한 층간 음극 물질 및 리튬 금속 산화물 형태의 양극 물질에 기초를 두고 있다. 이 비교적 간단한 전기화학 반응은 리튬이온 기반 이차전지의 높은 에너지 밀도(높은 작동 전압, 높은 용량 및 경량), 우수한 안정성, 유지 보수가 필요 없는 우수한 수명 특성을 가능하게 했다.[8] 또한 상대적으로 단순화된 산화–환원종(즉, 리튬 이온)으로 인해 사용 가능한 전극 재료의 범위가 확장되었고, 기존 액체 전해질(리튬염·유기 용매)에서 고체·겔(gel) 고분자, 세라믹(산화물, 황화물 및 인화물), 이온성 액체(ionic liquid) 또는 용융염(molten salt) 기반의 전해질의 사용이 가능해졌다. 그에 따라 이차전지 관련 연구자들이 직면한 전기화학 패러다임도 지속적으로 바뀌고 있는 추세이다.

따라서 배터리의 구조적 특성에 대한 심도 있는 이해가 차세대 ESS 설계에 대한 통찰력을 기를 수 있는 기회임에 틀림없다. 한편, 슈퍼커패시터(supercapacitor)와 관련한 재료 및 계면 특성에 대해서는 다양한 구조 및 이차전지와의 유사성으로 추후 자세히 다룰 예정이다. 이차전지는 기본적으로 양극, 음극, 전해질, 분리막으로 구성된다(그림 9.1b). 이차전지의 각 구성 요소에 적용 가능한 소재의 모든 전기화학적 이해를 일반화하기는 어렵지만 기본 재료 및 계면 화학에 대한 이해는 흑연(graphite) 음극, 리튬 코발트 산화물($LiCoO_2$) 양극, 액체 전해질(선형·고리형 유기 탄산염 용매에 용해된 $LiPF_6$) 및 polyolefin $(CH_2CHO)_n$ 분리막으로 이루어진 초기 LIB에서 크게 다르지 않다(그림 9.3a). 각 전극은 산화–환원 반응이 일어나는 전극 물질, 물질 간 접착력 향상을 위한 고분자 바인더 및 탄소 도전재를 균질화한 후 금속 집전체(양극: 알루미늄, 음극: 구리)에 도포하여 제조한다. 그동안 polyolefin 분리막은 양극 간의 물리적 장벽 역할을 하며 전해질은 리튬 이온이 전기장 내에서 이동할 수 있는 통로를 제공한다.

기존 LIB의 단순한 산화–환원 반응에도 불구하고, 전기 화학적 충전-방전은 전극 물질의 전하 저장 반응과 함께 구조적 변형 및 계면층 형성을 수반한다. 또한 전해질 용액의 용매화 구조는 접촉 이온 쌍(contact ion pair, CIP), 용매화 분리 이온 쌍(solvation separated ion pair, SSIP), 응집체(aggregate solvate, AGG), 최근 개발된 국부성 고농도 전해질(localized high-concentration electrolyte, LHCE) 등 다양하기 때문에, 전지를 조립하기 전 전해질 용액을 적절하게 공식화하여 사용해야 한다(그림 9.3b).[9,10] 미리 형성된 리튬 이온

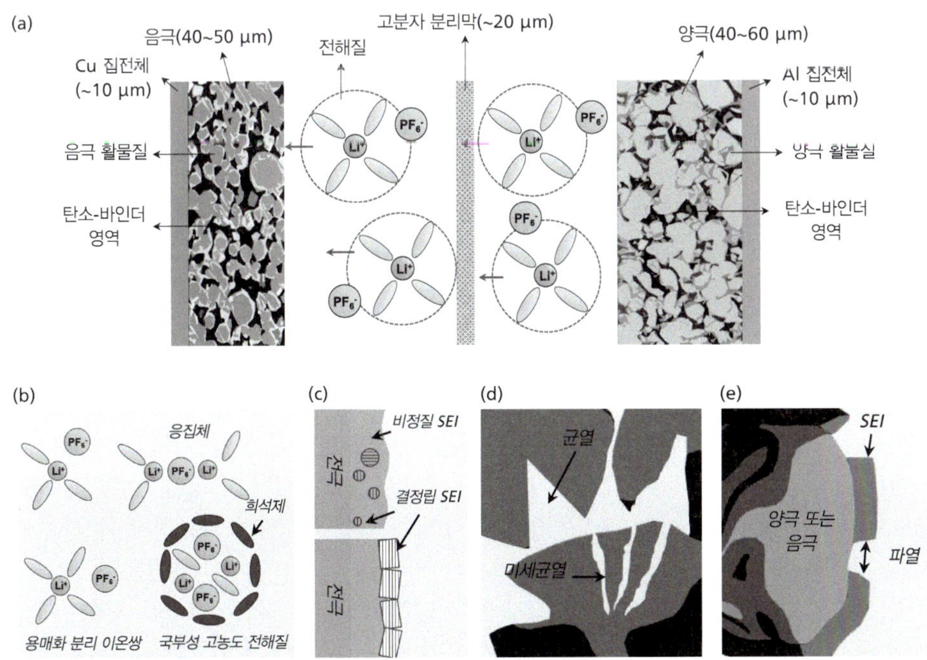

그림 9.3 ▸ (a) LIB 구조, (b) 다양한 전해질의 용매화 구조, (c) 전극의 계면 구조, (d) 전극 물질의 구조적 변형, (e) 계면 구조 붕괴와 관련한 모식도.

의 용매화는 전극 물질과의 접촉 또는 첫 번째 충전 과정에서 생성되는 고체-전해질 계면상(solid-electrolyte-interphase, SEI)의 구조 및 조성에 결정적인 영향을 미친다. 최근, 극저온 투과 전자 현미경(cryo-transmission electron microscopy, cryo-TEM)과 같은 고급 분석 기술을 통해서,[11] 그 계면층의 미세 구조가 지속적으로 밝혀지고 있어 모자이크 구조와 다중층 구조 사이의 오랜 논란이 조만간 종결될 것으로 보인다(그림 9.3c). 구성에 관계없이 불가피하게 전극 표면에 형성된 SEI층은 전기적으로 절연체이지만 이온 전달은 가능한 계면층(interphase)으로서, 전극물질의 구조적 변형 동안에도 유지될 만큼 기계적으로 안정해야 한다. 전지 내 전기장으로 인해(충전 시), 용매화된 리튬이온이 SEI층에 도달하면, 이후 탈용매화(desolvation) 과정을 거친 리튬 이온이 고체 상태 확산을 통해 전극 물질로 전달되며 최종적으로는 삽입(intercalation), 전환(conversion), 합금(alloying) 등의 반응을 통해 전하 저장이 완료된다. 전극 물질이 리튬 이온을 저장할 때, 추가적인 확장 공간이 필요하다면, 큰 내부 응력이 표면에 가해지며 전극 물질의 균열 형성을 유도하게 된다. 그로 인해 붕괴된 구조는 전극 계면의 불안정성을 초래하고 표면에 SEI층이 과도하게 축적되며, 추후 리튬 이온의 확산을 차단하고 전극 물질의 전기적 절연을 유발한다(그림 9.3d, e). 그리고 일반적으로 자발적인 반응인 방전 과정에도 리튬이온이 전극 물질에서부터 계면 및 벌크 전해질로 이동하며 새로운 문제가 발생하기도 한다. 따라서 거시적 관점에서 전혀 복잡하지 않아 보이는 LIB의 전기화학 반응은 리튬이온이 전해질과 전극과 만나며 발생하는 분자에서 마이크로미터 영역에 이르는 복합적인 다상 상호 작용(multiphase interaction)을 반드시 포함하게 된다.

9.2 이차 전지용 소재 화학(Material chemistry for secondary batteries)

이차전지 내 전자의 이동이 주로 발생하고 전자가 주로 많이 소모되는 곳이 바로 전극물질이다. 이차 전지용 전극 물질은 리튬 이온을 직접적으로 구조 내부로 받아들여 저장하기 때문에 다른 이차 전지 구성 요소에 비해 큰 관심을 받았다. 실제로 양극과 음극의 소재 화학이 이차전지 시스템 전체의 전기화학적 지표를 결정짓는다는 사실과 함께 미래 응용 분야를 위해 사회 전반에 걸쳐 상당한 투자가 진행되었고, 그에 따라 각 전극에 사용 가능한 재료의 종류가 지금까지 계속 확장되어오고 있다.[12] 따라서 전극 물질의 소재 화학을 이해하고 새로운 전기화학적 메커니즘을 활용하는 것이 에너지 저장 기술의 장기적인 성능 목표를 달성하는 것과 밀접한 관련이 있으며, 구체적으로는 높은 이론 용량 및 양극·음극의 전위차(전압)을 높이는 것이라 할 수 있다. 고성능 전극 물질을 개발하는 것이 예기치 못한 과학기술적 문제를 야기하고, 이를 해결하기 위한 스마트 소재(비전극 물질)의 필요성이 대두되기도 한다.

9.2.1 양극 소재 화학

양극 소재 내에 가역적으로 리튬 이온을 수용하는 것이 양극 소재 개발의 핵심 고려 사항이기 때문에, 삽입(탈리) 반응에 기인한 재료들이 상당수 연구되었다. 1960년대부터 황화물(sulfide) 또는 산화물(oxide)과 같은 다양한 전이 금속 화합물이 발견되며, 전자 특성 및 구조적인 변화가 수반되는 1가 이온(리튬 이온)의 삽입(탈리) 반응에 대한 폭넓은 관심을 불러 일으켰다.[13] 2019년 노벨 화학상 수상자 중 한명인 Whittingham은 Exxon 사에서 티타늄 황화물(TiS_2) 양극, 리튬 금속 음극 및 액체 유기 전해질을 사용한 최초의 이차전지를 선보였다. 이는 1991년 SONY사에 의해 최초로 상용화된 LIB의 전신이라고 볼 수 있다. TiS_2 단위체당 하나의 가역적인 전자 이동에도 불구하고, 해당 이차전지의 작동 전압은 2.5 V 미

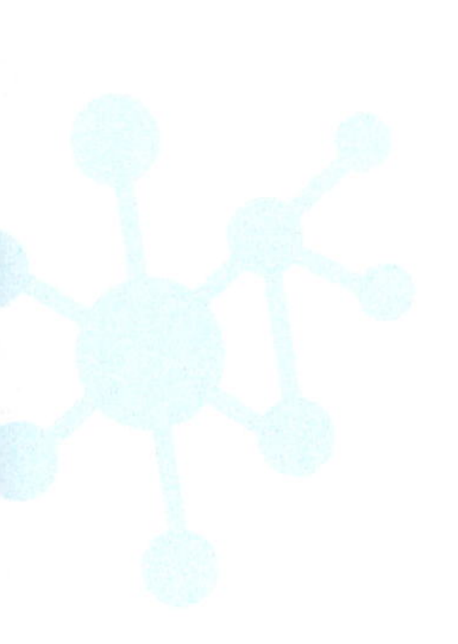

만으로, 납축전지의 작동 전압과 비교하여 큰 우위를 보이지 못하였고, 리튬 금속 표면의 수지상(dendrite) 성장으로 인해 내부 단락(short-circuit)이 발생하는 문제가 있었다.[14] 결과적으로 TiS_2/Li 전지는 안전 문제로 인해 시장에 출시되지 못하였다. 이러한 실패를 바탕으로, 양극 소재의 설계는 구조 내부에 리튬을 포함하며 높은 산화–환원 반응 전위를 높이는 데 중점을 두게 된다. 기본적으로 전지의 높은 전압을 달성하기 위해서는, 음극의 산화–환원 전위는 리튬 금속의 전위와 가깝게, 양극의 산화–환원 전위는 그것과 반대 방향으로 멀어지도록 설계해야 한다는 간단한 원리를 따른다(그림 9.4). 이러한 에너지 준위에 대한 이해를 바탕으로, 에너지가 낮은 다양한 산화–환원종들을 조사하였고, 황 음이온의 최고 에너지 준위가 산소 음이온의 준위보다 훨씬 높기 때문에, 사용 가능한 전지의 전압이 매우 제한적이었다는 것을 알게 되었다. 즉, 전지의 전압이 황 음이온의 산화–환원 전위 이상으로 상승하면 티타늄 금속의 산화 반응과 함께, 황 음이온이 이황화물로 산화되며 구조적 변형을 일으켜 전기화학적 가역성을 떨어뜨리게 되는 것이다. 한편, 또 다른 노벨화학 수상자인 Goodenough 교수 연구팀은 1980년 대에 전이 금속을 바탕으로 한 다양한 종류의 층상(layered) 및 스피넬(spinel) 리튬 산화물과 다중음이온계 양극 소재를 발견하였고, 해당 소재들은 오늘날까지도 상용화된 이차전지에 폭넓게 사용되고 있다.[15]

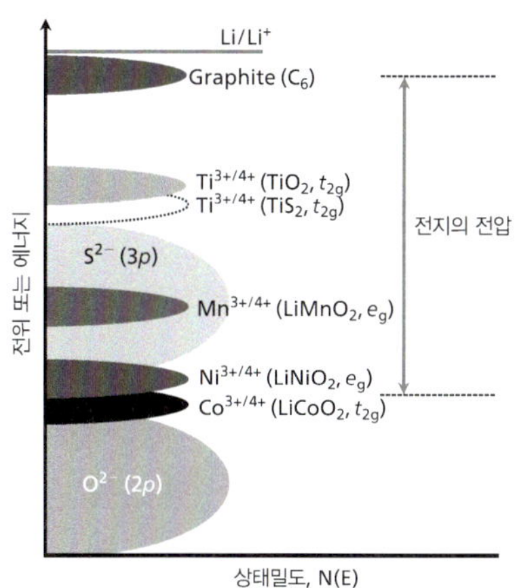

그림 9.4 ▸ 서로 다른 산화–환원종들의 환원 전위 척도를 보여주는 그래프.

9.2.1.1 층상 구조 기반 $LiMO_2$ (M = Mn, Co, Ni) 양극 소재

모든 양극 소재 중 가장 잘 알려져 있고 이해도가 높은 층상 산화물소재인 리튬 코발트 산화물($LiCoO_2$)는 입방조밀쌓임(cubic close-packed, ccp)구조로서, (111)층에 리튬이온과 코발트 양이온(Co^{3+})을 교대로 포함하는 O3 구조로 정의된다(그림 9.5a).[16] O3 결정구조에서 "O"와 "3"은 각각 리튬 이온의 위치(팔면체(octahedral) 내부) 및 산소의 적층 순서(ABCABC⋯)를 나타낸다. 각 양이온의 크기와 전하 밀도가 다르기 때문에 완전히 분리된 리튬층과 코발트(전이금속)층을 가지게 되고(cation ordering이라고 불림), 충전-방전 과정에서 코발트 양이온($Co^{3+} \rightarrow Co^{4+}$)의 전하가 바뀌며 리튬이온의 2차원 확산이 가능하게 된다. 충전 시 리튬 이온은 가장 자리를 공유하는 두 팔면체 사이의 사면체(tetrahedral) 자리를 통해서 확산되고, 이러한 확산 경로는 가장 낮은 확산 장벽 에너지(diffusion energy barrier)를 가진다(그림 9.5b). 코발트층에서 각 코발트 양이온(Co^{3+})은 리튬이 탈리되며 생긴 Co^{4+} 양이온들과 서로 밀접한 상호작용을 하며 양극 소재의 내 전하 전달율을 향상시킨다.[17] 약 4 V

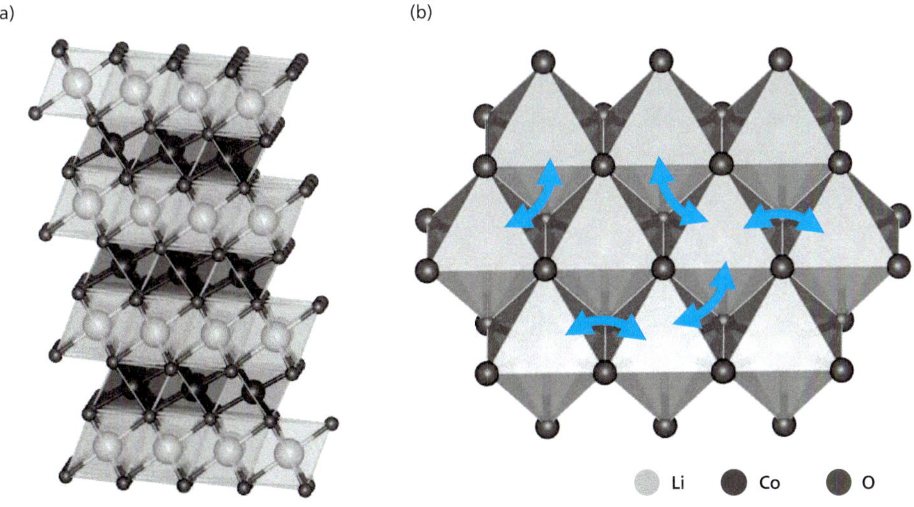

그림 9.5 ▸ $LiCoO_2$ 양극 소재의 (a) 결정 적층 구조와 (b) 결정 내의 리튬 확산 구조 모델. Color Plate ⑩ 참조

의 작동 전압까지 $LiCoO_2$ 양극 소재는 TiS_2-Li 시스템에 비해 빠른 충전 특성과 우수한 수명 특성을 보여준다. 또한 흑연 음극으로 리튬 금속 음극을 대체함으로써 안정성을 확보하여, 개발된 흑연/$LiCoO_2$ 완전지(full-cell)는 현재까지 가장 널리 보급된 ESS 중 하나가 되었다.

충전 과정(리튬 탈리 또는 산화과정)이 진행됨에 따라 코발트 양이온의 에너지 준위를 차지하던 전자가 제거되며 상당 수의 Co^{3+}가 Co^{4+}로 산화되게 된다. 이때 코발트 양이온의 에너지 준위가 산소 음이온의 전위와 겹치며 예기치 못한 산소 음이온의 산화 반응이 일어나게 된다. 즉, 더 높은 전압을 위해 충전 전위를 올림에 따라서 반드시 산소 음이온의 산화–환원 반응(산소 발생)의 부반응이 수반된다. $LiCoO_2$ 양극의 결정 구조에서 산소 발생은 충전 상태(state-of-charge)가 50%가 넘어가는, 또는 4.2 V 이상의 환원 전위에서 발생한다. 또한 완전 충전 시 가능한 이론 용량인 274 mAh g^{-1}의 절반 수준인 140 mAh g^{-1}만큼의 용량만이 가역적으로 활용 가능하고, 더 높은 전압에서 구동 시 수명 특성이 크게 저하된다.[18,19] 구체적으로 높은 전압의 활용에 따른 비활성 상의 발현, 불안정한 계면 구조 및 복잡한 벌크 구조의 붕괴 등이 주된 열화 원인이다. 충전 시 발생하는 상 변화, 특히 단사정(monoclinic) 구조로의 변화는 부피 수축 및 미세 균열의 발생으로 양극의 구조를 크게 손상시킨다.[20] 더욱이 전지의 전압 상승에 따라 전해질이 양극 표면에서 산화 분해되어 과량 증착되고, 그 조성 또한 전압에 따라 크게 달라진다. 한편, $LiCoO_2$ 양극 소재의 초기 높은 전기 전도도에도 불구하고, 그 입자 크기가 다양한 충전-방전 속도에 따른 리튬 이온의 3차원 분포도에 크게 영향을 미친다는 사실을 최근 실시간 투과 X-선 현미경으로 밝혔다.[21]

고전압(4.6 V) 구동에 따른 $LiCoO_2$ 양극 소재의 구조적 붕괴 및 계면 안정성 문제를 해결하기 위해 표면에 내부식성을 가지는 다양한 종류의 코팅 물질들(Al_2O_3, ZrO_2, TiO_2, ZnO 등)이 개발되고 있다.[22~26] 습식 기법, 증착, 원자층 증착(atomic layer deposition, ALD) 등 여러 종류의 방식으로 코팅된 물질들은 열처리 온도에 따라서 여러 가지 상들이 발생하며 때로는 전하 이동의 효율을 낮춰 성능 저하를 일으키기도 한다. 최근, 고전압 안정성을 위해 스피넬계 물질 또는 리튬 이온 전도체로 알려진 인산염·불소화물류의 전고체 전해질을 5 wt%(중량비) 내로 얇게 코팅하였다.[27~30] 또한 높은 처리량의 밀도 범함수(density functional theory, DFT) 계산을 통해 표면 코팅 물질의 열역학적 및 운동역학적 분석이 손쉽게 가능해져 가능한 소재의 선택이 훨씬 수월해졌다.[31] 전해질, 집전체, 바인더 또는 다른 전지 구성 요소의 개질을 통해서도 고전압 작동에서의 문제점을 개선할 수 있으나, 여전히 $LiCoO_2$ 소재의 에너지 밴드 내에서 발생하는 코발트 양이온과 산소 음이온의 산화 반응 겹침 문제의 해결이 우선되어야 한다.

이론적으로 층상 결정 구조(O3)를 가질 수 있는 전이 금속들(TI, V, Cr, Mn. Co, Ni) 중,[15] Mn과 Ni을 활용한 두 가지 산화–환원종을 바탕으로 한 $LiNi_{1-y-z}Mn_yCo_zO_2$ (NMC) 3상 양극 소재가 고전압 산소 발생 문제와 낮은 원재료 가격으로 가장 주목을 받았다(그림 9.4). 하지만 Mn^{3+} 또는 Ni^{3+}만을 활용한 층상 구조의 LiM (M = Mn^{3+} 또는 Ni^{3+})O_2 양극 소재는 코발트 양이온(Co^{3+})에 비해 낮은 팔면체 자리 안정화 에너지(octahedral-site stabilization energy, OSSE)로 인해 열역학적으로 덜 안정하다. 반면, NMC 양극 소재 합성 시, Mn^{3+}는 Ni^{3+}을 Ni^{2+}로 환원시키며 Mn^{4+}로 산화된다. 따라서 전기화학적으로 비활성 상태인 Ni^{2+}종을 바탕으로 결정 구조를 안정화시킬 수 있다. NMC 양극 소재에서는 $Mn^{3+/4+}$(및 $Ni^{3+/4+}$)의 에너지 준위가 산소보다 높기 때문에, 본질적으로 산소의 산화(산소 발생)을 막을 수 있지만, Co종에 비해 Mn종의 낮은 OSSE로 인해 리튬의 팔면체 자리로 이동이 생기며 층상 구조에서 스피넬 구조로의 변형이 발생하지만 Ni종 중간 수준의 OSSE로 구조적인 안정성이 보완된다.

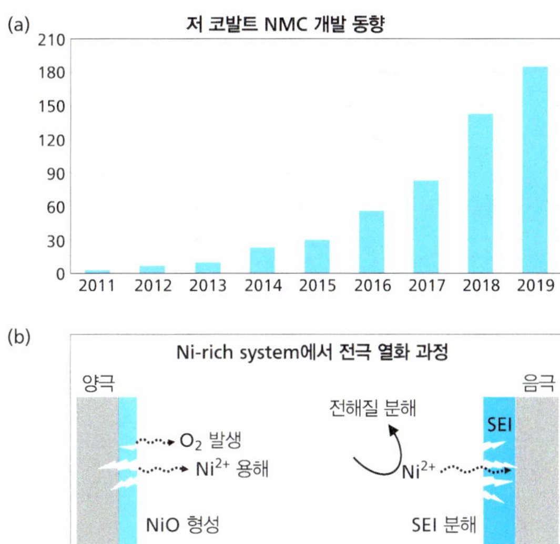

그림 9.6 ▸ (a) 최근 발표된 저코발트 고니켈 함량의 NMC 연구 논문 수, (b) Ni-rich system에서 발생하는 전극의 열화 과정 및 부반응. Reproduced with permission from MDPI.[34]

에너지 준위가 잘 배합되고 균형 잡힌 물리화학, 전기화학적 성능에 기반한 3상 구조의 NMC 양극 소재는 최근 원재료(코발트) 가격 상승에 따른 저 코발트(low Co) NMC 개발로 연구 동향을 이루고 있으며, 다양한 에너지 저장원에 필수적인 양극 소재로 부상하고 있다(그림 9.6a).[32~34] 따라서 현재까지 상업적으로 활용된 NMC 양극 소재($LiNi_{1/3}Mn_{1/3}Co_{1/3}O_2$(NMC111), $LiNi_{3/5}Mn_{1/5}Co_{1/5}O_2$(NMC622))에서부터 높은 니켈 함량(high-nickel) NMC 소재의 개발이 주를 이루며, Ni의 함량을 3상 성분의 20% 이하를 목표로 그 원재료 가격을 크게 낮추고자 하며, 고용량과 고전압 작동을 최종 목표로 현재까지 활발히 개발 중이다.[35] 정교하게 설계된 결정 구조에 기반한 높은 니켈 함량의 NMC 양극 소재는 고에너지 밀도용 전극 소재가 확실하나, Ni 종의 전해질 또는 대기 중 낮은 안정성으로 인해 구조적 열화에 취약하여 수명 특성이 매우 낮은 실정이다(그림 9.6b).[36] 고전압에서 높은 니켈 함량의 NMC 양극 소재는 Ni종의 산화로 인해 높은 산화수를 가지는 불안정한 Ni종(Ni^{4+})이 형성되고, 이는 전해질과 반응성이 높아 불필요한 계면층(SEI) 형성을 야기하여 양극 소재의 전하 전달 특성을 떨어뜨리게 된다. 또한 용해된 전이 금속 이온(Ni 또는 Mn)이 전기장 내에서 상대극으로 이동하여 음극의 표면에 침적되고 음극 계면에서 전하 전달 과정을 방해하거나 계면 구조의 붕괴를 일으킴으로써 Coulomb 효율(Coulombic efficiency)과 수명 특성 저하를 야기한다. 높은 니켈 함량의 NMC 양극 소재에 이종원소를 도핑함으로써, 예를 들어 $LiNi_xCo_{1-x-y}Al_yO_2$(NCA) 양극 소재의 경우, 높은 니켈/낮은 코발트 함량으로 200 mAh g^{-1} 이상의 높은 이론 용량을 가지며 구조적인 안정성을 일부 향상시킬 수 있다.[33] NCA 양극 소재의 복잡한 제조 공정에도 불구하고, 전기화학적으로 불활성인 Al^{3+} 도핑은 전자 편재 현상을 유도하여 금속–산소 결합력을 향상시킬 수 있고, 이로 인해 전이 금속 용출 문제를 완화할 수 있다. 종합적으로, 층상 구조의 산화물 양극 소재는 안정적인 고전압 작동을 목표로 실시간 고도 분석과 함께 차세대 전해질 및 전극 소재 개질을 꾸준히 이어가고 있다.

9.2.1.2 스피넬 구조 기반 양극 소재

스피넬(구조식: AB_2X_4) 양극 소재는 1983년 Thackeray와 Goodenough 교수에 의해 개발되었고, X 음이온이 산소, A/B 양이온이 팔면체 및 사면체 자리를 차지하는 구조이다. 대

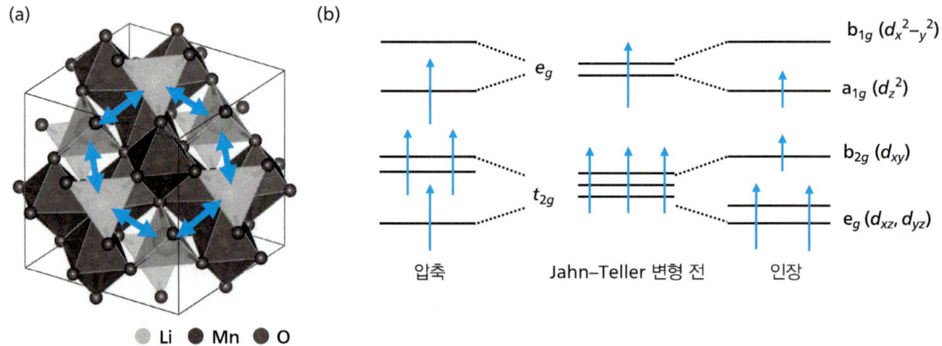

그림 9.7 ▶ (a) 스피넬 $LiMn_2O_4$ 양극의 결정구조에서 리튬의 확산 경로, (b) d^4 (Mn^{3+})의 전자 배열 및 Jahn–Teller 변형.

표적인 스피넬 양극소재인 $LiMn_2O_4$는 팔면체 공간(MnO_6, 16d)에 Mn^{3+}/Mn^{4+} 혼합되어 있고, 사면체 공간(LiO_4, 8a)에 Li^+ 이온이 자리하며 입방체 밀집 구조로 배열되어 있다(그림 9.7a).[37] 층상 구조 양극 소재의 2차원 리튬 이온 확산 경로와 달리, 스피넬 양극 소재는 인접한 팔면체를 통해 사면체 사이를 지나는 3차원 경로가 가장 낮은 확산 장벽 에너지를 가지기 때문에, 높은 이온 전도도를 보인다. 팔면체의 가장자리 영역에서 혼합된 Mn 이온(Mn^{3+}/Mn^{4+})이 스피넬 구조의 전자 전도도를 향상시킬 수 있고, 따라서 LCO 양극 소재와 달리 고속 충전 및 높은 전기화학적 가역성을 가진 고전력 전지 구현에 유리하다. 스피넬 $LiMn_2O_4$ 양극 소재는 약 4.0 V에서 뚜렷한 산화–환원 전위를 보이지만, 실제로 사용 가능한 용량은 130 mAh g^{-1} 수준으로 낮다.[38]

스피넬 양극 소재의 안정한 3차원 구조에도 불구하고, Jahn–Teller 변형에 의한 내부 구조 변형으로 인해 충전-방전 사이클 동안 빠른 용량 감소를 보인다(그림 9.7b).[39] 전체 Mn 양이온 중 50%가 Mn^{3+}로서, Jahn–Teller 변형에 매우 취약하기 때문에 $LiMn_2O_4$ 양극 소재 내부로 리튬 이온의 고체확산 속도가 제한되며, 표면에 상대적으로 리튬이 풍부한 비평형 상태가 나타난다. 이로 인해 표면에 분포하는 Mn^{3+} 비율이 증가하게 된다. 그 결과로, Jahn–Teller 변형이 더욱 심각하게 일어나며 입방체 밀집 구조에서 정방형 $[Li_2]_{16c}[Mn_2]_{16d}O_4$ 구조로 상 변이가 일어난다. 표면에서 발생한 상변이는 비정상적인 부피 변화와 2상 반응(two-phase reaction)을 동반하게 된다. Jahn–Teller 변형과 입방 격자와 정방 격사 사이에 새롭게 발생한 상계면(phase boundary)의 영향으로 충전/방전의 시작과 동시에 리튬의 3차원 확산이 저해된다. 또한 구조 내부로 접근 가능한 리튬 이온의 자리가 줄어들며 결국 전지의 수명을 단축시킨다. 또한 Mn^{3+}의 농도가 증가하면서 스피넬 구조 내부에서 불균화 반응(disproportionation reaction)이 일어나게 되고, Mn^{2+}/Mn^{4+}의 이온 혼합물 형성을 야기한다. 이는 전해질 내에 존재하는 미량의 수분에 의해 발생하는 불화 수소산에 의해 가속화된다.[40] 생성된 Mn^{2+} 이온은 전해질에 용해되어 음극에서 심각한 부반응을 일으킨다.[41] 앞서 설명한 구조 및 계면에서의 문제점들로 인해, Mn 원소를 바탕으로 높은 가격 경쟁력을 가지는 스피넬 양극 소재는 LCO 양극 소재에 비해 우위를 잃을 수밖에 없다.

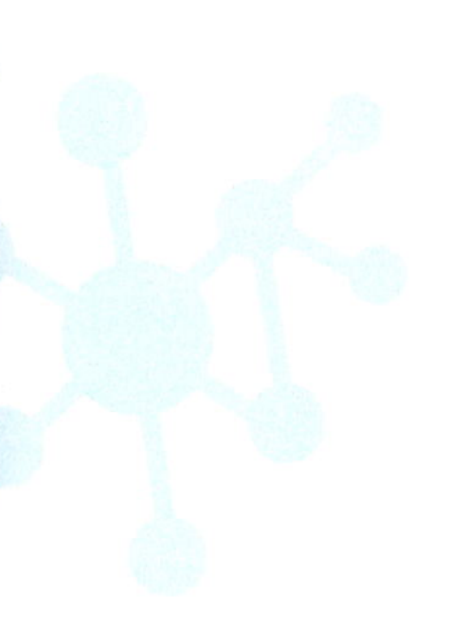

따라서 스피넬 내에 존재하는 불안정한 Mn^{3+} 이온을 제거하는 것이 근본적인 해결책이나, 열역학적으로 스피넬 구조를 유지하는 한 불가능하다. 대신, Li^+ 이온을 추가로 도입하여 인접한 망간 양이온 사이의 접촉 가능성을 줄이면 Mn^{3+}의 불균화 반응을 방지하고, 빠른 리튬 이온 확산 통로를 확보할 수 있어 수명특성과 율특성(rate capability) 모두 향상시킬 수 있다.[42] 망간 기반 양극 소재 안정성을 위한 다른 대안으로는 Mn 금속을 V 또는 Ti과 같은 열역학적으로 스피넬 구조 형성이 가능한 원소들로 치환하는 것이다. 하지만 층상 산화물 양극 소재에 비해 낮은 작동 전압과 성능 유지에 불리한 구조적 변형으로 인해 더 이상의 개선점을 찾지는 못했다.[43,44] 한편, 50% 화학적으로 충전된 LCO 또는 $LiNiO_2$ 양극 소재의 열처리를 통해 층상 구조에서 스피넬 구조로 변환시킬 수 있으나, 암염(rock salt) 구조의 화합물 또는 리튬이 없는 스피넬 구조의 형성 및 심각한 산소 발생 문제가 발생하게 된다.[45,46] 층상 구조에서 사용된 3상 형성과 유사한 방식으로, Mn 금속을 Cr, Co, Ni을 포함하는 다양한 전이 금속으로 치환하여 Mn^{3+}의 전지 배열을 바꿈으로써, 고전압에서 안정적인 사이클 수명 특성을 보여주기도 했다. 예를 들어, Zaghib과 그의 동료들은 Cr 도핑을 통해서 $LiMn_{1.5}Ni_{0.5}O_4$ 소재 내 Mn의 산화–환원 반응을 억제하고 Ni과 Cr의 산화–환원 반응을 유도할 수 있었다.[47] Cr 도핑을 통한 무질서 구조의 생성으로 높은 전자 전도성과 향상된 율특성을 보였지만, 오히려 Cr의 산화–환원 반응 영역이 산소 음이온 영역과 겹치며 전기화학적 가역성을 떨어뜨렸다. 다양한 스피넬 양극 소재들 중에서 $LiMn_{1.5}Ni_{0.5}O_4$는 비코발트계 구조를 유지하며, Ni^{2+}/Ni^{4+} 산화–환원 반응만을 활용하여 약 135 mAh g^{-1}의 가역 용량을 구현하였고, 4.6 V 이상의 높은 작동 전압을 보여주었다.[48] 하지만 유기 탄산염 기반의 전해질의 전위창(electrochemical stability window or potential window, <4.3 V)을 넘어서 가능한 Ni의 산화–환원 반응으로 인해 실제 얻을 수 있는 용량은 130 mAh g^{-1}이 채 되지 못하고 있다. 그렇지만 Mn 기반 스피넬 양극 소재는 전동 공구 등 고전력을 요구하는 응용 분야에서 여전히 활용도가 높다.

9.2.1.3 다중 음이온계 양극 소재

두 종류의 양극 소재(층상 및 스피넬 구조)는 위에서 설명한 바와 같이 계면 및 구조에서 발생하는 여러 가지 문제점을 수반하는 고용량 및 높은 작동 전압을 위해 개발되었다고 볼 수 있다. 따라서 Jahn–Teller 변형, 금속 이온 용출 및 고전압 사용으로 인한 계면 구조 붕괴 문제를 해결하기 위해 다양한 접근법들이 제안되어 왔음에도, 잠재적으로 고에너지 밀도를 가지는 앞선 소재들의 장기 수명 특성을 확보하는 것은 현재까지도 완전히 해결되지 못하였다. 한편, Goodenough 교수 연구그룹에서 처음 학계에 보고한 바와 같이,[49] $LiFePO_4$ 양극 소재는 친환경성(eco-friendly), 낮은 원재료 비용, 장수명 특성 등으로 플러그인 하이브리드(plug-in hybrid) 자동차 및 대용량 에너지 저장 장치 등에서 각광받고 있다.[50] $(XO_4)^{n-}$ 또는 $(X_mO_{3m+1})^{n-}$의 구조식을 가지는 다중 음이온계 양극 소재는 X에 해당되는 원소로 P, S, As, Mo, W 등을 포함할 수 있으며, 간단하게는 인산염(PO_4^{3-}), 피로인산염($P_2O_7^{4-}$), 규산염(SiO_4^{4-}), 황산염(SO_4^{4-}), 붕산염(BO_3^{3-}) 또는 이들의 플루오르화 유도체가 모두 해당된다. 다중 음이온계 양극 소재는 전이금속 기반 다면체 사이에 강력한 공유결합으로 이전 두 종류의 양극 소재에 비해 우수한 구조적 안정성을 가진다.

다중 음이온계 양극 소재 중 가장 먼저 광범위한 연구가 진행된 소재는 감람석(olivine) 구조의 인산염인 $LiFePO_4$로, $FePO_6$ 팔면체가 인접한 4개의 LiO_6 팔면체와 가장자리를 공유하여 연결된 결정구조를 이루며, [010] 방향의 1차원 리튬 이온 확산 통로를 가진다(그림 9.8a). 구조 내 전이금속과 리튬이 유효한 공유 형태를 취하지 않으므로, 전자의 (비)편재화 상태가 충전 상태 또는 방전 깊이(depth-of-discharge)에 영향을 받지 않는다.[51] 강한 P–O 결합은 감람석 구조를 더욱 단단하게 만들어 주며 충전 전위를 높일 수 있지만, 전해액 분해에 대한 $LiFePO_4$ 양극 소재의 구조적 안정성이 오히려 작동 전압을 낮춘다는 보고도 있다.[52] 다중 음이온계 양극 소재는 수없이 많은 조합이 가능한 구조로서 리튬 이온 확산 특성과 예상되는 작동 전압 등에 대한 이론적 계산이 필요하다(그림 9.8b).[53] 높은 처리량(high-throughput)의 계산을 통해서 이론적으로 가장 안정적이고 우수한 다중 음이온계 양극 소재를 찾으려는 연구가 있었지만, 소재 자체의 낮은 전기 전도도(분극자의 낮은 이동성)

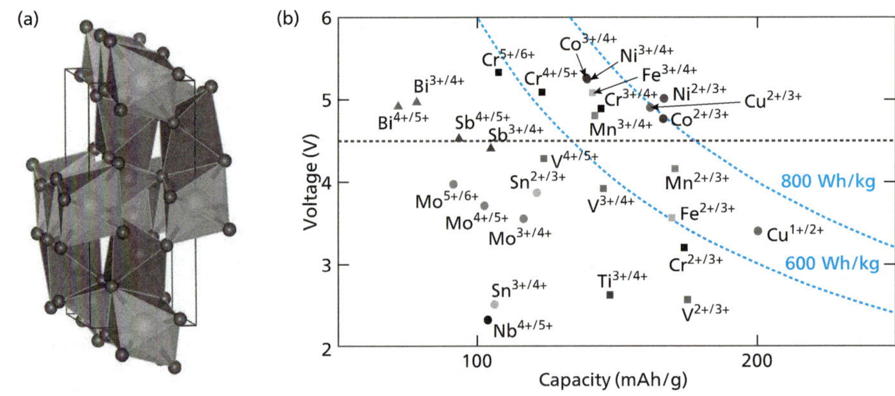

그림 9.8 ▸ (a) 감람석 $LiFePO_4$ 양극의 결정구조, (b) 인산염 양극 소재의 평균 전압 대 최대 용량 그래프. 600/800 Wh/kg의 에너지 밀도는 녹색 점선으로, 일반적인 전해질의 최대 산화전위는 회색 점선으로 표시하였음. Reproduced with permission from ACS publications.[53]

과 이온 전도도로 실제 전지 시장에서의 사용량은 미비한 수준이다. 한편, 1차원 통로를 통한 리튬 이온의 확산 장벽 에너지는 0.19 eV(벌크)에 불과하지만 한계 반응인 표면에서의 확산은 0.52~0.77 eV 수준으로 매우 높은 것으로 알려져 있다. 이로 인해, 1차원적인 리튬 이온의 확산은 통로의 결정 구조에 발생할 수 있는 결함이나 불순물에 크게 영향을 받게 된다. 하지만 이는 나노 크기의 입자 및 결함제어(defect engineering) 또는 Mn, Mg, Mo 등의 2가 원자 도핑을 통해 쉽게 개선될 수 있다.[54]

인산염 기반의 단일 전자 전달 기반 반응과 달리, 피로인산염 화합물($Li_2FeP_2O_7$, $Li_2MnP_2O_7$ 등)은 단위 구조당 2개의 전자 전달과 낮은 산화수의 전이 금속을 활용하여 높은 산화–환원 전위(예: Fe^{2+}/Fe^{4+} at 3.8/5.2 V 그리고 Mn^{2+}/Mn^{4+} at 4.47/5.3 V)를 바탕으로 높은 용량과 에너지 밀도를 보여준다. 하지만 피로인산염 양극 소재는 구조 내부의 복잡한 리튬 이온 확산 거동으로 이에 대한 이해가 여전히 부족하여 활발히 연구되지 못하고 있다.[55] 높은 산화–환원 전위를 보이는 코발트 종을 활용하면 4.9 V 이상의 작동전압을 구현할 수 있지만, 높은 작동 전압을 견뎌낼 수 있는 전해액의 부재로 심각한 용량 저하를 보이게 된다.[56] 한편, 혼합 형태의 다중 음이온계 형성을 통해 결정 구조를 견고히 하고, 산화–환원 반응 속도를 크게 향상시킬 수 있다. 사면체 구조의 Li_2MSiO_4 (M = Fe, V, Ni, Co, Mn) 양극 소재는 인산염 물질의 장점과 동시에 2개의 전자 전달을 바탕으로 훨씬 높은 용량(>330 mAh g^{-1})을 보인다.[57] 하지만 사용 가능한 전위 금속들의 연속적인 산화–환원 반응은 높은 전압을 요하며, 전해질의 전위창을 벗어나 발생하여 이론 용량에 비해 실제로 구현되는 용량은 크게 제한된다. Li_2MSiO_4 양극 소재의 또다른 문제점은 정교한 X-선 분석 등을 통해서도 완벽하게 제어하고 정의하기 어려운 다양한 다형체 존재이다. 그 중 일부는 사방정계 구조를 가지고 한 쌍의 다형체 구조가 인산염 소재와 달리 2차원 확산 통로를 제공하기도 한다.[58] 또한 인산염과 마찬가지로 도핑 또는 결정 구조 제어를 통한 고유 성질의 변형이 어려워 규산염 소재의 낮은 전기 전도도 향상을 위해 나노 구조화된 양극 소재에 표면 코팅 방식이 주로 연구되어 왔다.[59] 그러한 방식은 여전히 다중 음이온계 양극 소재의 2 전자 전달 반응을 이끌어 내기엔 역부족이고, 사용 가능한 용량 또한 150 mAh g^{-1} 미만 수준에 머물고 있다. 반면, Li_2FeSiO_4과 Li_2MnSiO_4 양극 소재는 Fe의 광범위한 산화수 활용과 Mn 사용에 따른 문제점을 해결하여 최근 고에너지밀도 양극 소재로 주목받고 있다.

다중 음이온 양극 소재의 불소화(fluorination)는 유발 효과(inductive effect)를 통해 소재의 작동 전압을 올릴 수 있다.[60] 일부 V, Fe, Co, Mn, 등을 포함한 불소화된 황산염 또는

인산염 소재가 그 예지만, 현재까지 그러한 구조로 전달 가능한 전자의 수는 이론적인 2개에 미치지 못하며 제한적인 용량만을 구현할 수 있다.[61] 대신, 소듐(Na)에 기반한 동일 화합물 소재들은 소듐 이온 배터리(sodium-ion battery, SIB)의 에너지 밀도를 높일 수 있는 차세대 소재로 주목받고 있다. 또한 다른 다중 음이온계 양극 소재에 비해 낮은 분자량을 가지는 붕산염 소재는 이론 용량을 올릴 수 있는 대체 방법 중 하나이며, Yamada와 동료 과학자들에 의해 일부 실제 적용 가능성 또한 검증되었다.[62] 요약하면, 다양한 종류의 다중 음이온계 양극 소재는 적절한 산화수를 가진 전이금속을 저비용으로 조합하여 생산이 가능하고, 작동 전압의 범위 또한 넓어 잠재적 응용 가능성이 높은 물질인 것은 사실이다. 하지만 다방면의 노력에도 불구하고 다중 음이온계 양극 소재의 "2전자 전달" 반응을 완벽하게 이루어내지 못하였고, 현재까지 도전과제로 남아 있다.

9.2.1.4 차세대 양극 소재

세 가지 유형의 삽입(탈리) 반응 기반 양극 소재는 지난 수십 년 동안 계속해서 발전되어 왔지만, 지속적인 원료 가격의 급등 문제와 에너지 밀도의 한계점에 도달하며 새로운 양극 소재를 필요로 하게 되었다. 실제로, 높은 니켈 함량과 낮은 코발트 함량을 목표로 개발된 미래형 양극 소재는 다양한 이종 원소들이 분포한 미래형 양극 구조를 보여줌으로써, 기존 삽입(탈리) 반응에 기반한 양극 소재의 한계를 뛰어넘는 우수한 전지 특성(전지 경량화)을 보여준다.[33,63,64] 하지만 최근 보고된 소재들의 혁신성에도 불구하고, 양극 소재의 삽입(탈리) 반응은 잘 알려진 결정 구조로부터 얼마만큼의 리튬을 반복적으로 넣고 뺄 수 있는가에만 초점이 맞춰지며 근본적으로 단위 구조당 높은 리튬 함량을 구현할 수 없다. 따라서 이차전지 전문가들은 전환(conversion) 반응이라는 다른 형태의 리튬 이온 저장 방식을 선택하였다. 리튬이 없는 황(S_8), 산소(공기), 금속 불화물(metal fluoride) 등을 양극 소재로 활용하면서 이론적으로 훨씬 더 높은 에너지 밀도를 제공할 수 있게 되었다.[65~67]

일반적으로 황 양극은 리튬 금속 음극과 완전지를 구성하며 리튬 전이 금속 산화물에 비해 높은 이론 용량(최종 산물: Li_2S, 1672 mAh g^{-1})과 에너지 밀도(2835 Wh L^{-1} 또는 2572 Wh Kg^{-1}) 및 풍부한 자원을 바탕으로 활발히 연구되고 있다.[68] 황 양극에서 발생하는 2전자 전달은 고차 황화물(high-order sulfide, S_n^{2-}, $n \geq 4$, 2.4 V)에서 저차 황화물(low-order sulfide, S_n^{2-}, $n \leq 4$, 2.15 V)로 단계적인 전환 반응을 통해 일어난다. 첫 번째 방전과정(리튬화, lithiation)에서 황은 최종 산물인 Li_2S로 환원되고, 충전 시엔 그 반대 반응이 일어나게 된다. 하지만 이 전환 과정의 두 가지 주요 문제는 황 소재의 낮은 전기 전도성과 고차 황화물의 높은 전해질 용해도이다. 용해된 황화물들은 상대전극인 음극으로 전달되어(셔틀링 효과, shuttling effect) 표면에서 저차 황화물을 형성하게 된다. 이로 인해 전지의 전반적인 가역성이 저하되고, 부반응으로 리튬 금속의 수지상 형태가 발달되어 안전문제를 발생시키고 전지의 수명을 크게 떨어뜨리게 된다.[69] 따라서 절연체인 황 양극 소재는 산화–환원 반응 속도를 향상을 위해 반드시 전도성 물질과 혼합되어야 하며, 대표적으론 탄소 소재들이 1.5 V 이상에서 전기화학적 비활성과 경량 플랫폼 제공의 이유로 손쉽게 적용되고 있다. 또한 충·방전 시 발생하는 황 소재의 큰 부피 변화를 위한 완충 구조의 설계나 고차 황화물을 구조 내부에 가두는 탄소 기반 기공 구조를 필요로 한다. 이를 위해 다양한 탄소 재료(그래핀(graphene), 탄소 나노튜브(carbon nanotube, CNT), 탄소 나노섬유(carbon nanofiber, CNF) 등)에 황 원소를 녹이거나 기화시켜 내부 기공 구조에 주입될 수 있도록 하는 방식을 채택하고 있다.[65] 또는, 고분자 유황 물질을 활용하면 강한 공유 결합을 바탕으로 한 황화물 용해 문제는 줄일 수 있지만, 낮은 전기 전도도로 실용화 가능성과는 거리가 멀다.[70] 그럼에도 불구하고 다른 양극 소재에 비해 황 소재가 가지는 높은 에너지 밀도의 이유로 여전히 활발히 연구되고 있으며, 현재는 실제에 가까운 평가 조건(5가지의 "5s")을 바탕으로 그 가능성이 검토되고 있다. 첫째, 황–탄소 복합재 내 황의 비율은 60~90 중량비를 가지며 향상된 산화–환원 속도(용해도가 높은 고차 황화물에서 저차 황화물로의 빠른 변환)와 억제된 용해 문제를 보여주지만, 상용화된 층상 구조 양극 소재들과의 비교를 위해 탄소 재료는 전체 전극 내 "5" 중량비 이하로 제한해야 한다. 둘째, 황 소재가 가지는 낮은 작동 전압(2.5 V 이하)의 단점을 극복하기 위해 "5" mg cm^{-2} 이상의 전극 활물질(황)의 로딩을 필요로 한다. 또한 다른 전극 재료와 달리 황 양극 소재의 전해질로의 용해 특성 문제로 인해, 전해질 대 황의 비율은 "5" μL mg^{-1}로 제한하고, 높은 에너지 밀도 구현을 위해 용량에 대해서도 전해질의 양을 제한("5" μL mAh^{-1} 이하)해야 한다. 마지막으로 중요한 음극 대 양극 비율(N/P ratio)은 양극 소재의 높은 용량을 고려하여 "5" 이하로 설정하는 것이 바람직하다. 참고로, 일반적인 LIB의 N/P ratio는 1.0~1.2 수준이다.

지금까지도 이와 같이 실제 전지 사용 환경에 가까운 평가 조건들을 만족시키는 연구 결과는 발표되지 않았지만, 리튬–황 전지 시스템은 여전히 기대되는 높은 전지 성능과 최근 새롭게 보고되는 소재 특성으로 인해 LIB를 대체할 차세대 배터리에 가장 근접했다고 볼 수 있다. 한편, $2Li + O_2 = Li_2O_2$ (E_{ocv} = 2.96 V)의 단순화된 산화–환원 식을 바탕으로 한 리튬–산소(또는 공기) 전지는 리튬을 기반으로 한 이차전지 중 가장 높은 에너지 밀도(~3505 Wh Kg^{-1}, 3436 Wh L^{-1})를 가진다.[71] 방전 과정에서 리튬 금속 음극이 리튬 이온으로 산화된 후, 공기 전극으로 확산되고 그곳에서 환원된다. 따라서 공기 전극은 촉매를 필요로 하는 매우 느린 속도의 산소 환원 반응(oxygen reduction reaction, ORR)과 산소 발생 반응(oxygen evolution reaction, OER)를 포함한다. 그러한 역할을 수행할 수 있는 이작용성 촉매(bifunctional catalyst)는 큰 비표면적, 높은 전기촉매 활성 및 낮은 과전압(overpotential)을 가져야 하며, 다공성 탄소 재료부터 (비)귀금속(Pt, Pd-Ir, Co 등), 금속 산화물(RuO_2, TiO_2 등)에 이르기까지 종류가 다양하며, 최근에는 산화–환원 매개체(redox mediator)를 활용하여 그 효율을 크게 향상시킬 수 있다.[72,73] 리튬–공기 전지는 4전자 전달 반응($4Li + O_2 = 2Li_2O$)을 통해 더 높은 에너지 밀도를 낼 수 있음에도 불구하고,[74] 공기 내에 존재하는 수분, 질소, 이산화 탄소 및 기타 불순물들과 부반응 등의 문제로 여전히 시스템 단위의 설계가 필요한 실정이다.[67] 또한 재료 단위의 구조적 해석 및 리튬 확산 등에 관한 이해와 달리, 리튬–공기 전지가 필요로 하는 촉매에 기반한 산화–환원 반응은 보다 복잡하고, 원자 단위의 설계를 필요로 하기 때문에 황 소재에 비해 기술적으로 덜 성숙한 편이다.

또 다른 리튬이 없는 양극 소재는 MX_y 형태의 금속 불화물(또는 할로겐화물 또는 복합화합물)로서 M은 Fe, Co 등과 같은 전이 금속을 y는 이러한 전이 금속의 산화수에 따라 정해진다. 단위 구조체당 여러 개의 리튬 전달이 가능하여, 이론적으로 높은 용량을 가지며 상기 설명한 황 또는 산소 양극와 같이 기존 삽입(탈리) 양극 소재와는 다른 리튬 이온 저장 메커니즘을 보인다. 전형적인 MX_y 양극 소재는 비용 효율성과 친환경성 측면에서 다른 차세대 양극 소재에 비해 우위를 가지나, 비교적 무거운 단위 구조체에 최대 3전자 전달 반응에 기반한 이론 용량(300~600 mAh g^{-1})은 황 또는 산소 양극에 비해 훨씬 뒤쳐진다.[75] 3 V 이하의 작동 전압을 갖는 평범한 수준의 전지 성능 외에도, 혼합된 형태의 산화–환원 반응(초기: 삽입 반응, 후기: 전환/압출(extrusion) 반응)과 낮은 전기 전도도 등의 이유로 발생하는 불균일한 리튬 이온 확산 특성으로 다른 양극 소재에 비해 관심을 받지 못했다. 하지만 최근 산화불소화물(oxyfluoride) 형성, 탄소 재료와의 복합화 또는 고체 전해질의 사용으로 전지의 수명 특성이 크게 향상되었다.[76,77] 삽입 양극 소재에서 연구된 바와 같이, 금속 불화물 양극 소재 또한 전이 금속의 산화–환원종 또는 음이온의 에너지 수준을 잘 조절한다면 더 높은 작동 전압과 안정성을 확보할 수 있고, 나아가 많은 변칙적인 메커니즘을 가지는 황

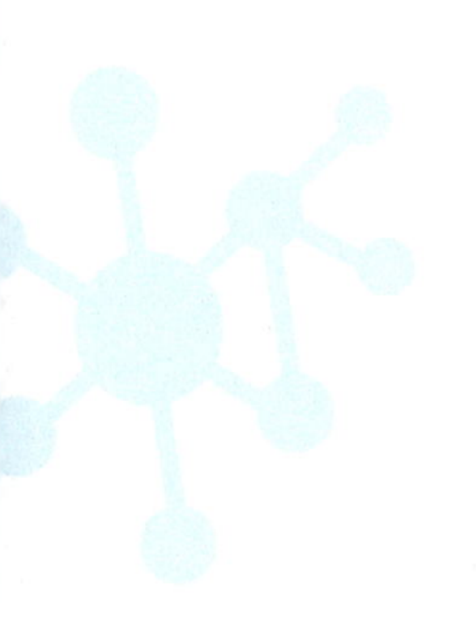

또는 공기 양극보다 더 가능성이 높은 소재로 자리잡을 수 있을 것이다.

9.2.2 음극 소재 화학

일차전지에 사용되던 리튬 금속 음극 소재와 달리, 이차 전지에서는 리튬을 포함한 양극 소재에서 전달된 리튬을 수용할 수 있는 호스트 음극 소재로의 큰 변화가 있었다. Yoshino Akira 교수에 의해 처음 음극 소재로 활용된 polyacetylene은 공액 고분자(conjugated polymer)로서 높은 전기 전도도를 보였고, 작은 유리관 형태의 전지 구성에는 현재의 LIB 처럼 음극으로서의 역할을 잘 수행할 수 있었다.[78] 하지만 polyacetylene의 낮은 화학적 안정성과 낮은 방전 용량으로 새로운 음극 소재가 필요했고, 또 다른 탄소계 물질인 흑연(graphite)이 그 대체 소재로 주목받았다. 그렇지만, 초기에 전해질 용매로 사용되던 propylene carbonate (PC)가 흑연 표면에서 심각한 분해 반응을 일으키며 가역적인 충방전 반응을 확인할 수 없었다. 대신, 일부 전지 제조업체에서 propylene carbonate 용매에 안정적인 결정성 음극 소재인 기상성장 탄소섬유(vapor-phase-grown carbon fiber) 음극을 적용하며 1985년 LCO 양극 소재와 결합한 완전지를 구현하였다.[7] 이후, 이러한 종류의 탄소계 음극 소재들이 충격 실험에서 폭발 위험성을 크게 낮추면서, 마침내 LIB가 세상으로 나올 수 있었다. 즉, 양극 소재 화학은 작동 전압, 용량과 밀접하게 관련되어 있으며(참고로, 대부분의 시스템에서 양극 용량이 전체 전지의 에너지 밀도를 제한함), 음극 소재 화학은 받아들이는 리튬에 대한 호스트 구조의 안정성과 구조적 붕괴없이 얼마나 많은 양의 리튬을 수용할 수 있는지와 관련되어 있다. 결정 구조에 대한 높은 의존성을 가지는 양극 소재와 달리, 음극 소재들은 전하 저장 메커니즘과 리튬화 과정에서 발생하는 상 또는 구조적 변화에 중점을 둔 이해가 필요하다.[1] 음극 소재는 삽입(예: 대부분의 탄소계 재료 및 일부 금속 산화물), 합금(예: 15족 원소) 및 전환 반응(예: 금속 산화물, 황화물, 인화물, 질화물)의 서로 다른 3가지 저장 메커니즘을 가지고 있다(그림 9.9). 삽입 반응에 기반한 기존의 흑연 음극 소재와 달리, 다른 두 종류의 음극은 잠재적으로 높은 에너지 및 출력 밀도를 구현할 수 있고, 해당 소재들의 이론 용량을 최대로 활용하기 위해 실시간(in situ or operando) 고도 분석을 활용한 소재의 기본적인 이해와 관련하여 상당한 진전이 있었다. 다음 각 장에서는 3종류의 음극 소재의 리튬 저장 반응과 관련 문제들을 자세하게 설명한다.

9.2.1.1 삽입·탈리 반응 기반 음극 소재

삽입 반응 기반 음극 소재는 1세대 LIB에 사용된 흑연 음극을 포함하여 가장 잘 알려진 재

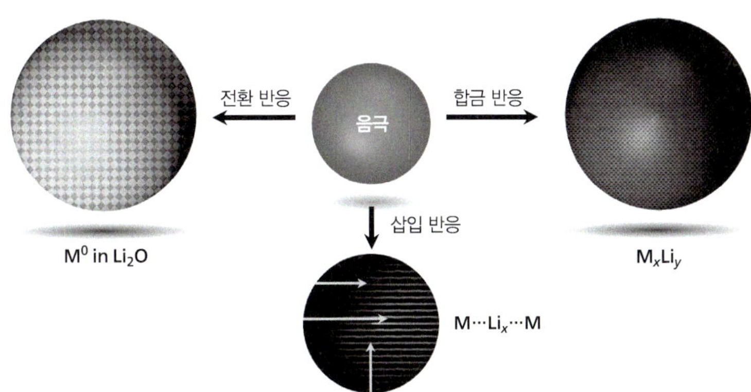

그림 9.9 ▸ 음극 소재의 삽입, 합금, 전환 반응을 보여주는 모식도.

료에 해당된다. 음극 결정 구조의 빈 공간으로 리튬이온이 확산될 때, 1~3차원의 다양한 확산 경로를 가지며 부피 변화가 거의 없다고 알려져 있다. 이는 제한적인 양의 리튬을 저장하며 낮은 용량을 보이는 부분과 일치한다. 하지만 충전 시 보여주는 구조적 안정성은 지속 가능한 전지의 구동을 위해 필수적이며, 이로 인해 삽입 반응 기반 음극 소재는 다양한 에너지 저장 분야에 활용되어 왔다. 이러한 음극 소재는 일반적인 탄소계 재료와 전이 금속 산화물(이 경우 리튬과 합금 반응을 하지 않는 금속을 포함함, 예: Ti, Nb, V 등)을 포함한다.[79]

탄소계 음극 재료는 대부분 전기 전도성이 우수하고, 리튬 이온을 효과적으로 수용할 수 있는 계층(hierarchical) 구조로 구성되어 있고, 높은 가용성(저비용)으로 전지 분야에 광범위하게 활용되어 오고 있다. 하지만 흑연을 포함한 탄소계 음극 소재는 낮은 리튬이온 확산 속도와 고속 충전 환경하에서 리튬 금속이 흑연 표면에서 석출될 가능성이 높고, 석출된 리튬으로 인해 발생하는 안전 문제 등을 보인다. 따라서 최근 고속 충전을 요구하는 응용 분야가 많아짐에 따라 흑연 소재를 적절하게 개질하거나 인조 흑연 또는 하드카본(hard carbon)을 활용하는 연구가 주를 이루고 있다.[80] 탄소계 음극 소재에 그래핀(graphene)층이 기저면 방향으로 얼마나 잘 정렬되어 있는지(결정화 또는 흑연화 정도)에 따라 리튬 이온 저장 메커니즘이 달라진다. 대표적으로 소프트 카본(soft carbon)과 하드 카본이 존재하며, 이들은 고온 처리 조건에서 무질서한 탄소의 구조가 흑연화될 수 있는지에 따라 나뉘게 된다. 흑연을 포함한 기상성장 탄소섬유 및 메조카본 마이크로 비드(mesocarbon microbead, MCMB) 등이 소프트 카본에 속하고, 소프트 카본에 비해 기계적으로 더 단단한 하드 카본은 천연 고분자 또는 다양한 유기물들의 열분해(pyrolysis) 산물들을 포함한다. 그렇지만, 이러한 다양한 탄소계 음극 재료들의 리튬 저장 메커니즘은 결국 흑연 음극을 기반으로 설명이 가능하다(그림 9.10).[81]

리튬 이온의 삽입 과정은 소위 단계(staging) 반응을 따르게 되고, 이는 덜 채워진 적층된 그래핀 구조로부터 완전히 채워지는 구조까지의 과정을 말한다. 단계 번호 "*n*"은 두 개의 삽입된 두 층 사이에 존재하는 그래핀층의 개수를 말하며, "*n*"은 일부 중간 단계(리튬이 불완전하게 정렬된 상태인 1 L 또는 2 L)을 포함하여 4에서 1로(최종 단계, C_6Li)로 감소하게 된다. 그래핀 층간에 리튬이 채워지며, 완전히 충전된 상태의 흑연 소재는 인접 층의 간격이 3.35 Å에서 3.70 Å으로 증가하게 되며, 결국 기저면(basal plane) 방향으로 총 10.4%의 부

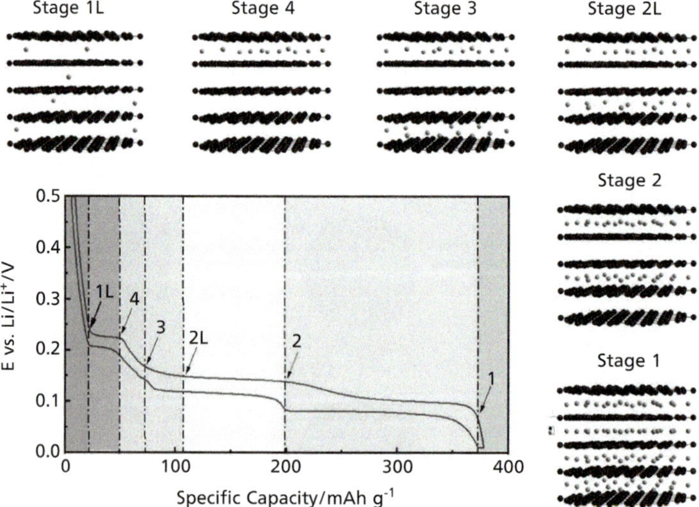

그림 9.10 ▶ 흑연 음극의 단계적 리튬 이온 삽입 메커니즘을 보여주는 모식도 및 리튬 금속 음극을 대극으로 한 반쪽전지의 두 번째 충방전 그래프. Reproduced with permission from RSC.[81]

피팽창이 발생한다. 이처럼 흑연 소재가 1단계 충전 상태를 향해 가며 겪는 다중 위상 전이(phase transition)는 낮은 히스테리시스(hysteresis, 방전 곡선과 충전 곡선 사이의 간격)를 갖는 정전류 전위 곡선(galvanostatic potential profile)의 여러 평탄 구간과 일치한다. 이러한 단계적 리튬 삽입 반응은 일련의 분석 기술들을 통해 현재 완전하게 정립되었다.[82] 흑연에서 보여지는 가역적인 단계 과정은 필연적으로 고체–전해질 계면상(SEI)을 필요로 한다. 이는 전해질의 전기화학적 환원 반응에 의해 생성되며 전기적으로 절연체이지만 이온 전도성의 특징을 가진다. 구체적으로, 충전 과정 동안에 음극의 전위가 전해질의 열역학적 안정 구간인 0.8 V 이하로 내려가면 고체–액체 계면에서 흑연으로부터 전해질로의 직접적인 전자 전달이 되며 환원이 발생하게 된다. 이와 같은 전해질의 비가역적인 분해가 전하(또는 전자)를 소모하게 되고, 초기 효율(initial coulombic efficiency, ICE)를 낮추게 된다. 하지만 형성된 SEI층으로 인해 추가적인 전해질의 분해를 막을 수 있고, 전해질 용매의 동시 삽입(co-intercalation) 반응을 억제하여 결국 전지의 수명 향상에 도움을 주는 역할을 한다. 전해질의 용매 및 염의 종류에 따라 SEI층의 조성은 상이하나 무기층(LiF, Li_2O, Li_2CO_3)과 유기층(ROLi 및 $ROCO_2Li$, R: 저분자 알킬기)의 혼합으로 구성된다.

흑연 소재는 높은 ICE(>90%)와 작은 부피 변화(~10%)에도 불구하고, 층상 그래핀 구조로의 느린 리튬 이온 확산 속도가 급속 충전 조건에서 예기치 못한 리튬 금속 석출을 유발하게 된다. 이는 리튬 이온의 확산이 적층된 구조를 따라서 확산되는 즉 제한적인 확산 경로 때문이다. 참고로, 1C의 충전 속도는 1시간 동안 절반의 사이클(충전 또는 방전)을 도는 시간에 해당한다.[83,84] 따라서 그래핀 또는 탄소 나노튜브와 같은 다양한 탄소 동소체(allotrope)들이 이차전지용 소재로 연구되기도 했다. 조밀하게 적층된 구조에서 박리된 그래핀층은 흑연 소재에 비해 그래핀 양면에 존재하는 훨씬 더 많은 산화–환원 활성 부위를 활용하여 더 빠른 리튬 이온 확산성과 더 높은 용량(Li_2C_6: 780 mAh g^{-1} 또는 Li_3C_6; 1200 mAh g^{-1})의 특성을 보인다.[85] 그러나 그래핀과 같은 다른 탄소 동소체들은 넓은 비표면적으로 인해 첫 번째 충전 사이클에서 과량의 전해질을 소모하여, 초기 가역성이 흑연 소재에 비해 크게 떨어진다. 따라서 단독 호스트 물질로 활용되는 것이 아닌 다른 무기 양극 소재들의 성능을 향상시킬 수 있는 전도성 복합재료로 활용될 수 있다.[86] 흑연화된 탄소 소재 외에도 결함(defect) 사이트가 많이 존재하는 하드 카본은 하이브리드(hybrid) 저장 메커니즘을 보인다. 즉, 하드 카본 소재 내 작은 흑연 결정립(grain)으로 흑연과 동일한 층간 삽입 반응을, 미세기공(micropore) 또는 공극 표면에서 리튬 이온을 저장하는 두 가지 방식이 통하여 흑연 소재 대비 매우 우수한 율특성(rate capability)을 보여준다.[87] 하드카본 음극의 고유한 비정질 다공성 구조는 낮은 ICE를 보여 현재 상용화된 흑연 음극을 대체하기엔 역부족이나 대신 가격 경쟁력을 필요로 하는 소듐 이온 전지(sodium-ion battery, SIB) 등에 활발히 활용되고 있다.[88]

층간 삽입 반응에 기반한 흑연 음극 소재는 낮은 충전 전위로 완전지의 작동 전압을 상승시키는 데 유리하지만 반드시 SEI층의 형성을 수반하게 되고 이는 고온 또는 고속 충전 등 전지가 남용되는 환경에서 분해되어 안전문제를 야기할 수 있다.[89] 이러한 관점에서 리튬 티타늄 산화물($Li_4Ti_5O_{12}$, LTO) 또는 티타늄 산화물(TiO_2) 다형체(polymorph) 음극 소재는 상대적으로 높은 충-방전 전위를 보임으로써, SEI에 기인한 안전문제 또는 성능 저하 문제가 없다. 이들의 이론용량은 Ti^{3+}/Ti^{4+}의 산화–환원종을 활용하여 175~300 mAh g^{-1} 수준으로 낮지만, 티타늄 기반 산화물 소재가 가지는 전기화학 반응의 안정성이 장수명과 고출력을 요구하는 하이브리드 전기 자동차 또는 고정형(stationary) 에너지 저장용 이차전지에 적합하다.[90] 특히, 단위 구조당 3개의 리튬을 빈 팔면체 부위로 삽입 가능한 스피넬 구조의 LTO 음극은 충전되면 암염구조로 바뀌며, 0.2% 수준의 부피 변화만을 보인다. 스피넬과 암염 구조 사이의 안정적인 이종 계면을 바탕으로 한 2상 반응(two-phase reaction)이 우수한 전기 화학적 가역성의 이유이다. 한편, LTO 음극 소재의 전기적 절연특성은 나노 구조화 및 표면 개질을 통해 개선할 수 있고, 또는 LTO 내(Ti^{4+}/Li^{+}/O^{2-}) 원소에 산화수가 다른(off-valence) 원소 도핑을 통해 Ti^{3+} 생성을 함으로써 전기 전도도를 향상시킬 수 있다.[91] LTO 음극 소재의 또 다른 문제점은 충전된 LTO 음극 소재와 전해질의 반응성에 기인한 심각한 가스 발생 문제가 있지만, 최근 다양한 표면 처리 기술을 통해 많이 개선되었다.

티타늄 산화물(TiO_2) 음극 소재는 LTO와 물리적, 전기화학적으로 매우 유사하나, 단위 구조의 낮은 질량으로 적은 리튬 충전량 단위 구조당 1개의 리튬)에도 불구하고 상대적으로 높은 이론 용량(330 mAh g^{-1})을 가진다. 니오븀(Nb) 기반 산화물(Nb_2O_5) 다형체를 이용하면, 폭 넓은 산화–환원종(Nb^{5+}~Nb^{2+})을 활용할 수 있고 티타늄에 비해 상대적으로 빠른 화학 반응 속도를 가진다는 장점이 있다.[92] 2차원 구조의 리튬 이온 확산 특성을 보이는 구조적 특성은 전기자동차 분야에 필수적인 급속 충전에 적합하지만 실제로 얻을 수 있는 산화수의 변화는 3개의 리튬이 아닌 약 1.5개 미만을 취하며 낮은 용량과 높은 충방전 전위로 현재의 흑연 음극과 경쟁하기엔 역부족이다. 하지만 니오븀 기반 산화물에 티타늄을 포함 여러 금속을 복합화시킴으로써, 낮은 이론 용량을 소폭 상승시킬 수 있고, 흑연 소재보다도 낮은 부피 변화로 구조적 이점을 살릴 수 있다. 최근 Grey 교수 연구진이 개발한 니오븀 텅스텐(W) 산화물 재료는 나노 구조화가 필요 없는 구조로서, 낮은 리튬 이온 확산 장벽 에너지와 빠른 산화–환원 반응 속도 보인다.[93] 또한 다중 산화–환원종을 바탕으로 높은 이론 용량을 가짐과 동시에 낮은 밴드갭(band gap), 높은 재료 밀도 및 충전 시 적은 재료 변형 등의 우수한 장점으로 차세대 삽입 반응 기반 음극 소재로 주목받았다. 하지만 최근 개발된 삽입 반응에 기반한 음극 소재는 고속 충방전 조건에서 안정적인 구동을 목표로 연구되고 있고, 제한적인 전이 금속 산화–환원종의 종류로 용량적인 측면에서 흑연 음극을 압도할 만한 수준의 소재는 개발되지 못했다.

9.2.1.2 합금 반응 기반 음극 소재

삽입 반응에 기반한 소재들의 문제들(예: 불안정한 에이징(aging) 거동, 그에 따른 안전 문제, 낮은 용량) 중에 단위 구조 내 낮은 리튬 수용량(대부분 1개 이하의 리튬 이온)으로 인해 낮은 이론 (가역) 용량 문제가 가장 심각하다고 할 수 있다. 이와 관련하여 리튬과 합금 또는 고용체(solid solution)를 형성할 수 있는 합금 재료들은 낮은 용량 문제에서 탈피할 수 있고, 13~15족에 속하는 대부분의 원소들(Si, Sn, Ge, Sb, Al 등) 및 이러한 원소들의 합금 재료를 모두 활용할 수 있다. 예외적으로 Zn, Mg, Ag 등의 재료 또한 합금 반응 메커니즘을 따른다. 이러한 후보 재료들은 삽입 반응 소재들에 비해 최소 2~5배 이상의 용량 상승을 이룰 수 있다(예: $x > 1$, Li_xM).[94~97] 하지만 당연하게도 과량의 리튬을 구조 내에 저장함에 따라 합금 재료들의 큰 부피 변화는 불가피하며, 반복되는 충방전 과정 동안에 구조적으로 파괴되기 쉽고, 결국 높은 에너지 밀도의 이점을 잃게 된다.

따라서 개선된 가공 성능을 가지는 합금 재료들은 나노스케일(nanoscale) 및 다차원 설계가 가능하다는 이점을 바탕으로 리튬화 또는 장기 사이클 수명 평가에서 구조적 내구성을 올리는 연구가 주를 이룬다.[98~103] 합급 소재 설계 시 가장 중요한 구조적 불안정성에 관한 요소는 다음과 같이 정리될 수 있다(그림 9.11a).[6] 첫째, 표면 균일 및 인접한 활물질들 또는 전도성 탄소 입자들과 접촉 손실로 인해 전극에서 전기적으로 분리(electrical isolation)가 발생될 수 있다. 둘째, 그로 인해 부서진 입자가 더 큰 덩어리로 재조립되며 전지의 성능이 크게 저하된다. 셋째, 첫 번째 충전 과정에서 형성된 SEI층이 이후 리튬화 과정에서 약화되거나 파열된 후, 새롭게 노출된 합금 재료의 표면에 새로운 SEI층의 형성을 가속화시킨다.

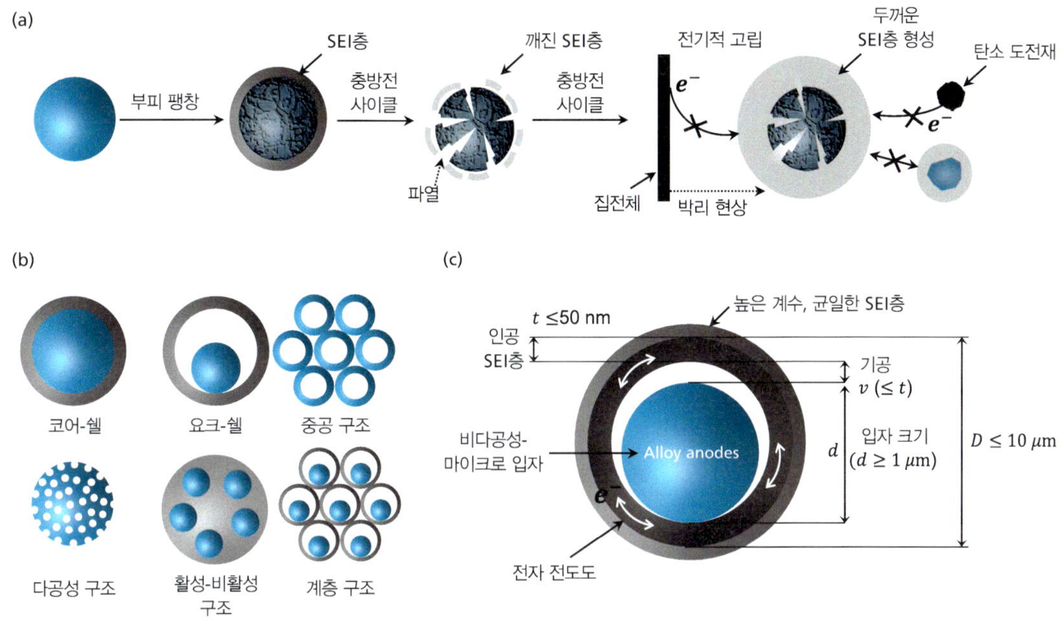

그림 9.11 ▸ (a) 일반적인 합금 음극의 열화 과정, (b) 합금 음극의 대표적인 구조 설계 예시, (c) 최적의 합금 소재를 위한 설계도.

이렇게 형성된 두꺼운 SEI층은 리튬 이온 확산 과정에서 큰 과전압을 생성하여 사용 가능한 용량을 낮추게 된다. 마지막으로, 흑연 소재의 잘 정의된 리튬 활성 부위와 달리, 지속적으로 변형되는 합금 재료의 구조적 특성이 리튬 이온의 고상(solid-state) 확산을 방해하거나, 방전 시 불완전하게 복원된 구조로 인해 상당한 결합 사이트가 발생하여 전지의 Coulomb 효율을 떨어뜨린다. 이처럼 합금 반응 기반 음극 소재는 장점과 단점이 뚜렷하여, 구조 또는 표면을 안정화시키는 연구에 초점이 맞춰져 있다.

합금 소재의 나노 구조화는 정밀하면서도 복잡한 합성 방식을 따르지만, 다양한 차원의 형태로 균열 형성의 위험성을 줄일 수 있다.[104,105] 2008년 실리콘 나노와이어(nanowire, NW) 연구로 시작된 실리콘 음극 소재의 활용은 높은 용량(>3500 mAh g^{-1}, $Li_{3.75}Si$)과 흑연에 비해 안전한 충전 전위(리튬화: 0.1 V, 탈리튬화: 0.4 V)로 이차전지용 음극 재료의 획기적인 성능 향상을 이끌었다. 나노 구조화된 실리콘 음극 소재의 합성법과 그에 따른 전지의 성능 개선과 관련된 연구는 현재까지도 활발히 연구되고 있다. 한편 실리콘 소재의 비정상적인 리튬화 거동이 관찰되었는데, 예를 들어 (다)결정성 실리콘 음극은 실시간 또는 사후(ex situ) 분석에서 (111) 또는 (100)면 방향보다 (110)면 방향으로 리튬의 확산이 우선적으로 일어나는 것을 확인하였다.[106] Huang 교수와 그의 동료들은 실리콘 음극의 입자 크기에 따른 파괴 거동에 관한 실시간 투과 전자 현미경 분석을 진행하였고, 실리콘 음극 소재가 150 nm의 임계점을 가지고 비파괴가 일어난다는 것을 밝혀냈다.[107] 즉, 실리콘 음극 소재를 150 nm 이하로 설계하면 구조적으로 균일이 발생하지 않다는 것이다. 이에 반해, 다른 합금 소재들은 뚜렷한 크기 의존성을 보여주는 연구결과가 보고된 바 없다. 이러한 과학적 발견을 바탕으로, 실리콘 기반 음극 소재들은 큰 부피 변화를 수용할 수 있는 코어-쉘(core-shell), 요크-쉘(yolk-shell), 중공, 다공성, 계층(hierarchical) 구조 또는 저차원 빌딩 블록(building block)과 복합화된 활성-비활성 복합구조로 설계되었다(그림 9.11b). 이러한 디자인의 경우, 실리콘 음극 소재의 표면을 안정화시키기 위해 필수적으로 탄소 재료와의 복합화가 필요하다. 이는 나노 구조화를 하더라도 실리콘의 큰 부피 변화는 막을 수 없기 때문이다.[108,109] 따라서 부피 변화가 큰 합금 재료를 전도성이면서 탄성 있는 탄소 재료로 코팅하거나 가둠으로써 전지의 수명을 크게 향상시킬 수 있다. 예를 들어, 충분한 공극을 가진 탄소 껍질 내부에 실리콘 나노입자를 위치시킴으로써 팽창으로 인한 균일 문제를 막을 수 있고, 결과적으로 1000회 이상의 사이클 수명을 가능케 했다.[110]

실리콘 기반 음극 소재의 우수한 전기화학적 성능에도 불구하고, 낮은 전기 전도도 문제로 과량의 전기화학적으로 비활성 물질, 낮은 밀도를 가지는 원소 또는 이종 원소 도핑을 필요하게 되어 전지의 부피당 에너지 밀도에 손실이 생기게 된다.[111] 또 다른 문제는 나노단위에서 제조된 합금 재료는 초기 사이클에서 액체 전해질을 과하게 소비하여 낮은 ICE를 유발하고, 이는 완전지를 구성함에 있어서 불리한 요소로 작용한다. 이와 달리 최근 실리콘 기반 음극 소재 개발은 나노입자가 아닌 마이크로미터 크기의 입자를 활용하거나 복합재의 양을 최소화시키며 흑연 소재를 대체할 수 있는 실제 적용 가능한 실리콘 음극 제조 기술을 도입하는 중이다.[112~114] 한편, 실리콘과 달리 전도성이 높은 합금 재료(예: Ge, Sn, Al 등)는 적은 양의 복합재를 필요로 하여, 높은 부피당 용량 구현이 가능하고 실리콘과 이들의 이중 금속 합금(bimetallic alloy) 형성을 통해 더 우수한 소재의 개발이 가능하다.[95,115~120] 다양한 합금 소재의 구성에도 불구하고, 액체 전해질에 직접 노출된 합금 소재는 불안전한 계면을 가지고 결국 낮은 전기화학적 가역성을 보이게 된다. 즉, 향상된 전도성을 가지는 합금 소재의 지속 가능한 구조 개발은 상당수 보고되었고 이미 수천 사이클 이상의 수명특성을 갖는 소재가 실현되었기 때문에, 최근에는 안정적인 계면 특성 확보가 훨씬 강조된다. 따라서 합금 소재의 표면에서 과하게 형성되는 SEI를 제어할 수 있는 방법이 차세대 합급 소재 개발의 핵심 요소이며, 최외곽층에서 균일한 SEI층의 형성을 촉진할 수 있는 방법이 현 당면 과제라고 볼 수 있다.

전해질과 맞닿아 있는 합금 소재 표면만으로는 SEI층을 안정화시키고, 높은 가역성을 달성하기엔 역부족이다. 그렇게 때문에 충방전 사이클 동안 큰 부피 팽창을 일으키는 합금 소재의 표면을 인공층(artificial layer)으로 가둠으로써, SEI층의 파열을 방지할 수 있다. 가능한 인공층의 종류로는 비정질 탄소 재료 또는 티타늄 산화물(TiO_2)이 있으며,[121,122] 최근 그래핀 소재가 기계적 완충과 전도성 향상의 효과로 주목받았다.[112] 합금 재료의 큰 부피 팽창(300% 이상)을 감안하면 그래핀 인공층조차도 파손의 위험을 최소화하기 위해 추가적인 내부 공극의 설계가 필요하다. 이러한 이유로 합금 소재의 상용화는 현재까지도 실현되지 못했으며, 오직 고용량 합금 음극 소재를 흑연 음극과 소량 물리적으로 혼합하는 방식이 현 전지 제조업체에서 사용되는 방식이다. 합금 음극의 핵심 소재 화학과 관련하여, 즉 큰 부피 팽창과 이로 인한 부수적인 문제들을 해결하고 실용화 가능한 소재의 개발을 위해 축적된 광범위한 물질에 관한 지식들을 바탕으로 하나의 통합된 이상적인 합금 음극 소재의 설계를 제안할 수 있다(그림 9.11c). 합금 음극 소재의 작동원리와 재료 단위의 문제 및 해결책은 이제 잘 확립되었기 때문에, 차세대 LIB 개발은 상용화된 흑연 음극을 대체할 수 있는 고성능 합금 재료의 실현에 달려 있다.

9.2.1.3 전환 반응 기반 음극 소재

높은 이론 용량 달성을 위해 음극 소재의 단위 구조당 리튬 양을 늘리려는 연구로서 하나는 앞서 설명한 리튬과 합금 반응을 할 수 있는 금속 소재를 이용하는 것이고, 다른 한 가지 방법은 산화물, 질화물, 황화물, 인화물 및 불화물과 같은 금속-음이온 화합물을 사용하여 고용량을 낼 수 있는 전환 반응 기반 음극 소재를 활용하는 것이다. 충방전 과정에서 발생하는 합금 재료의 결정학적(crystallographic) 변형과 달리, 전환 반응 기반 음극 소재는 복합적인 전하 저장 메커니즘을 가진다.[123] 결과적으로 예측하기 어려운 불균일한 형태의 충전 산물이 소재의 전기 전도도를 떨어뜨리고 전기화학 반응의 과전압(overpotential)을 상승시켜 결

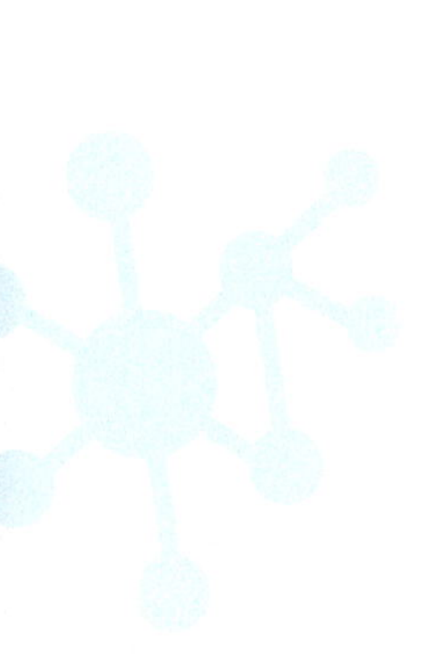

국 전하 저장의 가역성을 낮추게 된다. 즉, 충전 산물의 구조는 환원된 금속 입자들이 리튬 음이온 화합물(Li_nX, X = O, P, N, S, F) 매트릭스(matrix)에 분포하는 형태를 가지고, 이러한 반응은 큰 부피 팽창을 동반한다. 추가적인 금속 입자들의 리튬-합금화 반응이 입자의 균열 가능성을 높이고, 이는 구조 유지 측면에서 합금 소재보다 더욱 힘든 상황을 만든다. 합금 재료와의 또 다른 차이점은 전환 음극 소재들의 전기화학적 가역성이 리튬 음이온 화합물과 금속 나노입자들의 계면 반응에 의해 결정된다는 것이다. 따라서 전환 반응 기반 음극 소재들을 안정화시킬 수 있는 해결책은 합금 소재들과 매우 유사하지만(예: 계면, 구조, 형태 제어) 실용화 가능한 소재의 설계를 위해 전환 반응 자체에 대한 기본적인 이해가 선행되어야 한다.

전환 음극 소재의 잠재력은 LIB의 발명과 거의 같은 시기에 인식되었고,[124] 구체적으로는 2000년 Tarascon과 그의 동료들에 의해 합금소재보다도 먼저 기술적인 돌파구(나노기술)를 적용한 사례였다.[125] 전이금속 산화물 나노입자들이 리튬 옥사이드(Li_2O)와 1~5 nm 크기의 금속 나노입자들의 가역적인 전기화학 반응을 이용한다는 사실이 X-선 회절 패턴(X-ray diffraction, XRD) 및 사후 TEM 분석을 통해 최초로 밝혀졌다. 이후 리튬 옥사이드의 산화–환원 반응 참여에 대한 직접적인 증거는 단결정 SnO_2 나노 와이어를 이용한 실시간 TEM 분석을 통해 입증되었다. 실제로 Li와 Mao가 이끄는 연구팀은 SnO_2 나노와이어를 음극으로, LCO를 양극으로, 이온성 액체(ionic liquid) 전해질을 바탕으로 한 나노 배터리 시스템을 TEM 내부에 구성하였다.[126] 나노 배터리 시스템에 충전 전압을 인가하면 실제 전지의 구동과 유사하게 LCO 양극에서 리튬 이온이 SnO_2 음극으로 확산되며 SnO_2 음극을 충전시키고, 직선 형태의 SnO_2 나노와이어의 부피가 증가하며 두꺼워지고 구부러지는 등의 변형이 관찰되었다(그림 9.12a). 리튬 이온의 고상 확산은 반응 전 산물과 상전이가 발생한 반응된 상태의 경계면을 나타내는 반응 전면(reaction front)를 관찰함으로써 추적할 수 있었다(그림 9.12b). 반응이 와이어를 따라 전파됨에 따라 나노와이어의 구조가 초기, 전위 구름(dislocation cloud) 및 비정질 상태 총 3가지로 나뉘어졌다. 반응 전면을 포함한 전위 구름 영역에서 발견된 흥미로운 점은 비정질 Li_2O 매트릭스 형성과 일치하는 비정질 할로(amorphous halo)가 전자 회절 패턴에 나타났다는 것이다. 한편, 반응 전면에서 멀리 떨어진 위치에서 Sn 나노입자들이 비정질 Li_2O 매트릭스에 분산된 것을 확인하였고, 동시에 전자 회절 패턴에서 육방(hexagonal) 구조의 $Li_{13}Sn_5$을 관찰하였다. 즉, SnO_2 소재의 리튬화 과정은 Sn 나노입자와 Li_2O 매트릭스 형성으로 시작되었고, 추가적인 리튬 소스가 리

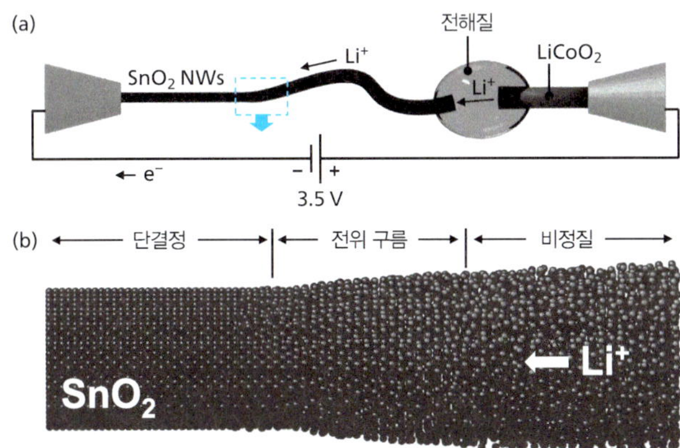

그림 9.12 ▸ (a) TEM 실시간 분석을 위해 구성된 나노배터리의 구조, Li^+ 확산에 따라 SnO_2 나노와이어의 부피가 증가하며 형태가 변하는 것이 관찰된다. (b) Li^+ 확산이 이루어지는 계면(점선으로 표기한 구간)의 반응 전, 반응 전면(전위 구름), 반응 후(비정질)의 변화 단계.

튬 이온 전도성이면서 동시에 전자 절연체인 Li_2O 매트릭스를 통해 Sn으로 확산되어 Sn과 Li의 합금 반응을 일으킨다. 완전 충전 이후 계산된 SnO_2 나노 와이어의 부피 팽창율은 약 250%로 앞서 설명한 2단계 반응과 부합하는 결과이다.

따라서 전환 반응 기반 음극 소재의 개발은 비전도성 반응 부산물(Li_2O)의 형성과 Li_2O와 금속 나노입자의 반응에 기인한 높은 과전압 문제의 해결에 달려 있다. 한편, 금속 나노입자의 리튬과의 추가적인 합금 반응에 Li_2O 매트릭스가 완충제 역할을 하여 구조 붕괴의 확률을 낮추는 것은 맞으나, 여전히 큰 부피 팽창으로 인한 파열 문제는 내재하고 있다. 비가역적인 Li_2O-금속 반응, 구조적 결합 및 불안정한 SEI층 등의 문제를 가지는 전환 반응 기반 음극 소재는 심각한 용량 저하를 보이게 된다. 그러므로 전환 반응 음극 소재 또한 나노 단위 설계 및 전도성 물질과의 복합화가 필수적이다.[127] 대표적인 전환 반응 음극 소재인 금속 산화물 음극은 나노 영역에서 Li_2O와 금속 나노입자 두 가지 산물로 쪼개지며, 해당 반응의 전위는 보통 1.8~2.0 V의 범위를 가진다. 하지만 이는 생성된 금속 나노입자의 반응성에 따라 상이하고, 전체 전위창은 0~3 V를 바탕으로 구동된다.[125] 연구 초기에는 추가 합금 반응이 불가능한 금속에 기반한 산화물을 활용하였지만, 최근에는 추가 용량 기여가 가능한 Sn, Sb, Ge 등의 소재로 확장되고 있는 추세이다.[86,128,129] 최근에는 옥살산(oxalate) 또는 탄산염(carbonate)에 기반한 전환 반응 음극 소재 또한 연구되고 있다.[130,131] 전이금속의 산화수에 따라 일산화물(monoxide), 이산화물(dioxide), 삼산화물(tridoxide), 사산화물(tetraoxide) 등 그 종류가 다양하나, 모두 동일한 리튬 이온 저장 메커니즘을 보이며 가역 용량은 300~1200 mAh g^{-1}을 가진다. 더불어, Li_2O의 가역적인 분해를 촉진시키기 위해 탄소계 소재와의 복합화는 필수적으로 이루어지고 있는 추세이다.[132]

질화물(또는 산화질화물) 및 칼코게나이드(chalcogenide) 화합물은 산화물 재료에 비해 전기화학적인 가역성이 높아 작은 과전압을 보인다.[133] 다양한 금속 질화물(예: Ge_3N_4, Sn_3N_4, Fe_3N, Co_3N 등)의 반응 산물인 질화 리튬(Li_3N)은 Li_2O과 동일하게 리튬 이온 전도체 및 전기 절연체로 알려져 있지만, Li_2O에 비해 많은 양의 리튬을 포함하여 가역 반응 시 용량 기여율이 훨씬 높다. 따라서 합금 반응 기반 금속 재료와 결합 시 적어도 첫 번째 사이클에선 합금 재료만큼 높은 용량을 구현할 수 있다. 하지만 질화 리튬의 가역적인 분해는 거의 발생하지 않으며, 초기 용량의 약 50% 수준만이 가역적으로 얻어진다. 다만, 향상된 계면 반응성을 가지는 이원 화합물 또는 일부 산화질화물들이 상대적으로 높은 용량을 보이기도 한다.[134,135] 한편 금속 칼코게나이드 화합물은 차세대 양극 소재에서 설명한 리튬 황화물을 반응 산물로 가지며, 유수한 전해질 용해 문제를 수반하여 산화물에 비해 높은 전기 전도도에도 불구하고 초기 사이클에서 결정 구조 및 산화-환원 반응 활성을 잃으며 심각한 용량 저하를 보인다.[136] 하지만 나노구조화된 칼코게나이드 화합물을 탄소 구조에 가둠으로써, 전해질 용해 문제를 해결할 수 있고 산화물 음극 소재에 비해 훨씬 높은 에너지 밀도를 구현할 수 있다.[137] 반면, 프닉타이드계 화합물은 높은 리튬 저장량을 가지는 인, 비소, 안티몬 원소를 포함하여 훨씬 낮은 과전압과 높은 전기화학적 가역성을 바탕으로 화합물 소재 중 가장 높은 이론 용량을 보인다.[138] 그 중, 인의 주름진(puckered) 구조는 이론적으로 3개의 리튬(Li_3P)을 저장할 수 있어 약 2596 mAh g^{-1}의 용량을 낼 수 있다.[94] 그러므로 무거운 전이금속에 관계없이 용량을 유지할 수 있어 큰 관심을 받았지만, 여전히 높은 용량에 비례하는 큰 부피 변화와 연속적인 상변화를 문제로 상용화 가능성에서는 배제되었다. 한편, CoP 음극을 활용한 리튬 이온 저장 메커니즘에 관한 연구 결과를 바탕으로 나노입자화는 전환 반응에 결정적인 영향을 주는 반면, 초기 삽입 반응에는 영향을 주지 못한다는 것을 밝혀냈다. 따라서 산화물 음극 소재와 동일하게 인화물 소재 또한 반응 산물인 Li_3P와 금속 나노입자 간 반응이 전체 전기화학 반응의 가역성을 결정짓는 중요한 과정임을 알 수 있다.[139]

또 다른 전환 반응 음극 소재는 금속 수소화물(예: MgH_2, 이론용량~2048 mAh g^{-1})로서, 2008년 Onumellal 교수에 의해 처음 소개되었으며 수소화 리튬(LiH)를 반응 산물로 삼는다.[133] 수소화 리튬이 가지는 금속성 덕분에 수소화물 음극 소재는 전환 반응 음극 중에서 가장 낮은 과전압과 가장 작은 부피 변화를 보인다. 그러나 수소화물 내부에서 리튬과 수소 이온의 낮은 확산 속도로 인해 최소 10 중량비 이상의 탄소 재료와 혼합이 필요하다. 대안으로, BH_4^-, AlH_4^-, NH_2^- 등과 같은 복합 음이온에 기반한 전환 반응 음극 소재는 배위 구조(coordinated structure)를 통해서 더욱 빠른 리튬 이동성을 제공한다. 하지만 제한적인 전자 및 이온 전도도와 수분 및 공기와의 민감한 특성으로 인해 LIB의 음극 소재에 적용되기보다는 고상 리튬 이온 전도체(solid-state Li-ion conductor)로서 널리 사용되고 있다.[140] 이렇듯 다양한 금속과 음이온의 조합이 가능한 전환 반응 기반 음극 소재는 최근 나노 구조화된 형태로 손쉽게 제조가 가능하여 리튬화 산물들 사이의 비가역적 반응, 전기 전도도 및 부피 팽창 문제를 상당히 개선할 수 있었다. 그러나 잘 설계된 전환 반응 음극조차도 이종 리튬화 특성, 높은 분극화(polarization) 현상과 광범위한 전위창을 사용함으로써, 근본적으로 고에너지 밀도를 구현하기엔 어려움이 있다. 또한 이러한 정교한 나노구조의 설계는 실용화 목적에 맞지 않는 개념증명(proof-of-concept)의 형태로만 달성이 가능하여, 현재로서는 성능 및 제조 모든 면에서 흑연 소재와 이차전지 시장에서 경쟁하기엔 부족한 면이 많다.

9.2.1.4 차세대 음극 소재

리튬 금속을 직접 음극 소재로 활용한 것은 일차 리튬이온 전지에서 처음 시작되었지만, 심각한 안전문제와 함께 액체 전해질 및 기계적 충격에 대한 반응성이 높아서 이차전지 연구 초기 단계에선 흑연과 같은 안정적인 호스트 형태의 음극에 대한 관심이 높았다.[7] 그 후 지난 수십 년 동안 리튬 금속 음극 소재에 대한 관심도가 떨어졌고, 무제한적인 리튬 공급원으로서 리튬 금속 음극은 다양한 양극 및 음극 개발에서 상대 전극 또는 기준 전극으로만 활용되어 왔다. 하지만 다가올 미래 응용 분야에 필요한 고에너지 밀도 및 출력 밀도를 충족시키기엔 현재의 삽입 반응 기반의 재료들이 가지는 한계점이 분명하다. 따라서 이차전지 연구자들은 안전 문제가 제기되더라도 전지의 성능 수준을 끌어올릴 수 있는, 리튬 금속 음극과 앞서 설명한 높은 니켈 함량과 코발트가 없는 양극 소재의 조합을 재검토하기 시작했다.[104] 리튬 금속의 수지상(dendrite) 성장으로 인한 심각한 단락 문제를 감수할 만큼 리튬 금속 음극이 가지는 가장 낮은 환원 전위와 가장 높은 용량(> 3800 mAh g^{-1})에 기반한 잠재적 가능성이 필요해진 것이다. 실제로, 리튬 금속을 음극으로 사용하는 것만으로도 무거운 구리 집전체를 제거하여 전지의 에너지 밀도를 크게 향상시킬 수 있기 때문이다.[141] 또한 호일(foil) 또는 필름 형태의 리튬 금속을 음극으로 사용함으로써 전지의 전체 두께를 줄일 수 있다. 예를 들어, 상용화된 전지의 면적당 용량이 4 mAh cm^{-2} 수준인 것을 감안하면, 흑연을 이용한 전극은 약 50 μm 정도의 두께가 필요하고 구리 집전체까지 포함하면 그 두께가 상당히 두꺼워진다. 하지만 리튬 금속의 경우 약 5 μm당 약 1 mAh cm^{-2} 정도의 용량을 낼 수 있어서 절반 이상의 두께 감소 효과를 기대할 수 있다.[141]

충전 시 음극 소재의 팽창율에 상관없이 결정 또는 비정질 호스트 구조 내부로 리튬 이온을 저장하는 것과 달리, 리튬 금속을 리튬 금속 표면 또는 집전체 표면에 전기화학적으로 전착(deposition, 또는 도금(plating))시키는 저장 방식은 차원이 없는 형태의 팽창과 일치한다. 즉, 이 전착 과정은 1가 양이온인 리튬 이온의 극도로 빠른 산화–환원 속도에 반하는 표면 흡착원자(adatom)의 낮은 확산 속도로 그 제어성을 쉽게 잃어버리게 된다. 결과적으로, 제어되지 못한 수지상 리튬 금속의 돌기는 다공성 고분자 분리막을 뚫어 양극과 음극이 물리적으로 맞닿게 됨으로써 전지의 단락이 발생하게 된다. 기계적으로 단단한 분리막이 이와

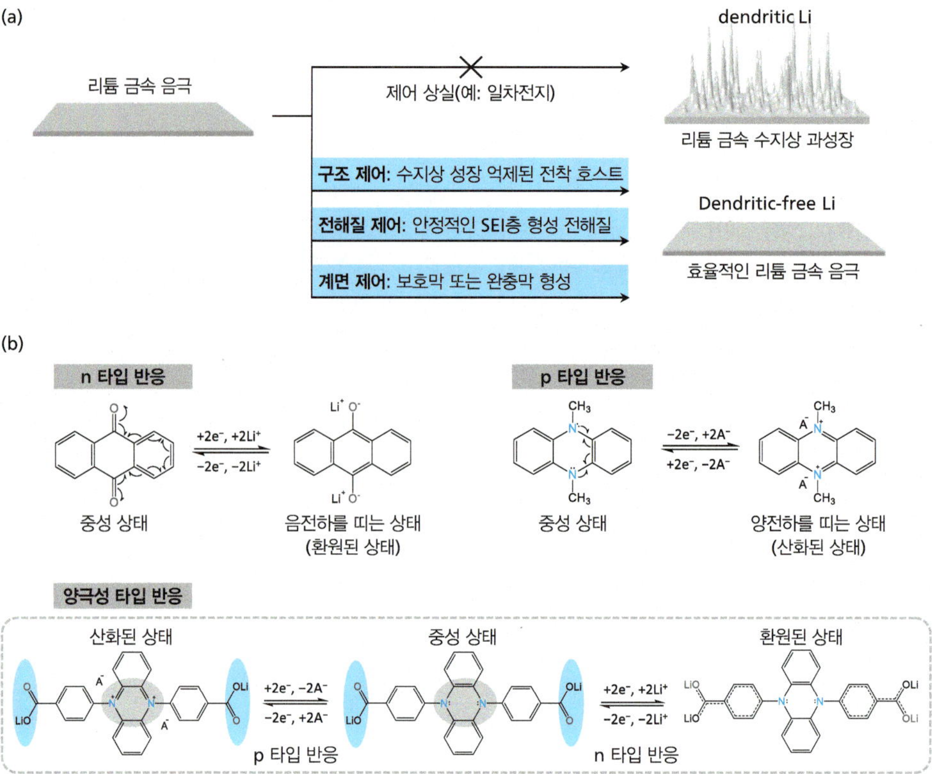

그림 9.13 ▶ (a) 제어성이 결여된 리튬 금속의 수지상 성장을 보여주는 개략도(*위*) 및 전착 호스트, 전해질 개발, 개면층 도입 등을 통해 리튬 금속의 수지상 성장이 억제되는 개략도(*아래*), (b) 유기 전극 재료의 대표적인 분자 구조를 바탕으로 한 산화–환원 메커니즘 모식도. n형/p형 및 양극형 유기 소재로서 가지는 대표적인 산화–환원 메커니즘.

같은 단락을 일시적으로 막을 수 있지만, 리튬 금속의 저밀도 전착으로 인해 고에너지밀도의 장점을 잃게 된다. 따라서 지난 10년 간 리튬 금속의 수지상 성장을 억제하기 위해 안정적인 전착 호스트의 개발, 안정적인 SEI층 형성 유도를 위한 새로운 전해질 개발, 고분자 또는 하이브리드 구조의 인공 SEI층 도입 등 다중 규모(multiscale)의 접근법이 제안되어 왔다(그림 9.13a).[142~144]

실질적으로 적용 가능한 해결책은 호스트 소재 또는 인공 계면층 개발이 아닌 새로운 전해액 개발에서 광범위하게 보고되고 있고, 이는 Coulomb 효율을 99.5% 이상 장기 사이클 평가에서 유지하는 특성을 보여주었다.[145,146] 최근에는 음극을 전지 구조에서 완전히 제거하는 형태인 소위 "음극이 없는(anode-free)" 전지가 상당한 관심을 받고 있다. 실제로, 삼성 SDI 이차 전지 개발 연구팀에서는 Ag–C 복합 재료 음극과 고체 전해질을 바탕으로 한 프로토타입 무음극 전지 개발에 성공하였고, 용량 저하가 거의 없이 99.8% 이상의 Coulomb 효율을 1000회 이상 유지하였다. 또한 해당 무음극 전지는 고체 전해질을 바탕으로 한 극저온, 고온 환경에서도 우수한 전지 성능을 보여줌으로써, 다양한 전자 제품에 적용이 가능한 리튬 기반 이차 전지의 향후 개발 방향을 보여준 좋은 예시이다.[147]

또 다른 재료군에 속하는 유기 전극 재료(redox-active organic material)는 분자 단위 제어를 통해서 전지의 용량 및 전위 조절이 가능한 차세대 소재이다.[148] 무기 재료에 비해 유기 전극 재료는 유연성이 높고 가벼워, 향후 전기 자동차 분야나 플렉서블(flexible) 전지 개발에 유리할 것으로 전망된다.[149] 산화–환원 중심체(redox center)에 따라서 유기 전극 재료의 산화–환원 전위는 3.0 V를 기준으로 각 음극 또는 양극 소재 특성에 가까운 n형 또는 p형으로 나눌 수 있다(그림 9.13b). 또는 n형과 p형 작용기를 하나의 분자에 함께 설계함으로써, 양극형(bipolar) 소재로 활용이 가능하다. 산화–환원 중심체에 다양한 치환기를 도입하여 유기 전극 재료의 전위 및 용량은 손쉽게 조절이 가능하다. 무기 재료들과 달리 유기 전극 재료가 가지는 유연함으로 구조적인 제한이 없고, 심각한 부피 팽창 또한 고려하지 않아도 되기 때문에 추후 고에너지 밀도 LIB 전지 개발에 대한 큰 가능성을 보인다. 그러나 유기 전극 재료는 밀도가 낮은 구조로서 고밀도 전극을 구성하기에는 부적합하고, 재료의 구조를 조절하기에 용이하지 않다. 또한 낮은 전기 전도도와 유기 액체 전해질로의 높은 용해성과 같은 심각한 문제를 가지기 때문에, 현재로의 소재 기술로선 무기재료와 경쟁에서 훨씬 뒤쳐진 상태이다. 따라서 최근에는 고분자 또는 공유결합성 유기 골격 구조체(covalent organic framework, COF)와 같이 확장된 구조의 유기 전극 소재가 개선된 밀도 특성으로 주목을 받기 시작했다.[150~152] 하지만 해당 소재들은 현재까지 실제와 유사한 전지 평가 조건(높은 활물질 함량, 적은 전해질 양, 강력한 압축 조건 등)에서 검증되지 않았기 때문에, 그 가능성을 타진하기에는 아직 이르다고 볼 수 있다. 그럼에도 불구하고, 급속 충전과 같은 극한의 사용 환경에서도 정상적으로 구동이 가능한 전지의 개발에 무기 물질과 달리 유기 전극 재료가 가지는 장점은 분명하며, 차세대 LIB용 소재 시장에서는 무기 재료들과 활발한 경쟁이 예상된다.

9.2.2 고분자 소재 화학

고분자는 현재 상용화된 이차전지를 다양한 부반응이나 안전 관련 문제없이 정상적으로 작동하도록 만드는 데 중요한 역할을 한다. 과거 LIB 구성에서 보조 소재로서 고분자 활용이 지배적이었다면, 새로운 부반응들과 문제점들을 수반하는 새롭게 대두되고 있는 전지 시스템에서 고분자 재료의 역할이 더욱 중요해지고 있다. 그러므로 전지 구성에 없어서는 안 될 고분자 재료는 전지 내에서 특정 위치에서 특정 역할을 수행하기에 적합한 형태로 설계되어야 한다. 예를 들어, 복합체 전극의 구조적 통합을 위한 고분자 바인더(binder)로서, 전지의 단락을 막을 수 있는 양쪽 전극 사이에 위치하는 분리막으로서, 때론 액체 전해질에 용해된 형태의 고분자 전해질로서 그 역할을 하게 된다. 다행히 전지에 사용되는 전극 재료와 달리, 고분자 재료는 이미 수백 년에 걸쳐 잘 정립된 유기 화학 및 고분자 화학을 바탕으로 합성법 및 재료의 종류가 다양하여 이차전지 연구자들에게 쉽게 적용 가능한 소재로 인식되고 있다. 하지만 이차전지 연구진들이 새롭게 당면하고 있는 소재 또는 전지 수준의 문제점들은 단순히 교과서에서 필요한 재료를 골라 사용하는 것으로 해결되지 않는다. 즉, 새로운 전기 화학적 반응을 완벽히 이해하고, 그에 맞는 새로운 고분자 재료를 설계하거나 자연계 모방(nature-inspired) 고분자 소재를 개발하는 것이 그 해결책이라 할 수 있다. 다음 내용에서는 고분자 소재의 전지 내 대표적인 두 가지 응용분야인 바인더와 분리막으로서 역할을 설명한다.

9.2.2.1 바인더 소재

상용화된 이차전지 내에서 고분자 바인더 재료가 차지하는 비중은 약 5%를 넘지 않지만, 전극의 구조 유지, 전자/이온의 확산성 확보 및 활물질의 균일한 분포 등 일종의 화학적 접착체로서 중요한 역할을 수행한다.[153] 전극 내에서 바인더를 이용하는 방식은 크게 두 가지 과정으로 나뉜다. 일반적으로 먼저 고분자 바인더 소재를 적절한 용매에 분산시키거나 녹인 후, 다른 재료(활물질, 도전재 등)을 추가하여 다시 분산시킨다. 점도가 맞춰진 용액을 금속 집전체위에 일정한 두께로 도포한 후, 용매를 제거하거나 고분자 재료의 작용기에 따라서 추가 가교(crosslinking) 또는 중합 반응을 통해서 전극을 견고하게 만들게 된다. 이 과정에서 전극 내 기공이 발생하게 되고, 고분자 재료가 그 기공 표면들을 잘 감싸며 균일한 접촉을 만드는지가 관건이다. 즉, 단순히 좋은 고분자 재료를 사용하는 것만이 아닌, 공정의 최적화가 필요한 부분이기도 하다. 한편, 사용된 고분자의 화학 구조 및 활물질의 계면 특성에 따라서 고분자의 결합 메커니즘은 다양한데, 예를 들어 기계적 물림(mechanical interlocking) 방식은 용액 상태의 고분자가 다공성 계면에 침투한 후 고상으로 건조되며 기계적으로 강한 결합을 만드는 것을 일컫는다. 또는, 고분자 바인더 소재의 작용기와 활물질 표면 작용기의 물리적인 분자간 결합력(예: van der Waals 힘, 수소 결합, 이온 결합, 공유 결합 등)으로 전극 구조를 유지하는 것을 말하며 더 일반적인 결합 형태에 가깝다.

바인더 소재가 가져야 할 특성 중 하나는 전해액, 활물질을 포함한 모든 전지 내 요소들에 대해 비활성이어야 한다. 마찬가지로 전극 및 전지의 제작 과정 중 발생하는 열적(>120 °C), 기계적, 화학적, 전기화학적 변화(전지의 전위 창)에 대해서도 안정해야 한다. 또한 전극의 구성 요소 중 유일하게 절연체 특성을 보이는 고분자 바인더 소재는 전극 내부의 전기적 통로를 제한시킬 수 있으므로, 전자(및 이온) 전도성을 가지는 고분자 재료가 선호된다.[154] 공액 고분자를 사용함으로써 높은 전기 전도도 확보를 하여 탄소 도전재의 사용을 줄일 수 있고, 고분자의 결정성, 점도, 기공도 등을 조절하여 이온 전도도 또한 조절이 가능하다. 한편, 전극 구조 유지에 가장 직접적인 영향을 미치는 고분자 소재의 기계적 안정성은 고분자의 인장 강도, 유연성, 강도, 탄력성, 접착력 등의 특성에 따라 달라지며, 이는 부피 팽창이 큰 합금 및 전환 반응 기반 음극을 구성함에 있어서 필수 고려 대상이다.

비수계 이차전지 개발에 있어서 대표적인 고분자 바인더는 polyvinylidenefluoride (PVdF)로, 가공성이 좋고, 우수한 전기화학적, 화학적 안정성을 가진다.[155] 하지만 상대적으로 약한 van der Waals 힘에 의존하는 기계적 물림 메커니즘은 폭넓은 전극 소재의 설계에 부적합하다. 반면, alcohol(R–OH) 또는 carboxylic acid(R–COOH)를 포함하는 고분자 재료는 향상된 결합력을 보이지만 전기화학적, 열적 안정성이 떨어지는 문제가 있다. PVdF 바인더는 일부 전해액으로 용출되거나 팽윤되어 결합력을 잃는 경우가 있으며, 고온 저리 조건에서 전극 내 다른 요소들과 부반응을 일으키기도 한다. 가장 심각한 문제는 PVdF의 높은 원재료 가격과 N-methyl-2-pyrrolidone (NMP) 등과 같은 유기 용매를 필수적으로 사용하여 비용문제를 심화시키고 환경문제 또한 발생하게 된다. 그 대체재로 주목받는 소재로는 polyacrylic acid (PAA), carboxymethyl cellulose, Na-alginate 등이 있으며, 대부분 수계 바인더로 친환경적이며 PVdF에 비해 훨씬 저렴하고, 높은 가공성과 안정성으로 알려져 있다.

앞서 설명한 기계적 물성들의 수치값에 의해 전극 구조의 유지가 결정되기도 하지만 최근 고분자 사슬간 초분자 상호작용(supramolecular interaction, 그림 9.14)을 바탕으로 전지용 고분자 바인더를 설계함으로써 더욱 견고한 고분자 연결망을 구축전지의 장수명 특성

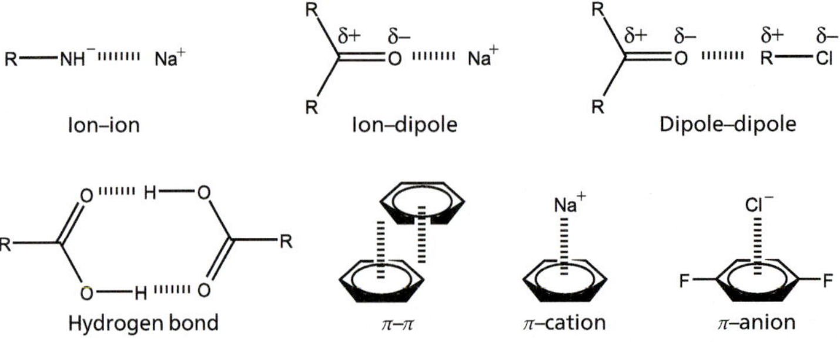

그림 9.14 ▸ 초분자 상호작용(supramolecular interaction)의 예.

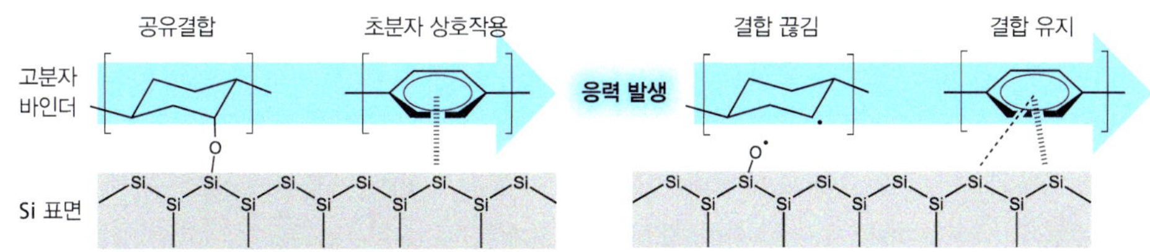

그림 9.15 ▸ 고분자 바인더 재료의 설계 시 공유결합 대비 초분자(supramolecular) 상호작용의 중요성, 전극의 부피 변화 등에 의한 응력이 발생할 때 고분자 바인더와 전극 재료 사이의 유연한 초분자 상호작용은 전지 수명에 중요한 요소이다.

을 확보할 수 있다.[156] 약한 van der Waals 힘을 바탕으로 한 PVdF 바인더와 달리, PAA 바인더를 사용하면 전극 활물질과 공유 결합을 형성하여 활물질-바인더 구조의 강도를 향상시킴으로써 부피 팽창이 큰 활물질들의 구조 제어에 용이하다.[157] 하지만 공유결합에 의존하는 고분자 구조는 깨지기 쉬운 구조로 인해 임계점 이상의 응력이 발생하면 파열(rupture)되며, 더 이상 고분자 바인더로서의 역할을 상실하게 된다. 이와 달리, 자가치유(self-healing)를 바탕으로 한 초분자 상호 작용은 활물질의 부피 변화에 따라 초기의 결합이 끊어지더라도 계속해서 표면과 새로운 결합을 만들어 내며, 충-방전 시 우수한 구조 유지 능력을 가지게 된다(그림 9.15). 또는 앞서 설명한 공유결합 기반 고분자 구조의 임계점을 추가적인 가교 반응을 통해 높임으로써, 전극 구조의 붕괴를 늦추는 연구도 진행되었다. 예를 들어, PAA 바인더와 CMC 바인더의 탈수 반응(dehydration)으로 고분자 사이에 생성된 추가 공유결합으로 훨씬 강한 접착력과 강성을 보이지만, 공유결합에만 의존한 전극은 결국 파열 현상에 빠지기 쉽기 때문에 높은 활물질 함량의 상용화 전극에 적용하기에는 어렵다.[158] 하지만 단일 고분자 사슬에 의존한 바인더 구조보다는 다중 사슬로 이루어진 가지형 고분자(branch polymer)를 활용하면 외부로 받는 내부 응력을 사슬 개수에 비례하여 낮출 수 있으므로, 결국 접착력을 유지하는 데 큰 도움이 된다. 또는 사슬 간 공유 결합이 없더라도 충분한 수준의 초분자 상호작용이 존재한다면, 전극 전체의 접착력을 향상시킬 수 있다.

따라서 공유결합을 통해 전체 전극의 접착력과 강성을 올리면서 동시에 임계점 이상의 힘이 가해지더라도 깨지지 않고 회복력을 가질 수 있는 자기치유 특성, 두 가지를 모두 가지는 고분자 바인더의 설계가 필요하다. 최근 다양한 종류의 자가치유 고분자 바인더들이 소개되고 있으나, 기본적인 자가치유 메커니즘은 고분자 사슬의 낮은 유리 전이 온도(glass transition temperature, ~0°C)와 풍부한 수소결합 사이트에 기인한다. 즉, 고분자 사슬이 가지는 유동성이 자가치유 능력에 가장 큰 영향력을 가지며, 초기에 형성되었던 초분자 상호작용이 깨지더라도 새로운 형태로 다시 재결합할 수 있는 확률을 높여주기 때문이다.[159] 또는 카테콜(catechol) 작용기를 가지며, 전해액에 팽윤 가능한 연성의 작용기를 도입하여 전극 내 고분자 바인더 구조의 유연함을 높일 수도 있다.[160] 한편, 금속함유 고분자(metallo-polymer)를 사용하면 금속 양이온 중심체가 일종의 자가치유 중심점 역할을 하여 큰 자극에 의해 붕괴되었던 고분자 사슬이 금속 양이온을 중심으로 재결합되며 자가치유 특성을 보여주기도 한다.[161] 최근에는 도르래의 원리를 모방한 고분자 구조가 실리콘 음극에서 발생하는 큰 부피 팽창을 바인더 구조의 붕괴 없이 잘 유지하여 전지의 성능을 폭발적으로 개선시키기도 하였다.[162]

이러한 자가치유 특성을 가지는 고분자 바인더 소재는 오랜 개발 역사를 가지고 있다. 전하를 가지는 다당질(polysaccharide) 계열 고분자 전해질은 이온–쌍극자 상호작용을 바탕으로 한 자가치유 능력을 가지고 있으며, CMC, Na-alginate 등이 이에 해당된다. 또한 활물질에 존재하는 carboxyl기와 반응하여 공유 결합을 이룰 수 있고, 무엇보다 환경 친화적 소재로 현재까지도 흑연 음극 전지 제조에서 필수적으로 활용되고 있다.[163] 하지만 다당질 기반 고분자 바인더들이 가지는 사슬간 결합력이 부피 팽창이 큰 소재들의 적용에는 어려움을 겪었고, PAA-CMC와 유사한 조합의 고분자 바인더가 상당수 보고되었다.[164] 하지만 전하가 없는 다당질 고분자 바인더(잔탄검, 구아검 등) 또한 활물질 및 고분자 사슬간 풍부한 결합 사이트를 바탕으로 우수한 구조 유지 특성을 보여주기로 했다. 두 가지 기계적 성질이 다른 고분자의 물리적 혼합이 아닌, 다당질 고분자 바인더와 가역적인 공유결합 형성이 가능하도록 이온성 가교제를 첨가함으로써, 바인더 구조의 전체 접착력 및 자가치유 능력을 동시에 확보하기도 하였다.[165] 한편, 전하를 띠지는 않지만 높은 금속 이온 킬레이팅(chelating) 효과를 가지는 아가로즈(agarose) 바인더를 망간 이온 용출이 심한 $LiMn_2O_4$ 양극용 바인더로 적용하여 우수한 전지 수명 특성을 보였다.[166]

바인더 특성 중 이온 전도도 향상을 위해서 가장 많이 활용되는 고분자는 polyethylene oxide (PEO)로서 고분자 사슬의 분절 가동성(segmental motion)을 바탕으로 한 리튬 이온 전달 특성이 우수하지만 기계적 충격에 대한 안정성이 떨어지는 문제가 있다.[167] 리튬 전도성을 유지하면서 기계적 특성을 확보하기 위해, PEO 고분자는 다양한 공중합체의 한 부분으로 활용되거나 중합체 사이의 연결체로 활용성이 매우 높다. 또는 에폭사이드(epoxide)를 말단기로 포함하는 PEO와 polyethyleneimine (PEI)의 가교 반응을 통해 황 양극 소재의 리튬 황화물 용해 문제를 완화하기도 하였다.[168] 전기 전도도 향상을 위해서, 대표적인 poly(3,4-ethylenedioxythiophene):polystyrene sulfonate (PEDOT:PSS) 고분자 블렌드를 활용하거나,[169] polyaniline 또는 polypyrrole 등을 바인더 소재로 활용하여 높은 율특성과 동시에 구조 유지 특성을 확보할 수 있었다. 하지만 전도성 고분자가 가지는 좁은 전위창으로 인해 다양한 전극에 활용되기에는 부적합하다. 한편, 고분자 바인더 가공성 및 전극 내 각 요소의 균일한 혼합을 위해 최근에는 양쪽성 특성을 지닌 고분자 바인더가 보고되기도 하였다.[170] 대다수의 고분자 바인더 연구들이 고용량 음극 소재의 전극 구조를 유지하는 목적으로 개발되고 있다. 하지만 양극의 계면 안정성을 확보하거나 황 양극에서 용해된 리튬 황화물계 물질을 화학적으로 가두는 등 여전히 양쪽 전극 내에서 발생하는 새로운 문제점 해결을 위해 다양한 고분자의 특성을 활용하는 것이 필요하며, 이를 위해 기존에 보고된 고분자들의 조합이 아닌 자연계에 이미 존재하거나 다른 응용분야에서 활용되고 있는 새로운 과학적 개념의 적용이 필요할지도 모른다.

9.2.2.2 분리막 소재

전지의 4대 요소 중 안전과 직접적으로 관련된 분리막 소재는 양극과 음극을 물리적으로 분리시킴으로써 전지의 단락을 막지만, 분리막을 통한 리튬 이온의 확산은 가능해야 한다. 따라서 분리막 소재는 전기적으로 절연체여야 하며, 전지의 충-방전 과정에서 대전된 전극으로 인해 발생하는 전하 분극(polarization) 현상을 최소화하도록 충분한 이온 전도도 또는 이온 확산성을 확보해야 한다. 더불어, 분리막 소재는 전해질 젖음성(wettability)이 높아야 이온 전도도를 높이고 전지 내부 저항을 줄일 수 있다. 마지막으로, 고온 환경에서 심각한 수축이 발생하지 않고(90°C 1시간 처리 후, $<5\%$ 수축),[171] 전지 조립과정에서 발생하는 물리적 충격에 찢어지지 않도록 분리막 소재는 열적, 기계적 안정성이 우수해야 한다.[153] 최근 요구되고 있는 분리막의 기능 중 하나는 리튬 음극을 포함한 다양한 금속 음극 전극 사용시 발생하는 수지상 성장으로 인한 분리막 뚫림 현상을 지연시키거나 막을 수 있도록 기계적 특성을 향상시켜야 한다는 것이다. 또한 양극 소재에서 발생하는 전해질로 용해된 충방전 산물의 셔틀링 현상을 완화하기 위해, 그 길목에 위치한 분리막 소재에 다양한 작용기를 도입하여 화학적, 물리적으로 이온을 걸러주는 역할(ion-sieving)이 필요해졌다. 현재 상용

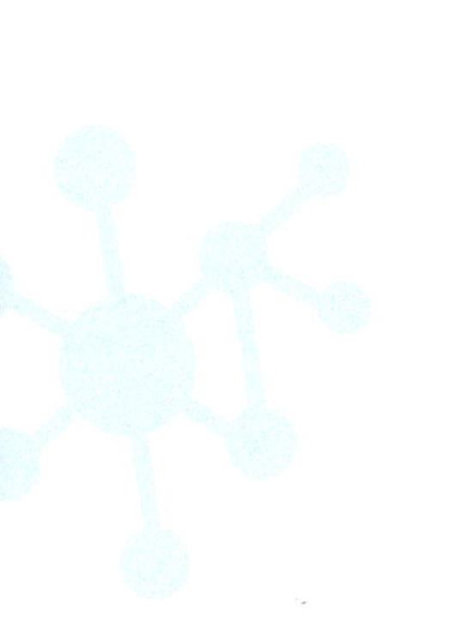

화된 LIB용 분리막은 대부분 polyolefin 소재를 바탕으로 제조되었고, 그 성분으로는 부분 결정성(semi-crystalline) polyethylene (PE), polypropylene (PP) 또는 이들의 조합이 주를 이룬다. 분리막 소재의 두께는 대략 25 μm 정도이며 3차원 구조를 바탕으로, 약 40% 정도의 높은 기공도(porosity, ε)를 가진다.[172]

분리막은 전지의 안전 문제와 함께 전지 구동에 필수적인 이온전달과도 밀접한 관련이 있기 때문에, 전지의 대용량화 및 고속 충전 환경 등 새로운 이차전지 요구 조건을 만족시킴에 있어서 필수적으로 설계되어야 하는 요소이다. 대표적으로는 polyolefin 기반 분리막이 상용화되어 현재 LIB에 적용되고 있으나, 기본적으로는 분리막의 조성 및 구조에 따라서 미세공막(microporous membrane), 변형 미세공막, 복합체 분리막(composite membrane) 및 부직포(non-woven mat) 등 총 4가지 유형으로 분류할 수 있다.[171] 가장 보편적인 미세공막은 마이크로미터 크기의 공극을 포함하는 분리막을 가리키며, 단층(monolayer)/다중층(multilayer)로 다시 분류할 수 있다. 변형된 미세공막은 표면에 플라즈마(plasma), 빔 조사(irradiation), 도포 등의 방식을 이용하여 표면 처리한 분리막을 포함한다. 부직포는 용융취입(melt-blown), 습식공정(wet laid), 전기 방사(electrospinning)를 활용하여 섬유가 접합되며 그물 모양을 이루는 구조로서, 대개 높은 기공도를 보인다. 복합 분리막은 일종의 하이브리드 분리막으로서 무기재료를 코팅하거나 기공 일부를 채움으로써 열적 안정성과 젖음성(wettability)을 높인 형태이다.

미세공막 분리막 소재로 polyolefin (PP, PE, PE/PP, PP/PE/PP 등)의 용매 사용 유무에 따라 건식 또는 습식 압출(extrusion) 방식을 이용하여 제조되며, 두 방식 모두 추후 신축 과정을 거치게 된다.[173] 건식으로 제조된 분리막은 슬릿(slit) 형태의 기공구조를 가지며 이는 높은 출력을 요구하는 전지에 적합한 반면 습식 분리막은 서로 연결된 타원형의 기공구조를 바탕으로, 리튬 금속의 수지상 성장을 억제 특성이 높아 장수명 전지 개발에 적합하다. 용매에 녹인 고분자를 비용매(non-sovlent)에 넣어 용매 치환(solvent exchange) 과정을 유도함으로써 공극을 형성하는 상분리법(phase inversion or separation) 또한 활용되고 있다.[174] 단층 형태의 미세공막 분리막이 가장 널리 쓰이고 있지만, polyolefin 소재가 가지는 낮은 열적 안정성, 낮은 젖음성 등의 부족한 고유 특성으로 상대적으로 우수한 기계적, 열정 안정성, 젖음성 및 이온전도성을 가지는 PVdF, polyacrylonitrile (PAN), polymethylmetacrylate (PMMA) 등의 새로운 고분자를 활용한 연구도 이어지고 있다.[175,176] 하지만 단층 미세공막 소재는 결정성 고분자로 대부분 이뤄져 있어, 이온 전달을 방해하여 전지의 높은 내부저항 문제를 야기하기 때문에, polyvinylidene fluoride-co-hexafluoropropylene (PVdF-co-HFP)와 같은 공중합체나 상호 보완적인 고분자 블렌드를 사용하여 결정성을 낮춤으로써 이온 전달 특성을 확보하기도 한다.[177] 한편, 단층형 분리막 소재의 성분 조절이 아닌 적층형(다중층) 분리막을 형성함으로써 분리막 소재에 필요한 여러 특성을 동시에 확보할 수 있다. 예를 들어 PP/PE/PP 적층 구조의 분리막을 사용함으로써, PE의 녹는점 근처에서 열차단(thermal shutdown) 기능은 활성화시키면서, PP는 분리막 구조 유지를 도와 전지의 단락 문제를 막을 수 있는 상호 보완적인 특징을 보인다.[178] 하지만 이중 제조 공정으로 공정 가격 상승의 문제 및 두께 조절에 제한이 있다.

그럼에도 불구하고 olefin 계열의 분리막 소재가 가지는 부족한 전해질 젖음성과 기공 내 전해액 유지율을 높이기 위해, 전자빔 또는 다양한 영역의 에너지를 조사하여 분리막의 표면특성을 개선시킴으로써, 젖음성을 개선하고 결과적으로 이온 전도도 향상을 시키는 연구 또한 활발히 진행되고 있다.[179] 예를 들어 분리막 표면에서 친수성 단량체를 중합시키거나, 플라즈마 처리, 이온 전도성 고분자(polydopamine, polyethylene oxide 등)의 도포를 통해 olefin 소재의 친수성(또는 젖음성)을 향상시킬 수 있다. 한편, 섬유 구조로 이루어진 부직포 분리막은 구조 안정성이 우수하고, 섬유들의 얽힌 구조로 높은 강도를 보인다. 하지만 용융취입 또는 습식공정을 통해 제조된 부직포 분리막은 상대적으로 굵은 섬유와 큰 기공으로 LIB에 사용되기엔 부적합하다. 반면, 강한 전압과 작은 직경의 노즐을 이용하는 전기방사를 활용하면, 수십 나노미터에서부터 수 마이크로미터에 이르기까지 다양한 직경을 가지고 서로 연결된(interconnected) 섬유 매트를 대량으로 제조가 가능하다. 이온 전달, 열 안정성 등 분리막 소재에 필요한 물성을 지닌 고분자(PVdF, PVdF-co-HFP, PAN 등)를 특정 휘발성 용매에 녹일 수 있다면, 다양한 조합의 분리막 제조가 가능하고 다른 고분자 소재를 추가로 섬유 매트 위에 전기 방사하여 다중층 분리막 제조가 쉽게 가능하다는 장점이 있다.[180,181] 그럼에도 불구하고, 정밀한 두께의 조절이 힘들고, 전지의 제조 과정 중 와인딩(winding) 시 쉽게 찢어질 위험성이 높아 현재로선 기계적 물성을 확보하는 것이 시급하다.

산화물 기반의 무기 나노재료(SiO_2, TiO_2, Al_2O_3 등)를 앞서 설명한 여러 종류의 분리막 소재에 도포하거나, 내부에 포함하는 복합체 분리막 소재는 물리적, 화학적 안정성이 크게 개선될 수 있다. 무기 재료에 의해 고분자의 결정성이 떨어지며 이온 전달 특성이 향상되고, 높은 친수성으로 젖음성 또한 향상된다.[182] 더불어, 산화물 소재들이 전지 내부에서 발생하는 산성을 띠는 반응 부산물들(hydrogen fluoride 등)과 반응성이 높아 전지 내 추가 부반응을 억제할 수 있다. 최근에는 이온 전도성의 세라믹 고체 전해질(예: lithium lanthanum titanate oxide, LLTO) 입자를 분리막 소재에 적용하여 분리막 소재 내 전해질 함량을 올리고, 이온 전도도를 크게 향상시킴으로써 우수한 전지 특성을 보여주기도 했다.[183] 한편, 전해질 분리막은 고체 세라믹 전해질, 고상 고분자 전해질, 겔 고분자 전해질 등 전해질과 분리막의 기능을 동시에 수행하는 소재를 뜻하며, 최근 개발 중인 전고체전지(all-solid-state-battery)에서 필수적인 요소이다.[184]

전해질에 함침된 형태로 쓰이는 분리막은 다공성 구조 내에서 리튬 이온이 어떻게 이동되는지 전해질과의 상호작용은 어떤지 등의 이해가 필요하다. 실제로 전해질의 이온 전도도는 벌크 대비하여 분리막이 포함된 경우 약 5~20% 정도 감소되는 특성을 보이며, 이는 분리막 표면에서 이온의 확산 계수(diffusion coefficient), 이온 전도도 및 전달계수(transference number)를 포함한 이온 전달 특성에 큰 변화가 발생하기 때문이다. 최근, COMSOL 시뮬레이션을 통해 분리막 내에서 전해질 특성 변화를 확인할 수 있었다.[172] 리튬 금속을 이용한 대칭전지(symmetric cell) 사이에 16 μm 두께, 40%의 기공도, 2.6 정도의 굴곡률(tortuosity)을 가지는 분리막을 추가한 후, 각기 다른 충방전 속도(0.5C/5C)에서 생기는 분리막 내 염의 농도 변화와 과전압 분포를 계산하였다. 상대적으로 낮은 충방전 속도(0.5C)에서는 분리막의 두께와 전달계수에 상관없이 거의 일정한 염의 농도와 낮은 과전압(~10 mV)를 보이는 반면, 높은 충방전 속도(5C)에서 전달계수에 따라 적게는 1.9~0.5 M, 많게는 2.9~0.2 M의 심각한 농도 분포와 높은 과전압(80~180 mV)을 보이는 것을 확인하였다. 이는 기공을 가지는 양극/음극에서 발생하는 과전압을 제외하고서도 높은 수준이다. 이러한 결과를 바탕으로, 분리막 내 전해질의 이온 전도도와 전달계수를 높이는 것이 전지의 성능과도 직접적인 관계(특히, 고속 충방전 조건에 필요)가 있다는 것을 보여준다.

분리막을 통해 전달되는 이온의 확산이 얼마나 고르게 발생하는지는 전지의 충전 정도 및 신뢰도와 깊은 관련이 있다. 즉 분리막 면적 전체에 고른 리튬 이온 농도와 전류 밀도를 확보하는지가 중요하고, 이는 분리막 기공 구조의 균일성에 영향을 받는다. 또한 분리막 내 이온 전달의 균일성은 분리막의 젖음성과도 관련이 깊은데, 낮은 젖음성을 보이는 분리막은 긴 에이징 시간을 포함하여 전반적인 전지 제조 비용에 영향을 미친다. 부족한 젖음성으로 인해 분리막 기공의 불완전한 전해질 주입이 생겨 리튬 이온의 확산 경로를 방해하고, 결과적으로 이온 전도도를 크게 떨어뜨릴 수 있다.[185] 전해질과의 상호작용이 아닌 외부적인

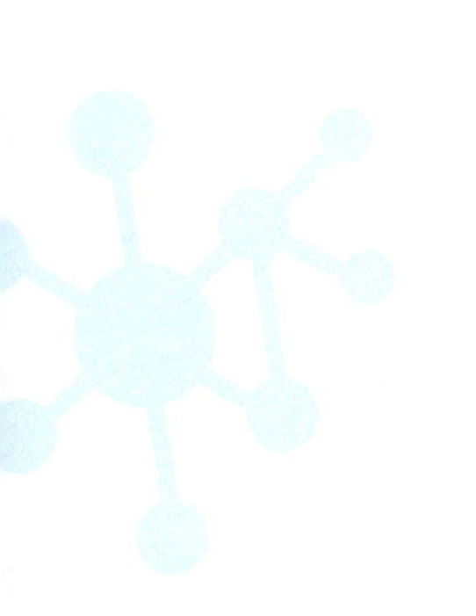

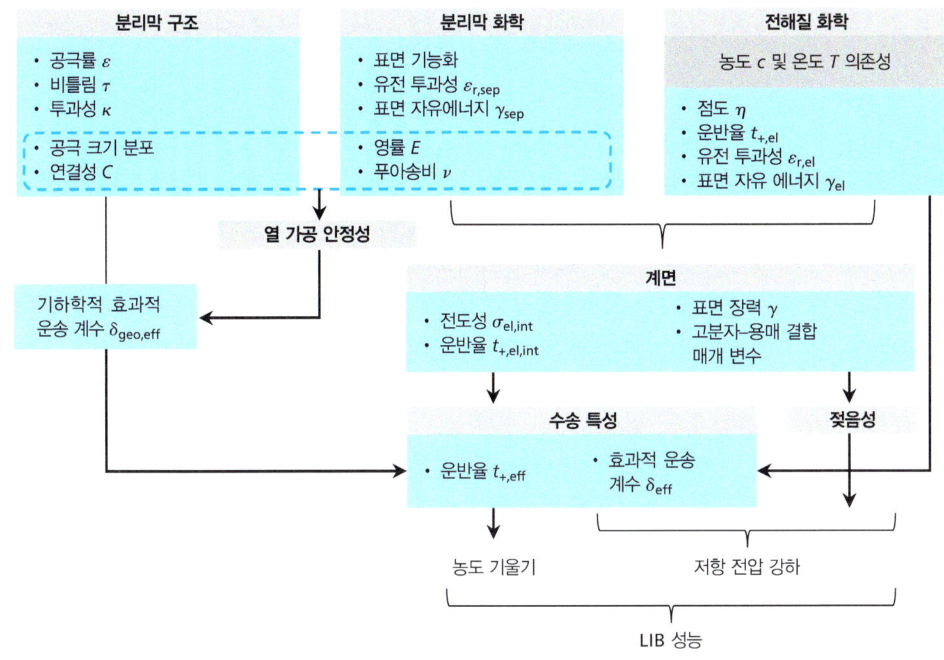

그림 9.16 ▸ 분리막의 특성과 2차전지 성능 사이의 연결점을 화학적으로 나타내는 모식도.

요인(활물질의 부피팽창으로 인한 강한 압축력, 온도 변화 등)에 의해서도 분리막의 기공구조가 크게 변형되어 이온 전달 특성이 달라질 수 있다.[186] 일부 리튬 금속 음극을 활용한 전지의 경우, 탈리된 고상 계면층, 반응 부산물, 리튬 금속 전착물에 의해 기공이 막히기도 하는데, 이러한 분리막의 이온 전달 특성은 그림 9.16과 같이 분리막의 구조, 화학, 전해질과의 상호작용 3가지 요소로 구분지을 수 있다. 분리막의 기하학적(geometric) 계수들이 벌크 전해질과 다른 분리막 내 전해질의 특성을 유발할 수 있으며, 예를 들어, 분리막의 기공도가 낮고 공극률이 클수록 분리막 내 유효 이온 전도도 및 이온의 확산성이 크게 떨어지게 된다. 또한 동일한 기하학적 계수를 가진 분리막이라 하더라도 분리막의 계면특성이 전해질의 성분과 어떠한 반응성을 가지는지에 따라 다른 이온 전달 특성을 가질 수 있다. 이들의 상호작용을 구체적으로 표현하는 매개변수는 마련되지 않았지만(예: 표면장력, 접촉각 등), 분리막의 계면(구성) 성분에 따라 다른 상호작용(이온성, 분극성 등)을 가지게 되고 이온 전도도와 전달계수에 변화를 일으킨다.

액체 전해질과 분리막을 필수적으로 사용하는 LIB의 개념에서 전고체전지로 연구동향이 옮겨감에 따라 현재 상용화된 olefin 계열의 분리막은 더 이상 활용도가 없을지도 모른다. 하지만 리튬 금속 음극과 고체 전해질 사용에 따른 높은 계면 저항과 LIB에 견줄 박막 형태의 고체 전해질의 부재로 향후 차세대 LIB 개발에 있어 분리막의 역할은 더 중대해질 것으로 예상된다. 또한 기존의 액체 전해질이 가지는 문제점을 보완할 수 있는 고체/겔 전해질의 활용에 있어 고분자 분리막은 이온 전달 특성에서 중요한 구조체 역할을 수행할 수 있다. 따라서 전지 개발에 있어 분리막 소재는 선택이 아닌 설계의 문제가 될 것이며, 전지의 능동 부품(active component) 중의 하나로서 구조적, 화학적 특성에 대한 이해가 지속적으로 필요할 것이다. 장기적인 관점에서, 분리막은 전극의 연장선으로 이해될 수 있고 미래에는 전극 위에 직접 도포되어 그 기계적 특성 및 이온 전달 특성의 패러다임이 크게 바뀔 수 있다. 이를 위해 현재의 벌크 스케일에서 발생하는 분리막의 역할이 아닌 표면에서 발생하는 국부적인 구조적 불균일성 및 이온 전달 특성들을 분석할 수 있는 기술과 전지 성능과의 연관성을 손쉽게 보여줄 시뮬레이션 기술이 요구된다.

9.3 이차 전지 계면 반응(Interface reactions of secondary batteries)

전해질은 이차 전지의 4대 요소 중 하나로, 두 전극 사이에서 이온 형태의 전하를 운반하는 매개체 역할을 한다. LIB에 사용되는 전해질은 리튬 염이 용매에 녹아 있는 형태이며, 용매의 상과 종류에 따라 액체 전해질(전해액), 고체 전해질, 고분자 전해질로 나뉠 수 있다. 일반적인 LIB에서, 충전 시에 양극 활물질에 있던 리튬 이온은 전해질과 분리막을 거쳐 음극 계면으로 이동하고, 음극 활물질과의 특정 전기화학 반응을 통해 저장된다. 전해질은 전극 물질의 표면에서 분해되어 새로운 계면층을 형성하기도 하고, 전극 기공(pore) 곳곳에 침투하여 리튬 이온을 운반하기도 한다. 이차 전지의 작동 전압과 에너지밀도는 이론적으로 전극 물질에 따라 정해지지만, 전지의 이온 전달 속도나 사용 가능한 전압 범위, 적절한 계면층 형성은 전해질에 크게 영향을 받기 때문에 적절한 전해질을 선택하는 것이 이차 전지 성능의 향상에 중요하다.

LIB에서 사용되는 전해질은 다음과 같은 조건들을 만족해야 한다. 우선, 전해질은 이차 전지의 작동 전압 내에서 높은 전기화학적 안정성을 가져야 한다. 전해질의 사용 가능한 전압 범위는 전해질 용매의 highest occupied molecular orbital (HOMO)과 lowest unoccupied molecular orbital (LUMO)로 계산될 수 있다. 전해질의 낮은 LUMO 에너지 레벨은 충전 시에 음극으로부터 전자를 받아 환원될 수 있고, 높은 HOMO 에너지 레벨은 양극으로 전자를 주어 산화될 수 있다. 전해질의 산화–환원 반응은 전지의 효율을 떨어뜨리고 부반응을 일으키므로, 낮은 HOMO와 높은 LUMO를 가지는 전해질이 일반적으로 이상적이다. 상용화된 LIB의 전해질 용매로 사용되고 있는 유기 탄산염 계열 물질들은 리튬 환원전위 대비 약 4.7 V의 HOMO 에너지 레벨과 약 1 V 근처의 LUMO 에너지 레벨을 가진다. 두번째로, 전해질은 높은 이온전도도를 가져야 한다. 현재 이차 전지 시장은 전지의 급속 충전을 요구하므로, 전해질 내에서 리튬 이온이 이동하는 속도, 전극 계면층을 지나는 속도, 리튬 이온과 활물질의 반응속도가 빠르고 저항이 작을수록 유리하다. 세 번째로, 전해질은 넓은 온도 영역에서 사용 가능해야 한다. 전기자동차와 항공 산업 등 전지를 필요로 하는 분야들은 영하 40°C부터 영상 60°C까지 광범위한 온도를 요구한다. 온도가 낮아질수록 전해질 내에 리튬 이온의 이동 속도가 느려지고, 용매의 어는점보다 낮은 온도에서는 전해질의 응고가 일어날 수 있다. 또한 높은 온도에서는 염의 분해로 인한 여러 부반응들이 전지의 성능을 저하시킬 수 있다. 따라서 이러한 넓은 온도 영역에서도 사용할 수 있는 전해질이 요구된다. 마지막으로, 전해질은 화학적으로 안정해야 하며 가격이 낮아야 한다.

전해질은 전극 물질과의 접촉 또는 초기 충전 과정을 통해 분해되어 전극 표면에 SEI를 형성한다. SEI는 전자의 이동에 의해 생기는 불가피한 층이지만, 전해질의 추가적인 분해를 방지하고 활물질로의 용매 공동 삽입 현상을 억제하거나(특히 PC 기반 전해질에서의 흑연 음극), 활물질의 부피 팽창을 완화하거나, 이온 전도성을 높이는 등 다양한 특성을 통해 전지의 성능을 향상시키기 때문에 LIB에 필수적인 요소이다. SEI의 구조 및 조성은 염과 용매의 종류, 리튬 이온이 만드는 용매 화합물에 따라 달라진다. 따라서 전해질을 구성하는 물질뿐만 아니라 전해질 내 이온–용매 분자가 만드는 용매 화합물에 대한 이해가 필요하다. 전해질 내에서 양이온과 음이온은 서로 다른 용매 화합물을 구성하며, 특히 리튬 양이온의 경우 전해질 내에서 크게 네 종류의 다양한 용매 화합물을 만든다. 여러 연구들을 통해 리튬 이온과 더 우선적인 상호작용을 통해 용매화 껍질을 형성하는 용매와, 그 용매의 어떤 부위가 특히 리튬 이온과 크게 상호작용을 하는지 밝혀졌다. 음이온이 만드는 용매 화합물은 리튬 이온에 비해 연구가 많이 되지 않았지만, 최근 음이온까지 전하 운반체로 사용하는 차세대 전지가 활발히 연구됨에 따라 음이온 기반 용매 화합물에 대한 연구의 필요성이 커지고 있다.

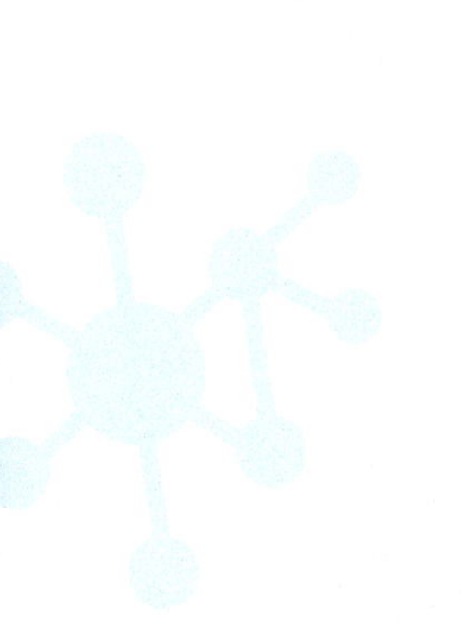

SEI는 수십 년간 LIB 커뮤니티에서 "LIB에서 가장 중요하지만 가장 잘 이해되지 않은 요소"라고 여겨질 만큼 그 형성 과정과 구성 성분이 복잡하다.[187] 최근의 도입된 고도 분석법을 바탕으로 SEI의 형성 과정과 구성성분, 그리고 미세구조까지 많은 새로운 결과가 발표되었다. EC 기반 전해질에서 초기 환원 시 생성되는 불안정한 물질은 SEI의 추가적인 성분들을 만들고 SEI의 진화에 기여한다. 모자이크 구조와 다층 구조 사이에서 논란이 있었던 SEI의 미세구조는 최근 cryo-TEM과 같은 분석법을 통해 명확해지고 있다. 뿐만 아니라 SEI의 기능과 효과를 향상시키기 위해 여러 첨가제(additive)를 개발하는 연구들이 이어지고 있다. 따라서 전해질 내 존재하는 용매 화합물부터 SEI의 형성 과정과 구성성분, 미세구조와 함께 SEI의 효과를 높이기 위한 첨가제까지의 최근 연구들을 설명하고자 한다.

9.3.1 전해질 내 용매화-탈용매화 반응

9.3.1.1 양이온의 용매화 반응

분자의 관점에서, 전해액 내의 환경은 사용된 염과 용매의 종류에 따라 다양하게 조성된다. 염은 용매 속에서 해리와 용매화 과정을 겪는다. 용매에서 리튬 염의 결정 격자가 해리되기 위해서는 이온(특히 리튬 양이온)이 용매 쌍극자들과 배위 구조를 형성하며 에너지 측면에서 보상되어야 한다.[9] 즉, 전해질에 녹아 있는 이온들은 주변 용매 분자들에 둘러싸인 형태, "용매화 껍질(solvation sheath or solvation shell)"을 형성하여 염이 해리될 때 필요한 에너지를 보상한다. 리튬 이온의 용매화 껍질은 전해질의 염 농도, 이온과 용매의 인력 정도, 용매의 입체장애 등에 영향을 받아 열역학적으로 가장 안정한 형태로 형성된다. 전해질 내에서 대표적인 리튬 이온의 용매 화합물은 6.1절의 그림 9.3b와 같이 4가지 구조로 나타난다. 용매화 분리 이온 쌍(solvation separated ion pair, SSIP)과 접촉 이온 쌍(contact ion pair, CIP), 응집체(aggregate solvate, AGG)는 리튬 이온과 음이온, 용매 분자들 사이의 결합 세기에 따라 결정된다.

리튬 이온은 1.0 M 정도의 저농도 전해질 내에서 일반적으로 서너 개의 용매 분자에 의해 둘러싸이는 SSIP의 용매 화합물을 지배적으로 형성한다.[188] 저농도 전해질 내에는 많은 수의 용매 분자가 존재하고 첫 번째 충전 과정에서 음극 표면으로 이동한 SSIP 또한 전자를 받아 환원에 참여하기 때문에, 이 경우 전극 물질 계면의 SEI는 용매 분자의 분해 부산물들을 주로 포함하게 된다. 3 M 이상의 고농도 전해질 내에서는 리튬 이온은 한두 개의 용매 분자들과 용매 화합물을 형성한다. 이 경우 많은 수의 염 음이온이 리튬 양이온의 용매화 껍질에 침투하게 되고 CIP와 AGG를 형성한다. 고농도 전해질처럼 전해질 내 음이온의 수가 많고 음이온이 포함된 용매 화합물이 많은 경우, 전극 표면에서 전자의 이동에 따라 음이온의 분해가 일어나 SEI층은 음이온의 분해 부산물들을 포함하게 된다. 최근 국부성 고농도 전해질(localized high-concentration electrolyte, LHCE)가 제안되면서 6.1절의 그림 9.3b와 같은 새로운 용매 화합물의 형태도 소개되었다. LHCE는 기존 고농도 전해질에 염과의 상호작용을 하지 않는 희석 용매를 넣어 고농도 전해질의 장점과 낮은 점도를 같이 가져가는 컨셉으로, 2018년에 처음 제안된 후 다양한 이차 전지 연구에 활용되고 있다.[10]

리튬 양이온의 용매화 껍질에 대하여 좀 더 자세하게 설명하기 위해 이차 전지에서 가장 흔하게 사용되는 유기 탄산염(organic carbonate, ROCOOR′) 계열 전해질을 설명할 필요가 있다. 유기 탄산염 전해질은 일반적으로 높은 이온전도도 확보를 위해서 염에 대한 용해도가 큰 ethylene carbonate (EC), PC와 같은 고리형 유기 탄산염, 점도가 낮은 ethyl methyl carbonate (EMC), dimethyl carbonate (DMC), diethyl carbonate (DEC) 등의 선형 유기 탄산염을 섞어서 사용한다. 선형 유기 탄산염은 분자 내에서 쌍극자 모멘트의 상

그림 9.17 ▶ (a) PC-DME와 (b) EC-DMC 전해질 내에서 리튬 양이온이 가지는 용매화 껍질. Reproduced with permission from ACS publications.[189]

쇄가 일어나 이온과의 인력이 비교적 적지만, 고리형 유기 탄산염의 카보닐기(carbonyl group)는 큰 쌍극자 모멘트를 가져 이온과의 높은 인력을 가진다. 여러 연구들에서 유기 탄산염 용매의 카보닐기 산소 부분이 가지는 비공유 전자쌍이 리튬 이온을 강하게 잡아당기는 친핵성 부위의 역할을 하는 것으로 나타났다. 그림 9.17은 PC-DME (1,2-dimethoxyethane)와 EC-DMC 전해질 환경에서 리튬 이온이 가지는 용매화 껍질에 대한 분자 동역학적(molecular dynamic, MD) 시뮬레이션 결과를 나타낸다.[189] 모의실험 결과는 리튬 이온이 고리형, 선형 유기 탄산염의 카보닐기 산소와 음이온의 불소 원자와의 인력을 통해 용매화 껍질을 형성한다는 것을 보여주었다. 또한 리튬 이온은 음이온과의 이온 쌍 형성을 가장 선호하고 선형 유기 탄산염과의 상호작용을 가장 기피하는 것으로 나타났다. 리튬 이온과 카보닐기 산소의 상호작용은 리튬 염을 녹인 용액에서 적외선 분광기(IR), 푸리에 변환 적외선 분광기(FT-IR), Raman 분광기의 결과에서 카보닐기의 비대칭 스트레칭 진동(asymmetric stretching vibration) 피크의 위치 변화를 통해 관찰되었다.[189,190] 산소-핵자기공명법(^{17}O-NMR)은 리튬 양이온과 용매의 상호작용을 더 확실하게 입증하는 분석법으로, EC-DMC 용매에 1.0 M의 $LiPF_6$를 녹였을 때 EC 분자 내 카보닐기 산소의 주목할 만한 ^{17}O 화학적 이동이 관찰되었다.[191] 이는 EC와 리튬 이온의 상호작용이 존재하는 것을 의미하며, 특히 EC와 DMC가 동시에 존재하는 환경에서 리튬 이온이 DMC에 비해 EC와 더 큰 인력을 가지고 먼저 용매화 껍질을 형성하는 것을 나타낸다. 따라서 리튬 이온은 유기 탄산염 용매의 카보닐기 산소와 주로 상호작용을 하며, 고리형 유기 탄산염과 선형 유기 탄산염이 동시에 존재하는 환경에서는 일반적으로 고리형 유기 탄산염이 우선 순위를 가지는 것으로 알려졌다.

하지만 고리형과 선형 유기 탄산염 중 어떤 것이 리튬 양이온과 먼저 용매화 껍질을 형성하는지에 대해서는 일부 논란이 존재했다. 대부분의 선행 연구들에서는 리튬 이온이 일반적으로 더 큰 쌍극자 모멘트를 가지는 고리형 유기 탄산염 분자와 먼저 용매화 껍질을 이룬다는 의견이 지배적이었다. 하지만 몇몇 이론적 계산 결과들과 Raman 분석 결과들은 용매화 껍질을 구성하는 분자들의 우선순위가 존재하지 않는다고 설명했고, 오히려 DMC와 같은 선형 유기 탄산염이 먼저 용매화 껍질을 형성한다고 분석했다.[192] 하지만 이후 전기분무 질량분석법(electrospray ionization mass spectrometry, ESI-MS)과 ^{13}C-, ^{17}O-NMR 분석이 활성화되면서, 용매화 껍질 형성에 용매의 우선 순위가 존재한다는 주장에 힘이 실리게 되었다.[191,193~195] 선형 유기 탄산염 용매 분자들은 고리형 분자들에 비해서 용매화 껍질을 형성하는 우선 순위는 떨어지지만, 리튬 이온과의 약한 인력을 통해 두 번째 용매화 껍질을 형성하는 것으로 나타났다.

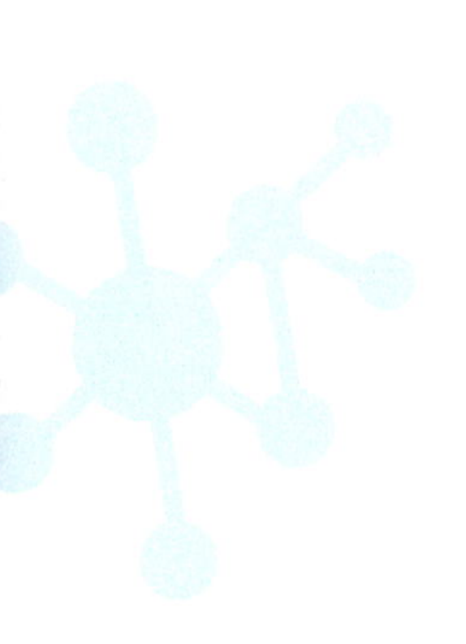

용매화 껍질을 구성하는 용매 분자의 수는 염의 농도나 물질들의 종류, 용매 분자의 입체장애 등에 따라 달라질 수 있지만, 통상적으로 4~6 사이의 값을 가진다고 보고되었다. 또한 염의 농도가 높아질수록 양이온과 음이온 간의 이온쌍 형성 가능성이 높아져, 용매화 껍질을 구성하는 용매 분자의 수가 줄어드는 경향이 있었다. 예를 들어, MD 시뮬레이션 결과에 의하면 $LiBF_4$ 염이 포함된 용액의 농도를 0.1 M에서 1.0 M로 변화시켰을 때 용매화 껍질을 이루는 용매의 수가 여섯 개에서 다섯 개로 감소했다.[189]

저농도의 전해질 환경에서는 주로 용매들이 용매화 껍질을 구성하고 음이온은 비교적 자유롭게 존재했던 반면, 고농도의 전해질 환경에서는 용매의 수가 현저히 작기 때문에 음이온의 영향이 상대적으로 커진다. 이는 Raman 분광기와 계산 시뮬레이션을 활용하여 염의 농도에 따른 양이온–용매 분자 사이의 인력과 양이온–음이온 사이의 인력을 비교한 연구에서도 확인되었다.[196] $LiBF_4$ 염이 acetonitrile에 녹아 있는 전해질 환경에서, $LiBF_4$의 농도가 높아지면 리튬 이온을 둘러싸서 용매화 껍질을 형성하던 acetonitrile의 질소 원자가 음이온의 불소 원자로 치환되는 것이 확인되었다. 또한 이때 용매화 껍질을 이루는 분자와 이온의 총 개수는 4개로 유지되었다. 음이온이 용매화 껍질 형성에 참여함으로써 전해질의 점도와 이온전도도, 몰 전도도 또한 달라졌다.[197] 이처럼 고농도의 전해질 환경에서는 음이온이 용매화 껍질을 구성할 뿐만 아니라, 전해질의 물리적 특성을 바꾸는 역할을 할 수 있다.

전해질에서의 수송을 통해 전극 계면에 도달한 용매화 껍질 내 이온은 전극 활물질과의 반응을 위해 "탈용매화"라고 하는 용매화 껍질을 벗겨내는 에너지소비 단계를 겪는다.[9] LIB에서 충전 시 리튬 이온은 양극 활물질 격자에서 빠져나와 전해질 내에서 용매화 껍질을 형성하고 이동한 후 음극 계면에서의 탈용매화를 겪고 SEI층을 지나 음극 활물질에 반응하게 된다. 이때 전해질을 통해 이동한 리튬 이온이 무사히 전극 활물질에 도달하기 위해서는 활성화 에너지가 필요한데, 탈용매화 에너지와 SEI층에서의 이동(migration) 에너지가 여기에 포함된다. 즉, 계면 전하 이동(interfacial charge transfer) 과정은 리튬 이온의 탈용매화와 SEI층에서의 이동이 포함되기 때문에, 전지의 빠른 충방전 속도를 위해 이들을 최소화하는 것이 유리하다. 앞선 연구진들은 특히 리튬 이온의 탈용매화 과정이 리튬 이온 전달 역학(kinetics)에서 중요한 역할을 한다고 주장하였다.[194,198] 연구에 따르면, 리튬 이온과 반응하는 전위가 높아(~1.5 V) SEI층을 거의 형성하지 않는다고 알려진 $Li_4Ti_5O_{12}$(LTO)를 음극 활물질로 사용했을 때, LTO/전해질 계면에서의 활성화 에너지 장벽(~50 kJ mol^{-1})이 흑연/전해질 계면에서의 활성화 에너지 장벽(~60 kJ mol^{-1})과 유사했다. 따라서 연구자들은 이온의 탈용매화 과정이 계면 전하 이동 활성화 에너지의 대부분을 차지하며, 탈용매화에 영향을 주는 용매화 껍질의 구성을 더 깊게 연구할 필요가 있다고 언급했다.

9.3.1.2 음이온의 용매화 반응

LIB 내에서 음이온의 용매화 반응은 리튬 양이온에 비해 연구가 많이 이루어지지 않았다. 몇몇 연구자들은 ESI-MS, NMR, 계산 시뮬레이션을 통해 음이온 용매화 반응의 경향성을 분석했다.[199] 불소화 음이온(PF_6^-와 BF_4^-)이 EC-DMC에 녹아 있는 전해질 환경에서 음이온과 용매 분자 사이의 상호작용을 관찰했을 때, 대부분의 음이온들은 자유 이온 상태를 유지했고 소수의 음이온들만이 용매화되었다(그림 9.18a). 또한 소수의 음이온 용매화 껍질에서도 리튬 이온 용매화 껍질의 경우와 같이 고리형 유기 탄산염 분자가 선형 유기 탄산염 분자보다 높은 우선순위를 가졌다. NMR 분석을 통해 불소화 음이온의 불소 원자가 용매 분자와의 인력을 가지는 부분이라고 밝혔다.[200]

LIB에서는 유일한 전하 운반체인 리튬 양이온만이 전극 계면에서 탈용매화를 겪는다. 음이온은 전해질 내에서 용매화를 겪지만(소수이긴 하지만) 전극 활물질과 직접적인 전기화학 반응을 통해 저장되지 않기 때문에, 용매화가 되더라도 전기장의 방향에 따라 전극 표면에서 이중층을 형성하거나 벌크 전해질에 존재하게 된다. 최근에는 "듀얼 이온 이차 전지(dual-ion battery, DIB)"라고 하는 음이온의 탈용매화를 활용한 차세대 이차 전지 시스템 또한 활발히 연구되고 있다(그림 9.18b).[201,202] DIB는 전해질 내에 존재하는 양이온뿐만 아

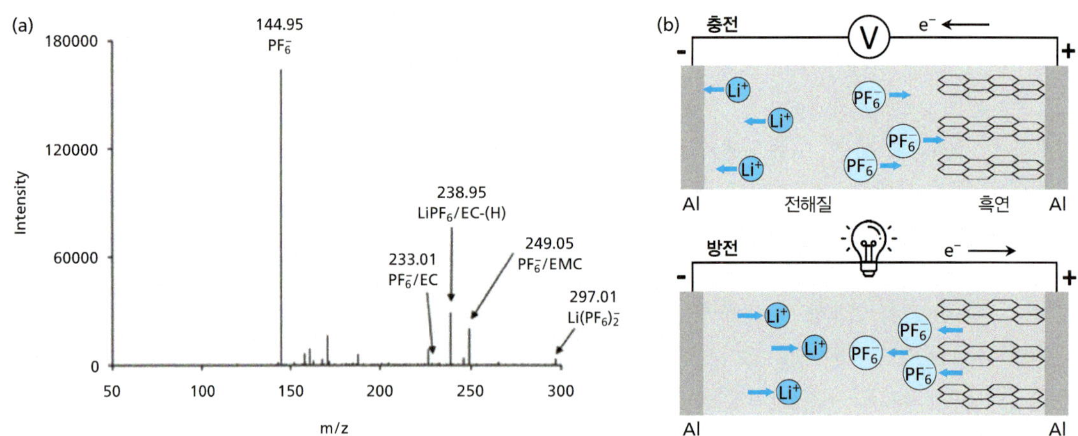

그림 9.18 ▶ (a) EC-EMC (50:50) 용매에서 1.0 M $LiPF_6$에 대한 전기 분무 이온화를 통한 일반적인 질량 스펙트럼. (b) 방전 상태(*위*) 및 충전 상태(*아래*)의 DIB 모식도. Reproduced with permission from ACS publications.[199]

니라 음이온까지 전하 운반체로 활용하는 시스템으로, 충전 시에 양이온과 전자가 음극으로, 음이온은 양극으로 각각 이동하여 전기화학 반응을 통해 저장된다. 음이온과 전기화학 반응을 하는 양극 활물질로 주로 흑연이 사용되기 때문에, 충전 시에 음이온은 흑연–전해질 계면에서 탈용매화가 일어나야 한다. LIB의 경우와 마찬가지로, DIB에서도 음이온의 용매화와 탈용매화에 대한 연구가 충분히 진행되지는 않았다. DIB에서는 음이온이 직접적으로 전지의 성능에 관여하기 때문에, 음이온이 형성하는 용매화 껍질과 활성화 에너지 장벽에 대한 이해와 이에 상응하는 전해질 설계가 요구된다.

9.3.2 양이온 첨가제 유도 계면 반응

앞서 말했듯이, SEI는 초반 몇 사이클의 충전 과정에서 전자의 이동에 의해 전극 표면(주로 음극)에 불가피하게 생기는 층이고, 전지의 초기 낮은 가역성과 효율의 원인이 된다. 생성된 SEI는 전해질의 추가적인 분해를 방지하고, 활물질로의 용매 공동 삽입 현상을 억제하거나(특히 PC 기반 전해질에서의 흑연 음극), 활물질의 부피 팽창을 완화하거나, 이온전도성을 높이는 등 다양한 특성을 통해 전지의 성능을 개선하는 역할을 한다. SEI의 정의 자체는 음극과 양극 표면에 생기는 계면상을 모두 포함하지만 최근 양극 표면에 생성된 계면상을 "양극 전해질 계면상(cathode electrolyte interphase, CEI)"이라고 분리하여 표현하는 논문들이 많아지면서, SEI는 음극 표면에 생성된 계면상을 가리킬 때 주로 사용된다. 음극 표면에서의 SEI는 잘 생성되지만, CEI의 경우 상대적으로 얇게 형성되는 것으로 알려져 있고 음극 표면의 SEI에 비해 현저히 적게 이루어졌다. 많은 응용 분야, 특히 전기 자동차의 장수명을 위해서는 보다 안정한 SEI가 필수적이기 때문에 SEI를 이해하고 개선하기 위해 그동안 많은 연구들이 진행되었다. 이상적인 SEI는 높은 전기 저항과 높은 양이온 선택성 및 투과성, 수 나노미터에 가까운 두께, 고강도, 팽창 및 수축 응력에 대한 내성, 전해질에 대한 불용성 및 광범위한 작동 온도 및 작동 전위에 대한 안정성을 가져야 한다.[203] 하지만 실제 SEI는 반복되는 사이클 동안 계속해서 생성되고 두꺼워지기 때문에 아직 이러한 특성을 다 가지는 이상적인 SEI는 개발되지 못했고, 이를 극복하기 위한 연구들이 필요하다. 따라서 최근 연구들을 바탕으로 SEI의 형성과 진화 과정에 대해 서술하고, 가장 흔히 사용되는 첨가제인 vinylene carbonate (VC)와 fluoroethylene carbonate (FEC)에 의해 변화한 SEI에 대해 설명하며, 마지막으로 양이온 유도 계면 반응을 일으키는 이온성 첨가제에 관해 다루고자 한다.

9.3.2.1 고체 전해질 계면상

LIB에 사용되는 일반적인 전해질은 고리형 유기 탄산염인 EC 또는 PC와 선형 유기 탄산염, 그리고 $LiPF_6$ 염으로 구성된다. SEI의 형성 과정은 일반적으로 전해질 내 용매와 염 및 첨가제의 환원 반응에서 발생하는 것으로 일반적으로 알려져 있다. EC 기반의 전해질은 용매나 염, 용매 화합물의 분해로 인한 SEI 형성이 주를 이루지만, PC 기반의 전해질은 SEI 형성 전에 흑연으로의 용매 화합물 공동 삽입 현상과 그로 인해 수반되는 흑연의 팽창 과정이 추가된다. 이 단계들은 Besenhard 교수와 Winter 교수에 의해 제안되었다.[124,204] 그들이 제안한 SEI 형성 과정은 세 가지의 중요한 단계를 가진다. 첫 번째 SEI 형성 전의 용매 공동 삽입 현상, 두 번째 이로 인해 수반되는 흑연의 구조 팽창, 세 번째 특정 용매 분자의 우선적인 분해가 그것이다. 첫 번째 단계의 경우 리튬 이온이 형성하는 용매 화합물이 SEI의 구조 및 조성에 결정적인 영향을 미치는 것을 포함한다. PC 기반 전해질에서 SEI 형성 전에 PC 공동 삽입 현상이 일어나는 것은 in situ XRD에서 1.0 V 이상의 높은 전압에서 흑연 층간 거리가 1.59 nm로 크게 팽창하는 것을 통해 증명되었다. 3~4개의 PC로 이루어진 용매화 껍질은 상호작용을 하고 있는 리튬 이온과 함께 충전 시에 흑연에 삽입된다. 이는 흑연의 구조를 크게 망가뜨리고, 리튬 이온만이 흑연에 삽입되는 것을 막아 결과적으로 전지가 정상적으로 작동하지 못하게 한다. 이것은 PC 기반 전해질의 염 농도를 높여 용매화 껍질의 구성을 바꾸는 것으로 개선할 수 있다. 3.0~3.5 M의 $LiPF_6$를 PC에 녹였을 때, 리튬 이온의 가역적인 흑연 삽입-탈리가 확인되었다.[205] IR, NMR, XPS는 이처럼 높은 농도에서는 용매 화합물이 SSIP에서 CIP로 바뀌는 것과, 이온–용매 분자 간의 상호작용이 커서 자유 용매 분자의 수가 굉장히 적은 것을 입증하였다. 이러한 효과는 PC가 공동 삽입되는 현상을 억제하고, 리튬 이온의 가역적인 삽입-탈리를 이끌어 내었다.

EC는 PC와 유사한 구조를 가지고 메틸기 유무의 차이밖에 없지만, 흑연 표면에서 공동 삽입 현상 없이 효과적인 SEI를 만들어낸다. EC의 경우 Besenhard 교수와 Winter 교수가 제안한 SEI 과정 중 세 번째 단계를 위주로 SEI를 형성하게 된다. 이를 구체화하기 위해 연구진들은 XPS, online electrochemical mass spectrometry (OEMS)와 같은 다양한 분석법을 이용하여 SEI의 형성과 진화 과정, 구성 성분들을 조사하였다.[206] 연구의 단순화를 위해 첨가제 없이 1.0 M의 $LiPF_6$가 EC에 녹아 있는 전해액을 이용하여 초기 EC 분해 반응을 분석하였다. EC는 초기 환원 과정에서 고리 열림 현상(ring-opening)을 통해 lithium ethylene dicarbonate (LEDC)와 에틸렌(ethylene) 가스를 생성한다(그림 9.19a). 또한 염의 분해를 통해 LiF가 만들어지므로, EC와 $LiPF_6$가 초기에 흑연 표면에 만드는 SEI는 LEDC와 LiF로 구성되어 있음을 밝혔다. LEDC와 LiF가 만드는 약 50 nm 두께의 SEI는 흑연에 효과적인 보호막 역할을 하여, 추가적인 전해질 분해와 흑연 박리 현상을 방지할 수 있었다. 선형 유기 탄산염 용매들이 초기에 형성하는 SEI 구성 성분도 비슷한 것으로 나타났다. 상용화된 LIB 전해질에서 초기 환원 반응은 EC 환원 반응이 지배하므로, EC와 선형 유기 탄산염 용매가 같이 있는 전해질에서도 SEI의 초기 구성성분은 LEDC와 LiF가 주를 이루는 것으로 알려졌다. 한편, 양극 표면에서 용매의 산화 반응이 일어나면 CO_2가 생성되고, 음극 쪽으로 확산되어 또 다른 SEI의 구성성분인 Li_2CO_3이 형성되었다.

흑연 음극 표면에서 초기에 생성되는 불안정한 SEI 구성 성분은 연이은 반응들을 일으키고, 또 다른 SEI 구성 성분을 만들어 낸다(그림 9.19b). 이것을 연구진들은 SEI의 "진화(evolution)" 또는 "성장"이라고 명명한다. SEI의 진화는 SEI의 구성에 변화를 가져온다. 전지 사이클이 반복되면 SEI를 구성하는 LiF 및 Li_2CO_3와 같은 무기 화합물의 농도가 증가하고, 리튬 알킬탄산염(lithium alkylcarbonate)과 같은 유기 화합물의 농도가 감소되는 것으로 알려졌다. 초기 SEI 구성 성분들의 1차 분해 반응을 살펴보면, LEDC, lithium methyl

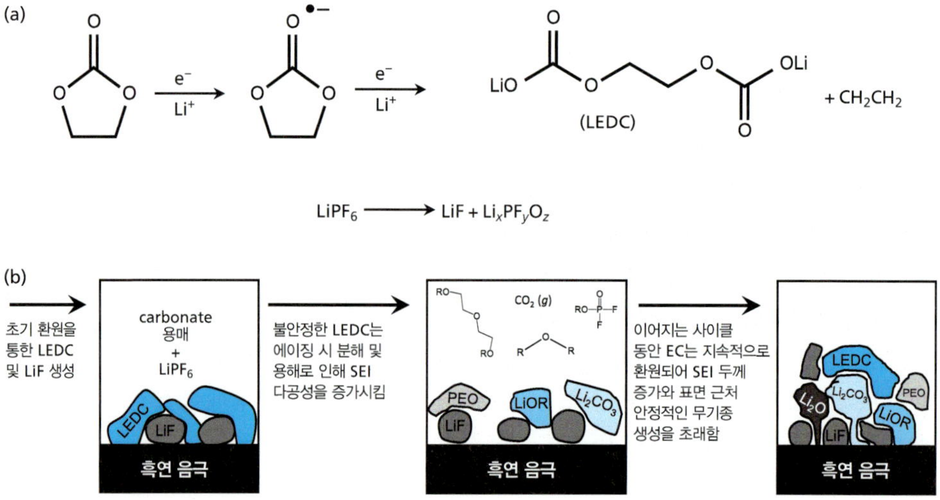

(a)

$LiPF_6 \longrightarrow LiF + Li_xPF_yO_z$

(b)

초기 환원을 통한 LEDC 및 LiF 생성

carbonate 용매 + $LiPF_6$

불안정한 LEDC는 에이징 시 분해 및 용해로 인해 SEI 다공성을 증가시킴

이어지는 사이클 동안 EC는 지속적으로 환원되어 SEI 두께 증가와 표면 근처 안정적인 무기종 생성을 초래함

흑연 음극

그림 9.19 ▶ (a) 흑연–전해질 계면에서의 EC와 $LiPF_6$의 초기 환원 반응. (b) 흑연 양극에 형성된 SEI의 진화 과정. 초기 SEI의 형성, SEI의 구조에 대한 산 매개 열 분해 반응(acid-mediated thermal decomposition)의 영향, 그리고 전해질의 추가 분해로 인해 두꺼워진 SEI.

carbonate (LMC), lithium ethyl carbonate (LEC)와 같은 초기 SEI 구성 성분들은 가수분해에 대한 안정성이 떨어지기 때문에, 물이 존재하는 경우 Li_2CO_3, CO_2, LiOR과 같은 더 안정한 부산물들을 생성한다. 무수 조건하에서 $LiPF_6$는 고온에서 PF_5를 형성하는데, 이로 인해 SEI 구성 성분이 달라진다. LEDC와 Li_2CO_3는 PF_5를 만나 LiF, CO_2, $LiOCH_2CH_2O$-Li, $OP(OCH_3)_3$, $OPOLiF_2$, $OPOCH_3F_2$와 같은 물질들을 생성한다. 반응이 진행됨에 따라 가스와 전해질에 녹는 물질이 생성되기 때문에 불용성 SEI 구성 성분들의 수가 감소하고, 다공성의 SEI가 형성된다. 추가적으로, LEDC는 고온 환경에서 Li_2CO_3, Li_2O, CO_2, C_2H_4, $CH_3CH_2CO_2Li$와 같은 물질들을 생성하고, 연이은 사이클 과정 동안 EC는 추가적인 환원 분해를 통해 더 두꺼운 SEI를 형성한다. 정리하자면, LIB용으로 상용화된 전해질에서 초기에 생성되는 SEI 구성 성분은 EC와 $LiPF_6$의 분해로 인한 LEDC 및 LiF가 지배적이다. 또한 LEDC를 비롯한 초기 SEI 구성 성분들은 불안정하기 때문에 여러 자극을 통해 추가로 분해 반응을 일으키고, 결과적으로 복잡한 구성의 SEI를 형성한다.

흥미롭게도, 1300°C 이상의 열처리를 통해 표면의 작용기들을 제거한 흑연의 경우, EC 기반 전해질에서도 0.45 V 이하에서 박리 현상이 일어나는 것이 관찰되었다.[207] 흑연의 가장자리에는 카보닐기(carbonyl group), 하이드록실기(hydroxyl group), 카복실기(carboxyl group) 등의 작용기들이 존재하는데, 열처리를 통해 작용기를 없애고 굉장히 안정한 표면을 만들면 오히려 EC와의 SEI를 만들지 못하고 PC와 같이 공동 삽입 현상이 일어나는 것이다. 따라서 EC 기반 전해질에서 안정한 SEI를 만들기 위해서는 흑연 표면에 존재하는 작용기의 유무도 중요하다.

9.3.2.2 대표 전해질 첨가제

현재 사용되는 전해질은 대부분 소량의 첨가제를 포함하고 있다. 적절한 첨가제는 전극 표면에 효과적인 SEI를 형성하고, 가스 발생과 같은 부반응들을 억제한다.[208] 또한 전해질의 이온 전도도나 젖음성 같은 물리적 특성을 향상시키며, 전지에 높은 열적 안정성과 낮은 가연성을 부여한다. 이처럼 첨가제는 이차 전지의 성능을 크게 향상시킬 수 있기 때문에 보다 효과적인 첨가제 개발을 위해 많은 연구들이 진행되고 있다. SEI 형성 및 조절에 관련된 대표적인 첨가제에는 VC와 FEC가 있다(그림 9.20). 특히, VC의 경우 PC 기반 전해질과 흑

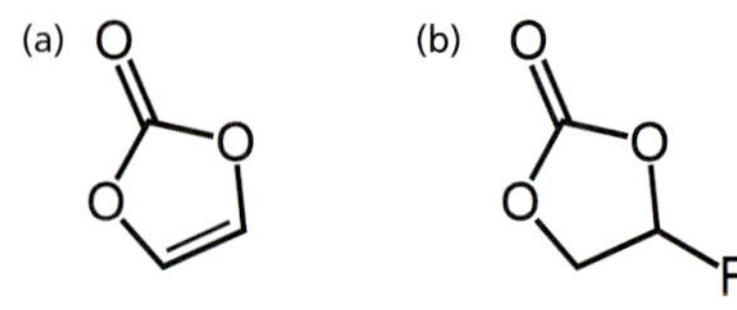

그림 9.20 ▶ 대표 전해질 첨가제. (a) VC, (b) FEC.

연 음극 기반 전지에 많이 사용되는데, VC가 용매보다 먼저 환원되어 흑연 표면에 SEI를 미리 형성하여 PC 분자의 공동 삽입 현상을 억제할 수 있기 때문이다. VC는 고리 안에 이중결합을 가져 고리 변형(ring strain)으로 인해 고리가 쉽게 열릴 수 있어, 리튬 환원전위 대비 1.0 V 이상에서 환원된다.

VC는 음극 표면에서 환원되어 그림 9.21a와 같은 SEI를 형성한다.[209~212] EC가 존재하는 전해질 하에서, VC는 EC보다 먼저 환원되어 LEDC와 에틸렌 가스의 생성을 감소시키고, poly vinylene carbonate (poly(VC))와 CO_2를 우선적으로 생성하는 것으로 나타났다. 이어서 CO_2는 음극 쪽으로 이동하여 추가적인 Li_2CO_3를 생성한다. VC는 SEI의 구성 성분을 바꾸는 것 이외에도 SEI의 두께를 다르게 하는 것으로 보고되었다. TEM 분석 결과, VC가 없는 경우에 비해 VC가 있는 경우 더 얇은 SEI를 형성하였다. VC는 촉매 중합(catalytic polymerization)을 통해 poly(VC)를 형성하므로, 가교된 형태의 분자량이 높은 poly(VC)가 만들어진다. VC가 만드는 SEI 성분들 중에서 무엇이 음극의 성능 향상에 더 영향을 미치는지 아직 명확하지 않지만, CO_2를 첨가하여 Li_2CO_3의 함량을 높였을 때 전지의 사이클 성능이 더 크게 향상된 것으로 보고되었다.

FEC도 VC와 비슷하게 초기 환원 시에 poly(VC), CO_2, Li_2CO_3를 포함한 얇은 SEI를 형성하고, LEDC와 에틸렌 가스의 생성은 억제하는 것으로 나타났다(그림 9.21b).[209~215] 뿐만 아니라 추가적인 환원 생성물로 LiF와 H_2를 생성하였다.[206,210] 희석된 용액에서 환원제인 lithium napthalenide로 FEC의 환원 생성물을 조사했을 때, 초기에 VC와 LiF가 생성되고, 이후 VC가 추가로 환원되어 poly(VC)와 Li_2CO_3가 생성되었다. FEC의 중합은 화학량론적 반응으로, VC에 비해 가교결합이 적은 낮은 분자량의 poly(VC)를 생성한다. VC와 FEC가 만드는 중합 반응과 생성물의 차이는 SEI의 구성과 전지의 성능의 차이를 만들 수 있다. FEC는 흑연 음극뿐만 아니라 실리콘과 리튬 메탈 음극에도 첨가제로 사용된다.[216,217] 실리콘 음극에 FEC 기반 전해질을 사용한 연구에 의하면, FEC는 환원을 통해 고농도의 LiF와 불용성 고분자들을 생성하며, 실리콘의 효과적인 보호막으로 작용하여 전지의 성능을 향상시키는 것으로 나타났다. 리튬 음극의 경우, 전해질 내 FEC의 농도가 증가할수록 리튬 대칭 전지와 구리-LFP 전지의 전기화학적 성능을 높였다. IR, XPS, TEM, EDX 분석은 FEC가 초기 환원 과정에서 주로 LiF와 Li_2CO_3를 형성하는 것을 입증했으며, 특히 LiF 나노입자는 보다 균일한 리튬 전착·탈착을 유도하는 것으로 보고되었다. 사이클을 거듭할수록 리튬 표면 외곽의 SEI에 고분자가 생성되는 것으로 확인되었다.

요약하면, VC 또는 FEC 같은 첨가제를 사용하면 SEI를 구성하는 성분이 달라지고, 보다 안정적인 구성 요소인 poly(VC)와 Li_2CO_3가 생성된다. 이는 사이클 진행 시에 SEI의 추가적인 분해를 억제하는 등의 긍정적인 효과를 볼 수 있지만, 아직 구체적으로 어떤 성분의 어떠한 역할 때문에 성능의 향상이 일어나는지 명확하게 알려져 있지 않다. 또한 VC와 FEC의 반응 메커니즘의 차이로 인해 서로 다른 특성을 가진 SEI가 형성되고 이는 전지의 성능에 영향을 미칠 수 있다.

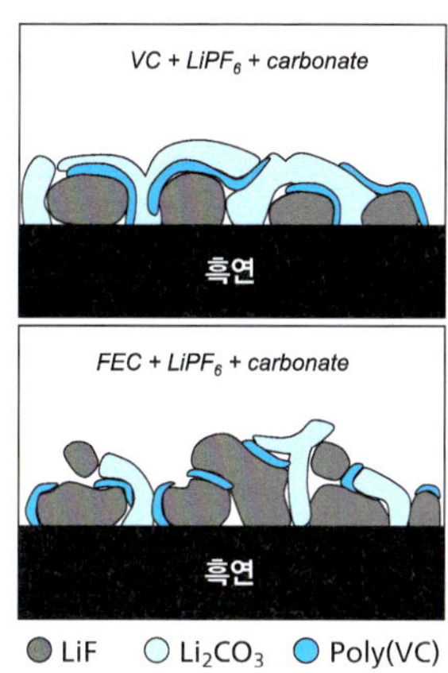

그림 9.21 ▸ (위) VC와 (아래) FEC를 포함하는 전해질을 이용한 흑연 음극에서 생성되는 초기 SEI 형상을 보여주는 모식도.

9.3.2.3 이온성 첨가제

앞서 언급한 FEC 및 VC와 같은 분자 화합물 이외에, 염과 같은 이온 결합 화합물 또한 LIB의 첨가제로 사용된다. 전해질의 용매보다 먼저 환원 또는 산화가 되는 염들은 초기 충전 시에 전극 물질 표면에서 다른 계면 화학을 유도할 수 있다. 이때 계면 반응에 특히 참여하는 이온의 전하에 따라 양이온 첨가제와 음이온 첨가제로 나뉘진다. 그림 9.22는 계면 반응에 양이온을 제공하는 이온성 첨가제를 정리한 것이다. 그림 9.22a의 silver hexafluorophosphate ($AgPF_6$)는 2004년에 소개된 양이온 첨가제로, PC 기반 전해질하에서 흑연 음극

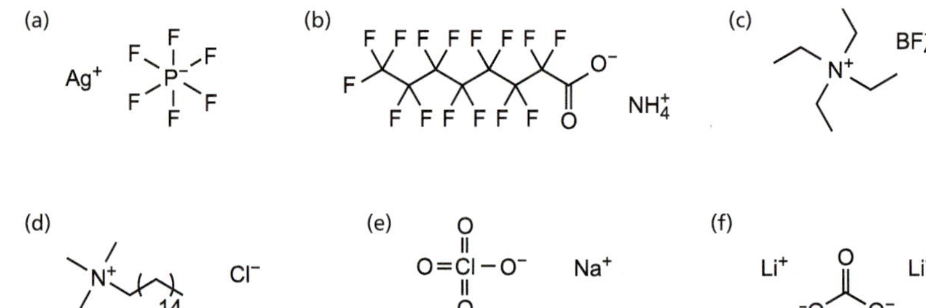

그림 9.22 ▶ 대표적인 양이온 첨가제. (a) $AgPF_6$, (b) APC, (c) $TEABF_4$, (d) CTAC, (e) $NaClO_4$, (f) Li_2CO_3.

표면에 효과적인 SEI층을 만드는 것으로 알려졌다.[218] 전해질 내에 녹아 있는 은 양이온은 첫 번째 충방전 과정에서 리튬 환원전위 대비 2.15 V에서 환원되어, 흑연 음극 표면에 다공성 은 기반 SEI층을 형성한다. 이는 PC 용매가 리튬 양이온과 함께 흑연 층간 사이로 공동 삽입(co-intercalation)되는 전위(0.75 V)보다 높기 때문에, 기존 흑연 음극에서 문제점이었던 PC 공동 삽입 문제를 억제하였다. $AgPF_6$의 농도가 5 wt% 이상일 때 흑연 음극의 가역 용량과 수명 특성이 가장 향상되었다. 하지만 형성된 은 기반 계면은 전기 전도성을 가지기 때문에 엄격한 의미에서의 "고체 전해질 계면상(SEI)"이라고 말하기는 어려웠다.

그림 9.22b, c의 ammonium perfluorooctanoate (또는 ammonium perfluorocaprylate, APC), tetraethylammonium tetra fluoroborate ($TEABF_4$)와 같은 암모늄 양이온을 가지는 염들도 흑연 음극의 첨가제로 사용되었다.[219,220] 전해질 내 1 wt%의 APC는 약 1.9 V에서 용매보다 먼저 환원되어 불화알킬(fluoroalkyl moiety) 기반의 SEI를 형성하는데, 이 SEI는 높은 이온 전도성과 낮은 SEI 저항, 낮은 계면 전하 이동 저항(interfacial charge-transfer resistance)을 부여하여 전지의 속도 성능을 향상시켰다. $TEABF_4$도 마찬가지로 전해질에 0.1 M만큼 첨가했을 때 전지의 전체 저항을 줄여 속도 성능을 향상시켰다.

리튬 음극의 덴드라이트 문제를 해결하기 위한 방안으로 그림 9.22d와 같은 hexadecyltrimethylammonium chloride (CTAC)를 첨가제로 사용한 사례도 있다.[221] CTAC은 양이온 계면 활성제로서 리튬 전착 과정 동안 정전기적 인력을 통해 돌기(protuberance) 주위에 응집되어, 리튬 비친화성(lithiophobic) 보호 외층을 형성한다. CTAC의 CTA 양이온은 정전기적 인력을 통해 돌기 끝에 흡착되고 비극성 부분이 바깥쪽에 위치하게 된다. 이 부분은 리튬 양이온과의 반발력을 통해 리튬 양이온이 돌기에 전착되어 덴드라이트를 형성하는 것을 방지하고, 리튬 양이온이 인접한 다른 부분에 전착되게 하여 균일한 리튬 표면을 만들게 한다.

또 다른 양이온 첨가제로는 그림 9.22e, f와 같은 알칼리성 염의 예시를 들 수 있다. 과염소산 소듐(sodium perchlorate, $NaClO_4$)을 $LiClO_4$-EC-DEC 기반 전해질에 첨가했을 때, $NaClO_4$의 소듐 이온이 흑연 음극 표면에 생성된 SEI의 특성을 바꾸는 것으로 확인되었다.[222,223] $NaClO_4$를 첨가하면 첨가하지 않은 전지에 비해 뛰어난 초기 가역성을 보였고, 흑연으로의 리튬 이온 삽입 반응 또한 빨라졌다. 하지만 오히려 많은 양의 $NaClO_4$는 리튬 이온 삽입 반응 특성을 변질시키기 때문에 적당한 농도가 요구된다. 연구진들은 XPS와 SEM, TEM 분석을 통해 초기 SEI 형성 단계에서 소듐 이온이 SEI에 포함되어 리튬 이온에게 더 높은 자유도를 부여하여 훨씬 작은 계면 저항을 유도한다고 설명했다. 사이클 후에 전극 계면의 형태를 확인한 결과, 소듐 이온이 존재하는 환경에서 더 균일한 SEI이 형성된 것이 확인되었다. Li_2CO_3는 전해질 내 가스의 생성을 억제하는 첨가제로 사용된다.[224] 이차 전지는 활물질과 전해액의 전기 화학적 반응과 부반응을 통해 CO_2, CO, CH_4, C_2H_4, C_2H_6 등의 가스를 생성하는데, 이들은 연쇄적인 반응을 일으켜 전지의 성능을 저하시킨다. 유기 탄산염 용매 기반 전해질에서 0.05 M의 Li_2CO_3를 첨가하면 CH_3 라디칼의 생성과 연이은 가스 생성 반응이 억제되고, 전지의 방전 용량과 이온 전도성이 향상되는 것이 확인되었다. 더불어, Li_2CO_3가 흑연 음극 표면에 형성하는 더 조밀한 SEI는 흑연으로의 용매 공동 삽입 현상과 연이은 흑연 박리를 방지하였다.

9.3.3 음이온 첨가제 유도 계면 반응

9.3.3.1 이온성 첨가제

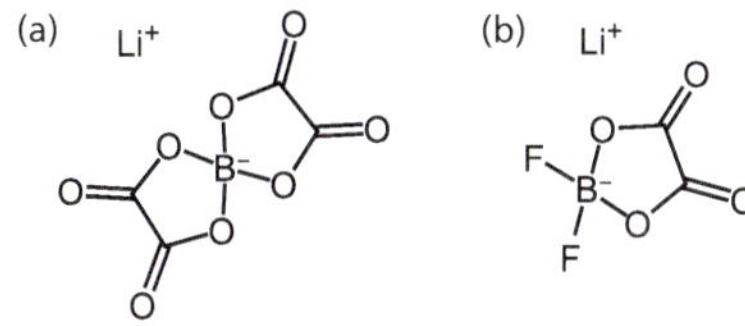

그림 9.23 ▸ 대표적인 음이온 첨가제. (a) LiBOB, (b) LiDFOB.

염의 양이온이 SEI 형성에 관여하는 이온성 첨가제가 있는 것처럼, 반대로 염의 음이온이 SEI 형성에 관여하는 이온성 첨가제도 존재한다. 대표적인 음이온 첨가제에는 lithium bis(oxalate)borate (LiBOB)와 lithium difluoro(oxalate) borate (LiDFOB)가 있다(그림 9.23). LiBOB는 처음에 LIB의 고온 성능을 개선하기 위한 대체 염으로서 연구되었다.[208] LiBOB는 고온 안정성이 높은 반면, 유기 탄산염 용매에 대한 용해도가 낮고 산화 안정성이 좋지 않아 4.2 V 이상의 고전압 환경에서의 사용이 제한된다는 단점이 있었다.[225] 따라서 연구진들은 LiBOB를 미량의 첨가제로 사용함으로써 이러한 단점을 최소화하면서 장점을 가져가기 위한 연구를 진행하였다. LiBOB의 BOB 음이온은 리튬 환원전위 대비 약 1.7 V에서 환원되기 때문에 음극 계면을 개질하기 위한 첨가제로 사용될 수 있었다. 이 염은 PC 용매의 비가역적 분해 반응을 억제할 뿐만 아니라 사이클링 후에도 SEI를 안정화하는 역할을 하는 것으로 나타났다.[226] FT-IR과 XPS 분석에 따르면, LiBOB에서 유도된 B–O 기반 구성 성분들이 LiBOB 기반 전해질에서 형성된 SEI에 존재하는 것이 확인되었다.[227,228] 이 사실을 바탕으로 BOB 음이온이 SEI의 주된 구성성분인 lithium alkyl dicarbonate와 lithium alkoxide가 반응하여 보다 안정성이 높은 올리고머를 형성하는 것이 제안되었다. 1.0 mol%의 LiBOB만으로도 흑연 음극의 가역성을 높일 수 있었다. LiBOB은 실리콘 음극 첨가제로도 연구된 바 있다. EC-DEC 기반 전해질에서 0.7 M의 LiBOB는 실리콘 음극의 성능을 크게 향상시켰다.[229] 흑연 음극의 경우와 마찬가지로, LiBOB의 BOB 음이온은 유기 탄산염 용매보다 먼저 환원되어 용매의 추가적인 분해와 리튬 및 활성 실리콘의 소모를 줄이는 역할을 했다. LiBOB을 VC와 함께 실리콘–흑연 복합체 음극에 대한 공동 첨가제로 사용한 경우도 보고되었으며, 두 첨가제를 동시에 사용하는 경우 용량의 높은 가역성과 유지율을 모두 확보할 수 있는 것으로 확인되었다.[230]

LiDFOB 내 DFOB 음이온의 구조는 BOB 음이온과 BF_4 음이온의 중간의 모습을 하고 있다. DFOB 음이온은 BOB 음이온과 BF_4 음이온의 장점을 합친 효과를 내는 것으로 보고되었으며, BOB와 비슷하게 약 1.7 V에서 환원되고 더 낮은 전지 저항을 부여한다.[231] 또한 LiDFOB는 LiBOB와 유사한 SEI 안정화 기능을 가지면서 유기 탄산염 용매에 대한 용해도와 저온 특성, 속도 성능과 같은 특성들에서 LiBOB보다 우수하다고 알려졌다. LiDFOB 첨가제를 사용 시에는 LiBOB 사용 시에 비해 낮은 전지 저항을 가지기 때문에 높은 출력 밀도를 요구하는 전기 자동차에 보다 적합한 것으로 보고되었다. XPS와 FT-IR 분석 결과, LiDFOB는 흑연 음극 표면에 고농도의 유기 탄산염 기반 SEI를 형성한다.[232,233] BOB 음이온과 DFOB 음이온의 구체적인 산화환원 메커니즘은 전자 상자성 공명 분광법(electron paramagnetic resonance spectroscopy, EPR)을 통해 조사되었다. BOB과 DFOB 음이온들은 흑연의 표면에서 단전자 환원 반응(single-electron reduction)을 겪는데, 이때 BOB 음이온과 DFOB 음이온은 각각 옥살산염(oxalate)과 불소를 잃으면서 oxalatoboryl을 형성한다. 이 oxalatoboryl은 유기 탄산염 용매 분자와 반응을 통해 붕소가 함유된 계면을 만든다.

DFOB 음이온은 BOB 음이온에 비해 더 얇은 SEI를 형성한다고 보고되었다.

LiBOB는 양극 쪽에서 cathode electrolyte interphase (CEI)를 위한 첨가제로도 사용될 수 있다. CEI는 앞서 말했듯이 음극 쪽의 SEI에 비해 많이 연구되지 않았으며, 안정적인 CEI를 위한 첨가제 연구는 2008년 이후 $LiCoPO_4$ (4.8 V), $LiNiPO_4$ (5.1 V), $LiCoPO_4F$ (4.9 V), $LiNi_{0.5}Mn_{1.5}O_4$ (4.6 V)와 같은 고전압 양극의 개발에 따라 조금씩 진행되었다. 기존 유기 탄산염 용매는 이차 전지 작동 전압에서 비교적 안전하다고 알려졌지만, 4.5 V 이상의 고전압 환경에서는 산화안정성이 떨어져 분해가 일어난다. 따라서 이러한 점을 극복하기 위해 첨가제의 개발이 필수적이다. 앞서 설명했듯이, LiBOB는 4.2 V 이상에서 전기화학적으로 불안정하기 때문에 양극 물질 표면에서 산화 반응을 통해 CEI를 형성한다. 예를 들어, 2 wt%의 미량의 LiBOB는 흑연 음극의 초기 가역성을 크게 높이는 동시에 $LiNi_{0.8}Co_{0.15}Al_{0.05}O_2$(NCA) 양극에도 좋은 영향을 미쳤다.[234] LiBOB를 첨가했을 때 NCA 양극의 높은 수명 안정성과 NCA/흑연 완전지의 높은 Coulomb 효율이 확보되었다. 또한 LiBOB는 높은 온도하에서 NCA 층상 구조에서 산소 원자가 방출되는 현상을 억제하였다. 또 다른 고전압 양극 소재인 $LiNi_{0.5}MnO_4$(LNMO)의 경우에도 LiBOB를 첨가했을 때 전지의 저항이 크게 감소하고 용량 유지율 및 Coulomb 효율이 현저히 개선되었고, FT-IR와 XPS 분석 결과 양극 표면에 LiBOB의 분해로 인한 BOB 음이온 기반 CEI가 형성된 것이 확인되었다.[235] 연구자들은 LiBOB의 도입으로 인해 다음과 같은 현상이 일어나 전지의 성능이 개선되었다고 설명한다. 첫 번째 BOB 음이온의 조기 산화 반응은 특정 양극 표면을 비활성화시키고 용매의 추가적인 산화를 방지한다는 것이고, 두 번째 BOB 음이온에서 유래된 CEI는 기존의 PF_6 음이온을 사용한 경우에서 보이던 양극의 망간 용출 현상을 억제할 수 있다는 것이다. 유사하게, 4.8 V의 고전압 $LiCoPO_4$ 양극의 경우에도 기존 유기 탄산염 용매만을 사용했을 때 빠른 용량의 저하가 일어났지만, 3 wt%의 LiBOB를 첨가함으로써 용량 유지율이 개선되었다.[236]

LiDFOB는 LiBOB와 $LiBF_4$의 중간 형태를 띠는 염으로서, 양극 계면용 첨가제로 더 관심을 끌었다. 리튬 방산이 풍부한 고용량 금속 산화물과 감람석(olivine) 구조의 $LiCoPO_4$와 같은 다양한 양극 활물질의 첨가제로서 사용되었다.[237~239] 선행 연구에 따르면 LiDFOB는 양극–전해질 간의 안정화 효과뿐만 아니라, 양극과 흑연 음극 모두에 시너지 효과가 있는 것으로 보고되었다. 양극의 경우 LiDFOB가 전이 금속 용출을 최소화하는 기능을 하고, 음극의 경우 저항이 작고 얇은 SEI가 먼저 형성되어 전지의 성능을 개선시켰다. 전자 상자기성 공명(electron paramagnetic resonance, EPR) 분석과 밀도 범함수 이론(density functional theory, DFT) 계산을 이용하여 BOB와 DFOB 음이온의 기본 산화 메커니즘이 조사되었다(그림 9.24).[233] 전이 금속 산화물 기반의 양극 표면에서 BOB 음이온과 DFOB 음이온들이 산화 시 전자 하나를 잃으면서 CO_2를 발생시키고 안정한 아실 라디칼(acyl radical)을 형성한다. 두 개의 아실 라디칼은 산화물 표면에서의 재결합을 통해 강력한 Lewis 산인 이량체(dimer)를 만드는데, 이량체 내 붕소 원자가 양극 활물질 격자의 산소 부분과 만나 강한 B–O 결합을 형성한다. DFOB 음이온은 BOB에 비해 불소 원자를 가지기 때문에 더 강한 B–O 상호작용을 이끌어 낼 수 있다. 연구자들은 양극 표면에 생성된 이량체들의 존재가 양극을 부동태화(passivation)하고 전해질의 산화를 방지하여 양극의 안정성을 향상시키는 데에 중요한 역할을 한다고 결론지었다.

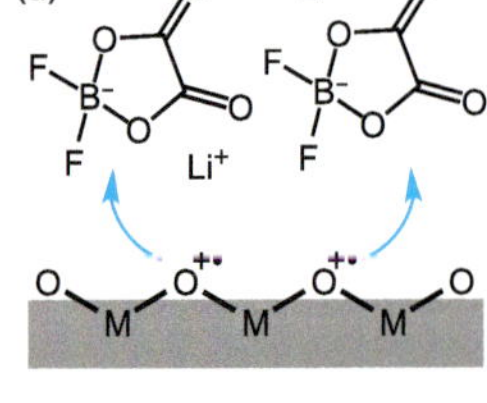

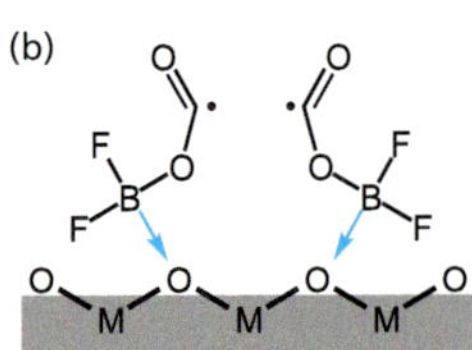

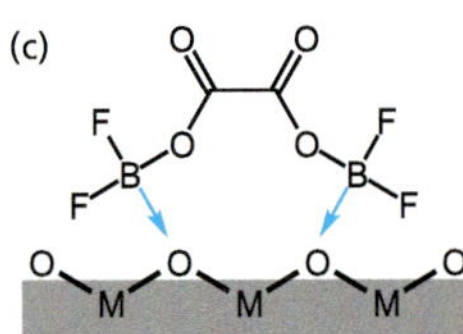

그림 9.24 ▶ LIB 양극 쪽에서 제안된 LiDFOB 분해 반응. (a) DFOB 음이온이 양극 표면의 산소 구멍(hole)과 반응하여 CO_2와 아실 라디칼 형성. (b) Lewis 산인 아실 라디칼이 양극 표면의 산소 부분과 강한 상호작용을 이루고, 아실 라디칼끼리 만나 이량체 형성. (c) 생성된 이량체가 양극의 보호층 역할을 함.

9.3.4 전극-전해질 계면 구조

앞에서 언급했듯이, SEI는 전극과 전해질 사이의 계면에서 전기화학적 반응을 통해 불가피하게 생성되는 요소이다. SEI는 전지의 성능에 직접적으로 영향을 주기 때문에 SEI의 구조와 구성성분을 파악하기 위해 많은 연구들이 진행되었지만, 지금까지도 SEI의 구조와 구성성분은 완전히 정의 및 이해되지 않았다. 여기에는 여러 가지 이유가 존재하는데, SEI는 화학적, 전기화학적으로 굉장히 복잡한 반응에 의해 형성된 혼합물이기 때문이다. 또한 SEI는 공기와 수분에 민감하기 때문에 여러 분석법의 직접적인 측정을 제한하였다.[240] 또한 분석법마다 SEI 구성성분에 대한 민감도가 다르기 때문에 같은 전극과 전해질을 사용한 연구들임에도 분석법에 따라 다른 결과가 도출되었다. 하지만 최근 cryo-TEM과 같은 고급 분석 기술의 발전으로 인해 SEI의 미세 구조가 지속적으로 밝혀지고 있어 SEI의 구조가 점점 명확해지고 있는 실정이다. 따라서 SEI의 구조와 관련하여, 초창기에 이루어진 연구들과, SEI의 대표적인 구조인 모자이크(mosaic) 및 다층(multilayer) 구조를 설명하고, cryo-TEM을 비롯한 최근 SEI 연구들을 설명하고자 한다.

9.3.4.1 모자이크 및 다층 구조

전극 물질과 전해질이 만날 때 전극 물질 위에 보호막층이 생긴다는 사실은 1970년대 초반에 Dey와 Sullivan에 의해 처음 발견됐다.[241] 그들은 리튬 메탈과 흑연의 표면에서 PC가 리튬 환원전위 대비 상당히 높은 전위에서 전기화학적으로 분해된다는 것을 확인하였다. 이후 이 보호막층은 1979년 Peled에 의해 "고체 전해질 계면상(SEI)"이라는 새로운 개념으로 정의되었다. 이와 같이 전해질과 전극물질 계면에서 추가적으로 생기는 층은 이온 전도성을 가지면서, 전기적으로 부도체에 가까워서 마치 고체 전해질과 같은 특성을 가진다고 설명했다. 또한 유기 전해질 기반 전지에서 알칼리 및 알칼리 토금속 기반 전극은 항상 전해질과의 반응을 통해 이 계면층을 생성하며, 이 층의 이온전도도(ionic conductivity)가 크고 전자전도도(electronic conductivity)가 작을수록 배터리의 성능이 향상될 것이라고 추측했다. SEI가 발견되고 정의된 이후, SEI층의 형성 원리와 화학적 조성, 그리고 구조를 밝혀내기 위한 본격적인 실험적 연구가 진행되었다. Nazri와 Muller 연구팀, Aurbach 연구팀은 각각 1985년과 1987년에 Li_2CO_3가 SEI를 구성하는 중요한 성분 중 하나라고 발표했다.[242,243] Nazri와 Muller 연구팀의 in situ 및 ex situ 분석들에 따르면, PC 기반 전해질하에서 전착된 리튬은 염소화된 탄화수소 고분자(chlorinated hydrocarbon polymer)와 Li_2CO_3로 이루어진 다공성의 표면층을 보여주었다. 또한 유기 탄산염이 이 표면층의 안쪽 영역(전극과 가까운)을 차지하고, 고분자가 바깥쪽 영역(전해질과 가까운)을 차지하는 것으로 확인되었다. 추가적으로, 두 연구들은 $LiClO_4$, $LiAsF_6$, $LiSO_3CF_3$와 같은 리튬 염들이 리튬 표면에서 전자를 받아 할로겐화 이온들(halide ion)을 형성하고 SEI의 구성성분이 된다고 설명하였다. 이후, 여러 연구들에서 유기 전해질 내 리튬 메탈 음극과 탄소 기반 음극은 Li_2O, LiF, LiCl, Li_2CO_3, lithium alkoxide, 비전도성 고분자와 같은 다양한 성분이 존재하는 SEI를 가지는 것을 밝혀냈다.

SEI의 구성 성분에 관한 연구들을 바탕으로, 1997년 Peled는 SEI가 미세 상(micro-phase)으로 이루어진 모자이크 구조로 이루어진다고 발표했다(그림 9.25a).[244] 그의 연구에 따르면, 전해질에서 동시에 형성된 유기 및 무기 부산물들은 미세 상의 모자이크 형태로 전극 표면에 침전되며, 이것을 "heteropolymicrophase"라고 표현한다. 특정 조건에서는 SEI 구성 성분이 층의 형태로도 존재할 가능성도 있지만, heteropolymicrophase라는 표현이 더 적절하다고 주장하였다. 비슷한 시기에, Aurbach 연구팀은 Peled가 제시한 모자이크 구조와는 다른, "다층 구조"로 SEI를 설명했다(그림 9.25b).[245] 그의 연구에 따르면 SEI는 유기 탄산염 용매와 리튬 염이 존재하는 일반적인 전해질 환경에서, 음극의 표면에 가까워질수록 Li_2CO_3, LiH, Li_2O 혹은 Li–C 화합물과 같은 2전자 환원의 산출물(two-electron reduction

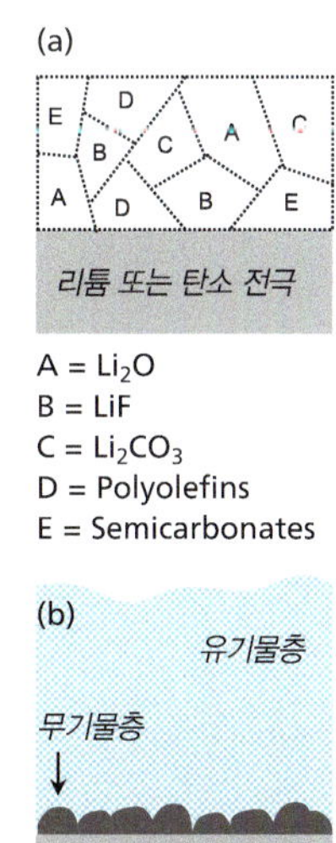

그림 9.25 ▸ (a) 리튬 메탈 또는 카본 전극 표면에 형성된 모자이크 구조 SEI 모식도. (b) 리튬 표면에 형성된 다층 구조 SEI 모식도.

Introduction of nanomaterials chemistry

product)인 무기물들이 층으로 존재했다. 여러 선행 연구들에서 XPS의 깊이 분석을 통해 깊이에 따른 SEI의 구성 성분을 확인하고, AFM을 통해 깊이에 따른 SEI의 형태와 영률의 변화를 측정하였다.[246~250] 그 결과, 전극 표면에 가까운 쪽의 SEI는 Li_2O, Li_3N, LiX (X = F, Cl 등)와 같이 산소 원자의 개수가 적은 물질들의 층으로 이루어지고, SEI에서 전해질에 가까운 쪽은 $ROCO_2Li$, ROLi, LiOH, $RCOO_2Li$와 같이 많은 산소 원자를 가지는 물질들의 층으로 이루어진 것으로 확인됐다.

SEI가 모자이크 구조를 가지는지, 아니면 다층 구조를 가지는지에 대한 논란은 계속되었다. 많은 선행 연구들을 통해 SEI는 SEI/전해질 근처(outer layer)의 유기물층과 SEI/전극 표면 근처(inner layer)의 무기물층으로 이루어진 다층 구조라는 것이 우세해졌다. 더 나아가, Shi 연구팀은 TOF-SIMS와 TEM, HRTEM, XPS의 상호 보완적인 분석들로 하여금 SEI가 다공성 유기물층과 밀도가 높은 무기물층으로 이루어진 이층 구조라는 것을 발표하면서, 제1원리(first-principle) DFT 계산을 통해 두 개의 층에서 리튬 이온 확산이 서로 다른 메커니즘으로 일어나는 것을 확인하였다(그림 9.26a).[251] 다공성의 유기물층에서는 리튬 이온 확산이 Fick의 확산 법칙(Fick's laws of diffusion)을 따르는 "구멍(pore) 확산"의 형태로 나타난다. 이 경우 리튬 이온은 유기물층 격자 사이트 사이의 빈 공간에서 또 다른 빈 공간으로 이동하며 확산된다. 반면, 밀도가 높은 무기물(특히 Li_2CO_3)층에서는 리튬 이온 확산이 구멍 확산이 아닌 "틈새 치환 이동(interstitial knocking-off)"의 형태로 일어난다. 이것은 틈새 위치 확산(interstitial diffusion)과 이탈 이동(knocking-off migration)의 합성어로, 고밀도의 무기물층에서는 틈새에 존재하는 리튬 이온이 인접한 격자 사이트에 존재하는 또 다른 리튬 이온을 이탈시키면서 확산하는 것을 의미한다.

3차원 다층 구조의 SEI는 ex situ 주사력 곡선법(scanning force curve method)를 통해 2014년 처음으로 시각화되었다.[252] 연구진들은 고용량 음극 활물질인 실리콘의 표면에 생성되는 SEI를 조사했다. 앞의 장에서 설명했듯이, 실리콘은 리튬 이온과의 합금 반응을 통해 리튬을 저장하는데, 이때의 부피 팽창이 굉장히 크기 때문에 사이클의 진행에 따라 SEI를 부수고 추가적인 전해질 분해를 야기해 더 누꺼운 SEI를 형성한다. 이는 전해질 소모와 용량 손실, 낮은 Coulomb 효율의 원인이 되기 때문에 보다 발전된 실리콘 음극을 위해 실리콘 기반 재료의 미세 구조 및 구성의 최적화 외에도 실리콘에 대한 SEI의 표면 특성과 SEI 형성 첨가제의 기능을 이해하는 것이 중요해졌다. 연구진들은 주사 탐침 현미경(scanning probe microscopy, SPM)의 태핑 모드(tapping mode)를 사용하여 SEI의 지형(topographic) 이미지를 얻고, 225번의 힘 곡선(force curve)를 통해 SEI의 두께, 영률, 그리고 3차원 구조 이미지를 얻었다. 더 단단한 물질일수록 측정 시 더 큰 힘과 기울기가 나타나기 때문에 이를

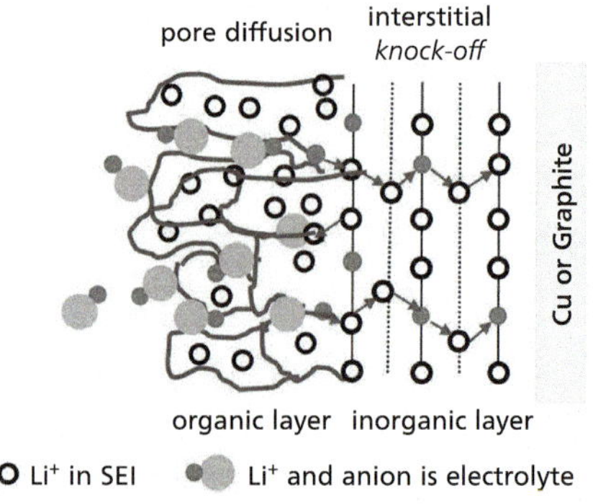

그림 9.26 ▶ SEI의 다공성 유기물층과 고밀도 무기물층에서의 리튬 이온 확산에 대한 모식도. Reproduced with permission from ACS publications.[251]

통해 SEI의 구조를 유추할 수 있다. 요약하면, 실리콘 음극의 SEI 미세 구조 및 영률 분포는 ex situ 주사력 곡선법을 통해 조사할 수 있고, 실리콘 음극의 SEI는 단층, 이중층, 다층, 다공성 및 샌드위치 구조로 불균일한 것으로 나타났다. 또한 3차원 영률 분포도의 결과 SEI의 부드러운 부분은 항상 바깥층을 덮고 있다는 것을 보여주었다.

9.3.4.2 설계 동향

2017년에 SEI의 구조와 구성 성분을 보다 분명하게 입증할 수 있는 분석법이 제시되었다. 스탠퍼드 대학교의 Yi Cui 연구팀은 저온 투과전자현미경 관찰법(cryo-transmission electron microscopy, cryo-TEM)을 통해 SEI의 미세 구조를 원자 단위로 분명하게 관찰하였다.[11] 앞서 말했듯이, 이전의 연구에서는 SEI의 불안정성으로 인해 분석법들의 제약을 받았다. 고해상도 선량률(dose rate)은 TEM 장비의 고해상도 이미지에 필수적이지만, SEI의 손상을 야기하기 때문에 단일 입자 스케일의 연구는 제한되었다. 하지만 극저온 조건에서는 민감한 리튬과 SEI가 액화 질소 또는 얼음과 반응하지 않고 그들의 동일 구조와 화학 정보를 지닌 전기화학적 상태를 유지한다. 따라서 cryo-TEM은 극저온 조건에서 사이클 이후 민감한 전지 물질의 원자 단위 이미징을 가능하게 했다. Cryo-TEM을 통해 리튬 메탈 표면의 SEI를 분석한 결과, SEI의 구조는 불소 기능성 첨가제의 존재 여부에 따라 완전히 다른 것이 확인되었다(그림 9.27). FEC 첨가제가 없는 EC-DEC 전해질에서는 리튬 메탈 표면에 그림 9.27a, b와 같은 모자이크 구조의 SEI가 형성되었다. SEI는 Li_2O와 Li_2CO_3의 무기 결정립(inorganic crystalline grain)들이 유기 탄산염 전해질 분해로 인한 유기 고분자 생성물의 무정형 매트릭스에 무작위로 분산된 것으로 관찰되었다. 10 vol%의 FEC 첨가제가 존재하는 EC-DEC 전해질에서는 리튬 표면에 모자이크 구조가 아닌, 그림 9.27c, d와 같은 다층 구조의 SEI가 관찰되었다. 또한 cryo-TEM 측정을 통해, 다층 구조의 SEI는 무기물층과 유기물층의 위치가 기존에 생각됐던 연구들과는 상반된 결과가 관찰되었다. 기존의 많은 연구들에서 다층 구조의 SEI는 전극 표면 근처에 고밀도의 무기물층, 전해질 근처에 다공성 유기물층을 가진다고 분석했었다. 하지만 cryo-TEM의 결과에 따르면 리튬 음극 표면 쪽에 오히려 유기 고분자 매트릭스가 위치하고, 전해질쪽에 무기물층이 있는 것으로 나타났다.

그림 9.28은 CuO 나노와이어에 생성된 SEI의 형성과 진화 과정을 나타낸 그림이다. 이 연구에서는 cryo-TEM과 EIS를 이용하여 SEI의 형성과 성장에 따른 계면 저항을 비교하였다.[253] 연구진들은 TEM용 Cu 그리드를 산화시켜 그리드 위에 CuO 나노와이어를 생성하였다. 또한 앞의 연구들과 비슷하게 EC-DEC 기반 전해질에 FEC 유무에 따른 SEI 구조를 조사하였고, 동일하게 모자이크 구조와 역전된 다층 구조를 확인하였다. 10 vol%의 FEC가 존재하는 경우 CuO 나노와이어는 1.0 V부터 리튬 이온과 반응하여 그림 9.28a와 같이 Cu와 Li_2O로 전환 반응을 하고, 3 nm의 SEI가 표면에 생성된다. 이 초기의 SEI는 탄소와 산소로 이루어진 비정질 영역만을 포함한다. 0.5 V만큼 전위를 더 내리면 비정질 SEI가 4 nm

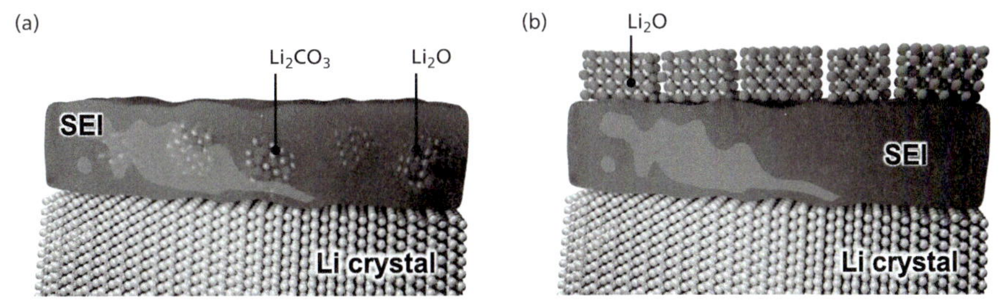

그림 9.27 ▸ (a) EC-DEC 전해질 및 (b) FEC가 첨가된 전해질에서 리튬 음극과 SEI 사이 계면의 구조.

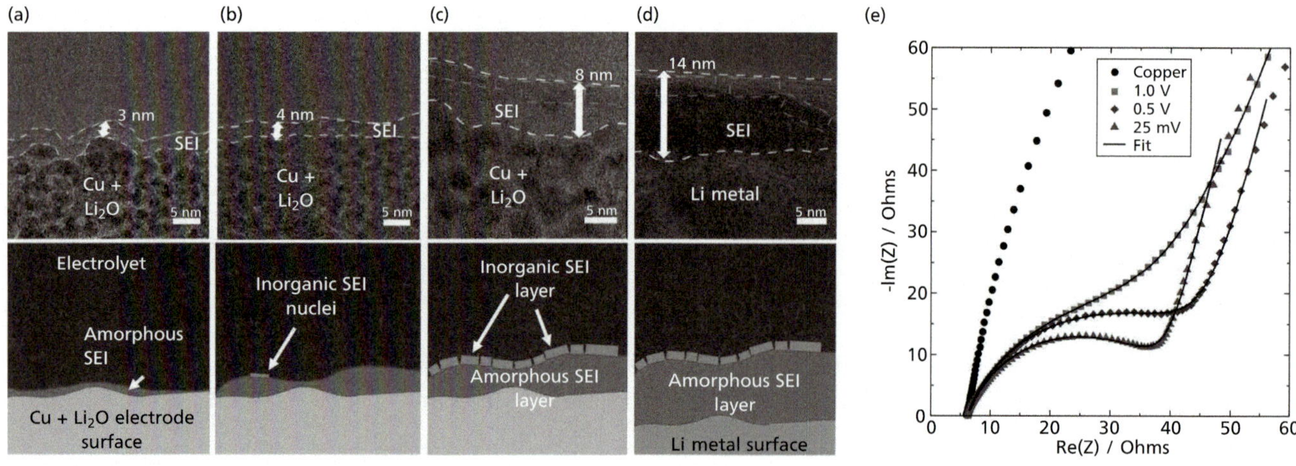

그림 9.28 ▶ (a~d) EC-DEC + 10% FEC 전해질에서 전압에 따른 CuO 나노와이어와 SEI의 TEM 고해상도 이미지. (a) 1.0 V, (b) 0.5 V, (c) 0.0 V, (d) <0.0 V. (e) EIS를 통한 같은 전해질에서의 전압에 따른 계면 저항 측정. Reproduced with permission from ACS publications.[253]

로 두꺼워지고, 무기물 나노입자가 그 위에 자라기 시작한다(그림 9.28b). 0 V의 전위에서는 전해질의 추가적인 분해로 인해 SEI의 유기물 영역과 무기물층(특히 Li_2O와 Li_2CO_3)이 더 성장한다(그림 9.28c). 마지막으로 0 V 이하의 전위에서는 SEI가 8 nm로 크게 성장하고, 그 아래에 리튬이 전착된다(그림 9.28d). EIS를 통해 1.0 V, 0.5 V, 25 mV에서 계면 저항을 측정한 결과(그림 9.28e), 놀랍게도 전위가 낮아질수록 SEI의 두께는 증가하지만 평균 이온전도도는 상승하는 것으로 나타났다. 이 이온전도도의 상승은 SEI의 바깥층에 균일하게 분포하는 무기물 나노입자층과 관련이 있는데, 나노 크기의 Li_2O는 오히려 Lewis 산 이동을 촉진하여 산화물층에서의 리튬 이온 이동속도를 빠르게 한다. 반면, FEC가 없는 경우에 형성되는 모자이크 구조의 SEI는 전위를 내릴수록(성장할수록) 계면 저항이 증가하는 것을 보였다. 따라서 SEI의 나노 구조는 리튬 이온의 이온전도도에도 영향을 미칠 정도로 중요하기 때문에 합리적으로 설계된 SEI의 개발의 요구된다.

2019년에는 tip-enhanced Raman spectroscopy (TERS)를 이용하여 SEI의 형상(topography)과 화학적 구성을 분석한 연구가 발표되었다.[254] TERS는 기존의 Raman 및 FT-IR 분석과 달리, 10 nm 이하의 측면 분해능(lateral resolution)과 5 nm 이하의 샘플링 깊이 분석이 가능하다. TERS의 은으로 코팅된 팁은 국부적인 표면 플라즈몬 공명(surface plasmon resonance, SPR)을 생성하여 탐침된 분자가 원거리 장에서도 강력하게 강화된 Raman 신호를 낼 수 있게 한다. 연구진들은 TERS를 이용하여 비정질 실리콘 음극 표면에 형성된 SEI를 조사하고, 모자이크-다층 구조를 제안하였다. 정전류 사이클이 진행될수록 SEI의 구조는 점차 변화했다(그림 9.29). 첫 번째 사이클 후 조사된 비정질 실리콘 음극 표면의 SEI는 lithium etylene dicarbonate (LEDC), polyethylene oxide (PEO) 올리고머, 그리고 Si_xOLi_y을 포함하였고, 실리콘 표면에 부분적으로 존재했다. 다섯 번째 사이클 후 조사된 SEI는 다량의 LEDC를 포함하며 Li_2CO_3와 $Li_xPO_yF_z$가 발견됐다. 스무 번의 사이클 후에는 LEDC의 양이 현저히 줄고, 다양한 carboxylate 화합물들로 주로 구성되었다. 이러한 SEI 구성 성분의 변화는 DFT 계산으로도 증명되었다. 연구진들은 AFM의 지형 분석과 TERS의 화학적 이미징을 통해 SEI 성분들이 모자이크 형태를 띠는 것을 확인했고, 반복되는 사이클 동안 SEI의 성분이 달라졌기 때문에, 모자이크 형태의 물질들이 반복되는 사이클 동안 겹겹이 쌓인 모자이크-다층 구조일 것이라고 추측했다.

Cryo-TEM, TERS 이외에도 XPS 깊이 분석이나 여러 이론적 시뮬레이션을 통해 SEI에 대한 연구가 지속적으로 진행되고 있다. SEI는 초기에 "LIB에서 가장 중요하지만 가장

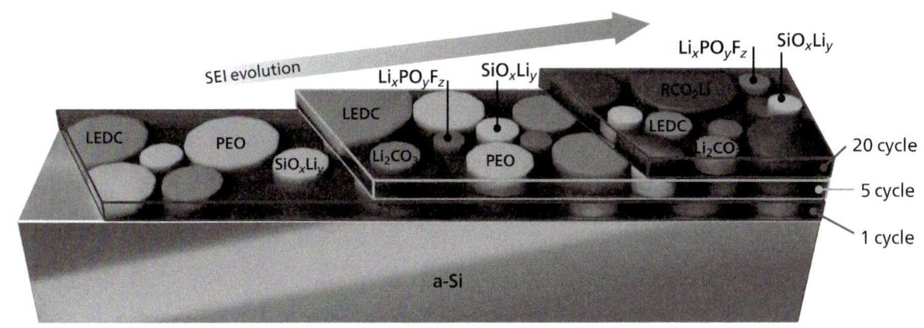

그림 9.29 ▶ TERS에 의해 조사된 SEI의 나노 모자이크-다층 하이브리드 구조의 개략도. 정전류 사이클 횟수 증가에 따라 SEI 적층 구조의 진화 과정과 각 층의 SEI 구조. Color Plate ⓫ 참조

이해되지 않는 부분"이라고 묘사될 만큼 분석의 한계로 인해 이해가 부족한 실정이었지만, cyro-TEM과 같은 발전된 분석법은 기존 SEI의 분석의 한계를 뛰어넘어 새로운 발견들을 제공하였다. 지금까지의 연구들을 종합했을 때 다음과 같은 결론을 얻을 수 있다. SEI가 모자이크 구조를 가지는지 다층 구조를 가지는지에 대한 논쟁이 있었으나, SEI의 구조는 하나로 결정지을 수 없고 전해질의 종류와 구성 성분에 따라 모자이크 또는 다층 구조가 생긴다. 다층 구조 SEI의 경우, 기존 연구에서는 전극과 가까운 쪽에 조밀한 무기물층이 있고 전해질과 가까운 쪽에 다공성 유기물층이 있다는 의견이 우세했지만, 최근 연구에서는 오히려 두 층의 위치가 역전된 것으로 나타났다. SEI의 구조와 구성 성분, 입자의 균일성은 전지의 리튬 이온전도도, 효율, 수명 등에 영향을 크게 미치는 중요한 요소이기 때문에, 보다 심도 있는 연구를 통해 깊이 이해하는 것이 중요하다. 또한 SEI를 해석한 여러 선행 연구들을 기반으로 LIB의 성능 향상에 적절한 첨가제와 용매, 염을 사용하여 최적의 SEI를 설계하는 노력이 필요하다.

9.4 슈퍼커패시터용 소재 화학(Material chemistry for supercapacitors)

9.4.1 전기화학적 커패시터의 분류 및 작동원리

이번 장에서는 배터리와 비슷하지만 다른 에너지 저장 시스템인 슈퍼커패시터에 대한 간략한 내용을 소개하고자 한다. 슈퍼커패시터란 축전용량이 매우 큰 커패시터(콘덴서)이다. 일반적인 커패시터는 두 전극 사이 유전체에 전하가 비축되는 원리로 작동되는데 전압을 인가하면 음극에는 (−) 전하가, 양극에는 (+) 전하가 유도되면서 전기적 인력이 발생하게 되고, 이 인력에 의해 전하들이 모이게 되어 에너지를 저장하는 것이다. 고체 유전체를 사용하는 일반적인 커패시터와 다르게 슈퍼커패시터는 저장되는 축전용량을 증가시키기 위해 액체 전해액을 사용하며, 그 외에 배터리와 동일하게 양극, 음극, 분리막으로 이루어져 있다. 슈퍼커패시터는 일반적인 커패시터에 비해 고속 정전(high-speed electrostatic), 더 나아가 Faraday 전기화학 반응(electrochemical faradaic process)을 통해 에너지를 저장하는 장치이며 활물질이 존재하는 전극과 전해액의 계면에서의 전하 저장으로 에너지를 저장하고 방출하는 것이다. 통상적인 커패시터와 작동원리가 유사하지만 커패시턴스(capacitance)와 에너지 밀도(energy density)가 일반 커패시터보다 100,000배 이상 크다는 특징을 지니고 있다.

이전 장까지 설명했던 배터리와 비교해 보면, 슈퍼커패시터는 몇 초 혹은 몇 분 이내의 훨씬 빠른 충전/방전 속도를 가지는 반면 에너지밀도가 낮다는 특징을 지니고 있다. 하지만

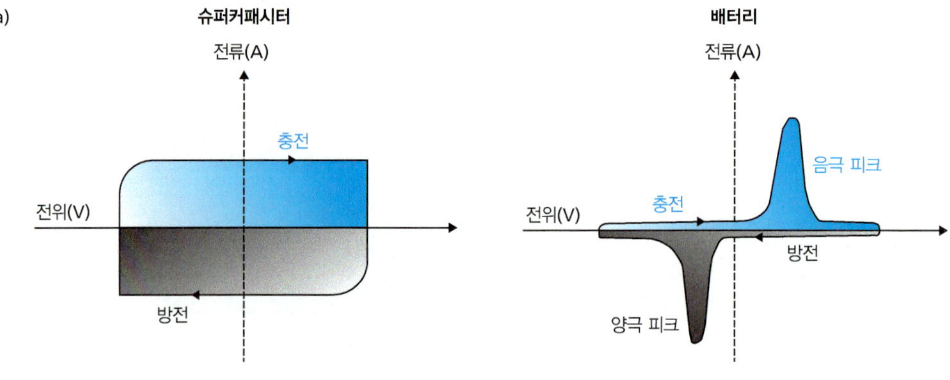

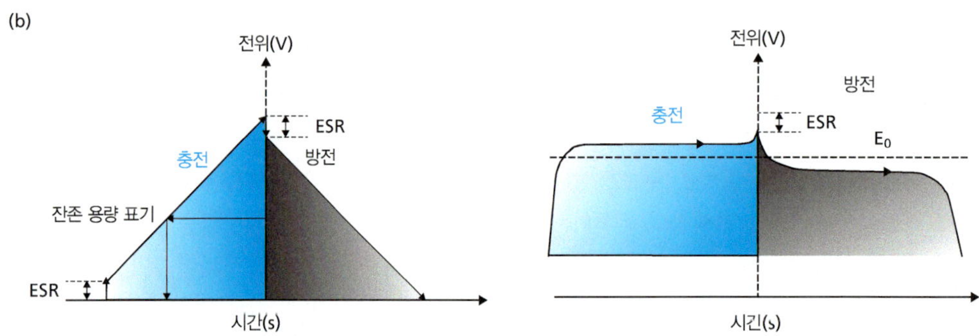

그림 9.30 ▶ (a) 슈퍼커패시터(*왼쪽*)와 배터리(*오른쪽*)의 CV 곡선. (b) 슈퍼커패시터(*왼쪽*)와 배터리(*오른쪽*)의 GCD 곡선. Reproduced with permission from ACS publications.[256]

빠른 충전/방전 속도를 가지는 슈퍼커패시터는 배터리보다 훨씬 높은 전력밀도(power density)를 구현할 수 있으며, 안정성, 수명 특성, 에너지 효율의 측면에서도 높은 성능을 보인다. 슈퍼커패시터와 배터리의 전기화학적 차이는 그림 9.30을 통해 확인 가능하며, 가장 큰 차이점은 바로 충전과 방전을 진행하였을 때 전압 평탄화 구간이 존재하는 배터리 시스템과 다르게 선형성의 전압 증가, 감소의 경향을 보인다는 것이다.[255]

전압 변화에 따라 슈퍼커패시터는 주로 전압에 독립적인 축전용량인 커패시턴스를 나타내며 이는 cyclic voltammetry (CV) 곡선이 충전, 방전 동안 거의 일정한 직사각형 모양을 유지함을 의미한다. 배터리 시스템에서는 이와 다르게 특정한 전압에서의 Faraday 반응으로 인해 특정 전압에서의 분리된 전류 피크를 띠는 형태를 나타내게 된다(그림 9.30a). 또한 배터리와 커패시턴스의 전기화학적 거동 차이는 정전류 충전/방전(galvanostatic charge/discharge, GCD) 곡선으로도 명확하게 확인 가능하다(그림 9.30b). 배터리는 일반적으로 특정 전압에서 비교적 평평한 전압 평탄화 구간을 통해 전자를 저장하고 방출하는 반면 슈퍼커패시터는 일정한 기울기 값과 함께 경사 형태를 보이며 전자를 저장하고 방출한다.[256] 이러한 전하 충전 메커니즘의 차이는 두 가지 에너지 저장장치에 저장된 에너지의 정의와 단위를 다르게 표기하며(커패시턴스 vs. 용량) 커패시턴스는 주어진 전압에 따라 전하를 저장할 수 있는 전극의 능력을 평가하며 그 값은 아래 식 (9.1)을 통해 구할 수 있다. 이때 커패시턴스(C)의 단위는 F이며, ΔQ는 저장된 전하량, ΔU는 전극에 주어진 전압이다.

$$\text{커패시턴스}(C) = \frac{\Delta Q}{\Delta U} \qquad \textbf{(9.1)}$$

9.4.1.1 슈퍼커패시터의 종류

전기 이중층 커패시터와 슈도커패시터

슈퍼커패시터의 가장 기본적인 종류는 바로 전기 이중층 커패시터(electrical double layer capacitor, EDLC)이다. EDLC는 전극과 전해질 사이의 계면에서의 정전기적 흡착에 의해 전기 이중층 내에 물리적으로 전하가 저장되는 원리를 지니고 있다.[257~260] 전기 이중층이란 대전된 물체를 전해질 속에 넣었을 때 표면에서 이온들이 어떻게 분포되는지를 시각화하기 위해 만들어진 이론이며, 1800년대 Helmholtz가 처음으로 발견하였다. 대전된 금속판이 전해액 내에 있을 때 전해액에 대응되는 이온이 금속판 표면에 기존의 전해액층과 구분되는 하나의 평면을 형성하는 것을 발견하였고, 이때 전극 표면의 전하층과 표면에 일렬로 배열된 전해액 전하층을 Helmholtz 전기 이중층이라 명명하였다(그림 9.31a). 이후 전기 이중층 이론은 여러 가지 과학자들의 연구를 통해 그림 9.31b의 도식도와 같이 정립되었다.[257] 첫 번째로 확산층(diffusion layer)에서 농도 구배에 따라 이온들이 대전된 전극으로 이동하게 된다. 이동한 이온들이 대전된 전극에 근접할 때 이온과 같이 움직이는 용매 분자 때문에 전극 표면과 일정한 거리를 둔 채로 전극에서 살짝 떨어진 곳에 모여 흡착되게 되는데, 이때의 평면을 외부 Helmholtz 평면(outer Helmholtz plane, OHP)이라 명명한다. OHP 평면 안쪽, 즉 대전된 전극에 가까운 곳에는 충분히 축적된 전하들이 있음에도 이온들이 추가적으로 흡착되는데, 이를 특이성 흡착이라 하며 특이성 흡착 이온들이 모인 곳을 내부 Helmholtz 평면(inner Helmholtz plane, IHP)라고 한다. EDLC의 가장 큰 특징은 전극과 전해질 계면 사이에서의 전하 전달현상, 즉 전기화학적인 산화/환원 반응 없이 IHP와 OHP에 이온이 흡착된다는 것이다. 전기 이중층의 형성과 완화는 10^{-8}초 정도로 굉장히 짧은 시간에 이루어지며, 형성된 전기 이중층의 유효 두께는 5~10 Å 정도로 전해액의 이온과 용매 껍질의 농도와 크기에 따라 달라지게 된다.[261] EDLC의 커패시턴스는 전극 재료의 접근 가능한 표면 면적과 표면 특성에 따라 크게 달라지며 일반적으로 아래 식 (9.2)에 따라 계산 가능하다.[257]

$$C = \frac{\varepsilon_r \varepsilon_0}{d} A \tag{9.2}$$

ε_r: 전해액 유전율, ε_0: 진공 유전율, A: 전극물질의 유효 표면적, d: Debye length

형성된 전기 이중층 내에서의 전하 재배열로만 전하를 저장, 방출하는 EDLC는 전압의 변화에 즉각적으로 반응할 수 있으며, 높은 유효 표면적과 나노 스케일의 전하 분리 거리로

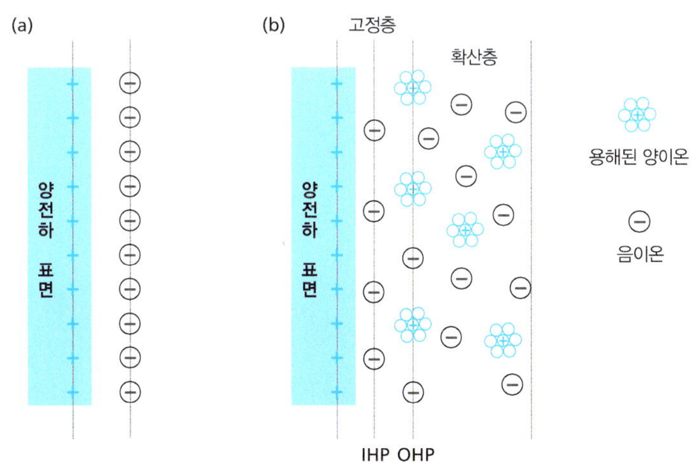

그림 9.31 ▸ (a) 초기 Helmholtz 전기 이중층 도식도, (b) 정립된 전기 이중층 도식도.

인해 통상적인 유전 커패시터보다 높은 전기적 에너지를 저장할 수 있게 된다. EDLC에서는 보편적으로 넓은 표면적과 전기화학적 안정성을 가지는 탄소 기반 재료를 이용한 활발한 연구가 진행되어오고 있다. 탄소 기반 재료를 이용한 EDLC는 10~21 μF cm^{-2}의 커패시턴스 용량을 구현할 수 있다.[262,263] 이론적으로 300~550 F g^{-1}의 커패시턴스를 구현할 수 있는 탄소 기반 재료는 유한한 전기전도성과 유효 표면적의 가용성의 감소로 인해 실질적으로 100~250 F g^{-1}의 커패시턴스로 제한되며, 그 결과 EDLC 전극 재료에 기반한 상용화된 슈퍼커패시터는 3~10 Wh kg^{-1}의 낮은 에너지밀도를 보여준다.[264] 현재는 이론적인 커패시턴스의 구현을 위한 탄소 기반 재료의 연구가 지속적으로 이루어지고 있다.

EDLC와 다르게, 슈도커패시터(pseudocapacitor)는 전극물질의 표면 및 전기 이중층에서의 전하 전달현상으로 인해 발생하는 전기화학적 산화/환원(슈도커패시턴스) 반응을 통해 전하를 저장하고 방출한다.[265~267] 슈도커패시턴스 반응은 1970년대 RuO_2 전극물질에서 처음 발견되었는데, 산화전극의 한쪽 면에 음전하를 대전시키면 전해질 속의 수소이온(H^+)이 전극에 흡착되어 산화/환원 반응을 일으키게 되어 최종적으로 $Ru(OH)_2$ 상태로 존재하는 것을 확인하였고, 대전된 전압을 제거하여 방전할 때 역으로 수소이온을 전해질로 전자를 집전체로 방출하는 현상을 발견하였다.[268] 이처럼 슈도커패시터는 전극과 전해질 사이의 계면을 가로지르는 빠르고 가역적인 전자 전달을 통한 전극물질 표면에서의 산화환원 흡착 반응으로 나타낼 수 있다(그림 9.32a, 식 (9.3)). 이후 Nb_2O_5와 같이 양이온의 삽입/탈리가 가능한 재료도 양이온과의 빠른 산화환원이 가능하다는 사실을 발견하였고, 슈도커패시턴스 반응의 범주에 포함되었다(그림 9.32b).[92,269]

$$Ox + zC^+ + ze^- \leftrightarrow RedC_z \text{ (}C\text{: 전해질 내 양이온, }z\text{: 전자 개수)} \quad \textbf{(9.3)}$$

에너지 저장이 가능한 전극 활물질 재료는 크게 세 가지 범주의 반응으로 다음과 같이 나눌 수 있다: (1) 고체 상태의 이온 확산 기반(배터리형) 전기화학적 산화/환원 반응, (2) 전극 및 활물질 표면에서 발생하는 빠른 전기화학적 산화/환원(슈도커패시턴스) 반응, (3) 산화/환원 반응 없는 이온 흡착/탈착 반응(EDLC). EDLC와 다르게 빠른 가역적인 전기화학적 산화/환원 반응이 포함되어 있는 슈도커패시터 물질의 경우, 첫 번째 반응 범주인 배터리형 전기화학적 산화/환원 반응 기여도를 제외한 나머지 커패시터형 에너지 저장 기여도를 확인하는 것이 필수적이다. 특정 에너지 저장 활물질에서의 슈도커패시턴스, 즉 커패시터형 에너지 저장 기여도를 확인하기 위해서는 전압 변화속도에 따른 전류 응답 의존성을 CV 측정을 통해 확인할 수 있으며, 전압 변화 속도에 따른 전류의 값은 아래 식으로 표현할 수 있다(식 (9.4)).[270]

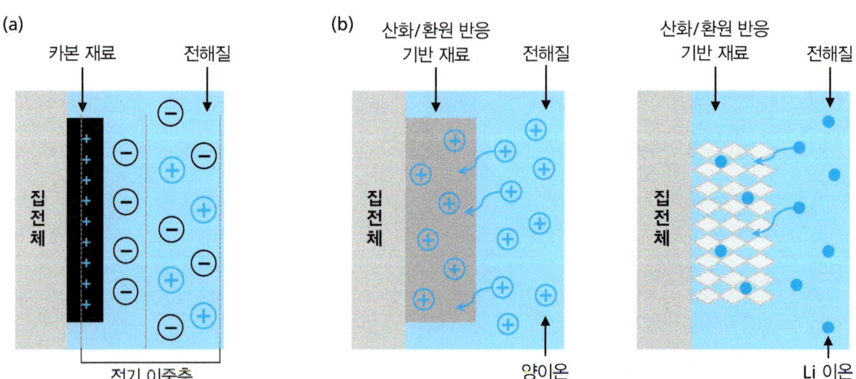

그림 9.32 ▶ (a) EDLC 반응 도식도. (b) 슈도커패시터 반응 도식도.

$$i = av^b \text{ (}i\text{: current obtained at a specific sweep rate v)} \quad \textbf{(9.4)}$$

배터리형 전기화학적 산화/환원 반응의 경우 고체 상태의 이온 확산 형태의 Faraday 반응이 주를 이루게 되며, 이때 CV 곡선에서의 전류는 전압 변화속도의 제곱근에 비례하게 되는데 아래 식 (9.5)로 나타낼 수 있다. 또한 위의 식 (9.4)와 비교했을 때, b 값은 1/2이 된다(식 (9.6)).[270,271]

$$i = nFACD^{1/2}v^{1/2}\ (\alpha n_{\alpha}\ F/RT)^{1/2}\pi^{1/2}\chi(bt) \quad \textbf{(9.5)}$$

$$i = av^{1/2} \quad \textbf{(9.6)}$$

이와 다르게 커패시터형 에너지 저장 반응의 경우 CV 곡선에서의 전류 값은 전압 변화속도의 선형에 비례하며, 이때 b의 값은 1.0이 되게 된다(식 (9.7)).[272]

$$i = vC_dA\ (C_d\text{: 커패시턴스}) \quad \textbf{(9.7)}$$

CV 곡선에서 주어진 전압(V)에서 발생하는 전류는 커패시터형 에너지 저장 기여와 배터리형 에너지 저장 기여 두 가지 유형의 저장 기여의 합으로 나타낼 수 있으며 아래 식으로 표현 가능하다(식 (9.8)).[272]

$$i(V) = k_1v\ \text{(커패시터형 전기화학 반응 기여)} + k_2v^{1/2}\ \text{(배터리형 전기화학 반응 기여)} \quad \textbf{(9.8)}$$

실험을 통해 다양한 전압 변화 속도에서 CV 측정을 통해 특정 전위에 따른 전류 값을 얻을 수 있게 되고 $i/v^{1/2}$ vs. $v^{1/2}$ 형태의 그래프를 그릴 수 있게 된다. 그래프에서의 기울기와 y절편은 각각 k_1과 k_2 값이 되게 된다. 식 (9.8)로 돌아가서 구한 k_1 값과 k_2 값을 대입해보면, 특정 에너지 저장물질에서의 커패시터형 기여율과 배터리형 기여율을 쉽게 확인할 수 있다. 전극 활물질의 크기에 따른 관점에서 살펴보면, 일반적으로 작은 크기의 입자는 큰 입자 크기의 재료보다 커패시터형 기여율이 높으며, 이는 작은 크기의 입자에서 넓어진 활성 표면적과 짧은 이온 확산거리에 따라 이온 삽입 반응이 빨라지고 전체적인 전기화학 반응 안에서 상대적으로 느린 배터리형 기여율보다 더 많은 커패시터형 기여율이 증가함을 의미한다.

비대칭 커패시터 및 하이브리드 커패시터 시스템

이번 장에서는 장치 구성에 따른 커패시터 종류인 비대칭 커패시터와 하이브리드 커패시터에 대해 설명하고자 한다. 전기화학적 거동의 차이와 관계없이, 비대칭 커패시터와 하이브리드 커패시터는 슈퍼커패시터의 장치 구성에 따라 나뉘게 된다. 통상적으로 하이브리드 커패시터는 두 개 전극의 활물질이 각각 커패시터형 전기화학 반응 그리고 배터리형 전기 화학 산화/환원 반응을 포함하는 배터리 타입의 재료로 이루어져 있는 장치로서, 각각 다른 전하저장 메커니즘을 가지는 경우로 정의된다. 예를 들어 배터리형 전기화학 산화/환원 반응을 포함하는 활물질인 $Ni(OH)_2$ 혹은 Co_3O_4로 이루어진 전극과 대표적인 커패시터형 재료인 탄소로 이루어진 전극으로 구성된 장치는 대표적인 하이브리드 커패시터 시스템이라 할 수 있다. 비대칭 커패시터는 하이브리드 커패시터보다 더 넓은 범위의 장치 시스템이며, 이론적으로 두 개의 서로 다른 전극 활물질 재료를 이용해 구성한 경우이다. 이는 다른 전하저장 메커니즘을 가지고 있거나, 다양한 산화/환원 활성 부위, 심지어 다른 표면 작용기를 가진 탄소 재료로만 구성하였을 때에도 해당된다. 따라서 하이브리드 커패시터 장치 시스템이 비대칭 커패시터 장치 시스템의 범주 안에 포함된다고 볼 수 있다.

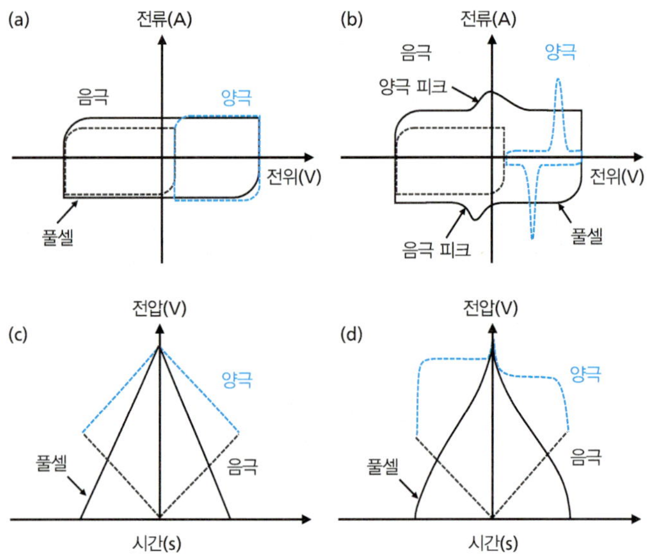

그림 9.33 ▶ 비대칭 커패시터의 (a) CV 곡선, (c) GCD 곡선. 하이브리드 커패시터의 (b) CV 곡선, (d) GCD 곡선.

그림 9.33은 비대칭 커패시터와 하이브리드 커패시터 각각의 대표적인 CV 및 GCD 곡선을 보여준다. 비대칭 커패시터의 경우 두 전극 모두 커패시터의 특징을 보여주기에 이상적인 직사각형 모양의 CV 곡선 및 삼각형 모양의 GCD 곡선에 가까운 형태를 나타낸다(그림 9.33a, b). 따라서 비대칭 커패시터의 전기화학적 성능은 앞서 설명한 것과 같이 $\Delta Q/\Delta U$ 비율에서부터 도출된 커패시턴스의 관점에서 평가가 가능하다. 커패시터 활물질과 배터리형 활물질 재료로 이루어진 하이브리드 커패시터의 경우, 하나의 전극에서 명백한 anodic/cathodic 피크를 가진 배터리 전극으로 작동함에도 불구하고 전체 장치의 CV 및 GCD 곡선은 비대칭 커패시터와 유사한 형태를 띠게 되지만 이상적인 형태를 보이진 않는다(그림 9.33c, d). 이러한 경우, 앞서 설명한 커패시터의 전기화학 성능을 $\Delta Q/\Delta U$ 비율을 이용해 도출할 경우 잘못 추정될 수 있기에, 좀 더 세밀한 계산이 필요하며 자세한 내용은 6.4.1.3에서 다루도록 하겠다.[273]

9.4.1.2 커패시터용 전해액 설계

전해액은 슈퍼커패시터의 성능을 결정하는 중요한 요소 중 한 가지이며, 특히 율속 특성과 사이클 안정은 전해액의 이온 전도도와 전기화학적 안정성과 큰 연관이 있다. 기본적으로 슈퍼커패시터에서는 수계 전해액과 비수계 전해액의 두 가지로 나눌 수 있다. 수계 전해액은 높은 이온전도도(~1 S cm^{-2})를 보이며 값이 싸고 고안정성의 특성을 지니는데, 크게 산성(예: H_2SO_4), 염기성(예: NaOH), 중성(예: Na_2SO_4) 세 가지로 분류된다.[274] 또한 더 높은 전자 전도성과 유전상수, 그리고 작은 전해액 이온 크기로 인한 넓은 접근 가능 표면적은 비수계 전해액 기반 시스템보다 더 높은 커패시턴스를 구현할 수 있게 한다. 하지만 산성 또는 염기성 전해액을 이용할 시 집전체에서 일어나는 부식을 방지하기 위해 집전체의 사용에 제한이 있으며, 물 분자의 낮은 열역학적 안정성 범위로 인해 안정적이고 장기적인 구동을 위해서는 작동 전압에 제한이 된다는 명확한 단점을 지니고 있다.

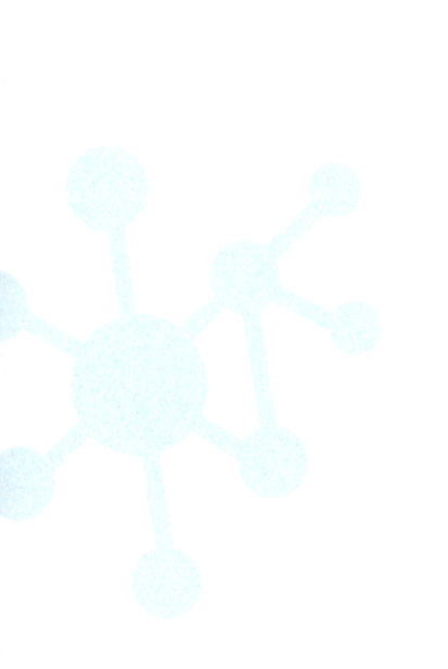

그림 9.34a는 수계 전해액 기반 슈퍼커패시터의 작동전압 범위를 나타내는데, 수계 전해액을 사용하는 슈퍼커패시터 시스템은 반드시 물 분자에서 발생하는 전기화학 부반응인 수소 발생 반응(hydrogen evolution reaction, HER)과 산소 발생 반응(oxygen evolution

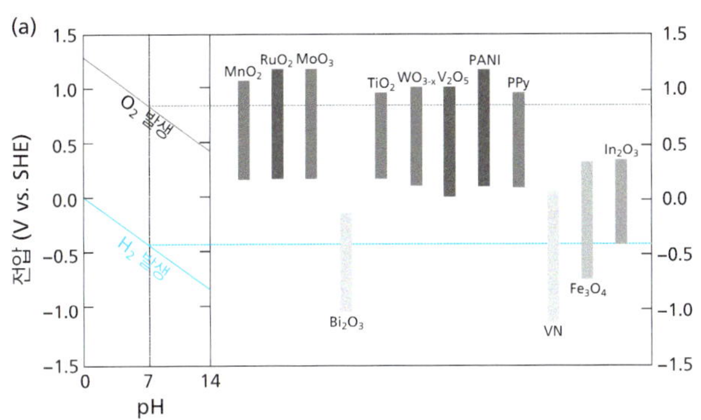

그림 9.34 ▸ (a) pH에 따른 물 분자 관련 전기화학 부반응(수전해) 전위 및 여러 종류의 슈도커패시터 활물질 전압 범위. (b) WIS 전해질의 개요. 일반적인 전해질(salt-in-water)은 이온의 영향을 받지 않는 자유로운 물 분자가 많지만, 극도로 농도가 높은 water-in-salt 전해질은 대부분의 물 분자가 이온과 강하게 상호작용하고 있어서 수전해 반응에 참여하기 어렵다.

reaction, OER) 전압을 고려해야 한다. 물 분자를 소모하는 수소 발생 반응과 산소 발생 반응은 수계 전해액의 용매를 감소시켜 원활한 슈퍼커패시터의 작동을 저해하게 된다. 물 분자 관련 전기화학 부반응은 수계 전해액의 pH, 즉 산도에 따라 범위가 일정한 채로 작동전압이 변하게 되는데 특히 EDLC보다 더 높은 커패시턴스 구현이 가능한 슈도커패시턴스 활물질의 경우 특정 전압에서의 전기화학 반응을 필수로 하기 때문에, 수계 전해액 기반 시스템에서는 전기화학 반응 전압이 O_2 발생 및 H_2 발생 반응 등 물 분자와 관련된 부반응을 일으키지 않는 범위에 있는지 확인하면서 이와 동시에 알맞은 산도의 전해액을 사용해야 한다. 이처럼 수계 전해액을 사용하는 슈퍼커패시터 시스템은 작동전압 범위의 한계로 인해 배터리와 같이 고에너지밀도를 달성하기 어렵다. 최근 전해액의 농도를 극한으로 올려 물 분자의 전기화학적 부반응을 억제하는 염 내부에 물을 가두는(water-in-salt, WIS) 연구가 제시되어 작동 전압을 넓히는 노력이 지속되고 있지만(그림 9.34b),[275] 용질의 비싼 가격과 높은 점성으로 인한 전력밀도의 감소 등의 문제를 지니고 있어 여전히 수계 전해액 기반 고전압 슈퍼커패시터 상용화를 위한 많은 노력이 필요한 실정이다.

초기 슈퍼커패시터는 수계 전해액을 사용한 시스템을 주로 사용해 왔지만 높은 에너지밀도를 구현하기 위해 넓은 작동 전압 범위를 지니는 비수계 전해액, 즉 유기계 전해액(2.5~2.8 V)과 이온성 액체(3.5~4.0 V) 기반 전해액 기반 시스템과 관련된 연구도 많이 진행되고 있다.[276,277] 유기계 전해액의 전기화학적 안정성 범위는 용매, 전도성 용질의 종류(양·음이온), 극미량의 물을 포함하는 불순물에 의해 결정된다. 수많은 유형의 유기계 전해액에서 가장 일반적으로 사용되는 용매는 acetonitile (ACN)과 propylene carbonate (PC)이다. 특히 많은 양의 용질을 녹일 수 있는 ACN은 다른 용매보다 높은 이온전도도를 제공할 수 있지만 제조 및 재활용 시 환경문제와 독성으로 인해 현재는 PC가 용매로서 선호되고 있다. 또한 PC 용매는 넓은 구동전압과 함께 큰 범위의 온도에서 작동 가능하며, ACN과 같이 비교적 높은 이온전도도를 지니고 있다. 하지만 높은 작동전압과 넓은 전기화학 안정성 범위를 만족하는 유기계 전해액을 사용할 경우 심각한 성능 저하, 작동 전압 강하 및 안전문제를 방지하기 위해 수분 레벨을 3~5 ppm 미만으로 유지해야 하는 복잡한 제조 과정을 포함해야만 한다.[274]

이온성 액체(ionic liquid, IL)는 용해점이 특정 온도 범위보다 낮은 순수한 염으로, 염의 격자에너지를 상쇄할 수 있는 충분한 열을 제공해야 시스템에 적용 가능하다. IL는 낮은 증기압력, 낮은 인화성, 높은 화학적·열적 안정성을 지니고 있으며, 특히 2~6 V 범위의 광범위한 전기화학적 안정 범위를 지니고 있다. IL의 이온전도도는 수계 및 유기계 전해액 기반 시스템보다 낮지만, 10 mS cm^{-2} 정도의 수치로 커패시터의 작동에 합당한 수치를 지니고 있으며, 용매 껍질을 형성하지 않는 자유로운 시스템이기에 고성능 슈퍼커패시터에 적합한 전해액 중 하나로 주목받고 있다.

슈퍼커패시터에 유기계 전해액 및 IL을 포함하는 비수계 전해액을 사용할 때 고려해야 할 문제점들도 존재하는데, 주로 수계 전해액보다 낮은 이온전도도로부터 기인한다. 낮은 이온전도도와 더불어 높은 전해액 점성은 전극 내의 활물질로의 이온 침투를 방해한다. 수계 기반 시스템보다 약 10배 이상 낮은 이온전도도는 슈퍼커패시터의 내부 저항의 증가에 영향을 미치며 이는 200 F g^{-1}보다 높은 커패시턴스를 구현하지 못하게 되고, 슈퍼커패시터의 중요한 특성 중 하나인 빠른 충전 및 방전, 즉 전력밀도를 감소시키는 주요한 원인이 된다. 또한 높은 인화성, 휘발성 및 독성과 관련된 유기 용매로 인해 안정성에 관한 우려와 IL의 높은 비용과 같은 해결해야 할 문제가 여전히 많이 남아 있다.[274] 특히 외부 전압이 전해액의 전압 안정 범위보다 높으면 전해액의 분해 및 전극 재료의 산화 반응이 발생하여 가스가 형성이 되게 되는데, 이러한 반응은 전해액과 활물질의 부반응을 가속화하고 슈퍼커패시터의 안정성에 위협을 주게 된다. 더 나아가, 비수계 전해액 기반 슈퍼커패시터의 정상적인 작동을 위해서는 상용화된 배터리와 같이 산소와 수분 불순물이 엄격하게 통제된 환경에서의 복잡한 정화, 제조 절차를 필요로 하기 때문에 가격적인 측면에서의 경쟁력을 잃게 된다.

9.4.1.3 슈퍼커패시터의 성능 평가

단일 전극의 경우 구동 전압에서의 에너지 저장, 즉 총 전하 저장능력인 커패시턴스는 성능 평가의 핵심 요소이다. 커패시턴스는 앞서 설명한 것과 같이 $\Delta Q/\Delta U$로 정의되며, 일반적으로 이 값은 GCD와 CV 곡선을 통해 계산할 수 있다. 그 중, 일반적으로 외부 전압이 주어질 때 발생하는 전기화학 반응과 밀접하게 연관된 GCD 곡선으로부터 일반적으로 커패시턴스를 정확하게 계산할 수 있으며, GCD 방전 곡선 경사에서의 방전 전류 I 및 dV/dt가 도출된 경우 아래와 같은 식을 적용하여 계산 가능하다(식 (9.9)).

$$C = I/(\mathrm{d}V/\mathrm{d}t) \tag{9.9}$$

이상적인 경우와 다르게 실제 슈퍼커패시터는 내부 저항으로 인해 방전 곡선의 초기 부분에서 IR 전압 강하 현상을 보이게 되는데, 보다 정확한 계산을 위해 작동 전압 범위는 IR 전압 강하를 제외한 방전 시의 전압 강하로 계산해야 한다. 앞서 설명한 것과 같이 커패시터형 에너지 저장물질과 배터리형 에너지 저장물질 각각 선형과 비선형 형태의 GCD 곡선을 나타내게 되는데 비선형 형태, 즉 패러데익 산화/환원 반응을 포함하는 시스템의 경우 위의 식으로 커패시턴스를 계산하게 되면 잘못된 값을 얻게 된다. 따라서 Faraday 산화/환원 반응을 포함하는 재료를 이용한 커패시턴스를 정확하게 계산하기 위해서는 CV 곡선에서의 적분계산법을 적용해야 하며(식 (9.10)), 이때 I는 전압에 따른 측정 전류, v는 변화 속도, ΔV는 구동전압 범위이다.

$$C = \frac{\int I\mathrm{d}V}{v\Delta V} \tag{9.10}$$

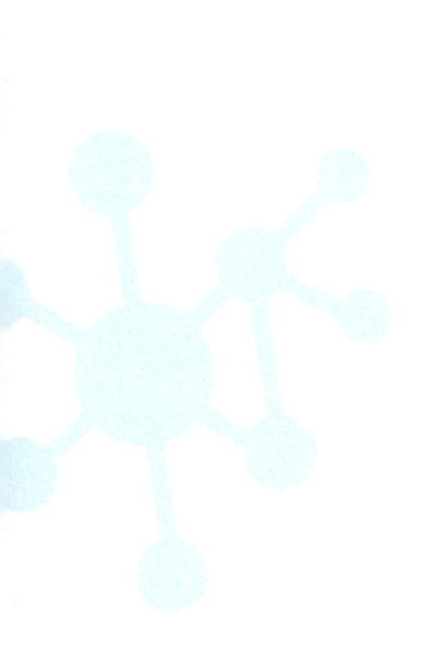

두 전극으로 구성된 전체 장치의 경우, 중요한 매개변수인 등가직렬저항(equivalent series resistance, ESR), 작동전압, 에너지밀도, 전력밀도는 CV, GCD, EIS 측정을 통해 구할 수 있다. 슈퍼커패시터에 저장된 전기 에너지, 즉 에너지 밀도는 GCD 곡선의 적분을 통해 계산할 수 있으며, EDLC와 같이 이상적인 선형 충전/방전 곡선에 가까운 경우 GCD 곡선의 삼각형의 넓이를 계산하는 것과 같게 되므로 에너지 밀도는 아래의 식을 통해 간단히 계

산 가능하다(식 (9.11)).

$$E = \int IdV = \int_0^{V_0} CVdV = \frac{1}{2}CV^2 \quad \textbf{(9.11)}$$

그러나 비선형 GCD 곡선 형태를 보이는 하이브리드 커패시터와 같은 경우 전압에 따른 전류의 비선형 변화를 보이므로, 적분 계산법을 통해 에너지 밀도를 계산해야 하며 아래와 같이 식을 수정해서 계산해야 한다(식 (9.12)).

$$E = \int QdV = \int_{t_1}^{t_2} IV_{(t)}dt \quad \textbf{(9.12)}$$

이때 모든 방전 시간과 방전 전압은 초기 IR 전압 강하를 고려하여 계산해야 하는데, 위의 식에서 t_1은 초기 IR 전압 강하 후의 시간이고 t_2는 방전이 완료된 시간이며 I는 슈퍼커패시터에 인가되는 정전류이다. 수많은 문헌에서 비선형 GCD 곡선 태를 갖는 Faraday 물질 기반 슈퍼커패시터 혹은 하이브리드 커패시터에 $\Delta Q/\Delta U$ 비율 계산을 통해 커패시턴스를 계산하고 있지만, 이는 실제 커패시터의 전하 충전 능력을 잘못 평가하여 과대, 과소 평가될 수 있다. 또한 에너지 밀도를 계산할 때 단일 전극을 사용하는 시스템이 아닌 두 개의 전극 시스템을 기반으로 계산해야만 한다.

충전되는 전기 에너지를 계산하는 에너지밀도와 달리 전력밀도는 에너지 저장장치 내에서 얼마나 많은 전력을 공급할 수 있는지를 결정하기 위해 사용되는 중요한 변수이다. 기본적으로 전력밀도(P_{max})는 슈퍼커패시터의 충전 전압($V_{charged}$)과 ESR(R_s) 값을 이용해 쉽게 계산할 수 있다(식 (9.13)).

$$P_{max} = \frac{V_{charged}^2}{4R_s} \quad \textbf{(9.13)}$$

ESR은 슈퍼커패시터의 전력밀도와 전체 성능을 결정하는 주요 요인 중 하나이며 크게 (1) 활물질과 집전체의 고유한 전기 저항, (2) 활물질과 집전체 사이의 접촉 저항, (3) 전해질 내에서의 이온 전달 저항, (4) 분리막으로 인해 발생되는 이온 전달 저항, 네 가지에 의해 결정되게 된다. 일반적으로 ESR을 결정하기 위해서 두 가지 방법이 쓰이는데 첫 번째는 EIS를 측정하는 것이고, 두 번째는 방전 곡선의 시작 부분에서의 IR 전압강하를 측정하는 것이다. 또한 ESR은 전류밀도에 따른 GCD측정으로부터 IR 전압강하 값을 도출해낼 수도 있다. 이러한 분석들을 통해 최대 전력밀도를 아래의 식으로 계산할 수 있다(식 (9.14), (9.15)).[278]

$$IR_{drop} = a + bI \quad \textbf{(9.14)}$$

$$P_{max} = \frac{V_{charged}^2}{4R_s} = \frac{(V_{applied} - a)^2}{2b} \quad \textbf{(9.15)}$$

9.4.2 나노소재 기반 전극 설계

기본적으로 슈퍼커패시터는 활물질과 전해액 간의 접촉면적을 넓혀 높은 커패시턴스를 구현하는 것이 필수적이다. 이에 활물질의 넓은 표면적을 위한 나노구조화 연구에 초점을 많이 맞추고 있으며, 빠른 충전과 방전을 위한 높은 전기전도도 특성을 포함하는 것이 필수적이다. 이번 장에서는 가장 흔히 알려져 있는 EDLC용 탄소 기반 유기 재료와 슈도커패시터용 무기재료와 관련된 최신 연구 방향성에 대해 다룰 것이다.

9.4.2.1 탄소 기반 유기 재료

탄소 에어로겔

탄소 에어로겔(aerogel)은 질량의 약 900배에 해당하는 액체 오일을 흡착할 수 있기 때문에, 주요 독성 용액과 기름 유출과 관해 친환경적인 재료로 알려져 있다. 또한 표면적이 넓고 약 200 mg cm^{-3}의 밀도로 세계에서 가장 가벼운 물질 중 한 가지로 알려져 있으며 높은 열적, 전기적, 기계적 특성을 지니고 있지만,[279] 정말 가벼운 에어로겔의 구조는 전극 제작 시 많은 양의 고분자 바인더가 필수적이게 되고 이는 전극 전체의 전기 전도도가 감소하는 단점을 지니게 된다. 무정형의 탄소 에어로겔을 합성하는 전통적인 방법으로 졸-겔 프로세스와 동결 건조가 있지만, 최근에는 전기 전도도의 보완의 필요성으로 인해 탄소 나노튜브(carbon nanotube, CNT) 혹은 고분자를 이용한 3차원 네트워크 구조를 구성하여 압축성, 탄력성 등 기계적 특성을 향상시키는 합성법이 주를 이루고 있다. 특히 탄소 나노튜브를 이용한 합성의 경우, 탄소 에어로겔과 인접한 CNT들 사이에서 작용하는 van der Waals 힘에 의해 기계적, 전기적 특성이 향상되며 이온 운송 능력에 도움을 줄 수 있게 된다. 3차원 구조를 지닌 탄소 에어로겔 합성의 가장 큰 장점은 다양한 합성 조건으로부터 기공의 크기와 농도를 독립적으로 제어할 수 있다는 것이다.

그림 9.35는 산화 석탄과 탄화가 가능한 고분자인 polyvinyl alcohol (PVA)의 비율 조절을 통해 합성된 탄소 에어로겔 3차원 구조체의 표면주사전자 현미경 사진이다.[280] 각각의 비율에 따라 생성되는 구조체의 기공 농도가 달라짐을 눈으로 쉽게 확인할 수 있다. 합성된 3차원 구조체는 Brunauer-Emmett-Teller/Brunauer-Joyner-Halenda (BET/BJH) 분석을 통해 표면적의 넓이, 메조/마이크로(meso/micro) 크기의 기공에 대한 정보를 확인할 수 있으며, 그 결과는 아래 표와 같다(표 9.2).

앞서 간략히 설명한 바와 같이 EDLC용 활물질 재료는 표면적이 넓을수록 전극과 전해질 간의 접촉 계면이 넓어져 많은 이온의 흡착이 가능해지며, 위의 BET/BJH 결과로 미루어 보았을 때 산화 석탄과 PVA의 비율이 2로 합성된 3차원 구조체가 가장 많은 이온의 흡착이 가능할 것으로 기대할 수 있다. 서로 다른 표면적과 기공 정보를 지닌 합성된 탄소 에어로겔 3차원 구조체를 이용하여 EDLC 단독 전극을 제조하였을 때, 성능 결과는 아래 그림 9.36과 같다. 비율과 관계없이 CV 곡선과 GCD 곡선에서 이상적인 EDLC에 가까운 형태를 나타냈으며(그림 9.36a, b), 표면적이 가장 넓고 기공 부피가 적절한 비율 2에 해당하

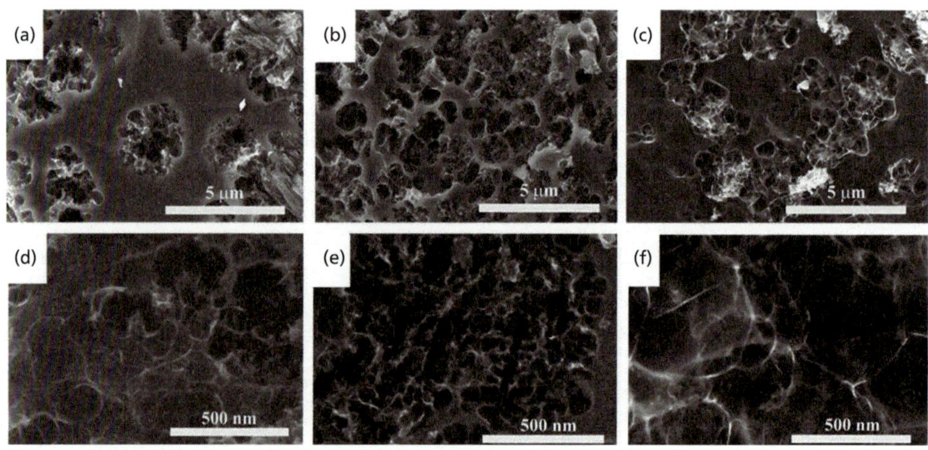

그림 9.35 ▶ 산화 석탄과 polyvinyl alcohol (PVA)의 비율에 따른 탄소 에어로겔 3차원 구조체의 표면주사전자 현미경 사진. 산화 석탄/PVA의 세 가지 다른 비율: (a, d) 4, (b, e) 2, (c, f) 1. Reproduced with permission from Springer Nature.[280]

표 9.2 ▶ 산화 석탄과 PVA의 비율에 따른 탄소 에어로겔 3차원 구조체의 BET/BJH 분석 결과[280]

산화 석탄/ PVA 비율	표면적 넓이 ($m^2\ g^{-1}$)	총 기공 부피 ($cm^{-3}\ g^{-1}$)	메소 사이즈 기공 부피 ($cm^{-3}\ g^{-1}$)	마이크로 사이즈 기공 부피 ($cm^{-3}\ g^{-1}$)
4	1018	1.65	0.78	450
2	1303	1.45	0.61	856
1	847	1.30	0.80	427

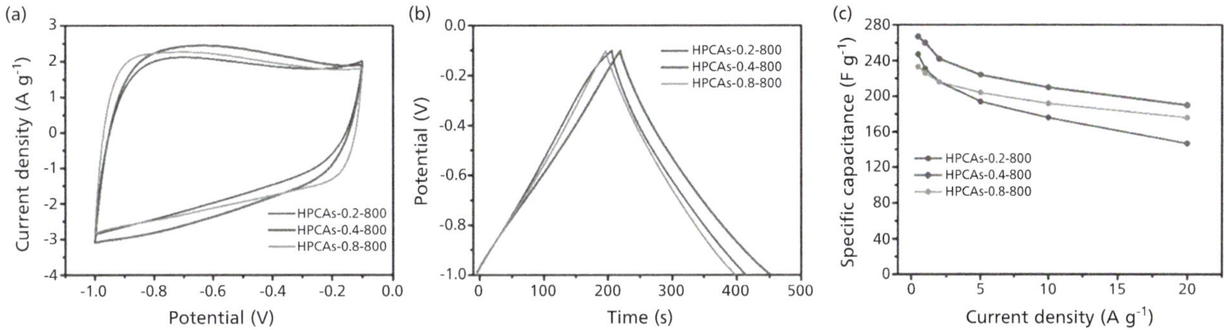

그림 9.36 ▶ 산화 석탄과 PVA의 비율에 따른 탄소 에어로겔 3차원 구조체의 EDLC 성능 평가: (a) CV 곡선, (b) GCD 곡선, (c) 계산된 커패시턴스. Reproduced with permission from Springer Nature.[280]

는 경우 가장 높은 커패시턴스를 구현할 수 있음을 확인할 수 있다(그림 9.36c).[280]

그래핀 기반 탄소 활물질

흑연의 한 층, 즉 탄소 원자의 단층으로 구성되어 뛰어난 전기적, 기계적 특성을 보이는 그래핀은 현재 고유 특성 및 기술로의 적용에 대한 연구가 활발히 이루어지고 있다. 그래핀 소재의 가장 큰 특징은 바로 다양한 작용기의 도입에 따라 전기적, 기계적 특성을 다양화할 수 있다는 것이며, 또한 유연하게 0D, 1D, 2D, 3D 구조체를 모두 구현함에 따라 표면적을 조절할 수 있다는 것이다. 실제로 그림 9.37과 같이 그래핀 양자점, 섬유(fiber), 방적사(yarn) 구조, 발포 구조(foam)와 같이 구조화가 가능하다.[281~283] 이러한 여러 장점들로 인해 그래핀은 높은 전력밀도와 더불어 안정된 사이클 특성을 보일 수 있게 되며, 현재까지도 다양한 구조화에 따른 슈퍼커패시터 성능과 관련된 연구가 지속적으로 이루어지고 있다.

그래핀은 또한 다른 원소나 작용기들을 도입하여 그래핀/전도성 고분자, 그래핀/금속,

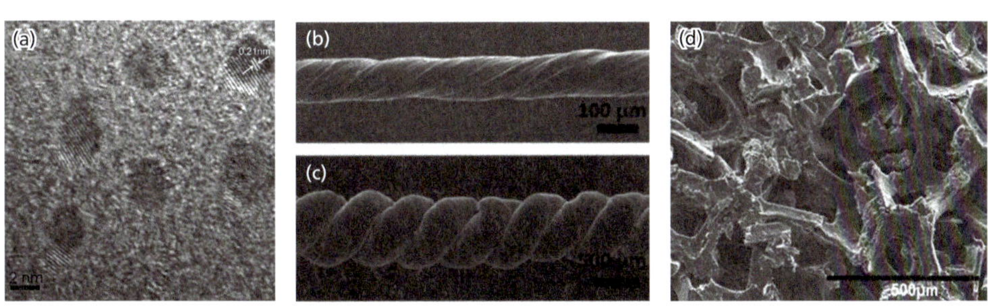

그림 9.37 ▶ 그래핀 기반 구조화의 예시: (a) 양자점, (b) 섬유, (c) 방적사 구조, (d) 발포 구조. Reproduced with permission from ACS publications and Elsevier Inc.[281~283]

수산화 그래핀과 같은 나노 복합체를 형성할 수 있게 되는데, 이러한 나노 복합체는 더 넓은 표면적과 전기전도도를 구현하여 그래핀 단독 소재보다 더 높은 전력밀도를 구현할 수 있다. 특히 polypyrrole, polyaniline, polythiophene과 같은 전도성 고분자를 이용한 복합체와 같은 경우 탄소 소재의 부족한 전기전도도,[284] 유연성을 보완해 줄 수 있기 때문에, 전도성 고분자의 특성과 탄소 소재의 특성을 합하여 시너지 효과를 낼 수 있다.

한 장의 그래핀을 말아서 만들어지는 탄소 나노튜브(CNT) 역시 EDLC 소재로서 활용되며, 크게 단일벽 탄소 나노튜브(single-walled CNT, SWCNT)와 다중벽 탄소 나노튜브(multi-walled CNT, MWCNT)로 구분할 수 있다.[285] 5 nm의 작은 길이의 SWCNT는 높은 유연성과 넓은 표면적을 지니고 있지만 한 가닥의 완벽한 SWCNT를 다루기가 매우 어렵고 SWCNT끼리 서로 얽히는 경향성으로 인해 묶음을 형성하여 이상적인 전기적, 기계적 특성을 보여주지 못한다. MWCNT의 경우 SWCNT에 비해 수많은 구조적 결함이 존재하며, 이는 궁극적으로 본질적인 전기적 특성을 약화시켜 SWCNT에 비해 더 높은 저항값을 가지게 된다. 하지만 SWCNT보다 긴 길이(20 nm)와 높은 부피로 하여금 에너지 활물질에 이상적인 필러 재료로서 사용되고 있다. 탄소 나노튜브는 단독으로 사용되기보다 다른 탄소 기반 소재와의 복합체 형태로 시너지 효과를 이끌어내는 용도로 많이 사용되며, 이와 관련된 연구 결과 예시는 그림 9.9를 통해 알 수 있다.[286] 탄소 나노튜브/흑연 나노파이버 복합체 재료는 탄소 나노튜브 단독 재료에 비해 동일 전압 변화 속도에서 더 큰 전류값을 보인다는 것을 CV 곡선을 통해 알 수 있으며(그림 9.38a, b), 이는 실제 커패시턴스의 비약적인 증가와 전극 자체의 비약적인 저항 감소로 이어지게 된다(그림 9.38c, d).

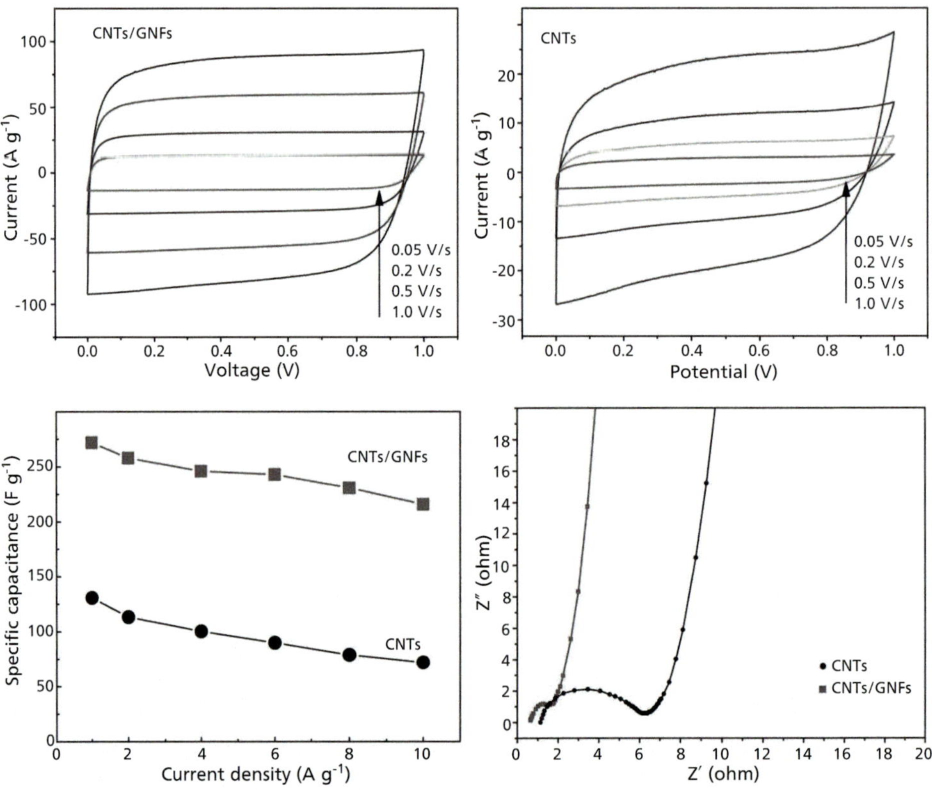

그림 9.38 ▸ (a) 탄소 나노튜브/흑연 나노파이버 복합체 CV 곡선, (b) 탄소 나노튜브 단독 CV 곡선, (c) 계산된 커패시턴스, (d) 탄소 나노튜브/흑연 나노파이버 복합체 전극과 탄소 나노튜브 단독 전극 EIS 곡선. Reproduced with permission from Springer Nature.[286]

활성 탄소

그래핀에 비해 낮은 가격뿐만 아니라 높은 표면적과 산화 작용으로 인해, 우수한 전기화학적 성능을 보일 수 있는 활성 탄소 소재는 초기에 EDLC 장치에 주로 이용되었다. 일반적으로 탄소 물질을 산화시켜 C–C 결합과 탄소 댕글링(dangling) 결합과 같은 결함 구조를 형성하게 되는데, 이는 Raman 분석에서 D 밴드와 G 밴드가 병합되거나 강하게 겹치는 현상이 발생하여 Raman 선의 적색편이(red shift)를 통해 관측 가능하다.[287] 또한 활성 탄소는 5 nm 미만에서 50 nm 이상의 기공 크기를 광범위하게 제어할 수 있는데, 이는 커패시턴스에 큰 영향을 미친다. 하지만 기공 크기가 조절된 다공성 구조 및 탄소 내의 구조 결함은 슈퍼커패시터 성능에 큰 역할을 하지만 항상 높은 커패시턴스를 구현하지 않는다는 것이다.[288] 기공 크기와 전해액 내의 이온 크기는 직접적인 상관관계가 있기 때문에 적절한 전기화학 성능을 구현하기 위해서는, 전해액 내의 이온크기를 고려하여 기공 크기를 디자인해야 한다.[289] 최근에는 활성 탄소의 커패시턴스 향상을 위해 활성 탄소 표면에 슈도커패시턴스 거동을 지니는 산소, 질소 기반 작용기들을 추가적으로 도입하는 방법이 집중적으로 연구되고 있다. 그 예시로, polyacrylonitrile 기반의 전구체 섬유를 탄화 공정을 통해 활성탄소 섬유를 합성하였고, CO_2 활성화 공정을 도입하여 산소가 함유된 작용기를 도입함으로 인해 일반 섬유 기반 활성 탄소에 비해 높은 커패시턴스와 율속 특성을 지닐 수 있게 된다.[290]

9.4.2.2 무기 기반 재료

금속 기반 재료

슈도커패시터용 활물질로 우수한 양성자 전도성과 율속특성, 높은 커패시턴스와 표면 산화/환원 반응 가역성으로 인해 앞서 언급하였던 RuO_2 기반 물질이 처음으로 연구되기 시작했다. 이러한 여러 장점에도 불구하고 실제 슈도커패시터에 적용하기엔 높은 비용과 독성으로 인해 어려움이 있다. RuO_2와 비슷한 MnO_2는 가격이 저렴하고, 환경 친화적이며 1380 F g^{-1}의 높은 이론 커패시턴스를 지니고 있기에 RuO_2를 대체하기에 알맞다. 하지만 실제로 가역 가능한 커패시턴스는 200 F g^{-1} 정도로 매우 낮은데, 이는 MnO_2의 낮은 전기전도도 때문이다. 따라서 슈도커패시터용 MnO_2 활물질의 연구는 탄소 소재와 같이 전기전도도를 보완해 줄 수 있는 물질과 혼합하여 사용해야 한다. 그 예로, MnO_2 나노시트와 CNT의 혼합물은 나노구조화에 따른 넓은 표면적(127 m^2 g^{-1})과 CNT에서 비롯되는 전기전도도 향상을 달성하였고, 기존의 가역 가능했던 커패시턴스보다 약 1.5배 정도 높은 325.5 F g^{-1}의 커패시턴스를 구현해냈다.[291~293]

앞서 이야기했던 RuO_2, MnO_2와 같이 표면에서 발생하는 산화/환원 반응을 제외하고, 배터리형 활물질과 같이 직접적인 산화/환원 반응성을 지니는 Co_3O_4, NiO를 포함하는 금속 산화물 기반 재료도 슈퍼커패시터용 활물질로 각광받고 있다.[294] 금속 산화물 기반 재료는 금속의 다양한 산화 상태를 가지고 있어 많은 전자와의 산화/환원 반응을 가능하게 해 높은 이론 커패시턴스 값을 가지게 된다. 여러 가지 금속 산화물 기반 재료 중에서, 산화철(iron oxide) 재료는 지구상에 흔히 존재하며, 값이 저렴하고 다양한 산화 상태에 따른 높은 이론 커패시턴스 값을 지닌다는 장점들이 존재하지만 금속 산화물의 흔한 단점인 낮은 전기전도도로 인해 전기전도도를 보완할 수 있는 소재와의 혼합이 필수적이다.[295] 전기전도도를 보완할 수 있는 전도성 고분자인 PANI와 산화철과의 코어-쉘(core-shell) 나노구조화를 통해 합성된 산화철 기반 혼합재료(그림 9.39a)는 2.02 mF cm^{-3}의 커패시턴스와 0.35 mWh cm^{-3}의 에너지밀도, 그리고 120.51 mW cm^{-3}의 전력밀도를 구현할 수 있었으며, 10,000번의 충전과 방전을 반복하였을 시 95.77%의 커패시턴스 유지율을 확인할 수 있었다(그림

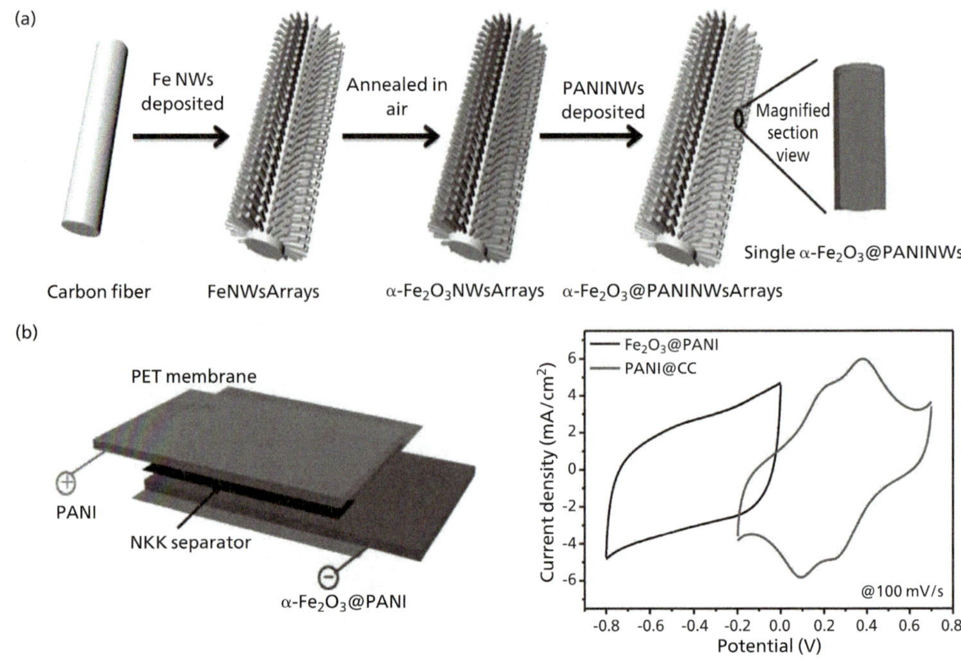

그림 9.39 ▸ (a) Fe_2O_3@PANI 코어-쉘 구조 합성 모식도, (b) PANI 전극과의 비대칭 커패시터 제작 모식도, (c) CV 곡선. Reproduced with permission from ACS publications.[296] Color Plate ⑫ 참조

9.39b,c).[296] 이외에도 그래핀, CNT과 같은 탄소 소재와 혼합화 연구도 많이 진행되고 있으며 이론 커패시턴스 용량을 구현하기까지 많은 노력을 기울이고 있다.

최근 전이금속 두 개 혹은 세 개를 활용한 이원/삼원소 금속 산화물을 슈도커패시터 활물질 재료로 사용하기 위한 연구가 활발하게 이뤄지고 있다. 서로 다른 금속 원소로 이루어지게 되면 다량의 산화 상태를 지니게 되며, 일반적인 금속 산화물보다 높은 전기전도도를 확보할 수 있다. 그림 9.40과 같이 Mn-Ni-Co 세 가지의 금속 원소로 이루어진 금속 산화물과 rGO와의 혼합 재료는 높은 에너지밀도와 전력밀도를 구현할 수 있었으며 10,000번의 충전, 방전 과정 이후 77.2%의 커패시턴스 유지율을 확인할 수 있었다.[297] 금속 산화물 재료

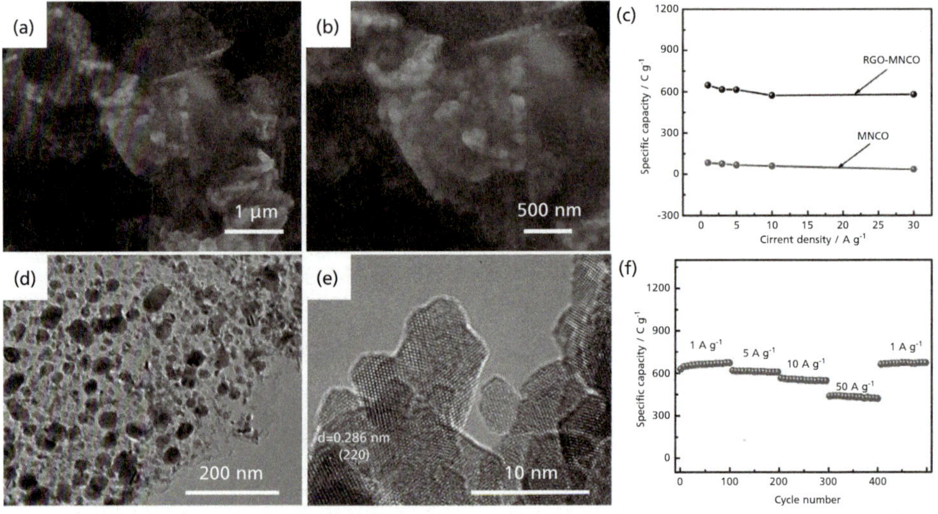

그림 9.40 ▸ Mn-Ni-Co-O/rGO 복합체의 (a, b) 표면주사 현미경, (c, d) 전자투과 현미경 이미지, (e) 전류밀도에 따른 커패시턴스, (f) 율속특성. Reproduced with permission from ACS publications.[297]

이외에도 설파이드, 하이드록사이드 등의 다른 금속 기반 재료들도 꾸준히 연구되고 있지만, 여전히 금속 기반 재료는 전기전도도의 보완이 필수적이며 현재까지 다른 슈퍼커패시터 활물질과 같이 나노구조화를 통한 표면적 증가 및 전기전도도 보완 재료와의 혼합화 연구가 진행 중에 있다.

맥신(MXene)

최근 전기화학적 에너지 저장물질의 새로운 소재를 찾기 위한 노력이 많이 진행 중인 가운데 맥신(MXene)이라는 소재는 가장 강력한 후보군 중 한 가지이다. 맥신은 $M_{n+1}X_nT_x$의 구조적 형태를 지니고 있는데, 이때 M은 Ti, V, Sc, Cr와 같은 금속이고, X는 카본(C) 혹은 질소(N), 그리고 T는 O^-, OH^-, F^-와 같은 작용기이다.[298,299] 따라서 맥신은 2차원 금속 질화물(metal nitride) 혹은 금속 탄화물(metal carbide)으로서 우수한 전기전도도와 표면 친수성 등의 우수한 전기화학적 효율의 가능성을 지니고 있다. 하지만 맥신 재료의 최대 커패시턴스는 100 F g^{-1} 정도로 매우 낮으며 전통적인 탄소 기반 활물질에 비해서 매우 낮은 수치를 보이기 때문에 현재 CNT와 같이 전기전도도를 보완해주는 보완재의 역할로의 연구가 많이 진행 중이다. 특히 맥신 표면에 위치한 O–, OH–, F–와 같은 작용기들은 맥신 표면에서 다양한 재료들을 성장시킬 수 있는 원동력이 되어, 다른 전기전도도를 보완해 주는 소재에 비해 쉽고 균일하게 혼합화가 가능하다.[300] 한 예시로 맥신 표면에 $NiCo_2S_4$ 재료를 성장시킨 연구를 살펴보면, 용설란(sisal)과 비슷한 형태를 지닌 $NiCo_2S_4$ 재료가 맥신 표면에 균일하게 성장하는 것을 확인할 수 있으며 이렇게 혼합된 재료는 맥신의 높은 전기전도도와 $NiCo_2S_4$ 재료의 많은 산화/환원 반응으로 인해 높은 전기화학적 특성을 지니게 된다. 최종적으로 활성 탄소와의 비대칭 슈커패시터를 통한 평가 결과, 68.7 Wh kg^{-1}의 에너지밀도와 0.85 kW kg^{-1}의 높은 수치의 성능을 확인하였다.[301]

맥신은 금속 기반 소재 중에서 가장 높은 이론 커패시턴스 값을 가지지만, 낮은 전기전도도 특성으로 인해 좋지 않은 사이클 특성을 보이는 하이드록사이드 계열 금속 재료에도 효과를 보인다.[302,303] 코발트(Co)와 알루미늄(Al)으로 이루어진 하이드록사이드 물질과 맥신을 혼합하여 합성한 소재는 30.9 Wh kg^{-1}의 높은 에너지밀도와 30,000번의 충전/방전 이후 94.4%의 높은 커패시턴스 유지율을 보이며, 이는 서로의 장점을 활용한 좋은 사례라고 할 수 있다.[304] 이처럼 높은 전기전도도와 안정한 수명 특성을 뒷받침해 줄 수 있는 맥신 재료를 이용한 다양한 연구를 통해 가까운 시일 내에 차세대 슈퍼커패시터 개발을 기대해본다.

9.4.3 차세대 슈퍼커패시터의 설계

9.4.3.1 리튬/소듐 이온 커패시터

최근 배터리형 에너지 저장시스템과 커패시터형 에너지 저장시스템을 합친 하이브리드 에너지 저장시스템이라 명명되는 차세대 에너지 저장시스템에 대한 연구가 활발히 진행 중이다. 가장 쉬운 예시로 상용화되어 있는 리튬이온전지와 슈퍼커패시터 시스템을 합친 리튬이온 커패시터가 있다. 리튬이온 커패시터는 이론적으로 리튬이온전지와 슈퍼커패시터의 한계점을 각각 보완하여, 적절한 에너지밀도와 전력밀도를 구현할 수 있다(그림 9.41a).[305,306] 또한 각 에너지 저장장치의 장점을 모아 높은 수명특성, 작동전압을 목표로 하는 연구가 활발히 이뤄지고 있다(그림 9.41b).

충전과 방전 시 일반적인 리튬이온 커패시터에서 일어나는 전기화학 반응은 리튬이온전지와 슈퍼커패시터의 작동원리를 합친 것과 같다.[307] 상용화된 리튬이온 전지의 경우, 충전 시 리튬 이온이 양극에서 빠져나와 전해액을 따라 이동해 음극에서 저장되며, 이때 전자

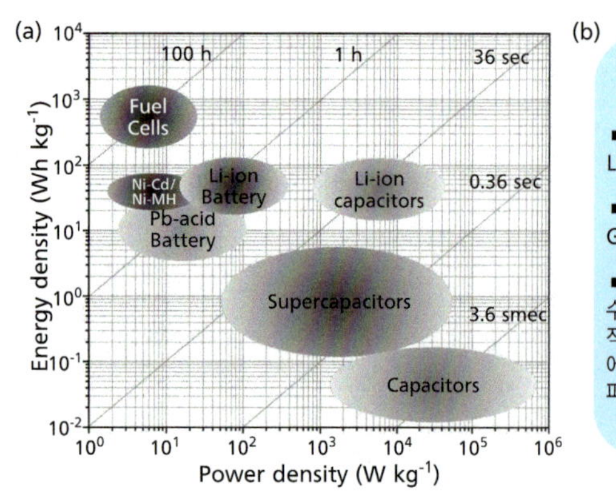

(b)

LIBs

- 양극
Lithium transition oxides
- 음극
Graphite, Si/C, Metal oxides
- 성능
수명특성: <4000회
작동전압: 4.2~4.35 V
에너지밀도: 150~200 Wh kg^{-1}
파워밀도: <1 kW kg^{-1}

LICs

- 양극
AC, Lithium transition oxides
- 음극
Graphite, HC, $Li_4Ti_5O_{12}$, etc
- 성능
수명특성: >10000회
작동전압: 3.8~4.0 V
에너지밀도: ~100 Wh kg^{-1}
파워밀도: <10~40 kW kg^{-1}

EDLCs

- 양극
AC, Graphene, nanotubes
- 음극
Equal to cathode
- 성능
수명특성: >100000회
작동전압: 2.5~2.7 V
에너지밀도: 5~10 Wh kg^{-1}
파워밀도: >10 kW kg^{-1}

그림 9.41 ▶ (a) 에너지 저장장치의 에너지밀도/전력밀도 곡선, (b) 리튬이온전지, 리튬이온 커패시터, 슈퍼커패시터의 특징. Reproduced with permission from ACS publications.[305]

는 외부 도선을 따라 양극에서 음극으로 흐르게 된다. 방전 시 리튬 이온이 다시 음극에서 빠져나와 양극으로 돌아가면서 저장하고 있던 화학적 에너지를 전기에너지로 변환하여 에너지를 공급하게 된다.[308] 일반적인 슈퍼커패시터의 경우 표면에서 발생하는 이온 흡착 및 전기화학적 산화/환원 반응으로 인해 화학적 에너지를 저장하고 전기에너지로 변환하게 되는데, 리튬이온 커패시터에서는 두 가지 전기화학적 산화/환원 반응이 양쪽 전극에서 각각 일어난다. 음극에서는 리튬이온과 관련된 배터리형 전기화학적 산화/환원 반응이 발생하며, 이와 동시에 전해액에 존재하는 상대 음이온이 양극에서 커패시터형 전기화학적 산화/환원 반응인 흡착 혹은 슈도커패시턴스 반응이 일어나게 된다. 최종적으로 리튬이온 커패시터의 작동전압은 양극에서 일어나는 커패시터형 반응의 거동에 따라 정해지게 된다.

리튬이온전지와 슈퍼커패시터의 두 가지를 합친 리튬이온 커패시터는 슈퍼커패시터보다 높은 에너지밀도와 낮은 자가방전 현상, 리튬이온전지보다 높은 전력밀도, 넓은 작동 가능 온도 및 비교적 넓은 작동 전압과 같이 많은 장점을 지닌다. 하지만 충진과 방전 시 양극에서 발생하는 커패시터형 전기화학 반응은 음극에서 발생하는 고체 상태 이온 확산 기반 배터리형 전기화학 반응보다 빠르기 때문에, 이온 확산속도 측면에서 균형이 맞지 않게 되어 리튬이온 커패시터의 성능은 음극의 용량과 율속특성에 따라 많이 달라지게 된다.[309~312] 따라서 리튬이온 커패시터의 경우 빠른 Faraday 반응성을 가진 음극 활물질을 개질하는 연구가 반드시 필요하며, 현재 리튬이온 전지에서 흔히 사용되며 전기전도도가 우수한 흑연, 하드카본과 같은 탄소 기반 재료를 활용한 시스템의 연구가 주를 이루고 있으며, 더 높은 에너지밀도를 구현하기 위해서 고용량 음극물질인 금속 기반 소재들을 활용하여 리튬이온 확산 경로를 단축시킬 수 있는 나노구조화에 대한 연구가 꾸준히 진행되고 있다. 최근, 기존 흑연 음극 기반 리튬이온 커패시터보다 높은 에너지밀도를 달성하기 위해 고용량/고출력 음극 소재를 디자인하는 연구의 필요성에 따라 다양한 재료들에 대한 탐색이 이뤄지고 있다. 대표적인 예시로 수열 반응과 동결건조 기법을 이용해 만든 TiO_2/그래핀 복합체 에어로겔은 우수한 전기전도도와 이온전도도로 인해 빠른 리튬이온 확산속도를 가능하게 하며, 최종적으로 용량이 비교적 낮은 흑연을 대체할 차세대 리튬이온 커패시터의 음극 활물질로서 우수한 전기화학적 성능을 보여준다.

최근 이차전지 시장에서는 값비싼 리튬을 대체하기 위해 차세대 에너지 저장장치 중의 하나로서 소듐(Na) 기반 에너지 저장장치에 대한 연구가 활발히 진행되고 있으며, 특히 소듐이온 전지에 관한 관심이 뜨겁다. 마찬가지로 하이브리드 커패시터 시스템의 연구 분야에서도 리튬이온 커패시터보다 가격적인 측면에서 경쟁력 있는 소듐이온 커패시터를 차세대

이온 커패시터의 후보군 중 하나로 생각하며 상용화하기 위한 수많은 노력을 기울이고 있다. 이온 커패시터의 전기화학적 성능은 음극에서 주로 결정되게 되는데, 흑연 기반 음극 소재에 대한 연구를 해오던 리튬이온 커패시터와 다르게 소듐이온 커패시터에서 사용되는 소듐이온은 리튬이온보다 더 큰 크기로 인해 삽입/탈리 반응이 일어나기 어려워 다른 음극 활물질을 탐색하는 연구가 주를 이루고 있다. 그 예시로 소듐이온 전지에서 사용 가능한 음극 활물질 중 한 가지인 Na_2FeSiO_4 재료의 나노 크기의 기공과 전기전도도를 보완해 줄 탄소 보호막을 도입하여 소듐이온 커패시터의 성능을 향상시킨 연구가 있다.[313] 나노 크기의 기공 형성을 통해 소듐이온의 확산속도를 빠르게 하였고, 빠른 충전과 방전을 위해 전기전도도가 높은 탄소 보호막을 도입한 결과, 3 V 정도의 작동전압을 지니는 소듐이온 커패시터의 작동이 가능하였고, 높은 전류밀도에도 커패시턴스 감소량이 적어 전력밀도를 충족할 수 있게 되었다.

9.4.3.2 산화/환원 활성 전해액 첨가제

앞 장에서 설명하였듯이 전해액은 슈퍼커패시터의 중요한 요소 중의 한 가지이며, 지금까지 액체 기반 전해액과 더불어 고체 기반 전해액을 포함하여 차세대 슈퍼커패시터용 다양한 종류의 전해액에 대한 연구 및 개발이 진행 중에 있다. 그 중 액체 기반 전해액은 용매의 종류에 따라 수계와 비수계로 나뉘게 되며, 낮은 작동전압 범위에도 불구하고 높은 이온전도도와 완벽한 안정성을 지니는 수계 전해액 기반 슈퍼커패시터가 주로 사용되고 있다. 수계 전해액 기반 슈퍼커패시터의 에너지밀도를 높이기 위해 물 분자와 관련된 전기화학적 부반응을 억제하고 작동전압 범위를 넓힐 수 있는 water-in-salt 관련 연구가 꾸준히 진행 중이지만, 가격적인 측면에서 상용화가 어려운 시점이다. 에너지밀도를 높일 수 있는 방법 중 한 가지인 커패시턴스를 높이는 방안은 활물질뿐만 아니라 전해액과도 밀접한 연관이 깊으며, 이번 장에서는 고에너지밀도 차세대 슈퍼커패시터의 개발을 위해 진행 중인 다양한 전해액 연구 중에서 산화/환원 활성을 지니는 전해액 첨가를 통한 고에너지밀도 슈퍼커패시터 연구에 초점을 두고자 한다.

전극 표면에서의 산화/환원 활성 반응을 통해 높은 커패시턴스를 구현하는 슈도커패시턴스 활물질에서 착안하여, 많은 연구자들은 산화/환원 활성 반응을 지니는 전해액 및 첨가제를 통해 높은 커패시턴스를 구현하고자 하는 연구를 진행해 왔다.[273] 산화/환원 활성 전해액 및 첨가제는 반드시 물질의 표준 산화/환원 전위가 작동전압 범위 안에 포함되어야 하며, 용해도, 독성, 안전성, 비용 및 환경과의 연관성도 충분히 고려되어야 한다. 현재, 다양한 종류의 산화/환원 활성 전해액 첨가제가 연구되어 왔으며 크게 무기계 첨가제와 유기계 첨가제로 분류할 수 있다.

무기계 첨가제는 2005년 $AgNO_3$ 첨가제의 도입으로 연구의 시작을 알렸다.[314] 소량의 $AgNO_3$ (0.1 M) 첨가를 통해 전해액 내에서 녹아 있는 Ag 이온의 산화/활성 반응, 즉 Ag^+/Ag 슈도커패시턴스 반응을 유도하였고 이는 커패시턴스의 증가에 기여하여 기존보다 300% 높은 커패시턴스를 구현할 수 있게 되었다. 이를 기점으로 금속이온을 이용하여 추가적인 산화/환원 반응을 유도하는 첨가제에 대한 연구가 지속적으로 이루어져 왔다. 2007년 Cu^{2+}와 Fe^{2+} 이온이 녹아 있는 H_2SO_4 전해액을 이용하여 높은 커패시턴스를 구현한 연구가 대표적인 사례이며, 이때 첨가제에 존재하는 금속이온들의 산화/환원 활성 반응은 아래 식과 같다(식 (9.16), (9.17)).[315]

$$\text{양극:}\quad Fe^{2+} + Cu \longleftrightarrow Fe^{3+} + Cu^{2+} + 3e^- \qquad \textbf{(9.16)}$$

$$\text{음극:}\quad xFe^{3+} + yCu^{2+} + zC + (x + 2y)e^- \longleftrightarrow (Fe_xCu_y)^{2x+}_{ads}C_z \qquad \textbf{(9.17)}$$

이처럼 금속이온 첨가제를 이용한 연구는 금속 이온의 가역적인 산화/활성 반응을 이끌어 낼 수 있었지만, 수계 전해액 중 산성과 중성 환경에서만 작동할 수 있는 단점이 존재하였고, 염기성 환경에서의 전해액에서도 산화/활성 반응성을 띠는 첨가제 개발이 필요하였다. 여러 가지 전해액 첨가제 중 Na_2MoO_4 첨가제는 금속이온 기반 첨가제와 다르게 다양한 환경의 수계 전해액에서 사용 가능하다. 1 M Li_2SO_4 전해액에 첨가된 Na_2MoO_4 첨가제는 활성탄소 기반 슈퍼커패시터에서 약 20 F g^{-1}의 커패시턴스 증가에 기여할 수 있었고, 120시간 이상 충전과 방전을 반복하는 안정적인 사이클 특성을 보여주었다.[316] 이후 좀 더 많은 전자와의 산화/활성 반응을 통해 높은 커패시턴스 증가에 기여할 수 있는 전해액을 모색하는 연구가 꾸준히 진행되었으며, 그 중 한 가지는 바로 KI 첨가제이다. KI 첨가제는 다양한 산화 상태를 가지는 요오드로 인해 많은 전자와의 산화/환원 반응이 가능해지게 되는데, 구체적인 산화/환원 반응들은 아래 식과 같다(식 (9.18)~(9.21)).

$$3I^- \leftrightarrow I_3^- + 2e^- \ \ 0.545 \text{ V vs. Normal Hydrogen Electrode (NHE)} \quad \textbf{(9.18)}$$

$$2I^- \leftrightarrow I_2 + 2e^- \ \ 0.535 \text{ V vs. NHE} \quad \textbf{(9.19)}$$

많은 전자와의 산화/환원 반응으로 인해 요오드 기반 첨가제는 기존 슈퍼커패시터보다 훨씬 높은 커패시턴스를 구현할 수 있었고, RbI 및 LiI와 같은 다른 종류의 요오드 기반 첨가제에서도 같은 효과를 보였다. 그 중 KI 첨가제는 특히 모든 산도의 수계 전해액에 사용할 수 있어 다른 아이오딘 기반 첨가제보다 많은 연구가 진행되어오고 있다.[317] 두 가지 이상의 산화/환원 활성 전해액 첨가제를 사용함으로써 더 좋은 효과를 보이는 현상도 발견되는데, 앞서 설명한 Na_2MoO_4 첨가제와 KI 첨가제를 같이 사용하였을 때 더 큰 효과를 보이게 된다(그림 9.42a).[318] KI 첨가제와 Na_2MoO_4 첨가제의 산화/환원 반응으로 인한 이론 커패시턴스보다 훨씬 높은 커패시턴스 수치를 나타내었는데, 이는 두 종류 첨가제의 추가적인 전기화학적 산화/환원 반응으로 인해 $(Mo_xI_yO_{4x})^{n-}C_z$ 복합체를 형성하게 되어 이론값보다 훨씬 높은 커패시턴스를 구현할 수 있게 된다(그림 9.42b). 이와 같이 전기화학 산화/환원 활성 전해액 첨가제 연구는 여러 가지 방면으로 활발히 연구되고 있으며, 고에너지밀도를 갖는 슈퍼커패시터를 향해 나아가고 있다.

무기계 산화/환원 활성 첨가제와 비교했을 때 구조적 다양성을 가지는 유기계 산화/환원 활성 첨가제는 hydroquinone (HQ)을 적용하는 연구를 기점으로 다양하게 연구되기 시작했다. 1 M H_2SO_4 전해액에 첨가된 0.38 M HQ는 적어도 두 배 이상의 커패시턴스를 구현하는 데 도움을 주었고, 이는 HQ 내에서 존재하는 H^+의 추가적인 산화/환원(HQ ⇄ qui-

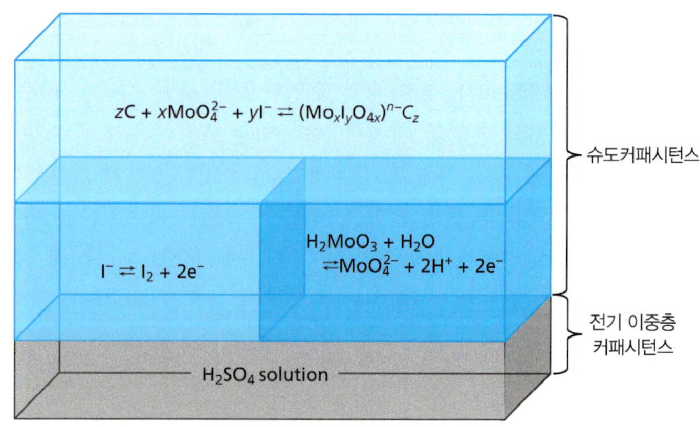

그림 9.42 ▶ KI, Na_2MoO_4 첨가제의 산화/환원 반응으로 인한 커패시턴스와 두 첨가제의 복합체 형성 반응에 의한 커패시턴스가 합쳐져 고에너지밀도를 달성할 수 있다.

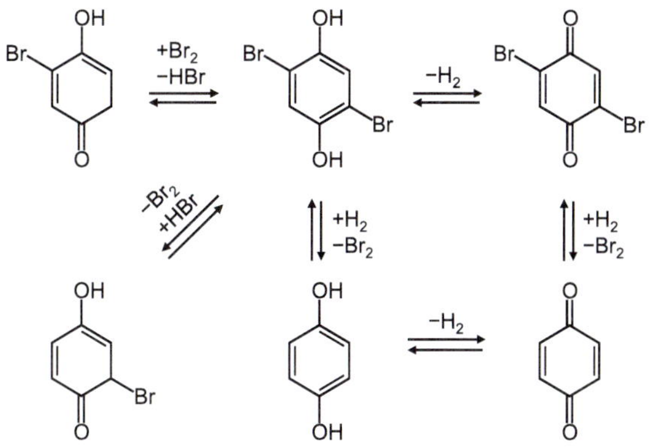

그림 9.43 ▶ HQBr 첨가제에서 발생하는 전기화학적 산화/환원 반응 종류 및 모식도.

none) 반응으로 추가적인 커패시턴스를 구현할 수 있게 되었다. 이후 HQ 첨가제 기반 시스템에서 더 높은 커패시턴스를 구현하고자 하는 다양한 연구가 제시되었고, 그 중 유기계의 특징인 구조적 다양성을 활용한 HQ의 표면작용기 조절과 관련된 연구가 주를 이루고 있다.[319] 한 예시로, 표면에 Br 작용기를 붙인 HQBr은 바뀐 물리화학적 특성(전도도, 반응성, 모빌리티 등)으로 인해 그림 9.43과 같이 HQ ⇄ quinone 반응 이외에 Br에서 기인하는 다양한 추가적인 전기화학적 산화/환원 반응을 유도할 수 있어, 더 높은 전기화학적 성능을 확인할 수 있었다.

HQ 이외에도 다양한 산화/환원 활성 반응을 포함하는 유기 물질 첨가제에 대한 연구가 이루어졌지만, 유기 물질의 넓은 HOMO-LUMO 격차에서 비롯되는 낮은 전기전도도는 슈퍼커패시터의 기본적인 특징인 전력밀도를 감소시키는 문제점을 지니고 있어 무기계 기반 첨가제에 비해 많은 발전이 이뤄지지 않았다. 최근, 유기계 첨가제의 낮은 전기전도도를 보완하기 위해 공유분자를 디자인하는 연구가 진행되고 있지만 여전히 많은 발전이 필요해 보인다.[320]

이처럼 수계 기반 전해액에 산화/환원 반응성을 지니는 첨가제를 도입하는 것은 슈퍼커패시터의 전기화학적 성능을 향상시켜 차세대 슈퍼커패서터의 필수 조건인 고에너지밀도를 달성하는 데 효과적인 방법이지만, 여전히 해결해야 할 문제점들이 존재한다. 특히 산환/환원 활성 첨가제는 심각한 자가방전(self-discharge)을 유발하여 슈퍼커패시터의 에너지 효율을 떨어트리는 주요한 원인으로 작용하게 되는데, 이는 반드시 해결해야 할 문제이다. 산화/환원 활성 첨가제를 사용하였을 때 발생하는 자가방전을 억제하는 방법에 대한 연구가 매우 필요하지만 현재까지 많은 관심을 받고 있지 못하고 있으며 차세대 슈퍼커패시터의 개발을 위해 필수적이게 연구되어야 할 것이다.

9.4.3.3 마이크로 슈퍼커패시터 및 응용

휴대용 전자기기의 대중화와 더불어 플렉서블 디스플레이, 웨어러블 디바이스와 같이 다양한 기술의 소형화에 대한 관심과 연구가 많이 증가하고 있다. 이에 비해 에너지 전원장치의 소형화는 환경, 의학, 바이오 분야의 미래기술에 반드시 필요하지만 기술의 소형화에 비해 연구 발전이 뒤쳐지고 있다.[321] 다행히 최근 마이크로 배터리,[322,323] 마이크로 태양전지와 같이 휴대용 미래 전자기기용 에너지 전원장치에 대한 연구의 필요성이 대두되고 있으며,[324] 이는 슈퍼커패시터를 이용한 소형화에도 큰 영향을 미치고 있다. 이번 장에서는 슈퍼커패시터의 소형화, 즉 마이크로 슈퍼커패시터(micro-supercapacitor, MSC)에 대해 간략히 소개하고자 한다. MSC의 개념은 2003년 RuO_2 활물질과 LiPON 전해액을 사용하는 얇은 필름

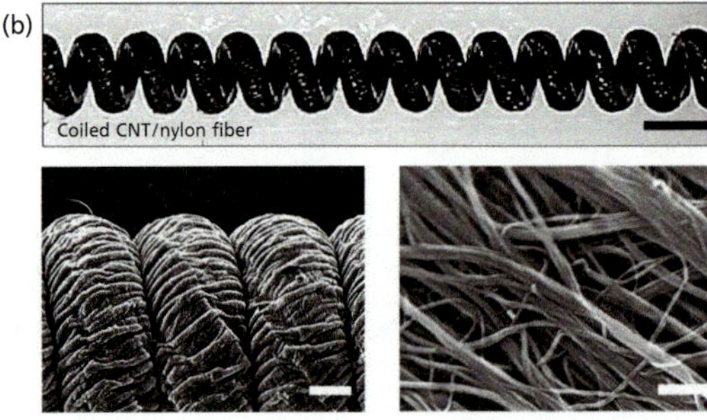

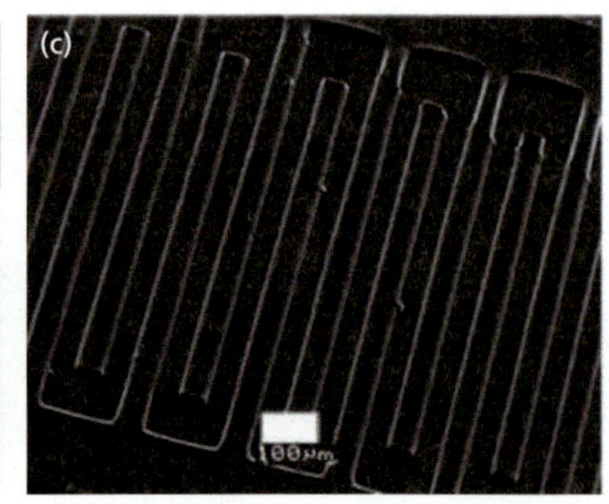

그림 9.44 ▶ MSC 시스템 종류의 예시. (a) 얇은 필름 형태, (b) 와이어 형태, (c) 깍지 형태. Reproduced with permission from AIP publishing LLC, Springer Nature, and ACS publications.[325~327]

표 9.3 ▶ 프린팅 기반 제조방법에 따른 해상도, 재료조건 및 속도

	스크린 프린팅	잉크젯 프린팅	3D 프린팅	레이저 기반	이온 빔 기반
해상도	>6 μm	>2 μm	>10 μm	>500 nm	>10 nm
재료 조건	높은 점성 전단 유동 거동	낮은 점성	전단 유동 거동 빠른 고체화	열적 안정성	
프린팅 속도	70 m/min	1 m/min	<4 m/min	10 cm/min	<1 cm/min

형태의 시스템에 처음 등장하였다(그림 9.44a).[325] 그 이후 와이어 형태의 MSC (2014년, 그림 9.44b), 깍지형(interdigitated) 전극 기반 MSC (2010년, 그림 9.44c)와 같이 다양한 형태의 시스템에 대한 제시와 연구가 이뤄지고 있다.[326~328]

MSC용 활물질은 일반 슈퍼커패시터용 활물질과 큰 차이가 없으며, 그 중에서 탄소 기반 물질, 금속 산화물, 전도성 고분자와 같은 소재가 많이 사용되고 있다. 현재 MSC를 제조하는 방법은 매우 다양하며 일반적으로 광식각(photolithiography), 직접 레이저 기록(direct laser writing) 그리고 프린팅(printing) 방법을 사용한다.[328~330] 프린팅 방법을 이용한 MSC 제조의 경우, 스크린 프린팅(screen printing), 잉크젯 프린팅(inkjet printing), 3D 프린팅, 이온 빔 기반 프린팅 등 다양하여 조건에 부합하는 제조방법을 택해야 한다(표 9.3).

MSC의 긴 사이클 수명, 높은 전력밀도, 더 나은 안정성은 마이크로 배터리 시스템보다 소형화된 미래기술 기반 전자기기에 적합하다고 알려져 있지만, 소형화에 따른 낮은 작동 전압, 낮은 전류 발생량, 짧은 방전 시간과 같은 상용화를 제한하는 주요 문제가 있다. 최근, MSC의 배열을 통한 안정적이고 높은 전압 출력을 위한 연구가 많이 진행 중이다. 일반적으로 직렬연결은 작동전압을 높여주지만 커패시턴스를 감소시키며 병렬연결은 커패시턴스를 일정하게 증가시켜주기 때문에, 적절한 직렬연결과 병렬연결을 혼합하면 높은 작동전압과 적절한 커패시턴스를 구현할 수 있게 된다(그림 9.45).[331] 그림 9.45a와 같이 4개의 직렬연결과 4개의 병렬연결로 이루어진 MSC 배열은 단독으로 작동하였을 때보다 훨씬 높은 작동전압과 커패시턴스를 구현할 수 있게 된다(그림 9.45b~e).

실제로 사용하게 될 소형화 전자기기 시스템에는 마이크로 동력원, 작동 전자기기, 그리고 MSC와 같은 에너지 저장장치의 구성요소로 이루어져 있는데, 출력 변동성이 큰 마이크로 동력원과 MSC를 결합하여 안정적인 전원 출력과 에너지 저장을 가능하게 하는 전체

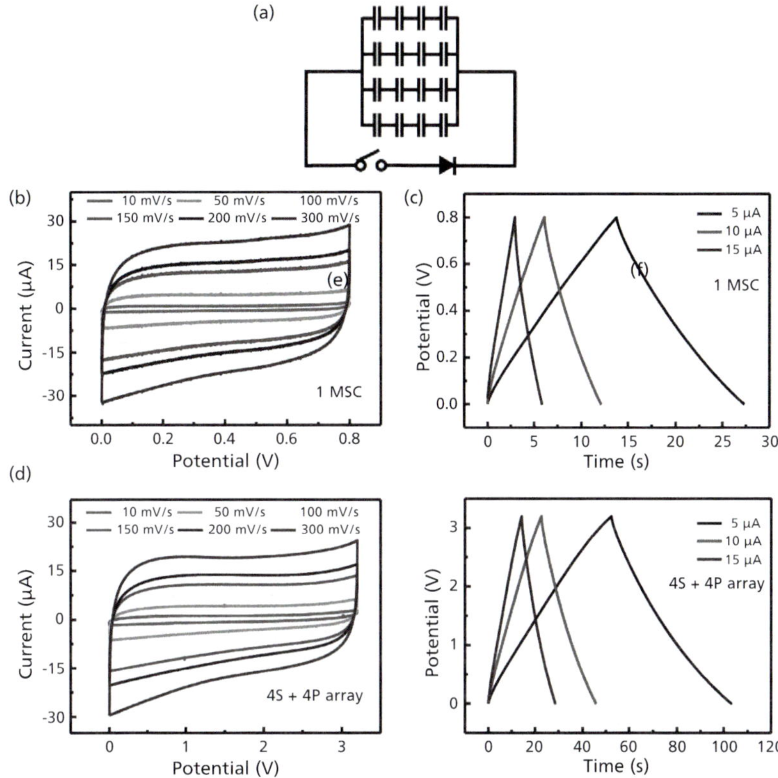

그림 9.45 ▸ (a) MSC의 4개 직렬 및 4개 병렬 연결을 보여주는 모식도. (b~c) 한 개의 MSC 전기화학 성능 평가 및 (d~e) 배열된 MSC의 전기화학 성능 평가. Reproduced with permission from ACS publications.[331]

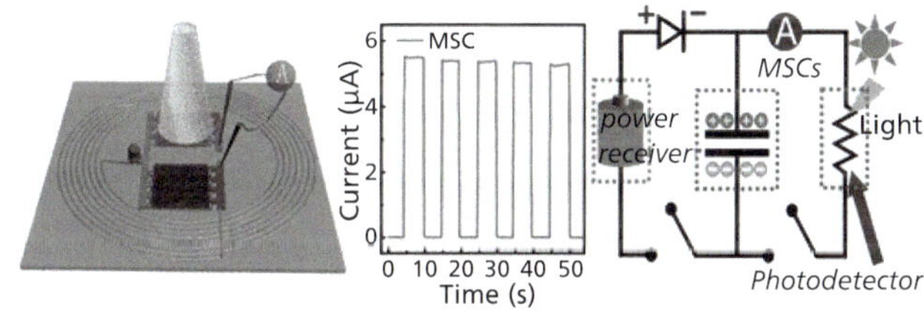

그림 9.46 ▸ 동력원, MSC 및 직동 전자기기가 결합된 시스템 모식도. Reproduced with permission from ACS publications.[332]

시스템 또한 연구되고 있다. 그림 9.46과 같이 MSC, 무선충전 코일 그리고 광검출기를 결합하여 마이크로 동력원의 역할을 하는 무선충전 코일을 이용하여, MSC에 에너지를 안정적으로 저장하고 방출하도록 설계하여 광검출기를 안정적으로 구동함과 동시에 정확한 감도를 보여주었다.[332]

이와 같이 MSC의 제조와 설계 더 나아가 시스템과 관련된 연구가 최근 많이 진행되고 있지만, 여전히 소형화 전자기기의 안정적인 전압출력을 유지하기 힘들며 출력 전압과 전류는 여전히 낮은 수치로 상용화에 어려운 단계이다. 게다가 웨어러블 기기와 같이 신축성, 자가 치유능력과 같은 다른 특징들이 추가된 형태의 MSC 역시 개발되어야 하기에 앞으로 시스템 전체를 다루는 연구의 발전이 반드시 필요할 것이다.

참고 문헌

1. M. R. Palacín, Recent advances in rechargeable battery materials: a chemist's perspective, *Chem. Soc. Rev.*, 2009, 38 (9), 2565-2575.
2. E. C. Evarts, Lithium batteries: To the limits of lithium, *Nature*, 2015, 526 (7575), S93-S95.
3. G. Wang, L. Zhang, and J. Zhang, A review of electrode materials for electrochemical supercapacitors, *Chem. Soc. Rev.*, 2012, 41 (2), 797-828.
4. J. B. Goodenough, How we made the Li-ion rechargeable battery, *Nat. Electron.*, 2018, 1 (3), 204-204.
5. Y. Liang, C.-Z. Zhao, H. Yuan, Y. Chen, et al., A review of rechargeable batteries for portable electronic devices, *InfoMat*, 2019, 1 (1), 6-32.
6. J. W. Choi and D. Aurbach, Promise and reality of post-lithium-ion batteries with high energy densities, *Nat. Rev. Mater.*, 2016, 1 (4), 16013.
7. A. Yoshino, The Birth of the Lithium-Ion Battery, *Angew. Chem., Int. Ed.*, 2012, 51 (24), 5798-5800.
8. Y. Ding, Z. P. Cano, A. Yu, J. Lu, et al., Automotive Li-Ion Batteries: Current Status and Future Perspectives, *Electrochem. Energy Rev.*, 2019, 2 (1), 1-28.
9. K. Xu, Electrolytes and Interphases in Li-Ion Batteries and Beyond, *Chem. Rev.*, 2014, 114 (23), 11503-11618.
10. S. Chen, J. Zheng, D. Mei, K. S. Han, et al., High-Voltage Lithium-Metal Batteries Enabled by Localized High-Concentration Electrolytes, *Adv. Mater.*, 2018, 30 (21), 1706102.
11. Y. Li, Y. Li, A. Pei, K. Yan, et al., Atomic structure of sensitive battery materials and interfaces revealed by cryo-electron microscopy, *Science*, 2017, 358 (6362), 506-510.
12. J. Liu, J.-G. Zhang, Z. Yang, J. P. Lemmon, et al., Materials Science and Materials Chemistry for Large Scale Electrochemical Energy Storage: From Transportation to Electrical Grid, *Adv. Funct. Mater.*, 2013, 23 (8), 929-946.
13. F. R. Gamble, J. H. Osiecki, M. Cais, R. Pisharody, *et al.*, Intercalation Complexes of Lewis Bases and Layered Sulfides: A Large Class of New Superconductors, *Science*, 1971, 174 (4008), 493-497.
14. K. Brandt, Historical development of secondary lithium batteries, *Solid State Ionics*, 1994, 69 (3), 173-183.
15. A. Manthiram, A reflection on lithium-ion battery cathode chemistry, *Nat. Commun.*, 2020, 11 (1), 1550.
16. T. Zhang, D. Li, Z. Tao, and J. Chen, Understanding electrode materials of rechargeable lithium batteries via DFT calculations, *Prog. Nat. Sci.*, 2013, 23 (3), 256-272.
17. M. Nishizawa and S. Yamamura, Irreversible conductivity change of $Li_{1-x}CoO_2$ on electrochemical lithium insertion/extraction, desirable for battery applications, *Chem. Commun.*, 1998, 1631-1632.
18. G. G. Amatucci, J. M. Tarascon, and L. C. Klein, Cobalt dissolution in $LiCoO_2$-based non-aqueous rechargeable batteries, *Solid State Ionics*, 1996, 83 (1), 167-173.
19. Y. Jiang, C. Qin, P. Yan, and M. Sui, Origins of capacity and voltage fading of $LiCoO_2$ upon high voltage cycling, *J. Mater. Chem. A*, 2019, 7 (36), 20824-20831.
20. L. Sun, Z. Zhang, X. Hu, H. Tian, et al., Realization of Ti Doping by Electrostatic Assembly to Improve the Stability of $LiCoO_2$ Cycled to 4.5 V, *J. Electrochem. Soc.*, 2019, 166 (10), A1793-A1798.
21. Y. Xu, E. Hu, K. Zhang, X. Wang, *et al.*, In situ Visualization of State-of-Charge Heterogeneity within a $LiCoO_2$ Particle that Evolves upon Cycling at Different Rates, *ACS Energy Lett.*, 2017, 2 (5), 1240-1245.
22. Y. Lyu, X. Wu, K. Wang, Z. Feng, *et al.*, An Overview on the Advances of $LiCoO_2$ Cathodes for Lithium-Ion Batteries, *Adv. Energy Mater.*, 2021, 11 (2), 2000982.
23. D. Takamatsu, S. Mori, Y. Orikasa, T. Nakatsutsumi, *et al.*, Effects of ZrO_2 coating on $LiCoO_2$ thin-film electrode studied by in situ X-ray absorption spectroscopy, *J. Electrochem. Soc.*, 2013, 160 (5), A3054-A3060.
24. J. Cho, Y. J. Kim, and B. Park, Novel $LiCoO_2$ Cathode Material with Al_2O_3 Coating for a Li Ion Cell, *Chem. Mater.*, 2000, 12 (12), 3788-3791.
25. S. S. Jayasree, S. Nair, and D. Santhanagopalan, Ultrathin TiO_2 Coating on $LiCoO_2$ for Improved Electrochemical Performance as Li‒Ion Battery Cathode, *ChemistrySelect*, 2018, 3 (10), 2763-2766.
26. J. L. Tebbe, A. M. Holder, and C. B. Musgrave, Mechanisms of $LiCoO_2$ Cathode Degradation by Reaction with HF and Protection by Thin Oxide Coatings, *ACS Appl. Mater. Interfaces*, 2015, 7 (43), 24265-24278.
27. J.-H. Shim, K.-S. Lee, A. Missyul, J. Lee, *et al.*, Characterization of Spinel $Li_xCo_2O_4$-Coated $LiCoO_2$ Prepared with Post-Thermal Treatment as a Cathode Material for Lithium Ion Batteries, *Chem. Mater.*, 2015, 27 (9), 3273-3279.
28. J. Cho, T.-G. Kim, C. Kim, J.-G. Lee, *et al.*, Comparison of Al_2O_3- and $AlPO_4$-coated $LiCoO_2$ cathode materials for a Li-ion cell, *J. Power Sources*, 2005, 146 (1), 58-64.
29. Q. Yang, J. Huang, Y. Li, Y. Wang, *et al.*, Surface-protected $LiCoO_2$ with ultrathin solid oxide electrolyte film for high-voltage lithium ion batteries and lithium polymer batteries, *J. Power Sources*, 2018, 388, 65-70.
30. S. Sharifi-Asl, F. A. Soto, T. Foroozan, M. Asadi, *et al.*, Anti-Oxygen Leaking $LiCoO_2$, *Adv. Funct. Mater.*, 2019, 29 (23), 1901110.
31. M. Aykol, S. Kim, V. I. Hegde, D. Snydacker, *et al.*,

High-throughput computational design of cathode coatings for Li-ion batteries, *Nat. Commun.*, 2016, 7 (1), 13779.

32. S. Zhang, J. Ma, Z. Hu, G. Cui, *et al.*, Identifying and Addressing Critical Challenges of High-Voltage Layered Ternary Oxide Cathode Materials, *Chem. Mater.*, 2019, 31 (16), 6033-6065.

33. W. Li, E. M. Erickson, and A. Manthiram, High-nickel layered oxide cathodes for lithium-based automotive batteries, *Nat. Energy*, 2020, 5 (1), 26-34.

34. P. Teichert, G. G. Eshetu, H. Jahnke, and E. Figgemeier, Degradation and Aging Routes of Ni-Rich Cathode Based Li-Ion Batteries, *Batteries*, 2020, 6 (1).

35. S. B. Chikkannanavar, D. M. Bernardi, and L. Liu, A review of blended cathode materials for use in Li-ion batteries, *J. Power Sources*, 2014, 248, 91-100.

36. L. de Biasi, B. Schwarz, T. Brezesinski, P. Hartmann, *et al.*, Chemical, Structural, and Electronic Aspects of Formation and Degradation Behavior on Different Length Scales of Ni-Rich NCM and Li-Rich HE-NCM Cathode Materials in Li-Ion Batteries, *Adv. Mater.*, 2019, 31 (26), 1900985.

37. M. M. Thackeray, W. I. F. David, P. G. Bruce, and J. B. Goodenough, Lithium insertion into manganese spinels, *Mater. Res. Bull.*, 1983, 18 (4), 461-472.

38. H.-W. Lee, P. Muralidharan, R. Ruffo, C. M. Mari, *et al.*, Ultrathin Spinel $LiMn_2O_4$ Nanowires as High Power Cathode Materials for Li-Ion Batteries, *Nano Lett.*, 2010, 10 (10), 3852-3856.

39. X. Li, Y. Xu, and C. Wang, Suppression of Jahn–Teller distortion of spinel $LiMn_2O_4$ cathode, *J. Alloys Compd.*, 2009, 479 (1), 310-313.

40. W. Choi and A. Manthiram, Comparison of Metal Ion Dissolutions from Lithium Ion Battery Cathodes, *J. Electrochem. Soc.*, 2006, 153 (9), A1760.

41. C. Zhan, J. Lu, A. Jeremy Kropf, T. Wu, *et al.*, Mn(II) deposition on anodes and its effects on capacity fade in spinel lithium manganate–carbon systems, *Nat. Commun.*, 2013, 4 (1), 2437.

42. W. Xiao, C. Xin, S. Li, J. Jie, *et al.*, Insight into fast Li diffusion in Li-excess spinel lithium manganese oxide, *J. Mater. Chem. A*, 2018, 6 (21), 9893-9898.

43. L. de Picciotto and M. M. Thackeray, Insertion/extraction reactions of lithium with LiV_2O_4, *Mater. Res. Bull.*, 1985, 20 (12), 1409-1420.

44. K. Yoshimatsu, M. Niwa, H. Mashiko, T. Oshima, *et al.*, Reversible superconductor-insulator transition in $LiTi_2O_4$ induced by Li-ion electrochemical reaction, *Sci. Rep.*, 2015, 5 (1), 16325.

45. S. Choi and A. Manthiram, Synthesis and Electrochemical Properties of $LiCo_2O_4$ Spinel Cathodes, *J. Electrochem. Soc.*, 2002, 149 (2), A162.

46. M. G. S. R. Thomas, W. I. F. David, J. B. Goodenough, and P. Groves, Synthesis and structural characterization of the normal spinel $Li[Ni_2]O_4$, *Mater. Res. Bull.*, 1985, 20 (10), 1137-1146.

47. D. Liu, W. Zhu, J. Trottier, C. Gagnon, *et al.*, Spinel materials for high-voltage cathodes in Li-ion batteries, *RSC Adv.*, 2014, 4 (1), 154-167.

48. W. Li, Y.-G. Cho, W. Yao, Y. Li, *et al.*, Enabling high areal capacity for Co-free high voltage spinel materials in next-generation Li-ion batteries, *J. Power Sources*, 2020, 473, 228579.

49. A. K. Padhi, K. S. Nanjundaswamy, and J. B. Goodenough, Phospho-olivines as Positive-Electrode Materials for Rechargeable Lithium Batteries, *J. Electrochem. Soc.*, 1997, 144 (4), 1188-1194.

50. Z. Gong and Y. Yang, Recent advances in the research of polyanion-type cathode materials for Li-ion batteries, *Energy Environ. Sci.*, 2011, 4 (9), 3223-3242.

51. J. Jiang, C. Ouyang, H. Li, Z. Wang, *et al.*, First-principles study on electronic structure of $LiFePO_4$, *Solid State Commun.*, 2007, 143 (3), 144-148.

52. F. Zhou, M. Cococcioni, K. Kang, and G. Ceder, The Li intercalation potential of $LiMPO_4$ and $LiMSiO_4$ olivines with M = Fe, Mn, Co, Ni, *Electrochem. Commun.*, 2004, 6 (11), 1144-1148.

53. G. Hautier, A. Jain, S. P. Ong, B. Kang, *et al.*, Phosphates as Lithium-Ion Battery Cathodes: An Evaluation Based on High-Throughput ab Initio Calculations, *Chem. Mater.*, 2011, 23 (15), 3495-3508.

54. G. K. P. Dathar, D. Sheppard, K. J. Stevenson, and G. Henkelman, Calculations of Li-Ion Diffusion in Olivine Phosphates, *Chem. Mater.*, 2011, 23 (17), 4032-4037.

55. S.-i. Nishimura, M. Nakamura, R. Natsui, and A. Yamada, New Lithium Iron Pyrophosphate as 3.5 V Class Cathode Material for Lithium Ion Battery, *J. Am. Chem. Soc.*, 2010, 132 (39), 13596-13597.

56. H. Kim, S. Lee, Y.-U. Park, H. Kim, *et al.*, Neutron and X-ray Diffraction Study of Pyrophosphate-Based $Li_{2-x}MP_2O_7$ (M = Fe, Co) for Lithium Rechargeable Battery Electrodes, *Chem. Mater.*, 2011, 23 (17), 3930-3937.

57. A. Nytén, A. Abouimrane, M. Armand, T. Gustafsson, *et al.*, Electrochemical performance of Li_2FeSiO_4 as a new Li-battery cathode material, Electrochem. *Commun.*, 2005, 7 (2), 156-160.

58. R. J. Gummow and Y. He, Recent progress in the development of Li_2MnSiO_4 cathode materials, *J. Power Sources*, 2014, 253, 315-331.

59. J. Wang and X. Sun, Understanding and recent development of carbon coating on $LiFePO_4$ cathode materials for lithium-ion batteries, *Energy Environ. Sci.*, 2012, 5 (1), 5163-5185.

60. J.-M. A. Mba, L. Croguennec, N. I. Basir, J. Barker, *et al.*,

Lithium Insertion or Extraction from/into Tavorite-Type $LiVPO_4F$: An In Situ X-ray Diffraction Study, *J. Electrochem. Soc.*, 2012, 159 (8), A1171-A1175.

61. M. E. A. y. de Dompablo, U. Amador, and J. M. Tarascon, A computational investigation on fluorinated-polyanionic compounds as positive electrode for lithium batteries, *J. Power Sources*, 2007, 174 (2), 1251-1257.

62. A. Yamada, N. Iwane, Y. Harada, S.-i. Nishimura, *et al.*, Lithium Iron Borates as High-Capacity Battery Electrodes, *Adv. Mater.*, 2010, 22 (32), 3583-3587.

63. D. Eum, B. Kim, S. J. Kim, H. Park, *et al.*, Voltage decay and redox asymmetry mitigation by reversible cation migration in lithium-rich layered oxide electrodes, *Nat. Mater.*, 2020, 19 (4), 419-427.

64. U.-H. Kim, G.-T. Park, B.-K. Son, G. W. Nam, *et al.*, Heuristic solution for achieving long-term cycle stability for Ni-rich layered cathodes at full depth of discharge, *Nat. Energy*, 2020, 5 (11), 860-869.

65. T. Li, X. Bai, U. Gulzar, Y.-J. Bai, *et al.*, A Comprehensive Understanding of Lithium – Sulfur Battery Technology, *Adv. Funct. Mater.*, 2019, 29 (32), 1901730.

66. F. Wu, J. Maier, and Y. Yu, Guidelines and trends for next-generation rechargeable lithium and lithium-ion batteries, *Chem. Soc. Rev.*, 2020, 49 (5), 1569-1614.

67. M. Asadi, B. Sayahpour, P. Abbasi, A. T. Ngo, *et al.*, A lithium – oxygen battery with a long cycle life in an air-like atmosphere, *Nature*, 2018, 555 (7697), 502-506.

68. Y. Son, J.-S. Lee, Y. Son, J.-H. Jang, *et al.*, Recent Advancces in Lithium Sulfide Cathode Materials and Their Use in Lithium Sulfur Batteries, *Adv. Energy Mater.*, 2015, 5 (16), 1500110.

69. J. Ryu, W.-J. Song, S. Lee, S. Choi, *et al.*, A Game Changer: Functional Nano/Micromaterials for Smart Rechargeable Batteries, *Adv. Funct. Mater.*, 2020, 30 (2), 1902499.

70. W. J. Chung, J. J. Griebel, E. T. Kim, H. Yoon, *et al.*, The use of elemental sulfur as an alternative feedstock for polymeric materials, *Nat. Chem.*, 2013, 5 (6), 518-524.

71. A. C. Luntz and B. D. McCloskey, Nonaqueous Li – Air Batteries: A Status Report, *Chem. Rev.*, 2014, 114 (23), 11721-11750.

72. Z. Chang, J. Xu, and X. Zhang, Recent Progress in Electrocatalyst for Li-O_2 Batteries, *Adv. Energy Mater.*, 2017, 7 (23), 1700875.

73. Z. Liang and Y.-C. Lu, Critical Role of Redox Mediator in Suppressing Charging Instabilities of Lithium – Oxygen Batteries, *J. Am. Chem. Soc.*, 2016, 138 (24), 7574-7583.

74. C. Xia, C. Y. Kwok, and L. F. Nazar, A high-energy-density lithium-oxygen battery based on a reversible four-electron conversion to lithium oxide, *Science*, 2018, 361 (6404), 777-781.

75. A. S. Aricò, P. Bruce, B. Scrosati, J.-M. Tarascon, *et al.*, Nanostructured materials for advanced energy conversion and storage devices, *Nat. Mater.*, 2005, 4 (5), 366-377.

76. Q. Huang, K. Turcheniuk, X. Ren, A. Magasinski, *et al.*, Cycle stability of conversion-type iron fluoride lithium battery cathode at elevated temperatures in polymer electrolyte composites, *Nat. Mater.*, 2019, 18 (12), 1343-1349.

77. X. Fan, E. Hu, X. Ji, Y. Zhu, *et al.*, High energy-density and reversibility of iron fluoride cathode enabled via an intercalation-extrusion reaction, *Nat. Commun.*, 2018, 9 (1), 2324.

78. H. Shirakawa, E. J. Louis, A. G. MacDiarmid, C. K. Chiang, *et al.*, Synthesis of electrically conducting organic polymers: halogen derivatives of polyacetylene, (CH), *J. Chem. Soc., Chem. Commun.*, 1977, DOI: 10.1039/C39770000578(16), 578-580.

79. N. Nitta, F. Wu, J. T. Lee, and G. Yushin, Li-ion battery materials: present and future, *Mater. Today*, 2015, 18 (5), 252-264.

80. P. Roy and S. K. Srivastava, Nanostructured anode materials for lithium ion batteries, *J. Mater. Chem. A*, 2015, 3 (6), 2454-2484.

81. J. Asenbauer, T. Eisenmann, M. Kuenzel, A. Kazzazi, *et al.*, The success story of graphite as a lithium-ion anode material – fundamentals, remaining challenges, and recent developments including silicon (oxide) composites, *Sustain. Energy Fuels*, 2020, 4 (11), 5387-5416.

82. A. Senyshyn, M. J. Mühlbauer, K. Nikolowski, T. Pirling, *et al.*, "In-operando" neutron scattering studies on Li-ion batteries, *J. Power Sources*, 2012, 203, 126-129.

83. K. G. Gallagher, S. E. Trask, C. Bauer, T. Woehrle, *et al.*, Optimizing Areal Capacities through Understanding the Limitations of Lithium-Ion Electrodes, *J. Electrochem. Soc.*, 2015, 163 (2), A138-A149.

84. G. Song, J. Ryu, S. Ko, B. M. Bang, *et al.*, Revisiting Surface Modification of Graphite: Dual-Layer Coating for High-Performance Lithium Battery Anode Materials, *Chem. Asian. J.*, 2016, 11 (11), 1711-1717.

85. J. Lu, Z. Chen, F. Pan, Y. Cui, *et al.*, High-Performance Anode Materials for Rechargeable Lithium-Ion Batteries, *Electrochem. Energy Rev.*, 2018, 1 (1), 35-53.

86. B. Wang, J. Ryu, S. Choi, G. Song, *et al.*, Folding Graphene Film Yields High Areal Energy Storage in Lithium-Ion Batteries, *ACS Nano*, 2018, 12 (2), 1739-1746.

87. H. Zheng, Q. Qu, L. Zhang, G. Liu, *et al.*, Hard carbon: a promising lithium-ion battery anode for high temperature applications with ionic electrolyte, *RSC Adv.*, 2012, 2 (11), 4904-4912.

88. X. Dou, I. Hasa, D. Saurel, C. Vaalma, *et al.*, Hard carbons for sodium-ion batteries: Structure, analysis, sustainability, and electrochemistry, *Mater. Today*, 2019, 23, 87-104.

89. T. M. Bandhauer, S. Garimella, and T. F. Fuller, A Critical

Review of Thermal Issues in Lithium-Ion Batteries, *J. Electrochem. Soc.*, 2011, 158 (3), R1.

90. K. Zaghib, M. Simoneau, M. Armand, and M. Gauthier, Electrochemical study of $Li_4Ti_5O_{12}$ as negative electrode for Li-ion polymer rechargeable batteries, *J. Power Sources*, 1999, 81-82, 300-305.

91. T.-F. Yi, S.-Y. Yang, and Y. Xie, Recent advances of $Li_4Ti_5O_{12}$ as a promising next generation anode material for high power lithium-ion batteries, *J. Mater. Chem. A*, 2015, 3 (11), 5750-5777.

92. V. Augustyn, J. Come, M. A. Lowe, J. W. Kim, *et al.*, High-rate electrochemical energy storage through Li^+ intercalation pseudocapacitance, *Nat. Mater.*, 2013, 12 (6), 518-522.

93. K. J. Griffith, K. M. Wiaderek, G. Cibin, L. E. Marbella, *et al.*, Niobium tungsten oxides for high-rate lithium-ion energy storage, *Nature*, 2018, 559 (7715), 556-563.

94. M. N. Obrovac and V. L. Chevrier, Alloy Negative Electrodes for Li-Ion Batteries, *Chem. Rev.*, 2014, 114 (23), 11444-11502.

95. J. Ryu, J. Kang, H. Kim, J. H. Lee, *et al.*, Electrolyte-mediated nanograin intermetallic formation enables superionic conduction and electrode stability in rechargeable batteries, *Energy Storage Mater.*, 2020, 33, 164-172.

96. G. Song, J. Y. Cheong, C. Kim, L. Luo, *et al.*, Atomic-scale combination of germanium-zinc nanofibers for structural and electrochemical evolution, *Nat. Commun.*, 2019, 10 (1), 2364.

97. T. Yoon, G. Song, Ahmad M. Harzandi, M. Ha, *et al.*, Intramolecular deformation of zeotype-borogermanate toward a three-dimensional porous germanium anode for high-rate lithium storage, *J. Mater. Chem. A*, 2018, 6 (33), 15961-15967.

98. S. Goriparti, E. Miele, F. De Angelis, E. Di Fabrizio, *et al.*, Review on recent progress of nanostructured anode materials for Li-ion batteries, *J. Power Sources*, 2014, 257, 421-443.

99. B. Wang, J. Ryu, S. Choi, X. Zhang, *et al.*, Ultra-fast-Charging Silicon-Based Coral-Like Network Anodes for Lithium-Ion Batteries with High Energy and Power Densities, *ACS Nano*, 2019, 13 (2), 2307-2315.

100. J. Ryu, D. Hong, S. Choi, and S. Park, Synthesis of Ultrathin Si Nanosheets from Natural Clays for Lithium-Ion Battery Anodes, *ACS Nano*, 2016, 10 (2), 2843-2851.

101. S. Choi, J. Kim, D. Y. Hwang, H. Park, *et al.*, Generalized Redox-Responsive Assembly of Carbon-Sheathed Metallic and Semiconducting Nanowire Heterostructures, *Nano Lett.*, 2016, 16 (2), 1179-1185.

102. J. Ryu, S. Choi, T. Bok, and S. Park, Nanotubular structured Si-based multicomponent anodes for high-performance lithium-ion batteries with controllable pore size via coaxial electro-spinning, *Nanoscale*, 2015, 7 (14), 6126-6135.

103. J. Ryu, D. Hong, M. Shin, and S. Park, Multiscale Hyperporous Silicon Flake Anodes for High Initial Coulombic Efficiency and Cycle Stability, *ACS Nano*, 2016, 10 (11), 10589-10597.

104. Y. Sun, N. Liu, and Y. Cui, Promises and challenges of nanomaterials for lithium-based rechargeable batteries, *Nat. Energy*, 2016, 1 (7), 16071.

105. J. Ryu, T. Bok, S. Kim, and S. Park, Fundamental Understanding of Nanostructured Si Electrodes: Preparation and Characterization, *ChemNanoMat*, 2018, 4 (4), 319-337.

106. M. T. McDowell, S. W. Lee, W. D. Nix, and Y. Cui, 25th Anniversary Article: Understanding the Lithiation of Silicon and Other Alloying Anodes for Lithium-Ion Batteries, *Adv. Mater.*, 2013, 25 (36), 4966-4985.

107. X. H. Liu, L. Zhong, S. Huang, S. X. Mao, *et al.*, Size-Dependent Fracture of Silicon Nanoparticles During Lithiation, *ACS Nano*, 2012, 6 (2), 1522-1531.

108. J. Ryu, T. Chen, T. Bok, G. Song, *et al.*, Mechanical mismatch-driven rippling in carbon-coated silicon sheets for stress-resilient battery anodes, *Nat. Commun.*, 2018, 9 (1), 2924.

109. J. Ryu, M. Je, W. Choi, and S. Park, Salt-mediated extraction of nanoscale Si building blocks: composite anode for Li-ion full battery with high energy density, *Materials Advances*, 2020, 1 (8), 2797-2803.

110. N. Liu, H. Wu, M. T. McDowell, Y. Yao, *et al.*, A Yolk-Shell Design for Stabilized and Scalable Li-Ion Battery Alloy Anodes, *Nano Lett.*, 2012, 12 (6), 3315-3321.

111. J. Ryu, D. Hong, H.-W. Lee, and S. Park, Practical considerations of Si-based anodes for lithium-ion battery applications, *Nano Res.*, 2017, 10 (12), 3970-4002.

112. Y. Li, K. Yan, H.-W. Lee, Z. Lu, *et al.*, Growth of conformal graphene cages on micrometre-sized silicon particles as stable battery anodes, *Nat. Energy*, 2016, 1 (2), 15029.

113. J. Ryu, J. H. Seo, G. Song, K. Choi, *et al.*, Infinitesimal sulfur fusion yields quasi-metallic bulk silicon for stable and fast energy storage, *Nat. Commun.*, 2019, 10 (1), 2351.

114. G. Song, J. Ryu, J. C. Kim, J. H. Lee, *et al.*, Revealing salt-expedited reduction mechanism for hollow silicon microsphere formation in bi-functional halide melts, *Commun. Chem.*, 2018, 1 (1), 42.

115. X. Liu, X.-Y. Wu, B. Chang, and K.-X. Wang, Recent progress on germanium-based anodes for lithium ion batteries: Efficient lithiation strategies and mechanisms, *Energy Storage Mater.*, 2020, 30, 146-169.

116. H. Ying and W.-Q. Han, Metallic Sn-Based Anode Materials: Application in High-Performance Lithium-Ion and Sodium-Ion Batteries, *Adv. Sci.*, 2017, 4 (11), 1700298.

117. J. Ryu, H. Kim, J. Kang, H. Bark, *et al.*, Dual Buffering

Inverse Design of Three-Dimensional Graphene-Supported Sn-TiO_2 Anodes for Durable Lithium-Ion Batteries, *Small*, 2020, 16 (46), 2004861.

118. D. Kwon, J. Ryu, M. Shin, G. Song, *et al.*, Synthesis of dual porous structured germanium anodes with exceptional lithium-ion storage performance, *J. Power Sources*, 2018, 374, 217-224.

119. J. Ryu, D. Hong, S. Shin, W. Choi, *et al.*, Hybridizing germanium anodes with polysaccharide-derived nitrogen-doped carbon for high volumetric capacity of Li-ion batteries, *J. Mater. Chem. A*, 2017, 5 (30), 15828-15837.

120. B. Zhu, G. Liu, G. Lv, Y. Mu, *et al.*, Minimized lithium trapping by isovalent isomorphism for high initial Coulombic efficiency of silicon anodes, *Sci. Adv.*, 2019, 5 (11), eaax0651.

121. Y. Jin, S. Li, A. Kushima, X. Zheng, *et al.*, Self-healing SEI enables full-cell cycling of a silicon-majority anode with a coulombic efficiency exceeding 99.9%, *Energy Environ. Sci.*, 2017, 10 (2), 580-592.

122. N. Liu, Z. Lu, J. Zhao, M. T. McDowell, *et al.*, A pomegranate-inspired nanoscale design for large volume-change lithium battery anodes, *Nat. Nanotechnol.*, 2014, 9 (3), 187-192.

123. J. Li, S. Hwang, F. Guo, S. Li, *et al.*, Phase evolution of conversion-type electrode for lithium ion batteries, *Nat. Commun.*, 2019, 10 (1), 2224.

124. Y. Idota, T. Kubota, A. Matsufuji, Y. Maekawa, *et al.*, Tin-Based Amorphous Oxide: A High-Capacity Lithium-Ion-Storage Material, *Science*, 1997, 276 (5317), 1395-1397.

125. P. Poizot, S. Laruelle, S. Grugeon, L. Dupont, *et al.*, Nano-sized transition-metal oxides as negative-electrode materials for lithium-ion batteries, *Nature*, 2000, 407 (6803), 496-499.

126. J. Y. Huang, L. Zhong, C. M. Wang, J. P. Sullivan, *et al.*, In Situ Observation of the Electrochemical Lithiation of a Single SnO_2 Nanowire Electrode, *Science*, 2010, 330 (6010), 1515-1520.

127. S.-H. Yu, X. Feng, N. Zhang, J. Seok, *et al.*, Understanding Conversion-Type Electrodes for Lithium Rechargeable Batteries, *Acc. Chem. Res.*, 2018, 51 (2), 273-281.

128. Y. Tan, L. Chen, H. Chen, Q. Hou, *et al.*, Synthesis of a symmetric bundle-shaped Sb_2O_3 and its application for anode materials in lithium ion batteries, *Mater. Lett.*, 2018, 212, 103-106.

129. D. McNulty, H. Geaney, D. Buckley, and C. O'Dwyer, High capacity binder-free nanocrystalline GeO_2 inverse opal anodes for Li-ion batteries with long cycle life and stable cell voltage, *Nano Energy*, 2018, 43, 11-21.

130. W. A. Ang, N. Gupta, R. Prasanth, and S. Madhavi, High-Performing Mesoporous Iron Oxalate Anodes for Lithium-Ion Batteries, *ACS Appl. Mater. Interfaces*, 2012, 4 (12), 7011-7019.

131. L. Shao, R. Ma, K. Wu, M. Shui, *et al.*, Metal carbonates as anode materials for lithium ion batteries, *J. Alloys Compd.*, 2013, 581, 602-609.

132. M. D. Bhatt and J. Y. Lee, High capacity conversion anodes in Li-ion batteries: A review, *Int. J. Hydrogen Energy*, 2019, 44 (21), 10852-10905.

133. Y. Oumellal, A. Rougier, G. A. Nazri, J. M. Tarascon, *et al.*, Metal hydrides for lithium-ion batteries, *Nat. Mater.*, 2008, 7 (11), 916-921.

134. Q. Sun and Z.-W. Fu, $Cr_{1-x}Fe_2N$ ($0 \leqq x \leqq 1$) Ternary Transition-Metal Nitrides as Anode Materials for Lithium-Ion Batteries, *Electrochem. Solid-State Lett.*, 2008, 11 (12), A233.

135. X.-J. Wang, F. Krumeich, M. Wörle, R. Nesper, *et al.*, Niobium(V) Oxynitride: Synthesis, Characterization, and Feasibility as Anode Material for Rechargeable Lithium-Ion Batteries, *Chem. Eur. J.*, 2012, 18 (19), 5970-5978.

136. P. Geng, S. Zheng, H. Tang, R. Zhu, *et al.*, Transition Metal Sulfides Based on Graphene for Electrochemical Energy Storage, *Adv. Energy Mater.*, 2018, 8 (15), 1703259.

137. X. Y. Yu and X. W. Lou, Mixed Metal Sulfides for Electrochemical Energy Storage and Conversion, *Adv. Energy Mater.*, 2018, 8 (3), 1701592.

138. Y. Shi and B. Zhang, Recent advances in transition metal phosphide nanomaterials: synthesis and applications in hydrogen evolution reaction, *Chem. Soc. Rev.*, 2016, 45 (6), 1529-1541.

139. R. Khatib, A. L. Dalverny, M. Saubanère, M. Gaberscek, et al., Origin of the Voltage Hysteresis in the CoP Conversion Material for Li-Ion Batteries, *J. Phys. Chem. C*, 2013, 117 (2), 837-849.

140. S. Kim, H. Oguchi, N. Toyama, T. Sato, *et al.*, A complex hydride lithium superionic conductor for high-energy-density all-solid-state lithium metal batteries, *Nat. Commun.*, 2019, 10 (1), 1081.

141. W. Xu, J. Wang, F. Ding, X. Chen, *et al.*, Lithium metal anodes for rechargeable batteries, *Energy Environ. Sci.*, 2014, 7 (2), 513-537.

142. D. Lin, Y. Liu, and Y. Cui, Reviving the lithium metal anode for high-energy batteries, *Nat. Nanotechnol.*, 2017, 12 (3), 194-206.

143. S. Bai, Y. Sun, J. Yi, Y. He, *et al.*, High-Power Li-Metal Anode Enabled by Metal–Organic Framework Modified Electrolyte, *Joule*, 2018, 2 (10), 2117-2132.

144. D. Hong, Y. Choi, J. Ryu, J. Mun, *et al.*, Homogeneous Li deposition through the control of carbon dot-assisted Li-dendrite morphology for high-performance Li-metal batteries, *J. Mater. Chem. A*, 2019, 7 (35), 20325-20334.

145. Z. Yu, H. Wang, X. Kong, W. Huang, *et al.*, Molecular design for electrolyte solvents enabling energy-dense and long-cycling lithium metal batteries, *Nat. Energy*, 2020, 5 (7), 526-533.

146. Y. Chen, Z. Wang, X. Li, X. Yao, *et al.*, Li metal deposition and stripping in a solid-state battery via Coble creep, *Nature*, 2020, 578 (7794), 251-255.

147. Y.-G. Lee, S. Fujiki, C. Jung, N. Suzuki, *et al.*, High-energy long-cycling all-solid-state lithium metal batteries enabled by silver–carbon composite anodes, *Nat. Energy*, 2020, 5 (4), 299-308.

148. S. Lee, J. Hong, and K. Kang, Redox-Active Organic Compounds for Future Sustainable Energy Storage System, *Adv. Energy Mater.*, 2020, 10 (30), 2001445.

149. J. Ryu, B. Park, J. Kang, D. Hong, *et al.*, Three-Dimensional Monolithic Organic Battery Electrodes, *ACS Nano*, 2019, 13 (12), 14357-14367.

150. T. Sun, J. Xie, W. Guo, D.-S. Li, *et al.*, Covalent–Organic Frameworks: Advanced Organic Electrode Materials for Rechargeable Batteries, *Adv. Energy Mater.*, 2020, 10 (19), 1904199.

151. O. Buyukcakir, J. Ryu, S. H. Joo, J. Kang, *et al.*, Lithium Accommodation in a Redox-Active Covalent Triazine Framework for High Areal Capacity and Fast-Charging Lithium-Ion Batteries, *Adv. Funct. Mater.*, 2020, 30 (36), 2003761.

152. J. Kim, J. H. Kim, and K. Ariga, Redox-Active Polymers for Energy Storage Nanoarchitectonics, *Joule*, 2017, 1 (4), 739-768.

153. A. Saal, T. Hagemann, and U. S. Schubert, Polymers for Battery Applications—Active Materials, Membranes, and Binders, *Adv. Energy Mater.*, 2020, n/a (n/a), 2001984.

154. D. Liu, Y. Zhao, R. Tan, L.-L. Tian, *et al.*, Novel conductive binder for high-performance silicon anodes in lithium ion batteries, *Nano Energy*, 2017, 36, 206-212.

155. H. Nishide, S. Iwasa, Y.-J. Pu, T. Suga, *et al.*, Organic radical battery: nitroxide polymers as a cathode-active material, *Electrochim. Acta*, 2004, 50 (2), 827-831.

156. T.-w. Kwon, J. W. Choi, and A. Coskun, Prospect for Supramolecular Chemistry in High-Energy-Density Rechargeable Batteries, *Joule*, 2019, 3 (3), 662-682.

157. A. Magasinski, B. Zdyrko, I. Kovalenko, B. Hertzberg, *et al.*, Toward Efficient Binders for Li-Ion Battery Si-Based Anodes: Polyacrylic Acid, *ACS Appl. Mater. Interfaces*, 2010, 2 (11), 3004-3010.

158. B. Koo, H. Kim, Y. Cho, K. T. Lee, *et al.*, A Highly Cross-Linked Polymeric Binder for High-Performance Silicon Negative Electrodes in Lithium Ion Batteries, *Angew. Chem., Int. Ed.*, 2012, 51 (35), 8762-8767.

159. C. Wang, H. Wu, Z. Chen, M. T. McDowell, *et al.*, Self-healing chemistry enables the stable operation of silicon microparticle anodes for high-energy lithium-ion batteries, *Nat. Chem.*, 2013, 5 (12), 1042-1048.

160. Z. Xu, J. Yang, T. Zhang, Y. Nuli, *et al.*, Silicon Microparticle Anodes with Self-Healing Multiple Network Binder, *Joule*, 2018, 2 (5), 950-961.

161. Y. K. Jeong and J. W. Choi, Mussel-Inspired Self-Healing Metallopolymers for Silicon Nanoparticle Anodes, *ACS Nano*, 2019, 13 (7), 8364-8373.

162. S. Choi, T.-w. Kwon, A. Coskun, and J. W. Choi, Highly elastic binders integrating polyrotaxanes for silicon microparticle anodes in lithium ion batteries, *Science*, 2017, 357 (6348), 279-283.

163. J. Drofenik, M. Gaberscek, R. Dominko, F. W. Poulsen, *et al.*, Cellulose as a binding material in graphitic anodes for Li ion batteries: a performance and degradation study, *Electrochim. Acta*, 2003, 48 (7), 883-889.

164. C. Chen, S. H. Lee, M. Cho, J. Kim, *et al.*, Cross-Linked Chitosan as an Efficient Binder for Si Anode of Li-ion Batteries, *ACS Appl. Mater. Interfaces*, 2016, 8 (4), 2658-2665.

165. J. Ryu, S. Kim, J. Kim, S. Park, *et al.*, Room-Temperature Crosslinkable Natural Polymer Binder for High-Rate and Stable Silicon Anodes, *Adv. Funct. Mater.*, 2020, 30 (9), 1908433.

166. G. Hwang, J.-M. Kim, D. Hong, C.-K. Kim, *et al.*, Multifunctional natural agarose as an alternative material for high-performance rechargeable lithium-ion batteries, *Green Chem.*, 2016, 18 (9), 2710-2716.

167. Z. Xue, D. He, and X. Xie, Poly(ethylene oxide)-based electrolytes for lithium-ion batteries, *J. Mater. Chem. A*, 2015, 3 (38), 19218-19253.

168. L. Yan, X. Gao, F. Wahid-Pedro, J. T. Ernest Quinn, *et al.*, A novel epoxy resin-based cathode binder for low cost, long cycling life, and high-energy lithium–sulfur batteries, *J. Mater. Chem. A*, 2018, 6 (29), 14315-14323.

169. T. M. Higgins, S.-H. Park, P. J. King, C. Zhang, *et al.*, A Commercial Conducting Polymer as Both Binder and Conductive Additive for Silicon Nanoparticle-Based Lithium-Ion Battery Negative Electrodes, *ACS Nano*, 2016, 10 (3), 3702-3713.

170. S. Kim, Y. K. Jeong, Y. Wang, H. Lee, *et al.*, A "Sticky" Mucin-Inspired DNA-Polysaccharide Binder for Silicon and Silicon–Graphite Blended Anodes in Lithium-Ion Batteries, *Adv. Mater.*, 2018, 30 (26), 1707594.

171. H. Lee, M. Yanilmaz, O. Toprakci, K. Fu, *et al.*, A review of recent developments in membrane separators for rechargeable lithium-ion batteries, *Energy Environ. Sci.*, 2014, 7 (12), 3857-3886.

172. M. F. Lagadec, R. Zahn, and V. Wood, Characterization and performance evaluation of lithium-ion battery separators, *Nat. Energy*, 2019, 4 (1), 16-25.

173. R. P. Westhoff, F. H. Otey, C. L. Mehltretter, and C. R. Russell, Starch-Filled Polyvinyl Chloride Plastics-Preparation and Evaluation, *Product R&D*, 1974, 13 (2), 123-125.

174. M. Shin, W.-J. Song, J.-G. Han, C. Hwang, *et al.*, Metamorphosis of Seaweeds into Multitalented Materials for Energy Storage Applications, *Adv. Energy Mater.*, 2019, 9 (19), 1900570.

175. A. Bottino, G. Camera-Roda, G. Capannelli, and S. Munari, The formation of microporous polyvinylidene difluoride membranes by phase separation, *J. Membr. Sci.*, 1991, 57 (1), 1-20.

176. B. Jung, Preparation of hydrophilic polyacrylonitrile blend membranes for ultrafiltration, *J. Membr. Sci.*, 2004, 229 (1), 129-136.

177. Q. Shi, M. Yu, X. Zhou, Y. Yan, *et al.*, Structure and performance of porous polymer electrolytes based on P(-VDF-HFP) for lithium ion batteries, *J. Power Sources*, 2002, 103 (2), 286-292.

178. Y. Li, H. Pu, and Y. Wei, Polypropylene/polyethylene multilayer separators with enhanced thermal stability for lithium-ion battery via multilayer coextrusion, *Electrochim. Acta*, 2018, 264, 140-149.

179. J. Y. Kim, Y. Lee, and D. Y. Lim, Plasma modified polyethylene membrane as a separator for lithium-ion polymer battery, *Electrochim. Acta*, 2009, 54 (14), 3714-3719.

180. J. R. Kim, S. W. Choi, S. M. Jo, W. S. Lee, *et al.*, Characterization and Properties of P(VdF-HFP)-Based Fibrous Polymer Electrolyte Membrane Prepared by Electrospinning, *J. Electrochem. Soc.*, 2005, 152 (2), A295.

181. Y. Liang, S. Cheng, J. Zhao, C. Zhang, *et al.*, Heat treatment of electrospun Polyvinylidene fluoride fibrous membrane separators for rechargeable lithium-ion batteries, *J. Power Sources*, 2013, 240, 204-211.

182. F. Croce, R. Curini, A. Martinelli, L. Persi, *et al.*, Physical and Chemical Properties of Nanocomposite Polymer Electrolytes, *J. Phys. Chem. B*, 1999, 103 (48), 10632-10638.

183. Y. Liang, L. Ji, B. Guo, Z. Lin, *et al.*, Preparation and electrochemical characterization of ionic-conducting lithium lanthanum titanate oxide/polyacrylonitrile submicron composite fiber-based lithium-ion battery separators, *J. Power Sources*, 2011, 196 (1), 436-441.

184. S. Randau, D. A. Weber, O. Kötz, R. Koerver, *et al.*, Benchmarking the performance of all-solid-state lithium batteries, *Nat. Energy*, 2020, 5 (3), 259-270.

185. D. L. Wood, J. Li, and C. Daniel, Prospects for reducing the processing cost of lithium ion batteries, *J. Power Sources*, 2015, 275, 234-242.

186. X. Zhang, E. Sahraei, and K. Wang, Deformation and failure characteristics of four types of lithium-ion battery separators, *J. Power Sources*, 2016, 327, 693-701.

187. M. Winter, The Solid Electrolyte Interphase – The Most Important and the Least Understood Solid Electrolyte in Rechargeable Li Batteries, *Z. Phys. Chem.*, 2009, 223 (10-11), 1395-1406.

188. J. Zheng, J. A. Lochala, A. Kwok, Z. D. Deng, *et al.*, Research Progress towards Understanding the Unique Interfaces between Concentrated Electrolytes and Electrodes for Energy Storage Applications, *Adv. Sci.*, 2017, 4 (8), 1700032.

189. O. O. Postupna, Y. V. Kolesnik, O. N. Kalugin, and O. V. Prezhdo, Microscopic Structure and Dynamics of $LiBF_4$ Solutions in Cyclic and Linear Carbonates, *J. Phys. Chem. B*, 2011, 115 (49), 14563-14571.

190. C. M. Burba and R. Frech, Spectroscopic Measurements of Ionic Association in Solutions of $LiPF_6$, *J. Phys. Chem. B*, 2005, 109 (31), 15161-15164.

191. X. Bogle, R. Vazquez, S. Greenbaum, A. v. W. Cresce, et al., Understanding Li^+ – Solvent Interaction in Nonaqueous Carbonate Electrolytes with ^{17}O NMR, *J. Phys. Chem. Lett.*, 2013, 4 (10), 1664-1668.

192. M. Morita, Y. Asai, N. Yoshimoto, and M. Ishikawa, A Raman spectroscopic study of organic electrolyte solutions based on binary solvent systems of ethylene carbonate with low viscosity solvents which dissolve different lithium salts, *J. Chem. Soc., Faraday Trans.*, 1998, 94 (23), 3451-3456.

193. A. von Cresce and K. Xu, Preferential Solvation of Li^+ Directs Formation of Interphase on Graphitic Anode, *Electrochem. Solid-State Lett.*, 2011, 14 (10), A154-A156.

194. K. Xu and A. von Wald Cresce, Li^+-solvation/desolvation dictates interphasial processes on graphitic anode in Li ion cells, *J. Mater. Res.*, 2012, 27 (18), 2327-2341.

195. L. Yang, A. Xiao, and B. L. Lucht, Investigation of solvation in lithium ion battery electrolytes by NMR spectroscopy, *J. Mol. Liq.*, 2010, 154 (2), 131-133.

196. D. M. Seo, O. Borodin, S.-D. Han, Q. Ly, *et al.*, Electrolyte Solvation and Ionic Association, *J. Electrochem. Soc.*, 2012, 159 (5), A553-A565.

197. D. M. Seo, O. Borodin, D. Balogh, M. O'Connell, et al., Electrolyte Solvation and Ionic Association III. Acetonitrile-Lithium Salt Mixtures – Transport Properties, *J. Electrochem. Soc.*, 2013, 160 (8), A1061-A1070.

198. T. Abe, H. Fukuda, Y. Iriyama, and Z. Ogumi, Solvated Li-Ion Transfer at Interface Between Graphite and Electrolyte, *J. Electrochem. Soc.*, 2004, 151 (8), A1120-A1123.

199. A. von Wald Cresce, M. Gobet, O. Borodin, J. Peng, *et al.*, Anion Solvation in Carbonate-Based Electrolytes, *J. Phys. Chem. C*, 2015, 119 (49), 27255-27264.

200. L. Wang, Z. Luo, H. Xu, N. Piao, *et al.*, Anion effects on the solvation structure and properties of imide lithium salt-based electrolytes, *RSC Adv.*, 2019, 9 (71), 41837-41846.

201. X. Zhang, Y. Tang, F. Zhang, and C.-S. Lee, A Novel Aluminum – Graphite Dual-Ion Battery, *Adv. Energy Mater.*, 2016, 6 (11), 1502588.

202. M. Wang and Y. Tang, A Review on the Features and Progress of Dual-Ion Batteries, *Adv. Energy Mater.*, 2018, 8 (19), 1703320.

203. S. K. Heiskanen, J. Kim, and B. L. Lucht, Generation and Evolution of the Solid Electrolyte Interphase of Lithium-Ion Batteries, *Joule*, 2019, 3 (10), 2322-2333.

204. K. Xu, Nonaqueous Liquid Electrolytes for Lithium-Based Rechargeable Batteries, *Chem. Rev.*, 2004, 104 (10), 4303-4418.

205. S.-K. Jeong, M. Inaba, Y. Iriyama, T. Abe, *et al.*, Electrochemical Intercalation of Lithium Ion within Graphite from Propylene Carbonate Solutions, *Electrochem. Solid-State Lett.*, 2003, 6 (1), A13-A15.

206. B. Zhang, M. Metzger, S. Solchenbach, M. Payne, *et al.*, Role of 1,3-Propane Sultone and Vinylene Carbonate in Solid Electrolyte Interface Formation and Gas Generation, *J. Phys. Chem. C*, 2015, 119 (21), 11337-11348.

207. M. E. Spahr, T. Palladino, H. Wilhelm, A. WÜrsig, *et al.*, Exfoliation of Graphite during Electrochemical Lithium Insertion in Ethylene Carbonate-Containing Electrolytes, *J. Electrochem. Soc.*, 2004, 151 (9), A1383-A1395.

208. S. S. Zhang, A review on electrolyte additives for lithium-ion batteries, *J. Power Sources*, 2006, 162 (2), 1379-1394.

209. K. U. Schwenke, S. Solchenbach, J. Demeaux, B. L. Lucht, *et al.*, The Impact of CO_2 Evolved from VC and FEC during Formation of Graphite Anodes in Lithium-Ion Batteries, *J. Electrochem. Soc.*, 2019, 166 (10), A2035-A2047.

210. M. Nie, J. Demeaux, B. T. Young, D. R. Heskett, *et al.*, Effect of Vinylene Carbonate and Fluoroethylene Carbonate on SEI Formation on Graphitic Anodes in Li-Ion Batteries, *J. Electrochem. Soc.*, 2015, 162 (13), A7008-A7014.

211. A. M. Haregewoin, A. S. Wotango, and B.-J. Hwang, Electrolyte additives for lithium ion battery electrodes: progress and perspectives, *Energy Environ. Sci.*, 2016, 9 (6), 1955-1988.

212. D. Aurbach, Y. Talyosef, B. Markovsky, E. Markevich, *et al.*, Design of electrolyte solutions for Li and Li-ion batteries: a review, *Electrochim. Acta*, 2004, 50 (2), 247-254.

213. T. Hou, G. Yang, N. N. Rajput, J. Self, *et al.*, The influence of FEC on the solvation structure and reduction reaction of LiPF6/EC electrolytes and its implication for solid electrolyte interphase formation, *Nano Energy*, 2019, 64, 103881.

214. A. L. Michan, B. S. Parimalam, M. Leskes, R. N. Kerber, *et al.*, Fluoroethylene Carbonate and Vinylene Carbonate Reduction: Understanding Lithium-Ion Battery Electrolyte Additives and Solid Electrolyte Interphase Formation, *Chem. Mater.*, 2016, 28 (22), 8149-8159.

215. V. Etacheri, O. Haik, Y. Goffer, G. A. Roberts, *et al.*, Effect of Fluoroethylene Carbonate (FEC) on the Performance and Surface Chemistry of Si-Nanowire Li-Ion Battery Anodes, *Langmuir*, 2012, 28 (1), 965-976.

216. M. Nie, D. P. Abraham, Y. Chen, A. Bose, *et al.*, Silicon Solid Electrolyte Interphase (SEI) of Lithium Ion Battery Characterized by Microscopy and Spectroscopy, *J. Phys. Chem. C*, 2013, 117 (26), 13403-13412.

217. Z. L. Brown, S. Jurng, C. C. Nguyen, and B. L. Lucht, Effect of Fluoroethylene Carbonate Electrolytes on the Nanostructure of the Solid Electrolyte Interphase and Performance of Lithium Metal Anodes, *ACS Appl. Energy Mater.*, 2018, 1 (7), 3057-3062.

218. M.-S. Wu, J.-C. Lin, and P.-C. J. Chiang, A Silver Hexafluorophosphate Additive to Propylene Carbonate-Based Electrolytes for Lithium-Ion Batteries, *Electrochem. Solid-State Lett.*, 2004, 7 (7), A206-A208.

219. Q. Huang, T. Wang, M. Yan, and Z. Jiang, Ammonium Perfluorocaprylate, *J. Electrochem. Soc.*, 2006, 153 (12), A2363-A2369.

220. X. Hao, P. Liu, Z. Zhang, Y. Lai, *et al.*, Tetraethylammonium Tetrafluoroborate as Additive to Improve the Performance of $LiFePO_4$/Artificial Graphite Cells, *Electrochem. Solid-State Lett.*, 2010, 13 (8), A118-A120.

221. H. Dai, K. Xi, X. Liu, C. Lai, *et al.*, Cationic Surfactant-Based Electrolyte Additives for Uniform Lithium Deposition via Lithiophobic Repulsion Mechanisms, *J. Am. Chem. Soc.*, 2018, 140 (50), 17515-17521.

222. S. Komaba, T. Itabashi, M. Watanabe, H. Groult, *et al.*, Electrochemistry of Graphite in Li and Na Salt Codissolving Electrolyte for Rechargeable Batteries, *J. Electrochem. Soc.*, 2007, 154 (4), A322-A330.

223. S. Komaba, T. Itabashi, B. Kaplan, H. Groult, *et al.*, Enhancement of Li-ion battery performance of graphite anode by sodium ion as an electrolyte additive, *Electrochem. Commun.*, 2003, 5 (11), 962-966.

224. J.-S. Shin, C.-H. Han, U.-H. Jung, S.-I. Lee, *et al.*, Effect of Li_2CO_3 additive on gas generation in lithium-ion batteries, *J. Power Sources*, 2002, 109 (1), 47-52.

225. K. Xu, Tailoring Electrolyte Composition for LiBOB, *J. Electrochem. Soc.*, 2008, 155 (10), A733-A738.

226. K. Xu, S. Zhang, B. A. Poese, and T. R. Jow, Lithium Bis(oxalato)borate Stabilizes Graphite Anode in Propylene Carbonate, *Electrochem. Solid-State Lett.*, 2002, 5 (11), A259-A262.

227. G. V. Zhuang, K. Xu, T. R. Jow, and P. N. Ross, Study of SEI Layer Formed on Graphite Anodes in PC/LiBOB Electrolyte Using IR Spectroscopy, *Electrochem. Solid-State Lett.*, 2004, 7 (8), A224-A227.

228. K. Xu, U. Lee, S. Zhang, M. Wood, *et al.*, Chemical Analysis of Graphite/Electrolyte Interface Formed in LiBOB-Based Electrolytes, *Electrochem. Solid-State Lett.*, 2003, 6 (7), A144-A148.

229. N.-S. Choi, K. H. Yew, H. Kim, S.-S. Kim, *et al.*, Surface layer formed on silicon thin-film electrode in lithium bis(oxalato) borate-based electrolyte, *J. Power Sources*, 2007, 172 (1), 404-409.

230. M.-Q. Li, M.-Z. Qu, X.-Y. He, and Z.-L. Yu, Electrochemical Performance of Si/Graphite/Carbon Composite Electrode in Mixed Electrolytes Containing LiBOB and $LiPF_6$, *J. Electrochem. Soc.*, 2009, 156 (4), A294-A298.

231. D. P. Abraham, M. M. Furczon, S. H. Kang, D. W. Dees, *et al.*, Effect of electrolyte composition on initial cycling and impedance characteristics of lithium-ion cells, *J. Power Sources*, 2008, 180 (1), 612-620.

232. S. H. Kang, D. P. Abraham, A. Xiao, and B. L. Lucht, Investigating the solid electrolyte interphase using binder-free graphite electrodes, *J. Power Sources*, 2008, 175 (1), 526-532.

233. I. A. Shkrob, Y. Zhu, T. W. Marin, and D. P. Abraham, Mechanistic Insight into the Protective Action of Bis(oxalato)borate and Difluoro(oxalate)borate Anions in Li-Ion Batteries, *J. Phys. Chem.* C, 2013, 117 (45), 23750-23756.

234. C. Täubert, M. Fleischhammer, M. Wohlfahrt-Mehrens, U. Wietelmann, *et al.*, LiBOB as Electrolyte Salt or Additive for Lithium Ion Batteries Based on $LiNi_{0.8}Co_{0.15}Al_{0.05}O_2$/Graphite, *J. Electrochem. Soc.*, 2010, 157 (6), A721-A728.

235. S. Dalavi, M. Xu, B. Knight, and B. L. Lucht, Effect of Added LiBOB on High Voltage ($LiNi_{0.5}Mn_{1.5}O_4$) Spinel Cathodes, *Electrochem. Solid-State Lett.*, 2011, 15 (2), A28-A31.

236. V. Aravindan, Y. L. Cheah, W. C. Ling, and S. Madhavi, Effect of LiBOB Additive on the Electrochemical Performance of $LiCoPO_4$, *J. Electrochem. Soc.*, 2012, 159 (9), A1435-A1439.

237. M. H. Fu, K. L. Huang, S. Q. Liu, J. S. Liu, *et al.*, Lithium difluoro(oxalato)borate/ethylene carbonate+propylene carbonate+ethyl(methyl) carbonate electrolyte for $LiMn_2O_4$ cathode, *J. Power Sources*, 2010, 195 (3), 862-866.

238. L. Yang, T. Markmaitree, and B. L. Lucht, Inorganic additives for passivation of high voltage cathode materials, *J. Power Sources*, 2011, 196 (4), 2251-2254.

239. Y. Zhu, Y. Li, M. Bettge, and D. P. Abraham, Positive Electrode Passivation by LiDFOB Electrolyte Additive in High-Capacity Lithium-Ion Cells, *J. Electrochem. Soc.*, 2012, 159 (12), A2109-A2117.

240. A. Wang, S. Kadam, H. Li, S. Shi, *et al.*, Review on modeling of the anode solid electrolyte interphase (SEI) for lithium-ion batteries, *Npj Comput. Mater.*, 2018, 4 (1), 15.

241. A. N. Dey and B. P. Sullivan, The Electrochemical Decomposition of Propylene Carbonate on Graphite, *J. Electrochem. Soc.*, 1970, 117 (2), 222.

242. G. Nazri and R. H. Muller, Composition of Surface Layers on Li Electrodes in PC, $LiClO_4$ of Very Low Water Content, *J. Electrochem. Soc.*, 1985, 132 (9), 2050-2054.

243. D. Aurbach, M. L. Daroux, P. W. Faguy, and E. Yeager, Identification of Surface Films Formed on Lithium in Propylene Carbonate Solutions, *J. Electrochem. Soc.*, 1987, 134 (7), 1611-1620.

244. E. Peled, D. Golodnitsky, and G. Ardel, Advanced Model for Solid Electrolyte Interphase Electrodes in Liquid and Polymer Electrolytes, *J. Electrochem. Soc.*, 1997, 144 (8), L208-L210.

245. D. Aurbach, Y. Ein-Ely, and A. Zaban, The Surface Chemistry of Lithium Electrodes in Alkyl Carbonate Solutions, *J. Electrochem. Soc.*, 1994, 141 (1), L1-L3.

246. A. Schechter, D. Aurbach, and H. Cohen, X-ray Photoelectron Spectroscopy Study of Surface Films Formed on Li Electrodes Freshly Prepared in Alkyl Carbonate Solutions, *Langmuir*, 1999, 15 (9), 3334-3342.

247. K. Kanamura, H. Tamura, S. Shiraishi, and Z.-I. Takehara, XPS analysis for the lithium surface immersed in γ-butyrolactone containing various salts, *Electrochim. Acta*, 1995, 40 (7), 913-921.

248. K. Kanamura, H. Tamura, and Z.-i. Takehara, XPS analysis of a lithium surface immersed in propylene carbonate solution containing various salts, *J. Electroanal. Chem.*, 1992, 333 (1), 127-142.

249. K. Kanamura, H. Tamura, S. Shiraishi, and Z.-i. Takehara, Morphology and chemical compositions of surface films of lithium deposited on a Ni substrate in nonaqueous electrolytes, *J. Electroanal. Chem.*, 1995, 394 (1), 49-62.

250. J. Zhang, R. Wang, X. Yang, W. Lu, *et al.*, Direct Observation of Inhomogeneous Solid Electrolyte Interphase on MnO Anode with Atomic Force Microscopy and Spectroscopy, *Nano Lett.*, 2012, 12 (4), 2153-2157.

251. S. Shi, P. Lu, Z. Liu, Y. Qi, *et al.*, Direct Calculation of Li-Ion Transport in the Solid Electrolyte Interphase, *J. Am. Chem. Soc.*, 2012, 134 (37), 15476-15487.

252. J. Zheng, H. Zheng, R. Wang, L. Ben, *et al.*, 3D visualization of inhomogeneous multi-layered structure and Young's modulus of the solid electrolyte interphase (SEI) on silicon anodes for lithium ion batteries, *Phys. Chem. Chem. Phys.*, 2014, 16 (26), 13229-13238.

253. W. Huang, D. T. Boyle, Y. Li, Y. Li, *et al.*, Nanostructural and Electrochemical Evolution of the Solid-Electrolyte Interphase on CuO Nanowires Revealed by Cryogenic-Electron Microscopy and Impedance Spectroscopy, *ACS Nano*, 2019, 13 (1), 737-744.

254. J. Nanda, G. Yang, T. Hou, D. N. Voylov, *et al.*, Unraveling the Nanoscale Heterogeneity of Solid Electrolyte Interphase Using Tip-Enhanced Raman Spectroscopy, *Joule*, 2019, 3 (8), 2001-2019.

255. A. Chu and P. Braatz, Comparison of commercial supercapacitors and high-power lithium-ion batteries for power-assist applications in hybrid electric vehicles: I. Initial characterization, *J. Power Sources*, 2002, 112 (1), 236-246.

256. Y. Shao, M. F. El-Kady, J. Sun, Y. Li, *et al.*, Design and Mechanisms of Asymmetric Supercapacitors, *Chem. Rev.*, 2018, 118 (18), 9233-9280.

257. L. L. Zhang and X. S. Zhao, Carbon-based materials as supercapacitor electrodes, *Chem. Soc. Rev.*, 2009, 38 (9), 2520-2531.

258. Y. Zhai, Y. Dou, D. Zhao, P. F. Fulvio, *et al.*, Carbon Materials for Chemical Capacitive Energy Storage, *Adv. Mater.*, 2011, 23 (42), 4828-4850.

259. E. Frackowiak and F. Béguin, Carbon materials for the electrochemical storage of energy in capacitors, *Carbon*, 2001, 39 (6), 937-950.

260. A. G. Pandolfo and A. F. Hollenkamp, Carbon properties and their role in supercapacitors, *J. Power Sources*, 2006, 157 (1), 11-27.

261. M. Winter and R. J. Brodd, What Are Batteries, Fuel Cells, and Supercapacitors?, *Chem. Rev.*, 2004, 104 (10), 4245-4270.

262. J. Xia, F. Chen, J. Li, and N. Tao, Measurement of the quantum capacitance of graphene, *Nat. Nanotechnol.*, 2009, 4 (8), 505-509.

263. M. D. Stoller, C. W. Magnuson, Y. Zhu, S. Murali, *et al.*, Interfacial capacitance of single layer graphene, *Energy Environ. Sci.*, 2011, 4 (11), 4685-4689.

264. Y. Wang, Z. Shi, Y. Huang, Y. Ma, *et al.*, Supercapacitor Devices Based on Graphene Materials, *J. Phys. Chem. C*, 2009, 113 (30), 13103-13107.

265. X. Zhao, B. M. Sánchez, P. J. Dobson, and P. S. Grant, The role of nanomaterials in redox-based supercapacitors for next generation energy storage devices, *Nanoscale*, 2011, 3 (3), 839-855.

266. V. Augustyn, P. Simon, and B. Dunn, Pseudocapacitive oxide materials for high-rate electrochemical energy storage, *Energy Environ. Sci.*, 2014, 7 (5), 1597-1614.

267. B. E. Conway, V. Birss, and J. Wojtowicz, The role and utilization of pseudocapacitance for energy storage by supercapacitors, *J. Power Sources*, 1997, 66 (1), 1-14.

268. S. Trasatti and G. Buzzanca, Ruthenium dioxide: A new interesting electrode material. Solid state structure and electrochemical behaviour, *J. Electroanal. Chem.*, 1971, 29 (2), A1-A5.

269. J. W. Kim, V. Augustyn, and B. Dunn, The Effect of Crystallinity on the Rapid Pseudocapacitive Response of Nb_2O_5, *Adv. Energy Mater.*, 2012, 2 (1), 141-148.

270. S. Södergren, H. Siegbahn, H. Rensmo, H. Lindström, et al., Lithium Intercalation in Nanoporous Anatase TiO_2 Studied with XPS, *J. Phys. Chem. B*, 1997, 101 (16), 3087-3090.

271. M. Sathiya, A. S. Prakash, K. Ramesha, J. M. Tarascon, *et al.*, V_2O_5-Anchored Carbon Nanotubes for Enhanced Electrochemical Energy Storage, *J. Am. Chem. Soc.*, 2011, 133 (40), 16291-16299.

272. T. Brezesinski, J. Wang, J. Polleux, B. Dunn, *et al.*, Templated Nanocrystal-Based Porous TiO_2 Films for Next-Generation Electrochemical Capacitors, *J. Am. Chem. Soc.*, 2009, 131 (5), 1802-1809.

273. B. Akinwolemiwa, C. Peng, and G. Z. Chen, Redox Electrolytes in Supercapacitors, *J. Electrochem. Soc.*, 2015, 162 (5), A5054-A5059.

274. C. Zhong, Y. Deng, W. Hu, J. Qiao, *et al.*, A review of electrolyte materials and compositions for electrochemical supercapacitors, *Chem. Soc. Rev.*, 2015, 44 (21), 7484-7539.

275. L. Suo, O. Borodin, T. Gao, M. Olguin, *et al.*, "Water-in-salt" electrolyte enables high-voltage aqueous lithium-ion chemistries, *Science*, 2015, 350 (6263), 938-943.

276. V. Khomenko, E. Raymundo-Piñero, and F. Béguin, High-energy density graphite/AC capacitor in organic electrolyte, *J. Power Sources*, 2008, 177 (2), 643-651.

277. H. A. Andreas, Self-Discharge in Electrochemical Capacitors: A Perspective Article, *J. Electrochem. Soc.*, 2015, 162 (5), A5047-A5053.

278. A. Izadi-Najafabadi, S. Yasuda, K. Kobashi, T. Yamada, *et al.*, Extracting the Full Potential of Single-Walled Carbon Nanotubes as Durable Supercapacitor Electrodes Operable at 4 V with High Power and Energy Density, *Adv. Mater.*, 2010, 22 (35), E235-E241.

279. H. Sun, Z. Xu, and C. Gao, Multifunctional, Ultra-Flyweight, Synergistically Assembled Carbon Aerogels, *Adv. Mater.*, 2013, 25 (18), 2554-2560.

280. Y. Lv, L. Ding, X. Wu, N. Guo, *et al.*, Coal-based 3D hierarchical porous carbon aerogels for high performance and super-long life supercapacitors, *Sci. Rep.*, 2020, 10 (1), 7022.

281. S. Zhang, L. Sui, H. Dong, W. He, *et al.*, High-Performance Supercapacitor of Graphene Quantum Dots with Uniform Sizes, *ACS Appl. Mater. Interfaces*, 2018, 10 (15), 12983-12991.

282. R. Cruz-Silva, A. Morelos-Gomez, H.-i. Kim, H.-k. Jang, *et al.*, Super-stretchable Graphene Oxide Macroscopic Fibers with Outstanding Knotability Fabricated by Dry Film Scrolling, *ACS Nano*, 2014, 8 (6), 5959-5967.

283. L. Manjakkal, C. G. Núñez, W. Dang, and R. Dahiya, Flexible self-charging supercapacitor based on graphene-Ag-3D graphene foam electrodes, *Nano Energy*, 2018, 51, 604-612.

284. A. Kausar, Overview on conducting polymer in energy storage and energy conversion system, *J. Macromol. Sci. Part A*, 2017, 54 (9), 640-653.

285. J. N. Coleman, U. Khan, W. J. Blau, and Y. K. Gun'ko, Small but strong: A review of the mechanical properties of carbon nanotube–polymer composites, *Carbon*, 2006, 44 (9), 1624-1652.

286. Y. Zhou, P. Jin, Y. Zhou, and Y. Zhu, High-performance symmetric supercapacitors based on carbon nanotube/graphite nanofiber nanocomposites, *Sci. Rep.*, 2018, 8 (1), 9005.

287. N. Shimodaira and A. Masui, Raman spectroscopic investigations of activated carbon materials, *J. Appl. Phys.*, 2002, 92 (2), 902-909.

288. Y. Jang, J. Jo, H. Jang, I. Kim, *et al.*, Activated carbon/manganese dioxide hybrid electrodes for high performance thin film supercapacitors, *Appl. Phys. Lett.*, 2014, 104 (24), 243901.

289. C. Masarapu, L.-P. Wang, X. Li, and B. Wei, Tailoring Electrode/Electrolyte Interfacial Properties in Flexible Supercapacitors by Applying Pressure, *Adv. Energy Mater.*, 2012, 2 (5), 546-552.

290. K. Zhu, Y. Wang, J. A. Tang, S. Guo, *et al.*, A high-performance supercapacitor based on activated carbon fibers with an optimized pore structure and oxygen-containing functional groups, *Mater. Chem. Front.*, 2017, 1 (5), 958-966.

291. H. Y. Lee and J. B. Goodenough, Supercapacitor Behavior with KCl Electrolyte, *J. Solid State Chem.*, 1999, 144 (1), 220-223.

292. B. Zhu, S. Tang, S. Vongehr, H. Xie, *et al.*, Hierarchically MnO_2 – Nanosheet Covered Submicrometer-$FeCo_2O_4$-Tube Forest as Binder-Free Electrodes for High Energy Density All-Solid-State Supercapacitors, *ACS Appl. Mater. Interfaces*, 2016, 8 (7), 4762-4770.

293. M. Huang, R. Mi, H. Liu, F. Li, *et al.*, Layered manganese oxides-decorated and nickel foam-supported carbon nanotubes as advanced binder-free supercapacitor electrodes, *J. Power Sources*, 2014, 269, 760-767.

294. X. Qi, W. Zheng, X. Li, and G. He, Multishelled NiO Hollow Microspheres for High-performance Supercapacitors with Ultrahigh Energy Density and Robust Cycle Life, *Sci. Rep.*, 2016, 6 (1), 33241.

295. V. D. Nithya and N. S. Arul, Review on α-Fe_2O_3 based negative electrode for high performance supercapacitors, *J. Power Sources*, 2016, 327, 297-318.

296. X.-F. Lu, X.-Y. Chen, W. Zhou, Y.-X. Tong, *et al.*, α-Fe_2O_3@PANI Core – Shell Nanowire Arrays as Negative Electrodes for Asymmetric Supercapacitors, *ACS Appl. Mater. Interfaces*, 2015, 7 (27), 14843-14850.

297. C. Wu, J. Cai, Y. Zhu, and K. Zhang, Hybrid Reduced Graphene Oxide Nanosheet Supported Mn – Ni – Co Ternary Oxides for Aqueous Asymmetric Supercapacitors, *ACS Appl. Mater. Interfaces*, 2017, 9 (22), 19114-19123.

298. H. Tang, Q. Hu, M. Zheng, Y. Chi, *et al.*, MXene – 2D layered electrode materials for energy storage, *Prog. Nat. Sci.*, 2018, 28 (2), 133-147.

299. S. Zhao, H.-B. Zhang, J.-Q. Luo, Q.-W. Wang, *et al.*, Highly Electrically Conductive Three-Dimensional $Ti_3C_2T_x$ MXene/Reduced Graphene Oxide Hybrid Aerogels with Excellent Electromagnetic Interference Shielding Performances, *ACS Nano*, 2018, 12 (11), 11193-11202.

300. X. He, T. Bi, X. Zheng, W. Zhu, *et al.*, Nickel cobalt sulfide nanoparticles grown on titanium carbide MXenes for high-performance supercapacitor, *Electrochim. Acta*, 2020, 332, 135514.

301. J. Fu, L. Li, J. M. Yun, D. Lee, *et al.*, Two-dimensional titanium carbide (MXene)-wrapped sisal-Like $NiCo_2S_4$ as positive electrode for High-performance hybrid pouch-type asymmetric supercapacitor, *Chem. Eng. J.*, 2019, 375, 121939.

302. Z. Li, H. Duan, M. Shao, J. Li, *et al.*, Ordered-Vacancy-Induced Cation Intercalation into Layered Double Hydroxides: A General Approach for High-Performance Supercapacitors, *Chem*, 2018, 4 (9), 2168-2179.

303. G. Mishra, B. Dash, S. Pandey, and D. Sethi, Ternary layered double hydroxides (LDH) based on Cu- substituted ZnAl for the design of efficient antibacterial ceramics, *Applied Clay Science*, 2018, 165, 214-222.

304. H. Niu, X. Yang, Q. Wang, X. Jing, *et al.*, Electrostatic self-assembly of MXene and edge-rich CoAl layered double hydroxide on molecular-scale with superhigh volumetric performances, *J. Energy Chem.*, 2020, 46, 105-113.

305. V. Aravindan, J. Gnanaraj, Y.-S. Lee, and S. Madhavi, Insertion-Type Electrodes for Nonaqueous Li-Ion Capacitors, *Chem. Rev.*, 2014, 114 (23), 11619-11635.

306. H. Gu, Y.-E. Zhu, J. Yang, J. Wei, *et al.*, Nanomaterials and Technologies for Lithium-Ion Hybrid Supercapacitors, *ChemNanoMat*, 2016, 2 (7), 578-587.

307. G. Li, Z. Yang, Z. Yin, H. Guo, *et al.*, Non-aqueous dual-carbon lithium-ion capacitors: a review, *J. Mater. Chem. A*, 2019, 7 (26), 15541-15563.

308. W. Zuo, R. Li, C. Zhou, Y. Li, *et al.*, Battery-Supercapacitor Hybrid Devices: Recent Progress and Future Prospects, *Adv. Sci.*, 2017, 4 (7), 1600539.

309. H. Wang, C. Zhu, D. Chao, Q. Yan, *et al.*, Nonaqueous Hybrid Lithium-Ion and Sodium-Ion Capacitors, *Adv. Mater.*, 2017, 29 (46), 1702093.

310. Y. Ma, H. Chang, M. Zhang, and Y. Chen, Graphene-Based Materials for Lithium-Ion Hybrid Supercapacitors, *Adv. Mater.*, 2015, 27 (36), 5296-5308.

311. M. R. Lukatskaya, B. Dunn, and Y. Gogotsi, Multidimensional materials and device architectures for future hybrid energy storage, *Nat. Commun.*, 2016, 7 (1), 12647.

312. H. Wang, C. Guan, X. Wang, and H. J. Fan, A High Energy and Power Li-Ion Capacitor Based on a TiO_2 Nanobelt Array Anode and a Graphene Hydrogel Cathode, *Small*, 2015, 11 (12), 1470-1477.

313. K. Kaliyappan, M. A. Jauhar, L. Yang, Z. Bai, *et al.*, Constructing a stable 3 V high-energy sodium ion capacitor using environmentally benign Na_2FeSiO_4 anode and activated carbon cathode, *Electrochim. Acta*, 2019, 327, 134959.

314. I. Tanahashi, Capacitance Enhancement of Activated Carbon Fiber Cloth Electrodes in Electrochemical Capacitors with a Mixed Aqueous Solution of H_2SO_4 and $AgNO_3$, *Electrochem. Solid-State Lett.*, 2005, 8 (12), A627.

315. Q. Li, K. Li, C. Sun, and Y. Li, An investigation of Cu^{2+} and Fe^{2+} ions as active materials for electrochemical redox supercapacitors, *J. Electroanal. Chem.*, 2007, 611 (1), 43-50.

316. K. Sun, E. Feng, H. Peng, G. Ma, *et al.*, A simple and high-performance supercapacitor based on nitrogen-doped porous carbon in redox-mediated sodium molybdate electrolyte, *Electrochim. Acta*, 2015, 158, 361-367.

317. X. Wang, R. S. Chandrabose, S.-E. Chun, T. Zhang, *et al.*, High Energy Density Aqueous Electrochemical Capacitors with a KI-KOH Electrolyte, *ACS Appl. Mater. Interfaces*, 2015, 7 (36), 19978-19985.

318. D. Xu, W. Hu, X. N. Sun, P. Cui, *et al.*, Redox additives of Na_2MoO_4 and KI: Synergistic effect and the improved capacitive performances for carbon-based supercapacitors, *J. Power Sources*, 2017, 341, 448-456.

319. D. Gastol, J. Walkowiak, K. Fic, and E. Frackowiak, Enhancement of the carbon electrode capacitance by brominated hydroquinones, *J. Power Sources*, 2016, 326, 587-594.

320. T. Xiong, W. S. V. Lee, L. Chen, T. L. Tan, *et al.*, Indole-based conjugated macromolecules as a redox-mediated electrolyte for an ultrahigh power supercapacitor, *Energy Environ. Sci.*, 2017, 10 (11), 2441-2449.

321. E. A. Douglas, F. Ren, and S. J. Pearton, Finite-element simulations of the effect of device design on channel temperature for AlGaN/GaN high electron mobility transistors, *J. Vac. Sci. Technol. B*, 2011, 29 (2), 020603.

322. S. D. Jones and J. R. Akridge, A microfabricated solid-state secondary Li battery, *Solid State Ionics*, 1996, 86-88, 1291-1294.

323. F. Albano, Y. S. Lin, D. Blaauw, D. M. Sylvester, *et al.*, A fully integrated microbattery for an implantable microelectromechanical system, *J. Power Sources*, 2008, 185 (2), 1524-1532.

324. G. Xiong, C. Meng, R. G. Reifenberger, P. P. Irazoqui, *et al.*, A Review of Graphene-Based Electrochemical Microsupercapacitors, *Electroanalysis*, 2014, 26 (1), 30-51.

325. H.-K. Kim, S.-H. Cho, Y.-W. Ok, T.-Y. Seong, *et al.*, All solid-state rechargeable thin-film microsupercapacitor fabricated with tungsten cosputtered ruthenium oxide electrodes, *J. Vac. Sci. Technol. B*, 2003, 21 (3), 949-952.

326. C. Choi, S. H. Kim, H. J. Sim, J. A. Lee, *et al.*, Stretchable, Weavable Coiled Carbon Nanotube/MnO_2/Polymer Fiber Solid-State Supercapacitors, *Sci. Rep.*, 2015, 5 (1), 9387.

327. R. K. Pal, S. C. Kundu, and V. K. Yadavalli, Fabrication of Flexible, Fully Organic, Degradable Energy Storage Devices Using Silk Proteins, *ACS Appl. Mater. Interfaces*, 2018, 10 (11), 9620-9628.

328. J. Chmiola, C. Largeot, P.-L. Taberna, P. Simon, *et al.*, Monolithic Carbide-Derived Carbon Films for Micro-Supercapacitors, *Science*, 2010, 328 (5977), 480-483.

329. Z. S. Wu, K. Parvez, X. Feng, and K. Müllen, Graphene-based in-plane micro-supercapacitors with high power and energy densities, *Nat. Commun.*, 2013, 4 (1), 2487.

330. Y. Wang, Y. Shi, C. X. Zhao, J. I. Wong, *et al.*, Printed all-solid flexible microsupercapacitors: towards the general route for high energy storage devices, *Nanotechnology*, 2014, 25 (9), 094010.

331. S. Y. Hong, J. Yoon, S. W. Jin, Y. Lim, *et al.*, High-Density, Stretchable, All-Solid-State Microsupercapacitor Arrays, *ACS Nano*, 2014, 8 (9), 8844-8855.

332. Y. Yue, Z. Yang, N. Liu, W. Liu, *et al.*, A Flexible Integrated System Containing a Microsupercapacitor, a Photodetector, and a Wireless Charging Coil, *ACS Nano*, 2016, 10 (12), 11249-11257.

연습 문제

1. 리튬이차전지의 4대 구성요소와 이들의 역할에 대해서 서술하라.

2. 대표적인 에너지 저장원인 리튬이온 이차전지와 슈퍼커패시터를 에너지 밀도와 출력 특성의 관점에서 비교하라.

3. 이차전지의 에너지 밀도 계산을 위한 식을 유도하고 에너지 밀도 향상을 위한 방안을 3가지 이상 서술하라.

4. 음극에서 발생하는 전극의 열화과정 및 부반응에 대해 서술하라.

5. 양극에서 발생하는 전극의 열화과정 및 부반응에 대해 서술하라.

6. 이차전지용 음극 소재의 표면에 충전 시 형성되는 피막의 반응 메커니즘 및 이들의 안정성 향상을 위한 대표적인 첨가제를 논하라.

7. 고에너지밀도 이차전지용 합금 기반 음극 소재의 대표적인 문제점 및 이를 해결하기 위한 대표적인 접근법을 설명하라.

8. 이차전지용 양극 소재의 대표적인 3종 이상을 구조적, 전기화학적 관점에서 비교하라.

9. 전지 구동 시 발생하는 황 기반 양극 소재의 Polysulfide shuttling 현상에 대해서 구체적으로 설명하고 해결책을 제시하라.

10. 안정적인 전지 구동을 위한 고분자 바인더의 필수 요소 3가지에 대해서 서술하라.

11. 전지 내 이온 전달 특성을 결정하는 요소 인자(2가지 이상)에 대해서 서술하고, 이를 향상시키기 위한 방안을 제시하라.

12. 충방전 과정 중 리튬이차전지 내에서 일어나는 리튬 양이온의 이동을 용매화, 탈용매화 용어를 활용하여 설명하라.

13. 리튬이차전지 전해질 내에서 리튬 양이온이 만드는 대표적인 4가지 용매 화합물에 대해 서술하고, 이를 뒷받침할 수 있는 분석법을 제시하라.

14. 고전압 환경에서 리튬이차전지에 일어나는 문제점과 해결방안을 제시하라.

15. 고체 전해질 계면상의 대표적인 구조인 모자이크 및 다층 구조에 대해 서술하라.

16. 슈퍼커패시터와 배터리의 차이를 cyclic voltammertry (CV) 곡선과 galvanostatic charge-discharge (GCD) 곡선을 통해 비교하고 에너지 밀도/전력밀도의 관점에서 서술하라.

17. 비대칭 커패시터와 하이브리드 커패시터의 차이를 CV 및 GCD 곡선을 이용하여 서술하라.

18. 커패시터용 전해액의 종류와 각각의 장단점을 각각 서술하라.

19. 슈퍼커패시터의 종류 두 가지에 대해 전기화학적 반응의 관점으로 서술하고 대표적인 활물질 종류를 2가지 이상 각각 제시하라.

20. 차세대 슈퍼커패시터인 이온 커패시터와 배터리의 작동원리 차이를 서술하라.

나노소재 화학
Nanomaterials Chemistry

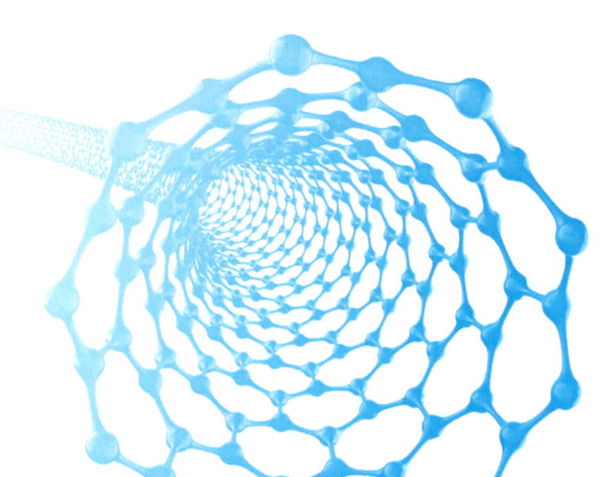

제10장 촉매 응용을 위한 나노소재

Nanomaterials for Catalysis

주상훈

10.1 나노촉매의 개념(Fundamentals of nanocatalysts)

10.1.1 촉매의 정의 및 종류

화학 반응은 반응물이 서로 충돌하면서 화학 결합이 끊어지고 다시 이어지는 과정을 거쳐 원자의 구성과 배열이 다른 생성물로 전환되는 일련의 과정을 일컫는다. 화학 반응의 속도는 반응의 성격을 반영하는 지수앞자리 인자(pre-exponential factor)와 반응의 진행에 대한 저항을 의미하는 활성화 에너지(activation energy)에 의해 결정된다. 지수앞자리 인자는 반응에 따라 다르지만 그 차이가 적어서 반응 속도에 미미한 영향을 미치지만, 활성화 에너지는 그 크기가 조금만 달라져도 반응 속도에 큰 영향을 미친다. 따라서 화학 반응의 반응 속도는 활성화 에너지가 작은 반응 경로를 만들어주게 되면 촉진된다.

촉매(catalyst)는 국제 순수 및 응용 화학 연합(International Union of Pure and Applied Chemistry, IUPAC)의 정의에 따르면 "반응 중에 소모되지 않으면서 반응속도를 증진시키는 물질"로 일컬어지며, 이러한 기능이 촉매 작용(catalysis)이다.[1~5] 그림 10.1에는 촉매를 사용하는 경우와 사용하지 않은 경우의 반응 중의 에너지 변화를 비교하였다. 촉매 없이 진행되는 반응에서는 반응물이 충돌하여 활성화 화합물(activated complex)을 만들고 이로부터 생성물이 만들어진다. 반면, 촉매를 사용하는 반응에서는 반응물이 먼저 촉매 표면에 흡착한 후, 표면 반응과 탈착을 통해 반응이 종결된다. 흡착한 반응물에서 생성물이 생성되는 표면 반응의 활성화 에너지가 촉매를 사용하지 않는 반응의 활성화 에너지에 비해 작으면 촉매 작용이 나타나는 것이다. 촉매를 사용하면 반응 경로는 복잡해지지만, 활성화 에너지가 작은 경로를 거쳐 반응이 진행되므로 반응 속도가 빨라진다.

촉매는 정밀화학, 석유화학, 고분자, 의약, 농업, 식품 산업을 비롯한 사실상 대부분의 화학 관련 산업에서 매우 중요한 역할을 수행하고 있고, 화학 관련 제품의 90% 이상이 촉매 공정을 통해 제조된다. 촉매를 이용하여 생산되는 제품의 총 가치는 매년 최소 수 조 달러 대에 이른다. 최근 기후변화 문제로 인해 향후 청정 에너지 변환 및 친환경 공정에 대한 수요는 더욱 증가할 것으로 예상되기에 유관 산업의 발전에서 촉매의 중요성은 더욱 부각될 것이다.

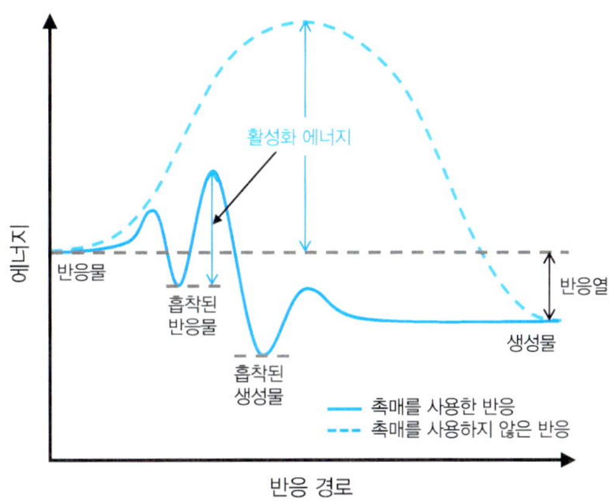

그림 10.1 ▶ 화학 반응 도중 에너지의 변화와 촉매의 역할.

촉매는 촉매와 반응물의 상(phase)을 기준으로 크게 균일계(homogeneous), 불균일계(heterogeneous), 효소계(enzyme) 촉매로 구분한다.[1~5] 균일계 촉매는 반응물과 상이 같은 촉매로서, 반응계(reaction system)가 액체 또는 기체의 한 가지 상으로 이루어져 있다. 불균일계 촉매는 주로 고체로 이루어져 있어, 액체 또는 기체상의 반응물과 상이 다르다. 효소계 촉매는 생체 내에서 반응을 촉진하는 물질로서 균일계 촉매의 영역에 포함된다. 시장 규모는 불균일계 촉매가 80%로 가장 널리 사용되고 있고, 균일계 촉매가 17%, 효소계 촉매가 3%를 차지한다. 이 장에서 다루는 나노촉매(nanocatalyst)는 불균일계 촉매와 최근 20여 년간 급속하게 부상한 나노기술의 결합에 의해 출현한 촉매로서 불균일계 촉매의 일부로 간주될 수 있다.

10.1.2 불균일계 촉매 연구의 역사

불균일계 촉매 연구는 200년 이상의 역사를 지닌다.[1~5] 1781년 Parmentier가 무기산(inorganic acid)을 촉매를 이용하여 전분을 포도당으로 가수분해하는 반응을 촉진시킨 기록이 있다. 이후 촉매는 무기산과 점토(clay)에서 다양한 물질로 확산되었다. 19세기 들어, Davy와 Faraday는 백금(Pt)을 이용한 산화 반응을 연구하여 표면이 화학 반응을 촉진시킨다는 사실을 기반으로 촉매 작용을 설명하였다. 1836년, Berzelius는 최초로 "촉매"라는 단어를 사용하였다. 이후 촉매는 다양한 화학 물질 제조에 사용되어 황산구리 촉매를 이용하여 염화수소로부터 염소를 제조하는 공정, 백금 촉매를 사용하여 황산을 제조하는 공정 등이 개발되었다. 1901년 Ostwald는 백금 촉매를 이용하여 암모니아로부터 질산을 제조하였으며, 반응속도 측정 결과를 기반으로 촉매의 개념을 정량적으로 설명하였다.

20세기 들어서 이론적인 촉매 연구가 본격적으로 진행되어 촉매 개념이 보다 체계적으로 정립되었다. 20세기 초반 Sabatier는 촉매 표면에 반응물이 너무 약하지도 너무 강하지도 않게 흡착되어야 최적의 촉매 활성을 보일 수 있다는 Sabatier's Principle을 정립하였다. Langmuir는 흡착 이론을 제시하여 물질 표면에서의 흡착 현상을 정량적으로 모사하였다.[6] Taylor는 촉매 활성점(active site) 개념을 제안하여 표면의 모든 원자가 아니라 일부분만이 실제 촉매 반응에 관여한다고 설명하였다.[7] 1960년대 Boudart는 전환 빈도(turnover frequency, TOF) 또는 전환 속도(turnover rate) 개념을 도입하여, 단결정부터 나노입자(nanoparticle)에 이르는 다양한 종류의 촉매 간의 활성을 정량적으로 비교할 수 있는 길을 열었다.[8,9]

20세기에 개발된 촉매 및 촉매공정의 대표적인 예로서, 철 촉매 기반 Haber–Bosch 공정에 의한 암모니아 합성, 코발트 촉매 기반 Fischer–Tropsch 공정을 통한 탄화수소 합성,

제올라이트(zeolite) 담지 백금 촉매를 이용한 오일 크래킹(oil cracking), 그리고 귀금속(precious metal)계 삼원(three-way) 촉매를 이용한 배기가스 정화 반응 등을 들 수 있다. 이 외에도 촉매 및 관련 공정의 개발은 수많은 분야에서 인류의 삶을 풍요롭게 해왔다.

10.1.3 나노촉매의 출현 및 개념

불균일계 촉매는 대부분 나노미터 크기의 입자로 이루어져 있다.[10~12] 나노입자는 표면에너지를 줄이기 위해 쉽게 뭉치기 때문에, 불균일계 촉매에서는 촉매 입자를 실리카(silica, SiO_2), 알루미나(alumina, Al_2O_3), 탄소와 같은 다공성, 고표면적 담체(support)에 담지하여 나노미터 수준으로 분산시키면서도 안정한 형태를 유지하도록 제조한다. 이러한 담지 촉매(supported catalyst)를 제조하기 위해 함침법(impregnation)이 가장 널리 사용된다. 금속염(metal salt) 용액을 담체와 혼합한 후 용매를 건조하고 소성(calcination)을 통해 나노미터 크기의 금속 또는 금속 산화물 촉매 입자를 제조할 수 있다. 소성 과정에서 흡착된 금속염이 열분해되고, 소성이 지속됨에 따라 입자가 점점 성장하여 나노미터 크기의 촉매 입자를 형성하게 된다. 함침법을 통해 제조된 촉매는 대부분 촉매 입자의 크기 분포가 균일하지 못하여 수나노미터~수백 나노미터에 이르는 입자가 동시에 형성된다. 이는 나노입자의 성장 과정에서 담체 표면으로부터 불균일하게 결정핵(nuclei)이 형성되고, 이후 일어나는 나노입자의 성장을 능동적으로 제어하기가 어렵기 때문이다. 이러한 단점에도 불구하고, 함침법을 이용한 촉매 제조는 합성이 용이하고 대량 합성에 적합하기 때문에 산업적으로는 여전히 널리 이용되고 있다. 하지만 촉매 반응성 연구, 활성점 탐색, 반응 메커니즘(reaction mechanism) 연구 등과 같은 촉매 분야의 원천 연구를 위해서는 구조적 인자가 잘 정의된 모델 촉매를 이용한 촉매 연구가 매우 중요하다.

1970년대부터 Somorjai, Ertl 등과 같은 표면 화학자들은 단결정(single crystal)을 모델 촉매로 사용하여 분자 수준에서 촉매 반응의 활성점 및 반응 메커니즘 규명 연구를 체계적으로 수행하였다.[4,13] 금속 단결정 모델 촉매는 단결정의 배향 방향에 따라 다른 원자 배열 및 배위수를 지닌 촉매 표면을 구현할 수 있고, 이를 통해 단결정의 표면 구조에 따라 촉매 활성이 크게 좌우된다는 사실을 규명할 수 있었다. 또한 계단(step), 굽은 자리(kink), 돌출 원자(adatom)와 같은 다양한 종류의 결함 구조(defect structure)가 높은 촉매 활성을 보이고 활성점으로 작용한다는 사실을 밝혀냈다. 그러나 표면 화학적 접근법을 이용한 촉매 연구의 성과에도 불구하고 단결정을 이용한 촉매 연구는 실제 산업적으로 이용되는 촉매를 모사하는 데에는 근본적인 한계를 지닌다. 단결정 촉매는 벌크(bulk) 상태이고, 실제 촉매는 나노미터 크기의 입자로 이루어져 있기 때문에, 이 둘 사이에는 “소재 차이(materials gap)”가 존재한다. 또한 단결정 촉매의 구조 분석은 초고진공(ultahigh vacuum) 상태에서 이뤄지지만, 실제 촉매는 상압 또는 고압의 조건에서 구동하기 때문에 둘 사이에는 “압력 차이(pressure gap)”가 존재한다. 따라서 두 촉매 사이의 큰 간극을 메워줄 수 있는 새로운 모델 촉매의 출현과 새로운 특성 분석 기법의 출현이 매우 절실한 상황이었다.[14,15]

불균일계 촉매 연구는 1990년대 들어 계산 과학[16] 및 실시간 분석 기법[17]의 발전과 더불어 나노기술의 부상[10~12]으로 새로운 전환점을 맞이하게 된다. 특히, 1990년대 후반부터 나노화학 기반의 콜로이드(colloid) 나노입자 합성법의 급속한 발전으로 나노입자를 균일한 크기, 모양 및 조성으로 합성할 수 있는 방법이 확립되었고, 이를 기반으로 한 모델 촉매를 사용하여 촉매 연구를 보다 체계적으로 수행할 수 있는 길이 열렸다.[12,18~22]

앞서 언급한 대로, 전통적인 함침법을 통해 촉매를 제조할 경우, 촉매 내에서 촉매 나노입자의 크기와 모양이 불균일하게 형성된다(그림 10.2a). 또한 실험 변수에 따라 다양한 구

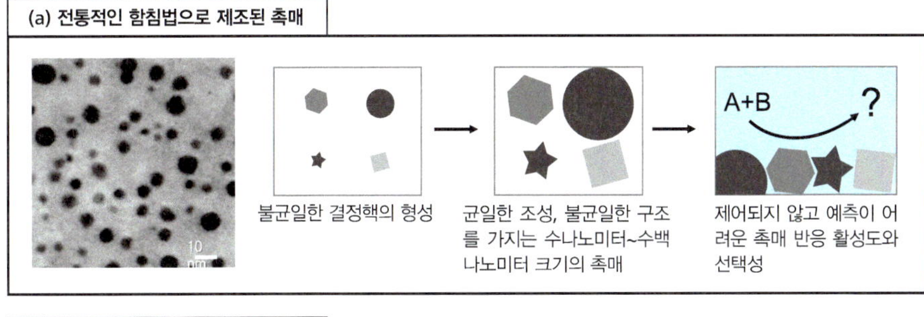

(b) 콜로이드 나노입자 기반 나노촉매

10 nm

균일한 결정핵의 형성과 안정적인 콜로이드 분산을 통해 균일한 나노입자를 합성

촉매 반응 특성

A+B C D E F

구조적 인자

모델 촉매의 구조적 인자에 따른 반응 특성의 체계화 및 맞춤형 촉매의 설계

그림 10.2 ▸ 전통적인 함침법으로 제조된 불균일계 촉매와 콜로이드 나노입자 기반 나노촉매를 이용한 촉매 연구 비교.

조적 인자가 동시에 변하게 된다. 예를 들어, 백금 촉매를 종류가 다른 담체에 제조할 경우, 담체의 종류에 따라 백금 전구체 및 성장하는 백금 입자와 담체 사이의 상호 작용이 다르기 때문에 담체에 따라 크기 및 모양 분포가 다른 백금 입자가 형성된다. 만약, 동일한 담체에 담지되는 금속 촉매 입자의 함량을 변화시켜 가며 촉매를 제조할 경우, 입자의 크기가 동시에 변하게 된다. 따라서 함침법을 사용하여 촉매를 제조하는 경우, 다른 구조적 인자를 고정한 상태에서 특정 인자의 변화에 따른 촉매 특성 변화를 체계적으로 연구하기가 힘들다. 콜로이드 나노입자를 이용한 촉매 제조의 가장 큰 장점은 담체에 나노입자를 고정하기 전에 촉매입자의 구조적 인자를 개별적으로 조절할 수 있다는 점이다. 따라서 레고블록 조립과 같이 맞춤형(modular) 촉매 설계가 가능해지고, 촉매 입자 및 담체의 개별적인 구조적 인자가 촉매 성능에 미치는 영향을 체계적으로 연구할 수 있다(그림 10.2b). 이러한 장점으로 인해 콜로이드 나노입자 기반 촉매는 불균일계 열촉매(thermal catalysis), 광촉매(photocatalysis), 전기촉매(electrocatalysis) 등 다양한 촉매 분야에서 모델 촉매로서 사용될 수 있고, 새로운 고성능 촉매를 설계하기 위한 원천 연구를 수행하는 데 유용하게 이용될 수 있다.

10.2 나노입자 기반 촉매 합성(Syntheses of nanoparticle-based catalysts)

촉매 반응성에 미치는 구조적 인자로는 촉매 입자의 크기, 모양, 조성, 형상, 결정 구조, 원자 배열 등을 들 수 있다. 최근, 나노입자 합성법의 급격한 발전으로 인해, 주기율표에 존재하는 상당수의 귀금속 및 전이 금속(transition metal)에 대해 상기 인자들을 조절하여 나노입자를 합성할 수 있게 되었다. 나노입자의 일반적인 합성 원리와 합성 사례들은 1장에 자세히 소개되어 있고, 또한 다수의 총설 논문이 보고되어 있다.[23,24] 이 절에서는 촉매 연구와 가장 큰 연관성이 있는 입자의 크기와 모양이 잘 조절된 촉매 나노입자의 합성 및 이를 기반으로 한 불균일계 담지 촉매의 제조에 대해 소개하고자 한다.

10.2.1 촉매 나노입자의 합성

최근 20년간 화학적 방법을 이용한 나노입자 합성은 급격한 발전을 이루었다. 특히, 금속염의 화학적 환원법과 유기금속 화합물 또는 금속–계면활성제 복합체의 열분해법은 가장 널리 사용되는 금속 및 금속 산화물 나노입자 합성법으로 알려져 있다. 이러한 합성은 대부분 유기 리간드, 고분자, 또는 계면활성제 등의 표면 안정제(surface stabilizer) 존재하에서 이뤄진다. 표면 안정제들은 합성된 나노입자를 콜로이드 상태로 유기 용매 또는 수용액에서 안정화시키면서 입자가 서로 엉기지 않도록 해주는 역할을 한다.

화학적 환원법은 수소, alcohol, hydrazine 또는 borohydride 등과 같은 환원제를 이용하여 금속염을 환원시켜 나노입자를 제조하는 합성법이다. 화학적 환원법에서는 금속염과 표면 안정제가 함께 용해되어 있는 용매에 환원제를 투입 또는 환원제를 합성 초기에 함께 혼합하여 나노입자를 합성할 수 있다. 화학적 환원법을 이용한 나노입자의 합성은 주로 수용액상에서 이뤄지지만, 유기 용매하에서 유기 용매에 용해도가 높은 수퍼하이드라이드($LiBEt_3H$) 또는 alcohol 등을 환원제로 사용하여 합성하기도 한다. 특히, 귀금속 나노입자는 다이올(diol) 또는 에틸렌 글리콜(ethylene glycol) 등과 같은 끓는점이 높은 alcohol을 용매인 동시에 환원제로 이용하여 합성할 수 있고, 이러한 합성법을 폴리올(polyol)법이라 일컫는다. 화학적 환원법을 통해 최종적으로 얻어지는 입자의 크기와 모양은 다양한 인자들에 의해 좌우되며, 환원제의 종류, 금속 전구체의 농도, 용매의 종류, 합성 온도 및 반응 시간 등이 주요 변수로 작용한다.

열분해법은 유기금속 전구체 또는 금속–계면활성제 복합체를 뜨거운 계면활성제 용액 내에서 열분해하여 콜로이드 나노입자를 합성하는 방법을 일컫는다. 열분해법은 일반적으로 유기 용매 내에서 나노입자의 합성이 이뤄지고, 얻어지는 나노입자의 결정성과 균일도가 화학적 환원법에 비해 높다. 열분해법은 1990년대 초반 Bawendi 연구진이 균일한 카드뮴 셀레나이드(cadmium selenide, CdSe) 반도체 나노입자를 합성하는 과정에서 최초로 개발하였고,[25] 이후 다양한 금속, 합금(alloy) 및 금속 산화물 나노입자의 합성에도 적용되어 일반적인 나노입자 합성법으로 발전해 왔다.

화학적 환원법 및 열분해법 등을 이용하여 촉매의 다양한 구조적 인자를 조절하여 합성할 수 있는 방법이 개발되었다. 특히, 촉매 나노입자의 크기 및 모양이 촉매 반응성에 미치는 영향에 관한 연구는 학문적인 중요성뿐만 아니라 산업용 촉매의 설계에 있어서도 매우 중요하기 때문에 촉매 분야에서 지난 수십 년 간 매우 중요한 주제로 꾸준히 연구가 진행되어 왔다.[18,21,26~28] 나노입자의 크기 또는 모양에 따른 촉매 활성의 변화는 표면 구조 및 전자 구조의 변화, 금속–담체간 상호 작용, 나노입자의 산화 상태 등과 같은 분자 수준의 인자와 밀접한 관계가 있다. 따라서 크기와 모양이 균일한 콜로이드 나노입자를 촉매로 이용하게 되면, 촉매 반응에 실제로 관여하는 활성점을 용이하게 찾아낼 수 있게 되고, 궁극적으로 최적의 촉매를 설계할 수 있는 방향을 제시할 수 있다. 하기에는 촉매 나노입자의 가장 중요한 인자인 크기와 모양을 조절하여 합성한 사례를 소개하고자 한다.

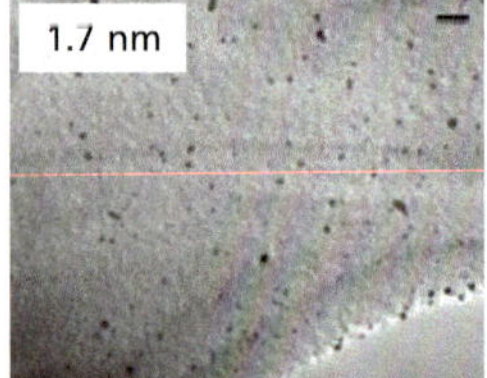

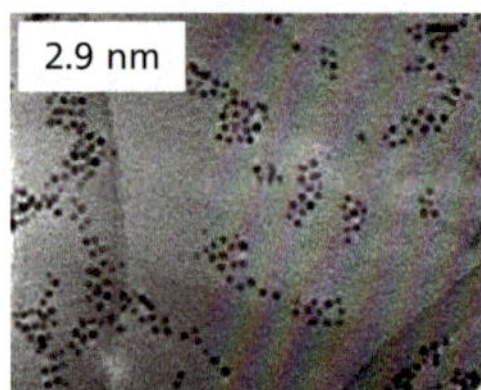

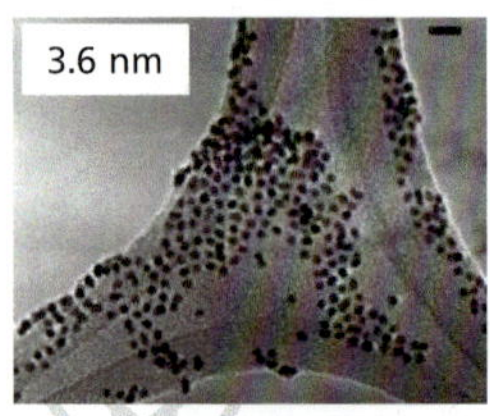

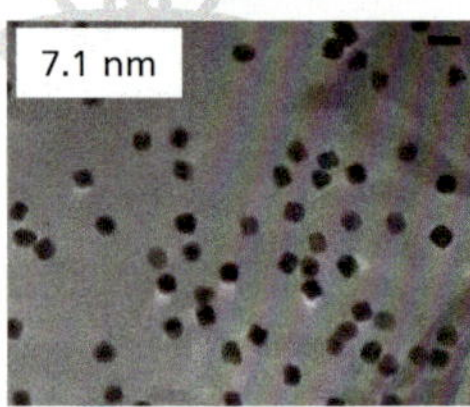

그림 10.3 ▶ 크기를 조절하여 합성한 백금 나노입자의 투과 전자 현미경 사진. 스케일 바: 10 nm. Reproduced with permission from ACS publications.[30]

가장 널리 사용되는 촉매 중 하나인 백금 나노입자의 크기는 chloroplatinic acid ($H_2PtCl_6{\cdot}xH_2O$)을 전구체로 polyvinylpyrrolidone (PVP)을 표면 안정제로 사용하고, 끓는점이 다른 alcohol 용매를 사용하여 조절할 수 있었다.[29] 높은 끓는점을 갖는 alcohol을 사용함에 따라 나노입자의 결정핵 형성 속도가 증진되고 많은 수의 결정핵이 형성되어, 나노입자의 크기가 작아졌다. 또한 백금 염 대비 PVP 안정제의 비율을 줄여감에 따라 점점 크기가 큰 백금 나노입자를 합성할 수 있었다. 그림 10.3에는 폴리올법을 이용하여 합성한 크기가 조절된 백금 나노입자의 투과 전자 현미경 사진을 도시하였다. 크기가 조절된 백금 나노입자는 환원 속도가 다른 백금 전구체를 사용하여 합성할 수도 있다.[30] 예를 들어, +2와 +4의 두 가지 다른 산화수를 지닌 백금 염을 사용하여 백금 나노입자를 합성하는 경우, 상대적으로 환원되기 어려운 +4 산화수를 갖는 백금 전구체의 비율이 +2 산화수를 갖는 전구체에 비해 증가함에 따라 최종 입자의 크기는 증가했다.[31] 이러한 원리를 통해 1~10 nm 사이에서 균일하게 조절된 육면체(cube) 백금 나노입자가 합성되었다. 백금뿐만 아니라, 팔라듐(Pd), 이리듐(Ir), 로듐(Rh), 루테늄(Ru)과 같은 다양한 귀금속 나노입자들도 유사한 합성 원리를 통해 크기를 균일하게 조절하여 합성할 수 있었다.[32~35]

고분자 안정제를 이용하여 나노입자를 합성하는 경우 일반적으로 2~15 nm 범위에서 나노입자의 크기를 조절하여 합성할 수 있지만, 2 nm 이하의 매우 작은 나노입자의 합성은 용이하지 않다. 3차원의 가지 구조를 지니는 고분자의 일종인 덴드리머(dendrimer)를 나노반응기(nanoreactor)로 이용하게 되면 2 nm 이하의 작은 나노입자를 합성할 수 있다. 덴드리머를 안정제로 이용하는 경우, 금속 이온이 덴드리머와 결합하여 복합체가 형성된 다음, 환원되면서 나노입자가 형성된다. 이때 금속 이온의 농도를 조절하게 되면 최종 나노입자의 크기를 2 nm 이하에서 매우 정교하게 조절하여 합성할 수 있다.[36]

나노입자의 모양을 조절하여 합성하게 되면, 표면에 특정 배향의 결정면만 노출되게 되어 단결정 표면을 나노미터 수준에서 모사할 수 있게 된다. 예를 들어, 나노입자를 육면체와 팔면체(octahedron) 모양으로 합성하게 되면, 각각의 나노입자의 표면에는 (100)면과 (111)면만이 선택적으로 노출된다. 나노입자의 모양 조절을 위해 가장 널리 사용되는 방법은 금속 이온(Ag^+, Fe^{3+} 등), 금속 착화합물($W(CO)_6$) 또는 기체 분자(H_2, O_2, CO, NO) 등을 첨가제(additive)로 사용하여 특정 결정면의 성장속도를 제어하는 것이다.[18,21] 대표적인 예로, PVP 고분자 표면 안정제를 사용하고 Ag^+ 이온을 첨가제로 사용하여 백금 나노입자를 합성할 경우, Ag^+ 이온의 농도를 증가시킴에 따라 백금 나노입자의 모양을 육면체, 육팔면체(cuboctahedron) 및 팔면체로 연속적으로 변화시켜 합성할 수 있었다.[37] 은 이온(Ag^+)은 (100)면의 성장을 증진시키거나 (111)면의 성장을 억제시킨다고 알려져 있기 때문에, 은 이온의 농도가 증가할수록 (111)면만을 표면에 노출한 팔면체가 형성된다. 육면체, 육팔면체, 팔면체 외에도 이십면체(icosahedron), 깎인 팔면체(truncated octahedron), 십면체(decahedra) 등의 다면체 구조의 합성도 보고되었다. 그림 10.4에는 다양한 방법으로 모양을 조절하여 합성한 백금 나노입자의 투과 전자 현미경 사진을 도시하였다.[38]

상기 언급된 등방성(isotropic) 구조의 나노입자 외에도 1차원 막대(rod) 또는 2차원 판상(plate) 구조의 나노입자도 합성되었다.[21] 이 외에도, 1차적으로 입자를 성장시킨 후, 재성장(overgrowth) 과정을 통해 테트라포드(tetrapod), 옥타포드(octapod) 등의 멀티포드(multipod) 구조의 특이한 모양을 갖는 나노입자의 합성도 보고되었다.[21]

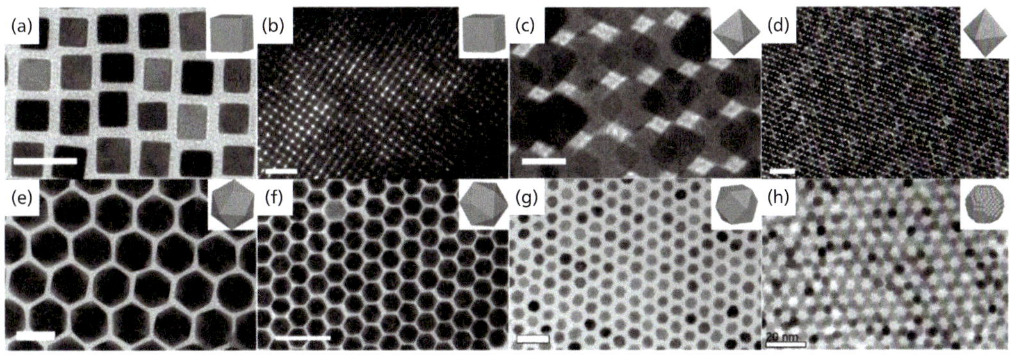

그림 10.4 ▸ 모양을 조절하여 합성한 백금 나노입자의 투과 전자 현미경 사진: (a, b) 육면체, (c, d) 팔면체, (e, f) 이십면체, (g) 육팔면체, (h) 구. 스케일 바: (a, e, g, h) 20 nm, (b, d, f) 50 nm, (c) 10 nm. Reproduced with permission from ACS publications.[38]

10.2.2 나노입자 기반 촉매 제조

콜로이드 나노입자 기반 불균일계 모델 촉매는 크기, 모양 등과 같은 구조적 인자가 조절된 나노입자 "전구체(precursor)"를 담체에 부착(deposition)하는 방법으로 제조할 수 있다. 미리 합성된 콜로이드 나노입자를 이용하여 촉매를 제조하게 되면 10.1.3항에서 언급하였듯이 촉매 입자의 구조적 인자를 담체의 종류와 무관하게 정확하게 조절하여 합성할 수 있다. 이러한 모델 촉매는 담체를 금속 콜로이드를 함유하고 있는 유기 용매 또는 수용액에 접촉시켜서 표면 부착(surface grafting)법 또는 이온 교환(ion exchange)법을 통해 제조한다.[19] 이때 나노입자 간의 상호 작용과 나노입자와 담체 간의 상호 작용을 잘 고려해야 한다. 만약 나노입자 간의 상호 작용이 더 강하게 작용한다면 나노입자 사이의 뭉침(agglomeration)이 일어나서 입자가 담체에 고르게 분산되기 어렵다. 이러한 상호 작용에는 용매의 종류, 온도, 나노입자의 농도, 추가 유기물의 존재 등 다양한 요인이 영향을 미치기 때문에 이러한 점을 잘 고려하여 촉매를 담지해야 한다. 나노입자 담지 후에는 필요에 따라 열처리를 통해 콜로이드 나노입자를 둘러싸고 있는 표면 안정제를 제거하기도 한다.

상기 언급한 부착법 외에도 새로운 방법으로 나노입자 기반 모델 촉매를 제조하는 연구도 수행되었다. 나노입자를 Langmuir–Blodgett (LB)법을 이용하여 표면에 2차원 단층(monolayer)으로 배열하여 2차원 모델 촉매를 제조하는 방법이 개발되었다.[18] LB 단층막 형성 과정에서 표면 압력을 조절하게 되면 입자간 평균 간격을 조절할 수 있다. LB법으로 형성된 금속 나노입자 단층막은 표면적이 넓고 입자 간의 간격을 쉽게 조절할 수 있어서 이상적인 2차원 모델 촉매로서 이용될 수 있다. 한편, 메조다공성 실리카(mesoporous silica)와 같은 구조규칙성 담체 내부에 초음파(sonication)를 이용하여 나노입자를 모세관 혼입(capillary inclusion)을 통해 담지하거나,[30] 나노입자와 함께 메조다공성 실리카를 합성하는 방법을 통해 나노입자가 입체적으로 배열된 3차원 모델 촉매를 제조하는 방법도 제시되었다.[39]

10.3 나노입자 기반 촉매 연구(Catalysis based on nanoparticles)

나노입자 기반 촉매 연구는 대부분 특정 구조적 인자가 촉매 활성, 선택성 및 안정성에 미치는 영향을 파악하여 고성능 촉매를 설계하려는 목적으로 진행되어 왔다. 연구 초기에는 주로 특정 조성 입자의 크기, 모양 및 조성을 조절하고, 이를 모델 촉매로 이용하는 연구가 진행되어 왔지만, 최근에 들어서는 이 외에도 형상, 결정 구조 및 원자 배열 등 다양한 구조적 인자들이 촉매 특성에 미치는 영향을 연구할 수 있게 되었다(그림 10.5). 이 절에서는 핵심적인 구조적 인자들이 촉매 활성, 선택성, 안정성 등에 어떤 영향을 미치는지 원리와 주요 사례를 소개하고자 한다.

10.3.1 크기 효과

불균일계 촉매 연구에서 탐색하는 다양한 구조적 인자 중에, 입자 크기 효과는 가장 널리 연구되어 왔다. 촉매 반응은 표면에서 일어나고, 표면 원자의 배위수와 배열 형태는 반응물의 흡착, 표면 반응, 생성물의 탈착에 이르는 표면 촉매 반응에 결정적인 영향을 미친다. 그림 10.6에 도시하였듯이 입자 크기가 변함에 따라 표면에 노출되는 테라스(terrace), 모서리(edge), 꼭지점(corner) 등의 표면 자리(surface site)의 비율은 체계적으로 변하게 된다.[40]

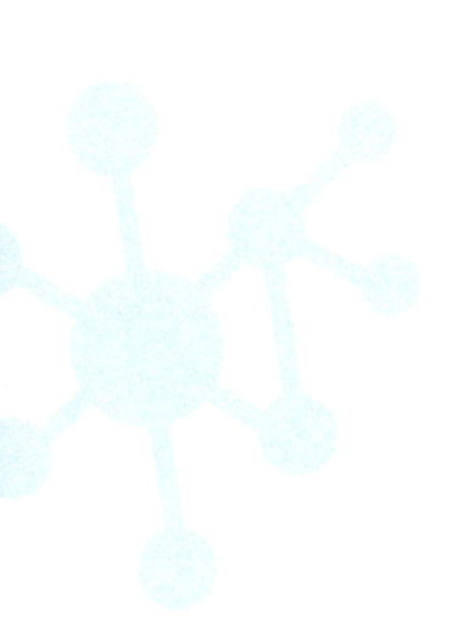

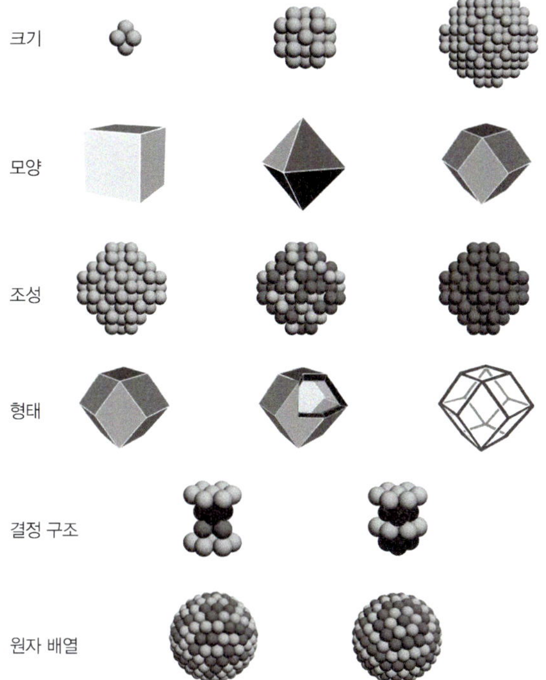

그림 10.5 ▶ 나노입자 기반 촉매의 활성, 선택성 및 안정성에 영향을 미치는 구조적 인자: 크기, 모양, 조성, 형상, 결정 구조 및 원자 배열.

따라서 동일한 조성을 갖고 입자 크기가 다른 일련의 촉매를 이용하여 특정 반응에 대한 촉매 반응성을 연구하게 되면, 궁극적으로 어떤 자리가 촉매 활성과 선택성 등에 영향을 미치는지에 관한 정보를 알 수 있다. 또한 촉매 나노입자의 크기에 따라 산화 상태와 같은 전자 구조 또한 변하기 때문에 촉매 입자의 전자 구조와 촉매 반응성 간의 상관 관계를 도출해 낼 수 있다.

입자 크기 효과와 관련하여, Boudart 연구진에서는 전환 빈도로 표현되는 촉매 활성이 입자 크기에 따라 변하면 구조 민감성 반응(structure-sensitive reaction), 변하지 않으면 구조 비민감성 반응(structure-insensitive reaction)으로 분류하였다.[26,41] 구조 비민감성 반응에서는 촉매 활성이 노출된 표면 자리의 수에 비례하여 증가하기 때문에 전환 빈도값은 입자 크기와 관계없이 일정하다. 대표적인 예로는 에틸렌 수소화(ethylene hydrogenation) 반

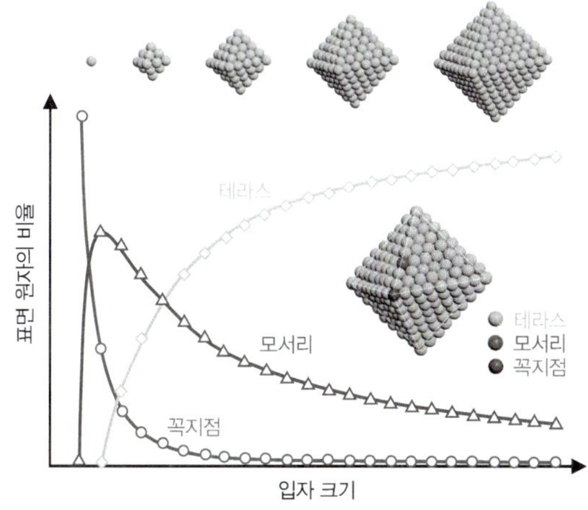

그림 10.6 ▶ 팔면체 나노입자 크기에 따른 테라스, 모서리, 꼭지점 자리의 비율 변화.

응을 들 수 있다. 구조 민감성 반응은 반응 종류에 따라 입자 크기가 커질수록 활성이 높아지기도 하고 낮아지기도 하며, 어떤 경우는 두 가지 경향성이 혼합되어 특정 크기에서 최적의 성능을 보이기도 한다. 대표적인 구조 민감성 반응의 예로는, 일산화탄소 산화(CO oxidation), 에틸렌 수첨분해(ethylene hydrogenolysis), Fischer–Tropsch, 산소 환원(oxygen reduction) 반응 등을 들 수 있다.

일산화탄소 산화 반응은 자동차 배기 가스 정화와 연료 전지(fuel cell)의 연료로 사용되는 수소의 순도를 높이는 등 산업적으로 매우 중요할 뿐만 아니라 촉매 반응 메커니즘 연구를 위한 원천 연구용 모델 반응으로서 폭넓게 연구되고 있다.[42] 다양한 귀금속 및 전이 금속 촉매에서 일산화탄소 산화 반응에서의 입자 크기 효과가 널리 연구되어 왔고, 금속 조성에 따라 다양한 반응 경향성이 관찰되었다. 또한 같은 조성의 촉매에 대해서도 실험 조건에 따라 구조 비민감성 또는 민감성이 엇갈리게 관측되기도 하였다.

콜로이드 나노입자 기반 촉매를 이용하여 일산화탄소 산화 반응을 연구한 예로, Somorjai 연구진에서는 로듐과 루테늄 나노입자의 크기 효과를 연구하였다.[34,43,44] 콜로이드 합성법을 이용하여 2~11 nm 사이에서 로듐 나노입자를 합성하고 실리콘 기판에 LB법을 이용하여 이차원 모델 촉매를 제조하여 일산화탄소 산화 반응 활성을 연구하였다.[44] 로듐 촉매는 크기가 작아질수록 촉매 활성이 증가하는 경향을 보이는 구조 민감성을 보였고, 2 nm 촉매는 11 nm 촉매보다 5배 이상 높은 전환 빈도값을 보였다. 상압 X-선 광전자 분광법(ambient pressure X-ray photoelectron spectroscopy, APXPS)을 통해 일산화탄소 산화 반응 조건에서 2와 7 nm 로듐 나노입자의 표면 상태를 분석한 결과, 2 nm 입자의 표면에 로듐 산화물(RhO_x)층이 7 nm 입자에서보다 훨씬 많은 비율로 형성됨을 확인할 수 있었고, 이를 통해 반응 조건에서 형성되는 산화물층이 촉매 활성과 연관되어 있음을 확인할 수 있었다. 반면, 루테늄 촉매를 이용하여 일산화탄소 산화 반응 경향성을 연구한 결과, 입자 크기가 작아질수록 성능이 감소하는 역 구조 민감성(reverse structure sensitivity)을 보였다. 2.1~6 nm 사이에서 크기가 조절된 루테늄 나노입자 중에서, 6 nm 루테늄 촉매는 2.1 nm 촉매에 비해 240도에서 약 8배 정도의 일산화탄소 산화 반응 활성을 보였다(그림 10.7a).[34] APXPS를 통해 분석한 결과, 루테늄 나노입자 촉매도 로듐 촉매와 유사하게 반응 조건에서 입자 표면에 산화물층이 형성된다. 로듐의 경우 반응성이 높은 로듐 부분 산화물층이 입자

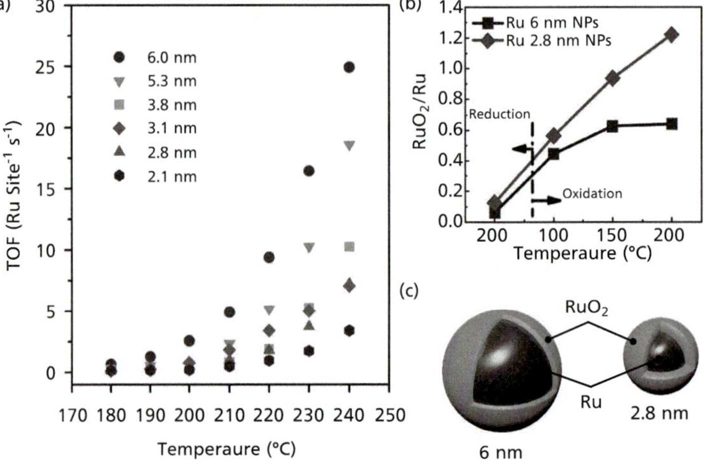

그림 10.7 ▸ (a) 루테늄 나노입자의 크기 변화에 따른 일산화탄소 산화 반응 전환 빈도의 변화. (b, c) 상압 X-선 광전자 분광법으로 분석한 2.8과 6 nm 루테늄 나노입자의 온도에 따른 루테늄 산화물층의 (b) 비율 변화와 (c) 구조 모델. Reproduced with permission from ACS publications.[34,43]

크기가 작을수록 더 많이 형성되는 반면, 루테늄의 경우 큰 입자에는 부분 산화물(RuO_x)층이 형성되고 작은 입자에서는 산화 정도가 심해져서 촉매 활성을 보이지 않는 루테늄 산화물(RuO_2)층이 형성되어 오히려 촉매 성능을 감소시키는 원인이 되었다(그림 10.7b, c).[43]

일산화탄소와 수소로부터 유용한 탄화수소를 형성하는 Fischer–Tropsch 반응은 입자 크기에 따라 촉매 활성이 변하는 구조 민감성 반응이다. 코발트 촉매는 Fischer–Tropsch 반응에서 가장 좋은 성능을 보이는 촉매 중 하나이다. 오랜 기간 동안 코발트 촉매 입자의 크기 효과가 연구되어 왔고, 8~10 nm 입자에서 가장 높은 성능을 보이는 것으로 보고되었다.[45,46] 이후, 알루미나에 담지된 코발트 산화물(Co_3O_4) 콜로이드 나노입자를 이용한 크기 효과 연구를 통해 9.3 nm 크기의 입자가 가장 높은 일산화탄소 전환율(conversion)과 탄화수소 생성 수율을 보임을 확인하였다.[47] 이 크기의 입자에서 Fischer–Tropsch 반응을 위한 최적의 원자수 또는 배위 환경을 갖는 집합체(ensemble)가 형성되는 것으로 추측된다. 이러한 Fischer–Tropsch 반응 경향성은 철 기반 촉매에서도 유사하게 확인되었다.[48]

나노입자 크기 효과는 열촉매 반응뿐만 아니라, 전기촉매 반응에서의 최적 촉매 설계에도 매우 중요하다. 전기촉매에서는 인가하는 전압에 따라 촉매 입자 표면 구조가 능동적으로 변하는 재구성(reconstruction) 현상이 일어난다. 뿐만 아니라 특성 성분의 용출(leaching)도 일어나고, 전해질의 표면 흡착으로 인해 표면 자리의 막힘(blocking) 현상도 일어나기 때문에 크기 효과를 정확하게 추출하기에 어려움이 있다. 전기촉매에서 크기 효과는 연료전지 자동차에 응용되는 고분자 전해질 연료전지(polymer electrolyte fuel cell)의 양극(환원극, cathode)에서 일어나는 산소 환원 반응(oxygen reduction reaction)에서 가장 널리 연구되어 왔다.[49~51] 산소 환원 반응에서는 백금 또는 백금 기반 합금 촉매가 가장 높은 성능을 보이는 것으로 잘 알려져 있다.

Shao 연구진은 탄소 담체에 담지된 백금 나노입자의 크기를 1~5 nm 사이에서 정밀하게 조절하여 제조하였고, 산소 환원 반응에서 촉매 입자 표면 면적당 활성을 나타내는 특정 활성(specific activity)과 백금 무게당 활성을 나타내는 질량 활성(mass activity) 경향성을 연구하였다.[49] 특정 활성은 전환 빈도와 같이 각 촉매 표면 자리의 고유한 활성(intrinsic activity)을 측정하는 인자로 간주될 수 있다. 그림 10.8에서 검은색 원으로 도시한 특정 활성은 백금 입자 크기가 1.3 nm에서 2.5 nm로 증가함에 따라 4배 정도 증가하였고, 이후 입자 크기 증가에 따라 약간의 증가를 보였다. 이러한 활성 경향성은, 입자 크기가 커질수록 (111)면에 주로 존재하는 테라스 자리가 많아지는 반면 크기가 작아질수록 모서리나 꼭지점 자리의 비율이 많아지는 것으로 설명된다. 산소 환원 반응의 활성은 백금 표면에 흡착되는 산소 중간체(intermediate)의 흡착 세기에 의해 좌우되며, 흡착 세기가 강해질수록 활성은 낮아지는 것으로 알려져 있다. 테라스 자리에서는 산소 중간체의 흡착 세기가 모서리나 꼭지점 자리에 비해 약하기 때문에 상대적으로 산소 환원 반응 활성이 높고, 따라서 테라스 자리의 비율이 높은 크기가 큰 입자일수록 산소 환원 반응 활성이 증가한다. 질량 활성은 특

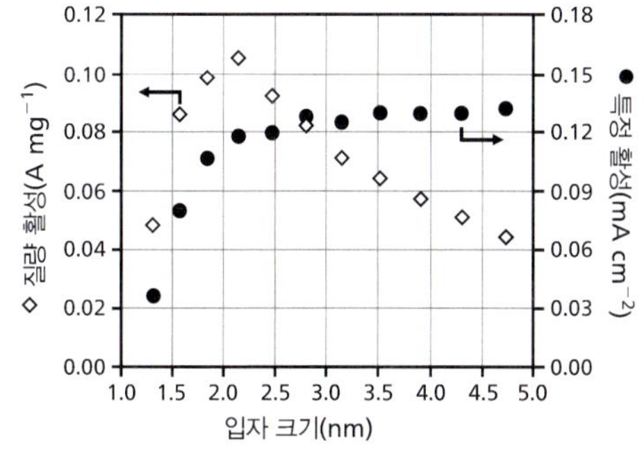

그림 10.8 ▸ 백금 나노입자 촉매의 산소 환원 반응에서의 입자 크기에 따른 특정 활성 및 질량 활성 변화. Reproduced with permission from ACS publications.[49]

정 활성값에 단위 무게당 전기화학적 활성 표면적을 곱하여 얻어진다. 입자 크기가 작아질수록 단위 무게당 전기화학적 활성 표면적은 점진적으로 증가하기 때문에, 결국 질량 활성(그림 10.8, 사각형)은 2.2 nm에서 최대값을 보이고, 이보다 작거나 큰 경우에는 감소하는 경향을 보였다. 다른 연구진에서 수행한 백금 촉매를 이용한 산소 환원 반응 크기 효과 연구에서도 유사한 특정 활성 및 질량 활성 경향성이 관측되었다.[50,51]

나노촉매의 입자 크기는 활성뿐만 아니라 다양한 생성물이 형성되는 반응의 선택성에도 큰 영향을 미친다. Somorjai 연구진에서는 PVP 고분자 및 덴드리머 표면 안정제를 이용하여 0.8~5 nm 사이에서 크기가 조절된 백금 나노입자를 합성하였다. 크기 조절된 백금 나노입자를 메조다공성 실리카 담체에 모세관 혼입법을 이용하여 분산시켜 모델 촉매를 제조한 후, 이를 pyrrole 수소화 반응(hydrogenation reaction)에 적용하여 입자 크기에 따른 반응 선택성의 변화를 연구하였다(그림 10.9).[52] Pyrrole 수소화 반응에서는 pyrrolidine이 형성된 다음, *n*-butyl amine이 형성된다. Pyrrolidine이 형성되는 반응에서는 가장 작은 0.8 nm 백금 촉매를 제외하고는 거의 일정한 전환 빈도를 보였다. 반면, *n*-butyl amine 형성 단계에서는 백금 입자의 크기가 커짐에 따라 전환 빈도가 증가하였다. 결국 개환 반응에서의 구조 민감성으로 인해 생성물의 선택성이 달라지게 되고, 특히 2 nm보다 작은 백금 입자에서는 이러한 효과가 두드러지게 나타난다. 이는 상대적으로 큰 백금 입자일수록 개환 반응이 더욱 쉽게 일어나서 거의 100% *n*-butyl amine이 형성됨을 의미하고, 이러한 반응성의 차이는 생성물인 *n*-butyl amine에 의한 피독(poisoning)에 의한 것으로 추정된다. 최종 생성물인 *n*-butyl amine에 존재하는 질소 원자는 pyrrole이나 pyrrolidine에 존재하는 질소 분자에 비해 전자가 풍부하여 나노입자와 강한 결합을 형성하여 반응을 방해할 수 있다. 나노입자에서는 입자 크기가 감소할수록 배위수가 낮은 계단 또는 굽은 자리의 비율이 커지게 되고 *n*-butyl amine의 질소 원자는 이러한 낮은 배위수를 갖는 표면 원자와 더욱 강한 결합을 하게 된다. 또한 입자 크기가 1 nm 또는 그 이하의 매우 작은 크기로 감소함에 따라 금속 특성이 감소하여 *n*-butyl amine과 강한 결합을 할 것으로 예상된다. 이러한 구조적 효과와 전자적 효과가 동시에 작용하여 *n*-butyl amine에 의한 피독효과가 입자 크기가 작아질수

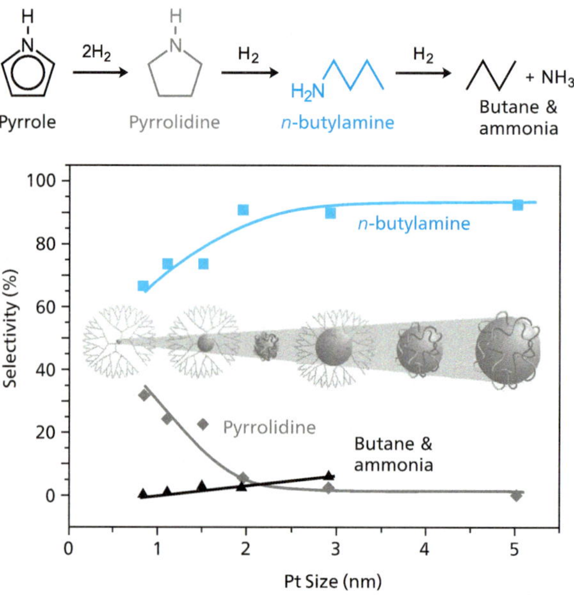

그림 10.9 ▸ 백금 나노입자의 크기에 따른 pyrrole 수소화 반응 선택성의 변화. Reproduced with permission from ACS publications.[52]

록 강하게 작용하여 관측된 구조 민감성이 발현된 것이다.

10.3.2 모양 효과

입자 크기의 영향과 함께 나노입자의 모양이 촉매 활성, 선택성 및 안정성에 미치는 영향에 관한 연구는 콜로이드 나노입자 기반 촉매를 이용하여 가장 유용하게 연구할 수 있는 분야이다. 모양이 조절된 나노입자를 모델 촉매로 이용할 경우, 특정 결정면만을 표면에 노출시킬 수 있게 되어 원자의 기하학적 배열이 촉매 성능에 미치는 영향을 체계적으로 연구할 수 있다. 또한 모양이 조절된 나노입자는 금속 단결정 촉매를 나노스케일에서 모사할 수 있어서 실제 산업적으로 사용되는 촉매와 단결정 모델 간의 간극을 메워줄 수 있는 모델 촉매로 이용될 수 있다. 그림 10.10에는 나노입자의 모양에 따라 표면에 노출되는 결정면과 해당되는 단결정의 표면 구조를 도시하였다.

모양이 조절된 나노입자는 선택성이 중요한 촉매 반응에서 매우 유용한 모델 촉매로 사용될 수 있다. Somorjai 연구진에서는 육면체와 육팔면체 모양으로 합성한 나노입자를 실리콘 표면에 LB법을 이용하여 2차원으로 배열한 모델 촉매를 제조하였다.[53] 육면체 나노입자에서는 (100)면만 표면에 노출된 반면 육팔면체에서는 (100)면과 함께 (111)면도 함께 노출되는 구조를 지니고 있다. 이러한 형상 조절된 백금 나노촉매를 이용하여 benzene 수소화 반응을 수행한 결과, 육면체 나노입자 촉매 상에서는 cyclohexane만이 생성물로 얻어졌지만, 육팔면체 나노입자 상에서는 cyclohexane과 cyclohexene이 동시에 얻어졌다(그림 10.11a, b). 흥미롭게도, 백금 (100) 및 (111) 단결정을 촉매로 이용하여 동일한 반응을 수행한 결과, 각각 cyclohexane과 cyclohexane 및 cyclohexene 혼합물이 생성물로 얻어졌다(그림 10.11c, d). 따라서 금속 나노입자 촉매로부터 얻은 결과와 단결정 모델 촉매로부터 얻은 결과의 경향성이 일치함을 확인하였다. 이 연구를 통해 모양 조절된 나노입자 촉매가 단결정 모델 촉매를 훌륭하게 모사할 수 있음을 확인하였다.

Zaera 연구진에서는 모양이 조절된 콜로이드 백금 나노입자를 합성한 후, 실리카 표면에 고정한 모델 촉매를 제조하여 2-butene의 이성질화(isomerization) 반응에 적용하였다.[54] (111)면이 표면에 노출된 사면체(tetrahedron) 나노입자 기반 촉매의 경우 시스(cis) 이성질체가 우세하게 얻어진 반면, (100)면이 노출된 육방형 나노입자 또는 구형 나노입자가 담지된 촉매에서는 반대로 트랜스(trans) 이성질체가 주생성물로 얻어졌다. 이 결과 역시 단결정 촉매로부터 얻은 결과와 일치하였다.

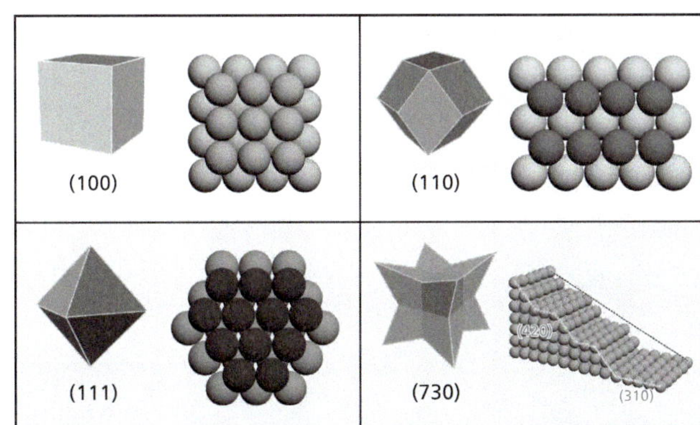

그림 10.10 ▸ 모양이 조절된 나노입자 구조 모델 및 각 입자의 표면에 노출된 결정면에 해당되는 단결정 표면 구조.

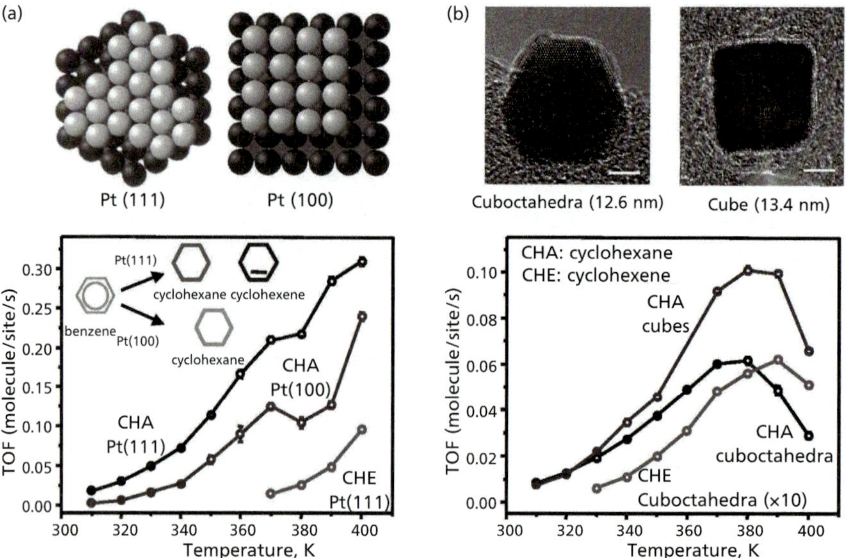

그림 10.11 ▶ (a) 2차원으로 배열한 백금 (111)면과 (100)면의 모델과, 벤젠 수소화 반응의 활성 및 선택성. (b) (111) 및 (100)면을 노출하는 육팔면체와 (100)면만을 노출하는 육면체로 합성된 백금 나노입자의 투과 전자 현미경 사진과, 벤젠 수소화 반응의 활성 및 선택성. Reproduced with permission from ACS publications.[12,53]

나노입자의 모양 효과는 액상 촉매 반응의 선택성에서도 극명하게 관찰되었다. Kiwi-Minster 연구진에서는 모양 조절된 팔라듐 나노입자를 촉매로 이용하여 입자 모양이 액상 반응에서의 선택성에 큰 영향을 미침을 입증하였다(그림 10.12).[55] 팔라듐 나노입자를 크기가 다른 두 가지 육면체, 팔면체 및 육팔면체로 합성하였고, 2-methyl-3-butyn-2-ol (MBY)의 수소화 반응에 적용하였다. 반응 활성과 선택성 경향 분석을 통해 배위수가 다른 테라스와 모서리 자리에 존재하는 두 가지 유형의 활성점이 있음을 확인하였다. 특히, 모양 조절된 촉매의 노출된 결정면과 관계없이 테라스 자리에서는 MBY의 부분 수소화(semi-hydrogenation) 반응을 통해 2-methyl-3-buten-2-ol (MBE)이 생성되었고, 모서리 자리에서는 과수소화(over-hydrogenation) 반응이 일어났다. 나노입자의 모양과 크기에 따른 각 자리의 통계 분석을 통해 MBE 분자를 생성하기 위한 최적의 촉매는 대략 3~5 nm 크기의 육면체로 확인되었다.

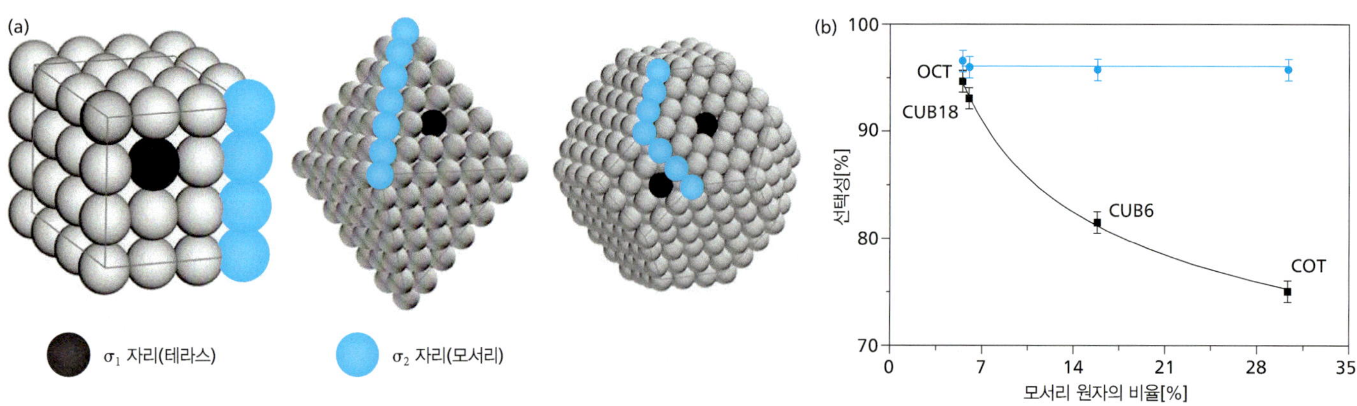

그림 10.12 ▶ (a) 팔라듐 육면체, 팔면체 및 육팔면체의 구조 모델과 (100), (111) 표면의 테라스 자리에 존재하는 σ_1 자리 및 모서리에 존재하는 σ_2 자리. (b) 형상 및 크기가 조절된 팔라듐 나노입자 모델 촉매를 이용한 2-methyl-3-butyn-2-ol 분자의 수소화 반응을 통한 2-methyl-3-buten-2-ol 생성 선택성 경향. Reproduced with permission from ACS publications.[55]

전기촉매 분야에서는 최근 나노입자의 모양 효과를 이용한 연구가 가장 활발하게 진행되어 왔고, 특정 반응에서는 이에 대한 이해를 바탕으로 촉매를 설계하여 급격한 성능 향상이 이루어졌다.[21,56] 특히, 연료 전지와 금속–공기 전지의 핵심 전극 반응인 산소 환원 반응에 사용되는 백금 기반의 모양 조절된 나노입자는 가장 널리 연구되어 왔다. 초창기 연구에서, Sun 연구진에서는 육면체, 깍인 육면체, 다면체의 세 가지 다른 모양의 백금 나노입자를 모델 촉매로 사용하여 산소 환원 반응에서의 활성을 비교하였다.[57] 황산(H_2SO_4)을 전해질로 사용하는 경우 백금 표면에 황산 음이온(SO_4^{2-}) 흡착에 의한 피독이 일어나고, 백금 단결정 촉매를 사용하여 연구한 결과 백금 (111)면에서 피독이 가장 심하게 나타나서 활성이 크게 감소하는 것으로 확인되었다. 나노입자 기반의 촉매에서도 단결정 촉매를 이용한 결과와 같이, (100)면만을 노출하는 백금 육면체 나노입자는 가장 좋은 성능을 보이는 반면, (111)면을 포함하고 있는 깍인 육면체와 다면체 구조의 백금 나노입자는 상대적으로 낮은 성능을 보였다.

Stamenkovic 연구진에서는 3:1 조성의 백금–니켈(Pt_3Ni) 단결정 모델 촉매를 이용하여 결정면이 산소 환원 반응 성능에 매우 큰 영향을 미치고, 특히 백금–니켈 (111) 단결정은 상용 탄소 담지 백금 촉매에 비해 100여 배에 가까운 성능 향상을 보임을 입증하였다.[58] 이 연구는 이후 모양이 조절된 백금계 나노입자 촉매를 이용한 산소 환원 반응 연구에 큰 기폭제가 되었고, 많은 연구진에서 나노스케일에서 이 결과를 구현하고자 하는 연구를 수행하였다. 즉, (111)면만을 선택적으로 노출한 백금–니켈 나노입자를 합성하여 단결정 연구에서 입증된 성능 상승 효과를 실제 나노촉매로 구현하고자 한 것이다. 여러 연구진에서 백금–니켈 나노입자를 팔면체 모양으로 합성하는 데 성공하였고, (111)면만을 노출하는 백금–니켈 팔면체 입자는 산소 환원 반응에서 탄소 담지 백금 촉매에 비해 특정 활성 기준 5~60배 정도, 질량 활성 기준 3~15배 정도의 성능 향상을 보였다.[59~63] 그림 10.13a에는 Xia 연구진에서 보고한 3:1 조성의 백금–니켈 팔면체 나노입자의 투과 전자 현미경 사진을 도시하였고, 이 촉매는 특정 활성 기준 상용 백금 촉매에 비해 51배의 성능 향상을 보였다(그림 10.13b).[62]

나노입자의 모양 효과는 금속 나노입자뿐만 아니라 금속 산화물[64] 또는 금속 인화물(metal phosphide)[65] 나노입자를 이용하여 연구되기도 하였다. 특히, 금속 산화물 나노입자의 경우 금속 입자에 비해 상대적인 안정성이 높기 때문에 표면 안정제 제거 과정에서 나타나는 모양 변화 문제가 덜 일어나는 장점이 있다. 모양 조절된 금속 산화물 나노촉매가 적용된 대표적인 예로서, 티타니아(titania, TiO_2) 기반 광촉매의 활성점 규명을 들 수 있다. (101)면과 (001)면을 선택적으로 노출하는 티타니아 나노입자를 이용하여 수소 발생 광촉

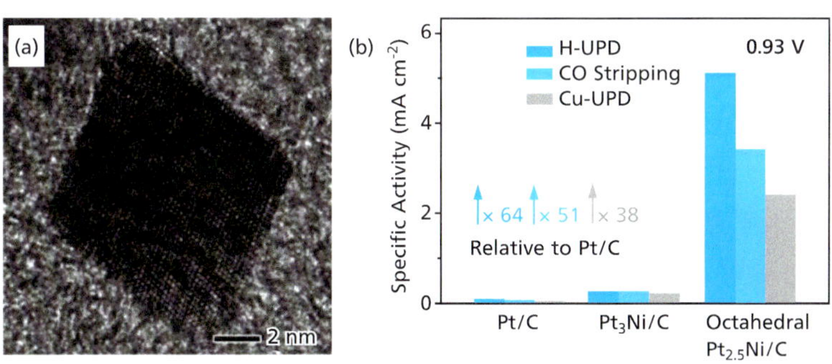

그림 10.13 ▶ (a) 3:1 백금–니켈 합금 조성의 팔면체 구조 나노입자의 투과 전자 현미경 사진. (b) 백금–니켈 합금 팔면체 나노입자, 백금–니켈 합금 구형 나노입자 및 상용 백금 촉매의 특정 활성 비교. Reproduced with permission from ACS publications.[62]

매 반응을 진행했을 때, 높은 에너지를 갖는 (001)면을 노출한 티타니아가 (101)면을 노출한 입자보다 낮은 수소 발생 성능을 보였고, 두 면을 동시에 포함하는 입자는 중간 정도의 성능을 보였다.[66]

10.3.3 조성 효과

불균일계 촉매의 활성과 선택성은 입자의 크기와 모양 조절에 의한 표면 원자 배열 및 배위수의 변화에 의해 조절할 수 있고, 상기 10.3.1항과 10.3.2항에서 이에 관해 설명하였다. 한 가지 원소가 아니라 다양한 원소를 혼합한 다성분계 금속 촉매에서도 촉매 활성, 선택성 및 안정성 향상을 구현할 수 있다. 다성분계 나노입자를 이용할 경우, 원자 격자의 변형(strain)이 일어나는 기하학적 효과(geometric effect)와 전자 구조가 바뀌는 전자적 효과(electronic effect)를 일으킬 수 있다. 이를 통해 반응물의 흡착 세기가 바뀔 수 있어, 이상적인 경우 반응의 활성 및 선택성을 극대화시킬 수 있는 반응 중간체를 선택적으로 형성시킬 수 있다. 또한 단일 조성 촉매로 생성되지 않는 새로운 촉매 활성점이 형성될 수 있고, 이중기능 메커니즘(bifunctional mechanism) 또는 조촉매(promotor) 효과를 통해 단일 조성 촉매로 구현할 수 없는 높은 성능 활성, 선택성 및 안정성을 구현할 수 있다. 아울러, 촉매의 비활성화(deactivation) 메커니즘을 이해하여 안정성 향상을 꾀할 수도 있다.

촉매 나노입자의 조성 효과는 다양한 액상 및 기상 촉매 반응에서 연구되어 왔다. Hutchings 연구진에서는 과산화수소(H_2O_2) 직접 합성 반응에서 탄소에 담지된 금–팔라듐(Au–Pd) 콜로이드 나노입자의 조성 변화가 촉매 활성에 미치는 영향을 연구하였다.[67] 금–팔라듐 합금 나노촉매는 금 또는 팔라듐만을 사용한 단일 조성 촉매에 비해 매우 향상된 과산화수소 생성 활성을 보였고, 이는 전자 구조의 변형에 따른 결과로 해석되었다. 흥미롭게도 함침법으로 제조된 금–팔라듐 촉매와 비교하여 콜로이드법으로 제조된 후 탄소 담체에 담지된 촉매는 훨씬 높은 활성을 보였다.

Somorjai 연구진에서는 로듐–백금(Rh–Pt) 이성분계 합금 나노입자를 9 nm 정도로 크기를 비슷하게 유지하면서 조성을 조절하여 합성하였고, 이를 이용하여 일산화탄소 산화 반응에서의 조성 효과를 연구하였다.[68] 일산화탄소 산화 반응에서 로듐 나노입자 촉매는 백금 촉매에 비해 20배 높은 촉매 활성을 보였다. 이러한 활성 변화는 로듐과 백금 박막 촉매를 이용하여 수행한 일산화탄소 산화 반응 결과와 일치한다. 흥미롭게도, 로듐과 백금 사이에 있는 로듐–백금 이성분계 나노촉매의 활성은 조성 변화에 따라 선형적으로 변하지 않았고, 예상한 활성보다 낮게 나타나는 비선형적 변화를 보였다. 이는 로듐–백금 합금 나노입자의 표면 조성이 전체 조성과 일치하지 않고, 활성이 낮은 백금이 표면에 우세하게 존재하기 때문이다.

상기 로듐–백금 합금 촉매의 경우와 달리, 이성분계 촉매를 이용한 반응에서, 합금 나노입자 촉매가 각각의 단일 조성 나노입자 촉매보다 성능이 더 향상되는 상승(synergy) 효과가 발현되는 경우도 있다. Kitagawa 연구진에서는 구리–루테늄(Cu–Ru) 간의 합금 나노입자를 합성하여 일산화탄소 산화 반응성을 연구하였다.[69] 그림 10.14a~d에 도시한 고각 환형 암시야 주사형 투과 전자 현미경(high-angle annular dark-field scanning transmission electron microscopy, HAADF–STEM) 사진과 에너지 분산 X-선 분광법으로 얻은 각 원소별 원소 분포 사진을 통해 각 입자 내에 구리와 루테늄이 골고루 합금 상태로 혼합되어 있음을 확인할 수 있다. 그림 10.14e에는 구리, 루테늄 및 구리–루테늄 합금 촉매의 일산화탄소 전환 온도를 도시하였다. 구리–루테늄 합금 나노촉매 상에서는 구리와 루테늄 나노입자 촉매에 비해 일산화탄소 전환 온도가 낮아졌다. 다시 말해, 구리 또는 루테늄 촉매에 비해

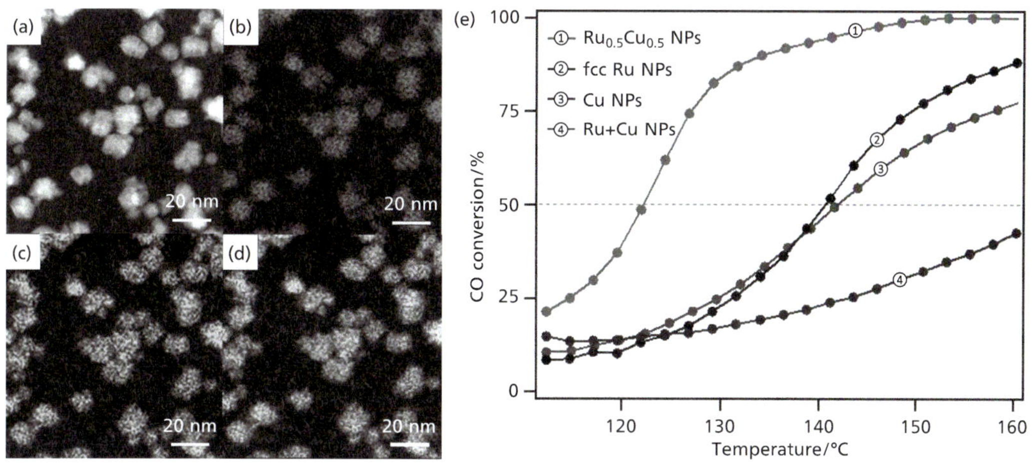

그림 10.14 ▸ 구리–루테늄 합금 나노입자의 (a) 암시야 투과 전자 현미경 사진과 (b~d) 합금 입자 내의 원소별 원소 분포 사진: (b) 구리, (c) 루테늄 및 (d) 구리와 루테늄. (e) 구리–루테늄 합금 나노입자 촉매의 조성에 따른 일산화탄소 산화 반응 전환율. Reproduced with permission from ACS publications.[69] Color Plate ⑬ 참조

합금 촉매가 높은 성능을 보였다.

상기 예에서는 다성분계 합금 나노입자가 단일 입자 내에서 골고루 혼합된 원자 배열을 지녔다. 만약, 이미 합성된 나노입자 위에 단원자 수준으로 다른 원소를 부착하는 방법으로 다성분계 나노입자를 합성하게 되면, 값비싼 귀금속을 매우 적게 쓰면서도 효율적으로 활용할 수 있다. 이러한 종류의 합금을 희석 합금(diluted alloy) 또는 단원자 합금(single-atom alloy)이라 일컫는다. 최근 Cargnello 연구진에서는 이러한 접근법을 통해 합성한 콜로이드 나노입자를 이용하여 촉매 반응성을 연구하였다.[70] 먼저 합성된 금 나노입자 위에 팔라듐의 양을 단원자 수준에서 조절하여 부착하는 방식을 통해 일련의 금–팔라듐 이성분계 나노입자를 합성하였다(그림 10.15a). 티타니아 담체에 담지된 금–팔라듐 나노입자를 isopropanol

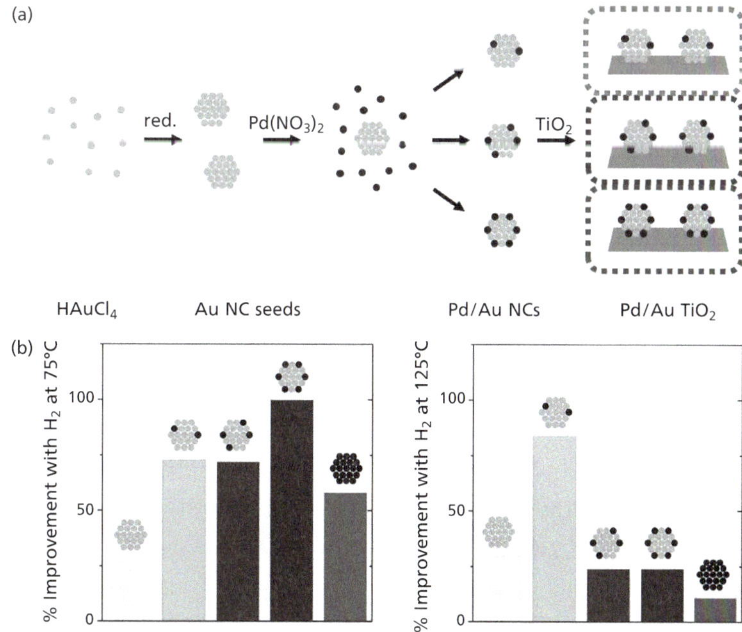

그림 10.15 ▸ (a~c) 금 나노입자에 팔라듐이 단원자 수준으로 부착된 금–팔라듐 희석 합금 나노입자 촉매: (a) 합성 모식도, (b, c) 이소프로판올 산화 반응에서 금–팔라듐 나노입자의 상승 효과를 보여주는 촉매 활성. Reproduced with permission from ACS publications.[70]

의 산화를 통해 acetone을 형성하는 반응에 적용하였다. 흥미롭게도, 금 나노입자 위에 올라간 팔라듐 단원자 자리의 수가 증가할수록 촉매 활성이 증진되었고, 이를 통해 두 금속 간의 상승 효과가 있음을 확인할 수 있었다(그림 10.15b, c).

콜로이드 나노입자 기반 촉매를 통해 촉매의 안정성을 향상시키는 연구도 진행되었다. 특히, 고온에서 진행되는 열촉매 반응에서는 특정 원소의 증기압(vapor pressure)을 낮추거나 입자의 유동성(mobility)을 낮춤으로써 촉매 입자의 소결(sintering) 현상을 억제하여 비활성화를 제한할 수 있다. 예를 들어, 휘발성이 높은 백금 산화물은 팔라듐을 첨가하여 안정화시킬 수 있다.[71] Cargnello 연구진에서는 팔라듐–백금 나노입자의 크기를 3 nm로 유지하면서 조성을 조절하여 합성하여 메탄 산화(methane oxidation) 반응에 적용하였다. 팔라듐이 소량만 추가되어도 메탄 산화 반응 활성이 증가함을 확인하였고, 물이 존재하거나 고온 조건에서도 팔라듐–백금 나노입자는 백금 입자에 비해 높은 안정성을 보였다. 기존의 함침법으로 제조한 합금 입자가 각 입자별로 매우 다른 팔라듐과 백금 비율을 보이기 때문에 정확히 어떤 조성에서 성능과 안정성이 향상되거나 극대화되는지를 파악하기가 어려웠다면, 콜로이드 나노입자를 이용하는 경우 이러한 인자를 상대적으로 용이하게 도출해낼 수 있다.

10.3.4 형상 효과

불균일계 촉매 중 고성능을 보이는 촉매의 상당 수는 백금, 팔라듐, 이리듐, 로듐, 루테늄 등을 기반으로 한 귀금속으로 이루어져 있다. 그러나 귀금속 촉매는 매장량의 한계가 있어 단위 무게당 가격이 매우 비싸다. 따라서 귀금속을 촉매로 사용하는 반응에서는 촉매의 고유한 성능을 표현하는 전환 빈도 또는 특정 활성과 함께 촉매 질량당 활성을 나타내는 질량 활성을 비교 인자로 사용하기도 한다. 대표적으로, 다량의 백금 촉매가 사용되는 산소 환원 반응에서는 특정 활성과 함께 질량 활성이 중요한 성능 비교 인자로 사용된다.

질량 활성을 높이기 위한 가장 직접적인 전략은 입자의 크기를 줄이는 것이다. 나노입자 촉매에서는 표면에 노출되는 원자의 수가 입자 크기에 반비례한다. 예를 들어, 5 nm 입자에서는 표면에 약 20%의 원자만이 노출되어, 나머지 80%의 입자는 반응에 참여하지 못하게 된다. 따라서 입자의 크기를 1 nm나 그 이하로 줄여서 입자를 구성하는 모든 원자가 표면에 노출되게 한다면 질량 활성을 높일 수 있을 것이다. 그러나 반응에 따라서 입자의 크기가 줄어들면 촉매 표면 활성점 한 개당 고유의 성능을 나타내는 전환 빈도 또는 특정 활성이 감소하는 경우도 있기 때문에 입자 크기를 줄인다고 무조건 질량 활성이 증가하는 것은 아니다. 10.3.1항에서 예로 든 산소 환원 반응에서는 1 nm 또는 그 이하가 아닌 2~3 nm 사이의 크기를 갖는 백금 촉매가 최적의 질량 활성을 보인다. 다시 말해, 반응물에 노출되는 표면의 수(또는 표면적)와 표면에 노출되는 자리의 고유의 성능이 동시에 향상되어야 최대한의 질량 활성을 얻을 수 있다.

질량 활성을 높이기 위해 10.3.1~10.3.3항에서 언급한 나노입자의 크기, 모양 및 조성을 최적화하는 방법이 연구되어 왔다. 이와는 다른 접근법으로 속이 빈(hollow) 구조를 지닌 형상 조절된 나노입자를 촉매로 이용하여 질량 활성을 극대화하고자 하는 방법이 제안되었다.[72~75] 속이 빈 나노입자의 대표적인 예로는 나노케이지(nanocage)와 나노프레임(nanoframe)을 들 수 있다(그림 10.5). 나노케이지는 속이 비어 있고 벽에 작은 기공이 있기 때문에 입자의 내부까지 반응에 참여할 수 있다. 나노프레임은 나노케이지와 비교하여 모서리와 꼭지점 자리만 남고 입자의 벽이 제거된 뼈대 구조를 일컫는다. 나노프레임의 뼈대 구조는 내부 원자를 제거하는 화학적인 식각(etching) 과정 후에 생기기 때문에 다양한 결함 구조가 표면에 형성된다. 따라서 반응성이 큰 표면이 반응물에 높은 비율로 노출되어 촉

매 활성을 크게 향상시킬 수 있다. 또한 나노케이지나 나노프레임의 결정면의 구조나 조성을 조절하게 되면 추가적인 성능 향상을 꾀할 수도 있다. 이와 함께, 속이 빈 구조에서는 나노스케일 속박 효과(nanoscale confinement effect)가 발현되어 단위 시간당 반응물이 촉매 표면과 충돌하는 회수가 증가하기 때문에, 이러한 요인도 성능 향상에 기여할 수 있다.

나노케이지나 나노프레임 구조는 속이 비어 있는 열역학적으로 불안정한 구조이기 때문에 기존의 나노입자 합성법 대신 새로운 합성 전략이 필요하다. 나노케이지를 합성하는 대표적인 전략으로는 주형(template) 나노입자를 합성한 후 원하는 조성의 물질을 주형 입자 위에 성장시킨 다음 최종적으로 주형으로 제거하여 속이 빈 구조를 합성하는 방법을 들 수 있다. 또한 Galvanic 치환(replacement) 또는 Kirkendall 효과를 이용하여 속이 찬 주형 입자를 원하는 조성의 나노케이지 구조로 전환하여 합성할 수 있다. 나노프레임 구조는 주형 물질의 모서리에만 원하는 조성을 성장시킨 후 주형을 제거하는 방법과 주형 물질에 Galvanic 치환과 비합금화(dealloying) 과정을 연속적으로 거쳐서 형성시키는 방법이 있다. 따로 주형을 합성하는 과정이 필요없이 반응 과정 중에 주형이 형성되고 식각을 통해 나노케이지 또는 나노프레임 구조를 형성하는 방법도 개발되었다. 콜로이드 나노입자 합성 과정에서, 다성분계 금속 전구체를 동시에 넣고 열분해하면 전구체의 분해 속도에 따라 입자의 내부와 외부에 다른 조성의 층이 형성된다. 내부에 형성된 층이 자발적으로 식각되거나, 내부층을 화학적인 방법으로 식각하게 되면 나노케이지를 형성할 수 있다. 만약, 식각 전에 특정 조성의 원소가 입자 내부에서 모서리나 꼭지점으로 이동하는 상 분리(phase segregation) 현상이 일어나면 식각 후에 나노프레임 구조가 얻어지게 된다. 이러한 방법을 통해 육면체, 팔면체, 육팔면체, 사방 십이면체(rhombic dodecahedron), 이십면체 등의 다양한 모양을 갖는 나노케이지 또는 나노프레임 구조가 합성되었고, 각 구조의 조성은 단성분계에서 이성분, 삼성분계에 이르기까지 다양하다.

Xia 연구진에서는 균일한 팔라듐 육면체, 팔면체, 또는 이십면체 나노입자를 주형으로 사용하여 동일한 구조의 백금 나노케이지 구조를 합성하여 산소 환원 반응에 적용하였다(그림 10.16).[76~78] 그림 10.16a, b에는 이러한 방법으로 합성한 균일한 이십면체 백금 나노케이지의 투과 전자 현미경 사진을 도시하였다. 백금 나노케이지 골격은 약 4~5개의 원자층으로 이루어져 있고, 골격에 존재하는 다수의 기공을 통해 나노케이지의 내부까지 반응에 참여할 수 있었다. 이십면체 나노케이지는 고유 성능이 높은 (111)면만을 노출하고 있어 상용 백금 촉매보다 높은 산소 환원 반응 활성을 보였고 높은 장기 내구성을 보였다(그림 10.16c, d).

Yang과 Stamenkovic 연구진에서는 백금–니켈 합금 조성으로 이루어진 나노프레임 기반 고성능 산소 환원 반응 촉매를 개발하였다.[79] 백금과 니켈 전구체를 동시에 열분해하는 방법으로 1:3의 조성비를 갖는 백금–니켈 합금 사형 십이면체(rhombic dodecahedron)를 합성하였다. 입자 내의 모서리와 꼭지점 부분에 백금이 풍부하게 분포되어, 식각 후에는 3:1의 조성비를 갖는 백금–니켈 나노프레임이 합성된다. 백금–니켈 나노프레임은 2 nm 두께의 동일한 길이를 갖는 모서리 24개가 이어진 구조를 지닌다. 나노프레임 구조에 의한 효과와 백금–니켈 조성에 의한 효과가 더해져서 나노프레임 촉매는 상용 백금 촉매에 비해 36배 높은 질량 활성을 보였다. 또한 나노프레임(nanoframe) 촉매는 가속 내구성 테스트에서도 초기와 유사한 수준으로 성능을 유지하여, 입자의 엉김 현상 등으로 인해 성능 하락을 보인 상용 백금 촉매보다 유망한 내구성을 보였다. 이광렬, 주상훈 연구진에서도 팔면체 백금–니켈 조성 나노프레임 구조를 합성하여 고활성의 산소 환원 반응 촉매로 보고하였다.[80] 특히, 연구진은 합성 과정에서 나노프레임 구조가 형성되는 메커니즘을 실험과 밀도 범함수 이론(density functional theory, DFT) 계산을 통해 규명하였다. 반응 초기에는 환원력이 높은 백금이 먼저 코어 부분에 형성되고 이후 니켈층이 형성된 다음, 일산화탄소 가스 존재하

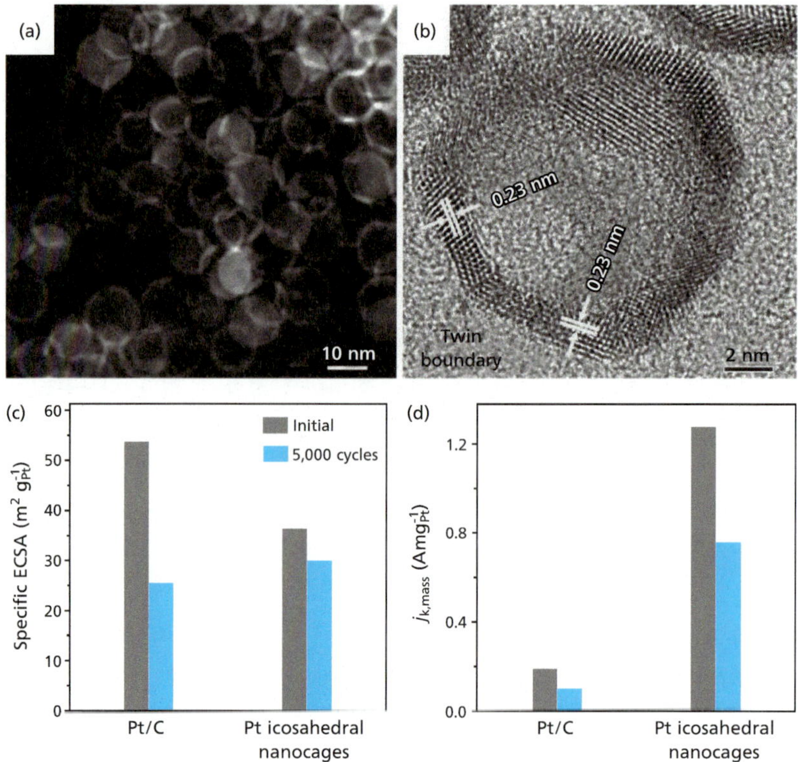

그림 10.16 ▶ (a, b) 팔라듐 이십면체 나노입자를 주형으로 사용하여 합성한 백금 이십면체 나노케이지의 (a) 암시야 투과 전자 현미경 및 (b) 고분해능 투과 전자 현미경 사진. (c, d) 이십면체 백금 나노케이지와 상용 백금 촉매의 산소 환원 반응에 대한 장기 내구성 테스트 전후의 (c) 전기화학적 활성 표면적 및 (d) 질량 활성. Reproduced with permission from ACS publications.[77]

에서 백금 원자가 세 좌표축(Cartesian coordinate)을 따라 이동하면서 최종적으로 좌표축과 팔면체의 모서리에 백금 원자가 주로 존재하게 된다. 중간체에서 니켈만을 선택적으로 식각하게 되면 백금-니켈 합금 나노프레임 팔면체 구조가 형성된다(그림 10.17a, b). 백금-니켈 팔면체 나노프레임은 산소 환원 반응에서 상용 백금 촉매에 비해 약 6배 정도 높은 질량 활성 및 약 8배 높은 특정 활성을 보였다(그림 10.17c, d).

나노케이지나 나노프레임은 나노입자 기반 촉매에 비해 일반적으로 높은 내구성이나 안정성을 보였지만, 이러한 구조들은 얇은 골격 두께를 지니고 있고 특히 나노프레임의 경우 배위수가 낮은 불안정한 자리를 많이 가지고 있기 때문에 가혹한 조건에서 촉매를 구동하게 되면 촉매의 구조가 무너지는 등 낮은 안정성을 보일 수 있다. 이광렬, 주상훈 연구진에서는 다양한 방법으로 나노프레임 촉매의 안정성을 향상시키는 연구를 진행해 왔다. 물리적인 방법으로 안정성을 향상시키기 위해 이중 나노프레임, 꼭지점 부분이 강화된 나노프레임, 덴드리머 나노입자 구조 코어와 나노프레임 쉘을 갖는 코어-쉘 구조 형성 등을 통해 산소 환원 반응과 산소 발생 반응(oxygen evolution reaction)에서의 안정성을 향상시켰다.[81~83] 또한 화학적 도핑을 통해 안정성을 향상시키기도 하였다.[84] 대표적인 예로, 이중 나노프레임을 합성하기 위해 환원 속도가 다른 두 가지 이리듐 전구체와 구리와 니켈 두 가지 전이 금속 전구체를 한꺼번에 넣고 환원하게 되면, 구리, 이리듐, 니켈, 이리듐 순으로 순차적으로 환원이 일어나게 되어, 이중 코어-쉘 구조가 형성된다. 이를 식각하게 되면 최종적으로 이리듐-구리-니켈 삼성분계 이중 나노프레임 구조가 형성이 된다(그림 10.18a, b). 얻어진 이중 나노프레임은 산소 발생 반응에서 유사한 조성의 단일 나노프레임 구조와 상용 이

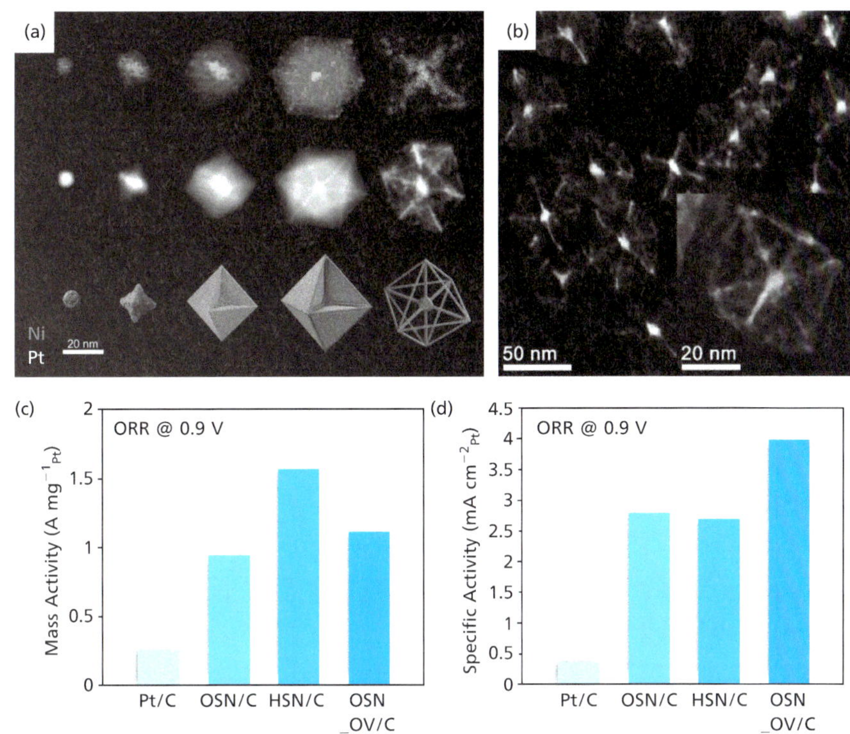

그림 10.17 ▶ (a) 백금-니켈 나노프레임 합성의 각 단계별 생성물의 투과 전자 현미경 사진, 원소 분포 및 구조 모델. (b) 최종적으로 얻어진 백금-니켈 나노프레임의 암시야각 투과 전자 현미경 사진. (c, d) 백금-니켈 나노프레임 촉매와 상용 백금 촉매의 산소 환원 반응에서의 (c) 질량 활성 및 (d) 특정 활성 비교. Reproduced with permission from ACS publications.[80]

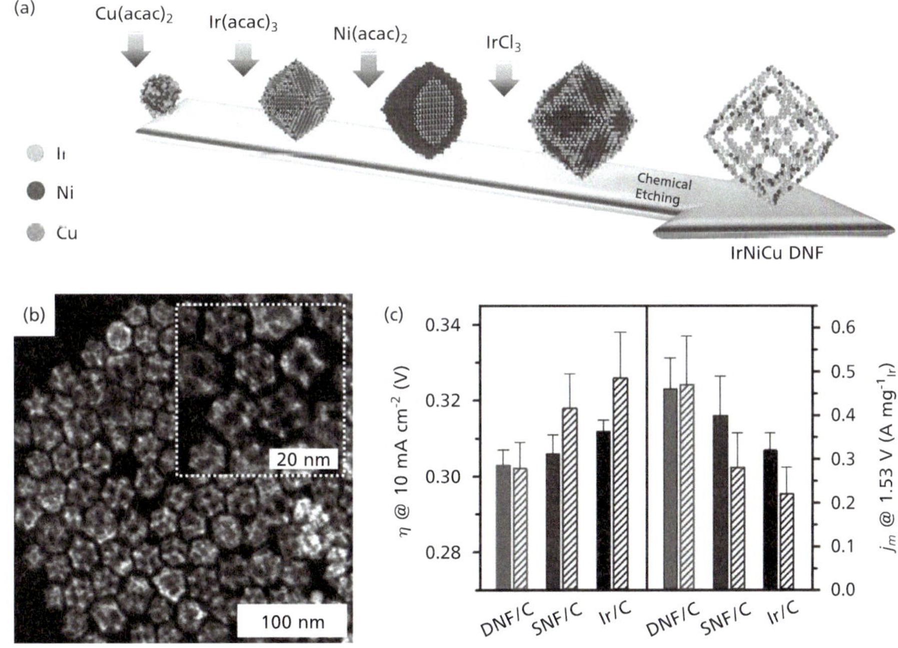

그림 10.18 ▶ (a, b) 이리듐-구리-니켈 삼성분계 이중 나노프레임 구조의 (a) 합성 모식도와 (b) 암시야 투과 전자 현미경 사진. (c) 이리듐계 이중 나노프레임, 단일 나노프레임, 그리고 상용 이리듐 촉매의 산소 발생 반응에서의 장기 내구성 테스트 전후의 과전압 및 질량 활성 변화. Reproduced with permission from ACS publications.[81] Color Plate ⑭ 참조

리듐 촉매에 비해 높은 초기 성능과 내구성을 보였다(그림 10.18c).

10.3.5 결정 구조 효과

상기 언급된 크기, 모양, 조성 및 형상 조절 외에도 콜로이드 나노입자 합성법을 이용하게 되면 합성 조건에 따라 동일한 원소에서 원자 배열 구조가 조절된 입자를 합성할 수 있다. 예를 들어, 동일한 조성과 유사한 입자 크기를 지니면서도 면심 입방(face-centered cubic, fcc)과 육방 밀집(hexagonal-close-packed, hcp) 구조와 같이 다른 결정 구조(crystalline structure)를 지닌 입자를 합성할 수 있다.

Kitagawa 연구진에서는 루테늄 나노입자를 두 가지 다른 결정 구조로 합성하여 결정 구조가 촉매 활성에 미치는 영향을 연구하였다. 루테늄은 벌크에서 열역학적으로 안정한 육방 밀집 구조로 존재한다. 흥미롭게도, 콜로이드 합성법을 이용하면 벌크에서 존재하지 않는 면심 입방 구조를 갖는 루테늄 나노입자를 합성할 수 있다. Kitagawa 연구진은 폴리올 합성법을 통해 루테늄 나노입자를 합성하는 과정에서 루테늄 입자가 형성되는 반응 속도(reaction kinetics)를 조절하여 열역학적으로 안정한 육방 밀집 구조의 루테늄뿐만 아니라 준안정성(metastability)을 갖는 면심 입방 구조의 루테늄 나노입자를 크기를 조절하여 합성하였다(그림 10.19a, b).[85] 일산화탄소 산화 반응에서 육방 밀집 구조의 루테늄 나노입자 촉매는 입자 크기가 커질수록 50% 전환율을 나타내는 온도가 증가하여 낮은 활성을 보였다(그림 10.19c). 반면, 면심 입방 구조의 루테늄은 반대의 활성 경향을 보여서 입자 크기가 커질수록 성능이 향상되었다. 흥미롭게도, 3 nm 이상의 입자에서는 면심 입방 구조 루테늄이 육방 밀집 구조 루테늄보다 더 높은 성능을 보였다. 따라서 콜로이드 나노입자 합성을 통한 상 조절을 통해 기존에 존재하지 않는 면심 입방 구조 루테늄을 구현하여 고성능 촉매를 개발할 수 있는 가능성을 제시하였다.

면심 입방 구조 루테늄은 Fischer–Tropsch 반응에서도 높은 성능을 보였다.[86] Zhang 연구진에서는 밀도 범함수 이론에 기반한 계산을 통해, 일산화탄소 분해 반응이 일어나면 면심 입방 구조 루테늄 상에서는 중간 정도의 에너지 장벽(barrier)을 갖는 열린 평면(open facet)이 많이 존재하는 반면, 육방 밀집 구조 루테늄에서는 낮은 에너지 장벽을 보이는 소

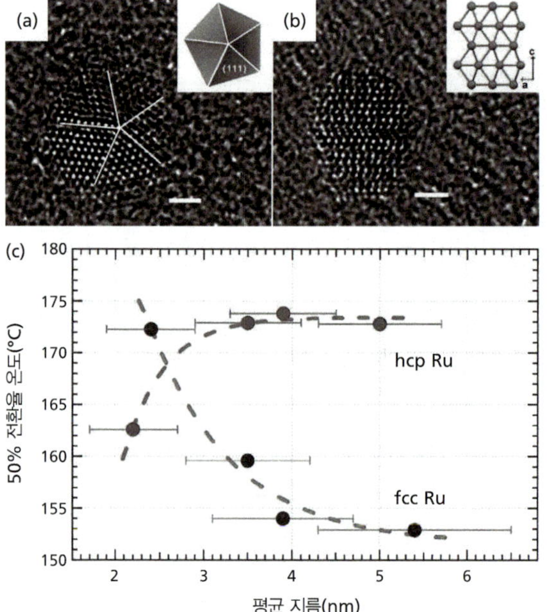

그림 10.19 ▸ (a, b) 면심 입방(a)과 육방 밀집(b) 구조를 갖는 루테늄 나노입자의 투과 전자 현미경 사진. (c) 결정상과 입자 크기가 다른 루테늄 나노입자의 일산화탄소 산화 반응 50% 전환율 온도 변화. Reproduced with permission from ACS publications.[85]

수의 계단, 모서리 자리만 존재함을 확인하였다. 실제 실험적으로 진행한 Fischer–Tropsch 반응에서 면심 입방 구조 루테늄 입자는 기존에 보고된 루테늄계 촉매의 활성을 훨씬 능가하는 매우 높은 질량 활성을 보였고, 이는 열린 평면 자리를 갖는 활성점의 수가 매우 많이 존재하기 때문이다.

10.3.6 원자 배열 효과

콜로이드 나노입자 합성의 또 다른 장점은 다성분계 나노입자 내부의 원자 배열을 조절할 수 있다는 점이다.[87] 일반적으로 다성분계 나노입자에서 각 원소는 면심 입방 구조와 같은 특정한 결정 격자 내에서 격자점 내에 무질서하게 배열되어 있다. 이러한 나노입자에 일정 수준의 이상의 에너지를 가하면 격자 내 원소들의 재배열(rearrangement)이 일어나서 각 원소가 격자 내의 정해진 위치에 배열하게 되고, 결과적으로 금속간 화합물(intermetallic compound)이 얻어진다. 금속간 화합물을 형성하기 위해서는 일반적으로 큰 에너지가 필요하기 때문에 600도 이상의 고온 열처리가 필요하다. 반면, 나노입자 상태에서는 원자 재배열에 필요한 에너지가 크게 낮아지기 때문에, 특정 합금의 조성에서는 낮은 온도에서도 이러한 재배열이 일어난다.

Yang 연구진에서는 합성 온도 조절을 통해 금–구리 나노입자를 입자 크기는 거의 동일하게 유지하면서도 격자내 원자 배열이 무질서한 합금(disordered alloy)부터 규칙적 배열을 갖는 금속간 화합물까지 체계적으로 변화시켜가면서 합성할 수 있었다(그림 10.20a, c).[88] 그림 10.20b에 도시한 고분해능 암시야 투과 전자 현미경 사진으로부터 상대적으로 밝은 색에 해당되는 금 원자와 어두운 구리 원자가 규칙적으로 배열되어 있음을 확인할 수 있다. 흥미롭게도, 이산화탄소 환원 반응(carbon dioxide reduction reaction)에서 금–구리 무질서 합금의 경우 수소 발생 반응을 촉진시키는 반면, 금속간 화합물의 경우 이산화탄소 환원 반응을 촉진시켜 Faraday 효율(Faradaic efficiency)이 80%에 이르는 높은 촉매 활성을 보였다(그림 10.20d). 또한 금속간 화합물 구조의 촉매는 무질서한 합금 촉매에 비해 이산화탄소 환원을 통해 일산화탄소가 형성되는 전압을 200 mV 정도 낮출 수 있었고, 3.2배 높은 전환 빈도값을 보였다. 투과 전자 현미경 분석과 밀도 범함수 이론 계산을 통해 입자의 내부에 형성된 금속간 화합물 구조에 의해 표면에 존재하는 금 원자에 압축 변형(compressive strain)이 가해지게 되어, 에너지적으로 이산화탄소 환원이 수소 발생보다 더 유리해지는 것을 확인할 수 있었다.

나노프레임 촉매는 10.3.3항에서 설명하였듯이 다양한 장점을 지니고 있지만, 얇은 골격 두께와 표면에 노출된 다수의 저배위 원자로 인해 반응 구동 조건에 구조가 쉽게 무너질 수 있는 문제점을 내포하고 있다. 주상훈, 이광렬 연구진에서는 나노프레임 구조 촉매의 골격을 무질서한 합금에서 금속간 화합물 구조로 변형하여 촉매의 성능과 안정성을 동시에 향상시키는 전략을 개발하였다.[89] 그림 10.21a, b에 도시하였듯이, 백금–구리 이성분계 조성의 나노프레임에 졸-겔법을 통해 실리카층을 코팅한 후 600°C에서 열처리하고 최종적으로 실리카층을 제거하게 되면 골격 내의 원자 배열이 무질서한 합금에서 금속간 화합물 구조로 변환된다. 이 과정에서, 실리카층이 고온 열처리에 의해 나노프레임 구조가 뭉치는 현상을 막아주게 되어, 최종적으로 얻어진 나노프레임은 기존의 형상을 그대로 유지하면서도, 내부의 원자 배열이 금속간 화합물 구조로 변환된 구조를 지닌다. 백금–구리 금속간 화합물 나노프레임 촉매는 무질서한 합금 나노프레임 및 상용 백금 촉매에 비해 질량 활성이 각각 약 2배 및 8배 향상되었고, 장기 내구성 테스트 후에는 질량 활성의 차이는 더 커졌다(그림 10.21c). 또한 장기 내구성 테스트 후, 나노프레임 촉매로부터 전해질에 용출된 금속의 양을

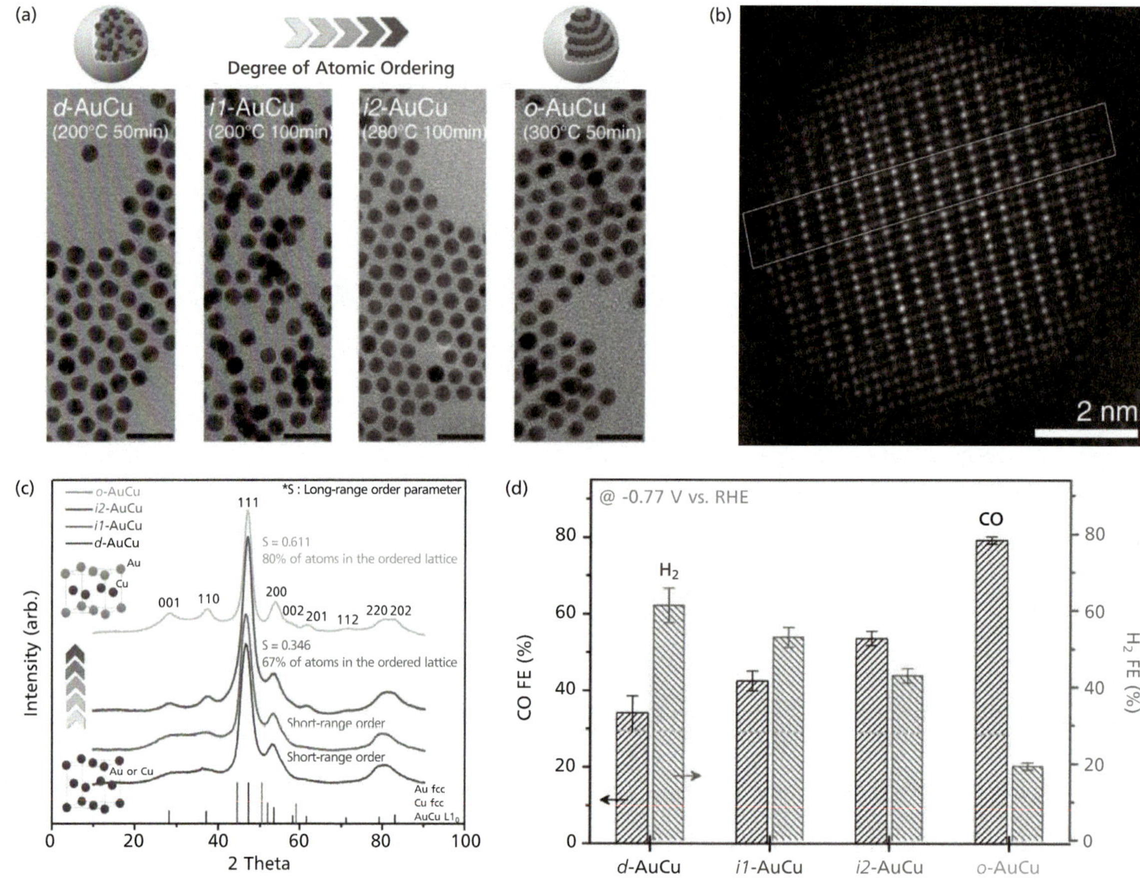

그림 10.20 ▸ 금-구리 이성분계 나노입자 내의 원자 배열이 이산화탄소 환원 반응의 선택성 및 활성에 미치는 영향. (a) 콜로이드 합성 온도에 따라 격자내 원자 배열이 무질서한 합금에서부터 규칙적 배열을 갖는 금속간 화합물까지 체계적으로 변화하는 금-구리 나노입자의 투과 전자 현미경 사진. (b) 금-구리 금속간 화합물 구조를 갖는 나노입자의 고분해능 암시야 투과 전자 현미경 사진. (c) (a)에 도시한 나노입자들의 X 선 회절 형태. (d) 다양한 원자 배열 형태를 갖는 금-구리 나노입자의 전기화학적 이산화탄소 환원 반응 활성 및 선택성. Reproduced with permission from ACS publications.[88]

정량한 결과, 금속간 화합물 나노프레임 촉매로부터는 훨씬 적은 양이 용출되어 무질서한 합금 나노프레임 촉매에 비해 화학적 안정성이 우수함을 증명하였다.

10.3.7 표면 안정제 효과

10.2절에서 언급하였듯이 콜로이드 나노입자는 일반적으로 계면활성제(surfactant)나 고분자와 같은 표면 안정제 존재하에서 합성된다. 표면 안정제는 나노입자의 용매 분산성을 높여주고 크기, 모양 등을 정교하게 조절할 수 있도록 해주기 때문에 나노입자 합성에서 매우 중요한 역할을 수행한다. 일부 촉매 반응은 표면 안정제 존재하에서도 무난한 활성을 보이지만, 많은 반응의 경우 표면 안정제는 촉매 반응 중에 반응물의 접근을 저해할 수 있어 결과적으로 촉매 활성을 낮출 가능성이 많다.

따라서 나노촉매 연구 초기부터 다양한 방법을 통해 표면 안정제를 제거하여 최대한 깨끗한 입자 표면이 노출되게 하여 촉매 활성을 극대화하고자 하는 연구가 진행되어 왔다.[90,91] 대표적으로 소성 처리, 플라즈마 처리, 자외선-오존 처리, 화학적 방법, 또는 전기화학적 방법 등이 사용되어 왔다. 소성 처리 방법은 가장 널리 쓰이는 방법이지만, 표면 안정제로부터 유래된 탄소 물질이 나노입자 표면에 잔존할 수 있고 소결을 통해 입자의 크기가 커질 수도

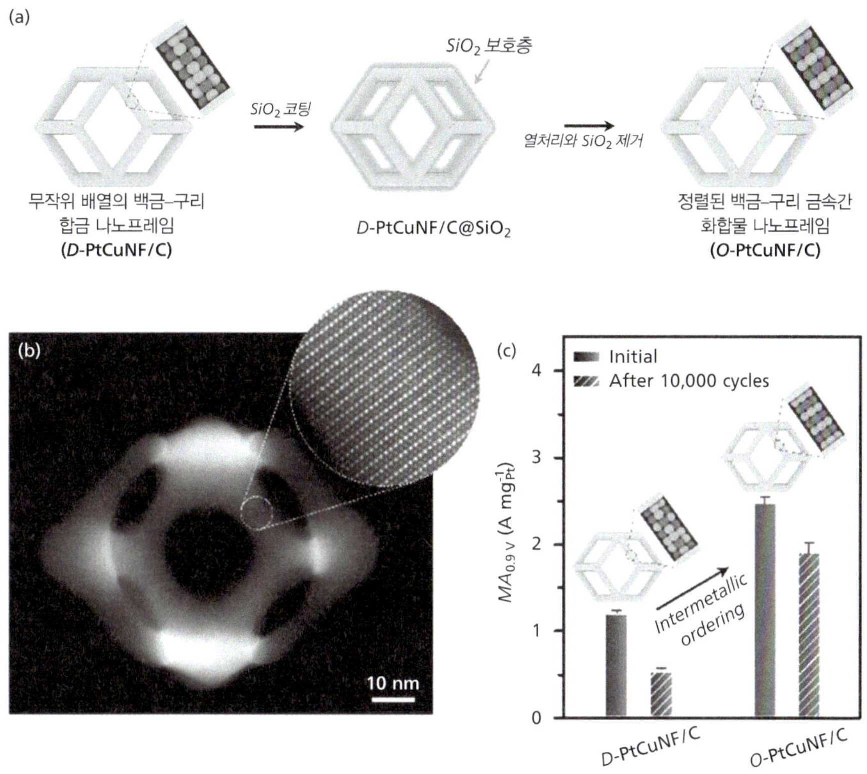

그림 10.21 ▸ (a) 백금–구리 이성분계 나노프레임 촉매 골격 내의 원자 배열을 무질서한 합금 구조에서 실리카 보호층을 이용한 열처리를 통해 금속간 화합물 구조로 변화시키는 과정. (b) 금속간 화합물 구조 골격을 갖는 백금–구리 나노프레임 촉매의 투과 전자 현미경 사진과 원자간 배열의 규칙성을 보여주는 고분해능 투과 전자 현미경 사진(내삽도). (c) 무질서한 합금과 금속간 화합물 골격 원자 배열을 지닌 백금–구리 나노프레임 촉매의 내구성 테스트 전과 후의 질량 활성 변화. Reproduced with permission from ACS publications.[89]

있다. 플라즈마 또는 오존 처리 방법은 열처리 방법에 비해 깨끗하게 표면 안정제를 제거할 수 있지만 사용하는 가스 종류에 따라 표면 조성이 변할 수 있다. 전기화학적 방법은 전극에 올린 상태에서 촉매 활성을 측정하기 전에 산화–환원 전압을 걸어서 비교적 간단하게 표면 안정제를 제거할 수 있지만 인가하는 전압에 따라 표면 상태가 변화할 수 있다. 화학적 방법은 상기 언급한 방법들에 비해 상대적으로 온화한 조건에서 표면 안정제를 제거할 수 있다. 용매를 이용하여 표면 안정제를 씻어내는 방법, 수산화 이온 또는 하이드라이드와 같은 작은 음이온으로 표면 안정제를 치환하는 방법, 그리고 아민과 같은 염기성 리간드를 Brønsted 산(acid)을 이용하여 떼어내는 화학적 벗김법(chemical stripping) 등을 통해 표면 안정제를 제거할 수 있다. 대부분의 표면 안정제 제거는 담체에 나노입자를 담지한 후에 이뤄지는 반면, 화학적 방법을 이용할 경우 담지 전 또는 후에 모두 처리가 가능하다. 그림 10.22에는 표면 안정제를 제거하기 위한 언급한 방법들의 장단점을 정리하였다.

상기 언급한 표면 안정제 제거 방법들을 이용하게 되면, 비록 표면 안정제로부터 유래된 유기물층이 일부 나노입자 표면에 일부 잔존할 수도 있지만, 대부분의 경우 표면 안정제를 제거하기 전에 비해 촉매 활성을 크게 향상시킬 수 있다. 한편, 반응 선택성이 중요한 촉매 반응에서는 표면 안정제가 선택성을 유리한 방향으로 촉진시키는 경우도 보고되었다.[92~94] 그리고 표면 안정제의 종류에 따라 촉매 입자 표면의 전자 구조를 변형시켜 촉매 반응을 촉진한 예도 보고되었다.

Shevchenko 연구진에서는 백금과 코발트–백금 촉매에 의한 alkyne 수소화 반응에서

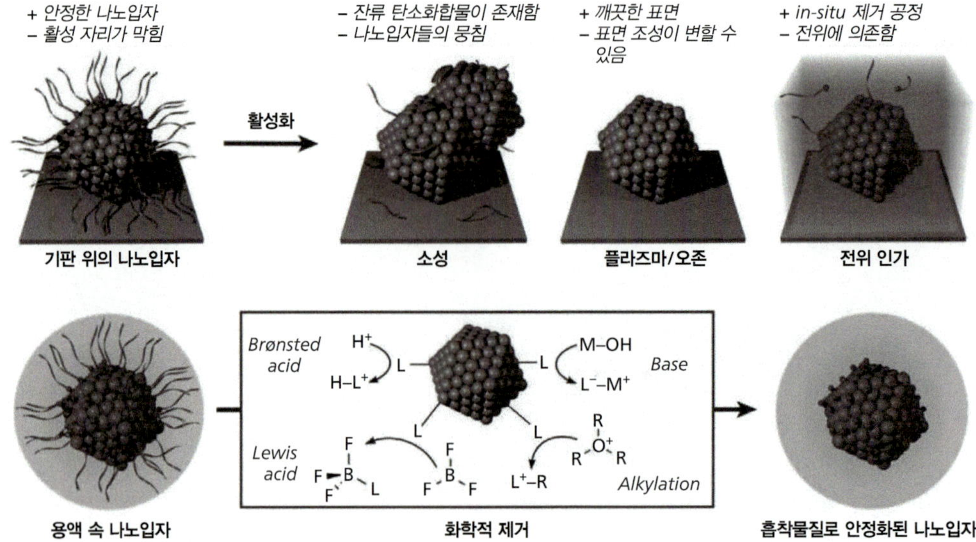

그림 10.22 ▶ 나노입자로부터 표면 안정제를 제거하는 방법과 각 방법의 장단점. Reproduced with permission from ACS publications.[90]

표면 안정제의 종류에 따라 촉매 입자 표면에 흡착되는 에너지가 달라지게 되고 이에 따라 반응 선택성이 크게 영향을 받음을 증명하였다.[92] 백금 또는 코발트–백금 나노입자에서 표면 안정제를 제거하면 4-octyne의 수소화 반응이 완전히 진행되어 octane이 거의 100% 형성된다. 반면, 표면에 1-alkylamine을 표면 안정제로 부착하게 되면, 중간 생성물인 4-oxtene을 형성하는 선택성이 90%까지 증가하게 된다. 표면 안정제인 1-alkylamine의 양을 증가시키면, 1-alkylamine이 중간 생성체인 octene과 표면 흡착 자리를 놓고 경쟁하게 되고, 상대적으로 표면 흡착 에너지가 낮은 4-octene이 주요 생성물로 얻어지게 된다. 이러한 개념을 확대하여, 다양한 alkene 분자와 표면 안정제인 1-alkylamine의 백금 표면에서의 흡착 에너지 비교를 통해 반응성을 예측할 수 있었다(그림 10.23a). 그림 10.23b에 도시하였듯이, 1-alkylamine보다 흡착 에너지가 낮은 alkene 분자인 4-octyne, 3-hexene 분자는 해

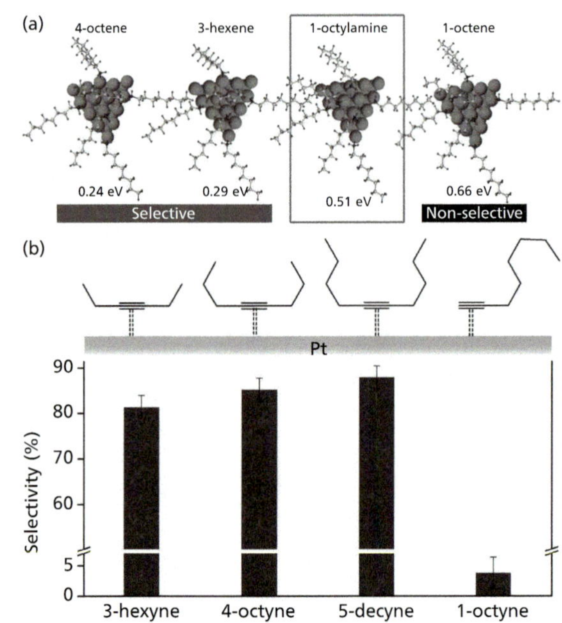

그림 10.23 ▶ (a) 밀도 범함수 이론으로 계산한 백금 표면에서의 탄화수소 사슬 수가 다른 alkyne의 수소화 반응 중간체인 alkene과 표면 안정제로 사용된 1-alkylamine의 흡착 에너지 비교. (b) 탄화수소 사슬 수가 다른 alkyne의 수소화 반응 생성물 선택성. Reproduced with permission from ACS Publications.[92]

당 alkyne의 수소화 반응에서 높은 선택성으로 얻어진다. 반면, 흡착 에너지가 높은 1-octyne 분자의 경우 해당 alkyne의 수소화 반응에서 최종 생성물인 1-octane이 주로 얻어지고 1-octyne 분자는 매우 낮은 선택성으로 얻어진다.

Zheng 연구진에서는 백금 나노선(nanowire)을 콜로이드 합성법으로 합성한 후, ethylenediamine으로 표면을 코팅한 촉매를 모델로 이용하여 계면 전자 구조가 촉매 선택성에 미치는 영향을 연구하였다.[94] 이 촉매를 이용하여 산업적으로는 매우 중요하지만 열역학적으로 얻기 힘든 *N*-hydroxyaniline 분자를 나이트로방향족(nitroaromatics) 분자의 부분 수소화 반응을 통해 높은 수율로 얻을 수 있었다. 이 모델 촉매에서는 ethylenediamine으로부터 전자가 이동하여 백금 나노선 표면에 풍부한 전자가 존재하게 된다. 촉매 반응 중에 백금 나노선 표면에서는 전자가 풍부한 *N*-hydroxyaniline보다는 전자가 부족한 분자의 흡착이 더 잘 일어나게 되어, 부분 수소화 반응을 통해 얻어지는 *N*-hydroxyaniline의 형성이 촉진된다.

10.3.8 입자–담체 상호 작용 효과

불균일계 촉매는 촉매 활성을 보이는 나노입자와 이를 균일하게 나노미터 수준으로 분산시키면서도 안정하게 유지시켜주도록 하는 다공성 담체로 이루어져 있다. 10.3.1~10.3.7항에서는 나노입자의 다양한 구조적 인자가 촉매 특성에 미치는 영향을 알아보았고, 본 항에서는 담체의 역할에 대해 소개하고자 한다.[95,96]

담체 물질 중에는 실리카(silica, SiO_2) 또는 알루미나(alumina, Al_2O_3)와 같이 담지되는 나노입자와의 상호 작용이 거의 없는 경우도 있지만, 티타니아(titania, TiO_2)와 세리아(ceria, CeO_2)와 같은 금속 산화물 담체는 소위 "금속–담체 상호 작용(metal–support interaction)"을 통해 촉매 물질의 활성 및 선택성에 영향을 미친다. 금속–담체 상호 작용으로 인해 일어나는 현상으로는 촉매 입자와 담체 사이의 전하 이동, 계면 둘레(interface perimeter) 활성점 형성, 촉매 입자 모양 변화, 입자와 담체 사이 계면 반응에 의한 화학적 조성 변화, 입자 표면이 산화물 담체 조성으로 코팅되는 현상을 일컫는 "강한 금속–담체 상호 작용(strong metal–support interaction)" 발현 등을 들 수 있다. 이러한 현상들은 따로 독립적으로 나타나기보다는 서로 상호 작용을 일으키면서 동시에 일어나는 등 복잡한 양상으로 나타난다. 만약, 금속–담체 상호 작용을 원하는 대로 조절할 수 있다면, 보다 바람직한 방향으로 촉매 활성 및 선택성을 조절할 수 있을 것이다. 담체의 조성 및 모양 조절, 헤테로 원소 도핑, 표면 개질을 통해 금속–담체 상호 작용을 제어하여 촉매 특성을 향상시킬 수 있다. 또한 담지되는 입자의 크기와 조성 조절을 통해서도 이를 구현할 수 있으며, 제조한 촉매의 전처리 조건 최적화를 통해 이러한 상호 작용을 제어할 수 있다.

상기 언급하였듯이, 금속–담체 상호 작용에 의해 여러 가지 현상이 복합적으로 나타나기 때문에 담체만의 효과를 효과적으로 분리해 내기는 쉽지 않다. 일반적으로 사용되는 함침법을 사용하여 촉매를 제조할 경우, 담체 자체의 성질에 의해 제조되는 금속 촉매 입자의 크기와 형상 등이 동시에 바뀌기 때문에 담체의 효과 외에도 다른 인자가 동시에 촉매 특성에 영향을 미치게 된다. 반면, 콜로이드 나노입자 기반 금속 촉매를 이용하게 되면 이미 합성된 나노입자를 종류가 다른 담체에 부착하여 일련의 담지 촉매를 제조하기 때문에 담체만의 효과를 효과적으로 분리해 낼 수 있어 유용한 모델 촉매로서의 역할을 할 수 있다.

나노촉매를 이용하여 담체 효과를 탐색한 대표적인 예로서 금 촉매에 의한 일산화탄소 산화 반응을 들 수 있다. Schüth 연구진에서는 polyvinyl alcohol을 표면 안정제로 사용하여 금 나노입자를 합성한 후, 이를 티타니아, 알루미나, 산화 아연(zinc oxide, ZnO), 지르코

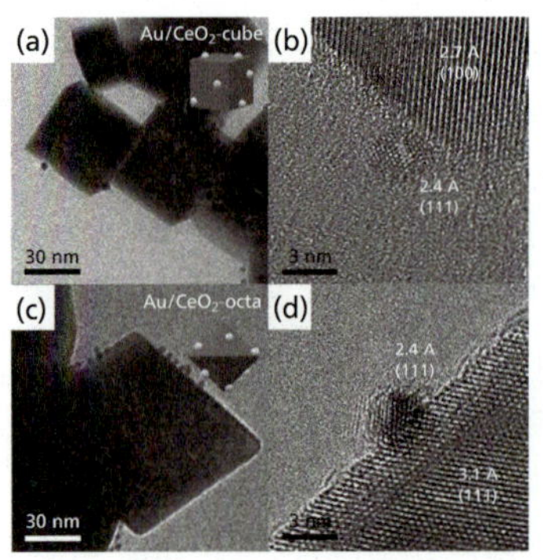

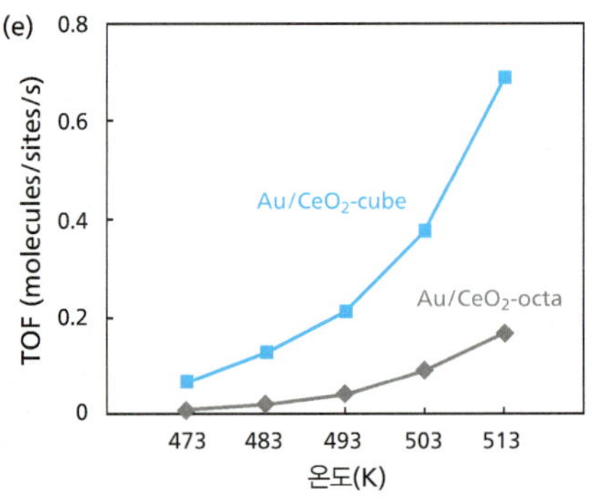

그림 10.24 ▶ (a~d) 육면체(a, b)와 팔면체(c, d) 모양 세리아에 담지된 금 촉매의 (a, c) 투과 전자 현미경 및 (b, d) 고분해능 투과 전자 현미경 사진. (e) 육면체와 팔면체 모양 세리아에 담지된 금 촉매의 일산화탄소 산화 반응에서의 온도에 따른 전환 빈도값의 변화. Reproduced with permission from ACS publications.[98]

니아(zirconia, ZrO_2) 등의 다양한 금속 산화물 담체에 부착하여 모델 촉매를 제조한 후, 일산화탄소 산화 반응에서의 활성을 연구하였다.[97] 흥미롭게도, 높은 성능을 보인다고 알려진 티타니아 담지 금 촉매뿐만 아니라 활성이 높지 않다고 알려진 알루미나 담지 금 촉매도 매우 높은 촉매 활성을 보였다. 반면, 산화 아연 및 지르코니아에 담지된 금 촉매는 상대적으로 낮은 성능을 보였다. 이전 결과에서는, 금 나노입자가 티타니아에 담지되었을 때, 티타니아의 산소 공여 능력 때문에 높은 성능이 나타난다고 보고되었다. Schüth 연구진의 결과는 이러한 가설과는 배치되는 결과이며, 금 촉매가 각 담체에 부착되는 과정에서 금 나노입자의 모양의 변형이 일어나서 활성에 영향을 미쳤을 것으로 추측된다.

담체 조성뿐만 아니라 모양을 조절하게 되면 배향이 다른 결정면을 표면에 노출하게 되어 담지되는 금속과의 상호 작용이 달라질 수 있다. 안광진 연구진에서는 세리아 담체의 모양을 육면체와 팔면체로 합성하여 각각 (100)면과 (111)면만 노출되도록 하였다. 세리아 담체에 콜로이드 금 나노입자를 부착한 모델 촉매를 제조하여 일산화탄소 산화 반응에서의 담체 모양 효과를 연구하였다(그림 10.24a~d).[98] 그림 10.24e에 도시하였듯이, 육면체에 담지된 금 촉매는 팔면체에 담지된 촉매에 비해 4배 높은 전환 빈도를 보였다. 세리아 (100)과 (111) 표면에 담지된 금을 모델로 하여 밀도 범함수 이론 계산을 통해 계산한 결과, 금–세리아(100)면에서는 일산화탄소 분자의 연속적인 흡착을 통해 O–C–O 반응 중간체가 자발적으로 생성되어 Mars-van Krevelen 반응 메커니즘을 통한 일산화탄소 산화 반응을 촉진시키는 반면, 금–세리아(111)면 상에서 O–C–O 반응 중간체 형성을 위해서는 추가적인 속도론적(kinetic) 단계가 필요하기 때문에 반응 속도가 감소하는 것으로 밝혀졌다. 이를 통해, 금 표면에 흡착된 일산화탄소가 금–세리아 계면 상에서 산화가 일어남을 확인할 수 있었다.

상기 예제에서, 일산화탄소 산화 반응에서의 금–세리아 계면의 중요성을 언급하였는데, 계면 둘레 자리가 촉매 활성에 미치는 역할을 뚜렷하게 보여준 예가 Fornasiero와 Murray 연구진에 의해 보고되었다.[99] 니켈, 팔라듐, 백금의 세 가지 백금족 나노입자를 1.6~12 nm 사이에서 세 가지 다른 크기로 조절하여 합성한 후 알루미나와 세리아 담체에 부착한 모델 촉매를 제조하고, 일산화탄소 산화 반응에서의 활성을 연구하였다. 알루미나에 담지한 모델 촉매는 크기에 따라 전환 빈도가 변하지 않는 구조 비민감성을 보였다. 반면, 세리아에 담지한 촉매는 세 가지 종류의 금속 입자 모두에서 입자 크기가 작아짐에 따라 촉매 활성이 크게 증가하였다. 이러한 구조 민감성은 금속에 흡착된 일산화탄소 분자가 세리아 골격의 산소와 결합하여 일산화탄소 산화 반응이 일어남을 입증하는 것이다(그림 10.25a). 그림 10.25b에는 촉매의 입자 크기별로 모든 표면 자리, 계면 둘레 자리, 꼭지점 자리의 수의 분율(fraction) 변화와 실험적으로 얻어진 이산화탄소 생성 전환 빈도를 함께 도시하였다. 세 가지 자리의 분율은 입자 크기에 대해 각각 −0.9, −1.9, −2.6의 상관관계를 가졌다. 흥미롭게도, 촉매 활성의 경우 입자 크기에 −2.3의 상관도를 가져서, 계면 둘레 자리와 꼭지점

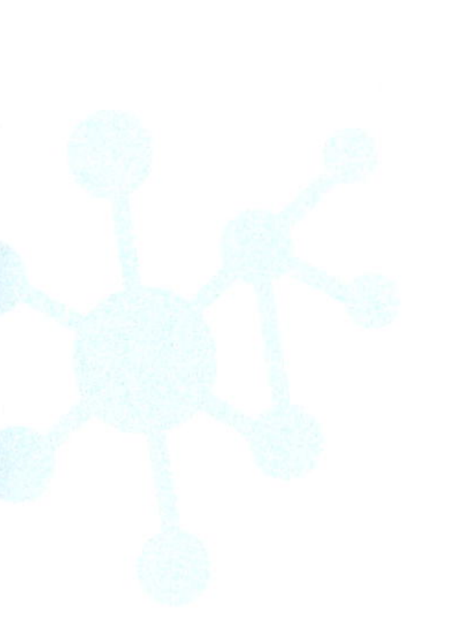

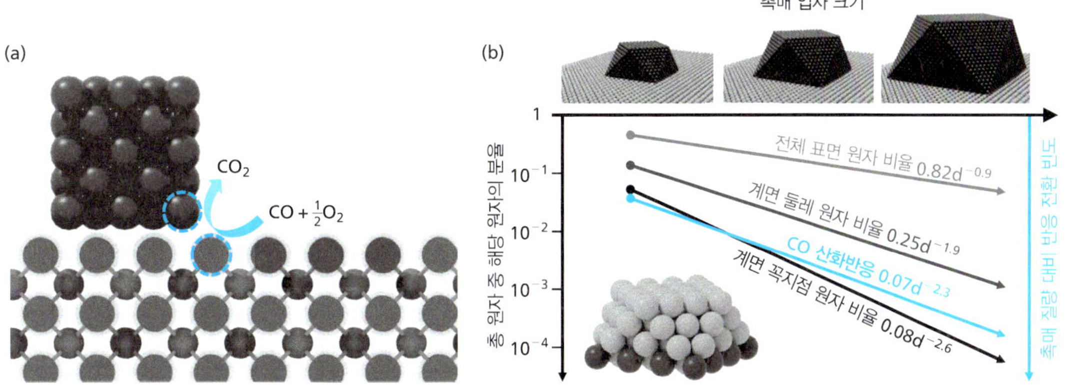

그림 10.25 ▶ (a) 세리아 표면에 담지된 백금족 촉매 나노입자에 의한 일산화탄소 산화반응. 세리아 골격의 산소와 가장 가까운 계면 원자(점선 원으로 표시)만이 촉매 반응에 기여한다. (b) 백금족 촉매 나노입자의 크기에 따른 표면, 계면 둘레, 계면 꼭지점 원자의 분율과 실제 일산화탄소 산화 반응 전환 빈도.

자리가 활성점으로 작용하고, 꼭지점 자리가 가장 높은 활성을 보임을 확인할 수 있었다. 이 연구 결과는, 오랜 시간 촉매 분야 연구에서 추측되어 왔지만 확정적으로 결론 내리지 못했던 문제에 대해 나노물질 기반 모델 촉매가 결정적인 역할을 할 수 있음을 입증한 사례이다.

10.4 원자 분산 촉매(Atomically dispersed catalysts)

10.4.1 원자 분산 촉매의 개념

10.1절에서 기술하였듯이 불균일계 촉매는 고표면적 담체에 촉매가 나노입자로 분산된 형태로 제조된다. 촉매 반응은 표면에서만 일어나기 때문에 실제 반응에는 일부의 원자만이 참여하게 된다. 또한 불균일계 촉매에서 높은 활성을 보이는 촉매는 대부분 백금, 팔라듐, 이리듐, 로듐과 같은 백금족 원소이기 때문에 가격도 비싸고 희귀하다. 나노입자 기반 촉매를 콜로이드 합성법을 이용하여 최대한 균일한 크기와 모양으로 합성을 하더라도 단일 입자 내에서 테라스, 모서리, 꼭지점 등 다양한 표면 자리를 포함하고 있어서 여전히 표면 자리의 불균일성을 피하기는 힘들다. 따라서 불균일계 촉매 연구자들은 (1) 촉매의 사용량을 최소화하면서, (2) 모든 원자가 표면 자리에 노출이 되고, (3) 모든 자리가 동일한 구조를 갖는 이상적인 촉매를 만들려고 노력해 왔다.

표면에 노출되는 금속 원자를 가장 높은 비율로 제조하는 방법은 금속 촉매 입자를 단일 원자 수준으로 분산하여 제조하는 것이다. 이러한 촉매를 소위 원자 분산 촉매(atomically dispersed catalyst) 또는 단원자 촉매(single-atom catalyst)라고 일컫는다.[100~117] 원자 분산 촉매에서는 모든 표면 원자가 촉매 활성점으로 작용할 수 있어서 금속 촉매(특히 값비싼 귀금속 촉매)의 사용량을 극소화할 수 있다. 원자 분산 촉매에서는 이상적인 경우 모든 표면 원자가 동일한 기하학적 구조와 전자 구조를 지니고 있어 원천 연구를 위한 훌륭한 모델 촉매로 사용될 수 있다. 또한 원자 분산 촉매는 균일계 촉매의 장점인 높은 촉매 활성과 선택성 그리고 명확한 활성점과 불균일계 촉매가 갖는 안정성, 용이한 분리 공정 및 재회수성 등의 특성을 결합할 수 있는 가능성을 지니고 있기 때문에 기존의 벌크 또는 나노구조 촉매의 활성을 훨씬 뛰어넘는 촉매 활성이나 새로운 선택성을 기대할 수 있다. 이러한 가능성으로 인해 원자 분산 촉매는 최근 학계의 폭발적인 관심을 끌어왔고, 원자 분산 촉매의 합성, 분석, 촉매 응용성 개척 등 모든 세부 분야에서 큰 발전을 이루고 있다.

10.4.2 원자 분산 촉매의 합성

원자 분산 촉매의 다양한 장점에도 불구하고, 원자 분산 촉매의 합성은 원자 수준으로 분산된 입자가 열역학적으로 불안정하여 쉽게 뭉치기 때문에 매우 도전적인 문제이다. 초기 연구에서는 초고진공하에서 분자 또는 원자빔을 이용하여 질량 선택적으로 단일 원자를 제조하는 물리적 증착법과 전통적인 함침–환원법을 기반으로 한 화학적 합성법이 원자 분산 촉매를 제조하는 방법으로 제시되었다. 이후, 지난 10년간 원자 분산 촉매의 합성에 관해 비약적인 발전이 이루어졌다.[107~109] 제올라이트 또는 금속–유기 골격체(metal organic framework, MOF)와 같은 나노다공성 물질의 기공 내에서의 공간적인 제약을 활용하여 원자 분산 촉매를 제조하는 방법, 담체와 금속 사이의 강한 배위를 이용하여 단원자를 고정하는 방법, 담체의 결함 자리를 이용하여 단원자를 안정화시키는 방법 등이 대표적인 합성 전략으로 개발되었다. 이 외에도 나노입자 또는 벌크 상의 금속을 고온에서 단원자로 변환하는 방법, 화학적인 식각법, 전기화학적 방법, 광화학적 방법, 원자층 증착법(atomic layer deposition, ALD), 그리고 동결 건조, 마이크로웨이브, 기계적인 볼-밀링(ball-milling)을 이용한 원자 분산 촉매 제조 방법 등이 개발되었다.

이러한 방법을 통해, 귀금속, 전이 금속, 알칼리 금속(alkali metal), 알칼리 토금속(alkaline earth metal), 준금속(metalloid) 및 란탄족 원소(lanthanide)에 이르기까지 주기율표 상의 대부분의 원소를 원자 분산 촉매로 구현할 수 있게 되었다.[107] 담체 물질로는, 금속 산화물과 금속 수산화물(metal hydroxide), 제올라이트와 금속–유기 골격체와 같은 다공성 물질, 금속 칼코게나이드(metal chalcogenide)와 맥신(MXene)과 같은 이차원 물질, 금속 탄화물(metal carbide)과 금속 질화물(metal nitride), 그래핀, 탄소 나노튜브(carbon nanotube, CNT), 다공성 탄소와 질화 탄소(carbon nitride) 등을 포함한 탄소계 물질, 유기 고분자 등이 활용되었다. 그림 10.26에는 각 담체군별로 분류된 대표적인 원자 분산 촉매의 예를 도시하였다.[115]

주목할 만한 점은 새로운 원자 분산 촉매 합성법의 개발이 최신 분석 기법의 발전과 함께 이루어졌다는 점이다. 수차 보정 주사형 투과 전자 현미경과 같은 이미징 기법, X-선 흡

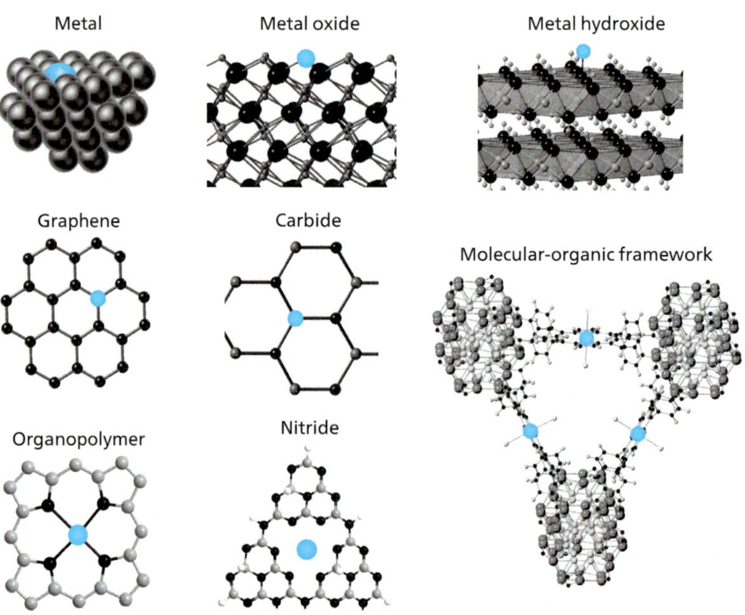

그림 10.26 ▸ 담체 종류를 기준으로 분류한 다양한 원자 분산 촉매의 예.

수 분광법(X-ray absorption spectroscopy)와 같은 분광학적 기법 그리고 밀도 범함수 이론과 같은 계산 기법 등의 발전으로 단일 원자 수준에서의 분석이 가능해졌기 때문에 원자 분산 촉매의 활성점을 명확히 밝힐 수 있게 되었다. 그리고 이는 새로운 원자 분산 촉매를 설계하는 기반이 되었다.

10.4.3 원자 분산 촉매의 반응성

원자 분산 촉매는 균일계와 불균일계 촉매의 장점으로 모두 구현할 수 있기 때문에 많은 열촉매, 광촉매 및 전기촉매 반응에서 기존의 나노입자 기반 촉매를 능가하는 촉매 성능을 보였다. 실제로, 일산화탄소 산화, 수성 가스 전환, 알켄 수소화, alcohol 산화, 메탄 변환, 하이드로클로리네이션(hydrochlorination), 산소 환원, 수소 발생, 산소 발생 등 매우 넓은 범위의 촉매 반응에서 원자 분산 촉매는 유망한 촉매 활성을 보였다. 그러나 원자 분산 촉매가 모든 반응에서 나노입자 촉매보다 높은 성능을 보이는 것은 아니고, 촉매와 반응의 종류에 따라 경향성이 달라진다.[110] 원자 분산 촉매가 보이는 가장 두드러진 특성은 나노입자 촉매에 비해 높은 질량 활성과 특이한 선택성을 들 수 있다. 또한 기존에 보고된 촉매의 한계를 뛰어넘는 새로운 촉매로서의 가능성을 보인 예도 있다. 하기에는 각각의 경우에 대해 대표적인 사례를 중심으로 소개하고자 한다.

원자 분산 촉매를 기존의 나노입자 촉매 대신 사용할 경우, 이론적으로 단위 촉매 질량 대비 가장 높은 성능을 구현할 수 있다. 실제로, 원자 분산 촉매는 일산화탄소 산화, 수성 가스 전환 반응 등 많은 반응에서 나노입자 촉매에 비해 수에서 수십 배에 이르는 질량당 활성을 달성하였다. 김현유 연구진에서 보고한 세리아–티타니아 복합 담체에 담지된 백금 단원자 촉매는 일산화탄소 산화 반응에서 나노입자 촉매에 비해 15배 이상의 높은 질량 활성을 보였다(그림 10.27a).[119] Flytzani–Stephanopoulos 연구진에서는 티나니아 또는 메조다공성 실리카 담체에 백금을 소듐 이온과 함께 담지하여 고활성의 Pt–O(OH)$_x$ 종을 형성하였고, 이러한 원자 분산 상태의 활성점은 수성 가스 전환 반응에서 매우 높은 활성을 보였다(그림 10.27b).[118] 이 외에도 많은 반응에서 원자 분산 촉매는 나노입자 기반 촉매에 비해 높은 질량당 활성을 증명하였다. 그러나 높은 질량당 활성에도 불구하고 원자 분산 촉매의 금속 촉매를 무게 대비 1% 이상의 함량으로 담지하기는 쉽지 않기 때문에 전체 활성은 나노입자 촉매보다 낮은 경우가 많다. 결과적으로 다량의 원자 분산 촉매 사용이 불가피해져서

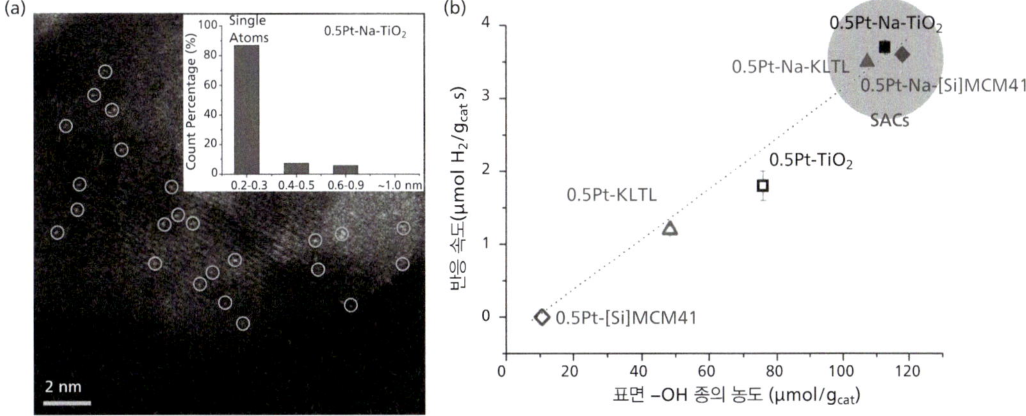

그림 10.27 ▸ 단위 질량당 활성이 향상된 원자 분산 촉매의 예. (a) 티타니아 담지 백금 원자 분산 촉매의 암시야 투과 전자 현미경 사진 및 백금 입자 크기 분포 히스토그램. (b) 수성 가스 전환 반응에서 높은 질량당 활성을 보인 티타니아와 메조다공성 실리카 담지 백금 원자 분산 촉매. Reproduced with permission from ACS publications.[118]

열 전달이나 물질 전달에서의 문제를 야기하게 된다. 이러한 문제를 인식하여, 최근에는 원자 분산 상태를 유지하면서도 고함량으로 금속을 담지하려는 연구가 진행되고 있다.[120]

원자 분산 촉매는 주변 금속 원자와 분리되어 고립된 형태를 지니기 때문에 반응물의 촉매 활성점에 흡착될 때 선호되는 흡착종이 바뀔 가능성이 있다. 특히, 한 가지 이상의 생성물이 형성되는 반응에서는 원자 분산 촉매를 이용하여 기존의 나노입자 촉매로 얻기 힘든 생성물을 얻을 수 있는 가능성이 있다. Li 연구진에서는 아세틸렌 수소화 반응에서 팔라듐 촉매의 선택성 변화를 연구하였다.[121] Acetylene의 부분 수소화 반응을 통한 에틸렌의 생산은 산업적으로 매우 중요한 반응이다. 팔라듐 나노입자 촉매에서는 acetylene이 두 단계의 수소화 반응을 거쳐서 완전한 수소화 반응이 일어나 ethane이 주로 생성되고 ethylene에 대한 선택성은 매우 낮았다. 반면, 팔라듐 원자 분산 촉매(Pd-SAs-900)상에서는 부분 수소화 반응이 선호되어 etylene이 주요 생성물로 얻어졌다. 이현주 연구진에서는 지르코니아 담지 원자 분산 로듐 촉매(0.3% Rh/ZrO_2)를 이용하여 methane 분자의 활성화를 통해 methanol과 ethane의 합성에 성공하였다(그림 10.28).[120] 로듐 나노입자 촉매에서는 탄소-수소 결합이 연속적으로 분해되어 이산화탄소가 형성되었다. 반면, 원자 분산된 로듐에서는 methyl(CH_3) 중간체가 안정화되고, 이의 산화 반응을 통해 methanol 또는 ethane의 형성이 촉진되었다.

전기촉매 반응에서도 원자 분산 촉매는 나노입자 촉매와는 대별되는 반응 선택성을 보였다. 산소 환원 반응에서 가장 높은 성능을 보이는 백금 촉매상에서, 나노입자에서는 반응물인 산소 분자가 표면과 평행하게 배향(side-on)되어 흡착되는 반면, 원자 분산 촉매에서는 산소 분자가 말단 부분(end-on)으로 흡착된다. 따라서 백금 나노입자와 원자 분산 촉매에서는 다른 산소종 중간체가 선호된다. 나노입자 촉매는 4전자 이동을 통한 산소 환원을 통해 물이 생성되는 것을, 원자 분산 촉매는 2전자 이동을 통해 과산화수소가 생성되는 것을 촉진한다. 최근, 다양한 원자 분산 촉매에서의 산소 환원 반응 연구를 통해 이러한 사실이 실험적으로 확인되었다.[122~124] 이현주 연구진에서는 질화 티타늄(titanium nitride)을 담체로 사용하여, 함침법을 통해 백금 촉매의 함량을 바꾸어가며 촉매를 제조하였다.[122] 낮은 백금 무게 함량(0.35%)에서는 원자 분산 백금 촉매가 얻어졌고, 이 촉매는 65%에 이르는 높은 과산화수소 생성 선택성을 보였다. 높은 백금 무게 함량(2%와 5%) 촉매에서는 상대적으로 나노입자의 비율이 높아지면서 과산화수소 선택성이 감소하였다. 또한 질화 티타늄 담지 백금 원자 분산 촉매는 산소 환원 반응 외에도 개미산 산화(formic acid oxidation)와 methanol 산화 반응에서도 나노입자 촉매와는 다른 경로를 통해 반응을 진행시켜 나노입자와는 차별화된 반응 선택성을 보였다.[122]

최민기 연구진에서는 제올라이트를 주형으로 이용하여 황이 도핑된 다공성 탄소를 제조하여 원자 분산 백금 촉매를 제조하였다.[130] 제조된 다공성 탄소는 그램당 2,770제곱미터(2,770 m^2/g)의 매우 넓은 표면적을 지니고 있고 탄소 골격에 도핑된 황이 백금을 강하게

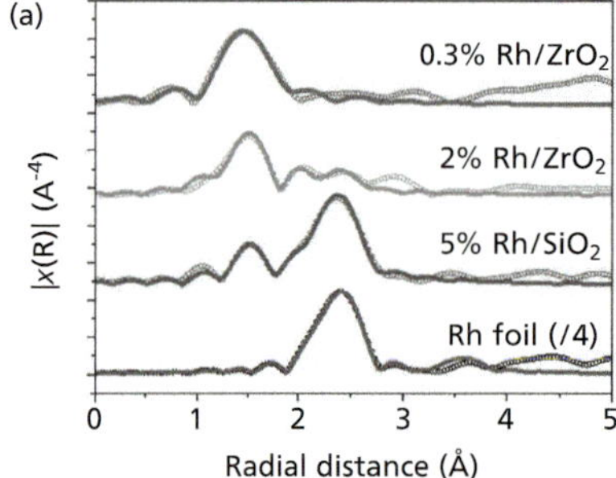

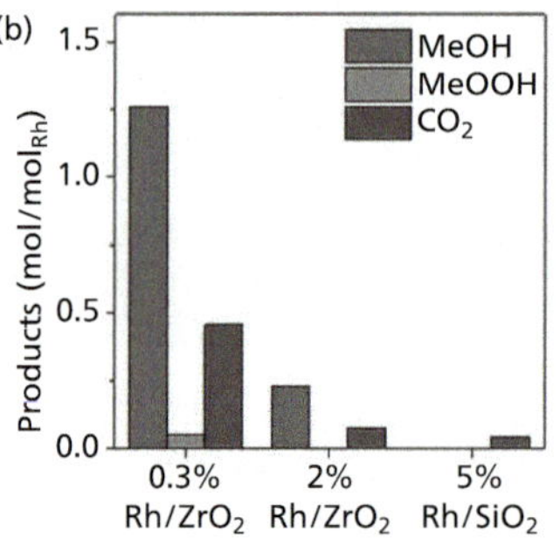

그림 10.28 ▶ (a) 함량이 조절된 지르코이나 담지 로듐 원자 분산 촉매 및 나노입자 촉매의 EXAFS 분석. (b) 로듐 원자 분산 촉매와 나노입자 촉매의 메탄 산화 반응에서의 생성물 선택성. Reproduced with permission from ACS publications.[120]

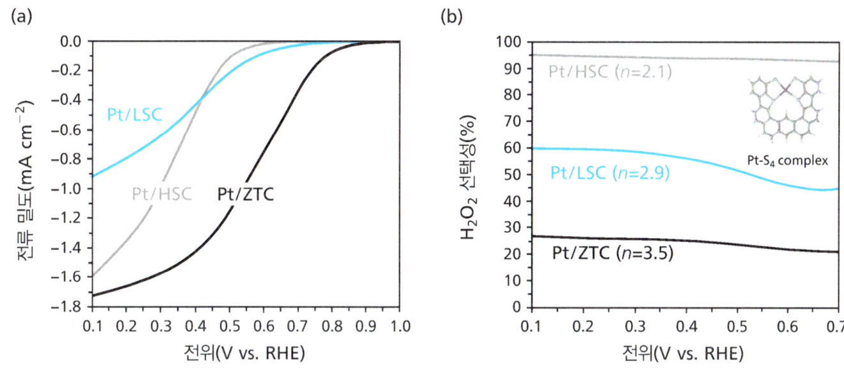

그림 10.29 ▸ (a, b) 제올라이트를 주형으로 사용하여 합성된 황이 도핑된 다공성 탄소를 담체로 사용하여 제조한 백금 촉매의 산소 환원 반응 활성: (a) 산소 환원 반응 전압-전류 곡선. (b) 산소 환원 반응에서의 과산화수소 선택성과 전하 이동수. Reproduced with permission from Springer Nature.[123]

배위하여, 원자 분산된 백금 자리를 무게 함량 5%까지 형성할 수 있었다. 산소 환원 반응에서 황이 고함량으로 도핑된 다공성 탄소 담지 원자 분산 백금 촉매(Pt/HSC)의 경우 95%의 매우 높은 과산화수소 선택성을 보였고, 평균 이동 전자 수는 2.1로 2전자 산소 환원 반응에 근접한 수치였다(그림 10.29). 반면, 황이 저농도로 도핑된 탄소 담지 백금 촉매(Pt/LSC)에서는 원자 분산 자리와 1 nm 수준의 나노 클러스터가 동시에 형성되었고, 황이 도핑되지 않은 탄소에 담지된 백금 촉매(Pt/ZTC)에서는 4 nm 정도의 나노입자가 제조되었다. 두 촉매는 Pt/HSC에 비해 상대적으로 낮은 과산화수소 선택성과 높은 전자 이동수를 보였다. 밀도범함수 이론 계산을 통해 백금에 황 원자 4개가 배위되어 있는 $Pt-S_4$ 자리가 과산화수소 형성을 촉진하는 활성점으로 밝혀졌다.

원자 분산 촉매는 산소 환원 반응 외에도 수소 발생 반응(hydrogen evolution reaction), 산소 발생 반응, 이산화탄소 환원 반응, 질소 환원 반응(nitrogen reduction reaction) 등 다양한 재생 에너지 관련 반응에서도 나노입자 기반 촉매를 뛰어 넘는 높은 활성 또는 다른 선택성을 보이는 등 새로운 유형의 촉매로 각광받고 있다.

원자 분산 촉매는 매우 높은 질량당 활성을 달성할 수 있고, 기존의 나노입자 촉매에서 기대하기 힘든 선택성을 구현할 수 있는 가능성을 열었다. 이 외에도 원자 분산 촉매에 기반하여 기존의 촉매의 한계를 뛰어넘는 새로운 촉매를 개발한 사례도 보고되었다. 주상훈 연구진에서는 탄소 나노튜브 담체에 Pt-porphyrin 분자를 전구체로 이용하여 제조한 원자 분산 백금 촉매(Pt_1/CNT)를 새로운 고활성, 고선택성 염소 발생 반응(chlorine evolution reaction, CER)용 촉매로 개발하였다(그림 10.30).[125] 염소는 고분자 및 의약 화합물 합성, 펄프 표백, 폐수 및 선박 평형수 처리 등 매우 넓은 영역에 필수적으로 사용되는, 화학 산업에서 가장 중요한 화합물 중 하나로 뽑힌다. 염소의 생산은 대부분 chlor–alkali 전해조(electrolyzer)의 음극(anode) 반응인 염소 발생 반응(chlorine evolution reaction)을 통해 이뤄진다. 염소 발생 반응은 산소 발생 반응과 유사한 전압 영역에서 발생하기 때문에, 염소 발생 반응의 촉매에서는 촉매 활성 못지 않게 염소 발생 반응만 선택적으로 일으킬 수 있는 반응 선택성이 매우 중요하다.

지난 50여 년 간 염소 발생 반응 촉매로는 귀금속 기반의 루테늄과 이리듐 복합 산화물 촉매가 주로 사용되었다. 그러나 고성능의 귀금속 산화물 촉매도 염소 발생 반응과 산소 발생 반응을 동시에 촉진시키기 때문에 반응물의 선택성을 향상시킬 필요가 있어 왔다. 이는 귀금속 산화물 촉매 표면에서 두 반응에 대한 활성 자리가 동일하기 때문에 두 반응이 소위 척도 관계(scaling relation)로 연결되어 있기 때문이다. 주상훈 연구진에서 개발한 Pt_1/CNT

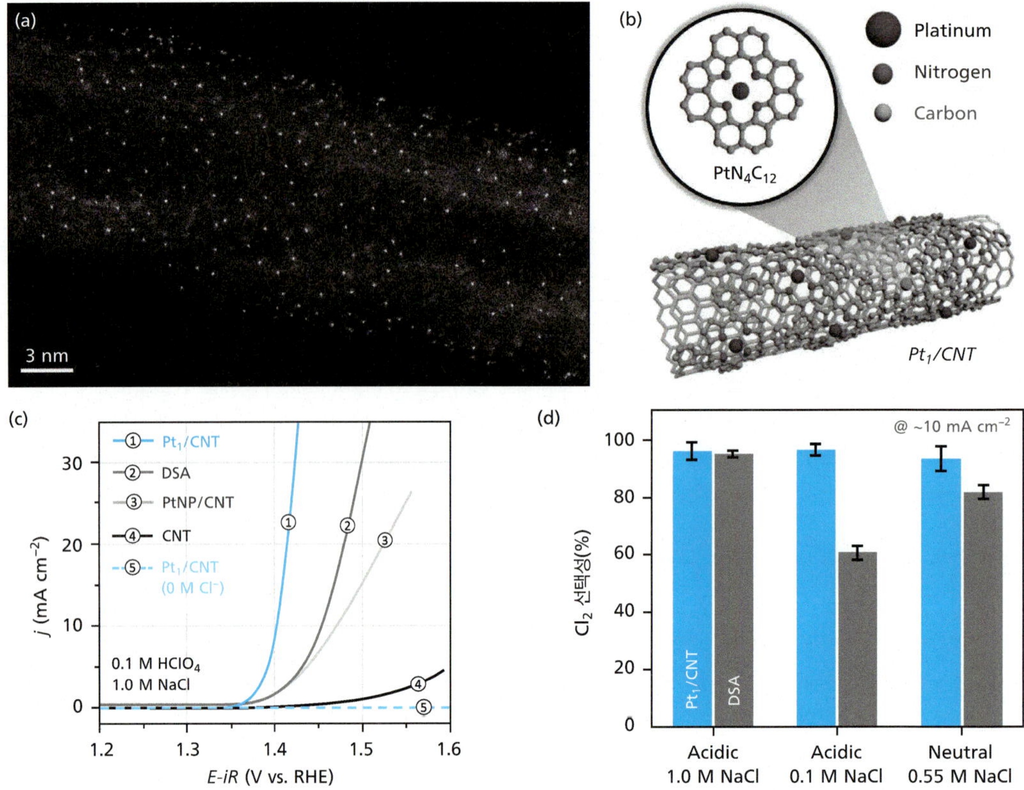

그림 10.30 ▸ (a, b) 탄소 나노튜브 담체에 백금-포피린 분자를 전구체로 사용하여 합성한 백금 원자 분산 촉매(Pt_1/CNT)의 (a) 암시야 투과 전자 현미경 사진과 (b) 활성점 구조 모델. (c) Pt_1/CNT 촉매, 상용 DSA 촉매, 탄소 담지 백금 나노입자 촉매의 염소 발생 반응 전압-전류 곡선. (d) Pt_1/CNT 촉매와 상용 DSA 촉매의 다양한 전해질에서의 반응 선택성 비교. Reproduced with permission from Springer Nature.[125]

촉매는 귀금속계 상용 DSA 촉매 및 백금 나노입자 촉매보다 낮은 과전압에서 전류를 발생시켜 높은 성능을 보였다(그림 10.30b). 또한 Pt_1/CNT 촉매는 다양한 전해질 조건에서 탁월한 염소 발생 반응 선택성을 보였다(그림 10.30c). 특히, 염소 발생이 불리한 낮은 염소 음이온(Cl^-) 또는 중성 전해질 조건에서도 매우 높은 염소 발생 선택성을 보였다. 반면, 상용 DSA 촉매의 경우 같은 조건에서 선택성이 크게 하락하였다. 밀도 범함수 계산 결과에 따르면 새롭게 개발된 Pt_1/CNT 촉매에서는 염소 음이온의 흡착은 선호되지만 산소의 흡착은 불리하기 때문에, 산화물 촉매에서 야기되었던 척도 관계를 피할 수 있게 되어 기존에 널리 사용되고 있는 촉매를 뛰어 넘을 수 있는 새로운 유형의 촉매로 사용될 수 있는 길을 열었다.

참고 문헌

1. G. Seo and G. J. Kim, Catalysis: Basic *Concepts, Structure, and Function*, Chungmoongak, Seoul, 2014.
2. B. C. Gates, *Catalytic Chemistry*, John Wiley & Sons, New York, 1992.
3. J. M. Thomas and W. J. Thomas, *Principles and Practice of Heterogeneous Catalysis*, Wiley–VCH, Weinheim, 1996.
4. G. A. Somorjai and Y. Li, *Introduction to Surface Chemistry and Catalysis*, Wiley, New York, 2nd edn., 2011.
5. I. Chorkendorff and J. W. Niemantsverdriet, *Concepts of Modern Catalysis and Kinetics*, Wiley–VCH, Weinheim, 3rd edn., 2017.
6. I. A. Langmuir, Theory of Adsorption, *Phys. Rev.*, 1915, 6, 79-80.
7. H. S. Taylor and E. F. Armstrong, A theory of the catalytic surface, *Proc. R. Soc. Lond., Ser. A*, 1925, 108 (745), 105-111.
8. M. Boudart, A. Aldag, J. E. Benson, N. A. Dougharty, *et al.*, On the specific activity of platinum catalysts, *J. Catal.*, 1966, 6 (1), 92-99.
9. M. Boudart and G. Djega-Mariadassou, *Kinetics of Heterogeneous Catalytic Reactions*, Princeton University Press, Princeton, 1984.
10. A. T. Bell, The Impact of Nanoscience on Heterogeneous Catalysis, *Science*, 2003, 299 (5613), 1688-1691.
11. R. Schlögl and S. B. Abd Hamid, Nanocatalysis: Mature Science Revisited or Something Really New?, *Angew. Chem., Int. Ed.*, 2004, 43 (13), 1628-1637.
12. G. A. Somorjai, H. Frei, and J. Y. Park, Advancing the Frontiers in Nanocatalysis, Biointerfaces, and Renewable Energy Conversion by Innovations of Surface Techniques, *J. Am. Chem. Soc.*, 2009, 131 (46), 16589-16605.
13. G. Ertl, *Reactions at Solid Surfaces*, Wiley, New York, 2nd edn., 2009.
14. C. T. Campbell, Studies of Model Catalysts with Well-Defined Surfaces Combining Ultrahigh Vacuum Surface Characterization with Medium- and High-Pressure Kinetics In *Advances in Catalysis*, Academic Press, 1989, 1-54.
15. G. A. Somorjai, R. L. York, D. Butcher, and J. Y. Park, The evolution of model catalytic systems; studies of structure, bonding and dynamics from single crystal metal surfaces to nanoparticles, and from low pressure (<10^{-3} Torr) to high pressure (>10^{-3} Torr) to liquid interfaces, *Phys. Chem. Chem. Phys.*, 2007, 9 (27), 3500-3513.
16. B. W. J. Chen, L. Xu, and M. Mavrikakis, Computational Methods in Heterogeneous Catalysis, *Chem. Rev.*, 2021, 121 (2), 1007-1048.
17. J. Timoshenko and B. Roldan Cuenya, In Situ/Operando Electrocatalyst Characterization by X-ray Absorption Spectroscopy, *Chem. Rev.*, 2021, 121 (2), 882-961.
18. K. An and G. A. Somorjai, Size and Shape Control of Metal Nanoparticles for Reaction Selectivity in Catalysis, *ChemCatChem*, 2012, 4 (10), 1512-1524.
19. M. Cargnello, Colloidal Nanocrystals as Building Blocks for Well-Defined Heterogeneous Catalysts, *Chem. Mater.*, 2019, 31 (3), 576-596.
20. Z. Li, S. Ji, Y. Liu, X. Cao, *et al.*, Well-Defined Materials for Heterogeneous Catalysis: From Nanoparticles to Isolated Single-Atom Sites, *Chem. Rev.*, 2020, 120 (2), 623-682.
21. Y. Shi, Z. Lyu, M. Zhao, R. Chen, *et al.*, Noble-Metal Nanocrystals with Controlled Shapes for Catalytic and Electrocatalytic Applications, *Chem. Rev.*, 2021, 121 (2), 649-735.
22. C. Xie, Z. Niu, D. Kim, M. Li, *et al.*, Surface and Interface Control in Nanoparticle Catalysis, *Chem. Rev.*, 2020, 120 (2), 1184-1249.
23. Y. Yin and A. P. Alivisatos, Colloidal nanocrystal synthesis and the organic–inorganic interface, *Nature*, 2005, 437 (7059), 664-670.
24. J. Park, J. Joo, S. G. Kwon, Y. Jang, *et al.*, Synthesis of Monodisperse Spherical Nanocrystals, *Angew. Chem., Int. Ed.*, 2007, 46 (25), 4630-4660.
25. C. B. Murray, D. J. Norris, and M. G. Bawendi, Synthesis and characterization of nearly monodisperse CdE (E = sulfur, selenium, tellurium) semiconductor nanocrystallites, *J. Am. Chem. Soc.*, 1993, 115 (19), 8706-8715.
26. M. Boudart, Catalysis by Supported Metals In *Advances in Catalysis*, Academic Press, 1969, 153-166.
27. M. Che and C. O. Bennett, The Influence of Particle Size on the Catalytic Properties of Supported Metals In *Advances in Catalysis*, Academic Press, 1989, 55-172.
28. R. A. van Santen, Complementary Structure Sensitive and Insensitive Catalytic Relationships, *Acc. Chem. Res.*, 2009, 42 (1), 57-66.
29. T. Teranishi, M. Hosoe, T. Tanaka, and M. Miyake, Size Control of Monodispersed Pt Nanoparticles and Their 2D Organization by Electrophoretic Deposition, *J. Phys. Chem. B*, 1999, 103 (19), 3818-3827.
30. R. M. Rioux, H. Song, J. D. Hoefelmeyer, P. Yang, *et al.*, High-Surface-Area Catalyst Design: Synthesis, Characterization, and Reaction Studies of Platinum Nanoparticles in Mesoporous SBA-15 Silica, *J. Phys. Chem. B*, 2005, 109 (6), 2192-2202.
31. C.-K. Tsung, J. N. Kuhn, W. Huang, C. Aliaga, *et al.*, Sub-10 nm Platinum Nanocrystals with Size and Shape Control: Catalytic Study for Ethylene and Pyrrole Hydrogenation, *J. Am. Chem. Soc.*, 2009, 131 (16), 5816-5822.

32. T. Teranishi and M. Miyake, Size Control of Palladium Nanoparticles and Their Crystal Structures, *Chem. Mater.*, 1998, 10 (2), 594-600.

33. Y. Zhang, M. E. Grass, S. E. Habas, F. Tao, *et al.*, One-step Polyol Synthesis and Langmuir–Blodgett Monolayer Formation of Size-tunable Monodisperse Rhodium Nanocrystals with Catalytically Active (111) Surface Structures, *J. Phys. Chem. C*, 2007, 111 (33), 12243-12253.

34. S. H. Joo, J. Y. Park, J. R. Renzas, D. R. Butcher, *et al.*, Size Effect of Ruthenium Nanoparticles in Catalytic Carbon Monoxide Oxidation, *Nano Lett.*, 2010, 10 (7), 2709-2713.

35. C. A. Stowell and B. A. Korgel, Iridium nanocrystal synthesis and surface coating-dependent catalytic activity, *Nano Lett.*, 2005, 5 (7), 1203-1207.

36. R. W. J. Scott, O. M. Wilson, and R. M. Crooks, Synthesis, Characterization, and Applications of Dendrimer-Encapsulated Nanoparticles, *J. Phys. Chem. B*, 2005, 109 (2), 692-704.

37. H. Song, F. Kim, S. Connor, G. A. Somorjai, *et al.*, Pt Nanocrystals: Shape Control and Langmuir–Blodgett Monolayer Formation, *J. Phys. Chem. B*, 2005, 109 (1), 188-193.

38. Y. Kang, M. Li, Y. Cai, M. Cargnello, *et al.*, Heterogeneous Catalysts Need Not Be so "Heterogeneous": Monodisperse Pt Nanocrystals by Combining Shape-Controlled Synthesis and Purification by Colloidal Recrystallization, *J. Am. Chem. Soc.*, 2013, 135 (7), 2741-2747.

39. H. Song, R. M. Rioux, J. D. Hoefelmeyer, R. Komor, *et al.*, Hydrothermal Growth of Mesoporous SBA-15 Silica in the Presence of PVP-Stabilized Pt Nanoparticles: Synthesis, Characterization, and Catalytic Properties, *J. Am. Chem. Soc.*, 2006, 128 (9), 3027-3037.

40. R. van Hardeveld and F. Hartog, The statistics of surface atoms and surface sites on metal crystals, *Surf. Sci.*, 1969, 15 (2), 189-230.

41. M. Boudart, Turnover Rates in Heterogeneous Catalysis, *Chem. Rev.*, 1995, 95 (3), 661-666.

42. H.-J. Freund, G. Meijer, M. Scheffler, R. Schlögl, *et al.*, CO Oxidation as a Prototypical Reaction for Heterogeneous Processes, *Angew. Chem., Int. Ed.*, 2011, 50 (43), 10064-10094.

43. K. Qadir, S. H. Joo, B. S. Mun, D. R. Butcher, *et al.*, Intrinsic relation between catalytic activity of CO oxidation on Ru nanoparticles and Ru oxides uncovered with ambient pressure XPS, *Nano Lett.*, 2012, 12 (11), 5761-5768.

44. M. E. Grass, Y. Zhang, D. R. Butcher, J. Y. Park, *et al.*, A Reactive Oxide Overlayer on Rhodium Nanoparticles during CO Oxidation and Its Size Dependence Studied by In Situ Ambient-Pressure X-ray Photoelectron Spectroscopy, *Angew. Chem., Int. Ed.*, 2008, 47 (46), 8893-8896.

45. G. L. Bezemer, J. H. Bitter, H. P. C. E. Kuipers, H. Oosterbeek, *et al.*, Cobalt Particle Size Effects in the Fischer–Tropsch Reaction Studied with Carbon Nanofiber Supported Catalysts, *J. Am. Chem. Soc.*, 2006, 128 (12), 3956-3964.

46. N. Fischer, E. van Steen, and M. Claeys, Structure sensitivity of the Fischer-Tropsch activity and selectivity on alumina supported cobalt catalysts, *J. Catal.*, 2013, 299, 67-80.

47. P. van Helden, I. M. Ciobîcă, and R. L. J. Coetzer, The size-dependent site composition of FCC cobalt nanocrystals, *Catal. Today*, 2016, 261, 48-59.

48. M. Casavola, J. Xie, J. D. Meeldijk, N. A. Krans, et al., Promoted Iron Nanocrystals Obtained via Ligand Exchange as Active and Selective Catalysts for Synthesis Gas Conversion, *ACS Catal.*, 2017, 7 (8), 5121-5128.

49. M. Shao, A. Peles, and K. Shoemaker, Electrocatalysis on Platinum Nanoparticles: Particle Size Effect on Oxygen Reduction Reaction Activity, *Nano Lett.*, 2011, 11 (9), 3714-3719.

50. M. Nesselberger, S. Ashton, J. C. Meier, I. Katsounaros, *et al.*, The Particle Size Effect on the Oxygen Reduction Reaction Activity of Pt Catalysts: Influence of Electrolyte and Relation to Single Crystal Models, *J. Am. Chem. Soc.*, 2011, 133 (43), 17428-17433.

51. F. J. Perez-Alonso, D. N. McCarthy, A. Nierhoff, P. Hernandez-Fernandez, *et al.*, The Effect of Size on the Oxygen Electroreduction Activity of Mass-Selected Platinum Nanoparticles, *Angew. Chem., Int. Ed.*, 2012, 51 (19), 4641-4643.

52. J. N. Kuhn, W. Huang, C.-K. Tsung, Y. Zhang, *et al.*, Structure Sensitivity of Carbon–Nitrogen Ring Opening: Impact of Platinum Particle Size from below 1 to 5 nm upon Pyrrole Hydrogenation Product Selectivity over Monodisperse Platinum Nanoparticles Loaded onto Mesoporous Silica, *J. Am. Chem. Soc.*, 2008, 130 (43), 14026-14027.

53. K. M. Bratlie, H. Lee, K. Komvopoulos, P. Yang, *et al.*, Platinum Nanoparticle Shape Effects on Benzene Hydrogenation Selectivity, *Nano Lett.*, 2007, 7 (10), 3097-3101.

54. I. Lee, F. Delbecq, R. Morales, M. A. Albiter, *et al.*, Tuning selectivity in catalysis by controlling particle shape, *Nat. Mater.*, 2009, 8 (2), 132-138.

55. M. Crespo-Quesada, A. Yarulin, M. Jin, Y. Xia, *et al.*, Structure Sensitivity of Alkynol Hydrogenation on Shape- and Size-Controlled Palladium Nanocrystals: Which Sites Are Most Active and Selective?, *J. Am. Chem. Soc.*, 2011, 133 (32), 12787-12794.

56. J. Chen, B. Lim, E. P. Lee, and Y. Xia, Shape-controlled synthesis of platinum nanocrystals for catalytic and electrocatalytic applications, *Nano Today*, 2009, 4 (1), 81-95.

57. C. Wang, H. Daimon, T. Onodera, T. Koda, *et al.*, A General Approach to the Size- and Shape-Controlled Synthesis of Platinum Nanoparticles and Their Catalytic Reduction of Oxygen, *Angew. Chem., Int. Ed.*, 2008, 47 (19), 3588-3591.

58. V. R. Stamenkovic, B. Fowler, B. S. Mun, G. Wang, *et al.*, Improved Oxygen Reduction Activity on $Pt_3Ni(111)$ via Increased Surface Site Availability, *Science*, 2007, 315 (5811), 493.

59. J. Zhang, H. Yang, J. Fang, and S. Zou, Synthesis and Oxygen Reduction Activity of Shape-Controlled Pt_3Ni Nanopolyhedra, *Nano Lett.*, 2010, 10 (2), 638-644.

60. J. Wu, L. Qi, H. You, A. Gross, *et al.*, Icosahedral Platinum Alloy Nanocrystals with Enhanced Electrocatalytic Activities, *J. Am. Chem. Soc.*, 2012, 134 (29), 11880-11883.

61. C. Cui, L. Gan, M. Heggen, S. Rudi, *et al.*, Compositional segregation in shaped Pt alloy nanoparticles and their structural behaviour during electrocatalysis, *Nat. Mater.*, 2013, 12 (8), 765-771.

62. S.-I. Choi, S. Xie, M. Shao, J. H. Odell, *et al.*, Synthesis and Characterization of 9 nm Pt–Ni Octahedra with a Record High Activity of 3.3 A/mg_{Pt} for the Oxygen Reduction Reaction, *Nano Lett.*, 2013, 13 (7), 3420-3425.

63. M. Liu, Z. Zhao, X. Duan, and Y. Huang, Nanoscale Structure Design for High-Performance Pt-Based ORR Catalysts, *Adv. Mater.*, 2019, 31 (6), 1802234.

64. Z.-A. Qiao, Z. Wu, and S. Dai, Shape-Controlled Ceria-based Nanostructures for Catalysis Applications, *ChemSusChem*, 2013, 6 (10), 1821-1833.

65. B. Seo, D. S. Baek, Y. J. Sa, and S. H. Joo, Shape effects of nickel phosphide nanocrystals on hydrogen evolution reaction, *CrystEngComm*, 2016, 18 (32), 6083-6089.

66. T. R. Gordon, M. Cargnello, T. Paik, F. Mangolini, *et al.*, Nonaqueous Synthesis of TiO_2 Nanocrystals Using TiF_4 to Engineer Morphology, Oxygen Vacancy Concentration, and Photocatalytic Activity, *J. Am. Chem. Soc.*, 2012, 134 (15), 6751-6761.

67. J. A. Lopez-Sanchez, N. Dimitratos, P. Miedziak, E. Ntainjua, *et al.*, Au–Pd supported nanocrystals prepared by a sol immobilisation technique as catalysts for selective chemical synthesis, *Phys. Chem. Chem. Phys.*, 2008, 10 (14), 1921-1930.

68. J. Y. Park, Y. Zhang, M. Grass, T. Zhang, *et al.*, Tuning of Catalytic CO Oxidation by Changing Composition of Rh–Pt Bimetallic Nanoparticles, *Nano Lett.*, 2008, 8 (2), 673-677.

69. B. Huang, H. Kobayashi, T. Yamamoto, S. Matsumura, *et al.*, Solid-Solution Alloying of Immiscible Ru and Cu with Enhanced CO Oxidation Activity, *J. Am. Chem. Soc.*, 2017, 139 (13), 4643-4646.

70. C. J. Wrasman, A. Boubnov, A. R. Riscoe, A. S. Hoffman, *et al.*, Synthesis of Colloidal Pd/Au Dilute Alloy Nanocrystals and Their Potential for Selective Catalytic Oxidations, *J. Am. Chem. Soc.*, 2018, 140 (40), 12930-12939.

71. C. Carrillo, T. R. Johns, H. Xiong, A. DeLaRiva, *et al.*, Trapping of Mobile Pt Species by PdO Nanoparticles under Oxidizing Conditions, *J. Phys. Chem. Lett.*, 2014, 5 (12), 2089-2093.

72. M. Zhao, X. Wang, X. Yang, K. D. Gilroy, *et al.*, Hollow Metal Nanocrystals with Ultrathin, Porous Walls and Well-Controlled Surface Structures, *Adv. Mater.*, 2018, 30 (48), 1801956.

73. J. Park, T. Kwon, J. Kim, H. Jin, *et al.*, Hollow nanoparticles as emerging electrocatalysts for renewable energy conversion reactions, *Chem. Soc. Rev.*, 2018, 47 (22), 8173-8202.

74. T. Kwon, M. Jun, and K. Lee, Catalytic Nanoframes and Beyond, *Adv. Mater.*, 2020, 32 (33), 2001345.

75. T.-H. Yang, J. Ahn, S. Shi, P. Wang, *et al.*, Noble-Metal Nanoframes and Their Catalytic Applications, *Chem. Rev.*, 2021, 121 (2), 796-833.

76. L. Zhang, L. T. Roling, X. Wang, M. Vara, *et al.*, Platinum-based nanocages with subnanometer-thick walls and well-defined, controllable facets, *Science*, 2015, 349 (6246), 412-416.

77. X. Wang, L. Figueroa-Cosme, X. Yang, M. Luo, *et al.*, Pt-Based Icosahedral Nanocages: Using a Combination of {111} Facets, Twin Defects, and Ultrathin Walls to Greatly Enhance Their Activity toward Oxygen Reduction, *Nano Lett.*, 2016, 16 (2), 1467-1471.

78. M. Zhao, Z. D. Hood, M. Vara, K. D. Gilroy, *et al.*, Ruthenium Nanoframes in the Face-Centered Cubic Phase: Facile Synthesis and Their Enhanced Catalytic Performance, *ACS Nano*, 2019, 13 (6), 7241-7251.

79. C. Chen, Y. Kang, Z. Huo, Z. Zhu, *et al.*, Highly Crystalline Multimetallic Nanoframes with Three-Dimensional Electrocatalytic Surfaces, *Science*, 2014, 343 (6177), 1339-1343.

80. A. Oh, H. Baik, D. S. Choi, J. Y. Cheon, *et al.*, Skeletal Octahedral Nanoframe with Cartesian Coordinates via Geometrically Precise Nanoscale Phase Segregation in a Pt@Ni Core–Shell Nanocrystal, *ACS Nano*, 2015, 9 (3), 2856-2867.

81. J. Park, Y. J. Sa, H. Baik, T. Kwon, *et al.*, Iridium-Based Multimetallic Nanoframe@Nanoframe Structure: An Efficient and Robust Electrocatalyst toward Oxygen Evolution Reaction, *ACS Nano*, 2017, 11 (6), 5500-5509.

82. T. Kwon, M. Jun, H. Y. Kim, A. Oh, *et al.*, Vertex-Reinforced PtCuCo Ternary Nanoframes as Efficient and Stable Electrocatalysts for the Oxygen Reduction Reaction and the Methanol Oxidation Reaction, *Adv. Funct. Mater.*, 2018, 28 (13), 1706440.

83. H. Kwon, M. K. Kabiraz, J. Park, A. Oh, *et al.*, Dendrite-Embedded Platinum–Nickel Multiframes as Highly Active and Durable Electrocatalyst toward the Oxygen Reduction Reaction, *Nano Lett.*, 2018, 18 (5), 2930-2936.

84. A. Oh, H. Y. Kim, H. Baik, B. Kim, *et al.*, Topotactic

Transformations in an Icosahedral Nanocrystal to Form Efficient Water-Splitting Catalysts, *et al.*, 2019, 31 (1), 1805546.

85. K. Kusada, H. Kobayashi, T. Yamamoto, S. Matsumura, *et al.*, Discovery of Face-Centered-Cubic Ruthenium Nanoparticles: Facile Size-Controlled Synthesis Using the Chemical Reduction Method, *J. Am. Chem. Soc.*, 2013, 135 (15), 5493-5496.

86. W.-Z. Li, J.-X. Liu, J. Gu, W. Zhou, *et al.*, Chemical Insights into the Design and Development of Face-Centered Cubic Ruthenium Catalysts for Fischer–Tropsch Synthesis, *J. Am. Chem. Soc.*, 2017, 139 (6), 2267-2276.

87. M. Zhou, C. Li, and J. Fang, Noble-Metal Based Random Alloy and Intermetallic Nanocrystals: Syntheses and Applications, *Chem. Rev.*, 2021, 121 (2), 736-795.

88. D. Kim, C. Xie, N. Becknell, Y. Yu, *et al.*, Electrochemical Activation of CO_2 through Atomic Ordering Transformations of AuCu Nanoparticles, *J. Am. Chem. Soc.*, 2017, 139 (24), 8329-8336.

89. H. Y. Kim, T. Kwon, Y. Ha, M. Jun, *et al.*, Intermetallic PtCu Nanoframes as Efficient Oxygen Reduction Electrocatalysts, *Nano Lett.*, 2020, 20 (10), 7413-7421.

90. Y. T. Guntern, V. Okatenko, J. Pankhurst, S. B. Varandili, *et al.*, Colloidal Nanocrystals as Electrocatalysts with Tunable Activity and Selectivity, *ACS Catal.*, 2021, 11 (3), 1248-1295.

91. Z. Niu and Y. Li, Removal and Utilization of Capping Agents in Nanocatalysis, *Chem. Mater.*, 2014, 26 (1), 72-83.

92. S. G. Kwon, G. Krylova, A. Sumer, M. M. Schwartz, *et al.*, Capping Ligands as Selectivity Switchers in Hydrogenation Reactions, *Nano Lett.*, 2012, 12 (10), 5382-5388.

93. S. T. Marshall, M. O'Brien, B. Oetter, A. Corpuz, *et al.*, Controlled selectivity for palladium catalysts using self-assembled monolayers, *Nat. Mater.*, 2010, 9 (10), 853-858.

94. G. Chen, C. Xu, X. Huang, J. Ye, *et al.*, Interfacial electronic effects control the reaction selectivity of platinum catalysts, *Nat. Mater.*, 2016, 15 (5), 564-569.

95. M. Ahmadi, H. Mistry, and B. Roldan Cuenya, Tailoring the Catalytic Properties of Metal Nanoparticles via Support Interactions, *J. Phys. Chem. Lett.*, 2016, 7 (17), 3519-3533.

96. T. W. van Deelen, C. Hernández Mejía, and K. P. de Jong, Control of metal-support interactions in heterogeneous catalysts to enhance activity and selectivity, *Nat. Catal.*, 2019, 2 (11), 955-970.

97. M. Comotti, W.-C. Li, B. Spliethoff, and F. Schüth, Support Effect in High Activity Gold Catalysts for CO Oxidation, *J. Am. Chem. Soc.*, 2006, 128 (3), 917-924.

98. H. Ha, S. Yoon, K. An, and H. Y. Kim, Catalytic CO Oxidation over Au Nanoparticles Supported on CeO_2 Nanocrystals: Effect of the Au–CeO_2 Interface, *ACS Catal.*, 2018, 8 (12), 11491-11501.

99. M. Cargnello, V. V. T. Doan-Nguyen, T. R. Gordon, R. E. Diaz, *et al.*, Control of Metal Nanocrystal Size Reveals Metal-Support Interface Role for Ceria Catalysts, *Science*, 2013, 341 (6147), 771-773.

100. M. Flytzani-Stephanopoulos and B. C. Gates, Atomically Dispersed Supported Metal Catalysts, *Annu. Rev. Chem. Biomol. Eng.*, 2012, 3 (1), 545-574.

101. J. Liu, Catalysis by Supported Single Metal Atoms, *ACS Catal.*, 2017, 7 (1), 34-59.

102. A. Wang, J. Li, and T. Zhang, Heterogeneous single-atom catalysis, *Nat. Rev. Chem.*, 2018, 2 (6), 65-81.

103. Q. Fu, H. Saltsburg, and M. Flytzani-Stephanopoulos, Active Nonmetallic Au and Pt Species on Ceria-Based Water-Gas Shift Catalysts, *Science*, 2003, 301 (5635), 935-938.

104. J. H. Kwak, J. Hu, D. Mei, C.-W. Yi, *et al.*, Coordinatively Unsaturated Al^{3+} Centers as Binding Sites for Active Catalyst Phases of Platinum on γ-Al_2O_3, *Science*, 2009, 325 (5948), 1670-1673.

105. X.-F. Yang, A. Wang, B. Qiao, J. Li, *et al.*, Single-Atom Catalysts: A New Frontier in Heterogeneous Catalysis, *Acc. Chem. Res.*, 2013, 46 (8), 1740-1748.

106. B. C. Gates, M. Flytzani-Stephanopoulos, D. A. Dixon, and A. Katz, Atomically dispersed supported metal catalysts: perspectives and suggestions for future research, *Catal. Sci. Technol.*, 2017, 7 (19), 4259-4275.

107. S. K. Kaiser, Z. Chen, D. Faust Akl, S. Mitchell, *et al.*, Single-Atom Catalysts across the Periodic Table, *Chem. Rev.*, 2020, 120 (21), 11703-11809.

108. S. Ji, Y. Chen, X. Wang, Z. Zhang, *et al.*, Chemical Synthesis of Single Atomic Site Catalysts, *Chem. Rev.*, 2020, 120 (21), 11900-11955.

109. R. Qin, K. Liu, Q. Wu, and N. Zheng, Surface Coordination Chemistry of Atomically Dispersed Metal Catalysts, *Chem. Rev.*, 2020, 120 (21), 11810-11899.

110. S. Mitchell and J. Pérez-Ramírez, Single atom catalysis: a decade of stunning progress and the promise for a bright future, *Nat. Commun.*, 2020, 11 (1), 4302.

111. C. Gao, J. Low, R. Long, T. Kong, *et al.*, Heterogeneous Single-Atom Photocatalysts: Fundamentals and Applications, *Chem. Rev.*, 2020, 120 (21), 12175-12216.

112. Y. Wang, H. Su, Y. He, L. Li, *et al.*, Advanced Electrocatalysts with Single-Metal-Atom Active Sites, *Chem. Rev.*, 2020, 120 (21), 12217-12314.

113. C. Zhu, S. Fu, Q. Shi, D. Du, *et al.*, Single-Atom Electrocatalysts, *Angew. Chem., Int. Ed.*, 2017, 56 (45), 13944-13960.

114. H. Jeong, S. Shin, and H. Lee, Heterogeneous Atomic Catalysts Overcoming the Limitations of Single-Atom Catalysts, *ACS Nano*, 2020, 14 (11), 14355-14374.

115. S. Mitchell, E. Vorobyeva, and J. Pérez-Ramírez, The Multifaceted Reactivity of Single-Atom Heterogeneous Catalysts, *Angew. Chem., Int. Ed.*, 2018, 57 (47), 15316-15329.

116. B. Qiao, A. Wang, X. Yang, L. F. Allard, *et al.*, Single-atom catalysis of CO oxidation using Pt_1/FeO_x, *Nat. Chem.*, 2011, 3 (8), 634-641.

117. M. Yang, S. Li, Y. Wang, J. A. Herron, *et al.*, Catalytically active Au-O(OH)$_x$- species stabilized by alkali ions on zeolites and mesoporous oxides, *Science*, 2014, 346 (6216), 1498-1501.

118. M. Yang, J. Liu, S. Lee, B. Zugic, *et al.*, A Common Single-Site Pt(II)-O(OH)$_x$- Species Stabilized by Sodium on "Active" and "Inert" Supports Catalyzes the Water-Gas Shift Reaction, *J. Am. Chem. Soc.*, 2015, 137 (10), 3470-3473.

119. M. Yoo, Y.-S. Yu, H. Ha, S. Lee, *et al.*, A tailored oxide interface creates dense Pt single-atom catalysts with high catalytic activity, *Energy Environ. Sci.*, 2020, 13 (4), 1231-1239.

120. Y. Kwon, T. Y. Kim, G. Kwon, J. Yi, *et al.*, Selective Activation of Methane on Single-Atom Catalyst of Rhodium Dispersed on Zirconia for Direct Conversion, *J. Am. Chem. Soc.*, 2017, 139 (48), 17694-17699.

121. S. Wei, A. Li, J.-C. Liu, Z. Li, *et al.*, Direct observation of noble metal nanoparticles transforming to thermally stable single atoms, *Nat. Nanotechnol.*, 2018, 13 (9), 856-861.

122. S. Yang, J. Kim, Y. J. Tak, A. Soon, *et al.*, Single-Atom Catalyst of Platinum Supported on Titanium Nitride for Selective Electrochemical Reactions, *Angew. Chem., Int. Ed.*, 2016, 55 (6), 2058-2062.

123. C. H. Choi, M. Kim, H. C. Kwon, S. J. Cho, *et al.*, Tuning selectivity of electrochemical reactions by atomically dispersed platinum catalyst, *Nat. Commun.*, 2016, 7 (1), 10922.

124. J. H. Kim, D. Shin, J. Lee, D. S. Baek, *et al.*, A General Strategy to Atomically Dispersed Precious Metal Catalysts for Unravelling Their Catalytic Trends for Oxygen Reduction Reaction, *ACS Nano*, 2020, 14 (2), 1990-2001.

125. T. Lim, G. Y. Jung, J. H. Kim, S. O. Park, *et al.*, Atomically dispersed $Pt-N_4$ sites as efficient and selective electrocatalysts for the chlorine evolution reaction, *Nat. Commun.*, 2020, 11 (1), 412.

연습 문제

1. 콜로이드 합성법을 통해 제조한 나노입자를 기반으로 하여 촉매를 제조하는 경우 기존의 함침법으로 제조한 촉매에 비해 어떤 장점이 있는지 기술하라.

2. 촉매 활성에 영향을 미칠 수 있는 구조적 인자들에 대해 기술하라.

3. 크기와 모양이 균일한 나노입자 기반 촉매가 촉매 특성 연구에 왜 중요한지 기술하라.

4. 산소 환원 반응을 예로 들어, 백금 기반 촉매의 결정면과 조성이 촉매 활성에 어떤 영향을 미치는지 기술하라.

5. 나노케이지 또는 나노프레임과 같은 속이 빈 형상의 나노입자가 촉매 반응에서 가질 수 있는 장점을 기술하라.

6. 나노입자 촉매를 이용하여 어떻게 촉매-담체 상호 작용을 이해하고, 촉매 활성점을 규명할 수 있는지 일산화탄소 산화 반응을 예로 들어 설명하라.

7. 코어-쉘 구조의 나노입자 촉매를 이용하여 촉매의 안정성 및 선택성을 향상시킬 수 있는 사례를 설명하라.

8. 원자 분산 촉매가 나노입자 기반 촉매에 비해 지니는 장점을 설명하라.

9. 백금 기반 원자 분산 촉매에 의해 발현되는 새로운 촉매 선택성의 예를 설명하라.

나노소재 화학
Nanomaterials Chemistry

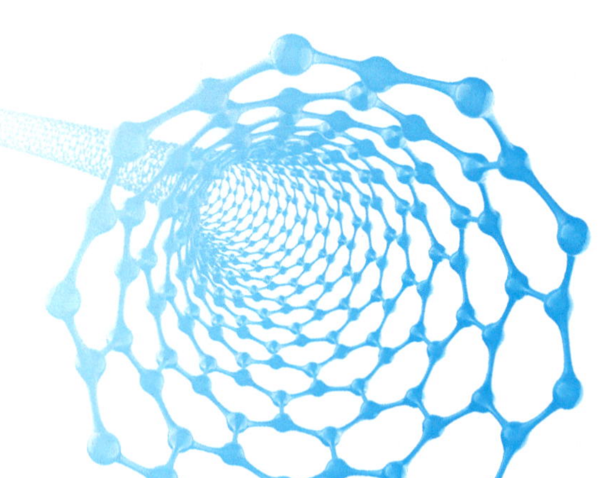

제11장 바이오 응용을 위한 나노소재

Nanomaterials for Bioapplications

이재승

11.1 나노소재를 이용한 바이오센싱 및 화학 결합 (Biosensing and chemical bondings with nanomaterials)

11.1.1 바이오센싱(biosensing) 및 나노프로브(nanoprobe)

센싱(sensing)은 특정한 표적 물질을 선택적으로 인식하고, 이를 다양한 형태의 신호로 표출함으로써 표적 물질의 존재 및 양을 알아내는 과정을 의미한다. 특히 표적 물질이 생물학적인 기능을 가지고 우리 몸에서 중요한 역할을 하기 때문에 센싱을 해야 하는 경우, 이를 바이오센싱이라 한다. 종합건강검진을 하면 소변 검사를 통해 요단백질의 양을 파악하거나, 혈액검사를 통해 B형 간염의 항체, 또는 혈당 수치 등을 확인하게 되는데, 이러한 것들이 주변에서 흔히 볼 수 있는 바이오센싱의 예시이다. 바이오센싱의 표적 물질로서 DNA, 단백질, 작은 유기 분자, 금속 이온 등이 주로 대상이 되며, 최근에는 웨어러블 디바이스(wearable device)의 발전으로 인해 인체의 피부에 부착하여 체온, 맥박 등을 측정하고 촉각을 대신하거나 움직임을 인식하는 것 역시 바이오센싱의 주된 연구 분야 중 하나이다. 최근에는 고전적인 바이오센싱 방법의 민감도와 특이성의 한계를 극복하기 위해 나노소재를 이용한 바이오센싱 방법의 개발이 집중적으로 연구되었으며, 실생활에 이용할 수 있을만큼 많은 발전을 이루었다.

나노소재를 이용한 바이오센싱은 표적 물질을 인식할 수 있는 생물학적 수용체(bioreceptor)를 별도로 필요로 하며, 나노소재 자체는 신호를 내는 역할을 하게 된다. 생물학적 수용체는 표적 물질에 강한 결합력과 높은 선택성을 가지고 결합할 수 있는 물질을 의미하고, DNA의 경우에는 상보 관계의 DNA, 단백질의 경우에는 항체, 작은 유기 분자나 금속 이온의 경우에는 특이성을 갖고 결합하도록 디자인된 리간드 등을 예로 들 수 있다. 이러한 수용체에 표적 물질이 결합하여 생긴 화학적·물리적 변화를 관찰자가 측정할 수 있는 광학적 또는 전기적 신호로 변환하여 방출하는 역할을 담당하는 부분이 바로 나노소재이다. 바이오센싱에 쓰이는 생물학적 수용체 및 나노소재는 일반적으로 다음과 같이 정리할 수 있다(표 11.1, 11.2).

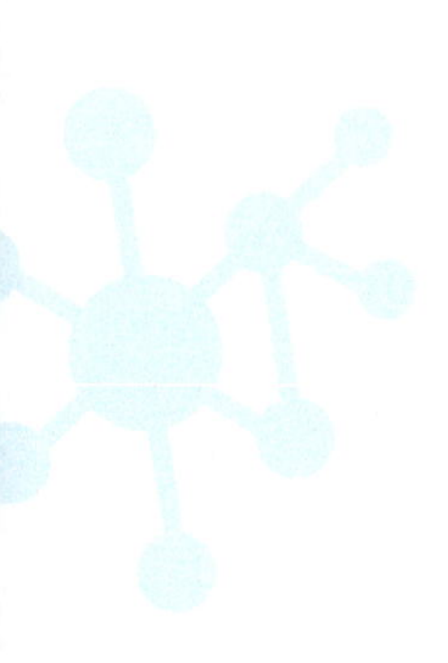

이와 같은 다양한 생물학적 수용체와 나노소재의 조합 및 응용을 통해 지금까지 셀 수

표 11.1 ▸ 생물학적 수용체

종류	역할
항체	체내의 면역 반응에 의해 합성되나, 유전자 재조합을 이용하여 미생물 내에서 대량생산이 가능함 표적 물질로서 단백질을 대상으로 하며, 표적 물질 인식의 선택성이 매우 좋음
효소	촉매 작용에 필요한 기질 및 조효소를 표적 물질로 인식하여 신호 증폭
핵산	상보 관계의 염기서열을 갖는 DNA나 RNA를 대상으로 함. 왓슨–크릭 염기쌍 결합을 이용함
압타머	DNA나 RNA 단일가닥으로서 다양한 종류의 표적 물질 인식이 가능함
탄수화물	분자 인식 기능이 있는 탄수화물을 이용하며, 다양한 종류의 탄수화물을 이용할 수 있음

표 11.2 ▸ 나노소재

종류	역할
귀금속 나노입자	금이나 은 등의 나노입자로서 모양과 크기에 따른 광학적 특성의 변화, 또는 촉매 활성을 이용함
그래핀	우수한 전기전도성을 이용함
양자점	크기에 따른 광학적 특성의 변화를 이용함
탄소 나노튜브	우수한 기계적 특성 및 전기전도성, 전기화학적 특성을 이용함
자성 나노입자	초상자성을 기반으로 하여 외부 자기장에 따른 물질의 분리에 이용함

없을 정도로 다양한 바이오센싱 메커니즘들이 고안되어 보고되었다. 이들을 이해하기 위해 먼저 각각의 수용체와 나노소재가 어떠한 화학 결합을 이루어 나노프로브(nanoprobe)를 구성하는지에 대한 기본적인 이해가 필요하다. 수용체와 나노소재의 대표적인 결합 방법들을 소개하자면 다음과 같다.

11.1.2 나노소재–핵산 결합

11.1.2.1 귀금속 나노소재

핵산(nucleic acid)을 검출하는 데 이용되는 가장 일반적인 수용체는 표적 핵산의 상보 염기서열을 가지는 상보적(complementary) 핵산이다. 일반적인 검출 메커니즘은 표적 핵산과 상보적 핵산이 혼성화함으로써 상보적 핵산과 결합되어 있는 나노소재에 생기는 화학적 변화를 정량적인 신호로써 감지하는 방식으로 이루어진다. 이를 위해 상보적 핵산과 나노소재 간의 안정적인 결합이 선행됨으로써 나노프로브(nanoprobe)가 준비되어야 한다.

나노소재 중 귀금속 나노소재에 프로브 핵산이 결합하는 경우 가장 보편적으로 쓰이는 화학 결합은 귀금속과 황(S)과의 공유 결합이다.[1,2] 귀금속 나노소재 중 대표적으로 금 나노입자가 이와 같이 프로브 핵산과 결합하여 기능성 나노프로브로서 이용된다. 이때 핵산의 말단은 싸이올기(thiol group, –SH)로 기능화되어 있어야 하며, 금 나노입자의 표면과 결합할 때는 탈수소화(deprotonation) 후 황 원자가 직접 금 원자와 결합을 한다(그림 11.1). 이와 같은 결합 방식은 은(Ag) 나노입자의 경우에도 비슷하게 적용될 수 있으나, 은 나노입자의 표면은 쉽게 산화되어 산화은(Ag_2O)이 되기 때문에 나노입자의 상태에 따라 표면에 프로브 핵산을 결합시키기 어려운 경우도 발생한다.[3] 한편, 싸이올기 말단에 한 개만 존재하는

그림 11.1 ▸ 금 나노입자에 싸이올(thiol) 그룹으로 기능화된 핵산이 결합하는 반응.

프로브 핵산이 나노입자에 결합하는 세기가 충분하지 않을 경우, 여러 개의 싸이올기를 붙인 프로브 핵산을 합성하여 사용하기도 한다.[4]

11.1.2.2 산화물 나노소재

산화물 나노소재에 프로브 핵산을 결합시키기 위해서는 이와 같은 싸이올–귀금속 결합을 더이상 이용할 수 없기 때문에 일반적인 유기 또는 무기 화학 반응에 기반한 공유 결합 형성을 이용한다. 이를 위해 나노소재와 프로브 핵산에 각각 반응성이 좋은 작용기(functional group)를 도입하고, 이러한 작용기와 결합할 수 있도록 분자의 양 끝이 활성화되어 있는 가교제(crosslinker)를 이용하여 프로브 핵산을 나노소재의 표면에 결합시킨다.

나노소재와 프로브 핵산에 도입되는 작용기로서 카복실기(carboxyl group), 아민기(amine group), 싸이올기(thiol group) 등이 주로 이용되며, 이들은 나노소재의 종류에 따라 다양한 화학적 방법으로 도입된다. 예를 들면 실리카 나노입자에 작용기를 도입하기 위하여 표면에 존재하는 실란올기(silanol group, Si–OH)와 작용기를 포함하고 있는 실레인(silane, SiH_4) 유도체를 반응시키는 방법을 주로 이용한다. 아민기를 도입하기 위해 (3-Aminopropyl)triethoxysilane과 같이 아민기가 있는 실레인 유도체를 이용할 수 있다.[5] 또한 산화아연(ZnO) 나노입자 역시 비슷한 방법으로 입자 표면의 하이드록실기(hydroxyl group)와 실레인 유도체를 반응시킴으로써 작용기를 표면에 붙일 수 있다. 반면, 핵산은 phosphoramidite 형태의 단분자를 이용한 합성법이 이미 상용화될 정도로 일반화되었기 때문에, phosphoramidite 형태의 작용기를 가진 단분자를 이용하여 핵산을 합성하면서 핵산 분자의 끝부분에 매우 쉽게 도입할 수 있다.[6]

작용기가 도입된 나노소재와 프로브 핵산은 가교제를 이용한 공유 결합이 형성됨으로써 결합된다. 가교제는 작용기와 공유결합을 형성할 수 있는 2개의 활성화 작용기를 가지고 있는 분자이며, 각각의 활성화 작용기가 나노소재와 프로브 핵산의 작용기와 반응하도록 설계된다. 2개의 활성화 작용기가 같은 경우 동질적 양기능성 가교제(homobifunctional crosslinker)라고 하며, 다른 경우 이질적 양기능성 가교제(heterobifunctional crosslinker)라고 한다. 동질적 양기능성 가교제와 나노소재, 프로브 핵산을 한꺼번에 혼합하여 반응시키면, 원하는 나노소재와 프로브 핵산의 결합 반응뿐만 아니라 나노소재끼리 혹은 핵산끼리의 자체적인 동종 결합 반응을 통해 이합체가 생성되는 문제가 발생한다. 따라서 일반적으로 순차적인 반응(① 나노소재 + 가교제 → ② 나노소재-가교제 + 핵산)을 통해 원하는 나노소재-핵산 결합을 얻도록 한다. 한편, 이질적 양기능성 가교제는 이합체 생성의 문제는 없으나, 반응의 효율을 위해 역시 순차적인 반응이 권장된다.

양기능성 가교제를 이용한 산화물 나노소재와 프로브 핵산의 결합의 대표적인 예로서 실리카(silica, SiO_2) 나노입자에 핵산을 결합시키는 반응을 들 수 있다(그림 11.2). 아민기가 도입된 실리카 나노입자와 싸이올기가 달린 핵산을 결합하기 위해 이질적 양기능성 가교제인 succinimidyl 3-(2-pyridyldithio)propionate (SPDP)를 이용할 수 있다. SPDP는 분자의 한쪽 끝에 아민기와 결합하는 *N*-hydroxysuccinimide (NHS) 에스터기(ester group)가 있으며, 다른 한쪽에는 싸이올기와 반응할 수 있는 pyridyldithio기가 있다. 실리카 나노입

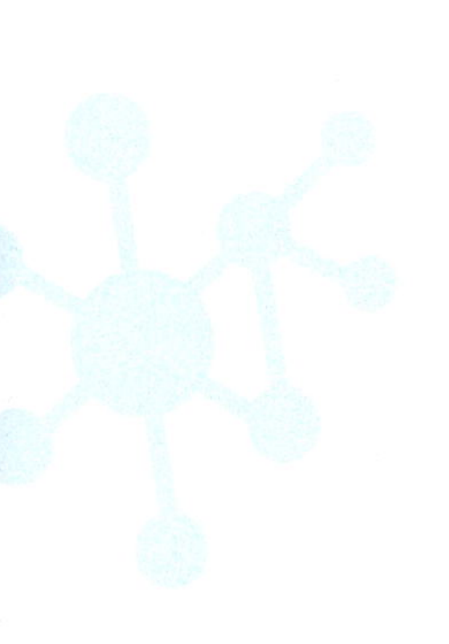

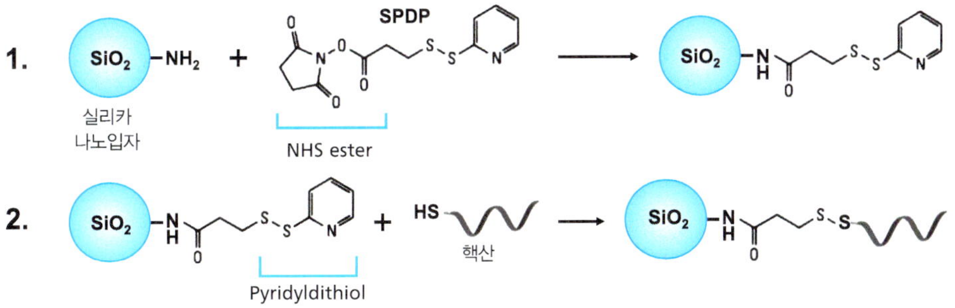

그림 11.2 ▶ 아민기를 도입한 실리카 나노입자에 단계별로 SPDP를 가교제로 이용하여 싸이올 핵산을 결합시키는 반응식.

자의 아민기와 SPDP의 NHS 에스터기를 반응시키고, SPDP의 pyridyldithiol기와 핵산의 싸이올기를 반응시키면 최종적으로 프로브 핵산이 결합한 실리카 나노입자가 합성된다.

11.1.2.3 반도체 나노소재(양자점)

반도체 나노소재 중 중금속을 포함한 양자점은 귀금속 나노소재와 마찬가지로 프로브 핵산의 싸이올기를 이용한다. 다만 귀금속과 싸이올은 강한 공유 결합을 하는 반면, 양자점의 중금속과 싸이올은 배위 결합을 하기 때문에 상대적으로 결합력이 약한 단점이 있으며, 이를 해결하기 위해 핵산에 다이싸이올기(dithiol group)를 붙이는 방법이 쓰이기도 한다.

11.1.2.4 탄소 나노소재

그래핀이나 탄소 나노튜브는 기본적으로 분자 구조상 화학적 활성이 있는 작용기가 존재하지 않으나, 이들이 산화될 경우 분자의 가장자리에 카복실기가 존재하므로, 앞서 설명한 가교제를 이용하여 핵산과 결합시킬 수 있다(그림 11.3). 일반적으로 카복실기를 가진 나노소재에는 1-ethyl-3-(3-dimethylaminopropyl)carbodiimide hydrochloride (EDC)를 가교제로 이용하여 아민기를 지닌 핵산을 결합시키는 반응이 이루어진다.

11.1.3 나노소재-단백질 결합

단백질과 나노소재는 앞서 설명한 프로브 핵산과 나노소재의 결합과 매우 유사한 "나노소재의 작용기-가교제-단백질의 작용기"과 같은 화학 반응을 이용하여 결합시킬 수 있다. 다만, 단백질은 3차원 입체 구조를 가진 생고분자로서, 같은 생고분자이지만 상대적으로 분자량 및 크기가 작고 구조가 단순한 핵산에 비해서 부가적으로 다음과 같은 점들을 나노소재와의 결합에 고려해야 한다.

① 나노소재에 작용기를 도입하는 방법은 앞서 설명한 바와 동일하다. 그러나 단백질에 부

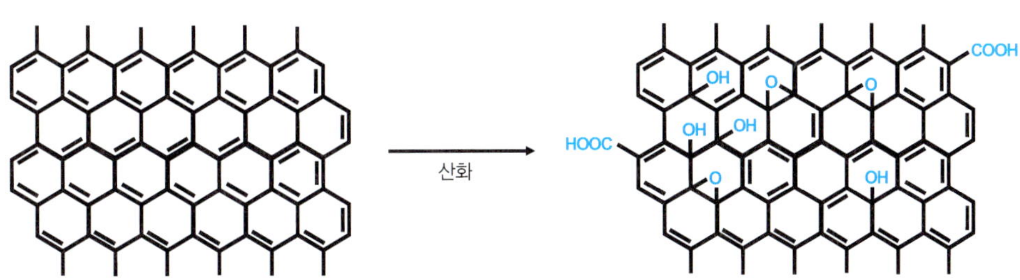

그림 11.3 ▶ 그래핀의 산화 반응.

가적인 작용기를 도입하면 3차 구조가 변형되어 단백질의 변성을 초래할 수 있기 때문에 바람직하지 않다. 따라서 나노소재와의 결합을 위한 단백질의 작용기는 단백질의 일부로서 이미 존재하고 있는 것들을 이용한다. 예를 들면 단백질의 1차(선형) 구조의 말단에 존재하는 아민기나 카복실기, 또는 단백질을 구성하는 아미노산 중 곁사슬에 있는 아민기나 카복실기, 싸이올기 등을 이용할 수도 있다. 다만 이 경우, 이러한 작용기들이 단백질의 3차 구조의 외부에 노출되어야 한다는 전제 조건이 따른다.

② 단백질이 나노소재에 결합하면서 3차 구조에 변형이 생길 수 있으며, 단백질의 기능이 발현되는 부위가 나노소재의 바깥쪽이 아니라 안쪽으로 향한 채로 결합될 수도 있다. 이 경우 단백질이 기능을 발휘할 수 없게 된다. 예를 들면 효소 반응이 일어나지 않거나, 항체가 항원을 인식하지 못하게 되며, 이러한 경우 나노소재-단백질 결합체를 바이오센싱에 이용할 수 없다. 따라서 단백질을 나노소재에 결합한 후 반드시 성능 평가를 통해 단백질 자체의 기능성을 확인해야 한다.

③ 귀금속 나노소재에 단백질을 결합시킬 때에는 가교제를 이용하지 않고 그들 간의 정전기적 인력이나 친수성·소수성 인력 등을 기반으로 하여 직접 결합시킬 수 있다. 이러한 결합은 가교제를 이용하지 않고 작용기를 고려할 필요가 없다는 점에서 편의성이 좋다는 장점이 있으나, 공유 결합이 아니기 때문에 용액의 pH 등 환경에 따라서 결합이 유지되기 어려울 수도 있다는 단점이 있다. 아울러 위의 ②에 해당하는 단점 및 주의사항 역시 여진히 고려해야 한나.

11.2 나노소재를 이용한 질병 치료(Medical applications of nanomaterials)

의학의 발전에 힘입어 기존에 치료하기 어려웠던 많은 질병들이 정복되었고, 인간의 평균 수명은 지속적으로 증가하고 있다. 그러나 여전히 현대 의학 기술로써 정복하지 못한 난치병 및 불치병들의 치료법들이 꾸준히 연구되고 있으며, 특히 기존의 분자 기반의 접근법의 한계를 돌파하기 위해 우수한 특성을 가진 나노소재를 이용한 질병 치료법이 매우 적극적으로 개발되고 있다.

11.2.1 약물 전달 시스템(Drug delivery system)

인간의 몸에 투여된 약은 투여 경로에 따라 경구제로서 위와 장에서 흡수되거나 혹은 주사제로서 피부를 투과하여 최종적으로 혈액에 들어가게 된다. 이후 혈류를 따라 전신을 이동하게 되며, 약물이 환부에 도달하면서 실질적으로 치료 작용을 하게 된다. 이 과정에서 약물은 다양한 대사 효소(metabolic enzyme)에 의해 분해되거나 변형되며, 결과적으로 농도가 낮아져서 약효가 떨어지거나, 혹은 변형된 대사체가 독성 또는 부작용의 원인이 되기도 한다. 따라서 인체에 주입한 약물이 환부에 효율적으로 전달될 수 있게 함으로써 소량의 약물만 사용하더라도 환부 주변에서의 국지적인 약물 농도가 충분히 높아지고 부작용은 최소화할 수 있는 방법이 필요하다.

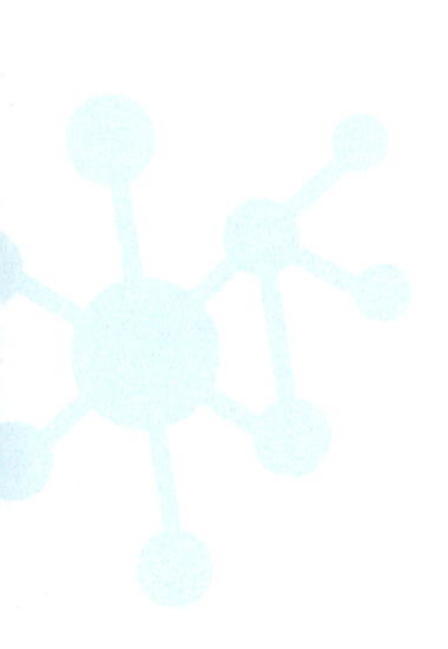

약물 전달 시스템은 바로 이러한 목적을 달성하기 위해 개발된 전략이며, 생체 친화적인 나노소재를 연구함으로써 개발되고 있다. 즉, 약물을 입자 형태의 나노소재에 함유시키고 표적 인지 물질을 입자 표면에 붙임으로써 약물 전달체를 구성하고, 이를 주입하여 치료가 필요한 신체 내의 특정 부위에만 약물이 집중되도록 한다. 이와 같은 방법을 통해 앞서 언급된 약효 상실 및 부작용 발생 등의 문제를 최소화할 수 있으며, 약물 전달체로부터 약물이 방출되는 속도까지 조절함으로써 약물 주입 빈도 또한 최소화할 수 있을 것으로 기대하고 있다. 오늘날 약물 전달 시스템은 신약 못지않게 그 개발의 중요성이 강조되고 있으며, 특히 고령화가 진행되는 우리나라의 추세를 볼 때 노령층의 각종 질환으로 인해 발생하는 사회적 비용을 줄이는 데 기여할 것으로 기대하고 있다. 일단 원하는 특성을 갖는 약물 전달 시스템을 개발하고 나면 이미 사용되고 있는 다양한 약물들을 광범위하게 적용할 수 있기 때문에 매우 가치가 높은 연구 주제이며, 나노소재뿐만 아니라 바이오소재까지 관련된 융합 분야로서 적극적으로 연구가 진행되고 있다. 약물 전달 시스템으로 쓰이는 대표적인 나노소재로서 리포솜(liposome), 지질 나노입자(lipid nanoparticle) 및 고분자 나노입자(polymer nanoparticle) 등이 있다. 이들은 모두 우수한 생체 적합성(biocompatibility) 및 생분해성(biodegradability)을 보이는 물질로서 널리 연구되고 있다.

11.2.1.1 리포솜

리포솜(liposome)은 인지질(phospholipid)의 자기 조립에 의해 생성된 이중층으로 이루어진 구형 주머니 구조를 가지고 있으며, 구조 내부의 비어 있는 공간이나 이중층 내부에 약물을 함유시켜 전달체의 역할을 하게 된다(그림 11.4). 자기 조립에 의해 합성되기 때문에 대량 합성이 쉬우며, 표면에 표적 인식 기능 물질을 붙여서 약물이 전달되어야 하는 부위에 정확하게 전달될 수 있도록 리포솜의 구조를 디자인할 수 있다. 약물이 함유된 리포솜은 이미 상용화되어 이용되고 있으며, 대표적인 예로서 항암제인 독소루비신(doxorubicin) 및 파클리탁셀(paclitaxel) 등의 리포솜 제형을 들 수 있다. 독소루비신이나 파클리탁셀은 수용액에서 거의 불용성이기 때문에 인체 내에 바로 주입하기 어려우며, 설령 유기 용제에 녹여서 주입한다고 해도 유기 용제에 의한 독성이 문제가 된다. 또한 인체 내 주입 후 종양 부위까지 도달하는 동안 체내의 면역 체계에 의해 분해되는 문제가 있기 때문에 암세포를 죽일 만큼 충분한 농도의 항암제를 주입해야 하는데, 이 경우 정상세포에도 독성을 띠게 되기 때문에 탈모, 구토 등으로 발현되는 항암제 부작용을 겪게 된다. 친수성 리포솜으로 이러한 약물을 안정적으로 둘러싸면 수용성 복합체가 되어 정맥 투여가 가능하며, 종양 조직의 특성상 엉성한 혈관 조직을 갖게 되고 림프계의 배액이 막혀 있기 때문에 100 nm 정도 크기의 나노구조를 가진 리포솜이 혈관계를 순환하다가 자연스럽게 종양 조직에 모이며 징싱 조직

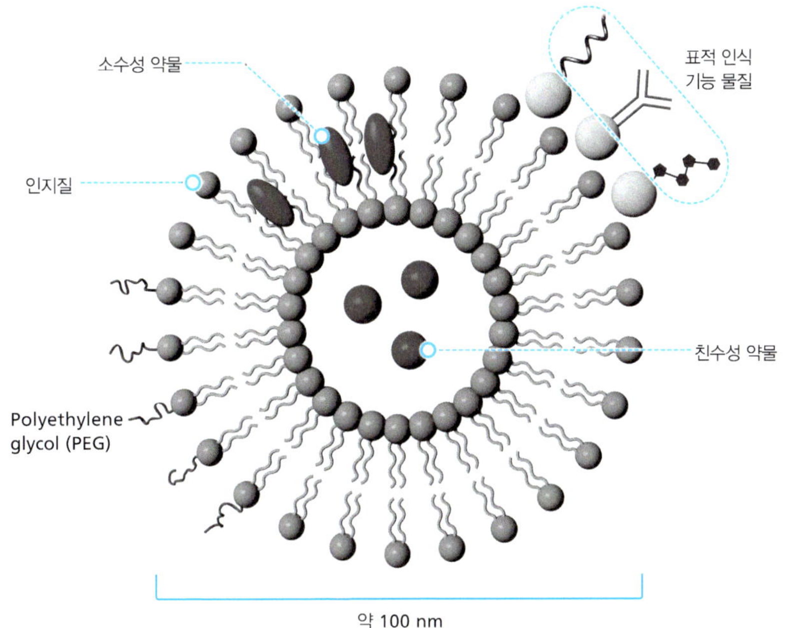

그림 11.4 ▸ 리포솜의 단면 구조.

에게는 독성을 발휘하지 않는 장점까지 지니게 된다. 이러한 메커니즘을 EPR (enhanced permeability and retention) 효과라고 한다. 그러나 이러한 EPR 메커니즘은 수동적이기 때문에 투여량을 늘릴 경우 여전히 독성이 발현되는 문제가 존재한다. 따라서 종양 세포에만 발현하는 수용체나 항원에 결합할 수 있는 리간드나 항체를 리포솜의 표면에 붙임으로써 암 조직을 보다 능동적으로 선택할 수 있는 기능성을 가지게 함으로써 효율적인 치료를 할 수 있는 방안이 꾸준히 연구되고 있다.

11.2.1.2 지질 나노입자

2020년 전세계를 강타한 COVID-19의 백신을 개발한 화이자(Pfizer)와 모더나(Moderna)는 기존 방식대로 약화되거나 사멸된 바이러스 대신 바이러스의 스파이크 단백질 정보를 담은 mRNA를 체내에 주입함으로써 면역 효과를 얻었다. mRNA가 인체 내에서 단백질로 발현됨으로써 항체가 형성되게 하는 이 원리는 이미 잘 알려진 핵산 화학(nucleic acid chemistry) 덕분에 mRNA의 제조가 쉽고, 대상 물질의 유전정보가 밝혀지면 바로 준비할 수 있기 때문에 개발하는 데 걸리는 시간이 매우 짧다는 장점이 있다. 이와 같은 면역력 획득 기술은 당시 세계 최초로 실용화되어 시도된 것이며, 이 기술 덕분에 백신의 개발 기간을 대폭 줄이고 COVID-19에 빠르게 대응할 수 있었다.

그러나 mRNA는 화학적, 생물학적으로 매우 불안정한 분자이기 때문에 생체 내에 주입되면 리보뉴클레이스(ribonuclease, RNase) 등의 효소에 의해 쉽게 분해되는 문제가 있다. 이러한 문제를 해결하기 위해 지질 나노입자가 mRNA의 약물 전달체로 이용된다. 지질 나노입자는 지질이 고체 형태로 뭉친 나노입자와 그 표면을 감싸고 있는 지질 단층의 구조로 이루어져 있다(그림 11.5). 약물을 고체 지질 부분에 함유시키면 외부 환경과의 접촉을 막기 때문에 안정적으로 세포 내에 진입시킬 수 있으며, 시간이 지남에 따라 지질이 분해되면서 방출된 mRNA에 해당하는 단백질이 리보솜(ribosome)에서 합성됨으로써 면역 반응을 유도하게 된다. 필요한 경우 입자 표면의 지질 단층 부분에 특정 표적을 인식할 수 있는 항체 또는 펩타이드(peptide) 등을 붙여서 원하는 부위에 약물이 전달될 수 있도록 구조를 설계할 수도 있다.

그림 11.5 ▶ 지질 나노입자의 단면 구조.

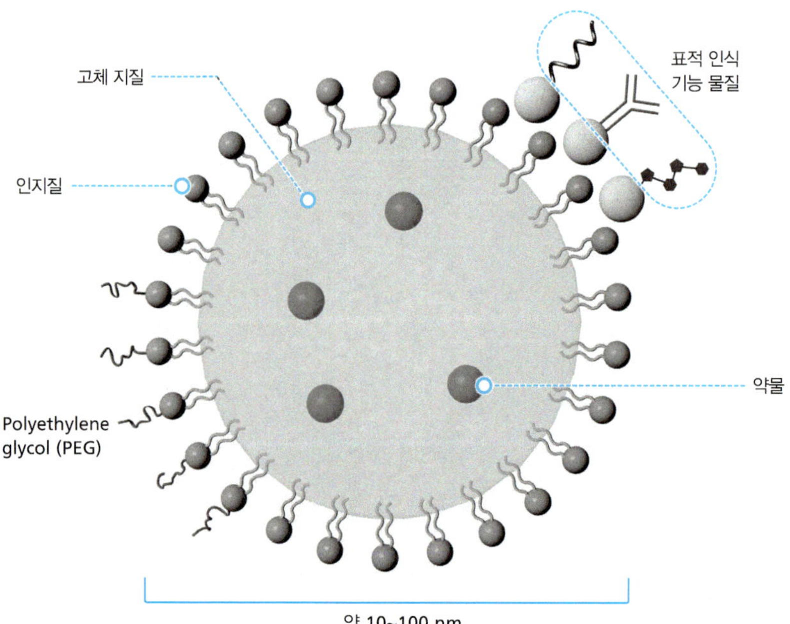

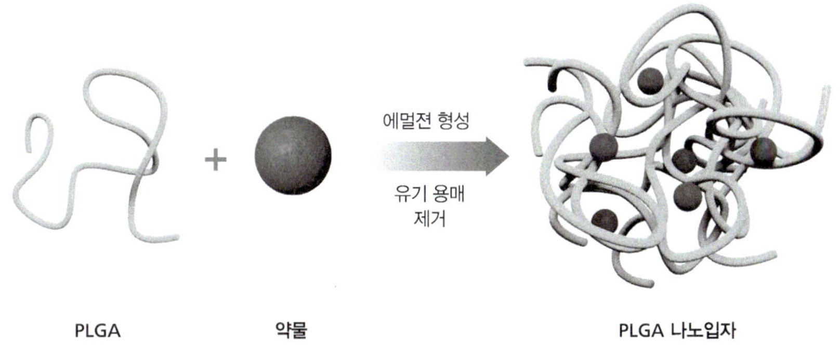

그림 11.6 ▶ PLGA를 이용한 약물전달체 나노입자 합성.

11.2.1.3 고분자 나노입자

유기 용매와 물과 혼합하면 에멀젼 용액이 형성된다. 따라서 소수성 고분자를 유기 용매에 사전에 용해시킨 후 물과 혼합하면 이 고분자 용액이 수 마이크로미터 크기의 에멀젼 방울을 형성하게 되며, 끓는 점이 낮은 유기 용매를 기화 등의 방법으로 제거하고 나면 용해도 차이 때문에 고분자의 응고가 일어나 구형의 나노입자를 형성하게 된다(그림 11.6). 이때 고분자의 종류, 분산 방법 등에 따라 입자의 크기나 형태를 조절할 수 있다. 만약 고분자와 함께 소수성 약물을 유기 용매에 용해시킨 후 같은 방법으로 나노입자를 형성시키면 최종적으로 약물이 함유된 고분자 나노입자를 얻게 된다. 앞서 소개한 항암제인 독소루비신이나 파클리탁셀 등이 이와 같이 고분자 나노입자를 이용하여 전달될 수 있는 대표적인 약물이라고 할 수 있다. 이러한 용도로 쓰이는 고분자로서 가장 대표적인 물질은 poly(lactic-co-glycolic acid) (PLGA)이다. PLGA는 락트산(lactic acid)과 글리콜산(glycolic acid)으로 이루어진 공중합체로서 인체 사용에 대해 미국 식품의약국(FDA)의 승인을 받을 정도로 무해성을 인정받았기 때문에 오늘날 약물 전달체로서 널리 연구되고 있다. PLGA는 인체에 주입된 후 너무 빨리 가수분해되거나 혹은 분해되지 않고 체내에 누적되는 것이 아니라, 적절한 기간 동안(약 2주) 분해되는 특성을 가지고 있다. 아울러 락트산과 글리콜산의 비율을 바꿈으로써 이 기간을 늘리거나 줄일 수 있기 때문에, PLGA 나노입자의 내부에 함유된 약물이 방출되는 속도를 원하는 대로 조절할 수 있는 장점이 있다.

11.2.2 광열 치료(Photothermal therapy)

외과적 수술이 필요한 암 조직을 절개하지 않고 제거하여 치료하는 방법은 의학계에서 매우 많은 관심을 갖고 있는 연구 분야이다. 절개에 따른 감염의 위험 및 봉합 후 후처리에 대한 필요가 없으며, 환자의 회복 역시 훨씬 빠르기 때문이다. 무엇보다도 흉터를 남기지 않는다는 큰 장점이 있기 때문에, 치료 효과뿐만 아니라 미용적인 측면에서도 강하게 선호될 수밖에 없다. 이러한 비절개 치료법 중 레이저를 암 조직에 조사함으로써 대상 부위의 온도를 올려(42°C 이상) 조직을 사멸시키는 방법을 광열 치료라 한다(그림 11.7). 그러나 직접 열을 발생시키는 레이저라면 체내의 암 조직뿐만 아니라 레이저 경로에 있는 피부에도 화상을 입히며 통증을 유발할 수밖에 없으므로 비절개 치료의 의미가 퇴색된다. 최근에는 이러한 이유로 인해 인체에 해가 없으며 투과성이 있는 파장대의 빛을 받아 열로 변환시키는 광열 특성을 가진 금, 산화철, 그래핀, 구리화합물 등으로 이루어진 나노소재를 개발하여 비절개식 광열 치료에 사용하고 있다.

광열 치료에 쓰이는 가장 대표적인 나노소재는 금 나노입자이다. 금 나노입자는 입자 내부의 전자 구름의 진동으로 인한 고유의 파장을 가지며, 모양과 크기에 따라 결정되는 이 파장과 일치하는 외부의 빛이 입사될 때 서로 공명을 하며(Localized Surface Plasmon

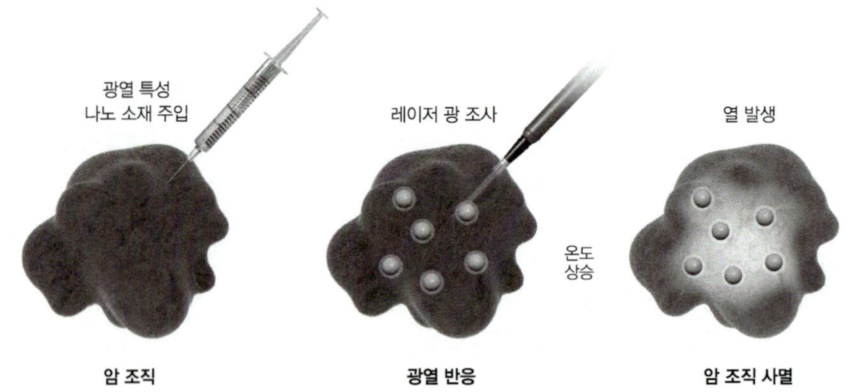

그림 11.7 ▶ 암 조직에 광열 특성을 가진 나노소재를 주입한 후, 레이저 광을 조사하여 열을 발생시킴으로써 암 조직을 사멸시키는 과정.

Resonance, LSPR) 에너지를 흡수하게 된다(3장 참조). 흡수한 에너지는 여러 메커니즘을 통해 방출되는데, 이 중 전자와 포논(phonon)의 작용으로 인하여 열 변환 및 방출이 이루어지게 되며, 금 나노입자의 구조, 양, 레이저를 조사하는 시간 및 출력 등을 조절함으로써 암 조직을 사멸시킬 수 있는 온도까지 올릴 수 있다. 외부에서 암 조직에 조사되는 빛을 흡수할 수 있는 고유의 파장을 가지기 위해 다양한 구조를 가진 금 나노입자들이 개발되었으며, 그 중 가장 빈번하게 연구되는 구조들을 예로 들자면 속이 빈 껍질 구조, 막대 구조, 여러 입자가 뭉친 구조 등을 꼽을 수 있다.

중요한 점은 암 조직에 침투시킨 이러한 금 나노입자에 에너지를 공급할 수 있도록 광원으로부터 조사된 빛이 금 나노입자까지 도달할 수 있어야 한다는 점이다. 따라서 생체 조직을 잘 투과할 수 있는 특성을 가진 근적외선(near-infrared)이 일반적으로 이러한 광열 치료 목적으로 많이 쓰이게 되며, 특히 약 800 nm 내외의 파장을 가진 빛이 주로 연구에 쓰이고 있다. 앞서 예시로 든 금 나노입자들이 많이 사용되고 있는 이유도 기본적으로 그 구조들이 근적외선 영역에서 흡광을 하는 특성을 보이기 때문이다. 뿐만 아니라 이러한 나노입자들은 인체에 투입되었을 때 세포 독성을 발현하면 안 되며, 광열 치료 순간까지 안정적으로 존재해야 하기 때문에 입자의 표면을 생체 친화적인 분자를 이용하여 보호해줘야 하고, 이 또한 독립적인 연구 분야로서 활발하게 연구되고 있다. 또한 나노입자가 암 조직 내에 높은 농도로 존재해야 같은 에너지를 빛으로 받았을 때 더 많은 열을 발생시킬 수 있기 때문에, 나노입자의 표적 지향성을 높이는 연구 또한 중요하다. 암 조직 내에만 특별히 과량으로 존재하는 단백질 등의 수용체를 인식할 수 있는 항체 또는 펩타이드 등을 나노입자의 표면에 붙임으로써 암 조직 내에만 나노입자가 선택적으로 농축될 수 있도록 하는 것이 주된 목표이다. 아울러 이러한 치료 목적에 충분히 사용될 수 있을 만큼 특정 구조를 가진 나노입자를 대량으로 고르게 생산하는 것 또한 산업적으로 중요한 목표라고 할 수 있다. 최근 이러한 광열 치료 목적으로 미국의 Nanospectra Biosciences사(Texas, USA)에서 AuraLase®라는 품명을 붙인 '속이 빈 껍질 구조'의 금 나노입자의 상용화에 성공하였으며, 미국 식품의약국(FDA)의 승인을 받아 임상시험을 진행하고 있다. 비록 피부 표면으로부터 깊지 않은 곳에 국지적으로 존재하는 암 조직에만 사용 가능하다는 한계가 존재하지만 광열 치료법이 분명히 도움이 되는 암 환자들에게는 큰 의미를 가질 것으로 평가되고 있다.

금 나노입자는 광열 치료를 위한 상용화가 추진될 정도로 초창기부터 많은 연구가 이루어졌으나, 광원으로부터 조사된 빛이 투과되는 깊이에 한계가 있다는 문제점을 해결할 수 있는 새로운 소재의 개발이 필요했다. 예를 들면 악성 종양이 신체의 깊숙한 내부에 위치

해 있을 경우 광열 특성을 나타내는 나노소재를 종양에 주입하더라도 빛이 도달하지 못해서 열 발생이 불가능하게 된다. 따라서 이를 해결하고자 초상자성(superparamagnetic)을 띠는 산화철 나노입자에 교류 자기장을 걸어 주는 방법이 대안으로서 활발하게 연구되고 있다.[7] 초상자성 물질은 외부 자기장에 의해 자성 분극의 방향이 쉽게 바뀌면서 내부 자화의 정도가 강하기 때문에, 교류에 의해 방향이 1초에 수십~수백 번 바뀌는 외부 자기장이 가해지면 100%에 가까운 에너지 전환(자기장 에너지 → 열 에너지)이 일어나며 열을 발생하게 된다. 특히, 교류의 주파수에 따라 인체 내 수십 cm까지 자기장이 투과하여 산화철 나노입자의 온도를 올릴 수 있기 때문에 효과적으로 광열 치료에 쓰일 수 있는 나노소재로서 주목을 받고 있다.

11.2.3 바이오 이미징(Bio-imaging)

바이오 이미징은 생체 내에서의 세포 구성 성분의 상태 및 그들의 상호작용을 영상화하는 기술이다. 살아있는 생물 내부의 생리학적 현상을 절개 등의 수술적인 요법 없이 직접 실시간으로 관찰 및 분석할 수 있기 때문에 기존에는 해부학적 정보를 육안으로 보여주는 수준에서 이용되었으나, 최근에는 분자 생물학의 발달과 더불어 질병 발생의 메커니즘을 분자 수준에서 정교하게 이해할 수 있을 정도로 많은 연구가 진행되었다. 바이오 이미징의 핵심인 바이오 이미징 프로브(probe)는 복잡한 생체 내에서 원하는 표적 물질을 선택적으로 인식하고 그에 따른 광학적 신호를 강하게 방출하는 특성이 요구된다. 또한 생체 내에서 안정적으로 존재해야 하며 독성을 발현하지 않아야 한다. 기존의 분자 기반의 프로브로는 이러한 여러 종류의 특성을 한꺼번에 발현하는 것이 불가능하기 때문에, 나노소재를 기반으로 한 바이오 이미징 프로브의 개발이 매우 활발하게 진행되고 있다.

11.2.3.1 자성 나노입자(Magnetic nanoparticle)

자기 공명 영상(magnetic resonance imaging)은 조영제를 꼭 필요로 하는 기술은 아니지만, 영상의 품질을 보다 좋게 하기 위해 가돌리늄 이온(Gd^{3+})의 착화합물을 조영제(contrast reagent)를 이용해 왔다. 그러나 가돌리늄 이온은 생체 체류 시간이 짧고 인체 독성 및 뇌내 침착 등의 문제가 있기 때문에, 직경 수십~수백 nm 정도 크기의 초상자성(superparamagnetic) 산화철 나노입자를 이용하여 조영제로 이용하는 시도가 진행되어 왔다. 이러한 산화철 나노입자는 인체 독성을 최소화하고 물에서의 분산력을 높이기 위해 입자 표면을 고분자나 실리카로 코팅하며, 입자의 크기 및 코팅 물질의 특성에 따라 적합한 대상 질병 및 인체 사용 부위가 다르다는 특징이 있다.

산화철 나노입자는 앞서 기술한 가돌리늄 조영제의 단점이 상대적으로 덜한 대신, 조영제로서 효율 문제가 존재한다. 가돌리늄 이온은 T1 완화(relaxation) 특성을 보이는 이른바 “양성” 조영제로서, MRI 영상에서 해당 부위가 밝아지는 효과를 보인다. 반면에 T2 완화 특성을 보이는 산화철 나노입자는 “음성” 조영제로서 해당 부위가 어둡게 보이게 된다.[8] 이미징의 특성상, 관련 없는 다른 원인의 영향을 받지 않고 관심있는 부위만을 밝게 볼 수 있는 T1 조영제가 더 선호되기 때문에 이러한 자성 특성의 차이는 산화철 나노입자를 가돌리늄 이온을 대체할 MRI 조영제로 쓰는 데 걸림돌이 되어 왔다. 그러나 최근에는 산화철 나노입자의 크기가 2 nm 정도로 매우 작아지면 T1 특성을 보이기 때문에 양성 조영제로 사용 가능하다는 것이 밝혀졌으며, 이러한 입자들을 대량생산 후 원숭이나 개와 같은 동물에 적용해 보는 실험까지 성공하였다.[9] MRI 조영제로 개발된 기존의 다양한 크기의 산화철 나노입자들은 이미 미국 식품의약국(FDA)의 승인을 받아 임상실험 중이거나 임상실험이 완료

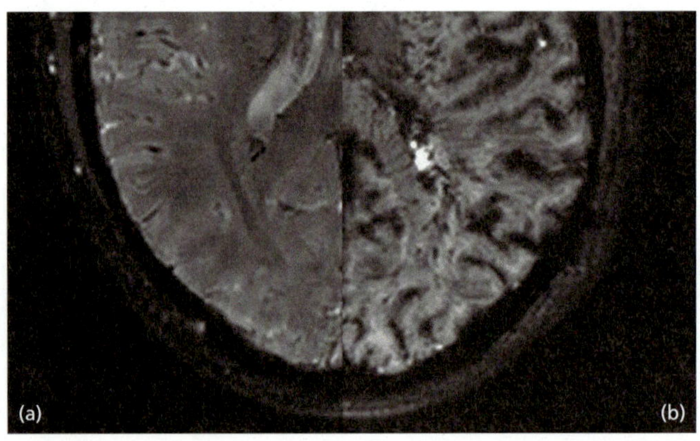

그림 11.8 ▶ 건강한 성인의 뇌에 산화철 나노입자를 넣기 전(a)과 후(b)의 자기 공명 영상.

되었으며, 유럽 및 남미, 일본 등에서도 의료 목적으로 사용되고 있다. 자성 특성이 개선된 산화철 나노입자 합성법이 점점 더 연구되어 개발됨에 따라, 기존의 가돌리늄을 대체할 수 있는 효율 좋은 MRI 조영제로서 가치가 높아지고 있다(그림 11.8).

11.2.3.2 양자점(Quantum dot)

생제 내에서의 생물학적 과정을 광학 영상으로 관찰하기 위해 쓰이는 가장 일반적인 영상 신호는 가시광선 및 적외선이다. 이러한 종류의 빛은 육안이나 카메라를 통해 쉽게 인식이 가능하다는 장점이 있기 때문에 임상에서 선호되는 편이다. 그러나 생체 조직은 이러한 가시광선이나 적외선을 잘 통과시키지 못하기 때문에 광학 영상 신호는 대부분 생체의 표면에서 발생하는 현상을 관찰하는 목적으로만 한정적으로 이용되어 왔다. 따라서 강도가 더 센 빛을 낼 수 있는 바이오 이미징 프로브를 이용하면 피부로부터 좀더 깊은 곳의 현상을 관찰할 수 있기 때문에, 이러한 특성을 갖는 양자점(quantum dot)을 바이오 이미징 프로브로서 활용하는 방법이 활발하게 연구되었다.

양자점은 매우 작은(지름 ~10 nm 이하) 결정성 반도체 나노입자이며, 1980년대 초에 Bell 연구소(New Jersey, USA)의 Louis Brus 박사에 의해 그 합성법 및 특성이 처음으로 보고되었다.[10] 양자점은 반도체로서 컨덕션밴드(conduction band)와 밸런스밴드(valence band) 사이의 밴드갭(band gap)이 존재하는데, 양자점의 크기가 작아짐에 따라 에너지 준위 간의 불연속성이 증가하기 때문에 결과적으로 밴드갭이 증가하게 된다. 따라서 전자가 컨덕션밴드로부터 밸런스밴드로 전이(transition)할 때 방출하는 에너지의 크기가 커지게 되므로 발광 파장이 짧아지게 되고 가시광선 스펙트럼에서 파란색에 가까운 색을 구현하게 된다. 반대로 양자점의 크기가 커지면 빨간색에 가까운 색을 구현한다. 대표적인 양자점 소재인 셀렌화카드뮴(CdSe)의 경우 크기를 적절히 조절하면 가시광선 영역의 모든 색을 구현할 수 있는 우수한 광학적 특성을 지니고 있으며, 재료와 크기와 모양을 조절함으로써 원하는 파장의 빛을 고효율로 발현하는 양자점을 합성하는 것이 중요한 연구 주제이다. 무엇보다도 이러한 양자점은 무기물이기 때문에 양자점 개발 이전에 바이오 이미징 프로브로서 주로 쓰이던 유기물 계열의 형광 염료와 비교하여 매우 우수한 광안정성을 보여준다는 특징이 있기 때문에, 광학 영상 분야에 큰 혁신을 불러 일으켰다.[11]

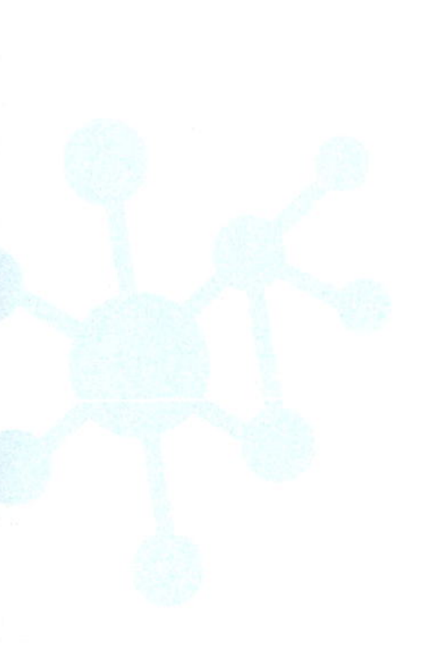

바이오 이미징 프로브로 이용되기 위해서는 광학 특성상 700 nm에서 900 nm 사이의 근적외선 영역의 빛을 내는 것이 이상적이다. 인체를 구성하는 단백질은 가시광선 영역의 빛을 주로 흡수하고, 한편 물과 지방은 900 nm 이상의 적외선 영역에서 빛을 흡수하기 때문에, 그 사이인 700~900 nm 영역에서 빛의 방출 효율이 가장 좋을 수밖에 없다. 따라서 실용적인 바이오 이미징 프로브로 이용되기 위해 근적외선 영역의 빛을 방출하는 양자점의 개발이 활발히 이루어지고 있다. 또한 양자점 표면에 기능성 분자를 붙임으로써 특정한 신호나 물질이 인식될 때 빛을 낼 수 있는 기능을 가진 스마트 프로브를 개발하기도 한다. 이러한 스마트 프로브는 암 조직의 생성 등 인체 내에서 특정한 부위에 문제가 생겼을 경우 그 부분에서만 빛을 내어 영역을 표시하게 하는 특성을 가짐으로써, 외과적 수술을 보다 정밀하게 진행할 수 있게 하는 장점이 있다. 그러나 양자점은 그 자체가 독성이 심한 중금속을 포함하고 있는 경우가 많기 때문에, 표면 코팅 및 보호 처리를 통해 양자점의 화학적, 생물학적 안정성을 높이고, 한편 내부의 구성물이 외부로 방출되지 않도록 하는 것이 매우 중요하다.

11.2.3.3 업컨버전 나노입자(Upconversion nanoparticle)

양자점과는 달리 독성이 없고 쉽게 배설되는 특성 때문에 최근 업컨버전 나노입자(upconversion nanoparticle, UCNP)가 양자점이나 유기 염료 분자 등의 형광체를 대신할 물질로 각광받고 있다.[12] 대부분의 UCNP는 3가의 란타넘 족 이온(Er^{3+}, Yb^{3+}, Tm^{3+} 등)이 도핑된 육각형의 $NaYF_4$ 나노결정으로 구성되어 있으며, 기존의 하향 변환식(downconversion)의 형광 물질과는 달리 장파장의 근적외선 여기 방사선이 단파장의 가시광선이나 자외선으로 변환되는 독특한 상향 변환식(upconversion) 발광 특성을 가지고 있다. 방출하는 빛의 색은 UCNP는 란타넘 족 이온의 종류에 따라 조절될 수 있으며, 세포의 자가 형광에 의해 전혀 방해받지 않고 광표백 현상이 일어나지 않으며 방출 대역폭이 좁아서 종래의 바이오 이미징에 사용된 소재보다 향상된 선택성 및 감도를 보여줄 잠재력이 있다.

11.2.4 조직 공학(Tissue engineering)

생물학에서 조직(tissue)은 특정한 형태나 기능을 가진 세포(cell)가 모여서 이루는 단위를 뜻한다. 조직 공학은 세포로 이루어진 인체의 조직을 인공적으로 성장시키면서, 특정한 목적에 맞도록 그 조직을 구성하는 세포의 성장과 분화, 혈관 생성 등을 조절하는 학문을 뜻한다. 특히 조직이나 장기 손상을 입은 환자들은 다른 사람으로부터 장기를 이식받아야 하는데, 신상 등의 극히 일부분의 장기를 제외하고는 일반적으로 뇌사자, 또는 사체로부터 장기를 구해야 하기 때문에 그 공급이 항상 부족할 수밖에 없다. 따라서 이러한 환자들에게는 조직 공학을 이용한 인공 장기 개발이 유일한 희망이며, 조직 공학의 중요성을 보여주는 좋은 예시라 할 수 있다. 조직 공학의 범위는 매우 넓고 다양하며, 크게 보면 세포 자체에 대한 특성 연구 및 생체 재료들에 대한 개발 연구로 분류할 수 있다. 즉, 의료용 천연 또는 합성 고분자 생체 재료들을 개발하여 3차원 지지체를 만들고 여기에 특성을 고려하여 선택한 세포의 증착, 증식, 이동, 분화 등을 조절함으로써 원하는 장기를 체외에서 만드는 과정을 연구하는 학문이라고 할 수 있다(그림 11.9). 대부분의 경우 환자 자신의 세포를 이용하기 때문에, 장기 이식에서 가장 문제가 되는 거부 반응이 없을 뿐만 아니라, 생명을 복제하거나 다른 생명의 희생을 전제로 하지 않기 때문에 윤리적인 문제도 없다. 이러한 조직 공학에서 이용되는 생체 재료의 한계를 극복하기 위해 최근 탄소 나노튜브(carbon nanotube), 그래핀(graphene), 금속 나노재료 등과 같은 나노재료를 이용하여 조직을 다루는 연구가 활발하게 진행되고 있다. 이러한 나노소재들은 우수한 물성에 기반하여 조직 공학에서 좋은 결과를 보여주고 있으나, 한편 조직의 일부로서 장기간 생체 내에 머물러야 하기 때문에 세포 독성 문제가 확실하게 해결될 수 있도록 앞으로 더욱 연구가 필요하다.

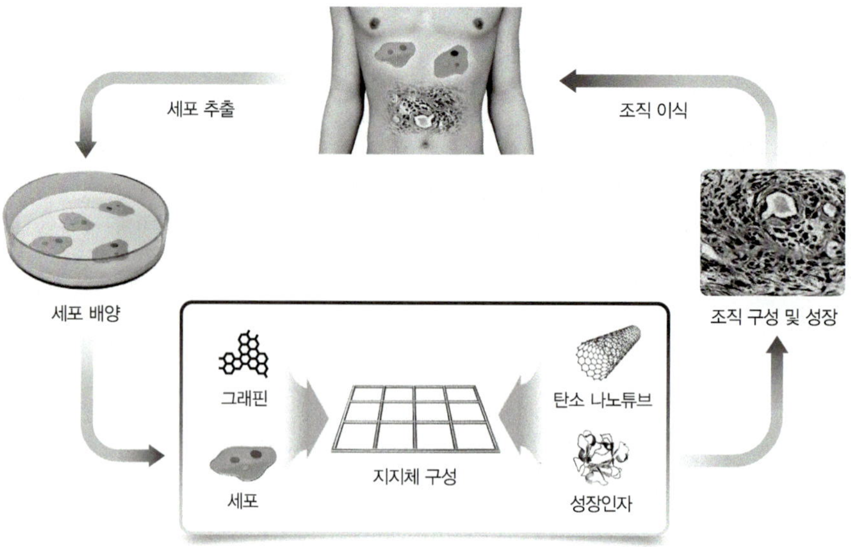

그림 11.9 ▶ 추출한 세포를 탄소 나노물질과 함께 조직 공학을 이용하여 인공 조직을 합성하고 인체의 장기 이식에 이용하는 모식도.

11.2.4.1 그래핀

그래핀은 2004년 영국 Manchester 대학의 Geim 교수가 흑연으로부터 최초로 분리하여 얻을 수 있게 되었다. 그래핀의 탄소 원자 하나는 주위의 다른 탄소 원자 3개와 sp^2 결합을 하여 반복되는 육각형 모양을 형성하며, 이 육각형이 벌집 모양처럼 모여 2차원 평면을 이루는 판형 구조를 갖고 있다. 그래핀의 탄소 원자 하나에 대해서 생각해 보면, 벤젠고리의 탄소 원자가 주위의 원자들과(탄소 원자 2개, 수소 원자 1개) sp^2 결합을 하는 것과 비슷한 결합 구조라고 이해할 수 있다. 그래핀의 존재 자체는 1940년대부터 이미 알려져 있었으나, 원자 1층으로 이루어진 구조라는 특성 때문에 안정적으로 존재하기 어려워 독립적으로 얻기 어려웠으며, 그로 인해 그 특성에 대해 제대로 규명되기 어려웠다. Geim 교수는 이러한 그래핀을 스카치테이프를 붙였다가 떼는 방식으로 매우 손쉽게 얻는 방법을 개발함으로써 발견 당시 연구실 대학원생이었던 Novoselov 교수와 함께 2010년 노벨 물리학상을 수상하였다.

그래핀의 각 탄소 원자들 간의 결합은 σ 결합뿐만이 아니라 π 결합으로도 이루어져 있기 때문에 그래핀은 매우 견고하면서도 전기전도성이 높다. 또한 판형 구조 덕분에 유연하다는 특징을 가지고 있다. 아울러 그래핀의 구성 원소는 유기물의 필수 원소인 탄소이므로, 생체재료로서 적합함을 기대할 수 있다.[13] 이러한 우수한 특성에 기반을 두고, 그래핀을 표면에 코팅함으로써 그 위에서 줄기세포가 분화되는 방향을 제어하거나, 하이드로젤의 기계적 강도를 좋게 만들기도 할 수 있다. 또한 그래핀을 3차원으로 쌓아서 유연성, 펼침성, 접힘성의 기계적 물성이 보강된 3차원 지지체의 제조가 가능하다. 이러한 3차원 구조를 가진 그래핀 지지체를 이용할 때, 기존의 지지체에 비해서 신경줄기세포의 성장과 증식이 더 증가하는 것을 관찰할 수 있는 등[14] 그래핀을 이용한 조직공학은 많은 발전 가능성을 보여주고 있다.

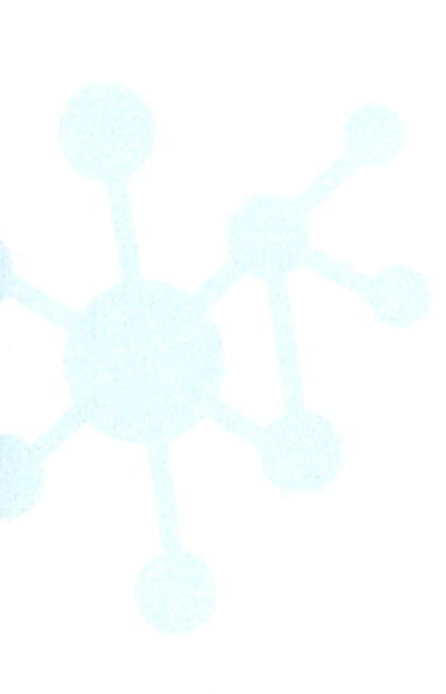

11.2.4.2 탄소 나노튜브

탄소 나노튜브(carbon nanotube)는 1991년 일본전기회사 NEC 연구소의 Ijima 박사가 흑연에 전기 방전을 시킴으로써 최초로 합성에 성공하였다. 탄소 나노튜브의 구조에 대해 쉽게 생각하면 그래핀을 둥글게 말아서 튜브 형태로 만든 것이라고 할 수 있다. 다만, 직경 대 길이의 비가 1:500 이상인 1차원 구조이며, 직경이 수nm 수준인 것이 특징이라고 할 수 있다. 또한 한 겹으로 된 단일벽 탄소 나노튜브(single-wall carbon nanotube)와 여러 겹으로 이루어진 다중벽 탄소 나노튜브(multi-wall carbon nanotube) 등으로 구분할 수 있다. 앞서 설명한 그래핀과 마찬가지로, 탄소 나노튜브 역시 매우 우수한 기계적 특성을 가지고 있으며, 동일한 굵기의 강철에 비해 그 강도가 100배 이상인 것으로 알려져 있다. 또한 탄소 원자들 간의 π 결합 때문에 그래핀과 마찬가지로 전기전도도와 열전도도까지 우수한 물성을 가지고 있다.[15]

탄소 나노튜브 역시 고분자 지지체의 구성 성분으로 이용함으로써 지지체의 기계적 강도를 증가시키고 전기생리학적 기능을 상승시킬 수 있다. 특히 우수한 전기전도도 덕분에 기존에 임상적 용도로 사용되는 금속 물질의 대체재 역할을 할 수 있는 가능성이 높다. 가령 탄소 나노튜브를 젤라틴 젤과 혼합한 지지체를 이용하여 심근세포로 이루어진 조직을 성장시키면 심박수가 더 증가한다. 이것은 다공성 젤 속에 첨가된 탄소 나노튜브가 나노섬유 네트워크를 형성시켜 지지체 전체의 전기전도성을 증강시키고 세포 흡착과 세포간 결합 등을 향상시킨 결과이다.[16] 뿐만 아니라 지지체 내의 탄소 나노튜브를 정렬시키면 전기적 특성이 더욱 향상시킬 수 있으며,[17] 탄소 나노튜브 간의 van der Waals 결합력을 이용하여 시트나 실 형태로 길게 만들어 정렬시키면 특정한 신경조직의 성장을 제어할 수도 있다.[18]

11.3 나노소재를 이용한 화장품(Cosmetic products with nanomaterials)

11.3.1 자외선 차단제

자외선 차단제는 일상 생활에서 가장 빈번하게 쓰이는 화장품 중 하나다. 상대적으로 저렴한 가격에 비해 자외선 차단이라는 기능을 매우 강력하게 발휘하기 때문에, 보습제와 더불어 소위 "가성비" 화장품으로서 잘 알려져 있다. 태양으로부터 발생하는 자외선은 인간의 피부에서 비타민 D가 합성되는 데 기여하기 때문에 적절한 자외선 노출은 건강을 위해 필수적이다. 그러나 장시간 과다하게 노출할 경우 피부 노화 및 안구 손상을 유발하기 때문에, 자외선 지수가 높아지는 계절에는 안구 보호를 위한 선글라스와 더불어 피부 보호를 위한 자외선 차단제를 바를 필요가 있다.

자외선 차단제의 자외선 차단 원리를 알기 위해서는 먼저 자외선의 종류에 대해 알아볼 필요가 있다. 자외선(紫外線)은 문자 그대로 가시광선 영역대 중 가장 파장이 짧은 보라색(紫)의 바깥쪽(外)에 해당하는 "더 짧은" 파장을 갖는 빛(線)을 의미하며, 좀더 세부적으로 다음과 같이 세 종류로 나뉜다.

① 자외선 A (320~400 nm): 자외선 중 가장 파장이 길다. 피부 깊숙이 진피층까지 침투하며 지지 조직(탄력 섬유 및 콜라겐)에 직접적인 손상을 일으키고 멜라닌을 증가시킨다. 결과적으로 주름 생성 및 주근깨, 검버섯 등의 노화 현상을 촉진시킨다.

② 자외선 B (280~320 nm): 이 범위의 자외선은 비타민 D를 합성하는 역할을 담당한다. 그러나 과다하게 노출되면 홍반, 물집, 화상 등을 일으키며, 심한 경우 피부암을 유발하는 것으로 알려져 있다.

③ 자외선 C (180~280 nm): 자외선 중 가장 파장이 짧으며, 파괴력이 크기 때문에 살균 작용을 한다. 그러나 대기권의 오존층 때문에 태양에서 발생하는 자외선 C는 지표면에 거의 도달하지 못한다. 일상 생활에서는 일반적으로 쓰이는 자외선 살균기에서 이용된다.

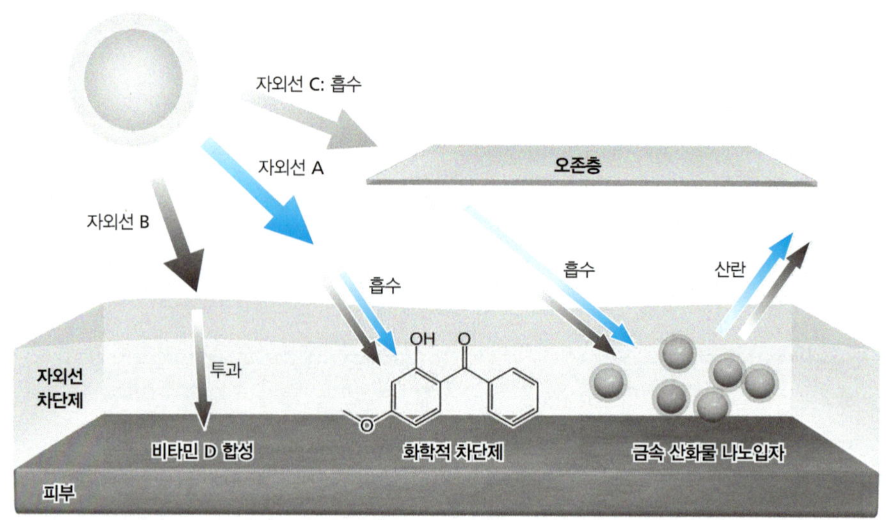

그림 11.10 ▶ 자외선의 종류 및 그에 따른 자외선 차단제의 차단 메커니즘. 화학적 차단제 및 금속 산화물 나노입자 모두 자외선을 흡수하며, 나노입자는 자외선을 산란시키는 역할까지 가능함

자외선 A와 B를 효과적으로 차단하기 위해 일반적으로 두 가지 종류의 물질들이 각각 고유의 역할을 위해 자외선 차단제에 함유된다. 첫 번째는 자외선을 흡수하는 역할을 하는 유기 화합물로서, ethylhexyl methoxycinnamate, oxybenzone, avobenzone 등이 이용된다. 이들은 자외선을 받아 전자가 들뜬 상태가 되면서 그만큼의 에너지를 흡수하기 때문에 결과적으로 피부에 들어오는 자외선을 차단하는 효과를 낳게 된다. 이러한 자외선 차단 메커니즘 때문에 이러한 유기 화합물들은 '화학적 차단제'로서 분류된다. 그러나 이들은 분자의 안정성 문제 때문에 다시 전자가 ground state로 돌아오는 과정에서 구조가 파괴되므로 지속적인 효과를 기대하기 어렵다는 문제점이 있다.

이러한 문제점을 보완하기 위해 두 번째 물질인 금속 산화물 나노입자가 유기 화합물과 함께 자외선 차단제에 이용된다. 일반적으로 ZnO 및 TiO_2 나노입자가 자외선 차단제에 이용되며, 이들은 다음과 같이 크게 두 가지 메커니즘을 통해 피부에 들어오는 자외선의 양을 감소시킨다(그림 11.10).

① 산란(scattering): 자외선 차단제에 함유된 나노입자는 조사되는 자외선을 산란함으로써 피부에 도달하는 자외선의 양을 줄인다. 이때 자외선이 산란되는 정도와 나노입자의 크기의 관계는 Mie 이론에 의해 예측할 수 있다. Mie 이론은 독일의 물리학자 Mie (1868~1957)에 의해 1908년에 발표되었으며, 용액상에 분산되어 있는 나노입자의 광학 특성을 이론적으로 설명하기 위해 오늘날까지 많이 이용되고 있다. Mie 이론에 따르면 일반적으로 산란된 빛의 강도는 입자 크기의 6제곱에 비례한다. 즉 입자가 10배 커지면 100만 배의 빛을 산란시킬 수 있게 되므로, 입자가 커질수록 자외선 차단제로서의 역할을 보다 충실하게 할 수 있다. 그러나 나노입자가 빛을 산란하는 정도가 커질수록, 자외선뿐만 아니라 가시광선 역시 더 많이 산란시키기 때문에 입자가 우리 눈에 보이게 될 가능성이 커지게 된다. 자외선 차단제를 두껍게 바르면 피부가 하얗게 보이는데, 흔히 백탁 현상이라고 부르는 이러한 현상은 자외선 차단제의 나노입자가 가시광선을 산란시키기 때문에 발생한다.

이렇게 나노입자의 크기가 빛의 산란에 미치는 두 경우를(자외선 산란 최대, 가시광선 산란 최소) 모두 고려하여 화장품 제조업체들은 많은 연구를 진행하였으며, 그 결과 자외선 차단 효과 및 심미성을 만족시키는 나노입자의 최적의 지름은 약 100 nm 정

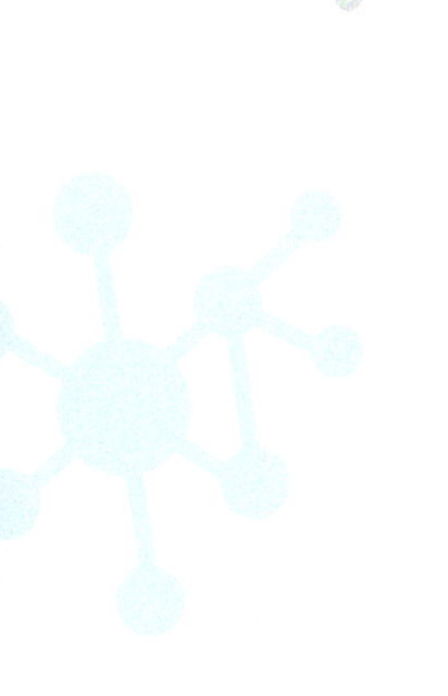

도인 것으로 알려져 있다. 이러한 산란 현상 기반의 자외선 차단 효과 때문에 나노입자들은 일반적으로 '물리적 차단제'로 분류된다.

② 흡수(absorption): ZnO 및 TiO_2 나노입자는 반도체 나노입자이므로 입자의 크기에 따른 고유의 밴드 구조(band structure)를 가지고 있다(5.5절 참조). 따라서 자외선을 받으면 나노입자의 밸런스밴드(valence band)로부터 컨덕션밴드(conduction band)로 전자가 들뜨면서 자외선을 흡수하기 때문에 피부에 도달하는 자외선을 차단하게 된다.

이러한 자외선 흡수 메커니즘은 필연적으로 ZnO 및 TiO_2 나노입자에 고에너지를 지닌 들뜬 전자를 생성하게 되며, 이로 인해 •OH과 같은 라디칼(radical)을 생성하게 된다. 피부 바로 위에서 이러한 반응성이 매우 크고 세포 독성이 있으며, DNA를 손상시키는 것으로 알려진 라디칼이 생성된다면 큰일이 아닐 수 없다. 사실 ZnO 및 TiO_2 나노입자는 이러한 화학적 특성 때문에 유기물질을 분해하는 촉매 반응에 광촉매로 이용되기도 한다. 라디칼 생성 및 광촉매 반응 등은 모두 나노입자의 표면에서 벌어진다. 이러한 이유로 인해 상용화된 자외선 차단제에 이용되는 ZnO 및 TiO_2 나노입자는 표면 보호 처리가 되어 있으며, 입자 자체의 자외선 산란 및 흡수를 제외하고는 표면에서는 어떠한 화학 반응도 일어나지 않도록 설계되어 있다.

11.3.2 기능성 피부 활성 성분 함유 화장품

피부의 노화 방지 및 미백은 화장품 산업에서 가장 중요하게 생각하는 가치이며 궁극적으로 추구하는 목표이기도 하다. 근래에 피부 세포에 기능성 피부 활성 성분을 주입함으로써 노화를 늦추거나 멜라닌의 생성을 방해하기(혹은 멜라닌을 파괴하기) 위해 여러 방법들이 고안되었다. 이른바 '시술'이라고 불리는 이러한 방법들은 훈련된 전문적인 인력에 의해 수행되는 경우가 대부분이며, 마이크로니들(microneedle), 전위차(iontophoresis), 초음파(sonophoresis), 고전압(electroporation)을 이용하기 때문에 '물리적'인 방법으로 분류된다. 한편, 이보다 비용이 덜 드는, 보다 일반적인 방법으로 기능성 피부 활성 성분이 함유된 화장품이 개발되어 이용되고 있다. 이러한 피부 활성 성분은 세포 실험에서는 뛰어난 성능을 보이지만, 정작 분자 상태 그대로는 피부 장벽을 투과하지 못하여 효율이 좋지 않은 문제점이 존재한다. 이러한 문제를 기술적으로 해결하기 위해 나노소재를 이용하여 피부 활성 성분을 전달하는 '화학적' 방법들이 활발하게 연구되고 있으며, 크게 다음과 같이 세 가지로 구분할 수 있다.

① 리포솜(liposome): 이미 앞에서 약물 전달 시스템의 전달체로서 리보솜에 대해 논의한 바 있다. 리포솜의 가장 큰 장점은 피부 세포의 세포막과 비슷한 구조를 가진 인지질 이중층으로 구성되어 있다는 점이며, 약물 전달체로서의 장점이 피부 안쪽의 세포에 활성 성분을 전달하는 데에 그대로 이용될 수 있다. 화장품 제품 이름에 '리포솜'이라는 단어를 넣거나, 혹은 이름이 '-솜'으로 끝나는 경우가 많다.

② 나노에멀젼(nanoemulsion): 에멀젼은 서로 섞이지 않는 두 액체 중 한 액체가 다른 액체에 콜로이드 상태로 분산된 용액을 가리킨다. 우유가 일상 생활에서 볼 수 있는 대표적인 에멀젼이다. 이러한 에멀젼의 액체 콜로이드의 지름이 20~200 nm 정도의 범위일 때 나노에멀젼이라 한다. 나노에멀젼은 마이크로에멀젼에 비해 상대적으로 분산 안정성이 좋은 편이지만, 시간이 지날수록 안정된 상태로 돌아가기 위해 상분리가 일어나게 된다. 따라서 장기간 안정적으로 에멀젼 상태를 유지하기 위해 유화제를 이용해야 하며, 저분자 또는 고분자 계면활성제가 이용된다. 대부분의 피부 활성 물질은 친유성이므로 이들이 수용성 화장품 내에서 나노 크기의 콜로이드로 분산되어 안정적으로 존재

하게 하면서, 아울러 피부 침투 효과를 극대화할 수 있는 기능성 유화제의 개발이 화장품 산업에서 상당히 중요한 연구 분야이다.

③ 고분자 나노유체(nanofluid): 최근 외부 자극에 감응하여 독특한 물리적 특성을 갖는 지능성 수화젤의 개발이 활발히 이루어지고 있다. 이들은 3차원 가교망을 가진 고분자로서 점성 거동을 보이기 때문에 외부 환경에 불안정한 대량의 피부 활성 물질을 안정하게 보존하고 있다가 외부의 자극이 주어지면(pH 변화, 물리적 압력 등) 바로 방출하여 피부에 흡수하게 할 수 있다.

11.3.3 인조피부

인조피부라는 단어는 상당히 다양한 의미로 사용되며, 일반적으로는 진짜 피부를 대체하여 필름 형태로 상처나 화상 등의 부위 위에 부착하는 형태를 가리키는 경우가 많다. 이뿐만 아니라, 피부 표면에 붙이는 패치(patch)라든지, 혹은 최근에는 웨어러블 디바이스의 부품, 또는 피부 위에 직접 부착하는 형태의 전자피부를 인조피부의 한 종류로서 간주하기도 한다. 그래핀(graphene), 나노와이어(nanowire), 유기 트랜지스터(organic transistor) 등의 나노소재를 이용한 이러한 전자피부는 외부 압력을 감지함으로써 궁극적으로 인간의 촉각을 구현하거나, 심장 박동수 등 생체 내의 각종 시그널을 감지함으로써 헬스케어 분야에서 중요한 역할을 할 수 있을 것으로 기대되고 있다. 그러나 이러한 인조피부는 피부로서의 자체적인 기능성 향상은 물론, 이미 만들어진 필름 형태를 피부에 부착해야 하기 때문에 유통 및 보관 단계에서의 내구성, 그리고 사용 시 피부 밀착성 및 접착성까지 모두 고려해야 해서 개발이 쉽지 않다는 단점이 있다.

이러한 필름 형태와는 달리, 바르는 형태로 피부막을 형성하는 인조피부는 실제 피부와 유사한 물성을 구현할 수 있으며 편리하게 사용할 수 있기 때문에 관심을 받고 있다. 이러한 인조피부는 polysiloxane 단위체들과 나노입자 촉매로 구성된 혼합물을 피부 위에 바른 후, 고분자 가교화 촉매 반응을 진행시킴으로써 피부 위에 필름을 형성하는 원리로 생성된다. 일반적으로 polysiloxane 고분자 가교화 반응을 위해 백금이 함유된 Karstedt 촉매를 이용하는데, 이 촉매는 피부 독성이 심하기 때문에 분자 상태 그대로 피부 위에 바를 수 없다. 이러한 문제를 해결하기 위해 다공성 실리카 나노입자 표면에 촉매를 흡착시켜 반응시킴으로써 피부와의 접촉을 최소화하고 촉매 반응성은 그대로 유지하는 전략이 개발되어 이용되고 있다. 따라서 기능성 화장품의 역할을 하기 위해 피부 활성 성분과 함께 인조피부를 형성하게 함으로써 지속적인 활성 성분 공급이 가능할 수 있을 뿐만 아니라, 나아가 상처 치료용 의약외품으로서의 가능성 또한 꾸준히 연구될 것으로 보인다.

참고 문헌

1. H. Häkkinen, The gold–sulfur interface at the nanoscale, *Nat. Chem.*, 2012, 4 (6), 443-455.
2. C. A. Mirkin, R. L. Letsinger, R. C. Mucic, and J. J. Storhoff, A DNA-based method for rationally assembling nanoparticles into macroscopic materials, *Nature*, 1996, 382 (6592), 607-609.
3. Y. Yin, Z.-Y. Li, Z. Zhong, B. Gates, *et al.*, Synthesis and characterization of stable aqueous dispersions of silver nanoparticles through the Tollens process, *J. Mater. Chem.*, 2002, 12 (3), 522-527.
4. J.-S. Lee, A. K. R. Lytton-Jean, S. J. Hurst, and C. A. Mirkin, Silver Nanoparticle–Oligonucleotide Conjugates Based on DNA with Triple Cyclic Disulfide Moieties, *Nano Lett.*, 2007, 7 (7), 2112-2115.
5. H. Yang, K. Zheng, Z. Zhang, W. Shi, *et al.*, Adsorption and protection of plasmid DNA on mesoporous silica nanoparticles modified with various amounts of organosilane, *J. Colloid Interface Sci.*, 2012, 369 (1), 317-322.
6. S. L. Beaucage and R. P. Iyer, Advances in the Synthesis of Oligonucleotides by the Phosphoramidite Approach, *Tetrahedron*, 1992, 48 (12), 2223-2311.
7. J.-H. Lee, J.-t. Jang, J.-s. Choi, S. H. Moon, *et al.*, Exchange-coupled magnetic nanoparticles for efficient heat induction, *Nat. Nanotechnol.*, 2011, 6 (7), 418-422.
8. C. D'Agostino, P. Bräuer, P. Charoen-Rajapark, M. D. Crouch, et al., Effect of paramagnetic species on T1, T2 and T1/T2 NMR relaxation times of liquids in porous $CuSO_4/Al_2O_3$, *RSC Adv.*, 2017, 7 (57), 36163-36167.
9. Y. Lu, Y.-J. Xu, G.-b. Zhang, D. Ling, *et al.*, Iron oxide nanoclusters for T1 magnetic resonance imaging of non-human primates, *Nat. Biomed. Eng.*, 2017, 1 (8), 637-643.
10. L. E. Brus, Electron–electron and electron-hole interactions in small semiconductor crystallites: The size dependence of the lowest excited electronic state, *J. Chem. Phys.*, 1984, 80 (9), 4403-4409.
11. J. M. Caruge, J. E. Halpert, V. Wood, V. Bulović, *et al.*, Colloidal quantum-dot light-emitting diodes with metal-oxide charge transport layers, *Nat. Photonics*, 2008, 2 (4), 247-250.
12. B. Zhou, B. Shi, D. Jin, and X. Liu, Controlling upconversion nanocrystals for emerging applications, *Nat. Nanotechnol.*, 2015, 10 (11), 924-936.
13. J. Park, S. Park, S. Ryu, S. H. Bhang, *et al.*, Graphene–Regulated Cardiomyogenic Differentiation Process of Mesenchymal Stem Cells by Enhancing the Expression of Extracellular Matrix Proteins and Cell Signaling Molecules, *Adv. Healthc. Mater.*, 2014, 3 (2), 176-181.
14. Z. Chen, W. Ren, L. Gao, B. Liu, *et al.*, Three-dimensional flexible and conductive interconnected graphene networks grown by chemical vapour deposition, *Nat. Mater.*, 2011, 10 (6), 424-428.
15. M. F. L. De Volder, S. H. Tawfick, R. H. Baughman, and A. J. Hart, Carbon Nanotubes: Present and Future Commercial Applications, *Science*, 2013, 339 (6119), 535-539.
16. S. R. Shin, S. M. Jung, M. Zalabany, K. Kim, *et al.*, Carbon-Nanotube-Embedded Hydrogel Sheets for Engineering Cardiac Constructs and Bioactuators, *ACS Nano*, 2013, 7 (3), 2369-2380.
17. J. Ramón-Azcón, S. Ahadian, M. Estili, X. Liang, *et al.*, Dielectrophoretically Aligned Carbon Nanotubes to Control Electrical and Mechanical Properties of Hydrogels to Fabricate Contractile Muscle Myofibers, *Adv. Mater.*, 2013, 25 (29), 4028-4034.
18. L. Fan, C. Feng, W. Zhao, L. Qian, *et al.*, Directional Neurite Outgrowth on Superaligned Carbon Nanotube Yarn Patterned Substrate, *Nano Lett.*, 2012, 12 (7), 3668-3673.

연습 문제

1. 압타머는 DNA나 RNA 단일가닥으로서 다양한 종류의 표적 물질을 인식하는 데 이용된다. 특정 표적 물질에 대해 압타머의 염기 서열을 결정하는 방법을 서술하라.

2. 표면에 카복실기가 도입되어 있는 나노입자 표면에 아민기를 가지고 있는 항체를 생물학적 수용체로서 결합시키기 위해 어떠한 가교제를 이용해야 하는지 화학 반응식을 기술하고 설명하라.

3. mRNA가 세포 내에 들어가서 해당하는 단백질의 생성을 유도하는 과정을 기술하라.

4. 약물 전달에 이용되는 나노소재가 인체에 주입된 후 특정 종양 조직에 선택적으로 적용되기 위해서 종양 세포에만 발현하는 수용체나 항원에 결합할 수 있는 리간드나 항체를 나노소재의 표면에 붙인다. 이때 종양 세포에 발현하는 수용체나 항원에는 어떤 것들이 있으며, 이들에 결합하는 리간드는 주로 어떤 물질들이 쓰이는지 기술하라.

5. PLGA의 합성에 이용되는 유기 반응을 설명하라.

6. PLGA의 가수분해 속도가 락트산과 글리콜산의 비율에 따라 어떻게 변하는지, 그 이유는 무엇인지 기술하라.

7. 약물 전달 시스템에 이용되는 나노소재가 약물을 방출한 후에는 인체 내에서 어떤 화학적·생물학적 과정을 거치게 되는지 소재별로 서술하라.

8. 광열 치료에 이용되는 근적외선 레이저가 생체 내에서 투과 가능한 깊이를 알아보고, 이러한 깊이의 한계로 인해 광열 치료가 적용될 수 있는 암의 종류에는 어떤 것들이 있는지 기술하라.

9. 광열 치료에 이용되는 나노소재가 광열 치료에 이용된 후에는 인체 내에서 어떤 화학적, 생물학적 과정을 거치게 되는지 소재별로 서술하라.

10. 자외선 차단제에 이용되는 ZnO 및 TiO_2 나노입자는 입자 자체의 자외선 산란 및 흡수를 제외하고는 표면에서는 어떠한 화학 반응도 일어나지 않도록 표면 보호 처리가 되어 있다. 입자의 표면이 어떠한 물질로 어떻게 보호되어 있는지 기술하라.

11. 인조피부의 polysiloxane 고분자 가교화 반응을 위해 이용하는 칼스테트 촉매(Karstedt's catalyst)는 피부 독성이 심하기 때문에 분자 상태 그대로 피부 위에 바르지 않고 다공성 실리카 나노입자 표면에 흡착시켜 반응시키는 방법이 연구되고 있다. 6장에서 학습한 내용을 바탕으로 하여, 다공성 실리카 나노입자가 촉매의 흡착에 이용되는 이유를 기술하라.

12. 일반적인 양자점이 발광하는 과정과 업컨버전 나노입자가 발광하는 과정의 차이점을 각각의 에너지 밴드 및 에너지 준위를 이용하여 설명하라.

13. 지질 나노입자의 구조에서 각 부분의 역할을 기술하라.

찾아보기

Index

ㄹ

ㅁ

ㅂ

ㅅ

ㅇ

ㅈ

ㅊ

ㅋ

ㅌ

ㅍ

ㅎ

A

B

C

D

E

F

G

H

I

K

L

M

N

O

P

Q

R

S

T

U

V

W

X

Y

Z

지은이 소개

고려대학교 화학과 • 김병윤, 우한영, 윤효재, 이광렬, 정광섭

고려대학교 신소재공학부 • 이재승

고려대학교 KU-KIST 융합대학원 • 임동권

서강대학교 화공생명공학과 • 류재건

서울대학교 화학부 • 남좌민, 주상훈

서울시립대학교 교양교육부 • 김지혜

이화여자대학교 화학·나노과학과 • 문회리

포항공과대학교 화학과 • 박수진

한국외국어대학교 화학과 • 오정욱

UNIST 화학과 • 신현석

*가나다순

나노소재 화학

Nanomaterials Chemistry

| 발 행 일 | 2023년 2월 1일 1판 1쇄
2025년 9월 15일 1판 2쇄

| 지 은 이 | 김병윤, 김지혜, 남좌민, 류재건, 문회리, 박수진, 신현석, 오정욱, 우한영, 윤효재, 이광렬, 이재승, 임동권, 정광섭, 주상훈

| 발 행 인 | 박 종 성

| 발 행 처 | 사이플러스 Science plus

| 주 소 | (우) 07202 서울특별시 영등포구 양평로 30길 14 세종앤까뮤스퀘어 1106호

| 전 화 | 02-332-6171

| 팩 스 | 02-332-6185

| 등 록 | 2005.10.20. 제2022-000100호

| I S B N | 979-11-88731-40-4 93430

값 35,000원

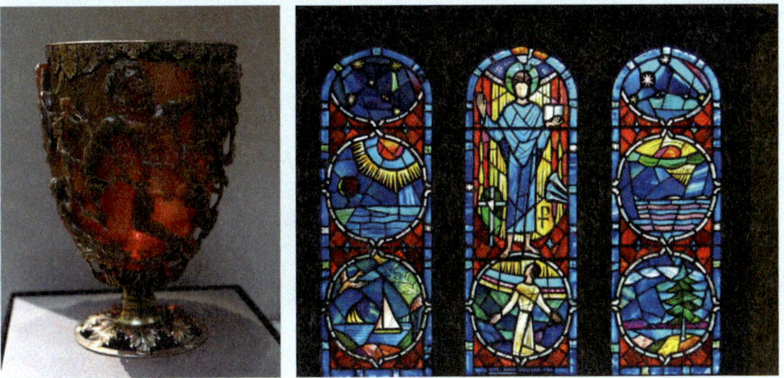

Color Plate ❶ 그림 3.1

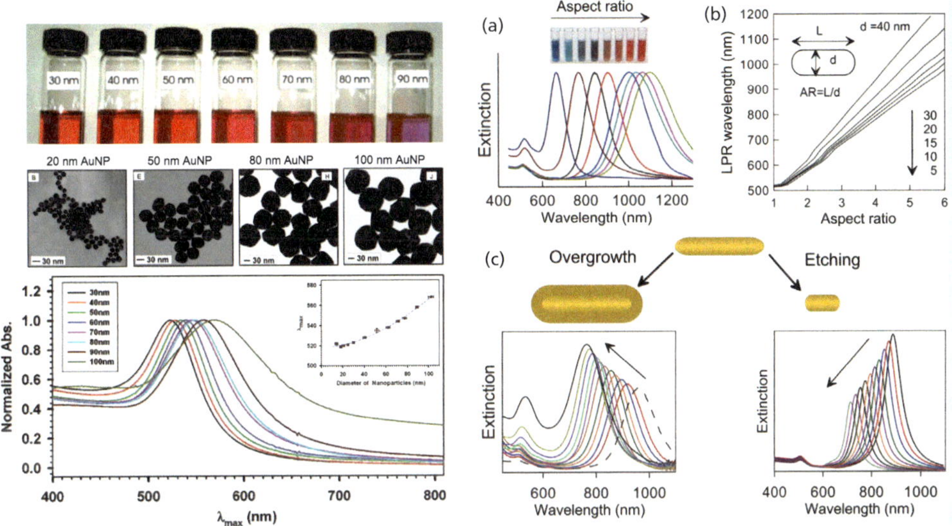

Color Plate ❷ 그림 3.9

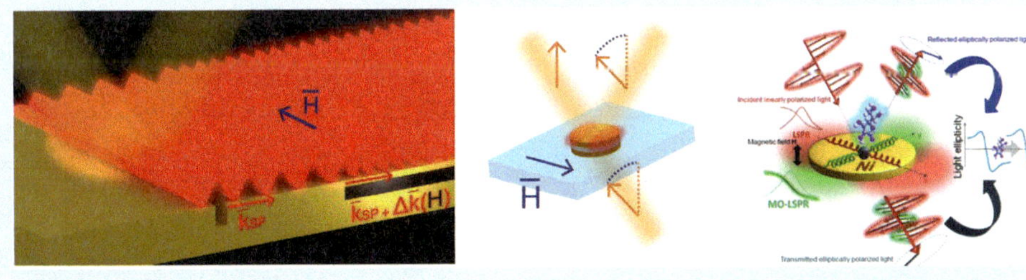

Color Plate ❸ 그림 3.15

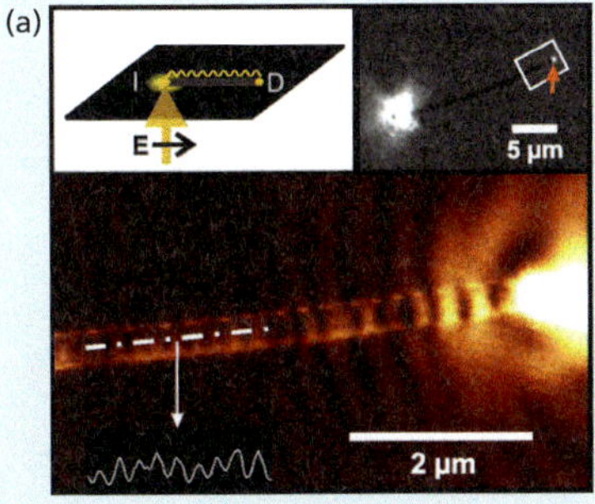

Color Plate ❹ 그림 3.22a

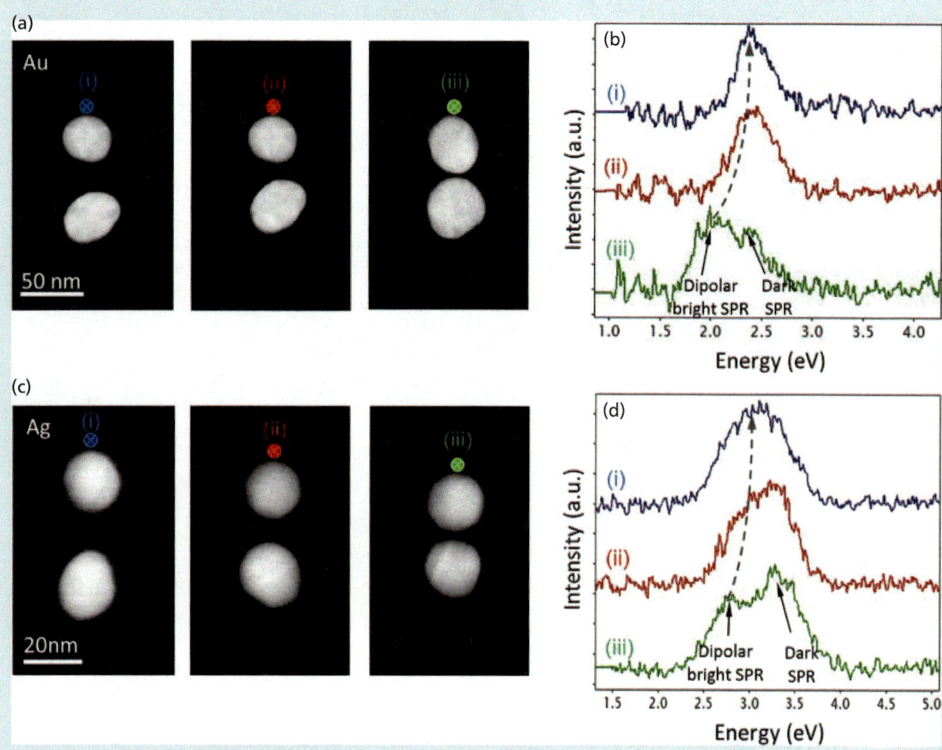

Color Plate ⑤ 그림 3.23

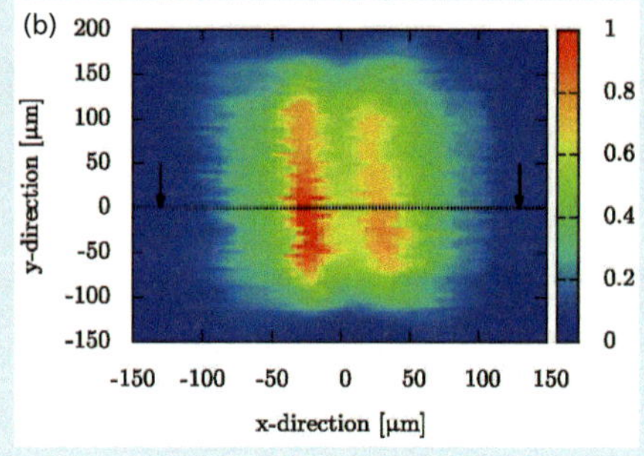

Color Plate ⑥ 그림 3.28b

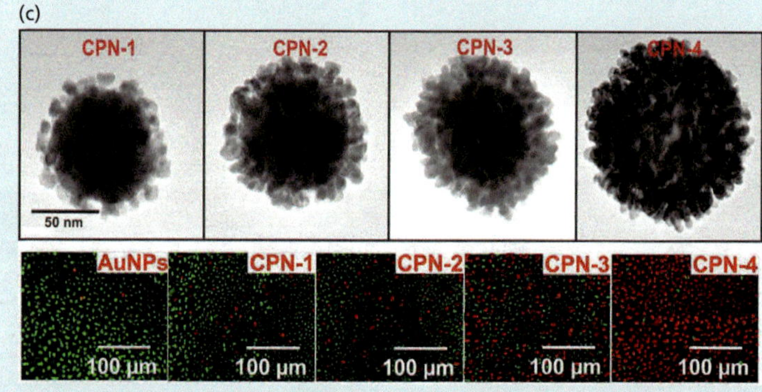

Color Plate ⑦ 그림 3.31c

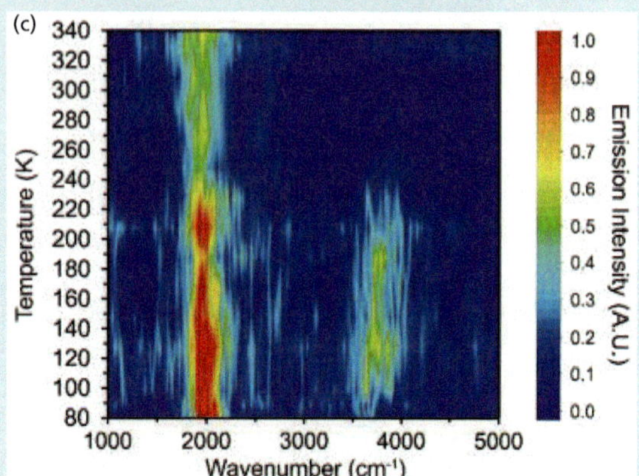

Color Plate ⑧ 그림 4.9c

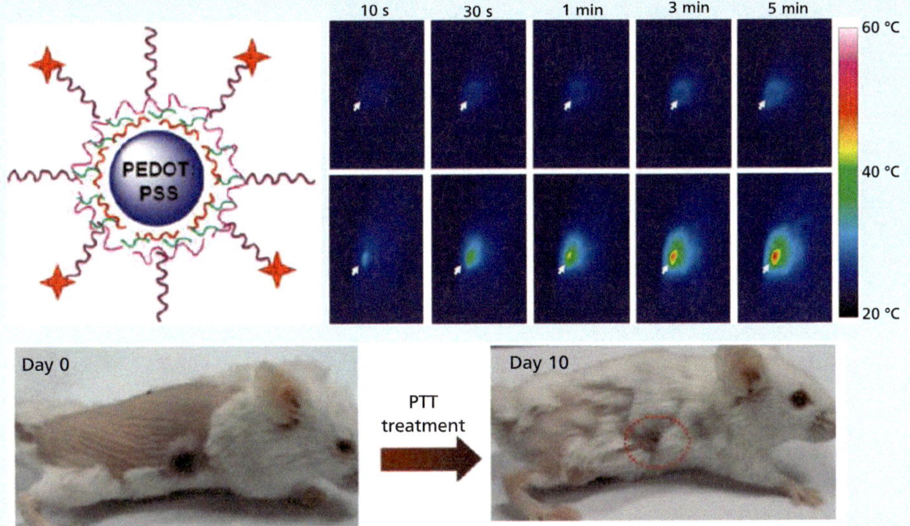

Color Plate ⑨ 그림 8.15

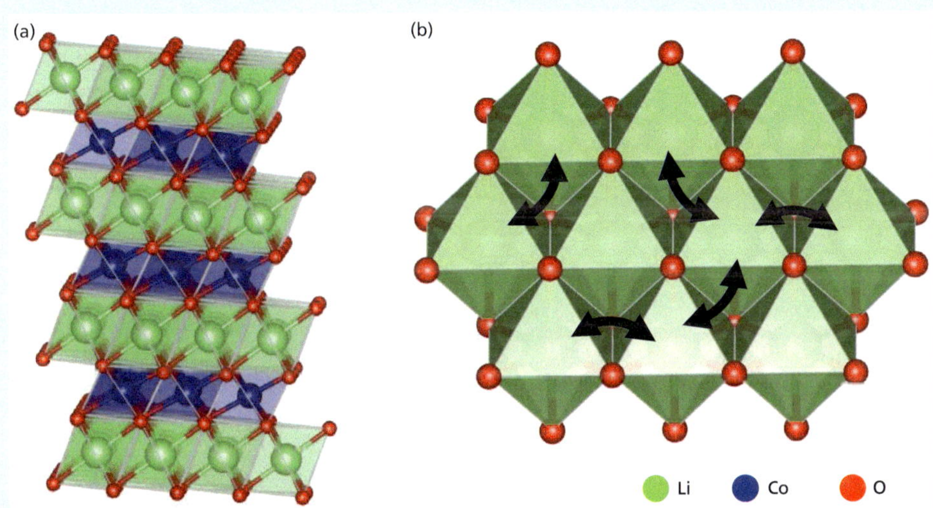

Color Plate ⑩ 그림 9.5

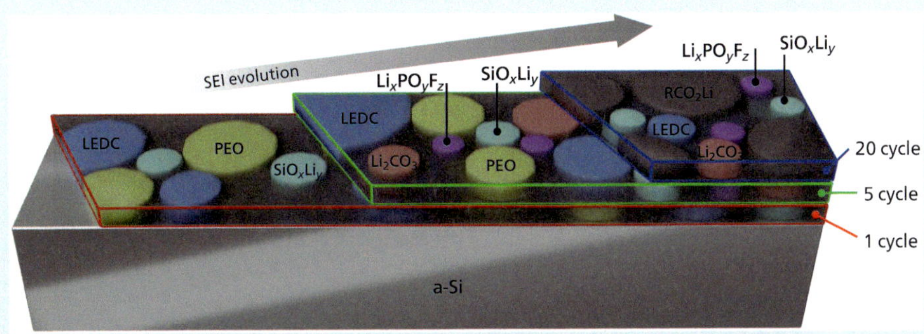

Color Plate ⑪ 그림 9.29

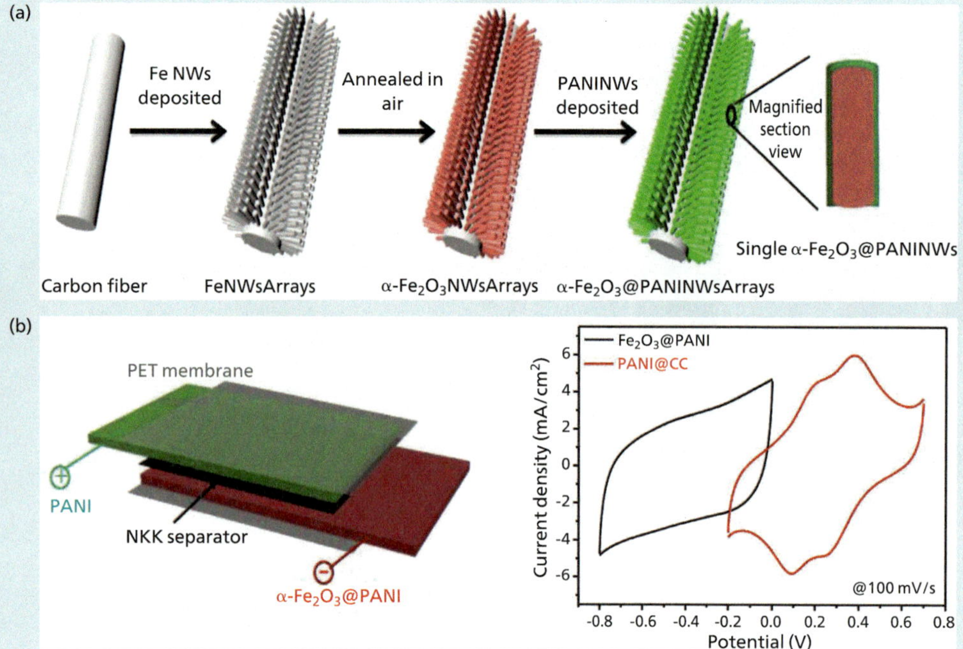

Color Plate ⑫ 그림 9.39

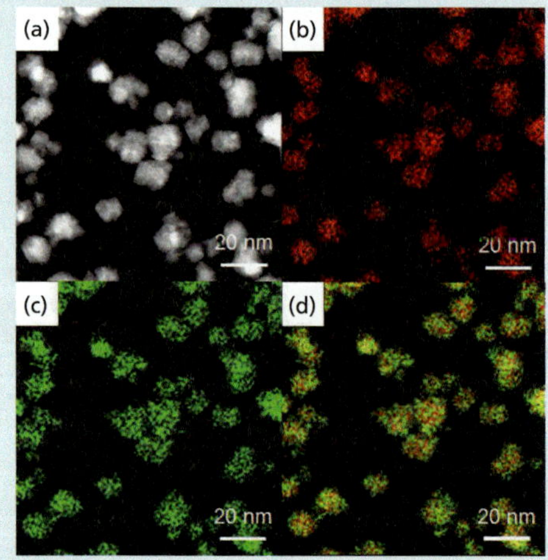

Color Plate ⑬ 그림 10.14(a~d)

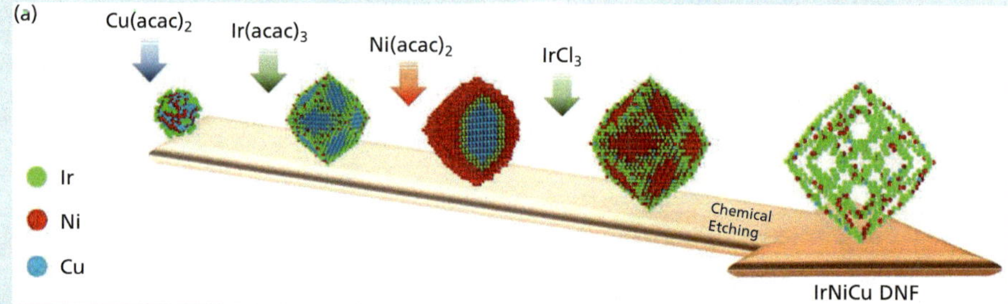

Color Plate ⑭ 그림 10.18a